Baukonstruktion

Codex Hammurabi [1]

...

§ 228

60

§ 229

65

70

§ 230

75

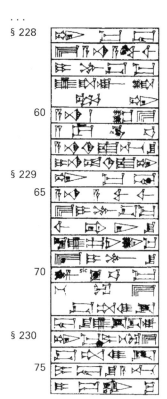

§ 231

80

§ 232

85

90

§ 233

95

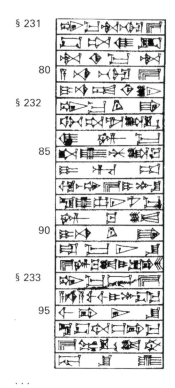

...

...

Wenn ein Baumeister einem Bürger ein Haus fix und fertig baut, so gibt er ihm als Honorar für ein Musar Wohnfläche (= 36 m²) zwei Sekel Silber (228).

Wenn ein Baumeister einem Bürger ein Haus baut, aber seine Arbeit nicht fest (genug) ausführt, das Haus, das er gebaut hat, einstürzt und er (dadurch) den Hauseigentümer ums Leben bringt, so wird dieser Baumeister getötet (229);

wenn er den Sohn des Hauseigentümers (dadurch) ums Leben bringt, so tötet man den Sohn dieses Baumeisters (230);

wenn er einen Sklaven des Hauseigentümers (dadurch) ums Leben bringt, so gibt er dem Hauseigentümer einen gleichwertigen Sklaven (231);

wenn er Gut vernichtet, so ersetzt er alles, was er vernichtet hat; auch baut er, weil er das Haus, das er gebaut, nicht fest (genug) gefügt hat und es eingefallen ist, aus eigenen Mitteln das Haus, das eingefallen ist (232).

Wenn ein Baumeister einem Bürger ein Haus baut, aber sein Werk nicht überprüft und dann die Wand einstürzt, so baut dieser Baumeister diese Wand aus eigenen Mitteln solide auf (233).

...

[1] Hammurabi, babylonischer Konig, lebte von 1728 bis 1686 v. Chr.

Quellen:
Keilschrift-Text: Bergmann S. J., E.: Codex Hammurabi. Textus Primigenius, 3. Aufl. 1953 Scripta Pontificii Instituti Biblici, Rom.

Übersetzung:
Propyläen-Weltgeschichte, Bd. 1. 1961.
Propyläen-Verlag,
Berlin/Frankfurt/Wien

Baukonstruktion

Herausgeber

Klaus Dierks,
Technische Universität Berlin

Rüdiger Wormuth
Fachhochschule Osnabrück

mit Beiträgen von
Klaus Dierks
Hans Dieter Fleischmann
Knut Gabriel †
Klaus Hänel
Olaf Klostermann
Elmar Kuhlmann
Jörg Schlaich
Hans-Werner Tietge †
Rüdiger Wormuth
Christof Ziegert

6.,
neu bearbeitete und erweiterte
Auflage 2007

Werner Verlag

1. Auflage 1987
2. Auflage 1990
3. Auflage 1993
4. Auflage 1997
5. Auflage 2002
6. Auflage 2007

Bibliografische Information Der Deutschen Bibliothek
Die Deutsche Bibliothek verzeichnet diese Publikation in der Deutschen
Nationalbibliografie; detaillierte bibliografische Daten sind im Internet
über http://dnb.ddb.de abrufbar.

ISBN-10 3-8041-5045-4
ISBN-13 978-3-8041-5045-4

www.werner-verlag.de

Alle Rechte vorbehalten.
© 2007 Wolters Kluwer Deutschland GmbH, Neuwied.
Werner-Verlag – eine Marke von Wolters Kluwer Deutschland.
Alle Rechte vorbehalten.

Das Werk einschließlich aller seiner Teile ist urheberrechtlich geschützt.
Jede Verwertung außerhalb der engen Grenzen des Urheberrechts-
gesetzes ist ohne Zustimmung des Verlages unzulässig und strafbar.
Das gilt insbesondere für Vervielfältigungen, Übersetzungen,
Mikroverfilmungen und die Einspeicherung und Verarbeitung in
elektronischen Systemen. Zahlenangaben ohne Gewähr.

Gestaltung und visuelles Konzept (5. Auflage 2002):
Büro Schwaiger Winschermann, München
Walter Schwaiger, Alfred Kern
Zeichnungen: Florian Lechner, München
Satz (6. Auflage 2007): Werbe- und Verlagsgesellschaft mbH, Kaarst
Zeichnungen (6. Auflage 2007): Jürgen Klöckner, Vallendar

Druck und Verarbeitung: betz-druck, Darmstadt
Printed in Germany , November 2006

Archiv-Nummer 733/6-11.06

Vorwort zur 6. Auflage

Seit Erscheinen der ersten Auflage der „Baukonstruktion" sind 20 Jahre vergangen, in denen die Nutzungsanforderungen an Gebäude vor allem in Bezug auf die Technische Gebäudeausrüstung und Teilgebiete der Bauphysik (Wärme-, Schall- und Brandschutz) gestiegen sind und noch mehr als vorher zu integrierender baukonstruktiver Entwurfsmethodik zwingen. Die Bauproduktionsmethoden haben sich insbesondere bei Großbauvorhaben deutlich zur Industrialisierung hin verändert und damit auch die Vorliebe für die Baustoffe Stahl und Glas. Verändert hat sich auch der ehemals „handwerkliche" Entwurfsprozess in den Planungsbüros. CAD-Entwerfen erleichtert einerseits die Darstellung komplizierter Raumkonstellationen, andererseits verleitet es zur Simplifizierung und zum Entwerfen „nach Rezept". Die Benutzung der „Baukonstruktion" ist nach wie vor mit Lesen und Verstehen verbunden und soll den Nutzern Sicherheit in der Analyse, im Bewerten und bei der Entwicklung von neuen Konstruktionen vermitteln. Der Aspekt der Integration der verschiedenen an der Baukonstruktion beteiligten Wissensgebiete besaß seit der ersten Auflage einen hohen Stellenwert. Er bekommt mit einem neuen Kapitel „Technische Ausrüstung", das inhaltlich mit den baukonstruktiven Kapiteln verzahnt ist, ein besonderes Gewicht.

Als Beispiele dieses komplexen und integrierenden baukonstruktiven Entwerfens haben wir die beiden Gebäude der Deutschen Bundesstiftung Umwelt in Osnabrück und das Bibliotheksgebäude der BTU Cottbus in den Konstruktionsatlas aufgenommen. Im zeitlichen Abstand der Entstehung der baukonstruktiven Konzeption dieser Gebäude ist das Phänomen des technologischen Wandels ablesbar und – das ist bei diesen Bauherren Teil ihres Selbstverständnisses – der besonders schonende Umgang mit den uns zur Verfügung stehenden Ressourcen.

Auch der neue Abschnitt „Lehmbau" ist diesem Gedanken in besonderem Maße verpflichtet. Durch die bauaufsichtliche Einführung der „Lehmbau Regeln" ist der Lehmbau wieder zu einer anerkannten Bauart geworden.

Der immer wieder an die Herausgeber herangetragenen Anregung, der Gebäudeinstandsetzung ein besonderes Kapitel zu widmen, haben wir dadurch Rechnung getragen, dass Aspekte der Sanierung dort, wo sie im Rahmen des bewährten Gliederungskonzeptes hingehören, ausgebaut wurden.

Ein besonderer Dank gilt den neuen Autoren dieser Auflage, den Architekten- und Ingenieurkollegen, die uns mit Planmaterial vor allem für den Konstruktionsatlas bedient haben, und den Mitarbeitern des Verlags für ihre verständnisvolle Begleitung und Hilfe. Schließlich verabschieden sich die Herausgeber mit herzlichem Dank vom langjährigen Mitherausgeber Klaus-Jürgen Schneider, der sich jetzt anderen Aufgaben widmet.

Berlin, Osnabrück im August 2006

Klaus Dierks, Rüdiger Wormuth

Aus dem Vorwort zur 1. Auflage

Breymanns „Allgemeine Baukonstruktionslehre mit besonderer Beziehung auf das Hochbauwesen", zu Anfang des 20. Jahrhunderts ein verbreitetes Standardwerk der Baukonstruktion in 4 Bänden, widmete im ersten Band der 7. Auflage allein den „Konstruktionen in Stein" von O. Warth 459 Druckseiten mit 1225 Abbildungen und 102 Tafeln. Im zweiten Band des Werkes wurden „Die Konstruktionen in Holz" behandelt, im dritten „Die Konstruktionen in Eisen", und im vierten und letzten Band waren „Verschiedene Konstruktionen" zusammengefasst. Heute müsste eine nach Breymanns Konzept geschriebene Baukonstruktionslehre, die als Handbuch mit enzyklopädischem Anspruch gleichermaßen für Schule und Praxis gedacht war, einen vielfach größeren Umfang haben. Sie wäre wegen des hohen Preises nur von wenigen zu beziehen und in Anbetracht der schnellen technischen Entwicklung schon bei der Auslieferung teilweise veraltet. Eine moderne Baukonstruktionslehre, die Studierenden zugänglich sein soll, muss sich deshalb auf die Ausarbeitung und Darlegung von Konstruktionsprinzipien konzentrieren. Konstruktionen selbst können nur exemplarisch beschrieben und behandelt werden. Das Beispiel muss zeigen, wie die vorher formulierten Prinzipien und Anforderungen im Detail verwirklicht und erfüllt werden können. Der Leser soll nach dem Studium der Baukonstruktionslehre imstande sein, die Funktionsweise historischer Baukonstruktionen zu erkennen, selbst Konstruktionen zu entwerfen und auf dem Markt angebotene Verfahren und Produkte hinsichtlich der Brauchbarkeit, ihrer Vorzüge, Nachteile und Risiken zu beurteilen. Die Aufstellung von Produktlisten, die in Breymanns Baukonstruktionslehre – zum Beispiel mit der Beschreibung aller in- und ausländischen Systeme für die ebenen massiven Deckenkonstruktionen – noch möglich war, wird heute zweckmäßigerweise den Produkt-Informations-Diensten überlassen.

In diesem Buch wird deshalb nur für repräsentative Beispiele eine ausführliche Begründung der gewählten Abmessungen, Materialzusammenstellungen, Verbindungsmittel und Fügetechniken gegeben, dafür aber auf Vollständigkeit der Behandlung von Kombinationen und Sonderfällen verzichtet. Konstruktionen und Regeln sollen verstanden – nicht unreflektiert kopiert und rezipiert werden. Das Buch gibt dem Anfänger zunächst einen Überblick und damit ein Gerüst oder Regal, in das anschließend die Menge der Details eingeordnet werden kann. Die notwendige Gliederung und Klassifizierung hat – wie jede einem System ohne systemimmanente Grenzen übergestülpte Einteilung – ihre Schwächen. Hier hat nicht die Maxime theoretischer Widerspruchslosigkeit die Gliederung bestimmt, sondern es haben pragmatische Gesichtspunkte im Vordergrund gestanden. Die Einzelabschnitte erlauben auch den „Quereinstieg" und geben jeweils abgerundete Informationen unter Inkaufnahme dabei unvermeidlicher Wiederholungen.

Die Herausgeber und Autoren sind Hochschullehrer an Technischen Universitäten und Fachhochschulen und repräsentieren eine in der Baupraxis und in den Hochschulen anzutreffende Tendenz, die notwendige Partnerschaft von Architekten und Bauingenieuren zu vertiefen. Durch ihre oftmals unterschiedliche Denk- und Vorgehensweise werden die Probleme aus verschiedenen Blickwinkeln betrachtet, sicher eine wesentliche Voraussetzung für die Findung konstruktiv und gestalterisch guter Lösungen.

Inhaltsverzeichnis

A Einführung 1

B Grundlagen

Prof. Dr.-Ing. Dr.-Ing. E. h. K. Dierks, Dr.-Ing. H.-W. Tietge †
Dr.-Ing. Chr. Ziegert, Dr.-Ing. K. Gabriel † und
Prof. Dr.-Ing. Dr. h. c. mult. J. Schlaich
(Abschnitt 6.6)

1	Einwirkungen auf Bauwerke	7
2	Das Tragwerk und seine Teile	8
	2.1 Tragwerkselemente	8
	2.2 Zusammengesetzte Stabtragwerke	15
	2.3 Gewölbe, Kuppeln	19
3	Standsicherheit von Bauwerken	22
4	Mauerwerksbau	27
	4.1 Allgemeines	27
	4.2 Baustoffe	30
	4.2.1 Künstliche Steine	30
	4.2.2 Natürliche Steine	38
	4.2.3 Mörtel	42
	4.3 Maßordnung	46
	4.4 Konstruktionsprinzipien im Mauerwerksbau	47
	4.4.1 Verbände	47
	4.4.2 Räumliche Steifigkeit	52
	4.4.3 Wandöffnungen	56
	4.5 Mischmauerwerk	59
	4.5.1 Sandwich-Mauerwerk	59
	4.5.2 Mauerwerk mit Vorsatzschale	60
	4.5.3 Wandabschnitte aus verschiedenen Baustoffen	60
	4.5.4 Mauerwerk aus Steingemisch	60
	4.6 Bewehrtes Mauerwerk	61
5	Holzbau	64
	5.1 Allgemeines	64
	5.2 Holz und Holzwerkstoffe	65
	5.2.1 Vollholz	65
	5.2.2 Brettschichtholz	66
	5.2.3 Holzspanplatten	67
	5.2.4 Bau-Furniersperrholz	69
	5.2.5 Furnierschichtholz	69
	5.2.6 Streifenholz	69
	5.3 Konstruktionsprinzipien im Holzbau	70
	5.3.1 Die konstruktionsbestimmenden Eigenschaften des Holzes	70
	5.3.2 Verbindung	71
	5.3.3 Holzschutz	73
	5.3.4 Brandschutz	75

	5.4	Verbindungen im Holzbau	76
		5.4.1 Zimmermannsmäßige Verbindungen	76
		5.4.2 Verbindungsmittel aus Stahl	78
		5.4.3 Leimverbindungen	86
	5.5	Konstruktionselemente des Holzbaus	88
		5.5.1 Allgemeines	88
		5.5.2 Träger	88
		5.5.3 Stützen	91
		5.5.4 Rahmen	94
		5.5.5 Bogen	94
	5.6	Bauarten des Holzbaus	96
		5.6.1 Holzskelettbau	96
		5.6.2 Holztafelbau	100
		5.6.3 Holzrahmenbau	102
		5.6.4 Brettstapelbau	106
6	Stahlbau		107
	6.1	Allgemeines	107
	6.2	Stahl im Bauwesen	110
		6.2.1 Einteilung der Stähle	110
		6.2.2 Profil- und Flacherzeugnisse	112
	6.3	Verbindungsmittel im Stahlbau	114
		6.3.1 Allgemeines	114
		6.3.2 Nietverbindungen	114
		6.3.3 Schraubenverbindungen	115
		6.3.4 Schweißverbindungen	121
		6.3.5 Zusammenwirken verschiedener Verbindungsmittel	124
	6.4	Konstruktionsprinzipien im Stahlbau	125
		6.4.1 Allgemeines	125
		6.4.2 Übertragung von Schnittgrößen	125
		6.4.3 Das Tragverhalten von längs- und querbelasteten Traggliedern	128
		6.4.4 Aussteifung von Stahlhochbauten gegen horizontalen Lastangriff	130
	6.5	Konstruktionselemente des Stahlbaus	132
		6.5.1 Stützen	132
		6.5.2 Vollwandträger	140
		6.5.3 Verbundträger	143
		6.5.4 Rahmen	145
		6.5.5 Fachwerkträger	147
		6.5.6 Verbände	149
	6.6	Seiltragwerke	152
		6.6.1 Einführung	152
		6.6.2 Tragseil und polygonaler Stabzug (Gelenkkette)	153
		6.6.3 Das Einzelseil	154
		6.6.3.1 Tragverhalten	154
		6.6.3.2 Maßnahmen zur Versteifung einer Gelenkkette	156
		6.6.3.3 Seile, Bündel und Kabel	157
		6.6.4 Das Seiltragwerk	161
		6.6.4.1 Der ebene Seilbinder und seine Additionsmöglichkeiten	161
		6.6.4.2 Netze	167
		6.6.4.3 Verspannte Bögen – Polonceau-Binder – Unterspannte Träger	173
	6.7	Brandschutz	181
	6.8	Korrosionsschutz	182

7		**Stahlbetonbau**	**184**
	7.1	Allgemeines	184
	7.2	Verbundbaustoff Stahlbeton	185
		7.2.1 Allgemeines	185
		7.2.2 Beton	187
		7.2.3 Betonstahl	194
		7.2.4 Dauerhaftigkeit	195
		7.2.5 Umweltverträglichkeit	196
	7.3	Konstruktionsprinzipien im Stahlbetonbau	197
		7.3.1 Tragmodelle	197
		7.3.2 Bewehrung	202
		7.3.3 Brandschutz	204
	7.4	Konstruktionselemente des Stahlbetonbaus	205
		7.4.1 Träger	205
		7.4.2 Platten	208
		7.4.3 Stützen, Wände	214
		7.4.4 Wandartige Träger, Scheiben	218
	7.5	Spannbeton	220
		7.5.1 Das Prinzip der Vorspannung	220
		7.5.2 Spanntechniken beim Spannbeton	221
		7.5.3 Spannbeton im Vergleich zu Stahlbeton	222
		7.5.4 Anwendungsbeispiele	224
8		**Lehmbau**	**225**
	8.1	Allgemeines	225
	8.2	Tragender Lehmbau	228
		8.2.1 Stampflehmbau	229
		8.2.1.1 Materialkomponenten	229
		8.2.1.2 Materialkennwerte und Bauteileigenschaften	230
		8.2.1.3 Konstruktion	233
		8.2.1.4 Technologie	237
		8.2.1.5 Fertigteile	240
		8.2.1.6 Wartung	240
		8.2.1.7 Planung	241
		8.2.2 Lehmsteinbau	241
		8.2.3 Lehmwellerbau	242
	8.3	Nichttragender Lehmbau	243

C Gründungen

Prof. Dr.-Ing. Dr.-Ing. E. h. K. Dierks

1		**Allgemeines**	**247**
2		**Baugrund**	**247**
	2.1	Bodenarten	247
	2.2	Eigenschaften der Böden	251
	2.3	Baugrunderkundung	260
		2.3.1 Schürfung	260
		2.3.2 Bohrung	260
		2.3.3 Sondierungen	261
		2.3.4 Dichte der Erkundungsstellen	262

	2.4	Bodenverbesserungen	262
		2.4.1 Bodenaustausch	262
		2.4.2 Verdichtung	262
		2.4.3 Injektionen	263
		2.4.4 Hochdruckinjektion	264
3		Flächengründungen	265
	3.1	Streifenfundamente	265
	3.2	Einzelfundamente	266
	3.3	Fundamentplatten	267
	3.4	Kelleraußenwände	269
4		Standsicherheit von Flächengründungen	272
	4.1	Bodenpressung	272
	4.2	Grundbruch	273
	4.3	Böschungsbruch	274
	4.4	Geländebruch	274
	4.5	Auftrieb	274
	4.6	Gleitsicherheit	274
5		Tiefgründungen	275
	5.1	Allgemeines	275
	5.2	Pfahlgründungen	275
		5.2.1 Rammpfähle	275
		5.2.2 Bohrpfähle	276
		5.2.3 Rüttelpfähle	276
		5.2.4 Pfahlkopfbalken und Pfahlrostplatte	277
	5.3	Brunnen und Senkkästen	277
	5.4	Unterfangungen	279
		5.4.1 Tieferlegung der Fundamente auf ganzer Fläche	279
		5.4.2 Abfangung auf Pfähle	280
		5.4.3 Bodenverfestigungen	280
6		Stützwände	281
	6.1	Allgemeines	281
	6.2	Spundwände	281
	6.3	Trägerbohlwand	283
	6.4	Bohrpfahlwand	283
	6.5	Schlitzwand	284
	6.6	Stützmauern	285
7		Baugruben	286
	7.1	Nicht verbaute Baugruben	286
	7.2	Verbaute Baugruben	288
	7.3	Bodenklassen	288
	7.4	Wasserhaltung	289
	7.5	Geflutete Baugruben	290

D Technische Ausrüstung

Prof. Dr.-Ing. sc. techn. Klaus Hänel

1	Allgemeines und Spezifisches	293
2	Energiegerechtes Bauen	295
2.1	Vorbemerkung	295
2.2	Energiebedarf von Räumen und Gebäuden	296
2.3	Nutzung regenerativer Energien	303
2.4	Stand der Vorschriften	304
3	Heizung, Lüftung, Raumklima	305
3.1	Vorbemerkung	305
3.2	Meteorologische Grundlagen	305
3.3	Feuchte der Außenluft	307
3.4	Wärmephysiologische Grundlagen	307
3.5	Wärmebedarf von Räumen und Gebäuden	307
3.6	Heizung	311
3.6.1	Allgemeines zu Heizungsanlagen	311
3.6.2	Wärmeerzeugung	312
3.6.3	Heizzentralen	316
3.6.4	Schornsteine	316
3.6.5	Wärmeverteilung und -transport	322
3.6.6	Wärmeübergabe im Raum	323
3.7	Raumlufttechnische Anlagen	324
3.7.1	Allgemeines	324
3.7.2	Lüftungszentralen	325
3.7.3	Luftleitungen	325
3.7.4	Luftführung im Raum	327
4	Wasser und Abwasser	329
4.1	Vorbemerkung	329
4.2	Wasserbedarf	329
4.3	Trinkwasserinstallation	330
4.3.1	Anforderungen an das Trinkwassernetz	330
4.3.2	Prinzip der Trinkwasserinstallation	332
4.4	Sanitäre Einrichtungen	333
4.4.1	Sanitärräume	334
4.4.2	Sanitärausstattung und Flächenbedarf	335
4.4.3	Installationstechnik	335
4.5	Abwasserinstallation	336
4.5.1	Prinzip der Abwasserinstallation	336
4.5.2	Ableitung von Niederschlagswasser	338
5	Aufzüge in Gebäuden	340
5.1	Allgemeines	340
5.2	Aufzüge	340
5.3	Treibscheibenaufzug	341
5.4	Hydraulikaufzug	342
5.5	Schwerpunkte der Planung	343
5.6	Vorschriften	345
6	Leitungsführung im Gebäude	346
6.1	Allgemeines	346
6.2	Erschließungsformen	348
6.3	Einordnung der Installationen in die Baukonstruktion	349
6.4	Besonderheiten der Elektroinstallation	354

E Wände

Prof. Dipl.-Ing. R. Wormuth,
Prof. Dipl.-Ing. H. D. Fleischmann (Brandschutz)

1	Vorbemerkung	357
2	Statische Anforderungen	358
	2.1 Allgemeines	358
	2.2 Verformungen	359
	2.3 Verbindungen	361
	2.4 Standsicherheit und Konstruktion	364
3	Bauphysikalische Anforderungen	372
	3.1 Allgemeines	372
	3.2 Schutz gegen Wasser und Feuchtigkeit	373
	3.2.1 Beanspruchungsarten, Schadwirkungen	373
	3.2.2 Schutz gegen atmosphärische Niederschläge	375
	3.3 Wärmeschutz	397
	3.3.1 Allgemeines	397
	3.3.2 Winterlicher Wärmeschutz	397
	3.3.3 Sommerlicher Wärmeschutz	399
	3.3.4 Wärmebrücken	400
	3.4 Schallschutz	405
	3.4.1 Allgemeines	405
	3.4.2 Schutz gegen Außenlärm	406
	3.4.3 Luftschallschutz in Gebäuden	408
	3.5 Brandschutz	412
	3.5.1 Allgemeines	412
	3.5.2 Brandverhalten von Wänden	414
	3.5.3 Brandverhalten von Stützen	418
4	Außenwandkonstruktionen	421
	4.1 Einschalige Außenwände	421
	4.1.1 Allgemeines	421
	4.1.2 Einschaliges Verblendmauerwerk	421
	4.1.3 Einschaliges Mauerwerk mit Außenputz	422
	4.1.4 Einschalige Außenwände mit transparenter Wärmedämmung	427
	4.1.5 Einschaliges Mauerwerk mit Wärmedämmverbundsystemen	429
	4.1.6 Außenwände mit angemörtelten Bekleidungen	430
	4.1.7 Einschalige Außenwände aus Porenbeton mit Beschichtungen	433
	4.1.8 Einschalige Wände in Mantelbauweise	434
	4.2 Zweischalige Außenwände	435
	4.2.1 Zweischalige Außenwände mit Putzschicht	435
	4.2.2 Zweischalige Außenwände mit Kerndämmung	437
	4.2.3 Zweischalige Außenwände mit Luftschicht	439
	4.2.4 Zweischalige Außenwände mit Luftschicht und zusätzlicher Wärmedämmung	442
	4.2.5 Mauerwerk mit außenseitiger Wärmedämmung und hinterlüfteter Wetterschutzschale aus anderen Materialien als Mauerwerk	442
	4.3 Vorhangfassaden (curtain-walls)	450

	4.4	Sonstige Außenwandkonstruktionen		453
		4.4.1 Fachwerkwände aus Holz		453
		4.4.2 Wände von Holzhäusern in Tafelbauart		456
		4.4.3 Fassaden mit selbsttragenden Betonbrüstungen		456
	4.5	Fugen in Außenwänden		459
5	Innenwandkonstruktionen			461
	5.1	Allgemeines		461
	5.2	Einschalige tragende Innenwände		462
	5.3	Nichttragende Innenwände		463

F Geschossdecken

Prof. Dipl.-Ing. R. Wormuth,
Prof. Dipl.-Ing. H. D. Fleischmann (Brandschutz)

1	Vorbemerkungen			469
2	Bauphysikalische Anforderungen			470
	2.1	Statische Anforderungen und Tragverhalten		470
		2.1.1 Allgemeines		470
		2.1.2 Scheibenwirkung von Decken		471
		2.1.3 Tragverhalten von Decken		474
			2.1.3.1 Allgemeines	474
			2.1.3.2 Gewölbte Decken	474
			2.1.3.3 Stahlbetonplattendecken	476
			2.1.3.4 Stahlbeton-Plattenbalkendecken	478
			2.1.3.5 Stahlbetonrippendecken	479
			2.1.3.6 Punktförmig gestützte Stahlbetonplatten (Pilzdecken)	479
			2.1.3.7 Stahltrapezprofil-Verbunddecken	480
			2.1.3.8 Stahltrapezprofildecken	481
			2.1.3.9 Stahlträgerverbunddecken	481
			2.1.3.10 Träger- und Balkendecken	482
			2.1.3.11 Decken aus räumlichen Tragwerken	484
		2.1.4 Verformungen		486
	2.2	Bauphysikalische Anforderungen an Geschossdecken		488
		2.2.1 Allgemeines		488
		2.2.2 Brandschutz		489
			2.2.2.1 Allgemeines	489
			2.2.2.2 Massivdecken	489
			2.2.2.3 Massivdecken mit Stahlträgern	492
			2.2.2.4 Holzbalkendecken	494
			2.2.2.5 Unterdecken	496
		2.2.3 Schallschutz		498
3	Fußbodenkonstruktionen			502
	3.1	Allgemeines		502

	3.2	Estriche		504
		3.2.1	Allgemeines	504
		3.2.2	Verbundstriche	505
		3.2.3	Estriche auf Trennschichten	507
		3.2.4	Schwimmender Estrich	507
	3.3	Trockenfußböden		511
		3.3.1	Fußböden aus Holz und Holzwerkstoffen	511
		3.3.2	Doppelböden	513
	3.4	Balkone und Balkonfußböden		514
	3.5	Bodenbeläge		516
		3.5.1	Allgemeines	516
		3.5.2	Gesundheitsrisiken bei elastischen und textilen Fußbodenbelägen	520
4	Unterdeckenkonstruktionen			522
	4.1	Allgemeines		522
	4.2	Konstruktionshinweise		522

G Treppen

Dipl.-Ing. O. Klostermann, Dipl.-Ing. E. Kuhlmann

1	Allgemeines			525
2	Begriffe			526
	2.1	Vorbemerkungen		526
	2.2	Treppenarten		526
	2.3	Begriffe		528
3	Anforderungen und Planungshinweise			529
	3.1	Allgemeines		529
	3.2	Maße und Formeln		529
	3.3	Konstruktionsanleitung für gerade Podesttreppen		532
	3.4	Detailpunkte		533
4	Konstruktion ein- und mehrläufiger Treppen			534
	4.1	Stahlbetontreppen		534
		4.1.1	Ortbetontreppen	534
		4.1.2	Stahlbetonfertigteiltreppen	537
	4.2	Holztreppen		541
	4.3	Stahltreppen		546
5	Wendeltreppen			552
6	Spindeltreppen			554
7	Geländer/Handläufe			556
8	Normen und Regelwerke			559

H Dächer

Prof. Dipl.-Ing. R. Wormuth,
Prof. Dr.-Ing. K. Dierks (Abschnitte 2.1 und 3.1),
Prof. Dipl.-Ing. H. D. Fleischmann (Abschnitt 2.25)

1	Dachformen		561
	1.1	Allgemeines	561
	1.2	Geneigte Dächer	563
		1.2.1 Bezeichnungen	563
		1.2.2 Dachausmittlungen: Bezeichnungen	569
	1.3	Flachdächer	570
	1.4	Zur Wahl der Dachneigung	571
2	Anforderungen		574
	2.1	Statische Anforderungen	574
	2.2	Bauphysikalische Anforderungen	576
		2.2.1 Allgemeines	576
		2.2.2 Feuchteschutz	577
		2.2.3 Wärmeschutz	578
		2.2.4 Schallschutz	579
		2.2.5 Brandschutz	580
3	Geneigte Dächer		581
	3.1	Grundtypen der geneigten Dachkonstruktion	581
		3.1.1 Allgemeines	582
		3.1.2 Pfettendächer	584
		3.1.3 Sparrendächer	590
		3.1.4 Kombinierte Dachkonstruktionen	594
		3.1.5 Sicherung der Giebelwände	596
	3.2	Dachdeckungen	597
		3.2.1 Allgemeines	597
		3.2.2 Begriffe	598
		3.2.3 Dachdeckungsmaterialien	601
		3.2.3.1 Dachziegel	601
		3.2.3.2 Dachsteine	602
		3.2.3.3 Natursteinplatten (Sedimentgesteine)	603
		3.2.3.4 Schieferplatten	603
		3.2.3.5 Faserzementplatten	604
		3.2.3.6 Glatte und profilierte Metallbleche	604
		3.2.3.7 Holzschindeln	605
		3.2.3.8 Bitumendachbahnen	606
		3.2.3.9 Polymerbahnen	606
		3.2.3.10 Stroh und Schilf	607
		3.2.4 Planungshinweise	608
		3.2.4.1 Dachziegel und Dachsteine	608
		3.2.4.2 Schieferplatten und glatte Faserzementplatten	623
		3.2.4.3 Well- und Profilplatten aus Faserzement	624
		3.2.4.4 Glatte und profilierte Metallbleche	625
		3.2.4.5 Holzschindeln	635
		3.2.4.6 Dachabdichtungen	638
		3.2.4.7 Stroh und Schilf (Reet)	642
	3.3	Dachentwässerung	643
		3.3.1 Allgemeines	643
		3.3.2 Planungshinweise	643
		3.3.3 Materialien und Ausführungen	645

			3.3.3.1 Dachrinnen	645
			3.3.3.2 Regenfallrohre	648
			3.3.3.3 Traufbleche	651
	3.4	Dachdeckungszubehör		651
	3.5	Bepflanzte Dächer		653
		3.5.1 Allgemeines		653
		3.5.2 Aufbau der Schichten		654
	3.6	Dachgaupen		657
4	Flachdächer			660
	4.1	Allgemeines		660
	4.2	Begriffe		662
	4.3	Planungshinweise		664
	4.4	Flachdachkonstruktionen		664
		4.4.1 Unterlagen für den Dachaufbau		664
		4.4.2 Voranstrich		665
		4.4.3 Ausgleichsschicht und Trennschicht		666
		4.4.4 Dampfsperre		666
		4.4.5 Wärmedämmung		669
		4.4.6 Durchlüfteter Dachraum		671
		4.4.7 Dampfdruckausgleichsschicht		671
		4.4.8 Dachabdichtung		672
		4.4.9 Oberflächenschutz, Auflast, Nutzschicht		673
	4.5	Dachanschlüsse, Dachabschlüsse, Fugen, Durchdringungen		676
		4.5.1 Dachanschlüsse, Dachabschlüsse		676
		4.5.2 Fugen		679
		4.5.3 Durchdringungen		680
	4.6	Dachentwässerungen		682
		4.6.1 Allgemeines		682
		4.6.2 Dachabläufe		683
		4.6.3 Dachrinnen		684
		4.6.4 Traufen		685
			4.6.4.1 Traufen ungenutzter Dachflächen	685
			4.6.4.2 Traufen genutzter Dachflächen	685
	4.7	Sonderkonstruktionen		686
		4.7.1 Umkehrdach		686
		4.7.2 DUO-Dach, PLUS-Dach		687
		4.7.3 Wasserundurchlässiger Stahlbeton		687
	4.8	Wartung, Pflege, Sanierung		689
		4.8.1 Wartung		689
		4.8.2 Dachsanierung		689
	4.9	Konstruktionsbeispiele		691
		4.9.1 Beispiele durchlüfteter und nichtdurchlüfteter Dachkonstruktionen		691
		4.9.2 Abdichtungsanschlüsse		692
	4.10	Zusammenstellung wichtiger Normen und Regelwerke		694

I/J Fenster und Türen

Dipl.-Ing. O. Klostermann, Dipl.-Ing. E. Kuhlmann

Einleitung   697

I Fenster

1	Vorbemerkungen	698
2	Begriffe	699
3	Planungshinweise	701
4	Bauwerksanschlüsse	702
	4.1 Einbau	702
	4.2 Befestigungen	703
	4.3 Anschlüsse	704
	4.4 Beschläge	707
5	Rahmen- und Flügelkonstruktionen	709
	5.1 Holzfenster	709
	5.2 Holz-Aluminium-Fenster	715
	5.3 Aluminiumfenster	715
	5.4 Kunststofffenster	719
	5.5 Stahlfenster	722
6	Oberfläche von Rahmen und Flügeln	725
7	Fensterbrüstungen	729
	7.1 Brüstung als Teil der Außenwand	729
	7.2 Brüstung als integriertes Bauteil der Fensterkonstruktion	729
8	Geneigte Verglasungskonstruktionen	730
	8.1 Dachflächenfenster	730
	8.2 Wintergärten	732
9	Glasfassaden	734
	9.1 Einschalige Glasfassaden	734
	9.1.1 Allgemeines	734
	9.1.2 Mechanische Befestigungen	734
	9.1.3 Structural Glazing	735
	9.2 Mehrschalige Glasfassaden	737
	9.2.1 Allgemeines	737
	9.2.2 Fassadensysteme	737

10	Klima- und Sonnenschutzkonstruktionen		740
	10.1	Rollläden	740
	10.2	Klapp- und Schiebeläden	742
	10.3	Markisen, Jalousetten- und Lamellenkonstruktionen	744
11	Gläser		746
	11.1	Übersicht	746
	11.2	Brandschutzverglasungen	749
	11.3	Einbruchhemmende Verglasungen	750
12	Dichtungen für Verglasungen		752
	12.1	Allgemeines	752
	12.2	Dichtstoffe, Dichtprofile	753
13	Normen und Regelwerke		756

J Türen

1	Vorbemerkung		761
2	Begriffe		762
3	Planungshinweise		763
4	Rahmen- und Flügelkonstruktionen		765
	4.1	Holzkonstruktionen	765
		4.1.1 Futter und Bekleidung	765
		4.1.2 Zargen, Blend- und Blockrahmen	768
		4.1.3 Einteilige oder zusammengesetzte Türflügel	768
	4.2	Stahlkonstruktionen	778
		4.2.1 Stahlzargen oder -profilrahmen	778
		4.2.2 Stahlprofilflügel	780
	4.3	Aluminiumkonstruktionen	780
		4.3.1 Aluminiumprofilrahmen	780
		4.3.2 Aluminiumprofilflügel	781
	4.4	Kunststoffkonstruktionen	781
		4.4.1 Kunststoffrahmen	781
		4.4.2 Kunststoffflügel	782
5	Feststehende Rahmenflächen		783
6	Oberfläche von Rahmen und Flügeln		783
7	Rahmenlose Verglasung		783

8		Türen mit besonderen Funktionen	785
	8.1	Rauchdichte Türen/Feuerschutztüren	785
	8.2	Feuchtraumtüren	786
	8.3	Schallschutztüren	787
	8.4	Strahlenschutztüren	788
	8.5	Einbruchhemmende Türen	789
	8.6	Beschusshemmende Türen	789
9		Bauwerksanschlüsse	790
10		Beschläge	791
	10.1	Bänder, Scharniere, Dichtungen	791
	10.2	Türdrücker, Türschlösser, Schließbleche	794
11		Normen und Regelwerke	798

K Konstruktionsatlas

Prof. Dipl.-Ing. R. Wormuth

	Vorbemerkung	803
1	Wohnhaus Hesselbach, Kalchreuth	804
2	Thomas-Kirche, Osnabrück	808
3	Hauptfuhrpark des Amtes für Stadtreinigung und Stadtentwässerung, Bremen, Wartungshalle	813
4	Deutsche Bundesstiftung Umwelt, Verwaltungsgebäude, Osnabrück	817
5	Deutsche Bundesstiftung Umwelt, Zentrum für Umweltkommunikation, Osnabrück	822
6	Informations-, Kommunikations- und Medienzentrum der BTU Cottbus	827
7	Westmünsterländer Bauernhof, Altbausanierung	834
8	Gründerzeitwohnhaus in Osnabrück, Altbausanierung	845

Literaturverzeichnis 853

Stichwortverzeichnis 877

Abb. A.1
Neue Nationalgalerie Berlin

Gestalt von Stütze und Stützenkopf
(Ludwig Mies van der Rohe,
Planung 1966/67)

Einführung

Aufgabe der Baukonstruktion

Bauen entspringt dem elementaren Bedürfnis des Menschen nach Schutz vor Wind und Wetter, Raub und Mord. Der Mensch braucht Behausungen. Bauen, wachsen, werden, wohnen haben eine gemeinsame Sprachwurzel.

Bauen bedeutet aber auch: Zerstörung, Rohstoff- und Energieverbrauch, Flächenverbrauch. Die Rückführung verbauter Baustoffe in einen volkswirtschaftlich nutzbringenden Stoffkreislauf ist in der Regel – wie bei Stahl und Stahlbeton – mit hohem Energieaufwand verbunden oder – wie bei Verbundstoffen und Kunststoffen – noch nicht wirtschaftlich möglich. Von natürlichen Stoffkreisläufen ist technisches Recycling – mit anderen Worten: Verarbeitung von Bauschutt zur Wiederverwendung – meist weit entfernt. Die angestrebte Dauerhaftigkeit der Bauwerke konterkariert geradezu schnelle Kreisläufe, wie sie zum Beispiel auf den Bau eines Vogelnestes oder eines Wespenstockes nach Verlassen der Behausung durch Zerfall der organischen Substanz, durch Mineralisierung und Wiederaufnahme als Nährstoff für pflanzliches Wachstum folgen. Organismen wie Pilze und Insekten, die wie beim Holz durch Zersetzen der Zellulose eine schnelle Aufbereitung für den natürlichen Kreislauf bewirken, werden vielmehr bekämpft.

Wer baut, trägt eine komplexe Verantwortung. Neben die überlieferten Anforderungen an eine Baukonstruktion, wie gute Funktionalität, konstruktive Mängelfreiheit und gute Gestaltung, sind neue Forderungen getreten: sparsamer Umgang mit den Ressourcen, weitgehender Schutz der Umwelt, sparsame Verwendung von Energie bei der Bauproduktion wie beim Betrieb der Bauwerke und Erfüllung strenger hygienischer Bedingungen. In Kosten-Nutzen-Betrachtungen und betriebswirtschaftliche Rechnungen sind diese neuen Faktoren mit aufzunehmen.

Die Ethik des Bauens fordert die Berücksichtigung der Auswirkungen des Bauens auf Mensch und Umwelt, insbesondere dann, wenn nur wenige an dem Nutzen des Gebauten teilhaben.

Die Rahmenbedingungen des Bauens werden durch Kosten-Nutzen-Erwägungen bestimmt. Darin eingeschlossen sind auch die allgemein anerkannten Regeln der Technik. Nach ihnen richtet sich die Bauproduktion und die Rechtsprechung. Auch der Nutzer ist in seinen Erwartungen und in seinem Verhalten an die Regeln der Technik gebunden. Ein Baukonstruktionslehrbuch muss diesen Aspekten Rechnung tragen. Aber die Ethik des Bauens darf deshalb nicht durch Gewohntes und Gewöhnung überdeckt oder verdrängt werden, vielmehr bestimmt sie den Tenor eines jeden Kapitels dieses Buches.

Alternativ – konventionell, dieser moderne Antagonismus trifft weder für Baustoffe noch für Baukonstruktionen zu. Gleichermaßen unscharf sind die Attribute „ökologisch" und „baubiologisch".

Der Begriff *ökologisch* unterliegt seit einigen Jahren einem gewissen Bedeutungswandel und wird zunehmend erweitert, zum Teil auch verfremdet verwendet [A.14]. Ökologie ist zunächst die Wissenschaft von den Wechselbeziehungen zwischen den Lebewesen und ihrer Umwelt als Teilgebiet der Biologie, oder erweitert, die Lehre vom Haushalt der Natur. Ein Gebiet gilt als ökologisch gesund, wenn sein Haushalt im Gleichgewicht, wenn der Kreislauf von Werden und Vergehen ausgeglichen ist und wenn Abgang und Verbrauch den Zugang nicht übersteigen und umgekehrt. Wiederverwendung von Stoffen oder die Verwendung von an anderer Stelle als Abfall anfallendem Material kann also wesentlich zu einem ausgeglichenen Naturhaushalt beitragen. Einzubeziehen in die Erwägungen wäre auch der Energieverbrauch. Bei einem Gebäude wäre die Energiebilanz von der Herstellung über die Stand- und Betriebsdauer bis hin zum Abtrag und zur Aufbereitung der Materialien für eine Wiederverwendung aufzustellen und zu beurteilen – eine nur selten zu lösende Aufgabe ([A.15] bis [A.18]). Unter dem Begriff *Baubiologie* werden im Wesentlichen die Einflüsse des Standortes eines Gebäudes und seiner Baumaterialien auf das Wohlbefinden der Bewohner verstanden. Allerdings gibt es noch keine wissenschaftlich fundierte einvernehmliche Definition dieser Wortschöpfung. Geologische Parameter wie das Magnetfeld der Erde, Grundwasserströmungen und die stoffliche Zusammensetzung des Baugrundes werden ebenso in Betracht gezogen wie chemische und physikalische Eigenschaften der verwendeten Baustoffe. Materialien wie Asbest, Formaldehyd und Giftstoffe von Holzschutzmitteln sind zweifellos für alle Menschen in gleicher Weise schädlich. Erscheinungen wie elektrische Felder von Stromleitungen und Abschirmungen durch Bewehrungsnetze in Stahlbetonbauteilen werden dagegen von verschiedenen Menschen unterschiedlich intensiv wahrgenommen. Das Ziel einer Bauplanung muss auf jeden Fall sein, das Wohlbefinden aller Nutzer im Inneren der Gebäude wie in ihrem Umfeld zu gewährleisten.

Jeder Architekt und Konstrukteur sollte mit ethischer Verpflichtung Alternativen prüfen und ggf. über konventionellen Gebrauch und übernommene Lehrmeinungen hinaus unter Berücksichtigung fachöffentlicher Diskussionen gegeneinander abwägen. Baustoff und Konstruktion – an sich weder gut noch schlecht – sind so für einen bestimmten Zweck einzustufen.

Gebäude sind vielfältigen Einflüssen ausgesetzt. Auf ein Gebäude wirken geophysikalische und klimatische Einflüsse sowie Immissionen und Beanspruchungen durch Gebrauch. Allen Einwirkungen hat das Gebäude so zu widerstehen, dass Leben und Gesundheit der Bewohner nicht bedroht werden. Die allgemeinen Anforderungen an gesunde Wohn- und Arbeitsverhältnisse müssen gewahrt sein. Bauwerke „müssen so beschaffen sein, dass durch Wasser, Feuchtigkeit, pflanzliche oder tierische Schädlinge sowie andere chemische, physikalische und mikrobielle Einflüsse Gefahren oder unzumutbare Belästigungen nicht entstehen", so ist der Anforderungsrahmen in einer Landesbauordnung formuliert.

Während früher die Überlegungen zur Planung und Herstellung eines Bauwerkes den Aufwand für Betrieb und Instandhaltung in der Regel gerade noch einschlossen, dann aber endeten, ist heute die ganze Geschichte des Bauwerkes bis zu seinem Ende und Abtrag zu betrachten. Alle beim Abbruch anfallenden Stoffe müssen, sofern sie nicht wiederverwendungsfähig sind, klassifiziert werden und dürfen erst dann ihren umweltbelastenden Eigenschaften gemäß auf entsprechenden Deponien abgelagert werden. Die Baukonstruktion von heute bestimmt den Aufwand für Umbau, Sanierung und Abbruch von morgen.

Einführung

Qualität der Konstruktion

Weil Baukonstruktion keine exakte Wissenschaft ist, fällt das Urteil über Qualität hin und wieder unterschiedlich aus. Die Gegenüberstellung von fehlerhafter und richtiger Konstruktionslösung kann in einigen Fällen das Problem einer Konstruktionsaufgabe besonders deutlich darstellen. Dieses didaktische Hilfsmittel wird daher in einem Lehrbuch bei angemessener sparsamer Verwendung kaum auf Ablehnung stoßen.

Anders steht es mit jenen konstruktiven Lösungen, die zwar – weil angeblich billig – in der Praxis vorkommen, aber wegen kleinerer oder größerer – auch gestalterischer – Mängel eigentlich nicht gebaut werden sollten. Man könnte sie schlicht nicht zur Kenntnis nehmen und erwarten, so am besten zu ihrem Verschwinden beizutragen. Die Frage ist nur, ob nicht in der Praxis die normative Kraft des Faktischen den jungen Konstrukteur leicht zur Adaption dessen verleitet, „was schon immer so gemacht wurde". Wir haben uns entschieden, auf einige negative Beispiele warnend hinzuweisen (Achtungszeichen), um den Konflikt bewusst zu machen und auf diese Weise etwas gegen die weitere Verbreitung problematischer Konstruktionslösungen zu tun.

Besonders schwer ist ein Konsens in Fragen der Gestaltung zu erzielen. Was gestern als gut gestaltet galt, wird heute verworfen. Ein Blick in die Baugeschichte zeigt, dass die Gestaltung der Konstruktion nie als Problem für sich gesehen wurde. Das bewusste Gestalten der Konstruktion zum Zwecke der pointierten Demonstration einer konstruktiven Idee ist erst seit etwa Mitte des 19. Jahrhunderts ein besonderes Anliegen der Architekten und Ingenieure. Ästhetische Fragen sind, folgt man der griechischen Wortbedeutung von Ästhetik, nicht zu trennen von Fragen der Wahrnehmung. Die Wurzel ästhetischer Befriedigung sieht P. L. Nervi in der Verwandtschaft zwischen den physikalischen Gesetzmäßigkeiten, die aus richtigen, klaren Konstruktionen ablesbar sind, und der Struktur unseres Körpers, der eben diesen Gesetzmäßigkeiten unterliegt [A.9].

Dagegen war bis Anfang des 19. Jahrhunderts die Gestaltung der Konstruktionen von Gebäuden, eingebunden in eine ganzheitliche Idee für das Gesamtwerk, in der Regel von anderen Vorstellungen getragen. So waren die Lichtmystik der Theologen des 12. Jahrhunderts und die Vision von der materiellen Verwirklichung des „himmlischen Jerusalem" Grundlage und Motor für die großartige Gestaltung der gotischen Kathedralen [A.10], deren gewaltige Konstruktionen völlig offen vor Augen liegen.

Heutige Interpretationen historischer Konstruktionsgestaltungen gehen von unterschiedlichen Denkansätzen aus. Es stehen dabei entweder formalästhetische Aspekte, funktionale Interpretationen oder eine historischgenetische Deutung im Vordergrund.

Ein Beispiel möge das Problem der Konstruktionsgestaltung andeuten:

Die Gestalt von Stütze und Stützenkopf der neuen Nationalgalerie in Berlin (Ludwig Mies van der Rohe, Planung 1966/67, Abb. **A.1**) lässt sich funktionsästhetisch interpretieren: Die Stützen bestehen aus zwei im Grundriss gekreuzten $\mathbb{I}$-Profilen, deren Stege parallel zu den Seiten der quadratischen Dachkonstruktion ausgerichtet sind. Der Stützenfuß ist 10 % breiter als der Stützenkopf. Das Bewegliche, Gelenkhafte des Punktkipplagers am Stützenkopf wird durch eine starke Querschnittsreduzierung angezeigt.

Die Unmöglichkeit einer Momentenübertragung ist hier offensichtlich. Die Berührungsstelle zwischen getragenem Dachtragwerk und tragender Stütze ist durch einen deutlichen „Formensprung" akzentuiert. Unter dem Dachrandträger sitzt eine Gelenkpfanne, die auf dem kalottenartigen Stützenkopf liegt. Hingegen hat Mies van der Rohe die Stützeneinspannung nur unvollkommen sinnfällig gemacht. Zwar ist der Stützenfuß breiter als der Stützenkopf, seine Einspannung in der Stahlbetonkonstruktion des Untergeschosses ist jedoch nicht sichtbar. Überdies ergibt sich hier ein schadensträchtiger Konfliktpunkt, weil die Stahlstütze mit ihrem komplizierten Grundriss die Abdichtung des Terrassenbodens durchdringen muss.

Gliederungskonzept

Die Baukonstruktion hat durch die Entwicklung neuer Werkstoffe und neuer Herstellungstechniken seit der Mitte des 20. Jahrhunderts einen so hohen Grad an Komplexität erreicht, dass zu ihrer Beschreibung eine widerspruchsfreie Auswahl und Einteilung, die immer auch mit Entflechtungen verbunden ist, wo Verflechtungen geboten sind, kaum noch möglich ist. Mehrere Autoren haben sich dieses Problems angenommen (z. B. [A.2] bis [A.5]), ohne eine allgemein anerkannte, verbindliche Klärung zu finden.

Die Bauwerke des *Hochbaus*, um die es in diesem Lehrbuch geht, sind jene Bauwerke, die man gemeinhin als Gebäude bezeichnet. Sie haben die Aufgabe, Räume zu bilden, die vorgegebene Nutzungen zulassen und die entsprechend der jeweiligen Nutzung gegen bestimmte Umwelteinflüsse geschützt sind.

Zur Aufnahme und Ableitung der Belastungen in den Baugrund dienen die tragenden Teile des Gebäudes. Ihre verbundene Gesamtheit bildet das System des *Tragwerks*. Das Tragwerk muss einer Vielzahl von Bedingungen genügen, um die Aufgabe sicher erfüllen zu können.

Die Teile des *Ausbaus* ermöglichen erst die eigentliche Nutzung: Fenster, Türen, Trennwände, Trink- und Abwasserleitungen, Heizungssysteme, Be- und Entlüftungssysteme und anderes mehr. Der Ausbau hat im Verhältnis zum Tragwerk meistens einen additiven Charakter, wenn auch bei Gebäuden mit hohem Installationsaufwand die Anforderungen der technischen Gebäudeausrüstung zu einem entwurfs- und konstruktionsbestimmenden Parameter werden können. Dennoch ist es möglich, zunächst das Tragwerk ohne Ausbau zu betrachten und seine Konstruktion einschließlich der Gründung – der Verbindung mit dem Baugrund – zu behandeln.

Herstellung und Konstruktion der Tragwerke werden weitgehend vom Baumaterial bestimmt. Wenngleich ein Gebäudetragwerk selten aus einem einzigen Baumaterial besteht, ist doch eine Einteilung nach dem jeweils vorherrschenden Material zweckmäßig, und wir folgen hier der traditionellen Gliederung nach den Bauarten: Mauerwerksbau, Holzbau, Stahlbau, Stahlbetonbau, Lehmbau.

Das Gebäude als Einheit

Die übliche Gliederung der Baukonstruktionen von Gebäuden in Bauteile unterschiedlicher Trag- und Nutzungsfunktionen – Wände, Decken, Dächer, Fenster usw. – erweist sich angesichts schärfer werdender Anforderungen vor allem des Wärme-, des Schall- und

Einführung

des Brandschutzes zunehmend als unzweckmäßig. Integrierende Betrachtungsweisen treten an ihre Stelle.

Die das Gebäudevolumen einschließende Gebäudehülle bekommt mit allen zugehörigen Bauteilen einen besonderen Stellenwert, d. h., die Leistungen der Bauteile in ihrem Verbund ergeben eine Gesamtwirkung, die bestimmte Anforderungsniveaus zu erreichen hat.

Die Technische Ausrüstung, insbesondere Heizung und Lüftung, ist für diese ganzheitliche Betrachtungsweise unverzichtbar. Die Gebäudehülle und die technischen Anlagen zur Regelung des Innenraumklimas sind ein Funktionsganzes. Diese Anlagen sind überdies räumlich und konstruktiv mit der Baukonstruktion verzahnt.

Gebäude haben innenliegende und nach außen gerichtete Bauteile.

In Abhängigkeit von der jeweiligen Klimazone sind die Außenflächen eines Gebäudes sehr unterschiedlichen Beanspruchungen ausgesetzt. Besonders hoch sind die Beanspruchungen in Klimazonen mit häufigem Frost-Tauwetter-Wechsel und hoher relativer Luftfeuchte, wie zum Beispiel in Mitteleuropa.

Die Außenflächen lassen sich in drei Zonen gliedern:
– Berührungsbereich mit dem Baugrund
– Außenwände
– Dach.

Ein Gebäude kann mit einem Keller in den Baugrund eingelassen oder ohne Keller auf tragfähigem Baugrund aufgesetzt werden. Zur Verteilung der Lasten in den Baugrund sind unter den Wänden und Stützen Fundamente erforderlich. Die Kelleraußenwände und die Kellersohle schließen das Gebäude seitlich gegen den Boden und nach unten gegen den Baugrund ab. Sie sind gegen das Eindringen von Feuchte aus dem Boden hinreichend abzudichten. Die Kellerwände werden außer durch Gebäudelasten auch von seitlich wirkendem Erddruck des umgebenden Bodens belastet. Wenn der Keller im Grundwasser liegt, tritt zusätzlich Wasserdruck auf. Bei beheizten Kellern ist das Abfließen der Wärme durch die Kellerwände und die Kellersohle in den Boden zu dämmen.

Das Dach hat ähnliche Funktionen zu erfüllen wie die Außenwände. Man kann es gleichsam als eine horizontale oder geneigte Außenwand deuten. Wegen dieser Lage ist es jedoch den Niederschlägen und der Sonneneinstrahlung weit stärker ausgesetzt als die senkrechten Wände.

Die nach außen gerichteten Flächen bilden gleichsam die Haut des Gebäudes. Sie kann massivmonolithisch oder wie in der Natur differenziert und tief gestaffelt sein. Jeder Schicht fällt dann eine besondere Aufgabe zu.

So hat die Ableitung des Niederschlagswassers von der Dachfläche von jeher eine besondere Ausbildung der Dachoberfläche erfordert, und der Begriff „Dachhaut" ist seit langem gebräuchlich. Im Geschossbereich und im Kellerbereich hat man sich bis in die jüngere Vergangenheit vielfach mit dem Schutz zufrieden gegeben, den das tragende Baumaterial der Außenwände von sich aus – ohne eine besondere Haut – gerade geben konnte.

A

Seit Beginn des letzten Jahrhunderts sind die Ansprüche zuerst an den Feuchteschutz, dann an den Wärmeschutz erheblich gestiegen.

Würde allerdings alles Gestalten und Konstruieren dem Primat z. B. der Wärmebrückenvermeidung unterworfen werden, dann wären die im 20. Jahrhundert gewonnenen gestalterischen Freiheiten schon wieder verloren. Die Aufgabe und der Reiz baukonstruktiven Entwerfens liegen vielmehr darin, in diesem Spannungsfeld von gestalterischer Freiheit und strengen bauphysikalischen Anforderungen Wege zu finden, die nicht bei einem Einheitsbautyp enden und konstruktionsästhetische Qualität besitzen.

Aber nicht nur die gestiegenen Ansprüche, sondern auch das Aufgeben traditioneller Bauformen – am Beginn dieser Entwicklung stehen Gebäude wie die 1906 von Henry van de Velde in Weimar gebaute Kunstgewerbeschule (das spätere Bauhaus, Abb. **I.1**, Seite 697), das Fabrikgebäude der Steiff-Werke in Giengen an der Brenz mit seiner Vorhangfassade aus dem Jahr 1903 (Abb. **A.2**), das 1911 in Alfeld an der Leine errichtete Fagus-Werk von Walter Gropius und Adolf Meyer – hat unvermeidlich Rückwirkungen auf Konstruktion und Ausbildung der Gebäudehülle zur Folge, die in ihrer Konsequenz und Bedeutung bis heute noch nicht immer hinreichend erkannt und berücksichtigt werden. Die gegenwärtigen beklagten und beschriebenen Bauschäden bis hin zum Einsturz des Südbogens der Berliner Kongresshalle sind überwiegend auf Mängel der Gebäudehülle zurückzuführen [A.6] [A.7] [A.8]. Bei dem Entwurf aller das Gebäude nach außen abgrenzenden Bauteile sollte man sich dieses Umstandes stets bewusst sein.

Abb. A.2
Fabrikationshalle der Steiff-Werke in Giengen/Brenz (1903).
Vorhangfassade.
(Foto: R. Wormuth)

Gemessen an den Problemen, die sich aus den Schutzfunktionen gegen die Außenwelt ergeben, sind die im Zusammenhang mit den Innenbereichen des Gebäudes auftretenden Fragestellungen weniger diffizil. Während baukonstruktive Fehler im Außenbereich leicht schwerwiegende Folgen haben können und in vielen Fällen nicht zu beseitigen sind, gefährden Fehler im Innenbereich selten die Bausubstanz. Aber auch für den inneren Bereich gilt, dass nur die sorgfältige Beachtung der baukonstruktiven Regeln bei der Planung und Ausführung den Gebrauchswert eines Gebäudes sichert und dass aus ihrer Missachtung unzumutbare Belästigungen und Nutzungseinschränkungen entstehen können.

Grundlagen

1
Einwirkungen auf Bauwerke

Ein Gebäude ist vielfältigen Einwirkungen ausgesetzt. Die maßgeblichen Einwirkungen sind die Einwirkungen aus Lasten und die Beanspruchungen aus Temperaturänderungen. Auch unterschiedliche Setzungen des Baugrundes können bestimmende Einwirkungen sein.

Man unterscheidet:
– Ständige Lasten
– Nutzlasten.

Zu den ständigen Lasten zählen die Eigenlasten der tragenden Bauteile einschließlich der Putzschichten, Fußbodenbeläge, Auffüllungen und anderer unveränderlicher Teile.

Nutzlasten sind die veränderlichen oder beweglichen Lasten, zum Beispiel:
– Personen
– Inventar
– Maschinen
– Lagerstoffe
– Kraftfahrzeuge
– leichte Trennwände.

Zu den zeitlich veränderlichen Einwirkungen gehören zum Beispiel:
– Windlast
– Schneelast und Eislast
– Erddruck und Wasserdruck auf Kellerwände und Sohle
– Lasten infolge Erdbeben.

Die Größe der wirklich auftretenden Lasten lässt sich in der Regel nicht vorhersagen. Man hat deshalb mit Hilfe statistischer Methoden Rechenwerte für Eigenlasten und Verkehrslasten ermittelt und sie in Normen festgelegt (zum Beispiel DIN 1055, [B.1.1], [B.1.2]).

Die verschiedenen möglichen Lasten sind stets so zu kombinieren, dass sie in dem gerade betrachteten Bauteil die größte für die Bemessung maßgebende Beanspruchung hervorrufen. Wenn Lasten zur Gewährleistung der Standsicherheit beitragen, wie zum Beispiel die Eigenlast eines Daches bei Windsog oder die Eigenlast eines Gebäudes bei Gründung im Grundwasser gegen Auftrieb oder die Eigenlast einer Mauer gegen Kippen, dann sind die jeweils kleinsten Rechenwerte der Eigenlasten anzunehmen. Größere Abweichungen der wirklichen Lasten von den Rechenwerten können zum Beispiel bei Holz wegen des wechselnden Feuchtegehalts und bei Stahlbeton mit geringem Bewehrungsgehalt vorkommen.

Beanspruchungen können bei Temperaturänderungen auftreten, wenn die temperaturbedingten Formänderungen behindert werden. Deshalb verwendet man auch die Bezeichnung „Temperaturbelastung" oder „Lastfall Temperatur".

Für jedes Bauwerk ist nachzuweisen, dass seine Tragfähigkeit und seine Gebrauchsfähigkeit auch bei der denkbar ungünstigsten Kombination der Einwirkungen gewährleistet ist. Die erforderliche umfangreiche Führung der Nachweise ist in DIN 1055-100 : 2001-03 beschrieben.

Ein Bauteil, das hinreichend tragfähig ist, muss nicht zwangsläufig für den Gebrauch geeignet sein. So kann zum Beispiel die Durchbiegung eines langen Trägers unzumutbar groß sein, obwohl seine Tragfähigkeit gewährleistet ist. Ein kurzer Träger kann dagegen bei steigender Last zu Bruch gehen, bevor die Größe der Durchbiegung den Gebrauch beeinträchtigt.

2
Das Tragwerk und seine Teile

2.1

Tragwerkselemente

Das Tragwerk eines Gebäudes hat die Aufgabe, alle auf das Bauwerk einwirkenden Lasten sicher in den Baugrund abzuleiten. Lasten können in jeder Richtung auftreten, folglich muss das Tragwerk ein räumlich steifes, tragfähiges System sein (siehe Abschnitt B.3).

Meistens werden die Gebäude und ihre Tragwerke aus linienförmigen und flächenhaften ebenen Bauteilen zusammengesetzt, oder es ergeben sich bei der Herstellung derartige Bauteile.

Linienförmige Bauteile werden allgemein Stäbe genannt. Man unterscheidet Stäbe mit *gerader* Stabachse und Stäbe mit *gekrümmter* Stabachse. Die Stabachse ist die Verbindungslinie der Schwerpunkte aller Querschnitte des Stabes, wobei die Querschnitte normal zur Stabachse stehen (Abb. **B.1**). Die Querschnittsabmessungen sind klein gegenüber der Länge der Stabachse. Zur Beschreibung der Stäbe für statische Berechnungen genügt die Darstellung der Stabachse. Eindeutig ist die Lagerung zu klären.

Die wichtigsten Lagerarten sind:
– festes (Gelenk-)Lager
– verschiebliches oder bewegliches (Gelenk-)Lager
– Einspannung.

Ein *festes* Lager leitet beliebig gerichtete Kräfte in das anschließende Bauteil oder in den Baugrund weiter. Es kann keine Momente übertragen und bildet deshalb ein scharnierartiges Gelenk. Ein *verschiebliches* Lager leitet Kräfte in nur einer Richtung normal zur Verschiebungsrichtung weiter. Es überträgt ebenfalls keine Momente. In einer *Einspannung* können beliebig gerichtete Kräfte und Momente abgeleitet werden.

In den statischen Systemen der Tragwerke werden die Lager stets in der zur eindeutigen Berechnung erforderlichen Weise dargestellt, auch dann, wenn in Wirklichkeit – zum Beispiel bei Tragwerken mit kleinen Abmessungen – keine unterschiedlichen Lager ausgebildet werden (Abb. **B.1, B.5, B.12**). Man kann bei geringen Abmessungen auf eine besondere Lagerform für die Bewegungsmöglichkeit verzichten, weil die zugehörigen Verschiebungen, zum Beispiel bei Temperaturänderungen, ebenfalls klein sind. Bei Brücken und anderen weitgespannten Tragwerken müssen die Lager dem zugrunde gelegten statischen System dagegen weitgehend entsprechen (Abb. **B.93 a**).

Träger, Balken

Gerade Stäbe, die vorwiegend von *rechtwinklig* zur Stabachse gerichteten Lasten beansprucht werden, bezeichnet man als Träger (Abb. **B.1**). Bis in die Mitte des 19. Jahrhunderts wurden Träger fast ausschließlich aus Holzbalken hergestellt. So kam es, dass Balken ein Synonym für Träger war, das später auf Stahlträger und Stahl-

Abb. B.1
Träger (hier $A_H = 0$, weil keine Horizontalkraft angreift)

Träger mit Wandlast

Statisches System
Last rechtwinklig zur Stabachse

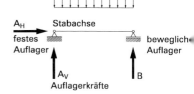

Trägerquerschnitt normal zur Stabachse

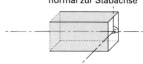

betonträger übertragen wurde. Im Stahlbetonbau ist der Begriff Balken vielfach bis heute üblich, während man im Stahlbau jetzt nur noch von Trägern spricht.

Stütze, Säule, Pfeiler

Gerade Stäbe, die vorwiegend durch Lasten *parallel* zu ihrer Achse beansprucht werden, nennt man allgemein Stützen oder – wenn sie ausschließlich auf Zug beansprucht werden – Zugstäbe (Abb. **B.2 a, b**). Für Stützen mit kreisförmigem Querschnitt wird des öfteren der baugeschichtliche Begriff Säule verwendet. Stützen und kurze Wandabschnitte aus *Mauerwerk* bezeichnet man als Pfeiler (Abb. **B.2 c, d**).

Abb. B.2
Stütze, Zugstab

a Stützen mit Einspannung am Fuß (hier $A_H = 0$, $B_H = 0$, $M_E = 0$)
b Zugstab
c Säulen
d Pfeiler in einer Mauerwerkswand

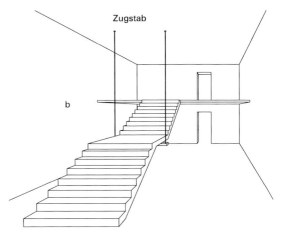

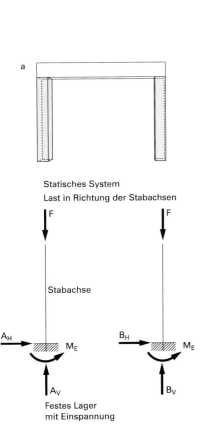

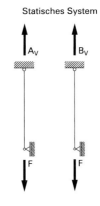

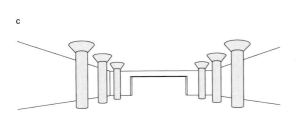

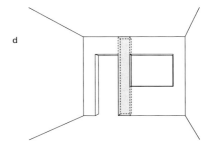

Bogen

Ein Stab mit gekrümmter Stabachse, dessen Enden nicht nur in senkrechter, sondern auch in horizontaler Richtung gestützt sind, bildet einen Bogen (Abb. **B.3 a, b**). Das besondere Merkmal des Bogens ist, dass er die Lasten überwiegend durch Druckkräfte ableitet und dass an den Auflagern stets (d. h. auch infolge vertikaler Last) horizontal gerichtete Auflagerkomponenten auftreten. Die Auflager werden gleichsam auseinander geschoben. Man spricht deshalb auch vom „Bogenschub". Wenn man die Auflager mit einem Zugstab (Zugband) verbindet, lässt sich der Bogenschub aufheben; er wird nicht an die Auflager abgegeben. Der Bogen mit Zugband ruft bei senkrechter Belastung nur senkrechte Auflagerkräfte hervor (Abb. **B.3 b**). Bei Bogen ohne Zugband werden die Horizontalkräfte in die angrenzenden Wandscheiben geleitet oder über Fundamente in den Baugrund geführt.

Vor der Verwendung von Stahl und Stahlbeton im Bauwesen war der Bogen ein weit verbreitetes Bauelement zur Abfangung von Lasten über Wandöffnungen aller Art, zum Beispiel über Türen und Fenstern. Ein Bogen kann mit Steinen, die annähernd zwei planparallele Flächen haben, leicht hergestellt werden. Die Steine sind längs der Bogenachse so zu verlegen, dass die Planflächen etwa normal zur Bogenachse liegen (siehe Abschnitt B.4.4.3).

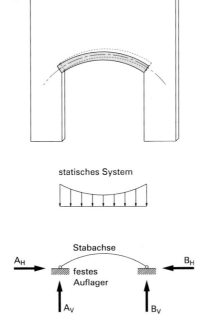 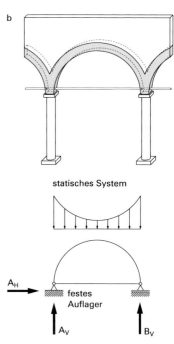

Abb. B.3
Bogen

a Bogen mit 2 festen Auflagern; die Auflager werden auch in horizontaler Richtung beansprucht
b Bogen mit Zugband; die Auflager werden bei vertikalen Lasten nur vertikal beansprucht (hier $A_H = 0$)

Platte

Ebene, flächenhafte Bauteile, die *normal zu ihrer Ebene* belastet werden, bezeichnet man als Platten. Sie übertragen die Lasten durch Querkräfte und Biegemomente. Die Platte aus Stahlbeton ist heute eines der wichtigsten Tragwerksteile (Abb. **B.4**), siehe auch Abschnitt B.7.4.2.

Scheibe

Ebene, flächenhafte Bauteile, die *in ihrer Ebene* belastet werden, nennt man Scheiben. Die Lasten werden durch flächig verteilte Zug- und Druckkräfte übertragen. Tragende Wände gehören zu diesem Bauteiltyp, gleichgültig ob sie auf ihrer ganzen Länge gelagert sind oder als wandartige Träger auf einzelnen Stützen ruhen (Abb. **B.5**). Häufig nehmen Deckenplatten horizontale Windlasten auf und leiten sie weiter in senkrechte Wände. Sie wirken dann außer als Platte zusätzlich als Scheibe (siehe Abschnitt B.3). Scheiben bedürfen zur Verhinderung des Beulens unter Druckkräften auch einer Platten-Biegesteifigkeit.

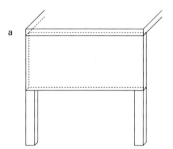
a
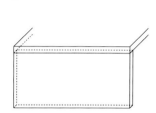
b

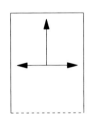

Statisches System

Last in Richtung der Scheibenebene

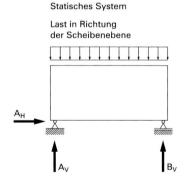

Statisches System

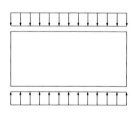

Abb. B.4
Platte
Belastung durch Eigenlast

Aufsicht in symbolischer Darstellung,
3-seitige linienförmige Lagerung,
die Pfeile zeigen die Richtung des Lastabtrages an
—— gestützter Rand
- - - - freier, nicht gestützter Rand

Abb. B.5
Scheiben
durch Platte belastet

a wandartiger Träger auf zwei Stützen
b Wand als Scheibe kontinuierlich gelagert

Schale

Schalen sind einfach oder doppelt gekrümmte flächenhafte Bauteile von geringer Dicke. Sie lassen sich aus Stahlbeton, Stahl, Holz und Kunststoffen herstellen. Wegen der Biegesteifigkeit der Schalenflächen sind nicht nur Zugbeanspruchungen, sondern auch Druckbeanspruchungen in Richtung der Schalenflächen möglich. Die Biegesteifigkeit verhindert das Beulen unter Druckkräften (Abb. **B.6**), [B.2].

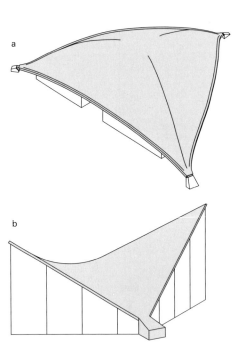
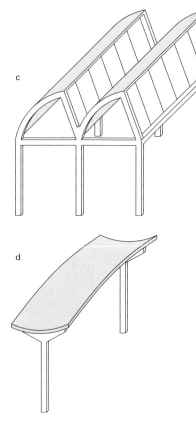

Abb. B.6
Schalentragwerke

a freie Schalenform über Dreieck-Grundriss
b hyperbolische Paraboloid-Schale
c Shed-Dach aus Kreiszylinder-Segmenten
d Hyperboloid-Schale

Faltwerk

Zueinander geneigte und längs ihrer gemeinsamen Kante verbundene Scheiben können sehr wirkungsvolle Tragwerke bilden. Ihrer Form wegen nennt man sie Faltwerke. Aufgrund der Biegesteifigkeit der einzelnen Scheiben können in den Scheibenebenen, wie bei Schalen, Zug- und Druckkräfte übertragen werden (Abb. **B.7**), [B.3]. In erster Näherung kann man Faltwerke auch als Träger mit dünnwandigem Querschnitt auffassen.

Membran

Vollkommen biegeweiche flächige Gewebe, Netze und Häute nennt man Membrane. Sie eignen sich für drei Typen von Tragwerken:
– Tragluftbauten
– Stützschläuche
– Zelte.

Tragluftbauten bestehen aus einer gasdichten Hülle, die längs ihres Randes mit dem Baugrund weitgehend luftdicht verbunden ist. Ein geringer innerer Luftüberdruck bläht die Hülle ballonartig auf. Das tragende Medium ist also die eingeschlossene Luft. Man spricht deshalb von Tragluftbauten (Abb. **B.8**), [B.4]. Sie werden unter anderem als Lagerhallen und zum Wetterschutz von Sportanlagen und Großgeräten der Nachrichtentechnik genutzt.

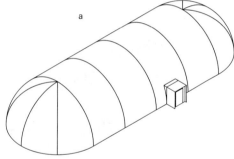

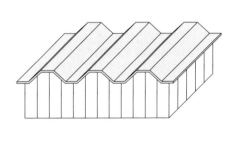

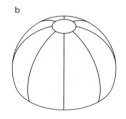

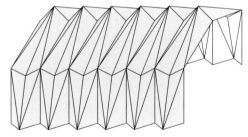

Abb. B.7
Faltwerke

Abb. B.8
Tragluftbauten

a Kombination aus kreisförmigem Halbzylinder und Viertelkugeln
b Halbkugel

Allseits geschlossene gasdichte Membranen, also Schläuche, können durch hohen Innendruck wie ein Autoreifen zu steifen und tragfähigen Bauteilen aufgeblasen werden. Sie sind hinsichtlich ihrer Wirkungsweise den linienförmigen Stäben zuzuordnen und insofern als Träger oder Stützen anzusehen. Man bezeichnet sie als Stützschläuche (Abb. **B.9**).

Membranen aus textilen Geweben und aus Seilnetzen eignen sich zum Aufspannen von doppelt gekrümmten Flächentragwerken, den Zelten. Man findet sie vorwiegend als temporäre Bauten kleinerer Abmessungen auf Messen und Ausstellungen. Es gibt aber auch größere Dauerbauten. Das bekannteste Beispiel eines Dauerzeltes dürfte die Überdachung des Olympiastadions in München sein. Das Stadion in Riad hat ebenfalls ein Zeltdach. Der Bau von Großzelten dieser Art stellt höchste Anforderungen an Formfindung, statische und dynamische Analyse, Zuschnitt und Montage (Abb. **B.10**), [B.61], [B.69].

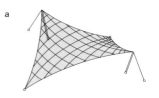

a

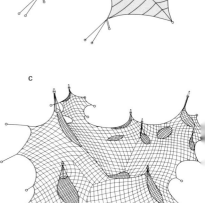

b

c

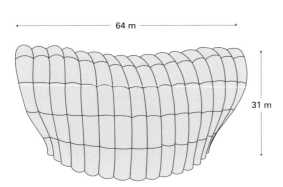

Abb. B.9
Halle aus Stützschläuchen
auf der Weltausstellung
in Osaka 1970

Abb. B.10
Zelte

a Grundtyp eines aufgespannten Zeltes
b Zelt über einem Bogen
c Seilnetz über dem deutschen Pavillon auf der Weltausstellung in Montreal 1967

2.2

Zusammengesetzte Stabtragwerke

Gerade Stäbe lassen sich zu einer Vielzahl von Tragsystemen zusammensetzen. Man unterscheidet 2 Typen:
- Fachwerke, in denen Längskräfte vorherrschen
- Rahmen, in denen die Stäbe durch Biegemomente sowie Längs- und Querkräfte beansprucht werden.

Fachwerke

3 gerade Stäbe, die ein Dreieck umschließen und die an den Enden gelenkig verbunden werden, ergeben ein in der Ebene des Dreiecks steifes System. Hinsichtlich dieser Steifigkeit ist das System einer Scheibe gleichwertig. Man kann sagen, dass diese Stäbe eine Scheibe bilden (Abb. **B.11 a, b**). Das System der 3 Stäbe lässt sich durch weitere Stäbe so ergänzen, dass auch das neue System unverschieblich, also eine Scheibe ist (Abb. **B.12 a–c**). Eine von Stäben umschlossene Fläche wird auch Fach genannt. Nach dieser Bezeichnung hat das System den Namen Fachwerk erhalten. Fachwerke eignen sich hervorragend zur Herstellung von Trägern für kleine und große Spannweiten. Sie spielen im Bauwesen eine wichtige Rolle. Abb. **B.13 a–d** zeigt einige Beispiele.

a

3 unverschieblich verbundene Stäbe

b

Scheibe

Abb. B.11
Stabverband und Scheibe

a Stabverband aus 3 Stäben, Ursystem eines Fachwerks
b Scheibe

System a ist hinsichtlich der Unverschieblichkeit dem System b gleichwertig, es stellt eine Scheibe dar.

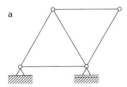

a

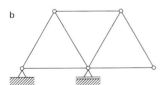

b

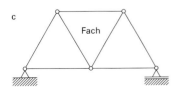

c

Fach

Abb. B.12
Bildung eines Fachwerks

a Stabverband aus 5 Stäben, die eine Scheibe bilden
b Stabverband aus 7 Stäben, die eine Scheibe bilden
c durch Versetzung des Lagers wird die Unverschieblichkeit des Systems nicht verändert

Im Gegensatz zu den Rahmenstäben, die durch Biegemomente, Längs- und Querkräfte beansprucht werden, treten in Fachwerkstäben im wesentlichen Längskräfte auf. Das gilt auch dann, wenn die Knotenkonstruktion biegesteif ausgebildet ist. Voraussetzung ist allerdings, dass Lasten nur in den Knotenpunkten in das Fachwerk eingeleitet werden (Abb. **B.14 a, b**). Ein zwischen den Knoten belasteter Stab leitet die Lasten über Querkräfte in die Knoten ab und wirkt außer als Druck- oder Zugstab des Fachwerks zusätzlich als Biegeträger (Abb. **B.15 a, b**), [B.5], [B.6], [B.7].

Rahmen

Biegesteif verbundene Träger und Stützen bilden einen Rahmen. Die Verbindungspunkte der Stäbe heißen in der Fachsprache Rahmenecke oder Rahmenknoten.

Man unterscheidet eingespannte Rahmen, Zweigelenkrahmen und Dreigelenkrahmen (Abb. **B.17 a–c**). Geschosshohe Rahmen übereinander gesetzt bezeichnet man als Stockwerkrahmen (Abb. **B.16 a, b**).

Um das für Rahmen typische Tragverhalten zu erwirken, sind stets feste Lager erforderlich, die Vertikal- und Horizontalkräfte weiterleiten können. An Rahmenlagern treten dann, wie bei Bögen, auch bei reiner Vertikalbelastung stets horizontale Lagerkraftkomponenten auf.

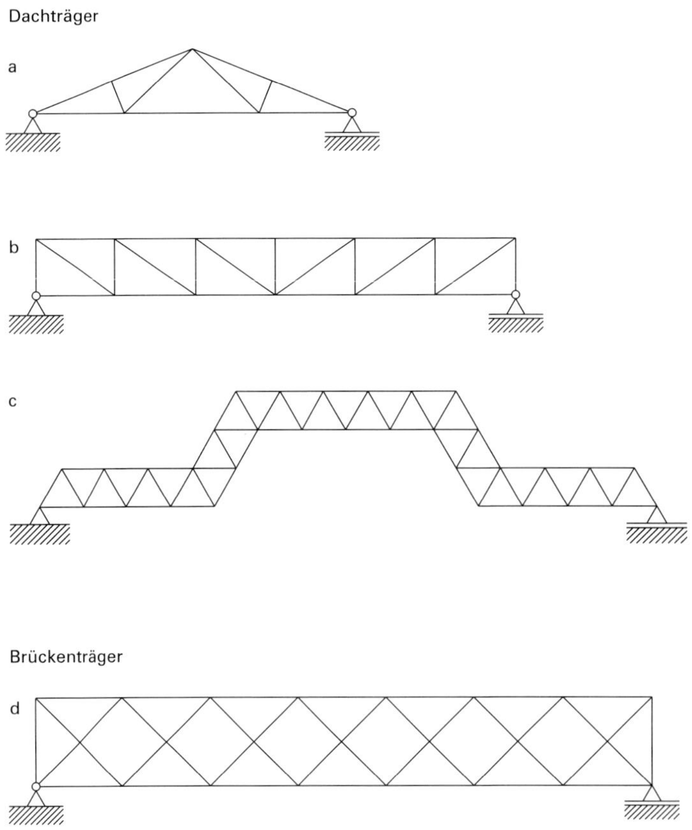

Dachträger

a

b

c

Brückenträger

d

Abb. B.13
Beispiele für Fachwerkträger

a typisches System für Dachträger im skandinavischen Holzhausbau
b typisches System für Hallenbauten
c Sonderform für eine Schwimmhalle im Bereich des Sprungturms
d Rautenfachwerk, kommt im Brückenbau vor

2.2 Das Tragwerk und seine Teile

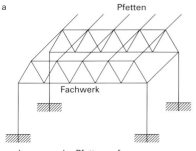

a
Lagerung der Pfetten auf den Fachwerkknoten

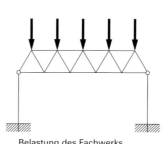

b
Belastung des Fachwerks in den Knoten

Abb. B.14
Belastung eines Fachwerks

a Pfetten sollen auf den Knoten liegen
b die Fachwerkstäbe sind frei von Biegemomenten, wenn die Lasten in den Knoten angreifen

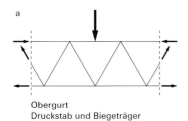

a
Obergurt
Druckstab und Biegeträger

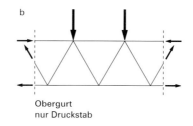

b
Obergurt
nur Druckstab

Abb. B.15
Belastung eines Obergurtes zwischen den Knoten

a ein Stab, der zwischen den Knoten belastet wird, erhält Querkräfte und Biegemomente
b ein Stab, der zwischen den Knoten unbelastet ist, wird nur durch Längskräfte (Normalkräfte) beansprucht

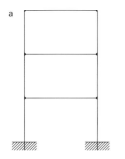

a

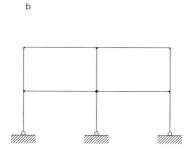

b

Abb. B.16
Stockwerkrahmen

a dreigeschossiger Stockwerkrahmen mit eingespannten Stützen
b zweigeschossiger Stockwerkrahmen mit gelenkig gelagerten Stützen

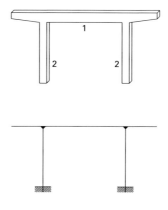

a eingespannter Rahmen und statisches System

Die Stützen sind in die Fundamente eingespannt und übertragen Biegemomente in den Baugrund.

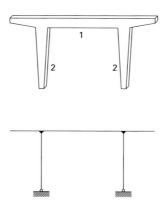

b Zweigelenkrahmen und statisches System

Die Stützen können an den Fußpunkten keine nennenswerten Biegemomente in die Fundamente übertragen.

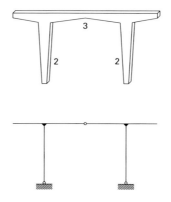

c Dreigelenkrahmen und statisches System

Die Stützen können keine nennenswerten Biegemomente in die Fundamente übertragen. Der Riegel hat in Feldmitte nur eine geringe Biegesteifigkeit, was einem Biegemomenten-Gelenk gleichkommt.

Abb. B.17
Rahmen

1 Riegel
2 Stützen
3 Riegel mit Gelenk
a eingespannter Rahmen; kennzeichnend sind die konstanten Querschnitte des Riegels und der Stützen
b Zweigelenkrahmen; kennzeichnend ist die Verjüngung der Stützenquerschnitte in Richtung der gelenkigen Auflager
c Dreigelenkrahmen; kennzeichnend sind die Verjüngungen in Richtung der gelenkigen Auflager und des Riegelgelenkes

2.3

Gewölbe, Kuppeln

Gewölbe sind flächige, einfach oder auch doppelt gekrümmte Bauteile aus vorwiegend druckfestem – nicht zugfestem – Material. Die geometrischen Formen werden durch die Bedingung bestimmt, dass der Abtrag der Lasten überwiegend durch Druckkräfte möglich sein muss. Geeignetes Material für Gewölbe – wie auch für Kuppeln – sind Lehmbaustoffe, Mauerwerk aus natürlichen und künstlichen Steinen, Gussmauerwerk, Beton und Stahlbeton.

Gleichsam ohne Abstand hintereinander gereihte Bogen bilden ein einfaches Tonnengewölbe (Abb. **B.18 a**). Das Tonnengewölbe mit kreisförmigem Querschnitt war vor der Erfindung des Stahlbetons das Standardgewölbe für alltägliche Bauaufgaben. Besonders weit verbreitet waren bis in das 1. Jahrzehnt des 20. Jahrhunderts flach gespannte Tonnengewölbe – auch Kappen genannt – zwischen Stahlträgern (Abb. **B.18 b**).

Zwei Tonnengewölbe, die sich durchdringen und deren Scheitellinien sich in einer Ebene rechtwinklig kreuzen, bilden als Durchdringungskörper entweder ein Kreuzgewölbe (Abb. **B.18 c**) oder ein Klostergewölbe (Abb. **18 d**), je nachdem, welche Schnittflächen für das Bauwerk gewählt werden.

Eine Kuppel im strengen Sinn ist ein rotationssymmetrischer Hohlkörper, der kreisförmige, parabolische, spitzbogige oder ähnliche meridiane Schnittkurven haben kann. Gelegentlich werden auch Gewölbe über polygonalem Grundriss als Kuppel bezeichnet, zum Beispiel das Gewölbe über dem oktogonalen Grundriss des Domes Santa Maria del Fiore zu Florenz von Brunellesci, Bauzeit 1420–1436 (Abb. **B.19 b**). Besonders beeindruckend ist der Raum unter der Kuppel des Pantheon in Rom, mit einem lichten Durchmesser von 43,3 m jahrhundertelang die größte Kuppel der Welt, Baubeginn unter Kaiser Hadrian 118 n. Chr. (Abb. **B.19 a**).

Kuppeln tragen die Lasten ähnlich wie Schalen in der Fläche ab; Kräfte treten in Meridianrichtung und in Umfangsrichtung auf. Wegen der geringen Zugfestigkeit der traditionellen Baumaterialien sind aber – wie bei Gewölben – nur Druckkräfte übertragbar. Entweder sind Formgebung und Belastung entsprechend aufeinander abzustimmen (Beispiel: Pantheon), oder Zugringe aus zugfestem Material müssen unvermeidliche Zugkräfte aufnehmen (Beispiel: Kuppel des Florentiner Doms), [B.8], [B.62].

Kuppeln lassen sich auch aus Holzbohlen oder Brettern oder aus netzartig angeordneten Stäben bilden (Abb. **B.20**). Zum Beispiel haben die großartigen Kuppeln vieler barocker Kirchen ein tragendes Skelett aus Bohlen und Brettern [B.63]. Kuppeln aus Stahlstäben wurden besonders viel in der zweiten Hälfte des 19. Jahrhunderts gebaut (zum Beispiel die Kuppel über dem Plenarsaal des Reichstags in Berlin von W. Schwedler). Aber auch in neuerer Zeit hat man weitgespannte Stabwerkkuppeln über Versammlungs- und Ausstellungshallen errichtet (Moschee in Riad, Gewächshaus der Universität Düsseldorf, Florida Suncoast Dome mit 210 m Spannweite [B.70] u. a.).

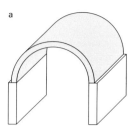

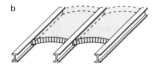

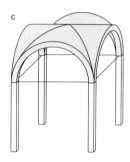

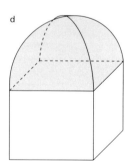

Abb. B.18
Gewölbe

a Tonnengewölbe
b flaches Tonnengewölbe (Kappe) zwischen Stahlträgern (Preußische Kappe); verbreitete Deckenkonstruktion um 1900
c Kreuzgewölbe
d Klostergewölbe

B Das Tragwerk und seine Teile 2.3

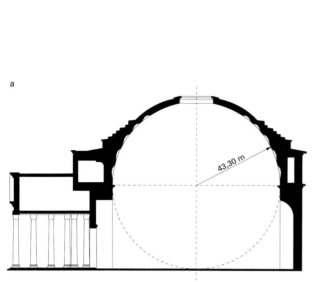

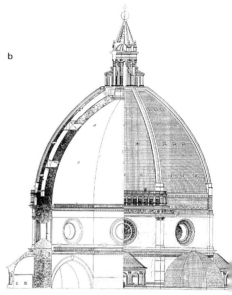

Abb. B.19
Beton- und Steinkuppeln

a Pantheon
(120 n. Chr.), Rom,
lichte Weite der
Kuppel 43,30 m,
Näheres zur Konstruktion [B.39],
[B.130]

b Santa Maria del Fiore,
Florenz, lichte Weite
des Oktogons 42 m,
Erbauer der Kuppel
Filippo Brunelleschi
(1377–1446)

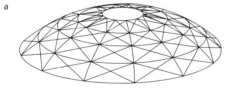

Abb. B.20
Kuppeln

a Netzkuppel aus
Stahlstäben
b Holz-Kuppel aus
Bohlen und Brettern

2.3 Das Tragwerk und seine Teile B

(Foto: Klaus Dierks)

Abb. B.19 c
Ansicht der Kuppel von
Santa Maria del Fiore

3
Standsicherheit von Bauwerken

Die Standsicherheit der aus Scheiben, Platten, Trägern und Stützen zusammengesetzten Bauwerke wird durch eine sachgerechte Anordnung der Bauteile zueinander oder durch zusätzliche aussteifende Verbände gewährleistet.

Die meisten Gebäudewände sind normal zu ihrer Ebene nur gering belastbar, weil sie in der Regel aus Materialien errichtet werden, die nur geringe Zugfestigkeiten aufweisen und die infolgedessen nur geringe Plattenbiegemomente aufnehmen können. Auch Stahlbetonwände werden selten als normal zu ihrer Ebene belastbare eingespannte Platten konstruiert. Es ist daher zweckmäßig, bei Wänden zunächst nur eine *Scheiben*tragfähigkeit vorauszusetzen und die *Platten*tragfähigkeit zu vernachlässigen. Das gilt auch für die folgenden Standsicherheitsbetrachtungen.

Zwei in einem Winkel zueinander stehende Scheiben nach Abb. **B.21** sind unter den genannten Bedingungen nicht standfest. Die Horizontalkräfte H_1 und H_2 können nur durch Querkräfte unter gleichzeitigem Auftreten von Biegemomenten in den Baugrund geleitet werden. Dazu sind die Wände aufgrund der getroffenen Annahme nicht imstande. Erst durch die Anordnung einer dritten senkrechten Scheibe und einer horizontal liegenden Deckenscheibe wird das System unverschieblich und damit standfest (Abb. **B.22**). Die Horizontalkraft H_1 kann jetzt durch die Deckenscheibe auf die Wand W_2 geleitet werden. Dabei entsteht ein Moment H_1 a. Die Wand W_2 führt die Kraft H_1 über eine Scheibenbeanspruchung in den Baugrund ab. Dem entstandenen Moment wirkt das Kräftepaar F_1, F_2 entgegen. Es bringt die horizontale Deckenscheibe ins Gleichgewicht. Die Kräfte F_1 und F_2 werden durch die Wände W_1 und W_3 in den Baugrund geleitet. Damit ist die angreifende Last H_1 allein durch Scheibenbeanspruchungen in den Baugrund zu bringen (Abb. **B.23**).

Abb. **B.24** zeigt das gleiche statische System wie Abb. **B.22**. Die Scheiben werden in diesem Fall durch zug- und druckfeste Stützen und Balken im Verein mit nur zugfesten Spanngliedern gebildet.

Abb. B.25
Lagerung von Geschossdecken

a Geschossdecke gelagert auf drei Scheiben
b Geschossdecke gelagert auf Pendelstützen und den vier Scheiben eines Kernes
c günstige Anordnung der aussteifenden Scheiben für lange Gebäude
d große ausmittige Lage, ungünstig, Lagerung zu „weich"
e ungünstige Anordnung der aussteifenden Scheiben für lange Gebäude wegen zu großer Behinderung der Verformungen in Längsrichtung bei Temperaturveränderungen
f falsche Lage der aussteifenden Scheiben. Wirkungslinien schneiden sich in einem Punkt
g richtige Lage der aussteifenden Scheiben

Abb. B. 21
Wandsystem ohne ausreichende Aussteifung

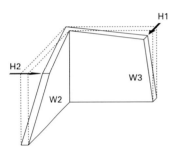

Abb. B.22
Wandsystem: Die horizontale Scheibe liegt auf drei vertikalen Scheiben

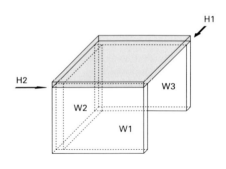

3 Standsicherheit von Bauwerken

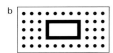

Allgemein gilt:
Eine Deckenscheibe muss außer in senkrechter mindestens in 3 horizontalen Richtungen gelagert sein. Die Wirkungslinien der horizontalen Lagerkräfte dürfen sich nicht in einem Punkt schneiden. Abb. **B.25** zeigt dazu einige Beispiele.

Die Anordnung der in horizontaler Richtung stützenden senkrechten Scheiben im Grundriss hat einen großen Einfluss auf die Steifigkeit der Lagerung. Die Lage der Scheiben in Abb. **B.25 a** ist als günstig anzusehen, weil der Abstand der parallelen Scheiben groß ist und dadurch ein Moment um die Senkrechte mit einem entsprechend kleinen Kräftepaar aufgenommen werden kann. In Abb. **25 b** ist der Abstand der Scheiben im Vergleich zu Abb. **B.25 a** zwar klein, doch bildet der geschlossene Hohlquerschnitt des Treppen- und Aufzugschachtes ein verhältnismäßig steifes Rohr, so dass auch diese Anordnung als günstig gilt. Die Lagerung von Abb. **B.25 c** ist nahezu optimal, denn ein Moment um die Senkrechte verteilt sich hier auf zwei Kräftepaare mit den größtmöglichen Hebelarmen. Wenn die Längsscheiben bis zu den Querscheiben verlängert und mit ihnen kraftschlüssig verbunden werden, erhält man einen Hohlquerschnitt, der die größtmögliche Lagersteifigkeit für diesen Grundriss liefert. Derartige Rohrfassaden geben sehr hohen Bauwerken die erforderliche Standsicherheit (Abb. **B.144**). Abb. **B.25 d** zeigt eine Anordnung, die wegen des kleinen Abstandes der parallelen Scheiben zu großen Kräften und damit zu einer weichen Lagerung führt. Die Lage der Scheiben in Abb. **B.25 e** ist hinsichtlich der Ableitung von Horizontallasten sicher als gut zu bewerten. Die an die Stirnseiten gelegten Längsscheiben bilden jedoch in Längsrichtung steife bis unverschiebliche Lager, die Stahlbetondecken bei Temperaturveränderungen und bei Volumenänderungen infolge Schwindens und Kriechens an der erforderlichen Verformung hindern können. Deshalb sind bei dieser Anordnung besondere Maßnahmen, etwa Dehnungsfugen oder Gleitlager, zu erwägen. In Abb. **B.25 f** schneiden sich die Wirkungslinien der stützenden Scheiben in einem Punkt. Dadurch kann kein Kräftepaar entstehen, das ein Moment um die Senkrechte in den Baugrund ableiten könnte; die Kreisplatte ist in Drehrichtung um die Senkrechte verschieblich gelagert. In Abb. **B.25 g** ist eine mögliche richtige Lösung dargestellt.

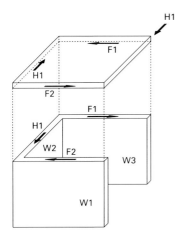

Abb. B.23
Ableitung von Horizontallasten in einem Wandsystem

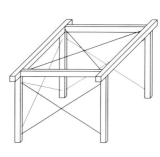

Abb. B.24
Scheibenbildung durch Verbände in einem Skelettsystem

Anstelle von Scheiben kann die horizontale Lagerung auch durch eingespannte Stützen gewährleistet werden (Abb. **B.27**). Dieses System ist wirtschaftlich für großflächige, ein- bis zweigeschossige Gebäude, wie sie für Märkte, Lager und leichte Industrie gebraucht werden.

Bisher haben wir im wesentlichen nur die Lagerung der Deckenscheibe *eines* Geschosses behandelt. Zu ergänzen ist also noch die Aussteifung von *mehr*geschossigen Gebäuden.

Die Wände und die Deckenscheibe nach Abb. **B.22** bilden einen standfesten „Kasten", der seinerseits Grundlage für ein darüber liegendes Geschoss sein kann. Darauf kann ein dritter Geschoss- „Kasten" folgen und so fort. Auch die erweiterten Gebäude sind insgesamt standfest, weil die jeweilige „Unterlage" standfest ist. Im allgemeinen ist es wirtschaftlich, die Wände aller Geschosse übereinander zu setzen (Abb. **B.26 a**). Für die Aussteifung ist das jedoch keine notwendige Bedingung. Auch das Gebäude nach Abb. **B.26 b** mit versetzten Wänden ist standfest, weil die Horizontalkräfte von den oberen Wänden über die Deckenscheiben zu den unteren Wänden weitergeleitet werden können (die senkrechten Lasten sind selbstverständlich gesondert zu verfolgen), siehe auch Abschnitt B.6.4.4.

Abb. B.26
Aussteifung mehrgeschossiger Gebäude

a zweigeschossiges Gebäude mit übereinanderstehenden Wänden
b dreigeschossiges Gebäude mit versetzten Wänden

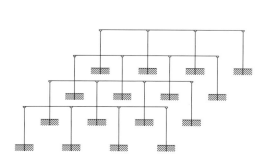

Abb. B.27
großflächiges Geschoss mit eingespannten Stützen und aufgelegten Trägern

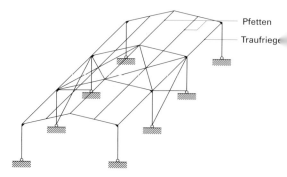

Abb. B.28
Hallensystem mit einem ausgesteiften Feld

3 Standsicherheit von Bauwerken   B

a

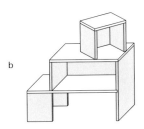
b

Auflager der
Deckenscheibe über:

2. OG

1. OG

EG

Zur Aussteifung von *Hallen* haben sich gewissermaßen Standardlösungen herausgebildet.

Das Tragwerk von Hallen über Rechteckgrundrissen besteht häufig aus quergespannten, in Längsrichtung der Halle hintereinander gereihten Rahmen. Die Standfestigkeit in Längsrichtung wird durch Verbände gewährleistet, die mindestens 2 Rahmen zu einem standfesten System verbinden.

In dem Beispiel Abb. **B.28** sind die beiden mittleren Rahmen zur Aufnahme von längsgerichteten Horizontallasten ausgebildet. Die Giebelrahmen sind mit Pfetten und Traufriegeln an die Mittelrahmen angeschlossen. In langen Hallen werden mehrere aussteifende Felder angeordnet (Abb. **B.29**).

Für kleinere Stahlhallen wählt man häufig eine Konstruktion aus Pendelstützen (d. h. am Stützenkopf und am Stützenfuß gelenkig angeschlossene Stützen), die ausschließlich durch Verbände in den Wandebenen und in der Dachebene ausgesteift ist (Abb. **B.30**).

Im Prinzip sind Aussteifungen nichts anderes als statische Systeme, die horizontale Lasten bis in den Baugrund leiten. Wenn man sich der Möglichkeit des Auftretens derartiger Lasten stets bewusst ist und ihre Ableitung konsequent verfolgt, findet man leicht die für ein Bauwerk notwendigen Verbände oder anderen Aussteifungen.

Abb. B.29
Halle mit zwei ausgesteiften Feldern

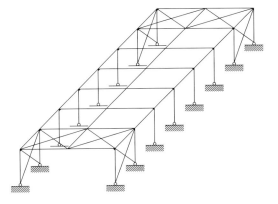

Abb. B.30
Stahlhalle

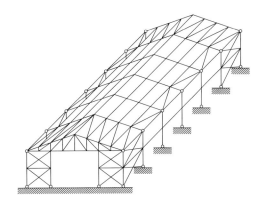

Zum Abschluss kommen wir noch einmal auf das System von Abb. **B.24** zurück.

Den in jenem System verwendeten Verband nennt man wegen der gekreuzten Diagonalen *Andreaskreuz*.[1] Die zwei Diagonalen sind immer dann erforderlich, wenn die Stäbe entweder nur zugfest oder nur druckfest ausgebildet oder angeschlossen werden. Meistens handelt es sich um Zugstäbe. Sie erhalten je nach der Belastungsrichtung Zugkräfte oder hängen schlaff (Abb. **B.31**). Zur Vermeidung von sichtbaren Verformungen werden die Zugstäbe oft mit Spannschlössern angespannt. Zu beachten ist noch, dass der untere Horizontalstab nur entfallen kann, wenn beide Auflager als feste Lager ausgebildet werden.

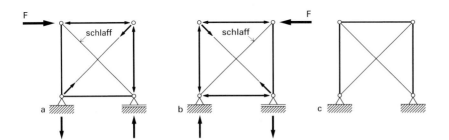

Abb. B.31
Andreaskreuz aus nur zugfesten Diagonalen

a Last von links
b Last von rechts
c der untere Druckriegel darf nur entfallen, wenn beide Stützen unverschieblich gelagert sind

---

[1] Der Legende nach wurde der Apostel Andreas, Bruder des Petrus, bei seiner Hinrichtung zu Patras in Achaia (Griechenland) an ein Kreuz aus schräggestellten Balken genagelt.

4
Mauerwerksbau

4.1

Allgemeines

Unter Mauerwerk versteht man alle aus *natürlichen* oder *künstlichen* Steinen hergestellten Bauteile.

Künstliche Steine sind:
- aus Ton oder Lehm geformte luftgetrocknete oder gebrannte Ziegel
- aus quarzhaltigem Sand und Kalk unter Dampfdruck hergestellte Kalksandsteine
- alle anderen aus Sand, Kies, Schlacken, Steinsplitt, Bims oder Tuff mit einem Bindemittel von Zement, Kalk oder Trass gebundenen Formsteine.

Alle nicht künstlich hergestellten Steine sind natürliche Steine. Man gewinnt sie aus:
- Moränenschutt eiszeitlicher Gletscher
- Sedimentgestein (Kalkstein, Sandstein, Schiefer)
- Lavagestein
- Tiefengestein (Granit, Gneis, Porphyr).

Der Mauerwerksbau hat seinen Ursprung in vorgeschichtlicher Zeit. Luftgetrocknete Lehmsteine haben schon um 8000 v. Chr. Zum Bau der ersten bekannten Stadt der Menschheit, Jericho, gedient. Auf dem Göbekli Tepe (Nabelberg) bei Sanliurfa in Kurdistan (Anatolien) wurde ein Kultzentrum entdeckt, dessen erste Mauern in vorkeramischer Zeit um 9500 v. Chr. von Jägern und Sammlern errichtet wurden. Andere Funde zeigen, dass etwa um die gleiche Zeit auch natürliche Steine zu schützenden Rundbauten getürmt wurden [B.9]. 1988 wurde in Südjordanien in der Nähe der heutigen Stadt Basta Kellermauerwerk aus behauenen, mit Kalkmörtel vermauerten Natursteinen gefunden. Nach der Kohlenstoff-14-Datierung stammt es aus der Zeit um 6000 v. Chr. Bislang galten Grundmauern aus behauenen Steinen in Uruk (Mesopotamien) und in Ägypten, die auf 3000 v. Chr. datiert sind, als die ersten Zeugnisse dieser Bauart. Das älteste bekannte Großbauwerk aus behauenem Naturstein ist die Stufenmastaba von Sakkara (Ägypten), errichtet für den König Djoser von dem Baumeister Imhotep um 2600 v. Chr. Die ersten gebrannten Ziegel wurden um 2900 v. Chr. in Indien und in Sumer (Mesopotamien) hergestellt. Abb. **B.32** gibt einen Eindruck von der Vielfalt des Mauerwerks aus natürlichen Steinen.

Jede größere Konstruktion wird durch die Eigenschaften des verwendeten Materials bestimmt. Mauerwerk ist dadurch geprägt, dass alle Steine – natürliche und künstliche – eine sehr viel höhere Druckfestigkeit als Zug- und Biegezugfestigkeit aufweisen. Steine im Mauerwerk können hohem Druck ausgesetzt sein, sie nehmen dagegen nur geringe Zugspannungen auf. Das bestimmt die Art der Lagerung, die Verwendungsfähigkeit und die Verbindungsweise der Steine.

Die Ausnutzung der Druckfestigkeit verlangt, dass die einzelnen Steine im Mauerwerk nicht hohl liegen und keine auf Biegung beanspruchten „Träger" bilden. Sie müssen möglichst mit der ganzen Fläche auflagern. Das lässt sich auf zweierlei Weise erreichen: Entweder werden die einander berührenden Steinflächen planparallel hergestellt, was nur bei wenigen Materialien ohne große Kosten möglich ist, oder man legt Steine mit unebenen Oberflächen in ein Bett aus zunächst plastisch formbarem Material, das die Unebenheiten ausgleicht, nach dem Einbau möglichst erhärtet und dann die Druckübertragung zwischen den Steinen übernimmt. Ein solches Material findet man in den Mörteln (siehe Abschnitt 4.2.3).

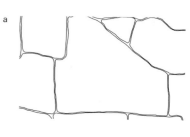

Je unregelmäßiger das Steinmaterial ist, um so dicker muss das Mörtelbett sein. Bei planparallel bearbeiteten Flächen kann ein Mörtelbett, wie gesagt, entfallen, bei annähernd ebenen Flächen genügen wenige Millimeter dicke Mörtelfugen, und bei Mauerwerk aus unbearbeiteten Lesesteinen kann der Mörtel mehr als 30 % des Mauerwerkvolumens ausmachen. In Mauerwerk aus künstlichen Steinen sind die Fugen im allgemeinen 10 bis 12 mm dick.

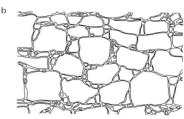

Bei schweren, behauenen Natursteinen wurden früher auch andere Fugenmaterialien wie Filz und Blei verwendet. Gegen das Verschieben der Blöcke untereinander wurden dann häufig Klammern aus Metall oder Dübel eingebaut [A.1.1].

Für manche gering belasteten Mauern aus Natursteinen, zum Beispiel kleinere Stützmauern, genügt Moos, Lehm oder Erde als Fugenmaterial. Man spricht in diesen Fällen von Trockenmauerwerk.

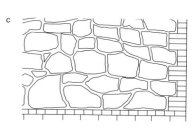

Fast alle Fugenmaterialien – einschließlich der Mörtel – haben eine noch geringere Zugfestigkeit als die meisten Steine. Sie sind – bis auf wenige Ausnahmen – keine Kleber. Deshalb kann dem Mauerwerk nur ein hinreichender Zusammenhalt gegeben werden, wenn die Steine so innig wie möglich miteinander verzahnt sind. Übereinander liegende Steine müssen in horizontaler Richtung gegeneinander versetzt sein. Aufgehende Fugen dürfen nicht über mehrere Steinschichten ungebrochen durchlaufen. Die Steine müssen einen *Verband* bilden.

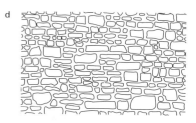

Die Wirkung des Verbandes wird sofort deutlich, wenn man Beanspruchungen betrachtet, die örtlich begrenzt in das Mauerwerk eingeleitet werden.

In Abb. **B.33 a** ist ein Mauerwerksausschnitt *ohne* Verband dargestellt. Die Steine liegen bündig übereinander und bilden gleichsam Einzelpfeiler, die nur durch den Mörtel der senkrechten Fugen in Verbindung stehen. Zur seitlichen Verteilung der auf einen Stein wirkenden Last wären Schubkräfte in den senkrechten Fugen erforderlich. Die aufnehmbaren Schubkräfte sind jedoch verschwindend klein, weil die Haftfestigkeit des Mörtels nur gering anzusetzen ist und weil wegen des fehlenden Querdruckes auch keine Reibungskräfte auftreten. Der gedrückte Pfeiler verformt sich daher mehr oder weniger unabhängig von den Nachbarpfeilern. Die eingeleitete Kraft breitet sich nicht aus. Das Mauerwerk spaltet sich in einzelne senkrechte Stränge.

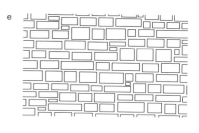

Abb. **B.33 b** zeigt einen Mauerwerksausschnitt, bei dem die Steine *im* Verband gelegt sind. Ein belasteter Stein gibt die Last nach unten an zwei Steine ab; es kommt zu einer seitlichen Ausbreitung. Dabei treten in den horizontalen Fugen schräggerichtete Kräfte auf, deren Horizontalkomponenten durch Reibung vom oberen Stein zum unteren Stein übertragen werden. Die Reibung verhindert auch ein Aufklaffen der senkrechten Fugen. In Abb. **B.33 c** sind die Verhältnisse an einem einzelnen Stein schematisch dargestellt. Infolge der Kraftausbreitung fällt die Wirkungslinie der Resultierenden der senkrechten Kräfte F auf der Oberseite nicht mit der entsprechen-

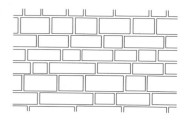

1 m

4.1 Mauerwerksbau B

Abb. B.32
Mauerwerk aus natürlichen Steinen

a sorgfältig polygonal bearbeitete Steine, Inka-Festung bei Cuzco, Peru, 13. Jh.
b gebrochener, wenig bearbeiteter Granit mit Zwicksteinen, Guernsey, 19. Jh.
c gespaltetes eiszeitliches Geröll in Verbindung mit Ziegelsteinen für Ecken, Leibungen und Stürze, Mark Brandenburg um 1920
d Bruchsteinmauerwerk aus Wellenkalk mit Fugenglattstrich, Osnabrück, 16. Jh.
e unregelmäßiges Schichtmauerwerk aus behauenem Kalkstein, Osnabrück, um 1930
f Quadermauerwerk aus Muschelkalk, Stuttgart, um 1915

den Wirkungslinie der Resultierenden auf der Unterseite zusammen. Sie haben den Abstand e. Daraus folgt das Moment $F \cdot e$, dem das gleich große Moment der Reibungskräfte $R \cdot h$ entgegenwirkt und so das Gleichgewicht gewährleistet.

In den Horizontalfugen auftretende Reibungskräfte halten auch bei anderen Lastfällen wie Volumenänderungen infolge von Temperaturwechsel, Verkehrserschütterungen und Windlast das Mauerwerk zusammen. Ein Verband ist also in aller Regel unverzichtbar (Ausnahme siehe Abschnitt 4.5).

Bei Verwendung von heute üblichen Mörteln wirken in den Fugen neben der Reibung Haftscherkräfte, die die Festigkeit des Mauerwerks maßgeblich erhöhen.

Die handwerkliche Mauerwerkskunst, die bis zum 2. Weltkrieg in hoher Blüte stand, wurde in den letzten Jahrzehnten durch industrielle Techniken weitgehend verdrängt. Es ging im Wesentlichen darum, durch äußerste Rationalisierung – von der Produktion der Steine über den Transport zur Baustelle bis zur Verlegung im Bauwerk – im Wettbewerb mit anderen Bauweisen zu bestehen. Verlangt wurde Massenproduktion. Möglicherweise hat der Mauerwerksbau durch den neuen Trend zu kleineren und differenzierten Bauwerken eine Chance, an die alte Tradition anknüpfend, sich neu zu entfalten [B.64].

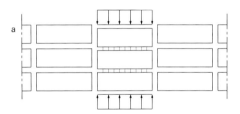

Abb. B.33
Wirkung des Verbandes

a Mauerwerk ohne Verband; eine örtlich begrenzt eingeleitete Last breitet sich nicht seitwärts aus
b Mauerwerk mit Verband; eine örtlich begrenzt eingeleitete Last breitet sich seitwärts aus
c Kräftegleichgewicht an einem Stein wird durch Reibung in der Lagerfuge ermöglicht

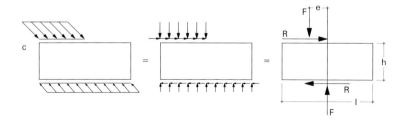

$$F \cdot e - R \cdot h = 0 \rightarrow R = \frac{F \cdot e}{h}$$

29

4.2

Baustoffe

4.2.1

Künstliche Steine

Die künstlichen Steine werden hauptsächlich nach der Rohdichte und nach der Druckfestigkeit unterschieden.

Die Rohdichte liegt zwischen 0,4 kg/dm^3 und 2,0 kg/dm^3. Geringe Rohdichte ist erwünscht, um das Gewicht der Bauteile so klein wie möglich zu halten und die Wärmeleitfähigkeit zu reduzieren. Andererseits haben Steine mit niedriger Rohdichte ein kleineres Wärmespeichervermögen und eine geringere Schalldämmung als schwere Steine. Bei der Wahl des Baustoffes sind die gegeneinander stehenden Forderungen jeweils abzuwägen.

Die Rohdichte beeinflusst auch die Druckfestigkeit. Hohe Druckfestigkeiten sind nur bei Steinen mit hoher Rohdichte zu erreichen.

Andere Materialeigenschaften wie Verformungsverhalten, Dampfdurchlässigkeit, Frostbeständigkeit, die Fähigkeit, Feuchte aufzunehmen und abzugeben, liegen mit der Wahl der Steinart fest und sind dann nicht mehr zu beeinflussen.

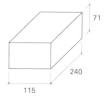

Vollziegel ungelocht

Ziegel

Ziegel sind ein keramischer Baustoff. Als Rohstoff sind Lehm, Ton, tonige Massen mit oder ohne mineralische und sonstige zweckmäßige Zuschläge geeignet. Schon in vorgeschichtlicher Zeit wurde im indisch-arabischen Raum erkannt, dass tonhaltige Massen durch Erhitzen auf hohe Temperatur, das sogenannte „Brennen", wasserfest werden und hohe Druckfestigkeiten erreichen. Der Tongehalt der Rohmasse liegt im Allgemeinen zwischen 20 und 60 %.

Die Tone enthalten u. a. auch Eisenhydroxid [Fe(OH)$_3$] in unterschiedlicher Menge, das dem ungebrannten Ton die braune Farbe gibt. Beim Brennen verwandelt sich das Eisenhydroxid in rotes Eisenoxid (Fe$_2$O$_3$), worauf die charakteristische rote Färbung der Ziegeleierzeugnisse zurückzuführen ist [B.11].

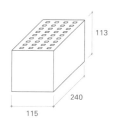

Hochlochziegel

Das Brennen des geformten und vorgetrockneten Materials bei Temperaturen von 900 bis 1 100 °C liefert den Ziegel. Ziegelbaustoffe sind im Allgemeinen frostbeständig, weil sich aufgesogenes Wasser beim Gefrieren in den Kapillaren ausdehnen kann. Nur bei hohem Wassergehalt können, je nach Beschaffenheit, beim Gefrieren Risse auftreten.

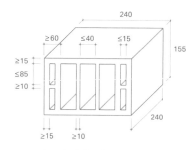

Langlochziegel
Stoßfuge nur an den Rändern vermörtelt

Wenn die Ziegelmasse über 1400 °C erhitzt wird, beginnen die in der Masse enthaltenen Kristalle zu erweichen und an den Berührungsflächen zusammenzuschmelzen. Dieser Vorgang wird *Sintern* genannt. Dadurch verringert sich der Porenraum, der poröse Scherben der Ziegel wird dicht und erreicht eine hohe Festigkeit. Solche Stoffe haben im Gegensatz zu den beim Anschlagen dumpf klingenden Ziegeln einen hellen Klang; sie klingen (niederländisch *klinken*) und heißen deshalb *Klinker*.

4.2.1 Mauerwerksbau

In Abhängigkeit von der Zusammensetzung der Rohmasse und dem Brennvorgang ergeben sich also unterschiedliche Ziegelarten. Im Allgemeinen verwendet man heute genormte Ziegel nach DIN 105.

Mauerziegel, die frostbeständig sind, werden *Vormauerziegel* genannt (Kurzzeichen V). Die bis zur Sinterung gebrannten Klinker müssen frostbeständig sein, und ihre mittlere Scherben-Rohdichte darf 1,9 kg/dm^3 nicht unterschreiten.

Ziegel werden als *Vollziegel* ohne und mit Lochung hergestellt (Abb. **B.34**). Bei Vollziegeln dient die Lochung ausschließlich der Senkung des Materialverbrauchs und des Gewichtes. Erhöht man den Lochanteil und verlaufen die Löcher rechtwinklig zur Lagerfuge, dann wird der Ziegel als *Hochlochziegel* bezeichnet. Die erweiterte Lochung führt zu einer Erhöhung der Wärmedämmfähigkeit. Großformatige Ziegel haben Griffschlitze, um die Steine mit einer Hand greifen zu können und damit das Vermauern zu erleichtern. *Langlochziegel* sind gleichlaufend zur Lagerfläche durchlochte Ziegel. Sie haben eine hohe Wärmedämmung, aber eine geringe Druckfestigkeit.

Für die verschiedenen Ziegelarten gelten folgende Kurzzeichen:
– Mz   Vollziegel
– HLz   Hochlochziegel
– LLz   Langlochziegel
– KMz   Vollklinker
– KHLz   Hochlochklinker

Frostbeständige Ziegel erhalten vor das Kurzzeichen den Zusatz V, zum Beispiel
– VMz Frostbeständiger Vollziegel oder Vormauer-Vollziegel.

Zur Erhöhung der Wärmedämmfähigkeit kann der Rohmasse Sägemehl oder ein vergleichbares anderes Material beigemengt werden, das beim Brennvorgang verbrennt und Poren hinterlässt. Der feinporige Scherben ist so leicht, dass er die Herstellung großformatiger Steine ermöglicht.

In ökologischer und baubiologischer Hinsicht richtet sich Kritik an dem Baustoff Ziegel vor allem auf zwei Punkte.

Zum einen geht es um den Energiebedarf für den Brennvorgang. – Ohne auf die Energiebilanz für Gebäude aus Ziegelmauerwerk im Einzelnen einzugehen sei doch darauf hingewiesen, dass in den heute üblichen hochtechnisierten Tunnelöfen mit automatisch gesteuerten Brennvorgängen nur ein Bruchteil jener Energie benötigt wird, die noch bis in die Mitte des 20. Jahrhunderts für das Brennen der Ziegel in den bis dahin üblichen von Hoffmann und Licht 1858 entwickelten Ringöfen aufzuwenden war. Im Allgemeinen ist deshalb der Energiebedarf kein stichhaltiges Argument mehr gegen die Verwendung von Ziegeln.

Zum anderen fragt man nach der Radioaktivität von gebrannten Ziegeln.
– Messungen an Ziegelproben aus Gruben, die über das alte Bundesgebiet verstreut sind, haben Mittelwerte für Radium und Thorium ergeben, die mit < 40 Bq/kg eher niedriger als bei anderen Baustoffen liegen [B.71].

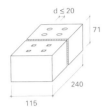
Vollziegel gelocht

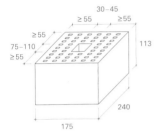
Hochlochziegel mit Griffschlitz

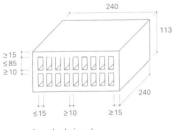
Langlochziegel
Stoßfuge auf ganzer Fläche vermörtelt

Abb. B.34
Ziegel nach DIN 105

Maße in mm

Hervorzuheben ist schließlich die wirtschaftliche Weiterverwendbarkeit von abgebrochenem Ziegelmauerwerk als Packlage beim Straßen- und Wegebau.

Mit moderner Verfahrenstechnik hergestellte Ziegel erfüllen also weitgehend die Anforderungen an einen umweltverträglichen Baustoff, so dass seiner Verwendung auch in dieser Hinsicht nichts entgegensteht.

Kalksandsteine

Eine Mischung aus 92 % feuchtem Quarzsand und 8 % feingemahlenem Branntkalk, unter Überdruck von etwa 1 MPa auf 170 °C erhitzt, erhärtet innerhalb von 8 Stunden zu einem Stein mit einer Druckfestigkeit von etwa 17 N/mm^2. Nach diesem von Michaelis um 1880 erfundenen Verfahren werden die Kalksandsteine hergestellt. Kalksandsteine sind besonders maßhaltig, weil die Rohmasse während des Erhärtungsvorgangs kaum schwindet.

Anforderungen, Abmessungen und Arten der Kalksandsteine sind in DIN 106 genormt.

Kalksandsteine gibt es als *Vollsteine* und mit senkrechter, nicht durchgehender Lochung als Kalksand-Lochsteine (Abb. **B.35**). Sie werden in frostbeständiger und nicht frostbeständiger Qualität hergestellt.

Abb. B.35
Kalksandsteine nach DIN 106 und Hüttensteine nach DIN 398

Maße in mm

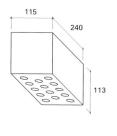
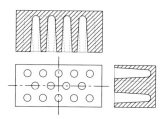
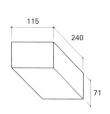
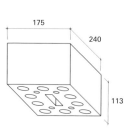
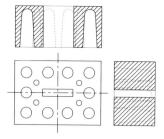

Kalksandsteine unterscheiden sich in ihren bauphysikalischen Eigenschaften von Ziegelsteinen im Wesentlichen durch eine größere Wärmeleitfähigkeit und durch einen etwas größeren Wasserdampf-Diffusionswiderstand (vgl. DIN 4108-4 Tabelle 1). Ferner neigen sie ähnlich wie Beton zum Schwinden.

Die Rohdichte der Kalksandsteine ist bei den mittleren Festigkeitsklassen im Durchschnitt geringfügig höher als bei Ziegeln.

Es gelten folgende Kurzzeichen:
- KS   Kalksand-Vollsteine
- KSL   Kalksand-Lochsteine
- KS-R   Kalksand-Hohlblocksteine.

Frostbeständige Kalksandsteine erhalten den Zusatz Vm:
- KSVm   Vormauersteine

Hüttensteine

Hüttensteine sind Mauersteine, die aus granulierter Hochofenschlacke (Hüttensand) und Zement oder anderen hydraulischen Bindemitteln oder Kalken nach innigem Mischen geformt, durch Pressen oder Rütteln verdichtet und an der Luft oder unter Dampf oder in kohlesäurehaltigen Abgasen gehärtet werden.

In der Regel verwendet man Hüttensteine, die den Bestimmungen der DIN 398 entsprechen. Hüttensteine werden in frostbeständiger und nichtfrostbeständiger Qualität hergestellt. Es gibt 3 Formen:
- HSV   Hütten-Vollsteine
- HSL   Hütten-Lochsteine
- HHbl   Hütten-Hohlblocksteine.

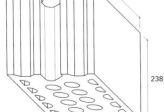
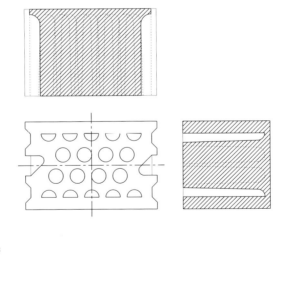

Die Abmessungen und Anordnungen der Lochungen gleichen denen von Kalksandsteinen.

Hüttensteine haben bei gleicher Druckfestigkeit im Durchschnitt eine etwas höhere Rohdichte als Kalksandsteine. Die Wärmeleitfähigkeit entspricht der von Ziegeln; bei hohen Rohdichten ist sie kleiner als bei Ziegeln. Der Wasserdampf-Diffusionswiderstand liegt weit über dem von Ziegeln und Kalksandsteinen und stimmt mit dem von Beton überein (vgl. DIN 4108-4 Tabelle 1). Die Rohmaterialien der Hüttensteine sowie der Steine mit Zuschlägen aus Hüttenbims und Steinkohlenschlacke sind Abfallstoffe. Diesem ökologisch positiven Aspekt steht allerdings entgegen, dass bei solchen Materialien mehr undefinierte Beimengungen und höhere Radioaktivität vorkommen können als bei neuen Rohstoffen. Man mag deshalb Steine aus neuen Rohstoffen insbesondere für den Wohnungsbau aus Gründen der Gesundheit und Behaglichkeit vorziehen, aber man sollte stets im Auge behalten, dass für viele Bauaufgaben auch Steine aus Industrieabfall ohne Nachteile verwendet werden können [B.71].

Porenbeton-Blocksteine

Porenbeton ist ein dampfgehärteter *feinporiger* Beton, der aus Zement und/oder Kalk und feinkörnigen kieselsäurehaltigen Stoffen, zum Beispiel quarzhaltigem Sand, unter Verwendung von porenbildenden Zusätzen und Wasser hergestellt wird. Porenbeton hat wegen des hohen Porenanteils eine geringe Wärmeleitfähigkeit. Rohdichte und Druckfestigkeit sind entsprechend gering. Er schwindet ähnlich wie Kalksandstein. Der Wasserdampf-Diffusionswiderstand ist dem von Ziegeln ähnlich.

Blocksteine aus Porenbeton sind großformatige, in der Regel quaderförmige Vollsteine bis zu 615 mm Länge, 300 mm Breite und 240 mm Höhe. Das Kurzzeichen ist G. Sie lassen sich mit gewöhnlichen Sägen bearbeiten. Genormte Porenbeton-Blocksteine müssen den Bedingungen der DIN 4165 genügen [B.41].

Steine aus Beton und Leichtbeton

Aus Beton mit vorwiegend *haufwerksporigem* Gefüge werden Hohlblocksteine und T-Hohlsteine (Kurzzeichen Hbl) hergestellt, die sich insbesondere für Mauerwerk eignen, an das hinsichtlich des Wärmeschutzes keine hohe Anforderung gestellt wird, zum Beispiel Kellermauerwerk. Abb. **B.36 a** zeigt Beispiele für Formen von Beton-Hohlsteinen gemäß DIN 18 153.

Leichtbeton ist ein Beton aus Zuschlägen mit *porigem* Gefüge.

Hohlblocksteine aus Leichtbeton haben ein geringeres Gewicht und eine geringere Wärmeleitfähigkeit als die aus Normalbeton.

Neben den heute gebräuchlichen Zuschlägen Naturbims, Blähton und Blähschiefer wurden in der Vergangenheit auch geschäumte Hochofenschlacke (Hüttenbims), Steinkohlenschlacke, Ziegelsplitt, Sinterbims, Tuff und gebrochene porige Lavaschlacke verwendet.

Genormte Hohlblocksteine aus Leichtbeton müssen die Bedingungen der DIN 18 151 erfüllen (Abb. **B.36 b**).

Abb. B.36
Beispiele für Blocksteine

a Hohlblockstein und T-Hohlstein nach DIN 18 153
b Hohlblocksteine nach DIN 18 151
c Vollsteine und Vollblöcke nach DIN 18 152

Bei den Steinen mit geringer Rohdichte ist die Wärmeleitfähigkeit deutlich kleiner als die von Ziegeln; bei den höheren Rohdichten entspricht sie etwa der von Ziegeln. Der Wasserdampf-Diffusionswiderstand gleicht dem der Ziegel.

Mit Vollsteinen und Vollblöcken aus Leichtbeton (DIN 18 152) lassen sich höhere Druckfestigkeiten erzielen als mit Hohlsteinen. Besonders geringe Wärmeleitfähigkeit erreicht man mit den Zuschlägen Bims und Blähton (Abb. **B.36 c**).

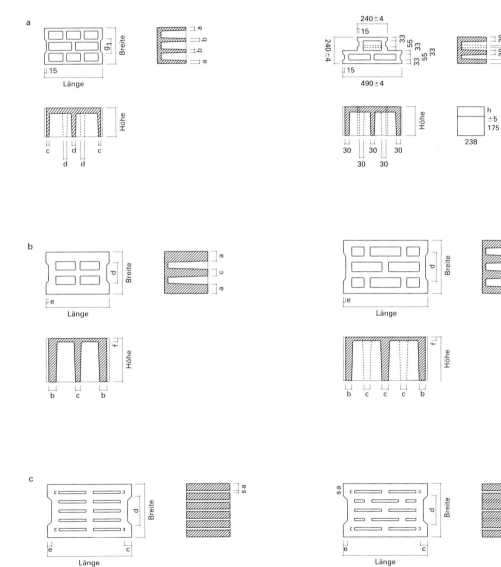

Nicht genormte Steinarten

Durch Bindemittel gebundene Steine werden auch in *großen Abmessungen* hergestellt, die zum Teil nur mit Hilfe von Hebezeugen versetzt werden können und die – ähnlich wie Werksteine aus natürlichem Steinmaterial – als plangerechte Elemente mit sehr geringen Maßtoleranzen nur ein dünnes Mörtelbett in den Lagerfugen und keinen Mörtel in den Stoßfugen erfordern (Abb. **B.37**). Eine andere Entwicklung hat zu der Schalungsstein-Bauart geführt. Das Grundsystem der *Schalungsstein-Bauart* besteht darin, dass steinartige Hohlkörper im Verband ohne Mörtel trocken verlegt und nach Erreichen einer bestimmten Wandabschnittshöhe mit Beton verfüllt werden. Dabei werden die entstehenden einzelnen vertikalen Betonsäulen durch ein Querfließen des Betons über seitliche Öffnungen in den Hohlkörpern miteinander verbunden (Abb. **B.38**). Vor allem drei Beweggründe treiben die Entwicklung neuer und die Verbesserung alter Steinarten an:
– Senkung der Kosten
– Verbesserung der Wärmedämmung
– Verbesserung der Wärmedämmtechnik.

Kostensenkungen lassen sich zum Beispiel durch billigere Ausgangsstoffe und durch Vergrößerung der Steinformate erzielen. Die Wärmedämmung kann man u. a. durch Verringerung des Mörtelvolumens verbessern. Wegen weiterer Einzelheiten sei auf die Literatur verwiesen [B.13], [B.65].

Steinformate

Die Abmessungen der Ziegelsteine werden durch die Bedingungen des Herstellungsprozesses begrenzt. Der Rohling muss vor dem Brennen hinreichend austrocknen können und sich gleichmäßig gut durchbrennen lassen. Die Abmessungen der anderen künstlichen Steine werden durch die Begrenzung ihres Gewichtes beschränkt. Die Steinformate sind nach dem oktametrischen System festgelegt (DIN 4172 – Maßordnung im Hochbau).

Unter Berücksichtigung einer Stoßfuge von 10 mm und einer Lagerfuge von 12 mm hat man für das Mauerstein-Normalformat (NF) folgende Abmessungen gewählt:
– Länge 240 mm – Breite 115 mm – Höhe 71 mm.

Zusätzlich wurde ein Dünnformat (DF) mit der Höhe 52 mm als weiteres Grundformat eingeführt. Ziegel- und Kalksandsteingrößen, die nicht das Normalformat haben, werden in Vielfachen des Dünnformates angegeben (Abb. **B.39**).

Bei Hütten-, Porenbeton-, Beton- und Leichtbetonsteinen sind die Abmessungen der Quaderseiten in mm anzugeben.

Abb. B.37
Beispiele für bauaufsichtlich zugelassene Steine

a unvermörtelte Stoßfuge (zum Beispiel Feder und Nut) Lagerfuge d = 12 mm oder mit Dünnbettmörtel
b Plansteine mit Dünnbettvermörtelung der Stoß- und Lagerfugen Fugendicke f < 3 mm
c Mauerstein mit wärmedämmender Ausschäumung
d Mauerstein mit integrierter Wärmedämmung
e Eckstein

Abb. B.38
Wand in Schalungsstein-Bauart (siehe auch Abb. **E.62**)

1 Normalstein
2 Halbstein (mit den Varianten: Nut-Feder, Feder-Feder)
3 Eckstein (mit den Varianten: links, rechts)
4 Verbundstein

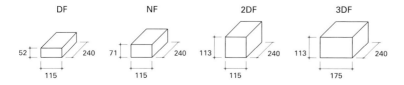

Abb. B.39
Steinformate in mm

4.2.1 Mauerwerksbau B

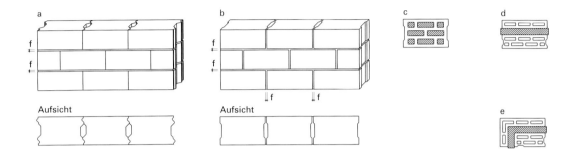

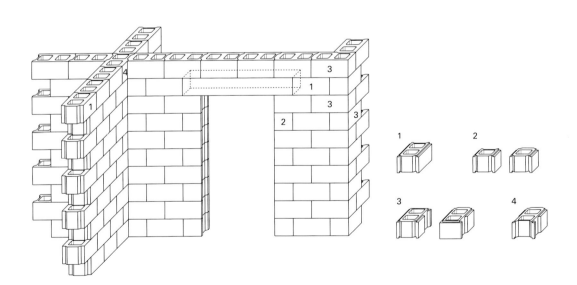

4.2.2

Natürliche Steine

Natursteine für Mauerwerk dürfen nur aus „gesundem", d. h. nicht durch Verwitterungsrisse gelockertem Stein gewonnen werden. Ungeschützt der Witterung ausgesetztes Mauerwerk muss ausreichend witterungsbeständig sein.

Geschichtete (lagerhafte) Steine sind im Bauwerk so zu verwenden, wie es ihrer natürlichen Schichtung entspricht. Ein Stein gilt als lagerhaft, wenn mindestens zwei seiner Bruchflächen annähernd eben und zueinander parallel sind.

Lagerfugen sollen normal zum Kraftangriff liegen. Die Steinlängen sollen das Vier- bis Fünffache der Steinhöhen nicht über- und die Steinhöhe nicht unterschreiten.

Folgende Steinarten sind zur bautechnischen Verwendung gut geeignet:

Granit	Schwarz-Weiß Weiß-Grau Schwarz-Grau Rot-Grau bis Rot grünlich bis bläulich	Granit (lat. granum = Korn = körniges Gestein) ist ein kristallines Tiefengestein, das in Form größerer Bergmassive, Stöcke oder Lager auftritt und ungeschichtet ist. Es sondert jedoch massive Bänke oder Lager ab und ist von Kluftsystemen durchzogen, die eine Spaltung und rechtwinklige Blockteilung ermöglichen. Granit besteht im wesentlichen aus den Mineralien – Quarz, der dem Stein die Härte gibt, – Feldspat, der die Farbe bestimmt, – Glimmer, der mehr als die anderen Bestandteile der Verwitterung unterliegt. Größere Vorkommen liegen in Skandinavien, auf Bornholm, im Harz, im Bayerischen Wald, im Odenwald und Schwarzwald, in Sachsen und Schlesien, in den Alpen (Gotthard und Montblanc), in den Pyrenäen, auf den Kanalinseln, in Schottland. Anwendungsbeispiele: – verbreitet Wohn- und Geschäftsbauten in Schottland, auf den Kanalinseln – Hauptbahnhof in Helsinki – landwirtschaftliche Wohn- und Wirtschaftsgebäude in Brandenburg und Mecklenburg-Vorpommern
Syenit	Grau bis Dunkelgrau Dunkelgrün	Der Syenit (nach dem ägyptischen Syene, dem heutigen Assuan benannt) ist ein dem Granit verwandtes Gestein. Es hat keinen oder nur einen geringen Quarzgehalt. Vorkommen gibt es in Ägypten, Sachsen (bei Meißen), Schlesien. Anwendungsbeispiele: Tempelbauten und Obeliske in Ägypten Im Fichtelgebirge findet sich ein dem Syenit verwandtes Gestein, der *Redwitzit,* bestehend aus: – Feldspat – Biotit – Hornblende.
Diabas	Vorwiegend grünlich bis Grünschwarz Schwarz-Weiß	Diabas ist ein zum Gabbro gehöriges, meist klein- bis mittelkörniges Ergussgestein. Vorkommen: Harz, Fichtelgebirge, Lahn- und Dillgebiet, Frankenwald, Sächsische Lausitz

4.2.2 Mauerwerksbau B

Diorit	Schwarz-Weiß Schwarz-Grün bis Schwarz, meist regelmäßig gefleckt	Der Diorit besteht aus: – Kalknatronfeldspat – Glimmer – Hornblende oder Augit – Quarz kann vorhanden sein. Europäische Vorkommen in Norwegen, Sachsen, im Odenwald, in den Vogesen, im Spessart, bei Passau, auf Korsika und in Portugal
Gabbro	Weiß-Grau Olivgrün bis Dunkelgrün, oft mit irisierenden Flecken	Gabbro enthält zusätzlich zu den Mineralien des Diorits: – Diallag – Eisenerz. Vorkommen: Skandinavien, Harz (Radautal), Sachsen (Penig), Fichtelgebirge, Bayerischer und Oberpfälzer Wald, Nieder- und Oberösterreich, Steiermark, Tirol, Toskana
Porphyr	meist Rot bis Gelbrot	Der Porphyr (griech. porphyreos = purpurfarbig) gehört zu der Familie der Syenite. Porphyrisch heißt ein Gesteinsgefüge, wenn in einer dichten, kleinkörnigen bis mikrokristallinen Grundmasse einzelne Einsprenglinge liegen. Mineralbestand: – Feldspat – Quarz – Glimmer – Hornblende oder Biotit oder Augit In Abhängigkeit von dem Vorherrschen des einen oder anderen Minerals ist eine Reihe verschiedener Bezeichnungen gebräuchlich: Porphyrit, Quarzporphyr u. a. Berühmt ist der schwarze Porphyr des Altertums, ein Porphyr mit dunkelroter Grundmasse und schwarzen Einsprenglingen der Hornblende. Vorkommen: Harz (bei Wernigerode), Sachsen (bei Halle an der Saale), Schlesien, Odenwald, italienische Südalpen
Trachyt		Trachyt (griech. trachys = rauh) ist eine Ergussform des Tiefengesteins Syenit von starker Porosität und rauhem Bruch. In der Grundmasse finden sich große Einsprenglinge von glasig aussehendem Kalifeldspat, die leicht herauswittern. Vorkommen: Siebengebirge, Laacher See, Westerwald (Selters), Auvergne, Ischia Anwendungsbeispiel: Kölner Dom
Basalt	Dunkelgrau bis Schwarz	Basalt ist ein erdgeschichtlich junges basisches Ergussgestein von dunkelgrauer bis schwarzer Färbung, dicht und feinkörnig, dadurch schwer. Basaltlager haben häufig eine säulenartige Struktur, die sich während des Abkühlungsvorganges gebildet hat. Es kommen fünf- bis neunseitige polygonale Säulenquerschnitte vor. Basalt wird vorwiegend im Straßen- und Wasserbau verwendet. Vorkommen: Sachsen (Zittau, Löbau), Hessen (Reinhardswald, Kaufunger Wald, Vogelsberg), Franken (Rhön), Eifel (Andernach, Mayen)
Tuffstein		Als Tuffstein werden leichte Weichgesteine aus vulkanischem Auswurfmaterial bezeichnet. Sie sind im bruchfeuchten Zustand leicht

		zu bearbeiten und erhärten unter dem Einfluss von Kohlendioxid der Luft.
		Vorkommen: Bimssteintuff am Laacher See und im Neuwieder Becken, Trachyttuff im Westerwald und im Nördlinger Ries, Leucit-Phonolith-Tuffe in der Eifel
		Trachyttuff wurde für das Bayerische Verkehrsmuseum verwendet (1944 teilzerstört).
Travertin	Weiß-Goldgelb bis Braungelb	Travertin ist ein Kalkstein, der durch Ablagerungen kalkhaltiger Gewässer entstanden ist. Ursprünglich wurden nur die mächtigen Bänke an den Kaskaden bei Tivoli östlich von Rom als Travertin bezeichnet. Dort wird der Stein von alters her gebrochen. Das Kolosseum und die Peterskirche bestehen aus Travertin. Die Struktur ist poröszellig. Er wurde deshalb auch Kalktuff genannt.
		Deutsche Vorkommen: Unstruttal in Thüringen, Stuttgart-Bad Cannstatt, Rothenburg ob der Tauber, Rauhe Alb im Schwäbischen Jura
		Anwendungsbeispiel aus neuerer Zeit: SHELL-Haus in Berlin
Sandstein	Die Farbskala reicht von Weiß über Gelb, Braun, Rot bis zu violetten und grünen Tönen. Am beständigsten sind die durch Eisenoxid hervorgerufenen roten Farbtöne.	Sandstein ist der Sammelbegriff für feinkörnige Sedimentgesteine, die sehr unterschiedlich zusammengesetzt sein können und entsprechend unterschiedliche Druckfestigkeit und Witterungsbeständigkeit aufweisen. Die Bindung der Körner untereinander beruht auf einer kieseligen, tonigen, kalkigen, dolomitischen oder mergeligen Basis. Dolomitisch nennt man ein Gemisch aus Magnesium- und Calciumcarbonaten; mit mergelig bezeichnet man ein Gemisch aus tonigen und kalkigen Bestandteilen.
		Die mergelige und kalkige Bindung ist nicht sehr witterungsbeständig; Steine aus diesem Material schilfern leicht ab. Sandsteine mit kieseliger Bindung sind am witterungsbeständigsten.
		Alle deutschen Mittelgebirge enthalten neben anderen Gesteinen auch Sandsteine. Stellvertretend seien einige bedeutende Vorkommen genannt: – Obernkirchner Sandstein, Grafschaft Schaumburg zwischen Hannover und Minden, kieselige Bindung, weißgrau – Roter Mainsandstein zwischen Aschaffenburg und Gemünden, kieselige Bindung – Elbsandstein in der Sächsischen Schweiz, tonige schwachkieselige oder kalkige Kornbindung, weißliche bis gelbbraune Färbung – Grünsandstein bei Regensburg und bei Soest in Westfalen.
		Anwendungsbeispiele: – Schloss zu Heidelberg, roter Neckarsandstein – Münster zu Straßburg (Elsaß), rotvioletter Vogesensandstein – Rathaus zu Bremen, weißgelblicher Wesersandstein aus Obernkirchen (Schaumburg-Lippe) – Zwinger zu Dresden, weißgelblicher Elbsandstein – Frauenkirche zu Dresden, Postaer und Cottaer Elbsandstein – Dom zu Regensburg, Grünsandstein aus der Regensburger Umgebung – Schloss zu Aschaffenburg, roter Buntsandstein vom Untermain – Mittelalterliche Kirchen in Soest (Westfalen), Grünsandstein – Münster zu Essen (Ruhr), blaugrauer und gelblicher Ruhrsandstein – Stephansdom zu Wien, Kalksandstein aus dem Leithagebirge

Grauwacke	Graubraun	Grauwacke ist ein sehr festes, kieselig, tonig oder karbonatisch gebundenes Sediment mit Trümmern anderer Gesteine (Quarz, Feldspat, Glimmer, Chlorit) von graubrauner Färbung. Vorkommen: Harz, Sauerland, Thüringer Wald
Dolomit		Dolomit ist ein Kalkstein mit hohem Gehalt (30–45 %) an Magnesiumcarbonat. Er ist wetterbeständiger als die anderen Kalkgesteine. Es gibt geschichtete (Plattendolomit) und ungeschichtete (Riffdolomit) Vorkommen. Vorkommen: Schwäbischer Jura, Fränkische Schweiz, Südtirol
Kalkstein		Kalkstein besteht überwiegend aus Calciumcarbonat. Die weitaus meisten Vorkommen sind unter Mitwirkung von kalkabsondernden Organismen entweder im Meer entstanden oder im Süßwasser wie der Kalktuff und der Süßwasserkalk. Kalkstein kommt in lockerer oolithischer (d. h. fischrogenartiger) bis sehr fester Lagerung vor. Fast alle deutschen Gebirge enthalten Kalkstein. Bedeutende Vorkommen: Muschelkalkstein in Thüringen, Mainfranken und Nordbaden, Jurakalkstein im Fränkischen Jura, Plattenkalke bei Solnhofen im Allgäu, Blaustein bei Aachen Anwendungsbeispiele: – „Alte Mainbrücke" zu Würzburg, fränkischer Muschelkalkstein – Stiftskirche zu Königslutter und mittelalterliche Kirchen zu Braunschweig, Muschelkalkstein aus dem Elm – Münster zu Aachen, Blaustein – Haus der Kunst in München, Weißer Jura aus der Fränkischen Alb – Hauptbahnhof Stuttgart, Crailsheimer Muschelkalk – Solnhofener Plattenkalk für Fußbodenbeläge
Marmor	Weiß, graue, schwarze, grüne, rote und andere, meist wolkige Einfärbungen	In der Mineralogie werden nur die aus Kalzitkristallen bestehenden, hochfesten Kalksteine mit deutlich körniger Struktur als Marmor bezeichnet. Im Bauwesen hat es sich eingebürgert, auch andere Kalksteine so zu nennen, wenn sie farbig sind und sich polieren lassen. Marmor ist seit der Antike ein begehrter Werkstoff für Bauwerke, Bauausstattung und Bildhauerei. Marmor kann eine vielfältige Färbung haben. Berühmt sind die weißen Marmorvorkommen von Carrara und Massa. Durch Beimengungen von Graphit, Eisenverbindungen und anderen Stoffen ergeben sich graue, schwarze, grüne, rote und andere, meist wolkige Einfärbungen. Bedeutende Vorkommen in Europa: – Südtirol bis Kalabrien, Sardinien, Sizilien – Eleusis bei Athen, Inselmarmor von Paros, Tinos, Naxos, Skyros – südlich Lüttich im Gebiet von Ourthe und Maas – Salzburger Alpen, Bayerische Alpen – Thüringen, Frankenwald, Fichtelgebirge – Sauerland, Nordhessen (Oberlahnkreis) Anwendungsbeispiele: – Residenz zu Würzburg, oberfränkischer und Lahn-Marmor – zahlreiche Bauten in Salzburg, weiß-gelblicher Untersberger Marmor – Parlamentsgebäude in Wien, ebenfalls Untersberger Marmor – Tempel auf der Akropolis zu Athen, weißer Marmor vom Pentelikon und Hymettos bei Athen – Tadsch Mahal zu Agra, Indien

Nagelfluh	Grau	Nagelfluh ist ein graues Konglomerat von poröser Struktur aus Kalksteingeröllen mit eingeschlossenen Kalksandsteinlagen.
		Vorkommen: Voralpengebiet
		Anwendungsbeispiele: – Sockel der Frauenkirche in München – Hauptgebäude der Technischen Universität München – Dom zu Salzburg
Tonschiefer		Tonschiefer ist durch hohen Gebirgsdruck verfestigter Ton. Er ist leicht spaltbar. Eingelagerte Glimmerplättchen verleihen ihm eine gute Witterungsbeständigkeit; schwarze Färbung ist auf Kohlenstoffgehalt zurückzuführen. Tonschiefer eignet sich besonders gut zur Dachdeckung.
		Deutsche Vorkommen: Schwäbischer Jura, Fränkische Schweiz, Südtirol

4.2.3

Mörtel

Die Funktion des Mörtels im Mauerwerk wurde in Abschnitt B.4.1 erläutert. Da die Festigkeit des heutigen Mauerwerks durch die Festigkeitseigenschaften des Mörtels maßgeblich beeinflusst wird, ist die richtige Zusammensetzung des Mörtels und seine verarbeitungsgerechte Konsistenz beim Einbau von großer Bedeutung.

Mörtel ist ein Gemisch aus Sand, Bindemittel, Wasser und gegebenenfalls Zusätzen (Zusatzstoffen, Zusatzmitteln)[1].

Nach der Art des Zuschlags unterscheidet man:
– Normalmörtel
– Leichtmörtel
– Dünnbettmörtel.

Als Zuschlag für Normalmörtel wird in der Regel Sand aus natürlichen Gesteinen verwendet. Der Zuschlag für Leichtmörtel hat meistens poriges Gefüge, zum Beispiel Naturbims, Lavaschlacke, Blähton, Hüttenbims oder auch Perlite. Dadurch erzielt man eine geringere Wärmeleitfähigkeit als die von Normalmörtel. Es gibt 2 Gruppen von Leichtmörtel: LM21 mit dem Rechenwert der Wärmeleitfähigkeit $\lambda_R = 0{,}21$ W/(m·K) und LM 36 mit $\lambda_R = 0{,}36$ W/(m·K). Dünnbettmörtel sind Zementmörtel mit Sand bis 1 mm Korngröße. Sie werden für 1 bis 3 mm dicke Lagerfugen zum Beispiel von Porenbeton-Blocksteinen gebraucht.

Als Bindemittel wird
– Luftkalk
– hydraulischer Kalk
– Zement
verwendet.

---

[1] Wie Betonzusätze, Abschnitt 7.2.2

Bindemittel

Der *Luftkalk* war über viele Jahrhunderte das wichtigste Mörtelbindemittel. Heute ist er weitgehend durch schnellhärtende hydraulische Bindemittel ersetzt. Luftkalk erhärtet zunächst durch abnehmenden Wassergehalt (deshalb sind bei der Verwendung von Luftkalk saugende Mauersteine besonders günstig). Nachfolgend findet dann über einen langen Zeitraum von Jahren und Jahrzehnten eine weitere Verfestigung durch Carbonatisierung statt. Dabei setzt sich Calciumhydroxid mit der Kohlensäure der Luft um in Calciumcarbonat [$Ca(OH)_2 + CO_2 + H_2O \rightarrow CaCO_3 + 2H_2O$].

Hervorzuheben sind folgende Eigenschaften des Luftkalkmörtels:
– hohe Plastizität, verursacht durch die fast kolloidale Feinteiligkeit des Luftkalks (wichtig für die Verarbeitung)
– gute Elastizität des Festmörtels, die geringe Verschiebungen im Mauerwerk (zum Beispiel ungleichmäßige Setzungen) ohne Rissbildung ausgleicht
– gute Frost- und Wetterbeständigkeit
– niedriger Dampfdiffusionswiderstand.

Diese Eigenschaften wirken sich auch in Mischungen mit hydraulischem Kalk oder Zement günstig aus, ohne die höhere Druckfestigkeit jener Bindemittel wesentlich zu beeinträchtigen.

Hydraulische Kalke erhärten im Gegensatz zu Luftkalken ohne Luft mit Wasser.

Dem Luftkalk können hydraulische Eigenschaften durch Zusatz von Verwitterungsprodukten kieseliger Gesteine oder Kieselgur oder vulkanischen Aschen (Trass) verliehen werden. Diese Stoffe werden nach der Vulkanerde des antiken Puteoli – dem heutigen Pozzuoli, westlich des Vesuv – auch Puzzolane genannt. Mit Calciumhydroxid reagiert amorphe, feinverteilte Kieselsäure nach der Gleichung: $3\,Ca(OH)_2 + 2\,SiO_2\,(amorph) + H_2O \rightarrow 3\,CaO \cdot 2SiO_2 \cdot H_2O$.

Den eigentlichen hydraulischen Kalk erhält man durch Brennen einer Mischung von Kalk und Ton oder von Mergel – einem natürlichen Mischgestein aus Kalkstein und Ton – bei Temperaturen von 1000 bis 1200 °C, die unterhalb der Sintertemperatur liegen. Das Produkt wird deshalb auch „ungesintertes hydraulisches Bindemittel" genannt im Unterschied zum Zement, der über der Sintergrenze gebrannt wird. Hydraulischer Kalk enthält gebrannten Kalk, der wie Luftkalk reagiert, und einen mehr oder weniger großen Teil an „hydraulischer Komponente", die aus dem Ton entsteht. Je größer der Anteil an hydraulischer Komponente ist, desto höher ist die erreichbare Druckfestigkeit. So können zum Beispiel bei der Bindemittelprüfung folgende Mindestdruckfestigkeiten gefordert werden:
– Wasserkalk 1 N/mm^2
– hydraulischer Kalk 2 N/mm^2
– hochhydraulischer Kalk 5 N/mm^2.

Die hydraulischen Kalke sind keine vollhydraulischen Bindemittel, sondern sie liegen zwischen lufthärtendem und wasserhärtendem Bindemittel. Mit Wasserkalk gebundener Mörtel ist nicht wasserbeständig, sondern gegenüber Luftkalkmörtel nur erhöht feuchtebeständig. Mörtel, der mit hochhydraulischem Kalk hergestellt ist, erreicht nach entsprechend langer Luftlagerung Unterwasserbeständigkeit.

Durch Brennen eines Gemisches aus 76 Teilen Kalkstein und 24 Teilen Ton bis zur Sinterung bei einer Temperatur von 1500 °C entsteht Portlandzement. Andere Zementarten erhält man durch Zugabe von Hochofenschlacke oder Trass.

Die *Zemente* sind vollhydraulische Bindemittel, die unter Zugabe von Wasser dadurch erhärten, dass das Wasser in den Feststoff unter Bildung von Zementstein aufgenommen wird. Dieser Vorgang wird Hydratation genannt (vgl. Abschnitt B.7.2.2).

Mörtelgruppen

Die Normalmörtel werden in DIN 1053 nach steigender Druckfestigkeit und zunehmender Wasserbeständigkeit in 5 Gruppen eingeteilt (siehe auch [B.1], [B.13]).

Mörtel der *Mörtelgruppe I* dürfen als Bindemittel Luftkalk, Wasserkalk, hydraulischen Kalk oder hochhydraulischen Kalk enthalten. Wegen des üblicherweise angestrebten schnellen Baufortschritts wird der langsam erhärtende Luftkalk nur noch selten verwendet. Für *Mörtelgruppe II* ist entweder hochhydraulischer Kalk ohne Zement oder Luft-/Wasserkalk mit Zementzusatz vorgeschrieben. *Mörtelgruppe IIa* darf nicht ohne Zementzusatz hergestellt werden, und für die *Mörtelgruppen III und IIIa* darf nur Zement verwendet werden, gegebenenfalls mit einem Zusatz von gebranntem, „trocken gelöschtem" und gemahlenem Kalk [$Ca(OH)_2$], sogenanntem Kalkhydratpulver. Dieser Zusatz hat die Aufgabe, die Geschmeidigkeit und damit die Verarbeitbarkeit des Mörtels zu verbessern, denn der Übergang vom Kalkmörtel zum hydraulisch härtenden Bindemittel, wie er in den Mörtelgruppen I bis III zum Ausdruck kommt, ist mit einer zunehmenden Einbuße an Plastizität verbunden.

Lieferformen

Mörtel kann in Mörtelwerken hergestellt und als Werkmörtel in 3 Arten geliefert werden (DIN 18 557):
– Werk-Vormörtel
– Werk-Trockenmörtel
– Werk-Frischmörtel.

Vormörtel ist eine Mischung aus Sand (nicht künstlich getrocknet) und Luftkalk, dem auf der Baustelle Wasser und – falls er als Mauermörtel der Gruppe II und IIa eingesetzt werden soll – Zement zugegeben werden muss. Vormörtel ist längere Zeit lagerfähig, sofern er gegen Schlagregen und direkte Sonnenstrahlung geschützt wird. Dadurch sind Mörtelverbrauch und Mörtelversorgung einfach aufeinander abzustimmen.

Trockenmörtel ist ein Gemisch aus ofentrockenen Zuschlägen und Bindemitteln – auch hydraulischen –, das bei witterungsgeschützter Lagerung über längere Zeit lagerfähig ist. Vor der Verarbeitung muss dem Trockenmörtel Wasser zugegeben werden. Die besonderen Vorteile des Trockenmörtels liegen darin, dass gezielte Zusammensetzungen für den jeweiligen Verwendungszweck normengerecht möglich sind.

Frischmörtel kann, so wie er angeliefert wird, auf der Baustelle verarbeitet werden. Er ist in der Regel 36 Stunden verarbeitungsfähig. Der wesentliche Vorteil des kellenfertigen Frischmörtels ist darin zu sehen, dass auf der Baustelle keine Lohnkosten für die Mörtelaufbereitung anfallen und dass der Bauablauf rationalisiert wird.

4.2.3 Mauerwerksbau

Verwendungsbereiche

Hinsichtlich der Verwendung von Mörtel im Bauwerk lassen sich 3 Bereiche unterscheiden:
– Mörtel für übliches innenliegendes Mauerwerk
– Mörtel für Verblendmauerwerk
– Verfugmörtel für das nachträgliche Verfugen von Sicht- und Verblendmauerwerk.

Für innenliegendes Mauerwerk sind alle Mörtelarten bei Beachtung der aus statischen Gründen jeweils erforderlichen Mörtelgruppe geeignet.

Für Verblendmauerwerk mit den hohen Anforderungen an Schlagregensicherheit, Wartungsfreiheit und gutem Aussehen werden besondere Trockenmörtel hergestellt. Sie werden auch als Vormauermörtel bezeichnet. Das kennzeichnende Merkmal dieser Mörtel ist, dass sie das Vermauern und Verfugen in einem Arbeitsgang möglich machen. Für normal saugende und schwach saugende Steine sind unterschiedliche Mörtel erforderlich. Das Mauern und Fugen in einem Arbeitsgang, der Fugenglattstrich, ist in aller Regel preiswerter, vor allem aber technisch sicherer als die noch weit verbreitete Ausführungsart des Verblendmauerwerks mit nachträglicher Verfugung der vorher ausgekratzten Blendfugen.

Für das weniger zu empfehlende Verfahren der nachträglichen Verfugung von Sicht- und Verblendmauerwerk wird ebenfalls ein besonderer Mörtel, der Verfugmörtel, hergestellt. Zusatzmittel sollen ein ausreichendes Wasserrückhaltevermögen während der Erhärtung und hydrophobe (das heißt Wasser abweisende) Eigenschaften des Festmörtels gewährleisten. Ein äußerst sorgfältiges, flankensauberes Auskratzen der Fugen auf 15 mm Tiefe ist auch bei der Verwendung von Verfugmörtel eine unverzichtbare Voraussetzung für eine einwandfreie Funktion der fertigen Fugen. Es handelt sich hier um einen jener im Bauwesen häufiger vorkommenden Fertigungsschritte, die einer Qualitätskontrolle nur während der Ausführung, nicht aber nach Abschluss der Arbeit zugänglich sind. Man sollte solche Fertigungsverfahren vermeiden, wo immer es geht. Schon deshalb ist das Vermauern und Verfugen in einem Arbeitsgang der nachträglichen Verfugung vorzuziehen.

Die bisher genannten Mörtel haben eine höhere Wärmeleitfähigkeit als viele Mauersteine. Die Fugen bilden daher häufig Wärmebrücken und setzen die Wärmedämmung des Mauerwerks herab. Aus diesem Grunde wurden Leichtmörtel mit besserem Wärmedämmvermögen entwickelt. Als Leichtmörtel bezeichnet man Mörtel mit einer Trockenrohdichte $< 1,5$ kg/dm^3. Die geringere Rohdichte erreicht man durch besondere Zuschläge, zum Beispiel Bims. Die geforderte Druckfestigkeit entspricht der Mörtelgruppe IIa. Allerdings erfordert die Verarbeitung besondere handwerkliche Fähigkeiten.

Da reiner Zementmörtel beim Mauern und beim Putzen nur schwer zu verarbeiten ist und auch durch die Zugabe von Kalkhydratpulver keine für jeden Anwendungsfall befriedigende Verbesserung zu erreichen ist, wurde ein besonderer Putz- und Mauerbinder entwickelt, DIN 4211 (1995–03). Der Putz- und Mauerbinder verfügt einerseits über die hydraulischen Eigenschaften des Zementmörtels und ist andererseits trotzdem leicht zu verarbeiten. Man erreicht das im Wesentlichen durch eine genau dosierte Zugabe von Gesteinsmehl. Putz- und Mauerbinder wird in Säcken oder in Behälterfahrzeugen auf die Baustelle geliefert.

4.3

Maßordnung

Es liegt auf der Hand, dass sich regelmäßige Steine leichter vermauern lassen als unregelmäßige. Bei natürlichen Gesteinen wiegt jedoch der Aufwand für die Bearbeitung zu regelmäßigen Formaten in der Regel deren Vorteile beim Vermauern auf. Darum werden natürliche regelmäßige Steine eigentlich nur für repräsentative Bauwerke verwendet. Anders liegen die Dinge bei den künstlichen Steinen. Es bedeutete einen großen Fortschritt, als man bei der Ziegelherstellung in Nordeuropa um die Mitte des 12. Jahrhunderts den aus der Lombardei übernommenen ungenauen Zuschnitt aus gewälztem Tonteig aufgab und zur Formung der Rohlinge mit genormten Holzrahmen überging. Nahezu zwangsläufig folgt aus der Verwendung maßhaltiger Steine das Bedürfnis nach einer Maßordnung für die Abmessungen der Bauteile. Denn wenn die Maße für Wandlängen, Wandhöhen, Vor- und Rücksprünge sowie für Öffnungen einem Vielfachen der Steinabmessungen unter Berücksichtigung der Fugendicken entsprechen, kann der Steinverschnitt minimiert und das Erscheinungsbild von Sichtmauerwerk ansprechend gestaltet werden

Heute ist die Maßordnung in Deutschland durch DIN 4172 „Maßordnung im Hochbau" geregelt. Der Ordnung liegt der Modul 12,5 cm zugrunde. Alle Baurichtmaße sollen geradzahlige Vielfache dieses Moduls sein. Baurichtmaße sind die Maße von Bauteilen einschließlich ihrer Fugen. Aus den Baurichtmaßen ergeben sich je nach Bauteil durch Abzug oder Addition eines Fugenmaßes oder auch unmittelbar die Nennmaße (Abb. **B.40**). Bei Bauarten ohne Fugen sind die Nennmaße gleich den Baurichtmaßen. Die Abstimmung der Steinhöhen mit der Maßordnung geht aus Abb. **B.41** hervor. Weiteres zu Toleranzen siehe [B.13].

Abb. B.40
Maße der Maßordnung im Hochbau

A Außenmaß
Ö Öffnungsmaß
V Vorsprungsmaß
X Anzahl der Steinköpfe

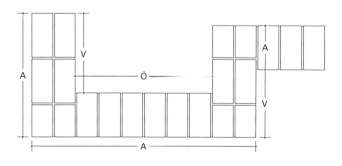
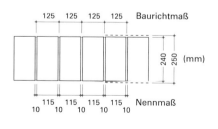

	Baurichtmaß (cm)	Nennmaß (cm)
A	x · 12,5	x · 12,5 − 1
Ö	x · 12,5	x · 12,5 +1
V	x · 12,5	x · 12,5

Abb. B.41
Abstimmung der Steinhöhen mit der Maßordnung

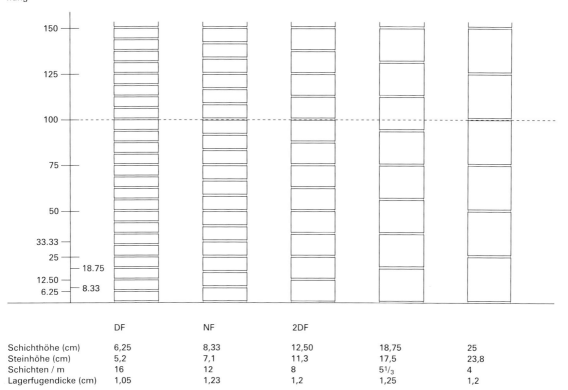

	DF	NF	2DF		
Schichthöhe (cm)	6,25	8,33	12,50	18,75	25
Steinhöhe (cm)	5,2	7,1	11,3	17,5	23,8
Schichten / m	16	12	8	$5^{1}/_{3}$	4
Lagerfugendicke (cm)	1,05	1,23	1,2	1,25	1,2

Die unterschiedlichen Lagerfugendicken ergeben sich aus der Forderung, dass Steindicken mit Lagerfugendicken die Höhen von Baurichtmaßen haben sollen.

4.4

Konstruktionsprinzipien im Mauerwerksbau

4.4.1

Verbände

Auf die fundamentale Bedeutung des Verbandes für den Zusammenhalt des Mauerwerks wurde schon in Abschnitt B.4.1 hingewiesen.

Verbände für künstliche Steine

In den meisten Mauerwerksverbänden kommen quer- und längsliegende Steine vor. Ein Stein, der mit seiner Länge parallel zur Wandfläche liegt, heißt *Läufer*. Ein Stein, der mit seiner Länge rechtwinklig zur Wandfläche liegt, heißt *Binder*. Steine, die auf die schmale Längsseite gestellt sind, heißen *Roller* (Abb. **D.10, D.11, D.12**).

Die Grundregel für das Verlegen der Steine im Verband, nämlich dass die senkrechten Stoßfugen in zwei aufeinanderfolgenden

Schichten sich nur kreuzen, nicht aber in dieselbe lotrechte Ebene fallen sollen, zwingt nicht zu einer bestimmten Anordnung der Steine, sondern lässt *mehrere* Möglichkeiten zu. Im Laufe der Jahrhunderte wurden – auch landschaftlich gebunden – einige bestimmte Verlegemuster bevorzugt. Diese Verbände haben nach der Zeit oder der Landschaft ihres häufigen Vorkommens Namen erhalten. So gibt es den gotischen oder polnischen, den flämischen oder holländischen, den märkischen und den Mönchsverband (siehe Abschnitt B.4.5.1).

Ein Verband ist um so besser, je weiter die Stoßfugen gegeneinander versetzt sind oder je mehr Steinschichten senkrecht übereinander liegende Stoßfugen trennen. Das Überbindemaß darf 4,5 cm und die 0,4-fache Steinhöhe nicht unterschreiten (Abb. **E.9**).

Heute üblich sind (Abb. **B.42 a–d**):
– Läuferverband
– Binderverband
– Blockverband
– Kreuzverband.

Beim Läuferverband bestehen alle Schichten aus Läufern, die von Schicht zu Schicht im mittigen Verband um eine halbe, im schleppenden Verband um eine drittel oder eine viertel Steinlänge gegeneinander versetzt sind. Der Läuferverband hat die besten Festigkeitseigenschaften; er ist aber nur möglich, wenn die Wanddicke gleich der Steinbreite ist. Die Mauer ist dann ½ Stein dick.

Beim Binderverband bestehen alle Schichten aus Bindern, die um eine halbe Steinbreite versetzt sind. Die Wanddicke ist gleich der Steinlänge oder 1 Stein dick.

Beim Blockverband wechseln Binder- und Läuferschichten regelmäßig ab. Die Stoßfugen der Läuferschichten liegen senkrecht übereinander.

Beim Kreuzverband wechseln auch Binder- und Läuferschichten regelmäßig ab, aber anders als beim Blockverband sind die Stoßfugen der Läuferschichten um eine halbe Steinlänge versetzt.

Nach dem Läuferverband hat der Kreuzverband die nächstbeste Verklammerung, wie man in Abb. **B.42** an dem Verlauf von gedachten, von oben nach unten verlaufenden Fugenrissen erkennen kann.

Die Einhaltung der Verbandsregeln ist außer beim Läufer- und Binderverband bei differenzierten Grundrissen an Ecken, Einsprüngen, Wandanschlüssen, Kaminen, Fenster- und Türöffnungen nicht immer einfach. Abb. **B.43** und **B.44** zeigen einige Beispiele. Weitere Einzelheiten sind zum Beispiel in [B.12], [B.13] zu finden.

Abb. B.43
Schichten des Kreuzverbandes; wechseln nur die erste und die zweite Schicht einander ab, entsteht der Blockverband

a Ecke einer 1 Stein dicken Wand
b Ecke einer 1,5 Stein dicken Wand
c Anschluss einer 1 Stein dicken Wand an eine 1,5 Stein dicke Wand
d Kreuzung einer 1 Stein dicken Wand mit einer 1,5 Stein dicken Wand
e Stoß von unterschiedlich dicken Wänden

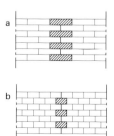
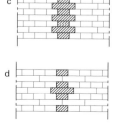

Abb. B.42
Verklammerung bei den gebräuchlichen Verbänden

a Läuferverband
b Binderverband
c Blockverband
d Kreuzverband

4.4.1 Mauerwerksbau B

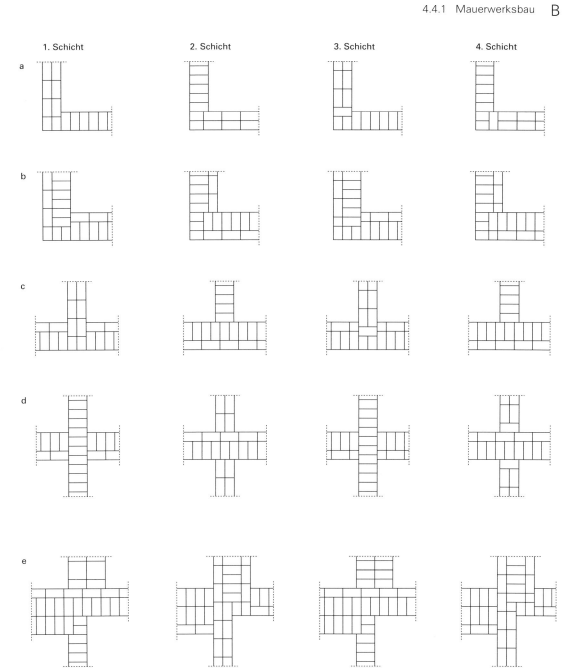

49

B Mauerwerksbau 4.4.1

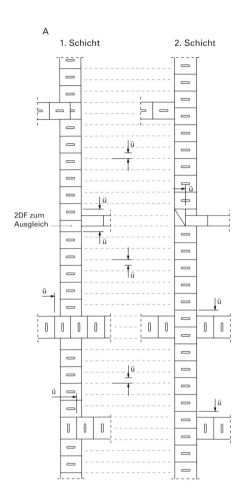

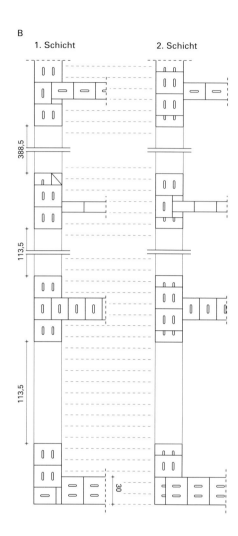

Verbände für natürliche Steine

Die Verbände für natürliche Steine hängen weitgehend von dem Bearbeitungsgrad der Steine ab.

Zyklopenmauerwerk

Die am wenigsten regelmäßig und für einen Verband am ungünstigsten geformten Steine sind die Findlinge (Feld- oder Lesesteine). Sie haben eine mehr oder weniger sphärische Gestalt, abgerundete Ecken und Kanten und meist unebene Oberflächen. Die Teilstücke gespaltener Steine haben jedoch häufig annähernd ebene Flächen, so dass man durch Zerschlagen der Steine geeigneteres Material erhält. Ein regelmäßiger Verband ist dennoch nicht herzustellen. Es kommt auch hier darauf an, durchgehende Stoßfugen zu vermeiden. Durch geschickte Auswahl der Steine sind die Zwischenräume so klein wie möglich zu halten, verbleibende Lücken sind durch kleinere Steinstücke (Zwicksteine) auszufüllen. Schließlich wird man, wo möglich, durch die ganze Mauerdicke reichende Steine als Binder einbauen. In Absätzen von etwa 1,50 m Höhe muss das Mauerwerk auf ganzer Mauerdicke normal zur Kraftrichtung – also in

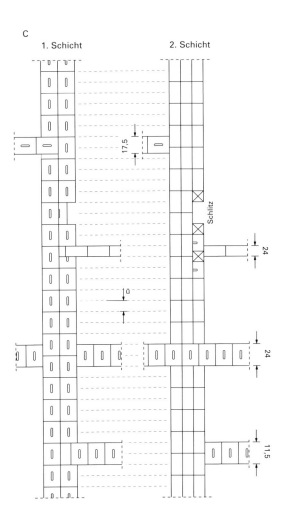

Abb. B.44
Verbände mit Steinen im DF-Format

A 24 cm dicke Wand aus 3DF-Steinen im Binderverband
B 30 cm dicke Außenwand aus 5DF (10 DF KS Hbl)
C 36,5 cm dicke, tragende Mittelwand mit Stößen und Kreuzung aus 2 DF und 3DF
ü Überbindung

der Regel horizontal –, wenn nötig unter Verwendung kleinerer Steine, abgeglichen werden. Die Festigkeit solcher Mauern wird in erster Linie von der Festigkeit und der Bindekraft des Mörtels bestimmt, in dessen Matrix die Steine eingebettet sind [B.14]. Die Ausbildung von Wandabschlüssen und Ecken kann man durch die Verwendung von künstlichen Steinen sehr erleichtern. Auf jeden Fall ist auch hier auf eine gute Verzahnung der Steine zu achten (Abb. **B.32 b, c**).

Bruchsteinmauerwerk

Bruchsteine werden in Steinbrüchen aus gebrochenem Gestein aussortiert, sonst aber wenig bearbeitet. Sie sind lagerhaft, das heißt, sie haben zwei mehr oder weniger ebene parallele Seiten, kommen in größerer Menge von gleicher Dicke vor und lassen sich während des Mauerns mit dem Hammer etwas bearbeiten. Anzustreben sind Schichten gleicher Steinhöhe. Es dürfen in einer Schicht zwei dünnere aufeinander liegende Steine an einen dickeren Stein stoßen, so dass die Stoßfuge in diesem Fall über die zwei Steinhöhen der dünneren Steine durchgeht (Abb. **B.32 d**).

Die Verbandsregeln für Mauerwerk aus natürlichen Steinen lassen sich wie folgt zusammenfassen:
- die Steinlängen sollen das Vier- bis Fünffache der Steinhöhen nicht über- und die Steinhöhe nicht unterschreiten
- Stoßfugen dürfen höchstens über zwei Schichten durchgehen
- in einer Schicht soll auf zwei Läufer mindestens ein Binder kommen, oder Läufer- und Binderschichten sollen einander abwechseln
- die Länge der Binder soll etwa das 1½-fache der Schichthöhe, mindestens aber 30 cm betragen
- die Breite der Läufer soll größer oder etwa gleich der Schichthöhe sein
- die Überdeckung der Stoßfugen bei Schichtenmauerwerk soll mindestens 10 cm, bei Quadermauerwerk mindestens 15 cm betragen
- an den Ecken sind die größeren Steine einzubauen, so dass Ecksteine häufiger über zwei Schichten durchgehen.

In Absätzen von höchstens 1,50 m Höhe muss eine Bruchsteinmauer auf ganzer Mauerdicke abgeglichen werden. Ankersteine, die als Binder von einer Mauerseite zur anderen durchlaufen, sollen keinen größeren Abstand als 2 m haben. Wichtig ist, dass die Steine auf ihr natürliches Lager gelegt werden. Andernfalls kommt es leicht zur Aufspaltung der Steine und zum Abblättern der äußeren Schicht.

Schichtenmauerwerk

Schichtenmauerwerk wird aus bearbeiteten quaderförmigen Steinen hergestellt.

Man unterscheidet hammerrechtes, unregelmäßiges, regelmäßiges Schichtenmauerwerk und Quadermauerwerk (DIN 1053).

Beim *hammerrechten* Schichtenmauerwerk werden die Stoß- und Lagerfugenseiten der Sichtsteine auf mindestens 12 cm Tiefe bearbeitet. Die Stoß- und Lagerfugen brauchen nur annähernd rechtwinklig zueinander zu stehen. Die Steine können ungleiche Höhen haben, so dass die Lagerfugen im Allgemeinen nicht ungebrochen durchlaufen. Wie beim Bruchsteinmauerwerk ist aber in Absätzen von 1,50 m Höhe ein Abgleich vorzusehen.

Die Sichtsteine des *unregelmäßigen* Schichtenmauerwerks werden auf mindestens 15 cm Tiefe der Stoß- und Lagerfugenseiten bearbeitet. Die Stoß- und Lagerfugen sollen rechtwinklig zueinander stehen. Die Fugenweite ist auf 3 cm begrenzt. Die Schichthöhe wechselt in mäßigen Grenzen. In Absätzen von 1,50 m Höhe ist ein Abgleich vorzusehen (Abb. **B.32 e**).

Beim *regelmäßigen* Schichtenmauerwerk haben alle Steine einer Schicht die gleiche Höhe.

Quadermauerwerk besteht aus Werksteinen. Werksteine sind maßgerecht genau bearbeitete Steine, deren Stoß- und Lagerfugenseiten auf ganzer Tiefe ebene Flächen bilden. Für den Steinverband des Mauerwerks aus Werksteinen gelten im Allgemeinen dieselben Regeln wie für das Mauerwerk aus künstlichen Steinen (Abb. **B.32 f**).

4.4.2

Räumliche Steifigkeit

Mauersteine und Mörtel haben nur eine geringe Zugfestigkeit. Wände aus Mauerwerk sind daher empfindlich gegen Horizontalbelastung normal zu ihrer Wandebene. Eine 24 cm dicke, frei stehende Wand darf zum Beispiel nur etwa 1 m hoch gebaut werden, weil eine höhere Wand keine ausreichende Standsicherheit gegen Kippen unter Windlast hat (Abb. **B.45**). Eine Erhöhung der Standfestigkeit erzielt man durch eine sogenannte Aussteifung, zum Beispiel durch winklig angeschlossene Querwände. Da die Querwände ihrerseits wieder ausgesteift sein müssen, ergibt sich bei dieser Art der Aussteifung nahezu zwangsläufig eine Zelle (Abb. **B.46**).

Das klassische Konstruktionsprinzip ist das Zellengefüge, das die räumliche Steifigkeit eines Bauwerks aus Mauerwerk gewährleistet.

Zur Aussteifung einer Wand kann in vielen Fällen schon eine sehr kurze Querwand, eine sogenannte Pfeilervorlage, ausreichen (Abb. **B.47**).

4.4.2 Mauerwerksbau

Zellengefüge und Pfeilervorlagen weisen bereits die frühesten Bauwerke aus Mauerwerk auf (Abb. **B.48**). Das ist keineswegs überraschend, denn die Zugfestigkeit des Mauerwerks hat sich in der Jahrtausende alten Geschichte des Mauerwerks kaum geändert, und auch damals konnte nur die materialgerechte – ja, materialimmanente – Konstruktion dauerhafte Bauten gewährleisten.

Erst seit der Einführung von Walzstahl und Stahlbeton kann man Aussteifungen als eingespannte Stäbe in den Wänden verstecken und auf diese Weise lange, unausgesteifte Wände vortäuschen (Abb. **B.49**). Die Aussteifungen dienen außer zur Ableitung von Lasten auch zur Aussteifung gegen Knicken. Wände können durch Aussteifungen in horizontaler Richtung
– zweiseitig
– dreiseitig
– vierseitig
gehalten (gelagert) sein. Die Rückwand der mit einer Stahlbetonplatte abgedeckten Zelle in Abb. **B.51** ist vierseitig gehalten: längs der Deckenscheibe und des Fundamentes sowie längs der Seitenwände. Die Seitenwände sind dreiseitig gehalten: längs der Deckenscheibe und des Fundamentes sowie längs der Rückwand.

Größere Wanddurchbrüche – zum Beispiel Türöffnungen – in der Nähe der Kontaktfuge zweier Wände heben die aussteifende Wirkung auf, wenn nicht eine Pfeilervorlage von wenigstens $^1\!/_5$ der Öffnungshöhe verbleibt (Abb. **B.50**).

Wenn eine Decke nicht als horizontales Lager für die anschließenden Wände geeignet ist, zum Beispiel weil sie als Holzbalkendecke keine Scheibe bildet oder weil aus Gründen der Formänderung zwischen Decke und Wand eine Gleitschicht eingelegt ist, dann ist die horizontale Halterung durch einen Balken vorzusehen, der zusammen mit den Balken der anderen Wände ein geschlossenes Polygon bildet und deshalb Ringbalken genannt wird (Abb. **B.52**). Meistens wird der Ringbalken aus Stahlbeton hergestellt. Aber auch eine Bewehrung in den oberen zwei bis drei Lagerfugen der Wände kann im Verbund mit dem Mauerwerk wie ein Ringbalken wirken. Das Fehlen von Ringbalken ist einer der Hauptgründe für die verheerende Zerstörung von einfachen, traditionellen Mauerwerksbauten in Erdbebengebieten.

Abb. B.45
Frei stehende, nicht ausgesteifte Mauerwerkwände dürfen wegen der Kippgefahr nur eine geringe Höhe haben

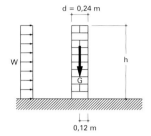

$w = c_p \cdot q$ [kN/m²] Winddruck

$G = \gamma \cdot d \cdot h$ [kN/m] Eigenlast

$c_p \approx 1{,}4$ [kN/m] Kraftbeiwert

$q = 0{,}5$ [kN/m²] Staudruck

$\gamma = 18$ [kN/m³] Rechenwert für Eigenlast

$M_R = G \cdot \dfrac{d}{2}$ Rückstellmoment

$M_K = w \cdot \dfrac{h^2}{2}$ Kippmoment

$\dfrac{M_R}{M_K} \geq \eta_K = 1{,}5$ Kippsicherheit

$M_R = 18 \cdot 0{,}24 \cdot h \cdot \dfrac{0{,}24}{2} = 0{,}52\,h$ [kNm/m]

$M_K = 1{,}4 \cdot 0{,}5 \cdot \dfrac{h^2}{2} = 0{,}35\,h^2$ [kNm/m]

$\dfrac{0{,}52\,h}{0{,}35\,h^2} \geq 1{,}5 \;\Rightarrow\; h \leq 0{,}99$ m

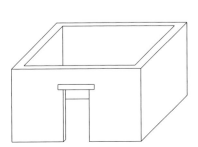

Abb. B.46
Zelle

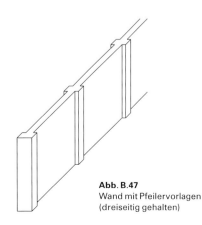

Abb. B.47
Wand mit Pfeilervorlagen (dreiseitig gehalten)

Abb. B.48
Grundriss eines Wohnhauses in Babylon (etwa 600 v. Chr.)

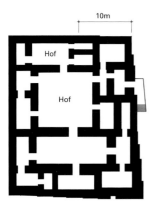

Abb. B.49
Durch eingespannte Stahlträger ausgesteifte Wand (weitere Beispiele Abb. E.18)

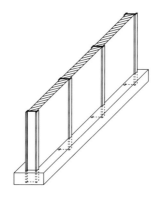

Abb. B.50
Mindestbreite einer aussteifenden Wand

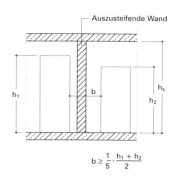

$$b \geq \frac{1}{5} \cdot \frac{h_1 + h_2}{2}$$

Abb. B.51
Beispiel einer vierseitig gehaltenen Wand

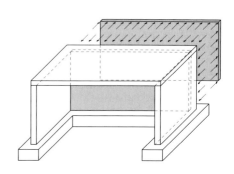

Abb. B.52
Ringbalken
W_D Winddruck
W_S Windsog
1 Ringbalken als Ersatz für eine Deckenscheibe.

Die in Windrichtung liegenden Balken geben die Lasten über Reibungskräfte an die Wandscheiben ab.

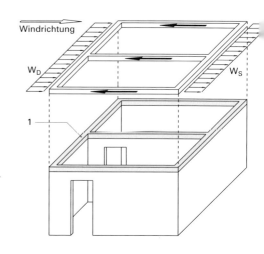

Um die gewünschte gegenseitige Aussteifung zweier winklig zueinander stehender Wände zu gewährleisten, sollten sich die Verbände der beiden Wände durchdringen, die Wände sollten verzahnt sein. Am besten erreicht man das durch gleichzeitiges Aufmauern der Wände. Dabei können die Wände zunächst abgetreppt werden (Abb. **B.53, E.5**). Neuerdings gibt man diese alte Regel unter bestimmten Voraussetzungen zur Senkung der Kosten auf und lässt die Wände stumpf aneinander stoßen [B.13], [B.65].

Wichtig ist die Unterscheidung von **tragenden** und **nichttragenden** Wänden.

Als *tragende Wände* gelten Wände, die senkrechte Lasten aus Decken und aus Wänden der oberhalb liegenden Geschosse aufnehmen, sowie Wände, die aussteifende Funktionen haben. Tragende Wände dürfen demnach auf keinen Fall geschwächt oder gar entfernt werden, ohne dass vorher die Standsicherheit des Gebäudes durch ergänzende Maßnahmen gewährleistet wird.

Nichttragende Wände sind geschosshohe Wände, die aus dem Bauwerk keine Lasten erhalten und insofern nur durch ihre Eigenlast beansprucht sind. Sie müssen selbstverständlich den Belastungen durch übliche Nutzung (Anlehnen von Personen usw.) und gegebenenfalls Wind standhalten. Da sie zur Standsicherheit des Gebäudes nicht beitragen, dürfen sie bei Bedarf ersatzlos entfernt werden.

Die Prinzipien des Mauerwerksbaus stehen sehr transparenten Raumvorstellungen, die nur wenige oder vielfach geschosshoch unterbrochene oder einsinnig gerichtete Wände fordern, entgegen. Allerdings ermöglicht der moderne Mauerwerksbau bei hohen Anforderungen an die Planung und Ausführung eine größere Freizügigkeit in der Grundrissgestaltung, aber man kann trotzdem das Zellenprinzip nicht aufgeben, ohne gleichzeitig gezwungen zu sein, der Bauart aufwändige und bauphysikalisch meist problematische Korsettstangen aus Stahl oder Stahlbeton einzuziehen. Schon das Ferienhaus von Le Corbusier Abb. **B.54** bietet in dieser Hinsicht Schwierigkeiten. Die sich nur einseitig aussteifenden Wände erfordern an den freien Rändern zusätzliche Aussteifungen durch eingemauerte Stahl- oder Stahlbetonstützen.

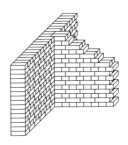

Abb. B.53
Verzahnung der Wände

Abb. B.54
Ferienhaus von Le Corbusier; an den freien senkrechten Wandrändern sind aussteifende Konstruktionsglieder erforderlich

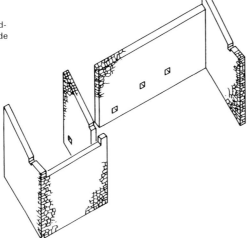

4.4.3

Wandöffnungen

Abb. **B.55 a** zeigt eine Wandscheibe unter gleichförmiger Druckbelastung. Die Druckspannungstrajektorien[1] durchlaufen die Wand geradlinig vom belasteten Rand zum unterstützten Rand. Wenn der Spannungsfluss durch ein Loch gestört wird, teilen sich die Linien oberhalb des Loches, laufen seitlich in gegenseitig engerem Abstand an der Öffnung vorbei und fließen unterhalb des Loches wieder zu einem gleichförmigen Zustand zusammen (Abb. **B.55 b**). Erstreckt sich die Öffnung bis zur Basis der Wand, dann stellt sich ein Zustand ein, wie er in Abb. **B.55 c** angedeutet ist.

Dabei sind zwei Punkte von praktischer Bedeutung:
1. Bei der Umlenkung der Spannungstrajektorien treten schräggerichtete Spannungen auf, die sich bis zur Bodenfuge auswirken können.
2. Oberhalb der Öffnung bleibt ein annähernd dreieckiger Keil frei von Spannungen.

Aus Punkt 1 folgt, dass dieser Lastabtrag nur dann möglich ist, wenn beiderseits der Öffnung hinreichend breite Wandabschnitte zur Verfügung stehen. Bei zu schmalen, pfeilerartigen Abschnitten versagt der Pfeiler unter der Horizontalbeanspruchung. In solchen Fällen muss über der Öffnung ein Träger die Lasten aufnehmen und senkrecht auf die Pfeiler absetzen (Abb. **B.55 e**). Wenn aber die Wandabschnitte hinreichend breit sind, könnte gemäß Punkt 2 der dreieckige Wandteil über der Öffnung entfallen, weil er zum Lastabtrag nicht beiträgt (Abb. **B.55 d**).

Dem trägt zum Beispiel die Fensteröffnung von Abb. **B.56 a** weitgehend Rechnung. Auch während des Baus vorübergehend erforderliche Durchlässe erhalten häufig eine entsprechende Form (Abb. **B.56 b**) und wahrscheinlich haben die Erbauer der Kuppelgräber von Mykenä den Effekt ebenfalls schon gekannt (Abb. **B.56 c**). In der Regel wird aber das Dreieck zugemauert. Dann muss ein Bogen oder ein Träger über der Öffnung die Eigenlast des Mauerkeils aufnehmen und in die seitlichen Wandabschnitte ableiten. Gegebenenfalls ist noch die Auflast einer Decke, die im Bereich des Dreiecks aufliegt, hinzuzurechnen (Abb. **B.58 a**).

---

[1] Spannungstrajektorien sind die Richtungslinien des Kraft- oder Spannungsflusses.

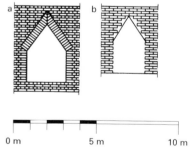

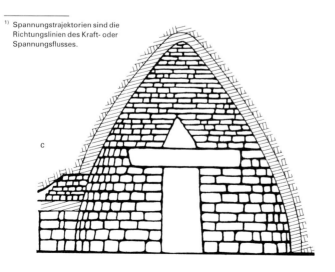

Abb. B.56
Wandöffnungen mit keilförmiger Aussparung

a Fenster im Bahnhof Wannsee, Berlin
b vorübergehender Durchlass während des Baus, mit Brettern eingeschalt
c Eingang zum „Schatzhaus des Atreus", Mykenä (um 1350 v. Chr.)

4.4.3 Mauerwerksbau

Abb. B.55
Wandscheibe unter gleichförmiger Belastung (Eigenlast nicht berücksichtigt)

a ohne Störung
b mit Loch
c mit Türöffnung in Wandmitte
d Wandteil über Türöffnung entfernt
e mit Türöffnung am Rand

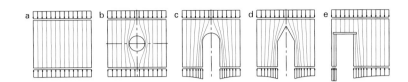

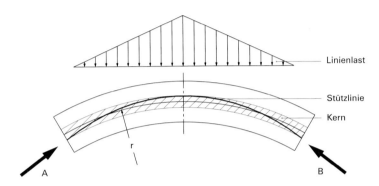

Abb. B.57
Kreissegmentbogen mit Stützlinie für dreieckförmige Linienlast

Abb. B.58
Bogen und Träger über Wandöffnungen

a Segment- oder Flachbogen mit Andeutung des belastenden Wand- und Deckenausschnitts
b scheitrechter Bogen
c Träger
d Halbkreisbogen, auch Rundbogen genannt, aus Werksteinen
e „Entlastungs"-Bogen über Träger aus Naturstein

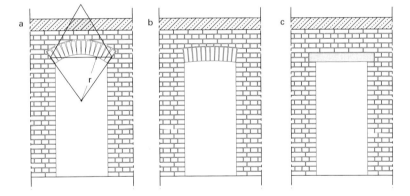

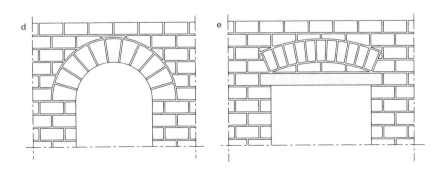

Die statisch günstigste Linie für eine Bogenachse ist die Stützlinie. Im Fall einer Dreieckslast plus Eigenlast des Bogens ist die Stützlinie eine Parabel 3. Grades mit veränderlichem, von den Auflagern zum Scheitel abnehmendem Krümmungsradius. Einen Bogen nach dieser Kurve zu mauern wäre sehr aufwändig. Man begnügt sich deshalb meistens mit einer kreisförmigen Bogenachse und wählt die Querschnittshöhe so groß, dass die Stützlinie auf ganzer Länge innerhalb des Kernes liegt. Damit ist gewährleistet, dass der Bogen an keiner Stelle unter Zugspannung steht und keine klaffende Fuge aufweist (Abb. **B.57**). Im Grenzfall kann die Bogenachse nahezu eine Gerade bilden. Man spricht dann von einem „scheitrechten" Bogen (Abb. **B.59**). Scheitrechte Bogen sollen einen Stich von mindestens 2 cm auf 1 m Spannweite haben. Die Stoßfugen sollen auf einen Mittelpunkt ausgerichtet sein. Die Fugen dürfen am Bogenrücken nicht dicker als 2 cm und an der Leibung nicht dünner als 0,5 cm sein. Daraus ergeben sich Mindestradien in Abhängigkeit von der Bogendicke (Abb. **B.60**). Einige Beispiele sind in Tabelle **B1** zusammengestellt. Beispiele für mögliche Bogenspannweiten sind Tabelle **B2** zu entnehmen.

Bei gleicher Öffnungsweite und gleicher Last wächst die Bogendruckkraft mit zunehmendem Bogenradius – also flacher werdendem Bogen – an. Wichtig ist, dass der Bogen unverschieblich gelagert ist, weil sich nur dann die Stützlinie innerhalb des Kerns einstellen kann. In jedem Fall müssen also die Wandpfeiler beidseits der Wandöffnung hinreichend steif ausgebildet sein.

Im Bogen stehen oder liegen die Steine auf ihrer schmalen Seite, weil ihre planmäßige Belastungsfläche rechtwinklig zur Bogenkraft ausgerichtet sein soll. Man spricht vom Stürzen der Steine. Davon abgeleitet ist die Bezeichnung *Türsturz* oder *Fenstersturz* für einen Bogen über einer Tür oder Fensteröffnung. Der Begriff Sturz wurde auch auf Träger übertragen, die heute die Bogen weitgehend verdrängt haben. Sehr häufig werden Tür- und Fensterstürze als Fertigteile hergestellt (Abb. **B.61**). Dabei bietet die Verwendung von besonderen Schalungssteinen aus dem Material des übrigen Mauerwerks bei Sichtmauerwerk den Vorteil einer einheitlichen Erscheinung der Außenwand. Bei verputztem Mauerwerk wirkt das einheitliche Material dem Auftreten von Putzrissen entgegen, denn ein unterschiedlicher Haftgrund hat meistens auch ein unterschiedliches Verformungsverhalten bei Temperatur- und Feuchtewechsel, was zu Rissen in den Putzschichten führen kann.

Bei größeren Spannweiten oder größerer Auflast müssen höhere Stahlbetonträger eingebaut werden, für die Schalungssteine nicht mehr geeignet sind. Man kann dann die Außenseiten des Sturzes mit Putzträgern (zum Beispiel Holzwolle-Leichtbauplatten) bekleiden. In Außenwänden ist außerdem eine zusätzliche Wärmedämmschicht vorzusehen (Abb. **E.55**, **E.61**, **E.62**).

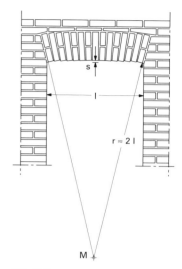

Abb. B.59
Scheitrechter Bogen oder Sturz; die Fugen liegen in Richtung der Strahlen zum Punkt M

Tab. B1
Mindestradius von Bogen in cm

Bogendicke d in cm	Steinhöhe b in cm			
	5,2	7,1	11,3	24
11,5	44	59	93	188
24,0	91	122	194	392
36,5	139	185	295	596

Tab. B2
Spannweiten von Bogen

Bogenform	Bogendicke d in cm	Spannweite l in cm
Segmentbogen	24	130
	36,5	160
Scheitrechter Bogen	24	90
	36,5	130

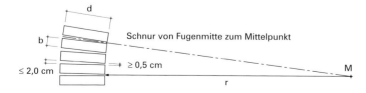

Abb. B.60
Bogenradius in Abhängigkeit von Stoßfugenbreite am Bogenrücken und an der Leibung (alle Maße in cm)

$$\min r = \frac{d \cdot (b + 0{,}5)}{1{,}5}$$

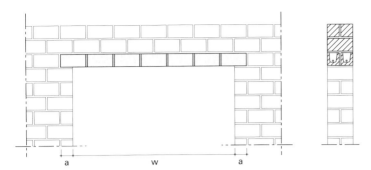

Abb. B.61
Mauersteinflachsturz

w lichte Weite,
 w ≤ 2,76 m
 a ≥ 11,5 cm

4.5

Mischmauerwerk

4.5.1

Sandwich-Mauerwerk

Um an ungebrochenen Steinen zu sparen und zugleich Gesteinstrümmer verwenden zu können, entwickelten schon die Römer eine Mischbauweise, bei der sie aus Werksteinen und Ziegeln im Verband die Wandaußenseiten als bleibende Steinschalung aufmauerten und gleichzeitig schichtweise das Wandinnere mit Rotmörtel – einem Gemisch aus Weißkalk und Ziegelsplitt – und Steinbrocken auffüllten (Abb. **B.62**).

Abb. B.62
Römisches Mischmauerwerk

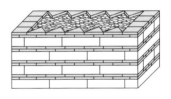

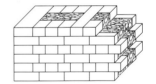

In der gleichen Technik haben auch die Baumeister des Mittelalters die Ziegelbauten der Klöster und Kirchen errichtet. Oft bestehen die Außenschalen unabhängig von der Wanddicke zu einem größeren Teil aus Läufern und zu einem kleineren Teil aus Bindern. In dicken Wänden greifen die Binder nur in die Innenfüllung ein, ohne die beiden Außenschalen zu verbinden. Der außen sichtbare Verband, bei dem in einer Steinschicht unregelmäßig auf zwei bis vier Läufer ein Binder folgt, wird in Norddeutschland und Skandinavien Mönchsverband genannt.

Eine moderne Variante stellt die in Abschnitt 4.2.1 erwähnte Bauart mit Schalungssteinen dar (Abb. **B.38**). Es handelt sich gleichsam um ein dreischaliges Sandwich-Mauerwerk.

Dem Vorteil der Kostenersparnis steht bei diesen und ähnlichen Mischbauweisen meistens ein technischer Nachteil entgegen. Das unterschiedliche Material weist in der Regel auch ein unterschiedliches Verformungsverhalten auf. Entweder sind die äußeren Schalen steifer als der Kern, oder der Kern ist steifer als die Schalen. Infolgedessen beteiligen sich Schalen und Kern unterschiedlich an der Lastabtragung. Das steifere Material steht unter höherer Spannung als das weichere. Im Grenzfall kann ein weicher Kern sich so weit „setzen", dass er sich der Lastabtragung aus Auflasten ganz entzieht. Auf jeden Fall ist für eine hinreichende Verbindung der Schalen durch Bindersteine oder gleichwertige Konstruktionsteile zu sorgen, um ein Ablösen und Ausbeulen der Schalen zu verhindern.

Das mehrschalige Mauerwerk historischer Bauwerke ist häufig bereichsweise sanierungsbedürftig. Verfahren zur Instandsetzung durch Injezieren, Vernadeln und Vorspannen sind in [B.10] ausführlich behandelt.

4.5.2

Mauerwerk mit Vorsatzschale

Nicht zu verwechseln sind die mehrschichtigen tragenden Wände mit einer anderen, meist zweischichtigen, Wandkonstruktion, bei der eine Schicht trägt und die andere Schicht als sogenannte „Vorsatzschale" nur den Witterungsschutz übernimmt (siehe Abschnitt E.4.2). Die Außenschale wird in diesen Fällen nicht im Verband mit der alleintragenden Innenschale aufgemauert, sondern nur durch horizontale Drahtanker aus nichtrostendem Stahl mit oder ohne Einschaltung einer Luftschicht mit der tragenden Wand verbunden. Das elastische Verhalten der Drahtanker erlaubt in gewissen Grenzen ein gegenseitiges Verschieben von Innen- und Außenschale in vertikaler Richtung, was zum Beispiel bei Temperatur- und Feuchteänderungen oder durch Belastung der Innenschale vorkommen kann. Die Eigenlast der Vorsatzschale wird an ihrer Basis auf eine geeignete Konstruktion (ein Fundament oder eine Konsole) abgesetzt und nicht etwa an die Innenschale „angehängt".

4.5.3

Wandabschnitte aus verschiedenen Baustoffen

Eine andere Art Mischmauerwerk ergibt sich, wenn entsprechend unterschiedlicher Anforderungen die Wände *eines* Geschosses aus verschiedenem Steinmaterial gemauert werden oder wenn einzelne besonders hoch belastete Wände anstelle aus Mauerwerk aus Stahlbeton hergestellt werden. Wegen der unterschiedlichen Materialeigenschaften kann es in solchem Mischmauerwerk leichter zu Rissen kommen als in homogenem Mauerwerk. Man kann der Rissbildung entgegenwirken, wenn die Wanddicken so gewählt werden, dass sich unter Berücksichtigung der unterschiedlichen Elastizitätsmoduln etwa gleiche Dehnungen einstellen. Allerdings wird diese Möglichkeit wegen anderer Gesichtspunkte (zum Beispiel Kostenerhöhung) nicht sehr häufig genutzt.

4.5.4

Mauerwerk aus Steingemisch

Nicht selten werden – besonders bei kleinen Bauvorhaben – verschiedene Steinarten nur deshalb in einem Bauwerk verwendet, weil „sie gerade zur Verfügung stehen" oder weil sie als Restposten günstig einzukaufen waren. In diesem Fall sollten die unterschiedlichen Materialien in abwechselnden Schichten über den ganzen Gebäudegrundriss verteilt eingebaut werden. Man erreicht dadurch ein gleichmäßiges Setzen der Wände und kann eine Rissbildung weitgehend vermeiden. Das gleiche Prinzip wendet man übrigens beim Auffüllen von Gruben mit Sand- und Bodenmaterial zur Vorbereitung eines künstlichen, tragfähigen Baugrunds an (siehe Abschnitt C.2.4). Das Füllgut ist stets lagenweise über die ganze Fläche verteilt einzubringen und gleichmäßig zu verdichten.

Zusammenfassend sei deutlich gesagt, dass Mischmauerwerk stets technische Nachteile gegenüber einem Mauerwerk aus homogenem Baustoff hat. Andererseits ist Mischmauerwerk so alt wie die Geschichte des Mauerwerks selbst, und man wird zur Kosteneinsparung immer wieder darauf zurückkommen. Schäden lassen sich bei Beachtung der genannten beiden wichtigsten Punkte, nämlich ausreichende Verbindung der äußeren Schalen bei „Sandwich"-Wänden und lagenweises Einbauen bei einschaligen Wänden, vermeiden.

4.6

Bewehrtes Mauerwerk

Um 1900 erhielt die Berliner Firma Prüß und Koch ein Patent für eine Wandbauart, bei der die Mauersteine nicht im Verband lagen, sondern der Verbund durch Stäbe aus Bandeisen gewährleistet wurde. Die Eisen wurden in Stoß- und Lagerfugen eingelegt und bildeten den damaligen Steinabmessungen entsprechend ein Netz von 52 cm Maschenweite. Der Fugenmörtel bestand aus Zementmörtel, der die Eisenstäbe frei von Hohlräumen umgeben sollte, um sie so gegen Korrosion zu schützen. Der Verbund zwischen Bandeisen, Mörtel und Steinen war außerordentlich gut, so dass die Bewehrung aus Bandeisen, die ja Zugkräfte aufnehmen konnte, den Wänden eine wesentlich höhere Tragfähigkeit, insbesondere für horizontal gerichtete Belastungen, verlieh, als sie vergleichbare, im Verband gemauerte Wände ohne Bewehrung aufwiesen (Abb. **B.63**). Das spielte insbesondere für nichttragende Trennwände in 3,50 m bis 4,50 m hohen Geschossen, wie sie damals bei Wohnbauten der gehobenen Klasse üblich waren, eine wichtige Rolle. In den Neubauten nach dem 1. Weltkrieg wurden die Geschosshöhen deutlich zurückgenommen. Damit war das 2-achsig bewehrte Wandmauerwerk im Wettbewerb mit dem Verbandsmauerwerk nicht mehr konkurrenzfähig. Geblieben ist die Bewehrung von Lagerfugen in normal zur Fläche belasteten Wänden, zum Beispiel in Kellerwänden unter Erddruck.

Abb. B.63
Prüß-Wand (Schnitte S2–S2 und S3–S3 in größerem Maßstab)

1 Splint
2 Kramme
3 Hülse
4 Bandeisen
5 Deckenbalken
6 Türzarge
7 Putz
8 Ziegel

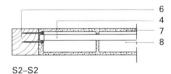

S2–S2

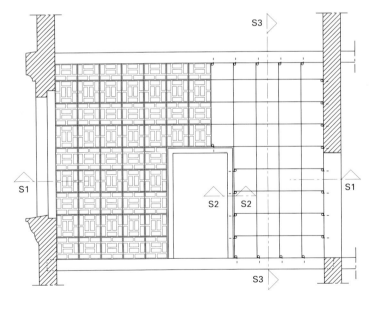

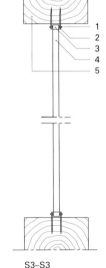

S3–S3

S1–S1

Sehr verbreitet waren sogenannte Stahlsteindecken, die weniger häufig auch heute noch gefertigt werden. Sie bestehen aus druckfesten Langloch-Formziegeln, deren Form nach der Verlegung der Ziegel auf einer Deckenschalung in Deckenspannrichtung Rillen bilden. Die Rillen werden bewehrt und anschließend ausbetoniert. Es entsteht eine tragfähige „bewehrte Mauerwerksplatte".

Die 1990 erlassene DIN 1053-3 eröffnet durch ihre Regelungen eine neue Entwicklung von kreuzweise bewehrten Mauerwerkswänden. Bisher liegen jedoch erst wenige Erfahrungen zu der neuen Technik vor.

Abb. **B.64 a** zeigt Mauerwerk aus gerillten Formsteinen. Die Rillen sichern eine einwandfreie Lage der Bewehrung und bieten die Voraussetzung für eine gute Umhüllung durch Mörtel.

Problematisch ist die Gewährleistung des Korrosionsschutzes in Wänden mit wechselndem Feuchtegehalt (zum Beispiel Wände, die dem Schlagregen ausgesetzt sind). Es hat sich gezeigt, dass in der Praxis die erforderliche Sorgfalt beim Verlegen der Bewehrung und die lückenlose Umhüllung mit Mörtel nicht immer durchzusetzen ist. Ungeschützte Bewehrung kann dann stellenweise vollständig korrodieren [B.15]. Deshalb muss in solchen Bauteilen die Bewehrung durch Feuerverzinkung oder Kunststoffbeschichtung geschützt werden. Eine ungeschützte Bewehrung darf nur in Bauteile eingelegt werden, die einem dauernd trockenen Raumklima ausgesetzt sind, zum Beispiel in Innenwände.

Außer für biegebeanspruchte Mauerwerkswände wird Bewehrung auch zur Rissesicherung – oder zutreffender: zur Risseverteilung – in Mauerwerk aus Steinen eingelegt, die zu stärkerem Schwinden neigen. Sie dient besonders in der Bauzeit und kurz danach zur gleichmäßigen Verteilung der Schwindverformung auf die Bauwerkslänge.

In einer an den Rändern festgehaltenen, unbewehrten Mauer aus schwindendem Material bauen sich Zugspannungen auf, die bei Erreichen der Zugfestigkeit zu einem Riss führen. Mit der Rissbildung verschwinden die Zugspannungen. Der Riss beeinträchtigt in der Regel nicht die Standsicherheit der Wand. Er kann jedoch so breit werden, dass er den Gebrauchswert der Wand mindert. Eine *eingelegte Bewehrung* nach Abb. **B.64 b** verhindert derartige Risse im allgemeinen nicht grundsätzlich, aber der Verbund zwischen Bewehrung und Mauerwerk bewirkt eine Verteilung der Verformungen auf die Länge der Wand, so dass statt eines breiten Risses mehrere feinere, auf die Länge der Wand verteilte Haarrisse entstehen, die den Gebrauchswert in keiner Weise beeinträchtigen (Abb. **B.65 a–c**). Die Bewehrung wirkt auch in allen anderen Verformungsfällen, zum Beispiel bei Deckendurchbiegungen unter nichttragenden Wänden, rissverteilend.

Es leuchtet ein, dass die eventuelle Korrosion einer nur zur Rissverteilung dienenden Bewehrung eher hingenommen werden kann als die einer zur Lastableitung erforderlichen Bewehrung.

Im Ausland ist bewehrtes Mauerwerk zum Teil verbreiteter als in Deutschland. Weitere Einzelheiten sind in [B.16] zu finden.

Abb. B.65
Mögliche Rissbildung im Mauerwerk

a Rissbildung ohne Bewehrung
b Rissbildung mit Bewehrung
c Rissbildung infolge Deckendurchbiegung (siehe auch Abb. F.20)

Abb. B.64
Bewehrtes Mauerwerk

a Bewehrung in Rillensteinen zur Aufnahme von Biegemomenten
b Bewehrung zur Risseverteilung
1 Fugenmörtel
2 Mauerstein
3 Fugenbewehrung
4 Mauerstein mit Aussparung für Bewehrung
5 Bewehrung

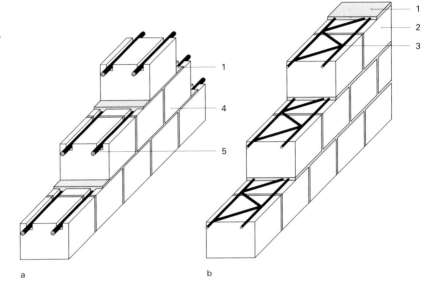

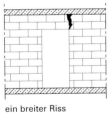

ein breiter Riss
a

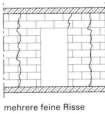

mehrere feine Risse
b

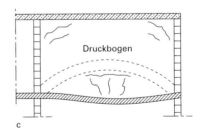

c

5
Holzbau

5.1

Allgemeines

Holz ist neben dem Lehm der älteste Baustoff des Menschen. Beginnend in der Vor- und Frühgeschichte, haben sich in den waldreichen Klimazonen der Erde unabhängig voneinander großartige Holzbaukulturen entwickelt und zum Teil bis heute erhalten [B.17]. Das älteste erhaltene bekannte Holzbauwerk ist ein Tempel in Japan, der vor etwa 2900 Jahren aus einheimischen Hölzern errichtet wurde.

Holz gilt als ein besonders angenehmer Baustoff, der bei Verwendung im Wohnungsbau wesentlich zur Wohnbehaglichkeit beiträgt. Die Hauptursache hierfür ist die geringe Wärmeleitfähigkeit des Holzes. Sie erfüllt eine wichtige raumklimatische Forderung, dass nämlich die Oberflächentemperatur der Raumbegrenzungen gleich hoch wie die Raumlufttemperatur sein soll. An Holzbauteilen bildet sich deshalb keine Kondensationsfeuchte. Bei der Berührung wirken Wände aus Holz immer warm. Sie „strahlen keine Kälte ab", wie man in der Umgangssprache sagt. Günstig für das Wohnklima sind auch die hygroskopischen Eigenschaften des Holzes. Sie regulieren die Raumluftfeuchte und halten sie in der Regel auf einem genügend hohen Niveau. Holz leitet keinen elektrischen Strom. In begrenztem Umfang wird die Luft bei der Diffusion durch Holz gefiltert und gereinigt, Gase und Dämpfe sowie unangenehme Gerüche werden dabei absorbiert. Schließlich sorgt das Holz infolge seines angenehmen Eigengeruches für eine „wohltuende Duftnote" [B.18].

Holz ist ein regenerierbarer Baustoff. Die europäischen Hölzer werden aus forstkundlich bewirtschafteten Wäldern gewonnen. Der Holzeinschlag steht mit dem Nachwuchs im Gleichgewicht. Raubbau in der europäischen Waldwirtschaft gehört – von kurzzeitigen Ausnahmen, wie zum Beispiel in den ersten Jahren nach dem 2. Weltkrieg abgesehen – seit 200 Jahren der Vergangenheit an. In asiatischen und südamerikanischen Ländern setzt sich dagegen eine verantwortungsvolle Bewirtschaftung der Wälder erst vereinzelt durch. Wo sie sich aber entwickelt, sollte sie durch die Abnahme von Hölzern gefördert werden. Nur dadurch ist letztlich eine Pflege des Waldes zu erreichen und sein Bestand zu sichern.

Ein Vergleich der Energiebilanzen verschiedener Bauweisen fällt in der Regel zu Gunsten des Holzbaus aus. Zum Beispiel wird der Energiebedarf für die Herstellung von Einfamilienhäusern in Porenbetonbauweise um 20 % höher eingeschätzt als in Holztafelbauart [B.71].

5.2

Holz und Holzwerkstoffe

5.2.1

Vollholz

Die wichtigsten nord- und mitteleuropäischen Baumarten zur Gewinnung von Bauholz sind die Nadelhölzer Fichte, Kiefer, Tanne, Lärche und die Laubhölzer Eiche und Buche. Die Nadelhölzer werden in bautechnischer Hinsicht einheitlich beurteilt und behandelt und unter der Kurzbezeichnung NH zusammengefasst. Für Eichenholz gilt das Zeichen EI und für Buche BU. Das Rohholz wird in Sägewerken zu Balken, Kantholz, Latten, Bohlen und Brettern geschnitten. Die Bezeichnung des Schnittholzes richtet sich nach den Querschnittsabmessungen (vgl. Tabelle **B.3**).

Man unterscheidet einstielige, zweistielige und vierstielige Schnitte (Abb. **B.66**). Der Querschnitt der Kanthölzer und Balken sollte so proportioniert sein, dass ein Vielfaches des Querschnitts sich zu dem größten im Stammquerschnitt enthaltenen Quadrat zusammensetzen lässt.

Das Nadelholz wird in fünf Sortierklassen eingeteilt (DIN 4074-1 : 2003-06).

Abb. B.66
Schnitte zur Gewinnung von Balken, Kantholz und Bohlen

a einstieliger Schnitt
　Vollholz
b zweistieliger Schnitt
　Halbhölzer
c vierstieliger Schnitt
　Viertelhölzer
d Bohlen und Bretter

a

b

c

d

Tab. B.3
Abmessungen von Schnittholz (DIN 4070 Teil 1 und DIN 4071 Teil 1)

Balken (cm)

10/20	12/20	16/20		20/20
10/22			18/22	
	12/24			20/24

Kanthölzer (cm)

6/6					
6/8	8/8				
	8/10	10/10			
6/12	8/12	10/12	12/12		
			12/14	14/14	
	8/16		12/16	14/16	16/16
					16/18

Dachlatten (mm)

24/28　30/50　40/60

Bohlen

Dicken d (mm)　40　45　50　52　55　60　65　70　75　80　100　120
Breiten b (mm)　80　100　120　140　160　180　200　220　240　260　280　300

Bretter

Dicken d (mm)　8　10　12　15　18　22　24　28　30　35
Breiten b (mm)　80　100　120　140　160　180　200　220　240　260　280　300

Schnittklasse	Größte zulässige Breite der Baumkante als Bruchteil der größten Querschnittsabmessung (diagonal gemessen)
S	scharfkantig
	Baumkanten nicht zulässig
A	vollkantig
	$1/8$, wobei in jedem Querschnitt mindestens $2/3$ jeder Querschnittsseite von Baumkante frei sein muss
B	fehlkantig
	$1/3$, wobei in jedem Querschnitt mindestens $1/3$ jeder Querschnittsseite von Baumkante frei sein muss
C	sägegestreift
	Muss an allen vier Seiten durchlaufend von der Säge gestreift sein

Tab. B.4
Zulässige Breite der Baumkante (nach DIN 4074)

Es muss hinsichtlich
- des Feuchtegehaltes
- der Schnittkanten
- der Maßhaltigkeit
- der Mindestwichte
- der Jahrringbreite
- der Beschaffenheit und Zahl der Aststellen
- des Drehwuchses
- der Faserabweichung beim Fehlen von Jahrringen

bestimmte Anforderungen erfüllen.

Schnittholz kann visuell oder maschinell sortiert werden. Visuell sortiertes Schnittholz wird in die Sortierklassen S 7, S 10, S 13 unterschieden. Maschinell sortiertes Schnittholz erhält den Zusatz M, also MS 7, MS 10, MS 13.

Für die weitaus meisten Tragwerke wird Nadelholz der Sortierklasse S 10, Bauschnittholz mit gewöhnlicher Tragfähigkeit (Kurzbezeichnung: NH S10), verwendet.

Bauholz darf beim Einbau „halbtrocken" sein, aber nur dort, wo es bald auf den „trockenen" Zustand zurückgehen kann. Als „halbtrocken" wird Holz mit einem Feuchtegehalt von höchstens 30 %, bei Querschnitten über 200 cm^2 von höchstens 35 % bezeichnet. Als „trocken" gilt Holz mit einem Feuchtegehalt bis höchstens 20 %. Die Feuchteprozentsätze beziehen sich auf das Darrgewicht der Hölzer, das sich bei einer genau definierten künstlichen Trocknung, dem „Darreverfahren" nach DIN 52 153, einstellt.

Das vierseitig und parallel geschnittene Bauholz wird in 4 Schnittklassen unterschieden:
S Scharfkantiges Bauschnittholz (Sonderschnittklasse mit außergewöhnlich hohen Anforderungen)
A Vollkantiges Bauschnittholz (für NH S 7 zugelassen)
B Fehlkantiges Bauschnittholz (für NH S 10 zugelassen)
C Sägegestreiftes Bauschnittholz (für NH S 13 zugelassen).

Die zulässige Breite der Baumkante für die einzelnen Schnittklassen ist Tabelle **B.4** zu entnehmen.

Vor der Verbreitung der Sägegatter zu Beginn des 19. Jahrhunderts wurden Balken und Kantholz aus dem Stammholz überwiegend durch Spalten und Bebeilen gewonnen. Der Beilschlag folgt dabei dem Faserverlauf des Wachstums unter weitgehender Schonung der einzelnen Fasern. Die so geglätteten Oberflächen sind im Wesentlichen geschlossen porig und nehmen weniger leicht Feuchte auf als die mit der Säge besäumten Flächen. Die Haltbarkeit wird dadurch merklich erhöht [B.20].

Für einige Tragwerke (Gerüste, vorübergehende Abstützungen und Aussteifungen von Baugruben usw.) wird auch unbeschnittenes Rundholz verwendet. Die Güteanforderungen für Baurundholz sind in DIN 4074-2 festgelegt.

5.2.2

Brettschichtholz

Der Mangel an Rohholz mit ausreichend großen Durchmessern und der Bedarf an Balkenquerschnitten mit Querschnittshöhen von mehr als 30 cm hat zu der Entwicklung eines Verfahrens geführt, bei dem Träger aus einzelnen Brettern zu Brettschichtholz (Kurzbezeichnung BSH) zusammengeleimt werden. Brettschichtholz wird vorwiegend aus Fichtenholzbrettern, die in der Regel nicht dicker als 30 mm sein sollen, mit genormten Leimen nach DIN 68 141 zusammengeleimt. Die Einzelheiten der Herstellung sind in DIN 1052 geregelt. Zunächst werden aus einzelnen Brettern durch tragfähige geleimte Längsverbindungen (Schäftung mit einer Leimflächenneigung von höchstens 1:10 oder durch Keilzinkung) Bretter von beliebiger Länge hergestellt (Abb. **B.67**). Die Bretter werden dann (in der Regel mit einer Leimauftragsmaschine) beleimt, unter Versetzung der Längsstöße aufeinandergelegt und zusammengepresst. Es lassen sich auf diese Art Vollholzträger mit Rechteckquerschnitten, I-Querschnitten oder auch Träger mit Hohlquerschnitten herstellen (Abb. **B.68**). Die Fertigung von Brettschichtholz erfordert besondere Werkseinrichtungen und eine gründliche Erfahrung. Sie ist an eine Lizenz gebunden, die von staatlich beauftragten Stellen erteilt werden kann. Brettschichtholz hat weitgehend die gleichen physikalischen Eigenschaften wie einteiliges Kantholz. Von Vorteil ist, dass aus dem Ausgangsmaterial Fehlstellen (Äste, Verwachsungen, Harzgallen) herausgeschnitten werden können, so dass man aus durchschnittlich gutem Rohholz mit wirtschaftlich vertretbarem Aufwand Brettschichtholz der Sortierklasse S 13 gewinnen kann. Bei Biegeträgern braucht auch nicht der ganze Querschnitt einer einheitlichen Sortierklasse zu entsprechen. Die Sortierklasse der Bretter in den hochbeanspruchten Randbereichen der Druck- und Zugzone bestimmt die Sortierklasse des ganzen Trägers. Die Neigung zur Trockenrissbildung ist bei Brettschichtholz geringer als bei einfachem Kantholz, weil das Rohholz vor der Verleimung auf den Feuchtegehalt getrocknet wird, der als Ausgleich-Feuchtegehalt im eingebauten Zustand zu erwarten ist.

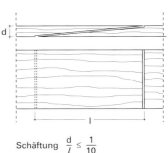

Schäftung $\dfrac{d}{l} \leq \dfrac{1}{10}$

Keilzinkenverbindung nach DIN 68 140

Abb. B.67
Zug- und druckfeste geleimte Längsverbindungen von Brettern

5.2.3

Holzspanplatten

Wegen des gerichteten linienförmigen Wachstums des Holzes und seiner anisotropen Materialeigenschaften ist die Herstellung von platten- oder scheibenartigen Bauteilen aus Bohlen oder Brettern stets mit hohem Aufwand verbunden. Man hat deshalb Holzwerkstoffe entwickelt, die aus mehr oder weniger zerkleinerten Holzteilen unter Zugabe von Bindemitteln zu Platten gepresst werden können. Diese Holzspanplatten lassen sich sowohl in Scheiben- wie auch in Plattenrichtung beanspruchen oder auch nur als nichttragende Füllungen oder Beplankungen verwenden. Anstelle von zerkleinertem Rohholz können auch holzartige Rohstoffe wie die Stängel von Flachs, Hanf, Zuckerrohr (Bagasse) als Spangut verwendet werden. Man spricht dann von Spanplatten. Zu unterscheiden sind Flachpressplatten (Kurzzeichen V, DIN 68 763) und Strangpressplatten (DIN 68 764). Bei Flachpressplatten werden die beharzten Späne so eingestreut, dass sie annähernd parallel zur Plattenfläche liegen.

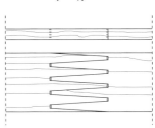

Abb. B.68
Querschnitte aus Brettschichtholz

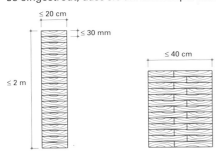

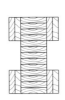

breites Brett mit Entlastungsnuten

b > 20 cm

Flachpressplatten erhalten dadurch eine beachtliche Biegefestigkeit. Bei der Herstellung von Strangpressplatten werden die beharzten Späne horizontal in eine senkrecht stehende Stopfpresse gefüllt, so dass die Späne in der fertigen Platte annähernd rechtwinklig zur Plattenfläche stehen. Strangpressplatten eignen sich deshalb vorzüglich als Kernlagen von Verbundwerkstoffen, die durch Beplankung der beiden Plattenseiten mit Furnieren, Furnierplatten oder Faserplatten entstehen. Als Bindemittel werden in der Regel Kunstharze verwendet.

In Abhängigkeit von dem verwendeten Kunstharz erreicht man eine mehr oder weniger hohe Beständigkeit des Produktes gegen Luftfeuchte und eindringende Feuchte. Das bevorzugte Bindemittel zur Erzielung begrenzt wetterbeständiger Verleimungen ist das Phenol-Formaldehydharz. Es verleiht den Spanplatten eine charakteristische braune Färbung. Harnstoff-Formaldehydharz, das für mehr als 80 % aller Spanplatten verwendet wird, gibt den Platten eine Beständigkeit nur gegen kurzfristige Befeuchtung. Der Feuchtegehalt dieser Platten darf an keiner Stelle 15 % der Werkstoffmasse überschreiten.

Die in der Normung verwendete Bezeichnung „wetterbeständig verleimt" bezieht sich nur auf die Verleimung, nicht auf das gesamte Produkt. Holzwerkstoffe dürfen also in keinem Fall ohne einen dauerhaft wirksamen besonderen Schutz gegen Befeuchtung direkt der Witterung ausgesetzt werden. Entsprechend der unterschiedlichen Beständigkeit gegen Feuchteeinwirkung werden die Holzwerkstoffe in die drei Holzwerkstoffklassen 20, 100 und 100 G eingeteilt (DIN 68 800-2). Die Zahlen 20 und 100 bezeichnen die Wassertemperaturen in °C, denen die Holzwerkstoffproben vor der Verklebungsprüfung ausgesetzt werden. Der Buchstabe G bedeutet „geschützt". Werkstoffen mit dieser Zusatzbezeichnung wird bei der Herstellung ein Schutzmittel gegen Pilzbefall zugegeben, oder sie bestehen aus Holzarten mit hohem natürlichem Widerstand gegen biotische Schädlinge.

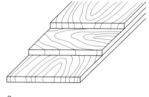

a

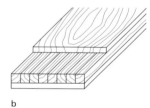

b

Abb. B.69
Sperrholz

a Furniersperrholz
b Stabsperrholz
Bautischlerplatte

Das Standardbindemittel für Spanplatten V 20 sind Harnstoff-Formaldehydharze. Sie geben in Abhängigkeit von der Art des Harzes und dem Herstellungsverfahren auch nach der Verarbeitung und Erhärtung noch eine Zeitlang Formaldehydgas ab. Dadurch können Geruchsbelästigungen und bei höheren Konzentrationen Gesundheitsschäden entstehen. Man hat deshalb die Spanplatten wegen der Formaldehydabgabe in drei Emissionsklassen E 1 bis E 3 eingeteilt. Platten der Klasse E 1 unterliegen keiner Einschränkung, Platten der Klassen E 2 und E 3 müssen bei der Verwendung im Innenausbau an beiden Oberflächen und in der Regel auch an den Schnittflächen mit hinreichend formaldehyddichten Beschichtungen oder Bekleidungen versehen werden [B.19.5], [B.21], [B.26].

Kunstharzgebundene Spanplatten können bei länger anhaltenden relativen Luftfeuchten um 80 % und höher von Schimmelpilzen befallen werden. Der Schimmelbewuchs ist ein Signal dafür, dass die Platten für das vorhandene Klima auf Dauer nicht geeignet sind. In Gebieten derartig hoher relativer Luftfeuchte – zum Beispiel in Küstennähe – sind deshalb kunstharzgebundene Spanplatten zum Einbau in Bauteile von unbeheizten Räumen oder zur Beplankung der kalten Seite von Außenwänden nicht geeignet.

Neben den Kunstharzen werden seit etwa 100 Jahren mineralische Bindemittel wie Magnesiachlorid, Magnesiazement und Portlandzement als Bindemittel zur Herstellung von Holzwerkstoffen verwendet. Zementgebundene Spanplatten gelten als pilzresistent und termitenfest. Der Zementanteil beträgt 50 % bis 85 % der Werkstoffmasse. Dadurch sind sie mit einer Rohdichte von etwa 1200 kg/m³ rund doppelt so schwer wie die kunstharzgebundenen Platten.

5.2.4

Bau-Furniersperrholz (BFU)

Unter Sperrholz werden alle Platten aus mindestens 3 aufeinander geleimten Holzlagen verstanden, deren Faserrichtungen sich kreuzen (Abb. **B.69**). Sperrholz wird im Bauwesen für Stege von zusammengesetzten Holzträgern und zur mittragenden Beplankung von Platten und Scheiben verwendet.

Sperrholz hat 3 ausgezeichnete Achsen: normal (rechtwinklig) zur Plattenebene, in Plattenebene parallel zur Faserrichtung der Deckfurniere, in Plattenebene rechtwinklig zur Faserrichtung der Deckfurniere.

Die Platten-Biegefestigkeit in Faserrichtung der Deckfurniere ist etwa zweifach höher als rechtwinklig zur Faserrichtung. Das gleiche gilt für die Zug- und Druckfestigkeit in Scheibenebene [B.19.5].

Sperrholz wird für Bauzwecke (DIN 68 705-3 bis -5) in drei Qualitäten hergestellt:
– nicht wetterbeständig verleimt (Holzwerkstoffklasse 20)
– wetterbeständig verleimt (Holzwerkstoffklasse 100)
– wetterbeständig verleimt mit zusätzlichem Schutz gegen holzzerstörende Pilze (Holzwerkstoffklasse 100 G).

Die Bezeichnung „wetterbeständig" besagt nicht, dass das Sperrholz ohne zusätzlichen Oberflächenschutz für direkte Bewitterung geeignet ist. Insbesondere führt Sonneneinstrahlung zu einer weitgehenden Austrocknung des Deckfurniers; es kommt zu Schwindrissen, die Folgeschäden nach sich ziehen können. Ein Oberflächenschutz muss deshalb den Feuchteaustausch zwischen Sperrholz und Umgebung hinreichend verzögern.

Sperrholz gilt als „wetterbeständig", wenn die Leimfugen in der Lage sind, die bei Feuchteänderungen durch Quellen oder Schwinden verursachten Spannungen aufzunehmen. Deshalb ist die erwartete Feuchtebeanspruchung das entscheidende Kriterium für die Wahl der Verleimung.

5.2.5

Furnierschichtholz (FSH)

Furnierschichtholz gleicht dem Sperrholz. Die aus Fichtenschälfurnieren bestehenden Schichten sind jedoch dicker als die vom Sperrholz. Zur Zeit werden Platten mit Dicken von 21 mm bis 76 mm angeboten. Im Gegensatz zu Sperrholz können auch alle Holzschichten in gleichlaufender Faserrichtung verleimt werden, wenn – zum Beispiel für stabförmige Bauteile – die Ausnutzung der hohen Holzfestigkeit in Faserrichtung über die gesamte Querschnittsfläche gefragt ist.

5.2.6

Streifenholz

Streifenholz (Oriented Strand Board – OSB) besteht aus 0,6 mm dicken und etwa 80 mm langen verleimten Holzstreifen. Die meisten Platten haben einen dreischichtigen Aufbau. In den Deckschichten sind die Streifen (strands) längsorientiert und in der Mittelschicht querorientiert. OSB-PLatten in den Dicken von 6 mm bis 25 mm werden seit wenigen Jahren weit verbreitet eingesetzt.

5.3

Konstruktionsprinzipien im Holzbau

5.3.1

Die konstruktionsbestimmenden Eigenschaften des Holzes

Die langfristige Gebrauchsfähigkeit und die Dauerhaftigkeit von Holzbauwerken und Holzbauteilen hängt ganz entscheidend von der materialgerechten Planung und Verarbeitung des Holzes ab. Bei der Konstruktionsplanung sind insbesondere die folgenden Eigenschaften und Gesichtspunkte zu berücksichtigen:

1. Holz nimmt in Abhängigkeit von der relativen Luftfeuchte der umgebenden Luft Feuchte auf oder gibt Feuchte ab. Der quantitative Zusammenhang zwischen relativer Luftfeuchte und dem Feuchtegehalt des Holzes, der Ausgleichsfeuchte, ist in Abb. **B.70** dargestellt.

2. Holz ändert in Abhängigkeit vom Feuchtegehalt sein Volumen. Es quillt und schwindet.

3. Die Volumenänderungen sind innerhalb des Querschnitts unterschiedlich groß. Das weitlumige Frühholz der Jahresringe quillt und schwindet stärker als das englumige Spätholz. Bei Kernholz bildenden Hölzern gibt es einen zusätzlichen Unterschied durch das im Vergleich zum Splintholz quellschwindärmere Kernholz. Als Folge davon treten bei Feuchteänderungen Verwölbungen vorwiegend quer zur Faserrichtung auf. Bei kurzzeitiger Feuchteänderung kann es zur Bildung von Längsrissen kommen, die zwar die Tragfähigkeit in der Regel nicht beeinträchtigen, aber den Zutritt von Feuchte, vor allem bei bewitterten Bauteilen, fördern.

4. Bei chemisch unbehandelten Hölzern besteht die Gefahr des Pilzbefalls bei einem Feuchtegehalt von 20 % bis 35 % und gleichzeitigen Temperaturen zwischen + 3 °C und + 38 °C.

5. Holz ist brennbar. Sein Brandverhalten hat aber vorteilhafte Eigenschaften, die sich bei der Konstruktion nutzen lassen. Beim Abbrennen entsteht eine Holzkohleschicht, die gegenüber den inneren Bereichen des Querschnitts eine Art Wärmedämmung bildet und den fortschreitenden Abbrand verzögert. Das noch nicht verkohlte innere Holz bleibt voll tragfähig. Wenn also die Holzquerschnitte groß genug gewählt werden, lassen sich im Brandfall bestimmte Standdauern erreichen, die den Nutzern eine ausreichende Flucht- und Bergungszeit bis zum Einsturz des Tragwerks geben (siehe Abschnitt E.3.5.5).

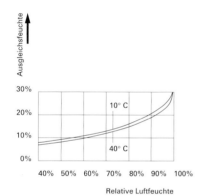

Abb. B.70
Ausgleichsfeuchte der Hölzer in Abhängigkeit von der relativen Luftfeuchte und der Temperatur (nach [B.23])

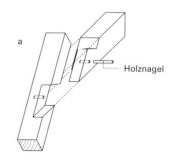

6. Trockenholz, also eingebautes Bauholz, kann von Trockenholzinsekten befallen werden. Von Bedeutung sind in gemäßigten Klimazonen:
   - Hausbockkäfer (Hylotrupes bajulus)
   - Klopfkäfer (Anobium punctatum)
   - Splintholzkäfer (Lyctus spec.)

   in subtropischen und tropischen Klimazonen:
   - Termiten

7. Holz ist ein anisotroper Werkstoff. Er verhält sich bei Beanspruchungen in Faserrichtung ganz anders als bei Beanspruchungen normal zur Faser. Die Druckfestigkeit normal zur Faser beträgt nur $1/4$, die Zugfestigkeit gar nur $1/170$ der entsprechenden Festigkeit in Faserrichtung. Der Elastizitätsmodul normal zur Faser ist bei Nadelholz rund $1/30$, bei Eiche und Buche $1/20$ kleiner als der parallel zur Faser.

8. Die Druck- und Zugfestigkeit in Faserrichtung ist bei den Hölzern jeweils etwa gleich groß.

Die Eigenschaften des Holzes bestimmen insbesondere die Art der Verbindungen und fordern besondere Rücksichten hinsichtlich des Feuchteschutzes und des Brandschutzes.

5.3.2

Verbindung

Der klassische Zimmermannsbau war von der Vorstellung geprägt, dass für die Verbindung der Hölzer untereinander kein anderer Werkstoff als Holz – etwa Eisen – zu verwenden sei. Die Begründung dafür liegt nicht klar auf der Hand. Sie mag mit der Gefahr unbemerkter Korrosion von Eisenteilen zusammenhängen oder auch nur mit den hohen Kosten zu erklären sein, die für Eisen vor der Erfindung des Kokshochofens im 18. Jahrhundert aufzuwenden waren. Für die Übertragung von Druckkräften ließ sich das Prinzip im Ganzen gesehen gut durchhalten (Abb. **B.73, B.75**). Zugkräfte waren dagegen nur in wesentlich kleinerer Größe zu übertragen, als der Querschnitt der Hölzer zwischen den Anschlüssen hätte aufnehmen können. Als zugfeste Verbindungen ohne Eisenteile kamen im Wesentlichen nur Blattverbindungen in Frage, die eine starke Schwächung der Holzquerschnitte bedingen, oder aber Anschlüsse, bei denen Holznägel auf Abscheren beansprucht werden (Abb. **B.71**). An vielen historischen Dachkonstruktionen kann man noch heute durch Zugüberlastung abgescherte Holznägel und beschädigte Blattstöße finden.

Abb. B.71
Druck- und zugfeste zimmermannsmäßige Verbindungen; die übertragbaren Zugkräfte sind allerdings nur klein

a Weichschwanzblatt, (T-förmige, schiefwinklige Überblattung) druck- und zugfest
b Jagdzapfen, druck- und zugfest
c Zapfenschloss, druck- und zugfester und „biegesteifer" Anschluss (Bornholm)
d Hakenblatt druck- und zugfest

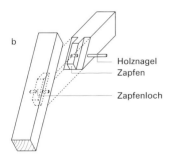
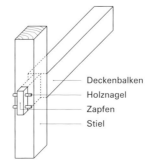
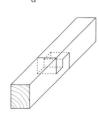

Das Prinzip der modernen zug- und druckfesten Verbindung ist in Abb. **B.72** dargestellt.

Die Zugkraft wird über dübelartige Werkteile verteilt in Laschen geleitet, die den Stoß der anzuschließenden Hölzer überbrücken und ihren Kraftanteil, wiederum über dübelartige Werkteile, in das angeschlossene Holz abgeben.

Fast alle Verbindungstechniken – auch zur Übertragung von Querkräften – beruhen letzten Endes auf diesem Prinzip. Große Vielfalt gibt es in der Wahl des Dübelwerkstoffs und der Dübelform sowie in der Art und der Lage der Laschen. Sie werden vorwiegend nach wirtschaftlichen und gestalterischen Gesichtspunkten bestimmt (siehe Abschnitt B.5.4.2).

Zur Übertragung von Kräften an Balkenauflagern und zur Lagerung von Stützen mit geringer Belastung auf Schwellen reichen in der Regel einfache Kontaktstöße aus (Abb. **B.73**). Wenn die Größe der Kontaktfläche wegen der verhältnismäßig geringen zulässigen Beanspruchung normal zur Faserrichtung (Punkt 7 der aufgezählten Holzeigenschaften) nicht ausreicht – was besonders bei der Lagerung von Stielen vorkommt, wo die Richtung höherer Belastbarkeit der Stiele auf die gering belastbare Querrichtung der Schwellen trifft –, müssen Schwellstücke aus Hartholz eingelegt werden. Hartholz hat eine hohe zulässige Querpressung und kann eine hinreichend weite Verteilung der Stiellast auf die Schwelle aus weicherem Holz gewährleisten.

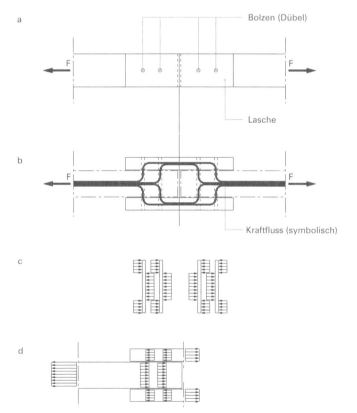

Abb. B.72
Prinzip des modernen zug- und druckfesten Anschlusses im Holzbau

a Ansicht
b Draufsicht
c Bolzen Beanspruchung der Bolzen durch Lochleibungsdruck (Verteilung nur näherungsweise gleichmäßig)
d Bohrung Beanspruchung der Hölzer in den Bohrungen auf Lochleibungsdruck

5.3.3

Holzschutz

Holz, ob lebend oder abgestorben, steht im Gegensatz zu anderen Baustoffen mit der Umwelt im chemischen Gleichgewicht. Nur bei hohen Temperaturen ab etwa 200 °C entwickeln sich Gase, die bei Zündung den bekannten Brennvorgang einleiten. Im natürlichen Ablauf des Werdens und Vergehens wird abgestorbenes Holz außer durch Abbrand nur biotisch, also durch pflanzliche und tierische Lebewesen, abgebaut und in Humus überführt. Die das Holz zerstörenden Organismen benötigen zu ihrer Wirksamkeit ganz bestimmte Temperatur- und Feuchtebedingungen. Während sich die Temperaturen kaum beeinflussen lassen, liegt es in der weitaus größten Zahl aller Bauaufgaben in der Hand des Planers und Konstrukteurs, die Feuchte so niedrig zu halten, dass ein zerstörender Befall des Holzes weitgehend vermieden wird.

In gemäßigtem Klima können selbst chemisch unbehandelte, also rohe unbeschichtete Holzbauwerke Jahrhunderte überdauern, wenn sie klimagerecht – d. h. gegen stauende Feuchte geschützt – entworfen und konstruiert werden. Zahlreiche Beispiele findet man u. a. in Skandinavien und in den Alpenländern [B.17].

Den größten Anteil am Abbau des Holzes haben Pilze. Übliches Bauholz kann von Pilzen befallen werden, wenn der Feuchtegehalt längere Zeit über dem von lufttrockenem Holz (10 bis 20 % Wassergehalt) liegt. Deshalb:

Holzkonstruktionen sind so zu konstruieren, dass vorübergehend einwirkende Feuchte auf möglichst kurzem Weg schnell entweichen kann und der lufttrockene Feuchtegehalt von Fall zu Fall nur kurzfristig überschritten wird.

Die Beachtung dieser Maxime ist *baulicher Holzschutz*. Sein Prinzip lässt sich an wenigen einfachen Beispielen erläutern (siehe auch [B.44]).

In Faserrichtung senkrecht stehendes Holz ermöglicht in der Regel ein hinreichend schnelles Abtrocknen, wenn gewährleistet ist, dass ablaufendes Wasser nicht in waagerechte Stoßfugen eindringen und sich dort stauen kann. Um das zu vermeiden, werden zum Beispiel im Freien stehende Stützen nicht mit dem Hirnholz vollflächig auf ein Fundament gesetzt, sondern durch besondere Bauteile abgefangen (Abb. **B.105, E.24**). Schon die senkrechten Flächen von horizontal liegenden Balken und Brettern sind längeren Befeuchtungen ausgesetzt, weil ablaufendes Wasser in die horizontalen Schwindrisse einlaufen kann. Aus diesem Grund sind zum Beispiel Stülpschalungen, wie sie zur Verblendung von Hauswänden verwendet werden, weniger gut als vertikale Verbretterungen (Abb. **E.72, E.73**). Trotzdem wird aus ästhetischen Gründen häufig eine Stülpschalung vorgezogen. Unter den Stülpschalungen sind wiederum jene besser, die ein einwandfreies Abtropfen des Niederschlagswassers ermöglichen. So besteht bei den gespundeten Varianten 6 bis 9 in Abb. **E.73** eher die Gefahr, dass abfließendes Wasser nicht abtropft, sondern die Überlappungsfuge erreicht und dann durch Kapillarwirkung in der Fuge hochzieht, als bei den nicht gespundeten Schalungen der Varianten 5 bis 8 in Abb. **E.72**.

Je weniger sicher das Ablaufen des Wassers durch die Art der Konstruktion gewährleistet ist, um so wichtiger ist der Schutz durch

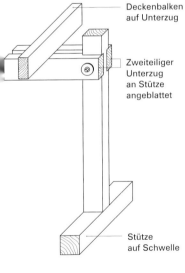

Abb. B.73
Kontaktstöße zur Übertragung von Druckkräften

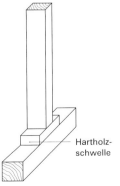

Deckenbalken auf Unterzug

Zweiteiliger Unterzug an Stütze angeblattet

Stütze auf Schwelle

Hartholzschwelle

Dachüberstände. Sie können eine Fassade wegen ihres starken Einflusses auf die Windströmungen am Bauwerk weit wirksamer schützen, als aufgrund der kleinen Abmessungsverhältnisse von Überstand zu Fassadenhöhe zunächst zu erwarten ist.

Horizontale und nur leicht geneigte Holzoberflächen müssen in jedem Fall abgedeckt werden; es sei denn, sie gehören zu den „Verschleißteilen", die von Zeit zu Zeit ausgewechselt werden.

Man trifft trotz vieler gegenteiliger Hinweise in der Literatur noch oft auf die Auffassung, dass man unter bestimmten Bedingungen – zum Beispiel bei Brettschichtholz – auf die Abdeckung durch Bleche oder Bitumenbahnen verzichten könne. Dabei wird verkannt, dass Imprägnierungen und Anstriche geneigte und horizontale Flächen nicht dauerhaft schützen, weil die der Witterung ausgesetzten Holzoberflächen bei Austrocknung entweder neue Schwindrisse bekommen oder vorhandene Risse sich aufweiten. Feuchte kann dann in nicht imprägnierte Zonen eindringen und sich dort stauen. Die vorzeitige Verrottung derartig ungeschützter Holzteile ist an nahezu jedem einschlägigen Beispiel leicht zu erkennen.

Besonders fäulnisgefährdet sind der Witterung ausgesetzte Hirnholzflächen. Deshalb müssen auch senkrechte Hirnholzflächen, die Schlagregen ausgesetzt sein können, eine Abdeckung erhalten.

Zur Abdeckung der zu schützenden Flächen können außer Zink- oder Kupferblech und Bitumenbahnen durchaus auch Schalbretter geeignet sein, wenn man sie als leicht ersetzbare Verschleißschicht ansieht und auch so konstruiert. Alle Abdeckungen müssen ausreichende Tropfkanten aufweisen, damit abfließendes Wasser nicht die Abdeckung umlaufen und sich unter der Abdeckung stauen kann (Abb. **B.74 a**).

Eine besondere Gefahr geht von unbemerkter Tauwasserbildung in abgeschlossenen Hohlräumen aus.

Nehmen wir als Beispiel die Auflagertaschen von Holzbalkendecken in Außenwänden. Die Temperatur in den Auflagertaschen kann bei niedriger Außentemperatur deutlich unter die in den beheizten Innenräumen absinken. Andererseits diffundiert warme Innenluft unter Abkühlung in die Auflagertaschen, so dass dort die relative Luftfeuchte gegebenenfalls bis zur Tauwasserbildung ansteigt und die Balkenköpfe durchfeuchtet werden. Eine besondere Wärmedämmung der Taschen und ihre planmäßige Belüftung kann das verhindern (Abb. **B.74 b, E.33**). Der Verstoß gegen diese Regel führt mit großer Wahrscheinlichkeit zu einer Zerstörung der Balkenköpfe durch Pilzbefall. Aber auch bei theoretisch richtiger Planung erweist sich dieses Detail immer wieder als problematisch, weil sich in der Praxis die einwandfreie Ausführung nicht zuverlässig durchsetzen lässt.

Als weiteres Beispiel sei der Raum zwischen dem wärmegedämmten Unterdach und der kalten Dachhaut in einem zwei- oder mehrschaligen Dach genannt (siehe Abschnitt H.3.6 und H.4.4). Es kommt immer wieder vor, dass die zur Abführung von Tauwasser erforderliche Belüftung wegen einer fehlerhaften Konstruktion nicht gewährleistet ist und dass dadurch Holzteile von Pilzen befallen werden. Prinzipiell gilt also:

Alle Teile einer Holzkonstruktion bedürfen stets einer hinreichenden Belüftung.

Der bauliche Holzschutz wird durch den **chemischen Holzschutz** unterstützt. Der chemische Schutz gegen *Pilzbefall* kann aber nur als zusätzliche Maßnahme den baulichen Holzschutz ergänzen. Er ist nicht geeignet, eine konstruktiv falsche Lösung dauerhaft vor Fäulnis zu bewahren. Dagegen ist der Schutz gegen die in Abschnitt 5.3.1 genannten Insekten nur mit chemischen Mitteln möglich. Der Markt bietet viele unterschiedliche Produkte an. Das Deutsche Institut für Bautechnik veröffentlicht jährlich ein aktualisiertes Verzeichnis [B.66]. Die Normen für den Holzschutz im Hochbau, DIN 68 800-1 bis -5, geben ausführlich Auskunft über Art, Umfang und Durchführung von Holzschutzmaßnahmen. Die chemischen Holzschutzmittel enthalten in der Regel biozide Wirkstoffe, die mehr oder weniger giftig sind. Nicht giftig sind dagegen wasserlösliche Borsalz-Imprägnierungen, die sich deshalb zum Beispiel auch für Holzkonstruktionen von Lebensmittel-Lagerräumen eignen. Weiterführende Darstellungen sind zum Beispiel in [B.19.7], [B.22], [B.26] zu finden.

Abb. B.74
Zum Prinzip des baulichen Holzschutzes

a Abdeckung horizontaler Flächen und bewitterter Hirnholzflächen durch Wetterbretter oder Bleche
b Dämmung von Auflagertaschen und Belüftung abgeschlossener Räume

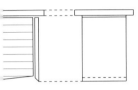

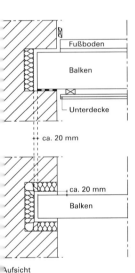

5.3.4

Brandschutz

Man teilt die Baustoffe in brandtechnischer Hinsicht in 2 Klassen ein (DIN 4102-1):
– Baustoffklasse A – nicht brennbar
– Baustoffklasse B – brennbar

In der Baustoffklasse B unterscheidet man 3 Stufen:
– B 1 schwer entflammbar, wenn ein Stoff nach der Entflammung nur bei zusätzlicher Wärmezufuhr langsam abbrennt (zum Beispiel Holzwolleleichtbauplatten, reine Wolle)
– B 2 normal entflammbar, wenn ein Stoff nach der Entflammung bei begrenzter Ausbreitungsgeschwindigkeit von selbst weiterbrennt (zum Beispiel Holz)
– B 3 leichtentflammbar, wenn ein Stoff nach der Entflammung mit höherer Ausbreitgeschwindigkeit weiterbrennt (zum Beispiel einige Kunststoffschäume).

Bretter, Bohlen, Latten und Balken aus Holz gelten ohne Feuerschutzbehandlung als normal entflammbar. Durch die Behandlung mit chemischen Feuerschutzmitteln erreichen Vollholz und Brettschichtholz die Baustoffklasse B 1.

Die „Philosophie" des konstruktiven Brandschutzes im Holzbau ist darauf ausgerichtet, für die Konstruktion im Brandfall eine gewisse Standdauer bis zum Versagen zu erreichen. Dazu werden für die einzelnen Bauteile bestimmte Feuerwiderstandsklassen gefordert. Man unterscheidet folgende Klassen (DIN 4102-2):
– F 30 (Feuerhemmend im Sinne der bauaufsichtlichen Forderungen)
– F 60
– F 90
– F 120
– F 180.

Dabei steht die Zahlenangabe 30, 60, 90, 120, 180 für die Zeit in Minuten, in der ein Bauteil bei genau definierten Brandversuchen in einem Versuchsstand die Anforderungen an Tragfähigkeit, Steifigkeit und raumabschließende Wirkung erfüllt hat. Die meisten Holzkonstruktionen entsprechen hiernach, ohne zusätzliche Maßnahmen, der Feuerwiderstandsklasse F 30, einige sogar der Klasse F 60.

Die Feuerwiderstandsklasse erhöht sich mit den Querschnittsabmessungen eines Bauteils, weil das Verhältnis von Oberfläche zu Volumen die Geschwindigkeit des Abbrandes maßgebend beeinflusst. Im Holzskelettbau ist die geforderte Feuerwiderstandsklasse häufig für die Bemessung der Bauteile maßgebend, weil sie oft zu größeren Abmessungen führt als die statischen Gesichtspunkte für den Gebrauchslastfall. Wegen weiterer Einzelheiten sei auf Abschnitt E 3.5 verwiesen.

5.4

Verbindungen im Holzbau

5.4.1

Zimmermannsmäßige Verbindungen

Von der großen Zahl traditioneller zimmermannsmäßiger Verbindungen (zum Beispiel [A.1.2], [B.20]) sind heute nur noch Versatze und, seltener, einfache Blätter und Zapfen in Gebrauch.

Versatz

Der Versatz ist ein Anschluss für Druckstäbe, deren Achse schiefwinklig auf die Achse des anzuschließenden Stabes trifft. Drei Versatzarten werden noch ausgeführt (Abb. **B.75**):
– Stirnversatz
– Fersenversatz
– doppelter Versatz.

Der Stirnversatz ist in herstellungstechnischer und statischer Hinsicht der beste Versatz. Am Druckholz sind nur zwei einfache Schnitte zu führen. Die resultierende Stabkraft aus der (Druck-) Längskraft und der Querkraft lässt sich eindeutig in Richtung der Normalen auf die Versatzflächen zerlegen. Damit sind die Spannungen in den Kontaktflächen zuverlässig zu bestimmen.[1]

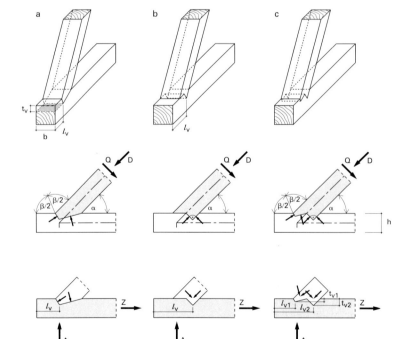

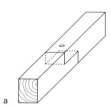

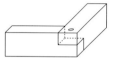

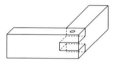

Abb. B.76
Verblattungen

a Gerades Blatt
b Eckblatt
c Scherblatt

Abb. B.75
Versatze

a Stirnversatz
b Fersenversatz
c doppelter Versatz

---

[1] Wenn die Flächen nicht passgenau zugeschnitten sind oder die Hölzer sich nach dem Einbau verformen, was in der Praxis häufig vorkommt, wird auch die zweite Kraftkomponente in der Stirnfläche durch Reibung übertragen.

Der Abstand vom tiefsten Punkt des Einschnitts bis zum Balkenkopf wird Vorholzlänge (l_v) genannt. Die Scherspannungen in der Fläche $b \cdot l_v$ dürfen die zulässige Scherspannung nicht überschreiten. Aus dieser Bedingung ergibt sich die erforderliche Vorholzlänge (siehe zum Beispiel [B.1] oder [B.25]). Bei großen Stabkräften (zum Beispiel in Sparren von Sparrendächern) kann die Vorholzlänge zu unerwünscht langen Überständen führen. Für diese Fälle bietet der Fersenversatz den Vorteil eines kleineren Überstandes bei gleicher Vorholzlänge. Er hat aber den Nachteil, dass der Druckstab schon bei kleineren Passungenauigkeiten der Kontaktfläche, von der Fersenkehle ausgehend, in Längsrichtung aufreißen kann. Die Größe der Kontaktfläche ist begrenzt durch die Einschnitttiefe (t_v), die in Abhängigkeit von dem Neigungswinkel α nicht tiefer als h/6 bis höchstens h/4 betragen darf. Wenn bei größeren Stabkräften die Kontaktfläche des Stirnversatzes oder des Fersenversatzes zur Kraftübertragung allein nicht ausreicht, können beide Versatze zu dem doppelten Versatz kombiniert werden. Der doppelte Versatz stellt allerdings noch höhere Anforderungen an die Passgenauigkeit als der Fersenversatz, weil die resultierende Stabkraft nicht mehr eindeutig zu zerlegen ist, sondern sich unbestimmt auf die 4 Kontaktflächen verteilt.

Bei geringen Stabkräften können die rechnerisch erforderlichen Vorholzlängen eventuell sehr kurz sein. Man sollte aber wegen der Gefahr von Schwindrissen – insbesondere bei Vollholz – die Vorholzlänge nicht kleiner als etwa 10 cm wählen.

In der Regel ist bei jedem Versatz die Lage der Hölzer durch einen Bolzen oder durch seitlich aufgenagelte Laschen zu sichern. In alten Zimmermannskonstruktionen sichert meistens ein Zapfen die Hölzer gegen Verschiebung.

Verblattung

Die Verblattungen verbinden zwei Hölzer in einer Ebene, wenn keine größeren Kräfte zu übertragen sind (Abb. **B.76**). Sie werden durch Bolzen, Nägel oder aufgenagelte Bleche in der Lage gesichert.

Das gerade Blatt ist zur Verlängerung von Hölzern für Schwellen, Fuß- oder Mauerpfetten und Balken an unterstützten Stellen geeignet. Es bietet im Gegensatz zum einfachen stumpfen Stoß die Gewähr, dass die Balkenköpfe sich beim Schwinden und Quellen des Holzes nicht gegeneinander verschieben.

Das Eckblatt und das Scherblatt sind entsprechende Verbindungen für rechtwinklig aufeinander treffende Hölzer. Das Scherblatt wird bei hohen Kantholzquerschnitten bevorzugt.

Zapfen

Zapfen dienen zur Sicherung der gegenseitigen Lage zweier Hölzer. Sie werden nur noch selten ausgeführt. Lediglich der Scherzapfen ist häufiger als Verbindung für Sparren im Firstpunkt von Sparrendächern mit kleinerer Spannweite zu finden (Abb. **B.77**).

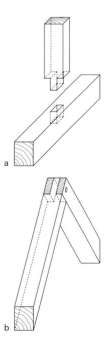

Abb. B.77
Zapfen

a einfacher Zapfen
b Scherzapfen

5.4.2

Verbindungsmittel aus Stahl

Dübel

Die Einleitung von Kräften aus einem Holz in ein seitlich angesetztes Holz oder in eine Lasche lässt sich mit Hilfe von Dübeln zuverlässiger und verformungsärmer erreichen als mit den bereits erwähnten einfachen Bolzen (Abschnitt B.5.3.2, Abb. **B.72**).

Die Bolzenverbindung ist relativ nachgiebig, weil der Druck auf die Lochleibung des Holzes unvermeidliche Quetschungen an den Lochrändern zur Folge hat und der Bolzen selbst sich unter der Last durchbiegt (Abb. **B.78** a). Der größte Teil der Kräfte wird offensichtlich in Lochrandnähe in den Bolzen eingeleitet. Um die Lochrandspannungen zu verringern, muss der Lochdurchmesser vergrößert werden. In Querschnittsmitte werden keine Kräfte in den Bolzen eingeleitet. Das Werkteil braucht also nicht den ganzen Querschnitt zu durchdringen. Abb. **B.78 b** zeigt die Umsetzung dieser Überlegung in eine Konstruktion.

Zwischen den anzuschließenden Hölzern sind zylindrische Dübel mit mehrfach größerem Durchmesser als der Bolzendurchmesser eingelassen. Ein Klemmbolzen, der nur durch Zug in Richtung der Bolzenachse beansprucht wird – nicht durch Biegung wie bei der Bolzenverbindung –, hält die einzelnen Teile zusammen. Die Schubkräfte werden ausschließlich über die Dübel übertragen. Abb. **B.78 c** zeigt das Beanspruchungsschema der Dübel. Daran wird deutlich, dass die Dübel ohne die Wirkung des Klemmbolzens verkanten und aus ihrem Bett herausgehoben würden.

Als Material für die Dübel der Abb. **B.78** ist Hartholz geeignet. Der Aufwand für das Herstellen und Einlassen dieser Dübel ist jedoch verhältnismäßig hoch. Die Industrie hat deshalb Dübel besonderer Bauart aus Stahl entwickelt, die auch in die Hölzer eingelassen oder aber eingetrieben werden. Ihre Wirkungsweise beruht in jedem Fall auf dem beschriebenen Prinzip. Abb. **B.79 d–f** zeigt eine Auswahl häufig verwendeter Typen. Weitere Fabrikate und Bauarten sind in DIN 1052 aufgeführt.

Außer diesen zweiseitigen Dübeln gibt es auch einseitige Dübel.

Einseitige Dübel haben die Form einer Scheibe, die einseitig mit Krallen, Ringen oder Dornen besetzt ist. Die Dübel werden so weit in das Holz eingelassen oder eingetrieben, bis die glatte Scheibenseite bündig mit der Holzoberfläche abschließt. Die Scheibe hat eine zentrische Bohrung, deren Durchmesser höchstens 0,2 mm größer sein darf als der des Bolzens. Die Scherkraft wird entweder über den Bolzen auf das anzuschließende Teil übertragen (System Geka und Bulldog) oder über Dübelbund (System Appel) (Abb. **B.79 a** bis **c**). Einseitige Dübel braucht man für den Abbund von Hölzern auf der Baustelle oder für das Anschließen von Stahlteilen (Abb. **B.80 a, b**, **B.81**).

Man kann Dübel auch aus Flachstahl von 10 mm bis 30 mm Dicke handwerklich herstellen. Ihre Länge darf bis zur Breite des Holzquerschnittes betragen. Sie werden an anzuschließende Stahlteile angeschweißt und dann in das Holz in vorbereitete Nuten eingelassen. Den Zusammenhalt gewährleisten Klemmbolzen oder Schlüsselschrauben.

Abb. B.78
Bolzen- und Dübelverbindung

a Verschiebungstendenz einer Bolzenverbindung
b Dübelverbindung mit Klemmbolzen
c Beanspruchungsschema eines Dübels

Abb. B.79
Ein- und zweiseitige Dübel aus Stahl

a einseitiger Dübel mit Dornen (System Geka)
b einseitiger Ringkeildübel (System Appel)
c einseitiger Dübel mit aufgebogenem Krallenkranz (System Bulldog)
d zweiseitiger Dübel mit Dornen
e zweiseitiger Ringkeildübel
f zweiseitiger Krallenkranzdübel

Abb. B.80
Verwendung einseitiger Dübel

a einseitiger Ringkeildübel (System Appel)
b einseitiger Verbinder (System Geka)

Übertragung der Kräfte durch:
1 Dübelbund
2 Bolzen
3 Stahlteil

Die Verteilung einer Kraft auf mehrere hintereinander liegende Dübel ist ein statisch unbestimmtes Problem. Das Ziel einer gleichmäßigen Verteilung lässt sich allein wegen der Schwind- und Quellverformungen des Holzes, aber auch wegen der unvermeidlichen Herstellungsungenauigkeiten nicht sicher erreichen. Deshalb dürfen nicht mehr als 4 hintereinander liegende Dübel bei der Bemessung eines Anschlusses berücksichtigt werden.

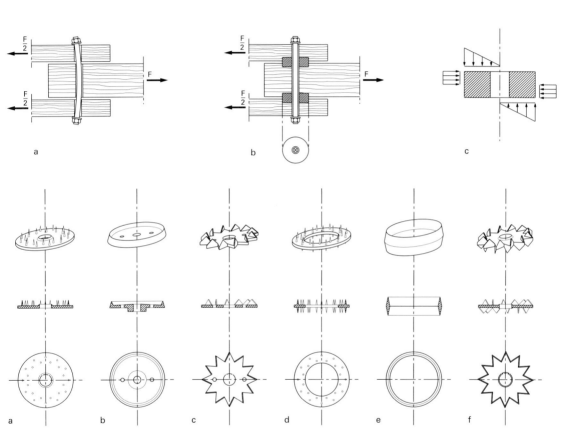

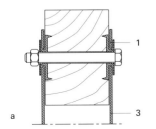

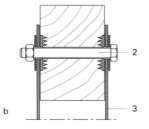

Abb. B.81
Fachwerkknotenpunkt mit zweiteiligem Untergurt, einteiliger Zug- und zweiteiliger Druckstrebe. Die vier in einer Achse liegenden Dübel werden mit einem Bolzen verklammert.

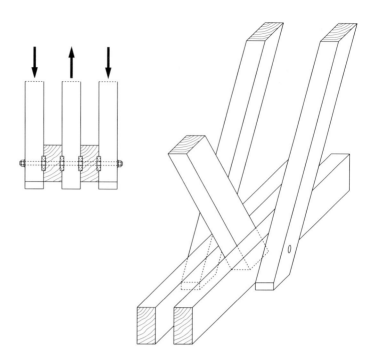

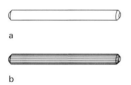

Abb. B.82
Stabdübel

a glatt
b geriffelt

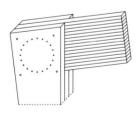

Abb. B.83
Rahmenecke, biegesteife Verbindung einer zweiteiligen Stütze mit einem einteiligen Riegel durch einen Kranz von Stabdübeln

Bolzen

Bolzenverbindungen – ohne Verwendung von Dübeln – sind trotz ihrer ungünstigeren Verformungseigenschaften dennoch zulässige Konstruktionsmittel. Sie werden vor allem bei fliegenden Bauten, Gerüsten und untergeordneten Dauerbauten wie Schuppen, landwirtschaftlichen Betriebsbauten und dergleichen eingesetzt. Tragende Bolzenverbindungen müssen aus mindestens 2 Bolzen mit einem Mindestdurchmesser von 12 mm bestehen. Die geringsten Verformungen sind bei Leimbauteilen zu erwarten, die trocken hergestellt werden, weil es hier in der Regel nicht zu einem späteren Schwinden kommt. Vor Eintreten der vollen Last müssen die Schraubmuttern mehrmals nachgezogen werden.

Stabdübel

Stabdübel sind glatte oder längs geriffelte zylindrische Stahlstifte ohne Gewinde von 8 mm bis 24 mm Durchmesser, die in vorgebohrte Löcher mit gleichem Durchmesser eingetrieben werden (Abb. **B.82**). Wegen der dadurch erreichbaren Passgenauigkeit haben Stabdübelverbindungen ähnlich geringen Schlupf wie die Verbindungen mit Dübeln besonderer Bauart. Abb. **B.83** zeigt ein typisches Anwendungsbeispiel für Stabdübel: die Eckverbindung von Riegel und Stiel eines Rahmens.

Die stramme Einpassung der Stabdübel in die Bohrlöcher macht heute eine zusätzliche Klemmsicherung im allgemeinen entbehrlich. Bei außenliegenden Stahlblechen ist sie jedoch auf jeden Fall erforderlich. Aus brandschutztechnischen Gründen wird die Stabdübellänge häufig kürzer als die Summe der Dicken der zu verbindenden Teile gewählt. Die Dübellöcher lassen sich dann beidseits mit Holzstöpseln verschließen.

5.4.2 Holzbau

Passbolzen

Wenn Bolzen in Löcher getrieben werden, die ihren Durchmessern entsprechen, dann wirken sie wie Stahldübel. Man spricht in diesem Fall von Passbolzen.

Nagelverbindungen

Die Nagelverbindung stand in den 30er Jahren des 20. Jahrhunderts am Anfang der modernen neuen Verbindungen im Holzbau. Die Art der Tragwirkung eines Nagels ist mit der eines Dübels durchaus vergleichbar.

In der einfachsten und häufigsten Ausführung werden runde Drahtnägel mit Senkkopf nach DIN 1151 ohne Vorbohrung des Holzes eingeschlagen. Dabei werden die Holzfasern im Wesentlichen zur Seite gedrückt und kaum zerstört. Die Klemmwirkung ist im Allgemeinen zuverlässig und dauerhaft. Allerdings kann sie bei größeren Feuchteänderungen etwas nachlassen, so dass glattschaftige Nägel nicht für ständig wirkende Auszehkräfte, wie sie zum Beispiel bei untergehängten Decken vorkommen, geeignet sind.

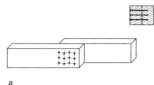

Um der Spaltgefahr zu begegnen, müssen die Nägel gegeneinander versetzt geschlagen werden. Dazu wird ein Liniennetz auf die äußere Holzfläche aufgezeichnet, dessen Schnittpunkte die rechnerischen Orte der Nagelung darstellen. Tatsächlich werden die Nägel dann, um den Nageldurchmesser verschoben, neben die Schnittpunkte gesetzt (Abb. **B.84**).

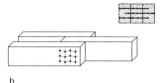

Weil Nägel bis 4,2 mm Durchmesser wegen der geringeren Spaltwirkung in kleineren Abständen eingeschlagen werden können als dickere Nägel, können bei gleicher Anschlussfläche durch Nägel mit kleinerem Durchmesser größere Kräfte übertragen werden als durch Nägel mit größerem Durchmesser.

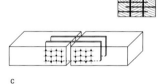

Bei Holzarten mit erhöhter Spaltgefahr (zum Beispiel Lärche), bei größeren Nageldurchmessern, bei erschwerter Zugänglichkeit und wenn auf kleiner Fläche eine große Kraft angeschlossen werden soll, ist ein Vorbohren der Nagellöcher mit etwas kleinerem als dem Nageldurchmesser zu empfehlen. Eichen- und Buchenholz muss für Nagelverbindungen stets vorgebohrt werden. Für vorgebohrte Nägel ist der erforderliche Nagelabstand geringer als für geschlagene Nägel, so dass sich durch Vorbohrung die Anschlusskraft bei gegebener Anschlussfläche erhöhen lässt. Oft müssen bei Nagelverbindungen von Stabanschlüssen die Abmessungen der Stäbe mit Rücksicht auf die erforderliche Fläche zur Unterbringung der Nägel gewählt werden.

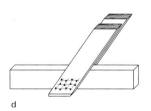

Stahlblech-Holz-Verbindungen

Die Verwendung von Stahlblechlaschen anstelle von Holzlaschen oder sich überlappenden Hölzern ermöglicht Holzkonstruktionen, deren einzelne Hölzer alle in einer Ebene liegen und deren Knoten entweder gar nicht oder nur unbedeutend dicker sind als die Hölzer selbst. Eingelassene Stahlbleche in Verbindung mit Stabdübeln (Abb. **B.85**) erfüllen ästhetische Ansprüche wohl am besten. Man findet sie daher vor allem im sichtbaren, unverkleideten Holzwerk von Wohnbauten.

Wegen der erforderlichen Präzision beim Sägen der Schlitze und bei den Bohrungen gehören sie zu den teuren Verbindungen.

Abb. B.84
Nagelverbindungen

a einschnittige Nagelverbindung
b zweischnittige Nagelverbindung
c vierschnittige Nagelverbindung mit eingelassenen Stahllaschen
d versetzte Nägel bei schiefwinkligem Anschluss

Weniger aufwändig ist eine Nagelverbindung mit dünneren, aber mindestens 2 mm dicken Blechen, die nach dem Einlegen in die vorbereiteten Schlitze gemeinsam mit den Holzteilen auf die gesamte Nagellänge vorgebohrt werden. In diesem Fall ist der Bohrlochdurchmesser gleich dem Nageldurchmesser, damit die Nägel einwandfrei durch die Bleche eingetrieben werden können (Abb. **B.84 c**).

Eine weitere Vereinfachung ergibt sich bei der Verwendung von sehr dünnen Blechen zwischen 1 mm und 1,75 mm Dicke, die ohne Vorbohren durchgenagelt werden können. Allerdings bedarf diese Bauweise einer bauaufsichtlichen Zulassung, weil bei derart dünnen Blechen die Gefahr des Beulens groß ist und deshalb die ausreichende Tragfähigkeit durch Versuche nachzuweisen ist (Abb. **B.86**). Für die Übertragung großer Kräfte dürfen bis zu 6 parallele Knotenbleche angeordnet werden. Da die Nägel mehr

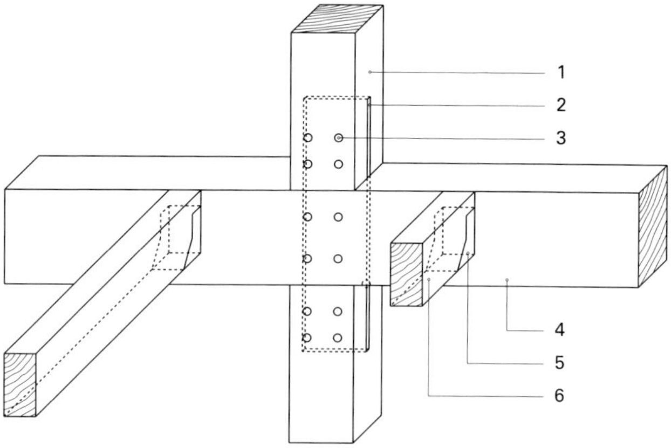

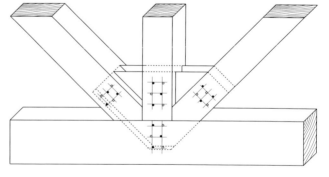

Abb. B.85
Durchlaufender Unterzug, Stützenanschluss mit eingelassenem Stahlblech und Stabdübeln, Balkenanschluss mit Balkenschuh

1 Stütze
2 Stahlblech
3 Stabdübel
4 Unterzug
5 Balkenschuh
6 Deckenbalken

Abb. B.86
Nagelverbindung mit 1,0 mm bis 1,7 mm dicken Stahlblechen ohne Vorbohrung der Nagellöcher (System Greim)

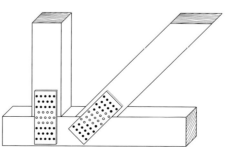

Abb. B.87
Lochplatten

schnittig beansprucht werden und die für den einschnittigen Nagel zulässige Belastung in jedem der Schnitte ausgenutzt werden kann, verringert sich die erforderliche Anzahl der Nägel gegenüber ein- oder zweischnittigen Verbindungen erheblich. Für die Dimensionierung der Hölzer sind daher kaum die Anschlussflächen für die Nägel maßgebend, sondern die zulässigen Beanspruchungen der Hölzer. Die Fertigung von Bauteilen (Fachwerkträgern, Verbänden u. dgl.) erfolgt in der Regel in einem Werk. Einzelne Knoten und Stöße zur Montage größerer Einheiten aus vorgefertigten Teilen können aber ohne weiteres auf der Baustelle genagelt werden.

Für Fachwerkträger, die aus Stäben gleicher Breite zusammengesetzt sind, können als Knotenbleche außenliegende, vorgebohrte oder vorgestanzte *Lochplatten* eingesetzt werden. Die Nägel werden manuell oder mit Pressluftgeräten in die vorbereiteten Löcher eingetrieben. Die Lochplatten sind meist 2 mm dick (Abb. **B.87**).

Die Entwicklung von *Nagelplatten* ist ein weiterer Schritt zur maschinellen und automatisierten Fertigung im Holzbau. Nagelplatten entstehen aus 1 bis 2 mm dickem Stahlblech durch teilweises Ausstanzen von schmalen Zungen oder Zähnen, die einseitig rechtwinklig nach außen gebogen werden (Abb. **B.88**). Sie eignen sich als Knotenbleche oder Stoßlaschen und werden paarweise mit geeigneten Pressen nagel- oder krallenseitig stoßdeckend in die vorher aneinandergelegten Hölzer getrieben (Abb. **B.89**). Ein Einschlagen mit dem Hammer ist nicht zulässig! Es gibt größere Flächenpressen, mit denen mehrere Knotenpunkte in einem Arbeitsgang hergestellt werden können. Zum Zusammenfügen von Teilstücken zu größeren Einheiten auf der Baustelle dienen Bleche, die auf einer Stoßseite als Nagelplatte und auf der anderen als Lochplatte ausgebildet sind. Die Nagelseite wird im Werk eingepresst, die Lochseite auf der Baustelle über das anzubindende Holz geschoben und mit Nägeln angeschlossen (Abb. **B.90**).

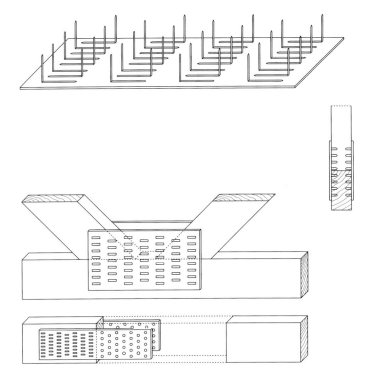

Abb. B.88
Nagelplatte, System Gang Nail

Abb. B.89
Nagelplattenknoten

Abb. B.90
Baustellenstoß mit Nagelplatten

Alle dünnen Stahlblechteile – etwa mit Dicken unter 3 mm – unterliegen einer erhöhten Gefährdung durch Korrosion. Schon ein geringer Abtrag der Oberfläche bedeutet einen hohen Verlust, bezogen auf die Dicke der Bleche. Dieser Tatsache muss man sich bei der Verwendung dünnwandiger Blechteile im Holzbau stets bewusst sein. Die Holzbauteile selbst sind gegenüber manchen Einflüssen unempfindlich, die bei Stahlteilen zu erhöhter Korrosion führen, wie zum Beispiel aggressive Luft; das kann Industrieatmosphäre oder auch Meeresluft sein. Ein Beispiel aus der Nachkriegszeit mag das verdeutlichen. Ein Teil der durch Bomben zerstörten Bahnsteigüberdachungen wurde damals durch behelfsmäßige Holzkonstruktionen ersetzt, deren Dübelverbindungen aus dünnwandigen Blechkranzdübeln bestanden. Die Dübel waren durch Lackierungen – vermeintlich – gegen Korrosion geschützt. Schon nach wenigen Jahren waren viele dieser Dübel in der durch Lokomotivrauch belasteten Atmosphäre total korrodiert. Es gab keine Einstürze, weil die Klemmbolzen eine ausreichende (nicht vorher geplante!) Tragreserve boten. Die Schäden wurden entdeckt, als die behelfsmäßigen Dächer abgebrochen wurden, um Dauerbauten Platz zu machen.

Eingedenk dessen, dass ein Bauwerk stets nur so dauerhaft ist wie sein schwächstes Teil, ist also dem Korrosionsschutz der dünnen Stahlteile ganz besondere Sorgfalt zu widmen.

Die aus feuerverzinktem Blech mit einer Mindestzinkauflage von 138 g/m² bestehenden Nagelplatten sind zum Beispiel nur für die Verwendung in geschlossenen Räumen und unter Dach bei normalen Korrosionsbedingungen geeignet. Im Freien und in Räumen mit ständigem Anfall von Wasserdampf sind sie mit erhöhtem Korrosionsschutz zu versehen. Gefährlich könnten sich Beschädigungen der Korrosionsschutzschicht auswirken. Es kann dann zu einer Lochkorrosion kommen, insbesondere, wenn die Schutzschicht von Anstrichen oder Kunststoffbeschichtungen gebildet wird. Zinkschichten wirken dagegen im Bereich kleiner Fehlstellen kathodisch schützend [B.24].

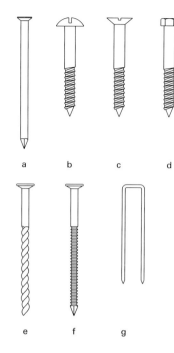

Abb. B.91
Nägel, Schrauben, Klammern

a glatter Drahtnagel
b bis d Schrauben
e profilierter Gewindenagel
f profilierter Rillennagel
g Klammer

Schrauben

Der Wunsch, Platten, Tafeln und Tafelelemente nicht nur zur Raumbildung und Raumtrennung, sondern auch als mittragende Bestandteile der Konstruktion zu verwenden, hat dazu geführt, dass auch Holzschrauben als tragende Verbindungsmittel zugelassen wurden. Sie müssen dann einen Durchmesser von mindestens 4 mm haben (Abb. **B.91 b**). Auf die Tiefe des glatten Schaftes sind die Hölzer mit dem Schaftdurchmesser d und im Gewindeteil mit 0,7 d_s vorzubohren. Nur dann besitzt die ordnungsgemäß eingedrehte Holzschraube mehr als die doppelte Haftkraft des Drahtnagels. Eingeschlagene Schrauben haben höchstens die Haftkraft von Drahtnägeln, weil das Schraubengewinde beim Einschlagen die Holzfasern stark zerstört. Einschlagen beansprucht wesentlich weniger Zeit als Einschrauben. Deshalb ist besonders bei Termin- und Akkordarbeiten auf eine konstruktionsgerechte Ausführung zu achten. Geschlagene Schrauben sind meistens an Verformungen des Schraubenkopfes zu erkennen.

Profilierte Nägel

Mit profilierten Nägeln (Abb. **B.91 e, f**) lassen sich die Vorteile des glattschaftigen Drahtnagels und der Schraube zum Teil kombinieren. Die im Vergleich zur Schraube schwache Profilierung zerstört die Holzfasern beim Einschlagen nur so wenig, dass deutlich höhere Ausziehwiderstände als bei geschlagenen Schrauben einerseits und glatten Nägeln andererseits erzielt werden. Die Haftfestigkeit der Schraubnagelverbindung lässt auch nach der Holzaustrocknung nicht nach. Hinsichtlich der Beanspruchung auf Abscheren sind die profilierten Nägel den glatten gleichwertig. Für profilierte Nägel liegen allerdings in Deutschland noch keine Normen vor. Für tragende Verbindungen ist man daher auf Fabrikate beschränkt, für die eine von einer anerkannten Prüfstelle erteilte Einstufung in eine Tragfähigkeitsklasse vorliegt.

Klammern

Als jüngstes Verbindungsmittel für tragende Bauteile seien schließlich noch die Klammern erwähnt (Abb. **B.91 g**). Sie können als Doppelnagel aufgefasst werden. Der Klammerrücken soll mindestens 30° zum Faserverlauf gedreht sein, um der Spaltgefahr zu begegnen. Einzelheiten sind den bauaufsichtlichen Zulassungen der einzelnen Klammertypen zu entnehmen. Klammern werden hauptsächlich im Tafelbau für die kraftschlüssige Verbindung von Platten aus Holzwerkstoffen mit Vollholzrippen eingesetzt.

Stahlformteile

Eine erhebliche Vereinfachung für das Zusammenfügen von Holzbalken und Stützen aus Vollholz oder Brettschichtholz zu räumlichen Skelettsystemen bringt die Verwendung von Formteilen aus korrosionsgeschütztem Stahlblech. Die wichtigsten Elemente sind (Abb. **B.92**):

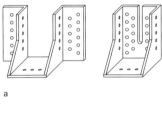
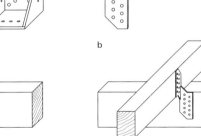
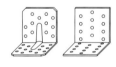
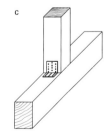

Abb. B.92
Holzverbindungen mit geformten Stahlblechteilen

a Balkenschuhe
b Sparrenpfettenanker
c Winkelstücke

a b c

– Balkenschuhe zum Anschluss von Trägern an Stützen oder Balken
– Sparrenpfettenanker zum Anschluss von durchlaufenden Trägern an Balken
– Winkelstücke zum Anschluss von Riegeln an Stützen, Stützen an Schwellen u. dgl.

Bei der Bearbeitung der Hölzer entfallen komplizierte Schnittführungen, die Holzquerschnitte brauchen an den Anschlüssen nicht geschwächt zu werden, und die Formteile können von angelernten Hilfskräften durch einfache Nagelung befestigt werden.

Die Formteile werden von der Industrie in allen erforderlichen Abmessungen angeboten. In der Regel liegen bauaufsichtliche Zulassungen vor, in denen Verwendung und Belastbarkeit festgelegt sind.

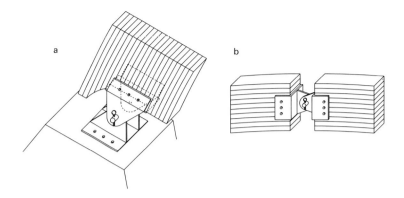

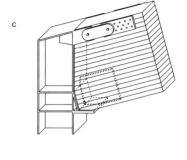

Zur Übertragung größerer Kräfte, zum Beispiel in den Firstgelenken und in den Fußgelenken von Dreigelenkbogen, werden Stahlgelenke und Formteile individuell entworfen und hergestellt (Abb. **B.93**), [B.72].

5.4.3

Leimverbindungen

Leimverbindungen sind außer zur Herstellung von Brettschichtholz (Abschnitt B.5.2.2) auch zur Ausbildung von Fachwerkknoten und Rahmenecken geeignet. Tragende Leimverbindungen dürfen aber nur von staatlich anerkannten Lizenzinhabern hergestellt werden, die über entsprechende erforderliche Werkseinrichtungen verfügen.

Abb. B.93
Anschlüsse von Dreigelenkbogen und Rahmen

a Auflagergelenk
b Firstgelenk
c Rahmenecke, Holzriegel an Stahlstütze

Abb. B.94
Geleimter Fachwerkträger, System Dreieckstrebenbau

Die Leimverbindungen unterscheiden sich von allen anderen Verbindungsmitteln u. a. dadurch, dass sie unnachgiebig sind. Bei Belastung treten keine Verschiebungen in der Anschlussfuge auf. Abb. **B.94** zeigt einen Fachwerkträger mit geleimten Stabanschlüs-

5.4.3 Holzbau B

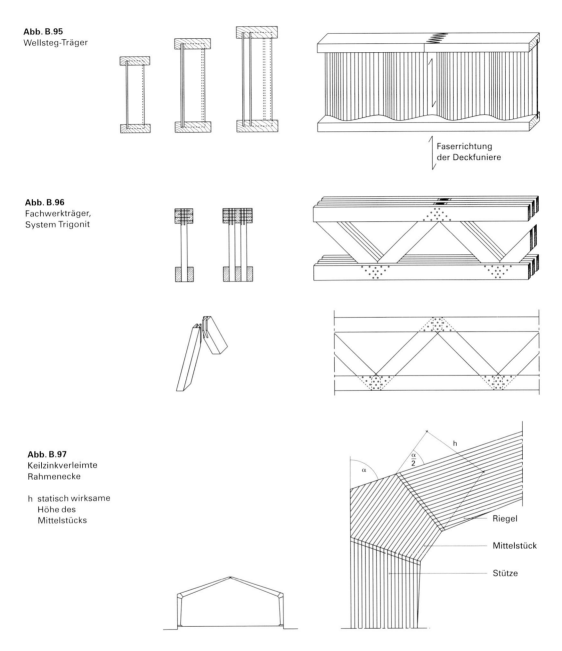

Abb. B.95
Wellsteg-Träger

Abb. B.96
Fachwerkträger,
System Trigonit

Abb. B.97
Keilzinkverleimte
Rahmenecke

h statisch wirksame
  Höhe des
  Mittelstücks

sen. Bei dem Fachwerkträger in Abb. **B.96** sind nur die Diagonalstäbe durch Leimung verbunden, während die mehrteiligen Gurte mit zweischnittigen Nägeln aufgenagelt sind. Bei den Wellstegträgern (Abb. **B.95**) werden wellenförmig geformte Bau-Furnierplatten als Stege in ausgefräste Nuten der Gurthölzer eingepresst und verleimt.

Abb. **B.97** zeigt keilzinkverleimte Rahmenecken aus Brettschichtholz. Das Keilstück ist eingeschaltet, um den Kraft-Faser-Winkel zwischen Riegel und Stiel zu halbieren und damit die zulässigen Spannungen zu erhöhen. Wegen weiterer Einzelheiten sei auf [B.23], [B.25], [B.26], [B.72] verwiesen.

5.5

Konstruktionselemente des Holzbaus

5.5.1

Allgemeines

Fast alle in Abschnitt B.2 beschriebenen Tragwerke und Tragwerkselemente lassen sich – innerhalb bestimmter Grenzen für Spannweiten und Belastungen – aus Holz oder Holzwerkstoffen herstellen. Der größte Teil der Holzbauwerke setzt sich aus den stabförmigen Konstruktionselementen Träger und Stütze zusammen. Für Hallen verwendet man außer Stützen und Trägern auch Rahmen und Bogen. Schalen werden aus mehreren übereinander liegenden Brettlagen hergestellt. Für ein- bis zweigeschossige Häuser wurden Bauweisen mit großformatigen Holztafeln entwickelt. Holztafeln gibt es für Scheiben- wie für Plattenbeanspruchungen.

5.5.2

Träger

Die Ausbildung eines Trägers hängt im Wesentlichen von der Spannweite und der Belastung ab.

Vollholz ist als Deckenträger für übliche Lasten des Geschossbaus bis zu Spannweiten von etwa 6 m geeignet. Größere Spannweiten oder höhere Lasten erfordern größere Querschnitte, die wirtschaftlich nur aus Brettschichtholz oder Furnierschichtholz herzustellen sind. Maßgeblich für die Bemessung ist häufig die Begrenzung der Durchbiegung, deren zulässiger Wert zum Beispiel für Deckenträger zur Gewährleistung der Gebrauchsfähigkeit in DIN 1052 auf l/300 der Spannweite festgesetzt wurde.

Für weiter gespannte Träger bis 15 m Spannweite, wie sie beim Geschossbau zum Beispiel in Dachkonstruktionen als Sparren oder im Hallenbau als Pfetten vorkommen, sind geleimte Fachwerkträger (Abb. **B.94**), Trigonit-Fachwerkträger (Abb. **B.96**) oder Wellstegträger (Abb. **B.95**) geeignet.

Träger mit Plattenstegen aus Holzwerkstoffen und Gurten aus Brettschichtholz (Abb. **B.98**) haben bei geringem Materialaufwand eine hohe Tragfähigkeit. Mit mehrstegigen Kastenträgern[1] wurden zum Beispiel Hallendächer von 40 m Spannweite hergestellt. Plattenstegträger erfordern allerdings einen verhältnismäßig hohen Lohnaufwand und setzen sich deshalb nur bei höheren Materialpreisen durch. Bei schlanken Trägern (Breite/Höhe $\leq 1/4$) können Stabilitätsfälle wie Biegedrillknicken (Kippen) oder Beulen für die Dimensionierung ausschlaggebend werden. An den Auflagern – meist auch im Feld – sind Beulsteifen zur Sicherung der dünnen Stegplatten erforderlich.

Für Spannweiten zwischen 10 m und 30 m haben sich Fachwerkträger als besonders wirtschaftlich erwiesen. Die einfachste Form ist das genagelte Fachwerk ($l \leq 15$ m) (Abb. **B.99**). Für größere Spannweiten sind Dübelbinder geeignet (Abb. **B.100**). Untergurt und Obergurt haben meistens einen mehrteiligen Querschnitt, wobei

---

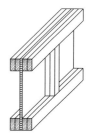

Abb. B.98
Träger mit Gurten aus Brettschichtholz und Stegen aus Holzwerkstoffen

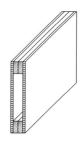

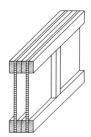

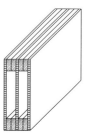

[1] In unbelüfteten Hohlräumen von Kastenträgern kann akkumulierende Taufeuchte zu Pilzbefall führen, der langfristig die Tragfähigkeit gefährdet.

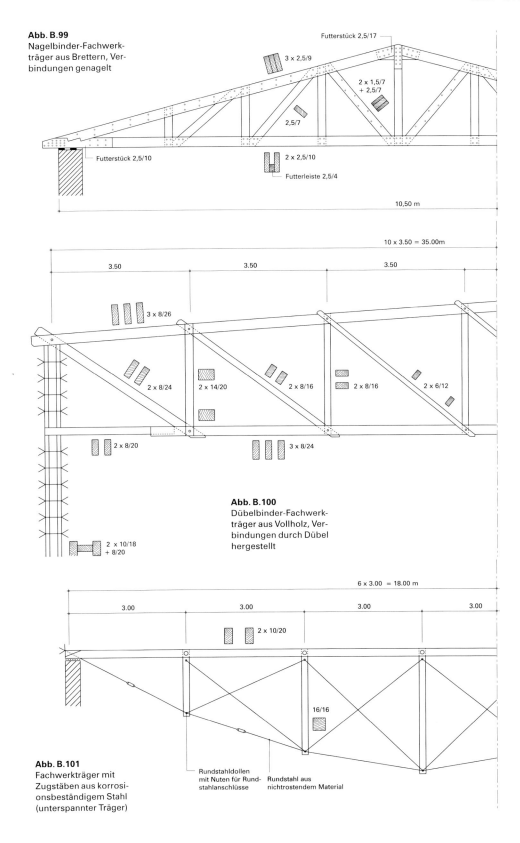

Abb. B.99
Nagelbinder-Fachwerkträger aus Brettern, Verbindungen genagelt

Abb. B.100
Dübelbinder-Fachwerkträger aus Vollholz, Verbindungen durch Dübel hergestellt

Abb. B.101
Fachwerkträger mit Zugstäben aus korrosionsbeständigem Stahl (unterspannter Träger)

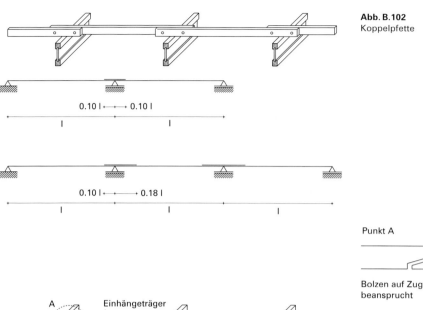

Abb. B.102
Koppelpfette

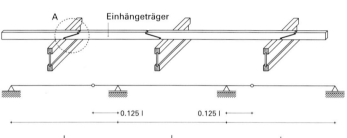

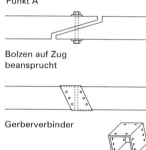

Abb. B.103
Gerberpfette

die einzelnen Hölzer einen lichten Abstand von der Brettdicke der Diagonal- und Vertikalstäbe haben. Die Füllstäbe können somit fingerartig zwischen die Gurtstäbe geführt werden. Bei großen Stabkräften kommen auch mehrteilige Füllstäbe vor. Die im Vergleich zu den Vertikalstäben längeren Diagonalstäbe werden bei größeren Spannweiten in der Regel so angeordnet, dass sie vorwiegend auf Zug beansprucht werden, bei Einfeldträgern also zur Mitte hin fallen (Abb. **B.100**).

Besonders leicht und transparent wirken Fachwerkträger, deren Untergurt und Diagonalstäbe aus Stahlstangen bestehen (Abb. **B.101**). Derartige Systeme werden auch als unterspannter Träger bezeichnet. Genau genommen sollte man nur dann von einem unterspannten Träger sprechen, wenn die Diagonalen entfallen, der Obergurt also planmäßig durch Querkräfte und Biegemomente als Biegeträger beansprucht wird.

Pfetten von Hallendächern setzt man häufig aus Kanthölzern zusammen, die sich über ihren Auflagern seitlich überlappen und an den beiden Enden der Überlappungsstrecke durch Dübel und Bolzen verbunden sind. Auf diese Weise erzielt man eine Durchlaufwirkung, wobei für die Aufnahme des im Vergleich zum Feldmoment höheren Stützmomentes zwei Balkenquerschnitte zur Verfügung stehen. Man nennt derartige Pfetten Koppelpfetten (Abb. **B.102**). Der optimale Dübelabstand schwankt je nach Anzahl der Felder und Lage der Koppelstrecke zwischen 0,2 l und 0,28 l [B.26].

Ein dem Durchlaufträger ähnliches Tragverhalten lässt sich auch mit verschieden langen, gelenkig verbundenen Balken nach

Abb. **B.103** erreichen. Zwischen längere Einfeldträger mit Kragarmen werden kürzere Träger eingehängt. Durch geschickte Abstimmung der Längen können die extremen Momente über den Stützen und im Feld so gesteuert werden, dass sie etwa gleich groß sind. Die Idee zu dieser Anordnung der Gelenke stammt von dem bayerischen Ingenieur H. Gerber (1832–1912), der dafür 1866 ein Patent erhielt und nach dem derartige Träger bis heute Gerberträger genannt werden (Tabellen siehe zum Beispiel [B.26]).

5.5.3

Stützen

Stützen erfordern zur Sicherung gegen Knicken eine ausreichende Biegesteifigkeit in Knickrichtung. Es ist daher oft zweckmäßig, anstatt eines einteiligen Querschnitts zwei oder mehrteilige Stützenquerschnitte zu wählen. Man unterscheidet nichtgespreizte und gespreizte Querschnitte. Bei gespreizten Querschnitten sind die Einzelstäbe nicht kontinuierlich, sondern nur in bestimmten Abständen an einzelnen Punkten durch Bindehölzer oder Zwischenhölzer verbunden (Abb. **B.104**). Als Verbindungsmittel kommen Leim, Nägel oder Dübel in Frage.

Die zulässige Schlankheit für Stützen ist im Allgemeinen begrenzt auf

$\frac{s_k}{i} = \lambda \leq 150$

Die Ausbildung der Stützenfußpunkte richtet sich nach der Lage der Stütze – außerhalb oder innerhalb eines Gebäudes – und nach den zu übertragenden Kräften: nur senkrechte Kräfte (Abb. **B.105 a**) oder zusätzlich Horizontalkomponenten aus Verbänden oder Einspannmomenten (Abb. **B.105 b**).

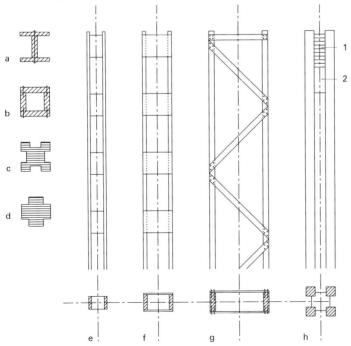

Abb. B.104
Stützenquerschnitte

a bis d nichtgespreizte Querschnitte
e bis h gespreizte Querschnitte
1 Träger
2 Futterholz als Auflager

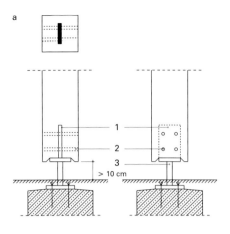
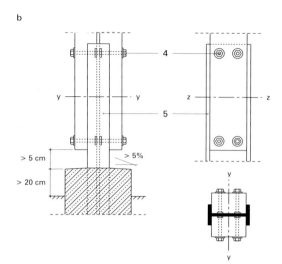
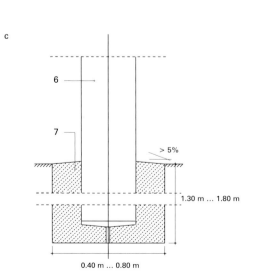
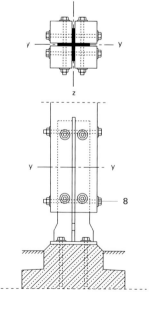

Abb. B.105
Fußpunkte von Holzstützen (siehe auch Abb. **E.24**)

a gelenkige Lagerung mit Mindestabstand zur Geländeoberfläche
b Einspannung um
  die y-Achse mit vergrößertem Abstand zur Geländeoberfläche bei erhöhtem Feuchteanfall
  (zum Beispiel Schnee)
c eingespannter Mast
d eingespannte Stütze mit Passbolzen

1 T-Stahl
2 Stabdübel
3 Rohr angeschweißt
4 Bolzen mit einseitigen Dübeln
5 IPE-Träger
6 Rundholzmast
7 Stampfbeton C12/15
8 Passbolzen

5.5.3 Holzbau

Frei stehende Außenstützen werden zum Schutz gegen Feuchtigkeit in der Regel aufgeständert. Der Fuß ist so auszubilden, dass sich zwischen Holz und Stahl eingedrungene Feuchtigkeit nicht staut und sammelt, sondern unverzüglich abfließt oder durch Belüftung abtrocknet (Abb. **B.105**). Der Abstand des Holzes von der Erdoberfläche muss den örtlichen Gegebenheiten angepasst werden. Frei stehende Innenstützen können ohne Stahlfuß unmittelbar auf ein Betonfundament oder ein anderes Betonteil aufgesetzt werden. Zwischen den Berührungsflächen ist eine Bitumenpappe oder ähnliches einzulegen, die verhindert, dass Tauwasser von der Betonoberfläche in das Hirnholz des Stützenfußes eindringt. Die Stütze muss durch Dollen oder Laschen gegen Verschieben gesichert werden. Vereinzelt werden Innenstützen aus Brettschichtholz auch wie Stahlbetonfertigteilstützen unmittelbar in Blockfundamente (Abb. **C.11**) eingespannt. Dazu muss der Stützenfuß im Einspannbereich mit Epoxydharz, das eine Beimengung von 2 bis 3 cm langen Glasfasern enthält, beschichtet sein. Über die Langzeitbewährung dieser Konstruktion liegen noch nicht viel Erfahrungen vor.

Stützen in Wänden von Geschossbauten sind in der Regel gering belastet. Deshalb können sie häufig auf durchlaufende Fußschwellen abgesetzt werden, ohne dass die zulässige Druckspannung senkrecht zur Faser der Schwelle überschritten wird (Abb. **B.73**). Das Absetzen der Stützen auf Schwellen erleichtert das Justieren und die Montage erheblich. Natürlich ist auch zwischen der Fußschwelle und dem Unterbau aus Beton oder Mauerwerk eine gegen aufsteigende Feuchte schützende Bitumenpappe einzulegen.

Neuerdings wird die im Freileitungsbau bewährte Einspannung von Masten auch für den Bau von Gebäuden erprobt. Man greift dabei auf die Erfahrungen der Bahn-, Post- und Elektrizitätsunternehmen mit Freileitungsmasten zurück. Da die im Baugrund eingespannten Hölzer der Bodenfeuchte und im oberflächennahen Bereich der bekannten besonderen Feuchtebeanspruchung ausgesetzt sind, ist nur durch einen außergewöhnlich guten chemischen Holzschutz eine befriedigend lange Standdauer zu erreichen. Bisher haben sich Kesseldruckimprägnierungen mit Schutzsalzen und Tränkung mit Steinkohlenteeröl am besten bewährt. Die Einspanntiefe und der Lochdurchmesser richten sich nach der Höhe der Beanspruchung. In der Regel reichen Lochtiefen von 1,3 m bis 1,8 m und Lochdurchmesser von 0,4 m bis 0,8 m aus. Das Holz muss mit erdfeuchtem Stampfbeton C12/15 ummantelt werden. Die Oberfläche des Betonmantels soll zur Ableitung von Niederschlagswasser eine nach außen gerichtete Neigung von wenigstens 5 % haben (Abb. **B.105 c**). Trotzdem besteht die Gefahr, dass am Mast herabrinnendes Wasser in die Fuge zwischen Mast und Fundament eindringt. Deshalb muss der Fundamentboden eine Entwässerungsöffnung haben, damit eingedrungene Feuchte abziehen kann und der Mast nicht auf Dauer im „nassen Stiefel" steht. Den sichersten Schutz bilden hinreichend große Dachüberstände, die den Schlagregen von den Masten abhalten. Der Standsicherheitsnachweis ist in DIN 18 900 Holzmastenbauart, Berechnung und Ausführung geregelt.

Man rechnet bei teerölimprägnierten Kiefern- und Lärchenmasten mit einer Standdauer von 50 Jahren. Nach 35 Jahren ist eine Überprüfung des Einspannbereichs vorgeschrieben. Das Anwendungsgebiet umfasst bisher überwiegend landwirtschaftliche Stall- und Lagerhallen, Reithallen und Abstellhallen für Geräte aller Art [B.19.11].

B Holzbau 5.5.5

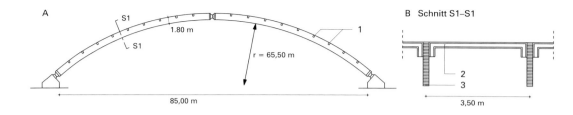

A

B Schnitt S1–S1

5.5.4

Rahmen

Für Hallen mit Spannweiten zwischen 10 m und 50 m haben sich Dreigelenkrahmen bewährt. Abb. **B.106** zeigt 4 häufig vorkommende Konstruktionen.

Für kleinere Hallen bis etwa 20 m Spannweite lassen sich die Rahmenhüften durch Keilzinkleimung nach Abb. **B.106 a** oder durch Lamellenbiegung nach Abb. **B.106 b** werkseitig herstellen und in einem Stück zur Baustelle transportieren. Diese Rahmen mit durchgehend einteiligem Querschnitt haben eine glatte Oberfläche und sind bis auf die Gelenkpunkte im Scheitel und an den Auflagern frei von Stahlteilen. Sie gelten in ästhetischer Hinsicht als besonders befriedigend und werden deshalb für Versammlungsbauten und Sporthallen verwendet. Bei größeren Spannweiten muss der Riegel auf der Baustelle gestoßen werden, weil die Transporthöhe in der Regel auf etwa 4,50 m begrenzt ist. Riegel und Stiele der Rahmen nach Abb. **B.106 c** und **d** werden auf der Baustelle zusammengefügt.

Im Beispiel Abb. **B.106 c** ist der einteilige Riegel mit dem zweiteiligen Stiel durch einen Dübelkranz biegesteif verbunden. Als Dübel kommen bei kleineren Rahmen Stabdübel und bei größeren Spannweiten Dübel besonderer Bauart in Frage. Die durchgehenden Futterhölzer des Stieles erhöhen die Knicksicherheit, beteiligen sich aber nicht an der Übertragung der Lasten. Das Stahlprofil am Fußpunkt dient nur zur Arretierung. Die Kräfte werden durch direkten Kontakt von dem Holz auf das Betonfundament abgegeben.

Die konstruktive Lösung nach Abb. **B.106 d** entspricht besonders weitgehend den Festigkeitseigenschaften von Holz und Stahl. Der Stiel ist aufgelöst in ein Druckglied aus Holz und in ein Zugglied aus Stahl. Die gesamte Querschnittsfläche des dreiteiligen Holzes steht unter Druckspannung. In die Seitenteile wird die Kraft durch Stabdübel und in das Mittelteil durch einen Versatz eingeleitet. Am Fußpunkt steht die Stütze auf der Kopfplatte eines Stahlfußes mit I-Profil. Die Zugstange ist durch eine mit dem Stahlfuß verschweißte Hülse gesteckt. Die Zugkraft wird über eine aufgeschraubte Mutter auf die Hülse abgegeben. Weitere Beispiele sind in [B.23], [B.26], [B.72] beschrieben.

5.5.5

Bogen

Die größten Spannweiten im Holzbau erzielt man – abgesehen von kombinierten Konstruktionen aus Stahl und Holz – mit Bogentragwerken. Die Bogenachse folgt meist nicht der Stützlinie

Abb. B.106
Rahmen

a Stiel und Riegel keilzinkverleimt
b einteilige Rahmenhüfte aus gebogenem Brettschichtholz
c Stiel und Riegel durch Dübel biegesteif verbunden
d in Druck- und Zugglied aufgelöster Stiel

a

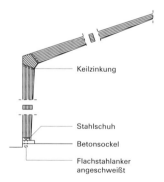

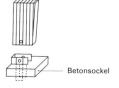

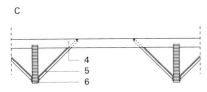

(vgl. Abschnitte B.2.1 und B.4.4.3), weil die lichte Höhe unter der Stützlinie vom Auflager bis weit in das Feld gering ist. Kreisbogen oder Korbbogen haben in dieser Hinsicht einen günstigeren Verlauf. Den zusammengesetzten Querschnitten gemäß Abb. **B.98** zieht man, wenn möglich, einfache Rechteckquerschnitte aus Brettschichtholz vor, weil sie kostengünstiger herzustellen sind. Für die Auflager an den Fußpunkten und für das Scheitelgelenk wählt man in der Regel Stahlteile, etwa nach Abb. **B.93**. Besonders zu beachten ist, dass ein Bogen ausreichend gegen Kippen gesichert sein muss. Häufig zieht man dazu die Biegefestigkeit der Pfetten heran (Abb. **B.107**).

Abb. B.107
Bogen

A Dreigelenkbogen einer Turnhalle in Turku (Finnland)
B Kippsicherung mit Rahmenpfetten aus Stahlprofilen
C Kippsicherung mit Rahmenpfetten und Kopfbändern aus Stahl bei einer anderen Hallenkonstruktion
1 Rahmenpfetten
2 Rahmenpfetten aus Stahlprofilen
3 Bogenbinder
4 Rahmenpfetten aus Brettschichtholz
5 Stahlprofil
6 Bogenbinder

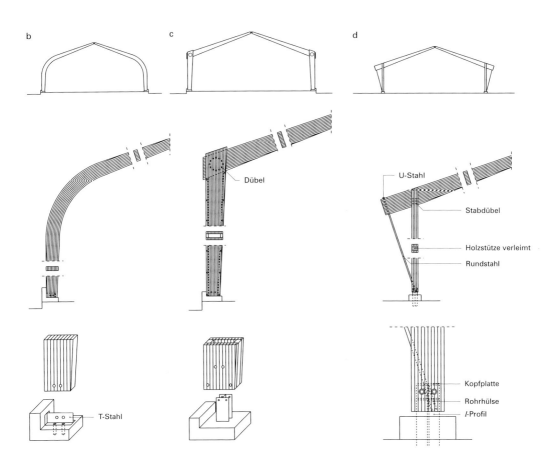

5.6

Bauarten des Holzbaus

5.6.1

Holzskelettbau

Seit vorgeschichtlicher Zeit werden Holzbauten in zwei Bausystemen errichtet: in Blockbauweise und in Skelettbauweise.

Beim Blockbau bestehen die Wände aus übereinander gelegten Stämmen, Balken oder Bohlen, die an den Schnittkanten der Wände verkämmt sind und dadurch der Konstruktion die erforderliche Steifigkeit geben (Abb. **B.108 a**). Diese früher in Nordeuropa vorherrschende, aber auch in waldreichen Gegenden Mitteleuropas anzutreffende Bauweise hat heute in der Brettstapelbauart eine moderne Variante erhalten. Wegen weiterer Einzelheiten sei ebenfalls auf die Literatur verwiesen [B.19.13], [B.72].

Beim Skelettbau wird das tragende System aus einzelstehenden Stielen und sie verbindenden horizontalen – oft auch diagonalen – Hölzern gebildet. Die von den Hölzern eingerahmte Fläche, das Gefach, kann je nach Bauzeit und Region auf die unterschiedlichste Art geschlossen sein. Man findet Flechtwerk – ohne und mit Verstrich aus Lehm, Dung oder anderen Materialien –, Mauerwerk, Verschalungen und Beplankungen. Das aus Balken gezimmerte Skelett bezeichnet man als Fachwerk.

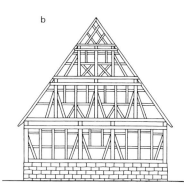

In West- und Mitteleuropa war der Fachwerkbau jahrhundertelang die vorherrschende Bauweise. Zu unterscheiden ist der Stockwerkbau und der Geschossbau.

Ein „Stockwerk" (Werk aus Stöcken) besteht aus Schwellen, Stützen (gebräuchlich sind auch die Bezeichnungen Ständer, Pfosten, Stiel), Riegeln, Rähm, Streben und Deckenbalken. Die Stützen stehen auf einer Fußschwelle. Sie sind am Kopf durch ein Rähm verbunden. Meistens geben zwei oder mehr Streben der Fachwerkwand die erforderliche Scheibensteifigkeit. Auf dem Rähm liegen die Deckenbalken (Abb. **B.109 a, B.110 a**). Die im Winkel zueinander stehenden Wände steifen sich unter Mitwirkung der Decke gegenseitig aus, so dass ein steifer Stockwerkkasten entsteht. Auf das erste Stockwerk kann ein weiteres Stockwerk aufgesetzt werden, dessen Aufbau wieder mit einer Schwellenlage, den Stockwerkschwellen, beginnt. Dann folgen Stützen, Streben, Rähm wie im ersten Stockwerk. Auf diese Weise wurden in der Vergangenheit Fachwerkhäuser bis zu 6 und mehr Geschossen errichtet. Deutliches Kennzeichen für den Stockwerkbau ist, dass die Stützen nicht über zwei Geschosse durchlaufen, sondern stockwerkweise selbstständig abgezimmert sind (Abb. **B.108 b**).

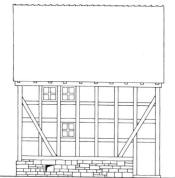

Beim Geschossbau laufen die Stützen über zwei – selten mehr – Geschosse ungestoßen durch. Der Geschossbau, der weniger Holz erfordert als der Stockwerkbau, hat in England eine lange Tradition. In Deutschland wurde er vereinzelt durch Bauordnungen zwangsweise eingeführt, um den Holzverbrauch zu senken (Abb. **B.108 c**). Der Fachwerkbau zeigt über die beiden Grundtypen hinaus vielfältige zeitlich und landschaftlich gebundene Ausprägungen, die in der Literatur mehrfach beschrieben wurden [B.17], [B.19.12], [B.20], Abschnitt K.6.

Abb. B.108
Die traditionellen Holzbauarten

a Blockhaus
b Fachwerk, Stockwerkbau
c Fachwerk, Geschossbau

Seit der Möglichkeit zur maschinellen Bearbeitung von Holz haben sich viele neue Holzskelettkonstruktionen entwickelt. Sie lassen sich einschließlich der traditionellen Fachwerke auf acht Grundtypen zurückführen[1] (Abb. **B.109**, **B.110**):
– das Fachwerk, im Wesentlichen bestehend aus Schwellen, Stützen, Streben, Rähm und Deckenbalken
– eingeschossiges System aus Stützen, aufgelegten Trägern und Deckenbalken
– zweigeschossiges System aus geschosshohen gestoßenen Stützen, durchlaufenden Trägern und Deckenbalken
– zweigeschossiges System aus durchlaufenden Stützen, zwischengesetzten Riegeln und Deckenbalken, die zwischen den Riegeln liegen
– zweigeschossiges System aus durchlaufenden Stützen, zweiteiligen Trägern, die als Zangen an den Stützen vorbeilaufen, und aufgelegten Deckenbalken
– zweigeschossiges System aus geteilten durchgehenden Stützen, zwischengelegten einteiligen Trägern und aufgelegten Deckenbalken
– zweigeschossige Rippenkonstruktion mit durchlaufenden eng stehenden Rippen, eingelassenen stehenden Bohlen als Rähm und aufliegenden Deckenbohlen; in Nordamerika Baloon genannt
– zweigeschossige Rippenkonstruktion, im Aufbau dem Fachwerk ähnlich: die eng stehenden geschosshohen Rippen sind am Kopf durch ein Rähm aus einer meist gedoppelten Bohle verbunden; darauf liegen Deckenbohlen, die, mit einer geschlossenen Brettlage abgedeckt, die „Plattform" für das nächste Geschoss bilden. Die Bauweise kommt mit zwei Holzquerschnitten – 6/12 cm für Ständer, Schwellen, Rähm und 6/22 cm für Deckenbalken – aus. Sie hat, ergänzt und angepasst, in Deutschland unter der Bezeichnung Holzrahmenbau Fuß gefasst [B.19.14], [B.67].

Aus Gründen des Brandschutzes dürfen zur Zeit in Deutschland Holzskelettbauten nur zweigeschossig ausgeführt werden, wobei ein Keller und ein teilausgebautes Dachgeschoss nicht mitgezählt werden. In einzelnen Fällen ist es gelungen, diese Beschränkung durch flankierende Maßnahmen zu lockern und die zulässige Geschosszahl heraufzusetzen.

Die wichtigsten Entscheidungen für oder gegen ein wirtschaftliches Tragwerk fallen in der Phase des Vorentwurfs. Ein wichtiges Kriterium in diesem Zusammenhang ist die Anzahl der Knotenpunkte. Weitere Einzelheiten und Entwurfshilfen sind in [B.26] zu finden.

Voraussetzung für die modernen Holzskelettkonstruktionen ist die Verwendung von Verbindungsmitteln und Formteilen aus Stahl (Abschnitte B.5.4.2, B.5.4.3). Nur dadurch sind die weitgehenden Querschnittsschwächungen der zimmermannsmäßigen Holzverbindungen zu umgehen und den Holzverbrauch auf ein wirtschaftliches Maß zu reduzieren.

---

[1] Kurzfassung einer eingehenden Darstellung in [B.23]

B   Holzbau   5.6.1

**Abb. B.109 (Details)
B.110 (Konstruktionen)**
Konstruktionsarten des
Holzskelettbaus

a Fachwerk
b Träger auf Stütze,
   eingeschossig
c Träger auf gestoßener Stütze, zweigeschossig
d zweigeschossig durchlaufende Stütze, eingeschobene Riegel
e zweigeschossig durchlaufende Stütze, zweiteiliger Träger als Zange
f zweiteilige durchlaufende Stütze, einteiliger durchlaufender Träger
g zweigeschossig durchlaufende Rippen, stehende Bohle als Rähm in die Rippen eingelassen (Baloon)
h eingeschossige Rippen mit durchlaufendem Rähm (Plattform)

a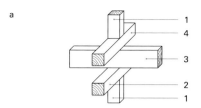

b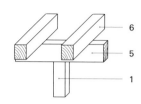

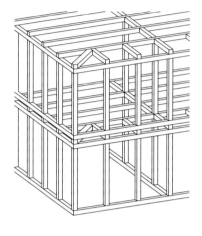

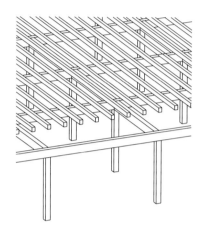

e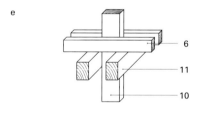

f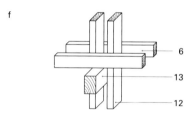

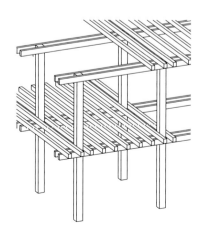

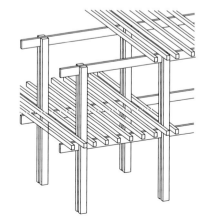

5.6.1 Holzbau B

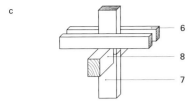
c

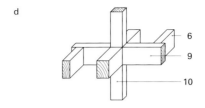
d

1 Stütze
2 Rähm
3 Deckenbalken
4 Schwelle
5 Hauptträger
6 Nebenträger/ Deckenbalken
7 Stütze, gestoßen
8 Hauptträger, durchlaufend
9 Hauptträger/Riegel
10 Stütze, durchlaufend

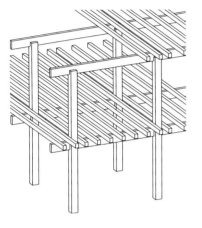

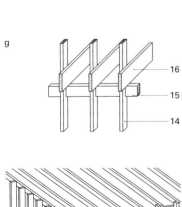
g

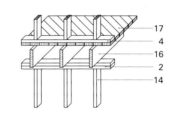
h

2 Rähm
4 Schwelle
6 Nebenträger/ Deckenbalken
10 Stütze, durchlaufend
11 Hauptträger, zweiteilig, durchlaufend
12 Stütze, zweiteilig, durchlaufend
13 Hauptträger, einteilig, durchlaufend
14 Rippen
15 Rähm, eingelassen
16 Deckenträger
17 Dielung

5.6.2

Holztafelbau

Der Holztafelbau ist Ergebnis der Bemühungen, einen möglichst großen Teil des Bauprozesses von der Baustelle in die witterungsgeschützte Werkstatt zu verlegen und den Anteil an handwerklicher Fertigung zugunsten kostengünstigerer maschineller Herstellungsmethoden zu verringern.

Holztafeln gibt es als Wandtafeln, tragend und nichttragend, und als Deckentafeln. Stets bildet ein Rahmen aus Vollholz (Balken, Rippen, Stiele) das Skelett das gegebenenfalls nur auf einer Seite, meistens aber auf beiden Seiten mit Platten aus Holzwerkstoffen oder Stülpschalungen beplankt ist (Abb. **B.111**).

Die Beplankungen sind kraftschlüssig durch Nägel oder Klammern mit den Hölzern des Skeletts verbunden. Die Beplankung wirkt daher bei der Lastableitung mit. Bei *Wandtafeln* macht sie eine über den Flächenkontakt hinausgehende Verbindung der waagerechten und senkrechten Rippen zumeist überflüssig. Dagegen ist bei Deckentafeln eine kraftschlüssige Verbindung zwischen Längs- und Querrippen in aller Regel erforderlich.

Die Tafeln werden durch Schlüsselschrauben, Schraubbolzen oder besondere Verbindungsmittel schubsteif miteinander verbunden (siehe Abschnitt D.4.4.2).

Der Holztafelbau ist eine Leichtbauweise. Er erfordert zur Erfüllung der bauphysikalischen Forderungen eine große Zahl besonderer konstruktiver Maßnahmen und führt auf die Verwendung vieler besonders geformter Einzelteile aus verschiedenen Materialien. Daraus folgt, dass der Holztafelbau nur als industriell gefertigtes System, in größerer Serie hergestellt, gegenüber den konventionellen Bauweisen konkurrenzfähig ist. Ein Gebäude der Holztafelbauweise ist insofern ein typisches Industrieprodukt, dessen individueller Gestaltung engere Grenzen gesetzt sind.

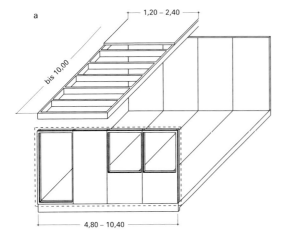 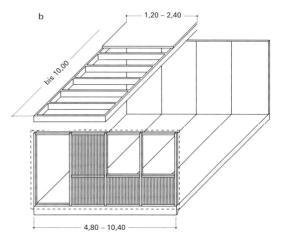

Besondere Beachtung erfordern der Schallschutz, der sommerliche Wärmeschutz und die Ausbildung der Fugen zwischen den Tafeln der Außenwände. Der winterliche Wärmeschutz lässt sich mit den üblichen Dämm-Materialien Mineralwolle, Polystyrol-Hartschaum oder Zellulosewolle leicht erfüllen.

Der für Wohnungstrennwände und Wohnungstrenndecken erforderliche Schallschutz ist im allgemeinen nur durch schwere Bauteile zu gewährleisten. Deshalb werden Wohnungstrennwände meistens aus Mauerwerk errichtet, und die Decken erhalten Beläge aus Estrich oder Betonsteinen (siehe Abschnitt E.3).

Der sommerliche Wärmeschutz soll das sogenannte „Barackenklima" verhindern. Man versteht darunter eine schnelle übermäßige Erwärmung der Innenräume bei hohen Tages-Außentemperaturen und Sonneneinstrahlung. Gebäude aus leichten Holzkonstruktionen mit geringem Wärmespeichervermögen sind in dieser Hinsicht besonders anfällig. Mit einer gegenüber dem erforderlichen winterlichen Wärmeschutz erhöhten Wärmedämmung kann man eine zu starke Erwärmung durch hohe Tages-Lufttemperatur verhindern. Gegen Sonnenwärmeeinstrahlung schützt die Wärmedämmung nicht. Ihr Einfluss lässt sich zum Beispiel durch eine sehr helle, reflektierende Oberfläche und durch eine Hinterlüftung der Außenschale merklich abschwächen. Die Hinterlüftung senkt die äußere Oberflächentemperatur der bestrahlten Schale um etwa 20 K ab (in dem beobachteten Beispiel einer unbelüfteten und einer hinterlüfteten Westwand von 60 °C auf 40 °C). Am wirkungsvollsten ist ein außenliegender Sonnenschutz, wie er zum Beispiel bei eingeschossigen Bauten schon durch einen ausreichenden Dachüberstand gegeben ist. Wichtig ist auch eine sinnvolle Begrenzung der Fensterflächen, weil durch sie mehrfach mehr Strahlungswärme ins Innere gelangt als durch die Wandflächen. Die Verwendung von teureren Wärmeschutzgläsern läßt allerdings auch große Fensterflächen zu. Da Dachflächen einer besonders intensiven Bestrahlung ausgesetzt sind, sollten die Dächer im Holztafelbau unter allen Umständen als Kaltdächer konstruiert werden (siehe Abschnitt H.4).

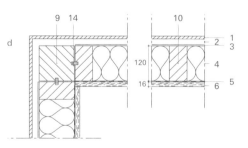
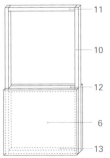
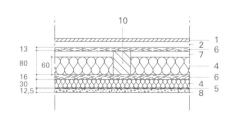

Abb. B.111
Tafelbauweise

a Großtafeln mit Beplankung und Dachtafeln
b Großtafeln mit Ausfachung und Dachtafeln
c tragende Einzelteile einer Tafel
d Wandaufbau mit einseitiger Beplankung und Eckausbildung mit Eckstütze
e Wandaufbau mit beidseitiger Beplankung
1 Wetterschutz
2 strömende Luft
3 dampfdurchlässige Folie
4 Wärmedämmung
5 Dampfsperre oder Dampfbremse
6 Flachpressplatte
7 stehende Luft
8 Gipskartonplatte oder Gipsfaserplatte
9 Eckstiel
10 Stiel
11 Rähm
12 Riegel
13 Schwelle
14 Feder

Beim Zusammenfügen von Wandtafeln zu einem Wandbausystem entstehen zwangsläufig senkrechte Fugen zwischen den Tafeln und horizontale Fugen zwischen Wandelement und Sockel und Wandelement und Dach. Die Fugen sind gegen Wind und Niederschlag zu dichten. Die Dichtung muss dauerelastisch sein, um sich den unvermeidlichen Schwind- und Quellvorgängen des Holzes und der Holzwerkstoffe anpassen zu können. Sie darf keine Wärmebrücke bilden. Man kann versuchen, das Problem durch eine multifunktionale Fugenkonstruktion zu lösen, oder man bringt einen zusätzlichen hinterlüfteten Wetterschutz an. In der Vergangenheit hat man große Erwartungen in die erste Lösung gesetzt. Inzwischen nimmt die Tendenz zu, auch den Holztafelbauten eine hinterlüftete Haut, zum Beispiel aus Schalbrettern, zu geben. Man kann dadurch die Fugen einfacher ausbilden, vermeidet aufwändige und feingliedrige Sonderbauteile (deren allfällige Ersatzbeschaffung oft schon nach wenigen Jahren nicht mehr möglich ist) und erreicht neben einem dauerhaften Schutz auch eine gleichbleibend einheitlich erscheinende Oberfläche. Bei den direkt bewitterten Tafeln zeichnen sich häufiger die unterschiedlichen Materialien des Kerns durch Wärmebrückenbildung auf der Oberfläche ab.

Für den prinzipiellen Schichtenaufbau einer Außenwandtafel sind in Abb. **B.111** zwei Beispiele angegeben. Abb. **B.111 d** zeigt eine gängige Lösung. Auf der innenliegenden Flachpressplatte liegt eine Dampfsperre. Die Dampfsperre ist erforderlich, weil der Dampfdiffusionswiderstand der Flachpressplatten zu gering ist, um ein Eindringen der Innenluftfeuchte in die Wärmedämmschicht hinreichend zu bremsen. Die Wärmedämmschicht wird an der Außenseite durch eine dampfdurchlässige Folie abgedeckt. Davor liegt in etwa 2 cm Abstand der hinterlüftete Wetterschutz.

Abb. **B.111 e** zeigt eine bessere Lösung mit geschlossenem Wandaufbau. Der gegenüber dem offenen Wandaufbau höhere Materialaufwand ist wegen des besseren Brandschutzes gerechtfertigt. Brennbare Gase aus dem inneren Wandaufbau können nicht durch die Luftschicht austreten und sich entzünden. Außerdem besteht ein wirksamerer Schutz gegen Insekten und gegen die Befeuchtung der Dämmschicht durch die Außenluft. Die Wärmedämmung ist geteilt. Der innenliegende Teil der Wärmedämmung wirkt sich besonders günstig auf die Minderung von materialbedingten Wärmebrücken im Bereich der Vollhölzer und der geometrischen Wärmebrücken im Bereich der Gebäudekanten aus.

Ausführliche Darstellungen der Holztafelbauweise mit Bemessungshilfen für die bauphysikalisch einwandfreie Dimensionierung findet man in [B.23], [B.26].

5.6.3

Holzrahmenbau

Von den Systemen des Holzskelettbaus hat sich der Holzrahmenbau als besonders zweckmäßig und entwicklungsfähig erwiesen.

Im Holzrahmenbau werden die Wände aus einem Skelett von Pfosten, Rähm und Schwelle gebildet, das mit Platten aus Holzwerkstoffen beidseitig beplankt ist (Abb. **B.111.1**).

Die Hölzer des Skeletts haben in der Regel alle den gleichen einheitlichen Querschnitt von 6 cm/12 cm. Der Regel-Abstand der

Pfosten beträgt 62,5 cm. Rähme und Schwellen werden planmäßig zweilagig mit einem Gesamtquerschnitt von 12 cm/12 cm ausgeführt. Für Fenster- und Türöffnungen können die Pfosten bis zu etwa 5 m verschoben werden (Abb. **B.111.1 b, c**).

Die Beplankung wird zur Aussteifung gegen Horizontalbelastungen herangezogen, so dass Streben entfallen.

Die Decken werden als Holzbalkendecken konstruiert. Als Regelquerschnitt der Deckenbalken hat sich bei einem Regelabstand der Balken von 62,5 cm und Stützweiten um 4 m das Maß 6 cm/22 cm bewährt. Für höhere Flächenlasten als 4 kN/m^2 und größere Stützweiten bis 5,50 m sind größere Querschnitte von 8 cm/22 cm bis 12 cm/24 cm zweckmäßig. Zur oberen Decklage können Flachpressplatten, Bau-Furnierplatten oder eine Deckenschalung verwendet werden. Mit Flachpressplatten und Bau-Furnierplatten lassen sich Deckenscheiben herstellen, die die erforderliche Scheibensteifigkeit für alle zu berücksichtigenden Lastfälle auch in erdbebengefährdeten Gebieten gewährleisten. Das gilt nicht für eine Belegung mit Schalbrettern. Eine einlagige Deckenschalung erreicht nur 20 % der Steifigkeit einer Scheibe aus Flachpressplatten. In Gebieten, die nicht durch Erdbeben gefährdet sind, kann man aber mit zwei kreuzweise verlegten Brettlagen ohne besondere Bauteile die erforderliche horizontale Aussteifung erreichen. Die Plattendicke beträgt bei Flachpressplatten 19 mm bis 22 mm, bei Bau-Furnierschichtholz etwa 12 mm und bei Schalbrettern 24 mm und mehr.

Als Verbindungsmittel von Platten und Hölzern sind Nägel, Schrauben, Klammern und Verleimungen geeignet.

Der Holzrahmenbau unterscheidet sich von dem Holztafelbau (Abschnitt B.5.6.2) durch eine weniger industrialisierte, mehr handwerklich-, werkstattorientierte Fertigung. Er ist damit flexibler und anpassungsfähiger an individuelle Wünsche der Bauherren und an die Gestaltungsvorstellungen der Entwerfer.

Wie schon in Abschnitt B.5.6.1 erwähnt wurde, ist die Errichtung von mehrgeschossigen Holzskelettbauten bis zu etwa sechs Geschossen hinsichtlich der Festigkeit von Bauholz durchaus möglich. Die Beschränkung auf zwei oder drei Geschosse geht vornehmlich auf Forderungen des Brandschutzes zurück. Für den Holzrahmenbau wurden in den vergangenen Jahren Entwurfs- und Konstruktionsregeln sowie konstruktive Details so weit entwickelt, dass auch in Deutschland – nicht nur in Skandinavien und Nordamerika – bis zu viergeschossige Wohnhäuser in dieser Bauart errichtet werden dürfen. Das Konstruktionsprinzip gleicht dem des Stockwerkbaus der Fachwerke. Einem unteren Geschoss mit Wänden aus beplankten Schwellen, Pfosten, Rähm und zugehöriger Decke wird ein nächstes Geschoss gleicher Bauart aufgesetzt und so fort bis zu drei Obergeschossen und dem abschließenden Dach (Abb. **B.111.2**).

Besonders zu beachten sind im Mehrgeschossbau der Brandschutz, der Schallschutz und das Verformungsverhalten des Holzes. Für die nicht leicht einzuhaltenden Forderungen des Brandschutzes sind in [B.67] ein Vielzahl von Konstruktionsvorschlägen zu finden, die diese Forderungen erfüllen und die den Mehrgeschossbau ermöglichen. Insbesondere die Planung von Treppen und Balkonen hat auf die Belange des Brand- und Schallschutzes Rücksicht zu nehmen. Sie werden am besten als eigenständige Bauteile, allseitig schalltechnisch von dem übrigen Baukörper getrennt, konzipiert. Massive

B Holzbau 5.6.3

Abb. B.111.1
Holzrahmenbau

a Konstruktion des Tragwerks
b Eckausbildung der Außenwand
c Fensteröffnung
d Türöffnung

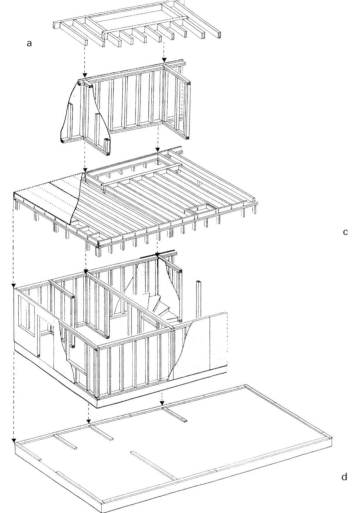
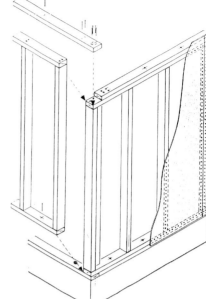
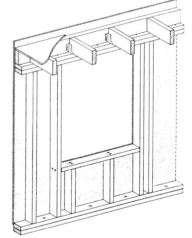
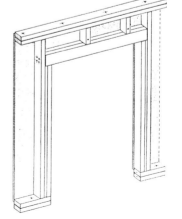

Treppenhäuser, bei denen Setzungsunterschiede zu dem Holztragwerk kaum zu verhindern wären, sind nicht erforderlich. Zur Vermeidung von großen Schwindverformungen wird für quer zur Holzfaserrichtung belastete Hölzer, zum Beispiel für Rähme und Schwellen, Furnierschichtholz gewählt. Das ist deshalb günstig, weil Furnierschichtholz bei der Herstellung auf eine sehr niedrige Holzfeuchte getrocknet wird, die sich nach dem Einbau mindernd auf die Zusammendrückung quer zur Faserrichtung auswirkt (Abb. **B.111.2**).

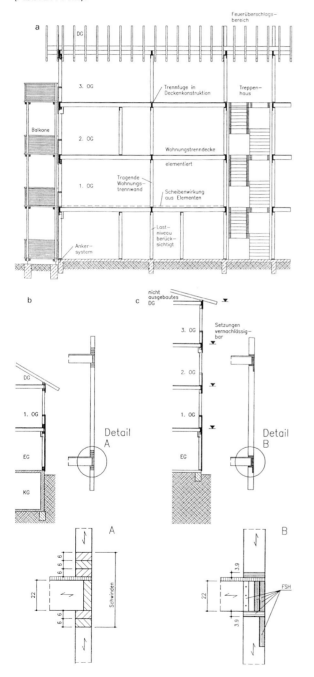

Abb. B.111.2
Mehrgeschossiger Holzrahmenbau

a Konstruktionsübersicht
b Deckenauflager bei einem zweigeschossigen Haus, Schwellen und Rähme aus Vollholz
c Deckenauflager bei einem viergeschossigen Haus, Schwellen und Rähme aus Furnierschichtholz

Die Ständerquerschnitte für 4-geschossige Bauten werden wegen der höheren Lasten in den unteren Geschossen auf 8 cm/16 cm vergrößert. Im Übrigen sind zahlreiche konstruktive Details für den mehrgeschossigen Holzrahmenbau in [B.67] zusammengestellt.

Eine Grundbedingung für den mehrgeschossigen Holzrahmenbau ist die Gleichheit der Geschossgrundrisse, so dass die Wände geschossweise jeweils in der gleichen Ebene übereinander stehen.

5.6.4

Brettstapelbau

scharfkantig

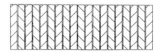

gefast

Der Nachwuchs an heimischen Hölzern ist größer als der derzeitige Bedarf an Holz im Allgemeinen und an Bauholz im Besonderen. Es ist deshalb nicht abwegig, sondern vielmehr zu begrüßen, den Holzverbrauch zur Förderung einer ökonomischen und ökologischen Forstwirtschaft zu steigern. Diesem Tatbestand kommt die seit einigen Jahren zu beobachtende Wiederbelebung des Massivholzbaus für Wände und Decken entgegen. Massivholzwände aus Rundhölzern oder Bohlen hatten sich seit Jahrhunderten im Blockbau wegen der in Abschnitt B.5.1 erwähnten günstigen Materialeigenschaften des Holzes hervorragend bewährt. Der Massivholzbau war in den rauen Klimazonen Nordeuropas und der waldreichen Gebirge Mitteleuropas so lange die weit überwiegende Bauart, bis sich wegen eines zu großen Verbrauchs Holzmangel einstellte oder andere Baustoffe billiger wurden.

verschwenkt

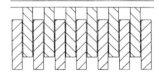

Akustikprofil

Ausgangsmaterial für den modernen Massivholzbau sind Bretter oder Bohlen. Mit der Breitseite ohne Zwischenraum eng aneinander gelegte Bretter oder Bohlen, die mit Nägeln, Stabdübeln, Schrauben oder durch Verleimung verbunden werden, ergeben plattenförmige massive Holzbauteile (Abb. **B.107.1**). Für Decken wählt man Brett- oder Bohlenbreiten zwischen 12 cm und 24 cm, für Wandelemente Breiten von 8 cm bis 12 cm. Die als *Brettstapelemente* bezeichneten Platten werden in aller Regel bis zu einer Breite von 2,40 m in Werken hergestellt und als Fertigteile auf die Baustelle geliefert. Vor Ort lassen sich die einzelnen Platten zu Wänden und Decken zusammenspannen.

Nut- und Feder Profil[1]

Profil mit Kabelnut

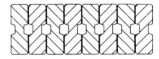

Die Anforderungen des Brand- und Schallschutzes sind mit der massiven Brettstapelbauweise leichter zu erfüllen als mit der leichten Skelettbauweise. Anfällig sind die Brettstapelemente für Verformungen in Breitenrichtung der Platten, also in Richtung der Brett- oder Bohlendicke des Einzelbrettes. Die Schwind- und Quellmaße liegen zwischen 0,05 % und 0,12 % bei einer Holzfeuchteänderung von 1 %. Wegen dieser Empfindlichkeit sollte sich die Einbaufeuchte der Brettstapelemente nach der Ausgleichsfeuchte bei der späteren Nutzung richten. Zum Beispiel empfiehlt sich für eine wohnraumähnliche Nutzung eine Einbaufeuchte von 15 ± 3 % [B 19.9].

[1] Gebrauchsmusterinhaber: Firma hiwo Holzindustrie Waldburg zu Wolfegg GmbH und CO. KG, Wolfegg im Allgäu

Abb. B.111.3
Beispiele für Brettstapel

6
Stahlbau

6.1

Allgemeines

Was ist Stahl?

Bis etwa 1930 sprach man, wenn es sich um Stahlkonstruktionen handelte, von Eisenkonstruktionen oder – schon genauer – von Schmiedeeisenkonstruktionen. Als 1928 die erste Ausgabe der Fachschrift „Der Stahlbau" [B.27] erschien, war dort folgendes zu lesen: „... Der Name „Stahlbau" wird der Fachwelt ungewohnt erscheinen. Er verdankt seine Wahl lediglich der Tatsache, dass wir in Deutschland schon seit Jahrzehnten nicht mehr mit Eisen, sondern mit Stahl bauen ..."

Der Unterschied von Eisen und Stahl liegt darin, dass Stahl im Gegensatz zum Eisen schmiedbar ist, und die Definition für Stahl lautet daher: *Stahl ist ohne Nachbehandlung schmiedbares Eisen.*

Die wesentliche Voraussetzung für die Schmiedbarkeit von Eisen ist ein Kohlenstoffgehalt von $\leq 2\,\%$, denn der Kohlenstoff macht das Eisen spröde.

Die Verwendung von Eisen und Stahl lässt sich bis ins 3. Jahrtausend v. Chr. zurückverfolgen. Offenbar handelt es sich bei den ersten Funden aus der Frühzeit um Meteoreisen, denn der Anteil an Nickel ist ungewöhnlich hoch [B.28]. Die ersten in Syrien und Kleinasien gefundenen Kultgegenstände aus terrestrischem Eisen lassen sich auf die 2. Hälfte des 3. Jahrtausends v. Chr. datieren. Zum wichtigsten metallischen Werkstoff wurde das Eisen im 1. Jahrtausend v. Chr. Es löste die Bronze ab, die Eisenzeit setzte ein.

Zwei unabdingbare Voraussetzungen für die Eisen- und Stahlherstellung waren: 1. Verfügbarkeit leicht reduzierbarer Eisenerze und 2. Holz zur Gewinnung der für den Verhüttungsprozess notwendigen Holzkohle. Die zur Verhüttung benötigten Öfen waren Gruben- oder Schachtöfen aus Lehm. In ihnen wurden schlackendurchsetzte Eisen- oder Stahlklumpen erzeugt, die durch wiederholtes Erwärmen und Schmieden von den Schlacken befreit und dann unmittelbar in Fertigerzeugnisse umgewandel wurden [B.28].

Als es etwa im 14. Jahrhundert durch die Erfindung des Hochofens gelang, das Eisenerz bis zu seinem Schmelzpunkt zu erhitzen, erhielt man kohlenstoffhaltiges, nicht schmiedbares Roheisen. Durch nachträgliches Frischen entstand durch Verbrennen des Kohlenstoffs Stahl. Im Laufe des 18. Jahrhunderts wurde die Holzkohle durch Steinkohle ersetzt. Damit der Stahl nicht mit der für ihn schädlichen Steinkohle in Berührung kam, entwickelte der Engländer H. Cort 1784 das Puddelverfahren.

Mit der Erfindung der Dampfmaschinen am Ende des 18. Jahrhunderts entstanden die ersten Walzwerke. 1835 wurden in Deutschland die ersten Eisenbahnschienen und 1852 die ersten I-Träger gewalzt.

Ein weiterer Meilenstein auf dem Gebiet der Stahlerzeugung ist die Erfindung des Engländers H. Bessemer im Jahre 1855, der Luft durch flüssiges Roheisen preßte und dadurch die nicht erwünschten Eisenbegleiter Kohlenstoff, Mangan usw. verbrannte. Dabei konnte nur phosphorarmes Roheisen verarbeitet werden. Durch eine basische Auskleidung des Konverters wurde dieser Nachteil im Jahre 1879 von C. Thomas beseitigt. Mit dem Bessemer- und dem Thomas-Verfahren konnten erstmals große Mengen Stahl zu günstigen Preisen produziert werden.

W. Siemens und E. u. P. Martin entwickelten 1864 ein Verfahren zur Stahlerzeugung, bei dem auch Schrott wiederaufbereitet wurde. Der nächste Schritt war die Nutzbarmachung der Elektroenergie zur Stahlerzeugung. Die ersten elektrischen Stahlschmelzöfen wurden in Deutschland im Jahre 1906 in Betrieb genommen.

a

Mit der Entwicklung der Sauerstoffmetallurgie in den fünfziger Jahren des 20. Jahrhunderts wurde es möglich, die Prozeßführung bei der Stahlerzeugung erheblich zu verbessern. Die heute gebräuchlichen Verfahren zur Stahlherstellung sind das in den Stahlwerken Linz und Donawitz entwickelte Sauerstoffaufblasverfahren (LD-Verfahren und das modifizierte LD/AC-Verfahren für phosphorreiches Roheisen) und das Sauerstoffdurchblasverfahren (OBM- und QBOP-Verfahren). Gebräuchlich ist außerdem noch das Elektrolichtbogenverfahren.

Fortschritte gibt es auch bei der Direktreduktion von Eisenerz in Stahl. Hierbei entfällt die Eisenerzschmelzung im Hochofen und damit auch die Notwendigkeit, anschließend die unerwünschten Eisenbegleiter wieder entfernen zu müssen.

b

Während früher der Stahl zunächst in kleine Kokillen gegossen wurde, wird er heute in zunehmendem Maße kontinuierlich in einem Strang gegossen (Strangguß). Das Walzen des Stahles erfolgt auf rechnergesteuerten Walzstraßen, die immer weniger Umformungsschritte bis zum gewünschten Endprodukt benötigen.

Eisen und Stahl werden als Baumaterial entdeckt

Das führende Land in der Eisen- und Stahlerzeugung war England, und es ist nicht verwunderlich, daß zuerst englische Ingenieure Eisen und Stahl als Baumaterial genutzt haben. Das erste große Bauwerk aus Eisen ist die gußeiserne Bogenbrücke über den Severn bei Coalbrookdale mit etwa 31 m Spannweite, erbaut in den Jahren 1775 bis 1779. Weitere Brückenbauten aus Gußeisen folgten. 1796 wurde die erste kleinere Brücke mit 13 m Spannweite auf dem Kontinent (in Niederschlesien) fertiggestellt [B.29]. 1803 erfolgte der erste Brückenbau in Frankreich.

c

Mit Beginn des 19. Jahrhunderts wurden in Nordamerika und England die ersten Hängebrücken aus schmiedeeisernen Ketten bis zu 175 m Spannweite gebaut. Die erste Drahtseilbrücke entstand 1816 in Philadelphia mit einer Spannweite von 124 m. Die erste Balkenbrücke aus stählernen Vollwandträgern wurde in den Jahren 1846 bis 1850 über die Menaistraße mit lichten Spannweiten von 2×140 m und 2×70 m errichtet (Abb. **B.112**).

Im Hochbau setzt die Verwendung von Eisen ebenfalls in England ein, wo 1780 die ersten gußeisernen Säulen für Fabrikationsgebäude gefertigt wurden. In Paris wurde 1810 eine Kuppel von 40 m Durchmesser aus gußeisernen Rippen errichtet. In Deutsch-

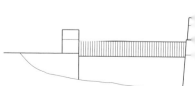

d

0   70 m

land entstand 1827 die erste schmiedeeiserne Kuppel mit 15 m Durchmesser über dem Ostchor des Mainzer Doms. 1851 wurde der Kristallpalast in London erbaut. Der erste reine Skelettgeschossbau wurde 1872 von J. Saulnier in der Nähe von Paris errichtet. Starke Impulse erfuhr der Stahlskelettbau ausgehend von Chicago in den USA. Es entstanden die ersten Stahlhochhäuser. In Deutschland setzt die Entwicklung des Stahlskelettbaus erst nach dem 1. Weltkrieg mit dem Geschäfts- und Verwaltungsbau ein [B.30], [B.33], [B.87].

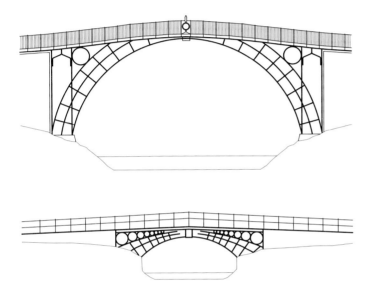

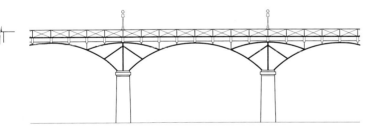

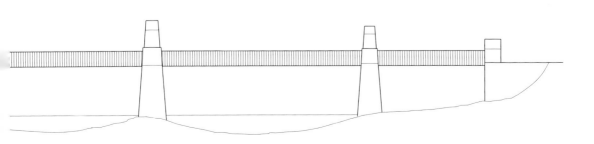

Abb. B.112
Zur Geschichte des Stahlbaus

a gusseiserne Eisenbahnbrücke über den Severn bei Coalbrookdale, England, lichte Weite 31 m, Ingenieure A. Darby III und J. Wilkinson, Bauzeit 1775–1779, heute Fußgängerbrücke

b Brücke über das Striegauer Wasser bei Laasan, Schlesien, lichte Weite 13 m, Bauzeit 1794–1796, 1945 beim Rückzug deutscher Truppen gesprengt, Teile der Bögen und der Fahrbahn 1996 geborgen

c Ponts des Arts über die Seine in Paris, 9 Öffnungen mit je 17,3 m lichter Weite, Bauzeit 1801–1803

d Britannia-Brücke über die Straße von Menai, Wales, 2 Randfelder mit 70 m und 2 Mittelfelder mit 140 m Spannweite, Bauzeit 1846–1850, Ingenieur Robert Stephenson

6.2 Stahl im Bauwesen

6.2.1 Einteilung der Stähle

Im Unterschied zum nicht schmiedbaren Grauguss (Gusseisen) und Stahlguss ist der in Kokillen oder im Strang gegossene Stahl für die Weiterverarbeitung im Walzwerk geeignet. In der Abb. **B.113 a** sind die Stähle nach ihrer chemischen Zusammensetzung, nach den Gebrauchsanforderungen, nach Herstellungs- und Formgebungsverfahren und nach Form und Abmessung zusammengestellt. Die hier gewählte Einteilung der Stähle ist in Anlehnung an [B.28] erfolgt. Grundsätzlich besteht die Schwierigkeit, dass die in der Euronorm verwendeten Begriffe oftmals nicht mit den in Deutschland durch die DIN-Normen geprägten Begriffen übereinstimmen. Insbesondere sollen in diesem Abschnitt die allgemeinen Baustähle nach DIN 17 100, das sind nach der Euronorm unlegierte Stähle, eingehender behandelt werden.

Stahl besteht aus Eisen, Kohlenstoff, Eisenbegleitern und evtl. Legierungselementen für die Erzeugung wetterfester und hochfester Stähle, wie in der aus [B.31] entnommenen Abb. **B.113 b** dargestellt ist. Von herausragendem Einfluss auf die mechanischen Eigenschaften und auf die Verarbeitung des Stahls ist sein *Kohlenstoffgehalt*. Kohlenstoff macht den Stahl hart und spröde. Eine Eisenlegierung mit mehr als 2 % Kohlenstoffgehalt ist nicht mehr schmiedbar und somit auch kein Stahl. Beim allgemeinen Baustahl beträgt der Kohlenstoffgehalt etwa 0,2 %, da sonst die Schweißbarkeit beeinträchtigt wird.

Von ebenfalls großem Einfluss auf die Güte des Stahls ist die *Desoxidation* (Abb. **B.113 a**). Hierbei wird der durch das Frischen bedingte hohe Sauerstoffanteil des Stahls gebunden. Man unterscheidet zwischen unberuhigtem (U), beruhigtem (R) und besonders beruhigtem (RR) Stahl.

Beim *unberuhigten* Stahl bleibt die Schmelze bis zur endgültigen Erstarrung in Bewegung, sie „kocht", das führt zu einer Entmischung (Seigerung). Dadurch entstehen im Inneren der Kokille Verunreinigungen und Gasbläschen.

Einteilung der Stähle	nach chemischer Zusammensetzung	unlegierte Stähle	
		legierte Stähle	
	nach Gebrauchsanforderungen (einschl. Festigkeitseigenschaften)	Grundstähle (immer unlegiert)	
		Qualitätsstähle (unlegiert, legiert)	
		Edelstähle (unlegiert, legiert)	
	nach Herstellungs- und Formgebungsverfahren	Erschmelzverfahren	
		Nachbehandlung (Desoxidation)	
		Vergießen (Kokillenguss, Strangguss)	
		Formgebungsverfahren (Kaltverformung, Warmverformung)	
	nach Form und Abmessung	Profilerzeugnisse	Stabstahl
			Formstahl
			Walzdraht
			Betonstahl
			Gleisoberbau
			Spundwände
			Rohre und Hohlprofile
		Flacherzeugnisse	Breitflachstahl
			Blech
		Kaltprofilierte Erzeugnisse	

Abb. B.113a Einteilung der Stähle

6.2.1 Stahlbau B

Beim *beruhigten* Stahl wird der Sauerstoff durch Zugabe von Silizium gebunden, der Stahl kocht nicht, er ist beruhigt und erstarrt blasenfrei. Allerdings kann es beim Kokillenguss zur Bildung von sogenannten Blocklunkern, das sind große Hohlräume, kommen. Für den Strangguss ist beruhigter Stahl eine Voraussetzung. Beim *besonders beruhigten* Stahl wird zusätzlich noch eine weitere Desoxidation vorgenommen, und man erhält Feinkornbaustähle mit hoher Sprödbruchsicherheit.

Die Zahlenangabe von St 37 bzw. St 52 gibt die Zugfestigkeit an (Abb. **B.114**). St 37 hat eine Zugfestigkeit von 370 N/mm^2, und St 52 hat eine Zugfestigkeit von 520 N/mm^2. Die Zusatzangabe 2 oder 3 entspricht der Gütegruppe des Stahls, sie klassifiziert die Stähle entsprechend ihrer Sprödbruchempfindlichkeit. Sprödbrüche treten bei geschweißten Konstruktionen und tiefer Temperatur ohne jede Vorankündigung auf, siehe zum Beispiel [B.31], [B.32].

Wetterfeste Stähle sind zum Beispiel:
Bezeichnung:
alt	neu
– WTSt 37-3	S235J2W
– WTSt 52-3	S355J2G1W

Durch besondere Legierungsbestandteile bildet sich auf der Oberfläche der wetterfesten Stähle eine oxidische Deckschicht, die den Widerstand gegen Korrosion erhöht. Dadurch wird es möglich, diese Stähle ohne zusätzlichen Oberflächenschutz zu verwenden. Auch hier setzt zunächst ein Rostvorgang ein, der sich aber dann gegenüber dem allgemeinen Baustahl stark verzögert. Aus diesem Grunde müssen wetterfeste Stähle eine Mindestdicke von 3 mm aufweisen.

Im Übrigen unterliegen die Bezeichnungen wegen der europaweiten Harmonisierung der Normung einem anhaltenden Wandel. Einzelheiten sind den aktuellen Tabellenwerken zu entnehmen, zum Beispiel [B.41].

Stahl	Eisen	Grundmetall		
	Kohlenstoff		erhöht:	erniedrigt:
			Härte	Zähigkeit
			Streckgrenze	Dehnung
			Zugfestigkeit	Tiefziehfähigkeit
			Verschleißwiderstand	Bearbeitbarkeit
			verleiht Härtbarkeit	Schweißeignung
	Eisenbegleiter		erwünscht:	unerwünscht:
			Mangan	Phosphor
			Silizium	Schwefel
				Sauerstoff
				Stickstoff
				Wasserstoff
Baustähle St 37 und St 52 [B.32]				
Die allgemeinen Baustähle:	Die Bezeichnungen nach EN 10027-1	Legierungselemente (zur Erzielung besonderer Eigenschaften)		
– St 37-2 (Desoxidationsart freigestellt)	– S235JR		Chrom	
			Nickel	
– U St 37-2 (unberuhigt)	– S235JRG1		Mangan	
			Molybdän	
			Titan	
– R St 37-2 (beruhigt)	– S235JRG2		Kupfer	
			u. a.	
– St 37-3 (besonders beruhigt RR)	– S235J2G3			
– St 52-3 (besonders beruhigt RR)	– S355J2G3			

Abb. B.113 b
Stahlzusammensetzung

Die Entwicklung hochfester Feinkornbaustähle gestattet eine hohe Materialausnutzung. Ihr Einsatz ist dort angezeigt, wo es in erster Linie auf eine Verringerung der Eigenlasten von Stahlkonstruktionen ankommt. Ihre Verarbeitung erfordert besondere Sorgfalt, da hier verhältnismäßig große Kräfte über kleine Querschnittsflächen zu übertragen sind.

Zulässige Spannungen

Während die Zugfestigkeit nur materialabhängig ist, sind die zulässigen Spannungen auch abhängig von der Art der Beanspruchung und vom Lastfall, sie sind einschlägigen Tabellenbüchern zu entnehmen, zum Beispiel [B.1]. Die zulässigen Spannungen liegen immer im Bereich der elastischen Dehnung (Abb. **B.114**).

6.2.2

Profil- und Flacherzeugnisse

Der Stahl wird im Walzwerk geformt. Man unterscheidet zwischen *Profilerzeugnissen, Flacherzeugnissen* und *kaltprofilierten Erzeugnissen* für den Stahlleichtbau (Abb. **B.113 a**). Im Folgenden werden nur die gebräuchlichsten Walzerzeugnisse für den Stahlhochbau aufgeführt (Abb. **B.115**).

Profilerzeugnisse

Stabstahl
Als Stabstahl benennt man Erzeugnisse mit vollem und profiliertem Querschnitt, zum Beispiel Rundstahl und Quadratstahl, Flachstahl auf allen vier Seiten gewalzt, I-Stahl bis zu einer Höhe von weniger als 80 mm, gleichschenkligen und ungleichschenkligen Winkelstahl und T-Profile. Außerdem gibt es Profile mit Z-förmigem Querschnitt, I- und ⊥-Profile mit Steghöhen unter 80 mm und scharfkantige L-, I- und T-Profile.

Formstahl
Zum Formstahl zählen warmgewalzte I-, ⊥-, und I-Profile, deren Steghöhe 80 mm und mehr beträgt.

Rohre und Hohlprofile
Rohre und Hohlprofile gibt es in nahtloser und geschweißter Ausführung.

Flacherzeugnisse

Breitflachstahl
Breitflachstahl ist scharfkantiger Flachstahl, der auf allen 4 Seiten gewalzt wird. Er hat eine Breite von mindestens 150 mm und eine Dicke von über 4 mm. Da er nur in *einer Richtung* gewalzt wird, hat er eine Zeilenstruktur mit dementsprechend unterschiedlichem Materialverhalten in Längs- und Querrichtung. Aus diesem Grunde eignet er sich für Gurtplatten, aber nicht für Knoten- und Stegbleche, da letztere zweiaxial beansprucht werden [B.31].

Bleche
Bleche werden in *zwei Richtungen* gewalzt und sind daher für die Verwendung als Knoten- und Stegbleche geeignet. Die Profilabmessungen können einschlägigen Tabellenbüchern entnommen werden, zum Beispiel [B.1.1].

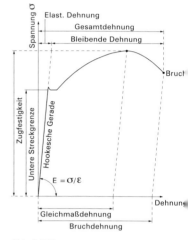

Abb. B.114
Spannungs-Dehnungs-Diagramm

Bleche werden
nach ihrer Dicke unterteilt in:
– Grobblech
  Dicke $\geq$ 3,0 mm
– Feinblech
  Dicke $<$ 3,0 mm und $\geq$ 0,5 mm
– Feinstblech
  Dicke $<$ 0,5 mm.

Abb. B.115
Auswahl der Walzprofile

Bez.	Profil	Bemerkung	Geeignet für:
Stabstahl		Quadratstahl	Knaggen, Futter (Stützen)
		Rundstahl	Zugstangen
		Flachstahl b ≦ 150 mm	Laschen, Futter, Zugstäbe
		[-Stahl h ≦ 80 mm	
		Winkelstahl (gleichschenklig)	Winkelanschlüsse, Verbände
	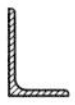	Winkelstahl (ungleichschenklig)	Winkelanschlüsse, Verbände
		T-Stahl	Beulsteifen, Verbände
Formstahl		I-80 bis I-500	Biegeträger
		IPE-80 bis IPE-600	Biegeträger (Stützen)
	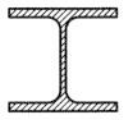	HE-A 100 bis HE-A 1000	Biegeträger, Stützen
	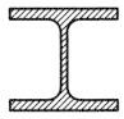	HE-B 100 bis HE-B 1000	Biegeträger, Stützen
	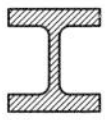	HE-M 100 bis HE-M 1000	Biegeträger, Stützen
		[-80 bis [-400	Zusammengesetzte Profile: Biegeträger, Stützen, Verbände
Rohre, Hohlprofile		Rohrprofil	Stützen, ausbetonierte Stützen
		Hohlprofil	(Stützen), ausbetonierte Stützen
Kaltgewalzte Profile		160–300 1,5–3,0	Pfetten für Hallen Stäbe für Fachwerkträger
		140–300 1,5–3,0	
		125–200 1,5–2,5	

6.3

Verbindungsmittel im Stahlbau

6.3.1

Allgemeines

Verbindungsmittel werden benötigt, um erstens mehrere Einzelquerschnitte zu einem gemeinsamen Querschnitt zusammenzufassen (zum Beispiel Kastenträger aus mehreren Blechen), und zweitens, um einzelne Tragglieder miteinander zu einer Gesamtkonstruktion zu verbinden. Sie müssen so beschaffen sein, dass sie die auftretenden Schnittgrößen sicher übertragen können. Es wird unterschieden zwischen *lösbaren* und *unlösbaren* Verbindungen. Letztere können nur durch Zerstörung des Verbindungsmittels wieder getrennt werden. Lösbare Verbindungen sind die verschiedenen Schraubverbindungen, unlösbare Verbindungen sind Niet- und Schweißverbindungen. Klebeverbindungen befinden sich im Versuchsstadium.

6.3.2

Nietverbindungen

Nietverbindungen werden im modernen Stahlbau aus Kostengründen nur noch selten verwendet. An ihre Stelle sind die Schweißverbindungen, Verbindungen mit Passschrauben und die gleitfesten Verbindungen mit hochfesten Schrauben getreten.

Bei der Herstellung von Nietverbindungen wird der rotwarme Niet in das vorbereitete Bohrloch eingesetzt und durch Druck oder Schlag aufgestaucht. Die Formung des Schließkopfes erfolgt mit einem Döpper (Abb. **B.116**). Der so geschlagene Niet füllt das Bohrloch satt aus. Beim Erkalten des Nietes entsteht durch die Schaftverkürzung zusätzlich noch eine Klemmwirkung, die jedoch rechnerisch unberücksichtigt bleibt. Der richtige Sitz des Nietes wird durch Abklopfen (heller Klang) geprüft. Um die beim Erkalten auftretende Abschreckung und die damit verbundene Materialaufhärtung auszugleichen, wählt man für St 37 Niete aus St 36 und für St 52 Niete aus St 44. Die Anordnung und Berechnung der Nietverbindungen

Abb. B.116
Nietverbindung

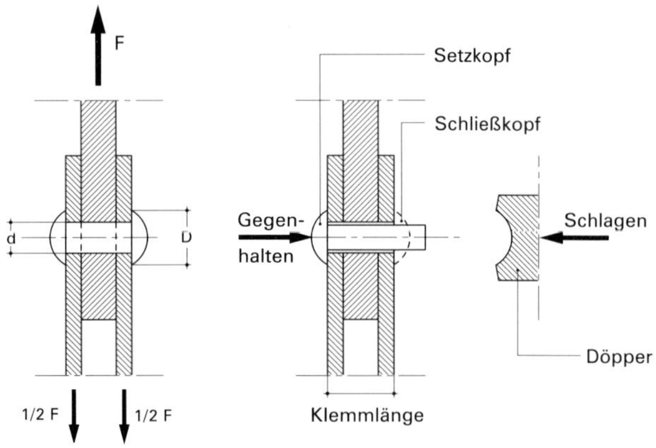

erfolgt analog zur Scher-Lochleibungs-Verbindung mit Passschrauben. In Nietverbindungen ist der Schlupf (d. h. die mögliche gegenseitige Verschiebung der Bohrlöcher unter Lasteinfluss) sehr gering, da der Niet, wie oben schon erwähnt, das Bohrloch satt ausfüllt. Der Schlupf beträgt etwa $^1/_5$ der Verschiebung in einer Scher-Lochleibungs-Verbindung mit Rohen Schrauben. Ausführlichere Abhandlungen über Nietverbindungen befinden sich zum Beispiel in [B.32], [B.34] und [B.35].

6.3.3

Schraubenverbindungen

Schraubenverbindungen sind *lösbare* Verbindungen. Sie sind besonders für notwendige Montageanschlüsse geeignet, da sie auf der Baustelle nur in werkseitig vorbereitete Bohrlöcher einzuziehen sind. Es gibt 4 verschiedene Schraubenarten, 3 Festigkeitsklassen und 6 Typen von Schraubenverbindungen.

Schraubenarten:
– Rohe Schrauben (R)
– Passschrauben (P)
– Hochfeste Schrauben (HR)
– Hochfeste Passschrauben (HP)

Festigkeitsklassen:
– 4.6 (Zugfestigkeit 400 N/mm^2) für R- und P-Schrauben
– 5.6 (Zugfestigkeit 500 N/mm^2) für R- und P-Schrauben
– 10.9 (Zugfestigkeit 1000 N/mm^2) für HR- und HP-Schrauben

Schraubenverbindungstypen:
– Scher-Lochleibungs-Verbindung mit Lochspiel
 (SL-Verbindung)
– Scher-Lochleibungs-Verbindung ohne Lochspiel
 (SLP-Verbindung)
– Gleitfeste-Vorgespannte-Verbindung mit Lochspiel
 (GV-Verbindung)
– Gleitfeste-Vorgespannte-Verbindung ohne Lochspiel
 (GVP-Verbindung)
– Zugfeste-Verbindung ohne Vorspannung
 (Z-Verbindung)
– Zugfeste-Verbindung mit planmäßiger Vorspannung
 (ZV-Verbindung)

Im Folgenden werden die besonderen Merkmale der oben aufgeführten Schraubenverbindungen beschrieben:

Scher-Lochleibungs-Verbindung mit Lochspiel
(SL-Verbindung)

Für diesen Verbindungstyp sind alle Schraubenarten und Festigkeitsklassen zugelassen. Der Bohrlochdurchmesser darf bis zu 2 mm (in seitlich verschieblichen Rahmen bis zu 1 mm) größer als der Schaftdurchmesser der Schraube sein. Die Differenz von Bohrlochdurchmesser und Schaftdurchmesser ist das Lochspiel. Je größer das Lochspiel, um so einfacher ist das Einziehen der Schraube auf der Baustelle, wodurch die Montagekosten in der Regel erheblich gesenkt werden können.

Wirkungsweise der SL-Verbindung

Die Schraube wird senkrecht zu ihrer Achse beansprucht. Hierbei wird der Schraubenschaft an die Wandung des Bohrlochs gedrückt, es entsteht ein *Lochleibungsdruck*. Nun kann die Schraube in der Fuge der anzuschließenden Bauteile abgeschert werden. Je nach Anzahl der Verbindungsfugen spricht man von einer *einschnittigen*, *zweischnittigen* oder *mehrschnittigen* Verbindung. In der Abb. **B.117 a** ist eine einschnittige und in der Abb. **B.117 b** ist eine zweischnittige SL-Verbindung einschließlich der Lochleibungspressung dargestellt.

Im ersten Fall muss die gesamte Anschlusskraft in einer Scherfläche übertragen werden, im zweiten Fall stehen dafür zwei Scherflächen zur Verfügung. Je dicker das Material der anzuschließenden Bauteile ist, um so wahrscheinlicher ist ein Versagen durch Abscheren des Schraubenschaftes, und je dünner es ist, um so wahrscheinlicher ist ein Versagen durch Überschreitung der Lochleibungsspannung. In einschnittigen Verbindungen treten zusätzlich Versetzungsmomente $F \cdot e$ auf, die zu berücksichtigen sind.

In SL-Verbindungen können auch HR-Schrauben ohne Vorspannung eingesetzt werden, dadurch erhöht sich die zulässige Scherkraft beträchtlich. Der anschlussmaterialabhängige zulässige Lochleibungsdruck erhöht sich nur, wenn die HR-Schraube zusätzlich noch nichtplanmäßig vorgespannt wird. Eine nichtplanmäßige Vorspannung entspricht der Hälfte der planmäßigen Vorspannung.

Anwendungsgebiet der SL-Verbindung

Die SL-Verbindung ist ein *Standardanschluss* im Stahlhochbau. Zu beachten ist allerdings, dass die SL-Verbindung aufgrund des *Lochspiels* verformungsanfällig ist. Das kann in statisch unbestimmten Systemen u. U. zu Umlagerungen der Schnittgrößen führen.

Scher-Lochleibungs-Verbindung ohne Lochspiel (SLP-Verbindung)

In Scher-Lochleibungs-Verbindungen *ohne Lochspiel* dürfen nur Passschrauben verwendet werden. Sie haben im Gegensatz zu Rohen Schrauben einen gedrehten Schaft. Der Bohrlochdurchmesser darf nur 0,3 mm größer sein als der Schaftdurchmesser der Schraube. Ursprünglich ist er sogar etwas kleiner als der Schraubenschaftdurchmesser. Erst vor dem Einziehen der Schraube werden die Bohrlöcher der zu verbindenden Bauteile gemeinsam auf das Endmaß aufgerieben. *Die Montagekosten werden dadurch beträchtlich erhöht.*

Wirkungsweise der SLP-Verbindung

Die Schraube wird wie in der SL-Verbindung senkrecht zu ihrer Achse beansprucht (Abb. **B.117**). Wegen des sehr geringen Lochspiels liegt der Schaft gut an der Leibung des Bohrlochs an, und der zulässige Lochleibungsdruck ist dementsprechend höher als bei der SL-Verbindung. Da sich aufgrund der Passgenauigkeit die anzuschließende Kraft auf hintereinanderliegende Passschrauben gleichmäßiger überträgt, als das bei Rohen Schrauben der Fall ist, kann auch die zulässige übertragbare Kraft je Scherfläche erhöht werden (Abb. **B.118**). Durch Anwendung hochfester Passschrauben (HP-Schrauben) mit nichtplanmäßiger Vorspannung ist eine weitere Erhöhung der zulässigen Schraubenkräfte möglich.

Abb. B.117
Lochleibungspressung in einer SL-Verbindung

a einschnittige Verbindung
b zweischnittige Verbindung

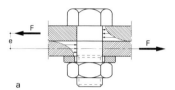

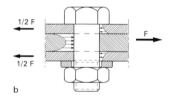

Abb. B.118
Schraubanschluss

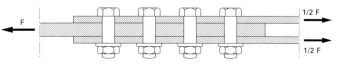

Anwendungsgebiet der SLP-Verbindung
SLP-Verbindungen sollten im Bereich des Stahlhochbaus nur in seltenen Sonderfällen angeordnet werden. Das Aufreiben der Bohrlöcher und das passgenaue Einziehen der Schrauben verursachen hohe Montagekosten. SLP-Verbindungen haben dann ihre Berechtigung, wenn es darauf ankommt, Verformungen im Anschlussbereich so klein wie möglich zu halten, das ist im Stahlhochbau im Allgemeinen aber nicht notwendig.

Gleitfeste-Vorgespannte-Verbindung mit Lochspiel (GV-Verbindung)

Für gleitfeste Verbindungen dürfen nur hochfeste Schrauben (HR- oder HP-Schrauben) verwendet werden. Der Bohrlochdurchmesser darf dabei bis zu 2 mm größer als der Schaftdurchmesser der Schraube sein. Das Lochspiel kann auf 3 mm erhöht werden, wenn gleichzeitig die zulässige übertragbare Kraft um 20 % abgemindert wird. Auch hier gilt das schon für die SL-Verbindung Festgestellte: Je größer das Lochspiel, um so einfacher ist das Einziehen der Schraube auf der Baustelle.

Wirkungsweise der GV-Verbindung
Gleitfeste Verbindungen unterscheiden sich in ihrer Wirkungsweise grundsätzlich von den Scher-Lochleibungs-Verbindungen. Während in SL- und SLP-Verbindungen die Anschlusskraft den Schraubenschaft auf Abscheren und das Anschlussmaterial auf Lochleibung beansprucht, übertragen hochfeste Schrauben in GV-Verbindungen die Anschlusskraft über *Reibung* in den Kontaktflächen der anzuschließenden Bauteile. Zur Erzielung eines entsprechenden Anpressdrucks wird die Schraube in Achsrichtung vorgespannt. Das Aufbringen der Vorspannkraft erfolgt nach dem Drehmoment-, Drehimpuls- oder Drehwinkelverfahren. Die Kontaktflächen der anzuschließenden Bauteile müssen für die Übertragung der Reibungskräfte durch Sandstrahlen oder Flammstrahlen vorbehandelt werden. Eine Versiegelung mit einem gleitfesten Beschichtungsstoff ist möglich.

Für den rechnerischen Nachweis der übertragbaren Anschlusskraft ist die Anzahl der Reibflächen – in Analogie zur Scherfläche in der SL-Verbindung – von entscheidender Bedeutung. In einem Anschluss nach Abb. **B.119 a** wird die gesamte Anschlusskraft in einer Reibfläche übertragen, in einem Anschluss nach Abb. **B.119 b** verteilt sie sich auf zwei Reibflächen. Zusätzlich ist noch der Lochleibungsdruck nachzuweisen, der in einer GV-Verbindung aufgrund des räumlichen Spannungszustandes deutlich höher ist als in der SL-Verbindung. Für dünne Bauteile ist daher die GV-Verbindung günstiger als die SL-Verbindung. Für den Fall aber, dass der Lochleibungsdruck nicht maßgebend wird, überträgt eine SL-Verbindung mit hochfesten Schrauben eine größere Kraft als eine entsprechende GV-Verbindung, da die übertragbare Kraft je Scherfläche größer ist als die übertragbare Kraft je Reibfläche. Treten zusätzlich zur Beanspruchung senkrecht zur Schraubenachse auch noch Zugkräfte in Richtung der Schraubenachse auf, dann vermindert sich die übertragbare Kraft je Reibfläche entsprechend.

Anwendungsgebiet der GV-Verbindung
GV-Verbindungen sind dann den SL-Verbindungen vorzuziehen, wenn Kräfte sowohl senkrecht als auch parallel zur Schraubenachse übertragen werden müssen. Sind relativ dünnwandige Bauteile anzuschließen, dann kommt man durch den höheren zulässigen Lochleibungsdruck in der GV-Verbindung mit weniger Schrauben als in der SL-Verbindung mit hochfesten Schrauben aus. Zu bedenken ist aber, dass *bei GV-Verbindungen eine Vorbehandlung der Kontaktflächen notwendig ist*.

Abb. B.119
GV-Verbindung

a eine Reibfläche zur Kraftübertragung
b zwei Reibflächen zur Kraftübertragung

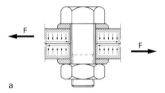

a

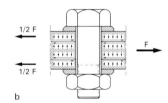

b

Gleitfeste-Vorgespannte-Verbindung ohne Lochspiel (GVP-Verbindung)

In gleitfesten vorgespannten Verbindungen ohne Lochspiel dürfen nur hochfeste Passschrauben verwendet werden. Der Bohrlochdurchmesser darf höchstens 0,3 mm größer als der Schraubenschaftdurchmesser sein. Das Bohrloch hat zunächst einen etwas kleineren Durchmesser als der Schraubenschaft. Auf der Baustelle werden dann die Bohrlöcher der zu verbindenden Bauteile gemeinsam auf das Endmaß aufgerieben. *Durch diese Maßnahme erhöhen sich die Montagekosten erheblich.*

Wirkungsweise der GVP-Verbindung

Wie in der GV-Verbindung wird die Schraube in Achsrichtung vorgespannt. Dabei werden die Bauteile aufeinandergepresst, und die Kraftübertragung erfolgt durch Reibung in der Kontaktfläche der anzuschließenden Bauteile. In der GVP-Verbindung kommt es aufgrund des geringen Lochspiels zusätzlich noch zu einer Kraftübertragung durch Lochleibung und Abscheren, dadurch erhöht sich die zulässige übertragbare Schraubenkraft erheblich. Mit keinem anderen Schraubenverbindungstyp können so große Kräfte übertragen werden wie mit der GVP-Verbindung. Gleichzeitig sind die Formänderungen im Anschluss minimal. Zusätzlich zur Beanspruchung senkrecht zur Schraubenachse können auch noch Zugkräfte in Richtung der Schraubenachse übertragen werden. Für die Reibeflächenvorbehandlung sind die gleichen Maßnahmen wie für die GV-Verbindung zu ergreifen.

Anwendungsgebiet der GVP-Verbindung

GVP-Verbindungen sollten – wenn überhaupt – *nur in Sonderfällen im Stahlhochbau* angeordnet werden. Das Aufreiben der Bohrlöcher, das schwierige Einziehen der Schrauben und die Kontaktflächenvorbereitung verursachen hohe Kosten. GVP-Verbindungen sind nur dort sinnvoll, wo große Kräfte angeschlossen werden müssen und gleichzeitig die Verformungen im Anschlussbereich auf ein Minimum zu reduzieren sind.

Zugfeste-Verbindung ohne Vorspannung (Z-Verbindung)

Für zugfeste Verbindungen *ohne Vorspannung* sind Schrauben aller Güteklassen zugelassen. Die Kombination mit einer SL- oder SLP-Verbindung ist möglich.

Wirkungsweise der Z-Verbindung

Die Zugbeanspruchung einer Schraube in Richtung der Schraubenachse führt zu einer Verlängerung des Schraubenschaftes. Dadurch kommt es zu einer klaffenden Fuge zwischen den zu verbindenden Bauteilen.

In einer SL- oder SLP-Verbindung mit Schrauben der Festigkeitsklasse 4.6 bzw. 5.6 wird die Schraube in Kombination mit der Z-Verbindung gleichzeitig in Richtung und senkrecht zur Richtung der Schraubenachse beansprucht. Der Nachweis des Schraubenanschlusses darf für jede Beanspruchungsart ohne Abminderung der jeweils zulässigen Festigkeitswerte getrennt geführt werden.

Die Verwendung von hochfesten Schrauben der Festigkeitsklassen 10.9 ohne Vorspannung oder mit nichtplanmäßiger Vorspannung (d. h. mit der Hälfte der planmäßigen Vorspannung) ist möglich, wenn bestimmte Einschränkungen wegen des Lastspiels nach DIN 18 800-1 eingehalten werden. Die Einschränkungsbedingungen werden im Stahlhochbau fast immer eingehalten. Auch bei Verwendung hochfester Schrauben ohne Vorspannung kann in zugfesten Verbindungen zusätzlich die volle Kraft aus einer SL- oder SLP-Verbindung übertragen werden. Bei nichtplanmäßiger Vorspannung darf bei gleichzeitiger Zugbeanspruchung nicht der erhöhte Lochleibungsdruck der nichtplanmäßigen Vorspannung in Rechnung gestellt werden, sondern es gelten die entsprechenden Werte der SL- oder SLP-Verbindung ohne Vorspannung, da durch die Zugbelastung Vorspannkraft abgebaut wird.

Anwendungsgebiet der Z-Verbindung
Zugfeste Verbindungen ohne Vorspannung finden Verwendung bei der Verankerung von Stützen und allen verformungsunempfindlichen Anschlüssen. Für biegefeste Stöße mit Stirnplatten (Abb. **B.166**) sind sie ungeeignet.

Zugfeste-Verbindung mit Vorspannung (ZV-Verbindung)

Für *planmäßig vorgespannte* zugfeste Verbindungen sind nur hochfeste Schrauben zugelassen. Sie können zur Aufnahme der Zugkraft auch in einer SL- oder SLP-Verbindung planmäßig vorgespannt werden.

Wirkungsweise der ZV-Verbindung
Die Zugbelastung in Richtung der Schraubenachse aus äußerer Belastung führt zu einer Schaftverlängerung der Schraube und somit zu einem Abbau der Klemmkraft. In einer reinen Zugverbindung bleibt der Klemmkraftabbau unberücksichtigt.

Wird die Schraube zusätzlich zur Zugbeanspruchung in einer SL- oder SLP-Verbindung auch noch senkrecht zu ihrer Achse beansprucht, dann vermindert sich infolge des Klemmkraftabbaus der zulässige Lochleibungsdruck. In der SL- und SLP-Verbindung ist daher auch bei planmäßiger Vorspannung der Schraube höchstens der Lochleibungsdruck für nichtplanmäßige Vorspannung zulässig. In der GV- und GVP-Verbindung vermindern sich infolge des Klemmkraftabbaus die zulässige übertragbare Kraft je Reibfläche und der zulässige Lochleibungsdruck. Für den zulässigen Lochleibungsdruck gelten die Werte der nichtplanmäßigen Vorspannung.

Anwendungsgebiet der ZV-Verbindung
Zugfeste vorgespannte Verbindungen sind überall dort zu empfehlen, wo die Formänderungen gering gehalten werden sollen oder die Zugkräfte relativ groß sind. Ihr Hauptanwendungsgebiet sind biegesteife Stöße mit Stirnplatten (Abb. **B.166**).

Konstruktive Ausbildung von Schraubenverbindungen

Für die Anordnung von Schrauben sind in DIN 18 800-1 bestimmte Rand- und Lochabstände festgelegt, sie sind hier als Beispiel in der Abb. **B.120** wiedergegeben. Zusätzlich zu den Rand- und Lochabständen ist zu beachten, dass in Kraftrichtung höchstens 6 Schrauben hintereinander angeordnet werden dürfen. Für eine leichtere Montage sollen mindestens 2 Schrauben gewählt werden. In Stahlkonstruktionen aus hochfesten Feinkornbaustählen (St E 460, St E 690) ist nur die Verwendung von Schrauben der Festigkeitsklasse 10.9 zulässig.

Abb. B.120
Rand- und Lochabstände von Schrauben

Randabstände der Schrauben
kleinster Randabstand:
$a \geq 2\,d$
größter Randabstand:
$a \leq 3\,d$ oder $a \leq 6 \cdot t$
(kleinster Wert maßgebend)

Lochabstände der Schrauben
kleinster Lochabstand:
$b \leq 3\,d$
größter Lochabstand:
bei Druckstäben
$b \leq 6\,d$ oder $b \leq 12 \cdot t$
bei Zugstäben
$b \leq 10\,d$ oder $b \leq 20 \cdot t$
(kleinster Wert maßgebend)

d = Lochdurchmesser

Hinweise
Das Anreißmaß w_1 ist Tabellenbüchern zu entnehmen, zum Beispiel [B.1]
Das Systemmaß e ist in den Profiltabellen angegeben.
Symbole für Schrauben (✦) sind Tabellenbüchern zu entnehmen, zum Beispiel [B.1]

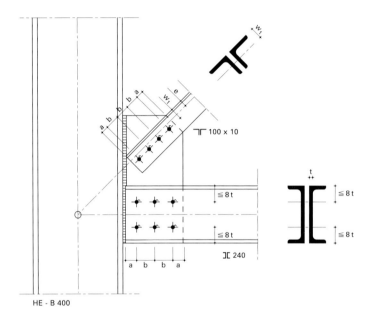

Aus dem Diagramm der Abb. **B.121** ist in Abhängigkeit von der kleinsten Materialdicke t der zu verbindenden Bauteile ein konstruktiv günstiger Schraubendurchmesser zu entnehmen.

Berechnung von Schraubenverbindungen

Die erforderlichen rechnerischen Nachweise der Schraubenverbindungen sind nach DIN 18 800-1 oder EC 3 zu führen. Beispiele zur Berechnung von Schraubenverbindungen befinden sich zum Beispiel in [B.1] und [B.36]. Bei Anwendung typisierter Verbindungen [B.37] gilt der Nachweis für den Anschluss als erbracht. Typisierte Verbindungen gestatten in der Regel auch eine rationellere Fertigung.

Abb. B.121
Schraubengrößen

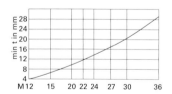

6.3.4

Schweißverbindungen

Schweißverbindungen sind *unlösbare* Verbindungen. Sie eignen sich besonders gut für die Werkstattfertigung, sind aber für Baustellenverbindungen (Montageanschlüsse) weniger geeignet. Sollen mehrere Einzelquerschnitte zu einem gemeinsamen Querschnitt zusammengefügt werden, wie zum Beispiel Kastenprofile aus Blechen, dann geschieht das heute nahezu ausschließlich durch Schweißverbindungen. Sollen einzelne Tragglieder zu einer Gesamtkonstruktion verbunden werden, dann erfolgt das in der Werkstatt durch Schweißverbindungen und bei der Endmontage auf der Baustelle noch überwiegend durch Schraubenverbindungen, seltener ebenfalls durch Schweißverbindungen. Der passgenaue Zusammenbau einzelner Bauteile ist in einer geschraubten Konstruktion durch die Bohrlöcher der Schrauben an den Anschlussstellen zwangsläufig erfüllt, eine derartige Montagehilfe gibt es bei Schweißverbindungen nicht.

Schweißverfahren

Die Metallschweißverfahren lassen sich in die beiden Hauptgruppen *Pressschweißen* und *Schmelzschweißen* einteilen.

Beim *Pressschweißen* werden die Werkstücke nur so weit erwärmt, dass sie teigig werden. Die Verschweißung erfolgt dann durch Zusammenpressen der Teile ohne Verwendung von Zusätzen. Für kraftschlüssige Stahlbauanschlüsse ist das Pressschweißen ungeeignet.

Beim *Schmelzschweißen* werden die Werkstücke bis zum Übergang in den flüssigen Zustand erwärmt und durch Zugabe von ebenfalls geschmolzenem Schweißmaterial miteinander verschweißt. Nach dem Abkühlen entsteht dann eine kraftschlüssige, tragfähige Verbindung. Das im Stahlbau gebräuchlichste Schmelzschweißverfahren ist das Lichtbogenschweißen. Hierbei wird die für den Schmelzvorgang notwendige Wärme von etwa 4000 °C durch einen elektrischen Lichtbogen, der sich zwischen dem Werkstück und der Schweißelektrode bildet, erzeugt (Abb. **B.122**).

Das *Lichtbogenschweißen* wird meistens von Hand mit umhüllter Stabelektrode durchgeführt. Der Lichtbogen zwischen Werkstück und Elektrode schmilzt die Elektrode ab, und die Metallschmelze der Elektrode verbindet sich mit der Metallschmelze des Werkstücks. Die Elektrodenumhüllung bildet während des Schweißvorgangs um die Schweißstelle herum eine schützende Gasglocke und überzieht die Schweißnaht mit einer Schlackenschicht. Durch die Gasglocke wird der Lichtbogen infolge Ionisierung stabilisiert, und das Schmelzbad wird vor Sauerstoffzutritt aus der Luft geschützt (Abb. **B.123**). Die Schlackenschicht ist anschließend mit einem Schlackenhammer leicht zu entfernen.

Eine Weiterentwicklung des Stabelektrodenschweißens ist das *Schutzgasschweißen*. Hierbei wird die Schutzgashülle nicht durch Abbrennen der Elektrodenummantelung erzeugt, sondern das Gas wird über einen Düsenkranz direkt zugeführt. Bei diesem Verfahren kommt es nicht zur Schlackenbildung auf der Schweißnaht. Es ist aber andererseits nur in Werkstätten anwendbar, da die Schutzgashülle im Freien schon durch geringen Wind zerstört wird.

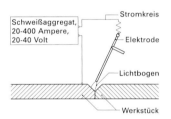

Abb. B.122
Lichtbogenschweißen

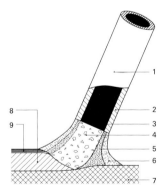

Abb. B.123
Schweißelektrode

1 Umhüllte Elektrode
2 Umhüllung
3 Kern
4 Schmelzbad
5 Schmelze der Umhüllung
6 Schutzgasmantel
7 Werkstück
8 Schweißnaht
9 Schlackenschicht

Schutzgasschweißen ist auf zweierlei Art möglich. Beim Wolfram-Intergas-Schweißen (WIG) brennt die Wolframelektrode selbst nicht ab, darum muss der Zusatzwerkstoff für die Metallschmelze extra zugeführt werden. Beim Metall-Schutzgasschweißen (MAG) brennt die Elektrode selbst ab. Es handelt sich jedoch nicht um eine Stabelektrode, sondern um einen Draht, der kontinuierlich von einer Rolle abgehaspelt und abgeschmolzen wird.

Als weiteres Schweißverfahren ist das *Unterpulver-Schweißen* (UP) zu nennen. Beim UP-Verfahren wird schlackenbildendes Schweißpulver in die vorbereitete Naht gestreut, unter dem dann die Drahtelektrode kontinuierlich abgeschmolzen wird. Das Verfahren ist nur für Schweißnähte in horizontaler Lage geeignet.

Die Abschmelzleistungen der einzelnen Verfahren sind unterschiedlich. Das sehr universelle Handschweißverfahren mit Stabelektroden hat, bedingt durch häufigen Elektrodenwechsel und Schlackenentfernung, eine Abschmelzleistung von etwa 1 kg je Stunde und Schweißer. Das WIG- und das MAG-Verfahren haben eine Abschmelzleistung von 2 kg bis 6 kg je Stunde, und das UP-Verfahren hat im automatischen Betrieb eine Abschmelzleistung bis zu 60 kg je Stunde [B.32].

Schweißnahtausbildung

Die Schweißnähte lassen sich in zwei Hauptgruppen zusammenfassen: Die eine Gruppe bildet die *Stumpfnähte* und die andere die *Kehlnähte*.

Stumpfnähte verbinden Werkstücke, die in einer Ebene liegen und an ihren Kanten (stumpf) aneinander stoßen. Damit sich die Werkstückkanten mit dem flüssigen Schweißmaterial gut verbinden, müssen ihre Flanken der Materialdicke der Werkstücke entsprechend vorbereitet werden (Abb. **B.124**). Die Nahtvorbereitung geschieht durch Schleifen, Fräsen oder Brennschneiden. Typische Nahtformen für die Stumpfnähte sind die I-, U-, V-, X- und Y-Naht (Abb. **B.124**).

Kehlnähte verbinden Werkstücke, die winklig zueinander stehen oder deren Kanten gegeneinander versetzt sind. Je nach äußerer Nahtform unterscheidet man Hohlnaht, Flachnaht und Wölbnaht (Abb. **B.125**). Entsprechend der Flankenausbildung der zu verschweißenden Werkstücke sind in Abb. **B.126** die typischen Kehlnahtquerschnittsformen angegeben.

Dicke Schweißnähte müssen in mehreren Lagen geschweißt werden. Die untere Lage ist die Wurzellage, es folgen die Fülllagen, und den oberen Abschluss bildet die Decklage.

Je nach der Position, in der eine Schweißnaht konstruktionsbedingt gezogen werden muss, wird unterschieden zwischen Horizontal-, Quer-, Steigend-, Fallend- und Überkopfschweißen. Für alle diese Lagen werden spezielle Elektroden angeboten, nähere Angaben findet man in der DIN 1913 und auszugsweise in [B.35].

Abb. B.124
Stumpfnahtquerschnittsformen

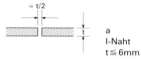
a
I-Naht
$t \leq 6mm$

b
V-Naht
$t = 3...20mm$

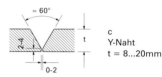
c
Y-Naht
$t = 8...20mm$

d
X-Naht
(Doppel-V-Naht)
$t = 16...40mm$

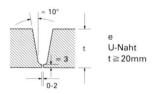
e
U-Naht
$t \geq 20mm$

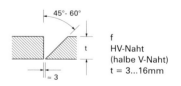
f
HV-Naht
(halbe V-Naht)
$t = 3...16mm$

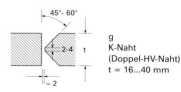
g
K-Naht
(Doppel-HV-Naht)
$t = 16...40 mm$

Abb. B.125
Kehlnähte

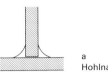
a
Hohlnaht

b
Flachnaht

c
Wölbnaht

Abb. B.126
Kehlnahtquerschnitts-
formen

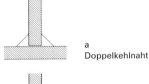
a
Doppelkehlnaht

b
Doppel HV-Naht
(Halbe V-Naht)

c
HV-Naht
mit Kapplage

d
HY-Naht

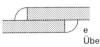
e
Überlappstoß
mit Kehlnähten

f
Eckstoß

Formänderungen infolge Schweißens

Stahl hat die Eigenschaft, sich bei Erwärmung zu dehnen und beim Erkalten zu verkürzen. Das Ziehen einer Schweißnaht erwärmt den Nahtbereich bis zur Verflüssigung des Stahls, so dass es beim Erkalten in diesem Bereich zu einer Verkürzung kommt. Diese Nahtverkürzung (Nahtschrumpfung) kann sich im Allgemeinen nicht einstellen, denn das umgebende, ursprünglich nicht miterwärmte Material behindert die Nahtschrumpfung. Das führt im Nahtbereich zu mehr oder weniger großen Eigenspannungen. Diese durch Schweißen entstandenen Eigenspannungen können durch Erwärmen des gesamten Bauteils auf etwa 600 °C wieder abgebaut werden.

Einseitige Erwärmung, entstanden zum Beispiel durch das Ziehen einer einseitigen Kehlnaht, kann auch zu einer Winkelveränderung der Werkstücke führen. Bei dünnen, schlanken Bauteilen verursachen Schweißvorgänge in der Regel sichtbare Verformungen, die durch gezieltes einseitiges Erwärmen (Gegenschrumpfen), zum Beispiel mit einem Brenner, wieder rückgängig gemacht werden können. Auch ein Richten solcher Bauteile durch mechanische Einwirkung ist möglich. Oftmals lassen sich Formänderungen durch Schweißen schon dadurch drastisch einschränken, dass durch entsprechende Schweißnahtfolge zu jeder Nahtschrumpfung eine Gegenschrumpfung erzeugt wird. In jedem Fall ist den Formänderungen und den Eigenspannungen in geschweißten Konstruktionen besondere Aufmerksamkeit zu widmen. *Schweißkonstruktionen dürfen nur durch geprüfte Fachkräfte erstellt werden.* Angaben über den Eignungsnachweis enthält die DIN 18 800-7.

Berechnung von Schweißverbindungen

Für die rechnerischen Nachweise von Schweißverbindungen ist die DIN 18 800-1 maßgebend. Entsprechend der Beanspruchungsart sind Spannungsnachweise für Normal- und Schubspannungen zu führen (Abb. **B.127**). Wird eine Schweißnaht gleichzeitig in mehreren Richtungen beansprucht, dann ist die Vergleichsspannung nachzuweisen. Bei der konstruktiven Ausbildung von Knotenpunkten ist darauf zu achten, dass bei unsymmetrischen Anschlüssen die längere Naht näher an der Schwerachse des anzuschließenden Bauteils liegt als die kürzere (Abb. **B.128**).

Sinnbilder für Schweißnähte, Berechnungsformeln und dergleichen können Tabellenbüchern, zum Beispiel [B.1], entnommen werden. Eine ausführliche Abhandlung über Schweißverbindungen befindet sich in [B.32], Berechnungsbeispiele sind in [B.36] veröffentlicht.

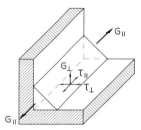

Abb. B.127
Allgemeiner Spannungszustand in Kehlnähten

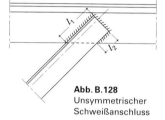

Abb. B.128
Unsymmetrischer Schweißanschluss

6.3.5

Zusammenwirken verschiedener Verbindungsmittel

Werden verschiedene Verbindungsmittel in einem Anschluss angeordnet, dann müssen die Formänderungen der Verbindungsmittel (Schlupf) einander entsprechen.

Es können daher zusammen angeordnet werden:
– Niete und Passschrauben
– GV- und GVP-Verbindungen mit Schweißnähten
– Schweißnähte in einem Gurt und Niete, Passschrauben oder gleitfeste Verbindungen in allen übrigen Querschnittsteilen bei vorwiegend auf einachsige Biegung beanspruchten Stößen.

Bei der Ermittlung der zulässigen übertragbaren Gesamtkraft sind die zulässigen übertragbaren Kräfte der einzelnen Verbindungsmittel zu addieren. Es ist darauf zu achten, dass durch Anordnung verschiedener Verbindungsmittel die Spannungen in den einzelnen anzuschließenden Querschnittsteilen nicht überschritten werden.

Die Annahme einer gemeinsamen Kraftübertragung von SL-Verbindungen mit SLP-, GV-, GVP und Schweißverbindungen ist nicht zulässig. In einem solchen Fall kann infolge des großen Lochspiels der SL-Verbindung von einer gemeinsamen Kraftübertragung nicht ausgegangen werden und das gleitfeste Verbindungsmittel hätte dann allein die volle Anschlusskraft zu übertragen.

Abschließend sei darauf hingewiesen, dass von der Anordnung *verschiedener Verbindungsmittel in einem Anschluss nur in Sonderfällen* Gebrauch gemacht werden sollte.

6.4

Konstruktionsprinzipien im Stahlbau

6.4.1

Allgemeines

Die Planung eines Tragwerks des Hochbaus erfolgt in der Mehrzahl der Fälle nach folgendem Schema:
- Materialwahl
- Entwicklung der Konstruktion
- Festlegung des statischen Systems (in der Regel abhängig vom gewählten Material)
- Ermittlung der Belastung und der zugehörigen Schnittgrößen (Längskraft N, Querkraft Q, Biegemoment M und evtl. Torsionsmoment M_T)
- Spannungs- und Stabilitätsnachweise der Tragwerksteile
- Ausbildung der konstruktiven Details mit zugehörigen statischen Nachweisen.

Aus der Interaktion zwischen Werkstoff, Schnittgrößen, Spannungen und Stabilität ergeben sich bestimmte Aufbaukriterien einer Konstruktion, die aufgrund ihrer Allgemeingültigkeit unter dem Begriff Konstruktionsprinzipien zusammengefasst werden können.

Im Folgenden gilt es, diese grundsätzlichen Konstruktionsprinzipien für den Stahlbau herzuleiten. Das soll am Beispiel eines längs- und querbelasteten Trägers auf 2 Stützen (Abb. **B.129**) erfolgen.

6.4.2

Übertragung von Schnittgrößen

Wird der in Abb. **B.129** dargestellte Träger an beliebiger Stelle × aufgeschnitten, dann erhält man die in Abb. **B.130 a** dargestellten Schnittgrößen. In Abb. **B.130 b** sind diese Schnittgrößen in die Querschnittsfläche eines HE-Profils eingetragen.

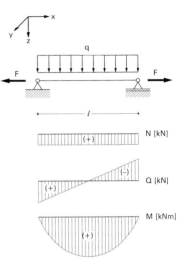

Abb. B.129
Träger auf 2 Stützen mit Längs- und Querbelastung

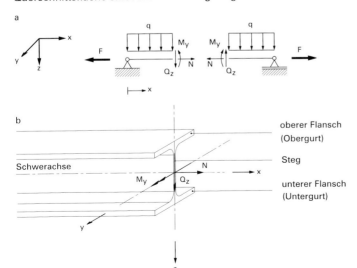

Abb. B.130
HE-Profil mit Achsenbezeichnungen und Schnittgrößen

Übertragung der Längskraft

Wie aus der Abb. **B.131** ersichtlich, ist die aus der mittig angreifenden *Längskraft* resultierende Spannung *konstant* über den gesamten Querschnitt verteilt. Steg und Flansche beteiligen sich also gleichermaßen an der Übertragung der Längskraft.

$$\sigma_x = \frac{N}{A}$$

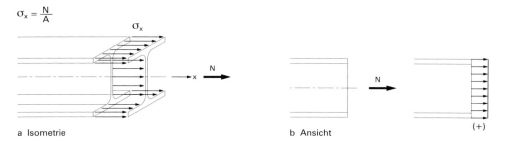

a Isometrie   b Ansicht

Abb. B.131
Spannungsverteilung infolge mittiger Längskraft

Übertragung des Biegemoments

Die aus dem *Biegemoment* M_Y resultierende Spannung ist *linear* über den Querschnitt verteilt. Sie ist Null in der Schwerachse des Profils und hat ihre Größtwerte in den Fasern, die den größten Abstand von der Schwerachse haben (Abb. **B.132**).

Aus der in Abb. **B.132 a** eingetragenen Spannungsverteilung σ_x ist ersichtlich, dass im Wesentlichen die Spannung in den beiden Flanschen gebündelt ist. Näherungsweise könnte daher das Biegemoment M_Y durch ein Kräftepaar, das an den Flanschen angreift, ersetzt werden (Abb. **B.132 d**).

$$\max \sigma_x = \frac{M_y}{W_y} \qquad\qquad M_y \triangleq D(h-t) \triangleq Z(h-t)$$

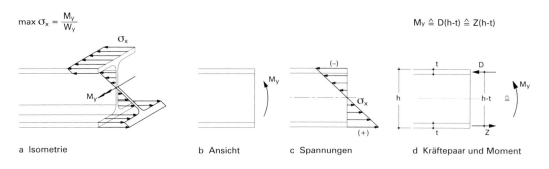

a Isometrie   b Ansicht   c Spannungen   d Kräftepaar und Moment

Abb. B.132
Spannungsverteilung infolge Biegemoment

Übertragung der Querkraft

Um die aus der *Querkraft* resultierende Spannung sichtbar zu machen, empfiehlt es sich, das Profil, wie in Abb. **B.133 a** dargestellt, aufzuschneiden.

Aus Abb. **B.133** geht hervor, dass nur im Steg Schubspannungen in Richtung der Querkraft auftreten. Folglich wird die *Querkraft allein vom Steg* aufgenommen.

Zusammenfassung
- Die Längskraft N verteilt sich gleichmäßig über die gesamte Profilfläche, wird also anteilig im Verhältnis der Profilflächen vom Steg und von den Flanschen übertragen.
- Das Biegemoment M_y wird im Wesentlichen von den Flanschen übertragen.
- Die Querkraft Q_z, wird vom Steg übertragen.

Abb. B.133
Spannungsverteilung infolge Querkraft

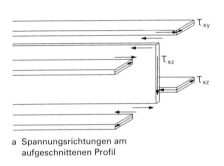

a Spannungsrichtungen am aufgeschnittenen Profil

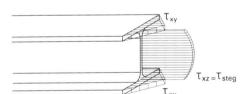

b Spannungsverteilung

c Spannungsverteilung im Steg (Ansicht)

Diese Übertragungsmechanismen sind für den Stahlbau von grundlegender Bedeutung. Sie beeinflussen den Entwurf von Stahlkonstruktionen und die Ausbildung der konstruktiven Details ganz wesentlich und führen zu bestimmten Konstruktionsprinzipien. Der Anwendung dieser Prinzipien am Detail sollen noch einige grundsätzliche Bemerkungen zu längs- und querbelasteten Traggliedern vorangestellt werden.

6.4.3

Das Tragverhalten von längs- und querbelasteten Traggliedern

Bei der Längskraft ist zu unterscheiden zwischen einer *Zuglast* und einer *Drucklast*, je nachdem werden solche Tragglieder als Zugstab oder Druckstab bezeichnet (Abb. **B.134**).

Zugstäbe

In einem gezogenen Stab ist das Verhältnis von Belastung und Spannung proportional. Der Versagensfall tritt ein, wenn durch Erhöhung der Zugkraft die Bruchspannung erreicht wird und der Stab zerreißt.

Druckstäbe

Im Gegensatz zum Zugstab ist der Versagensmechanismus beim Druckstab komplizierter. Wird der Druckstab nur durch eine exakt zentrisch wirkende Druckkraft belastet, dann wird er bei Laststeigerung über eine kritische Lastgröße hinaus ($F > F_{Krit}$) infolge einer noch so kleinen Störung (Anstoß, Stabkrümmung) ausweichen (Abb. **B.135**). Er knickt aus, ohne dass zuvor die Bruchspannung erreicht ist.

Wird der gedrückte Stab zusätzlich noch von einer Querbelastung beansprucht, dann hat man es in der Regel mit einem Spannungsproblem zu tun. Es sei zunächst der Stab nur durch die Querbelastung q beansprucht, dann wird er sich um einen zugehörigen Betrag f durchbiegen (Abb. **B.136 a**). Kommt nun noch die Last F hinzu, dann wird sich die Durchbiegung infolge des Zusatzmomentes $M = F \cdot f$ vergrößern und es ergibt sich die zusätzliche Durchbiegung $\bar{f}$ (Abb. **B.136 b**). Bei jeder weiteren Laststeigerung von F vergrößert sich M und damit f, bis schließlich die Bruchspannung erreicht ist: Der Stab versagt. Druckkraft und Stabdurchbiegung verhalten sich in diesem Fall nicht proportional zueinander, sondern die Zunahme von $\bar{f}$ gegenüber der von F ist überproportional.

Biegeträger

Nachdem zuvor der Versagensmechanismus von Zug- und Druckstäben erörtert wurde, soll nun das Tragverhalten eines Biegeträgers (Abb. **B.137 a**) näher betrachtet werden. Der Einfachheit halber bestehe der Biegeträger aus einem doppeltsymmetrischen Profil (Abb. **B.137 b**).

Aus der Querbelastung resultiert zunächst ein Biegemoment und der Träger wird sich durchbiegen. Neben dem trivialen Fall, dass das System infolge Spannungsüberschreitung versagt ($\sigma_{vorh} = M/W > \sigma_{Bruch}$), gibt es auch beim Biegeträger Stabilitätsprobleme.

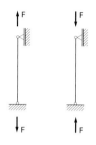

Abb. **B.134**
Stab mit Längskräften

a Zugstab b Druckstab

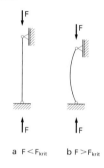

Abb. **B.135**
Druckstab

a $F < F_{krit}$ b $F > F_{krit}$

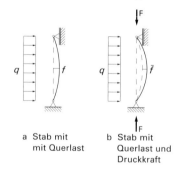

Abb. **B.136**
Druckstab mit Querbelastung

a Stab mit mit Querlast b Stab mit Querlast und Druckkraft

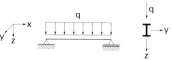

Abb. **B.137**
Biegeträger

a Statisches System mit Belastung b Stabquerschnitt

6.4.3 Stahlbau

Ein Biegemoment ist, wie im Abschnitt B.6.4.2 gezeigt, einem Kräftepaar äquivalent. Im oberen Flansch wirkt infolge der gegebenen Belastung eine Druckkraft und im unteren Flansch eine Zugkraft (Abb. **B.138**). Der obere Flansch ist somit ein vom Steg in z-Richtung elastisch gehaltener Druckstab, der aber seitlich (in y-Richtung) ausweichen kann (Abb. **B.139**). Dieses seitliche Ausweichen des Trägers bezeichnet man anschaulich als *Kippen*. Oftmals, insbesondere dann, wenn auch gleichzeitig noch eine Längsdruckkraft wirkt, wird der oben beschriebene Vorgang zutreffender als *Biegedrillknicken* bezeichnet. Der Träger biegt sich durch, das gleichzeitige Ausweichen des Obergurtes führt zu einer Verdrillung und im Versagensfall knickt der Träger aus.

Ein weiteres Stabilitätsproblem besteht darin, dass im Bereich großer Querkräfte (zum Beispiel im Auflagerbereich) die Schubspannungen im Steg gemäß Abschnitt B.6.4.2 so groß werden, dass der Steg ausbeult (Abb. **B.140**).

Die zuvor veranschaulichten wichtigsten Versagensursachen von Stahlkonstruktionen sind durch geeignete konstruktive Maßnahmen auszuschließen. Welche konstruktiven Maßnahmen dazu im Einzelfall geeignet sind, ist insbesondere dem Abschnitt B.6.5 zu entnehmen.

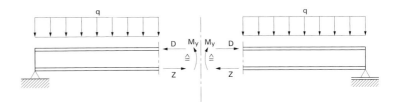

Abb. B.138
Aufgeschnittener Biegeträger

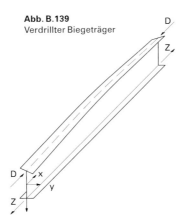

Abb. B.139
Verdrillter Biegeträger

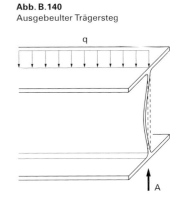

Abb. B.140
Ausgebeulter Trägersteg

6.4.4

Aussteifung von Stahlhochbauten gegen horizontalen Lastangriff

Der Entwerfer eines Bauwerks sollte sich von Anfang an darüber im Klaren sein, durch welche Maßnahmen es gegen horizontalen Lastangriff (zum Beispiel Windlasten) gesichert, d. h., wie es ausgesteift werden soll. Die Aussteifung beeinflusst sowohl den Tragwerksentwurf und den Bauablauf als auch die spätere Nutzung des Gebäudes und kann nicht dem fertigen Entwurf „hinzugefügt" werden, sie ist Teil des Entwurfs. Das trifft in besonderem Maße auf den Stahlhochbau zu, weil es sich hier aufgrund der stabförmigen Bauglieder um Skelettsysteme handelt und die Aussteifung nicht schon durch eine materialbedingte Scheibenbauweise – wie etwa im Mauerwerksbau – gesichert ist. Grundsätzlich gibt es vier Möglichkeiten zur Sicherung von Bauwerken gegen horizontalen Lastangriff, und zwar: *Einspannung* in das Fundament, Ausbildung von *Rahmen*, Anordnung von *Fachwerkscheiben* oder die statische gleichwertige Anordnung von *massiven Wandscheiben*, die oftmals zu einem Kasten oder Kern zusammengefasst sind (siehe Abschnitt B.3).

Aussteifung von Stahlhallen

Hallen sind in der Regel flache Bauwerke und erhalten somit eine relativ geringe horizontale Belastung. Die Aussteifung ist daher prinzipiell durch eingespannte Stützen, durch Rahmen und durch Fachwerkverbände möglich, wie im Abschnitt B.3 beschrieben. Welches System gewählt wird, hängt im Wesentlichen von der Kosten-Nutzen-Analyse ab.

Die Einspannung der Stützen kommt zwar einer flexiblen Nutzung sehr entgegen, führt aber zu großen Fundamentabmessungen. In diesem Fall sollte geprüft werden, ob nicht eingespannte Rahmen mit einem geringeren Einspannmoment oder Zweigelenkrahmen zu wirtschaftlicheren Lösungen führen.

Aussteifung von Stahlgeschossbauten

Da auch in Stahlgeschossbauten Aufzugs- und Treppenhauskerne fast immer aus Stahlbeton hergestellt werden, bietet es sich an, diese auch zur Aussteifung der Stahlskelettkonstruktion zu nutzen. Die in der Fundamentplatte eingespannten Kerne bilden zusammen mit den Deckenscheiben ein steifes System. Die Stahlstützen können dann zur Aufnahme der vertikalen Lasten in den einzelnen Geschossen als Pendelstützen ausgebildet werden (Abb. **B.141**).

Abb. B.141
Aussteifung durch Stahlbetonkern

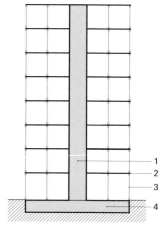

Systemschnitt

1 Stahlbetonkern
2 Stahlbetondeckenscheibe
3 Stahlpendelstütze
4 Fundamentplatte oder Fundamentkasten

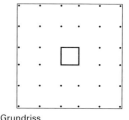

Grundriss

Abb. B.142
Aussteifung durch Fachwerkverband

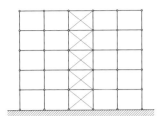

Eine weitere Möglichkeit zur Aufnahme der horizontalen Lasten besteht wie bei Hallen in der Anordnung von Fachwerkverbänden (Abb. **B.142**). Hiervon wird aber nur bei Geschossbauten mit geringer Bauhöhe oder bei sehr hohen Gebäuden, wie zum Beispiel beim Hancock Center in Chicago [B.30], Gebrauch gemacht. Aussteifungen durch *Verbände* sind im Allgemeinen bei *jeder Gebäudehöhe* sehr wirtschaftlich. Die Aussteifung durch *Rahmen* erfolgt wegen der relativ großen horizontalen Formänderung nur bei Gebäuden *geringerer* Bauhöhe (Abb. **B.143**). Ausnahmen von dieser Regel gibt es wiederum bei den Hochhausaussteifungen. Die umlaufende Fassadenkonstruktion besteht hier oft aus Stockwerkrahmen mit sehr engem Stielabstand und steifen Riegeln, so dass ein Hohlkasten entsteht (Abb. **B.144**). Dieses System wurde in den USA entwickelt und wird auch als Tube-Konstruktion (tube = engl. Röhre) bezeichnet. Ist im Gebäudeinnern zusätzlich noch ein zweiter Hohlkasten (zum Beispiel ein Stahlbetonkern) vorhanden, dann bezeichnet man das Gesamtsystem als Tube-in-tube-Konstruktion.

Abb. B.143
Aussteifung durch Rahmen

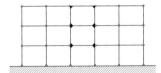

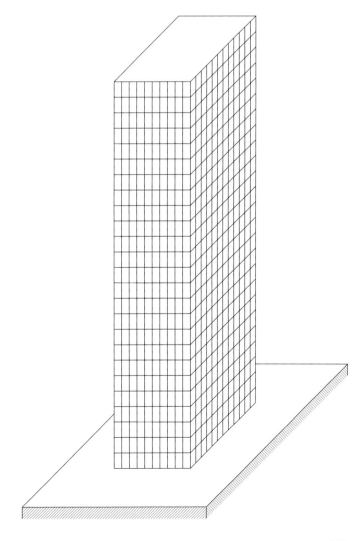

Abb. B.144
Kastenaussteifung

6.5

Konstruktionselemente des Stahlbaus

Dieser Abschnitt behandelt die wichtigsten Konstruktionselemente des Stahlbaus: Stützen, Vollwandträger und Verbundträger, Fachwerkträger, Rahmen, Verbände. Mit wenigen Ausnahmen kann jede Stahlhochbaukonstruktion auf diese 5 Grundelemente zurückgeführt werden.

6.5.1

Stützen

Stützen dienen der Abtragung vertikaler Lasten aus Geschossdecken und Dachkonstruktionen. Sie werden fast ausschließlich durch Druckkräfte beansprucht, nur bei Ausbildung als Hängestützen erhalten sie Zugkräfte (Abb. **B.145 a, b**). Stützen können im Geschossbau über mehrere Geschosse durchlaufen (Abb. **B.145 c**) oder geschossweise geteilt als Pendelstützen aufgeführt werden (Abb. **B.145 a**). Sie können sich vor der Fassade, in der Fassade und hinter der Fassade befinden. Bauphysikalisch günstig stehen die Stützen im Gebäudeinnern, also hinter der Fassade. Die entwurflichen Aspekte zur Stützenstellung sind ausführlich in [B.30] erläutert. Im Hallenbau sind die Stützen oft Teil eines Rahmens, sie werden dann als Rahmenstiele oder einfach als Stiele bezeichnet (Abb. **B.145 d**) und zusätzlich durch Biegemomente beansprucht.

Abb. B.145
Stützenarten

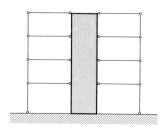

a Druckstützen (Pendelstützen)

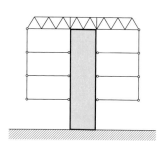

b Hängestäbe

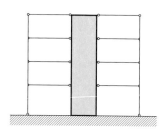

c Durchlaufende Stützen

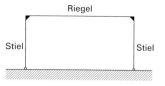

d Zweigelenkrahmen

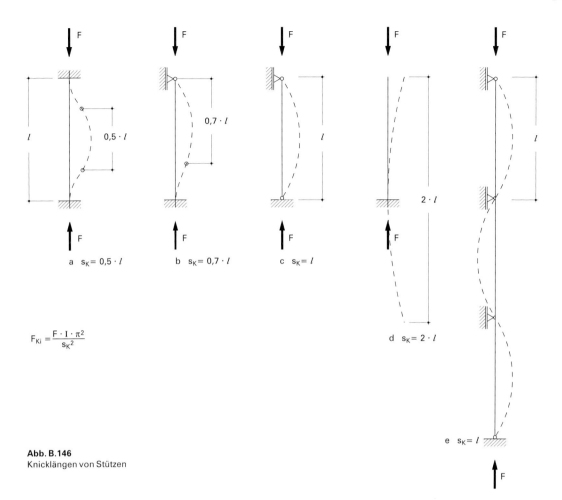

Abb. B.146
Knicklängen von Stützen

Profilwahl

Der Versagensfall druckbeanspruchter Stäbe tritt durch ein plötzliches Ausknicken aus der Systemachse ein. Aus der Berechnung der ideellen (Eulerschen) Knicklast (Abb. **B.146**) ist zu ersehen, dass die Knicklänge s_K mit ihrem quadratischen Wert eingeht und somit von erheblichem Einfluss auf das Tragvermögen ist. Die Knicklänge ist außerdem abhängig vom jeweiligen Lagerungsfall (Abb. **B.146**). Der Stab nach Abb. **B.146 a** trägt danach die 4-fache Last des Stabes nach **Abb. B.146 c** und die 16-fache Last des Stabes nach Abb. **B.146 d**, gleiche Stabquerschnitte vorausgesetzt. Die Profilgröße hängt also wesentlich von der Lagerung ab. Im Folgenden werden die gebräuchlichsten Stützenprofile angegeben, weitere Profilformen findet man in [B.30].

Gleiche Knicklänge
um y- und z-Achse, nur Druckbeanspruchung

Ist die Knicklänge eines Druckstabes um die y- und z-Achse gleich, dann erhält man die günstigste Querschnittsform, wenn die Flächenmomente 2. Grades I_y und I_z gleich groß sind (Abb. **B.147**).

Abb. B.147
Gleiche Knicklängen

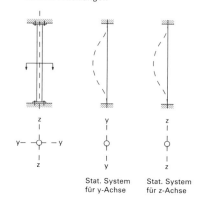

Bevorzugte Querschnittsformen:
- Rohrprofil (Abb. **B.150 a**), statisch sehr günstig, da $I_y = I_z$, Anschlüsse von Deckenträgern u. U. aufwändiger als bei Walzprofilen
- HE-Profil (Abb. **B.150 b**), statisch nicht so vorteilhaft wie Rohrquerschnitte, da $I_y \neq I_z$, gute Anschlussmöglichkeiten für Deckenträger, eignet sich außerdem gut für die Unterbringung vertikal verlaufender Rohrleitungen
- HE-Profil mit Lamellen (Abb. **B.150 c**), statisch sehr günstig, Verhältnis von I_y zu I_z durch Lamellenabmessungen beeinflussbar, geeignet für große Lasten, Kastenprofil u. U. wirtschaftlicher –
- Kastenprofil (Abb. **B.150 d**), statisch sehr günstig, da $I_y = I_z$, geeignet für große Lasten

Ungleiche Knicklänge
um y- und z-Achse, nur Druckbeanspruchung

Ist die Knicklänge um die y- und z-Achse nicht gleich, dann ergibt sich die günstigste Querschnittsform, wenn auch I_y und I_z ungleich sind. Das größere Flächenmoment 2. Grades ist dann der größeren Knicklänge zuzuordnen (Abb. **B.148**).

Abb. B.148
Ungleiche Knicklängen

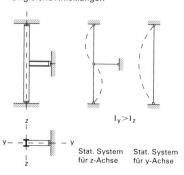

Bevorzugte Querschnittsformen
- HE-Profile (Abb. **B.150 b**), statisch sehr günstig, da $I_y > I_z$, gute Anschlussmöglichkeiten für Deckenträger
- HE-Profile mit Lamellen (Abb. **B.150 c**), statisch sehr günstig, Verhältnis von I_y zu I_z durch Lamellenabmessungen beinflussbar, geeignet für große Lasten, Kastenprofil u. U. wirtschaftlicher
- Kastenprofil (Abb. **B.150 d**), statisch sehr günstig, I_y und I_z können durch Wahl entsprechender Querschnittsabmessungen den erforderlichen Flächenmomenten 2. Grades angepasst werden, geeignet für große Lasten

Abb. B.149
Stütze mit Querbelastung

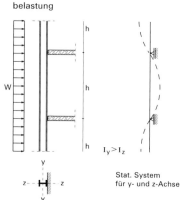

6.5.1 Stahlbau

Gleiche oder ungleiche Knicklängen
um y- und z-Achse, Druck- und Biegebeanspruchung

Querschnittsformen mit ungleichen Flächenmomenten 2. Grades sind auch dann von Vorteil, wenn zusätzlich zur Druckbeanspruchung noch eine Biegebeanspruchung aus einer Querbelastung hinzukommt. Das ist oftmals der Fall bei Außenstützen, die eine auf die Fassade wirkende Windbelastung aufzunehmen haben (Abb. **B.149**).

Verbundstützen

Werden Walzprofile einbetoniert oder Hohlprofile ausbetoniert, dann ergeben sich Verbundstützen (Abb. **B.151**).

Durch den Verbund von Stahl und Beton, der bei Walzprofilen durch eine zusätzliche Verdübelung sichergestellt wird, erhöht sich die Tragfähigkeit der Stützen erheblich. Der Beton vergrößert auch die Knickfestigkeit, darum eignen sie sich gut bei großer Knicklänge.

Das Betonieren der Stützen kann vor oder auch nach der Montage erfolgen. Werden die Walzprofile vom Beton ummantelt, dann ist auch gleichzeitig der Brandschutz gewährleistet.

Bei ausbetonierten Hohlprofilen kann auf eine Bewehrung verzichtet werden. Der Brandschutz ist ohne zusätzliche Bekleidung sichergestellt, wenn eine schlaffe Bewehrung eingebaut und die Betonfläche rechnerisch abgemindert wird.

Verbundstützen eignen sich besonders für zentrische Druckbeanspruchung. Tragfähigkeitstabellen für Verbundstützen ohne Querbelastung sind zum Beispiel in [B.30] und [B.1] abgedruckt.

Abb. B.150
Stützenprofile

a Rohrprofil

b HE-Profil

c HE-Profil mit Lamellen

d Kastenprofil

Abb. B.151
Verbundstützenquerschnitte

a einbetonierte Stahlprofile

b ausbetonierte Hohlprofile

Stützen – Details

Fußpunktausbildung
Stützen leiten die vertikalen Lasten eines Bauwerks über Betonfundamente in den Baugrund ab. Die hohen Druckspannungen von etwa 140 N/mm² in Stahlstützen müssen dabei zunächst auf die zulässigen Druckspannungen des Betons von etwa 15 N/mm² reduziert werden. Das geschieht durch lastverteilende Fußplatten. Die Fußplatten werden dabei auf Biegung beansprucht (Abb. **B.152**). Zur Erzielung einer ausreichenden Biegesteifigkeit erhalten sie entweder Verstärkungsrippen, oder die Fußplatten müssen hinreichend dick ausgeführt werden (Abb. **B.154**).

Da die Oberkante der Betonfundamente aufgrund unvermeidbarer Maßtoleranzen unterschiedliches Höhenniveau haben, müssen die Fußplatten zunächst beim Ausrichten mit Stahlkeilen und Blechen unterfüttert werden (Abb. **B.153**). Anschließend wird der Zwischenraum satt mit Beton ausgefüllt.

Abb. B.152
Fußplattenbeanspruchung

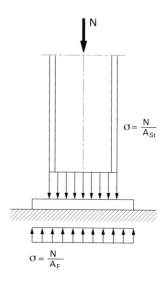

Abb. B.153
Stützenfuß und Fundament

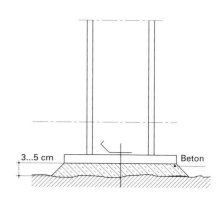

Abb. B.154
Stützenfußausbildungen

a dicke Fußplatte zur Verteilung der Stützenkraft auf den Fundamentbeton, gelenkiger Anschluss
b dünne Fußplatte mit Rippen als Alternative zu a
c Ummantelung des Stützfußes nach dem Aufsetzen und Justieren auf das Fundament
d eingespannter Stützenfuß

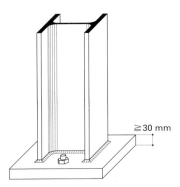

a Dicke Fußplatte

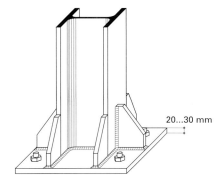

b Fußplatte mit Rippen

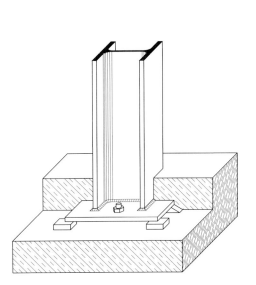

c

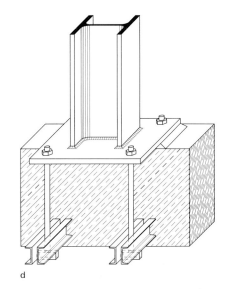

d

Die Verankerung der Stützen mit dem Fundament richtet sich nach der Beanspruchungsart der Stützen. Gewöhnlich sind Hochbaustützen nur durch vertikale Lasten beansprucht und brauchen deshalb nur durch 2 oder 4 Ankerschrauben mit dem Fundament verbunden zu werden. Die Ankerschrauben werden im Fundament in vorbereitete Schlitze eingesetzt und anschließend vergossen (Abb. **B.155 a**). Erhalten die Stützen zusätzlich noch horizontale Lasten, zum Beispiel aus Anprallasten von Fahrzeugen, dann werden unter die Fußplatten noch Knaggen, meist sind das kurze HE-Profile, geschweißt (Abb.**B.155 b**). Sind die Stützen außer von der Vertikallast planmäßig noch durch große Biegemomente beansprucht und sollen ins Fundament eingespannt werden, dann ist eine Verankerung mit Ankerbarren und Hammerkopfschrauben erforderlich (Abb. **B.155 c**). Für kleine Biegemomente genügt anstelle des Ankerbarrens auch ein im Fundament einbetonierter Winkel mit gekröpften Ankerschrauben.

Stützenstoß

Aus Transport- und Montagegründen und aus Gründen der Profilabstufung werden Hochbaustützen in der Regel geteilt und bei der Montage zusammengesetzt, gestoßen. Die Ausbildung des Stützenstoßes ist in erster Linie abhängig vom statischen System. In den meisten Fällen haben Stützen nur Normalkräfte und keine Biegemomente zu übertragen, sind also Pendelstützen (Abb. **B.145 a**). In Fußpunkt- oder Kopfpunktnähe der Pendelstützen dürfen Normalkräfte durch einen Kontaktstoß übertragen werden, das geschieht am einfachsten mit einem Kopfplattenstoß (Abb. **B.156 a**). Da die Aufstandsflächen auch nach dem Schweißen noch parallel zueinander sein müssen, ist u. U. ein nochmaliges Hobeln erforderlich.

Abb. B.155 Stützenverankerung

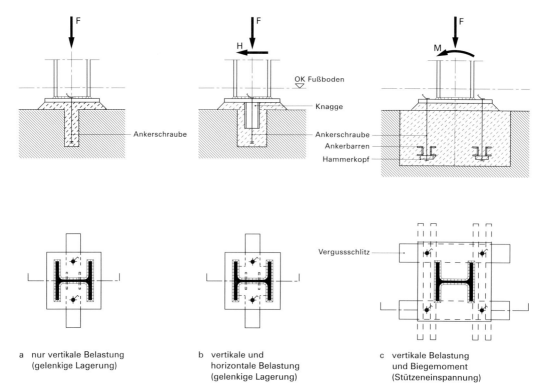

a nur vertikale Belastung (gelenkige Lagerung)

b vertikale und horizontale Belastung (gelenkige Lagerung)

c vertikale Belastung und Biegemoment (Stützeneinspannung)

Wenn zusätzlich zu der Normalkraft noch ein Biegemoment zu übertragen ist, dann müssen den Konstruktionsregeln entsprechend die Flansche zugfest miteinander verbunden werden (Abb. **B.156 b**). Bei ungleichen äußeren Profilabmessungen sind dabei die Flansche des kleinen Profils zu hinterfüttern. Außerdem ist zur Übertragung der Normalkraft auch im Steg eine Lasche erforderlich, da bei gleichzeitig auftretendem Biegemoment ein Kontaktstoß nicht mehr zulässig ist. Kleinere Biegemomente können bei entsprechender Bemessung der Kopfplatten auch vom Stützenstoß nach Abb. **B.156 a** übertragen werden.

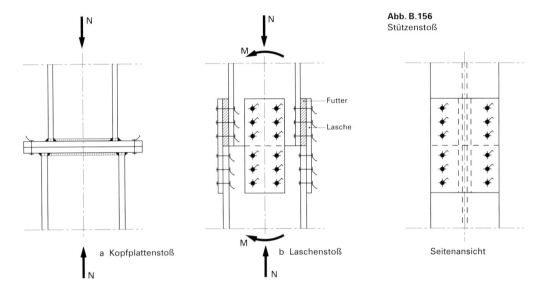

Abb. B.156
Stützenstoß

a Kopfplattenstoß
b Laschenstoß
Seitenansicht

Oftmals wird der Stützenstoß von Pendelstützen mit dem Deckenträgeranschluss zusammengefasst (Abb. **B.157**). In diesem Fall muss der Normalkraftanteil der Stützenflansche im Deckenträgerbereich durch Stegbleche übertragen werden.

Abb. B.157
Stützenstoß und Deckenträger

Fußplatte
Stegaussteifung
Deckenträger
Kopfplatte

6.5.2

Vollwandträger

Träger werden vorwiegend durch Lasten senkrecht zu ihrer Stabachse beansprucht (Abb. **B.137** und **B.138**). Die Belastung erzeugt im Träger Biegemomente und Querkräfte. Für die Bemessung sind in der Regel die Biegemomente maßgebend. Ein Biegemoment ist einem Kräftepaar äquivalent (Abb. **B.132**).

Die Übertragung des Kräftepaares erfolgt bei Vollwandträgern durch den oberen und unteren Flansch, bei Fachwerkträgern durch Ober- und Untergurt und bei Verbundträgern durch die Stahlbetonplatte und die Trägerflansche (Abb. **B.158**). Die Querkraft wird beim Vollwand- und beim Verbundträger durch den Steg und beim Fachwerkträger durch Diagonal- und Vertikalstäbe übertragen. Der Obergurt des Trägers ist infolge seiner Druckbeanspruchung gegen seitliches Ausweichen zu sichern (siehe Abschnitt B.6.4.3). Das Sichern des Obergurtes erfolgt in der Regel im Hallenbau durch Horizontalverbände und Pfetten, im Stahlgeschossbau hingegen durch Decken- oder Dachplatten.

Profilwahl

Druck- und Zugkraft in den Flanschen werden um so kleiner, je größer ihr Hebelarm wird, also je höher der Träger ist. Gleichzeitig verringern sich mit wachsender Trägerhöhe die erforderlichen Flanschflächen zur Aufnahme der Kräfte. Die Sicherheit gegen seitliches Ausweichen des Druckgurtes wird dadurch herabgesetzt. Als günstige Profile für Vollwandträger im Stahlhochbau haben sich daher für kleinere Lasten IPE- und für größere Lasten HE-Profile erwiesen.

Abb. B.158
Trägersysteme

a Vollwandträger   b Fachwerkträger   c Verbundträger

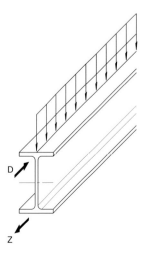
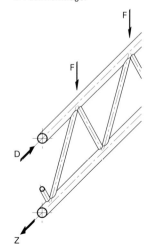
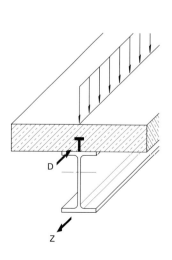

Vollwandträger – Details

Anschluss Stütze – Träger, Querkraftanschluss

Der Anschluss von Vollwandträgern an Stützen wird – mit Ausnahme von Rahmentragwerken – in der Regel gelenkig ausgebildet, es sind also nur Querkräfte und keine Biegemomente zu übertragen. Nach den Konstruktionsprinzipien werden Querkräfte vom Trägersteg aufgenommen, folglich ist auch nur der Steg an die Stütze anzuschließen. Der Anschluss erfolgt für kleinere Lasten durch Flachstahllaschen und für größere Lasten durch geschraubte Doppelwinkel (Abb. **B.159 a**, b). Bei Verbundstützen sind angeschweißte Laschen zu bevorzugen. Im Unterschied zur reinen Stahlstütze sind die Laschen breiter, da sie erst durch die Betonüberdeckung hindurchgeführt werden müssen.

Anschluss Stütze – Träger, Querkraft- und Momentenanschluss

Sollen Träger durchlaufend ausgebildet werden, dann muss ihre Biegesteifigkeit auch im Stützenbereich erhalten bleiben. Da im Regelfall das Stützmoment des Trägers negativ ist, sind im Obergurt Zugkräfte und im Untergurt Druckkräfte zu übertragen. Die Querkraftübertragung erfolgt wieder durch den Steg. Soll die Stütze zur Vermeidung einer Rahmentragwirkung keine Biegemomente aus dem Durchlaufträger erhalten, dann darf nur der Steg und nicht Ober- und Untergurt an die Stütze angeschlossen werden. Die Gurtkräfte sind über Laschen an der Stütze vorbei jeweils von Trägerflansch zu Trägerflansch zu übertragen (Abb. **B.160**). *Die Anschlussausbildung vereinfacht sich erheblich, wenn die Stütze und nicht der Durchlaufträger geteilt wird* (Abb. **B.157**).

Bevor man Träger durchlaufend ausbildet und an der Stütze teilt, sollte überprüft werden, ob nicht Einfeldträger zu einer wirtschaftlicheren Konstruktion führen.

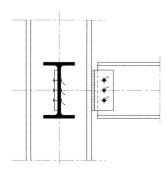

Abb. B.159
Anschluss Träger – Stütze

a Laschenanschluss

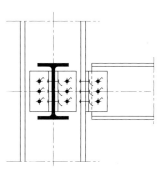

b Winkelanschluss

Abb. B.160
Anschluss Durchlaufträger – Stütze

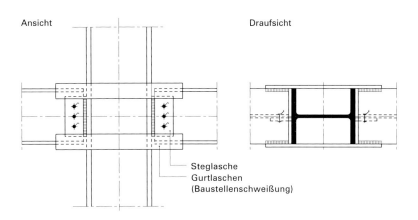

Ansicht   Draufsicht

Steglasche
Gurtlaschen
(Baustellenschweißung)

Anschluss Träger – Träger, Querkraftanschluss

Beim *gelenkigen* Anschluss von Längs- und Querträger braucht den Konstruktionsprinzipien entsprechend *nur der Steg* angeschlossen zu werden, das kann über Laschen, Winkel oder Stirnplatten erfolgen. Aus der statisch erforderlichen Trägerhöhe und der Nutzung ergeben sich die in Abb. **B.161** dargestellten Anschlussmöglichkeiten. Abb. **B.161 a** zeigt einen Laschenanschluss, Abb. **B.161 b** zeigt einen Stirnplattenanschluss und Abb. **B.161 c** zeigt einen Winkelanschluss. Die Anschlusshilfen Laschen, Winkel, Stirnplatte sind selbstverständlich innerhalb der Abb. **B.161 a, b, c** austauschbar. Maßgebend für die Wahl der Ausbildung ist die zu übertragende Kraft – die Lasche überträgt kleine, die Stirnplatte überträgt große Kräfte. Darüber hinaus haben auch die Fertigung – beim Laschenanschluss braucht zum Beispiel die Stütze nicht auf die Bohrstraße – und die Montage Einfluss auf die Anschlussausbildung.

Anschluss Träger – Träger, Querkraft- und Momentenanschluss

Soll der Querträger an den Längsträger als *Durchlaufträger* angeschlossen werden, dann ist nicht nur der Steg anzuschließen, sondern es müssen zusätzlich *auch die das Biegemoment aufnehmenden Flansche* des Querträgers miteinander verbunden (durchgebunden) werden. Da im Stützenbereich in der Regel das Biegemoment negativ ist, sind im Obergurt Zugkräfte und im Untergurt Druckkräfte zu übertragen. Die Obergurte werden daher mit Zuglaschen verbunden, während die Untergurte die Druckkräfte durch Kontakt übertragen (Abb. **B.162**).

Stegdurchbrüche für Rohrleitungen

Da vom Steg die Querkraft übertragen werden muss, sollten Stegdurchbrüche in den Bereichen erfolgen, in denen die Querkraft klein ist, das ist beim Träger mit Gleichlast in Feldmitte der Fall. Gleichzeitig hat in Feldmitte das Biegemoment ein Maximum (Abb. **B.129**). Da das Biegemoment aber hauptsächlich über die Flansche übertragen wird, beeinflussen Stegdurchbrüche in diesem Bereich das Tragverhalten des Trägers nur unwesentlich. *Stegdurchbrüche in Auflagernähe, also im Bereich großer Querkräfte, sind zu vermeiden.* Bei größeren Stegdurchbrüchen sind Randversteifungen vorzunehmen (Abb. **B.163**).

Abb. B.161
Anschluss Längsträger-Querträger

a Laschenanschluss

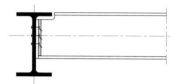

b Stirnplattenanschluss

c Winkelanschluss

Abb. B.162
Anschluss Längsträger –
durchlaufender Querträger

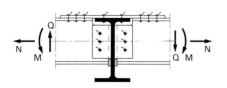

Abb. B.163
Öffnungen im Trägersteg

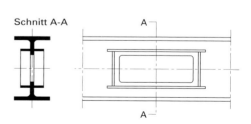

6.5.3

Verbundträger

Auch in Stahlskelettbauten werden Geschossdecken gewöhnlich aus Stahlbeton hergestellt. Stahlbetondecken sind sowohl in statisch-konstruktiver als auch in bauphysikalischer Hinsicht günstig zu beurteilen. Als starre Scheibe übertragen sie Horizontalkräfte in die senkrechten Verbände oder in den Kern und gewährleisten gleichzeitig einen guten Schall- und Brandschutz. Da Beton für die Übertragung von Druckkräften und Stahl für die Übertragung von Zugkräften gut geeignet ist, bietet es sich an, ähnlich wie im Stahlbetonbau, Deckenplatte und Deckenträger schubfest miteinander zu verbinden. Derartig ausgebildete Tragkonstruktionen werden als Verbundträger bezeichnet.

Das der Tragwirkung des Verbundquerschnitts angemessene statische System ist der *Einfeldträger*, in dem das positive Biegemoment oben im Querschnitt Druck- und unten Zugspannungen erzeugt. Die Druckspannungen werden von der Betonplatte und die Zugspannungen vom Stahlträger übertragen. Dadurch, dass die ohnehin vorhandene Betonplatte anstelle des Stahlträgerobergurts die Druckspannungen überträgt, kann für den Stahlträger ein kleineres Profil gewählt werden. Zusätzlich wird die Durchbiegung des Gesamtsystems aufgrund der größeren Gesamtsteifigkeit verringert.

Für die Ausbildung der Stahlbetonplatte sind folgende Systeme üblich:

System 1 Vollplatte aus Ortbeton (Abb. **B.164 a**)
System 2 Vollplatte aus Fertigteil (Abb. **B.164 b, c**)
System 3 Vollplatte mit vorgefertigter Unterschale
 (Mischbauweise, Abb. **B.164 d**)
System 4 Stahlprofilblech mit *bewehrtem* Aufbeton
 (Blech dient als verlorene Schalung Abb. **B.164 e**)
System 5 Stahlprofilblech mit *unbewehrtem* Aufbeton
 (nur Blech trägt, sonst wie Abb. **B.164 e**)
System 6 Stahlprofilblech-Verbundplatte mit Aufbeton und
 mittragendem Blech (Abb. **B.164 f**)

Bei den ersten drei Plattensystemen besteht der tragende Obergurt nur aus Stahlbeton. Das System 1 kommt aufgrund des großen Schalungsaufwands nur selten zur Ausführung. Für den Trockenbau und für eine kurze Montagezeit ist besonders die Fertigteilplatte des Systems 2 geeignet. Beim System 3 liegt die Feldbewehrung der Deckenplatte, die quer zu den Trägern spannt, bereits in der die Schalung ersetzenden Fertigteilplatte. Das Blech des Systems 4 dient lediglich als (verlorene) Schalung und trägt nicht mit. Im System 5 hingegen sind die Verhältnisse umgekehrt, hier wird die quer zum Träger spannende Deckenplatte nur vom Blech getragen, der Beton übernimmt die Lastverteilung und bildet den Obergurt des Verbundträgers. Das System 6 stellt in zweifacher Hinsicht ein Verbundsystem dar: Der Beton wirkt nicht nur mit dem Träger im Verbund, sondern auch mit der Deckenplatte. In letzterer übernimmt das Blech die Zugbewehrung.

Zur eigentlichen Herstellung des schubfesten Verbunds zwischen Stahlträger und Betonplatte werden sogenannte Verbundmittel benötigt. Bei Ortbetondecken werden heute fast ausschließlich Kopfbolzendübel verwandt (Abb. **B.164 a, d, e, f**). Bei der Fertigteildecke des Systems 2 erfolgt der Verbund ebenfalls über Kopfbolzendübel (Abb. **B.164 b**) oder, falls die Verbindung lösbar sein soll, über Reibung (Abb. **B.164 c**). Hierbei wird die Platte mittels vorgespannter, hochfester Schrauben an den Träger angepresst, wodurch eine Verschiebung zwischen Platte und Stahlträgerobergurt wirksam verhindert wird.

Abb. B.164
Verbundarten für Verbundträger

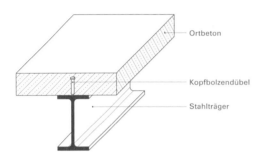

a Vollplatte aus Ortbeton

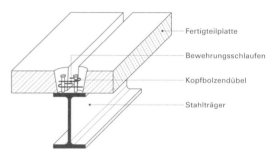

b Fertigteilplatten mit Kopfbolzen und Verguss

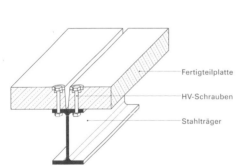

c Fertigteilplatten mit Reibverbund

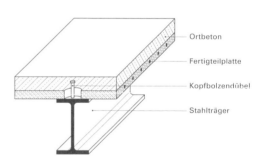

d Fertigteildecke mit Ortbetonschicht

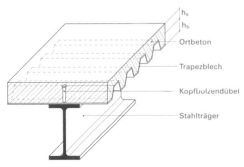

e Ortbetondecke auf Stahltrapezblech

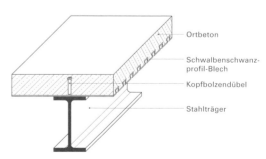

f Ortbetondecke auf mittragendem Schwalbenschwanzprofil-Blech

6.5.4
Rahmen

Werden Stützen und Träger nicht gelenkig, sondern biegesteif miteinander verbunden, dann ergibt sich ein Rahmentragwerk. Hallenbauten werden häufig aus Rahmen gebildet, Geschossbauten jedoch seltener, denn Stockwerksrahmen sind gegenüber anderen Aussteifungssystemen relativ weich (siehe Abschnitt B.3 und B.6.4.4). Ein typisches Rahmentragwerk für Hallen ist der Zweigelenkrahmen (Abb. **B.28** und **B.29**).

Profilwahl

Abb. B.165
Knicklängen von Zweigelenkrahmen

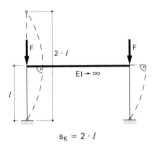

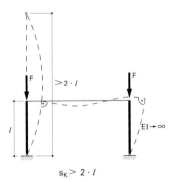

Infolge der biegesteifen Ecken in Rahmentragwerken bilden Stützen und Riegel ein Gesamttragwerk, den Rahmen. Das bedeutet, dass nicht wie beim Stützen-Träger-System mit gelenkigen Anschlüssen die Profile unabhängig voneinander gewählt werden können, sondern dass sich die Profilsteifigkeiten gegenseitig beeinflussen. Der Zusammenhang von Stütze und Riegel lässt sich an einem Zweigelenkrahmen gut zeigen (Abb. **B.165**). Ist der Riegel gegenüber den Stützen sehr biegesteif, dann wird die Länge der Sinushalbwelle der Knickfigur $2 \cdot l$. Ist umgekehrt die Biegesteifigkeit der Stütze gegenüber der Riegelbiegesteifigkeit groß, dann wird die Knicklänge der Stütze größer als $2 \cdot l$.

Bei der Bemessung eines Rahmens sind mehrere Einflüsse zu berücksichtigen. Für die Profilwahl sind entscheidend die Belastung, die geometrischen Abmessungen, also das Verhältnis von Stützweite zur Stützenhöhe, die Biegesteifigkeit und die Tatsache, dass der Riegel im Regelfall nur geringe Normalkräfte erhält, während die Stützen große Normalkräfte erhalten.

Zur Berechnung von Rahmentragwerken stehen zahlreiche EDV-Programme zur Verfügung. Formeln für die Ermittlung der Schnittgrößen häufig vorkommender Rahmensysteme findet man auch in [B.1]. Geeignete Rahmenprofile sind IPE- und HE-Profile.

Rahmen – Details

Obere Rahmenecke
In Rahmenecken sind Normalkraft, Querkraft und Biegemoment zu übertragen. Entsprechend den Konstruktionsprinzipien ist der Anschluss der günstigste, in dem drei Schnittgrößen vollflächig angeschlossen werden können, denn die Normalkraft wird vom gesamten Querschnitt, die Querkraft vom Steg und das Biegemoment von den Flanschen übertragen. Im modernen Stahlbau wählt man dafür auf Gehrung geschweißte Stirnplatten mit hochfesten Schrauben (Abb. **B.166 a**). Bei einem solchen Anschluss sollten allerdings die Profile von Stütze und Riegel in ihrer Größe nicht allzu sehr voneinander abweichen.

Als weitere Möglichkeit zur Ausbildung der oberen Rahmenecke gibt es den Anschluss nach Abb. **B.166 b**. Hier wird die Zugkraft aus dem negativen Eckmoment durch die obere Lasche übertragen. Zusätzlich kann der Steg, wie in Abb. **B.166 b** gezeigt, aufgeweitet werden, wodurch sich der Hebelarm von Druck- und Zugkraft des Flansches vergrößert. Zur besseren Einleitung der Druckkraft aus dem unteren Riegelflansch wird im Stützensteg ein Stegblech eingesetzt. Zur Umlenkung der Druckkraft am Voutenende des Riegelflansches ist gegebenenfalls auch ein Stegblech anzuordnen.

Riegelanschluss an durchlaufende Stütze
Riegel in Stockwerksrahmen werden zumeist über Stirnplatten angeschlossen. Die Übertragung der Flanschzugkraft des Riegels erfolgt über hochfeste Schrauben, die Flanschdruckkraft wird durch Kontakt übertragen. Zur Einleitung der Kräfte in den äußeren Stützenflansch erhält die Stütze in Höhe der Riegelflansche Stegaussteifungen (Abb. **B. 166 c**).

Bei Kastenstützen ist ein Schraubanschluss unmittelbar an der Stütze nicht möglich. In diesem Fall kann zunächst ein Riegelstumpf an die Stütze angeschweißt werden. Der eigentliche Riegelanschluss erfolgt dann über Stirnplatten mit hochfesten Schrauben (Abb. **B.166 d**).

Abb. B.166
Biegesteife Riegelanschlüsse

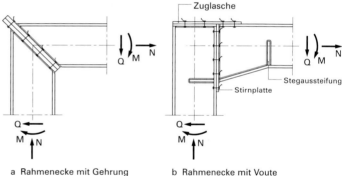

a Rahmenecke mit Gehrung   b Rahmenecke mit Voute

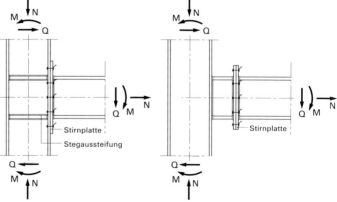

c Riegelanschluss (geschraubt)   d Kastenstütze mit Riegelanschluss (geschraubt)

6.5.5

Fachwerkträger

Im Geschossbau und im Hallenbau treten vorwiegend gleichmäßig verteilte Lasten auf. Infolge Gleichlast vergrößern sich die Biegemomente quadratisch mit der Spannweite des Trägers. Bei konstanten Gurtkräften nimmt die Trägerhöhe ebenfalls quadratisch mit der Trägerspannweite zu. Vollwandträger werden dann aufgrund ihrer hohen Eigenlast unwirtschaftlich, zumal die große Stegfläche für die Querkraftübertragung nicht notwendig ist, denn die Querkraft nimmt nur linear mit der Spannweite des Trägers zu. Es empfiehlt sich daher, den Trägersteg in einzelne Stäbe aufzulösen und diese mit dem Ober- und Untergurt zu verbinden. Ein solches nach den im Abschnitt B.2.2 angegebenen Kriterien entwickeltes Stabwerk nennt man *Fachwerkträger*.

Fachwerkträger sind ein wichtiges Konstruktionselement im Stahlbau. Ihr Anwendungsgebiet reicht von kleinen Spannweiten im Bereich von 20 m bis zu großen Spannweiten von 100 m und darüber.

Zwei Grundformen des Fachwerkträgers sind das *Parallelfachwerk* (Ober- und Untergurt verlaufen zueinander parallel) und das *Dreieckfachwerk* (Abb. **B.167**). Der Parallelfachwerkträger sollte eine Höhe von etwa 1/10 der Stützweite haben, Dreiecksfachwerke werden aus konstruktiven Gründen höher ausgebildet. Parallelfachwerkträger können als Binder gelenkig und als Rahmenriegel biegesteif mit der Unterstützungskonstruktion verbunden werden. Dreiecksfachwerke werden als Binder gelenkig gelagert (Abb. **B.167 c**).

Für die Anordnung der Füllstäbe zwischen Ober- und Untergurt gibt es vielfältige Möglichkeiten. Prinzipiell sollte man jedoch darauf achten, dass die Druckstäbe wegen der Knickgefahr möglichst kurz werden (Abb. **B.168**). Da sich das Parallelfachwerk aus dem Vollwandträger entwickeln lässt, ist auch das Tragverhalten ähnlich. Das Biegemoment wirkt als Kräftepaar auf Ober- und Untergurt, die Querkraft wird von der Ausfachung (den Füllstäben) aufgenommen. Durch die Annahme gelenkiger Knoten und Lasteinleitung in den Knotenpunkten erhalten die Stäbe nur Normalkräfte. Zur Berechnung der Stabkräfte in Parallelfachwerken empfiehlt sich die Anwendung des Ritter-Schnittverfahrens, bei allen anderen Fachwerken lassen sich die Stabkräfte mit dem graphischen Verfahren nach Cremona schnell und *anschaulich* ermitteln.

Abb. B.167
Fachwerkträgersysteme

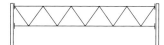

a Parallelfachwerk (Rahmenriegel)

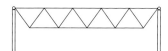

b Parallelfachwerk (Binder)

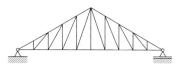

c Dreiecksfachwerk

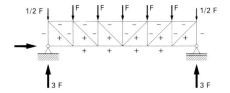

Abb. B.168
Parallelfachwerkträger mit Zugdiagonalen
− Druckstab
+ Zugstab

Profilwahl

Fachwerkträger sind wirtschaftliche Konstruktionselemente zur Überbrückung von Spannweiten im Bereich von etwa 20 m bis 100 m. Diesem großen Anwendungsbereich entsprechend ist auch die Profilvielfalt für die Wahl der Gurt- und Füllstäbe groß. Für kleinere Spannweiten verwendet man für die Gurte oftmals ⦀- oder ⊤-Profile und für die Füllstäbe ⦀-Profile. Bei größeren Spannweiten werden für die Gurte HE-Profile und halbierte HE-Profile, für die Füllstäbe IPE-, HE- oder ⦀-Profile gewählt. Fachwerkträger aus Kastenprofilen oder Rohren sind ebenfalls gebräuchlich.

Üblicherweise werden die Stabverbindungen geschweißt ausgeführt. Müssen längere Fachwerkträger für den Transport geteilt werden, dann bildet man die Montagestöße in der Regel als Schraubanschlüsse aus.

Fachwerkträger – Details

Bei der Konstruktion von Fachwerkträgern ist anzustreben, dass sich die Systemlinie aller Stäbe, die an einem Knoten anzuschließen sind, in einem Punkt schneiden (Abb. **B.169 a**). Treffen viele Stäbe aufeinander oder sind die eingeschlossenen Winkel der Systemlinien sehr spitz (Abb. **B.169 b**, untere Diagonale), dann ergeben sich aus obiger Forderung oftmals zu große Knotenbleche. In solchen Fällen kann es angebracht sein, von der Regel abzuweichen und die Systemlinien zu versetzen. Aus der Abb. **B.169 b** ist ersichtlich, dass dann beispielsweise die um das Maß a versetzte horizontale Kraft das Moment $M = H \cdot a$ erzeugt. Dieses Versatzmoment ist nun zusätzlich von dem Vertikalstab und den Verbindungsmitteln aufzunehmen.

Der Anschluss des Fachwerkriegels an die Stütze erfolgt über Stirnplatten (Abb. **B.170**). Bestehen die Fachwerkstäbe aus Rohren, dann werden sie meist auf Gehrung geschnitten und verschweißt, der Anschluss an die Stütze erfolgt wiederum über verschraubte Stirnplatten.

Abb. B.169
Fachwerkknotenausbildung

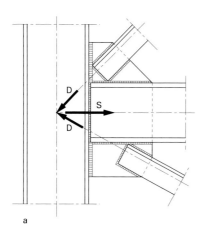

a

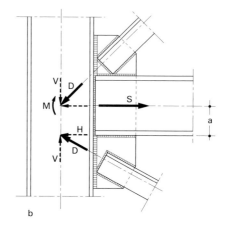

b

6.5.6

Verbände

Verbände, die Fachwerkträgern gleichzusetzten sind, dienen der Aussteifung von Bauwerken oder Bauteilen, sie wirken wie eine Scheibe (siehe auch Abschnitt B.3). Es wird unterschieden zwischen Horizontalverbänden in Dächern und Decken und Vertikalverbänden in Wänden. Während der Fachwerkträger als ein Bauteil in der Werkstatt gefertigt wird, werden Verbände, die zum Beispiel zwischen den Stützen und Dachträgern liegen, erst bei der Montage zusammengesetzt. Im Unterschied zum Fachwerkträger werden sie an den Knotenpunkten in der Regel verschraubt. Die Verschraubung kann als Knotenblech- oder Stirnplattenanschluss ausgebildet werden.

Profilwahl

Die Profile der Verbände entsprechen denen des Fachwerkträgers. Für geringe Stabkräfte sind ⟦- oder ∥-Profile geeignet, für große Stabkräfte wählt man IPE- oder HE-Profile.

Vertikale Verbände – Details

Typische Vertikalverbände sind gekreuzte Diagonalen und K-Verbände (Abb. **B.171 a, b**). Die zugehörigen Details für den Verband mit gekreuzten Diagonalen sind in Abb. **B.172** dargestellt. Die Details des K-Verbandes sind der Abb. **B.173** zu entnehmen.

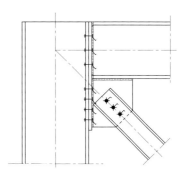

Abb. B.170
Anschluss Fachwerkträger–Stütze

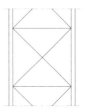

Abb. B.171
Vertikalverbände

a gekreuzte Diagonalen

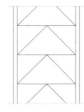

b K-Verband

Abb. B.172
Anschluss Vertikalverband

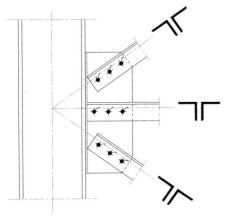

a Anschluss an Stütze

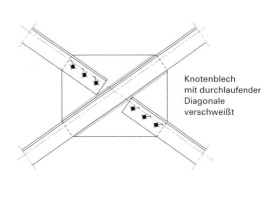

Knotenblech mit durchlaufender Diagonale verschweißt

b Kreuzungspunkt

Für kleinere Kräfte werden aus gestalterischen Gründen häufig Verbände aus Rundstahl bevorzugt (Abb. **B.174**). Aufgrund ihrer geringen Biegesteifigkeit können sie nur Zugkräfte übertragen. Aus dem gleichen Grund hängen Rundstahlverbände bei größeren Spannweiten auch oftmals sichtbar „durch". Rundstahlverbände werden meistens nur durch eine Schraube an die angrenzenden Bauteile angeschlossen (Abb. **B.174**). Bei größeren Kräften sind Verbände aus Profilstahl vorzuziehen.

Abb. B.173
Anschluss K-Verband

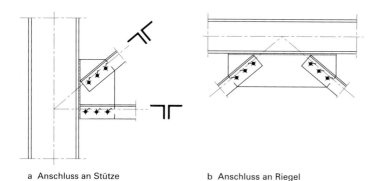

a Anschluss an Stütze

b Anschluss an Riegel

Abb. B.174
Rundstahlverband

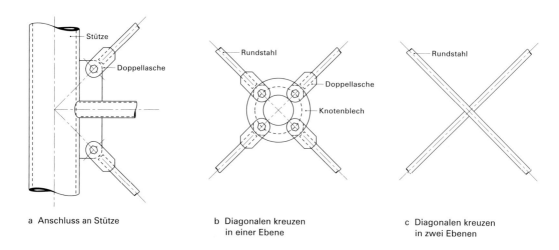

a Anschluss an Stütze

b Diagonalen kreuzen in einer Ebene

c Diagonalen kreuzen in zwei Ebenen

6.5.6 Stahlbau B

Horizontale Verbände – Details

Im Geschossbau sind horizontale Deckenverbände selten, die Scheibenausbildung der Decke wird fast ausnahmslos über Stahlbetondeckenplatten sichergestellt. Im Hallenbau hingegen ist es umgekehrt, die Dachdeckung soll möglichst leicht sein und gewährleistet häufig nicht die Abtragung horizontaler Lasten, wirkt also nicht als Scheibe. Die horizontalen Lasten (zum Beispiel aus Wind) sind dann über Verbände auf die Unterstützungskonstruktion abzutragen. Da für die Obergurte der Dachträger nach Abschnitt B.6.4.3 ohnehin eine Kippaussteifung erforderlich ist, werden die Verbände meistens zwischen den Obergurten der Dachträger angeordnet. Im Zusammenwirken mit den Pfetten ist dann eine ausreichende Obergurthaltung gewährleistet (Abb. **B.175**). Der Anschluss der Verbände an den Obergurt ist in Abb. **B.176** dargestellt.

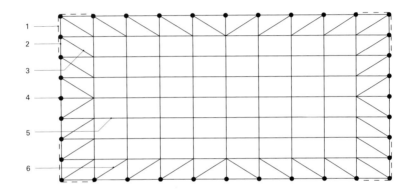

Abb. B.175
Hallendachausbildung

1 Vertikalverband
2 Binder
3 Horizontalverband zur Aussteifung in Längsrichtung
4 Stütze
5 Pfette
6 Horizontalverband zur Aussteifung in Querrichtung

Abb. B.176
Anschluss Horizontalverband

Ansicht

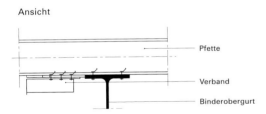

Pfette
Verband
Binderobergurt

Draufsicht

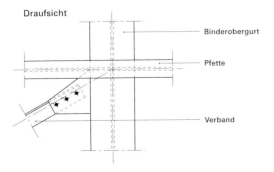

Binderobergurt
Pfette
Verband

6.6

Seiltragwerke

6.6.1

Einführung

Das Bauen mit Seilen erfreut sich in den letzten Jahren eines zunehmenden Interesses. Die Zahl der neuen großen Seilbrücken und deren Spannweiten wachsen ständig, mit den *Schrägseilbrücken* als Favoriten, weil sie ein günstiges Tragverhalten (Selbstverankerung) mit einer gerüstfreien Herstellung (Freivorbau) verbinden. Im Hochbau kommen Seile und ihre anschaulichen Details dem Trend zur „Hightech-Architektur", also dem Wunsch, aus dem Rasterdenken auszubrechen und mit „ablesbaren" Konstruktionen den „Kraftfluss zu zeigen", entgegen; es geht kaum mehr ohne einen unterspannten Träger hier oder eine verspannte Fassade dort. Dabei tun sich die leichten Flächentragwerke aus Seilnetzen (trotz eines furiosen Auftakts: Dach für den deutschen Pavillon auf der Expo 1967 in Montreal, Olympiadach in München 1972) oder die mit Seilen eingefassten textilen Membranen aus Kostengründen etwas schwer, wohl auch weil sie nur in Händen von Könnern wirklich gelingen und sie durch viele mittelmäßige Membranbauten in Misskredit gerieten.

„Das Leichte ist schwer!" Im Umgang mit dieser Bauweise mussten und müssen die Ingenieure einiges dazulernen: Insbesondere den Umgang mit beweglichen, kinematischen Systemen, die durch die Vorspannung, die der Verformung Rückstellkräfte entgegensetzt, stabilisiert wird. Damit ist zusätzlich zur bekannten elastischen die geometrische Steifigkeit zu beachten. Das Lastverformungsverhalten ist nichtlinear, die Lastangriffspunkte verschieben sich mit zunehmender Lastgröße, und die Lastfälle sind nicht superponierbar [B.54], [B.55], [B.61]. Dazu gehört, dass man es bereits beim Entwurf versteht, eine zu den wesentlichen Hauptlasten „geometrie-affine" Tragwerksform zu finden, um die „dehnungslosen" Verformungen unter nichtgeometrieaffinen Lasten in vernünftigen Grenzen zu halten. Die mit diesen Leichtbauten verbundenen, durchaus erwünschten, ungewöhnlich großen Verformungen machen natürlich auch die konstruktive Durchbildung der Anschluss- und Verbindungsdetails zu einem wichtigen Anliegen des Ingenieurs; schädliche Zwänge, „low cycle fatigue" und Ermüdungsbrüche müssen vermieden werden. Die großen Bewegungen der Konstruktion müssen auch bei der Ausbildung der Dachhaut, dem Anschluss der Fassaden und der Ausbildung des Korrosionsschutzes berücksichtigt werden.

Die Fördertechnik, der Spannbetonbau und später indirekt die Produktion technisch einsetzbarer Textilien beschleunigten die Entwicklung hochfester Stahldrähte und Elastomerfasern, die heute in großen Mengen verarbeitet werden [B.91]. Computerunterstützte Rechenverfahren wurden entwickelt, so dass heute das Verhalten großer Systeme mit Tausenden von Elementen in ihrem nichtlinearen und zeitabhängigen Verformungsverhalten während der Montage und unter den verschiedenen Laststellungen sehr genau vorausberechnet werden kann [B.55]. Seiltragwerke sind ein Teil des heutigen Leichtbaus, der sich im Bauwesen immer mehr durchsetzt.

Der Entwicklung der Seiltragwerke und der Leichtbauweise allgemein kommt auch das heutige Interesse an ökologischen Fragen, am Minimieren des Materialverbrauchs, an Demontierbarkeit und Wiederverwendbarkeit entgegen [B.89], [B.90].

6.6.2 Stahlbau

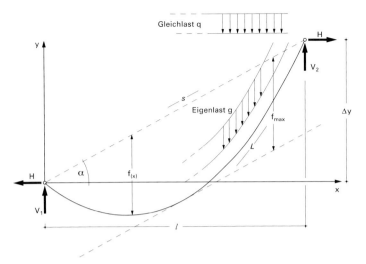

Abb. B.177
Bezeichnungen von Lasten, Kräften und geometrischen Größen des durchhängenden (sog. schweren) Seiles

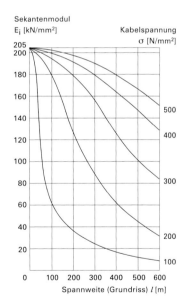

Abb. B.178
Sekantenmodul E_i eines Schrägkabels aus gebündelten Drähten, abhängig von der Spannung und bezogen auf den Elastizitätsmodul des eingesetzten Stahldrahtes. Vollverschlossene Spiralseile haben ein E_0 von 170 kN/mm².

6.6.2

Tragseil und polygonaler Stabzug (Gelenkkette)

Wie die vertraute Wäscheleine wird das zugbeanspruchte *Tragseil* im Bauwesen im wesentlichen quer zu seiner Achse belastet (Abb. **B.177**). Da das Seil definitionsgemäß eine global (aber nicht lokal) vernachlässigbar kleine Biegesteifigkeit hat und wie eine Gelenkkette wirkt, kann es nur Zugkräfte in Achsrichtung aufnehmen. Ein Tragseil muss stetig oder polygonal gekrümmt sein, um Strecken- oder Einzellasten Umlenkkräfte entgegensetzen zu können. Die Zugkraft in einem *Abspannseil* entsteht hingegen ausschließlich durch die Krafteinleitung an seinen beidseitigen Verankerungen. Auf seiner freien Strecke wird es quer zur Achse nur von (geringen) Eigenlastkomponenten belastet, die einen kleinen Durchhang bewirken, der sich als Gleichgewichtsfigur zwischen dieser Eigenlast als Streckenlast und der Seilkraft ergibt. Daraus folgt, dass ein Abspannseil mit zunehmender Seilkraft straffer wird und die für die Wirksamkeit der Abspannung maßgebende Verformungssteifigkeit in Richtung der Verbindungslinie zwischen den beiden Endpunkten (oft auch als scheinbarer *E*-Modul oder Sekantenmodul bezeichnet) um so näher an die Dehnsteifigkeit des geraden Seils herankommt, je geringer das Seilgewicht bzw. je steiler die Abspannung und je größer die Seilkraft ist [B.88]. In Abb. **B.178** sind diese Zusammenhänge für Kabel aus parallel angeordneten Drähten dargestellt.

$$E_i \approx \frac{E_0}{1 + \frac{\gamma^2 L^2 E_0}{12 \sigma^3}}$$

γ : Kabelgewicht pro Meter/Kabelquerschnitt
E_0 : E-Modul des Drahtes
l = $s \cdot \cos \alpha$ Grundrissprojektion des Schrägkabels
σ : rechn. Kabelspannung F/A_m (Kabelkraft durch metallischen Querschnitt aller Drähte)

Während ein Seil auf eine zu seiner Geometrie affinen Laständerung mit Dehnungen in Achsrichtung und deshalb relativ kleinen Verformungen reagiert, bewirkt eine Veränderung der Lastkonfiguration (nicht-geometrie-affine Belastung) wegen der dehnungslosen Verformungen des Seils (einer reinen „Verbiegung" ohne Dehnung der Seilachse) eine Veränderung der Seilgeometrie, und diese Verschiebungen können – bezogen auf die Ausgangsgeometrie – beträchtlich sein (Abb. **B.179**). Trotzdem ist es für die allgemeine Betrachtung des kontinuierlich belasteten Tragseils oder des durchhängenden Stabzuges sinnvoll, von einer quadratischen Parabel auszugehen, weil sie sich unter einer Gleichlast einstellt [B.93]. Die Parabelgleichung ist einfach, und an ihr können die wesentlichen Zusammenhänge dargestellt werden, auch wenn die dazugehörige Gleichlast in der Natur selten vorkommt. Kräfte in Seildächern mit abrutschendem Schnee, Windlasten und ungleichmäßige Eigenlast sind so nur angenähert erfassbar.

Abb. B.179
Eine Einzellast bewirkt auf einem Seil einen geometrischen (Δf_g) und einen elastischen (Δf_e) Verformungsanteil

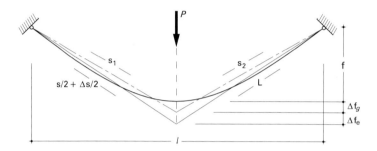

$s_1 = s_2 = L/2;\ s_1 + s_2 = L$

dehnungslose Verformung:

$\Delta f_g = f - \frac{1}{2}\sqrt{L^2 - l^2}$

elastische Verformung:

$\Delta f_e = \dfrac{P\ L}{2\ E\ A} \cdot \dfrac{L^2}{4\ (f + \Delta f_g)^2}$

$= \dfrac{P\ L}{2\ E\ A} \cdot \dfrac{1}{1 - (l/L)^2}$

6.6.3

Das Einzelseil

6.6.3.1

Tragverhalten

Bei gleicher Belastung entsprechen einander der *Verlauf der Momentenlinie* eines Einfeldträgers und die *Form des dehnstarren, biegeweichen Seils*, sowie der Querkraftverlauf des Trägers und die Tangentenneigungen des Seils [B.94]. Weitere typische Eigenschaften des sogenannten „schweren" durchhängenden Seils sind:
- Das unter Gleichlast stehende Seil stellt den Ausschnitt aus einer unendlichen Parabel dar, deren Hauptachse in Richtung der Last zeigt (Abb. **B.177**).
- Unter Eigenlast entspricht die Seillinie einer Kettenlinie, unter vertikaler Gleichlast einer Parabel und unter einer gleichmäßigen, normal zur Seilachse wirkenden Gleichlast einem Kreis.
- Die Seilkraft einer hängenden Parabel unter Gleichlast hat die Horizontalkomponente

$H = \dfrac{g \cdot l^2}{8 \cdot f}$.

Sie ist über die gesamte Parabellänge gleich groß, unabhängig von der Größe und der Lage des Ausschnitts, und die Seilkraft errechnet sich an jeder beliebigen Stelle aus dieser konstanten Horizontalkraft, dividiert durch den Kosinuswert des örtlichen Steigungswinkels [B.93].

- Die Größe der Vertikalkomponente ergibt sich aus der jeweiligen Lage des Seilabschnitts. Am Aufhänge- bzw. Endpunkt eines Seils können positive oder negative vertikale Auflagerkräfte wirken. Läuft das Seil mit einer horizontalen Tangente in den Endpunkt ein, entsteht keine Vertikalkraft (vgl. Abb. **B.177**).
- Der Parabelausschnitt eines Seils mit horizontaler Sekante und ausreichend großem Verhältnis des Stichs f zur Sekantenlänge l (keine gespannte Saite) verformt sich unter Einzellasten in den Viertelspunkten stärker als in Feldmitte (in Abb. **B.180**: $\Delta W_{l/4}$ im Vergleich zu $\Delta W_{l/2}$). Ein solches Seil kann in den Viertelspunkten sehr leicht in der ersten Oberschwingung angeregt werden.
- Die gespannte Saite mit minimalem f/l dagegen hat ihr Verformungsmaximum stets in Feldmitte und wird leichter in der Grundschwingung angeregt.
- Bei einem flach gespannten Seil $f \ll l$ macht sich eine Horizontalverschiebung Δl der Auflager als mehrfach größere Stichänderung bemerkbar. Elastisch nachgiebige Auflager beeinflussen deshalb die Größe der Verformung wesentlich ($\Delta f \approx \Delta l \cdot f_0/l_0$) (Abb. **B.181**).
- Ein Minimum an Werkstoffvolumen (Querschnitt × Seillänge) für das durchhängende Seil wird erreicht, wenn unter einer Gleichlast der Stich $f = 0,35\,l$ beträgt.
- Behinderungen der freien Beweglichkeit eines Seils führen zu Biegestörungen. Selbst wenn die Last zur Vorlast und der sich daraus ergebenden Geometrie affin ist, stellen starre Auflager Störbereiche dar. Infolge nichtaffiner Lasten können auch auf der freien Strecke Einlaufwinkeländerungen an Beschlägen und starke Krümmungen zu erhöhter Beanspruchung des tragenden Werkstoffs und der Korrosionsschutzsysteme führen, wie aus Abb. **B.179** an der Verankerung und dem Lastangriff erkennbar. Zu genaueren Ermittlungen des Kraftflusses und der Verformungen vgl. [B.95], [B.96] und [B.97], mit Hilfe finiter Elemente computerunterstützt vgl. [B.55].

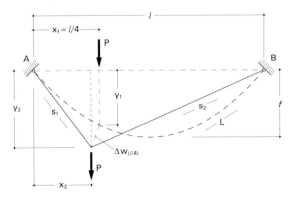

Abb. B.180
Verformungen eines gewichtslos und dehnsteif gedachten „schweren" Seils

a unter einer Last im Viertelspunkt
b unter einer wandernden Einzellast (einhüllende Ellipse)

B Stahlbau 6.6.3.1

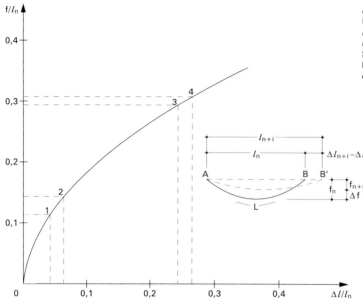

Abb. B.181
Die Auswirkung einer horizontalen Auflagerverschiebung ($\Delta l_{n+1} - \Delta l_n$) auf die Veränderung der Größe des Stichs f als ($f_{n+1} - f_n$) am dehnungslosen „schweren" Seil, bezogen auf die Größe l_n

Ausgangsgleichung für die Seillänge:

$$L = l \left(1 + \frac{8}{3} \frac{f^2}{l^2} + \frac{\Delta y^2}{2l^2}\right) \qquad \Delta l = L - l$$

Annahmen:
$\Delta y = 0$
(Endpunkte auf gleicher Höhe)
(vergleiche Abb. B.177)
$\Delta l_{n+i} = L - l_{n+i}$
(Die Seillänge bleibt konstant)

Beispiele:

$$\frac{\Delta l_2 - \Delta l_1}{l_1} = \frac{\Delta l_4 - \Delta l_3}{l_3} = 0{,}02$$

$$\frac{f_2 - f_1}{l_1} = 0{,}037 \qquad \frac{f_4 - f_3}{l_3} = 0{,}012$$

6.6.3.2

Maßnahmen zur Versteifung einer Gelenkkette

Das hängende Seil kann ohne versteifende Maßnahmen nur als Abspannseil (stehendes Seil) oder als Fahrseil von Bergbahnen eingesetzt werden. Konstruktive Maßnahmen, welche eine Verringerung der Verformung eines freihängenden Seils unter nichtaffinen Lasten bewirken, sind:

- Verringerung des Durchhanges (Stiches): geht einher mit einer Zunahme der Seilkräfte (Abb. **B.182 a**).
- Vorbelastung mit Auflasten: vergrößert ebenfalls die Seilkräfte.
- Biegesteife Ausbildung des Hängebandes selbst: Gefahr von Überbeanspruchungen am Auflager als Folge der Einlaufwinkeländerungen bereits bei geringer Biegesteifigkeit, die insgesamt noch keine sehr wirksame Aussteifung bewirkt (Abb. **B.182 b**).
- Zwischenabspannungen nach oben bzw. unten möglichst in den Viertelspunkten: Führen evtl. zu Knicken an den abgespannten Knoten oder bewirken in einem evtl. darunter hängenden biegesteifen Träger hohe örtliche Beanspruchungen.

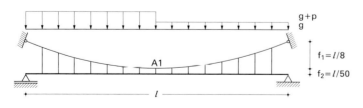

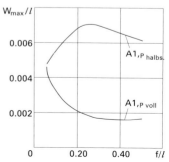

a Stich/Spannweite

6.6.3.3

Seile, Bündel und Kabel [B.98], [B.99]

Macharten (Abb. **B.183**):

Spiralseile sind Konstruktionen, deren einzelne Lagen gegensinnig geschlagen werden (Einfachverseilung), wobei die Drähte einer Lage jeweils der gleichen Schraubenlinie folgen.

Offene Spiralseile werden nur aus Runddrähten meist gleichen Durchmessers gefertigt und mit bis zu drei auf den Kerndraht aufgebrachten Lagen, also bis zu 1 + 6 + 12 + 18 = 37 Drähten, als *Litzen* bezeichnet (Abb. **B.183 a**).

Vollverschlossene Spiralseile erhalten über einem Runddrahtkern mehrere Lagen aus Formdrähten mit Z-Profil. Bei Kraftzunahme im Seil werden die Z-Profile aufeinander gepresst, der „Kopf" des einen immer auf den „Fuß" des Nachbarn. Vollverschlossene Spiralseile können mit Durchmessern bis 175 mm gefertigt werden (Abb. **B.183 b**).

Rundlitzenseile sind mehrfach verseilte Konstruktionen, meist Litzen aus im gleichen Drehsinn geschlagenen Drähten, die nochmals verseilt werden. Die für ihre Beschreibung notwendigen Begriffe sind in DIN 3051 zusammengefasst. Sie können im Kreuzschlag (Drahtspirale in der Litze gegenläufig zur Litze im Seil) und im Gleichschlag (Drahtspirale in der Litze mit gleichem Drehsinn wie Litze im Seil) gefertigt werden (Abb. **B.183 c**).

Bündel aus dicken Drähten oder aus siebendrähtigen Litzen werden für Traglasten von über 20 000 kN hergestellt und jeweils in einer Hülse verankert (Abb. **B.183 d, e**). Ihre Dehnsteifigkeit und ihre Ermüdungsfestigkeit sind höher als diejenigen von Seilen. Drahtbündel können auch verdrillt hergestellt werden und weisen dann einen stabileren Drahtverband auf. Sie lassen sich krümmen, ohne dass der Verband gesprengt wird.

Kabel bestehen aus mehreren Seilen oder Bündeln, die auf der freien Strecke gekoppelt sind, im Verankerungsblock ihre Kräfte aber einzeln über Schlaufen oder Vergusshülsen weiterleiten. Zunehmend werden Kabel in offener Anordnung ausgeführt, d. h. an den Koppelstellen auf Distanz gehalten. Damit werden die Korrosionsschutzarbeiten und die Kontrolle bis hin zum Austausch einzelner Zugglieder einfacher. Es können gleiche Einheiten addiert werden, und der Transport zur Baustelle ist besser zu bewältigen.

Bei der konstruktiven Durchbildung und der formalen Gestaltung sind in Bezug auf Vielfalt, Kontrollierbarkeit und Erhaltung dem Ingenieur mehr Möglichkeiten offen, wenn handhabbare Seileinheiten zu Randseilen, Gratseilen oder Tragkabeln in offener Konstruktion addiert werden, anstatt als konzentrierte, große Zugglieder zusammengefasst zu werden.

Tragkraft und Grenzzugkraft

Die Zugfestigkeiten der hochfesten Drähte für Seile, Bündel und Kabel werden für den Hochbau (DIN 18 800-1) mit 1770 N/mm^2 und für den Brückenbau (DIN 18 809) mit 1570 N/mm^2 begrenzt. Die Drähte sind zwar wesentlich hochfester herstellbar, büßen

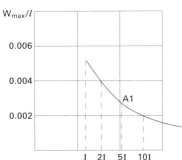

Abb. B.182
Die Verformungen eines aufgehängten Trägers unter halbseitiger Nutzlast

a abhängig vom Durchhang des Seils f/l
b abhängig von der Träger-Biegesteifigkeit I

jedoch mit steigender Zugfestigkeit aufgrund der erforderlichen Kaltumformung an Duktilität ein und werden anfälliger gegenüber schwingungsinduzierter Korrosion.

Die Drähte haben heutzutage einen Kohlenstoffgehalt um 0,8 % und werden patentiert-kaltgezogen. Für den Einsatz in freien Zuggliedern sind sie feuerverzinkt oder galvanverzinkt. Als Profile werden überwiegend Runddrähte eingesetzt. Formdrähte gibt es als Z-Profile für die Decklagen von voll verschlossenen Spiralseilen, als Talliendrähte im Wechsel mit Runddrähten der Decklagen von halbverschlossenen Spiralseilen und als Trapezprofile für die mittleren Lagen älterer Spiralseile. Die Formdrähte sollen die Hohlräume in den Seilen verringern und einen mechanischen Abschluss des Seils nach außen bewirken.

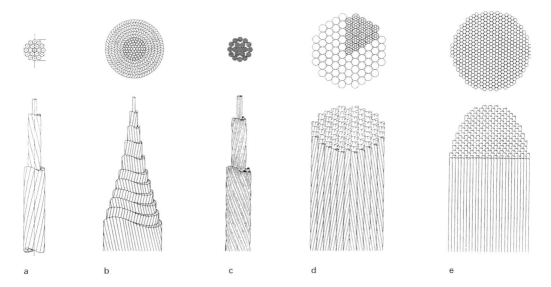

a b c d e

Zur Bestimmung der Grenzzugkraft von hochfesten Zuggliedern wird folgende Beziehung verwendet, in der Einflüsse aus der Machart der Zugglieder mit Hilfe von Faktoren, die in Tabellenform vorliegen, berücksichtigt werden:

$$\text{cal}\, Z_{R,d} = \frac{1}{\gamma_M} \cdot A_m \cdot f_{u,k} \cdot k_s \cdot k_e \quad \text{(Gl. 80, DIN 18 800)}$$

$\gamma_M \quad = 1{,}5 \cdot 1{,}1 = 1{,}65$

$A_m \quad = f \cdot 1/4 \cdot \pi \cdot D^2$ metallischer Querschnitt (Gl. 81, DIN 18 800)

$D \quad$ Seil- oder Bündelaußendurchmesser

$f_{u,k} \quad$ charakteristischer Wert der Zugfestigkeit der Drähte bzw. Spanndrähte oder Spannstäbe (früher Nenntestigkeit)

$f \quad$ Verfüllfaktor nach Tabelle 10 (DIN 18 800)

$k_s \quad$ Verseilfaktor nach Tabelle 23 (DIN 18 800)

$k_e \quad$ Verlustfaktor der Verankerung nach Tabelle 24 (DIN 18 800)

6.6.3.3 Stahlbau

Die Machart bzw. Konstruktionsart der Zugglieder wirkt sich stark aus. Je dünndrähtiger die Seile sind, die auch noch mehrfach geschlagen sein können (zum Beispiel Rundlitzenseile und Kabelschlagseile), desto flexibler sind sie. Das ist günstig während Herstellung und Montage sowie für bewegliche Konstruktionen wie wandelbare Dächer. Jedoch führen große Drahtoberflächen, große Hohlräume und sich kreuzende Seildrähte mit Querdruck zu verhältnismäßig großen Verseilverlusten. Die Festigkeiten unter statischer wie auch unter schwellender Last nehmen im Vergleich zu gebündelten, dicken Drähten stark ab, weshalb „biegeweiche", dünndrahtige Seile nur eingesetzt werden sollten, wenn die Eigenschaft guter „Krümmbarkeit" auch wirklich benötigt wird (zum Beispiel beim Umlenken über Rollen geringen Durchmessers und beim Anschmiegen an Membrantaschen).

Axiale Dehnsteifigkeit

Die Schraubenliniengeometrie der Drähte in den einfach oder mehrfach *verseilten Zuggliedern* hat zur Folge, dass die Summe der Kräfte in den Drähten größer ist als die Seilkraft, dass die Länge der Drähte größer ist als die zugehörige Seillänge und dass der Querdruck aus den Spiralen den Durchmesser des Seils stark querkontrahieren lässt. Dieses als Setzen bezeichnete Verhalten des Drahtgefüges bei Lastaufnahme führt zu einem „Atmen" des Seils im unteren Lastbereich, weshalb ein Seil im Bauwerk möglichst nicht schlaff werden sollte. Auch führt es zu einem geringeren Dehnungsmodul im Gebrauchslastbereich und macht ein Vorrecken des Seils vor dem Einbau sinnvoll. Im ungereckten Zustand weist das Seil große Hysterese-Schleifen bei größeren Spannungsausschlägen auf. Ein Seil wird beim Aufbringen von Klemmen auch merklich länger.

Die axiale Dehnsteifigkeit eines *Drahtbündels* hingegen ist nur geringfügig kleiner als die des einzelnen Drahtes wegen der geringen Streuung dieses Eigenschaftswertes.

Tabelle 5 der DIN 18 800-1, 11.90 gibt Anhaltswerte der Dehnsteifigkeit im Gebrauchslastbereich für verschiedene Seilarten, die einer Berechnung zugrunde gelegt werden können. Je nach Einsatzzweck sind diese Angaben nach der Seilfertigung zu überprüfen. Ein Vorrecken der Seile bis maximal 45 % der Nennfestigkeit kann die Dehnsteifigkeit in einem größeren Lastbereich stabilisieren.

Konstruktive Durchbildung

Bei der Durchbildung von Seilbeschlägen oder Knotenpunkten für Seilumlenkungen und Verankerungen müssen verschiedene, im Wesentlichen geometrische Bedingungen erfüllt sein (DIN 18 000-1, Abschnitt 5.3):
– Der Umlenkradius eines Seiles darf abhängig von der Konstruktionsart eine bestimmte Größe nicht unterschreiten. Für voll verschlossene Spiralseile beträgt er etwa 20 × Seildurchmesser, für Rundlitzenseile etwa 5 × Seildurchmesser.
– Das belastete, umgelenkte Seil muss in einer Nut geführt werden, damit der Drahtverband nicht aufgeht und die Bruchlast nicht reduziert wird.
– Der Umlenkdruck eines Seils über einem Sattel mindert die Traglast des Seils nicht, jedoch verändert ein zusätzlicher mechanischer Querdruck das Verhalten des Seils.

Abb. B.183
Die im Bauwesen üblichen Zuggliedereinheiten, die jeweils in einzelnen Hülsen verankert werden (vgl. auch [B.98])

a offene Spiralseile (bis 60 mm ⌀)
b vollverschlossene Spiralseile (bis 175 mm ⌀)
c Rundlitzenseile mit Stahlseele (bis 65 mm ⌀)
d Bündel aus 7-drähtigen Litzen mit $1/2"$ ⌀
e Bündel aus dicken Drähten mit 7 mm ⌀

- Ein verseiltes Zugglied kann sich durch Querkontraktion einem planmäßig aufgebrachten Querdruck entziehen, und dadurch kann beispielsweise eine Klemme frühzeitig rutschen.
- Im engen Abstand gesetzte Klemmen behindern die Beweglichkeit eines Seils und können das Seil zu einer Stange machen.
- Dem Vergießen eines Zugglieds aus hochfesten Stahldrähten mit Vergussmetallen und dem Aufpressen bzw. Aufziehen von Fittings sind enge Grenzen gesetzt, die in Vorschriften geregelt sind [B.99].

Die DIN 18 800-1, DIN 18 809 [B.98] sowie Spezialvorschriften machen Angaben zur Ausführung und der Beanspruchbarkeit der Seile und Beschläge (Abb. **B.184**) [B.100].

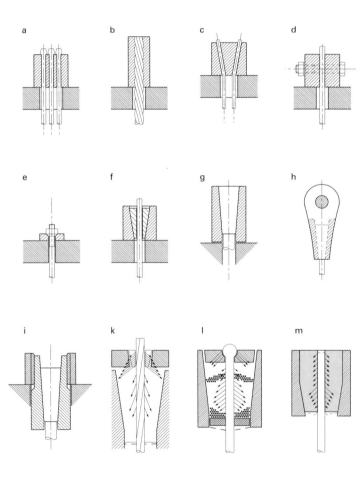

Abb. B.184
Verankerungsmöglichkeiten von Zuggliedkonstruktionen:

a bis f trocken zusammengebaute Systeme, wie sie auch für Spannglieder Verwendung finden
g bis i Vergussverankerungen mit verschiedenen Lastausleitungsmöglichkeiten. Großsysteme mit differenzierter Lastausleitung, bei welchen zur Vermeidung von Unübersichtlichkeit jeweils nur einer der vielen Drähte oder Litzen dargestellt ist:
k Keilverankerung von Litzenbündeln mit Kunststoffmörtelinjektion im Vorbereich
l Kugel-Kunststoff-Verguss mit aufgestauchten Köpfchen, Lochplatte und Epoxy-Stahlkugel-Gemisch
m Zweigeteilter Verguss aus ZnA16Cu (Zamak) mit hoher Querdruckpressung am Seilausgang (siehe auch [B.98] und Firmenkataloge im Anwendungsfall)

6.6.4

Das Seiltragwerk

6.6.4.1

Der ebene Seilbinder und seine Additionsmöglichkeiten [B.101]

In Erweiterung der direkten Aussteifung des Seils (vgl. Abschnitt 6.6.3.2) ist es sinnvoll, Seile zu Bindern zu koppeln, die im Wesentlichen aus einem *Tragseil*, einem *Spannseil* und *Koppelseilen* bestehen. Eine Steifigkeitserhöhung wird stufenweise erreicht,
– indem zunächst das Spannseil gegen das Tragseil vorgespannt wird, dann
– Spannseil und Tragseil im Scheitelpunkt gekoppelt werden und zusätzlich
– die Ausfachung zwischen Tragseil und Spannseil mit dreieckförmigen Maschen ausgeführt wird, so dass das Tragwerk nicht mehr kinematisch ist (Abb. **B.185**).

Die Vorspannung bewirkt, dass das Spannseil „auf Druck" mitträgt, weil es auf Lasten mit einer Reduktion der eingeprägten Zugkräfte reagiert. Durch die Vorspannung bleiben Tragseil und Spannseil an der Lastabtragung beteiligt (Abb. **B.186 a**). Wirkt die Verkehrslast mit umgekehrtem Vorzeichen (Windsog), so wird im Tragseil die eingeprägte Zugkraft abgebaut.

Bei der Festlegung der Höhe der Vorspannung ist zu beachten:
– Die Vorspannung verhindert das „Schlaffwerden" des Spannseils einer kinematischen Binderstruktur (mit viereckigen Maschen) unter geometrie-affiner Belastung (Abb. **B.186 c**).
– Mit Hilfe der Vorspannung wird dafür Sorge getragen, dass in keinem biegeweichen Seilelement einer starren Binderstruktur (mit dreieckigen Maschen) die Zugkraft so weit reduziert wird, dass dieses Element ausfällt und sich das Tragsystem ändert; auf die Verformungen dieser Binder hat die Höhe der Vorspannung so gut wie keinen Einfluss.
– Die Vorspannung erhöht die geometrische Steifigkeit und reduziert die Verformung einer kinematischen Binderstruktur unter nicht-geometrie-affiner Belastung wesentlich, unter geometrieaffiner Belastung aber nur ganz geringfügig.

Abb. B.185
Verschiedene Anordnungen von Trag- und Spannseilen zueinander:

a bis d kinematische Systeme mit verschiedenen einzelnen Kreuzungspunkten
e bis g starre Systeme, bei welchen die Höhe der Vorspannung den Ausfall einzelner Stäbe verhindert, die Steifigkeit des Binders jedoch kaum beeinflusst

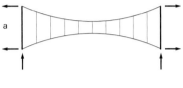

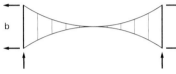

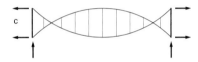

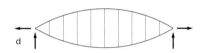

B   Stahlbau   6.6.4.1

Schnittkraftermittlung am Seilbinder

In Abb. **B.186 b** wird für einen beweglichen Seilbinder mit Trag- und Spannseil und einer Ausfachung mit parallelen Hängern (Zugelementen) angegeben, wie die Größen der Vorspannung im Trag- und im Spannseil zueinander im Verhältnis stehen. Wie sich eine geometrie-affine Belastung auf das Trag- und das Spannseil näherungsweise verteilt, zeigt Abb. **B.186 c**. In gewissen Grenzen lassen sich dabei auch elastisch nachgiebige Lager von Trag- und Spannseil simulieren, indem die elastische Nachgiebigkeit im Geometriefaktor G als vergrößerte Länge berücksichtigt wird [B.93]. Hierbei wird vorausgesetzt, dass die Dehnung der Seile keine wesentlichen Geometrieveränderungen auslöst. Für eine Vorberechnung liegen diese Berechnungen ohne Berücksichtigung der Geometrieveränderung immer auf der sicheren Seite, weil bei Berücksichtigung der Theorie II. Ordnung das Tragseil geringere Kräfte hat und das Spannseil dann erst unter höherer Last ausfällt [B.85], [B.102].

a   Auswirkung der Seilvorspannung

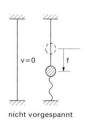
nicht vorgespannt

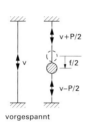
vorgespannt

Abb. B.186
Kräfte in vorgespannten und belasteten Seilsystemen:

a   eine Kugel mit veränderlichem Gewicht P im vertikal gespannten Seil mit Verformungsdiagramm (Schlaffwerden des Spannseils)
b   Verteilung der Vorspannkräfte in einem Seilbinder
c   Aufteilung geometrie-affiner Belastungen eines Seilbinders auf den Anteil des oberen Tragseils und des unteren Spannseils. Vorausgesetzt werden starre Verankerungspunkte und eine vernachlässigbare Geometrieänderung infolge Seildehnung

b   Vorspannkräfte am Seilbinder

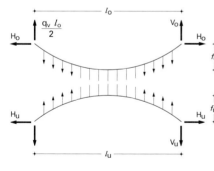

$$\frac{H_o}{\varrho_o} - \frac{H_u}{\varrho_u} = 0$$

$$\varrho = \frac{1}{R}$$

$$R = \frac{l^2}{8f}$$

$$H = R q_v$$

$$V = 1/2\, l\, q_v$$

c   Lastverteilung am Seilbinder

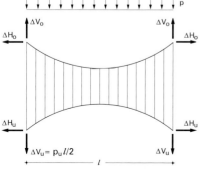

$$p_o = \chi_o\, p$$

$$p_u = p - p_o$$

$$\chi_o = \frac{1}{1+\theta_o}$$

$$\theta_o = \frac{E_u\, A_u\, G_o\, l_o^2}{E_o\, A_o\, G_u\, l_u^2}$$

$$G = 1 + \frac{3\, l^2}{16\, f^2}$$

Geometrische Anordnung der Seile (Abb. **B.185**)

Die Trag- und Spannseile mit gegebenenfalls unterschiedlichen Steifigkeiten, die von der Länge der Parabelabschnitte, von der Seilkrümmung, der Nachgiebigkeit der Verankerungen und den Seilquerschnitten abhängig sind, können in unterschiedlichen Höhenlagen zueinander angeordnet sein. Sie können sich in den verschiedensten Höhen überschneiden, wobei in den einander konkav gegenüberliegenden Seilbereichen die Verbindungselemente Druck erhalten und als Stäbe ausgebildet werden müssen. Die Ermittlung der wesentlichen Seilkräfte ist immer noch mit Hilfe der angegebenen Beziehungen möglich (Abb. **B.185 a bis d**).

Die Trag- und Spannseile können auch additiv gegeneinander versetzt und die Hänger dazwischen geneigt angeordnet werden, so dass ein „Faltwerk" entsteht (Abb. **B.187**).

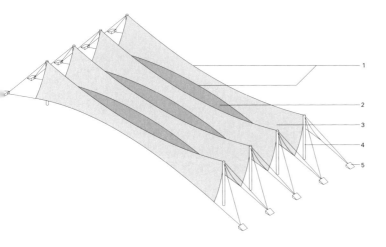

Abb. B.187
Alternierende Anordnung von Trag- und Spannseilen für eine Überdachung, die einem zugbeanspruchten Faltwerk ähnelt

1 Primärseile an Graten und Kehlen
2 Eindeckung evtl. als zugbeanspruchte Membran
3 Sekundärseile
4 Mast
5 Verankerung

Parallelanordnung, Reihung der Seilbinder

Früher begnügte man sich häufig damit, in Trägerrosten Seilbinder als Nebenträger nebeneinander anzuordnen, während die Hauptbinder konventionelle Biegeträger waren [B.92]. Heute weiß man, dass es sinnvoll ist, die Hauptspannweite mit leichten Seilbindern zu überbrücken und für die Nebenrichtung einfache Biegeträger einzusetzen (Abb. **B.188**) [B.101].

Hintereinanderschaltung, Addition der Seilbinder

Kleinteilige Seilbinder, als Nebenträger zwischen Hauptbindern über mehrere Felder hinweg hintereinander angeordnet, haben den Nachteil, dass die horizontalen Differenzkräfte infolge feldweiser Belastung von den Hauptbindern in deren Querrichtung nicht aufgenommen werden können. Dadurch verschieben sich die Auflager der Nebenbinder, was sich in großen Verformungen bemerkbar macht. *Die Hintereinanderschaltung von seilbinderartigen Tragstrukturen ist also in der Regel problematisch.*

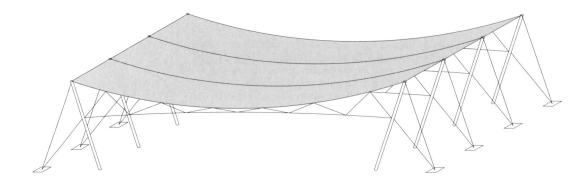

Abb. B.188
Parallelanordnung von Seilbindern

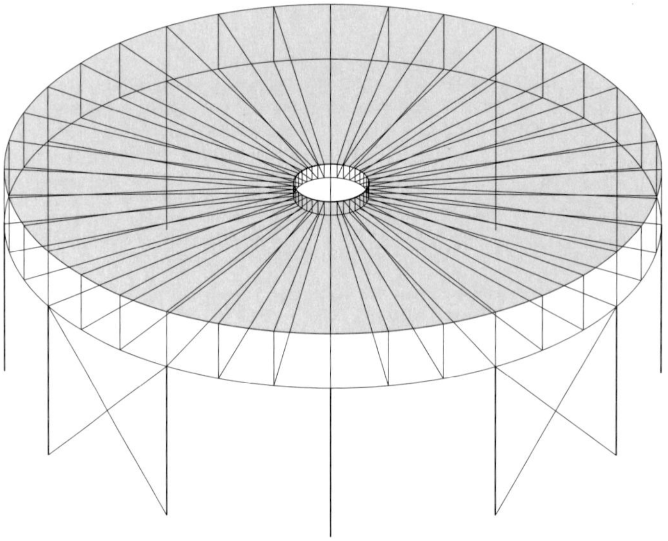

Abb. B.189
Radialanordnung von Seilbindern

Radialanordnung

Bei radialer Stellung der Binder zueinander ergibt sich die Möglichkeit, die Kräfte der außen notwendigen Verankerungen in einem oder zwei Druckringen kurzzuschließen, so dass keine Horizontalkräfte aus Vertikallasten und Vorspannung in den Baugrund eingeleitet werden müssen (Abb. **B.189**). Je nach den äußeren Bedingungen sind ganz verschiedene Bindergeometrien möglich (Abb. **B.190**). Um die Koppelung der Binder im Zentrum zu entzerren, wird man dort einen oder mehrere Zugringe anordnen (Abb. **B.190 b**). Der Grundriss des Daches bzw. der Ringe kann kreisförmig oder elliptisch sein. Für Stadionüberdachungen können die Zugringe auch so große Durchmesser haben, dass sich das Dach ringförmig um eine große innere Öffnung legt und die Seilbinder wie Kragarme zwischen den äußeren Druck- und den inneren Zugringen wirken (Abb. **B.190 c, d**). Unter Gleichlast sind solche Dächer weitestgehend geometrie-affin beansprucht, unter konzentrierten Lasten neigen sie jedoch zu großen Verformungen [B.103], [B.104], [B.105], [B.106].

Der oder die konzentrierten inneren Zugringe können auch in eine gewisse Anzahl von Zugringen aufgelöst und in Radialrichtung verteilt angeordnet werden, um so über Diagonalseile in den einzelnen Bindern zwischen den Ringen die sich nach außen aufaddierenden Lasten abzutragen (Abb. **B.191**). Nach diesem Prinzip der „Cable-Domes" wurden in den USA zahlreiche leichte Überdachungen großer Versammlungs- oder Sportstätten errichtet. Sie können eine kuppelartige oder zeltartige äußere Form haben. Man kann die Zahl der Seilabschnitte und Stäbe auf ein Minimum begrenzen und zur Eindeckung zwischen den einzelnen Bindern in Sattelform gespannte Membranen vorsehen, um damit zugleich eine ausreichende Steifigkeit zu erreichen (*Geiger*-Domes) oder die Binder zickzackförmig anordnen, so dass dreieckförmige Maschen in den Ringkonstruktionen entstehen und dadurch die Verschieblichkeit in der Kuppelfläche stärker behindert wird (*Fuller*-Kuppel). Unter geometrie-nichtaffiner Belastung wird sich das Fuller-System natürlich geringer verformen, allerdings auch einen größeren Fertigungsaufwand verlangen [B.107], [B.108].

An dieser Stelle beginnen die Eigenschaften druckbeanspruchter Stabkuppeln und zugbeanspruchter Seiltragwerke fließend ineinander überzugehen. Mischformen sind auch hier häufig überlegen. Das druckbeanspruchte zweilagige kuppelförmige Raumfachwerk des in Japan entwickelten *Panta*-Dome-Systems wird beim *Suspen*-Dome mit einer vorgespannten unteren Seillage gekoppelt, was in ähnlicher Weise auch dadurch erreicht werden kann, dass in der oberen Lage von Cable-Domes Druckstäbe angeordnet werden [B.109].

Bei einem geschlossenen Dach nach dem Fuller-System mit elliptischem Grundriss kann es sinnvoll sein, über die große Ellipsenachse einen Seil-Fachwerkbinder einzubauen, der die Vorspann- und Lastkonzentration zwischen den Endbereichen kurzschließt und damit verhindert, dass der Druckring in seinen Bereichen mit geringerer Krümmung überbeansprucht wird (Abb. **B.192**) [B.110].

Abb. B.190
Die Entwicklung vom radialsymmetrischen Speichenrad zur ovalen Ringausbildung mit zwei äußeren Druckringen

a radiale Binderanordnung mit Innennabe
b radiale Binderanordnung mit Doppeldruckring
c Ersatz der Nabe durch einen Zugring mit Übergang zu einer größeren Beweglichkeit des Systems
d Ovalisierung des Krag-Ringes mit Ausgleich der unterschiedlichen Umlenkkräfte über einen veränderlichen Abstand der Druckringe zueinander

a
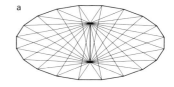

b
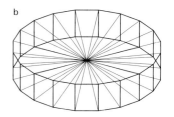

c
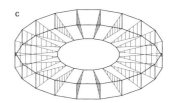

d
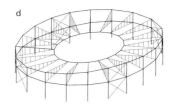

a

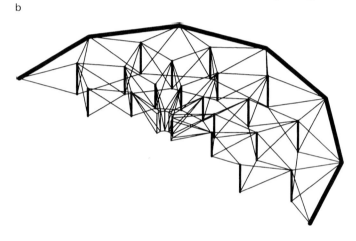

b

Abb. B.191
Die Tragstrukturen

a eines *Geiger*-Domes und
b eines *Fuller*-Domes
 (Halbdarstellungen)

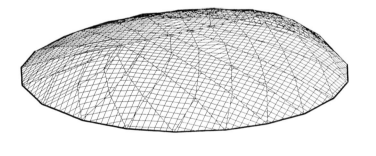

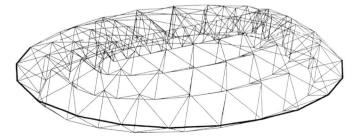

Abb. B.192
Fuller-System mit Seilfachwerkträger in der großen Achse über elliptischem Grundriss
(Georgia-Dome, Atlanta)

6.6.4.2

Netze

Die im Kuppel- oder Schalenbau ideale doppelt-gleichsinnige (synklastische) Krümmung spielt bei Seilnetzen im Bauwesen, die ja nur zugbeansprucht tragen können, praktisch keine Rolle; wir kennen sie nur als Förderbehältnisse, ähnlich den Einkaufsnetzen, Fischernetzen und Hängematten: Immerhin kommen sie im Bauwesen gelegentlich als *schwere Hängedächer* vor, die aber – wenn schon gewichtsstabilisiert – besser gleich *einsinnig* gekrümmt, bandartig ausgeführt werden [B.101].

Die „echten" *Seilnetze* des Leichtbaus, bevorzugt durchsichtig oder durchscheinend eingedeckt, sind *gegensinnig* (sattelförmig oder antiklastisch) gekrümmt. Sie lassen sich – abhängig von der jeweiligen Maschengeometrie – mehr oder weniger günstig einer bestimmten Form anpassen (Zuschnitt). Wesentliche Parameter für die Beurteilung ihrer Steifigkeit sind die Anzahl der Stäbe (Stabelemente), die in jeden Knoten einlaufen, und die Lage der Stabrichtungen auf der gekrümmten Fläche, die das Netz aufspannt (Abb. **B.193**) [B.94], [B.111]. Diese Fläche muss immer eine gegensinnige (negative Gaußsche) Krümmung haben bzw. eine Sattelfläche sein, damit das sie belegende Seilnetz vorgespannt werden kann. Vorspannen heißt hier wieder, in alle Elemente der gewichtslos gedachten und belastungsfreien Konstruktion einen Zug-Eigenspannungs-Zustand einprägen, so dass das Tragwerk in der Lage ist, mit seinen nur zug-(nicht druck)festen Elementen beliebige Lasten zu tragen. Konkret vorgespannt werden diese Netze mit Pressen an den Randbefestigungen der einzelnen Seile bzw. dadurch, dass jedes Seil um das Maß seiner Dehnung unter Vorspannung verkleinert hergestellt und beim Einbau auf seine planmäßige Länge gedehnt wird. An bestimmten ausgewählten Randpunkten muss die Vorspannung während der Montage so eingeleitet werden können, dass keine Zwängungen (d. h. keine örtlichen Überbeanspruchungen) entstehen.

– Ein Netz, bei dem in jeden Knoten *drei* Seile einlaufen, spannt in jedem Knoten eine Ebene auf und ist mit seinen *Sechseckmaschen* ein innerlich kinematisches System (Abb. **B.193 a**). Die Flächenkrümmung kann das dadurch bedingte ungünstige Tragverhalten kaum verbessern. Die Verformungen unter Last sind sehr groß, und jedes Stabelement hat etwa die gleiche Kraft. Fällt in einem Sechsecknetz ein Seilelement aus, verliert die ganze Struktur ihre Vorspannung. *Diese Netze sind also bautechnisch kaum einsetzbar.*

– Ein Netz, bei dem in jeden Knoten *vier* Seile einlaufen, spannt in den einzelnen Knoten nur dann eine Ebene auf, wenn die beiden Seilscharen entlang den geraden Erzeugenden der Sattelfläche verlaufen (Abb. **B.193 b**). Dann verhält sich das Netz wie eine ebene Fläche (Tennisschläger) und kann Lasten – abhängig von der Größe der Vorspannung – nur unter sehr großen Verformungen tragen, so dass diese Konfiguration möglichst zugunsten einer Anordnung der *Seile entlang der Hauptkrümmungsrichtungen* vermieden werden sollte (Abb. **B.193 c**). Jetzt stehen in jedem Knoten die Umlenkkräfte der einen Seilschar mit der der anderen im Gleichgewicht. Unter Lasten nehmen die Kräfte in der einen Seilschar zu („Tragseile"), in der anderen ab („Spannseile"), bis in letzteren die Vorspannung aufgezehrt ist und nur noch die Tragseile tragen und ab diesem Moment die Verformungen um das Doppelte zunehmen (Abb. **B.186 a**). – Diese Netze mit

Viereckmaschen werden bevorzugt gleichmaschig hergestellt. In der Ebene ausgelegt, sind sie quadratmaschig und deshalb sehr einfach anzufertigen. Sie können sich durch Winkeländerungen jeder beliebigen doppelt gekrümmten Fläche anpassen („Salatsiebprinzip"), wie es das Seilnetzdach der olympischen Sportstätten in München eindrucksvoll zeigt [B.61].

- In Abb. **B.193** d ist ein Netz dargestellt, das mit drei Seilscharen in einer antiklastischen Fläche liegt. Es bilden sich Dreieck- und Sechseckmaschen. Weil in jedem Knoten nur vier Seilelemente zusammenstoßen, wird das Verhalten des Netzes am ehesten dem Netz von Abb. **B.193** c entsprechen.
- Ein Netz, bei dem in jeden Knoten fünf Elemente einlaufen, ergibt keine homogene Netzstruktur. Je nach Anordnung von Einzelelementen in der Fläche kann die Struktur in der Fläche noch partiell beweglich oder bereits starr sein. Ein solches Netz ist sehr aufwendig herzustellen.
- Ein Netz, bei dem in jeden Knoten sechs Elemente einlaufen, hat Dreiecksmaschen und wird in der Regel aus drei Seilscharen hergestellt (Abb. **B.193** e). Diese Netze sind in jedem Teil ihrer Fläche starre, schubsteife Membranen und mit geeigneter Vorspannung ideale Membranschalen. Wenn solche Netze eben ausgelegt aus lauter gleichen Dreiecksmaschen hergestellt werden, können sie nur einsinnig gekrümmt und nicht vorgespannt werden. Doppelt gekrümmte Flächen sind aus solchen Netzen nur schwer herzustellen, weil dann jeder Knotenabstand bzw. jede Masche unterschiedlich sein muss. Dieses Problem hält sich in Grenzen, wenn man sich auf Rotationsflächen beschränkt, wie mit dem Bau des Seilnetzkühlturms Schmehausen gezeigt wurde [B.112]. Dessen Netz wurde aus drei untereinander gleichen Seilscharen hergestellt und die Umlenkkräfte von jeweils zwei Scharen stehen in jedem Knoten im Gleichgewicht mit denen der dritten.

Eine größere Anzahl von Elementeinläufen in einen Knoten ist bautechnisch sehr kompliziert, ohne dass damit für das Tragverhalten Verbesserungen erzielt werden können. *Die Ermittlung und Fertigung des exakten Zuschnitts und das Vorspannen werden mit zunehmender Zahl von Seilelementen, die in einen Knoten einlaufen, schwieriger.*

Abb. B.193
Seilnetze mit verschiedenen Maschenformen, aufgelegt auf einen Hyparausschnitt:

a *Sechseckmaschen*; Knoten mit drei Stäben als lokale Ebene; gleichmäßige Beanspruchung; *große Verformungen*
b Quadratmaschen; Knoten mit vier Stäben als lokale Ebene; Beanspruchung entlang belasteter Seile; *große Verformungen*
c Quadratmaschen; Knoten mit vier Stäben; Beanspruchung entlang belasteter Seile; mittelmäßige Verformungen
d Sechseck- und Dreieckmaschen; Knoten mit vier Stäben; verwischte Beanspruchungen; mittelmäßige Verformungen
e Dreieckmaschen-Knoten mit sechs Stäben; örtliche Beanspruchungen; geringe Verformungen

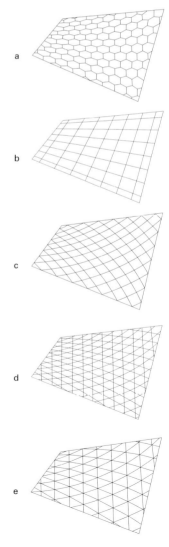

Flächenform und Netzbelegung

Wer Seilnetze bauen, also doppelt-gekrümmte Flächen mit regelmäßigen Netzen belegen will, kann viel von deren „Umkehrung" lernen, den druckbeanspruchten Stabkuppeln. Dort gibt es, ausgehend von den platonischen Polyedern über die geodätischen Kuppeln bis hin zu den modernen Netzkuppeln, eine Fülle von Vorschlägen mit dem Ziel, diese Flächen für eine günstige Fertigung der Kuppeln mit möglichst viel Stäben und Knoten gleicher Geometrie zu belegen [B.113], [B.114], [B.115], [B.116].

Für ein einfaches Denkmodell zum Tragverhalten von Seilnetzen geht man am besten von der Form einer Sattelfläche oder dem hyperbolischen Paraboloid aus, das in Richtung der Hauptkrümmungen geschnitten die Geometrie von Parabeln aufweist und damit auf das Verhalten des Seilbinders zurückgeführt werden kann (Abb. **B.194**). Für diese Tragstruktur können unter Gleichlast die Schnittkräfte für eine Vorbemessung ausreichend genau entsprechend den Näherungsgleichungen des kinematischen Seilbinders unter einer Streckenlast ermittelt werden (Abb. **B.186 c**). Die Spannseilschar ist nur gegen die Tragseilschar um 9° gedreht [B.117].

Das Verhalten der Seilnetze in Form der Sattelflächen wird also von folgenden geometrischen Größen maßgebend beeinflusst:
– der Größe und dem Verhältnis der Flächenhauptkrümmungen zueinander,
– der Anzahl der Seilscharen und ihrer Ausrichtung in Bezug zu den Hauptkrümmungsrichtungen,
– der Anzahl der Seile, die in einem Knoten zusammenlaufen, wodurch die Kinematik der „Membranfläche" bestimmt wird.

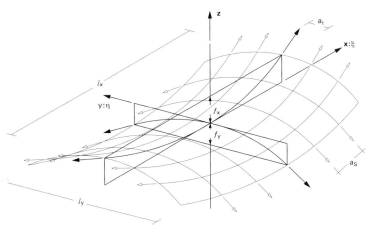

Abb. B.194
Seilnetz mit quadratischen Maschen und zwei Seilrichtungen, die den Hauptkrümmungsrichtungen einer Hyparfläche folgen

Eine näherungsweise Ermittlung der Aufteilung einer geometrieaffinen Flächenlast auf die beiden Seilscharen kann nach dem Verfahren der Abb. **B.186** erfolgen.

Begrenzung und Randausbildung der Seilnetze

Wie aus dem Schalenbau bekannt und beim durchhängenden Seil bereits erwähnt, stellen Seilnetz und Schalenflächen in der Regel Ausschnitte aus Geometrieformen dar, die räumlich unbegrenzt sind. Die für den vorgesehenen Verwendungszweck erforderlichen Begrenzungen und Randbefestigungen erzeugen demzufolge immer geometrische Schwierigkeiten und bewirken statische Störungen. Die Störungen werden zwar mit zunehmender Kinematik der Netzkonfiguration geringer, dafür kann das weiche Netz Verformungen des Netzrandes nur unwesentlich behindern.

Die Randausbildungen zugbeanspruchter Netze mit Sattelform können folgende baustatische Eigenschaften haben:

– Der *völlig starre Rand*, in der Netzfläche scheibenartig ausgebildet, quer zur Netzfläche ebenfalls steif gelagert oder leicht elastisch nachgiebig. Hier beschränkt sich die Interaktion Rand – Netz auf die unmittelbare Randzone des Netzes mit Zwängungen bei Einlaufwinkeländerungen und örtlichem Schlaffwerden bei großen Verzerrungen des Netzes in seiner Fläche unter Last.
– Der *biegeweiche Rand*, zumindest in der Netzfläche elastisch nachgiebig als Randträger hergestellt, quer dazu kontinuierlich gestützt oder auch frei gespannt. Hier vergrößern sich die gestörten Randzonen des Netzes grundsätzlich, wobei eine Nachgiebigkeit quer zur Netzfläche für die Einlaufwinkel eher günstig ist. In beiden bisher genannten Fällen können aus statischer Sicht Rand und Netz getrennt behandelt werden, insbesondere wenn die Ränder parallel bzw. rechtwinklig zu den Hauptkrümmungslinien der Netze und nicht parallel zu den Erzeugenden verlaufen [B.117].
– Der *flexible Rand*, aus einem zugbeanspruchten Randseil hergestellt, das in der Netzfläche elastisch, quer dazu fast dehnungslos nachgiebig ist (Abb. **B.195**). Jetzt wirken Rand und Netz untrennbar zusammen und müssen statisch als Einheit betrachtet werden. Dies ist bereits beim Entwurf zu beachten, wobei sich Tüllmodelle als anschauliche Hilfe bewährt haben [B.90], [B.94], [B.117].
– Ein Randseil wird zwischen seinen Endpunkten immer versuchen, eine Ebene aufzuspannen (kürzester Kraftweg) und wird damit die Topographie der doppelt gekrümmten Netzfläche stören. Diese Auswirkungen wachsen mit der Länge und dem Stich des Randseils.
– Ein Randseil kann je nach der Geometrie der an es angeschlossenen Netzseile und der Maschenformen des Netzes die Randbereiche im Vergleich zur Netzfläche selbst weicher oder steifer werden lassen. Dasselbe gilt auch für den Anschluss von Netzen an Grat- oder Kehlseile (vgl. unten) [B.94].
– Da die Kräfte auf ein Randseil sich in ihrer Richtung, Größe und Verteilung unter Last gegenüber denen unter Vorspannung ändern, sucht sich das Randseil, das statisch eine Gelenkkette ist, eine neue Gleichgewichtsfigur. Bei dieser Lastumlagerung können große Bewegungen und/oder Zwängungen auftreten [B.118].

- In den Zwickeln an den Verankerungen zwischen zwei aneinandergereihten Randseilen können bei ungünstiger Netzmaschengeometrie und Randseilform kurze Netzseile auftreten, die auf Randseilverschiebungen mit sehr großen Netzseilkräften antworten müssen, eine kritische Situation, die im Entwurfsprozess rechtzeitig erkannt werden muss [B.61].
- Ebenso werden Netzseile schnell überbeansprucht, die an Knotenpunkten starr verankert sind, gegenüber ihren Nachbarseilen, die elastisch nachgiebig in Randseile münden [B.94].
- Konzentrierte Punktstützungen kann ein Netz ebenso wenig verkraften wie eine Membranschale. Randseile in Tropfenform oder Ringseile mit Radialaufhängung sammeln deshalb die Kräfte aus dem Netz ein und transportieren sie zur Unterstützungskonstruktion, das sind in der Regel Maste [B.111].
- Um Sattelflächen aneinanderzukoppeln, werden die Randseile der benachbarten Netze zu einem Strang verbunden, er als „Grat" eine hängende Form hat und als „Kehle" einem stehenden Spannseil entspricht. Hier kann mit Hilfe von „Augen" eine weitgehende Entkoppelung der beiden aneinandergrenzenden Netzflächen erreicht werden (Abb. **B.195**) [B.61], [B.94].

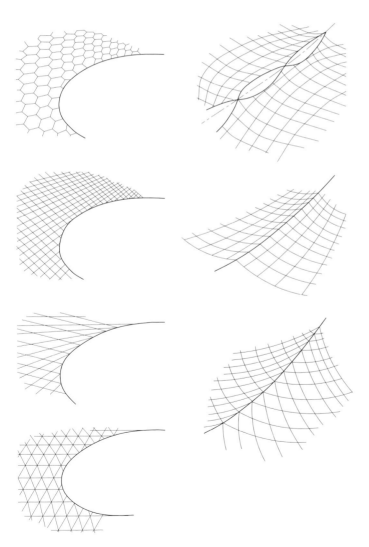

Abb. B.195
Randgeometrien von verschiedenen Maschenanordnungen, die mittels eines gespannten Seiles begrenzt werden und die Möglichkeiten, zwei Sattelflächen aus Viereckmaschen-Netzen an einem Grat zusammenzuführen

Seilnetze auf Stabkuppeln

Als Kombination von Kuppeln aus druckbeanspruchten Stäben (Stabkuppeln), die mit quadratischen Maschen keine ausreichende Schubsteifigkeit in der Fläche hätten, um größere Spannweiten zu überbrücken, mit einem diagonal darüber gespannten Seilnetz, welches die Kuppelfläche zu einer idealen Membranschale werden lässt, sind diese leichten Flächentragwerke geeignet, an die Entwicklung der Glas-Gusseisen-Konstruktionen des 19. Jahrhunderts anzuknüpfen. Sie erlauben große verglaste, sehr filigrane Dachflächen mit vollkommener Lichtdurchlässigkeit (Abb. **B.196**) [B.119].

Einachsig gekrümmte Tonnen, auch die aus seilnetzverspannten Stabtragwerken hergestellten, benötigen natürlich schottartige Aussteifungen in geeigneten Abständen. Diese Versteifungen können, wie im nächsten Abschnitt dargestellt, mit Seilen gebildet werden [B.120].

Abb. B.196
Stabnetzkuppel aus zusammengesetzten Tonnen, deren Kreuzungsbereich kuppelartig ausgestaltet ist und deren Aussteifungsschotte als Speichenräder ausgebildet sind. Die Stabschale ist mit einem doppellitzigen, zweischarigen Diagonalnetz ausgesteift.

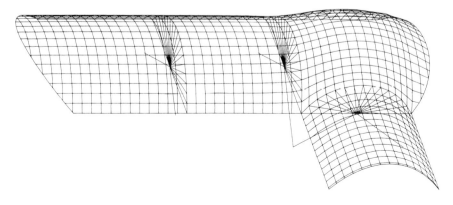

6.6.4.3

Verspannte Bögen – Polonceau-Binder – Unterspannte Träger

In der historischen Abfolge tauchten die unterspannten Träger bereits bei *Marc Seguin* (1826) und *William Fairbairn* (1859) auf, die Hallenüberdachungen mit Zugstäben von *Camille Polonceau* ab 1837 und der verspannte Bogen von *V. G. Suchov* um 1890. Hier soll die Entwicklung in umgekehrter Reihenfolge vom Tragverhalten her betrachtet werden: Der sinnvolle Einsatz verschiedener Werkstoffe (mixed structures) und gemischter Tragsysteme (hybrid structures) nimmt auf dem Weg vom verspannten Bogen über den teilweise biegebeanspruchten Polonceau-Binder und hin zum unterspannten Träger den Biegewiderstand in immer stärkerem Maße in Anspruch. So wird das Biegeelement zunehmend Teil des gemischten Systems und stabilisiert nicht nur den Bogen gegen seitliches Ausknicken und Lasten zwischen den Knoten, sondern bestimmt das gesamte Tragverhalten.

Verspannte Bögen

Für die Seilverspannung eines Bogens gibt es zahlreiche Möglichkeiten. Der Bogen ist jeweils an zwei Fußgelenken gelagert und trägt eine Streckenlast im wesentlichen auf Druck ab (Abb. **B. 197**):
– Zugstäbe ohne Vorspannung halten die Bogenknotenpunkte vom gegenüberliegenden Fußgelenk aus (Abb. **B.197 a**). Bei einseitiger Last werden die Verstrebungen unter der Last schlaff, die Diagonalen zur anderen Bogenhälfte werden gezogen. Die Zugelemente sprechen also nur an, wenn die Last auf den Bogen nicht geometrie-affin ist. Eine Vorspannung dieses Systems ist wenig sinnvoll [B.121], da die Diagonalen des Systems eine hohe Axialsteifigkeit haben. Das Schlaffwerden zu vermeiden bedeutet, einen unnötigen Aufwand zu treiben.
– Ein „Speichenrad", dessen „Nabe" unterhalb der Verbindungslinie zwischen den beiden Auflagerknoten liegt, wird nach unten aufspreizend versteift (Abb. **B.197 b**). Der Mittelknoten oder die Nabe wird von zwei gespreizten Seilen nach unten abgespannt und gehalten, so dass die Speichen unter einer einseitigen Last auf dem Bogen nicht ausfallen. Das System sollte vorgespannt sein, damit keines der Seile des Speichenrads und der unteren Abspannung schlaff wird. Es bauen sich dann nur ihre Vorspannkräfte ab, und sie geben den Bogen nicht auf eine größere Strecke frei. Die Speichen dienen auch unter Last zur Knickaussteifung, was beim ersten Bogensystem nicht der Fall war [B.120].
– Der Bogen ist an einem Kämpfer horizontal beweglich und die untersten „Speichen" bilden gleichzeitig ein Zugband, welches die horizontalen Spreizkräfte aufnehmen kann (Abb. **B.197 c**). Der mittlere Knotenpunkt muss ausreichend über der Kämpferhöhe liegen, um über die Eigen- und Nutzlasten das Speicherrad zu spannen. Wegen der Biegesteifigkeit des Bogens kann auch eine geringe Vorspannung eingeleitet werden. Der wesentliche Zugkraftanteil stammt jedoch aus den Lasten [B.122]. Liegt der mittlere Knoten nicht hoch genug über den Kämpfergelenken, können einzelne Stäbe unter einseitiger Last schlaff werden, was vermieden werden sollte. Die Varianten (c') und (c") verhalten sich ähnlich, (c') ist wesentlich weicher als (c) und (c").

Abb. B.197
Verschiedene Möglichkeiten der Verspannung von Druckbögen

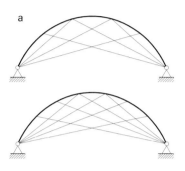

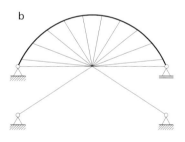

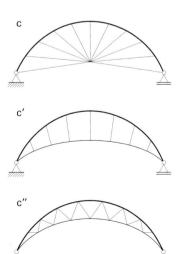

Bögen können auch zur Unterstützung von Netz- oder Membrankonstruktionen verwendet werden, was zu einer interessanten Interaktion führt: Der Bogen trägt das Netz oder die Membran, diese stabilisieren den Bogen in seiner Ebene und quer dazu. Eine Erhöhung der Vorspannung des Netzes oder der Membran erhöht die Rückhaltekräfte [B.198]. Der Bogen in Abb. **B.198** war allein selbst unter seinen Eigenlasten in Querrichtung nicht stabil und musste so lange abgespannt bleiben, bis er mit dem Netz gekoppelt und dieses vorgespannt war.

Abb. B.198
Druckbogen, von Netzen stabilisiert – die Eissporthalle II auf dem Olympiagelände in München

Der Polonceau-Binder

Die Giebeldachform bzw. der geknickte Untergurt dieses Bindertyps erlaubt eine sehr günstige Unterspannung. Selbst wenn der Binder nur auf einer Seite horizontal gehalten ist und die beiden geneigten Sparren mehrfach unterstützt werden sollen, wozu Druckstäbe nötig sind, werden alle Stäbe nur axial beansprucht, solange die Lasten allein in den Knoten angreifen. Die Sparren (früher aus Holz oder Gusseisen) werden dann auf Biegung beansprucht, wenn die Last zwischen den Knoten angreift oder sich die Unterspannung sehr stark dehnt (Abb. **B.199 a**).

Der unterspannte Träger

Der unterspannte Träger kann verschiedenartig interpretiert und so seine Einsatzmöglichkeiten und sein Tragverhalten erläutert werden (Abb. **B.200**, Abb. **B.201**):
- Als Hängeband, bei dem die Horizontalkräfte mittels eines Druckstabes kurzgeschlossen sind, was eine (teure) Einleitung von Zugkräften in den Baugrund unnötig macht. Dadurch wird der unterspannte Träger zum Einfeldträger (Abb. **B.199 b**).
- Als aufgeständertes Hängeband, um hinsichtlich der Nutzung eine ebene Oberfläche zu schaffen, was meist vorteilhafter ist als die typische Krümmung zugbeanspruchter, reiner Seiltragwerke. Der Träger dient zugleich zur Lastverteilung von Einzellasten und zur Versteifung des Hängebandes (Abschnitt 6.6.3.2)
- Als ein gerade gestreckter, verspannter Bogen oder ein horizontal ebener Polonceau-Binder.

Abb. B.199
Der Polonceau-Binder, der mit abnehmendem Steigungswinkel des Daches immer stärker dem unterspannten Träger entspricht und unterspannte Träger als Elemente beinhalten kann

a Polonceau-Binder

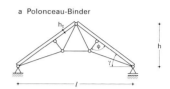

b unterspannter Träger

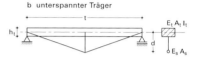

Abb. B.200
Die Unterspannung eines Einfeldträgers, die mit zunehmender Stichhöhe f und abnehmender Balkenhöhe h die gesamte Variationsbreite des Einfeldbalkens mit Zugband, vom vorgespannten Betonbalken bis zum unterspannten Träger, aus möglichst duktilen Werkstoffen darstellt. So übernimmt das Zugglied, ausgehend von der Funktion der Ertüchtigung des Betonbalkens, zunehmend die Funktion des Haupttragelements, was deutlich daran zu erkennen ist, dass der Balken mit abnehmender Tragfunktion schlanker wird.

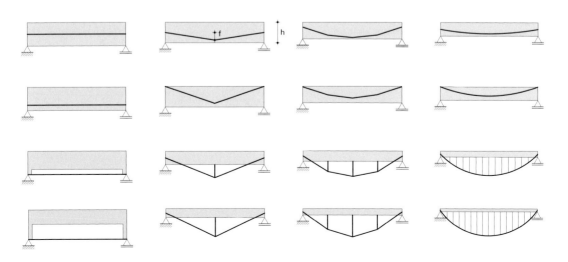

Der unterspannte Träger kann vielfältig variiert werden [B.124]:
- Die Last auf den unterspannten Träger kann alternativ hauptsächlich dem Biegeträger mit einem hohen Widerstandsmoment oder der Unterspannung mit einem großen Zuggliedquerschnitt übertragen werden. Über das Steifigkeitsverhältnis dieser beiden Elemente kann die Lastabtragung gesteuert werden (Abb. **B.199 b**).
- Die Anzahl der Druckstäbe beeinflusst die Beanspruchung des Biegeträgers unter Eigenlast und Nutzlast maßgebend. Die lokale Biegung des Trägers ist mit seiner Beanspruchung aus dem Gesamtsystem zu überlagern (Abb. **B.201**).
- Hat die Unterspannung viereckige Maschen und ist deshalb so gilt diese an den Steifigkeiten orientierte Lastaufteilung nur für eine zur Unterspannung affine Belastung. Einzellasten müssen über den Biegeträger allein ausreichend verteilt werden. Dies wird leicht verständlich, wenn man die einseitige Last in ihren symmetrischen und ihren antimetrischen Lastfall aufgliedert. Der symmetrische Anteil wird vom Gesamtsystem getragen, der antimetrische nur vom Biegeträger, weil die bewegliche Unterspannung von dem antimetrischen Verformungsanteil nicht angesprochen wird.
- Eine starre Unterspannung mit dreieckigen Maschen beteiligt sich hingegen auch an der Abtragung einseitiger Lasten und verformt sich dadurch weniger. Sie bezahlt diese höhere Steifigkeit aber auch mit größeren Spannungswechseln, die zur Ermüdung einzelner Elemente führen können.

Abhängig vom Verhältnis Eigenlast zu Nutzlast, dem Verhältnis von Eigenlast zur örtlichen Konzentration einer beweglichen Nutzlast, von Durchbiegungsbeschränkungen und der notwendigen Begrenzung der Schwellbeanspruchungen wird man also im Einzelfall
- das Verhältnis zwischen Widerstandsmoment des Trägers und Seilquerschnitten abwägen (Abb. **B.200**),
- ein bewegliches oder starres Stabsystem wählen,
- eine flache oder tief durchhängende Unterspannung wählen,
- wenige oder viele Druckstäbe anordnen,
- ungleichmäßige Abstände der Druckstäbe wählen,
- die Druckstäbe vertikal oder in Richtung der Winkelhalbierenden der Unterspannung geneigt anordnen,
- eine Vordehnung bzw. Vorspannung der Unterspannung wählen.

Werden unterspannte Träger aneinandergereiht, dann beschränkt sich die Durchlaufwirkung über die Stütze auf den Träger. Da die Steifigkeit des unterspannten Systems gegenüber dem Widerstandsmoment des Trägers allein sehr groß ist, können die Stützmomente über den Auflagern nur klein sein.

Abb. B.201
Der unterspannte Träger in seinen unterschiedlichen Verformungsanteilen aus den einzelnen Lastarten und einzelnen Überlagerungen.

Verformung infolge Eigenlast

Verformung infolge Vorspannung

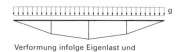

Verformung infolge Eigenlast und Vorspannung

Verformung infolge Eigenlast, Vorspannung und Nutzlast

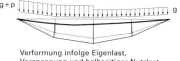

Verformung infolge Eigenlast, Vorspannung und halbseitiger Nutzlast

Der aufgehängte Träger (Hänge- und Schrägseilbrücken)

Die klassischen *Hänge-* und *Schrägseilbrücken* sind dreifeldrig mit einer mittleren Hauptspannweite und zwei Seitenfeldern, deren Spannweiten etwas geringer sein sollten als die Hälfte der Hauptspannweite. Vom grundsätzlichen Tragverhalten her sind Schrägseilbrücken nämlich beidseitige Kragträger – die Hängebrücken nur, wenn sich Versteifungsträger und Hauptkabel in der Mitte tangieren und die Hänger dreiecksförmig angeordnet sind –, die sich in Brückenmitte berühren. Die genannten Spannweitenverhältnisse gewährleisten, dass selbst bei voll belasteten Seitenfeldern und entlastetem Hauptfeld in den Rückverankerungen genügend „Vorspannung" aufrecht erhalten bleibt. Durch die Höhenlage des Hauptkabels in Relation zum Träger und die Hängeranordnung lässt sich das Tragverhalten der Hängebrücke variieren und in ihrer klassischen Konfiguration kommt sie der Umkehrung der Bogenbrücke sehr nahe [B.125], [B.126].

Hierzu wird eine Übersicht vorgestellt, die in einer zusammenhängenden Ordnung zeigt, wie die einzelnen Systeme auseinander hervorgehen: von der kinematischen Hängebrücke bis zur starren Schrägseilbrücke (Abb. **B.202**) [B.94].

Mit der Vorstellung, dass alle Stäbe der Tragsysteme der Abb. **B.202** gelenkig miteinander verbunden sind, kann die Systemsteifigkeit auf die geometrische Anordnung der verwendeten Elemente zurückgeführt werden. Viereckige Maschengeometrien erzeugen bewegliche Systeme, dreieckige bei Trägern in der Regel statisch bestimmte Systeme, und die Überlagerung führt zu statisch unbestimmten Stabwerken. Viereckige Maschengeometrien (klassische Hängebrücke, Schrägkabelbrücke mit Seilharfen) benötigen biegesteife Stäbe, um eine ausreichende Steifigkeit zu erreichen. Es ist zu beachten, dass bei einem gemischten Aufhängesystem der Träger nicht zu leicht werden darf, weil sonst das Verhältnis von Eigenlast zu Nutzlast für das Seiltragwerk ungünstig wird. Die Mischsysteme von Hänge- und Schrägkabelbrücken sind sorgfältig zu planen und zu detaillieren. Es wurde bereits vorgeschlagen, Tragkabel, Schrägseile und Hänger zu Netzen zusammenzufassen, die zwar ganzheitlich tragen, aber schwer herstellbar sind (Zuschnittsgenauigkeit und Montagefolge) [B.127].

B Stahlbau 6.6.4.3

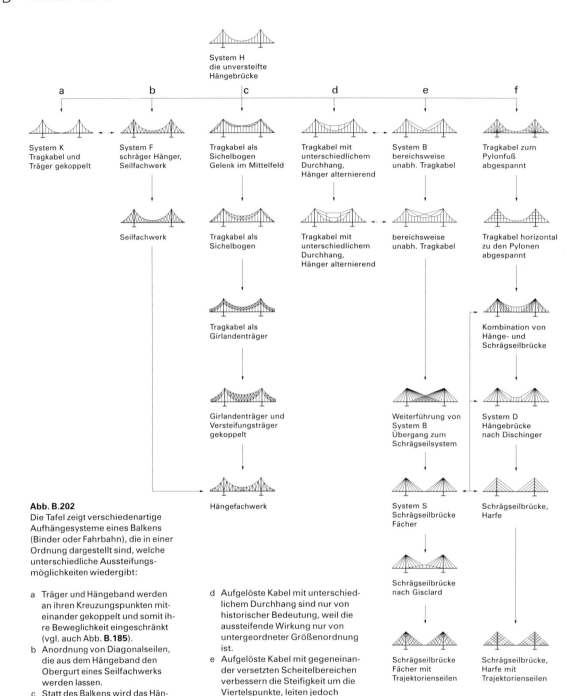

Abb. B.202
Die Tafel zeigt verschiedenartige Aufhängesysteme eines Balkens (Binder oder Fahrbahn), die in einer Ordnung dargestellt sind, welche unterschiedliche Aussteifungsmöglichkeiten wiedergibt:

a Träger und Hängeband werden an ihren Kreuzungspunkten miteinander gekoppelt und somit ihre Beweglichkeit eingeschränkt (vgl. auch Abb. **B.185**).
b Anordnung von Diagonalseilen, die aus dem Hängeband den Obergurt eines Seilfachwerks werden lassen.
c Statt des Balkens wird das Hängeband biegesteif ausgebildet, was unter Berücksichtigung verschiedener Besonderheiten des Tragverhaltens vom Hauptkabel geschehen kann. Das Hängefachwerk entspricht schließlich einer Auslegerkonstruktion.
d Aufgelöste Kabel mit unterschiedlichem Durchhang sind nur von historischer Bedeutung, weil die aussteifende Wirkung nur von untergeordneter Größenordnung ist.
e Aufgelöste Kabel mit gegeneinander versetzten Scheitelbereichen verbessern die Steifigkeit um die Viertelspunkte, leiten jedoch folgerichtig zum Schrägkabelsystem (Flachanordnung) und zur Netzaufhängung über
f Schrägkabel als aussteifende Elemente eines Hängebandsystems sollten gleichmäßig verteilt sein, um den Einzelangriff eines steifen Seiles zu vermeiden. Der Übergang zum Vielseilsystem führt zur Idee einer Aufhängung mittels Netzwänden.

Verspannte und abgespannte Maste (Abb. **B.203**)

Maste aus Stahlfachwerken oder Betonröhren können mit Hilfe von Seilen mehrfach abgespannt bzw. verspannt werden. Dabei werden die Abspannungen bei Stahlkonstruktionen möglichst flach angeordnet, um den zusätzlichen Druck auf den Mast klein zu halten, während im Falle eines Betonrohres Druck als „Gratisvorspannung" erwünscht ist und dafür die Seile dichter am Mast heruntergeführt werden, auch wenn dabei in den Abspannungen größere Kräfte geweckt werden [B.94].

Die Seilabspannsysteme von Masten lassen sich in drei Klassen gliedern [B.128]:
- die bekannte Schrägabspannung, die die verhältnismäßig geringen Querkräfte aus Wind direkt übernimmt und in den Baugrund leitet. Sie braucht viel Platz, und die langen Seile hängen aufgrund ihrer Eigenlasten durch und verlieren viel von ihrer ursprünglichen Dehnsteifigkeit (vgl. Abb. **B.203 a**),
- ein Auslegersystem, das auf bestimmten Höhenkoten sehr wirksam rückdrehende Momente im Mast bewirkt. Weil die Hauptseile mastparallel verlaufen, müssen die gesamten Querkräfte vom Mast übernommen werden (Abb. **B.203 b**). In dem System der Abb. **B.203 c** werden die Tragmechanismen der Systeme von a und b gemischt verwendet,
- ein Seilnetzstrumpf, der über den Mast gestülpt wird und mit ihm in bestimmten Höhenkoten gekoppelt ist, und entsprechend seinem Durchmesser, den Seilquerschnitten und der Maschenform den Betonmast aussteift. Die Hauptlasten fließen über das Seilnetz, und der Mast braucht dieses letztlich nur noch vertikal vorzuspannen (Abb. **B.203 d, e**) [B.112].

Abb. B.203
Abspann- und Verspannungssysteme von Mastschäften, die infolge der auftretenden Vorspannkräfte sinnvoll aus Beton hergestellt werden sollten:

a Behinderung der horizontalen Verschieblichkeit an mehreren Höhepunkten des Mastes
b Behinderung der Verdrehbarkeit des Schaftes an mehreren Höhenbereichen (Outrigger-System)
c Koppelung der Systeme von a + b mittels Gegendiagonalen
d Verhinderung der Schaftkrümmung mit Hilfe eines „Seilstrumpfes", der ebenfalls als offene Röhre gekrümmt wird
e Halten des Schaftes am obersten Punkt mittels einer schubsteifen, vorgespannten „Seilnetzschale" (Weiterentwicklung von d)

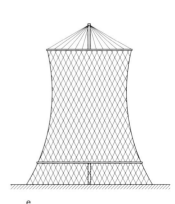

a　　　　b　　　　c　　　　d　　　　e

Ausgesteifte Druckstäbe und Fassadenstützen

Um dicke Fassadenstützen zu vermeiden, werden sie heute gerne mit Seilen ausgesteift. Dafür gibt es die verschiedensten Systeme, die meist nur durch Auslenkungen aktiviert werden und dann Rückstellkräfte erzeugen, so dass ein Spannungs- und kein Stabilitätsproblem vorliegt [B.129]:

– Ein Druckstab wird mittels eines beweglichen Stabsystems ausgesteift, welches aus zwei polygonalen Seilkurven besteht. Die Seile sollten nicht schlaff werden, aber ansonsten hat die Höhe der Vorspannung keinen Einfluss auf die Größe der Verformung.
– Parallel zum Stab geführte Seile erhöhen die Steifigkeit, wenn die Seile am Stabende in Dreiecksform auf die Anschlussgelenke geführt werden. In diesem Fall würden biegesteife Anschlüsse der Querstäbe die Biegebeanspruchung des Druckstabes reduzieren, wie im Vergleich der Abb. **B.204 a, b** zu erkennen ist.
– Parallelgurtige Fachwerke als Stiele einer Fassade, mit Seildiagonalen ausgestattet, nehmen die Querkräfte günstig auf (Abb. **B.205 a**). Hier würde eine Vorspannung der Diagonalen die Verformungen reduzieren und ein Ausweichen des Druckgurtes verhindern (Abb. **B.205 b**). Eine Vorspannung der Gurte mit Druck auf die Diagonalen würde keinen Erfolg haben.
– Falls die angrenzenden Baukörper massiv und steif genug sind, können Fassaden auch als vorgespannte Seilbinder ausgebildet werden. Als Extrem lässt sich sogar ein eben gespanntes Seilnetz direkt verglasen. Je geringer die Krümmung bzw. das Stich-/Spannweiten-Verhältnis des vertikal angeordneten Seilbinders ist, desto größer ist der Einfluss der geometrischen Steifigkeit – desto stärker wirkt sich die Höhe der Vorspannung auf eine Reduktion der Verformungen aus.

Abb. B.204
Verspannte Fassadenstützen, die mit biegesteif angeschlossenen Spreizen a) die Verformungssteifigkeit des Systems gegenüber der Verwendung von Pendelstützen b) wesentlich erhöht, die Beanspruchung der Druckstütze aber verringert.

Druckkräfte: hellgrau
Zugkräfte: dunkelgrau
– – – – ausfallende Seile

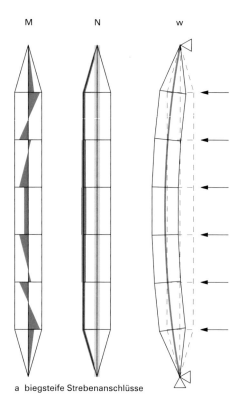

a biegsteife Strebenanschlüsse

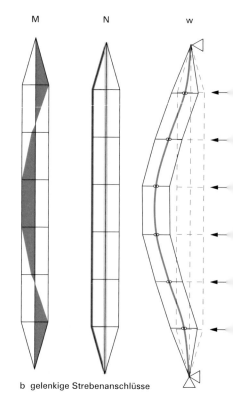

b gelenkige Strebenanschlüsse

6.6.4.3 Stahlbau

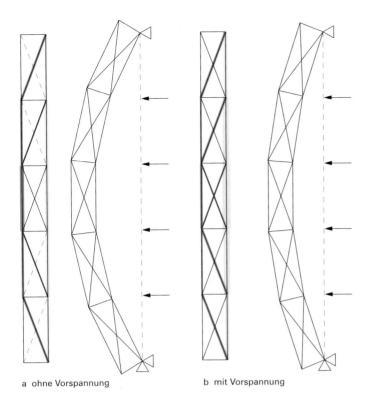

a ohne Vorspannung   b mit Vorspannung

Abb. B.205
Fachwerkträger mit normaler Ausführung a, und mit vorgespannten, wie auch am Kreuzungspunkt gekoppelten Diagonalen. Die Druckkraft im Obergurt des vorgespannten Binders fällt zwar höher aus als im normalen Träger gleicher Systemgeometrie, die vorgespannten Diagonalen werden jedoch Rückstellkräfte aktivieren, die ein frühzeitiges Ausknicken des Druckgurtes verhindern und die Höhe der Durchbiegung verringern.

Druckkräfte: hellgrau
Zugkräfte: dunkelgrau
– – – –   ausfallende Seile

6.7

Brandschutz

Die mechanischen Eigenschaften des Stahls sind temperaturabhängig. Bei einer Erwärmung um 500 °C sinkt die Streckgrenze, bezogen auf den Gebrauchszustand, auf etwa die Hälfte ab. Für den Brandfall sind daher besondere Schutzmaßnahmen zu treffen. Der Brandschutz muss darauf ausgerichtet sein, den Stahl vor großer Erwärmung zu schützen, hierbei ist die vom Gesetzgeber geforderte Feuerwiderstandsdauer einzuhalten. Die für den Stahl entwickelten Brandschutzmaßnahmen haben *dämmende, abschirmende oder wärmeabführende* Wirkung.

Zu den *dämmenden* Brandschutzmaßnahmen zählen die Ummantelung und die Verkleidung der Stahlprofile. Die der Profilform folgende Ummantelung besteht aus zementgebundenen Spritzputzen mit Vermiculite oder Mineralfasern. In der Regel ist auch ein Putzträger erforderlich.

Bei Verbundstützen mit einbetonierten Stahlprofilen schützten die Wärmedämmung und die Wärmespeicherfähigkeit des Betons das Bauteil besonders wirkungsvoll vor dem vorzeitigen Versagen im Brandfall (Abb. **B.151 a**). Aber auch bei offen liegenden Stahlflächen wird die Wärme wegen der hohen Wärmeleitfähigkeit des Stahls hinreichend schnell an den innen liegenden Beton abgegeben, so dass noch ein – wenn auch eingeschränkter – Brandschutz gewährleistet wird (Abb. **B.151 b**). Auf dem gleichen Prinzip beruht der Brandschutz bei Deckenträgern, die zwischen dem oberen und unteren Flansch beidseits des Steges ausbetoniert sind (Abb. **B.205.1**). Der so genannte „Kofferbeton" schützt den Stahl vor vorzeitiger zu hoher Erwärmung. Zudem trägt der Stahlbeton zur Standsicherheit im Brandfall bei.

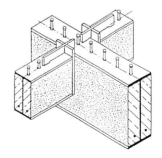

Abb. B.205.1
Stahlverbund-Deckenträger mit „Kofferbeton" zwischen den Flanschen

Eine andere Möglichkeit des Brandschutzes besteht in der kastenförmigen Umkleidung der Stahlprofile. Hierbei ist zusätzlich ein Korrosionsschutz erforderlich. Dämmschichtbildende Beschichtungen in Form von Anstrichen befinden sich in der Entwicklung. Bisher ist eine Feuerwiderstandsdauer von F 30 erreichbar, meistens ist aber F 90 erforderlich. Die Beschichtungen bilden nicht gleichzeitig auch einen Korrosionsschutz.

Bei *abschirmenden* Brandschutzmaßnahmen übernehmen ohnehin vorhandene raumabschließende Systeme, wie zum Beispiel abgehängte Decken, auch gleichzeitig die Aufgabe des Brandschutzes. Für die tragende Stahlkonstruktion sind dann zusätzlich Korrosionsschutzmaßnahmen erforderlich.

Außer den vorgenannten wärmedämmenden und abschirmenden Maßnahmen gibt es auch *wärmeabführende* Systeme. In wärmeabführenden Systemen werden die Stützen mit Wasser gefüllt. Im Brandfall wird entweder kaltes Wasser aus dem Netz hinzugeführt, oder das Wasser zirkuliert. Im letzteren Fall sind keine mechanischen Hilfsmittel erforderlich, da die Dichte des Wassers temperaturabhängig ist und sich die Zirkulation durch den natürlichen Auftrieb einstellt. Das System ist pumpenunabhängig und dadurch besonders für Hochhäuser geeignet.

Weitere Angaben zum Brandschutz sind in [B.32] veröffentlicht. Konstruktive Details zu den jeweiligen Brandschutzmaßnahmen findet man in [B.30], siehe auch Abschnitt E.3.5.

6.8

Korrosionsschutz

Metalle haben im allgemeinen eine große Affinität zum Sauerstoff, sie oxidieren. Die Oxidation ist der Übergang von einem energiereichen Metallzustand in einen energiearmen Oxidzustand. Nur das Gold besitzt eine negative Sauerstoffaffinität und oxidiert daher nur bei Energiezufuhr. Während sich beim Aluminium und auch beim Zink eine sehr dichte Oxidschicht bildet, die das Metall vor weiterer Oxidation schützt, ist es beim Eisen umgekehrt: Die Dichte der Eisenoxidschicht ist wesentlich geringer als die Dichte des Eisens und bildet somit keine Schutzschicht gegen weitere Sauerstoffaufnahme. Bei der atmosphärischen Stahlkorrosion bildet sich in Gegenwart von Wasser FeOOH = Rost [B.11]. Ohne Sauerstoff und Wasser ist keine Rostbildung möglich. Für den Rostvorgang reicht meist das in der Luft in Form von Dampf vorhandene Wasser aus. Bis zu einer Luftfeuchtigkeit von 65 % kommt es kaum zur Rostbildung, steigt die Luftfeuchtigkeit jedoch über diesen Wert, dann setzt der Rostvorgang ein. In aggressiver Atmosphäre treten noch Säuren hinzu und beschleunigen den Vorgang. Da die Dichte des Rostes bei etwa 3,5 und die des Eisens bei 7,9 liegt, hat der Rost das doppelte Volumen des Eisens. *Aufgrund der Porosität des Rostes beträgt sein tatsächliches Volumen allerdings etwa das Siebenfache des Eisens.* Diese große Oberfläche bindet weiteres Wasser, wodurch der Rostvorgang abermals beschleunigt wird [B.11].

Um die Oberfläche des Stahls vor Korrosion zu schützen, gibt es zwei Systeme: erstens Korrosionsschutz durch *Beschichtungen* und zweitens Korrosionsschutz durch *Überzüge*. Der Korrosionsschutz durch Beschichtung besteht aus einer nicht unbedingt erforderlichen Fertigungsbeschichtung, einer Grundbeschichtung und einer Deckbeschichtung. Die Beschichtungsstoffe bestehen aus Pigmenten, Bindemitteln und Füllstoffen. Für die Grundbeschichtung gegen Korrosion wird meist Zinkchromat verwendet. Bei Verwendung von Bleimennige sind besondere Vorsichtsmaßnahmen zu beachten. Die Deckbeschichtung sollte in 2 Schichten aufgetragen werden. Sie schützt die Grundbeschichtung im Wesentlichen vor Feuchte und UV-Strahlen.

Überzüge bestehen aus einer metallischen Schutzschicht. Von Bedeutung für den Stahlbau ist das *Feuerverzinken* in Tauchbädern. Infolge der hohen Temperatur von 723 K (450 °C) und eventuell vorhandener Eigenspannungen in geschweißten Konstruktionen können sich die Konstruktionsteile verziehen und müssen nachgerichtet werden.

Einen besonders guten Korrosionsschutz erhält man, wenn die Feuerverzinkung zusätzlich mit einer Deckbeschichtung versehen wird. Das Verfahren ist unter dem Namen Duplex-System bekannt.

Bei Seilen wird zwischen einem äußeren und einem inneren Korrosionsschutz unterschieden. Innenschutz wird erreicht durch Füllung aller Hohlräume mit einer Leinöl-Bleimennige-Paste, die bei Fernhalten der Außenluft durch den äußeren Korrosionsschutz kaum austrocknet und bereits mit dem Verseilen eingebracht wird.

Der Außenschutz sollte dickschichtig sein, Relativbewegungen der Einzelglieder zulassen und Biegungen, vor allem auch während der Montage, schadensfrei überstehen. Gewöhnlich werden diese Anforderungen von elastomeren Kunststoffen erfüllt.

Weitere Einzelheiten zum Korrosionsschutz sind der DIN EN ISO 12 944 und [B.32] zu entnehmen.

Guter Schutz vor Korrosion muss bei der Formgebung der Stahlbauteile beginnen. Es sollte so konstruiert werden, dass sich keine Wassersäcke und größere Schmutzablagerungen bilden können. Alle Stahlteile müssen zugänglich sein oder so geschlossen werden, dass kein Luftaustausch stattfinden kann. Bei zusammengesetzten Profilen sind der Profilhöhe entsprechend Mindestabstände einzuhalten [B.30], [B.32].

7
Stahlbetonbau

7.1

Allgemeines

Beton ist ein künstliches Konglomerat, das aus einem Gemisch von Zement, Zuschlag und Wasser durch Erhärten des Zementleims entsteht. Als Zuschlag werden hauptsächlich Sand und Kies oder Splitt verwendet.

Künstliche Konglomerate waren schon in der römischen Bautechnik unter der Bezeichnung *opus caementitium* ein weit verbreiteter Baustoff. Wahrscheinlich begann die Entwicklung dieser Bauart mit dem aus Steinbrocken und Mörtel bestehenden Kern von mehrschaligem Mauerwerk [B.39], (Abb. **B.62**).

Die Griechen bauten noch das „verflochtene Mauerwerk" (emplekton). Es bestand aus zwei äußeren Schalen von sorgfältig behauenen Steinblöcken und einem Kern aus weniger behauenen Steinen. Die ohne Mörtel verlegten Blöcke wurden durch metallene Klammern verbunden. Die Römer rationalisierten diese Bauweise, indem sie die äußeren Mauerschalen dünner herstellten und den Zwischenraum mit einem Gemisch aus Steinbrocken und Mörtel füllten. Vitruv beschreibt das so: „Die Unseren aber, auf schnelle Ausführung bedacht, richten ihre Aufmerksamkeit nur auf die Aufrichtung der Schalen, versetzen die Steine hochkant und hinterfüllen sie in der Mitte getrennt mit Bruchsteinbrocken mit Mörtel vermischt. So werden bei diesem Mauerwerk drei Schichten hochgezogen: zwei Außenschalen und eine mittlere aus Füllmasse."

Gegen Ende des 1. Jahrhunderts n. Chr. war die Entwicklung der römischen Betontechnik abgeschlossen. Opus caementitium überwölbte Wasserleitungen und Kanäle; Fundamente, Zisternen, Brücken und Kuppeln wurden aus Beton gebaut. Das wohl bekannteste Anwendungsbeispiel für Opus caementitium ist die 43,3 m weit gespannte Kuppel des Pantheons in Rom (begonnen um 118 n. Chr.) (Abb. **B.19 a**). Im Mittelalter geriet der Baustoff weitgehend in Vergessenheit. Erst im Barock taucht er, jetzt unter der Bezeichnung Gussmauerwerk oder Gussbeton, häufiger wieder auf. Markante Beispiele sind das Gewölbe über dem Treppenhaus der Würzburger Residenz von Balthasar Neumann und das Gewölbe der Wallfahrtskirche zu den Vierzehnheiligen in Oberfranken. Der Ausdruck *béton* wurde erstmals 1753 von dem französischen Armeeingenieur Bernard Forest de Bélidor gebraucht.

Voraussetzung für die allgemeine Verwendung von Beton auch für wasserbeständige Bauteile und Bauwerke sind *hydraulische* Bindemittel. Die Phönizier verwendeten gemahlenen Vulkantuff als Zusatz zum Kalkmörtel und erzielten Wasserfestigkeit. Die Römer gewannen sie durch Zugabe hydraulischer Zusätze wie Puzzolane, Trass oder Ziegelmehl zu gelöschtem Kalk. Auch diese Kenntnis ging im Mittelalter verloren. Im 16. Jahrhundert entdeckten die Niederländer die hydraulische Wirkung von Tuff und Bims aufs Neue und verwendeten das Material aus der Eifel für Wasserbauten. Schließlich erkannte der Engländer J. Smeaton 1756, dass beim Brennen von Mergel, einem natürlichen Gemisch von Kalkstein und Ton, ein hydraulisches Bindemittel entsteht, das bis heute als *hydraulischer Kalk* verwendet

Abb. B.206
Markthalle in Breslau/Wrocław
Architekt R. Plüdemann
Baujahr 1908

wird. 1796 fand J. Parker, dass ein hydraulischer Kalk mit hohem Tongehalt besonders gute Eigenschaften hat. Er nannte ihn *Romancement*. 1824 hat J. Aspdin ein Brennprodukt aus einer künstlichen Mischung von Kalkstein und Ton patentieren lassen. Er gab ihm den Namen *Portlandcement*, weil seine Färbung dem graustichigweißen Naturstein glich, der auf der Halbinsel Portland an der Kanalküste von England gewonnen wurde. Zement im heutigen Sinne war aber auch J. Aspdins Produkt noch nicht; es war nicht bis zur Sinterung gebrannt. Diesen fehlenden Schritt tat 1843 sein Sohn S. Aspdin, so dass Vater und Sohn Aspdin als die Erfinder des modernen Zements gelten.

Das künstliche Gestein Beton unterscheidet sich hinsichtlich seiner Festigkeitseigenschaften wenig von den natürlichen Steinen: Einer *hohen Druckfestigkeit* steht eine nur *geringe Zugfestigkeit* gegenüber. Beton ist also für biegebeanspruchte Bauteile nicht besser geeignet als die natürlichen Steine. Erst der Gedanke, in Betonwerkstücke ein Geflecht aus Eisendrähten einzulegen, führte zu dem neuen Verbundbaustoff Eisenbeton oder Stahlbeton.[1] Die Idee wurde vor allem durch den französischen Gärtner J. Monier bekannt, der seit etwa 1861 Blumenkübel aus Beton mit Drahteinlagen herstellte. Aber schon 1855 hatte J. L. Lambot, ebenfalls ein Franzose, einen Kahn aus eisenbewehrtem Zementmörtel gebaut und eine Patentschrift zur Herstellung von Eisenbeton vorgelegt. 1867 stellte F. Coignet auf der Pariser Weltausstellung Träger und Rohre aus bewehrtem Beton aus und etwa um 1873 setzte die Verwendung von Stahlbeton für größere Bauaufgaben an mehreren Orten in Europa und in den USA fast gleichzeitig ein [B.42].

7.2

Verbundbaustoff Stahlbeton

7.2.1

Allgemeines

Das Zusammenwirken von Beton und Stahl in dem Verbundbaustoff Stahlbeton ist nur möglich, weil 4 unabdingbare Voraussetzungen gegeben sind:
– Stahl und Beton haben in dem praktisch vorkommenden Temperaturbereich annähernd die gleiche lineare Wärmedehnzahl von $\alpha_T = 10^{-5}\, K^{-1}$.
– Der Beton sichert durch seine Alkalität bei sachgerechter Konstruktion und Ausführung einen ausreichenden Korrosionsschutz für die Stahleinlagen.
– Zwischen den Oberflächen der Stahleinlagen und dem umgebenden Beton kommt es zu einem innigen Verbund, so dass die Übertragung der Kräfte aus dem einen Material in das andere gewährleistet ist.
– Der Elastizitätsmodul von Stahl ist 6- bis 10-fach, also deutlich größer als der von Beton.

Wegen der annähernd gleichen Wärmedehnzahl von Beton und Stahl treten bei Temperaturänderungen keine Zwängungen zwischen Beton und Stahl auf, die andernfalls zu hohen Eigenspannungen und Zermürbungen der Berührungsfugen führen würden.

Probleme mit dem Korrosionsschutz kann es durch eine Abnahme der Alkalität des Betons geben. Die Alkalität geht durch die Einwir-

---

[1] 1920 wurde die bis dahin gebräuchliche Bezeichnung Eisenbeton durch die Bezeichnung Stahlbeton abgelöst, weil als Bewehrung nicht Eisen, sondern Stahl verwendet wird (siehe Abschnitt B.6.1).

kung von Kohlendioxid der Luft im oberflächennahen Bereich verloren. Dabei bildet sich aus dem im Zementstein enthaltenen und den Korrosionsschutz bewirkenden Calciumhydroxid [Ca(OH)$_2$)] Calciumkarbonat (CaCO$_3$). Man spricht von einer Karbonatisierung der oberflächennahen Betonschichten. Bei einwandfreier Betonherstellung mit dem geforderten dichten Gefüge und hinreichend dicker Betondeckung der Stahleinlagen kommt die Karbonatisierung vor dem Erreichen der Bewehrung zum Stillstand. Zu geringe Betondeckung und porenreicher Beton führen dagegen bei bewitterten Bauteilen nach etwa 15 bis 20 Jahren häufig zu schweren Korrosionsschäden. Einen großen Einfluß auf die Porosität des späteren Betons hat das Verhältnis von Wasser zu Zement bei der Herstellung. Die Karbonatisierungstiefe beträgt bei einem Verhältnis $w/z = 0,8$ etwa das Dreifache wie bei $w/z = 0,4$.

Der Verbund zwischen Stahl und Beton ist ein komplexer Zustand, der sich aus
– *Haftverbund*, einer Klebewirkung zwischen Stahl und Zementstein,
– *Reibungsverbund*, verlässlich nur bei planmäßig erzeugter Querpressung,
– *Scherverbund*, die wirksamste und zuverlässigste Verbundart

zusammensetzt. Einzelheiten dazu sind zum Beispiel in [B.40] zu finden (Abb. **B.207**).

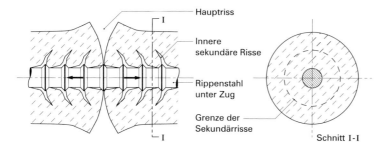

Abb. B.207
Veranschaulichung des Scherverbundes bei einem Stahlbetonstab unter zentrischem Zug (Rissbreiten übertrieben dargestellt, nach [B.40])

Der geringen Zugfestigkeit des Betons entspricht eine geringe zugehörige Zugdehnung. Sie beträgt $\approx 0,20 \cdot 10^{-3}$. Wollte man erreichen, dass der Beton nicht reißt, dann dürfte diese Dehnung an keiner Stelle überschritten werden. Ein einbetonierter Stahl hätte dabei – trotz seines im Vergleich zu Beton viel höheren Elastizitätsmoduls von $E = 2,1 \cdot 10^5 \, \text{N/mm}^2$ – höchstens die für Stahl kleine Spannung von

$$\sigma = 0,2 \cdot 10^{-3} \cdot 2,1 \cdot 10^5 = 42 \, \text{N/mm}^2$$

Die je nach Stahlsorte etwa 3- bis 7-fach höhere zulässige Spannung des Stahls lässt sich daher nur ausnutzen, wenn eine größere Dehnung zugelassen wird, d. h., wenn man das Auftreten von Rissen im Beton zulässt. In der Regel ist das der Fall. Nur bei besonders hohen Ansprüchen an Wasserundurchlässigkeit oder an den Korrosionsschutz werden die Dehnungen so beschränkt, dass der Beton planmäßig nicht reißt.

Man unterscheidet entsprechend zwei Zustände:
– *Zustand I:*
Der Beton ist bei kleinen Dehnungen auch in gezogenen Bereichen nicht gerissen, er beteiligt sich an der Übertragung der Zugspannungen.

– *Zustand II*:
Der Beton ist in gezogenen Bereichen gerissen. Eine Mitwirkung des Betons in der Zugzone wird vernachlässigt.

Das Auftreten von Rissen hat man in der Anfangsphase des Stahlbetonbaus längere Zeit als schädlich angesehen und es hat die Anwendung des Stahlbetons verzögert. Tatsächlich bleiben die Risse haarfein (Rissbreite $\leq$ 0,3 mm), wenn die Stahleinlagen gut verteilt und nicht zu dick gewählt werden. Unter normalen Verhältnissen besteht dann keine Korrosionsgefahr für die Stahlbewehrung.

Aber doch ist die Gefährdung der Stahlbewehrung in bewitterten, gerissenen Außenbauteilen nicht zu unterschätzen. Deshalb wird nunmehr in Abhängigkeit von der Beanspruchung durch Feuchte und Salze die zulässige Rissbreite mehr oder weniger begrenzt. Eine Rissbreitenbegrenzung führt häufig zu einem deutlich höheren Bewehrungsgrad, als er über Jahrzehnte bis etwa 2000 üblich war.

7.2.2

Beton

Beton ist ein Baustoff, der aus den Komponenten Zement, Zuschlag und Wasser erst kurz vor dem Einbau in die formgebende Schalung hergestellt wird. Die Vielzahl der Produktionsstätten, die unterschiedliche Herkunft und Zusammensetzung von Zuschlag und Wasser sowie ein unterschiedlicher Ausbildungsstand des an der Produktion beteiligten Personals waren in den Anfangsjahren des Betonbaus die Ursache für verhältnismäßig große Streuungen in der erreichten Betonqualität. Nach und nach wurden die einschlägigen Vorschriften präzisiert, die Zemente verbessert und Überwachungssysteme eingerichtet, so dass heute die jeweils angestrebten Betoneigenschaften mit sehr hoher Wahrscheinlichkeit zu erzielen sind.

Bezeichnungen
Die Betone werden nach verschiedenen Gesichtspunkten klassifiziert.

Nach der *Trockenrohdichte* unterscheidet man:
– Leichtbeton, Rohdichte $\begin{cases} \geq 800 \text{ kg/m}^3 \\ \leq 2000 \text{ kg/m}^3 \end{cases}$
– Normalbeton, Rohdichte $\begin{cases} > 2000 \text{ kg/m}^3 \\ \leq 2600 \text{ kg/m}^3 \end{cases}$
– Schwerbeton, Rohdichte $> 2600 \text{ kg/m}^3$.

Im Hochbau wird vorwiegend Normalbeton verwendet.

Eine andere Einteilung richtet sich nach der Druckfestigkeit des Betons. Die Druckfestigkeit wird an 28 Tage alten zylindrischen und würfelförmigen Beton-Prüfkörpern ermittelt. Das Kurzzeichen für Normalbeton ist C, das für Leichtbeton LC. Zwei nachgestellte Zahlen hinter den Kurzzeichen geben die Festigkeitsklasse der Zylinderdruckfestigkeit und der Würfeldruckfestigkeit an. Zum Beispiel kennzeichnet C20/25 einen Normalbeton mit einer Zylinderdruckfestigkeit von mindestens 20 N/mm^2 und einer Würfeldruckfestigkeit von mindestens 25 N/mm^2. Beton bis zur Festigkeitsklasse C16/20 gilt als Standardbeton. Standardbeton unterliegt bei der Verarbeitung auf der Baustelle einer weniger strengen Überwachung als höherwertiger Beton.

Baustellen, auf denen Beton hergestellt und verarbeitet wird, müssen über geeignete Geräte verfügen, die das Abmessen der Bindemittel, des Zuschlags, des Wassers und gegebenenfalls der Zusatzmittel und Zusatzstoffe, das Mischen, Transportieren und Einbauen des Betons ordnungsmäßig ermöglichen. Für Baustellen, auf denen Beton C20/25 und höherwertig hergestellt und verarbeitet wird, gelten erhöhte Anforderungen hinsichtlich der Leistungsfähigkeit der Geräte und der Güteüberwachung. Die Einzelheiten sind in DIN 1045-3 geregelt. Handwerkliche Unternehmen verarbeiten in der Regel nur Standardbeton, mittlere und große Bauunternehmen verfügen fast immer über die erforderliche Ausrüstung für alle Festigkeitsklassen.

Durch die Zugabe von Silikastaub und Fließmittel kann das sonst für die Geschmeidigkeit des Betons notwendige Wasser so weit ersetzt werden, dass sich das Wasser/Zement-Verhältnis auf 0,4 und weniger reduzieren lässt. Ein derartiger Beton ist nach der Erhärtung sehr porenarm und erreicht Festigkeitsklassen von C55/67 bis C100/115. Er wird als *hochfester Beton* bezeichnet. An seine Herstellung und Verarbeitung werden besondere Anforderungen gestellt, die in [B.49.1] zusammengestellt sind. In Deutschland wurde er erstmals 1990 beim Bau des Hochhauses der Bank für Gemeinwirtschaft in Frankfurt am Main eingesetzt.

Eine weitere Unterscheidung trifft man nach dem *Ort der Herstellung*. *Baustellenbeton* ist Beton, dessen Bestandteile auf der Baustelle zusammengegeben und gemischt werden. *Transportbeton* nennt man Beton, dessen Bestandteile außerhalb der Baustelle zugemessen werden und der in Fahrzeugen zur Baustelle gefahren und dort in einbaufertigem Zustand übergeben wird. Der Transportbeton hat sich als wirtschaftlich erwiesen und nimmt infolgedessen einen hohen Anteil an der Betonherstellung ein.

Ferner ist zu unterscheiden zwischen *Frischbeton* und *Festbeton*. Frischbeton heißt der Beton, solange er verarbeitet werden kann. Festbeton heißt der Beton, sobald er erhärtet ist. Während des Erhärtungsvorgangs spricht man von *grünem Beton*.

Schließlich unterscheidet man *Ortbeton*, der als Frischbeton in seine endgültige Lage eingebaut wird, von *Fertigteilen*, die erst nach der Erhärtung als fertige oder halbfertige Bauteile in die endgültige Lage gebracht werden.

Zement

Zur Betonherstellung werden heute fast ausschließlich Normenzemente, zum Beispiel nach DIN 1164-1, verwendet. Nach ihrer Zusammensetzung sind 3 Hauptarten zu unterscheiden:

CEM I   Portlandzement;
            ein Produkt aus Kalkstein und Ton oder Kalkmergel

CEM II   Portlandkompositzement; maximal 35 % gemahlene
            Hochofenschlacke, minimal 65 % Portlandzement

CEM III   Hochofenzement;
            36 % gemahlene Hochofenschlacke, 15 bis 16 %
            Portlandzement.

Die Hauptarten CEM II und CEM III werden zusätzlich nach den Anteilen der Hauptbestandteile, Portlandzementklinker, Hüttensand, natürliches Puzzolan, kieselsäurereiche Flugasche, gebrannter Schiefer und Kalkstein in Untergruppen unterteilt.

Normenzemente dürfen untereinander vermischt werden.

Die Normenzemente werden in den 6 Festigkeitsklassen 32,5, 32,5 R, 42,5, 42,5 R, 52,5, 52,5 R hergestellt. Die Zahlen geben dabei die Normfestigkeit in N/mm^2 nach 28 Tagen Erhärtungszeit an. Der Buchstabe R weist auf eine frühe Anfangsfestigkeit nach 2 Tagen Erhärtungszeit hin. Unter den genannten Zementarten gibt es Zemente mit niedriger Hydratationswärme (Zeichen NW) und mit hohem Sulfatwiderstand (Zeichen HS). Hydratationswärme entsteht vor allem am Anfang des Erstarrungs- und Erhärtungsvorgangs, etwa zwischen der 6. und 24. Stunde nach dem Betonieren. Sie kann bei massigen Bauteilen zu unerwünscht hohem Temperaturanstieg mit nachteiligen Folgen für das Bauwerk führen.

Für die Stahlbetonkonstruktionen des Hochbaus werden üblicherweise Zemente CEM I und CEM II der Festigkeitsklasse 32,5 verwendet.

Zuschlag

Als Zuschlag verwendet man vorwiegend *natürliche* Stoffe wie Sand und Kies aus Flussablagerungen und Moränen oder gebrochenen Schotter, Splitt, Brechsand aus Steinbrüchen. Sie liefern den Normalbeton. Bims und Lavaschlacke sind natürliche Zuschläge für Leichtbeton. Splitt oder Schotter aus Baryt oder Magnetit ist als Zuschlag für Schwerbeton geeignet.

Als *künstliche Zuschläge* gelten zum Beispiel Hochofenschlacken für Normal- und Leichtbeton, Blähton und Blähschiefer für Leichtbeton. Der Zuschlag soll hinsichtlich seiner Zusammensetzung nach Korngrößen bestimmten Anforderungen genügen, um eine möglichst dichte Packung der Körner mit wenig Hohlräumen zu ermöglichen. Wichtig ist für die leichte Verarbeitbarkeit insbesondere der Kornanteil bis etwa 4 mm. Im Hochbau wird das Größtkorn in der Regel nicht größer als 31,5 mm gewählt (siehe Sieblinien in DIN 1045-2, auch [B.1]).

Zugabewasser

Als Zugabewasser sind alle natürlichen Wasser geeignet, soweit sie keine Bestandteile enthalten, die das Erhärten des Betons oder den Korrosionsschutz der Bewehrung beeinträchtigen. Das kann zum Beispiel bei Moorwasser und Abwässern der Industrie der Fall sein. Meerwasser ist für Stahlbeton nicht geeignet, weil der Stahl infolge des Chloridgehaltes korrodiert. Für unbewehrten Beton ist Meerwasser dagegen unbedenklich [B.43].

Betonzusätze

Man unterscheidet *Zusatzstoffe* und *Zusatzmittel*. Zusatzstoffe sind zum Beispiel Gesteinsmehl, Flugasche oder hydraulische mineralische Zugaben wie Trass, mit denen bestimmte Eigenschaften des Betons (zum Beispiel dichtes Gefüge) verbessert werden können. Zusatzmittel verändern durch chemische und physikalische Wirkung die Eigenschaften des Betons. Sie müssen amtlich zugelassen sein. Man verwendet (vgl. auch [B.11], [B.41]):

- Betonverflüssiger (BV)
- Fließmittel (FM)
- Luftporenbildner (LP)
- Betondichtungsmittel (DM)
- Erstarrungsverzögerer (VZ)
- Erstarrungsbeschleuniger (BE)
- Einpresshilfen (EH)
- Stabilisierer (ST).

Betonverflüssiger dienen der besseren Verarbeitung des Frischbetons und ermöglichen eine Einsparung an Zugabewasser. Sie können damit zur Erhöhung der Druckfestigkeit beitragen. Fließmittel haben eine stärkere Wirkung als Betonverflüssiger. Ihr Zusatz gibt dem Beton eine sehr weiche bis flüssige Konsistenz (KF), bei der er trotz guter Fließfähigkeit nicht zur Entmischung neigt. Es wurden Rezepturen entwickelt, die eine „Selbstverdichtung" des Betons bewirken. Selbstverdichtender Beton (SVB) fließt ohne Einwirkung zusätzlicher Verdichtungsenergie allein unter dem Einfluss der Schwerkraft, er entlüftet und füllt die Bewehrungszwischenräume und die Schalung vollständig aus. Luftporenbildner werden hauptsächlich im Straßenbau verwendet. Sie erhöhen die Frostbeständigkeit des Betons. Betondichtungsmittel sollen die Wasserundurchlässigkeit verbessern. Ihr Nutzen ist umstritten. Ein richtig zusammengesetzter Beton ist bei entsprechend guter Verdichtung ohne Zusatz dicht und schlechte Verdichtung lässt sich auch durch Zusatzmittel nicht kompensieren. Erstarrungsverzögerer können das Abbinden um 3 bis 8 Stunden verzögern, was beim Betonieren großer Bauteile vorteilhaft sein kann. Erstarrungsbeschleuniger sollten nur in Ausnahmefällen, zum Beispiel für Spritzbeton und zur Abdämmung von Wassereinbrüchen im Tunnelbau, eingesetzt werden. Sie erhöhen zwar die Frühfestigkeit des Betons, aber mindern die Endfestigkeit. Bei Verwendung von frühhochfestem Zement (F) sind sie im Allgemeinen entbehrlich. Einpresshilfen werden für das Einpressen von Zementleim oder Zementmörtel in Hohlräume, zum Beispiel Spannkanäle, verwendet. Stabilisierer werden dem Beton zugegeben, um der Entmischung entgegenzuwirken, zu der es bei Leichtbeton und bei ungünstigem Kornaufbau für Sonderbetone beim Einbau und Verdichten kommen kann. Sie bewirken eine gewisse klebrige Zähigkeit des Frischbetons.

Wasserzementwert

Je nach der Beschaffenheit des Zuschlags, der Festigkeitsklasse des verwendeten Zementes und des Mischungsverhältnisses von Zement, Zuschlag und Wasser ergeben sich unterschiedliche Betoneigenschaften.

Von besonderer Bedeutung für die Betonqualität sind der Zementgehalt und der Wassergehalt des Frischbetons.

Um eine ausreichende Druckfestigkeit und einen genügenden Korrosionsschutz zu garantieren, sind Mindestzementgehalte vorgeschrieben, die je nach Bauüberwachung und Zusammensetzung der Zuschlagstoffe zwischen $Z = 140$ kg/m^3 und $Z = 380$ kg/m^3 liegen (Näheres siehe DIN 1045-2). Beim Abbinden und Erhärten des Zements wird eine Wassermenge von etwa 40 % des Zementgewichts chemisch und physikalisch gebunden. Zur Verarbeitung des Betons ist jedoch eine größere Wassermenge erforderlich. Das chemisch nicht gebundene Wasser verursacht aber ein Schwinden des Betonvolumens und hinterlässt nach dem Verdunsten Poren im Betongefüge. Mit steigendem Wassergehalt sinken deshalb die

Druckfestigkeit und der Elastizitätsmodul des Betons. Es steht also Erfordernissen der Verarbeitbarkeit des Frischbetons die Qualitätsminderung des Festbetons entgegen. Der praktisch tragbare Kompromiss ergibt sich bei einem Wasserzementwert (Gewichtsverhältnis von Wasser zu Zement) von $w/z \approx 0{,}6$. Als obere Grenze ist in DIN 1045 bei Verwendung von Zement der Festigkeitsklasse Z 25 $w/z = 0{,}65$ und bei den höheren Festigkeitsklassen $w/z = 0{,}75$ gesetzt. Bei Beton für Außenbauteile gilt $w/z \leq 0{,}6$. Bei höherem Wassergehalt ist der Korrosionsschutz nicht mehr gewährleistet. Geringerer Wassergehalt, der steifere Mischungen zur Folge hat, ist möglich, wenn die Bauteile und die Schalung die Verwendung von stark wirkenden Rüttelgeräten zur Verdichtung des Frischbetons zulassen, zum Beispiel beim Einbau von Massenbeton in Staumauern, oder wenn die Mischung durch Zusatzmittel (BV, FM) geschmeidig gemacht wird.

Der Wasserzementwert ist eine entscheidende Schlüsselgröße für die Betonqualität. Die oberen Grenzen dürfen auf keinen Fall überschritten werden.

Konsistenz des Frischbetons

Frischbeton wird in Abhängigkeit von den Bedingungen für den Einbau in unterschiedlicher Konsistenz hergestellt. Die Konsistenzklassen reichen von steif (F 1) über plastisch (F 2), weich (F 3), sehr weich (F 4), fließfähig (F 5) bis sehr fließfähig (F 6).

Steifer Beton lässt sich nur durch Stampfen mit schwerem Gerät, kräftigen Rüttlern oder in Fertigteilwerken mit Rütteltischen verdichten. Als Ortbeton kommt er im Wesentlichen nur für unbewehrte Bauteile in Frage.

Plastischer Beton ist leichter zu verarbeiten als steifer Beton. Aber er ist doch überwiegend auf großvolumige, gering bewehrte Bauteile beschränkt.

In den meisten Fällen wird weicher Beton eingebaut. Zum Verdichten sind Innenrüttler und Oberflächenrüttler geeignet. Bei Einbringen des Betons in Lagen von bis zu 0,3 m Dicke genügt auch sorgfältiges Stochern und Stampfen mit leichtem Gerät.

Sehr weicher Beton ist bei hochbewehrten Bauteilen angezeigt, um so genannten Kiesnestern entgegenzuwirken. Kiesnester bilden sich, wenn es durch die Siebwirkung engliegender Bewehrung zur Entmischung des Frischbetons kommt und dadurch Hohlräume zwischen großkörnigem Zuschlag verbleiben.

Fließfähiger und sehr fließfähiger Beton erfordern keine oder nur sehr geringe Verdichtungsmaßnahmen. Sie unterliegen besonderen Regelungen.

Erhärtungsdauer, Ausschalfristen

Die Dauer bis zum Erstarren und die Erhärtungsdauer des Betons sind in hohem Maße von der Zementart und von der Temperatur abhängig. Für eine normale Festigkeitsentwicklung sind Temperaturen von 18 °C bis 25 °C günstig. Höhere Temperaturen beschleunigen die Erhärtung, Temperaturen unter 18 °C verlangsamen sie, und Temperaturen unter 5 °C verzögern die Erhärtung erheblich. Bei Frostgefahr müssen besondere Maßnahmen getroffen werden: Erwärmen der Zuschläge und des Wassers, Abdecken der Bauteile mit

Matten, Bau unter beheizten Schutzzelten. Die Endfestigkeit des Betons wird durch den Temperaturverlauf während der Erhärtungszeit wenig beeinflusst.

Große praktische Bedeutung hat die Erhärtungsdauer für die Ausschalfristen. Bei Temperaturen über 18 °C gelten zum Beispiel für Stahlbetondeckenplatten folgende Mindestfristen in Abhängigkeit von der Festigkeitsklasse des verwendeten Zementes:
- 8 Tage bei 32,5 N
- 5 Tage bei 32,5 R und 42,5 N
- 3 Tage bei 42,5 R, 52,5 N und 52,5 R.

Bei günstigen Voraussetzungen und einem entsprechenden Festigkeitsnachweis kann die Ausschalfrist für Wände und Stützen bis auf 1 Tag verkürzt werden.

Expositionsklassen

Die Dauerhaftigkeit von Betonbauwerken hängt wesentlich von ihren jeweiligen Umgebungsbedingungen ab. In DIN 1045-1 sind 7 Kategorien mit insgesamt 21 Expositionsklassen für die chemischen und physikalischen Einflüsse definiert, denen ein Bauwerk ausgesetzt sein kann.

Die Kategorien betreffen

- die Bewehrungskorrosion, ausgelöst durch Karbonatisierung des Betons, durch Meerwasser-Chloride, durch andere Chloride,
- den Betonangriff durch Frost mit und ohne Taumittel, durch chemischen Angriff der Umgebung, durch Verschleißbeanspruchung.

Die 7. Kategorie ist die ohne Korrosions- oder Angriffsrisiko.

Die Expositionsklasse bestimmt zum Beispiel die Mindestbetonfestigkeitsklasse, die für ein Bauteil zu wählen ist. Auch die Mindestbetondeckung für die Bewehrung hängt von der Expositionsklasse ab.

Nachbehandlung

Für die Qualität eines Stahlbetonbauwerks kann die Nachbehandlung, d. h. die Pflege in der Zeit zwischen Einbau und Erhärtung des Betons, den entscheidenden Ausschlag geben.

Massige Bauteile, zum Beispiel dicke Sohlplatten, Kellerwände und dergleichen, können etwa 1 Stunde nach dem ersten Verdichten durch erneutes Verdichten, dem sogenannten Nachverdichten, hinsichtlich ihrer Dichtigkeit, Wasserundurchlässigkeit und Endfestigkeit erheblich verbessert werden. Üblich ist das Nachverdichten durch Rütteln.

Junger Beton muss bis zum hinreichenden Erhärten gegen starkes Abkühlen, zu große Erwärmung, Austrocknung durch Sonnenstrahlung und Wind, starken Regen und strömendes Wasser geschützt werden. Besonders wichtig ist zum Beispiel der Schutz gegen zu rasches Austrocknen der Oberfläche von Deckenplatten bei warmer Witterung. Den zuverlässigsten Schutz bieten Abdeckungen mit Folien oder Strohmatten. *Besonders schädlich ist das Bespritzen einer* zunächst *nicht geschützten, bereits trockenen, warmen Fläche mit einem* kalten *Wasserstrahl!* Die Schockbehandlung führt unweigerlich zu einer Störung des Gefüges und zu erheblicher Qualitätsminderung.

Durch eine flächenhafte Absaugung überschüssigen Wassers mit Hilfe von Filtermatten unmittelbar nach Einbau und Verdichtung lässt sich die Dichtigkeit einer Betonplatte wesentlich verbessern. Eine derartige „Vakuumbehandlung" empfiehlt sich zum Beispiel für direkt befahrene Platten von Parkdecks und Industriefußböden. Unmittelbar nach der Absaugung kann die Fläche begangen und mit einem Glätter abgerieben werden. Danach ist sie gegen vorzeitiges Austrocknen zu schützen! Die Nachbehandlungsverfahren sind ausführlich in [B.43] beschrieben.

Formänderungen

Beim Festbeton sind folgende Formänderungen zu unterscheiden:
– *elastische Formänderungen* durch Belastungen, die nach der Entlastung vollständig zurückgehen
– *plastische Formänderungen* durch hohe, kurzzeitige Belastungen, die nach der Entlastung nicht zurückgehen; sie sind bei den Konstruktionen des Hochbaus von untergeordneter Bedeutung
– *vorwiegend plastische, zeit- und klimaabhängige Formänderungen* durch Veränderung des Zementgels: *Schwinden* und *Quellen* sind lastunabhängige Formänderungen durch Feuchteänderung im Zementgel, *Kriechen* und *Erholkriechen* nennt man lastabhängige Formänderungen des Zementgels bei Belastung bzw. Entlastung.

Von praktischer Bedeutung im Stahlbetonhochbau sind neben den elastischen Formänderungen das *Schwinden* und das *Kriechen*.

Schwinden ist auf das Schrumpfen der Gelmasse durch Austrocknen von chemisch nicht gebundenem Wasser zurückzuführen. Es ist wesentlich abhängig von der Temperatur und der relativen Luftfeuchte der Umgebung. Es erstreckt sich über mehrere Jahre, geschieht aber zum größten Teil im ersten Jahr nach dem Betonieren.

Das *Kriechen* entsteht bei Belastung durch Auspressen und Verdunsten von chemisch nicht gebundenem Wasser aus dem Zementgel, das dadurch an Volumen verliert und schrumpft. Das Kriechen ist abhängig von der Größe der Spannung und vom Klima. Die Zunahme der Kriechverformung klingt im Laufe der Zeit ab, kommt aber erst nach 15 bis 20 Jahren zum Stillstand.

Das Schwinden führt in Stahlbetonkonstruktionen bei Behinderung der Schwindverformung zu Zwängungsspannungen, die leicht die Zugfestigkeit des Betons erreichen können und dann Risse zur Folge haben. Dem kann man durch Anordnung von Fugen entgegenwirken. Das Kriechen macht sich zum Beispiel bei schlanken, auf Biegung beanspruchten Bauteilen bemerkbar, deren Durchbiegungen im Laufe der Jahre unzuträglich groß anwachsen können. Das ist ein Grund für die Begrenzung von Schlankheiten. Im Spannbetonbau hat Schwinden und Kriechen einen Abfall der Vorspannung zur Folge, der quantitativ berücksichtigt werden muss.

7.2.3

Betonstahl

Den zur Bewehrung von Stahlbetonteilen verwendeten Stahl nennt man *Betonstahl*. Für das Vorspannen von Beton, also für Spannbeton, wählt man Stahlsorten, die eine höhere Festigkeit als Betonstahl haben. Sie werden als *Spannstahl* bezeichnet. Betonstahl wird in glatten, gerippten und profilierten Drähten und Stäben mit nahezu kreisförmigem Querschnitt gewalzt.

Es gibt drei Lieferformen:
- Betonstabstahl (S) ist in geraden Stäben gelieferter Stahl zum Flechten der Bewehrung aus einzelnen Stäben.
- Betonstahlmatten (M) sind in Werken gefertigte netzartige Matten aus sich kreuzenden Stäben. Die Stäbe werden mit Hilfe von Schweißautomaten an den Kreuzungspunkten durch Widerstands-Punktschweißung scherfest miteinander verbunden.
- Bewehrungsdraht ist glatter oder profilierter Betonstahl, der zu Ringen gerollt geliefert wird und für eine werkmäßige Weiterverarbeitung geeignet ist.

Zu unterscheiden sind hinsichtlich der Art der Herstellung:
- warm gewalzter Betonstahl ohne Nachbehandlung
- warm gewalzter und aus der Walzhitze wärmebehandelter Betonstahl
- kalt verformter Betonstahl, der durch Verwinden oder Recken des erkalteten warm gewalzten Ausgangsmaterials eine erhöhte Zugfestigkeit erhält.

In Abb. **B.208** sind die Spannungs-Dehnungs-Linien der Betonstahlsorten BSt 420 und BSt 500 dargestellt. Die Werte 420 und 500 geben die garantierten Mindestwerte der Streckgrenze oder bei kalt verformten Stählen der 0,2 %-Dehngrenze an. Die 0,2 %-Dehngrenze bezeichnet jene Spannung, nach deren Ablassen auf Null eine nicht proportionale Dehnung von $\varepsilon = 0,2\,\%$ verbleibt (Abb. **B.208 b**). Die wirklichen Werte liegen häufig höher als die garantierten Mindestwerte nach Tabelle B.5.

Kurzname	BSt 420 S	BSt 500 S	BSt 500 M
Kurzzeichen	III S	IV S	IV M
Werkstoffnummer	1.0428	1.0438	1.0466
Erzeugnisform	Betonstabstahl	Betonstabstahl	Betonstahlmatte
Nenndurchmesser in mm	6 ... 28	6 ... 28	4 ... 12
Streckengrenze oder 0,2 %-Dehnungsgrenze in N/mm^2	420	500	500
Zugfestigkeit in N/mm^2	500	550	550

Tabelle B.5
Sorteneinteilung und Eigenschaften der Betonstähle
(nach DIN 488)

Die Profilierung der Betonstähle dient dem besseren Verbund des Stahles mit dem Beton. Abb. **B.209** zeigt die Profilierung bei den Betonstählen BSt 420 S und BSt 500 S. In DIN 488 sind verschiedene Betonstahlsorten mit ihren Eigenschaften und Kennzeichen beschrieben (siehe Tabelle B.5).

7.2.3 Stahlbetonbau

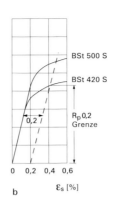

Abb. B.208
Spannungs-Dehnungslinien von Betonstählen

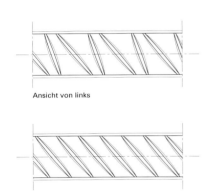

Ansicht von links

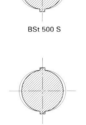

BSt 500 S

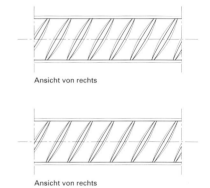

Ansicht von rechts

Ansicht von links   BSt 420 S   Ansicht von rechts

Abb. B.209
Formen von Betonstahlstäben nach DIN 488

7.2.4

Dauerhaftigkeit

Bis etwa 1970 galten Bauwerke aus Stahlbeton als mehr oder weniger „unverwüstlich". Man hatte sowohl die jahrtausendealten römischen Bauten vor Augen wie auch die Stahlbetonbauwerke aus der Frühzeit des Stahlbetons, die immerhin schon ein Dreivierteljahrhundert standen und vielfach uneingeschränkt ihren Dienst taten.[1] Um die Mitte der 70er Jahre setzten dann zunehmend Rückschläge ein. Zunächst brach an Stellen geringer Betondeckung die Oberfläche auf und legte die darunter korrodierte Bewehrung frei. Die unzureichend dicke Betonschale über der Bewehrung war karbonatisiert, der alkalische Schutz der Bewehrung damit verloren gegangen, und von außen eindringende Feuchte führte zusammen mit dem Sauerstoff der gleichfalls zutretenden Luft zur Korrosion der Bewehrungsstähle. Die Ursachen waren neben einer etwas knapp vorgeschriebenen Betondeckung überwiegend Ausführungsmängel. Die vorgeschriebenen Mindestmaße der Betondeckung waren ganz einfach nicht eingehalten. Begünstigt wurden die Fehler durch die Bevorzugung sehr schlanker und dünnwan-

---

[1] Ein ebenso eindrucksvolles wie makabres Zeugnis der Dauerhaftigkeit von Beton geben zum Beispiel die der meerwasserhaltigen Luft ausgesetzten Hochbunker auf den Küstenklippen der Kanalinsel Guernsey aus dem 2. Weltkrieg. Während der Beton kaum Abwitterungsspuren aufweist, sind von angebauten ungeschützten Stahlteilen nur noch Rostfragmente zu sehen.

diger Konstruktionen, die besonders hohe Anforderungen an die Maßhaltigkeit beim Einbau der Bewehrung und ihre Lagesicherung stellen. Ferner führen schlanke Stahlbetonkonstruktionen zu einem hohen Bewehrungsgrad, der die Einbringung des Betons in die Schalung und seine anschließende Verdichtung wesentlich erschwert. Die Porosität von nicht hinreichend verdichtetem Beton begünstigt den Zutritt von Feuchte und Sauerstoff. Ferner widersprach der Zeitgeschmack wasserabweisenden Dachüberständen und das Abtropfen begünstigenden Rücksprüngen in den Fassaden, so dass die Niederschläge häufig in voller Stärke auf die Flächen treffen und ohne Brechung durch Tropfleisten von den Betonflächen mehr oder weniger vollständig absorbiert werden. Auf die Abdeckung von horizontalen Flächen wurde meistens verzichtet. Wand- und Brüstungskronen erhielten auch keine Neigung, die das Ablaufen von Feuchte begünstigt hätte. Als besonders nachteilig erwiesen sich der Gestaltung dienende Oberflächenbehandlungen von Beton, die aber die Struktur schädigten und das Gefüge lockerten, so dass zum Beispiel einige 20 bis 25 Jahre alte Vorsatzschalen aus Betonfertigteilen in Brocken abwitterten. Schließlich wurden die Außenfugen vielfach mit einem vermeintlich dauerelastischen Material „wasserdicht" geschlossen, das aber die Erwartungen nicht erfüllte. Es gab Ablösungen der Fugenmasse von den Fugenflanken oder auch Risse der Fugenmasse, durch die Feuchte in die Konstruktionen eindrang. Besonders gravierende Schäden waren zu verzeichnen an Stahlbetonbrücken und anderen Straßenverkehrsbauten, die Tausalzlösungen ausgesetzt waren.

Selbst wenn man einräumt, dass die erhöhte Aggressivität der Atmosphäre, die ja auch zu einem beschleunigten Zerfall verschiedener Natursteine führt, ihren Teil zur vorzeitigen Verwitterung der Stahlbetonkonstruktionen beiträgt, so bleiben doch als wichtigste Gründe für die aufgetretenen Schäden Ausführungsmängel und dem Baustoff Stahlbeton nicht gerecht werdende Entwürfe sowohl der Baukörper insgesamt wie auch der Details. Aufgrund der eingetretenen Schäden wird verschiedentlich grundsätzlich eine wetterschützende Oberflächenbehandlung des Betons gefordert. Der gute Zustand alter Betonbauwerke, die mit ausreichenden Abmessungen geplant und mit gebotener Sorgfalt hergestellt wurden, spricht gegen eine Verallgemeinerung solcher im Einzelfall ratsam erscheinenden Maßnahmen. Im Allgemeinen sollte man die dafür erforderlichen Kosten besser für eine gute Planung und Ausführung der Stahlbetonbauarbeiten aufwenden.

7.2.5

Umweltverträglichkeit

Erhärteter Beton setzt sich aus Zement (zum Beispiel gebrannter Mergel, Abschnitt B.7.2.2) und Zuschlag, in der Regel glaziale oder alluviale Ablagerungen, zusammen. Diese Rohstoffe haben keine schädigenden Wirkungen. Die Verwendung von Schlackensand aus Hochöfen, Müllverbrennung und Steinkohlenschlacken kann in Einzelfällen zu einer leichten Erhöhung der Radioaktivität führen.

Stahlbetongebäude können durch die eingebaute Bewehrung einen Faraday-Käfig bilden, der die Innenräume gegen äußere elektrische Felder abschirmt. Vereinzelt werden Befürchtungen geäußert, dass dadurch das Befinden der Bewohner beeinträchtigt werden könnte. Andererseits wird gesagt, dass ein intensives „Elektroklima" schädlich sei, so dass die Dämpfung der natürlichen Strahlung eher zu begrüßen wäre. Weder die eine noch die andere These ist bislang allgemeingültig bewiesen.

Ein gewisser Nachteil im Vergleich zu anderen Baustoffen ergibt sich aus der geringeren Sorptionsfähigkeit des Betons. Ziegel und Holz nehmen bei ansteigender Innenraumfeuchte schneller und mehr Feuchte auf und gewährleisten dadurch einen besseren, die Behaglichkeit fördernden Feuchteausgleich. Durch einen sorptionsfähigen Putz auf Betonflächen lässt sich jedoch die geringe Sorptionsfähigkeit des Betons weitgehend kompensieren.

Der Primärenergiebedarf zur Herstellung von Stahlbeton liegt über dem von Kalksandstein, aber unter dem von Ziegel [B.71], also im durchschnittlichen Bereich des Bedarfs für künstliche Baustoffe.

Die Weiternutzung von abgebrochenem Beton und Stahlbeton hat sich soweit entwickelt, dass heute kein nennenswerter Restschutt mehr verbleibt. In modernen Shredder-Anlagen lassen sich Bewehrungsstahl und Beton trennen und zu Schrott und Betonbruch weiterverarbeiten. Betonbruch wird nicht nur als Packlage im Verkehrswegebau oder als Füllmaterial für Dammbauten und ähnliche Aufgaben verwendet. Bei Erfüllung entsprechender Anforderungen ist er auch als Zuschlag für neue Betonbauwerke geeignet.

Insgesamt ist Stahlbeton ein Baustoff, der wegen seiner Wirtschaftlichkeit und seiner vielseitigen Verwendbarkeit weltweit unverzichtbar ist. Eine negative Beurteilung beruht eher auf einer unsachgemäßen und „unvernünftigen" Verwendung, als dass sie mit den Eigenschaften des Baustoffes zu begründen ist. Wenn Beton materialgerecht eingesetzt und gut gestaltet wird, dann erfüllt er nicht nur kurzfristige, monetär wirtschaftliche Erwartungen, sondern auch angemessene Ansprüche an Ästhetik, Dauerhaftigkeit und Umweltverträglichkeit.

7.3

Konstruktionsprinzipien im Stahlbetonbau

7.3.1

Tragmodelle

Die Gesamtheit der Stahleinlagen eines Stahlbetonbauteils wird *Bewehrung* genannt. Ein Teil der eingelegten Stahlstäbe bleibt planmäßig unbeansprucht und dient nur zur Lagesicherung der kraftübertragenden Stäbe vor und während des Betonierens. Derartige Stäbe heißen *Montagestäbe*.

Die Bewehrung soll alle in einem Bauteil auftretenden Zugkräfte aufnehmen. Es liegt daher nahe, die Bewehrungsstäbe in Richtung der Zugspannungstrajektorien zu legen, die sich einstellen würden, wenn das Bauteil aus einem homogenen Baustoff bestünde. Tatsächlich wird bei Schalentragwerken so verfahren. Abb. **B.210** zeigt die Trajektorienbewegung für das Schalendach einer Kirche. Die Bewehrungsstäbe liegen in der Schalenmittelfläche und folgen dem Verlauf der Hauptzugspannungen. In biegebeanspruchten Bauteilen weisen die Zugspannungstrajektorien jedoch sehr viel kompliziertere Verläufe auf, so dass sich das Prinzip der Trajektorienbewehrung aus praktischen Gründen nur in Ausnahmefällen durchführen lässt. Im Allgemeinen liegen dem Bewehrungsverlauf andere Gedankenmodelle zugrunde.

Abb. B.210
Trajektorienbewehrung in dem Stahlbeton-Schalendach einer Kirche

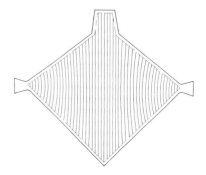

Träger

Abb. **B.211 a** zeigt die Hauptspannungstrajektorien in einem Träger mit Rechteckquerschnitt, der durch eine gleichförmige Streckenlast belastet und an den Endquerschnitten durch Querkräfte gestützt wird. Man erkennt, dass sich die Richtung der Zugspannungstrajektorien (gestrichelte Linien) von Ort zu Ort stark ändert. In Abb. **B.211 b** ist eine Bewehrung dargestellt, die diesem Trajektorienbild in grober, praktisch möglicher Näherung angeglichen ist. Im mittleren Bereich des Trägers (Schnitt I-I) liegen am unteren Rand des Trägers 5 Bewehrungsstäbe. Zum Auflager hin sind entsprechend dem Ansteigen der Zugspannungstrajektorien 2 Stäbe aufgebogen, so dass im Schnitt II-II nur noch 3 Stäbe unten liegen. Das korrespondiert mit der zum Auflager hin abnehmenden Zugspannung am unteren Rand. Die Abweichung vom Trajektorienverlauf macht eine zusätzliche Bewehrung in senkrechter Richtung erforderlich, die in Abb. **B.211 b** nicht eingetragen ist, weil ihre Bedeutung am besten zu erkennen ist, wenn man ein anderes Gedankenmodell zugrunde legt, das in Abb. **B.211 c** dargestellt ist.

Abb. B.211
Modelle für das Tragverhalten von Stahlbetonträgern in Abhängigkeit vom Verlauf der Bewehrung

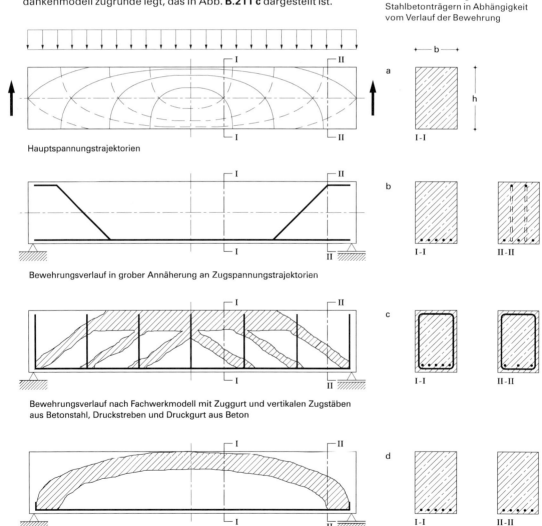

a Hauptspannungstrajektorien

b Bewehrungsverlauf in grober Annäherung an Zugspannungstrajektorien

c Bewehrungsverlauf nach Fachwerkmodell mit Zuggurt und vertikalen Zugstäben aus Betonstahl, Druckstreben und Druckgurt aus Beton

d Bewehrung als Zugband für einen Druckbogen, der sich im Beton ausbildet

Die Längsstäbe des Trägers (Abb. **B.211 c**) sind nicht aufgebogen. Dafür sind zusätzlich senkrecht stehende, aus Betonstahl geformte Bügel angeordnet. Die Skizze zeigt, wie man sich das Tragverhalten des auf diese Weise bewehrten Stahlbetonträgers vorstellen kann. Die unten liegenden Stäbe bilden gleichsam den auf Zug beanspruchten Untergurt eines Fachwerkträgers. Die Bügel entsprechen den Zugpfosten, und die schraffierten Betonbereiche lassen sich als Druckstäbe deuten, nämlich als Druckdiagonalen und den auf Druck beanspruchten Obergurt. Entsprechend der zum Auflager abnehmenden Zugkraft im Untergurt kann die Bewehrung gestaffelt sein: Im Schnitt I-I liegen 5 Stäbe, im Schnitt II-II nur 3 Stäbe. Gleiches gilt für die Druckkraft im Obergurt. In Trägermitte ist die Obergurtkraft größer als im auflagernahen Trägerteil. Umgekehrt nehmen die Pfostenkräfte und die Kräfte in den Diagonalen von der Trägermitte her in Richtung der Auflager zu. Deshalb haben die Bügel in Auflagernähe häufig größere Stabquerschnitte oder sie werden enger gestellt.

Schließlich ist ein drittes Tragmodell denkbar, wie es in Abb. **B.211 d** angedeutet ist. In dem Träger bildet sich ein druckbeanspruchter Bogen aus, dessen Kämpfer (Auflagerbereiche des Bogens) mit einem durchgehenden Zugband von 5 Bewehrungsstäben verbunden sind. In diesem Fall darf die Bewehrung nicht gestaffelt werden.

Man kann demnach feststellen:
In Stahlbetonbauteilen wird die Art des Lastabtrages wesentlich durch die Art der Bewehrungsführung bestimmt.

In der Praxis liegt der Bemessung von vorwiegend auf Biegung beanspruchten Bauteilen eine Kombination von Fachwerk- und Bogen-Zugband-Modell zugrunde. Man orientiert sich dabei an dem Bruchzustand des höchstbeanspruchten Querschnitts und verlangt, dass die Schnittgrößen des Gebrauchszustandes eine γ-fache Sicherheit gegenüber den Größen des Bruchzustandes haben müssen.

Abb. **B.212** erklärt das Prinzip der Biegemomentübertragung und der überschläglichen Bemessung an einem Rechteckquerschnitt, wie er zum Beispiel im Schnitt I-I des Trägers von Abb. **B.211 d** vorliegt. Abb. **B.212 b** zeigt, wie das Biegemoment durch das Kräftepaar der Betondruckspannungen und der Stahlzugspannungen übertragen wird. Am gedrückten oberen Rand erreichen die Betondruckspannungen den Wert der Betondruckfestigkeit, wodurch der Bruchzustand definiert ist. Der nichtlineare Verlauf der Betonspannungen entspricht dem nichtlinearen Spannungs-Dehnungs-Gesetz von Beton. Es lässt sich nun zeigen, dass bei Rechteckquerschnitten das Kräftepaar des Bruchzustandes durch das vereinfachte Modell von Abb. **B.212 c** ausgedrückt werden kann [B.57]. Damit ist die erforderliche Höhe des Querschnitts leicht abzuschätzen.

$$\gamma \cdot M = D_{bu} \cdot 0{,}755\, d$$

$$D_{bu} = 0{,}973\, \beta_R \cdot 0{,}45\, d \cdot b$$

$$\text{erf } d^2 = \frac{\gamma \cdot M}{0{,}973\, \beta_R \cdot 0{,}45 b \cdot 0{,}775}$$

$$\text{erf } d = \sqrt{\frac{\gamma \cdot M}{0{,}339 \cdot b \cdot \beta_R}} \qquad *$$

Einzelheiten der Bemessung sind der Literatur zu entnehmen [B.1], [B.40], [B.45], [B.46].

Abb. B.212
iegemomentenübertragung in einem Rechteckquerschnitt

a Symbol für das auf den Querschnitt wirkende Bruchmoment
b dem Bruchmoment äquivalentes Kräftepaar aus der Summe der Betondruckspannungen und der Summe der Stahlzugspannungen
c vereinfachtes Modell des Kräftepaares zur überschläglichen Bemessung

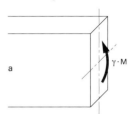

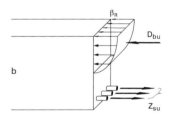

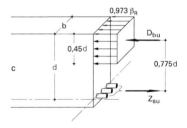

Bezeichnungen
M Biegemoment im Gebrauchszustand
γ Sicherheitsfaktor
$\gamma \cdot M$ Biegemoment im Bruchzustand
b Querschnittsbreite
d Nutzhöhe
   (Abstand der Schwerachse der Bewehrung vom gedrückten Querschnittsrand)
β_R Rechenwert der Betondruckfestigkeit
D_{bu} Betondruckkraft im Bruchzustand
Z_{su} Stahlzugkraft im Bruchzustand

Stützen und Wände

Anders als bei *Trägern* ist die Wirkungsweise der Bewehrung in *Stützen* und *Wänden* zu verstehen. Gedrungene Stützen und Wände, die im wesentlichen durch zentrische Lasten beansprucht werden, sind aufgrund der Druckfestigkeit des Betons auch ohne Bewehrung tragfähig. Es handelt sich dann um unbewehrte Betonbauteile. Ihre Tragfähigkeit nimmt jedoch mit zunehmender Schlankheit[1] ab. Je schlanker ein Bauteil ist, um so größer ist zum Beispiel der Einfluss von Exzentrizitäten der Belastung oder von Abweichungen der tatsächlichen Stabachse/Wandmittelfläche von der Geraden/Ebene. Exzentrizitäten und Ungenauigkeiten in der Geometrie haben Biegemomente zur Folge, die auf der ausgebogenen Seite leicht zu einem Abfall der Druckspannungen bis zu einem Umschlagen in Zugspannungen führen können. Unbewehrte schlanke Druckglieder haben daher nur eine geringe Tragfähigkeit. Durch die Anordnung von Stahlstäben – vorwiegend im oberflächennahen Bereich – läßt sich die Tragfähigkeit wesentlich erhöhen.

Abb. B.213
Tragverhalten von unbewehrten und bewehrten Betonstützen

a unbewehrte, gedrungene Stütze ($\lambda \approx 14$) unter ausmittiger Belastung
b unbewehrte, mäßig schlanke Stütze ($\lambda \approx 28$) unter ausmittiger Belastung
c Bewehrung für eine Stütze
d bewehrte, mäßig schlanke Stütze unter ausmittiger Belastung
e bewehrte, mäßig schlanke Stütze unter zentrischer Belastung

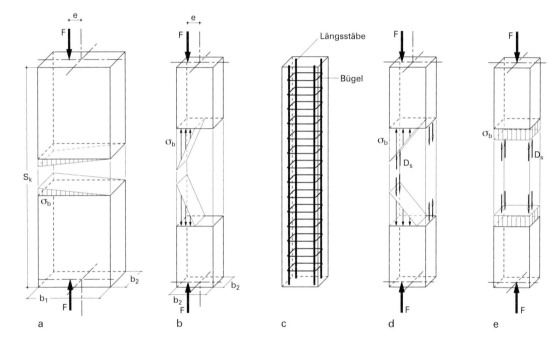

Abb. **B.213** erläutert den Sachverhalt. Eine gedrungene Stütze mit quadratischem Querschnitt (Abb. **B213 a**) steht unter einer ausmittigen Belastung mit Exzentrizität von $1/6$ der Querschnittsseite. Die zugehörige keilförmige Spannungsverteilung hat längs des der Exzentrizität gegenüberliegenden Randes den Wert Null. Im übrigen Bereich steht der Querschnitt unter Druckspannung. Eine doppelt so schlanke Stütze hat bei gleich großer Ausmitte eine bis zur Querschnittsmitte klaffende Fuge (Abb. **B.213 b**) und eine achtfach höhere größte Druckspannung. Man erkennt daran, wie empfindlich das Tragverhalten schon mäßig schlanker Stützen auf Ausmittigkeiten reagiert. Je schlanker eine Stütze ist, um so größer sind die Auswirkungen von Maßabweichungen auf den Spannungszustand. Durch den Einbau einer Bewehrung (Abb. **B.213 c**) wird die Tragfähigkeit wesentlich erhöht. Abb. **B.213 d** zeigt, wie die Bewehrung

---

[1] Schlankheit λ ist hier das Verhältnis von Länge der Stütze zum Trägheitsradius des Querschnitts:

$$\lambda = \frac{s_k}{i}$$

das Aufklaffen der Fuge verhindert. In schlanken Stützen gibt erst die Bewehrung die zur Knicksicherung erforderliche Biegesteifigkeit der Stütze. Bei zentrischem Lastangriff (Abb. **B.213 e**) werden die Längsstäbe der Bewehrung auf Druck beansprucht. Da sie mit dem umgebenden Beton in Verbund stehen, weisen sie die gleichen Stauchungen auf wie der Beton. Die Stahldruckspannungen sind folglich um das Verhältnis der Elastizitätsmoduln von Stahl und Beton höher als die Betondruckspannungen. Die auf Druck beanspruchten Stahlstäbe werden durch Bügel gegen Ausknicken gesichert.

Einen Sonderfall stellt das Tragprinzip der umschnürten Säule dar (Abb. **B.214**). Seit langem wird in der Technik der so genannte Sandtopf verwendet. Ein mit Sand gefüllter kreiszylindrischer – auch säulenartig verlängerter – Behälter ist in der Lage, hohe Lasten abzuleiten. Der auf die Sandfüllung ausgeübte senkrechte Druck ruft einen radial gerichteten Druck der Füllung auf den Zylindermantel hervor. Der Mantel ist bei hinreichender Zugfestigkeit in der Lage, die Belastung durch Ringzugkräfte aufzunehmen. Ähnlich verhält sich bei Einhaltung bestimmter Bedingungen ein durch Wendel umschnürter Betonzylinder. Der Beton stützt sich auf die Wendelbewehrung ab. Eine derartig bewehrte Säule hat eine hohe Traglast.[1] Allerdings gilt das nur für gedrungene Bauglieder. Schon bei mäßig schlanken Säulen mit $\lambda \geq 50$ tritt der „Sandtopfeffekt" weitgehend zurück, und das übliche Tragverhalten der mit Längsstäben bewehrten Stütze ist maßgebend. Eine Mindestlängsbewehrung ist im Übrigen – allein zur Montage der Wendel – immer erforderlich.

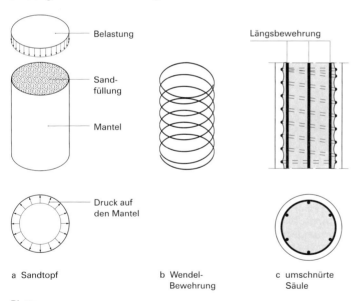

Abb. B.214
Umschnürte Stahlbetonsäule

a Sandtopf   b Wendel-   c umschnürte
                  Bewehrung   Säule

Platten

Für Platten gilt ein ähnliches Modell der Schnittgrößenübertragung wie für Träger. In Platten treten jedoch wegen der dort herrschenden Behinderung der Querdehnung Biegemomente stets auch rechtwinklig zur Spannrichtung auf, also selbst dann, wenn die Platte wie ein Träger nur in einer Richtung gespannt ist. Infolgedessen haben Platten immer zwei sich kreuzende Lagen von Bewehrungsstäben. In der Regel kreuzen sich die Stäbe unter einem rechten Winkel. Wenn aus besonderen Gründen die Richtung der Bewehrungsstäbe von der Richtung der Hauptbiegemomente stark abweichen muss, können 3 Bewehrungslagen erforderlich sein.

---

[1] Traglast = aufnehmbare Belastung

7.3.2

Bewehrung

Zweck

Die Bewehrung im Stahlbetonbau verfolgt drei Hauptzwecke:
- Die Stahleinlagen sollen in biegebeanspruchten und in zugbeanspruchten Bauteilen die Zugkräfte übertragen.
- Die Stahleinlagen sollen bewirken, dass die im Stahlbeton unvermeidlichen Risse haarfein bleiben. Das gilt insbesondere auch für Risse, die durch Dehnungsbehinderungen bei Temperaturänderungen, Schwinden und Kriechen auftreten können.
- In druckbeanspruchten Bauteilen verstärkt die Bewehrung die Tragfähigkeit des Betonquerschnitts und sie sichert die Bauteile gegen Ausknicken.

Lage

Je besser sich der Bewehrungsverlauf den Zugspannungstrajektorien anpassen lässt, um so weniger und kleinere Risse sind zu erwarten. Im Allgemeinen muss man zur Begrenzung des Arbeitsaufwandes für die Bewehrungsführung vereinfachte Tragmodelle zugrunde legen (siehe Abschnitt B.7.3.1). Beim Entwurf und Verlegen der Bewehrung ist eine Fülle von Einzelheiten zu beachten, die in DIN 1045-1 festgelegt und in der Literatur vielfach erläutert sind (zum Beispiel [B.40], [B.45], [B.46]).

Betondeckung

Von großer Bedeutung für den Schutz der Bewehrung gegen Korrosion und gegen vorzeitiges Versagen im Brandfall ist eine ausreichende *Betondeckung*. Sie ist abhängig von:
- dem Stabdurchmesser der Bewehrung
- der Betonfestigkeitsklasse
- dem Zuschlaggrößtkorn
- den Umweltbedingungen
- dem erforderlichen Brandschutz
- der Art des Bauteils.

Ein großer Teil der Schäden an Stahlbetonbauteilen hat seine wesentliche Ursache in ungenügender Betondeckung der Bewehrung. Auch der Einsturz des Südbogens der Kongresshalle in Berlin im Jahr 1980 ist zum Teil auf mangelhafte Betondeckung zurückzuführen [A.8]. *Es kann deshalb nicht eindringlich genug empfohlen werden, auf die Einhaltung der in DIN 1045-1 geforderten Betondeckung zu achten.*

Bei Betonflächen aus Waschbeton oder Flächen, die steinmetzmäßig bearbeitet, gesandstrahlt oder durch Verschleiß stark abgenutzt werden, muss die Betondeckung vergrößert werden. Schichten aus natürlichen oder künstlichen Steinen, Holz oder porigem Beton dürfen nicht auf die Betondeckung angerechnet werden.

Zur Gewährleistung der erforderlichen Betondeckung sind zwischen Schalung und Bewehrung hinreichend viele Abstandhalter einzubauen. Die Abstandhalter müssen aus einem Werkstoff bestehen, der durch Feuchte nicht angegriffen wird. Zum Beispiel müssen Stahlböcke, die zur Abstützung der oberen Bewehrung von Platten dienen, selbst auf Abstandhalter gestellt oder mit Kunststoffkappen gegen Rosten geschützt werden (Abb. **B.215**).

Abb. B.215
Beispiele für Abstandhalter

a Kunststoffteil zum Anklemmen für Wand- und Stützenbewehrung
b Klotz aus Faserzement für untenliegende Stäbe in Träger und Platten
c Klotz aus Mörtel zum Anbinden
d Dreikantstab aus Faserzement für untere Plattenbewehrung und Wand-/Stützenbewehrung
e punktgeschweißter Korb (mit Kunststoffschuhen zur Vermeidung von Rostflecken) für obere Lage von Deckenbewehrung
f Stützbügel für obere Lage von Deckenbewehrungen

a

b

c

d
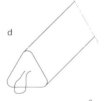

e
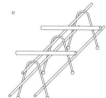

f
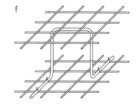

Stabdurchmesser und Stababstände

Weil die Oberfläche eines Stabes sich proportional zum Querschnittsdurchmesser verhält, während zwischen Querschnittsfläche und Durchmesser ein quadratischer Zusammenhang besteht, lassen sich bei Ausnutzung der zulässigen Zugkräfte dünne Stäbe (mit relativ großer Oberfläche) besser im Beton verankern als dicke Stäbe (mit relativ kleiner Oberfläche). Die maximalen Stabdurchmesser für Zugstäbe sollten deshalb auf 28 mm begrenzt werden.

Die kleinsten Abstände paralleler Stäbe sind (Abb. **B.216**):

$$a_l \begin{cases} \geq 2\,\text{cm} \\ \geq \text{Stabdurchmesser} \\ \geq 1{,}5\,\text{facher Durchmesser des Zuschlaggrößtkorns} \end{cases}$$

Bei mehrlagiger Anordnung der Stäbe muss in den oberen Lagen eine Lücke frei bleiben, durch die beim Betonieren ein Rüttler zum Verdichten auch des unteren Bauteilbereichs geführt werden kann. Eine zu eng liegende Bewehrung wirkt als Sieb und hat eine Entmischung des Betons zur Folge. Im ungünstigsten Fall verbleiben unter der Bewehrung Hohlräume, sogenannte Kiesnester, die auf jeden Fall zu vermeiden sind.

Die größten Stababstände sollten in Zugbereichen 20 bis 30 cm, bei gedrückten Stäben 30 bis 40 cm nicht überschreiten (vgl. auch Mindestbewehrung bei den einzelnen Bauteilen).

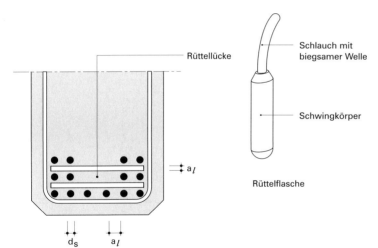

Abb. B.216
Mindestabstände paralleler Stäbe

a_l lichte Weite zwischen den Längsstäben
d_s Stabdurchmesser

7.3.3

Brandschutz

Stahlbeton ist ein nicht brennbarer Baustoff, der auch keine brennbaren Bestandteile enthält (Baustoffklasse A1 nach DIN 4102-1). Bauteile aus Stahlbeton sind daher leicht so zu konstruieren und zu bemessen, dass sie der jeweils erforderlichen Feuerwiderstandsklasse (vgl. Abschnitt B.5.3.4) genügen. In Stahlbetonbauteilen, die einem Brand ausgesetzt sind, können jedoch große Temperaturunterschiede auftreten, die hohe Zwängungsspannungen zur Folge haben. Wenn die Zwängungsspannungen die Zugfestigkeit des Betons erreichen, kommt es zu Rissbildungen und bei noch jungem wasserhaltigem Beton zu schalenartigen Abplatzungen der Betondeckung bis zu den oberflächennahen Bewehrungslagen. Die Querschnitte werden dadurch geschwächt und die Bewehrung ist nun ungeschützt dem Brand ausgesetzt. Die kritische Temperatur für das Versagen von Betonstahl beträgt 500 °C. Aus diesem Grund sind für die Feuerwiderstandsklassen Mindestmaße der Querschnittsabmessungen von Trägern und Stützen sowie für die Betondeckung vorgeschrieben.

Die gemäß DIN 1045-1 erforderlichen Betondeckungen (siehe Abschnitt B.7.3.2) reichen in der Regel aus, um die unteren Feuerwiderstandsklassen F 30 und F 60 zu erreichen. Für höhere Feuerwiderstandsklassen muss die Betondeckung vergrößert oder das Bauteil durch eine Bekleidung, zum Beispiel Putz, zusätzlich geschützt werden.

Die Mindestabmessungen der Querschnitte für Träger und Stützen gehen anschaulich aus Abb. **B.217** hervor (siehe auch Abschnitt E.3.5.3).

Schäden an Betonbauteilen, die infolge eines Brandes durch Abplatzungen aufgetreten sind, lassen sich oft ohne wesentliche Schwierigkeiten ausbessern. Sofern die Tragfähigkeit der Bewehrung noch gewährleistet ist, können die geschädigten Bereiche mit Spritzbeton zu der ursprünglichen Form ergänzt werden [B.95].

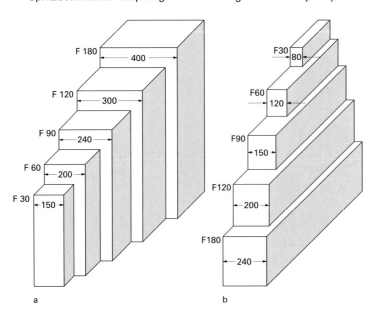

Abb. B.217
Mindestabmessungen in mm für Stahlbetonquerschnitte zur Gewährleistung von Feuerwiderstandsklassen

a Stützenquerschnitte
b Breitenabmessungen für Träger

Abmessungen in mm

7.4
Konstruktionselemente des Stahlbetonbaus

7.4.1

Träger

Das Tragverhalten des einfeldrigen Trägers mit Rechteckquerschnitt wurde in Abschnitt B.7.3 erläutert. Hier sind einige wichtige Aspekte zum Durchlaufträger, zum Kragträger und zum Plattenbalken zu ergänzen.

Durchlaufträger

Für den Durchlaufträger typisch ist der Wechsel von positiven Biegemomenten in den Feldern zu negativen Biegemomenten über den Mittelstützen. Abb. **B.218** zeigt die Biegemomentenlinien eines zweifeldrigen Durchlaufträgers infolge der einzelnen Lastfälle „ständige

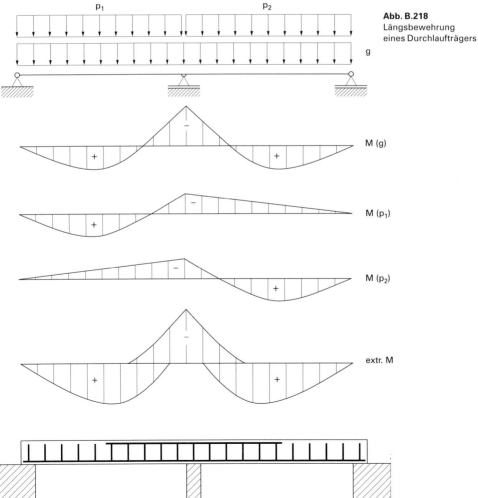

Abb. B.218
Längsbewehrung eines Durchlaufträgers

Last" $M(g)$, „Verkehrslast im Feld 1" $M(p_1)$ und „Verkehrslast im Feld 2" $M(p_2)$. Durch entsprechende Additionen erhält man die Linie der extremen Biegemomente extr M. In den Feldern überwiegen positive Biegemomente, über der Stütze und im stützennahen Bereich liegen negative Biegemomente vor. Dementsprechend ist in den Feldern der überwiegende Teil der Bewehrung am unteren Rand, über der Stütze am oberen Rand zu verlegen. Die Bewehrung kann den Momentenlinien folgend abgestuft werden. An Endlauflagern ist mindestens ⅓, an Zwischenauflagern mindestens ¼ der unten liegenden Feldbewehrung bis hinter die vorderen Auflagerkanten durchzuführen. Stets ist für eine ausreichende Verankerung der Bewehrungsstäbe zu sorgen.

Zur Sicherung eines Bauteils gegen Versagen infolge unvorhergesehener Beanspruchungen müssen bestimmte Mindestbewehrungen eingehalten werden. Zum Beispiel müssen Stahlbetonbalken eine Mindestbügelbewehrung erhalten, die sich außer nach der Schubbeanspruchung auch nach der Balkenhöhe bemisst [B.1]. Der Bügelabstand darf in keinem Fall größer als 30 cm sein. Hohe Stege mit mehr als 50 cm Höhe sind in der Zugzone auch oberhalb der Hauptbewehrung in Längsrichtung zu bewehren, um in diesem Bereich die Risse hinreichend fein zu verteilen (Abb. **B.220 b**).

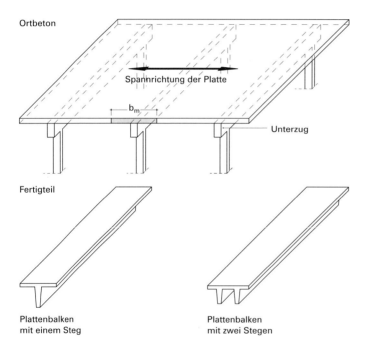

Abb. B.219
Beispiele für Plattenbalken,
b_m = mitwirkende Breite

Plattenbalken

Ein häufig vorkommendes Tragwerkselement ist der Plattenbalken. Ein Plattenbalken entsteht zum Beispiel längs der Lagerung einer Deckenplatte auf einem Unterzug (Abb. **B.219**). Bei monolithischer oder anderer kraftschlüssiger Verbindung ist die Platte Teil des Unterzuges und ergänzt den Querschnitt des Unterzuges zu einem T-Querschnitt. Bei Beanspruchung des Unterzuges durch positive Biegemomente ist ein derartiger Plattenbalkenquerschnitt besonders vorteilhaft, weil der Plattenanteil dann in der Druckzone liegt und sich an der Aufnahme des Biegemomentes beteiligt. Bei negativen Biegemomenten (zum Beispiel über der Mittelstütze eines Durchlaufträgers) liegt der Plattenanteil in der gerissenen Zugzone und ist damit nahezu wirkungslos; er eignet sich in dem Fall nur zur besseren Verteilung der Bewehrung (Abb. **B.220 b, c**). Die Spannungen in der Gurtplatte sind über die Breite nicht konstant, sondern nehmen mit der Entfernung von der Querschnittsmitte ab. Zur hinreichenden Berücksichtigung dieses Sachverhaltes kann man vereinfachend eine verkürzte „mittragende Breite" definieren und darin die Spannungen in Breitenrichtung konstant setzen (Abb. **B.220 a**). Die mittragende Breite ist abhängig von der Art der Belastung des Plattenbalkens (Streckenlasten, Einzellasten), von seiner Spannweite und von den Abmessungen des Querschnitts (zum Beispiel [B.1]).

Abb. B.220
Plattenbalken

a zur Definition der mitwirkenden Breite
b Platte in Druckzone: Hauptbewehrung im Steg; im Balkenfeld
c Platte in Zugzone: Hauptbewehrung in Platte; über der Stütze

Kragträger

Abb. **B.221** zeigt die Besonderheiten eines Kragträgers. Die oben liegende Bewehrung zur Deckung der negativen Momente wird am besten in Schlaufen bis zum freien Ende des Trägers geführt. Sie ist in dem einspannenden Bauteil gut zu verankern. Wie immer sind auch hier Rüttellücken freizuhalten.

Deckengleiche Unterzüge

Aus herstellungstechnischen Gründen oder aus ästhetischen Gründen kann es erwünscht sein, die Höhe eines Unterzuges gleich der Dicke der getragenen Decke zu wählen. Der Unterzug verschwindet dann in der Decke und ist nicht sichtbar. Für kleine Spannweiten ist diese verhältnismäßig weiche Konstruktion vertretbar. Für größere Spannweiten ist sie wegen zu großer Durchbiegungen in der Regel nicht geeignet. Spannweiten bis zur 15-fachen Deckendicke sind im Allgemeinen unbedenklich.

Abb. B.221
Bewehrung eines Kragträgers

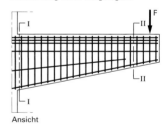
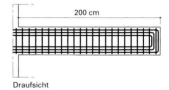
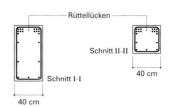

Durchbrüche in Stegen

Es ist häufig erforderlich, zur Verlegung von Leitungen und Lüftungskanälen Öffnungen in Stegen von Trägern und Plattenbalken vorzusehen. Im Bereich kleiner Querkräfte – in der Regel also in Feldmitte – erfordern selbst größere Öffnungen keinen großen konstruktiven Aufwand. In der Nähe der Stützungen, wo die Querkräfte groß sind, müssen Öffnungen die Ausbildung noch hinreichend dicker Druckstreben zulassen (Abb. **B.222**). Runde Öffnungen sind herstellungstechnisch und hinsichtlich des Tragverhaltens besser als eckige. Ecken sollten möglichst ausgerundet werden. Besondere Sorgfalt erfordert das Betonieren der Stegbereiche unter größeren Öffnungen. Es ist sicherzustellen, dass der Frischbeton den Raum voll ausfüllt und keine Hohlräume einschließt. Am besten erreicht man das durch einseitiges Einfüllen des Betons, der dann die Öffnungsform unterfließt und auf der anderen Seite aufsteigt.

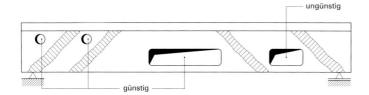

Abb. B.222
Öffnungen im Steg

7.4.2

Platten

Platten können vielfältig berandet und gelagert sein. Am häufigsten kommen Rechteckplatten mit oder ohne kleinere oder größere Ausschnitte vor. Meistens sind sie längs ihrer Ränder zweiseitig, dreiseitig oder vierseitig gestützt. Sie können über eine oder mehr Innenstützungen durchlaufen und heißen dann mehrfeldrige durchlaufende Platten (Abb. **B.223** und **B.224**).

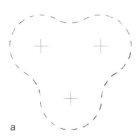 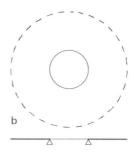

Abb. B.223
Krummlinig begrenzte Platten

a Platte auf drei Stützen
b Kreisringplatte, am Innenrand gelenkig gelagert

7.4.2 Stahlbetonbau

Abmessungen

Legt man der Bemessung der Plattendicke allein die Berechnungslasten und die Druckfestigkeit des Betons zugrunde, dann ergeben sich in der Regel sehr schlanke Platten, die unter den Gebrauchslasten verhältnismäßig große, den Nutzwert mindernde Durchbiegungen aufweisen. Zu große Durchbiegungen können zum Beispiel bei Dachplatten die Entwässerung behindern (Wassersackbildung), bei Geschossdecken zu Rissen in nichttragenden Wänden führen oder unterhalb liegende Einbauten einklemmen und zu Bruch bringen (zum Beispiel Fensterwände). Die Durchbiegungen müssen also begrenzt werden. Um aufwändige Durchbiegungsberechnungen zu vermeiden, darf vereinfachend die Plattenschlankheit – das Verhältnis ideelle Spannweite zu Nutzhöhe – als Kriterium verwendet werden. Die Definition der ideellen Spannweite l_i geht aus Abb. B.224 hervor. Sie ist bei gelenkig gelagerten Einfeldträgern gleich der Spannweite, bei Durchlaufträgern gleich der Spannweite der Ersatzträger (DIN 1045-1 Tabelle 22 [B.1]).

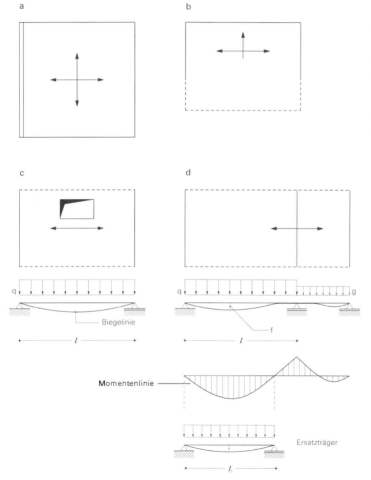

Abb. B.224
Rechteckplatten

a dreiseitig gelenkig, einseitig eingespannt gelagert
b Loggiaplatte, dreiseitig gelenkig gelagert, zum Teil freie Ränder
c zweiseitig gelenkig gelagert, rechteckige Öffnung
d Durchlaufplatte auf drei Stützen; Definition der ideellen Stützweite l_i

Die Schlankheit soll die Forderung

$$\lambda = \frac{l_i}{d} \leq 35$$

erfüllen. Bei Bauteilen, die überdies Trennwände zu tragen haben, soll die Schlankheit für 4,30 m $\leq l_i <$ 7,00 m der Bedingung

$$\frac{l_i}{d} \leq \frac{150}{l_i} \quad (l_i \text{ und } d \text{ in m})$$

genügen, sofern störende Risse nicht durch andere Maßnahmen vermieden werden. Aus herstellungstechnischen Gründen sind für Stahlbetonplatten Mindestdicken vorgeschrieben (Tabelle B.6). Normale Schlankheiten liegen bei λ = 20 bis 25. Man sollte auch bedenken, dass allein wegen des Schallschutzes Dicken $\geq$ 15 cm erwünscht sein können [B.52]. Schließlich liegen in den meisten Geschossdecken Versorgungsleitungen, die zum Teil ein Gefälle erfordern. Alles in allem sprechen in vielen Fällen allein diese oder weitere konstruktive Gründe für Deckendicken um 18 cm, selbst wenn die statisch erforderlichen Höhen dünnere Decken zulassen. Die wirtschaftliche Grenze für die Spannweite von Vollplatten liegt bei 7 m.

Tabelle B.6 Mindestdicken für Platten

Plattenart	Ortbeton	Fertigteile
Geschossdecken	$\geq$ 7 cm	$\geq$ 5 cm
mit PKW befahrene Decken	$\geq$ 10 cm	$\geq$ 8 cm
mit LKW befahrene Decken	$\geq$ 12 cm	$\geq$ 10 cm
Platten von Rippendecken	$\geq$ 1/10 des lichten Rippenabstandes $\geq$ 5 cm	
Platten auf Einzelstücken	$\geq$ 20 cm	

Bewehrung

Zur Verteilung von Lasten in Querrichtung und zur Aufnahme der Biegemomente infolge der Querkontraktion der Baustoffe ist nicht nur in zweiachsig gespannten Platten, sondern auch in einachsig gespannten Platten stets eine zweite, die Hauptbewehrung kreuzende Bewehrungslage einzulegen. Die sogenannte Querbewehrung muss entsprechend der Querkontraktionszahl von Beton ($\mu \approx$ 0,2) einen Querschnitt von $1/5$ des Stahlquerschnitts der Hauptbewehrung haben, mindestens jedoch 4 Stäbe $\varnothing$ 6 mm bei BSt 420 oder 3 Stäbe $\varnothing$ 6 mm bei BSt 500 oder 3 Stäbe $\varnothing$ 4,5 mm bei BSt 550 je m Plattenlänge. In der Regel verwendet man für Plattenbewehrungen heute Betonstahlmatten.

Platten unterliegen an ihren Auflagern häufig konstruktionsbedingten Einspannungen, die planmäßig nicht vorgesehen und rechnerisch nicht immer erfasst werden. An derartigen Stellen werden jedoch zur Vermeidung klaffender Risse „konstruktiv" Bewehrungsstäbe eingelegt.

Typische Beispiele sind (Abb. **B.225**):
– Randeinspannung am Endauflager
– Durchlaufwirkung an den Schmalseiten einachsig gespannter Platten
– Eckeinspannung von vierseitig gelagerten Platten.

Die quantitativ nicht genau zu erfassende Randeinspannung an den Auflagern ergibt sich durch Auflasten aus Wänden. Eine entsprechende Bewehrung durch aufgehobene Stäbe (Abb. **B.225 a**) oder mit Randmatten oder Bügeln sollte stets angeordnet werden.

Auch wenn Platten rechnerisch nur einachsig gespannt sind, wird doch auf parallel zur Spannrichtung verlaufende Wände ein Teil der Plattenlast – insbesondere aus dem wandnahen Bereich – abgegeben. In Abb. **B.225 b** ist auf der linken Platte angedeutet, wie sich die Flächenlast etwa auf die Lagerung verteilt. Bei durchgehenden Platten treten über Parallelwänden quergerichtete Stützmomente auf, die durch eine obere Querbewehrung abgedeckt werden müssen.

Abb. B.225 a, b
Konstruktive Bewehrungen an Plattenauflagern

a Randeinspannung am Endauflager
b Durchlaufwirkung rechtwinklig zur Haupttragrichtung

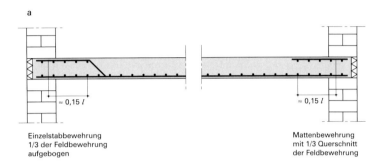

Einzelstabbewehrung
1/3 der Feldbewehrung
aufgebogen

Mattenbewehrung
mit 1/3 Querschnitt
der Feldbewehrung

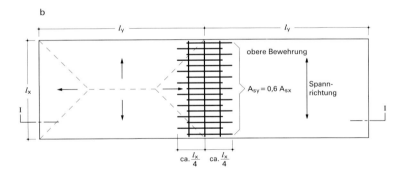

unplanmäßige Durchlaufwirkung in Querrichtung mit Abreißbewehrung

Die Eckbereiche von vierseitig aufliegenden Platten unter Gleichlast heben sich etwas von den Lagern ab, wenn sie nicht durch besondere Maßnahmen niedergehalten werden (Abb. **B.225 c**). Derartige Verformungen lassen sich an Dachdecken beobachten, deren Ecken weder nach unten verankert noch durch eine steife Attika gegen Aufbiegen gesichert sind. Man erkennt dann an den Ecken einen horizontalen klaffenden Riss. Das Niederhalten der Ecke hat Biegemomente im Eckbereich in diagonaler Richtung zur Folge. Theoretisch optimal ist eine entsprechend diagonal liegende obere und untere Bewehrung. Meistens werden jedoch zur Vereinfachung quadratische Matten eingelegt. Man nennt diese Eckbewehrung auch „Drillbewehrung", weil die Diagonalmomente in Schnitten rechtwinklig zur Spannrichtung als Drillmomente erscheinen.

Abb. B.225 c
Diagonal gerichtete Biegemomente durch Niederhalten der Ecken bei vierseitiger Lagerung

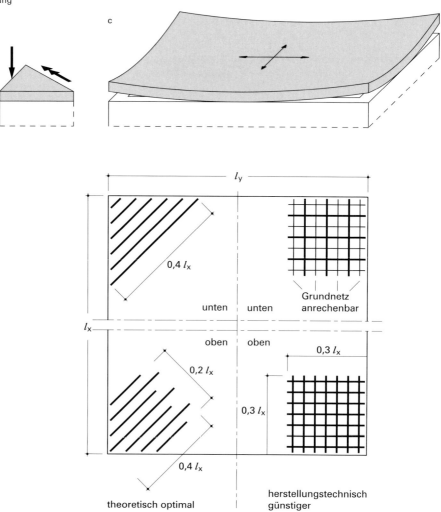

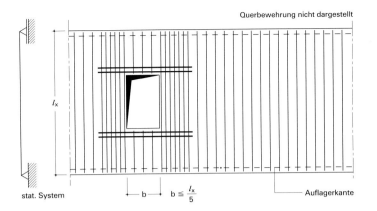

Abb. B.226
Auswechslung der Bewehrung bei einer Öffnung mit b $\leq l_x/5$

Auswechselungen

Das Tragverhalten von Platten mit Öffnungen hängt wesentlich von der Lage, der Größe und der Form der Öffnung ab. Genaue Berechnungen sind aufwendig und in den meisten Fällen entbehrlich. Wenn die Breite einer Öffnung kleiner als $1/5$ der Spannweite ist, genügt es, die auf die Öffnung entfallende Tragbewehrung zusätzlich neben die Aussparung zu legen (Abb. **B.226**). Weitere Hinweise siehe [B.40].

Punktgestützte Platten

Im Verwaltungs- und Industriebau ist häufig die Punktstützung von Geschossdecken erwünscht, weil sie die Nutzung am wenigsten einschränkt. Abb. **B.227** zeigt vier übliche Plattenkonstruktionen für diese Aufgabe. Die Flachdecke (Abb. **B.227 a**) lässt sich am einfachsten einschalen und bietet die größte Freiheit für den Einbau von Luftkanälen und anderen Leitungen. Sie erfordert jedoch viel Bewehrung mit einem differenzierten Bewehrungsverlauf. Aber besondere Bewehrungselemente, die Dübelleisten, erleichtern die Ableitung der Querkräfte in die Stützen, so dass zunehmend Flachdecken gebaut werden. Die Pilzdecke (Abb. **B.227 b**) hat im Vergleich zur Flachdecke einen kleineren Bewehrungsbedarf, aber einen höheren Schalungsaufwand. Die Rippendecke (Abb. **B.227 c**) lässt sich vorteilhaft mit vorgefertigten Rippen herstellen. Vielfach hat sich erwiesen, dass die einachsig gespannte Platte auf Unterzügen (Abb. **B.227 d**), die von den vier Systemen die größte Konstruktionshöhe erfordert, am wirtschaftlichsten herzustellen ist. Meistens wird aber die Wahl des Systems auch von anderen Faktoren beeinflusst, so dass man keine allgemeine Empfehlung für die Wahl im Einzelfall geben kann.

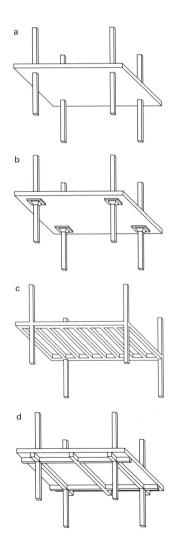

Abb. B.227
Punktgestützte Platten

a Vollplatte auf Einzelstützen ohne Stützenkopfverstärkung; Flachdecke
b Vollplatte auf Einzelstützen mit Stützenkopfverstärkung; Pilzdecke
c Rippendecke
d einachsig gespannte Platte auf Unterzügen

7.4.3

Stützen, Wände

Zur Frage der Funktion von Bewehrungen in druckbeanspruchten Baugliedern wird auf Abschnitt B.7.3 verwiesen.

Die bauliche Ausbildung von *stabförmigen Druckgliedern* und von *Wänden* weicht in einigen Punkten voneinander ab. In DIN 1045-1 wird deshalb zwischen stabförmigen Druckgliedern mit $h \leq 4b$ und Wänden mit $h > 4b$ unterschieden (b, h sind die Seiten des kleinsten den Querschnitt umschreibenden Rechtecks; wobei $h \geq b$ ist).

Abmessungen

Für Stützenquerschnitte und Wanddicken werden in DIN 1045-1 Mindestabmessungen festgelegt, weil es schwierig ist, in sehr enge stehende Schalung Beton geschosshoch einwandfrei einzubringen und zu verdichten. Liegend hergestellte Fertigteile und Ortbetondruckglieder dürfen kleinere Abmessungen haben (Tabelle **B.7** und Tabelle **B.8**).

Bewehrungsgrad

In Druckgliedern wird die Längsbewehrung überwiegend auf Druck beansprucht. Durch Vergrößerung des Bewehrungsquerschnitts lässt sich daher die Tragkraft erhöhen, ohne die äußeren Querschnittsabmessungen zu ändern. Man sollte von dieser Möglichkeit aber nur sparsam Gebrauch machen, weil im Allgemeinen Druckkräfte wirtschaftlicher durch Beton als durch Stahl abzuleiten sind. Um ein einwandfreies Einbringen und Verdichten des Betons zu ermöglichen, wurde der zulässige Bewehrungsgrad – das Verhältnis von Stahlfläche zum Gesamtquerschnitt – auf

$$\mu \leq 9\%$$

begrenzt. Als wirtschaftlich gilt ein Bewehrungsgrad bis etwa $\mu = 2\%$. Durch eine vorgeschriebene Mindestbewehrung von $\mu = 0{,}8\%$, bezogen auf den statisch erforderlichen Querschnitt, soll gewährleistet werden, dass es auch bei überhöhten Beanspruchungen – infolge von Unfällen, Brand u. a. – nicht zu plötzlichen, ohne sichtbare Vorverformungen angezeigten Zusammenbrüchen kommen kann.

Tabelle B.7 Mindestdicken bügelbewehrter stabförmiger Druckglieder in cm

Querschnittsform	stehend hergestellte Druckglieder aus Ortbeton	waagerecht betonierte Fertigteilstützen
Vollquerschnitt	≥ 20 cm	≥ 12 cm
aufgelöster Querschnitt (I, T- und L-förmig)	≥ 14 cm	≥ 7 cm
Hohlquerschnitt (Wanddicke)	≥ 10 cm	≥ 5 cm

Tabelle B.8 Mindestwanddicken für tragende Wände in cm

	unbewehrter Beton		Stahlbeton	
	Decken über den Wänden		Decken über den Wänden	
	nicht durchlaufend	durchlaufend	nicht durchlaufend	durchlaufend
C12/15, LC12/13 Ortbeton	20	14	–	–
$\geq$ C16/20, C16/18 Ortbeton	14	12	12	10
Fertigteile	12	10	10	8

In Stützen müssen die Längsstäbe durch Bügel bis zum Abschluss des Betonierens in ihrer Lage gehalten und im belasteten Zustand gegen Knicken gesichert werden. Der Bügelabstand und der Bügeldurchmesser müssen den Abmessungen der Stütze, ihrer Belastung und dem Stabdurchmesser der Längsstäbe angepasst sein (Abb. **B.228**).

Umschnürte Säulen, bei denen der traglaststeigernde „Sandtopfeffekt" ausgenutzt werden soll (Abschnitt B.7.3), müssen stets auch eine Längsbewehrung von mindestens 2 % des Kernquerschnitts – das ist der von der Wendel eingefasste Querschnitt – erhalten. Die Längsbewehrung ist auf wenigstens 6 Stäbe zu verteilen. Demnach ist die Berücksichtigung der Traglaststeigerung aus der Umschnürung nur bei hochbelasteten Stützen sinnvoll, die als normalumbügelte Stützen einen Längsbewehrungsgrad von mehr als 2 % des Kernquerschnitts erfordern würden.

Abb. B.228
Bügel in Stützen

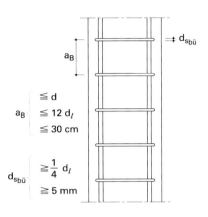

Bügelform

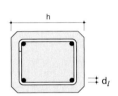

mindestens 4 Eckstäbe erforderlich

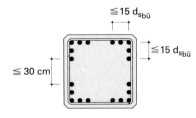

In einer Ecke dürfen bis zu 5 Längsstäbe angeordnet werden

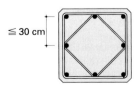

Diagonalbügel bei Bewehrung außerhalb der Ecken

In Wänden werden die Längsstäbe gegen Ausknicken durch eine Querbewehrung gesichert, die ihrerseits mit der Bewehrung auf der gegenüberliegenden Wandseite zu verbinden ist. Die Querbewehrung soll einen Querschnitt von mindestens $1/5$ des Querschnitts der Längsstäbe haben. Die Querbewehrung hat in Wänden aber noch eine zweite wichtige Aufgabe. Sie soll senkrechte Risse infolge Schwinden und Temperaturänderungen verhindern oder wenigstens über die Länge der Wand verteilen. Unter diesem Aspekt kann es nützlich sein, auch in an sich unbewehrte Wände Matten – mit dem größeren Stahlquerschnitt in horizontaler Richtung – einzulegen (Abb. **B.229**).

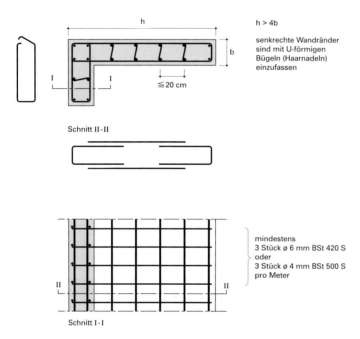

Abb. B.229
Zur Bewehrung von Stahlbetonwänden

Schlankheit

Druckbeanspruchte Tragglieder müssen eine hinreichende Steifigkeit gegen Knicken und Beulen aller Art aufweisen. Wie bei anderen Konstruktionen ist auch bei Stahlbetonstützen die Schlankheit als Maßstab für den Einfluß des Knickeffektes geeignet. Man unterscheidet drei Schlankheitsbereiche:

gedrungen $\quad 0 \leq \lambda \leq 20$
mäßig schlank $\quad 20 < \lambda \leq 70$
schlank $\quad 70 < \lambda \leq 200$

Die Schlankheit λ ist dabei das Verhältnis der Knicklänge s_K[1] zu dem Trägheitsradius $i = \sqrt{I/A}$ des geometrischen Querschnitts (ohne Berücksichtigung des Bewehrungsgrades):

$$\lambda = \frac{s_K}{i}$$

---

[1] Der zzt. noch gebräuchliche Begriff Knicklänge (s_k) wird zunehmend ersetzt durch den Begriff Ersatzlänge (l_o).

Gedrungene Stützen und Wände unterliegen keiner Knickgefährdung. *Mäßig schlanke* Stützen dürfen nach einem vereinfachten Verfahren bemessen werden. Für *schlanke* Stützen sind die Verformungen bei der Ermittlung der Schnittgrößen zu berücksichtigen. Stützen mit einer Schlankheit $\lambda > 200$ sind nicht zulässig. Die Sicherheit gegen Knicken wird bei vorgegebener Schlankheit im Wesentlichen durch einen entsprechend großen Stahlquerschnitt erreicht. Je größer die Schlankheit, um so mehr Bewehrung ist erforderlich. Weniger schlanke Stützen sind deshalb in der Regel wirtschaftlicher als schlankere. Der Bereich mäßiger Schlankheit mit $20 \leq \lambda \leq 70$ führt im Allgemeinen zu wirtschaftlichen Konstruktionen.

Umschnürte Druckglieder sind nur sinnvoll mit Schlankheiten von $\lambda \leq 50$, weil bei größerer Schlankheit die durch den „Sandtopfeffekt" erzielte Tragfähigkeitssteigerung wegen der wachsenden Knickgefährdung abnimmt und nicht mehr in Rechnung gestellt werden darf.

Wegen der genaueren Abschätzung der Knicklänge von Stützen und Wänden sei auf die Literatur verwiesen [B.45], [B.46].

Unbewehrte Wände

In etlichen Fällen können Bauaufgaben anstatt mit Stahlbetonwänden auch mit unbewehrten Betonwänden gelöst werden. Unbewehrte Wände sind gegen exzentrische Belastung besonders empfindlich. Ihre Tragfähigkeit kann durch Zentrierung der Wandlasten an den Decken gesteigert werden (Abb. **B.230**). In [B.56] wurden außerdem höhere Traglasten nachgewiesen, als sich nach dem in DIN 1045 empfohlenen vereinfachten Rechenverfahren ergeben.

Die zulässige Schlankheit für unbewehrte Wände ist in DIN 1045-1 begrenzt auf

$$\lambda \leq 85 \quad \text{entsprechend} \quad \frac{s_K}{h} \leq 25$$

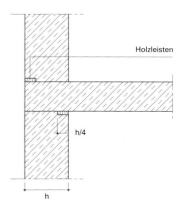

Abb. B.230
Zentrierung von Wandlasten (nach [B.40])

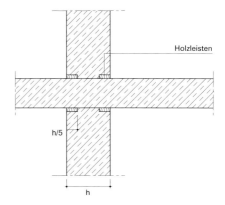

7.4.4

Wandartige Träger, Scheiben

Für hohe, gelenkig gelagerte Träger mit einem Verhältnis

$$\frac{h}{l} > 2$$

und für Kragträger mit einem Verhältnis

$$\frac{h}{l_k} > 1$$

treffen die der Bemessung von stabförmigen Bauteilen zugrunde liegenden Voraussetzungen nicht mehr hinreichend genau zu. Die Bewehrungsführung ist weitgehend von dem Ort der Lasteinleitung (am oberen oder unteren Rand) und von der Art der Lagerung abhängig. Wesentlich ist, dass sich bei diesen wandartigen Trägern im unteren Randbereich Zugbänder ausbilden, die eine konzentrierte waagerechte durchgehende Bewehrung erfordern. Öffnungen für Fenster, Türen und Leitungsdurchführungen bringen in der Regel keine konstruktiven Probleme, sofern sie sich nicht an den Lagern konzentrieren. Auch für wandartige Träger ist das Modell von Fachwerkträgern ein brauchbares Hilfsmittel für die Bewehrungsführung.

Abb. B.231
Bewehrungsführung in wandartigen Trägern

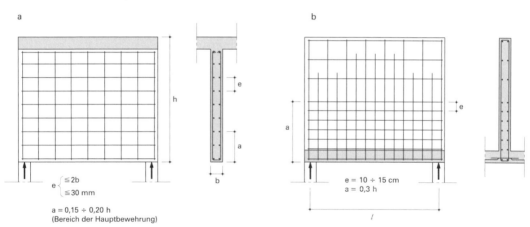

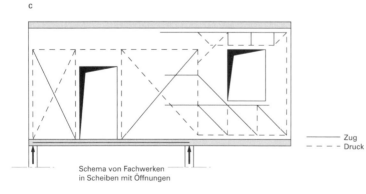

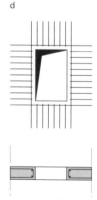

Fassung einer Öffnung durch Randstäbe und Steckbügel (Haarnadeln)

Abb. **B.231 a** zeigt die Bewehrung eines wandartigen Trägers mit aufliegender Decke. Wenn die Decke am unteren Rand angehängt wird, muss die Last durch senkrechte Stäbe weit nach oben verankert werden (Abb. **B.231 b**).

In Abb. **B.231 c** sind Fachwerkmodelle eingetragen, die deutlich machen, dass eine Ableitung der Lasten trotz größerer Öffnungen möglich ist. Öffnungen müssen stets durch Randstäbe eingefasst sein, weil längs ihrer Ränder fast immer erhöhte Druck- oder Zugkräfte auftreten. Spannungsspitzen sind vor allem in den Ecken zu erwarten (Abb. **B.231 d**). Im Einzelfall erfordert die optimale Bewehrungsführung ein hohes Maß an Fingerspitzengefühl.

Sehr häufig wirken Decken hinsichtlich der Ableitung von Windlasten und anderer horizontaler Kräfte als Scheiben (vgl. Abschnitt B.3). Ortbetonplatten erfüllen diese Funktion aufgrund ihrer durchgehenden Bewehrung in der Regel ohne zusätzliche Maßnahmen. Aus Fertigteilen zusammengesetzte Decken müssen aber mit mindestens 2 Stäben ⌀12 mm allseitig eingefasst werden, damit die Scheibenwirkung gewährleistet ist. Man nennt diese Einfassung Ringanker (Abb. **B.232**).

Abb. **B.232**
Kräfteverlauf in Deckenscheiben unter Windlast. Der Ringanker bildet das Zugband

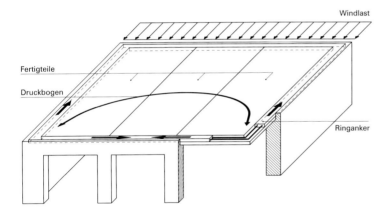

Abb. B.233
Prinzip der Vorspannung, erklärt an einer Würfelkette

a Verformung einer Würfelkette unter Eigenlast, die auf einen schlaffen Faden aufgezogen ist
b Würfelkette bei angespanntem – vorgespanntem – Faden
c optimaler Verlauf des Spannstrangs für den Lastfall Eigenlast. Alle Würfel stehen unter zentrischem Druck, die senkrechte Last wird ausschließlich durch das Spannglied auf das Auflager übertragen

a

b
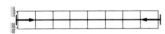

c
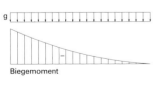

7.5

Spannbeton

7.5.1

Das Prinzip der Vorspannung

In Spannbetonbauteilen sind die Stahlstäbe (oder Stahllitzen) gegen den Beton vorgespannt; d. h., auch dann, wenn keine äußere Last auf das Bauteil wirkt, steht der Beton unter Druckspannung und der Stahl unter Zugspannung.

Vorgespannte Konstruktionen kommen in Natur und Technik häufiger vor. Der Autoreifen ist zum Beispiel ein vorgespanntes Bauteil: Die unter Druck eingeschlossene Luft setzt die Decke unter Zugspannung und gibt dem Reifen die Tragfähigkeit. Beim Speichenrad stehen die Speichen unter Zug-, die Felge unter Druckkraft. Erst durch das Anspannen der Speichen – das Aufbringen einer Vorspannung – wird das Rad steif und tragfähig. Auch die Wirbelsäule ist ein mit Bändern vorgespanntes System, dessen Vorspannung der äußeren Belastung laufend durch die Wirkung der Muskeln angepasst wird.

Das Prinzip des Spannbetons lässt sich an einem einfachen Versuch erklären.

Acht mittig durchbohrte Würfel seien auf einen schlaffen Faden aufgezogen und gemäß Abb. **B.233 a** gelagert. Die Würfelkette ist weich und leicht verformbar. Unter Eigenlast stellt sich bei Bildung von klaffenden Fugen eine gekrümmte Verformungsfigur ein. Spannt man nun den Faden hinreichend fest an und verankert ihn wie vorher an den beiden Enden der Kette, dann werden die Würfel zusammengepresst und bilden jetzt einen steifen Kragarm (Abb. **B.233 b**).

Die Lage des Spannstrangs lässt sich noch verbessern.

In Abb. **B.233 c** ist der Spannstrang affin zur Momentenlinie infolge Eigenlast verlegt. Für diesen Lastfall stehen jetzt alle Würfel unter zentrischem Druck. Die senkrechten Lasten werden durch die senkrechte Komponente S_V der Spannkraft S abgeleitet, und die Biegemomente werden durch das Kräftepaar aus der zentrischen Druckkraft D und der exzentrischen horizontalen Spannkraftkomponente S_h aufgenommen. Dieses Tragprinzip liegt auch dem Spannbeton zugrunde.

7.5.2

Spanntechniken beim Spannbeton

Abb. **B.234** zeigt das Beispiel eines Spannbetonträgers auf 2 Stützen.

Das Spannglied aus hochfestem Stahl ist von einem Hüllrohr umgeben und genau nach der optimalen Kurve in die Schalung eingebaut. Links endet das Spannglied in einem Ankerkörper, das rechte Ende durchstößt den Endquerschnitt des Trägers. An dieser Stelle wird das Spannglied nach dem Erhärten des Betons mit Hilfe einer Spannpresse angezogen und gegen den Beton abgesetzt. Der Träger ist dann vorgespannt. Der Betonquerschnitt steht unter einer gleichmäßig verteilten Druckspannung $\sigma\,(g + v)$. Eine zusätzlich aufgebrachte Verkehrslast p erhöht die Druckspannung am oberen Rand und mindert sie am unteren Rand. Das Spannungsdiagramm $\sigma\,(g + v + p)$ zeigt den Verlauf der Betonspannungen unter Vollast. Sofern der ganze Querschnitt auch bei der ungünstigsten Lastkombination wie im vorliegenden Beispiel unter Druckspannung verbleibt, spricht man von *voller Vorspannung*, andernfalls liegt *beschränkte Vorspannung* vor.

In der Regel wird der Spannkanal, in dem das Spannglied liegt, nach dem Vorspannen mit Zementmörtel ausgepresst. Das Spannglied befindet sich dann mit dem Beton im *nachträglichen Verbund*.

Der eingepresste Mörtel hat vor allem zwei Aufgaben: Er soll den Spannstahl vor Korrosion schützen und er soll durch die Verbundwirkung das Bruchverhalten des Trägers verbessern. Als Nachteil ist zu werten, dass durch den Verbund eine nachträgliche Korrektur der Vorspannung nicht mehr möglich ist. Neuerdings wird deshalb im Brückenbau häufiger auf den Verbund verzichtet und der Korrosionsschutz auf andere Weise gesichert. Es handelt sich dann um eine Vorspannung *ohne Verbund*, die jederzeit überprüft und nachgespannt werden kann.

Abb. B.234
Spannbetonträger mit nachträglicher Vorspannung

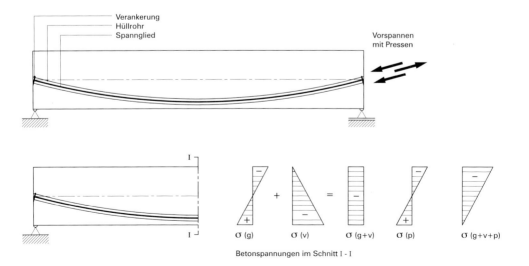

Betonspannungen im Schnitt I - I

Das Verlegen der Spannglieder in gekrümmten Kurven, das nachträgliche Anspannen und das Auspressen der Spannkanäle ist arbeitsaufwändig. Für kleinere Bauteile, die sich als Fertigteile transportieren lassen, wendet man deshalb das einfachere Verfahren der Vorspannung mit *sofortigem Verbund* an. Dabei werden in einer Schalung verlegte Spannstäbe zwischen zwei Ankerblöcken vor dem Betonieren angespannt (Abb. **B.235**). Nach dem Erhärten des Betons werden die Ankerblöcke gelöst. Verbundkräfte im Bereich der Trägerenden verhindern jetzt das Entspannen der einbetonierten Stäbe und leiten in den Betonträger eine Druckkraft ein. Die gerade Führung der Spanndrähte ist hinsichtlich des Spannungszustandes nicht optimal, aber durch eine geschickte Anordnung lassen sich auch bei gerader Spannstahlführung Träger mit voller Vorspannung herstellen. Eine gekrümmte Spanngliedführung ist im Spannbett nicht möglich.

Abb. B.235
Zwei hintereinander liegende Spannbetonträger im Spannbett vor dem Lösen des Spannblocks

7.5.3

Spannbeton im Vergleich zu Stahlbeton

Die Wirkung der Vorspannung wird an dem einfachen Beispiel eines Zugbandes für einen weitgespannten Hallenbinder deutlich (Abb. **B.236**). Die Zugkraft Z betrage 1 MN. Sie kann sowohl durch ein Stahlbeton- als auch durch ein Spannbeton-Zugglied übertragen werden.

Bei der Verwendung von Stahlbeton mit Betonstahl BSt 420/500 benötigt man einen Stahlquerschnitt von

$$\text{erf}\,A_s = \frac{Z}{\text{zul}\,\sigma_s} = \frac{1\,000\,000}{240} = 4167\,\text{mm}^2$$

Die Dehnung beträgt

$$\varepsilon_s = \frac{\text{zul}\,\sigma_s}{E_s} = \frac{240}{2{,}1 \cdot 10^5} = 0{,}00114$$

Daraus folgt eine Längenänderung des Zugbandes von

$$\Delta l = \varepsilon_s \cdot l = 0{,}00114 \cdot 100\,000 = 114\,\text{mm}$$

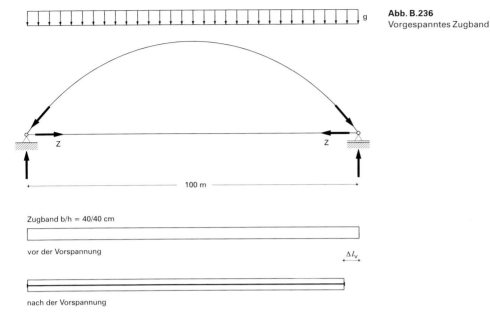

Abb. B.236
Vorgespanntes Zugband

Die Ausführung in Spannbeton mit einem hochfesten Spannstahl erfordert – zum Beispiel bei zul $\sigma = 580$ N/mm² – nur einen Stahlquerschnitt von

$$\text{erf } A_z = \frac{Z}{\text{zul } \sigma_z} = \frac{1\,000\,000}{580} = 1724 \text{ mm}^2$$

Wenn man für den Beton folgende Daten wählt:

C 45/55, mit $E_b = 37\,000$ N/mm²

Querschnittsabmessungen $b = h = 40$ cm

verkürzt sich das Betonglied unter einer Vorspannung von $V = 1$ MN, die der Belastung durch den Bogen entspricht, um

$$\Delta l_v = \frac{V}{A_b} \cdot \frac{l}{E_{vb}} = \frac{1\,000\,000}{160\,000} \cdot \frac{100\,000}{37\,000} = 17 \text{ mm}$$

Die Belastung durch den Bogen längt das vorgespannte Zugglied wieder um eben diesen Betrag, so dass die Längenänderung des Spannbetonbandes nur 17 mm gegenüber 114 mm bei dem nicht vorgespannten Zugglied aus schlaff bewehrtem Stahlbeton beträgt.

Spannbeton hat vor allem folgende Vorteile:
- Die gesamte Querschnittsfläche ist an der Kraftübertragung beteiligt. Dadurch erhöht sich die Steifigkeit der Bauteile erheblich.
- Die Ausnutzung des Querschnitts erfordert verhältnismäßig kleine Querschnitte, so dass das Verhältnis Verkehrslast zu Eigenlast höher ist als bei Stahlbeton.
- Die Rissefreiheit gewährleistet einen besseren Schutz gegen das Eindringen von Feuchte und Gasen.
- Spannbeton ermöglicht die Ausnutzung der Festigkeit von hochfesten Stählen.
- Mit hochfestem Stahl können Zugkräfte billiger übertragen werden als mit normalem Betonstahl, weil der auf die Festigkeit bezogene Preis mit steigender Festigkeit sinkt.

Nachteilig wirkt sich für Spannbeton das Schwind- und Kriechverhalten des Betons aus. Durch Schwinden und Kriechen – also durch das plastische „Nachgeben" des Betons – wird die Vorspannung gemindert. Der Abfall der Vorspannung kann in Abhängigkeit von der Zusammensetzung des Betons, den Umweltbedingungen und der Spannstahlfestigkeit zwischen etwa 8 % und 30 % liegen.

Außer der Spannbewehrung müssen Spannbetonbauteile immer auch eine schlaffe Bewehrung erhalten, um klaffende Risse infolge unberücksichtigter örtlicher Beanspruchungen durch Temperaturänderungen und dgl. zu verhindern.

7.5.4

Anwendungsbeispiele

Spannbeton ist immer dann dem schlaff bewehrten Stahlbeton vorzuziehen, wenn es gilt:
- die Eigenlast klein zu halten (zum Beispiel bei weitgespannten Trägern)
- die Verformungen klein zu halten
- Risse zu vermeiden
- Wasserundurchlässigkeit zu gewährleisten.

Spannbetonträger für Dachdecken (Dachbinder) sind für Spannweiten ab 20 m und mehr – insbesondere als Fertigteilträger – wirtschaftlich. Bei Geschossdeckenträgern beginnt die konkurrenzfähige Spannweite schon bei 10 m. Abb. **B.237** zeigt einige typische Beispiele. Weiterführende Literatur: [B.38], [B.40], [B.58], [B.59].

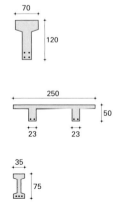

Abb. B.237
Spannbetonträger im Hochbau (Querschnitte in größerem Maßstab als die zugehörigen Ansichten dargestellt)

8
Lehmbau

8.1

Allgemeines

Lehmbaustoffe sind neben Naturstein, Holz und anderem pflanzlichen Material weltweit die frühesten Baumaterialien der Menschheit. In Ostanatolien ergruben Archäologen 10 000 Jahre alte Grundmauern aus Lehmsteinen. Weit bekannt sind die mächtigen Bauwerke der mesopotamischen Großreiche: Kultstätten, Grabmale, Paläste, Festungen – errichtet aus luftgetrockneten Lehmsteinen, in Resten und Ruinen Jahrtausende überdauernd. Vitruv (etwa 88–10 v. Chr.), römischer Autor der ältesten überlieferten Monografie zur Baukunst, stellt dem Lehmbau ein hervorragendes Zeugnis aus. Er berichtet im zweiten der „Zehn Bücher über die Architektur", dass der überaus mächtige König Mausollus in Halikarnass (heute Bodrum, Anatolien), die Wände seines Palastes aus Lehmsteinen bauen ließ, nicht weil sie billiger waren, sondern weil sie dauerhaft standfest waren, „wenn sie nur richtig gedeckt", also gegen Niederschläge geschützt wurden. Zur Zeit Vitruvs schätzte man in Rom die Standzeit von Bauwerken aus Bruchstein auf 80 Jahre, Lehmsteinbauten gab man dagegen eine unbegrenzte Nutzungsdauer, so dass sie keiner Abschreibung unterlagen [B.131].

Nach der Auflösung des römischen Reiches geriet die **Kunst** des Lehmbaus aus Mangel an entsprechenden Bauaufgaben weitgehend in Vergessenheit. Was blieb, war das anonyme Bauen mit Lehm, vorwiegend zum Ausfachen von Fachwerkwänden mit Lehmflechtwerk und der Lehmwellerbau – das Errichten von Wänden aus einem Lehm-Stroh-Gemisch, Lehmweller genannt [B.132]. Massive Lehmbauten waren im Vergleich zu Fachwerkbauten überwiegend einfach und schmucklos, so dass der Lehm jahrhundertelang verbreitet – bis auf regionale Sonderfälle – in dem Ruf stand, ein Baustoff für primitive Behausungen armer Leute zu sein. Zu den regionalen Ausnahmen gehört in Deutschland das Gebiet zwischen Thüringer Wald und Elbe, wo traditionell bis gegen Ende des 19. Jahrhunderts auch Gutshäuser und Wohngebäude wohlhabender Bauern in Lehmwellertechnik errichtet wurden. In Frankreich wird in der Gegend um Lyon die Lehmbaukunst – möglicherweise seit römischer Zeit – bis heute gepflegt. Besonders bekannt wurden um die Mitte des 18. Jahrhunderts herrschaftliche Landhäuser aus Stampflehm, von denen Besucher aus anderen Landstrichen nicht vermuteten, dass sie aus „gestampfter Erde" bestanden.

Unstrittig ist seit je, dass der Massivbau aus Lehmbaustoffen wegen seines großen Wärmespeicher- und Sorptionsvermögens ein besonders behagliches und gesundes Wohnklima bietet. Auf diese Vorzüge, die Vitruv schon hervorhob, wird in nahezu jedem Bericht über Lehmbau ausdrücklich hingewiesen. Ein weiteres wichtiges Argument für den Lehmbau war in den an Feuersbrünsten reichen Jahrhunderten auch der erwiesene Feuerwiderstand von Lehmbauten.

Abb. B 238
Pisébau in Weilburg
a. d. Lahn, Hainallee 1

(Foto: Katrin Rudath)

Gegen Ende des 18. Jahrhunderts sah sich der französische Baumeister und Architekt Francois Cointeraux (1740–1830) wegen des herrschenden Mangels an Bauholz veranlasst, den Stampflehm über die Lyoner Region hinaus bekannt zu machen, die Stampflehmtechnik – französisch: Pisébau – in mehreren Aufsätzen zu beschreiben und schließlich 1790 ein Kompendium unter dem Titel „École d'architecture rurale" zu verfassen. Schon 1793 erschien eine deutsche Übersetzung: „Schule der Landbaukunst oder Unterricht, durch welchen jeder die Kunst erlernen kann, Häuser von etlichen Geschossen aus bloßem Erd- oder anderem sehr gemeinen und höchst wohlfeilen Baustoff selbst dauerhaft zu erbauen. Der französischen Nation gewidmet" [B.133]. Ein deutscher Unternehmer in Weilburg an der Lahn, Wilhelm Jacob Wimpf, hat die Anregungen von Cointeraux begeistert aufgenommen und ein gutes Dutzend mehrstöckiger Fabrik- und Wirtschaftsgebäude sowie das noch heute bewohnte fünfgeschossige Wohnhaus Hainallee 1 in Weilburg errichtet (Abb. **B. 238**). Zweifellos durch Wimpfs Wirken veranlasst, wurden auch nach seinem Tod weitere Pisé-Wohnhäuser in Weilburg gebaut, von denen noch zwanzig erhalten sind. Sie erfreuen sich bei den Bewohnern großer Beliebtheit [B.134].

8.1 Lehmbau

Der Pisébau kam dennoch in der zweiten Hälfte des 19. Jahrhunderts aus wirtschaftlichen Gründen zum Erliegen. Kurzfristig wiederbelebt wurde der Lehmbau nach den Weltkriegen aus Mangel an industriellen Baustoffen. Die noch kurz vor Ende des 2. Weltkrieges erlassene Lehmbauordnung erfuhr nach dem Krieg in der Bundesrepublik bis 1956 eine Erweiterung zu Normen und Vornormen, die aber wegen fehlenden Bedarfes 1971 ersatzlos zurückgezogen wurden. In der DDR entstanden bis 1960 mehr als 50 000 Lehmbau-Wohnungen in Geschossbauten, Einfamilienhäusern und Neubauernhöfen. Aber auch hier wurde die Verwendung von Lehmbaustoffen schließlich aufgegeben.

Um 1980 geriet der Lehmbau durch die wachsende ökologische Bewegung erneut in ein – wenn auch begrenztes – öffentliches Bewusstsein. Lehmbaustoffe dienten zunehmend zur Reparatur und zum Ersatz abgängiger Ausfachungen von Fachwerkhäusern, zum Putz dieser Wände, beim Ersatz von Lehmstaken in Holzbalkendecken, zur Herstellung von Fußböden aus Stampflehm und dann auch wieder für neue tragende und nichttragende Wände im Wohnungsbau. Dem gestiegenen Interesse und Bedarf Rechnung tragend wurde 1992 der Dachverband Lehm gegründet. Der Verband hat Lehmbau Regeln entwickelt, die in Deutschland bauaufsichtlich eingeführt sind [B.135]. Der Lehmbau ist damit eine anerkannte Bauart der Gegenwart. Die Lehmbau Regeln enthalten noch eine Reihe von einschränkenden Restriktionen hinsichtlich der Bauteilabmessungen, Spannweiten und Geschosszahlen. Aber aufgrund laufender ingenieurwissenschaftlicher Untersuchungen wird die Kenntnis über das Verhalten der Lehmbaustoffe zügig erweitert, und in absehbarer Zeit sollte das Wissen um Lehmbaustoffe ebenso umfassend und fundiert gesichert sein, wie man es von den gebrannten und anderen künstlichen Steinen des Mauerwerksbaus, von Holz, Stahl und Beton gewohnt ist.

Zusammenfassend seien noch einmal die Motive genannt, die für den modernen Lehmbau sprechen.

Für die Wahl von Stampflehm ist vorrangig die ästhetische Wirkung der Oberfläche ausschlaggebend. Die herstellungsbedingte horizontale Bandstruktur lässt sich durch die Zugabe von farbigen Tonen und Zuschlägen nach Belieben betonen. Eine steinmetzmäßige Nachbehandlung der Oberfläche kann eine Wand zu einem Kunstwerk veredeln (Abb. **B.239**).

(Foto: Martin Rauch)

Abb. B.239
Stampflehmwand im Landeskrankenhaus Feldkirch, Voralberg

Abb. B.240
Schulbau aus Lehmsteinen in Gando, Burkina Faso

(Foto: Francis Keré)

Ein anderes Motiv ist der Wunsch nach einem hinsichtlich Temperatur und Luftfeuchte ausgeglichenen Raumklima. So wird unter anderem erwogen, Lehmbaustoffe für den Bau von Archiven zu verwenden. Sie können ein archivgerechtes Raumklima auch bei einem Ausfall der künstlichen Klimatisierung über längere Zeit gewährleisten. Weiter spielt auch die uneingeschränkte Wiederverwendungsmöglichkeit des Baustoffs ohne Rest- oder gar Sondermüll eine Rolle.

Schließlich ist zu bedenken, dass etwa 1/3 der Menschheit in Lehmbauten wohnt. Gerade dieser Teil der Erdbevölkerung nimmt um 3 % pro Jahr zu und verdoppelt sich in etwa 20 Jahren. Um dort den nächsten Generationen ausreichende Wohnstätten zu geben, müssen alle denkbaren Baustoffressourcen erschlossen werden. Dabei sind jene die besten, die das Material mit geringem Energieaufwand liefern und deren Baustoff das Leben in einem behaglichen Wohnklima mit geringer Betriebsenergie gewährleistet. Lehmbaustoffe erfüllen diese Kriterien. Entsprechende Lehmbauvorhaben konnten u. a. in Mexiko und in Burkina Faso mit in Deutschland gewonnenen Kenntnissen gefördert werden (Abb. **B. 240**). Auch zum Wiederaufbau in den kriegs- und erdbebenverwüsteten Gebieten des Nahen und Mittleren Ostens kann der Lehmbau hervorragend beitragen. Dazu ist zu bemerken, dass Lehmbauten Erdbeben in gleicher Weise widerstehen können wie Mauerwerksbauten aus gebrannten Steinen, wenn sie nur erdbebengerecht konstruiert werden [B.143], [B.144].

In jüngerer Zeit errichtete moderne Lehmbauten sind in [B.139] und [B.7.141] in Wort und Bild beschrieben und dargestellt.

8.2

Tragender Lehmbau

Für tragende Lehmbauten haben sich drei Techniken durchgesetzt, die auch in die Lehmbau Regeln aufgenommen wurden und damit zu den anerkannten Bauarten gehören:

– der Stampflehmbau
– der Lehmsteinbau
– der Lehmwellerbau.

8.2.1

Stampflehmbau

Der Baustoff Stampflehm ist ein Gemisch aus mehr oder weniger grobkörnigen Mineralen mit einem verhältnismäßig kleinen Tonanteil. Er beträgt nur bis zu 15 % der Trockenmasse. Der Tonanteil ist hauptsächlich in Lehm enthalten, der aus natürlichen Lagern gewonnen wird. Eventuell sind zusätzlich Tonzugaben erforderlich. In einem verdichteten Stampflehm wirken die Tonpartikel als Bindemittel. Sie geben dem Baustoff im feuchten Zustand die erforderliche Plastizität für den Einbau und nach der Austrocknung die Festigkeit.

Stampflehm ist wegen seines Korngerüstes aus Mineralen unterschiedlicher Körnung und der Tonbindung also ein **ton**gebundenes Konglomerat. Auf Grund der Wechselwirkung von Bindemittel und Zuschlag zeigt der Stampflehm ein ähnliches Bruchverhalten wie das eines Betons geringer Festigkeit, einem **zement**gebundenem Konglomerat. Der Stampflehm hat damit eine deutliche Affinität zum Beton.

8.2.1.1

Materialkomponenten

Ton und Lehm

Die Bindefähigkeit des Tones beruht überwiegend auf elektrostatischen Anziehungskräften. Die Stärke der Bindung ist abhängig von der Art der Tonminerale und dem Wassergehalt. Sie ist damit reversibel. Salze, wie sie bei aufsteigender Bodenfeuchte in Wände transportiert und dort angereichert werden können, schwächen die Bindefähigkeit erheblich und können sie ganz aufheben. Ein durch Salze geschädigter Lehm ist deshalb zur Wiederverwendung als Baustoff ungeeignet.

Die quantitative Größe der Bindefähigkeit wird Bindekraft genannt. Sie ist als Zugfestigkeit des Baulehms im steifplastischen Zustand definiert und wird in einem normierten Versuch ermittelt [B.135].

Die Lehmbau Regeln unterscheiden 6 Bindekraftstufen mit jeweils folgender Bindekraft:

- sehr mager   50 bis 80 g/cm^2
- mager   > 80 bis 110 g/cm^2
- fast fett   > 110 bis 200 g/cm^2
- fett   > 200 bis 280 g/cm^2
- sehr fett   > 280 bis 360 g/cm^2
- Ton   > 360 g/cm^2.

Der für den Baustoff Stampflehm geeignete Baulehm soll nach seiner Bindekraft mindestens als mager zu klassifizieren sein.

Eine zu geringe natürliche Bindekraft muss gegebenenfalls durch Zugabe von Tonmehl und eine entsprechende Aufbereitung verstärkt werden. Von Natur aus besonders geeignet ist gemischtkörniger bis steiniger Lehm, zum Beispiel Berg- oder Gehängelehm. Diese Lehme können oft ohne weitere Zugaben als Stampflehm verwendet werden. In der Regel sind jedoch geeignete Mischungen zusammenzustellen. Dazu wählt man am besten fette Lehme, weil sie eine weitgehende Freiheit für die Wahl der Zuschläge zulassen.

Zuschlag

Als Zuschlag eignen sich Kies, Schotter, Splitt aber auch geschredderter Abbruch aus Mauerwerk oder Beton. Scharfkantiges Material mit rauen Oberflächen führt zu höheren Festigkeiten des Stampflehms als gerundete und glatte Steine. Dieser Effekt spielt bei Stampflehm eine größere Rolle als bei Beton, weil im Vergleich zu Beton die verzahnte Stützung des Korngerüstes einen höheren Beitrag zur Festigkeit liefert als die Haftung des Bindemittels. Der Zuschlag muss so fest sein, dass er durch das Stampfen nicht zertrümmert wird. Deshalb scheidet zum Beispiel Blähton als Zuschlag für Stampflehm aus.

Im Hinblick auf die erwähnte Affinität von Stampflehm und Beton, die auch ein ähnliches Bruchverhalten einschließt, ist anzunehmen, dass die für Beton als günstig geltenden Körnungslinien des Zuschlags auch für den Stampflehm zutreffen. Entsprechende systematische Versuche stehen allerdings noch aus.

Die Zugabe von Fasern, zum Beispiel 2 bis 4 cm lange Flachsfasern, kann die Druckfestigkeit des Stampflehms merklich erhöhen, weil das Druckversagen auf das Erreichen der Querzugfestigkeit zurückgeht. Wichtig ist, dass die Fasern eine raue Oberfläche haben. Glatte Fasern sind ungeeignet.

8.2.1.2

Materialkennwerte und Bauteileigenschaften

Eignungsprüfung

Eine Werkstoffnorm für Stampflehm liegt noch nicht vor. Eine Normierung ist auch insofern schwierig, weil sie die Verwendung von baustellennahen Grubenlehmen nicht ausschließen sollte, deren Zusammensetzung und Tonsorte von Grube zu Grube sehr unterschiedlich sein kann. Sofern also nicht von der Industrie angebotene Mischungen mit garantierten Materialeigenschaften verwendet werden, ist für jedes auf ein Bauvorhaben bezogenes Rezept eine Eignungsprüfung erforderlich.

Erfahrene Lehmbauer lassen für ein Vorhaben oft drei oder mehr Varianten einer Mischung prüfen, um so dem optimalen Mischungsverhältnis der gewählten Materialkomponenten nahe zu kommen. Die Eignungsprüfung muss mindestens folgende Kennwerte liefern:

– die Rohdichte
– die Druckfestigkeit
– das Trockenschwindmaß.

Für Gebäude, deren Abmessungen die Grenzen der Lehmbau Regeln nicht einhalten und deshalb einer Zustimmung im Einzelfall bedürfen, sind auch

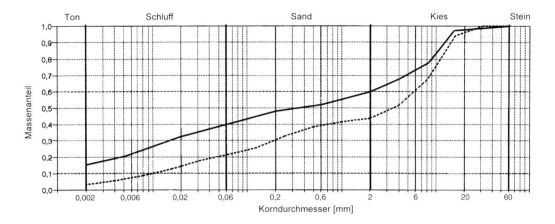

Abb. B.241
Körnungslinien von Stampflehmen

——— Stampflehm I:
Projekt „Hotel Seestern",
Düsseldorf, 1997

------- Stampflehm II:
Kapelle der Versöhnung,
Berlin, 1999

– die Biegezugfestigkeit
– die Scherfestigkeit
– der Druck-Elastizitätsmodul und
– der Schubmodul

von Interesse.

Die Festigkeitseigenschaften von Stampflehm hängen wie bei Beton sehr stark von dem Mischungsverhältnis der verwendeten Ausgangsstoffe ab. Deshalb neigen Hersteller von Stampflehmmischungen dazu, die Zusammensetzung ihres Produktes – anders als im Betonbau – als Betriebsgeheimnis zu behandeln. Da ein Standsicherheitsnachweis bei Vorliegen der maßgeblichen Materialkennwerte auch ohne die detaillierte Kenntnis der Zusammensetzung des jeweiligen Stampflehms geführt werden kann, wird dem Wunsch nach Geheimhaltung verschiedentlich stattgegeben.

Abb. **B. 241** zeigt die Körnungslinien von zwei ingenieurwissenschaftlich untersuchten Stampflehmen I und II. Der Stampflehm I war für eine 80 m lange, 20 m hohe Stampflehmwand vorgesehen, die bis zur Ausführungsreife einschließlich der bauaufsichtlichen Genehmigungen durchgeplant war – dann aber doch nicht gebaut wurde. Stampflehm II ist das Baumaterial für die Kapelle der Versöhnung in Berlin [B.140]. Bei dem Zuschlag handelt es sich um Ziegelbruch mit Feinanteilen, Ziegelsplitt, Granitschotter und Bruchsand. Beiden Stampflehmen gemein ist die bis 6 mm Korndurchmesser weitgestufte Kornverteilung bei einem Masseanteil von 60 %. Die restlichen 40 % verteilen sich auf Körnungen von 6 bis 20 mm Durchmesser. Diese günstige Kornverteilung ermöglicht eine dichte Packung der Körner, die wesentlich zur Druckfestigkeit des Stampflehms beiträgt. Bei einer Zugabe von Fasern werden die Fasern zur Vermeidung von Klumpenbildungen zunächst mit Lehmpulver vermischt und dann in dieser aufbereiteten Form dem Stampflehm beigegeben. Hinsichtlich der Körnungslinie ist zu ergänzen, dass die Einteilung nach DIN 18 123, wonach Ton als Bestandteil einer Mischung mit Körnungen < 0,002 mm definiert ist, dem mineralogischen Tatbestand nicht korrekt entspricht. Die als Bindemittel wirkenden Tonminerale sind Schichtsilikate und quellfähige Schichtsilikate, die auch in etwas größeren Körnungen als 0,002 mm vorkommen. Aus einer Schlämmanalyse ist also der Bindemittelgehalt nur annähernd abzulesen. Zur Ermittlung des tatsächlichen Bindemittelgehaltes ist eine mineralogische Analyse erforderlich. In der Praxis ist allerdings die genaue Kenntnis entbehrlich, weil den Standsicherheitsnachweisen die integralen

Materialkennwerte aus der Eignungsprüfung zugrunde zu legen sind und nicht die spezifischen Werte einzelner Mischungskomponenten.

Druckfestigkeit und Elastizitätsmodul

Nach den Lehmbau Regeln soll der zulässigen Beanspruchung eines Stampflehms jene Druckfestigkeit zugrunde gelegt werden, die an Probewürfeln mit der Kantenlänge 20 cm ermittelt wird. Eine Prüfung bezieht sich auf mindestens 3 Probekörper, deren Rohdichten nicht mehr als 5 % voneinander abweichen dürfen.

Bei Normklima (20 °C, 65 % relative Luftfeuchte) und ohne zusätzliche Bindemittel werden Druckfestigkeiten von etwa 2 N/mm^2 bis 4 N/mm^2 erzielt. Die aktuelle Druckfestigkeit des Stampflehms ist von seinem aktuellen Feuchtegehalt abhängig. Bei anhaltender höherer relativer Luftfeuchte von zum Beispiel 90 % kann der Feuchtegehalt um 70 % gegenüber dem bei Normklima anwachsen und dadurch, einen Abfall der Druckfestigkeit von 30 % bewirken. In den Lehmbau Regeln werden diese und andere Vorgänge, wie zum Beispiel der Einfluss einer Durchfrostung, nicht im Einzelnen berücksichtigt. Stattdessen wird, wegen der großen Streubreite der Parameter im Stampflehmbau, die zulässige Beanspruchung auf etwa 1/7 der bei Normklima gemessenen Festigkeit gemindert (siehe auch [B.140]).

Die Spannungs-Dehnungslinien von Stampflehmen sind nicht linear sondern haben einen S-förmigen Verlauf. Bei kleinen Druckbeanspruchungen bis 0,3 N/mm^2 ist die Dehnsteifigkeit deutlich kleiner als zwischen 0,3 bis 1,5 N/mm^2. Vor dem Bruch nimmt die Dehnsteifigkeit wieder ab. Zur Abschätzung von Verformungen kann der Elastizitätsmodul zwischen 500 N/mm^2 und 1000 N/mm^2 angesetzt werden. Gegebenenfalls ist er bei der Eignungsprüfung zu ermitteln.

Biegezugfestigkeit

Ohne eine – und wenn auch nur kleine – Biegezugfestigkeit kann eine Wand keine Lasten normal zu ihrer Ebene abtragen. Insofern ist eine gewisse Biegezugfestigkeit für die Standfestigkeit auch einer Stampflehmwand unerlässlich. Versuche haben gezeigt, dass die Biegezugfestigkeit etwa 15 bis 20 % der Druckfestigkeit beträgt. Dies gilt für die Richtung normal zur Stampflage.

Wegen der senkrecht wirkenden Versuchsbelastung werden die Versuchskörper auf die Seite gelegt, so dass die Stampflagen stehen und im Versuch eine normal auf die Wand einwirkende Horizontallast simuliert werden kann.

Scherfestigkeit und Schubmodul

Zur Ableitung von Horizontalkräften ist eine Scherfestigkeit des Baustoffs erforderlich. Versuche haben gezeigt, dass die Scherfestigkeit des Stampflehms parallel wie normal zur Stampffuge ungefähr 30 % der Druckfestigkeit beträgt. Der Schubmodul lag bei den untersuchten Stampflehmen zwischen 70 N/mm^2 und 150 N/mm^2.

Reibungsbeiwerte

In Wänden wird die Ableitung von Horizontalkräften in den Baugrund durch Reibung gewährleistet. Besondere Bedeutung kommt der zutreffenden Einschätzung der Reibungsbeiwerte für die Lasteinleitung an den Wandkronen zu, wo Windlasten über Dachkonstruktionen bei geringer Auflast in die Wände zu leiten sind.

Die Reibungsbeiwerte für Holz/Lehmmörtel, Ziegel/Lehmmörtel, Beton/Stampflehm variieren zwischen 0,30 und 0,65.

Schwinden und Kriechen
Gut zusammengesetzte Stampflehme haben bei geringem Tongehalt, weitgestufter Kornverteilung und niedriger Einbaufeuchte ein geringes Schwindmaß. Es kann im günstigen Fall nur 2 ‰ betragen und damit um das 10-fache unter dem in den Lehmbau Regeln genannten Grenzwert von 20 ‰ liegen. Ähnliches gilt für das Kriechen. Es gleicht dem von Beton.

Wärmeschutz

Wände aus Stampflehm haben aufgrund der Dichte des Baustoffs und der technologisch und konstruktiv bedingten Wanddicke ein großes Wärmespeichervermögen aber auch eine hohe Wärmeleitfähigkeit.

Die Dichte von Stampflehm lässt sich durch mineralische Leichtzuschläge zwar reduzieren, führt dann aber auch zu einer Minderung der Druckfestigkeit. Lehmbaustoffe mit großen Anteilen an Leichtzuschlägen sind deshalb im Grunde nur für nichttragende Lehmbauteile geeignet.

Feuchtehaushalt

Stampflehm hat als diffusionsoffener Massivbaustoff ein ähnliches Diffusionsverhalten wie Mauerziegel. Die Luftfeuchte-Sorptionsfähigkeit ist um den Faktor 3 bis 5 höher als beim Ziegelmauerwerk. Eine Verkleidung oder ein Putz der Innenseite von Stampflehm-Außenwänden sollte deshalb auf jeden Fall diffusionsoffen sein, um die Sorptionsgeschwindigkeit nicht zu bremsen.

Tauwasser im Wandinneren wird durch die Kapillarität des Materials im Allgemeinen so schnell abgeführt, dass keine Schäden entstehen. Dämmstoffe, Außenputz und Anstriche mit hohem Wasserdampf-Diffusionswiderstand sind selbstverständlich wegen der daraus folgenden Diffusionsbehinderung zu vermeiden. An den Oberflächen bildet sich bei Einhaltung der Mindestanforderung an den Wärmeschutz nach DIN 4108-2 kein Tauwasser.

Abschließend sei noch einmal ausdrücklich darauf hingewiesen, dass die hier angegebenen Materialkennwerte nur zur Unterstützung von Vorplanungen dienen können. Im konkreten Fall sind die Materialkennwerte für den Standsicherheitsnachweis verläßlich durch eine Eignungsprüfung zu ermitteln, außer es stehen werkgefertigte Stampflehme mit garantierten Materialeigenschaften zur Verfügung.

8.2.1.3

Konstruktion

Abmessungen

Die Mindestdicke einer Stampflehmwand hängt von statischen, technologischen und eventuell von bauphysikalischen Bedingungen ab.

Zur Gewährleistung einer einwandfreien Fertigung sollte die Wanddicke mindestens 20 cm betragen. Nach den Lehmbau Regeln muss eine **tragende** Wand mindestens 24 cm dick sein.

Einen Aspekt für die Wahl der Wanddicke liefert auch das einzusetzende Verdichtungsgerät. So kann es zweckmäßig sein, die Wanddicke nach dem Arbeitsraum zu bestimmen, der zur Führung einer Vibrationswalze in der Schalung erforderlich ist. Dazu wird eine lichte Weite von 60 cm benötigt.

Im Übrigen sind in den Lehmbau Regeln einschränkende Abmessungen angegeben, die für Geschossbauten eine Raumzellenstruktur voraussetzen (vgl. Abb. **B.46**). Die Einhaltung der Abmessungsgrenzen gewährleistet die räumliche Steifigkeit, ein rechnerischer Nachweis ist nicht erforderlich. Aussteifende Querwände können auch in Lehmsteinmauerwerk ausgeführt werden. Sie müssen mindestens 11,5 cm dick sein und in die Stampflehmwände einbinden.

Wenn die Abmessungsgrenzen der Lehmbau Regeln überschritten werden sollen, ist eine „Zustimmung im Einzelfall" einzuholen. In [B.142] wird dazu ein Bemessungskonzept für tragende Lehmwände auf der Grundlage der Theorie II. Ordnung vorgestellt. Auch einer Übertragung der Bemessungsprinzipien nach DIN 1053-1 auf den Lehmbau wurde schon bauaufsichtlich zugestimmt.

Einbauteile

Aus konstruktiven Gründen und zur Gewährleistung der Standsicherheit kann es erforderlich sein, in Stampflehmwände Bauteile aus anderen Materialien wie Holz, Stahlbeton, Stahl oder auch Kunststoff einzubauen. Dabei stellt sich die Frage nach der Materialverträglichkeit von Stampflehm mit den verwendeten Werkstoffen.

Stampflehm ist chemisch neutral oder leicht basisch. Es ist kein Fall einer chemischen Reaktion zwischen Stampflehm und eingebautem Material bekannt. Bleibt die Frage, inwieweit der verdichtete Stampflehm Einbauteile vor Feuchte und damit vor Zersetzung oder Korrosion schützen kann. Von jahrhundertealten Lehmwellerbauten in Thüringen und Sachsen ist bekannt, dass die in dem Wellerlehm eingebetteten Strohhalme bis jetzt keine Verrottungsmerkmale zeigen. Sie erscheinen vielmehr goldgelb wie am Tag des Einbaus. Dieser Sachverhalt ist aufgrund des Sorptionsverhaltens verständlich. Bei 88 % relativer Luftfeuchte erreicht die Ausgleichsfeuchte nur etwa 1,3 %. Der Stampflehm bleibt also auch bei hoher relativer Luftfeuchte trocken genug, um Strohfasern und auch Holz dauerhaft vor Feuchte zu schützen. (Bei chemisch unbehandelten Hölzern ist die Gefahr des Pilzbefalls erst bei Holzfeuchten zwischen 20 % und 35 % gegeben.)

Anders als Beton bietet Stampflehm keinen chemisch aktiven Korrosionsschutz gegen eingelegte Stahlteile. Deshalb sind die üblichen Maßnahmen zum aktiven und passiven Korrosionsschutz von Stahlteilen zu empfehlen.

Als Träger über Wandöffnungen haben sich Holzbohlen, Stahlträger mit T-Querschnitt (Flansch unten liegend), Stahlbeton-Fertigteile und Ortbetonträger bewährt. Dabei können Bewehrung und Beton in den Stampflehm eingebettet werden, so dass sich die Stahlbetonbauteile nicht in der fertigen Wand abzeichnen und die homogene Struktur der

8.2.1.3 Lehmbau

(Foto: Klaus Dierks)

Abb. B.242
Ringbalken,
Kapelle der Versöhnung, Berlin

Wand gewahrt bleibt. Die beim Betonieren in den Stampflehm eindringende Feuchte hat keine nachteiligen Folgen. Der mitgeführte Zementleim bewirkt vielmehr einen vorteilhaften Verbund zwischen Beton und Stampflehm. Holz-, Stahl- und Stahlbetonfertigteile sind in der Regel als Sturzträger, zumindest teilweise, sichtbar.

Auf Wandkronen und zur Auflagerung von Geschossdecken sind in der Regel Ringanker oder Ringbalken anzuordnen. Auch hierfür ist Stahlbeton gut geeignet (Abb. **B.242**).

Senkrechte Einbauteile sollten nach Möglichkeit vermieden werden. Sie behindern das Verdichten und das Setzen des Stampflehms infolge Trocknung und zunehmender Last. Sofern in Ausnahmefällen hohe Lasten auf Stützen abgesetzt werden müssen, sollten die Stiele vor der Wand stehend aber angelehnt angeordnet werden. Die Wand kann dann zur Knicksicherung der Druckglieder herangezogen werden.

Nach dem Austrocknen des Stampflehms sind wegen der geringen Spannungen keine nennenswerten weiteren elastischen oder plastischen Verformungen zu erwarten, so dass für den Ausbau (Zargen, Türfutter, usw.) die Maße am Bau genommen werden können.

Feuchteschutz

Wegen der ansprechenden Oberfläche von Stampflehm werden Außenwände zum Teil unverputzt und unverschalt der Witterung ausgesetzt.

Gegen nur **benetzende** Feuchte wie Tau, Nieselregen, Wasserdampf ist Stampflehm weitgehend resistent. Schäden kann dagegen einbrechender Frost an einer durch **Schlagregen** befeuchteten Wand verursachen. Eiskristalle brechen das Gefüge des Stampflehms auf und bewirken schalenartige Abplatzungen. Auf der Wetterseite sollten deshalb stampflehmsichtige Oberflächen wenigstens hydrophobierende, diffusionsoffene Anstriche erhalten. Dennoch können unverputzte, der Bewitterung ausgesetzte Stampflehmbauten im gemäßigten Klima Mitteleuropas je nach Standort wetterbeständig sein. Als Beispiel seien jahrhundertealte, weder verputzte noch verkleidete Stampflehm-Geschossbauten in und um Grenoble angeführt. Ob man sich auf unverputzen oder unverkleideten Stampflehmbau einlassen kann, hängt weniger von der Schlagregenbeanspruchungsgruppe nach den einschlägigen Normen ab (zum Beispiel DIN 4108-3:2001-07) als vielmehr von dem konkret gegebenen Standort.

Abb. B.243
Atelier Martin Rauch,
Schlins, Österreich

(Foto: Martin Rauch)

Zur Begrenzung der Feuchteaufnahme von unverkleideten und unverputzten Wänden hat sich die Anordnung von horizontal liegenden Mörtelleisten oder Lagen aus flachen Dachziegeln bewährt. Sie fördern das Abtropfen von Niederschlagswasser und verhindern die Bildung von Rinnsalen. Die Mörtelleisten oder Ziegel haben in neuen Bauten einen Abstand von etwa 40 cm. (Abb. **B.243**).

Zum Teil wird bei unverputzten Stampflehmwänden planmäßig eine Abwitterung von bis zu 5 cm Dicke je 50 Jahre Standzeit in Kauf genommen. Bei starker Schlagregenbelastung ist jedoch eine hinterlüftete Verschalung zu empfehlen. Sie gewährleistet in jedem Fall sicheren Schutz.

Wenn ein Putz gewählt wird, wie bei den Häusern von Wimpf in Weilburg an der Lahn, ist man auf Putze der Putzgruppe P I angewiesen, weil die Putze der höheren Putzgruppen zu steif sind und einen zu hohen Wasserdampf-Diffusionsdurchlasswiderstand aufweisen. Am besten geeignet sind Luft- und Wasserkalke. Gegebenenfalls kann mit hydraulisch wirkenden Zusätzen, wie zum Beispiel Ziegelmehl, die Wetterfestigkeit erhöht werden.

Da Kalk- und Kalkzementputze keine Haftung mit Lehm eingehen, sind mechanische Haftbrücken erforderlich. In historischen Konstruktionen wurden dazu in jeder Stampflage Dachziegellagen oder Mörtelleisten aus Kalkmörtel eingelegt.

Für horizontale Flächen wie Wandkronen, Gesimse und untere Leibungen von Wandöffnungen sind Verblechungen oder Abdeckungen aus keramischen Platten mit Überständen je nach Wandhöhe von 5 cm bis 15 cm oder mehr erforderlich. Ein reichlicher Überstand bewirkt einen besseren Schutz, als man gemeinhin einschätzt.

Schädigend bis zur Gefährdung der Standsicherheit ist eine Beanspruchung durch **rinnendes Wasser**, zum Beispiel infolge defekter Dachentwässerung, fehlerhafter Abdeckung, Rohrbruch und ähnlicher Defekte. Insofern verlangt ein Lehmbau mehr kontinuierliche Aufmerksamkeit als ein Bauwerk der anderen Bauarten.

Entscheidend für die Standsicherheit und Gebrauchstauglichkeit ist auch der **Schutz gegen aufsteigende Feuchte.** Der wasserfeste Sockel aus Mauerwerk oder Beton muss so hoch wie die Spritzwasserzone sein, also wenigstens 35 cm hoch. Die Abdichtung gegen aufsteigende Feuchte ist mit den üblichen Maßnahmen, zum Beispiel durch eine Bitumenlage, zu gewährleisten. Die horizontale Sperrschicht ist durch eine mindestens 5 cm dicke Schutzschicht, zum Beispiel Ziegel oder Estrich, gegen Beschädigungen beim Verdichten der ersten Stampflage zu sichern.

In historischen Lehmbauten wurden die horizontalen Sperrschichten häufig mangelhaft ausgebildet oder fehlen ganz. In solchen Fällen hat aufsteigende Feuchte vor allem durch mitgeführte Salze meistens zu schwerwiegenden bleibenden Schäden im Sockelbereich geführt. Näheres zu den dabei wirksamen chemischen Prozessen und zu möglichen Sanierungen findet man in [B.132].

8.2.1.4

Technologie

Mischen

Das einwandfreie Aufbereiten der Materialkomponenten eines Stampflehms zu einer homogenen Mischung ist von grundlegendem Einfluss auf die erreichbaren Materialeigenschaften und damit auf die Qualität des Bauwerks. Nur Zwangsmischer mit elektronisch gesteuerter Dosiereinrichtung genügen den Anforderungen an die Homogenität des Mischgutes. Handmischung und Freifallmischer liefern unzureichende Ergebnisse. Wenn die Zuschläge vor der Eingabe in die Endmischung mit einer Lehmschlämme ummantelt werden, lässt sich die Bindung steigern. Wegen des damit verbundenen Aufwandes wird darauf aber häufig verzichtet.

Fasern werden am besten zunächst einem Lehmpulver untergemischt und erst dann über die Zwangsmischanlage der Endmischung beigegeben, um so eine Klumpenbildung zu verhindern.

Lagern

Zur Gewährleistung der optimalen Homogenität des Baustoffs sollten die erforderlichen Mengen der Materialkomponenten für ein Bauvorhaben in einem Prozess Charge für Charge hintereinander gemischt und als fertige Mischung auf der Baustelle eingelagert werden. Die Qualität des Materials wird durch längere Lagerung im feuchten Zustand, das sogenannte Mauken, nur verbessert, weil die bindenden Schichtsilikate mit der Zeit zunehmend aufgeschlossen werden. Das Gut ist jedoch vor zusätzlicher Feuchte durch Niederschläge wie vor Austrocknung zu schützen.

Einbau und Verdichtung

Der Stampflehm ist nur mit einer bestimmten Feuchte einzubauen. Der Toleranzbereich ist eng. Zu viel Feuchte bewirkt ein seitliches Ausweichen des Materials unter dem Verdichtungsgerät und bei noch größerem Feuchtegehalt ein Festkleben des Lehms an dem Gerät. Zu trockener Stampflehm kann kaum verdichtet werden und zwischen den Partikeln gibt es keine Bindung. Aus verarbeitungstechnischen Gründen ist es daher kaum möglich, von dem optimalen Feuchtegehalt abzuweichen.

Die optimale Einbaufeuchte hängt von der Art und der Menge der vorhandenen Tonminerale ab. Sie bestimmen den zum Erreichen der Einbaukonsistenz benötigten Wasseranteil. In der Praxis wird der Feuchtegehalt durch Formung in der Hand kontrolliert. Diese Probe ist so zuverlässig, dass sie Labormessungen ersetzen kann. In der Regel beträgt der Feuchtegehalt um 7 bis 8 % der Trockenmasse. Im einbaufähigen Zustand ist Stampflehm „erdfeucht" und für das Handhaben mit Schaufelladern und Kübeln geeignet.

Der zum Einbau aufbereitete Stampflehm wird in etwa 15 cm dicken Lagen in eine Wandschalung geschüttet und jeweils durch Stampfen auf rund 9 cm Dicke verdichtet. Als Anhalt für die hinreichende Verdichtung dient das Setzungsmaß der zunächst lockeren Schicht. An der Schalung ist zu erkennen, wann das Stampfen keine weitere sichtbare Setzung mehr bewirkt. Die dabei erzielte Festigkeit erlaubt, einen Stampfabschnitt unmittelbar nach dem Stampfen auszuschalen. Die Größe der verwendeten Schalungen richtet sich von Fall zu Fall nach der Grundrissfigur der Wände und nach anderen objektbezogenen Randbedingungen wie zum Beispiel nach dem verfügbaren Hebezeug. Während des Stampfens entsteht ein hoher seitlicher Druck, gegen den die Schalung hinreichend steif ausgebildet sein muss. Systemschalungen sollten für einen Druck von 60 kN/m^2 ausgelegt sein.

Für die Verdichtung werden sehr erfolgreich schmale Vibrations-Schaffußwalzen eingesetzt. Die Ränder zur Schalung müssen zusätzlich mit pneumatisch oder elektrisch betriebenen Handstampfern verdichtet werden, um eine hinreichend geschlossene Wandoberfläche zu erzielen (Abb. **B.244**).

Der Mörtel für Mörtelleisten wird streifenförmig auf eine gestampfte Lehmlage längs der Schalung vor dem Schütten der nächsten Lage eingebracht. Für vorstehende Ziegel wird beim Stampfen ein Platzhalter, zum Beispiel in Form einer Bohle, eingelegt, die nach dem Ausschalen entfernt wird und einen Schlitz für die nachträglich einzuschiebenden Ziegel frei gibt.

8.2.1.4 Lehmbau

(Foto: Klaus Dierks)
a

(Foto: Klaus Dierks)
b

Abb. B.244

a Verdichten mit einer Schaffuß-
 walze in Wandmitte
b Verdichten mit einem Handgerät
 am Wandrand

Witterungsschutz

Frisch hergestellte Stampflehmbauteile sind vor Niederschlägen zu schützen. Zu jeder Arbeitsunterbrechung müssen vor Verlassen der Baustelle die noch feuchten Abschnitte mit Planen oder Folien abgedeckt werden. Auf der Abdeckung sich sammelndes Niederschlagswasser muss für das Bauwerk unschädlich abfließen können.

In der Praxis haben sich Bereitschaftsdienste bezahlt gemacht, die bei anhaltenden Niederschlägen die Baustelle beobachten und bei Bedarf Schutzmaßnahmen veranlassen.

Bauüberwachung

Zur Beurteilung der aktuellen Tragfähigkeit einer Wand muss ihr Feuchtegehalt gemessen werden. In der Bauphase lässt sich die Baufeuchte – solange noch Rüstungen stehen – durch Entnahme von Bohrproben gravimetrisch messen. Man entnimmt das Bohrgut aus jeweils drei von der Oberfläche bis in Wandmitte verteilten Stellen eines Bohrloches. Während des Austrocknens der Wand stellt sich ein von der Wandmitte zum Rand abnehmendes Feuchteprofil ein. Die trockeneren oberflächennahen Bereiche sind dann tragfähiger als der feuchtere Wandkern. In Mitteleuropa kann eine 60 cm dicke Wand etwa ein halbes Jahr nach Baubeginn zur Belastung, zum Beispiel durch eine Dachkonstruktion, freigegeben werden. Ein Jahr nach Baubeginn ist in der Regel die Austrocknungsphase abgeschlossen und auch der Kern trocken.

Abb. B.245
Fertigteil-Stampflehmwände in einem Bürogebäude in Melk, Niederösterreich

(Foto: Martin Rauch)

8.2.1.5

Fertigteile

Stampflehm eignet sich auch zur Vorfertigung von Fertigteilen in Werkhallen. Damit sind die gleichen Vorteile wie im Stahlbetonfertigteilbau verbunden: witterungsunabhängige Fertigung, Fertigung auf Vorrat und kurze Bauzeiten auf der Baustelle. Mit Stampflehm-Fertigteilen können zum Beispiel auch Büro- und Gewerbebauten in angemessen kurzer Zeit errichtet werden, weil die langfristige Trocknung der Bauteile vorab im Fertigteilwerk abläuft (Abb. **B.245**). Der Transportschutz für die Fertigteile erfordert allerdings eine sorgfältige Planung, für die eventuell auch Versuche zu empfehlen sind.

8.2.1.6

Wartung

Die Wasserlöslichkeit des tongebundenen Lehmbaustoffs ist zweifellos ein Nachteil, den aufzuheben oder zu mindern möglich ist durch Zugabe von hydraulischen Bindemitteln. So erhöht beispielsweise ein Zementanteil die Wasserresistenz. Aber auf der anderen Seite werden dadurch gerade spezifisch positive Eigenschaften wie die Sorptionsfähigkeit beeinträchtigt. **Der bessere Weg zu Dauerhaftigkeit und Unversehrtheit von Lehmbauten ist eine materialgerechte Konstruktion und eine regelmäßige Beobachtung mit zeitgerechter Wartung.** Bei technisch einwandfreier Ausführung von Kanten und Flächen sind schädliche Abwitterungen auf lange Sicht nicht zu erwarten. Wenn es dennoch durch Defekte zu Erosionen kommt, können Lehmwände mit dem gleichen Material ohne Qualitätsverlust und sichtbare Folgen mit nur geringem Aufwand instand gesetzt werden.

Lehmbauten unterliegen – nicht zuletzt durch die Lichtechtheit der Minerale – einer verhaltenen, wenig auffälligen Alterung. Die Oberflächen zeigen über Jahrzehnte keine Farbänderungen. Oft nimmt die Farbigkeit eher zu als dass sie verblasst [B.141]. Die immer wiederkehrende Trockenheit nach Befeuchtungen verhindert das Auftreten von Mikroorganismen und Pilzbefall.

8.2.1.7

Planung

In den Entwurf und in die Bauplanung eines Stampflehmbauvorhabens sollten von Beginn an Architekt, Tragwerksplaner und Lehmbauer eingebunden sein. Damit wird am ehesten gewährleistet, dass einerseits die konstruktiven Möglichkeiten der Bauart erschöpfend genutzt, andererseits überzogene Vorstellungen von der Leistungsfähigkeit korrigiert werden. Wenn nicht werkmäßig hergestellte Lehmbaustoffe gewählt werden, sind möglichst frühzeitig eine geeignete Lehmgrube, ein Lieferant für den Zuschlag und ein Mischwerk zu bestimmen. Für die Eignungsprüfung des Stampflehms sollte eine Zeitspanne von mindestens 6 Wochen angesetzt werden, weil die Probekörper bei Normklima abtrocknen sollen. Eine Schnelltrocknung im Trockenschrank kann leicht zu anderen Festigkeiten führen, als sie beim Trocknen auf der Baustelle erreicht werden.

Bei Bauvorhaben, die eine Zustimmung im Einzelfall erfordern, sind erhebliche Vorleistungen zu erbringen. Einem Antrag auf Zustimmunng im Einzelfall sind beizufügen:

– Entwurfsunterlagen des Architekten
– Standsicherheitsnachweis des Tragwerksplaners
– Zeugnis der Eignungsprüfung des Stampflehms
– Vorschlag einer Überwachungsstelle
– detaillierte Beschreibung des Bauablaufs zur Herstellung der Stampflehmkonstruktion von der beauftragten Lehmbaufirma.

Die Bearbeitung und Erteilung der Zustimmung kann unter Umständen mehrere Monate in Anspruch nehmen.

8.2.2

Lehmsteinbau

Man unterscheidet **Lehmsteine** und **Grünlinge**.

Grünlinge sind ungebrannte Formsteine aus Ton. Sie können zum Mauern von nichttragenden Innenwänden, zur Ausfachung von Holzständer-Innenwänden, für Deckenauflagen als Wärmespeicher und dergleichen verwendet werden. Durch ein schalenartiges Gefüge und ihren hohen Tonanteil sind sie feuchte- und bruchempfindlich. Sie haben ein großes Quellmaß bei Feuchteaufnahme und sind schnell wasserlöslich. Wegen dieser Eigenschaften sind Grünlinge für tragende Funktionen ebenso ungeeignet wie für die Ausfachung von Außenwänden. Geschätzt werden sie wegen ihrer Sorptionsfähigkeit und wegen der großen Rohdichte zum Schallschutz und als Wärmespeicher, Funktionen, die ja nicht des Brennens zum Ziegel bedürfen.

Lehmsteine werden aus Lehm und mineralischen Zuschlägen, zum Teil auch mit organischen Zugaben, mit einem Tongehalt von etwa 10 bis 15 % hergestellt. Die Steine werden aus plastisch aufbereitetem Lehmbaustoff maschinell stranggepresst, gesenkgepresst oder mit Hilfe von entsprechenden Rahmen handgestrichen und anschließend luftgetrocknet. Getrocknete Lehmsteine werden nach den gleichen Regeln werkgerecht und im Verband vermauert wie Ziegel und andere künstliche Steine.

An Lehmsteine für tragendes Mauerwerk werden eine Reihe von qualitativen Anforderungen gestellt. Sie müssen trocken, frei von Schwindrissen und vollkantig sein. Sie müssen eine Druckfestigkeit von mindestens 2 N/mm² aufweisen. In der Regel haben sie eine Rohdichte von 1,6 bis 2,2 kg/dm³.

Als Mörtel eignen sich Lehm-Mauermörtel, die als Werktrockenmörtel in Säcken mit garantierten Eigenschaften bezogen werden können oder auch Kalkmörtel (MG I).

Im Gegensatz zum Stampflehmbau werden Lehmsteinwände sowohl außen wie auch innen in aller Regel verputzt oder verkleidet. Als Witterungsschutz für Fassaden haben sich vorgehängte hinterlüftete Holzschalungen oder Kalkputz auf Schilfrohrträgern bewährt. Zur Verankerung einer Unterkonstruktion sind Injektionsdübel geeignet. Zur Befestigung von Putzträgern werden Schlag- oder Schraubdübel, wie sie auch sonst zur Befestigung von Fassadendämmungen gebräuchlich sind verwendet.

Bei der Wahl für den Lehmsteinbau haben baubiologische Aspekte ein größeres Gewicht als beim Stampflehmbau. Ästhetische Gründe können insofern kaum eine Rolle spielen, als Lehmsteinwände im verputzten Zustand als solche nicht zu erkennen sind. Wegen des im Vergleich zu Stampflehm höheren Tonanteils sind die tonspezifischen Eigenschaften im Lehmsteinbau ausgeprägter als im Stampflehmbau. Also die Wasserdampfdurchlässigkeit, die Diffusionsfähigkeit sowie die Sorptionsfähigkeit beeinflussen das Raumklima in einem Lehmsteinhaus noch wirksamer als in einem Stampflehmgebäude.

Konstruktiv hat der Lehmsteinbau den Vorteil, dass beim Aufmauern der Wände nur mit dem Mauermörtel Feuchte in die Wände getragen wird. Außerdem können Lehmsteinwände meistens dünner hergestellt werden als Stampflehmwände. Dadurch trocknen sie deutlich schneller aus als Stampflehmwände und ermöglichen eine kürzere Bauzeit.

8.2.3

Lehmwellerbau

Wellerlehm ist ein Gemisch aus Lehm und Stroh mit einer Rohdichte von 1500 bis 1800 kg/m³. Wellerwände werden aus feuchtem, halbsteif aufbereiteten Wellerlehm mit einer Forke in Lagen von ungefähr 80 cm Höhe freihändig aufgeschichtet und nach Austrocknung fluchtgerecht abgestochen ([B.132], [B.135]). In Teilen Sachsens, Sachsen-Anhalts und Thüringens war der Lehmwellerbau in ländlichen Siedlungen die dominierende Bauart zur Errichtung von Wänden für Wohn- und Wirtschaftsgebäude. Bis heute sind mehrere 10 000 Gebäude mit Lehmwellerwänden erhalten und in Nutzung. Vor allem als bauaufsichtliche Grundlage zur Instandsetzung und Instandhaltung dieser historischen Bauwerke wurde der Lehmwellerbau in die Lehmbau Regeln aufgenommen. Im Übrigen beschränkt man sich in der gegenwärtigen Praxis auf den Ersatz abgängiger Wände und auf kleinere Ergänzungsbauten. Ausführliche Anleitungen, auch zu erforderlichen Standsicherheitsnachweisen und bauphysikalische Materialkennwerte findet man in [B.132].

8.3

Nichttragender Lehmbau

Mengenmäßig werden heute in Deutschland wesentlich mehr Lehmbaustoffe im nichttragenden Bereich verbaut als im tragenden. Putze, Bauplatten, Lehm- bzw. Leichtlehmschüttungen und -steine werden vor allem im Holzbau eingesetzt, um bessere Voraussetzungen für ein gutes Raumklima zu schaffen. Gerade Lehmputze werden zu diesem Zweck aber auch zunehmend in konventionell errichteten Massivbauten eingesetzt. Dabei spielen auch ästhetische Aspekte eine große Rolle. Während lange Zeit das Nutzerempfinden als einziges Indiz für das gute raumklimatische Verhalten von Lehmbaustoffen sprach, konnte deren Wirkung inzwischen in wissenschaftlichen Untersuchungen nachgewiesen werden [B.146]. Sie beruht im Wesentlichen auf bestimmten Tonmineralen, die in der Lage sind, in ihrer Mineralstruktur relativ große Mengen Luftfeuchtigkeit zwischenzuspeichern. Bei herkömmlichen Baustoffen funktioniert das nur über Kondensationsvorgänge in den Kapillarporen. Da deren Gehalt in einem Baustoff begrenzt ist, ist auch deren Wirkung begrenzt. So kann ein Lehmputz dreimal mehr Luftfeuchte puffern als ein konventioneller Putz. Dass gerade diese als Luftfeuchtesorptionsvermögen bezeichnete Eigenschaft immer wichtiger wird, ist auf die im Zuge der Energieeinsparung von Gebäuden planmäßig verringerten Luftwechselraten zurückzuführen. Die durch Duschen, Kochen etc. freigesetzte Feuchte wird deshalb oft nicht mehr zeitnah an die Außenluft abgeführt. Folglich schwanken die Werte der relativen Luftfeuchte sehr stark und erreichen unter Umständen der Gesundheit direkt oder indirekt, zum Beispiel durch Schimmelpilzbildung, abträgliche Werte. Für das Raumklima ist es dann vorteilhaft, wenn Bauteile Wasserdampf zwischenzeitlich speichern. Das Sorptionsvermögen ermöglicht es, dass die schnell aufgenommene Feuchte über Ausgleichsvorgänge langsam über die Raum- an die Außenluft abgegeben werden kann. Baustoffe mit hohem Sorptionsvermögen ersetzen also nicht die Lüftung, sondern verbessern die Feuchtebedingungen gerade bei geringen Luftwechselraten.

Die zur Verbesserung des Feuchtehaushalts von Räumen überwiegend eingesetzten schweren Lehmbaustoffe verbessern gleichzeitig deren thermische Stabilität. Zum Einsatz kommen schwere, z. T. großformatige und plangeschliffene Lehmsteine, Bauplatten und Lehmputze. Wird dem jeweiligen Lehmbauteil auch eine dämmende Funktion zugeschrieben, werden dem Lehmbaustoff bei der Herstellung Leichtzuschläge beigemengt, die neben den aus dem Leichtbeton bekannten auch organischer Natur sein können. Häufig eingesetzt werden neben dem traditionell verwendeten Getreidestroh vor allem Holzhackschnitzel und vermehrt Hanfscheben, der markige Teil des Stängels der Hanfpflanze.

Lehmputz

Als Untergrund für Lehmputze sind neben Lehmbaustoffen praktisch alle konventionellen Baustoffe geeignet. Während in der Vergangenheit vor allem erdbraune Unter- und Oberputze gebräuchlich waren, deren Oberflächen meist gestrichen wurden, werden heute immer häufiger farbige Lehmputze als dekoratives Gestaltungselement verwendet. Das reichhaltige Farbspektrum von Lehmfeinputzen wird durch die Verwendung verschiedenfarbiger Tone, Lehme und Sande erzielt. Pflanzliche Faserstoffe wie Strohhäcksel oder Flachsscheben beeinflussen ebenfalls die Optik der fertigen Oberfläche. Traditionell, vor allem als Magerungsmittel eingesetzt, erhöhen diese Zusätze zudem die Gefügestabilität und Elastizität des Putzes. Damit können Zwängungen infolge thermischer Beanspruchung, zum Beispiel beim Einsatz einer Wandstrahlungsheizung oder den im Holzbau auftretenden Bewegungen des Untergrundes, wesentlich besser kompensiert werden.

Lehmputze werden heute nur noch selten auf der Baustelle angemischt sondern überwiegend als Trockenmörtel im Sack und Silo oder als erdfeuchte Fertigmischungen im Big-Bag angeliefert. Die Produkte lassen sich mit moderner Putztechnik verarbeiten.

Lehm im Holzbau

Lehmbaustoffe dienen im Holzbau seit Jahrtausenden als ausfachendes und raumabschließendes Material. Bei einem nicht unerheblichen Teil der etwa 2 Millionen Fachwerkbauten in Deutschland ist der traditionelle Wandaufbau, bei dem die ausgestakten und ausgeflochtenen Gefache mit Strohlehmbewurf versehen wurden, noch erhalten. Das weiche Ausfachungsmaterial Strohlehm passt sich den Bewegungen des Fachwerkes an, ohne Zwängungsspannungen zu verursachen oder Risse zu bilden. Bei der Reparatur von historischen Lehm-Gefachen ist vor allem zu beachten, dass der neu anzuarbeitende oder aufzubringende Strohlehm eine gute Verbindung mit der vorhandenen Substanz eingehen kann. Die Ebene der Lehmausfachung muss zur Außenkante das Fachwerks um Putzstärke zurückspringen, damit der Putz bündig mit dem Fachwerk verläuft. Geeignet sind ausschließlich weiche Kalkputze, die auf den gut aufgerauten Strohlehm aufgetragen werden. Eine erhöhte Wetterfestigkeit kann durch Verwendung von Putzen der Putzgruppe P Ia oder durch hydrophobierende Anstriche erreicht werden. Versuche, den zwischen Gefach und Fachwerk zwangsläufig auftretenden Riss mit dauerelastischen Dichtungsmaterialien zu schließen sind selten erfolgreich verlaufen und haben sich oftmals als Feuchtigkeitsfalle erwiesen.

Auch wenn bei einem Teil der historischen Fachwerkbauten die Außenwände schon traditionell auf der Innenseite mit einem Überzug aus Strohlehm überzogen wurden und damit eine befriedigende Winddichtigkeit und eine verbesserte Wärmedämmung aufweisen, genügen diese Aufbauten den heutigen Ansprüchen und Anforderungen an den Wärmeschutz bei weitem nicht mehr. Das Anbringen einer außenseitigen Dämmschicht ist oftmals wegen der gewünschten Fachwerksichtigkeit nicht möglich. Eine Innendämmung erfordert bei herkömmlichen Dämmmaterialien eine Dampfsperre, die stets mit Gefahrenquellen für Tauwasserbildung verbunden ist. Erste Erfahrungen mit sogenannten kapillaraktiven Dämmstoffen, wie zum Beispiel Calciumsilikatdämmplatten, die das Kondensat entgegen dem Diffusionsstrom wieder an die Innenluft abgeben, haben gezeigt, dass die Dampfsperre bei Verwendung dieser Materialien entfallen kann [B.147]. Eine Alternative hierzu ist der Aufbau einer Leichtlehminnenschale in Form von Leichtlehmsteinen oder feucht eingebauten Leichtlehmschüttungen (Abb. **B.246 a, b**), wobei im letzteren Fall gute Austrocknungsbedingungen vorliegen müssen. Die Schütttechnik ist überall dort von Vorteil, wo Unebenheiten, Abweichungen vom Lot sowie Vor- und Rücksprünge auszugleichen sind. Die mithilfe von Leichtlehmschalen akzeptabler Dicke (15–20 cm) erzielbaren Wärmedurchgangswerte stellen eine wesentliche Verbesserung des Wärmehaushaltes dar, sie genügen jedoch nicht der Anforderung

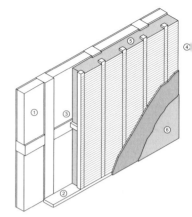

Abb. B.246 a
Innenschale aus Leichtlehm zur Verstärkung historischer Fachwerkaußenwände

1 Vorhandene Lehmgefache nach Entfernen des Innenputzes
2 Schwellholz
3 Holzstiel mit Abstandhalter
4 Schilfrohrmatte als Schalung und Putzträger
5 Leichtlehm
6 Lehminnenputz, 2-lagig

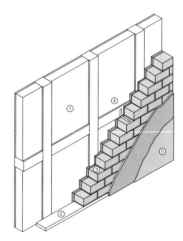

Abb. B.246 b
Innenschale aus Leichtlehmsteinen zur Verstärkung historischer Fachwerkaußenwände

1 vorhandene Lehmgefache nach Entfernen des Innenputzes
2 Schwellholz
3 Leichtlehmsteine mit Leichtlehmmörtel vermauert und hinterstopft
4 Anker an Fachwerk befestigt
5 Lehmputz, 2-lagig

der EnEV. Diese verlangt, dass bei einem nicht unwesentlichen Eingriff in die vorhandene Bausubstanz eine wärmetechnische Sanierung auf den Stand des für Neubauten geltenden Niveaus erfolgen muss. Ausnahmesuchen wird jedoch bei Fachwerkwänden – gerade wegen der bekannten Problematik einer Innendämmung – vielfach stattgegeben.

Die modernen Konstruktionen des Holzständer- und Holztafelbaus bieten vielfältige Möglichkeiten für die Kombination des tragenden Holzgerüstes mit verschiedenartigen Lehmbaustoffen. Für den Wandaufbau gibt es grundsätzlich die Möglichkeit, Dämm- und Speicherschicht zu trennen oder diese Funktionen in einem homogenen, dämmenden und speichernden Leichtlehmwandaufbau zu vereinen. Kriterien für die Wahl des Aufbaus sind neben den Aspekten des zu erbringenden und gewünschten Wärmeschutzes u. a. die optische Erscheinung, aber auch jahreszeitliche Randbedingungen in der Bauphase. Während in der jüngeren Vergangenheit vor allem einschalige Aufbauten aus Leichtlehmmischungen ausgeführt wurden (Abb. **B.247 a**) stoßen diese Aufbauten – wie auch die einschaligen Aufbauten anderer Materialien – an wärmetechnische Grenzen. Deshalb werden zunehmend die Funktionen Dämmen und Speichern getrennt. Die tragende Holzkonstruktion kann dann sowohl in der dämmenden als auch in der speichernden Schicht angeordnet werden. Eine Anordnung in der Speicherebene, hat u. a. den Vorteil, dass die Dämmschicht nicht durch die Konstruktionshölzer unterbrochen wird. Gedämmt wird diffusionsoffen, oftmals mit Zellulose, Schilfrohr oder Holzweichfaser. Ein derartiger Aufbau wird außenseitig üblicherweise mit einer hinterlüfteten Verschalung versehen. Die Lehmbaustoffe werden dann in eine Gebäudehülle eingefügt, die bereits alle Anforderungen hinsichtlich Tragfähigkeit, Wärmedämmung und Winddichtigkeit erfüllt. Sie dienen in diesem Fall im Wesentlichen der klimatischen Trägheit und erhöhen damit die Behaglichkeit. Die Anwendung reicht von einlagigen Putzen bis zur Ausbildung von Lehmsteininnenschalen mit Dicken von üblicherweise 11,5 bis 17,5 cm, die zunehmend aus großformatigen Plansteinen errichtet werden. Eine Besonderheit bilden trocken erstellte Aufbauten, bei denen eingestapelte Lehmsteine in gewissen Abständen mittels Holzleisten festgeklemmt und dann mit einer Lehmbauplatte beplankt werden (Abb. **B.247 b**). Die Lehmbauplatten werden dann lediglich mit einem dünnen Lehmfeinputz überzogen.

Bei einschaligen Leichtlehmwandquerschnitten ist das Ständerwerk in den Leichtlehmquerschnitt eingebettet und wird so vor Schädlingsbefall oder Flammenangriff geschützt. Die Lage des Ständerwerks ist variabel. Die Differenz zwischen der statisch notwendigen Dicke der Holzständer und der wärmetechnisch wesentlich größeren Dicke der Leichtlehmschicht wird durch die Ausbildung sogenannter Leiterständer überbrückt. An den Außenkanten der Leiterständer wird die eventuell für den Bauprozess benötigte temporäre Schalung oder die stationäre Wetterschale befestigt. Die Leiterständer sind damit auch Teil des Schalungssystems. Einschalige Leichtlehmquerschnitte mit integriertem Ständerwerk sind bei den heutigen Anforderungen an den Wärmeschutz aufgrund der nach unten begrenzten Dichte eines Leichtlehms von ca. 600 kg/m^3 mit erheblichen Wanddicken von mehr als 40 cm verbunden. Bei Verwendung von feuchten Leichtlehmmischungen treten hier erhebliche Trocknungszeiten auf. Nach den Lehmbau Regeln sind deshalb in diesen Fällen nur anorganische Leichtzuschläge und behandelte Holzkonstruktionen zulässig. Zahlreiche gebaute Beispiele für die Kombination von Holz und Lehm im Neubau können [B.139] entnommen werden.

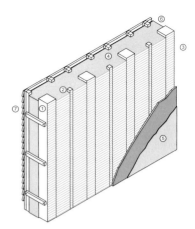

Abb. B.247 a
Holzständerwerk mit einschaligem Aufbau aus Leichtlehm

1 Holzständerwerk
2 Hilfsständer
3 Schilfrohrmatte als Schalung und Putzträger
4 Leichtlehm
5 Lehminnenputz, 2-lagig
6 Windpapier
7 Stülpschalung auf Konterlattung

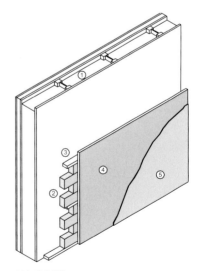

Abb. B.247 b
Lehmstapeltechnik

1 Holzkonstruktion gedämmt
2 Grünlinge
3 Klemmleisten
4 Lehmbauplatte
5 Lehmfeinputz

Grundmauern des
„Steingebäudes"
von Uruk
um 3800 v. Chr.

Bohrpfahlgründung
in Berlin
1996 n. Chr.

C Gründungen

1 Allgemeines   247
2 Baugrund   247
3 Flächengründungen   265
4 Standsicherheit
  bei Flächengründungen   272
5 Tiefgründungen   275
6 Stützwände   281
7 Baugruben   286

Gründungen C

1 Allgemeines

Unter der Gründung eines Bauwerks versteht man seine Verbindung mit dem Baugrund. Der Baugrund kann im Allgemeinen nicht so hoch wie das Material der tragenden Bauteile beansprucht werden, so dass die Lasten über besondere Gründungskonstruktionen auf eine größere Fläche verteilt in den Baugrund abgeleitet werden müssen. Dabei sind nicht nur die senkrechten, sondern selbstverständlich auch die horizontalen Lasten zu berücksichtigen. In vielen Fällen genügt eine einfache Vergrößerung der Aufstandsflächen von Wänden und Stützen durch Fundamente. Seltener wird, zum Beispiel bei hohen Lasten, das ganze Bauwerk auf eine Fundamentplatte gestellt. Wenn tragfähiger Baugrund erst in größerer Tiefe ansteht, müssen die nichttragfähigen Schichten mit besonderen Bauteilen, zum Beispiel Pfählen oder Senkkästen, durchstoßen werden. Das Bauwerk wird dann tief gegründet.

Der häufig vielschichtige Aufbau des Baugrundes aus verschiedenen Bodenarten mit örtlich stark wechselnden Eigenschaften im ungestörten wie auch im gestörten, durch natürliche Vorgänge oder menschliche Eingriffe veränderten Zustand macht ihn zu einem verhältnismäßig risikoreichen „Baustoff". Seine Beurteilung als Grundlage für die Wahl einer angemessenen Gründung erfordert besondere Sachkenntnis und ist oft nicht ohne größeren Aufwand möglich.

2 Baugrund

2.1 Bodenarten

Die Bodenarten umfassen Festgestein, Lockergestein (Schotter, Kies, Sand) und Böden im gesteinskundlichen Sinn wie auch künstliche Auffüllungen aus natürlichen Böden oder Müll, Schlacke und Bauschutt.

Im gesteinskundlichen Sinn sind Böden die feinteiligen Verwitterungsprodukte der Festgesteine[1] oder auch weniger fester Gesteine. Sie können entweder am Entstehungsort verbleiben oder durch fließendes Wasser, Gletschereis oder Wind verfrachtet und abgelagert werden. In Mittel- und Nordeuropa sind die Bodenschichten hauptsächlich in den Jahrtausenden der Eiszeiten entstanden. Auch in der Gegenwart wird zum Beispiel im Bereich von nicht regulierten Flüssen Bodenmaterial sowohl abgelagert als auch abgetragen. Im übrigen unterliegen alle natürlichen Bereiche der Erdoberfläche permanent der Bodenbildung durch physikalische und chemische Verwitterung. Dabei entstehen neue Verbindungen wie Tonmineralien und Eisenhydroxid, das die Braunfärbung der Böden verursacht.

---

[1] Die wichtigsten Festgesteine sind Granit, Syenit, Diorit, Gneis und Porphyr.

Die Böden sind sehr verschieden zusammengesetzt. Neben den anorganischen Bestandteilen können die oberen Bodenschichten organische Stoffe wie Humus, Torf und Faulschlamm in unterschiedlicher Mächtigkeit enthalten. Pflanzliche Zersetzungsprodukte verursachen eine dunkle bis schwarze Färbung.

Einige verbreitet vorkommende Böden von jeweils bestimmter Zusammensetzung tragen eigene Bezeichnungen.

Die für Gründungen wichtigen Eigenschaften der Böden hängen im wesentlichen von der Korngröße und Kornverteilung des Materials ab. Die mineralische Zusammensetzung ist nur insoweit von Bedeutung, als sie den Bereich der Korngröße beeinflusst. Zum Beispiel bestimmt die Kristallstruktur der Tonmineralien – sechseckige Blättchen von 0,2 bis 1 μm Durchmesser und wenigen 1/1000 μm Dicke – die Feinkörnigkeit des Tons. Die Korngrößenverteilung bestimmt zum Beispiel, wieweit ein Boden wasserdurchlässig ist, ob der Wassergehalt auf die Tragfähigkeit einen wesentlichen Einfluss hat oder ob die Lagerungsdichte maßgebend ist. In der Bautechnik teilt man die Böden deshalb nach den Korngrößen ein (Tab. **C.1**).

Bindige Böden

Böden mit Korndurchmesser < 0,06 mm zeigen ein grundsätzlich anderes Verhalten als Böden mit größeren Korndurchmessern. Die feinkörnigen Böden quellen bei Wasseraufnahme und schwinden bei Austrocknung. Sie werden bei Wasseraufnahme undurchlässig. Die Ursache ist das innerkristalline Quellen der Tonmineralien Kaolinit und vor allem des Montmorillonit. Die in Haufwerken fester Stoffe immer vorhandenen Hohlräume (im allgemeinen 20 bis 40 Vol.-%) werden dadurch geschlossen. Diese Eigenschaften sind um so ausgeprägter, je höher der Anteil feiner Korngrößen ist, am weitestgehenden also bei reinem Ton.

Die feinkörnigen Böden fallen im trockenen Zustand nicht auseinander, sondern „binden" zusammen und können bei hohem Tongehalt felsartig hart sein. Mit der Aufnahme von Wasser werden sie zunächst zähplastisch, bei höherem Wassergehalt weichplastisch. Sie geben das Wasser infolge der großen inneren Oberfläche (zementfeines Steinmehl hat 0,2 m^2/g, Tonmehl 20 m^2/g Oberfläche) beim Trocknen nur langsam und gleichmäßig ab. Aufgrund der bindenden Eigenschaften nennt man diese Böden bindige Böden.

Verbreitet vorkommende Böden:
- Ton
- Sand
- Lehm: Sand mit 32 bis 42 % Tongehalt
- sandiger Lehm: Sand mit 22 bis 32 % Tongehalt
- toniger Lehm: Sand mit 42 bis 50 % Tongehalt
- Löß: Ton, Kalk und Quarzkörner in wechselnder Menge; Ablagerung nach Windtransport
- Lößlehm: verwitterter Löß, aus dem der Kalk ausgelaugt wurde
- Schluff: feinkörniger Boden mit Korngrößen zwischen Ton und Sand
- Mergel: Gemisch aus Ton und Kalk mit einem Kalkgehalt von 25 bis 50 %
- Geschiebemergel: Gletscherablagerungen aus dem Inlandeis der Diluvialzeit mit Gesteinstrümmern aller Korngrößen
- Geschiebelehm: Verwitterungsschicht des Geschiebemergels, aus dem die Kalkanteile ausgewaschen sind
- Flinz: tertiäre, meist glimmerhaltige Sand-Schluff-Ton Gemische, zum Beispiel bei München
- Bänderton: Sedimente eiszeitlicher Gletscherseen; im Ton sind Schichten von grobem Schluff und Feinsand eingelagert
- Auenlehm: mit Sand durchsetzte Ton- oder Schluffablagerungen in Flußauen
- Schlick: Ablagerung toniger Teilchen mit organischen Beimengungen, teilweise mit sehr feinem Sand und hohem Wassergehalt
- Klei: ältere, feste Ablagerung von Schlick
- Moorerde, Torf und Faulschlamm haben im wesentlichen organische Bestandteile mit geringen mineralischen Beimengungen.

Tabelle C.1
Einteilung der Böden nach Korngrößen

*) Kennbuchstaben nach DIN 18 196 und DIN 4022

Korngrößen in mm			*)	Bezeichnung		
	≧ 63		X und Y	Steine und Blöcke		nichtbindiger Boden
Siebkorn	63 bis 20		G	Kies	grob	
	20 bis 6,3				mittel	
	6,3 bis 2				fein	
	2 bis 0,6		S	Sand	grob	
	0,6 bis 0,2				mittel	
	0,2 bis 0,06				fein	
Schlämmkorn	0,06 bis 0,02		U	Schluff	grob	bindiger Boden
	0,02 bis 0,006				mittel	
	0,006 bis 0,002				fein	
	≦ 0,002		T	Feinstkorn oder Ton		

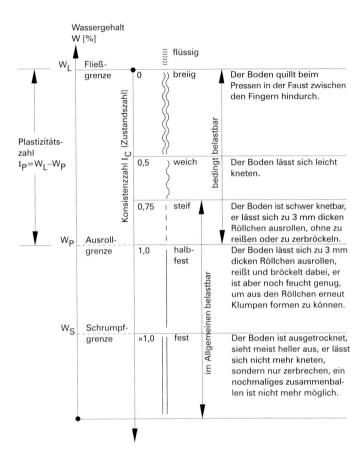

Abb. C.1
Zustandsform bindiger Böden mit Merkmalen für das Erkennen (DIN 4022) und Darstellungssymbolen in Bohrprofilen (DIN 4023)

Nichtbindige Böden

Im Gegensatz zu den feinkörnigen Böden bilden die Böden mit Korngrößen $\geq$ 0,06 mm ein loses, rolliges und nichtplastisches Haufwerk. Dazu gehören die Sande und Kiese. Sie ändern ihr Volumen bei Aufnahme und Abgabe von Wasser nicht. Da die Hohlräume (Poren) offen bleiben, sind sie wasserdurchlässig. Man bezeichnet diese Böden als nichtbindige Böden.

Fels

Festgestein und Sedimentgestein treten in einigen Gegenden in fester Formation als Fels zutage, oder sie sind nur von einer dünnen Verwitterungsschicht bedeckt. Oftmals ist Fels von Klüften und Spalten durchzogen oder die Schichten eines Sedimentgesteins liegen schräg oder stehen gar senkrecht. In diesen Fällen kann die Belastbarkeit gering sein. Sonst ist „gesunder" Fels im Allgemeinen ein guter Baugrund.

Gemischte Böden

Bindige und nichtbindige Böden kommen oft in Mischungen vor. Man spricht dann je nach der Größe der Anteile zum Beispiel von schluffigem Sand, tonigem Sand, sandigem Ton usw.

Klassifizierung nach den Korngrößen

Maßgebend für die Bodeneigenschaften ist die Kornverteilung, die aus der Körnungslinie ablesbar ist. Die Körnungslinie ist die Summenlinie der einzelnen Kornfraktionen. In Abb. **C.2** sind drei charakteristische Körnungslinien dargestellt.

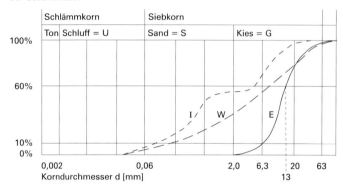

Abb. C.2
Formen von Körnungslinien nach DIN 18 196

E = enggestuft
W = weitgestuft
I = intermittierend gestuft

$U_E = \dfrac{13}{6,3} = 2,1$

Weitgestuft ist eine Linie, wenn der Anteil der Korngrößen in einem weiten Bereich von kleinen bis großen Korndurchmessern verteilt ist. Die Kurve hat einen flachen, schwach gekrümmten Verlauf. Kleines und großes Korn sind gleichermaßen vorhanden. Der Boden hat demnach einen ungleichförmigen Aufbau.

Bei enger Stufung herrschen Körner einer Kornfraktion vor. Die Kurve hat einen steilen Anstieg. Sie zeigt eine gleichförmige Zusammensetzung des Bodens an.

Die intermittierende (treppenförmige) Stufung weist in den flachen Bereichen auf fehlende Körnung hin.

Ungleichförmigkeit und Fehlkörnungen können durch Kennzahlen quantitativ ausgedrückt werden.

Die Ungleichförmigkeitszahl U ist definiert als das Verhältnis des Korndurchmessers bei dem Massenanteil von 60 % zu dem Korndurchmesser bei dem Massenanteil von 10 %, also

$U = \dfrac{d_{60}}{d_{10}}$

Dabei gilt

$\quad\quad U \leq 5$ gleichförmiger Boden
$5 < U \leq 15$ ungleichförmiger Boden
$\quad\quad U > 15$ sehr ungleichförmiger Boden

Diese Zahlen geben u. a. einen Hinweis auf die Verdichtungsmöglichkeit von Böden. Ungleichförmige Böden lassen sich leicht, gleichförmige Böden nur schwer verdichten.

2.2 Baugrund

Zur Kennzeichnung von Fehlkörnungen im unteren Bereich bis d_{60} wird die Krümmungszahl

$$C_c = \frac{(d_{30})^2}{d_{10} \cdot d_{60}}$$

verwendet. Für die Bodenklassifizierung nach DIN 18196 gilt dann:

$U > 6$ und $1 \leq C_c \leq 3$ → weitgestufte Korngrößenverteilung (W)
$U < 6$ → enggestufte Korngrößenverteilung (E)
$U > 6$ und $1 > C_c > 3$ → intermittierend gestufte Korngrößenverteilung (I)

Eine detaillierte Klassifizierung der Böden nach den Korngrößen ist in Tabelle **C.2** nach DIN 18196 zusammengestellt (S. 228/229).

2.2 Eigenschaften der Böden

Der Boden kann als ein System aus den drei Phasen Kornmasse (fest), Wasser (flüssig), Luft (gasförmig) aufgefasst werden. Die Eigenschaften der nichtbindigen Böden werden überwiegend durch das Verhalten der festen Phase (Einphasensystem) bestimmt, der Einfluss von Wasser ist bis auf wenige Sonderfälle unbedeutend, die Luft hat keinen Einfluss. Bei bindigen Böden werden die Eigenschaften dagegen durch das Zusammenwirken der beiden Phasen fester Stoff und Wasser bestimmt (Zweiphasensystem). Das Gemenge der bindigen Böden ist bis auf die oberste Krümelschicht als luftfrei anzusehen. Der Mutterboden (als Baugrund ungeeignet) erhält seine Eigenschaften aus dem Zusammenwirken von fester Masse, Wasser und Luft, er ist also ein Dreiphasensystem.

Von den vielfältigen Eigenschaften der Böden sind für die Gründung von Bauwerken folgende besonders wichtig:

– Lagerungsdichte der nichtbindigen Böden
– Zustandsform der bindigen Böden
– innere Reibung und Kohäsion
– Steifemodul
– Proctordichte
– Durchlässigkeit
– Kapillarität
– Frostempfindlichkeit

Lagerungsdichte

Nichtbindige Böden sind unterschiedlich dicht gelagert. In Mitteleuropa haben die meisten eiszeitlichen Böden aufgrund der Vorbelastung durch das Eis eine dichte Lagerung. Lockere Böden kommen bei jüngeren Ablagerungen längs der Flussläufe vor. Hier sind auch in den Sand- und Kiesschichten Einschlüsse von weichen Tonlinsen und Faulschlamm zu erwarten.

Die Lagerungsdichte ist quantitativ definiert. Bezeichnet man den Porenraum bei der möglich lockersten Lagerung mit max n und den Porenraum bei der möglich dichtesten Lagerung mit min n, so ist die vorhandene Lagerungsdichte

$$D = \frac{\max n - \text{vorhanden } n}{\max n - \min n}$$

Dabei gilt:

$0 \leq D \leq 0{,}15$ sehr lockere Lagerung
$0{,}15 < D < 0{,}30$ lockere Lagerung
$0{,}30 < D \leq 0{,}50$ mitteldichte Lagerung
$0{,}50 < D \leq 1{,}00$ dichte Lagerung

Die Entnahme ungestörter Proben ist bei Sanden und Kiesen nicht leicht. Deshalb wird die Lagerungsdichte häufig aus Sondierergebnissen abgeschätzt. Sogenannte gewachsene Sand- und Kiesablagerungen (also keine künstlichen Schüttungen) sind im allgemei-

Tabelle C.2a
Bodenklassifizierung
Grob- und gemischtkörnige Böden
nach DIN 18 196

Haupt-gruppen	Korngrößenanteile in Gew.-%		Gruppen				Kurz-zeichen Gruppen-symbol	Erkennungsmerkmale	Beispiele
	≤ 0,06 mm	> 2 mm							
Grob-körnige Böden	≤ 5	> 40	Kies	enggestufte Kiese			GE	steile Körnungslinie infolge Vorherrschens eines Korn-größenbereichs	
				weitgestufte Kies-Sand-Gemische			GW	über mehrere Korngrößen-bereiche kontinuierlich ver-laufende Körnungslinie	Fluß- und Strandkies, Terrassenschotter, Moränenkies
				intermittierend gestufte Kies-Sand-Gemische			GI	treppenartig verlaufende Körnungslinie infolge Fehlens eines oder mehrerer Korn-größenbereiche	vulkanische Schlacke und Asche
		≤ 40	Sand	enggestufte Sande			SE	steile Körnungslinie infolge Vorherrschens eines Korn-größenbereichs	Dünen- und Flugsand, Talsand (Berliner Sand), Beckensand, Tertiärsand
				weitgestufte Sand-Kies-Gemische			SW	über mehrere Korngrößen-bereiche kontinuierlich verlaufende Körnungslinie	Moränensand
				intermittierend gestufte Sand-Kies-Gemische			SI	treppenartig verlaufende Körnungslinie infolge Fehlens eines oder mehrerer Korn-größenbereiche	Terrassensand, Strandsand
Gemischt-körnige Böden	5 bis 40	> 40	Kies-Schluff-Gemische	≤ 0,06 mm	5 bis 10 Gew.-%		GU	weit oder intermittierend gestufte Körnungslinie, Feinkornanteil ist schluffig	Verwitterungskies, Hangschutt, lehmiger Kies, Geschiebelehm
					15 bis 40 Gew.-%		GŪ		
			Kies-Ton-Gemische		5 bis 15 Gew.-%		GT	weit oder intermittierend gestufte Körnungslinie, Feinkornanteil ist tonig	
					15 bis 49 Gew.-%		GT̄		
		≤ 40	Sand-Schluff-Gemische		5 bis 15 Gew.-%		SU	weit oder intermittierend gestufte Körnungslinie, Feinkornanteil ist schluffig	Flottsand
					15 bis 40 Gew.-%		SŪ		Auelehm, Sandlöss
			Sand-Ton-Gemische		5 bis 15 Gew.-%		ST	weit oder intermittierend gestufte Körnungslinie, Feinkornanteil ist tonig	lehmiger Sand, Schleichsand
					15 bis 40 Gew.-%		ST̄		Geschiebelehm, Geschiebemergel

Tabelle C.2b
Bodenklassifizierung
Feinkörnige und organische Böden
und Auffüllungen nach DIN 18 196

Hauptgruppen	Feinkorn-anteile in Gew.-% ≤ 0,06 mm	Plastizitäts-zahl	Gruppen		w_L in Gew.-%	Kurz-zeichen Gruppen-symbol	Erkennungsmerkmale bei Feldversuchen			Beispiele
							Trocken-festigkeit[2]	Reaktion beim Schüttel-versuch[3]	Plastizität beim Knet-versuch[4]	
Feinkörnige Böden	>40	$I_P ≤ 4$	Schluff	leichtplastische Schluffe	≤ 35	UL	niedrige	schnelle	keine bis leichte	Löss, Hochflutlehm
				mittelplastische Schluffe	35 bis 50	UM	niedrige bis mittlere	langsame	leichte bis mittlere	Seeton, Beckenschluff
		$I_P ≥ 7$	Ton	leichtplastische Tone	≤ 35	TL	mittlere bis hohe	keine bis langsame	leichte	Geschiebe-mergel, Bänderton
				mittelplastische Tone	35 bis 50	TM	hohe	keine	mittlere	Lösslehm, Beckenton, Keupermergel
				ausgeprägte plastische Tone	> 50	TA	sehr hohe	keine	ausgeprägte	Tarras, Septarienton, Juraton
Organogene[1] und Böden mit organischen Beimengungen	>40	$I_P ≥ 7$	nicht brenn- oder nicht-schwel-bar	Schluffe mit organischen Beimengungen und organogene[1] Schluffe	35 bis 50	OU	mittlere	langsame bis sehr schnelle	mittlere	Seekreide, Kieselgur, Mutterboden
				Tone mit organischen Beimengungen und organogene[1] Tone	> 50	OT	hohe	keine	ausgeprägte	Schlick, Klei
	≤ 40			grob- bis gemischt-körnige Böden mit Beimengungen humoser Art		OH	Beimengungen pflanzlicher Art, meist dunkle Färbung, Modergeruch, Glüh-verlust bis etwa 20 Gew.-%			Mutterboden
				grob- bis gemischt-körnige Böden mit kalkigen, kieseligen Bildungen		OK	Beimengungen nichtpflanzlicher Art, meist helle Färbung, leichtes Gewicht, große Porosität			Kalksand, Tuffsand
Organische Böden			brenn- oder schwel-bar	nicht bis mäßig zersetzte Torfe		HN	an Ort und Stelle aufge-wachsene (sedentäre) Humus-bildungen	Zersetzungsgrad 1 bis 5, faserig, holzreich, hellbraun bis braun		Niedermoortorf, Hochmoortorf, Bruchwaldtorf
				zersetzte Torfe		HZ		Zersetzungsgrad 6 bis 10, schwarzbraun bis schwarz		
				Mudden (Sammelbegriff für Faulschlamm, Gyttja, Dy, Sapropel)		F	unter Wasser abgesetzte (sedimentäre) Schlamme aus Pflanzenresten, Kot und Mikroorganismen, oft von Sand, Ton und Kalk durchsetzt, blauschwarz oder grün-lich bis gelbbraun, gelegentlich dunkel-graubraun bis blauschwarz, federnd, weichschlammig			Mudde, Faulschlamm
Auffüllungen				Auffüllung aus natürlichen Böden; jeweiliges Gruppen-symbol in eckigen Klammern		[ ]				
				Auffüllung aus Fremdstoffen		A				Müll, Schlacke, Bauschutt, Industrieabfall

1 Unter Mitwirkung von Organismen gebildete Böden.
2 *Trockenfestigkeit*: Festigkeit einer getrockneten Probe (niedrig = Pulverisierung bei mäßigem Fingerdruck; mittel = Bruchstücke bei erheblichem Fingerdruck; hoch = keine Zerstörung durch Fingerdruck, aber Zerstörung zwischen den Fingern).
3 *Schüttelversuch*: Eine feuchte nussgroße Probe wird auf der Hand hin und her geschüttelt und der eventuelle Wasseraustritt an der Oberfläche (glänzendes Aussehen) beobachtet.
4 *Knetversuch*: Aufbereitung einer Probe zu einer weichen, aber nicht klebrigen Masse: Ausrollen zu 3 mm dicken Röllchen, aus denen ein Klumpen geformt wird; erneutes Ausrollen zu 3 mm Röllchen: leichte Plastizität = erneute Klumpenbildung nicht möglich; mittlere Plastizität = Klumpen nicht mehr knetbar; ausgeprägte Plastizität = Klumpen ist knetbar.

nen mindestens mitteldicht gelagert. Eine lockere Lagerung erkennt man daran, dass sich ein Rundstab von 20 mm Durchmesser von Hand ungefähr 50 cm tief in den Boden eindrücken lässt.

Die Höhe der zulässigen Bodenpressung ist wesentlich abhängig von der vorhandenen Lagerungsdichte.

Zustandsform

Eine ähnliche Rolle wie die Lagerungsdichte bei den nichtbindigen Böden spielt die Zustandsform bei den bindigen Böden. Bindige Böden haben in Abhängigkeit vom Wassergehalt eine unterschiedliche Konsistenz, die den Bereich von fest bis flüssig umfasst. Der Wassergehalt – gemessen in % vom Gewicht – am Übergang vom halbfesten zum festen Zustand wird als Schrumpfgrenze w_S bezeichnet. Beim Übergang vom halbfesten zum bildsamen (plastischen) Zustand entspricht der Wassergehalt der Ausrollgrenze w_P und der Wassergehalt am Übergang vom bildsamen zum flüssigen Zustand wird Fließgrenze w_L genannt.
Der Abstand der Fließgrenze von der Ausrollgrenze ist die Plastizitätszahl

$I_P = w_L - w_P$

Bei Böden mit kleiner Plastizitätszahl ($I_P < 10$) genügen geringe Wassermengen, um feste Böden in einen breiigen Zustand zu versetzen.

Die Zustandszahl oder Konsistenzzahl

$$I_c = \frac{w_L - w}{w_L - w_P} = \frac{w_L - w}{I_P}$$

beschreibt die Zustandsform eines ungestörten bindigen Bodens mit dem Wassergehalt w. Ein Boden mit der Zustandszahl $I_C = 0$ ist flüssig. An der Ausrollgrenze hat die Zustandszahl den Wert $I_C = 1$. Bindige Böden mit der Zustandszahl $I_C \geq 1$ sind im Allgemeinen unbedenklich belastbar (vgl. Abb. **C.1**). Wenn $I_C < 1$ ist, neigt der Boden bei Belastung zu größeren Setzungen.
Einige Tone haben die Eigenschaft, ihre Zustandsform unter dem Einfluss mechanischer Vorgänge zu ändern. Tone, die zunächst trocken und fest erscheinen, werden durch mechanische Störungen – zum Beispiel Erschütterungen – weich bis flüssig. Ursache ist die Störung der Grenzschicht an den Berührungspunkten der Tonteilchen. Das feste Gel verflüssigt sich dadurch zu einem Sol, einer kolloidalen Flüssigkeit. Im Ruhestand tritt wieder eine Verfestigung ein. Man nennt diese Eigenschaft Thixotropie. Thixotrope Tone verwendet man in der Bautechnik zum Beispiel als Stützflüssigkeit bei der Herstellung von Schlitzwänden (Abschnitt C.5.2).

Innere Reibung und Kohäsion

Ursache der Festigkeit eines Bodens sind die im Innern wirkende Reibung und Kohäsion. Sie bestimmen das Bruchverhalten des Bodens zum Beispiel hinsichtlich des Grund- und des Böschungsbruchs (Abb. **C.17**).

Nichtbindige Böden bilden ein loses Körnerhaufwerk. Die gegenseitige Haftung der Körner (Kohäsion) ist vernachlässigbar gering. Unter einer Kraftwirkung werden die Körner gegeneinander verspannt. Dabei treten Reibungskräfte auf. Wenn die aufnehmbaren Reibungskräfte überschritten werden, kommt es zu Verschiebungen der Körner und zu einer Änderung der bestehenden Kornanordnung: Der Boden bricht.

2.2 Baugrund

Die Reibungskräfte lassen sich durch Scherversuche messen.

Abb. **C.3 a** zeigt das Prinzip eines Schergerätes. Deckel und Boden des Kastens sind gegeneinander verschieblich angeordnet. Die Sandfüllung stützt den Deckel. Bei einer Verschiebung des Deckels gegen den Boden gleitet der obere Sandkörper in der Scherzone über den unteren Sandkörper. Zum Erreichen des Gleitens ist in Abhängigkeit von der Auflast F eine bestimmte Zugkraft Z aufzuwenden.

Die Scherfestigkeit ergibt sich aus der auf die Scherfläche bezogenen Zugkraft am Beginn des Gleitens. Sie ist näherungsweise proportional zur Normalspannung, die durch die Auflast F hervorgerufen wird:

$\tau = \sigma \cdot \tan \varphi$

Ohne Auflast verschwindet der Reibungswiderstand; die Scherfestigkeit ist dann Null. Der Steigungswinkel φ wird als Konstante zur Kennzeichnung der inneren Reibung benutzt und Reibungswinkel genannt. Der Reibungswinkel kann sich in Abhängigkeit von dem Wassergehalt – oder korrekter: vom Porenwasserdruck – der Probe etwas ändern. Maßgebend ist der für konsolidierte (entwässerte) Böden geltende Reibungswinkel φ' (vgl. zum Beispiel [B.1] Abschnitt Grundbau).

Die Körner eines bindigen Bodens leisten Widerstand gegen Abheben und Verschieben, auch wenn der Boden nicht unter Normalspannung steht. Den Wert, den die Scherfestigkeit in dem Zustand ohne Auflast hat, ist der Wert der Kohäsion c (Abb. **C.3 b**).

Es sind zwei Grenzzustände zu unterscheiden:
– der Anfangs- oder Bauzustand mit unkonsolidierten (nicht entwässerten) Böden, zugehöriger Reibungswinkel φ_u zugehörige Kohäsion c_u
– der Endzustand mit konsolidierten (entwässerten) Böden, zugehöriger Reibungswinkel φ', zugehörige Kohäsion c'

Bei unkonsolidierten Böden ist die Kohäsion größer, der Reibungswinkel jedoch kleiner als bei konsolidierten Böden. Wenn keine genaueren Untersuchungsergebnisse vorliegen, muss für den Reibungswinkel $\varphi_u = 0$ angenommen werden.

Benötigt werden die Bodenkennzahlen c und φ vor allem zur Berechnung des Erddruckes und der Standsicherheit.

Steifemodul

Die Belastung eines Bodens durch ein Bauwerk hat im Allgemeinen Setzungen zur Folge. Zur Berechnung der Setzungen müssen die elastischen und plastischen Verformungseigenschaften der Böden bekannt sein. Eine wesentliche Auskunft gibt der Steifemodul. Allerdings ist eine genauere Setzungsberechnung wegen der meist vorliegenden Mehrschichtigkeit des Baugrunds mit wechselnden Bodeneigenschaften und der räumlichen Spannungsverteilung in der Regel nicht mit einfachen Mitteln möglich.

Entsprechend den Spannungs-Dehnungs-Diagrammen von Baustoffen lassen sich von Böden Drucksetzungskurven ermitteln. Dazu werden Bodenproben stufenweise belastet und die jeweils auftre-

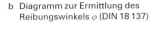

Abb. C.3
Reibungswinkel und Kohäsion
a Scherversuch
b Diagramm zur Ermittlung des Reibungswinkels φ (DIN 18 137)

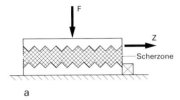

a

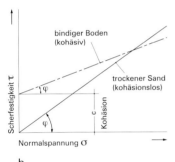

b

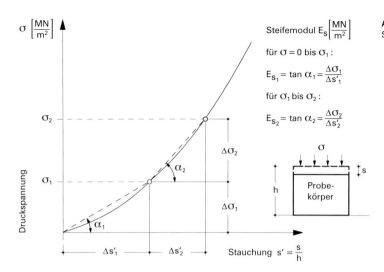

Abb. C.4
Steifemodul

tenden Zusammendrückungen (Setzungen s) gemessen und aufgetragen (Abb. **C.4**). Die Verformungen dauern – besonders bei bindigen Böden – nach Abschluss des Belastungsvorgangs noch eine Weile an. Die Last wird erst erhöht, wenn die Setzung aus der vorangegangenen Laststufe zur Ruhe gekommen (konsolidiert) ist. Die Drucksetzungskurve ist im allgemeinen nichtlinear. Deswegen gilt für einen Boden nicht nur ein Wert für den Steifemodul, sondern der veränderlichen Steigung der Drucksetzungskurve folgend ändert sich auch der Wert des Steifemoduls. Er kann außerdem bei der gleichen Bodenart zum Beispiel wegen unterschiedlicher Lagerungsdichte in weiten Grenzen schwanken (vgl. Tabelle **C.3**).

Nach Aufbringen der Last verläuft die Setzung bei bindigen Böden langsamer als bei nichtbindigen. Die bindigen Böden sind infolge der Kapillarwirkung praktisch luftfrei, und die Poren sind mit Wasser gefüllt. Jede Veränderung in der gegenseitigen Lage der einzelnen Körner erfordert demnach ein Zu- oder Abströmen von Porenwasser, was infolge der inneren Widerstände eine gewisse Zeit beansprucht; die Setzung erfolgt entsprechend langsam, in der Praxis gegebenenfalls über Monate oder Jahre, manchmal über Jahrhunderte, wie beim Schiefen Turm zu Pisa.

Tabelle C.3
Mittlerer Steifemodul für Vorentwürfe

Nichtbindige Böden	Steifemodul E_S MN/m²	Bindige Böden	Steifemodul E_S MN/m²
Sand, locker, rund	20... 50	Ton, halbfest	5...10
Sand, locker, eckig	40... 80	Ton, schwer knetbar, steif	2,5...5
Sand, mitteldicht, rund	50...100	Ton, leicht knetbar, weich	1...2,5
Sand, mitteldicht, eckig	80...150	Geschiebemergel, fest	30...100
Kies ohne Sand	100...200	Lehm, halbfest	5...20
Naturschotter, scharfkantig	150...300	Lehm, weich	4...8
		Schluff	3...10
		Klei, organisch, tonarm, weich	2...5
		Klei, stark organisch, tonreich, Darg	0,5...3
		Torf	0,4...1
		Torf unter mäßiger Vorbelastung	0,8...2

Proctordichte

Die Proctordichte ist eine Größe, die sich besonders zur Nachprüfung des Verdichtungsgrades von künstlich verdichteten bindigen und nichtbindigen Böden eignet. Die Verdichtungsmöglichkeit eines Bodens ist stark abhängig von seinem Wassergehalt. Bei gleicher aufgewendeter Verdichtungsenergie sind bei unterschiedlichem Wassergehalt nur entsprechend unterschiedliche Trockendichten zu erreichen. Als Trockendichte bezeichnet man die Dichte des nach dem Verdichten getrockneten Bodens, bei dem also der gesamte Porenraum mit Luft gefüllt ist. Die größte Trockendichte, die man bei einem Boden findet, der in einem genormten Gefäß (Proctortopf) mit festgelegter Energie bei unterschiedlichen Wassergehalten eingestampft wird, nennt man Proctordichte. Derjenige Wassergehalt, bei dem die Proctordichte erzielt wird, ist der optimale Wassergehalt.

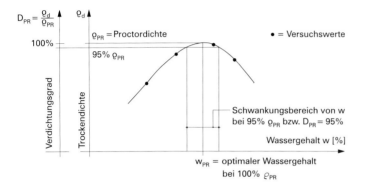

Abb. C.5
Proctordichte und Verdichtungsgrad

Die beim Proctorversuch erreichte Verdichtung entspricht etwa jener, die mit üblichen Verdichtungsgeräten auf der Baustelle erzielt werden kann. Aus der Versuchskurve kann daher der Schwankungsbereich abgelesen werden, innerhalb dessen der Wassergehalt eines Bodens liegen muss, wenn ein bestimmter Verdichtungsgrad erzielt werden soll. Als Verdichtungsgrad wird das Verhältnis von vorhandener Trockendichte zur Proctordichte bezeichnet (Abb. **C.5**). Der Verdichtungsgrad beeinflusst die zulässige Bodenpressung.

Durchlässigkeit

Die Durchlässigkeit eines Bodens ist abhängig von der Kornzusammensetzung, die aus der Körnungslinie abgelesen werden kann. Sie wird ausgedrückt durch die Durchlässigkeitszahl k_f in m/s. Die Durchlässigkeitszahl ist also eine Geschwindigkeitsgröße. Sie gibt an, welche Wassermenge einen senkrecht zur Strömungsrichtung gemessenen Querschnitt von 1 m² Größe bei einem hydraulischen Gefälle von 1:1 in 1 s durchströmt (Abb. **C.6**) (die wahre Wassergeschwindigkeit in den Poren ist größer, weil ja der wahre Strömungsquerschnitt wegen der festen Bodenteile kleiner ist). Überschläglich kann die Durchlässigkeitszahl für nichtbindige Böden mit dem Korndurchmesser d_{10} bei 10 % Massenanteil gemäß Körnungslinie ermittelt werden (d_{10} in mm):

$k_f = 0{,}0116 \cdot d_{10}^2$

Die Durchlässigkeit von Feinsand beträgt etwa 10^{-4} m/s. Bindige Böden haben eine geringe Durchlässigkeit; für Ton gelten Werte zwischen 10^{-8} und 10^{-11} m/s. Weitere Zahlenwerte siehe zum Beispiel [B.1].

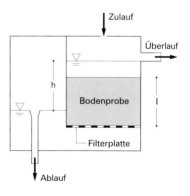

Abb. C.6
Durchlässigkeitsversuche

h/l hydraulisches Gefälle
A   Fläche der Filterplatte
Q   Ablaufmenge pro Sekunde

$k_f = \dfrac{Q \cdot l}{A \cdot h}$

Die Durchlässigkeit hat einen großen den zeitlichen Verlauf der Zusammendrückung oder Setzung. Die Setzungen eines Bodens mit größerer Durchlässigkeit klingen wesentlich schneller ab als die eines Bodens mit geringer Durchlässigkeit.

Die Körnungslinie gibt auch über die erforderliche Abstufung von Filtermaterial Auskunft, das auf den jeweils zu entwässernden Boden abgestimmt sein muss, damit keine Bodenteilchen ausgeschlämmt werden. Es gilt die Bedingung:

$$\frac{d_{f15}}{d_{e85}} < 4 < \frac{d_{f15}}{d_{e15}}$$

Darin bedeuten
d_{f15} Korndurchmesser des Filtermaterials bei 15 % Massenanteil
d_{e15} Korndurchmesser des zu entwässernden Bodens bei 15 % Massenanteil
d_{e85} Korndurchmesser des zu entwässernden Bodens bei 85 % Massenanteil

Abb. **C.7** zeigt das Beispiel eines zu entwässernden Bodens mit dem Bereich des zugehörigen geeigneten Filtermaterials. Die Beachtung dieser Zusammenhänge ist für jede Dränung wichtig – also auch bei der Ringdränung eines auf bindigem Baugrund gegründeten Bauwerks –, weil bei Einbau von ungeeignetem Filtermaterial die Gefahr besteht, dass die Dränung durch Zufuhr von feinteiligen Bodenbestandteilen verstopft.

Anstelle eines mineralischen Filteraufbaus kann auch die Verwendung von Geotextil-Filtermatten zweckmäßig sein.

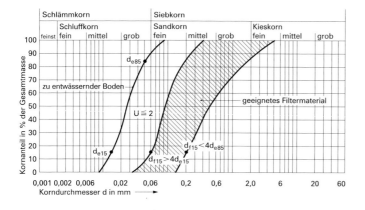

Abb. C.7
Körnungslinie für Filtermaterial

Kapillarität

Von großer Bedeutung für die Sicherung der Bauwerke gegen aufsteigende Feuchte ist die ausreichende Berücksichtigung der Kapillarität.

In feineren Poren entwickelt sich aus der Oberflächenspannung an der Grenze Wasser/Luft ein Unterdruck, der das Wasser in Kapillarröhrchen über den freien Grundwasserspiegel hinaushebt. Das Hubmaß ist die kapillare Steighöhe. Sie ändert sich nach Feinheit, Struktur und Dichte des Bodens. Sie ist auch abhängig von der Temperatur: Je niedriger die Temperatur, desto höher die Steighöhe.

Die kapillare Steighöhe beträgt zum Beispiel bei

Kies   bis 3 cm
Mittelsand   20 bis 40 cm
Feinsand   40 bis 80 cm
Lehm, Löß   1 m bis mehrere Meter
Ton   bis 100 m

Die direkte Verbindung eines Bauwerks mit einem Boden, der Kapillarwasser aus dem Grundwasser heranführt, sollte möglichst vermieden werden. Eine 20 cm dicke Kiesschicht kann die vom Grundwasser aufsteigende Kapillarströmung unterbrechen und ist eine risikoärmere konstruktive Maßnahme als eine Feuchtesperre.

Frostempfindlichkeit

Frost ist nur durch Eisbildung im Porenwasser wegen der dann neunprozentigen Volumenvergrößerung des Wassers von Bedeutung. Sandböden mit Korngrößen $d > 0{,}05$ mm gefrieren ohne Volumenänderung, wenn das von oben nach unten gefrierende Wasser das darunter befindliche Wasser in freie Porenräume verdrängen kann. Es treten dann keine Frosthebungen auf, der Boden ist frostsicher.

Bei Feinböden tritt jedoch eine Volumenvergrößerung ein. Bei Ton zum Beispiel zeigen sich nach dem Durchfrieren Eisschichten und entwässerte Mineralschichten in Wechsellagerung. Es gibt sogar einen Wassernachschub in die Frostzone durch kapillare Wasserförderung. Die Frosthebungen sind gleich der Dicke der Eisschichten, die sich linsenförmig ausbilden. Der Boden ist frostgefährdet.

Beim Auftauen bewirkt der angesaugte Wasserüberschuss die Bildung eines Bodenbreis. Die Frostgefährdung liegt also nicht nur in der Hebung des Bodens, sondern auch in der Änderung der Zustandsform, die plastisch und damit wenig tragfähig wird.

Die Frostempfindlichkeit eines Bodens kann aus der Körnungslinie abgeleitet werden. Böden sind frostgefährdet, wenn sie zwischen folgenden Grenzen einzuordnen sind:

sehr ungleichförmiger Boden ($U = 15$) mit $\geqq 3\,\%$ Kornanteil von Durchmessern $d < 0{,}02$ mm

und

ungleichförmiger Boden ($U = 5$) mit $\geqq 10\,\%$ Kornanteil von Durchmessern $d < 0{,}02$ mm

Wegen weiterer Unterteilungen und Einzelheiten sei auf die Literatur verwiesen [B.1, C.1, C.2].

Bauwerke werden im allgemeinen tiefer als die Frostzone, also frostfrei gegründet. Die Frosttiefe hängt von der geographischen Lage ab. In Mitteleuropa beträgt sie 60 cm bis 1 m. Die Gründungstiefe muss hier mindestens 80 cm betragen, örtlich ist bis 1,20 m Tiefe vorgeschrieben. Bei Dauerfrostböden wird die Gründung bis in den Bereich des Dauerfrostes geführt, das Bauwerk also auf ständig gefrorenem Boden gegründet.

Frostschäden können bei Rohbauten auftreten, wenn die Baugruben nicht vor Einbruch der Frostperiode verfüllt wurden oder der Frost über den noch ungeschützten Kellerraum in die Gründungssohle eindringen kann. Falls sich derartige Bauzustände nicht vermeiden lassen, müssen bei frostempfindlichem Baugrund die offenliegenden Fundamente und Kellerböden mit Matten abgedeckt werden.

2.3 Baugrunderkundung

Jedes Bauvorhaben erfordert eine hinreichende Kenntnis des Baugrundes. In rechtlicher Hinsicht ist der Baugrund jener Bereich, auf dem das Bauwerk gegründet und der durch die Baumaßnahme beeinflußt wird. Der Bauherr ist verpflichtet, den Baugrund erkunden zu lassen und den Ausschreibungsunterlagen für die Bauarbeiten einen „Geotechnischen Bericht" beizufügen.

Eine erste Auskunft über den Boden, der auf einer Baustelle zu erwarten ist, geben geologische Karten und Baugrundkarten. Ihre Aussagen reichen jedoch zur genaueren Beurteilung der Bodeneigenschaften und der Tragfähigkeit des Baugrundes in der Regel nicht aus. Häufig muss durch hinreichend viele Bodenproben vom Baugelände selbst ermittelt werden, welche Bodenpressung aufgrund der speziellen örtlichen Bodenbeschaffenheit zugelassen werden kann. Nur wenn die geologischen Verhältnisse eine weitgehende Gleichartigkeit des Bodens erwarten lassen, kann die für Nachbarbebauungen ermittelte zulässige Bodenpressung übernommen werden. Auch in diesen Fällen fehlt in keinem Standsicherheitsnachweis der Hinweis, dass sich der Bauleiter nach dem Aushub der Baugrube vor Beginn der Bauarbeiten von der Übereinstimmung der getroffenen Annahmen über den Baugrund mit den vorgefundenen Verhältnissen überzeugen muss. Bei Abweichungen sind besondere Untersuchungen zu veranlassen.

Man unterscheidet folgende Verfahren zum Aufschließen des Bodens (Abb. **C.8**):
- Schürfung
- Bohrung
- Sondierungen

2.3.1 Schürfung

Schürfungen sind Gruben oder Schächte, die bis etwa 4 m unter Geländeoberfläche angelegt werden können. Auf einer Seite werden sie meist treppenartig geböscht, auf den anderen Seiten durch steile Wände begrenzt. Sie sollen mindestens 1,5 m² Grundfläche haben. Schürfgruben haben den Vorteil, dass der Verlauf der Bodenschichten und ihre ungestörte Beschaffenheit gut erkennbar ist und dass Proben mit „ungestörtem" Material leicht entnommen werden können. Besonders bei bindigen Böden sind derartige „Sonderproben" (DIN 4021) zur Festsetzung der zulässigen Bodenpressung erforderlich. Von Nachteil sind die begrenzte Aushubtiefe und Schwierigkeiten bei hohem Grundwasserstand.

2.3.2 Bohrung

Bohrungen sind schnell, bis in große Tiefen und billig durchzuführen. Das Bohrgut kommt allerdings im allgemeinen nur gestört zutage.

Beim Bohren wird ein Mantelrohr von 10 cm bis 60 cm Durchmesser durch Drehen in den Boden getrieben. Gleichzeitig oder abwech-

Abb. C.8
Verfahren zum Aufschließen des Baugrundes

a Schürfgrube
b Bohrung
c Rammsonde
d Drucksonde

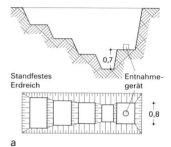

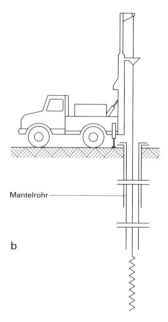

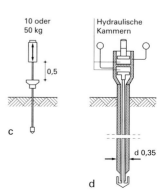

selnd wird mit Löffel-, Teller-, Spiral- oder Ventilbohrer das Bohrgut entnommen.

Zur Entnahme der Bodenproben dienen besondere mit Schneiden versehene Stahlrohre von 3 cm bis 30 cm Durchmesser und 25 cm bis 150 cm Länge, die an der Entnahmestelle eingedreht, eingedrückt oder eingerammt werden.

2.3.3

Sondierungen

Während man aus bindigen Böden verhältnismäßig leicht ungestörte Bodenproben zur Bestimmung der Bodenkennwerte im Laboratorium gewinnen kann, ist die Entnahme von ungestörten Bodenproben aus nichtbindigem Baugrund oft sehr schwierig. Man ist dann darauf angewiesen, die wichtigsten Kennwerte, insbesondere die Lagerungsdichte, durch Sondierungen in situ zu ermitteln.

Im wesentlichen gibt es drei Verfahren:
– Rammsondierung
– Drucksondierung
– Flügelsondierung

Bei der Rammsondierung wird der Widerstand des Bodens gegen das Einschlagen eines Stabes mit kegelförmiger Spitze (Spitzenquerschnitt 5 cm^2 oder 10 cm^2) unter genormten Randbedingungen gemessen. Aus der Zahl der erforderlichen Schläge für je 10 oder 20 cm Eindringung kann man auf die Lagerungsdichte der durchfahrenen Schichten schließen. Das Verfahren ist auch zur Abschätzung der Konsistenz von bindigen Böden geeignet. Eine leichte Rammsondierung mit einem Rammbärgewicht von 10 kg reicht bis etwa 5 m Tiefe. Für größere Tiefen verwendet man eine schwere Rammsonde mit 15 cm^2 Spitzenquerschnitt und 50 kg Rammbärgewicht.

Bei der Drucksondierung wird der Widerstand des Bodens gegen das Eindrücken eines Stabes mit kegelförmiger Spitze (Spitzenquerschnitt 10 cm^2) gemessen, und zwar getrennt nach Spitzenwiderstand und Gesamtwiderstand (Abb. **C.8 c**). Aus dem Spitzenwiderstand kann die Lagerungsdichte nichtbindiger Böden oder die Konsistenz bindiger Böden ungefähr bestimmt werden. Das Verhältnis Gesamt- zu Spitzenwiderstand gibt Hinweise auf die Art der geprüften Schichten. Je nach Untersuchungstiefe, Bodenart und Bodenbeschaffenheit sind Kräfte von 20 bis 100 kN erforderlich, die durch das Gewicht des Sondierwagens oder durch Eindrehen von Erdankern ermöglicht werden müssen. Diesem Nachteil im Vergleich zu Rammsondierungen steht der Vorteil zuverlässiger Aussagen gegenüber. Mit normalem Gerät sind Untersuchungen bis 25 m Tiefe möglich.

Die Flügelsondierung dient der Bestimmung der Scherfestigkeit von weichen, bindigen Böden. Sie hat sich besonders zum Auffinden von Rutschzonen oder Gleitflächen bewährt. Zur Untersuchung wird eine Sondenspitze, an der vier im rechten Winkel zueinander stehende Bleche angebracht sind, in den Boden gedrückt oder geschlagen. Die Sonde wird dann gedreht und das zum Abscheren des durch die Flügelbleche bestimmten Bodenkörpers erforderliche Moment gemessen. Daraus lässt sich auf die Scherfestigkeit des Bodens schließen.

2.3.4

Dichte der Erkundungsstellen

In der Literatur wird im Allgemeinen ein Abstand von 25 m zwischen zwei Baugrundaufschlüssen als ausreichend angesehen. In manchen Fällen, zum Beispiel im Bereich verlandeter Bach- und Flussbetten, kann aber ein engerer Abstand erforderlich sein. Ein 5-m-Raster ist dann keineswegs zu eng.

Für jeden Aufschluss wird ein Schichtenverzeichnis nach vorgeschriebenen Vordrucken aufgestellt (DIN 4022, DIN 4023).

2.4

Bodenverbesserungen

Wenn unzureichend tragfähige Böden in nur geringer Mächtigkeit anstehen, kann es vorteilhaft sein, diese Bodenschichten zu verbessern, anstatt Tiefgründungen vorzusehen.

2.4.1

Bodenaustausch

Die simpelste Art der Bodenverbesserung ist der Bodenaustausch. Der ungeeignete Boden – zum Beispiel Torf, weicher Schluff oder mit organischen Substanzen durchsetzte Auffüllung und organogener Boden – wird abgefahren und durch nichtbindigen Boden ersetzt. Der Boden ist lagenweise in 30 bis 40 cm dicken Schichten einzubringen und jeweils gut zu verdichten. Er soll eine weitgestufte Körnungslinie haben, weil dadurch die hinreichende Verdichtung am besten gewährleistet ist.

2.4.2

Verdichtung

Die unzureichende Lagerungsdichte von ungestörten nichtbindigen Böden kann durch eine Rütteldruckverdichtung verbessert werden. Dabei wird ein zylindrischer Tiefenrüttler unter Wasserzugabe an seiner Spitze bis zu 30 m Tiefe in den Baugrund versenkt. Beim langsamen Ziehen des Rüttlers wird der umliegende Boden durch die Schwingungen verdichtet. An der Geländeoberfläche entsteht durch nachrutschenden Boden ein Trichter, der verfüllt wird. Die Gründungssohle muss stets mit Oberflächenrüttlern nachverdichtet werden. Oberflächenrüttler sind wegen der Dämpfung des Bodens nur bis zu 1 m Tiefe wirksam.

Bindige Böden können durch eine Stopfverdichtung verbessert werden.[1]) Bei der Stopfverdichtung wird ein Tiefenrüttler trocken und unter Luftzugabe in den Boden gedrückt. Nach Erreichen der hinreichend tragfähigen Zone wird grobes Steinmaterial für den Aufbau einer Steinsäule an der Spitze des Rüttlers in den entstandenen Hohlraum gegeben. Die Säule bildet sich durch Ziehen des Rüttlers unter gleichzeitiger weiterer Zugabe von Grobmaterial (Abb. **C.9 a**), [C.10].

---

[1]) Früher wurden zur Verdichtung von bindigen Böden in engen Abständen hölzerne Spickpfähle geschlagen. Sie haben die Böden jedoch nicht immer nachhaltig verbessert und geben besonders bei Änderungen des Wasserhaushaltes Anlass zu Sanierungen.

2.4.3 Baugrund

a
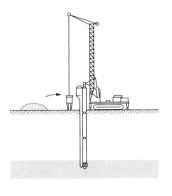

b
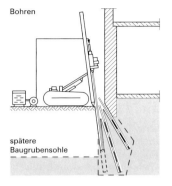

c
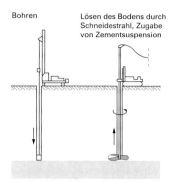

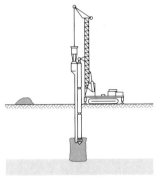

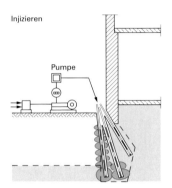

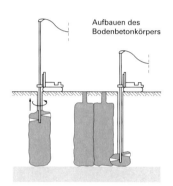

d
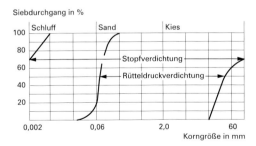

e
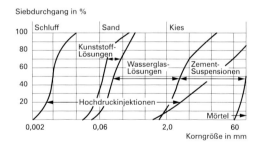

Abb. C.9
Verdichtungen

a Stopfverdichtung, oben Absenken des Rüttlers, unten Aufbau der Stopfsäule
b Injektionen, oben Setzen der Lanzen, unten Injizieren
c Hochdruckinjektion
d Anwendungsgrenzen für Verdichtungen
e Anwendungsgrenzen für Injektionen und Hochdruckinjektionen

Bei allen Verdichtungsarbeiten ist Rücksicht auf benachbarte Bebauung zu nehmen. Unter Umständen muss wegen der Gefahr von Setzungsschäden an bestehenden Bauwerken auf eine Verdichtung verzichtet und ein anderes Bodenverbesserungsverfahren oder eine andere Gründung gewählt werden.

2.4.3

Injektionen

Die Tragfähigkeit von klüftigem Fels und nichtbindigem Boden lässt sich durch Injektionen mit Zementsuspensionen für Fels oder gelierende Lösungen (Kieselsäuregel) für quarzhaltige Böden erhöhen (Verfahren Dr. Joosten) (Abb. **C.9 b**). Unter hohem Druck werden die Flüssigkeiten durch 4 bis 5 m lange Rohrlanzen in die Hohlräume des Bodens gepresst. Die Bodenverfestigung durch Injektion wird auch bei Unterfangungen von Außenwänden angewendet, wenn ein benachbarter Neubau tiefer als der Altbau gegründet werden soll. Die Grenzen der Anwendbarkeit gehen aus Abb. **C.9 e** hervor.

2.4.4

Hochdruckinjektion

Die Hochdruckinjektion ist eine Weiterentwicklung des Injektionsverfahrens für nichtbindige Böden. Dabei wird der anstehende Boden, durch einen Schneidstrahl aus Wasser gelöst, als Zuschlag verwendet, an Ort und Stelle mit einer Zementsuspension vermischt und zu einem Frischbeton aufbereitet. In diesem Zustand ist der Boden breiig und nicht tragfähig. Bei Unterfangungen geht man deshalb abschnittsweise vor, so dass sich nach dem ersten Durchgang vermörtelte und unberührte Abschnitte abwechseln. Nach Erhärtung der Vermörtelung des ersten Durchgangs werden die stehen gebliebenen unbehandelten Abschnitte ebenfalls vermörtelt. Man kann außerordentlich hohe Betonfestigkeiten erzielen (Abb. **C.9 c**).

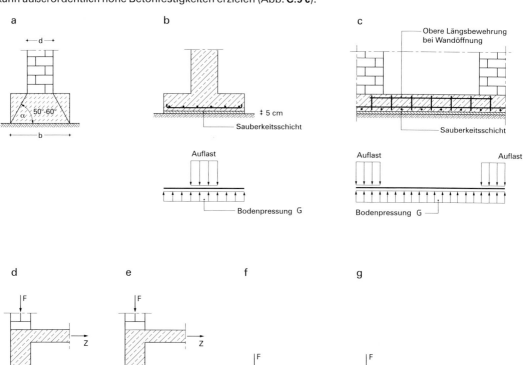

3
Flächengründungen

3.1

Streifenfundamente

Die Verbreiterung der Aufstandsfläche von Wänden zur Ableitung der Wandlasten in den Baugrund führt auf streifenförmige Bauteile: die Streifenfundamente.

Vor Einführung des Betons wurden Streifenfundamente meistens aus grob zugehauenen natürlichen Steinen oder Ziegelsteinen hergestellt. Häufig hat man auch die ohnehin dicken Kellerwände an der Sohlfuge nicht verbreitert und die Wände ohne besonderes Fundament auf den Baugrund gesetzt – nicht selten unter Überschätzung der eigentlich zulässigen Bodenpressungen. Heute werden Streifenfundamente fast ausschließlich aus Beton- oder Stahlbeton hergestellt. Für geringere Lasten reichen unbewehrte Betonfundamente aus. Man kann von einem Lastausbreitungswinkel von 45° bis 60° ausgehen. Die aus der Auflast und der zulässigen Bodenpressung zu bestimmende Fundamentbreite bestimmt dann die Fundamenthöhe (Abb. **C.10 a**). Bei größeren Lasten wird zur Reduzierung der Höhe eine Bewehrung eingelegt, so dass das Fundament, in Querrichtung auf Biegung beansprucht, wie eine Platte wirkt (Abb. **C.10 b**). Die Bewehrung liegt auf einer vorher betonierten, etwa 5 cm dicken Sauberkeitsschicht, um beim Betonieren des Fundamentes das Abdrängen der Bewehrung in den weichen Baugrund zu verhindern und den Verbund zu gewährleisten.

Im Bereich von Wandöffnungen wird ein durchlaufendes Fundament aufgrund seiner Biegesteifigkeit von den Seiten her gegen den Baugrund gedrückt. Um ein Aufbrechen der Schwelle zu verhindern, ist eine obenliegende Längsbewehrung erforderlich (Abb. **C.10 c**).

Wände längs der Grundstücksgrenzen stehen in der Regel ausmittig auf nach innen versetzten Streifenfundamenten, weil die Überbauung von Grenzen nur ausnahmsweise möglich ist (Abb. **C.10 d–g**). Infolge der Exzentrizität e zwischen der Belastung F und der Resultierenden V der Bodenpressung entstehen Momente, die zu beachten sind. Bei Stahlbetonkonstruktionen können die Momente durch ein Kräftepaar aufgenommen werden, das von Reibungskräften R in der Bodenfuge (Abb. **C.10 d**) oder Druckkräften D in einer Kellerbodenplatte (Abb. **C.10 e**) und Zugkräften Z in der Kellerdecke gebildet wird. Wenn Kellerwände aus Mauerwerk nicht in der Lage sind, die entsprechenden Biegemomente weiterzuleiten, kann eine biegesteif angeschlossene Bodenplatte das Moment M aufnehmen (Abb. **C.10 f**). Abb. **C.10 g** zeigt eine Variante von Abb. **C.10 d** mit einem niedrigen Stahlbetonsockel. Um sicherzugehen, dass die resultierende Last die Bodenfuge mittig durchstößt, wurde der Sockelfuß in diesem Fall gelenkig ausgebildet [C.16].

Abb. C.10
Streifenfundamente

a unbewehrtes Fundament
b bewehrtes Fundament
c Bewehrung bei einer Wandöffnung
d Randstreifenfundament mit aufgehender Stahlbetonwand ohne anschließender Bodenplatte
e Randstreifenfundament mit aufgehender Stahlbetonwand und anschließender Bodenplatte
f Randstreifenfundament mit aufgehender Mauerwerkswand und anschließender Bodenplatte
g Randstreifenfundament mit Stahlbetonsockel [C.16]

3.2

Einzelfundamente

Aus der Verbreiterung der Aufstandsflächen von Stützen, die ja meist in einem größeren Abstand zum nächsten Bauteil stehen, ergeben sich isoliert liegende Einzelfundamente. Wegen der im allgemeinen hohen Stützenlasten werden Einzelfundamente in der Regel nicht unbewehrt, sondern als kreuzweise bewehrte Stahlbetonplatten ausgebildet (Abb. **C.11 a**).

Zur Gründung von Fertigteilstützen verwendet man Köcherfundamente, ebenfalls Fertigteile oder – bei großen Stützenlasten – aus Ortbeton. Die Stützen werden in den Köcher des vorher verlegten Fundamentes gestellt und ausgerichtet. Anschließend wird der Raum zwischen Stütze und Köcherwand mit Beton ausgefüllt und verdichtet (Abb. **C.11 c**).

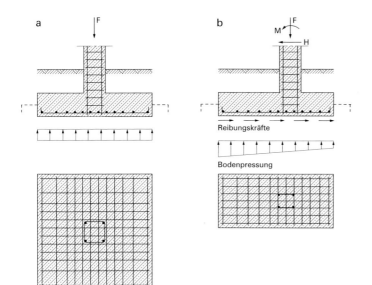

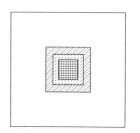

Mit Hilfe von profilierten Schalungen können die Köcherwandungen und die Flanken des Fertigteilstützenfußes so rau ausgebildet werden, dass nach dem Ausbetonieren der Fuge die Stützenkräfte überwiegend über die Flanken, nicht über die Aufstandsfläche, in das Fundament fließen. Ein besonderer Köcher kann deshalb entfallen. Das Köcherfundament wird zum Blockfundament (Abb. **C.11 d**).

Bei planmäßig eingespannten Stützen müssen die Fundamente meistens auch Momente in den Baugrund übertragen. Dabei sind die Abmessungen so zu wählen, dass die Bodenfuge zwischen Fundament und Baugrund unter ständigen Lasten nicht aufreißt, sich also keine klaffende Fuge bildet (Abb. **C.11 b**).

Besonders materialsparend sind Schalenfundamente (Abb. **C.11 e** und **C.11 f**), die sich aber wegen des höheren Arbeitsaufwandes in Europa nicht durchgesetzt haben [C.11, C.12].

Abb. C.11
Bewehrte Einzelfundamente

a Einzelfundament für eine Ortbetonstütze, überwiegend zentrisch belastet
b durch Vertikalkraft, Horizontalkraft und ein Moment belastetes Fundament
c Köcherfundament
d Blockfundament
e Kegelschalenfundament
f Schalenfundament aus vier hyperbolischen Paraboloiden

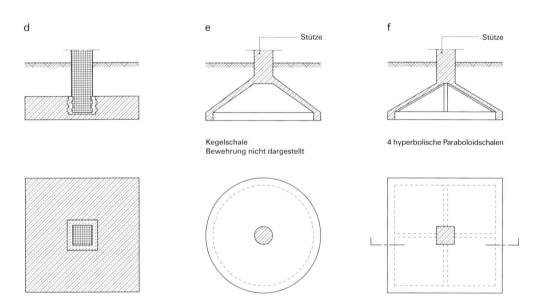

3.3

Fundamentplatten

Hohe Lasten, wie sie zum Beispiel bei Hochhäusern auftreten, erfordern so große Flächen für Streifen- und Einzelfundamente, dass nur noch wenige kleinere freie Flächen zwischen den Fundamenten verbleiben. Allein aus diesem Grund kann es zweckmäßig sein, statt einzelner Fundamente eine geschlossene Fundamentplatte vorzusehen. Fundamentplatten erhöhen auch die Sicherheit gegen Grundbruch. So gibt es Beispiele, wo bei Böden mit geringer zulässiger Bodenpressung und auf kurze Entfernung wechselnden Schichtungen die Streifenfundamente nur fünfgeschossiger Gebäude durch Zerrplatten miteinander verbunden werden, um Lastumlagerungen ohne Schäden zu ermöglichen. Gegebenenfalls werden sogar Fundamentplatten ausgeführt, nur um das lohnintensive Ausschachten von Fundamentgräben zu umgehen.

C Flächengründungen 3.3

Vor Einführung des Stahlbetons hat man bei wenig tragfähigem Boden Grundgewölbe mit nach unten gerichteter Wölbung gemauert und auf diese Weise flächenhafte Gründungen hergestellt. Die Bögen der Berliner Stadtbahn haben zum Beispiel Grundgewölbe.

Liegt die Gründungssohle von Kellerräumen weniger als 50 cm über dem höchsten Grundwasserstand, dann ist eine durchgehende Stahlbetonplatte mit entsprechender Abdichtung empfehlenswert.

Zu beachten ist, dass bei Fundamentplatten – anders als bei Deckenplatten – die gleichmäßig verteilten Lasten aus der Bodenpressung von unten und die Linien- und Einzellasten aus Wänden und Stützen von oben auf die Platten wirken. Die Feldbewehrung liegt also oben, die Stützbewehrung unten in den Platten.

Eine Abdichtung lässt sich leichter auf einer ebenen Sohle herstellen als auf einer von Fundamentgräben durchzogenen Fläche. Deshalb sind hinsichtlich der Abdichtung bei verstärkten Fundamentplatten obenliegende Fundamentbalken (Abb. **C.12 a**) günstiger als untenliegende (Abb. **C.12 b**). Auf jeden Fall sollten unvermeidbare Grabenwände zur Erleichterung der Abdichtungsarbeiten gebröscht werden.

Abb. C.12
Plattenfundamente

a Platte mit obenliegenden Fundamentbalken
b Platte mit untenliegenden Fundamentbalken
c Plattenfundament des Hochhauses am Platz der Republik in Frankfurt am Main ohne Fundamentbalken

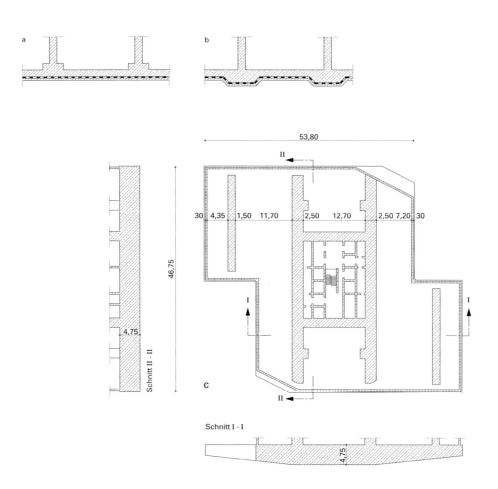

3.4

Kelleraußenwände

Kelleraußenwände stehen unterhalb der Geländeoberfläche unter dem horizontal wirkenden Erddruck des aufgefüllten Bodens und – wenn der Grundwasserspiegel über der Kellersohle liegt – auch unter dem Druck des Grundwassers. Dadurch werden Kelleraußenwände außer durch Auflasten in der Wandebene auch normal zu ihrer Ebene als Platte beansprucht. Plattenauflager bilden querstehende Wände, die Kellerdecke und das Fundament mit dem Kellerboden (Abb. **C.13**). Kellerwände werden wegen der Plattenbeanspruchung häufig aus Stahlbeton oder bewehrtem Mauerwerk (vgl. [B.1.1] Abschnitt 7) hergestellt. Aber für weniger tiefliegende Keller ist auch unbewehrtes Mauerwerk durchaus geeignet.

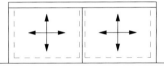
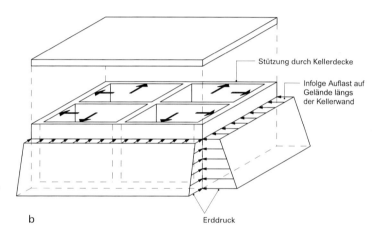

Abb. C.13
Kellerwände unter Erddruck
a statisches System der Außenwände
b „Kellerkasten"

Für Kellerwände aus Mauerwerk braucht kein Standsicherheitsnachweis für die Belastung durch Erddruck geführt zu werden, wenn die Wanddicken nach Tabelle **C.4** eingehalten und folgende Bedingungen erfüllt sind:
– die lichte Höhe des Kellergeschosses darf nicht größer als 2,60 m sein
– die Kellerdecke muss als Scheibe ausgebildet sein
– die durch Erddruck belasteten Wände müssen hinreichend ausgesteift sein
– im Einflussbereich des Erddrucks auf die Kellerwände darf die Verkehrslast höchstens 5 kN/m² betragen, und die Geländeoberfläche darf nicht ansteigen.

Nur wenn die Kellerdecke nicht als horizontales Auflager für die Kellerwände dient, was selten der Fall ist, darf die Baugrube vor Fertigstellung der Kellerdecke verfüllt werden!

Tabelle C.4
Wanddicken in Abhängigkeit von Mindestwandbelastung und Anschütthöhe (nach DIN 1053-1)

Wanddicke	Mindestwandbelastung in kN/m bei einer Anschütthöhe von			
d in mm	1,0 m	1,5 m	2,0 m	2,5 m
24	6	20	45	75
30	3	15	30	50
36,5	0	10	25	40
49	0	5	15	30

Bei ungleichförmigem oder weichem Baugrund (zum Beispiel Kleiböden an der Nordseeküste) kann die Ausbildung des Kellergeschosses als biegungs- und verwindungssteifer Stahlbetonkasten das Bauwerk vor ungleichmäßigen Setzungen und daraus folgenden Schäden bewahren. Kellerdecke und Kellersohle wirken dann als Druck- und Zugflansche, und die schubfest angeschlossenen Kellerwände bilden die Stege des Kastenträgers. (Bei nichtunterkellerten eingeschossigen Bauten begnügt man sich in diesen Fällen mit einer steif bemessenen Fundamentplatte.)

Keller, die in das Grundwasser eintauchen, bilden gleichsam eine Wanne. Besonders wichtig ist, dass in jeder Bauphase eine ausreichende Sicherheit gegen das Aufschwimmen des Baukörpers gewährleistet ist. Die Wasserundurchlässigkeit lässt sich entweder durch eine besondere *äußere Abdichtung* (DIN 18195-6) oder durch Herstellung von *wasserundurchlässigem Beton* erreichen. Zur äußeren Abdichtung verwendet man Bitumenbahnen oder Bitumen- und Kunststoffbahnen. Die Wanne erhält eine schwarze Dichtungshaut; man spricht von einer „schwarzen Wanne". Demgegenüber erscheint die Wanne aus wasserundurchlässigem Beton als „weiße Wanne" und ist unter dieser Bezeichnung ein Begriff geworden.

Die Entscheidung für die eine oder andere Ausführung hängt von den jeweiligen Randbedingungen ab, unter denen auch die Vorlieben des Bauherrn eine Rolle spielen.

In bauphysikalischer Hinsicht unterscheiden sich die Ausführungen nur in einem Punkt: Die weiße Wanne hat in der Regel einen geringeren Dampfdiffusionswiderstand als die schwarze Wanne. Deshalb erfordern die Kellerräume einer weißen Wanne eine intensivere Belüftung zur Abführung der von außen nach innen diffundierten Feuchte als die einer schwarzen Wanne. Das ist besonders bei Nutzungen wichtig, die „staubtrockene" Räume verlangen.

Als Vorteile einer weißen Wanne sind vor allem kürzere Bauzeit und geringere Wetterabhängigkeit während der Herstellung zu nennen. Auch die Herstellungskosten sind in der Regel niedriger. Die Wasserundurchlässigkeit lässt sich einwandfrei erreichen, weil undichte Stellen durch Injektionen von der Innenseite her zuverlässig gedichtet werden können. Fehlstellen in der Haut einer schwarzen Wanne sind schwerer zu lokalisieren, weil eindringende Feuchte meist nicht auf kürzestem Weg durch die Wand nach innen austritt, sondern an ganz anderem Ort erscheint, wo der Wandbeton zufällig ein weniger dichtes Gefüge oder Haarrisse aufweist.

Abb. **C.14** gibt einige Hinweise, die bei der Planung und Herstellung von weißen Wannen beachtet werden sollten (siehe auch [B.74, C 7]).

Abb. C.14
Weiße Wanne

a Querschnitt
b Sickerweg bei Mittelfugenband
c senkrechte Arbeitsfuge mit Rohrdichtung
d senkrechte Arbeitsfuge mit Stahlfugenband

3.4 Flächengründungen C

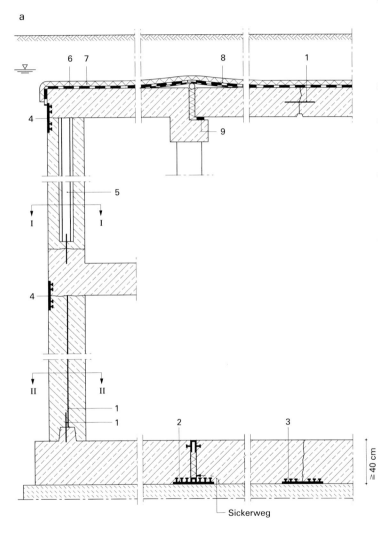

1 Stahlfugenband in Arbeitsfugen hat sich als zuverlässiges und preiswertes Mittel bewährt; Alternative: profilierte PVC- oder Elastomerfugenbänder
2 Profiliertes außenliegendes Bewegungsfugenband, oben in der Fuge ein Fugenverschlussband
3 Außenliegendes Kurzzeit- oder Arbeitsfugenband
4 Außenliegendes Kurzzeitfugenband zwischen Wand und Decke; Vorteil außenliegender Fugenbänder: leichter Einbau zuverlässige Lagersicherung während des Betonierens; Nachteil: kürzerer Sickerweg als bei Mittelfugenband
5 Profiliertes Fugenrohr als Alternative zum Fugenband (leichter Einbau)
6 Abdichtung der Stahlbetondecke gegen Angriff von Humussäure aus der Überdeckung
7 Schutz der Dichtung gegen mechanische Beschädigung
8 Beidseits von Bewegungsfugen Lösen der Abdichtung vom Untergrund zur Verteilung der Fugendilatation auf eine größere Länge der Dichtungsbahn und Verstärkung der Abdichtung
9 Elastomerlager

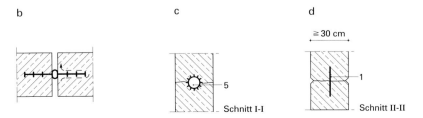

4 Standsicherheit von Flächengründungen

4.1

Bodenpressung

Die Bodenpressung muss begrenzt werden, um unzulässig große Setzungen zu vermeiden und um eine ausreichende Sicherheit gegen Grundbruch zu gewährleisten. Man nimmt bei der Ermittlung der Bodenpressung im allgemeinen einen linearen Verlauf an, obwohl die Spannungen im Zusammenwirken von Fundament- und Bodensteifigkeit einen sehr unterschiedlichen, nichtlinearen Verlauf haben können (Abb. **C.15**). Zulässige mittlere Bodenpressungen für Regelfälle sind in DIN 1054 und zum Beispiel in [B.1], [C.1], [C.2] angegeben.

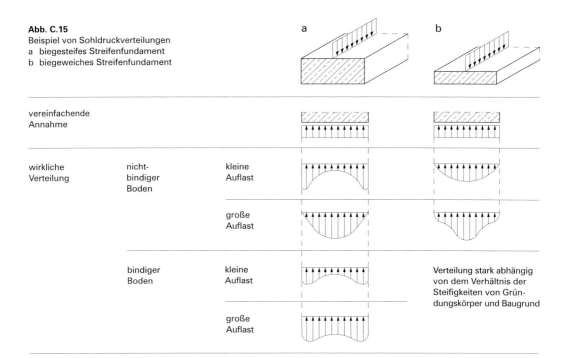

Abb. **C.15**
Beispiel von Sohldruckverteilungen
a biegesteifes Streifenfundament
b biegeweiches Streifenfundament

Die von einem Fundament in den Baugrund eingeleitete Last breitet sich in die Tiefe gehend aus. Dabei kommt es zu Überlagerungen von Bodenpressungen aus benachbarten Fundamenten. Die gegenseitige Beeinflussung ist vernachlässigbar klein, wenn der lichte Abstand größer als das 4fache der Fundamentbreite ist.

Verschiedene Gründungstiefen sind im Allgemeinen möglich, wenn die Neigung der Kantenverbindung benachbarter Fundamente 30° nicht übersteigt. Bei gutem Fels kann die Neigung steiler sein. Ein Wechsel der Gründungstiefe im Verlauf eines Streifen- oder Plattenfundamentes wird durch Abtreppung auf eine hinreichende Länge verzogen (Abb. **C.16**).

Abb. C.16
Ausbreitung der Lasten im Baugrund

a „Druckzwiebel", Flächen gleicher Druckspannungen in einem gleichförmigen Baugrund
b gegenseitige Beeinflussung von Fundamenten, für $a \geqq 4b$ keine gegenseitige Beeinflussung der Fundamente
c Abtreppung bei Wechsel der Gründungstiefe
d zulässiger Höhenversatz ohne besondere Maßnahmen

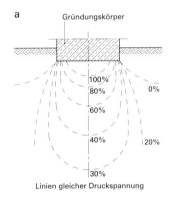

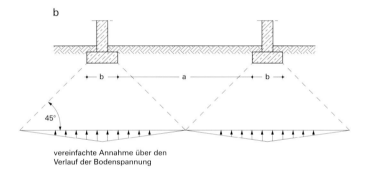

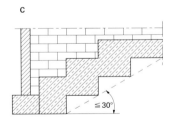

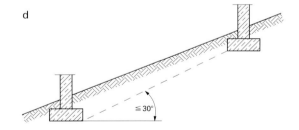

4.2

Grundbruch

Ein Grundbruch kann durch Gleiten des Erdkörpers unter einem flach gegründeten Fundament eintreten (Abb. **C.17a**). Auflast neben dem Fundament und eine biegesteife Sohlplatte im Keller wirken dem Grundbruch entgegen. Die Grundbruchgefahr ist demnach um so kleiner, je tiefer die Gründung geführt wird. Wenn die zulässigen Bodenpressungen nicht überschritten werden, ist die Sicherheit gegen Grundbruch gewährleistet.

Abb. C.17
Brucharten des Baugrundes

a Grundbruch
b Böschungsbruch
c Geländebruch

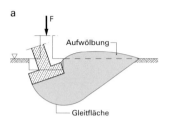

4.3

Böschungsbruch

Mit Böschungsbruch bezeichnet man das Abrutschen einer Böschung (Abb. **C.17 b**). Er kommt vor, wenn entweder der Böschungswinkel für den betreffenden Boden zu steil gewählt wurde oder am Böschungsrand eine nicht berücksichtigte Auflast wirkt oder durch eine Sickerwasserströmung der innere Reibungswinkel und die Kohäsion des Bodens herabgesetzt werden. Diese letzte Ursache haben die hin und wieder zu beobachtenden Böschungsbrüche an neugebauten Einschnitten von Autobahnen.

4.4

Geländebruch

Unter Geländebruch versteht man das Abrutschen eines großen Erdkörpers einschließlich des ganzen Bauwerks (Abb. **C.17 c**). Er kann insbesondere bei bindigen Böden durch Änderung der Zustandsform nach außergewöhnlich reichen Niederschlägen auftreten. Dazu genügt zum Beispiel eine nur dünne Schicht bindigen Bodens zwischen nichtbindigen Böden. Unter ungünstigen Voraussetzungen wirkt solch eine Zwischenlage wie ein Gleitmittel.

4.5

Auftrieb

Auf Baukörper, die im Grundwasser stehen, wirkt ein Auftrieb entsprechend der verdrängten Wassermasse. Die Sicherheit gegen das Aufschwimmen muss im allgemeinen 1,10 betragen (siehe DIN 1054). Bei der Ermittlung der Eigenlasten der Konstruktion ist zu beachten, dass sie nicht zu hoch angenommen werden. Während bei der Bemessung des Tragwerks eine zu hoch geschätzte Eigenlast die Sicherheit gegen Versagen erhöht, hat sie bei der Auftriebssicherung eine Minderung zur Folge. Insbesondere sollte bei Sohlplatten die als Flächenbelastung wirkende Differenz zwischen Auftriebsdruck und Eigenlast nicht zu klein angesetzt werden. Schon ein sehr geringer Anstieg des Grundwasserspiegels kann sonst zu einem Bruch der Sohlplatte führen.

4.6

Gleitsicherheit

Im Allgemeinen kann bei Flachgründungen ein seitlicher Erdwiderstand nicht zur Aufnahme von Horizontalkräften herangezogen werden, weil bis zu seiner Aktivierung unzulässig hohe horizontale Verschiebungen auftreten würden. Die Horizontalkomponenten sind daher durch Reibungskräfte zwischen Boden und Fundament in den Baugrund abzuleiten. Die Sicherheit gegen Gleiten muss in Abhängigkeit von der Lastzusammenstellung zwischen 1,2 und 1,5 betragen (DIN 1054). Sofern der Baugrund es zulässt, kann bei planmäßig hohen Horizontalkräften, zum Beispiel bei Fundamenten für Bogentragwerke, die Bogenfuge schräg gelegt werden, so dass die Resultierende aus Vertikal- und Horizontalkraft des Hauptlastfalls senkrecht auf der Bodenfuge steht und die Horizontalkomponente in diesem Fall nicht durch Reibungskräfte abgeleitet wird.

5 Tiefgründungen

5.1

Allgemeines

Tiefgründungen sind angebracht, wenn nichttragfähige Bodenschichten in einer Mächtigkeit von mehr als 4 bis 5 m anstehen und Bodenverbesserungen nicht möglich sind. Die nichttragfähigen Bodenschichten werden dabei in ihrer Lage belassen und von den tiefgründenden Konstruktionen durchfahren.

5.2

Pfahlgründungen

5.2.1

Rammpfähle

Die älteste Form der Tiefgründung ist die Gründung mit Rammpfählen. Früher kamen ausschließlich Holzpfähle – in Deutschland meistens aus Weichholz (Tanne, Fichte, Kiefer), Harthölzer nur in besonderen Fällen[1] – in Frage. Aus römischer Zeit sind 2000 Jahre alte funktionsfähige Pfahlgründungen bekannt. Heute wählt man meist Ortbeton- oder auch Stahlbetonfertigteil-Pfähle (Abb. **C.18**). Holzpfähle müssen wegen der Fäulnisgefahr auf ganzer Länge ent-

Abb. C.18
Pfähle

a Holzpfahl mit Rammring (oben),
ohne Rammschuh (mitte)
mit Rammschuh (unten)
b Stahlbeton-Rammpfahl
c Bohrpfahl mit Fußverbreiterung
– Einsetzen des Fußschneiders
– Schneiden des Fußes nach Anziehen des Rohrschaftes
– fertiger Pfahl
d Stütze auf Pfahlkopfplatte

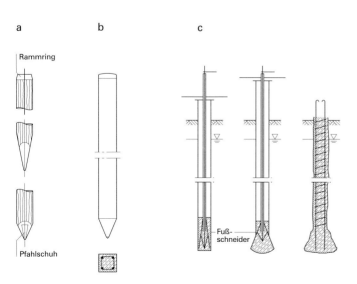
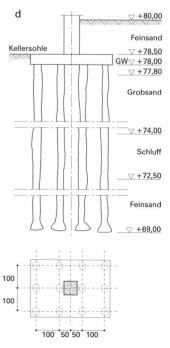

[1] Zum Beispiel wurden noch 1901 für die Gründung des Neuen Rathauses in Hannover 7148 Buchenpfähle gerammt.

weder über oder unter dem Grundwasserspiegel stehen. Meistens stehen sie im Grundwasser. Im Grundwasser stehende Pfähle sind in der Regel von Bakterien befallen, was aber nicht zu einem wesentlichen Abfall der Tragfähigkeit führt. Bei Grundwasserabsenkungen bis unter die Pfahlköpfe droht den Pfählen längerfristig eine Verrottung. Deswegen sind in dem Einzugsgebiet alter Holzpfahlgründungen nur kurzfristige Absenkungen, etwa zur Erleichterung der Gründung eines benachbarten Neubaus, zulässig [C.13]. Dabei kann es auch zu Setzungen des Baugrundes kommen, die in der Regel innerhalb von zwei Monaten nach der Absenkung beginnen. Als kurzfristig unschädlich sind insofern Absenkungen von nicht mehr als einem Monat Dauer einzuschätzen. Holzpfähle wurden bis zu 25 m Länge gerammt (siehe auch [C.17]). Stahlbetonpfähle haben bis 20 m Länge meist einen quadratischen Vollquerschnitt von 30/30 bis 34/34 cm. Bei größeren Längen bis 50 m verwendet man hohle Schleuderbetonpfähle. Die zulässige Belastung liegt bei 600 kN und ist meist nur von der zulässigen Betondruckspannung abhängig. Stahlpfähle werden im allgemeinen nur im See- und Hafenbau eingesetzt.

Nach Möglichkeit sollte die Spitze einer Pfahlgründung den tragfähigen Horizont erreichen. Die Lasten werden dann zu einem großen Teil über Spitzendruck in den Baugrund abgegeben; es handelt sich um eine stehende Pfahlgründung. Wenn die tragfähige Schicht jedoch in zu großer Tiefe liegt, lässt man die Pfähle oberhalb enden. Die Lasten werden dann durch Reibung an der Pfahloberfläche, die sogenannte „Mantelreibung", in den Baugrund übertragen, die Pfähle schweben gleichsam in dem weniger tragfähigen Boden und werden deshalb als schwebende Pfahlgründung bezeichnet.

5.2.2

Bohrpfähle

Das Rammen von Pfählen erzeugt Erschütterungen, die für benachbarte Bauwerke schädlich sein können. Man weicht in solchen Fällen auf die Technik der Bohrpfahlgründung aus. Dabei wird ein stählernes Rohr durch Drehen in den Baugrund getrieben und gleichzeitig oder abwechselnd mit einem Löffel-, Teller-, Spiral- oder Ventilbohrer das Bohrgut entnommen. Wenn die tragfähige Schicht erreicht ist, kann das Rohrende unterschnitten und ein Hohlraum mit gegenüber dem Rohrdurchmesser vergrößertem Durchmesser hergestellt werden.

Bei Stahlbetonpfählen wird ein vorgefertigter Bewehrungskorb in das Bohrloch gestellt und anschließend das Loch unter gleichzeitigem Ziehen des Rohrmantels ausbetoniert. Bei der Verdichtung des Betons wird der umgebende Boden durch die Vibration mit verdichtet. Der Beton dringt in alle an der Grenzfläche verbliebenen Hohlräume des Bodens ein und gewährleistet so eine gute Verzahnung von Pfahl und Boden.

5.2.3

Rüttelpfähle

Wenn die Pfähle nicht auf Biegung beansprucht werden, genügen häufig unbewehrte Betonpfähle oder auch nur Kies- oder Schotterschüttungen, die ebenfalls verdichtet werden.

5.2.4 Tiefgründungen

Bei geeigneten Böden (Abb. **C.9 d**) können unbewehrte Betonpfähle oder Schotterpfähle mit Hilfe von Tiefenrüttlern aufgebaut werden (Abschnitt C.2.4.2). Betonrüttelsäulen sind unter Umständen auch zur Aufnahme von Horizontallasten geeignet [C.14].

5.2.4

Pfahlkopfbalken und Pfahlrostplatte

Bei allen Pfahlgründungen werden die Pfahlköpfe durch einen Pfahlkopfbalken (Streifenfundament) oder durch eine Pfahlrostplatte (Fundamentplatte) verbunden. Diese Konstruktionsteile dienen der Verteilung der Wand- und Stützenlasten auf die Pfähle. Im übrigen muss man beim Bohren und erst recht beim Rammen immer mit gewissen Abweichungen von der planmäßigen Lage rechnen, so dass ein ausgleichendes Bauteil zwischen der aufgehenden Konstruktion und den Pfahlköpfen einzuschalten ist.

Andere Techniken der Einbringung von Pfählen (Einpressen, Einspülen, Einschrauben) treten gegenüber dem Rammen und Bohren an Bedeutung zurück. Näheres ist der Literatur zu entnehmen [C.1, C.2].

5.3

Brunnen und Senkkästen

Die Brunnengründung hat ihren Namen von der Art der Herstellung (Abb. **C.19**).

Wie beim Brunnenbau lässt man einen oder mehrere übereinandergesetzte zylindrische Hohlkörper (Brunnenringe beim Brunnenbau) in den Boden gleiten. Dazu wird der Boden innen abgeräumt und der untere Rand untergraben, so dass der Körper infolge seiner Eigenlast und der Auflast einsinkt. Bei tiefen Gründungen kann der Schaft während des Absenkens nach oben verlängert werden.

Wenn der tragfähige Baugrund erreicht ist, wird der Hohlraum ganz oder, falls er genutzt werden soll, nur zum Teil mit Sand, Kies oder Beton ausgefüllt. Als Baustoff verwendet man heute Stahlbeton. Früher wurden Brunnenmäntel aus Holz, Ziegelmauerwerk oder Stahl hergestellt.

Abb. C.19
Brunnen- und Druckluftgründung

a Brunnen
b Senkkasten

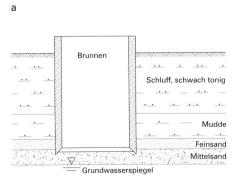

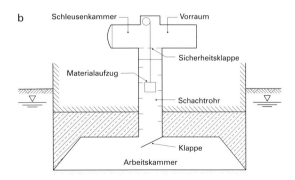

Die Grundrissform ist beliebig. Im Hinblick auf die Widerstände beim Absenken ist die Kreisform am günstigsten. Größere Kästen – für die Oakland-Brücke bei San Francisco wurden zum Beispiel Brunnen mit Grundflächen von 30 m × 60 m abgesenkt – müssen durch Zwischenwände ausgesteift werden.

Das Absenken kann durch den Einsatz von thixotropen Flüssigkeiten (vgl. Abschnitt C.2.2) als Schmiermittel erleichtert werden. Das Verfahren erfordert große Erfahrung. Insbesondere ist eine Schiefstellung des Brunnens zu vermeiden, weil sie kaum korrigiert werden kann.

Brunnengründungen haben sich bei großen Lasten und mächtigen weichen Bodenschichten, wie sie beim Brückenbau im Küstengebiet vorkommen, bewährt. Durch die Entwicklung der Ramm- und Bohrpfahltechnik ist die früher auch im Inland für kleinere Bauvorhaben verbreitete Brunnengründung zurückgegangen. Sie kann noch vorteilhaft sein, wenn der abgesenkte Kasten im Bauwerk bestimmte Funktionen übernehmen kann, so bei Kläranlagen, Kellern und Tiefgaragen.

Senkkasten- oder Caissongründung wird angewendet, wenn die Gründungssohle im Grundwasser liegt, eine Grundwasserabsenkung nicht möglich ist und der zu durchfahrende nichttragfähige Boden eine große Mächtigkeit hat und mit Hindernissen (Findlinge, Holzreste oder Fundamente von alten Gründungen und dgl.) durchsetzt ist.

Der Senkkasten gleicht dem Brunnen; er hat aber etwa 3 m über dem unteren Rand eine Zwischendecke, die den Arbeitsraum auf der Sohle nach oben abschließt. Der Arbeitsraum kann unter Luftüberdruck oder, wie man verkürzt sagt, unter Druckluft gesetzt werden. Beim Ablassen des Senkkastens unter den Grundwasserspiegel verdrängt der Überdruck das Wasser und erlaubt ein Arbeiten auf trockener Sohle. Die mindestens 2,20 m hohe Arbeitskammer ist durch Schachtrohre und Schleusen für Menschen und Baustoffe getrennt mit der Außenwelt verbunden. Entsprechend der Wassersäule über dem Arbeitsraum muss der Luftdruck geregelt werden. Die erreichbare Tiefe ist mit Rücksicht auf die dem Menschen zumutbare Überdruckbelastung auf 40 m begrenzt.

Umfangreiche Vorschriften geben die erforderlichen Schutzmaßnahmen zur Abwendung von gesundheitlichen Schäden an. Zum Beispiel darf der Luftdruck beim Einschleusungsvorgang nicht schneller als 0,01 MPa/min [$\triangleq$ 1 N/(cm^2 · min)] erhöht werden. Für den Ausschleusungsvorgang braucht man bei

0,13 MPa ($\triangleq$ 13 N/cm^2)	13 min
0,15 MPa ($\triangleq$ 15 N/cm^2)	30 min
0,20 MPa ($\triangleq$ 20 N/cm^2)	42 min
0,25 MPa ($\triangleq$ 25 N/cm^2)	60 min
0,30 MPa ($\triangleq$ 30 N/cm^2)	90 min

Der Druck von 0,30 MPa entspricht einer Wassertiefe von 30 m. Man erkennt, dass bei großen Tiefen ein großer Teil der Arbeitszeit für Ein- und Ausschleusungszeiten verbraucht wird. Die Vorzüge der Caissongründung liegen in der großen Sicherheit, die man über die Gründungssohle und die Lage des Gründungskörpers gewinnt. Das ist besonders wichtig für Brücken und Wehrbauten, wo unmittelbarer Anschluss des Bauwerks an den anstehenden Fels gefordert wird.

5.4

Unterfangungen

Im allgemeinen sollten Neubauten nicht tiefer gegründet werden als die unmittelbar benachbarte Bebauung. Es können jedoch Gründe vorliegen, die den erforderlichen technischen Aufwand für eine tiefere Gründung rechtfertigen (siehe auch Abschnitt C 7.1). Bei großen Niveauunterschieden zwischen alter und neuer Gründungssohle zieht man meistens eine Stützwand nach dem Bohrpfahl- oder Schlitzwandverfahren vor (Abschnitt C.6), bei kleineren Differenzen ist es wirtschaftlicher, die Gründung der Altbebauung nach unten bis mindestens auf die Sohle des Neubaus zu verlängern. Dazu gibt es drei unterschiedliche Verfahren mit mehreren Varianten:

– Tieferlegung der Fundamente auf ganzer Fläche
– Abfangung der Fundamente in kurzen Abständen und Absetzen auf Pfähle
– Bodenverfestigungen

Man muss bei jedem der Verfahren mit geringen Setzungen des Altbaus rechnen, die meistens einige Risse in seinem Mauerwerk zur Folge haben. Deshalb ist es unumgänglich, vor Beginn der Bauarbeiten ein Beweissicherungsverfahren durchzuführen, bei dem alle bereits vorhandenen Mängel und Risse in einem Protokoll dokumentiert werden. Unterfangungen erfordern große Erfahrung und besondere Kenntnisse, auf die hier nicht in der gebotenen Breite eingegangen werden kann. Es sei dazu auf die Literatur verwiesen [C.2, C.4, C.5, DIN 4123:2000].

5.4.1

Tieferlegung der Fundamente auf ganzer Fläche

Das Verfahren lässt sich ohne besonderes Gerät auf handwerkliche Art ausführen. Zunächst wird die Baugrube bis etwa 50 cm oberhalb der Sohle des Altbaus ausgehoben. Dann stützt man den Altbau an den Schnittlinien der Front- und Innenwände mit der Giebelwand durch Treibladen ab. Anschließend wird unterhalb des abgestützten Bereiches eine schmale Grube unter dem Fundament bis zur neuen Sohle ausgehoben. Die Lasten fließen dabei nicht nur über die Steifen, sondern auch durch Bogenbildung in der Wand seitlich ab (vgl. Abschnitt B.4.4.3). Der untergrabene Fundamentabschnitt erhält einen Pfeiler entweder aus Klinkermauerwerk oder Beton. Danach werden Zwischenpfeiler eingezogen und schließlich die verbliebenen Lücken geschlossen (Abb. **C.20 a**). Gleichzeitig ausgehobene Gruben müssen einen lichten Abstand von mindestens dem 3-fachen ihrer Länge haben. Die Abschnitte dürfen höchstens 1,25 m lang sein. Der Niveauunterschied zwischen alter und neuer Gründungssohle kann etwa bis zu 2 m betragen.

Bei diesem Verfahren ist selbst bei sorgfältiger Ausführung mit gewissen Setzungen und dem Auftreten von Rissen zu rechnen. Die Setzungen klingen in einigen Fällen erst nach der Errichtung des Nachbargebäudes ab. Wenn zum Beispiel die Last des Neubaus größer ist, als es die Vorlast des Baugrubenaushubs war, bildet sich eine Setzungsmulde aus. Ihr Randbereich reicht bis in das Gebiet der Nachbarbebauung und kann dort zusätzliche Verformungen hervorrufen. Aufgetretene Risse sind deshalb erst nach der Konsolidierung auch dieser Setzungen dauerhaft zu beseitigen.

5.4.2

Abfangung auf Pfähle

Die Abfangung durch Pfähle ist technisch aufwändiger, aber weniger setzungsempfindlich und für größere Gründungstiefen geeignet. Die erforderliche Bauhöhe für Bohrgerät ist so niedrig, dass Pfähle von Kellerräumen aus niedergebracht werden können.[1]) Eine Möglichkeit ist, beiderseits der abzufangenden Wand paarweise in Achsabständen von etwa 1,50 m Pfähle anzuordnen, auf die durch die Wand getriebene kurze Querträger abgesetzt werden (Abb. **C.20 b**). Man kann auch Pfähle in der Wandebene setzen, wenn man in die Kellerwand vorübergehende Öffnungen schlägt, die nach Fertigstellung der Pfähle wieder geschlossen werden (Abb. **C.20 c**).

Wegen weiterer Varianten und Einzelheiten sei auf die Literatur verwiesen [C.1, C.2, C.4].

5.4.3

Bodenverfestigungen

Bestimmte Böden lassen eine Bodenverfestigung durch Einpressen von Zementsuspensionen oder Kieselsäurelösungen (Wasserglas) in Verbindung mit Chlorcalcium zu (vgl. Abschnitt C.2.4.3). Verfestigungstiefen bis 10 m sind möglich. Die im Durchschnitt zu erzielenden Würfeldruckfestigkeiten liegen jedoch unter denen von Beton, so dass der Verfestigungsbereich im allgemeinen eine vielfache Breite des Fundaments haben muss. Besonders bewährt hat sich in jüngerer Zeit bei geeigneten Böden das Hochdruckinjektionsverfahren (Abschnitt C.2.4.4).

Abb. C.20
Tieferlegung des Fundamentes eines Hauses

a Tieferlegung auf ganzer Fläche (ausgeführtes Beispiel, weiteres DIN 4123)
b Unterfangung durch seitliche Pfähle
c Unterfangung durch Pfähle in der Wandebene

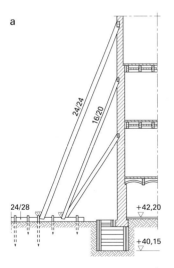
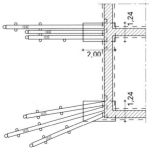
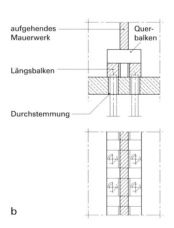

---

[1]) Zum Beispiel kommt das hier nicht beschriebene Pressrohrpfahl-Verfahren mit einer Arbeitsraumhöhe von 1,50 m aus [C.1, C.4].

6 Stützwände

6.1

Allgemeines

Stützwände verhindern bei Geländesprüngen das Abrutschen des höher liegenden Geländes, also den Geländebruch. Stützwände gibt es in unterschiedlichen Größenordnungen, von der kniehohen Stützwand aus Fertigteilen in Gartenanlagen bis zu mehr als 20 m hohen Kajen in Seehäfen.

Im Hochbau benötigt man Stützwände als Baugrubenverbau, wenn die Baugrube nicht abgeböscht werden kann.

6.2

Spundwände

Spundwände bestehen aus eng geschlagenen Bohlen, die längs der Ränder miteinander verbunden sind. Sie sind dadurch relativ wasserdicht, so dass sich ein auf beiden Seiten der Spundwand unterschiedlicher Wasserstand halten lässt.

Spundbohlen gibt es in Holz, Stahlbeton und Stahl (Abb. **C.21**)

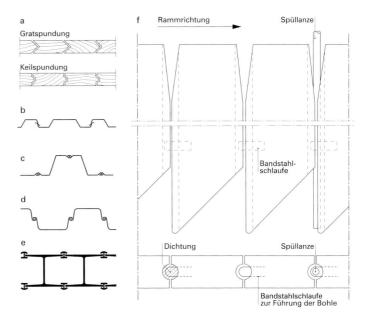

Abb. C.21
Spundbohlen
a Holz
b Kanaldielen
c Wand aus Z-Profilen
d Wand aus U-Profilen
e Kastenspundwand
f Stahlbeton

C Stützwände 6.2

Die Dicke von Holzbohlen entspricht etwa 1/50 ihrer Länge. Die sich berührenden Schmalseiten sind profiliert zu einer Grat- oder Keilspundung, und die Feder muss stets in Rammrichtung zeigen. Zum Rammen werden zunächst Richtpfähle gesetzt und durch Doppelzangen verbunden. Die Bohlen werden dann zwischen den Zangen, die eine Führungshilfe geben, treppenförmig eingeschlagen. Es kommt in der Regel trotz entsprechender Formgebung der Bohlenspitzen zu Schrägstellungen derart, dass die Bohlenspitze voreilt. Es müssen dann in passenden Abständen zum Ausgleich Keilbohlen geschlagen werden.

Stahlbetonbohlen können dort zweckmäßig sein, wo die Spundwand später bleibender Bestandteil des endgültigen Bauwerks ist. Ihr Profil gleicht dem der Holzbohlen, die Dicke beträgt etwa 20 cm. Die Rammung muss wegen der hohen Reibung zwischen den Betonteilen häufiger durch Spülen mit einer Spüllanze (ein Rohr, durch das Wasser gedrückt wird) unterstützt werden.

Der Regelfall ist heute die Stahlspundwand aus gewalzten Stahlprofilen. Man unterscheidet flache Bohlen, sogenannte Kanaldielen, ohne Schloss für Tiefen bis 3 m und Bohlen mit Schloss für Tiefen bis 25 m. Schlösser entstehen entweder durch eine entsprechende Randausbildung des Bohlenprofils, oder sie werden als gesonderte Schlossstäbe geliefert (Abb. **C.21 e**). Aufgrund der Profilierung der Bohlen sind die Spundwände verhältnismäßig biegesteif und können bis zu einer bestimmten Wandhöhe als eingespannte Stäbe frei stehen. Bei tieferen Baugruben müssen die Spundwände im oberen Bereich zusätzlich gehalten werden (Abb. **C.22**).

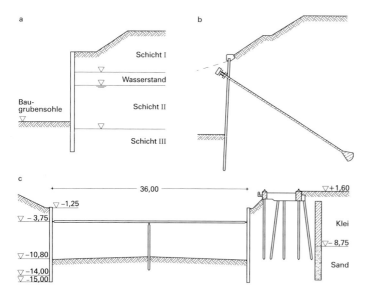

Abb. C.22
Spundwände

a einfache Spundwand
b rückverankerte Spundwand
c sich gegenseitig stützende Wände

Dazu gibt es drei Möglichkeiten:
– Stützung durch Streben, die in die Baugrube hineinragen und auf der Baugrubensohle gelagert sind
– gegenseitige Abstützung der Wände durch einen die Baugrube überdeckenden horizontalen Verband
– Rückverankerung durch rückwärtig in den Boden eingebrachte Zuganker.

Die Rückverankerung ist für den Bauablauf am vorteilhaftesten, weil die Baugrube frei von Einbauten bleibt. Andererseits ist der Aufwand größer. Die zweckmäßigste Lösung muss jeweils nach den besonderen Bedingungen des Einzelfalls ermittelt werden.

6.3

Trägerbohlwand

Eine Trägerbohlwand besteht aus einer Reihe von einzeln eingerammten Stahlträgern, zwischen denen Holzbohlen liegen. Besonders bewährt hat sich der sogenannte Berliner Verbau. Er wurde zu Beginn des U-Bahn-Baus in Berlin entwickelt und wird seitdem im In- und Ausland für Baugrubenwände häufig angewendet, sofern der Grundwasserspiegel unterhalb der Baugrubensohle liegt oder so weit abgesenkt werden kann.

Von Vorteil ist neben der Wirtschaftlichkeit vor allem die Anpassungsfähigkeit an die örtlichen Gegebenheiten und die einfache, zuverlässige Herstellung. Zunächst werden in Abständen von etwa 2 m die Träger gerammt. Sie enden ungefähr 1,80 m bis 2 m unter der späteren Baugrubensohle. Der Ausschachtung der Baugrube folgend, werden dann die Bohlen zwischen die Flansche der Träger geschoben und gegen den stehenden Boden verkeilt (Abb. **C.23**). Dabei werden auch die erforderlichen Aussteifungen oder Rückverankerungen eingebaut.

Ein Nachteil der Trägerbohlwand ist, dass sie eine größere Elastizität im Vergleich zur Pfahlwand oder Schlitzwand hat und demzufolge nachgiebiger ist, so dass es bei unmittelbarer Nachbarbebauung zu leichten Setzungsschäden an den bestehenden Gebäuden kommen kann. Durch eine sorgfältige gegenseitige Aussteifung der Wände (Abb. **C.22 c**) kann man dem aber auch erfolgreich entgegenwirken.

6.4

Bohrpfahlwand

Eine Bohrpfahlwand entsteht durch so dichtes Setzen von Pfählen, dass sie sich teilweise überschneiden. Man stellt zunächst eine Reihe von unbewehrten Betonpfählen mit 40 bis 80 cm Durchmesser in lichten Abständen vom 0,7-fachen des Durchmessers her. Im zweiten Durchgang werden die Zwischenräume ausgefüllt, wobei die vorher betonierten Nachbarpfähle angeschnitten werden. Die zweite Pfahlreihe kann auch bewehrt werden (Abb. **C.23 b**).

Bohrpfahlwände sind sehr steif und deshalb deformationsarm. Dennoch müssen auch Bohrpfahlwände in Abhängigkeit von ihrer Höhe und der Bodenart gegebenenfalls ausgesteift oder rückverankert werden. Schwierigkeiten gibt es beim Bohren, wenn in Geröllschichten größere Steine eingelagert sind. Ferner kann es vorkommen, dass von den Seiten her Boden von unten in das Mantelrohr dringt. Dadurch bilden sich in der Umgebung des Rohres Kavernen, die später einfallen und Setzungen zur Folge haben können. Man erkennt drohende Kavernenbildung daran, dass mehr Bohrgut gefördert wird, als dem Volumen des Mantelrohrs entspricht.

Abb. C.23

a Trägerbohlwand
b Bohrpfahlwand

a

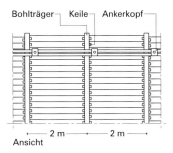

Ansicht

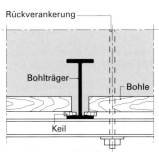

Draufsicht eines Bohlträgers

b

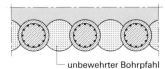

6.5

Schlitzwand

Beim Schlitzwandverfahren wird zwischen zwei vorher betonierten Leitwänden mit Hilfe eines schmalen Grabengreifers ein Schlitz von der Tiefe der späteren Wand ausgehoben. Der Schlitz wird während des Aushubs mit einer thixotropen Flüssigkeit (Bentonit-Suspension)[1] stets bis zum Rand gefüllt. Die thixotrope Flüssigkeit hat etwa die gleiche Dichte wie der Boden, so dass sie die Bodenwände stützt und ihr Einfallen verhindert (Abb. **C.24**).

Ist die erforderliche Tiefe erreicht, wird der vorgefertigte Bewehrungskorb eingehängt und der Schlitz im Contractor-Verfahren ausbetoniert. Anstatt einer Betonstahl-Bewehrung werden auch Spundwände in den Schlitz gestellt. Dadurch wird die Zahl von Fehlstellen mit erhöhtem Durchfluss von Grundwasser verringert. Beim Contractor-Verfahren werden, auf die Länge der Wand verteilt, mehrere Schüttrohre mit aufgesetzten Fülltrichtern bis auf die Sohle herabgelassen und örtlich festgelegt. Zu Beginn werden die Trichter durch einen Schaumstoffball verschlossen und mit Beton gefüllt. Nach dem Lösen des Balles drängt der Beton den Ball nach unten. Die Bentonit-Suspension wird aus dem Rohr gedrückt. Nach leichtem Anheben des Rohres schwimmt der Ball auf, und der Beton breitet sich auf der Sohle aus. Die Mündung der Rohre soll in dem ausgelaufenen Beton etwa 1 m tief eingetaucht bleiben, damit weiterer nachfließender Beton nicht mit der Bentonit-Suspension in Berührung kommt, sondern den zuvor eingebrachten Beton nach oben drückt. Auf diese Weise wird der Schlitz abschnittsweise von unten her bis zum oberen Rand betoniert. Die verdrängte Bentonit-Suspension wird abgepumpt, gereinigt und wieder verwendet [C.3].

Sowohl für Bohrpfahlwände wie auch für Schlitzwände gelten hinsichtlich Aussteifung und Rückverankerung die gleichen Grundsätze wie für Trägerbohlwände.

Abb. C.24
Schlitzwand

a Aushub einer Schlitzwand
b Schlitzwandgreifer
c Schlitzwand
  am Karlsplatz in München
d Contractor-Beton

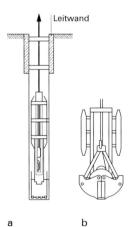
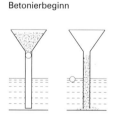
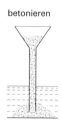

[1] Bentonit, bekannt nach einem Tonvorkommen in der Nähe von Fort Benton in Montana (USA). Hauptbestandteil ist das Tonmineral Montmorillonit, benannt nach einer Lagerstätte bei Montmorillon in Südfrankreich. Größtes deutsches Bentonit-Vorkommen zwischen Mainburg, Moosburg und Landshut in Bayern.

6.6

Stützmauern

Stützmauern sind Konstruktionen, die aufgrund ihres Gewichtes einen Geländesprung abstützen und gegen Böschungsbruch sichern. Das erforderliche Gewicht wird entweder allein durch das Eigengewicht des Baustoffs Mauerwerk oder Beton aufgebracht – man spricht dann von Schwergewichtsmauern – oder besondere konstruktive Vorkehrungen aktivieren zusätzlich das Gewicht des zu stützenden Erdkörpers.

Abb. **C. 24.1a** zeigt den Schnitt durch eine Schwergewichtsmauer aus Beton. Das Gewicht G der Mauer bewahrt sie vor dem Kippen durch den Erddruck E und bewirkt eine hinreichend große Reibungskraft R, um das Gleiten zu verhindern. – Bei der Winkelstützmauer in Abb. **C.24.1b** liegt ein genügend schwerer Erdkörper auf dem Fundamentsporn und hat damit eine ähnliche Wirkung wie das Gewicht einer Schwergewichtsmauer. – Mit Hilfe von Geokunststoffen, die zu Gewebe- oder Gitterbahnen verarbeitet werden, lassen sich „bewehrte Stützmauern" gemäß Abb. **C.24.1c** herstellen. Der Boden wird dazu beim lagenweisen Auftragen so in die Bahnen eingeschlagen, dass sie einen Wulst bilden, der den zugehörigen Seitendruck aufnimmt, ohne dass sie aus den horizontalen Fugen gezogen werden.

Weitere Konstruktionen, Konstruktionshinweise und Berechnungsmethoden sind der Literatur zu entnehmen [C.4, C.6].

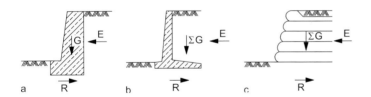

Abb. C.24.1
Stützmauern

a Schwergewichtsmauer
b Winkelstützmauer
c mit Geokunststoff bewehrte Stützmauer

7
Baugruben

7.1

Nicht verbaute Baugruben

Wenn die Grundstücksgröße es zulässt, wird die Baugrube in aller Regel abgeböscht und nicht verbaut (Abb. **C.25**).

Die zulässige Neigung der Böschung ist im wesentlichen abhängig von der Bodenart, der Böschungshöhe und der Standdauer. Besondere Einflüsse, zum Beispiel Störungen des Bodengefüges wie Klüfte oder Verwerfungen, zur Baugrubensohle einfallende Schichtung oder Schieferung, Zufluss von Schichtenwasser,[1] starke Erschütterungen aus Verkehr und dergleichen wirken sich ebenfalls auf die mögliche Böschungsneigung aus.

Auf längere Zeit angelegte Böschungen müssen flacher ausgebildet werden als die im allgemeinen nur einige Wochen stehenden Böschungen von Baugruben, weil die Böden ihre Konsistenz unter dem Einfluss von Niederschlägen, Trockenheit und Frost ändern und sich dann durch Abbrüche flachere Böschungswinkel einstellen, als sie

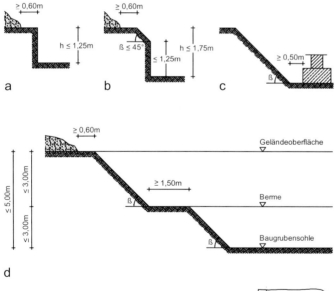

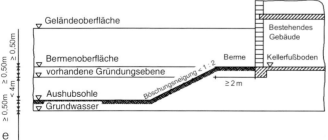

Abb. **C.25**
Baugruben ohne Verbau

a senkrechte Baugrubenwand bei bindigen und nichtbindigen Böden
b senkrechte Baugrubenwand bei bindigen Böden
c Mindestbreite für den Arbeitsraum
d Berme zum Auffangen von abrutschenden Gegenständen
e Bodenaushubgrenzen bei benachbarter Bebauung

---

[1] Schichtenwasser kann sich bei mehrschichtigem Bodenaufbau unter einer durchlässigen Schicht auf einer weniger durchlässigen Schicht sammeln. Wenn eine derartige Schichtenfolge durch eine Böschung angeschnitten wird, tritt das Schichtenwasser aus.

7.1 Baugruben

kurzfristig möglich sind. Für Langzeit-Böschungen bis 15 m Höhe sind nach [C.6] (abgedruckt zum Beispiel in [B.1]) ohne Nachweis bei nichtbindigen Böden mit mindestens mitteldichter Lagerung Böschungsneigungen zwischen 1:2 für feinen Sand und 1:1,5 für Kiessand zulässig. Bei bindigen Böden hängt die zulässige Neigung wesentlich von der Böschungshöhe ab. Bis 3 m Höhe beträgt sie 1:1,25, bei 15 m Höhe nur noch 1:2. Diese Werte gelten für eine mindestens steife Konsistenz ($I_C = 0{,}75$). Für Böschungen von mehr als 15 m Höhe muss der zulässige Böschungswinkel durch eine Untersuchung des Böschungsbruchs ermittelt werden. Diese Untersuchung führt übrigens bei den Höhen unter 15 m meist auf steilere zulässige Neigungen, als sie nach [C.6] empfohlen werden.

Für kurzzeitige Böschungen von Baugruben bis zu 5 m Höhe sind nach DIN 4124 auch ohne Nachweis steilere Neigungen zulässig.

Tabelle C.5
Böschungswinkel bei Baugruben bis 5 m Tiefe (nach DIN 4124)

Bodenart	Böschungswinkel	Böschungsneigung
nichtbindiger Boden, weicher bindiger Boden	45°	1 : 1
steifer oder halbfester bindiger Boden	60°	1 : 0,58
Fels	80°	1 : 0,18

Baugruben bis 1,25 m Tiefe dürfen in bindigen und nichtbindigen Böden unverbaute senkrechte Wände haben. In mindestens steifen bindigen Böden (Abb. **C.1**) sowie bei Fels dürfen Baugruben bis 1,75 m Tiefe mit einer 1,25 m hohen senkrechten Wand und anschließender Böschung mit einer Neigung von mindestens 1:1 ohne Verbau hergestellt werden.

Tiefere unverbaute Baugruben müssen bis zur Baugrubensohle abgeböscht werden. Dabei sind, sofern keine Böschungsbruchuntersuchung vorliegt, die Werte der Tabelle C.5 einzuhalten. Wenn mit dem Abrutschen von einzelnen Steinen, Findlingen, Felsbrocken und dergleichen zu rechnen ist, müssen in Stufen von nicht mehr als 3 m Höhenunterschied Bermen angeordnet werden, die das abrollende Gut auffangen. Dazu ist eine Bermenbreite von mindestens 1,50 m erforderlich.

Belastungen des Böschungsrandes, zum Beispiel durch Schüttgut oder Kranlasten, verringern die Standsicherheit einer Böschung.

An den Rändern der Baugruben muss ein 0,60 m breiter Schutzstreifen von Aushubmaterial und anderem Lagergut frei bleiben, um die Kante vor Abbrüchen zu schützen.

Die vorstehenden Angaben über Böschungsneigungen gelten für flaches Gelände mit Steigungen bis 1:10. Bei steileren Hängen sind Standsicherheitsnachweise zu führen.

Besondere Umsicht verlangt das Ausheben von Baugruben neben bestehender Bebauung. Die Bodenaushubgrenzen gehen aus Abb. **C.25 e** hervor. Der Erdblock, dessen Bermenoberfläche mindestens 0,5 m über der Gründungsebene des vorhandenen Fundamentes liegt und dessen Bermenbreite mindestens 2 m beträgt, gewährleistet die Geländebruchsicherheit der bestehenden Fundamente. Dabei darf die Bermenoberfläche nicht tiefer als der Kellerfußboden liegen. Zu beachten ist auch der Mindestabstand von 0,5 m zwischen Aushubsohle und Grundwasserstand. Er dient der ausreichenden Sicherheit gegen das Ausspülen von Bodenmaterial in die Baugrube hinein.

Für den Fall einer konkreten Ausführung sind weitere, hier nicht aufgezählte Einzelheiten nach DIN 4123:2000 und DIN 4124 zu beachten.

Man sollte zusätzlich auch die Erfahrung ortsansässiger Fachleute einholen, denn alle in den Regelwerken gegebenen Empfehlungen gelten nur, sofern nicht Beobachtungen vorliegen, die ein behutsameres Vorgehen verlangen.

Baugruben werden heute nahezu ausschließlich mit leistungsfähigen Erdbaugeräten ausgehoben. Man sollte deshalb bei der Bemessung der Grundfläche und der Grundrissgestaltung der Grube immer abwägen, ob eine Arbeitserleichterung eine Bemessung des Arbeitsraumes an der Außenseite des Baukörpers, die über die Mindestmaße hinausgeht, rechtfertigen könnte. Die Mindestbreite des Arbeitsraumes beträgt 0,50 cm.

7.2

Verbaute Baugruben

Baugruben $\geq$ 1,25 m Tiefe, die nicht abgeböscht werden, müssen verbaut werden. Es kommen dafür die in Abschnitt C.6 beschriebenen Stützwände in Frage. Hinsichtlich des Verbaus von Gräben, zum Beispiel für Entwässerungs-, Fernheiz- und Kabelkanäle, sei auf die in DIN 4124 beschriebenen Normverbaue hingewiesen, bei deren Verwendung ein besonderer Standsicherheitsnachweis entfallen kann.

7.3

Bodenklassen

Zur Beurteilung des Aufwandes und der Kosten für Erdarbeiten – also auch für den Aushub von Baugruben – wird der Boden hinsichtlich der Lösbarkeit in 7 Bodenklassen eingeteilt:

Klasse 1: Oberboden (Mutterboden)[1], Humusboden
Klasse 2: Fließende Bodenarten
Bodenarten von flüssiger bis breiiger Konsistenz, die das Wasser schwer abgeben
Klasse 3: Leicht lösbare Bodenarten
organische Bodenarten mit geringem Wassergehalt, zum Beispiel fester Torf nichtbindige bis schwachbindige Sande, Kiese und Sand-Kies-Gemische mit bis zu 15 % Beimengungen an Schluff und Ton und mit höchstens 30 % Steinen von über 63 mm Korngröße bis zu 0,01 m³ Rauminhalt
Klasse 4: Mittelschwer lösbare Bodenarten
Gemische von Sand, Kies, Schluff und Ton mit einem Anteil von mehr als 15 % Korngröße kleiner als 0,06 mm. Bindige Bodenarten von leichter bis mittlerer Plastizität, die bis zu 30 % Steine von über 63 mm Korngröße bis zu 0,01 m³ Rauminhalt enthalten.

---

[1] Abgeleitet aus dem niederdeutschen Moder-Boden = belebter Boden.

Klasse 5:   Schwer lösbare Bodenarten, Bodenarten nach Klasse 3 und 4, jedoch mit mehr als 30 % Steinen von über 63 mm Korngröße bis zu 0,01 m³ Rauminhalt. Nichtbindige und bindige Bodenarten mit höchstens 30 % Steinen von über 0,01 m³ bis 0,1 m³ Rauminhalt. Ausgeprägt plastische Tone, die je nach Wassergehalt weich bis fest sind.

Klasse 6:   Leicht lösbarer Fels und vergleichbare Bodenarten
Felsarten, die einen inneren, mineralisch gebundenen Zusammenhalt haben, jedoch stark klüftig, brüchig, bröckelig, schiefrig, weich und verwittert sind, sowie vergleichbare verfestigte nichtbindige und bindige Bodenarten. Nichtbindige und bindige Bodenarten mit mehr als 30 % Steinen von über 0,01 m³ bis 0,1 m³ Rauminhalt

Klasse 7:   Schwer lösbarer Fels
Felsarten, die einen inneren, mineralisch gebundenen Zusammenhalt und hohe Gefügefestigkeit haben und die nur wenig klüftig oder verwittert sind. Festgelagerter, unverwitterter Tonschiefer, Nagelfluhschichten, Schlackenhalden. Steine von über 0,1 m³ Rauminhalt

7.4

Wasserhaltung

Eine Baugrube, deren Sohle unterhalb des Grundwasserspiegels liegt, muss trockengelegt und von Wasser freigehalten werden. Es gibt dazu die Verfahren der Wasserhaltung und der Abdichtung. Das Wasser kann aus der Baugrube durch eine offene Wasserhaltung mit Sammelgräben und Pumpensumpf oder durch eine Grundwassersenkung entfernt und abgehalten werden.

Offene Wasserhaltung

Eine offene Wasserhaltung ist möglich, wenn der Grundwasserspiegel nur geringfügig über der Baugrubensohle liegt und der Boden so fest gelagert ist, dass die Grubenwände nicht durch die Wasserströmung gefährdet sind. Das Verfahren darf auf keinen Fall angewendet werden, wenn in dem Grundwasserstrom Bodenteilchen mitgeführt werden. Sie weisen auf eine Ausspülung des anstehenden Bodens hin, die eine Gefährdung der Standsicherheit benachbarter Bebauung zur Folge haben kann. Bei stark nachströmendem Wasser kann unter Umständen auch ein hydraulischer Grundbruch auftreten. Der Strömungsdruck lockert in diesem Fall den Boden auf und bricht den Boden an der Sohle hoch, manchmal mit Böschungs- und Geländebrüchen im Gefolge.

Grundwasserabsenkung

Bei einer Grundwasserabsenkung werden rund um die Baugrube am unteren Ende perforierte Rohre (Brunnen) in den Baugrund gesenkt und über eine Ringleitung an Pumpen angeschlossen. Man kann auch jeden Brunnen mit einer Tauchpumpe ausrüsten. Voraussetzung für die Anwendbarkeit des Verfahrens ist, dass der Durchlässigkeitswert des Bodens $k \geqq 10^{-2}$ bis 10^{-3} cm/s (vgl. Abschnitt C.2.2) beträgt und dass die Absenkung des Grundwasserspiegels sich nicht schädlich auf die Umgebung auswirkt. Das Einzugsgebiet der Absenkung lässt sich dadurch einschränken, dass in entsprechender Entfernung von der Baugrube sogenannte Negativbrunnen angeordnet werden, durch die das abgepumpte Wasser dem Grundwasser wieder zugeführt wird.

Die Baugrube ist bei einer Grundwasserabsenkung vollkommen trocken und fest, bietet also für den Bauvorgang optimale Bedingungen.

Ist eine Trockenlegung der Baugrube durch Wasserhaltung nicht möglich oder zu kostspielig, so muss die Baugrube abgedichtet werden. Für die seitliche Abdichtung sind Spundwände, Bohrpfahlwände und Schlitzwände geeignet. Für die Sohlabdichtung kommt eine Betonsohle (zum Beispiel nach dem Contractor-Verfahren, vgl. Abschnitt C.6) oder eine Bodenverfestigung in Frage. Schließlich ist auch eine Vereisung der Wände und des Bodens möglich (zum Beispiel [C.8] Teil 3).

7.5

Geflutete Baugruben

Wenn der Schutz der Vegetation und der Nachbarbebauung eine tiefe Grundwasserabsenkung nicht zulässt, muss die Baugrube in geflutetem Zustand ausgehoben werden. In diesem Fall sind zunächst die Baugrubenwände in Spundwand-, Bohrpfahlwand- oder Schlitzwand- Bauweise herzustellen (vgl. Abschnitte 6.2, 6.4, 6.5). Anschließend kann der Boden bis zum Grundwasserspiegel mit üblichem Gerät (Bagger, Vorderlader, Schürfkübel usw.) abgetragen werden. Für das Abräumen unter Wasser wird je nach Größe der Baugrube auch schwimmendes Gerät bis hin zu Eimerkettenbaggern eingesetzt.

Wenn die Baugrubensohle erreicht ist, werden Zugpfähle zur späteren Auftriebssicherung der einzubauenden Bauwerkssohlplatte eingebracht. Anschließend ist die Sohlbewehrung durch Taucher zu verlegen. Dabei erweist sich in den meisten Fällen eine unvermeidliche Wassertrübung als besonders starke Behinderung.

Nach dem Verlegen der Bewehrung kann die Sohle im Contractor-Verfahren (vgl. Abschnitt 6.5) betoniert werden. Dabei verlangt die Gewährleistung der Wasserundurchlässigkeit der Arbeitsfuge zwischen der Sohlplatte und den Baugrubenwänden besondere Aufmerksamkeit. Nach dem Erhärten des Betons wird die Baugrube gelenzt. Mit dem sinkenden Wasserspiegel müssen die Baugrubenwände entsprechend rückverankert werden (Abb. **C.22 c**).

Trotz großer Sorgfalt sind bei den Unterwasserarbeiten Fehlstellen nicht immer zu vermeiden. Es können dann größere Wassermengen in die Baugrube drängen. In solchen Fällen müssen zur Schließung der Lecks die Gruben unter Umständen wieder teilgeflutet werden.

Alles in allem erfordern derartige Arbeiten eingehende Erfahrungen und hochqualifiziertes, speziell ausgebildetes Personal.

Sehr große Bauvorhaben mit gefluteten Baugruben gab es in Berlin am Potsdamer Platz und am Hauptbahnhof. Die dabei gemachten Erfahrungen einschließlich der Havarien, also der Wassereinbrüche durch Fehlstellen, sind in [C.20] ausführlich beschrieben.

Abb. C.26
Baugrube mit Trägerbohlwänden
(Berliner Verbau), Aussteifung von
Wand zu Wand

Abb. C.27
Detail der Ringleitung mit angeschlossenen Brunnen der Grundwasserabsenkung zu der Baugrube Abb. C.26

D Technische Ausrüstung

1 Allgemeines und Spezifisches   293
2 Energiegerechtes Bauen   295
3 Heizung, Lüftung, Raumklima   305
4 Wasser und Abwasser   329
5 Aufzüge in Gebäuden   340
6 Leitungsführung im Gebäude   346

Technische Ausrüstung D

1
Allgemeines und Spezifisches

In der Jahrtausende währenden Entwicklung der Bautechnik haben bis in die jüngste Zeit Anlagen der Technischen Ausrüstung beim Bau von Gebäuden eine eher untergeordnete Rolle gespielt. Bis vor wenigen Jahrhunderten bestanden die Gebäude überwiegend aus dem Rohbau, einem geringen Anteil bautechnischen Ausbaus (Türen, Tore, Fenster, Fußböden u. dgl.) und einem mit baulichen Mitteln realisierten Anteil technischer Ausrüstung wie Feuerstelle, Schornstein und Hypokausten. Die Entwicklung des Handwerks und die Erschließung bestimmter Materialien für die Anwendung an Gebäuden, wie Verglasungen für Fenster, Verwendung von Eisen für Fensterrahmen und für Öfen und von Keramik und Metallen für Rohrleitungen usw., trugen zu einem immer größeren Anteil von technischen Anlagen im Gebäude bei. Seit Ende des 19. Jahrhunderts hat die Entwicklung der metallverarbeitenden Industrie diesen Zuwachs maßgeblich beeinflusst. Heute liegt der Kostenanteil der Technischen Ausrüstung bei Gebäuden mit normalen Anforderungen bei 20 ... 25 % und bei exponierten Gebäuden (zum Beispiel Hochhäuser) bei 50 % und darüber. Das gilt vor allem für diejenigen Gebäude, die für den dauernden Aufenthalt von Menschen bestimmt sind. Die Anforderungen an die Qualität von Wärme-, Schall- und Brandschutz und an die technischen Versorgungssysteme für Wasser, Strom, Luft und Wärme sowie an Transportanlagen und Sicherheitseinrichtungen in Gebäuden steigen mit dem zunehmenden Bedürfnis nach Unabhängigkeit von Wetter und Klima und nach Komfort. Hinzu kommen heute neue funktionale Anforderungen, Wünsche nach Flexibilität der Nutzung, ökologische Aspekte und wirtschaftliche Überlegungen. Die Komplexität dieser Anforderungen und ihre Beziehung zur Baukonstruktion ist der Grund dafür, dass innerhalb dieses Lehrbuches der Technik im Gebäude ein Abschnitt gewidmet wird.

Während die Tragstruktur eines Bauwerks die Aufgabe hat, Lasten sicher in den Baugrund abzuleiten und andere Einwirkungen schadensfrei aufzunehmen, sind die Anlagen der Technischen Ausrüstung für die Übernahme von Lasten aus dem Bauwerk nicht geeignet. Insbesondere dürfen bei den Durchdringungen durch die Baukonstruktion keine Kraftübertragungen auf Einrichtungen der Ausrüstung erfolgen. Die Anlagen der Technischen Ausrüstung stellen keine typischen und in der Regel auch keine problematischen Belastungen der Tragstruktur dar, auch wenn sie im Einzelfall zu berücksichtigen sind (zum Beispiel Aufzüge, Fahrtreppen, Löschwassertanks, Deckenstrahlplatten). Dagegen sind Auswirkungen auf die Baukonstruktion in sehr unterschiedlichem Umfang vorhanden. Ihre Berücksichtigung ist ein Maßstab für die Qualität der Planung.

Die Bauteile der Technischen Ausrüstung sind anderen Einwirkungen ausgesetzt als die Tragstruktur. Wir unterscheiden äußere und innere Einwirkungen. Äußere Einwirkungen sind Wetter und Klima (Lufttemperatur, Luftfeuchtigkeit, Sonneneinstrahlung, Niederschlag u. dgl.). Innere Einwirkungen ergeben sich aus der Nutzung der Räume und Gebäude (Wärme-, CO_2- und Wasserdampfgabe der Menschen, Einwirkungen aus technologischen Prozessen, Beleuchtungswärme u. dgl.). Die sich daraus ergebenden thermischen Lasten (Heizlast, Kühllast) und die Luftbelastungen (Wasserdampf, CO_2 und Schadstoffe) haben bei der Planung der Anlagentechnik entscheidende Bedeutung.

D Allgemeines und Spezifisches 1

Die funktionsbezogenen Teilsysteme der technischen Ausrüstung müssen im baukonstruktiven Entwurf berücksichtigt werden. Dafür sind zwei Eigenschaften wichtig:

1. Die technischen Anlagen durchdringen die Baukonstruktion.

2. Die technischen Anlagen bestehen in der Regel aus folgenden Funktionsbereichen:

- Zentrale Die Zentrale befindet sich überwiegend im Keller- oder Erdgeschoss. Ihre Funktionen sind die Übergabe der Medien aus den kommunalen Versorgungsnetzen, die Veränderung der Netzparameter für den Gebrauch im Gebäude und der Anschluss der Gebäudeverteilung für Wasser, Fernwärme, Gas, Strom, Telekommunikation.
- Verteilung Verteilungsleitungen befinden sich in allen Geschossen und Bereichen entsprechend dem jeweiligen Bedarf. Ihre Aufgabe ist der Transport der Medien zum Ort der Anwendung durch Schächte, Kanäle, Rohrleitungen und Kabel.
- Anwendung In den Räumen befinden sich die Einrichtungen für die Übergabe der Medien zur Nutzung (Wärme, Luft, Elektrizität, Wasser).

In [D. 1] sind folgende Ziele für die Nutzung von Räumen definiert:

- Raumklima Heizung, Lüftung, Klimatisierung
- Licht Tageslicht- und Kunstlichtbeleuchtung
- Hygiene Raumhygiene, Körperhygiene, Müllentsorgung
- Nahrung Aufbewahrung von Lebensmitteln, Herstellung von Speisen
- Kommunikation Telekommunikationssysteme, Betrieb und Nutzung von Gebäuden
- Sicherheit Versorgungssicherheit, Brandschutz, Sicherheit gegen mechanische Einwirkungen
- Transport Vertikal- und Horizontaltransport von Personen und Gütern

Zur Erfüllung aller dieser Ziele ist Energie – einschließlich der Energie, die als Hilfsenergie für die Vorhaltung und den Antrieb der Systeme benutzt wird – erforderlich. Aus den Zielen ergeben sich Anforderungen, denen man durch das Zusammenwirken von baulichen und technischen Mitteln gerecht werden muss. Entwurf und Baukonstruktion geben durch die Raumbildung (Raumstruktur, Raumbegrenzung und -oberflächen) die Grundlage für die Erfüllung dieser Ziele, die technischen Mittel können nur unter Berücksichtigung der baulichen Vorgaben geplant werden. Daraus ergibt sich der besonders enge Zusammenhang der technischen Ausrüstung mit dem Entwurf, der Baukonstruktion, dem Tragwerk, der Bauphysik, u. a. Die Komponenten und Baugruppen der technischen Ausrüstung unterliegen kürzeren Erneuerungszyklen als die Baukonstruktion. Das ist durch die Spezifik des Materialverschleißes, durch das Tempo der Technikentwicklung und durch die Schnelllebigkeit in Gestaltung und Design bedingt. Gegenüber der Baukonstruktion bestehen auch Unterschiede in den wissenschaftlichen Grundlagen der technischen Ausrüstung. Sie beruhen vorwiegend auf der Meteorologie, der Hygiene, der Thermodynamik, der Wärmetechnik und der Strömungsmechanik, und unterscheiden sich dadurch von den durch die Statik und Baustofffestigkeit bestimmten Entwurfsgrundlagen der tragenden Baukonstruktion.

2
Energiegerechtes Bauen

2.1

Vorbemerkung

Die wohl wichtigste Aufgabe von Gebäuden besteht darin, die Menschen vor den unangenehmen Wirkungen von Wetter und Klima zu schützen. In allen Klimagebieten der Erde hat dieser Anspruch zu einer regionaltypischen Architektur geführt, die den spezifischen klimatischen Anforderungen Rechnung trägt. Im Laufe der langen Entwicklungsgeschichte der Menschheit gelang es immer besser, diesen Anforderungen gerecht zu werden. Zeitlich versetzt entwickelten sich dazu eng gekoppelt an die Beherrschung anderer technischer Phänomene Forderungen an die Beherrschung physikalischer und physiologischer Parameter des Innenraumklimas. In kalten und gemäßigten Klimazonen stand dabei das Bedürfnis nach Erwärmung der Räume, in ariden Klimazonen das Bedürfnis nach Kühlung im Vordergrund. Erst in jüngster Zeit, seitdem der Schutz von Leben und Gesundheit des Menschen zur Staatsaufgabe geworden ist, hat sich aus dem Bedürfnis nach Einhaltung enger Grenzen von Raumklimaparametern ein deutlich erhöhter Anspruch entwickelt. Dieser manifestiert sich in einer Vielzahl einschlägiger Vorschriften.

In Gebieten des gemäßigten Klimas (zum Beispiel Mitteleuropa) liegt die Bandbreite der Außenlufttemperatur etwa zwischen −20 °C bis +35 °C. Das erfordert im Winterhalbjahr winterlichen Wärmeschutz und Heizung und im Sommerhalbjahr sommerlichen Wärmeschutz für die Gebäude. Während Heizung seit langer Zeit aktiv durch Feuerstellen für Speisenzubereitung, durch Wassererwärmung für Bäder und durch offene Feuerstellen (Kamine) und Hypokausten betrieben wird, ist der sommerliche Wärmeschutz immer den passiven Möglichkeiten des Baukörpers zugewiesen worden. Erst in den letzten 100 Jahren ist durch die Beherrschung der aktiven Klimatechnik die anlagentechnisch fundierte Kühlung in Gebrauch gekommen.

Bis vor etwa 250 Jahren wurde für Heizung ausschließlich Holz und landwirtschaftliche Abfälle genutzt. Seither verwendet man zunehmend fossile Brennstoffe (Kohle in verschiedener Form, Gas und Öl). Heute ist die Beherrschung der angestrebten inneren Raumklimazustände unter Zuhilfenahme von Energie möglich. Das Zeitalter der Industrialisierung ist von einer rasanten technischen Entwicklung mit einem steigenden Energieverbrauch gekennzeichnet, so dass heute die Sorge besteht, dass die fossilen Brennstoffe in absehbarer Zeit für Raumheizung und -kühlung nicht mehr zur Verfügung stehen werden. Neben dem Verbrauch fossiler Brennstoffe muss die Aufmerksamkeit auf die mit der Verbrennung einhergehende, zunehmende Belastung der Atmosphäre durch Schadstoffe (Kohlenstoff-, Stickstoff-, Schwefelverbindungen u. a.) gelenkt werden. Die Entwicklung von Energieformen aus regenerativen Energiequellen (vor allem für Strom und Wärmeenergie) zu wirtschaftlich vertretbaren Konditionen ist aus diesem Grund eine vordringliche Aufgabe unserer Zeit. Die erneuerbaren Energien tragen zum Gesamtenergiebedarf einen wachsenden, aber immer noch keinen entscheidenden Anteil bei.

2.2

Energiebedarf von Räumen und Gebäuden

In Deutschland werden ca. 40 % des gesamten Primärenergiebedarfs für Heizung, Lüftung, Kühlung und Trinkwassererwärmung verwendet. Dieser Anteil ist noch erforderlich, um in den Räumen, die für den Aufenthalt von Menschen bestimmt sind, die **thermische Behaglichkeit** zu gewährleisten. Sie ist Grundlage der Gesundheit der Menschen und ihrer Leistungsfähigkeit im Arbeitsprozess. Die Schaffung eines behaglichen Raumklimas ist demnach ein wichtiges Planungsziel bei der Errichtung von Gebäuden. Folgende Parameter bestimmen das Raumklima maßgeblich:

- Temperatur der Raumluft
- Temperatur der Oberflächen der Raumumschließungsflächen
- Luftfeuchtigkeit
- Strömungsgeschwindigkeit der Raumluft

Darüber hinaus hat die Körperaktivität des Menschen und die damit verbundene Wärmeabgabe (80 W in Ruhe bis 500 W bei schwerer körperlicher Arbeit oder Sport) sowie die Qualität der Wärmedämmung seiner Bekleidung große Bedeutung. Bedingt durch die Körpertemperaturen des Menschen von etwa 37 °C muss die Möglichkeit vorhanden sein, in Abhängigkeit von den Umgebungstemperaturen und der Körperaktivität Wärmeenergie und Feuchtigkeit in gewissen Grenzen abzugeben. Aus der Zweckbestimmung von Räumen werden unter Berücksichtigung der vorgesehenen Tätigkeit der Menschen und anderer Einflüsse aus der Nutzung (zum Beispiel Wärmeeintrag durch Computerausstattung) Anforderungen an die Raumklimaparameter abgeleitet. Die biophysikalischen Daten des Menschen (s. Tab. **D.1**) sind demzufolge eine wichtige Planungsgrundlage.

Die Empfindungstemperatur des Menschen wird nahezu zu gleichen Teilen durch die Raumlufttemperatur und die Temperatur der Raumoberflächen beeinflusst. Aber nur in einem bestimmten Bereich können diese miteinander kompensiert werden, ohne die Behaglichkeit zu beeinträchtigen. Wärmephysiologische Untersuchungen haben die Zusammenhänge zwischen Raumlufttemperatur sowie Oberflächentemperatur, Luftfeuchtigkeit und Luftbewegung nach dem Behaglichkeitskriterium gemäß Abb. **D.1, D.2** und **D.3** quantifiziert.

Für den Energiebedarf von Gebäuden sind hauptsächlich folgende Faktoren sind zu beachten:

1. Standort
   - Regionale Klimaeinflüsse
   - Vorhandene Bebauung (Windangriff, Besonnung/Verschattung)
   - Höhenlage
   - Besonderheiten der Lage (Tallage, Hanglage, Nähe zu Gewässern, ...)

2. Entwurf
   - Größe und Form des Baukörpers
   - Kompaktheit (Verhältnis der wärmeabgebenden Oberfläche zum Volumen, als A/V-Verhältnis bezeichnet)
   - Verhältnis von opaker zu transparenter Fassadenfläche
   - Fensteranordnung nach Himmelsrichtung
   - Sonnenschutz

Tabelle D.1
Ausgewählte biophysikalische Parameter des Menschen

Masse	60 ... 80 kg
Rauminhalt	60 l
Oberfläche	ca. 1,7 ... 1,9 m²
Körpertemperatur	37 °C
Grundumsatz	70 ... 80 W
Zahl der Atemzüge	16/min
Atemluftmenge	0,5 m³/h
mittlere Hauttemperatur	32 ... 33 °C
CO_2-Ausatmung	10 ... 20 l/h
Wasserdampfabgabe	25 ... 160 g/h

Abb. D.1
Thermische Behaglichkeit in Abhängigkeit von Raumlufttemperatur und Temperatur der Raumoberfläche [D.2]

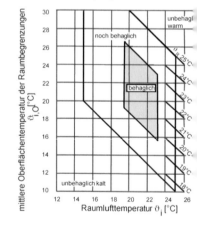

3. Baukonstruktion
   - Winterlicher Wärmeschutz der Gebäudehülle
   - Sommerlicher Wärmeschutz
   - Wärmespeichervermögen / Materialauswahl
   - Wärmebrücken
   - Luftdichtheit
   - Nutzung passiver Sonnenenergiegewinne

4. Gebäudetechnik
   - Entwurf von Energieversorgungssystemen in enger Wechselwirkung mit Konstruktion und Nutzung
   - Bedarfsgerechte Bereitstellung von Energie / Gebäudeautomation
   - Auswahl von Energieträger und Wärmeträger
   - Nutzung von Bausteinen der Gebäudetechnik für Heizung und Kühlung.

Bei der Ermittlung des Wärmebedarfs wird im Standardfall auf Bilanzmodelle für den stationären Zustand der Energieströme zurückgegriffen. Dieses Bilanzmodell (Abb. **D.4**) beschreibt die Energieströme als Gewinne und Verluste und ermittelt die benötigte Heizwärme als Bedarfsgröße für einen Raum. Die Verlustanteile sind Transmission und Lüftung.

Transmissionswärmeverluste Q_T sind Wärmeströme durch die Hüllkonstruktion des Raumes (Wände, Decken, Fenster, Verglasungen ...) nach außen oder im Inneren des Gebäudes zu Räumen mit niedrigerer Temperatur als die des betrachteten Raumes. Ihre Ursache ist die Wärmeleitung der raumbildenden Konstruktionselemente auf Grund einer Temperaturdifferenz zwischen innen und außen bzw. anderen Räumen.

Lüftungswärmeverluste Q_L entstehen dadurch, dass den Räumen für deren Nutzung notwendigerweise zugeführte Luft durch das Heizungssystem erwärmt werden muss und dann in erwärmtem Zustand wieder abgeführt wird. Bei natürlicher Lüftung erfolgt dieser Luftwechsel über die Fenster.

Diese beiden Anteile sind für die Dimensionierung der Heizungsanlage maßgebend. Wärmegewinne aus der Solarstrahlung und den inneren Wärmequellen bleiben unberücksichtigt, weil sie nicht ständig anfallen. Der Normwärmebedarf beträgt also:

$Q_N = Q_T + Q_L$ [W]

Dieser Normwärmebedarf – künftig als Heizlast bezeichnet – ist eine Leistungsangabe. DIN 12 831 enthält die Rechenvorschrift und definierte Randbedingungen für die Bemessung.

Der Heizwärmebedarf wird hingegen als die Dimension einer Arbeit verstanden, die die Leistung während einer Zeit, also den Bedarf an Heizwärme für einen bestimmten Zeitraum (i. allg. ein Jahr, daher auch Jahresheizwärmebedarf) angibt. Dabei werden die Wärmegewinne des Gebäudes durch Solarstrahlung und durch die inneren Wärmequellen (Beleuchtung, elektrische Geräte, Warmwasser u. dgl.) berücksichtigt. Der Jahresgang der Außentemperatur ist im Berechnungsverfahren nach DIN 4108 hinterlegt. Wegen des Vergleichs des geplanten Heizwärmebedarfs mit den Vorgaben in Vorschriften und auch von Gebäuden untereinander wird dieser auf die Nutzfläche oder das Volumen bezogen, also kWh/m² oder kWh/m³.

Abb. D.2
Thermische Behaglichkeit in Abhängigkeit von Raumlufttemperatur und relativer Raumluftfeuchtigkeit [D. 2]

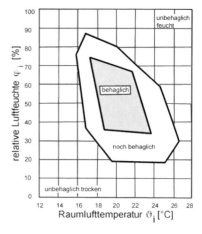

Abb. D.3
Thermische Behaglichkeit in Abhängigkeit von Raumlufttemperatur und Luftgeschwindigkeit [D. 2]

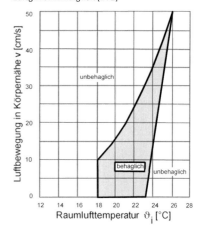

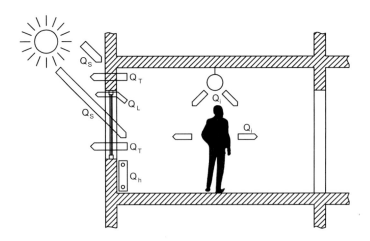

Abb. D.4
Modell für die Energiebilanz eines Raumes

Wärmeverluste
– Transmission Q_T
– Lüftung Q_L

Wärmegewinne
– Sonneneinstrahlung Q_S (diffus und direkt)
– interne Gewinne Q_i (Personen, Beleuchtung, ...)

Heizung
– Heizwärme Q_h

Der Heizwärmebedarf wird folgendermaßen berechnet:

$$Q_h = Q_T + Q_V - \eta \cdot (Q_s + Q_i) \quad \text{[Wh od. kWh od. MWh]}$$

Q_h: Heizwärmebedarf
Q_T: Transmissionswärmebedarf
Q_V: Lüftungswärmebedarf (Ventilation)
Q_s: Wärmegewinn aus Solarstrahlung
Q_i: interne Wärmegewinne
η: Nutzungsgrad der Wärmegewinne

Der Heizwärmebedarf kennzeichnet die energetische Qualität eines Gebäudes und kann als eine Gebäudeeigenschaft aufgefasst werden.

Transmissionswärmeverluste

Die Transmissionswärmeverluste werden durch das wärmedämmtechnische Niveau der Gebäudehülle bestimmt. Wir unterschieden den Mindestwärmeschutz nach DIN 4108-2 und den erhöhten Wärmeschutz nach Energieeinspar-Verordnung (EnEV) [D. 3]. Der Mindestwärmeschutz ist auf die Vermeidung von Bauschäden durch Kondenswasserbildung an den inneren Oberflächen der Bauteile ausgelegt. Durch eine Mindestdämmung werden die inneren Oberflächentemperaturen so beeinflusst, dass die Bildung von Kondenswasser und die Entstehung von Schimmelpilz verhindert werden. Die Forderungen des erhöhten Wärmeschutzes werden in jüngerer Zeit fortlaufend angehoben, um für neu zu errichtende Gebäude einen spürbaren Beitrag zur Energieeinsparung zu erzielen.

Die Transmissionswärmeverluste eines Raumes oder eines Gebäudes sind von der Größe der wärmeabgebenden Fläche, der Temperaturdifferenz zwischen innen und außen und der Qualität der Wärmeleitung bzw. der Wärmedämmung abhängig. Den zu beschreibenden Transmissionswärmestrom bezieht man auf die Bauteilfläche und die Temperaturdifferenz. Man verwendet für die Kennzeichnung der Wärmeleitung den Wärmedurchgangskoeffizienten U [W/m^{2}K] und für die Kennzeichnung der Wärmedämmung den Wärmedurchlasswiderstand R [m^{2}K/W]. Wärmeleitung und Wärmedämmung sind einander reziprok: R = 1/U. Ein hoher Wärmedurchlasswiderstand bedeutet also einen geringen Wärmedurchgang und umgekehrt.

Die Transmissionswärmeverluste werden folgendermaßen bestimmt (s. auch Abb. **D.5**):

$Q_T = \sum U_i \cdot A_i \cdot \Delta\theta$ [W]

Index i: jeweiliges Bauteil (Außenwand, Fenster, Dach ...)
U: Wärmedurchgangskoeffizient

$U = 1 / \left(R_{Si} + \sum_j \frac{d_j}{\lambda_j} + R_{Se} \right)$ [W/m²K]

R_{Si}, R_{Se}: Innerer, äußerer (externer) Wärmeübergangswiderstand [m²K/W]
d_j: Dicke der jeweiligen konstruktiven Schicht [m]
λ_j: Wärmeleitfähigkeit der jeweiligen Schicht [W/mK]
A: Fläche des einzelnen Bauteils [m²]
$\Delta\theta$: Temperaturdifferenz zwischen innen und außen [K]

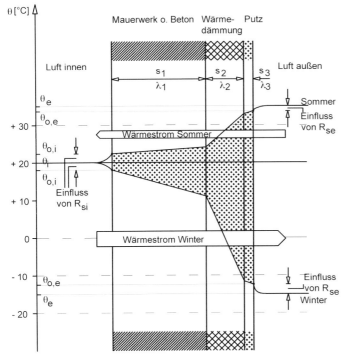

Abb. D.5
Modellbildung für den Wärmedurchgang – Temperaturverlauf in einer Wand

An dieser Stelle soll auf die Problematik von **Wärmebrücken** (vergl. Kap. E) hingewiesen werden. Unter Wärmebrücken verstehen wir Unstetigkeiten in der Gebäudehülle mit erhöhten Transmissionswärmeverlusten und verringerten Oberflächentemperaturen an der Innenseite der äußeren Bauteile, was die Kondenswasserbildung und den Schimmelpilzbefall befördert. Hier ist die Fähigkeit des Ingenieurs gefragt, konstruktive Lösungen zu entwickeln, die diese Nachteile vermeiden.

DIN 4108, Beiblatt 2, gibt dafür wichtige Anregungen. Wärmebrücken haben bei immer besser werdender Dämmung der Gebäudehülle insofern einen zunehmend negativen Einfluss auf die Energiebilanz des Gebäudes, als der Anteil der über Wärmebrücken abfließenden Wärme zunimmt. Typische Beispiele sind Gebäudeecken, Deckenauflager in Außenwänden, Balkonplatten als Kragarm, Anschluss Flachdach an Außenwand und Attika u. dgl. (s. Abb. **D.6**).

Grundmodell	Energetisch verbesserte Konstruktion
a) Gebäudeecke 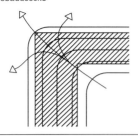	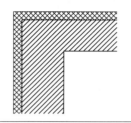
b) Balkonplatte/Außenwand 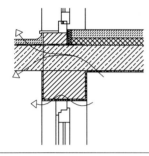	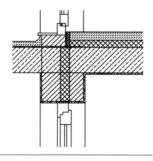
c) Kellerdecke 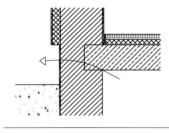	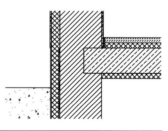
d) Bodenplatte 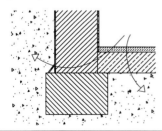	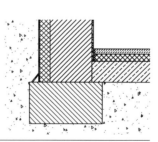
e) Decke über Aussenraum 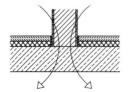	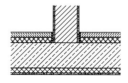

Abb. D.6
Typische Beispiele für Wärmebrücken
(vergl. Abb. E. 38 bis E. 43)

Grundmodell	Energetisch verbesserte Konstruktion
f) Flachdach - Attika 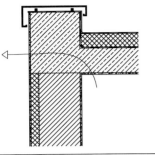	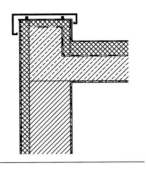
g) Fensterbrüstung 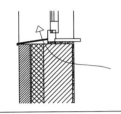	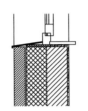
h) Pfettendach 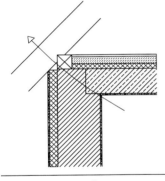	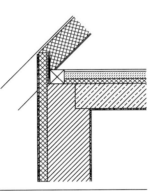

Abb. D.6
Typische Beispiele für Wärmebrücken (Fortsetzung)

Lüftungswärmeverluste

Die Luft in Innenräumen bedarf einer ständigen Erneuerung. Durch die Nutzung der Räume wird die Luft mit Schadstoffen, Geruchsstoffen, Wasserdampf und Wärme angereichert. Dabei dürfen hygienisch zulässige Grenzwerte nicht überschritten werden. Um die Qualität der Raumluft im vertretbaren Toleranzbereich zu gewährleisten, müssen ausreichend große Zuluft- und Abluftöffnungen für den Luftaustausch vorgesehen werden. Die Lüftungswärmeverluste stellen diejenige Wärmemenge dar, die zur Erwärmung des Zuluftstromes auf Raumtemperatur erforderlich ist. Sie werden folgendermaßen berechnet:

$Q_V = V_R \, n \, c \, \rho \, \Delta\theta$ [W]

V_R: Raumvolumen [m³]
n: stündlicher Luftwechsel [1/h]
c: spezifische Wärmekapazität der Luft [Wh/kgK]
ρ: Dichte der Luft [kg/m³]
$c \cdot \rho$: = 0,34 Wh/m³K (wird für den hier interessierenden Bereich der Lufttemperatur als konstant angenommen)
$\Delta\theta$: Temperaturdifferenz zwischen Raumtemperatur und Zulufttemperatur

Solare Wärmegewinne

Die Solarstrahlung erzeugt am Gebäude auf opaken Flächen und auf Verglasungen und Fenstern in Abhängigkeit von diffuser und direkter Strahlung passive Wärmegewinne. Sie können gegenüber den Verlusten als Gewinn im Ansatz gebracht werden können. Die Berechnung ergibt sich aus DIN 4108-6 und EnEV. Diesen Vorschriften liegen langjährige meteorologische Daten über die Solarstrahlung zugrunde.

Interne Wärmegewinne

Interne Wärmegewinne entstehen durch die Wärmeabgabe der Personen, durch technische Einrichtungen (Beleuchtung, DV-Anlagen u. dgl.) und durch wärmeintensive Prozesse in den Gebäuden (Produktion, chemische Reaktionen, Küchen und Bäder). Ebenso wie die solaren Wärmegewinne werden die internen Wärmegewinne um einen Nutzungsgradfaktor gemindert, der den Anteil ihrer möglichen Nutzung berücksichtigt. Es ist durchaus möglich, dass ein Teil der Gewinne einfach Wärmeüberschuss darstellt und nicht genutzt werden kann (zum Beispiel Übergangs- und Sommerzustand).

Wärmebedarf des Gebäudes

Die Endlichkeit der fossilen Energieressourcen und die energiebezogenen Betriebskosten für Gebäude während der Nutzung erfordern es, im Planungsprozess einen möglichst geringen Wärmebedarf anzustreben. Das muss durch Entwurf und Baukonstruktion gewährleistet werden. Die Minimierung der Transmissionswärmeverluste ist ein Ziel, das mit folgenden baulichen Prinzipien erreicht werden kann:

– Kompaktheit des Gebäudes (geringes A/V-Verhältnis)
– Wärmedämmvermögen über die gesamte thermische Hülle des Gebäudes
– Vermeidung hoher Verglasungsanteile in der thermischen Hülle unter Berücksichtigung der Himmelsrichtung
– Vermeidung von Wärmebrücken

Bei den Lüftungswärmeverlusten sind sowohl bauliche als auch anlagentechnische Einflüsse wirksam. Die Lüftungswärmeverluste werden beeinflusst durch:

– Art des Lüftungssystems (in Abhängigkeit vom Entwurf)
– Grad der Luftdichtigkeit der Gebäudehülle
– Anwendung von Wärmerückgewinnung
– Betrieb von Lüftungsanlagen (bedarfsgerechter Betrieb)

Die Anlagentechnik selbst soll auch zu einem niedrigen Energiebedarf des Gebäudes beitragen. Hier ist zu nennen:

– Energiesparende Anlagentechnik (niedriges Temperaturniveau bei Wasserheizungen, Vermeidung von Wärmeverlusten durch Wärmedämmung der Rohrleitungen, hoher Wirkungsgrad der Wärmeerzeugung, Wärmerückgewinnung)
– Weitgehende Nutzung regenerativer Energiequellen.

2.3 Nutzung regenerativer Energien

Unter regenerativen Energien verstehen wir solche, die in der Umwelt zur Verfügung stehen und die mit einem bestimmten technischen Aufwand für die Nutzung erschlossen werden können. Das bezieht sich vor allem auf die Sonnenstrahlung, die Erdwärme, die Windkraft und die Wasserkraft, die ohne Verbrennung genutzt werden können, und nachwachsende organische Energieträger wie Holz, Raps etc., bei denen die Nutzbarkeit der Energie an einen Verbrennungsprozeß gebunden ist. Beispiele aus der Geschichte für die Nutzung regenerativer Energien sind die Windnutzung für die Segelschifffahrt und die Windmühlen sowie die Wasserkraft für wassergetriebene Mühlen und Hammerwerke. Eine Umwandlung dieser Energieformen in thermische Energie für die Nutzung als Heizung hat früher nicht stattgefunden (s. Abb. **D.7**).

Das Strahlungsangebot der Sonne ist erheblich größer als der gesamte gegenwärtige Energieverbrauch auf der Erde. Die Problematik besteht darin, dass Strahlung auf den Weltmeeren und auf unwegsamen Gebieten des Festlandes nicht nutzbar ist. Eine Besonderheit der Sonnenstrahlung ist ihre jährliche und tägliche Schwankung, wodurch unser gesamter Lebensrhythmus bestimmt wird. Hinzu kommen noch die Bewölkung, die Luftverschmutzung und die natürliche Trübung der Atmosphäre. Es wird deshalb bei den Strahlungsangaben zwischen direkter und diffuser Strahlung unterschieden. In Deutschland liegt die maximale Strahlungsleistung der Sonne bei 1 kW/m^2, die maximale jährliche und tägliche Einstrahlung bei 1200 kWh/m^{2}a bzw. 8 kWh/m^{2}d bei optimal ausgerichteten Flächen. Die Nutzung der Sonnenstrahlung ist auf zweierlei Weise möglich:

- Thermische Nutzung mit Hilfe von Solarkollektoren.
  Hier wird in den Kollektoren Wasser erwärmt, das als Brauchwarmwasser verwendet wird oder in den Heizungskreislauf eingespeist wird.
- Elektrische Nutzung durch Solarzellen.
  Die Strahlung erzeugt in den Solarzellen elektrischen Strom durch den photovoltaischen Effekt.

Die Begriffe Geothermie und Erdwärme haben eigentlich die gleiche Bedeutung, trotzdem werden sie unterschiedlich verwendet. Unter Geothermie verstehen wir die Erschließung und Nutzung hochtemperierten Wassers, das i. Allg. in Tiefen von > 1000 m ansteht. Es wird überwiegend zur Stromerzeugung verwendet. Erdwärme ist dagegen die Nutzung der thermischen Energie der oberflächennahen Schichten bis zu 100 m. Von der unmittelbaren Erdoberfläche abgesehen, die größeren Temperaturschwankungen unterliegt, ist die Erdreichtemperatur in diesem Bereich relativ stabil bei 10 °C. Diese Temperatur erneuert sich durch einen, wenn auch geringen Wärmestrom aus dem Erdkern, durch Grundwasser und durch Niederschlag und steht damit ständig zur Verfügung. Um dieses Potenzial für Heizungszwecke nutzbar zu machen, muss durch Zwischenschalten einer Wärmepumpe (s. [D.4] und Abschnitt D.3.6.2) ein Temperaturhub erfolgen, der den Betrieb eines Heizungssystems ermöglicht.

Weitere nutzbare Energieträger sind Oberflächengewässer (Flüsse und Seen) sowie Anfallenergie aus thermischen und chemischen Prozessen der Industrie. Auch dafür müssen meist Wärmepumpen eingesetzt werden.

Abb. D.7
Regenerative Energiequellen für die Versorgung von Gebäuden

2.4

Stand der Vorschriften

Die energetische Qualität eines Gebäudes wird am Bedarf bzw. dem Verbrauch von Heizwärme gemessen. Dafür wird der spezifische jährliche – auf die beheizte Fläche oder das Innenvolumen bezogene – Heizwärmeverbrauch in kWh/m²a oder kWh/m³a verwendet. Ausgehend vom Altbaubestand mit $q_h > 400$ kWh/m²a sind inzwischen eine Reihe von Wärmeschutzverordnungen erlassen worden, die immer geringere zulässige Verbrauchswerte enthalten.

Zwei gekennzeichnende Begriffe für den energetischen Standard von Gebäuden sind:

- **Niedrigenergiehaus:** Darunter versteht man Gebäude deren Heizwärme-bedarf um 25...30 % unter dem Grenzwert der Wärmeschutzverordnung 1995 liegt, also zwischen 40...70 kWh/m²a. Eine exakte Vorgabe gibt es aber nicht.
- **Passivhaus:** Passivhäuser dürfen einen Heizwärmeverbrauch von maximal 15 kWh/m²a haben, um als solche anerkannt zu werden.

Die Entwicklung des gesamten Energieverbrauchs von Gebäuden zeigen die Abb. **D.8** und **D.9**.

Die Energieeinsparverordnung 2002 (EnEV) löst die bis dahin gültige Wärmeschutzverordnung ab. Sie ist die nationale Umsetzung der EU-Richtlinie über die Begrenzung des Energiebedarfs von Gebäuden. Diese Verordnung ist von einem neuen methodischen Ansatz geprägt, der sich in folgenden Punkten niederschlägt:

1. Das Gebäude wird als energetisches Gesamtsystem betrachtet. In der gegenwärtigen Fassung bezieht sich das auf Heizung, Lüftung und Warmwasser und die dafür notwendige Technik zur Wärmeerzeugung.
2. Der Energiebedarf des Gebäudes einschließlich der für die Systeme notwendigen Hilfsenergien wird auf primärenergetischer Grundlage berechnet und mit einem Grenzwert verglichen.
3. Es wird **eine** gemeinsame Energiekennzahl (Jahresprimärenergiebedarf) auf der Grundlage der thermischen Qualität des Gebäudes und der Anlagentechnik ermittelt.

Das zu diesen Nachweisen erforderliche Rechenverfahren ist aufwändig. DIN V 4701-10 enthält das Regelwerk für diese Berechnung (Algorithmen, Randbedingungen, Nutzungsparameter u. dgl.). Die Energieeinsparverordnung führt erstmals Gebäudeart und Anlagentechnik derart zusammen, dass eine Gesamtenergiekennzahl in Form des Jahresprimärenergiebedarfs bestimmt wird. Die dafür notwendigen Modellbildungen sind recht kompliziert. Man bedient sich deshalb in der Planung einschlägiger Computerprogramme. In der zu erwartenden nächsten Generation der EnEV werden weitere Technikbereiche wie Raumkühlung und Beleuchtung verankert sein.

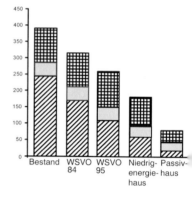

Abb. D.8
Entwicklung der Primärenergieverbrauches von Wohngebäuden (nach Kalksandstein)

- Haushaltsstrom
- Lüfterstrom
- Warmwasser
- Heizung

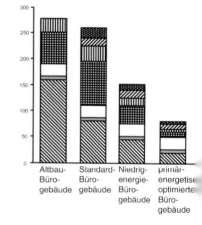

Abb. D.9
Entwicklung des Primärenergieverbrauchs von Bürogebäuden (nach Kalksandstein)

- Konditionierung
- Außenluftförderung
- Arbeitshilfen
- Beleuchtung
- Div. Technik
- Warmwasser
- Heizung

3
Heizung, Lüftung, Raumklima

3.1

Vorbemerkung

Der in die umfassende Schutzfunktion der Gebäudehülle eingeschlossene Wärmeschutz kann in Gebieten des gemäßigten Klimas, also auch Mitteleuropa, die gewünschte Aufgabe nur bedingt erfüllen. Im Winterhalbjahr ist wegen der niedrigen Außentemperaturen eine zusätzliche Wärmequelle erforderlich, deren Leistung in engem Zusammenhang mit der Qualität des bautechnischen Wärmeschutzes steht. Gut gedämmte Gebäude und solche mit hoher Wärmespeicherfähigkeit würden ohne Heizung genauso auskühlen wie schlecht gedämmte Gebäude und solche mit niedriger Wärmespeicherfähigkeit, nur entsprechend langsamer.

Die zweckmäßige Lüftung von Gebäuden ist aus hygienischen Gründen unverzichtbar, sie stellt aber auch ein erhebliches energetisches Problem dar. Die Begrenzung der Luftmengen auf den jeweiligen Bedarf ist aus energieökonomischen Gründen geboten. Die Fenster als traditionelle Öffnungen der Gebäude für Belichtung und Belüftung können die Lüftungsfunktion in modernen Gebäuden wegen der geringen Fugendurchlässigkeit nur noch bedingt übernehmen. Energieeinsparung versus Lüftung ist ein Feld der Auseinandersetzung geworden.

Die Kühlung von Räumen war in unserem Klima bis in die jüngere Vergangenheit nicht notwendig, man hätte auch keine technischen Mittel dafür gehabt. Die Masse der Baukonstruktion, die Größe der Räume und ein innerer oder äußerer Sonnenschutz boten genügend Sicherheit gegen Überhitzung der Räume. Durch Gebäudehüllen mit steigendem transparentem Anteil, die weitere Reduzierung der speicherwirksamen Bauwerksmasse, wachsendes Komfortbedürfnis und besondere funktionelle Anforderungen sind aktive Klimaanlagen heute häufig unverzichtbar.

Die Herausforderung an die Technik besteht darin, die Lasten aus den Schwankungen des Außenklimas und die Unterschiede der inneren Lasten so zu beherrschen, dass in den Räumen weitestgehend konstante oder definierte variable Raumklimaparameter vorhanden sind. Es muss durch Gebäudehülle und technische Anlagen gemeinsam gewährleistet werden, dass die Amplitude der Außentemperatur maßgeblich gedämpft wird.

3.2

Meteorologische Grundlagen

Bei der Auswahl und der Bemessung der Heizungs-, Lüftungs- und Klimaanlagen werden die Temperatur der Außenluft, die direkte und diffuse Sonneneinstrahlung und die Feuchte der Außenluft berücksichtigt.

Temperatur der Außenluft

Die Temperatur der Außenluft unterliegt täglichen und jährlichen Schwankungen (Abb. **D.10**). Die Verdichtung der aktuellen Tagestemperaturen zu repräsentativen Monatsmitteln und einem typischen Jahresverlauf ermöglicht es, für bestimmte Standorte den charakteristischen Verlauf einer Heizperiode zu erfassen. Für die Berechnung der Leistung der Heizungsanlagen setzt man einen Rechenwert für die niedrigste Außentemperatur des betreffenden Standortes θ_e nach DIN 4701 an. Diesen entnimmt man einer Karte mit Isothermen oder einer Tabelle.

Sonnenstrahlung

Von Bedeutung für die Nutzung ist die Höhe der Sonne über Horizont und die Sonnenscheindauer. Die große Schwankungsbreite des Strahlungsangebotes ist aus Tab. **D.2** zu erkennen. Für die Planung von Solaranlagen sind exaktere Werte notwendig.

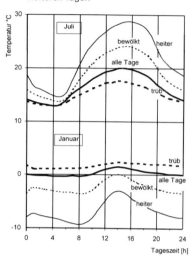

Abb. D.10
Temperaturverlauf für Potsdam im Januar und im Juli an trüben und an heiteren Tagen

Bestrahlungsstärken	kW/m²
– maximale Strahlungsleistung auf eine senkrecht bestrahlte Fläche	≈ 1,00
– Strahlungsleistung bei sehr dichter Bewölkung	≈ 0,02
– diffuse Strahlung bei bewölktem Himmel mit vollständig verdeckter Sonne	≈ 0,02 – 0,25
Eingestrahlte Energiemengen	**kWh/(m² d)**
– Maximalwerte der täglichen Einstrahlung (sehr klares Sommerwetter)	≈ 8,0
– Minimalwert der täglichen Einstrahlung (sehr trübes Winterwetter)	≈ 0,1
– Mittelwert der täglichen Einstrahlung an den 100 besten Sonnentagen des Jahres	≈ 5,5
– Mittelwert der täglichen Einstrahlung an den 100 ungünstigsten Tagen des Jahres	< 1,0
Sonnenscheindauer	**Std./Jahr**
– jährliche Sonnenscheindauer	1300–1900
– Sommerhalbjahr (April bis September)	1000–1400
– Winterhalbjahr (Oktober bis März)	300– 500

Tabelle D.2
Näherungswerte für das Solarstrahlungsangebot in Deutschland [D. 5]

Für die Leistungsermittlung von Solaranlagen ist der aktuelle Strahlungswert und die trigonometrische Beziehung zwischen der bestrahlten Fläche und der einfallenden Strahlung von Bedeutung. Für die aktive Nutzung der Solarstrahlung kommen am Gebäude die nach Osten, Süden und Westen gerichteten vertikalen Flächen sowie horizontale und geneigte Dachflächen in Betracht. Das unterschiedliche Strahlungsangebot im Tagesverlauf auf die vertikalen Flächen zeigt Abb. **D.11**. Daraus abgeleitet ist Abb. **D.12** mit der Angabe von Vorzugsflächen für eine optimale Energieausnutzung.

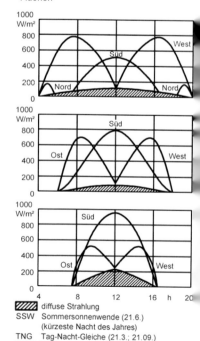

Abb. D.11
Sonneneinstrahlung auf vertikale Flächen

▨ diffuse Strahlung
SSW Sommersonnenwende (21.6.) (kürzeste Nacht des Jahres)
TNG Tag-Nacht-Gleiche (21.3.; 21.09.)
WSW Wintersonnenwende (21.12.) (kürzester Tag des Jahres)

3.3

Feuchte der Außenluft

Luft ist ein Gasgemisch bestehend aus trockener Luft und Wasserdampf. Der Wassergehalt der Luft liegt zwischen 3 und 9 g/kg. Die Behaglichkeitsgrenze liegt bei einer absoluten Luftfeuchtigkeit von 8 g/kg. Wird den Räumen Außenluft mit niedrigerer Temperatur als die gewünschte Raumlufttemperatur durch Fensterlüftung zugeführt, so wird die zuströmende Luft erwärmt. Damit sinkt ihre relative Luftfeuchtigkeit, die Luft wird trockener möglicherweise bis unter die Behaglichkeitsgrenze. Ist die Außenluft wärmer als die Raumlufttemperatur, wird sie bei der Zuführung zum Raum abgekühlt und dabei erhöht sich ihre relative Luftfeuchtigkeit. Wird die Außenluft den Räumen über Klimaanlagen zugeführt, kann durch Befeuchtung oder Entfeuchtung der Außenluft die relative Luftfeuchtigkeit der Zuluft beeinflusst werden. Die absolute Luftfeuchtigkeit der Außenluft unterliegt jahreszeitlichen Schwankungen (Abb. **D.13**).

3.4

Wärmephysiologische Grundlagen

Es kann hier auf die Ausführungen zur thermischen Behaglichkeit in Abschnitt D.2 verwiesen werden. Die Grenzwerte für Raumlufttemperatur, Raumluftfeuchte und Raumluftgeschwindigkeit liegen einschlägigen Vorschriften, z. B. der Arbeitsstättenrichtlinie (ASR) [D. 6] zu Grunde. Arbeitsmedizinische Untersuchungen haben belegt, dass die thermische Behaglichkeit auch eng mit der Leistungsfähigkeit des Menschen verknüpft ist. Raumtemperaturen oberhalb 20 °C führen sehr bald zu einer beachtlichen Einschränkung der menschlichen Arbeitsleistung (Abb. **D.14**). Diesem Umstand wird in der DIN 1946-2 Rechnung getragen, indem die Raumlufttemperatur reglementiert wird (Abb. **D.15**).

3.5

Wärmebedarf von Räumen und Gebäuden

Der Wärmebedarf wird für den stationären Zustand ermittelt. Trifft dieser Umstand nicht zu, muss durch einen zusätzlichen Faktor das Anheizen oder ein intermittierender Heizbetrieb berücksichtigt werden. Der Gegenstand der Berechnung des Transmissionswärmebedarfs ist die raumumschließende Baukonstruktion, der Gegenstand des Lüftungswärmebedarfs ist die benötigte Luftmenge.

Für die Durchführung der Wärmebedarfsermittlung sind erforderlich:

– Informationen über den Standort des Bauvorhabens, die bebaute oder unbebaute Umgebung, etwaige Besonderheiten
– Entwurf und Konstruktion
– Funktion des Gebäudes und der einzelnen Räume
– Baustoffe und Materialien
– Definition der thermischen Hülle des Gebäudes (Abb. **D.16**).

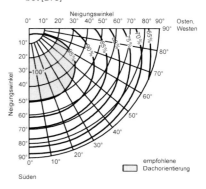

Abb. D.12
Flächen für optimales Energieangebot [D. 3]

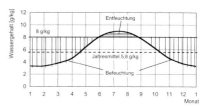

Abb. D.13
Feuchte der Außenluft für Potsdam

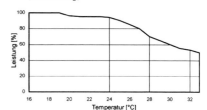

Abb. D.14
Leistungsfähigkeit des Menschen in Abhängigkeit von der Temperatur (nach Moog)

Es wird für jeden Raum der Wärmebedarf bzw. der Wärmeverlust bestimmt, um daraus den des gesamten Gebäudes zu ermitteln. Diese Vorgehensweise hat sich als zweckmäßig erwiesen und ist auch in DIN EN 12 831 beibehalten.

Die Grundzüge des Berechnungsverfahrens nach DIN EN 12 831 sind folgende:

Der Norm-Wärmeverlust Φ_i eines beheizten Raumes wird berechnet:

$$\Phi_i = \Phi_{T,i} + \Phi_{V,i}$$

mit
$\Phi_{T,i}$: Norm-Transmissionswärmeverlust [W]
$\Phi_{V,i}$: Norm-Lüftungswärmeverlust [W]

Der Norm-Transmissionswärmeverlust des Raumes ergibt sich aus:

$$\Phi_{T,i} = \Sigma_k \, f_k \, A_k \, U_k \, (\theta_{int,i} - \theta_e) \text{ [W] mit:}$$

i   jeweiliger Raum
k   jeweiliges Bauteil
f   Temperaturkorrekturfaktor
A   Fläche des Bauteils (m²)
U   Wärmedurchgangskoeffizient des Bauteils (W/m²K)
$\theta_{int,i}$ Innentemperatur des Raumes (°C)
θ_e Außentemperatur (°C)

In DIN EN 12 831 sind Anhaltswerte für die Rauminnentemperaturen enthalten (Tab. **D.3**).

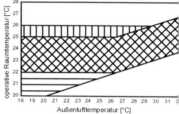

Abb. D.15
Empfohlene Raumlufttemperatur (nach DIN 1946-2)

▯▯▯ Kurzzeitig im Winter
▧▧ Empfohlener Bereich
▭ nur bei Quelllüftung

lfd. Nr.	Raumart	θ_{int} [°C]
1	Wohn- und Schlafräume	+ 20
2	Büroräume, Sitzungszimmer, Ausstellungsräume, Haupttreppenräume, Schalterhallen	+ 20
3	Hotelzimmer	+ 20
4	Verkaufsräume und Läden	+ 20
5	Unterrichtsräume allgemein	+ 20
6	Theater- und Konzerträume	+ 20
7	Bade- und Duschräume, Bäder, Umkleideräume, Untersuchungszimmer (generell jede Nutzung für den unbekleideten Bereich)	+ 24
8	WC-Räume	+ 20
9	Beheizte Nebenräume (Flure, Treppenhäuser)	+ 15
10	Unbeheizte Nebenräume (Keller, Treppenhäuser, Abstellräume)	+ 10

Tabelle D.3
Raumtemperatur – Norm-Innentemperatur (nach DIN 12 831)

Abb. D.16
Definition der thermischen Hülle (Schemaschnitte)

a) Einfamilienhaus/Doppelhaus

b) Mehrfamilienhaus/Bürogebäude

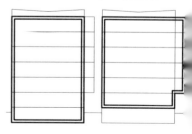

Für die einzeln zu berechnenden Bauteile muss aber ihre spezielle Funktion Beachtung finden. Wir unterscheiden:

– Bauteile, die an Außenluft grenzen
– Bauteile, die an nicht beheizte Räume grenzen
– Bauteile, die an Räume mit niedrigerer oder höherer Temperatur grenzen
– Bauteile, die an Erdreich grenzen.

3.5 Heizung, Lüftung, Raumklima

Der Norm-Lüftungswärmeverlust des Raumes ergibt sich aus:

$$\Phi_{V,i} = V_i\, n_{min}\, c_p\, \rho\, (\theta_{int,i} - \theta_e) \quad [W]$$

mit:

V	Volumen des Raumes (m³)
n_{min}	Mindestluftwechsel (1/h)
c_p	spezifische Wärmekapazität der Luft (kJ/kg K)
ρ	Dichte der Luft (kg/m³)

Die Parameter der Luft werden in dem hier interessierenden Temperaturbereich als konstant aufgefasst, so dass vereinfacht gilt:

$c_p\, \rho = 0{,}34\ \text{Wh/m}^3\text{K}$ und damit $\Phi_{V,i} = V_i\, n_{min}\, 0{,}34\, \Delta\theta$.

Der reale Lüftungswärmeverlust wird wegen des tatsächlich angewendeten Lüftungssystems (natürliche Lüftung oder raumlufttechnische Anlage) höher ausfallen. Die Größe des Luftwechsels zwischen 0,8 und 1,0 entspricht häufig den hygienischen Bedürfnissen in Räumen mit geringer Personenzahl. In Räumen mit hoher Personenbelegung liegt der Luftwechsel z. T. erheblich darüber. Der erforderliche Luftvolumenstrom ist für die Planung und Auslegung der Heizungs- und Lüftungsanlagen der entscheidende Parameter. Als Planungsansatz für die Luftversorgung von Räumen kommen in Frage:

– der raumbezogene Luftwechsel (1/h) gem. Tab. **D.4**
– die personen- oder flächenbezogene Außenluftrate (m³/h Person) bzw. (m³/m² h) gem. Tab. **D.5**.

Raumart	n_{min} [h^{-1}]
bewohnbarer Raum (Standardfall)	0,5
Küche ≤ 20 m³	1,0
Küche > 20 m³	0,5
WC oder Badezimmer mit Fenster*	1,5
Büroraum	1,0
Besprechungsraum, Schulzimmer	2,0
* Innenliegende Bäder und Toilettenräume sind mit Lüftungsanlagen zu rechnen	

Tabelle D.4
Mindestluftwechsel von Räumen (nach DIN 12831)

Art der Tätigkeit		normal		zusätzliche Belastung[1]		starke Geruchs-belästigung[2]		Typische Räume oder Arbeitsstätten (Beispiele)
		bezogen auf		bezogen auf		bezogen auf		
		Person	m² [3]	Person	m² [3]	Person	m² [3]	
sitzende Tätigkeit, zum Beispiel Lesen		20–40	4–8	30–40	6–8	40	8	Büros, Verkaufsräume, Lager, Messehallen
leichte Tätigkeit im Stehen oder Sitzen, Labortätigkeit, Maschineschreiben		40–60	8–12	50–60	10–12	60	12	Gaststätten, Montagehallen, Messehallen, Werkstätten, Großraumbüros
Handwerkliche Tätigkeiten	mittelschwer	50–65	10–13	60–75	12–15	85	17	Heiße, staubige und feuchte Betriebe, Gießereien, Schwerindustrie
	schwer	über 65	über 13	über 75	über 15		über 17	

[1] Hierzu zählen Gerüche, Tabakrauch, zusätzliche Feuchte oder/und Wärmebelastungen
[2] Hierzu zählen sehr lästige und intensive Gerüche, giftige Gase und Dämpfe (Überprüfung der MAK-Werte)
[3] Für Arbeitsräume mit Publikumsverkehr soll eine Personenbelastung von 0,2 bis 0,3 Personen/m² Bodenfläche zugrunde gelegt werden.
[4] Außenluftströme können bei ϑ_a über 20 °C bis 32 °C sowie unter 0 °C bis –12 °C um max. 50 % linear vermindert werden.

Tabelle D.5
Empfohlene Außenluftrate (Außenluftvolumenstrom (m³/h) für Personen in Anlehnung an die ASR)

Für Gebäude, deren Luftbedarf durch Fensterlüftung gedeckt wird, wird der Luftwechsel des Gesamtgebäudes durch die Qualität der Luftdichtheit der Gebäudehülle abgeschätzt. Dazu verwendet man die Druckdifferenz der Luft bei 50 Pa (s. Tab. **D.6**). Im Rechenverfahren werden Abminderungen berücksichtigt, die den realen Windverhältnissen durch Abschirmung der Gebäude Rechnung tragen.

Konstruktionstyp	n_{50} [h^{-1}]		
	Grad der Luftdichtheit der Gebäudehülle* (Qualität der Fensterdichtheit)		
	sehr dicht (hochabgedichtete Fenster und Türen)	dicht (Doppelverglasung, normale Abdichtung)	weniger dicht (Einfachverglasung, keine Abdichtung)
Einfamilienhäuser	3	6	9
Mehrfamilienhäuser, Nicht-Wohngebäude	2	4	6

* bei Hochhäusern können je nach Baukonstruktion in den unteren Geschossen erheblich höhere Luftdurchlässigkeitswerte auftreten (zum Beispiel Schachttyp). Diese sind im Einzelfall zu prüfen und festzulegen.

Tabelle D.6
Luftwechselrate von Gebäuden (nach DIN 12 831, bei 50 Pa Druckdifferenz – n_{50})

Der gesamte Norm-Wärmeverlust eines Gebäudes ergibt sich dann wie folgt:

$$\Phi_G = \Sigma\, \Phi_{T,i} + \Sigma\, \Phi_{V,i}$$

In DIN EN 12 831 wird zusätzlich ein Faktor für die Aufheizleistung berücksichtigt. Das Gesamtergebnis wird dann als Norm-Heizlast des Gebäudes bezeichnet.

3.6

Heizung

3.6.1

Allgemeines zu Heizungsanlagen

Eine vollständige Beschreibung der Palette von Heizungsanlagen ist im Rahmen dieses Buches weder möglich noch erforderlich. Heizungsanlagen werden nach unterschiedlichen Merkmalen bezeichnet. Die wichtigsten Unterscheidungen sind:

Einzelheizung/Zentralheizung

Unter Einzelheizung versteht man eine Heizung, bei der die Wärmeerzeugung in dem Raum stattfindet, in dem die Wärme auch benötigt wird. Somit verfügt i. d. R. jeder Raum über ein Heizgerät zur Wärmeabgabe. Diese Heizgeräte – also Öfen, Kamine usw. – werden traditionell mit festen Brennstoffen versorgt. Heute sind auch Einzelgasgeräte und Elektrospeicherheizungen (meistens als Nachtspeicherheizung wegen günstiger Nachttarife) in Verwendung.

Bei der Zentralheizung erfolgt die Wärmeerzeugung oder die Wärmeübergabe an das Gebäude in einem zentralen Raum. Von dort aus werden die Räume über ein Transportsystem mit Wärme versorgt (Abb. **D.17**). Das ist vorteilhaft,

- weil die mit der Wärmeerzeugung verbundene Brandgefahr auf die Heizzentralen beschränkt wird,
- die Verbrennung nur an einer Stelle erfolgt,
- Schornsteine nur für die Zentrale erforderlich sind,
- eine gleichmäßige Wärmeverteilung im gesamten Gebäude möglich ist,
- der Platzbedarf für Heizkörper in den Räumen sehr gering ist.

Auch Fern- und Nahwärmesysteme, bei denen die Wärmeerzeugung in einem Heizkraftwerk oder einem Heizhaus in einem Siedlungs- oder Gewerbegebiet vor sich geht, speisen die Wärme in Zentralheizungssysteme ein.

Energieträger

Die für die Wärmeerzeugung benötigten und aus technischen Gründen dafür in Frage kommenden Energieträger sind:

- Fossile Brennstoffe
  Feste Brennstoffe: Torf, Braunkohle, Steinkohle, Anthrazit, Koks
  Flüssige Brennstoffe: Heizöl
  Gasförmige Brennstoffe: Erdgas, Stadtgas, Flüssiggas
- Elektrischer Strom aus fossilen Brennstoffen, Kernkraftwerken oder regenerativen Energien (Wasserkraft, Geothermie, Wind)
- Regenerative Energieträger (s. Abschnitt D.2).

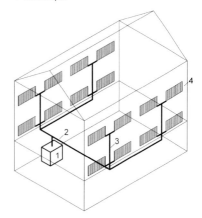

Abb. D.17
Struktur der Zentralheizung

1 Wärmeerzeuger (Kessel)
2 Verteilungsleitung
3 Strangleitung
  (Vor- und Rücklauf)
4 Heizkörper

Wärmeträger

Als Wärmeträger wird das Medium bezeichnet, mit dessen Hilfe die Wärmeenergie in die Räume zur Raumerwärmung transportiert wird.

– Dampf: Die Dampfheizung hatte in der Entwicklung der Heizungstechnik Ende des 19. und im 20. Jahrhundert eine große Bedeutung. Sie stellt heute eine Ausnahme dar.
– Wasser: Wasser ist auf Grund seiner extrem günstigen spezifischen Wärmekapazität ein Stoff, mit dem Wärme mit dem geringsten Aufwand transportiert werden kann. Wasserheizungen sind aber überwiegend konvektive Systeme, so dass ihre Anwendbarkeit in hohen Räumen begrenzt ist. Im Wohnbau und sonstigen Geschossbau ist die Wasserheizung dominierend.
– Luft: Luftheizungen sind überall dort erforderlich, wo die natürliche Lüftung den hygienisch notwendigen Außenluftanteil nicht sicherstellen kann. Für diese Räume, zum Beispiel Gesundheitseinrichtungen, Versammlungsstätten, Fertigungsstätten usw., wird die zuzuführende Luftmenge in der Zentrale bis zur gewünschten Zulufttemperatur erwärmt und dem Raum als Zuluft zugeführt.

Wärmeübergabe

Die Art der Wärmeübergabe im Raum ist ein weiteres Unterscheidungskriterium für Heizungsanlagen. Man unterscheidet Konvektion und Strahlung.

– Unter Konvektion verstehen wir den Wärmeübergang vom Heizkörper an die Raumluft, ihre Erwärmung und die einsetzende Bewegung im Raum.
– Heizkörper und -flächen senden Strahlung in Form von elektromagnetischen Wellen aus. Die auftreffende Strahlung erwärmt Gegenstände und Personen. Typisches Beispiel für Strahlung im Außenraum ist die Solarstrahlung.

3.6.2

Wärmeerzeugung

Die Entwicklung der Heizungstechnik vom offenen Feuer über den gemauerten Herd, den Kamin zum geschlossenen Ofen aus keramischem Material und später dem eisernen Ofen war bis ins 18. Jahrhundert von dem Brennstoff Holz geprägt. Danach wurde Kohle in verschiedener Form der dominierende Brennstoff. Einzelfeuerstätten werden auch heute noch im Wesentlichen mit Festbrennstoffen betrieben. Folgende Beispiele sollen besonders erwähnt werden:

– Kamin
  Kamine sind offene Feuerstätten in Räumen (Abb. **D.18**). An der rückseitigen Wand werden die Rauchgase in den Schonstein geleitet.

3.6.2 Heizung, Lüftung, Raumklima D

Abb. D.18
Fertigteilkamin
Schnitt, Ansicht und Grundriss
(M 1:20)

1 Schornsteinwange, d = 24 cm
2 Rauchrohr ≥ 20/20 cm
3 Fertigteilkamin
4 Rauchfangfalle
5 Feuerraumeinsatz, Gusseisen
6 Bedienung für Luftzufuhr
7 Feuerraumöffnung
8 Warmluftschacht
9 Warmluftaustritt
10 Wärmedämmung
11 Kaminummauerung
12 Sturz
13 Abdeckung
14 Reinigungsöffnung
15 Rost
16 Aschefall
17 Frischluftzufuhr
18 Feuerraum

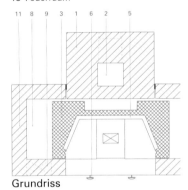

Grundriss   Schnitt   Ansicht

– Kachelofen
Die Kachelöfen (Abb. **D.19**) bestehen aus einem aus Schamotte gemauerten Kern mit den Rauchgaszügen, einem Kachelmantel und einem gusseisernen Heizeinsatz.

– Warmluftofen
Mit dem Warmluftofen oder Warmluftkachelofen (Abb. **D.20**) wird versucht, den Vorteil des Kachelofens zu nutzen und seinen Nachteil, die relativ lange Zeit bis zur Nutzung der Wärme im Raum, zu umgehen.

Abb. D.19
Schnitt durch einen Grundkachelofen

1 Feuerraum
2 Ascheraum
3 Rauchgasabzug
4 Schornsteinanschluss

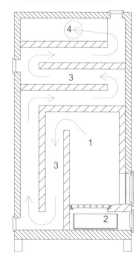

D Heizung, Lüftung, Raumklima 3.6.2

Tab. **D.7** enthält Angaben über den Heizwert der verfügbaren Brennstoffe sowie deren CO_2 Emissionen, die im Rahmen der zu erwartenden Schadstoffregelungen der EU eine erhebliche Rolle spielen werden.

Tab. D.7
Heizwert H_U und Emissionswert von Brennstoffen

Brennstoff	Heizwert H_U	Spezifische CO_2-Emissionsfaktoren [kg/TJ]
Steinkohle	8,14 kWh/kg	93 000
Koks	7,50 kWh/kg	105 000
Braunkohle-Briketts	5,06 kWh/kg	98 000
Holz (trocken)	4,29 kWh/kg	*)
Heizöl EL	10,00 kWh/l	74 000
Heizöl EL	11,85 kWh/kg	
Erdgas H	10,00 kWh/m_n^3	56 000
Erdgas L	8,80 kWh/m_n^3	
Stadtgas	4,50 kWh/m_n^3	
Flüssiggas	13,00 kWh/kg	65 000
Elektrischer Strom	1,00 kWh	

*) Biogene Brennstoffe sind weitgehend CO_2-neutral

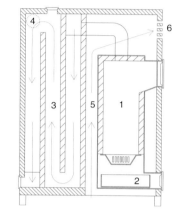

Abb. D.20
Schnitt durch einen Warmluftkachelofen

1 Feuerraum
2 Ascheraum
3 Rauchgasabzug
4 Schornsteinanschluss
5 Warmluft
6 Warmluftgitter

Im Rahmen der wirtschaftlichen Überlegungen sind auch die baulichen Folgekosten zu beachten. Verbrennungsanlagen benötigen Schornsteine zur Ableitung der Rauch- und Abgase, feste Brennstoffe und Heizöl benötigen Räume und technische Anlagen für ihre Lagerung.

Die gegenwärtig gebräuchlichen Systeme sind:

Nah- und Fernwärme

Fernwärme ist in der Anwendung komfortabel, die benötigten Heizkraftwerke und die zugehörigen Fernwärmenetze stellen erhebliche Investitionen dar. Um sie wirtschaftlich betreiben zu können, muss ein großer Abnehmerbedarf vorhanden sein.

Kessel

Die Technik der Verbrennung und der Wärmeübertragung im Kessel ist in jüngerer Zeit aus wirtschaftlichen und ökologischen Gründen erheblich verbessert worden. Stand der Technik sind Niedertemperaturkessel, die Vorlauftemperaturen des Heizungswassers bis zu 75 °C erzeugen. Bei Brennwertkesseln wird dem Abgas durch einen zusätzlichen Wärmetauscher Wärme entzogen, so dass eine Verbesserung des Wirkungsgrades um 10 ... 15 % erreicht wird.

Blockheizkraftwerk (BHKW)

Blockheizkraftwerke bestehen aus öl- oder gasbetriebenen Verbrennungsmotoren mit einem zugeschalteten Generator, die gleichzeitig Wärme und Strom erzeugen. Die Wärme wird einem Verbraucher bereitgestellt oder in ein Nahwärmenetz eingespeist, der Strom kann besonders vorteilhaft wegen seines niedrigen Herstellungspreises für den Eigenbedarf verwendet werden.

Diese Art der gekoppelten Strom- und Wärmeerzeugung wird als Kraft – Wärme – Kopplung (KWK) bezeichnet. Die hervorstechende Eigenschaft dieser Form der Energieumwandlung ist die hohe Effizienz.
Bei etwa 14% Verlustanteil entstehen ca. 36% Strom und 50% Wärme.

Solarkollektor

Thermische Solaranlagen können einen maßgeblichen Beitrag zur Warmwasserbereitung leisten. Im Jahresverlauf kann im Sommer der Warmwasserbedarf unter Beachtung aller einschlägigen Kriterien (keine Verschattung der Kollektorfläche, günstige Ausrichtung und Neigung der Dachfläche, auf den Bedarf abgestimmte Kollektorgröße) gedeckt werden (Abb. **D.21**). In den Übergangszeiten kann ein Beitrag zum WW-Bedarf geleistet werden, wenn die Solaranlage in ein Speichersystem für das Warmwasser eingebunden ist (Abb. **D.22**).

Wärmepumpe

Wärmepumpen sind Geräte, die im Rahmen der Entwicklung der industriellen Kältetechnik entstanden sind und zunächst besonders für die Kühlung von Lebensmitteln verwendet wurden. Noch heute arbeiten die Kühlschränke nach diesem Prinzip. Die Arbeitsweise der Wärmepumpe ist so, dass aus einer niedertemperierten Wärmequelle (i. Allg. aus der Umwelt) Energie unter Verwendung einer äußeren Zusatzenergie auf ein höheres Temperaturniveau für die vorgesehene Nutzung (zum Beispiel Heizung) transportiert wird. Es wird also aus üblicherweise nicht nutzbarer Umwelt- oder Anfallenergie mittels einer Antriebsenergie höherwertige Nutzenergie erzeugt [D. 3] und (Abb. **D.23**).

Die Gesamtanlage besteht aus folgenden drei Elementen, deren technische Parameter im Rahmen der Planung so aufeinander abgestimmt sein müssen, dass die Funktion des Gesamtsystems gewährleistet ist:

WÄRMEQUELLE – WÄRMEPUMPE – WÄRMENUTZUNG

Die Wärmenutzungsanlage ist das Heizungssystem mit dem Verteilungssystem und der Wärmeübergabe im Raum durch Heizkörper oder Flächenheizungen. Die Wärmepumpe ist ein handelsübliches Gerät, das anstelle des üblichen Heizkessels tritt und in der Hauszentrale aufgestellt wird. Die fachkundige Auswahl und Bemessung der Wärmequellenanlage ist für die Funktionsfähigkeit und die Wirtschaftlichkeit des Gesamtsystems von entscheidender Bedeutung.

Als Wärmequelle kommen besonders in Betracht.

– Außenluft etwa bis –10 °C
– Oberflächengewässer
– Erdreich; Absorber als Kollektor oder vertikale Erdsonden
– Grundwasser
– Anfallenergie aus thermischen Prozessen

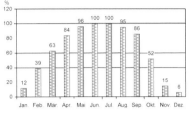

Abb. D.21
Solare Deckungsrate des monatlichen Energiebedarfs zur Warmwassererwärmung

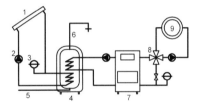

Abb. D.22
Schema der Wasserbereitung mit integrierter Solaranlage

1 Sonnenkollektor
2 Pumpe
3 Ausdehnungsgefäß
4 Warmwasserspeicher
5 Kaltwasserzuleitung
6 Warmwasserleitung
7 Wärmeerzeuger
8 Mischventil
9 Heizkreislauf

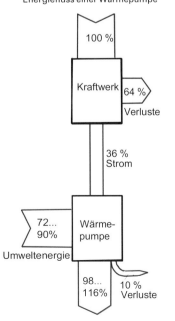

Abb. D.23
Energiefluss einer Wärmepumpe

Die Wahl der Wärmequelle wird durch die vorhandenen örtlichen Möglichkeiten, das technische Konzept und die Wirtschaftlichkeit der Lösung bestimmt. Für die üblichen Anwendungen werden Kompressionswärmepumpen (Abb. **D.24**) eingesetzt.

3.6.3

Heizzentralen

Für Heizzentralen gelten eine Reihe von Vorschriften, die vor allem einen sicherheits-relevanten Hintergrund haben (Musterfeuerungsverordnung, Landesfeuerungsverordnungen, VDI 2050 usw.). Die einzelnen Festlegungen unterscheiden sich zuerst durch die Größe des Wärmeerzeugers, also bis 35 kW, bis 50 kW und über 50 kW. Weitere, sehr differenzierte Festlegungen betreffen die Art der Brennstoffe und ihre Lagerung.

Die Anforderungen sind auf folgende Schwerpunkte gerichtet:

- Lage der Heizzentrale oder des Heizraumes im Gebäude
- Anschluss an den Schornstein
- Brennstofflager
- Fluchtwege
- Brandschutzanforderungen an raumumschliessende Flächen und Türen
- Zu- und Abluft
- Wasser- und Stromversorgung des Heizraumes
- Fußbodeneinlauf und/oder Pumpensumpf.

Abb. **D.3.23** zeigt einen Heizraum für eine Heizleistung über 50 kW und für den Brennstoff Gas.

3.6.4

Schornsteine

Allgemeines

Schornsteine sind Abzugskanäle aus Mauerwerk, Stahlbeton oder Stahl, die ausschließlich dazu bestimmt sind, die bei der Verbrennung entstehenden Abprodukte – Rauchgase bei festen Brennstoffen und Abgase bei flüssigen und gasförmigen Brennstoffen – gefahrlos an die Außenluft abzuführen. Dazu werden Hausschornsteine in vorgeschriebener Mindesthöhe über das Dach geführt. Bei größeren Wärmeversorgungsanlagen, für Industrie und Gewerbe werden Industrieschornsteine größerer Höhe als selbständige Baukörper errichtet. Das Wort Schornstein leitet sich vermutlich von score-stein, dem Kragstein, her, der den Rauchfang eines offenen Kamins getragen hat.

Mit dem Wandel der Heizgewohnheiten, der Feuerungsstättentechnik und der Brennstoffe, zunächst nur Holz, dann Kohle und schließlich Heizöle und Gas, haben sich auch die Konstruktionen von Rauchfängen und Schornsteinen gewandelt.

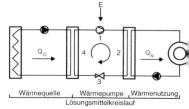

Abb. **D.24**
Funktionsschema einer Kompressions-Wärmepumpe

1 Kompressor
2 Verflüssiger
3 Expansionsventil
4 Verdampfer

Q_O Verdampferwärmestrom
Q_N Nutzwärmestrom
E   Elektroenergie

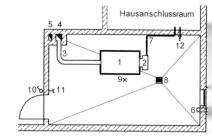

Abb. **D.25**
Heizraum

1 Heizkessel
2 Gasbrenner
3 Verbindungsstück
4 Schornstein
5 Abluft
6 Zuluft
7 Gaszuleitung
8 Fußbodenentwässerung
9 Deckenleuchte
10 Lichtschalter
11 Schukosteckdose
12 Wasseranschluss mit Schlauchverschraubung

3.6.4 Heizung, Lüftung, Raumklima

Die gestiegenen und differenzierteren Anforderungen an die Heizungstechnik haben auch Auswirkungen auf die Entwicklung der Schornsteintechnik gehabt. Geringe Rauch- bzw. Abgasmengen, niedrige Rauch- bzw. Abgastemperaturen mit nachfolgender Kondensation, geringe Rauchrohrquerschnitte u. a. haben zu mehrschaligen, vorgefertigten und montagefähigen Konstruktionen geführt.

Zur Planung von Hausschornsteinen ist eine Kooperation zwischen dem Architekten, dem Fachingenieur für Heizung und Lüftung und dem beratenden Ingenieur für Baustatik unerlässlich. Dabei sind neben den einschlägigen DIN-Normen die Feuerungsverordnungen und Bauordnungen der Bundesländer zu beachten. Hinzu kommen als übergeordnete Rahmenbedingungen

– das Bundes-Immissionsschutzgesetz
– die Technische Anleitung zur Reinhaltung der Luft.

Beanspruchung und Konstruktion (Abb. **D.26**)

An Schornsteinen treten folgende Beanspruchungen auf:

– Winddruck und -sog
– Eigenlast
– Kehrbeanspruchungen
– Schwinden
– Thermische Beanspruchung und
– Wärmedehnungen.

Für die Standsicherheit sind gegebenenfalls Halterung und Führung der Schornsteine bei freier Beweglichkeit gegenüber anderen Bauten erforderlich. Zu beachten sind auch unterschiedliche Verformungen der einzelnen Schalen mehrschaliger Schornsteinanlagen. Schornsteine müssen widerstandsfähig gegen Wärme, Abgas und Russbrand in Inneren und die Wangen so konstruiert sein, dass durch Abgase und Russbrand im Schornstein auch keine Brandgefahr auf das Gebäude übergeht. Materialien für Schornsteine müssen daher der Baustoffklasse A 1 nach DIN 4102-1 (nicht brennbar) angehören. Gegen Brand von außen ist die Feuerwiderstandsklasse F 90 einzuhalten.

Die Anordnung von Schornsteinen im Gebäude wird von mehreren Gesichtspunkten bestimmt, deren Vor- und Nachteile gegebenenfalls gegeneinander abzuwägen sind:

– Lage des Wärmeerzeugers im Gebäude
– Beeinträchtigung der Raumnutzung durch Schornsteinblöcke
– Nutzung der Schornsteinwärme für Raumtemperatur
– Lage des Schornsteinkopfs in der Dachfläche
– Probleme des Schornsteindurchganges durch die Dachkonstruktion und die Dachhaut.

D Heizung, Lüftung, Raumklima 3.6.4

Für jede der nachstehend aufgeführten Feuerstätten ist ein eigener Schornstein erforderlich (DIN 18 160-1, 5.3.1):

- Nennwärmeleistung mehr als 20 kW, bei Gasfeuerstätten mehr als 30 kW
- in Gebäuden mit mehr als 5 Vollgeschossen
- offene Kamine und Schmiedefeuer
- Feuerstätten mit Gebläsebrenner
- wenn die Verbrennungsluft durch dichte Leitungen so zugeführt wird, dass der Feuerraum gegenüber dem Aufstellraum dicht ist
- in Aufstellräumen mit ständig offener Verbindung zum Freien, zum Beispiel mit Lüftungsöffnungen zur Verbrennungsluftzuführung
- Sonderfeuerstätten mit Nebenluftvorrichtungen.

Abb. D.26
Schornstein – Konstruktionsprinzip und Anforderungen

1 Höhe über Dach
2 Kopf
3 wirksame Höhe
4 Schaft
5 Sockel
6 Meidinger Scheibe
7 Mündung
8 Rauchrohr, Abgasrohr, Abgasschacht
9 Feuerstätte
10 Verbindungsstück
11 Reinigungsöffnung
12 Sohle
13 Fundament

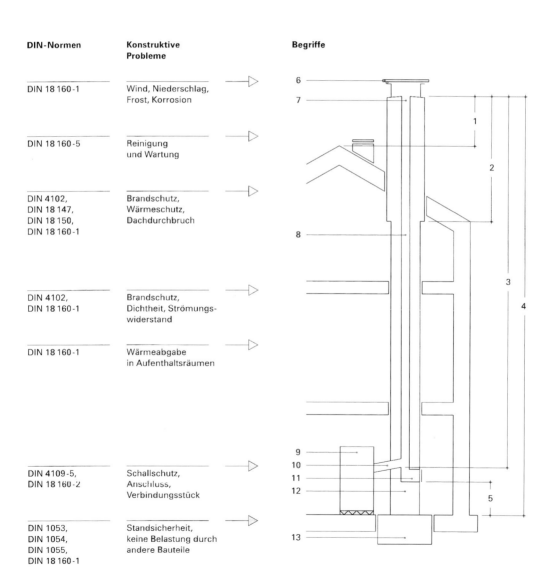

DIN-Normen	Konstruktive Probleme	Begriffe
DIN 18 160-1	Wind, Niederschlag, Frost, Korrosion	
DIN 18 160-5	Reinigung und Wartung	
DIN 4102, DIN 18 147, DIN 18 150, DIN 18 160-1	Brandschutz, Wärmeschutz, Dachdurchbruch	
DIN 4102, DIN 18 160-1	Brandschutz, Dichtheit, Strömungswiderstand	
DIN 18 160-1	Wärmeabgabe in Aufenthaltsräumen	
DIN 4109-5, DIN 18 160-2	Schallschutz, Anschluss, Verbindungsstück	
DIN 1053, DIN 1054, DIN 1055, DIN 18 160-1	Standsicherheit, keine Belastung durch andere Bauteile	

Mehrere Feuerstätten können jedoch angeschlossen werden, wenn sichergestellt ist, dass jeweils nur eine der zulässigerweise angeschlossenen Feuerstätten betrieben werden kann. An einen gemeinsamen Schornstein dürfen bis zu drei Feuerstätten für feste oder flüssige Brennstoffe bis zu einer Nennwärmeleistung von höchstens 20 kW und von 30 kW für Gasfeuerstätten angeschlossen werden.

Weitere Bedingungen siehe DIN 18 160-1, 5.3.2.

Nach DIN 18 160-1 sind folgende Mindesthöhen als wirksame Höhen einzuhalten:

– eigene Schornsteine: 4 m
– gemeinsame Schornsteine: 5 m
– gemeinsame Schornsteine für Gasfeuerstätten: 4 m

Eine besonders wichtige Anforderung an die Qualität der Schornsteine und der Verbindungsstücke ist die vollständige Gasdichtigkeit, um das Eindringen von CO_2 in die am Schornstein liegenden Räume zu verhindern.

Unter den jeweiligen Bedingungen sollen die Rauch- bzw. Abgase möglichst zügig unter Nutzung des natürlichen Auftriebes (infolge der temperaturbedingten Druckunterschiede der Gase) nach außen gelangen. Die Abgasführung im Schornstein wird bestimmt durch:

– die wirksame Schornsteinhöhe
– Anordnung und Höhe des Schornsteins über Dach (Abb. **D.27**)
– die Größe des Schornsteinquerschnitts
– die Form des Rauchrohrs (rund ist besser als quadratisch, quadratisch ist besser als rechteckig)
– die Rauhigkeit der inneren Rohrwahndung
– die Wärmedämmung des Schornsteins (Abkühlung der Abgase)
– die Geradlinigkeit des Schornsteins (Schornsteinverziehungen wie bei traditionellen Mauerwerksschornsteinen werden heute grundsätzlich vermieden, s. Abb. **D.28**)
– die Ausbildung des Schornsteinkopfes und seine Anordnung in der Dachfläche (Abb. **D.30**).

Die intensive Nutzung des Energieinhaltes der Brennstoffe führt zu immer niedrigeren Abgastemperaturen und damit zur Kondensation des in den Abgasen enthaltenen Wasserdampfes. Dieses Kondensat enthält auch Anteile anderer Elemente, zum Beispiel Schwefel, und ist damit chemisch nicht neutral. Bei Wärmeerzeugern bis zu einer Leistung von 25 kW dürfen die geringen Kondensatmengen in das Abwasser eingeleitet werden, bei größeren Leistungen der Wärmeerzeuger muss eine Neutralisation erfolgen.

Einschalige Schornsteine aus Mauersteinen

Gemauerte Schornsteine sind in der Herstellung sehr aufwändig und lohnintensiv. Hinzu kommt, dass sie den heutigen Anforderungen nach Wärme- und Feuchtigkeitsschutz nicht mehr gerecht werden. Sie werden daher heute kaum noch angewendet. Bei der Beschäftigung mit vorhandenen bzw. historischen Konstruktionen sind sie ein fester Arbeitsgegenstand. Das konstruktive Grundprinzip zeigt Abb. **D.28**.

Abb. D.27
Schornsteinhöhe über Dach

Harte Bedachung

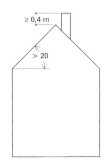

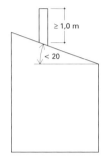

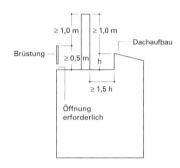

Weiche Bedachung

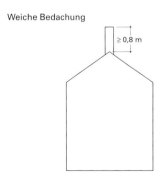

D Heizung, Lüftung, Raumklima 3.6.4

Mehrschalige Schornsteine aus mineralischen Baustoffen

Die Unzulänglichkeiten der Schornsteine aus Mauerwerk konnten schrittweise durch andere Baustoffe und mehrschalige Konstruktionen überwunden werden.

Die wichtigsten Punkte der konstruktiven Veränderungen sind (Abb. **D.29**):

— Verbesserung der Temperaturbeständigkeit der Rauchrohre durch Schamotte oder gesintertes Material
— Geringere Rauhigkeit der inneren Oberflächen der Rauchrohre bedeutet bessere Ableitung von Kondensat
— Verbesserung der Wärmedämmung hinter dem Rauchrohr bedeutet weniger Wärmeabgabe der Rauch- bzw. Abgase, damit bessere Strömung, weniger Kondensat und niedrigere Oberflächentemperaturen der Schornsteine an den Oberflächen zu den Räumen
— Hinterlüftung der Wärmedämmung zur Ableitung von durch die Konstruktion diffundierenden Abgasen
— Ausbildung der Verbindung der Schornsteinelemente als Stufenfalz.

Der Schornsteinkopf eines mehrschaligen Schornsteines ist in Abb. **D.30** dargestellt.

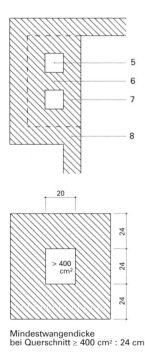

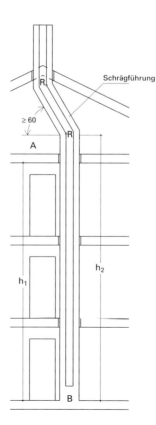

Abb. D.28
Einschaliger Schornstein aus Mauerstein

A zugänglicher Raum
B gemeinsame Gründung von Schornstein und mit ihm im Verband gemauerten Wänden
R Rundstahl Ø 12 mm gegen Ausschleifen
h_1 Schornstein und Wände aus gleichen Mauersteinen im Verband $h \leq 10$ m
h_2 bei Schrägführung, Schornsteinquerschnitt ≤ 400 cm², Höhe bis Schrägführung ≤ 10 m

Abmessungen M 1 : 25

1 Rauchrohr
2 Wange
3 Mindestquerschnitt: 100 cm² Seitenverhältnis 1 bis 1,5
4 Mindestzungendicke: 11,5 cm, Zunge eingebunden
5 Mindestwangendicke: 11,5 cm, (bei nicht gemauerten Schornsteinen: ≤ 10 cm)

3.6.4 Heizung, Lüftung, Raumklima D

Abb. D.29
Entwicklung der Schornsteintypen

System	Eigenschaften	System	Eigenschaften
Einschaliger gemauerter Schornstein	standsicher brandbeständig rauchgasdicht	Zweischaliger Schornstein	standsicher brandbeständig rauchgasdicht säurebeständig
Einschaliger vollwandiger Schornstein	standsicher brandbeständig rauchgasdicht	Dreischaliger Isolierschornstein	standsicher brandbeständig rauchgasdicht säurebeständig wärmegedämmt
Einschaliger Fertigteil-Schornstein mit Hohlräumen	standsicher brandbeständig rauchgasdicht	Feuchtigkeitsunempfindlicher Isolierschornstein	standsicher brandbeständig rauchgasdicht säurebeständig wärmegedämmt feuchtigkeitsunempfindlich

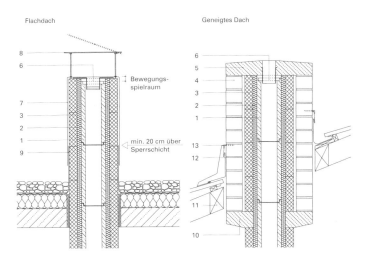

Abb. D.30
Schornsteinkopf eines mehrschaligen Schornsteins

1 Schamottenrauch-(Abgas-)Rohr aus Formstücken
2 Wärmeisolierung
3 Leichtbeton-Mantelformstück
4 Klinkerummauerung des Schornsteinkopfes
5 Schornstenkopfabdeckung, Beton
6 Schornsteineinmündung mit Dehnfugenmanschette aus rostfreiem Stahl
7 Stulprohr (zum Beispiel Faserzement)
8 Meidinger Scheibe, abklappbar
9 Dachanschlussblech, Zn 1,0 mm
10 Kragplatte (Leichtbeton oder Mauerwerk)
11 Dachsparren
12 Zinkblechverwahrung, Zn 0,75 mm
13 Kappleiste, Zn 0,75 mm, mit Mauerhaken fixiert

Metallschornsteine (Abb. **D.31**)

Metallschornsteine finden wegen ihrer Vorteile zunehmend Verbreitung. Doppelwandige, wärmegedämmte Metallschornsteine aus nichtrostendem Stahl haben ein geringes Gewicht und lassen sich schnell montieren. Im Neubau werden sie bei Wohn- und Bürogebäuden als innenliegende Schornsteine und bei Industrieanlagen und Heizwerken häufig als aussenliegende Schornsteine verwendet. Wegen ihrer geringen Querschnitte und der leichten Montage werden sie auch bei der Rekonstruktion von Gebäuden angewendet, indem sie in die vorhandenen Schornsteinzüge aus Mauerwerk eingebaut werden. Die weiteren Vorteile liegen in der Witterungsunanfälligkeit, dem geringen Strömungswiderstand und der Kondensatableitung.

3.6.5

Wärmeverteilung und -transport

Die Aufgabe des Wärmeverteilsystems im Gebäude besteht darin, die angeschlossenen Räume mit Wärme durch die Wärmeträger Wasser oder Luft zu versorgen. Schwankungen des Wärmebedarfs zwischen ihrem maximalen Wert (Heizlast) und einem „Null"-Bedarf infolge Außentemperaturschwankungen, Nachtabsenkungen, Wochenendabsenkungen in öffentlichen Einrichtungen und Schulen u. dgl. muss aus Gründen der Wirtschaftlichkeit und der Energieeinsparung im Rahmen technisch verantwortbarer Grenzen Rechnung getragen werden.

Wasserheizung

Die Wasserheizungssysteme sind Kreisläufe, bei denen das Heizungswasser am Kessel erwärmt und mit einer Vorlauftemperatur zu den Heizkörpern transportiert wird. Dort erfolgt eine Wärmeabgabe an den Raum und das Heizungswasser gelangt mit einer niedrigeren Rücklauftemperatur zum Kessel zurück. Für die Planung eines derartigen Systems sind einige Begriffe zu erklären:

– Die Erzeugung des Umtriebsdruckes erfolgt heute in der Regel durch Pumpen.
– Die Volumenänderung des Heizungswassers infolge Temperaturänderung wird durch ein Ausdehnungsgefäß kompensiert (geschlossenes A. bei modernen Anlagen).
– Lage der Heizkörper
  Bei Zentralheizungssystemen sind die Heizkörper an den Außenwänden angeordnet, da die Außenwand der kalte Bereich ist und damit die über Fensterfugen eindringende Kaltluft direkt erwärmt werden kann und dem Kaltluftabfall am Fenster besser begegnet werden kann.
– Art der Verteilung
  Für jedes Gebäude ist die zweckmäßige Art der Verteilung zu entwickeln. Im Ergebnis der Planung stellt fast jede Verteilung eine Mischung aus Horizontal- und Vertikalverteilung dar (s. **Abb. D.32**).

Luftheizung

Die Beheizung von Räumen allein durch Luftheizung ist sehr selten - z. B. bei im Inneren von Gebäuden liegenden Konferenzräumen, die möglicherweise keinen Transmissionswärmebedarf haben. Den Schwankungen des Luftbedarfs kann durch manuelle oder automatische Regelung entsprochen werden. Im Zuluftstrom wird eine Erwärmung durch einen Wärmeübertrager vorgenommen, der an die Wärmeerzeugung angeschlossen ist. Die Zuluft wird über Kanalsystem dem Raum zugeführt. Dabei ist eine gleichmäßige Verteilung der Luftmenge wichtig, um eine gute Raumdurchströmung zu erzielen und um im Aufenthaltsbereich der Personen zu hohe Luftgeschwindigkeiten zu vermeiden. An anderer Stelle im Raum wird die belastete Luft aus dem Raum abgeführt (s. auch Abschnitt D.3.7 und **Abb. D.33**).

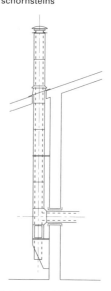

Abb. D.31
Beispiel eines Edelstahlschornsteins

Schnitt (M 1:100)

Abb. D.32
Strangschema einer Zentralheizungsanlage

1 Wärmeerzeuger
2 Mischventil
3 Ausdehnungsgefäß
4 Pumpe
5 Vorlauf
6 Rücklauf
7 Entlüftung
8 Heizkörper
9 Thermostat (individueller Regler und Absperrventil)
10 Temperaturfühler
11 Regler

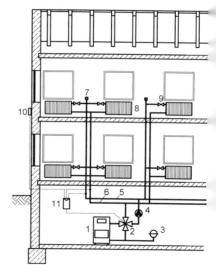

3.6.6

Wärmeübergabe im Raum

Für die Wärmeübergabe im Raum gibt es eine breite Palette von Möglichkeiten. Neben ästhetischen und wirtschaftlichen Kriterien, auf die hier überhaupt nicht eingegangen werden kann, beeinflussen besonders technische Kriterien die Auswahl der Heizungen. Wichtige technische Kriterien sind:

- die Funktion des Raumes, zum Beispiel Wohnraum, Büroraum, Sporthalle, Kino, Fabrikhalle
- die Größe des Raumes, also Fläche und Raumhöhe
- die thermische Qualität der Raumumschließungsflächen sowohl nach außen als auch zu den nach innen angrenzenden Räumen
- die Größe und die thermische Qualität von Fenstern und Verglasungen
- die Notwendigkeit von Lüftungs- oder Klimaanlage
- die zu erwartende Raumluftströmung.

Die gebräuchlichsten Systeme sind:

Heizkörper

Bei der Wärmeabgabe überwiegt der konvektive Anteil gegenüber dem Strahlungsanteil. Die Anwendung von Heizkörpern wird in Räumen mit normaler Geschosshöhe (bis etwa 3,50 m) bevorzugt, weil durch die Wärmeübertragung auf die Raumluft der Temperaturgradient im Raum gering bleibt. Bei höheren Räumen (Theater, Hörsäle, Kirchen, Fabrikhallen) steigt die erwärmte Luft ungehindert nach oben und es entsteht eine stärkere Temperaturschichtung. Im Aufenthaltsbereich der Menschen ist der Erwärmungseffekt am geringsten. Die Heizkörper werden i. d. R. unterhalb der Fenster im Brüstungsbereich installiert, weil damit einem eventuellen Kaltluftabfall der Fenster oder Verglasungen begegnet werden kann (Abb. **D.34**). Die Befestigung der Heizkörper erfolgt überwiegend durch Wandaufhängung, die stehende Anordnung auf der Decke mit Durchdringung des Fußbodenaufbaus ist grundsätzlich möglich, jedoch aufwändiger. Bei Fenstern, Fenstertüren und Festverglasungen, die bis zum Fußboden geführt sind, kann auf andere Wandflächen zurückgegriffen werden oder es werden Unterflurkonvektoren eingesetzt, die allerdings an die zur Verfügung stehende Bauhöhe des Fußboden – Decke – Bereiches Anforderungen stellen. Die Höhe der Unterflurkonvektoren beträgt in Abhängigkeit von der Heizleistung mindestens 15 cm. Zur Überbrückung dieser Höhe benötigt man i. allg. besondere Fußbodenaufbauten, zum Beispiel Hohlraumfußböden (Abb. **D.35**)

Deckenstrahlplatten

In Fertigungsstätten mit lichten Raumhöhen ab 4 m verwendet man häufig sog. Deckenstrahlplatten. Das sind wasserdurchströmte Heizkörper, die unterhalb der Decke oder des Dachtragwerks abgehängt werden. Die Begrenzung der Strahlungsleistung von oben auf Personen ist eine wichtige wärmephysiologische Spezialaufgabe.

Flächenheizung

Flächenheizungen sind in Bauteile integrierte Heizungssysteme, bei denen die Oberfläche des Bauteils zur wärmeabgebenden Fläche wird. Die Wirkung entsteht durch in die Bauteile (im Estrich von

Abb. D.33
Lüftungsanlage für einen Hörsaal

1 Außenluft
2 Zuluft
3 Abluft
4 Fortluft

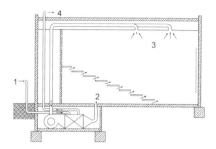

Abb. D.34
Prinzip der Konvektionsheizung

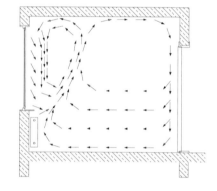

Fußböden, in massiven Wand- oder Unterdeckenschichten) eingelassene Rohrleitungen für das Heizungswasser. Die aus wärmephysiologischen Gründen geringen Oberflächentemperaturen der Bauteile (zum Beispiel 28 °C bei Fußböden) in Verbindung mit der großen Fläche für die Wärmeabgabe bewirken ein angenehmes Raumklima. Neuerdings werden diese Systeme auch zum Kühlen von Räumen verwendet, indem durch niedriger temperiertes Wasser die Oberflächentemperatur der Bauteile gegenüber der Raumtemperatur herabgesetzt wird und so in gewissen Grenzen eine Kühlung der Räume erreicht werden kann. Zwei Dinge sind für die Wirksamkeit und die Energieeffizienz von Flächenheizungen besonders wichtig:

- Auf der dem Raum abgewandten Seite – also zu daneben, darunter oder darüber liegenden Räumen, nach außen und zum Erdreich – muss immer eine hinter der Heizebene angeordnete Wärmedämmschicht die Wärmeleitung maßgeblich einschränken.
- Die dem Raum zugewandte Oberfläche muss über eine gute Wärmeleitung verfügen, um die Wärme gut an den Raum abgeben zu können.

Den Grundaufbau der Fußbodenheizung zeigt Abb. **D.36**, der Schichtaufbau und die Lage der Heizebene ist in Abb. **E.29** gezeigt.

Sonstiges

Über diese gebräuchlichen Anwendungen hinaus gibt es eine Reihe von Sonderlösungen, die für besondere Anforderungen geeignet sind oder sogar dafür entwickelt wurden, zum Beispiel [D. 7].

Abb. D.35
Beispiele für die Heizkörperanordnung

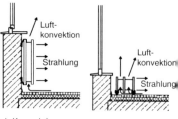

a) Konvektionsheizkörper an Fensterbrüstung
b) Konvektionsheizkörper auf Fußboden

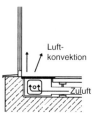

c) Unterflurkonvektionsheizkörper

d) Deckenstrahlplatte

3.7

Raumlufttechnische Anlagen

3.7.1

Allgemeines

Unter raumlufttechnischen Anlagen (RLT-Anlagen) verstehen wir Lüftungsanlagen, Teilklimaanlagen und Klimaanlagen. Die Aufgaben dieser Anlagen sind:

- Erneuerung der Raumluft
- Schadstoffbeseitigung
- Temperaturerhöhung und Temperaturreduzierung der Zuluft
- Erhöhung und Reduzierung der Luftfeuchtigkeit der Zuluft

Nicht immer ist es erforderlich, allen diesen Aufgaben gerecht zu werden. RLT-Anlagen sind in Abhängigkeit von den genannten Funktionen nennenswerte Kostenfaktoren für die Investitionskosten und bei der Nutzung der Gebäude für die Instandhaltungs- und Betriebskosten. Der Raumbedarf für RLT-Anlagen muss frühzeitig in der Planung berücksichtigt werden. In größeren Gebäuden werden in der Regel separate Lüftungszentralen vorgesehen. Die Unterbringung der Lüftungskanäle stellt bei Geschossbauten vor allem bei der Horizontalverteilung eine besondere Anforderung dar.

Abb. D.36
Schema einer Fußbodenheizung

1 Kessel
2 Mischventil
3 Regler
4 Raumtemperaturfühler und -wähler
5 Außentemperaturfühler
6 Verteiler
7 Rücklauf
8 Vorlauf

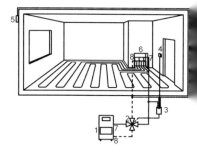

3.7.2

Lüftungszentralen

Lüftungs- und Kältezentralen sind – sofern es sich nicht um ganz spezifische Gebäude handelt – diejenigen Technikräume mit dem größten Raumbedarf. Es kommt ihnen deshalb in der Entwicklung der Gebäudekonzeption eine gewisse Bedeutung zu. Zuerst ist ihre Lage im Gebäude zu bestimmen. Dafür kommen die unteren Geschosse oder das Dachgeschoss in Betracht. Bei Hochhäusern mit besonders großer Höhe können wegen der Aufwendungen für die Rohrleitungen Technikgeschosse mit Lüftungszentralen auch im mittleren Geschossbereich angeordnet werden. Die Entscheidung wird in Abhängigkeit folgender Faktoren getroffen:

– Räumliche Beziehung zu den zu versorgenden Geschossen und Räumen
– Räumliche Beziehung zur Heizzentrale
– Möglichkeiten für die Luftansaugung und Luftabführung im Umfeld des Gebäudes.

Bei Lüftungszentralen ist die Luftmenge in m^3/h und bei Kältezentralen die Kühlleistung in MW für die bereitzustellende Fläche und die Raumhöhe der Zentrale maßgebend. Die notwendige Raumhöhe liegt zwischen 2,50 m und 5,00 m. Für die Fläche sind in [D. 8] für die wichtigsten technischen Anwendungen grafische und tabellarische Angaben enthalten, auf die hiermit verwiesen wird.

In Abb. **D.37** ist das Schema einer Klimaanlage vorgestellt. Diese besteht aus einer Reihe einzelner Komponenten, die in Reihe hintereinander montiert werden und die der Luftstrom durchläuft, um am Ende die gewünschten Parameter für die vorgesehenen Räume zu haben.

3.7.3

Luftleitungen

Luftleitungen sind wegen ihrer Querschnitte, der Leitungsführung der Zuluft zu jedem Raum und der Abluft aus jedem Raum sowie der Durchdringung der Tragkonstruktion eine besondere Aufgabe für die Planung. Die Konzeption der Leitungsführung muss rechtzeitig mit der Tragwerksplanung und mit dem Brandschutzkonzept abgestimmt werden.

Material

Vorzugsweise wird für Luftleitungen Stahlblech (verzinkt oder rostfrei) verwendet. Die Blechstärke beträgt je nach Anforderung etwa 0,6 bis 1,2 mm. Es werden auch Kanäle aus Faserzement, Gipskarton, Silikat u. dgl. verwendet, die aus Platten hergestellt werden. Schächte für Abluft und Entrauchung können bei besonderen Anforderungen auch aus Beton und Mauerwerk vorgesehen werden. In jedem Fall müssen Luftleitungen über die erforderliche Wärmedämmung und die geforderte Brandschutzqualität verfügen.

Abb. D.37
Schema einer Klimaanlage

1 Außenluft
2 Klappe
3 Mischkammer
4 Filter
5 Lufterhitzer
6 Anschluß an Heizgerät
7 Luftkühler
8 Anschluß an Kühlgerät
9 Luftbefeuchter
10 Ventilator
11 Schalldämpfer
12 Luftkanäle
13 Luftauslässe für Zuluft
14 Luftauslässe für Abluft
15 Fortluft

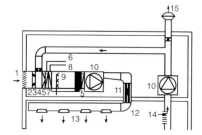

Form und Größe der Luftleitungen

Strömungstechnisch sind kreisrunde Querschnitte besser als quadratische und diese besser als rechteckige, weil Strömungswiderstände an den inneren Oberflächen, speziell den Unstetigkeiten in den Eckbereichen ungünstig sind. Rechteckquerschnitte mit einem Seitenverhältnis von Breite zu Höhe bis 2,0 sind unproblematisch. Größere Seitenverhältnisse, also flachere Kanäle, sind häufig aus geometrischen Gründen der Baukonstruktion nicht zu vermeiden, führen aber zu ungünstigen Strömungsverhältnissen und damit zu höheren Antriebsleistungen. Runde Querschnitte werden häufig aus ästhetischen Gründen im sichtbaren Bereich größerer Räume bevorzugt.

Die Dimensionierung des gesamten Kanalsystems ist Gegenstand der hydraulischen Berechnung durch den Fachplaner, bei der aus Luftmenge, Druckverlust und Strömungsgeschwindigkeit der jeweilige Querschnitt ermittelt wird. Als erste Näherung oder Überschlagsrechnung kann man aus der Beziehung

Luftmenge (Volumenstrom) = Querschnittsfläche · Geschwindigkeit
$V\ [m^3/h] = 3600 \cdot A\ [m^2] \cdot w\ [m/s]$

bei Annahme einer üblichen Luftgeschwindigkeit (zum Beispiel w = 4 m/s) die Luftkanalfläche leicht ermitteln. Bei besonderen Anlagen werden auch Geschwindigkeiten von 10 m/s und darüber realisiert. Vertikale und möglichst gerade Abluftanlagen werden mit etwa 7 m/s betrieben.

Führung von Luftleitungen

Die Art des Gebäudes, vor allem seine geometrische Form und seine Abmessungen sind für die Einordnung des Lüftungssystems in das Gebäude entscheidend. Die vertikalen Luftleitungen für Zu- und Abluft werden in vertikalen Schächten entweder gesondert oder mit anderen Versorgungsleitungen zusammen geführt. Die horizontalen Versorgungsleitungen für die Geschosse sollen möglichst so geführt werden, dass in den Räumen die Zuluftöffnungen und die Abluftöffnungen weit auseinander platziert werden können, um durch deren räumliche Entfernung eine gute Durchströmung des Raumes zu erreichen (s. D.3.7.4). Dass bedeutet zum Beispiel bei Mittelganggebäuden (Hotels, Verwaltungsgebäude), dass Zu- und Abluftkanal über der abgehängten Decke des Flures verlaufen und von dort die Anschlussleitungen für Zu- und Abluft in der jeweiligen Geschossebene installiert werden oder gegebenenfalls auch unter Zuhilfenahme von Deckendurchbrüchen die Zuluft für das darüberliegende Geschoss zu einem Luftauslass im Fußbodenbereich geführt wird. Dabei ist die Spannrichtung der Unterzüge von Bedeutung. Längs gespannte Unterzüge können nur sehr begrenzt zwischen Flur und daneben liegenden Räumen wegen der geringen Bauhöhe der Unterzüge durchbrochen werden. Die meistens vorhandene unterschiedliche Abhanghöhe der Unterdecke zwischen Flur und Raum kann für Lüftungsöffnungen genutzt werden. Sind die Unterzüge quer gespannt, kann durch eine tiefere Abhängung der Unterdecke im Flur die Möglichkeit gegeben sein, die Unterzüge mit den Verteilungsleitungen zu unterfahren (Abb. **D.38**). Bei großflächigen Räumen kann beispielsweise die Zuluft über einen Hohlraumboden gut verteilt erfolgen und die Abluft unter der Decke direkt in den zentralen Abluftkanal geführt werden (s. Abb. **D.39**).

Abb. D.38
Horizontal geführte Luftleitungen bei Skelettkonstruktion

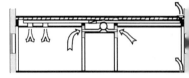

a) Unterzüge in Längsrichtung gespannt

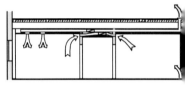

b) Unterzüge in Querrichtung gespannt

Brandschutz

Luftleitungen können durch ihre Größe Feuer und Rauch in alle an das Lüftungssystem angeschlossenen Räume übertragen. Dagegen ist durch bautechnische Maßnahmen (zum Beispiel Feuerwiderstand von Luftleitungen und -schächten, Abschottungen) und durch technische Maßnahmen (zum Beispiel Absperrungen in Form von Brandschutzklappen, Feuerwiderstand von Ventilatoren) Vorsorge zu treffen. Die geforderte Feuerwiderstandsdauer von Luftleitungen richtet sich grundsätzlich nach der Gebäudehöhe und dem Feuerwiderstand der zu durchdringenden Bauteile. Die Landesbauordnungen und die weiterführende Literatur, zum Beispiel [D. 9] müssen bei Objektplanungen berücksichtigt werden.

3.7.4

Luftführung im Raum

Aus wärmephysiologischen Gründen und wegen der Wirtschaftlichkeit wird zunehmend auf geringe, aber hygienisch ausreichende Luftwechsel orientiert. Das Prinzip der Mischlüftung (Vermischung der dem Raum zugeführten Luft mit der vorhandenen Luft) wird durch die Verdrängungslüftung (gleichmäßiges Verdrängen der belasteten Raumluft mit keiner oder geringer Vermischung) ersetzt. Für die Bewegung der Luft im Raum wirken im Wesentlichen zwei Kräfte:

- die Schwerkraft: Temperatur- und damit Dichteunterschiede der Luft bewirken die Bewegung; wärmere Luft steigt nach oben, kältere Luft sinkt nach unten
- die Trägheit: ein Impuls, zum Beispiel durch einen Ventilator, bewirkt eine bestimmte gerichtete Bewegung der Luft

Man kann also den quasi natürlichen Auftrieb der Luft infolge Erwärmung im Raum durch technische Mittel unterstützen oder diesem entgegen wirken. Für die Strömung der Luft im Raum ist die Anordnung der Luftdurchlasselemente bestimmend, die in Zusammenhang mit dem Luftkanalsystem festgelegt wird (Abb. **D.39**).

Für die Positionierung der Luftdurchlasselemente an den inneren Raumoberflächen gelten folgende Bedingungen:

- Das Ausströmen der Luft aus den Kanälen oder das Einströmen der Luft in die Kanäle darf nicht durch Einbauten behindert werden.
- Die Luftgeschwindigkeit beim Eintritt in den Raum darf nur so hoch sein, dass sie im Aufenthaltsbereich von Personen das aus dem Behaglichkeitsempfinden heraus abgeleitete zulässige Maß nicht überschreitet (s. Abb. **D.3**).

Es gibt für die Zuführung und die Abführung der Luft in Räumen eine Vielzahl von Lösungen, von denen die Wichtigsten nachfolgend aufgeführt werden (Abb. **D.40**).

- Unterdecke
Der Bereich zwischen untergehängten Decken und der Rohdecke ist für die Installation von Zu- und Abluftleitungen und auch für andere technische Installationen, zum Beispiel Elektroinstallation, gut geeignet. Die Luft wird von oben mit einer bestimmten Geschwindigkeit nach unten in den Raum und von dort wieder nach

Abb. D. 3.39
Luftströmung im Raum

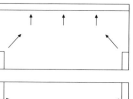

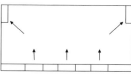

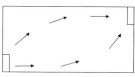

a) Lüftung von unten nach oben

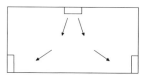

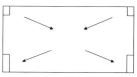

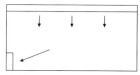

b) Lüftung von oben nach unten

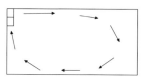

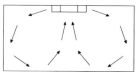

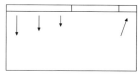

c) Lüftung von oben nach oben

oben geführt. Befinden sich die Abluftelemente in der Nähe der Beleuchtung, so kann dabei auch dort vorhandene Beleuchtungswärme mit abgeführt werden.
– Hohlraumboden
Die Zuluftkanäle werden im Zwischenraum eines aufgeständerten Fußbodens geführt und mit einer Temperatur, die geringfügig unter der Raumtemperatur liegt, über Luftauslässe im Fußboden in den Raum geleitet. Durch die inneren Wärmequellen des Raumes wird die Luft erwärmt, sie strömt nach oben und wird beispielsweise über Abluftkanäle in einer Unterdecke abgeleitet.
– Pult- und Stuhllüftung
Für Theater-, Konzert- und Kinosäle und für Hörsäle kann die Luft an jedem Platz über die Bestuhlung zugeführt werden.

Plattenluftverteiler

Runde konische Luftverteiler

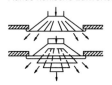

Abb. D. 3.40
Beispiele für den Lufttransport in den Raum

Quadratische u. rechteckige Luftverteiler

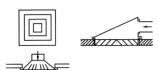

Schlitzauslässe

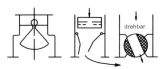

Lochplattenluftdurchlässe

Drallauslass

a) Unterdecke
   Luftverteilung in der Unterdecke

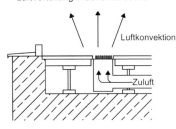

b) Hohlraumboden
   Luftzufuhr über Luftkanäle und Fußbodenauslässe

Luftzufuhr über Druckluftboden

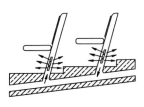
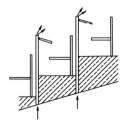

c) Pult- und Stuhllüftung

4
Wasser und Abwasser

4.1

Vorbemerkung

Wasser ist eine elementare Vorraussetzung für pflanzliches, tierisches und menschliches Leben auf der Erde. Das natürliche, als Trinkwasser nutzbare Wasserangebot aus Oberflächengewässern und Grundwasser ist begrenzt.

Die Verwendung von Wasser erfolgt als:

– Lebensmittel für Pflanzen, Tiere und Menschen
– Produktionsmittel für Gewerbe und Industrie
– Konsumtionsmittel für Hygiene, Gesundheit, Sport, Erholung.

Auch wenn wir in unserem Sprachgebrauch regelmäßig von Wasserverbrauch sprechen, handelt es sich dabei genau genommen um Wasserbedarf, denn Wasser kann man nicht verbrauchen, sondern nur benutzen. In vielen Ländern der Erde, vor allem in Industriestaaten und in Staaten mit aridem Klima, übersteigt der Wasserbedarf das Wasserangebot. Daraus folgt ein Zwang zur Mehrfachnutzung des Wassers, was zum Beispiel in der Industrie durch geschlossene Kreisläufe erreicht wird, in die eine eigene Wasseraufbereitung eingebunden ist. Etwa 98 % der Bevölkerung Deutschlands sind an eine zentrale Trinkwasserversorgung angeschlossen. Damit hat die Wasserversorgung höchste Bedeutung für Gesundheit, Hygiene und Umweltschutz. Für die Erhaltung des öffentlichen und privaten Lebens muss die Sicherheit der Versorgung gewährleistet werden.

4.2

Wasserbedarf

Für die Bemessung von Wasserversorgungsnetzen im einzelnen Gebäude, in Siedlungsgebieten und größeren Regionalstrukturen muss der Bedarf bekannt sein. Das einzelne Gebäude ist auf Grund seiner Funktion und seiner Personenbelegung relativ gut planbar. Im Bereich der kommunalen und überörtlichen Netze müssen größere Reserven berücksichtigt werden, da die langfristige Bedarfsprognose durch neue Abnehmer in Industrie, Gewerbe und Wohnbau relativ ungenau ist.

Der tägliche Wasserbedarf in Deutschland ist bis etwa 1990 kontinuierlich gestiegen und hat einen Wert von 140 l/P leicht überschritten. Seitdem ist durch erhöhte öffentliche Aufmerksamkeit, Verbreitung von Umweltschutzgedanken, steigende Wasserpreise und Einsatz von wassersparenden Armaturen eine leichte Absenkung des Bedarfs festzustellen. Für die Bedarfsträger Industrie, Gewerbe, soziale Einrichtungen und Wohnbau sind die Erfahrungswerte in Übersichten – im Allgemeinen vom DVGW (Deutscher Verein des Gas- und Wasserfachs) – zusammengefasst (s. Tab. **D.8**). Der Wasserverbrauch unterliegt Schwankungen im Jahresverlauf, im Wochenverlauf, vor allem aber im Tagesverlauf. Der Bemessung der Leitungsquerschnitte liegt ein rechnerischer Spitzendurchfluss zugrunde, der die Gleichzeitigkeit bei mehreren Benutzern berücksichtigt. Das Berechnungsverfahren ist in DIN 1988 geregelt.

D Wasser und Abwasser 4.3

	Gesamtwasserbedarf l/Tag*	Kaltwasserbedarf l/Tag*	Warmwasserbedarf l/Tag*
Wasserbedarf verschiedener Einrichtungen			
Hotels etc. je Bett			
einfache Gasthöfe	60–100	20– 30	40– 70
Hotels	90–130	30– 40	60– 90
gehobene Hotels	110–200	40– 70	70–130
Luxus-Hotels	150–350	70–200	80–150
Krankenhäuser je Bett			
150–300 Betten	250–450	200–340	50–110
300–600 Betten	300–500	240–380	60–120
600–1000 Betten	400–600	320–470	80–150
Altenheime			
je Bewohner	100–150	70–90	30–60
Schulen (ohne Bäder)			
je Schüler	5–10	5–10	–
Bürogebäude			
je Beschäftigten	25–35	15–20	10–15
Spezifischer häuslicher Wasserbedarf im Wohnungsbau			
Einfacher Wohnungsbau	100–150	75– 90	25–60
Allgemeiner Wohnungsbau	110–180	80–110	30–70
Einfamilienhäuser	120–200	80–130	40–70
Gehobener Wohnungsbau	150–250	100–150	50–80
Wasserbedarf für verschiedene Produkte und Produktionsprozesse			
1 l Milch		3– 6	
1 l Bier		3– 15	
1 kg Zucker		10– 30	
1 kg Papier (Neupapier)		65–100	
1 kg Kohle		20– 30	
1 kg Roheisen		7– 20	
1 kg Stahl		30– 50	
1 kg PVC		400–500	
Verbrauch für einige Produktionsprozesse			
Kühlwasser für einen Dieselmotor je kWh		20– 30	
Wäscherei je kg Trockenwäsche		40– 80	
Vermauern von 1 m³ Ziegeln einschl. Mörtel		100–250	
Herstellung von 1 m³ Stampfbeton		125–200	

* Die erste Zahl gibt den durchschnittlichen, die zweite Zahl den größten Wasserbedarf an.

Tabelle D.8
Wasserbedarfskennzahlen für einzelne Verbraucher (Beispiele)

4.3

Trinkwasserinstallation

4.3.1

Anforderungen an das Trinkwassernetz

Aus dem Trinkwassernetz (TW-Netz) wird an den dafür vorgesehenen Zapfstellen

Kaltwasser (KW) mit $\vartheta_{KW} = 5 \ldots 15\,°C$ und
Warmwasser (WW) mit $\vartheta_{WW} \leq 90\,°C$

für die jeweilige Nutzung bereitgestellt. Die Temperaturangaben werden durch andere Anforderungen ergänzt, die im Wesentlichen folgendermaßen beschrieben werden können (s. auch [D.10]):

- Anforderungen an die Konstruktion und den Betrieb der Trinkwassernetze
  Rohrleitungsführung
  Das Rohrleitungsnetz soll zweckmäßig und ohne unnötige Abwinklungen konstruiert sein. Eine kompakte Rohrführung in Installationskanälen und Installationsschächten soll bevorzugt werden. An geeigneten Stellen sind Revisionsöffnungen vorzusehen. Die Inspektion, Wartung und Reparatur des gesamten TW-Systems muss gewährleistet sein. Einzelne Funktionsbereiche (Stränge, Verteilungen, Anschlussleitungen) müssen durch Ventile absperrbar und entleerbar sein. Im Geschossbau sollen Sanitärräume übereinander und in unmittelbarer Nähe der vertikalen Stränge angeordnet werden, um den Rohrleitungsaufwand gering zu halten.
- Druckhaltung
  TW-Netze werden mit Überdruck betrieben. Sie müssen daher dauerhaft wasser- und gasdicht ausgeführt werden.
- Schutz des TW-Netzes
  Die Rohrleitungen sind gegen mechanische Einwirkungen zu schützen. Bewegungen und Formänderungen aus dem Bauwerk können von Installationen nicht aufgenommen werden, ebenso sind eigene Formänderungen der Installationen infolge von Temperaturänderungen des Wassers im Installationsnetz selbst zu kompensieren. An Durchdringungen der Leitungen durch Wände und Decken dürfen keine Zwängungen auftreten.

Erhaltung der Wasserqualität
- Wärmeschutz der KW-Leitungen
  KW-Leitungen sind aus zweierlei Gründen mit Wärmedämmung zu versehen:
  Erstens kann sich durch die niedrige Temperatur des Kaltwassers an der Oberfläche der Rohrleitung Kondenswasser aus der Umgebungsluft bilden. Das Kondensat kann langfristig zu Durchfeuchtungen der Baukonstruktion führen.
  Zweitens befinden sich KW-Leitungen in Kanälen und Schächten häufig neben WW- und Heizungsleitungen und sind deren Wärmeabgabe ausgesetzt, was zu einer unerwünschten Erhöhung der KW-Temperatur führen kann. Durch eine Dämmung der KW-Leitung wird dieser Einfluss weitgehend reduziert.
  Für KW-Leitungen sind nach DIN 1988-2 folgende Dämmstoffdicken nach Tab. **D.9** vorzusehen.
- Wärmeschutz der WW-Leitungen
  Warmwasserleitungen sind gegen Wärmeverluste so zu dämmen, dass an der Entnahmestelle die geforderte WW-Temperatur (im Allgemeinen 45 °C) eingehalten wird. Die geforderten Dämmstoffdicken und die Qualität des Dämmstoffes sind in der Energieeinsparverordnung festgelegt (s. Tab. **D.10**).

Tabelle D.9
Dämmstoffdicken für KW-Leitungen (nach DIN 1988)

KW-Leitung	Dämmstoffdicke
frei, in unbeheizten Räumen und in Kanälen ohne warmgehende Leitungen	d = 4 mm
frei, in beheizten Räumen	d = 9 mm
in Zusammenhang mit warmgehenden Leitungen	d = 13 mm

(Für die Qualität des Dämmstoffes gilt $\lambda = 0{,}040$ W/mK.)

D Wasser und Abwasser 4.3.2

WW-und Heizungsleitungen	Mindestdicke der Dämmschicht
Innendurchmesser bis 22 mm	20 mm
Innendurchmesser von 22 mm bis 35 mm	30 mm
Innendurchmesser von 35 mm bis 100 mm	gleich Innendurchmesser
Innendurchmesser über 100 mm	100 mm
Leitungen und Armaturen in Wand- und Deckendurchbrüchen, im Kreuzungsbereich von Leitungen, an Leitungsverbindungsstellen, bei zentralen Leitungsnetzverteilern	50 % der Mindestdicke der Dämmschicht
Leitungen von Zentralheizungen die nach Inkrafttreten dieser Verordnung in Bauteilen zwischen beheizten Räumen verschiedener Nutzer verlegt werden	50 % der Mindestdicke der Dämmschicht
Leitungen im Fußbodenaufbau	6 mm
(Für die Qualität des Dämmstoffes gilt $\lambda = 0{,}035$ W/mK.)	

Tabelle D.10
Dämmstoffdicken für
WW- und Heizungsleitungen [D. 3]

– Schutz gegen Korrosion durch geeignete Materialauswahl
Übliche Materialien für Wasserleitungen sind:
Stahl: verzinkter Stahl Fe(Zn)
         nichtverzinkter Stahl
         nichtrostender Stahl V4A u. and.
Kupfer: Cu
Kunststoff: Polyvinylchlorid   PVC – U, PVC – C
            Polyethylen   PE
            Polybuten   PB
            Polypropylen (chloriert) PPC

4.3.2

Prinzip der Trinkwasserinstallation

Das Trinkwassersystem besteht in Gebäuden grundsätzlich aus dem Kalt- und dem Warmwassersystem. Die Funktion des Gebäudes bestimmt den Umfang der Warmwasserversorgung. In Wohngebäuden, Gesundheitseinrichtungen, Hotels u.dgl. ist eine WW-Versorgung Standard. In Bürogebäuden und in öffentlichen Einrichtungen ist gegenwärtig eine Tendenz zur Beschränkung auf die KW-Versorgung zu erkennen.

Das Kaltwassersystem besteht aus folgenden Teilen (Abb. **D.41**):

– Anschluss an kommunale Versorgungsleitung (KVL)
– Anschlussleitung (AL) mit Absperrarmatur
– Wasserzähleranlage mit Hauptabsperrarmatur
– Wasserzähler (WZ) und Absperrarmatur mit Rückflußverhinderer
– Verteilungsleitung (VL)
– Steigleitung (SL)
– Stockwerksleitung (SWL)
– gegebenenfalls Einzelleitung

Für die Warmwasserbereitung kommen eine zentrale und eine dezentrale Bereitung in Frage. Die Entscheidung zwischen zentral und dezentral hängt eng mit der Technik der Wärmeversorgung, mit der Nutzung und auch mit wirtschaftlichen Aspekten zusammen. Im Falle einer (heute üblichen) zentralen Wärmeversorgung erfolgt in der Regel die WW-Bereitung über das Heizungssystem durch Einbinden eines Wärmetauschers in dem WW-System (s. Abb. **D.42**).

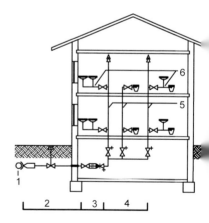

Abb. **D. 41**
System der Trinkwasserinstallation

1 Versorgungsleitung
2 Anschlussleitung
3 Wasserzähleranlage
4 Verteilungsleitung
5 Steigleitung
6 Stockwerksleitung

Das zentrale Warmwassersystem besteht aus:

- Anbindung an das KW-System
- WW-Speicher mit Wärmetauscher aus den Heizungsanlage und zugehörige Regelung
- WW-Verteilungsleitung (WWVL)
- WW-Steigleitung (WWSL)
- WW-Stockwerkleitung (WWSWL)
- Zirkulationsleitung: Diese sichert bei längeren Pausen bei der WW-Entnahme (Nachtstunden) einen Umlauf des WW über den Speicher, wodurch eine übermäßige Abkühlung des Wassers verhindert wird.

Dezentrale Lösungen für die WW-Bereitung bestehen aus gas- oder stromversorgten Durchlauferhitzern, die als Einzelgeräte beim Nutzer installiert sind. Ihre Vorteile sind der Verzicht auf das WW-Zirkulationssystem und die direkte Messung des Energieverbrauchs, ihre Nachteile die Kosten für die Geräte bei jedem Nutzer und gegebenenfalls die sonst nicht notwendige Installation des Gasnetzes bis in jede Nutzungseinheit. Das ist Gegenstand von Wirtschaftlichkeitsberechnungen.

Als Orientierung für die Planung können folgende Größen der Rohrnenndurchmesser gelten:

Anschlussleitung	DN 25 ... DN 40
Steigleitung	DN 20 ... DN 35
Stockwerksleitung	DN 15 ... DN 25

Für die Anschlussleitungen der einzelnen Sanitärarmaturen sind folgende Rohrnennweiten vorzusehen (DIN 1988):

Auslaufventil	DN 10 ... DN 25
Brause, Spülkasten	DN 15
Druckspüler	DN 15, DN 20
Mischbatterie	DN 15
Haushalt- Geschirrspüler und Waschmaschine	DN 15

Abb. D. 42
System der zentralen Warmwasserbereitung

1 Versorgungsleitung
2 Anschlussleitung
3 Wasserzähleranlage
4 Verteilungsleitung
5 Steigleitung KW
6 Stockwerksleitung WW
7 Zirkulationsleitung
8 Stockwerksleitung KW
9 Stockwerksleitung WW
10 WW-Bereitung

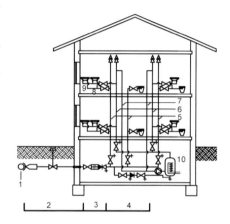

4.4

Sanitäre Einrichtungen

Sanitäre Einrichtungen sind in Gebäuden für den Aufenthalt von Menschen unverzichtbar. Die sanitären Anlagen stehen zwischen Wasserversorgung und Wasserentsorgung und stellen somit praktisch den Übergabepunkt zwischen den beiden Installationssystemen dar:

Wasserversorgung	Wasseranwendung	Wasserentsorgung
Wasserinstallation	sanitäre Einrichtung	Abwasserinstallation

Der größere Teil der mit der Planung sanitärer Einrichtungen zusammenhängenden Fragen ist Bestandteil des Entwurfs. Auf die wichtigsten konstruktiven Fragestellungen für die Einordnung sanitärer Einrichtungen im Gebäude beziehen sich die folgenden Ausführungen.

4.4.1

Sanitärräume

Die sanitären Einrichtungen werden in Sanitärräumen, teilweise auch als Nassräume bezeichnet, angeordnet. Die üblichen Sanitärräume im Wohnbau sind WC, Bad, Küche und Hausarbeitsraum, im Bürobau WC und Teeküchen und bei Produktionsstätten gegebenenfalls Wasch- und Duschräume. Für ihre Einordnung im Gebäude ist eine Reihe von funktionellen, konstruktiven und wirtschaftlichen Bedingungen zu berücksichtigen, die dem Charakter des Bauwerks entsprechen müssen und die entsprechende Zweckmäßigkeit aufweisen. Wichtige Einflussgrößen sind:

– die Anzahl der Nutzer für die Sanitärräume
– die Erschließung der Räume
– konstruktive Vorgaben, wie Größe und Lage von Fenstern und Türen, Ausbildung der Oberflächen, Abdichtungen
– Anforderungen des Schall- und Wärmeschutzes für die Sanitärräume und die benachbarten Räume
– Komfort und Wirtschaftlichkeit
– Heizung und Lüftung.

Lage der Sanitärräume

Um eine zweckmäßige und kompakte Anordnung der Installationen zu erzielen, ist für die Lage der Sanitärräume folgendes anzustreben:

– Sie sollen sie in der Nähe der Vertikalstränge liegen, um möglichst kurze Anbindelängen an die Vertikalerschließung zu erzielen.
– Die Sanitärräume von Wohnungen sollen möglichst von einem Vertikalstrang erschlossen werden.
– Im Geschossbau sollen Sanitärräume weitestgehend übereinander angeordnet sein.
– WC und Bäder erfordern eine ausreichende Be- und Entlüftung. Bei innenliegenden Sanitärräumen lässt sich das nur mit mechanischen Lüftungsanlagen gewährleisten.

Bauliche Anforderungen

– Zugänglichkeit: Türbreite im behindertengerechten Bauen mind. 90 cm, sonst 70 cm
– Oberflächen: Fliesen für Wände und Fußboden im Dünnbett- oder Dickbettverfahren nach Fliesenplan [D. 7] verlegt
– Abdichtungen nach DIN 18 195
– Fußbodeneinlauf: in Wohnungen nicht erforderlich, jedoch empfehlenswert; ansonsten s. Abschn. E. 3.2.4.

Heizung

Als Raumtemperaturen sind nach DIN 12 831 für Küchen 20 °C und für Bäder 24 °C anzusetzen. Für Bäder sind Fußbodenheizungen wegen der höheren Oberflächentemperaturen geeignet. Die Flächen der festen Einbauten (Badewanne, Dusche) sollen von der Flächenheizung nicht belegt werden.

Lüftung

Im Wohnungsbau genügt eine Fensterlüftung über Dreh-Kippflügelfenster, ebenso für kleine Anlagen im Bürobau. Bei höheren Anforderungen (Innenliegende WC und Bäder, Hotels, Versammlungsstätten u. dgl.) muss eine Abluftanlage und in den meisten Fällen eine Zuluftanlage vorgesehen werden.

Schallschutz

Die Strömung von Wasser beim Befüllen oder Entleeren von Einrichtungen, zum Beispiel WC-Spülkasten, und bei der Strömung in den Rohrleitungen erzeugt Geräusche, deren Schallpegel auf fremde ruhebedürftige Räume mit 30 dB(A) und auf Arbeitsräume mit 35 dB(A) nach DIN 4109 begrenzt ist.

4.4.2

Sanitärausstattung und Flächenbedarf

Der Mindestflächenbedarf von Sanitärräumen ergibt sich nach DIN 18 022. Er wird durch die Art und die Anordnung der Einrichtungsgegenstände bestimmt. Im Einzelnen sind zu berücksichtigen:

– die Abmessungen der Sanitärobjekte
– die Bewegungsflächen vor den Sanitärobjekten
– die Abstände zwischen den Sanitärobjekten und von den Wänden.

Die Bewegungsflächen haben eine Tiefe von 75 cm und eine Breite von 80 ... 90 cm. Die Bewegungsflächen für die einzelnen Sanitärgegenstände können sich in Wohnungen überlagern, nicht jedoch in öffentlichen Gebäuden. Die wichtigsten üblichen Sanitärgegenstände, ihre Regelabmessungen und die Einbauhöhen über Fußboden sind folgende (s. auch DIN 18 022):

Ausstattungsgegenstand	Regelgröße		Höhe/cm/ über OKF
	Breite/cm/	Tiefe/cm/	
Einzelwaschtisch	65	55	85
Handwaschbecken	50	40	85
Küchenspüle	85	60	85
Klosett	40	60	40
Sitzwaschbecken	40	65	40
Urinal	40	45	65
Badewanne	170	75	55
Duschwanne	90	90	25

Für die Planung von Sanitärräumen wird auf [D. 11] verwiesen. Zur Planung von behindertengerechten Sanitärräumen wird zusätzlich [D. 12] empfohlen.

4.4.3

Installationstechnik

Im traditionellen Bauen erfolgt die Verlegung der erforderlichen Rohrleitungen in Schlitzen und Aussparungen der Wände. Die im Laufe der Zeit geringer gewordenen Querschnitte der Wände durch bessere Materialien und exaktere Bemessungsverfahren lassen das weitgehend nicht mehr zu. Deshalb erfolgt die Vertikalführung der Installation in gesonderten Schächten vor der tragenden Wand. Von dort werden die Sanitärobjekte angebunden (Abb. **D.43**). Diese Vorwandinstallationstechnik, die sowohl im Neubau als auch bei der Modernisierung von Altbauten weit verbreitet ist, zeichnet sich durch folgende Vorteile aus:

– Es besteht eine klare Trennung zwischen der Tragkonstruktion des Gebäudes und der Ausrüstung.
– Die Anbindung der Installationen der Sanitärobjekte wird oberhalb der jeweiligen Decke geführt. Demzufolge genügt als Eingriff in die Bausubstanz der Deckendurchbruch im Bereich des Vertikalschachtes.
– Der Luftraum zwischen der Vorwand und der tragenden Wand, der von Rohrleitungen und Einbauten nicht in Anspruch genommen wird, wird durch Mineralfasermatten gefüllt. Dadurch entsteht zusätzlicher Brand- und Schallschutz.
– Der Sanitärraum ist von der Installationstechnik weitgehend getrennt, wodurch eine zusätzliche Schalldämmung gegeben ist. Nur über die Rohrleitungen besteht eine Verbindung zum Sanitärraum.
– Reparaturen sind mit vertretbarem Aufwand durchführbar.

Die Vorwandinstallation selbst besteht aus einem ca. 20 cm tiefen Metallgerüst. Dieses bildet an einer Stelle den geschosshohen Vertikalschacht und von daneben die ca. 0,90 bis 1,50 m hohe Vorwand.

Darin sind KW- und WW-Leitungen sowie Abwasserleitung fest installiert. Das Metallgerüst wird mit Gipskartonplatten oder dgl. beplankt und dann mit Fliesen oder Spachtelmasse belegt.

4.5

Abwasserinstallation

Die einwandfreie Ableitung des Abwassers aus Gebäuden und Siedlungen zur Abwasserbehandlung ist von größter Bedeutung für die Hygiene in den Gebäuden und deren Umfeld. Abwässer sind:

– Schmutzwasser aus häuslicher Nutzung
– gewerbliche und industrielle Abwässer
– Fäkalien
– Niederschlagswasser.

Abwasser ist mechanisch, chemisch und bakteriologisch verunreinigt. Es muss daher die jeweils erforderlichen Reinigungsstufen durchlaufen, bevor es in den natürlichen Wasserkreislauf eingeleitet wird bzw. durch Wiederaufbereitung einer erneuten Nutzung zugeführt wird.

4.5.1

Prinzip der Abwasserinstallation

In der kommunalen Infrastruktur sind zwei verschiedene Entwässerungssysteme üblich, an die die Gebäude angeschlossen werden (Abb. **D.44**):

– Mischsystem: gemeinsame Ableitung von Schmutz- und Niederschlagswasser in einem Mischwasserkanal

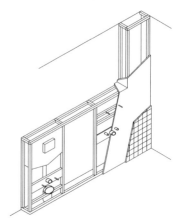

Abb. D. 43
Vorwandinstallation

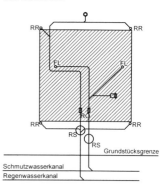

Abb. D. 44
Entwässerung von Grundstücken und Gebäuden

a) Trennsystem

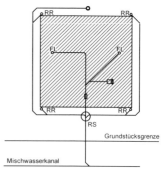

RR Regenfallrohr
FL Fallleitung
RÖ Revisionsöffnung
RS Revisionsschacht

b) Mischsystem

4.5.1 Wasser und Abwasser

– Trennsystem: getrennte Ableitung von Schmutzwasser in einem Schmutzwasserkanal und von Niederschlagswasser in einem Regenwasserkanal.

Innerhalb der Gebäude werden Rohrleitungen für Schmutz- und Niederschlags-Wasser konsequent getrennt.

Aufbau

Die Abwasserinstallation beginnt am jeweiligen Sanitärgegenstand und verläuft über die

– Anschlussleitung
– Fallleitung
– Sammelleitung (für mehrere Fallleitungen, im allg. unter der Kellerdecke)
– Grundleitung (unter der Kellersohle), s. Tab. **D.11**

zum Revisionsschacht und von dort zum Anschlusskanal im öffentlichen Straßenraum (Abb. **D.45**). Die Verbindungen der Rohrleitung sind gas- und wasserdicht auszubilden. Die Rohrleitungen und ihre Verbindungen können auch durch Abwasserhebeanlagen oder durch Rückstau einem Druck ausgesetzt sein und müssen deshalb gegebenenfalls drucksicher ausgebildet werden. Übliche Materialien sind Gusseisen, Kunststoff und Steinzeug, für Regenwasser Blechrohre (Zink, Kupfer, Aluminium) und Kunststoffe.

Abb. D.45
System der Abwasserinstallation

1 Regenfallrohr
2 Einzelanschlussleitungen
3 Lüftungsleitung
4 Fallleitung
5 Revisionsöffnung
6 Grundleitung
7 Revisionsschacht
8 Rückstauebene
9 Schmutzwasserkanal
10 Regenwasserkanal
11 Grundstücksgrenze

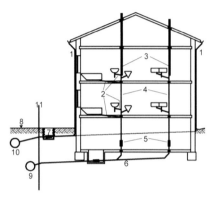

a) ohne Einlauf unterhalb der Rückstauebene

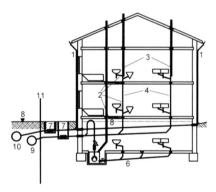

b) Entwässerung tiefliegender Räume (mit Abwasserhebeanlage)

Tabelle D.4.5 Mindestgefälle von Entwässerungsleitungen

Leitungsbereich	Mindestgefälle	Hinweis auf Norm
Unbelüftete Anschlussleitung	1,0 %	DIN EN 12 056-2, Tabelle 5 DIN 1986-100, Abschnitt 8.3.2.2
Belüftete Anschlussleitung	0,5 %	DIN EN 12 056-2, Tabelle 8
Grund- und Sammelleitung		
a) für Schmutzwasser	0,5 %	DIN 1986-100,
b) für Regenwasser (Füllungsgrad 0,7)	0,5 %	Abschnitt 8.3.4/5 DIN EN 12 056-2, Tabelle 8
Grund- und Sammelleitungen DN 90 (Klosettbecken mit V=4,5l bis 6l)	1,5 %	
Grundleitung für Regenwasser außerhalb des Gebäudes (Füllungsgrad 0,7) bis DN 200 ab DN 250	 0,5 %* DN*	DIN 1986-100, Abschnitt 9.3.5.2

* Fließgeschwindigkeit max. 2,5 m/s. Hinter einem Schacht mit offenem Durchfluss kann die Vollfüllung ohne Überdruck bemessen werden.

Geruchsverschluss

Das Rohrsystem steht im Ruhezustand mit dem Straßenkanal in einem Luftverbund. Durch den an jedem Sanitärobjekt vorhandenen Geruchsverschluss (bei WC- und Urinalbecken angeformt, bei Waschbecken, Wannen u. dgl. unmittelbar am Auslauf angebaut), der mit einer Sperrwassermenge gefüllt ist, wird der Austritt von Gasen aus dem Straßenkanal in die Sanitärräume verhindert (Abb. **D.46**).

Oberhalb der höchstgelegenen Ablaufstelle wird die Fallleitung als Luftleitung über Dach geführt (sog. Dunsthaube), um bei Benutzung des Rohrsystems einen Luft- und Druckausgleich mit der Außenluft zu ermöglichen und damit die Funktionssicherheit des Geruchsverschlusses zu erhalten.

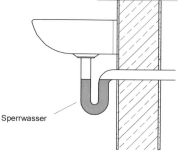

Abb. D. 46
Geruchsverschluss

Sperrwasser

Sicherung gegen Rückstau

Bei lang anhaltenden und extrem intensiven Niederschlägen kann gegebenenfalls das kommunale Netz die anfallenden Wassermengen nicht mehr zügig ableiten. Es entsteht im Rohrleitungssystem ein Rückstau, der auch die tief gelegenen Installationsteile im Gebäude erfasst. Als Rückstauebene wird die Höhe der Straßenoberkante definiert. Dem liegt die Annahme zu Grunde, dass auf der Straßenoberfläche kein nennenswerter Wasserstand entsteht. Bis zu dieser Höhe müssen die Gebäude vor Rückstau geschützt werden. Das erfolgt durch Rückstauklappen, die in der Fließrichtung des rückströmendes Wassers vor der ersten Ablaufstelle (i. Allg. Fußbodeneinlauf im Keller) angeordnet werden müssen. Finden unterhalb der Rückstauebene sanitäre Nutzungen statt, muss der Ablauf des Abwassers über eine Abwasserhebeanlage geregelt werden, die im Fall von rückströmendem Wasser die Sicherung gegen Rückstau darstellt. Das Abwasser aus der Hebeanlage wird oberhalb der Rückstauebene in die Fallleitung oder die Sammelleitung geleitet (Abb. **D.45**).

4.5.2

Ableitung von Niederschlagswasser

Das auf Dächern und befestigten Flächen anfallende Niederschlagswasser muss aufgefangen, vom Dach und den Freiflächen abgeleitet und dann in das kommunale Entwässerungssystem eingeleitet werden. Das gilt auch für „versiegelte" Flächen auf Grundstücken. Die Ableitung des Wassers von Gebäuden und Freiflächen erfolgt üblicherweise in den Regenwasser- oder Mischwasserkanal. Aus wirtschaftlichen Gründen – die kommunalen Netzbetreiber erheben für die Niederschlagswassereinleitung inzwischen erhebliche Gebühren – und aus ökologischen Gesichtspunkten besteht die Tendenz, Niederschlagswasser von Dachflächen und Freiflächen versickern zu lassen und damit unmittelbar eine Anreicherung der Grundwasserleiter zu befördern. Die Entscheidung über die Anwendung von Versickerung hängt von der Dichte der örtlichen Bebauung, den zu versickernden Wassermengen, der zur Versickerung nutzbaren Freifläche und von der Wasseraufnahmefähigkeit bzw. der Durchlässigkeit der vorhandenen Bodenschichten ab. Versickerungen von Regenwasser oder die direkte Einleitung in Vorfluter (Bach, Fluss oder See) bedürfen einer **wasserrechtlichen Erlaubnis** durch die **untere Wasserbehörde**. Regenwasser kann außerdem aufgefangen und als Brauchwasser individuell genutzt werden.

Die mit dem Regenwasser verbundenen Lasten dürfen bei gefällelosen Dächern die statischen Sicherheitsreserven der Dachkonstruktion nicht beanspruchen.

Die Ausbildung der Dachentwässerung wird von folgenden Dingen beeinflusst:

– Lage der Gebäude auf dem Grundstück
– Art der Bebauung (Einzel-, Reihenbebauung)
– Größe und Gestalt des Gebäudes und damit der Dachkonstruktion
– Lage des Regen- oder Mischwasserkanals im öffentlichen Raum.

Bei geneigten Dächern wird zuerst das Abfließen des Regenwassers auf der Dachfläche bestimmt, s. beispielhaft Abb. **D.47**. Aus der vorgesehenen Anordnung der Fallleitungen werden diesen Teilflächen des Daches zugewiesen, mit denen die Bemessung der Leitungen und Rinnen durchgeführt wird. In Abhängigkeit von der Größe des Regenwasserabflusses sowie der gewählten Rinnenquerschnitte und des Abflussvermögens des gewählten Dacheinlaufes erfolgt dann der Nachweis der Ableitung der Regenwassermenge. Da die statistisch gesicherten Regenspenden keine absolute Sicherheit gegenüber noch stärkeren Regenwassermengen bieten, müssen Flachdächer zur Vermeidung von Überlastung durch Stauwasser mit Notüberläufen ausgestattet werden. Die konstruktiven Prinzipien der Wasserableitung von geneigten Dächern und von Flachdächern sind in Abschnitt G behandelt.

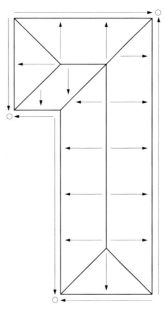

Abb. D.47
Ableitung des Regenwassers von einem geneigten Dach

5
Aufzüge in Gebäuden

Seit jeher stellt der Transport von Gütern für die Menschen eine besondere Herausforderung dar. Es stand dafür auf dem Land und in Gebäuden über Jahrtausende nur die Muskelkraft von Mensch und Tier zur Verfügung. Neben dem Horizontaltransport von Gütern über z.T. sehr große Entfernungen spielte sehr bald der Vertikaltransport zunächst für Baumaterialien zur Errichtung von Gebäuden und Bauwerken eine Rolle. Ein besonders markantes Beispiel für die Bewältigung solcher Aufgaben unter Zuhilfenahme elementarer technischer Hilfsmittel (schiefe Ebene und Hebel) ist der Bau der Pyramiden in Ägypten. Die Erfindung der einfachen Seilrolle und in deren Folge des Flaschenzuges sind Eckpunkte der technischen Entwicklung und führten zu erheblichen Arbeitserleichterungen. In der zweiten Hälfte des 19.Jarhunderts gelang es, die Elektrizität durch Entwicklung des Elektromotors für die Verrichtung mechanischer Arbeit zu nutzen. Damit war die Vorrausetzung für die technische Lösung von Transportaufgaben in Gebäuden geschaffen.

5.1

Allgemeines

Transportanlagen in Gebäuden dienen der Beförderung von Personen und Gütern. Der Vertikaltransport erfolgt maschinell durch Aufzüge und Fahrtreppen, der Horizontaltransport durch Fahrsteige. Darüber hinaus gibt es eine Vielzahl von Sonderanlagen, die im Rahmen dieses Buches nicht behandelt werden können.

Für die Planung von Transportanlagen sind funktionelle Anforderungen aus der Nutzung der Gebäude, technische und funktionelle Bedingungen der Transportsysteme und gestalterische Gesichtspunkte maßgebend. Daraus ergeben sich Forderungen an Entwurf und Baukonstruktion, die in der Objektplanung umgesetzt werden. Die technischen Parameter der Transportanlagen werden durch eine Verkehrsanalyse, die i.d.R. vom Fachplaner für technische Ausrüstung erarbeitet wird, bestimmt. Sie bilden die Anforderungscharakteristik für den Hersteller der Transportanlagen.

Folgende Planungsaufgaben sind zu lösen:

- Einordnung der Transportanlagen in den Gebäudeentwurf
- Berücksichtigung der Lasten aus den Transportanlagen bei der Tragwerksplanung
- geometrisch-konstruktive Detailplanung an den Übergängen zwischen Baukonstruktion und Transportanlagen.

5.2

Aufzüge

Aufzüge werden nach der Art des Antriebes und nach der Art der Nutzung unterschieden.

Für den Antrieb stehen heute zwei Systeme zur Verfügung:

– Treibscheibenaufzug mit elektrischem Antrieb
  bestehend aus Antriebsmaschine, Treibscheibe, Seilgehäuse, Fahrkorb und Gegengewicht
– Hydraulikaufzug
  bestehend aus Hydraulikaggregat, Hydraulikzylinder und Fahrkorb.

Nach der Art der Nutzung ist folgende Einteilung üblich:

– Personenaufzug
– Lastenaufzug
– Kleinlastenaufzug
– Unterfluraufzug
– Bettenaufzug
– Bücheraufzug usw.

Grundsätzlich sind beide Antriebsarten für jede Nutzung anwendbar. Allerdings sind Transportanlagen mit elektrisch angetriebenen Treibscheiben wegen ihrer Flexibilität und der Wirtschaftlichkeit dominierend.

5.3

Treibscheibenaufzug

Treibscheibenaufzüge sind die am häufigsten verwendeten Aufzüge. Sie sind praktisch für jede Situation einsetzbar, in der Höhe sind sie fast unbegrenzt.

Der Antrieb kann verschieden platziert werden [D. 13]:

a) Triebwerksanordnung über dem Schacht
   Das ist die „klassische" Lösung. Der Fahrkorb hängt an der Treibscheibe, die sich im Maschinenraum direkt über dem Schacht befindet. Dieses Konstruktionsprinzip ist unkompliziert und daher technisch optimal. Es erfordert jedoch einen über dem obersten Geschoss liegenden Maschinenraum, der bei Flachdächern über der Dachebene liegt und damit das Erscheinungsbild des Gebäudes beeinflusst.
b) Triebwerksanordnung unten, neben oder hinter dem Schacht
   Der Maschinenraum auf dem Dach wird durch einen Raum in einem unteren Geschoss ersetzt. Dadurch wird die Seilführung komplizierter.
c) Triebwerksanordnung unter der Decke des obersten Geschosses (ohne gesonderten Triebwerksraum)
   Der zwischen Fahrkorbhöhe und Geschosshöhe zur Verfügung stehende Raum wird für die Anordnung der Antriebsmaschine und der Treibscheibe bzw. der Treibwelle genutzt.

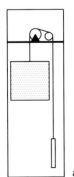 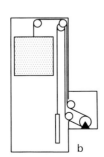 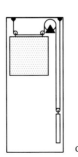

Abb. D. 48
Antriebslösungen für Treibscheibenaufzüge

a Triebwerk über dem Schacht
b Triebwerke unten, neben oder hinter dem Schacht
c Triebwerk im Schacht unter der obersten Geschossdecke

Die wichtigsten Konstruktionselemente und Anlagenteile sind in Abb. **D. 49** dargestellt:

- Schachtgrube (Unterfahrt)
  bestehend aus Bodenplatte und unterem Teil des Fahrschachtes; für Wartung und Reinigung; enthält Aufsetzpuffer für Fahrkorb und Gegengewicht
- Fahrschacht
  besteht in der Regel aus Mauerwerk (d = 24 cm) oder Stahlbeton (d = 15 bis 20 cm); mit Ankerschienen (bauseits) zur Befestigung der Führungsschienen für Fahrkorb und Gegengewicht; Türöffnungen mit Schachttüren
- Schachtkopfdecke
  für Aufnahme der Lasten aus Antriebsmaschine, Fahrkorb und Gegengewicht; Öffnungen für die Seilführung
- Schachtkopf (Überfahrt)
  Raum für Fahrkorbaufhängung und Geschossausgleich
- Triebwerksraum
  Zugänglichkeit der Aufzugsmaschine für Wartung und Reparatur; Montagemöglichkeit für Aufzugsmaschine; Entlüftung; Zugänglichkeit für Personal
- Fahrkorb mit Schachttüren
- Gegengewicht

Masse des Gegengewichtes ist Masse des Fahrkorbes plus der halben Nutzlast.

5.4

Hydraulikaufzug

Hydraulikaufzüge finden zunehmend Verbreitung. Sie sind vor allem für Aufzüge mit geringer Benutzungshäufigkeit, geringen Förderhöhen und für behindertengerechtes Bauen geeignet. Ein bevorzugtes Anwendungsgebiet ist der nachträgliche Ein- oder Anbau bei vorhandenen Gebäuden. Die maximale Förderhöhe liegt bei 30 m.

Als Antriebsarten sind Lösungen nach Abb. **D.50** möglich.

a) Direkter hydraulischer Antrieb
   Das ist die „klassische" Lösung. Der hydraulische Zylinder befindet sich unter dem Fahrkorb. Unterhalb des untersten Haltepunktes muss also der Hubzylinder und seine Gründung untergebracht werden. Das erfordert i. d. R. zusätzlichen baulichen Aufwand, so dass man die Lösungen nach b) oder c) favorisiert.
b) Direkter hydraulischer Antrieb mit seitlichem Hubkolben
   Der Hubkolben ist neben dem Fahrkorb untergebracht. Es kann deshalb auf die Unterbringung des Hubkolbens im Unterbau verzichtet werden. Der Fahrkorb hängt an einer Traverse.
c) Indirekter hydraulischer Aufzug
   Der Hubkolben befindet sich ebenfalls neben dem Fahrkorb. Dieser wird über ein Seil mit einer sich am Hubkolben befindenden Umlenkrolle bewegt.

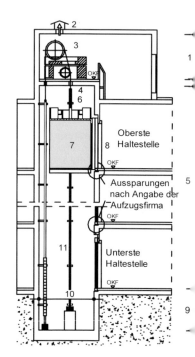

Abb. D.49
Konstruktionsprinzip des Treibscheibenaufzugs

1 Triebwerksraum
2 Lüftungsöffnung im Triebwerksraum
3 Treibscheibe
4 Schachtkopfdecke
5 Fahrschacht
6 Überfahrt
7 Fahrkorb
8 Zugangsöffnung
9 Schachtgrube
10 Schachtbreite/Schachttiefe
11 Führungsschiene

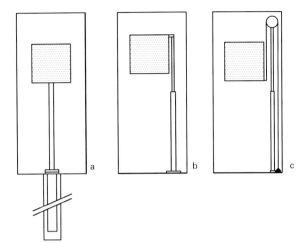

Abb. D.50
Antriebslösung für
Hydraulikaufzüge

a Direkter hydraulischer Antrieb mit zentralem Hubkolben unterhalb des Fahrschachtes
b Direkter hydraulischer Antrieb mit seitlichen Hubkolben und Traverse
c indirekter hydraulischer Antrieb mit seitlichem Hubkolben, Rolle und Tragseil

5.5

Schwerpunkte der Planung

Notwendigkeit von Aufzügen

Die Anzahl der notwendigen Aufzüge, die verkehrstechnische Lage im Gebäude, die Haltepunkte in den Geschossen u.dgl. ergibt sich aus der Funktion und dem Entwurf des Gebäudes. Die Landesbauordnungen schreiben bei Gebäuden mit mehr als fünf oberirdischen Geschossen
Personenaufzüge in ausreichender Anzahl vor. Einer der Aufzüge muss für die Aufnahme von Lasten, Rollstühlen und Krankentragen geeignet sein. Es soll hier ausdrücklich darauf hingewiesen werden, dass die Musterbauordnung den Begriff Vollgeschoss gebraucht, der in den Landesbauordnungen verschieden definiert wird, so dass zwischen den Ländern unterschiedliche Auslegungen möglich sind.

Entwurf

Aufzüge sind ein wesentlicher Gegenstand der Verkehrsplanung im Gebäude. Die Hauptzugangsebene bzw. -ebenen und die Erreichbarkeit des Aufzuges / der Aufzüge bilden eine unmittelbare funktionelle Einheit. Dafür ist eine zentrale Anordnung zweckmäßig. Die erforderliche Anzahl der Aufzüge ergibt sich aus der Verkehrsanalyse. Dieser liegen die Anzahl der zu transportierenden Personen und die Anforderungen an die Förderleistung zu Grunde. Es können bis zu drei Aufzüge in einem Schacht untergebracht werden. Aufzüge sollen möglichst nicht neben Aufenthaltsräumen liegen. Eine günstige Lage entsteht durch die Verbindung zu Treppenhäusern (Sicherheitstreppenhaus) und zu Schächten für die Technikerschließung. Lässt sich das nicht realisieren, so müssen die üblichen Schallschutzforderungen, z.B. an Ruheräume (30 dB(A)) und an Unterrichts- und Arbeitsräumen (35 dB(A)) erfüllt werden.

Größe des Fahrkorbes

Maßgebend für die Größe des Fahrkorbes ist in erster Linie die Zweckbestimmung der Aufzüge. In DIN 15306 sind für Personenaufzüge in Wohngebäuden und in DIN 15309 für Personenaufzüge in Nichtwohngebäuden Aufzugsgrößen einschließlich der wichtigsten technischen Parameter festgelegt, die das Spektrum der üblichen Anforderungen abdecken.

Konstruktive Anforderungen

Die konstruktive Durchbildung des Fahrschachtes unterliegt zahlreichen Anforderungen, die sich in einer Reihe von baulichen Einzelheiten widerspiegeln (s. Abb. **D.51**).

- Triebwerksraum
  Der Triebwerksraum muss vor Witterung geschützt, trocken und belüftet sein. Er muss sicher und ungehindert erreichbar sein. Über dem Triebwerk muss ein freier Raum = 1,4 m vorhanden sein. Decken, Wände und Fußböden müssen aus nicht brennbaren Stoffen bestehen. Die außenliegenden Raumbegrenzungsflächen müssen ausreichend wärmegedämmt sein. Der Triebwerksraum darf nicht als Zugang für andere Räume dienen. Die Abluft anderer Räume darf nicht durch den Triebwerksraum geleitet werden. Für den Austausch von Triebwerksteilen soll an der über dem Triebwerk liegenden Decke eine Montageöffnung vorgesehen werden.
- Fahrschacht
  Die Belastung der Schachtwände besteht in statischen und dynamischen Kräften aus Triebwerksgewicht, Fahrkorbgewicht, Beladung und Gegengewicht. Auf die Schachtsohle wirken die Kräfte aus den Puffern von Fahrkorb und Gegengewicht. Die Wände und die Decke des Fahrschachtes müssen aus nichtbrennbaren Stoffen bestehen und die Qualität F90 haben. Die Übertragung von Feuer und Rauch in den Fahrschacht oder in andere Geschosse muss verhindert werden. Der Fahrschacht ist an der obersten Stelle wirksam zu entlüften. Die Größe der Rauchabzugsöffnung muss 5% der Schachtgrundfläche, mindestens aber 0,20 m² betragen. Im Fahrschacht sind mindestens geschossweise Ankerschienen zu befestigen. An diesen werden von der Aufzugsfirma die Fahrschienen befestigt.
  Für die Schallbelastung der anliegenden Räume gelten die Forderungen nach DIN 4109 und VDI 2566. Luft- und Körperschall entstehen durch die Aufzugsmaschine, durch Bremsen und Beschleunigung, durch Relaisgeräusche im Schaltschrank und durch Öffnen und Schließen der Türen. Grundsätzlich besteht die Möglichkeit, den Fahrschacht durch
    - Fugen zwischen Fahrschacht und umlaufender Decken
    - Anordnung untergeordneter Räume um den Fahrschacht
    - Aufbau einer zweiten Wandscheibe, um den Schacht mit Fuge zwischen Schachtwand und Wand zu den Räumen in den Geschossen schalltechnisch von den übrigen Konstruktionen abzukoppeln.
- Schachtgrube
  Die Schachtgrube (sog. Unterfahrt) wird für die Anordnung der Aufsetzpuffer für den Fahrkorb und das Gegengewicht vorgesehen. Bei Erfordernis kann die Schachtgrube durch eine seitliche Tür zugänglich gemacht werden.

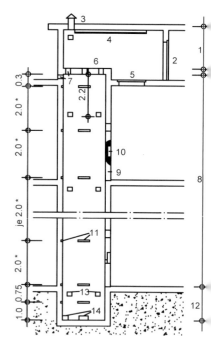

Abb. D.51
Bauelemente des Aufzugsschachtes

1 Triebwerksraum
2 Zugang Triebwerksraum
3 Lüftungsöffnung im Triebwerksraum
4 Montageträger
5 Montageluke
6 Schachtkopfdecke
7 Rauchabzugs- und Lüftungsöffnung im Fahrschacht
8 Fahrschacht
9 Zugangsöffnung
10 Aussparung für Außensteuertafeln
11 Ankerschienen für die Befestigung der Führungsschienen
12 Schachtgrube
13 Halterung für Rüstböcke
14 Aufsetzsockel
* Bei großen Hubhöhen in Anpassung an die Normallängen von Führungsschienen (5,0 m) Abstände bis 2,5 m

5.6

Vorschriften

Neben dem bereits aufgeführten Normen für Schallschutz und Brandschutz gibt es eine Reihe von Vorschriften, die für die Konstruktion und Planung der Aufzüge, ihren Einbau, die Nutzung und Betreibung maßgebend sind. Die Aufzugsordnung trifft Regelungen für die Errichtung und das Betreiben von Aufzügen, also die Anzeigepflicht, die Abnahmeprüfung, die Haupt- und Zwischenprüfungen, den Betrieb und die Überwachung.

Die europäischen Aufzugsrichtlinien (95/16 EG) werden in der 12. Verordnung zum Gerätesicherheitsgesetz (GSGV) in deutsches Recht umgesetzt. Dieses regelt den Einsatz von Aufzügen für Gebäude sowie dort verwendete Sicherheitsbauteile.

Weiterhin unterliegen Aufzüge der Europäischen Maschinenrichtlinie (98/37 EG). Sicherheitstechnische Regeln für die Konstruktion, die Errichtung und den Betrieb der Aufzüge sind in EN 81 geregelt.

Dieser Komplex von Vorschriften ist ein Hinweis auf die technische, vor allem die sicherheitsrelevante Spezifik der Aufzugsanlagen. Die darin enthalten Forderungen berücksichtigen die notwendigen engen Abstimmungen zwischen der Bautechnik und der Anlagentechnik sowie den notwendigen Regelungsbedarf in größer werdenden internationalen Wirtschaftsmärkten.

6
Leitungsführung im Gebäude

6.1

Allgemeines

Der charakteristische Aufbau der technischen Systeme im Gebäude besteht aus den Anlagenteilen

ZENTRALE – VERTEILUNG – ANWENDUNG.

Bei kleineren Gebäuden wird i. d. R. ein unmittelbarer räumlicher Zusammenhang zwischen Hausanschluss und Technikzentrale vorgesehen (s. Abb. **D.52**). Kleine Gebäude verfügen über einen sog. Hausanschlussraum, in dem die Medien der kommunalen Versorgung dem Nutzer zur Verfügung stehen (s. Abb. **D.53**). Lediglich gasbefeuerte Dachheizzentralen weichen davon ab wegen der kürzeren Abgasanlagen.

Größere Gebäude, vor allem im Gesellschafts- und Sozialbau, haben einen höheren Leistungsbedarf und differenziertere Anforderungen. Deswegen werden separate Technikanlagen in den Untergeschossen, dem Dachgeschoss und gegebenenfalls auch in Zwischengeschossen angeordnet. Tabelle **D.12** zeigt eine Übersicht über die Systematik der wichtigsten technischen Systeme. Aufzüge und Fahrtreppen für die Vertikalerschließung und Fahrsteige für die Horizontalerschließung im Gebäude sind darin nicht enthalten, da sie wegen ihrer Dimension ohnehin ein bestimmendes Element des Entwurfs sind.

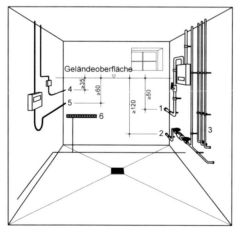

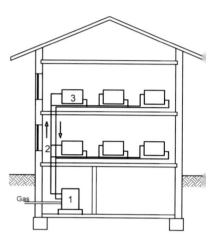

Abb. D.52
Schema eines gebäudetechnischen Systems

1 Zentrale
2 Verteilung
3 Anwendung/Übergabe

Abb. D.53
Hausanschlussraum

1 Gasleitung mit Hauptabsperreinrichtung und Gaszähler
2 Wasserleitung mit Wasserzählergarnitur
3 Heizungs- und Warmwasserleitungen
4 Telekommunikation
5 Starkstromkabel mit Hausanschlusskasten
6 Potenzialausgleichsschiene mit Fundamenterder und Anschlüssen für Installationen

Mindestabmessungen des Hausanschlussraumes:

L ≥ 200 cm
B ≥ 180 cm
H ≥ 200 cm

Es muss beachtet werden, dass praktisch jedes technische System – sofern es nicht ein Elektro-System an sich ist – zusätzlich einen Elektroanschluss für In- und Außerbetriebnahme, für den laufenden Betrieb und die Regelung benötigt. Für Gebäude mit besonderer Nutzung, wie zum Beispiel Gebäude des Gesundheitswesens, der Mikroelektronik, Laborgebäude u. dgl. ergeben sich auf Grund ihrer spezifischen Anforderungen aus der Hygiene, der Technologie, des Sicherheitsbedürfnisses u. a. zusätzliche Leitungssysteme, die über die in den vorausgehenden Abschnitten behandelten Aufgaben hinausgehen.

7.1 Leitungsführung im Gebäude

Tabelle D.12 Prinzipieller Aufbau der wichtigsten Techniksysteme

lfd. Nr.	System	Zentrale	Verteilung	Anwendung
1	2	3	4	5
1	Kaltwasser	Wasserzählergarnitur	Verteilungsleitung Steigleitung Geschossanschlussleitung	Auslaufventil in Verbindung mit Sanitärobjekt
2	Warmwasser a) zentral	WW-Speicher i. Verbindung mit Heiz-System	WW-Verteilungsleitung WW-Steigleitung WW-Anschlussleitung Zirkulationsleitung	Auslaufventil in Verbindung mit Sanitärobjekt
	b) dezentral			WW-Bereiter Elektro: o. Gas
3	Abwasser	Schacht am Gebäude	Anschlussleitung Fallleitung Grundleitung	Sanitärobjekte (Waschtisch, Ausguss, Dusche, Wanne, WC, Urinal, Bidet, Waschmaschine, Geschirrspüler)
4	Regenwasser	Schacht am Gebäude	Fallleitung Grundleitung	Dachrinne, Dacheinläufe, Einläufe in Freiflächen

5	Heizung
	a) Einzelheizung
				Heizgerät für
				  feste Brennstoffe
				  Gas
				  elektr. Strom
				Rauchgasschornstein
				Abgasanlage

	b) Zentralheizung (Wasser-)	Heizraum mit Kessel für feste Brennstoffe, Öl oder Gas; Bevorratung für feste Brennstoffe und Öl; Hausanschlussstation für Fern- u. Nahwärme	Heizwasserverteilung, Vorlauf- und Rücklaufleitung	Heizkörper Flächenheizung – Rohrsystem in Fußboden und Wand
	c) Zentralheizung (Luft-)	s. b) Wärmerückgewinnung	Luftkanalsystem für Zuluft und Abluft	Luftdurchlässe Abluftöffnungen
6	Kühlung, a) Luftkühlung	Kühlgerät	Luftkanalsystem für Zuluft und Abluft	Luftdurchlässe Abluftöffnungen
	b) Flächenkühlung	Kühlgerät	Kühlwasserverteilsystem mit Vor- und Rücklauf	Rohrsystem in Decken- und Wandflächen
7	Starkstrominstallation	Hausanschlusskasten mit Hauptverteiler	Hauptleitung Zählerschrank Drehstromleitung Stromkreisverteiler Stromkreisleitung	Steckdosen Brennstellen Bedienelemente
8	Automatische Feuerlöschanlage (Wasser)	Löschwasserbehälter Pumpensatz	Rohrleitungssystem	Sprinklerköpfe
9	Entrauchung	Entrauchungsventilator auf dem Dach od. im DG	Entrauchungskanäle	Rauchabsaugöffnungen

6.2

Erschließungsformen

Die Versorgung jedes Raumes im Gebäude mit dem ihm eigenen Bedarf an Technik erfordert ein zweckmäßiges geometrisches System für die Vertikal- und Horizontalerschließung. Dieses System soll folgenden hauptsächlichen Anforderungen entsprechen:

Die Leitungsführung soll i. d. R. „hinter" den konstruktiven Elementen der Baukonstruktion und des bautechnischen Ausbaus geführt werden. Durchdringungen der Tragkonstruktion sollen soweit als möglich vermieden werden.
Aus wirtschaftlichen und energetischen Gründen soll die gesamte Leitungslänge möglichst gering sein.
Für die Durchführung von Inspektionen und Reparaturen müssen die Leitungen zugänglich und kontrollierbar untergebracht werden.

Die Gebäudestruktur und die Gebäudeform sind für die Art der technischen Erschließung entscheidend.

Bei mehr- und vielgeschossigen Gebäuden mit punktförmigem Grundriss erfolgt die Erschließung ausgehend von den Technikräumen zuerst vertikal in Schächten. In den Geschossen erfolgt eine horizontale Verteilung (s. Abb. **D.54**).

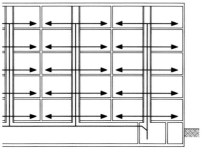
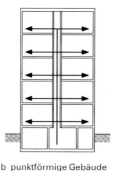

Abb. D.54
Technische Erschließung von Gebäuden

a linienförmige Gebäude

b punktförmige Gebäude

Installationsebenen

▭ Deckenebene für Beleuchtung, Lüftung und Löschwasser

▭ Brüstungsebene für Elektro- und Medieninstallation

▭ Fußbodenebene für Elektro, Heizung und Lüftung

Dafür kommen drei Ebenen im Geschoss in Betracht:
- oberhalb der Decke im Fußbodenbereich, besonders für Elektro- und Heizungsverteilung
- im Brüstungsbereich, vor allem für Elektroinstallation bei Bürogebäuden
- unterhalb der Decke, besonders für Zuluft, Abluft, Beleuchtung und Brandschutzeinrichtungen.

Bei Gebäuden mit einer ausgeprägten linearen Form erfolgt i. d. R. im untersten Geschoss eine Leitungsverteilung der Medien, an die sich vertikale Stränge an sogenannten Steigepunkten anschließen. Dann erfolgt in den Geschossen in der Umgebung der Vertikalstränge nach o. g. Prinzipien die Horizontalverteilung.

Aus Gründen der Zweckmäßigkeit setzt sich immer mehr die Tendenz durch, die mit Wasserzuführung und Abwasserableitung verbundenen Sanitärräume konzentriert in der Nähe der Vertikalerschließung anzuordnen. Das hat den Vorteil kurzer Anschlusslängen, gibt die Möglichkeit, mehrere Sanitärbereiche über einen Vertikalstrang zu erschließen und ermöglicht es, die mit Gefälle versehenen Anschlussleitungen für Abwasser oberhalb der Decke bis zur Fallrohrleitung zu führen (s. auch Abschnitt D.4).

Bei Skelettbauten ist es zweckmäßig, die aus statischen Gründen erforderlichen Stabilisierungskerne, die i. d. R. zur vertikalen Verkehrserschließung durch Aufzüge und Treppenhäuser genutzt werden, auch zur Vertikalerschließung für die technischen Medien und die Sanitärräume heranzuziehen. Abb. **D.55** zeigt diese Lösung am Beispiel eines Bibliotheksgebäudes in Cottbus (Architekt Herzog & de Meuron, Basel).

6.3

Einordnung der Installationen in die Baukonstruktion

Die Einordnung von Installationen in das konstruktive Gefüge der Gebäude wird durch Bedingungen der Statik und Festigkeit und durch Forderungen des Schall- und Wärmeschutzes, vor allem aber des Brandschutzes bestimmt.

Rohrleitungen

Es bestehen differenzierte brandschutztechnische Forderungen für:
- Rohrleitungen für nichtbrennbare Flüssigkeiten, Gase oder Stäube
  - Rohrleitungen und ihre Dämmstoffe aus nichtbrennbarem Material dürfen offen verlegt werden.
  - Rohrleitungen und ihre Dämmstoffe aus brennbarem Material müssen in Schlitzen von massiven Wänden, die mit 15 mm dickem mineralischen Putz auf nichtbrennbarem Putzträger oder mit Platten aus mineralischen Baustoffen gleicher Stärke verschlossen sind, oder in Installationsschächten verlegt werden.
- Rohrleitungen für brennbare Flüssigkeiten, Gase und Stäube
  - Diese Rohrleitungen müssen einschließlich ihrer Dämmstoffe aus nicht- brennbarem Material bestehen.
  - Die Rohrleitungen müssen mit 15 mm Putzüberdeckung versehen sein oder in Installationsschächten geführt werden.

Installationsschächte, Installationskanäle und Unterdecken

Im Neubau und bei der Instandsetzung vorhandener Gebäude werden zur Vertikalerschließung der Gebäude heute fast ausschließlich Installationsschächte angewendet. Die Größe der Installationsschächte ist abhängig von der Art der darin zu führenden Medien, der Anzahl der Leitungen und Kanäle und deren einzelnen Dimensionen. Die Zugänglichkeit jeder einzelnen Leitung für Wartung und Reparatur muss gewährleistet sein. Für die Schachtabmessungen ist weiterhin die erforderliche Dämmschichtdicke jeder einzelnen Rohrleitung bzw. der Luftkanäle von Bedeutung.

Abb. D.55
Verbindung von vertikaler Verkehrs- und Technikerschließung (Beispiel: Bibliothek der BTU Cottbus; Architekten Herzog & de Meuron, Basel)

1 Fluchttreppe
2a Benutzeraufzug
2b Personal- und Feuerwehraufzug
2c Bücherlift
3 Schornstein BHKW und Kessel
4 Treppenvorraum
5a WC Herren
5b WC Damen
6 Entrauchung
7a Installationsschacht für Heizung und Kälte
7b Lüftungsinstallation
7c Reinigung
7d Wasser- und Abwasserinstallation
8 Elektroinstallation
9 Niederschlagswasser

Übersicht

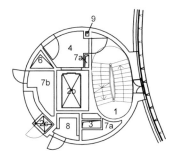

Schacht Ost

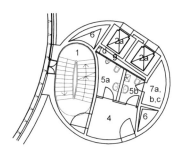

Schacht West

Tabelle **D.10** enthält die Mindestdicken der Dämmschichten zur Begrenzung der Wärmeabgabe von Wärmeverteilungs- und Warmwasserleitungen nach der Energieeinsparverordnung. Für Abwasserleitungen ist gegebenenfalls eine Dämmung aus Schallschutzgründen und für Luftleitungen und -kanäle eine Bekleidung aus Brandschutzgründen vorzusehen. Kaltwasserleitungen sollen wegen der Vermeidung von Tauwasserniederschlag auf Grund von kondensierendem Wasserdampf und der unerwünschten Erwärmung des Trinkwassers durch die Wärmeabgabe anderer Leitungen im Schacht ebenfalls gedämmt werden (s. Tabelle **D.9**). Abb. **D.56** gibt Anhaltswerte für den Platzbedarf von Installationsschächten bei unterschiedlicher Leitungsbelegung. Die gleichen Überlegungen gelten für Unterdecken, für die in Abb. **D.56** eine mögliche Belegung dargestellt ist.

Abb. D.56
Installationsschächte mit verschiedener Belegung

	Heizungsvorlauf	Heizungsrücklauf	KW-Steigleitung	WW-Steigleitung	WW-Zirkulationsleitung	SW-Fallrohr	Gasleitung	Raumentlüftung
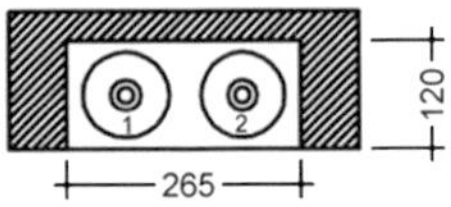 265 × 120	1	2						
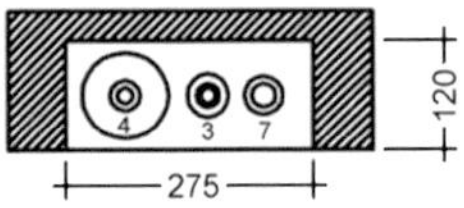 275 × 120			3	4			7	
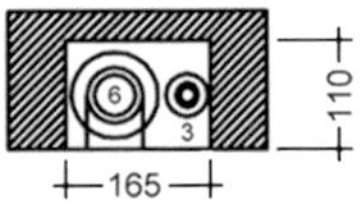 165 × 110			3			6		
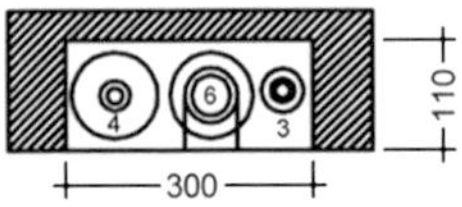 300 × 110			3	4		6		
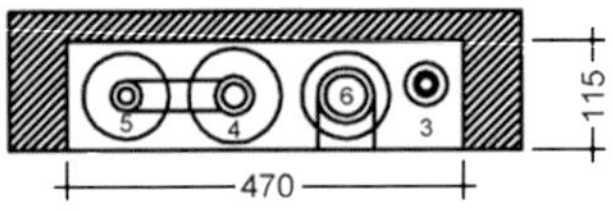 470 × 115			3	4	5	6		
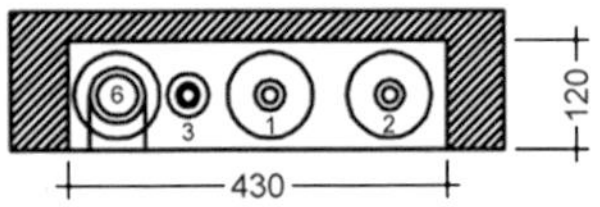 430 × 120	1	2	3			6		
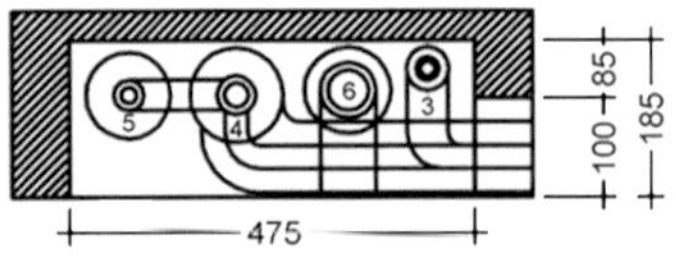 475 × 185			3	4	5	6		
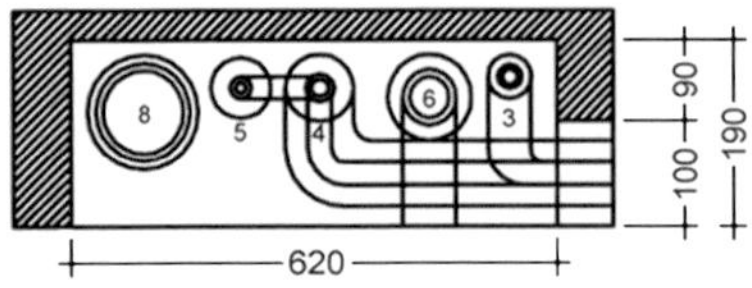 620 × 190			3	4	5	6		8

Im Wohnungsbau werden häufig Installationsschächte in Trennwände zwischen Küche und Bad oder zwischen Küche und Flur integriert. Bei technisch hoch ausgestatteten Gebäuden werden bei Bedarf für einzelne Medien getrennte Schächte vorgesehen, zum Beispiel Trennung von Elektroinstallation, wasserführenden Leitungen und Zu- oder Abluftleitungen. Für die Befestigung der Rohrleitungen an Wänden und Decken werden schalldämmende Befestigungsschellen verwendet.

Die durchgehenden Schächte müssen Brandschutzanforderungen erfüllen. Sie dürfen Feuer und Rauch nicht von Geschoss zu Geschoss übertragen. In der Muster-Leitungsanlagen-Richtlinie [D. 14], die von den Bundesländern bereits eingeführt ist oder deren Einführung bevorsteht, wird empfohlen, dass die Schachtbegrenzungen die gleichen Forderungen erfüllen müssen, die an die jeweiligen Decken gestellt werden. Für die Vertikalerschliessung kommen zwei Lösungen in Betracht (s. Abb. **D.58**):

a) Der Schacht wird als selbständiger Brandabschnitt definiert. Die Schachtwand und die Durchdringungen der Schachtwand in die Etage müssen dementsprechend ausgebildet werden.
b) Der Schacht wird etagenweise in Höhe der Decke abgeschottet. Damit werden die Brandschutzanforderungen an die jeweiligen Deckendurchführungen gestellt.

Rohr- und Kanaldurchführungen durch Wände und Decken

Rohrleitungen und Luftkanäle können durch Brandwände und feuerbeständige Wände und Decken hindurchgeführt werden, wenn die Übertragung von Feuer und Rauch nicht zu befürchten ist bzw. wenn Vorkehrungen dagegen getroffen worden sind. Für Rohrleitungen bedeutet das die Durchführung durch feuerbeständige Abschottungen (s. Abb. **D.59**). Bei Luftkanälen kann der Übertragung von Feuer und Rauch in andere Brandabschnitte durch den Einbau von Brandschutzklappen oder die vollständige Ummantelung der Luftkanäle mit feuerbeständigem Material begegnet werden (s. Abb. **D.60**).

Aussparungen

Trotz der eingangs gemachten Ausführungen über die Problematik der Anordnung vertikaler Stränge in Wänden ist die Durchführung von Rohrleitungen und Kabeln durch Wände und Decken und eine Verlegung in Schlitzen häufig unvermeidlich. Dazu werden spezielle Schlitz- und Durchbruchspläne im Maßstab 1 : 50 angefertigt. Sinnbilder für Aussparungen enthält DIN 1356-1. Die Höchstmaße der ohne gesonderten statischen Nachweis zulässigen Schlitze und Aussparungen in tragenden Wänden ist in DIN 1053-1 angegeben (s. Abb. **D.61**):

Technikzentralen

Die Größe von Technikzentralen für hochausgestattete Gebäude ist hinsichtlich Fläche und Höhe im Planungsprozess frühzeitig von Bedeutung. Wenn größere Luft- und Klimaanlagen erforderlich sind, ist die übliche Geschosshöhe meistens nicht mehr ausreichend. Daraus ergeben sich weitreichende Konsequenzen für die Anordnung der Räume.

Abb. D. 57
Installationen in Unterdecken

1 Flurwand
2 Rohdecke
3 Unterdecke – F 30
4 Einbauten in Unterdecke (zum Beispiel Öffnungen, Lampen und Lautsprecher)
5 Elektroinstallationen
6 Rohrleitung mit Dämmung
7 Luftkanal mit Brandbeanspruchung
8 Stahltraverse
9 Sicherheitsbefestigung
10 metallische Abhängung

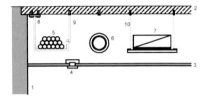

In Abhängigkeit von der erforderlichen Leistung bzw. Dimensionierung sind eine Reihe von Technikkomponenten für den Platzbedarf maßgebend:

- Wärmeübertragerstationen für Heizung und Trinkwassererwärmung
- Wärmeerzeugeranlagen für Heizung und Trinkwassererwärmung
- Warmwasserspeicher
- Raumlufttechnische Anlagen (Luft-, Teilklima- und Klimaanlagen)
- Absorptionskältemaschinen
- Rückkühlwerke
- Wärmepumpen/Kompressionskälteanlagen
- Löschwasserbehälter
- Netzersatzanlagen für Notstromversorgung
- Starkstromanschluss und -verteilung
- Zählerplätze

Aus der Individualität der technischen Lösung ergibt sich die Notwendigkeit einer korrekten Planung der Technikzentralen. In [D. 8] sind für große Anlagen Angaben für den Raumbedarf zusammengestellt.

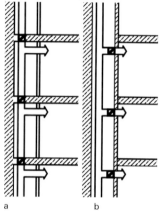

Abb. D.58
Brandschutz bei Installationsschächten mehrgeschossiger Gebäude

a Zuordnung Installationsschacht zu Geschossbereich
b Installationsschacht als eigener Brandabschnitt
☑ Brandschutzklappe

Abb. D.59
Führung von Rohrleitungen durch Decken

	Brennbare und nichtbrennbare Rohre $d < 32$ mm	Nichtbrennbare Rohre $d = 32 \ldots 160$ mm	Brennbare Rohre $d = 32 \ldots 160$ mm
	Schallschutz		
	Wärmeschutz		
	Thermische Beweglichkeit		
	Brandschutz/R 90-Durchführung	Brandschutz/R 90-Durchführung und Rauchgasdichtheit	
	Brandklasse B 2	Brandklasse A 1	Brandklasse B 2
			Durchführungssystem mit gesonderten Zulassungen
Dicke der Mineralfaser			
– Warmwasser	$s \geq 50\,\%$ von d		
– Heizung	$s \geq 50\,\%$ von d		
– Kaltwasser	s nach DIN 1988		
– Abwasser	–	$s \geq 30$ mm	$s \geq 4$ mm + Durchführungssystem

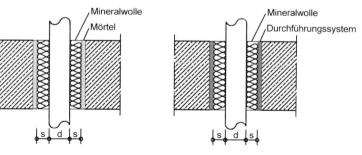

6.3 Leitungsführung im Gebäude   D

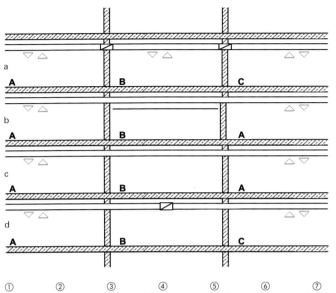

Abb. D.60
Führung von Luftkanälen durch Brandabschnitte (nach Promat)

a Brandschutzklappen K 90 in beiden Brandwänden
b Abgrenzug des Luftkanals durch eine Unterdecke der Qualität F 90
c Aufwertung des Luftkanals oder seiner Ummantelung zur Qualität L 90
d Luftkanal L 90 und Brandschutzklappen K 90

A, B, C   Brandabschnitte

Abb. D.61
Schlitze und Aussparungen in tragenden Wänden (nach DIN 1053-1)

①	②		③	④	⑤	⑥	⑦	⑧	⑨	⑩
Wanddicke	Horizontale und schräge Schlitze[1] nachträglich hergestellt			Vertikale Schlitze und Aussparungen nachträglich hergestellt			Vertikale Schlitze und Aussparungen (in gemauertem Verband)			
	Schlitzlänge			Tiefe[4]	Einzelschlitzbreite[5]	Abstand von Öffnungen	Breite[5]	Restwanddicke	Mindestabstand der Schlitze und Aussparungen	
	unbeschränkt Tiefe[3]	≤ 1,25 m lang[2] Tiefe							von Öffnungen	untereinander
≤ 115	–		–	≤ 10	≤ 100	≤ 115	–	–	≤ 2-fache	Schlitzbreite
≤ 175	0		≤ 25	≤ 30	≤ 100		≤ 260	≤ 115	Schlitz-	
≤ 240	≤ 15		≤ 25	≤ 30	≤ 150		≤ 385	≤ 115	breite	
≤ 300	≤ 20		≤ 30	≤ 30	≤ 200		≤ 385	≤ 175	bzw.	
≤ 365	≤ 20		≤ 30	≤ 30	≤ 200		≤ 385	≤ 240	≤ 240	

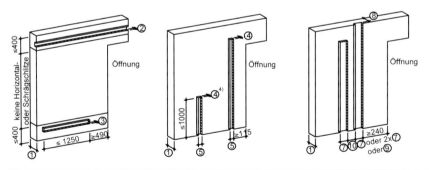

[1] Nur zulässig in einem Bereich ≤ 0,4 m ober- und unterhalb der Rohdecke sowie jeweils an einer Wandseite. Sie sind nicht zulässig bei Langlochziegeln.
[2] Mindestabstand in Längsrichtung von Öffnungen ≥ 490 mm, vom nächsten Horizontalschlitz nzweifache Schlitzlänge.
[3] Bei Verwendung von Werkzeugen, mit denen die Tiefe genau eingehalten werden kann, darf die Tiefe um 10 mm erhöht werden. Bei Verwendung solcher Werkzeuge dürfen auch in Wänden ≥ 240 mm gegenüber liegende Schlitze mit jeweils 10 mm Tiefe ausgeführt werden.
[4] Schlitze die bis maximal 1 m über den Fußboden reichen, dürfen bei Wanddicken ≥ 240 mm bis 80 mm Tiefe und 120 mm Breite ausgeführt werden.
[5] Die Gesamtbreite von Schlitzen nach Spalte 5 und 7 darf je 2 m Wandlänge die Maße in Spalte 7 nicht überschreiten. Bei geringen Wandlängen als 2 m sind die Werte in Spalte 7 proportional zur Wandlänge zu verringern.

6.4

Besonderheiten der Elektroinstallation

Die Versorgung von Gebäuden mit Elektroenergie ist die Voraussetzung für ihre zweck- und funktionsgerechte Nutzung. Die Versorgungssicherheit und die Gefahrlosigkeit der Stromversorgung haben höchste Priorität.

In Gebäuden ist Elektroenergie erforderlich für:

– Beleuchtung
– Verrichtung mechanischer Arbeit (Antrieb von Maschinen, Pumpen usw.)
– Erwärmung und Kühlung von Räumen
– Bereitung von Warmwasser
– Kühlung von Lebensmitteln und Bereitung von Speisen
– Erzeugung und Übertragung von Informationen
– Regeln, Steuern und Überwachen technischer Systeme
– Antriebsenergie für technische Systeme.

Der vergleichsweise geringe Querschnitt der Elektrokabel ermöglicht es, diese in flachen Wandschlitzen für die Vertikalerschließung und in flachen Kanälen auf oder unterhalb der Deckenkonstruktion für die Horizontalerschließung unterzubringen. Erst bei hoch ausgestatteten Gebäuden mit hohem Regelungsbedarf entstehen durch die Anzahl der Kabel sog. Kabelbäume, die dann in brandbeständigen Kanälen geführt werden.

Das Elektrosystem von Gebäuden besteht aus (s. Abb. **D.62**):

– dem Hausanschluss
– den Zählerschränken oder -tafeln
– den Stromkreisverteilern in den Funktionsbereichen bzw. Wohnungen
– den zugeordneten Stromkreisen.

Die Stromversorgung der einzelnen Räume wird durch Schalter, Anschlüsse für Lampen und durch Steckdosen aktiviert. Dafür und für die zugehörige Kabelverlegung gibt es ein geometrisches Ordnungssystem. Die Lage der vertikalen und horizontalen Kabeltrassen und der Schalter und Steckdosen ist in Abb. **D.63** für Räume ohne horizontale Arbeitsflächen und in Abb. **D.64** für Räume mit horizontalen Arbeitsflächen angegeben.

An den verschiedenen metallischen Leitungssystemen innerhalb des Gebäudes entstehen unterschiedliche elektrische Ladungen. Durch eine metallische Verbindung zwischen diesen Leitern können diese Spannungsdifferenzen ausgeglichen werden. Das bezeichnet man als Potenzialausgleich. Man verwendet dafür die Potenzialausgleichsschiene, die an den Fundamenterder angeschlossen und somit geerdet wird (s. Abb. **D.65**). Die Potenzialausgleichsschiene befindet sich i. d. R. im Hausanschlussraum.

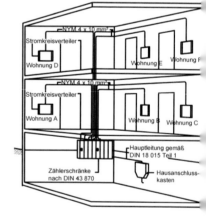

Abb. D. 62
Zentralverteilung für ein Mehrfamilienhaus

6.4 Leitungsführung im Gebäude

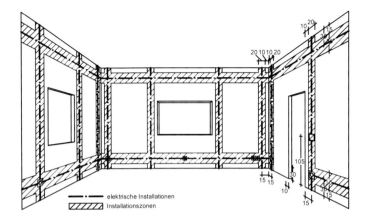

Abb. D.63
Installationszonen für Räume ohne horizontale Arbeitsflächen

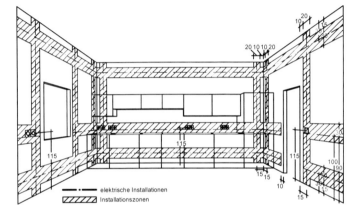

Abb. D.64
Installationszonen für Räume mit horizontalen Arbeitsflächen

Abb. D.65
Fundamenterder und Potenzialausgleich
 1 Abstandshalter
 2 Fundamenterder
 3 Potenzialausgleichsschiene
 4 Gasleitung
 5 Wasserleitung
 6 Abwasserrohr
 7 Antennenanlage
 8 Heizungsinstallation
 9 Fernmeldeanlage
 10 Trennstelle
 11 Äußere Ableitung

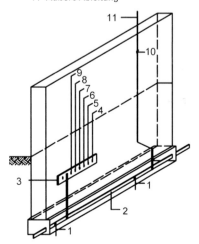

Funktionssicherheit von elektrischen Anlagen im Brandfall

Sog. sicherheitsrelevante elektrische Anlagen müssen im Brandfall zum Zweck der Alarmierung und Evakuierung von Personen und zur Sicherung von bestimmten technischen Funktionen, z. B. Entrauchung und Beleuchtung, weiterhin betrieben werden können. Dieser Funktionserhalt der elektrischen Anlagen erfordert eine Funktionserhaltsklasse E 90 oder E 30 nach DIN 4102, Teil 12 oder die Verlegung der Leitungen auf der Rohdecke unter einem Estrich von mindestens 30 mm Dicke.

Ein Funktionserhalt von 90 Minuten gilt für:

– Wasserdruckerhöhungsanlagen für Löschwasserversorgung
– Maschinelle Rauchabzugsanlagen und Rauchschutzdruckanlagen
– Feuerwehraufzüge und Bettenaufzüge in Krankenhäusern

Ein Funktionserhalt von 30 Minuten gilt für:

– Sicherheitsbeleuchtung
– Personenaufzüge
– Brandmeldeanlagen
– Alarmierungsanlagen für Personen
– Natürliche Rauchabzugsanlagen.

E Wände

1 Vorbemerkung 357
2 Statische Anforderungen 358
3 Bauphysikalische
  Anforderungen 372
4 Außenwandkonstruktionen 421
5 Innenwandkonstruktionen 461

Wände

1
Vorbemerkung

Wände begrenzen Raum, Lebensraum von Menschen. Menschliches Wohlbefinden ist naturgemäß unter freiem Himmel, im Wald, an der See oder im Gebirge besonders gut. Die Stimulantien des natürlichen Klimas wie sauerstoffreiche Luft, Verdunstungsfeuchte, Strahlungswärme der Sonne, elektromagnetisches „Klima" (Atmospherics) [D.15] und Temperatur- und Lichtwechsel kommen in Gebäuden nur abgeschwächt zur Wirkung.

Das künstliche Klima in Innenräumen sollte behaglich, gesund und hygienisch sein. Gebäude schützen vor unerwünschten außenklimatischen Einflüssen, schirmen aber auch positive klimatische Wirkungen ab.

Senkrechte Wände liegen gut im visuellen Wahrnehmungsfeld. Sie waren seit jeher auch eine bevorzugte Gestaltungsaufgabe und bestimmend für das äußere Erscheinungsbild von Gebäuden wie auch von Innenräumen (Abb. **E.1** und **E.2**).

Das hochdeutsche Wort *Wand* ist über das althochdeutsche *want* vom indogermanischen *uonedh* herzuleiten. Letzteres bedeutet: Geflecht, das mit Lehm bestrichen wird. Auch die sprachliche Verwandtschaft zu Gewand, wenden und Leinwand vertieft diesen Zusammenhang. Wand ist demnach ein Begriff des urtümlichen Holzskelettbaus.

Abb. E.1
Gestaltung von Wänden.
Westfassade der Klosterkirche Maursmünster (12. Jh.) [E.2]

Abb. E.2
Gestaltung von Wänden.
Innenraum der Medici-Kapelle in San Lorenzo, Florenz, von Michelangelo (um 1530) [E.3]

2
Statische Anforderungen

(siehe auch Abschnitte B.3, 4.4, 5.3, 6.4, 7.3)

2.1

Allgemeines

Man unterscheidet *tragende* und *nichttragende* Wände. Tragende Wände ihrerseits können folgende statische Funktionen haben:
- Aufnahme von Vertikallasten (zum Beispiel Deckenlasten)
- Aufnahme von Horizontallasten (zum Beispiel Wind- oder Erddruck, mit Scheiben- und/oder Plattenwirkung)
- Aussteifung anderer tragender Wände gegen Knicken.

Auch eine *aussteifende* Wand wird als tragende Wand bezeichnet [D.1, Abschnitt C.2]. Bei Außenwänden sind meist beide Lastfälle (Vertikal- und Horizontallasten) zu berücksichtigen.

Wände in Skelettbauten (vgl. Abschnitt B.2.1 haben in der Regel nur ausfachende bzw. raumabschließende Funktion. Allenfalls dienen sie als lotrechte Scheiben der Aussteifung der Konstruktionen. Wände in Massivbauten sind darüber hinaus immer auch Bestandteile des Gesamttragwerks. Wirtschaftlichkeit, aber auch konstruktive Problematik liegen bei Massivbauten (vgl. Abschnitt B.2.1) darin begründet, dass Wände sowohl statisch-konstruktiven als auch bauphysikalischen Anforderungen genügen müssen. Wandbaustoffe mit großer *Porosität* besitzen gute Wärmedämmeigenschaften, haben jedoch in der Regel geringere Festigkeiten als Baustoffe mit kleinerer Porosität. Bei Wandkonstruktionen, die sowohl auf hohe statische Lasten als auch auf hohe Anforderungen des Wärmeschutzes eingestellt werden müssen, kann daher ein Baustoffwechsel im Wandkörper erforderlich werden. Problematisch sind derartige *Mischkonstruktionen* allemal. Bei unterschiedlichen Temperaturdehnungskoeffizienten und Schwindmaßen sind Risse in den Wänden im Bereich der Materialübergänge unvermeidlich, es sei denn, man sieht entsprechende Fugen vor, die wiederum Kosten verursachen. Unterschiedliche Wärmeleitfähigkeit der Wandbaustoffe kann zur Entstehung von Wärmebrücken führen (Abschnitt E.3.3.4).

2.2

Verformungen

An Wänden aus Mauerwerk entstehen häufig Schäden bei Nichtbeachtung des Verformungsverhaltens von Baustoffen und Bauteilen (DIN 1053-1) [E.1, Abschnitt E.6] (Tabelle **E.1**). Man unterscheidet lastabhängige und lastunabhängige Verformungen. Die vier Verformungsarten sind:
- *Elastische Verformung* entsteht bei Belastung von Bauteilen und ist abhängig vom Elastizitätsmodul des Baustoffs.
- *Kriechverformung* entsteht bei Dauerbelastung und bewirkt Volumenverkleinerung der Bauteile.
- *Schwindverformung* ist eine Volumenverkleinerung infolge Austrocknung und Erhärtung von Baustoffen. Sie ist lastunabhängig.
- *Temperaturverformung* ist abhängig von Temperaturdifferenzen und den materialspezifischen Temperaturdehnzahlen.

Diese Verformungen sind nicht zu verhindern. Schäden entstehen, wenn zu große Verformungsunterschiede vorhanden sind.

Aus Tabelle **E.1** wird deutlich, dass bei mehrgeschossigen Gebäuden und Gebäuden großer Länge erhebliche Vertikal- und Horizontalverformungen auftreten können, die zu Rissen im Mauerwerk führen und sogar die Standsicherheit gefährden können. Selbstverständlich müssen auch die Verformungseigenschaften anderer Materialien berücksichtigt werden.

Tabelle E.1
Verformungskennwerte für Mauerwerk aus künstlichen Steinen (nach DIN 1053-1)

Steinart	Endwert der Feuchtedehnung[1] (mm/m)		Endkriechzahl φ_∞		Wärmedehnungskoeffizient α_t (10^{-6}/K)		Elastizitätsmodul E (MN/m²)	
	Rechenwert	Wertebereich	Rechenwert	Wertebereich	Rechenwert	Wertebereich	Rechenwert	Wertebereich
Mauerziegel n. DIN 105-1, -2	0	(+) 0,4– (−) 0,2	1,0	0,5 – 1,5	6	5 – 7	3500 · σ_0	3000 – 4000 · σ_0
Kalksandstein n. DIN 106	(−) 0,2	(−) 0,1– (−) 0,4	1,5	1,0 – 2,0	8	7 – 9	3000 · σ_0	2500 – 4000 · σ_0
Leichtbetonstein n. DIN 18 151 u. 18 152	(−) 0,4	(−) 0,2– (−) 0,6	2,0	1,5 – 2,5	10	8 – 12	5000 · σ_0	4000 – 5000 · σ_0
Betonstein n. DIN 18 153	(−) 0,2	(−) 0,1– (−) 0,3	1,0		10	8 – 12	7500 · σ_0	6500 – 8500 · σ_0
Porenbetonstein n. DIN 4165	(−) 0,2	(+) 0,2– (−) 0,4	1,5	1,0 – 2,5	8	7 – 9	2500 · σ_0	2000 – 3000 · σ_0

[1] Schwinden und chemisches Quellen: Schwinden (−) = Verkürzung; Quellen (+) = Verlängerung.

Vertikalverformungen entstehen aus der Addition von lastabhängigen elastischen Verformungen und Kriechverformungen und lastunabhängigen Schwind- und gegebenenfalls auch Temperaturverformungen. Sie sind besonders gefährlich bei hohen Gebäuden in Mischbauweise. Es kumulieren dabei häufig folgende Einflussfaktoren [E.1]:
- Innenwände werden in der Regel stärker belastet als Außenwände, d. h. elastische Verformungen und Kriechverformungen sind dort größer als bei den Außenwänden.

– Innenwände werden häufig aus KS-Steinen, Außenwände dagegen aus Gründen der besseren Wärmedämmung aus Mauerziegeln (zum Beispiel Leichthochziegeln) hergestellt. Zu den lastabhängigen Verformung addieren sich nun noch die unterschiedlichen Schwindverformungen. In ungünstigen Fällen können in den oberen Geschossen an den Querwänden Risse auftreten, die in ihrer Größe von Geschoss zu Geschoss nach unten abnehmen (Abb. E.3).

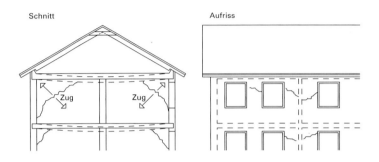

Abb. E.3
Vertikale Verformungen.
Typische Rissbilder bei sich in der Höhe verkürzender Mittelwand.

Horizontalverformung bei Wänden werden durch Temperaturänderungen und Schwindprozesse bewirkt. Wenn keine ausreichenden Dehn- und Schwindfugen angeordnet sind, können vertikale Risse entstehen. Bei Außenwänden und hier besonders bei gemauerten Außenschalen zweischaliger Konstruktionen wirken die klimatisch bedingten Temperaturveränderungen besonders unangenehm. Die unterschiedlichen Verformungseigenschaften von Verblendmaterialien (Tab. E.1) erfordern unterschiedliche Abstände der vertikalen *Dehnfugen* in den gemauerten Außenschalen zweischaliger Wandkonstruktionen (Tab. E.2). Bei der Anordnung von Dehnfugen an den Gebäudeecken sind der tägliche Sonnenlauf und nach Einstrahlungswinkel und Einstrahlungintensität auch unterschiedliche Temperaturwirkung auf die Verblendschalen zu berücksichtigen (Abb. E.4).

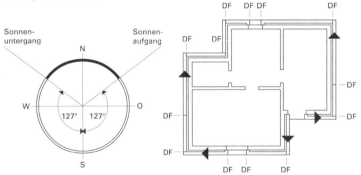

Abb. E.4
Dehnfugen in Verblendschalen.
Azimutwinkel in Mitteldeutschland zur Sommersonnwende ≈ 127°.

DF Dehnfuge
◀ horizontale Bewegungsmöglichkeit der Außenschale

Wandkonstruktion zweischaliges Verblendmauerwerk	Fugenabstand in m bei Verblendmauerwerk aus	
	Kalksandstein	Ziegeln
mit Luftschicht	8	10...12
mit Luftschicht und Dämmung	8	10...12
ohne Luftschicht, jedoch mit Kerndämmung	8	8
ohne Luftschicht, jedoch mit Putzschicht	8...12	10...16

Tabelle E.2
Dehnfugenabstände bei Außenschalen vom zweischaligem Verblendmauerwerk [D.1]

Die unterschiedlichen Werte stellen keine Qualitätsunterschiede dar, sondern ergeben sich aus den unterschiedlichen Verformungseigenschaften der Verblendmaterialien.

2.3

Verbindungen

Wände in Skelettbauten werden in den jeweils für das verwendete Material (Holz, Stahl, Stahlbeton) üblichen Verbindungstechniken an andere Bauteile angeschlossen (siehe Abschnitt E.5.2).

Nur durch Druckkräfte beanspruchte Bauteile von Massivbauten traditioneller handwerklicher Bauart haben keine besonderen Verbindungselemente und Verbindungsmittel nötig. Die Verbindungen von Einzelteilen (zum Beispiel Mauersteinen) und Konstruktionselementen (zum Beispiel Wände und Decken) untereinander entstehen durch Haftfestigkeit der Materialien sowie durch Reibung.

Zug- und Biegebeanspruchungen jedoch, die zum Beispiel durch Baugrundsetzungen, Erddruck und Windbelastungen oder durch besondere Konstruktionsweisen auftreten können, erfordern auch besondere Verbindungsmaßnahmen.

Besonderes Augenmerk erfordern die Verbindungen von tragenden Wänden mit aussteifenden Bauteilen (Wände, Decken). Üblicherweise werden Mauerwerkswände mit unterschiedlichen Funktionen (tragend, aussteifend) im Verband gemauert, d. h. gemeinsam errichtet. Ist dies nicht möglich, so lässt man an der zuerst errichteten Wand eine Verzahnung stehen. Es gibt *Lochverzahnung, stehende Verzahnung* und *liegende Verzahnung* (Abb. **E.5**). Die Verbindung von tragenden und aussteifenden Mauerwerkswänden gilt dann als ausreichend, wenn beide Wände gleichzeitig im Verband hochgeführt werden oder an der zuerst errichteten tragenden Wand eine liegende Verzahnung stehengelassen wird.

Abb. E.5
Verzahnungen bei Mauerwerk

a liegende Verzahnung
b Lochverzahnung
c stehende Verzahnung

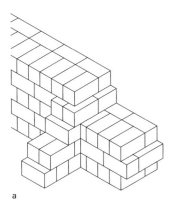
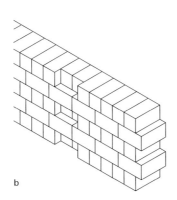
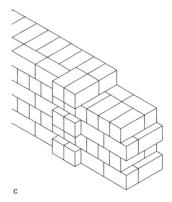

a   b   c

Ortbetonbauteile werden an vorhandene Wände aus Mauerwerk oder Beton durch *Anschlussbewehrung* oder Verzahnung angeschlossen (siehe Bewehrungsrichtlinien der DIN 1045). Auch kann eine Nut im vorhandenen Bauteil das anzuschließende Bauteil aufnehmen (Abb. **E.6**). Für senkrechte Arbeitsabschnitte von Ortbetonwänden sind Bewehrungsanschlussplatten bzw. U-Schienen entwickelt worden, die mittels Bewehrung im bereits fertigen Abschnitt verankert sind. Die durch die Anschlussplatten bzw. -schienen geführten Bewehrungsenden werden vor dem Weiterbetonieren aufgebogen.

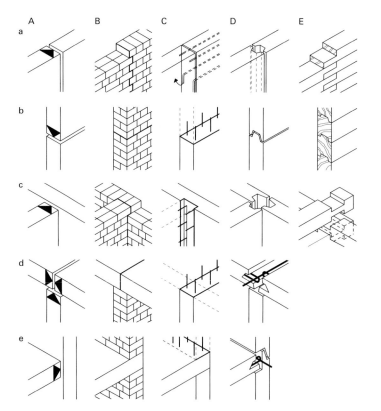

Abb. E.6
Verbindungen bei Wänden in Massivbauart

A Verbindungsart

B Mauerwerk
  a Verband
  b Reibung
  c Verzahnung
  d Reibung
  e Reibung

C Ortbeton
  a Anschlussbewehrungsplatte
  b Anschlussbewehrung
  c Nut mit Anschlussbewehrung
  d Anschlussbewehrung
  e Anschlussbewehrung

D Betonfertigbauart
  a Nutung und Betonpfropf
  b Nutung und Mörtel
  c Nutung und Betonpfropf
  d Bewehrungsschlaufe
  e Bewehrungsschlaufe

E Holzblockbauart
  a Verblattung
  b Nutung
  c Verkämmung

Verbindungen von Betonwandfertigteilen (Abb. **E.7**) sind zu charakterisieren als eine an den traditionellen Verbindungstechniken des Holzbaus orientierte Fügetechnik. Die Anschlüsse werden vorzugsweise durch Nuten in den anzuschließenden Bauteilen hergestellt. Je nach Art der zu übertragenden Kräfte erhalten die Nuten besondere Formen (Reißverschlussprinzip), oder/und das den Nuthohlraum füllende Verbindungselement wird besonders konstruiert. Für die Übertragung von Längsdruckkräften genügt das Ausfüllen des Nuthohlraumes mit hochwertigem Beton. Meist sind jedoch einander übergreifende, aus jedem Bauteil in den Fugenhohlraum ragende Bewehrungsschlaufen erforderlich und senkrecht dazu eine durch alle Schlaufen gesteckte Querbewehrung. Die Vergrößerung der Fugenflankenfläche durch Ausbildung von Nuten bewirkt durch Vergrößerung der Haftungsfläche zwischen Fertigteil und Füllbeton eine größere Festigkeit der Verbindung.

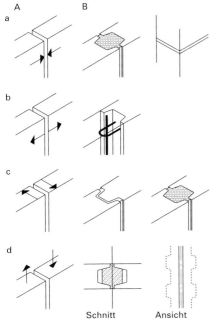

a Lastübertragung durch Vergussbetonpfropfen bzw. Zementmörtelfuge.

b Fugennuten. In den Fugenraum greifen Bewehrungsschlaufen. Vergussbeton.

c Verzahnung durch Nutfeder-Ausbildung der Fugenflanken. Vergussbetonpfropfen (mindestens B 15) greifen in Fugennuten ein. Bei Decken ggf. Querbewehrung bzw. Querrippen.

d Fugennuten mit Profilierung des Nutgrundes. Vergussbeton mindestens B 15, Schubbewehrung.

Schnitt Ansicht

Abb. E.7
Verbindungen von wandartigen Betonfertigteilen

A Kraftgrößen
  a Druckkräfte
  b Zugkräfte
  c Querkräfte
  d Querkräfte

B Fugenausbildung

E Statische Anforderungen 2.4

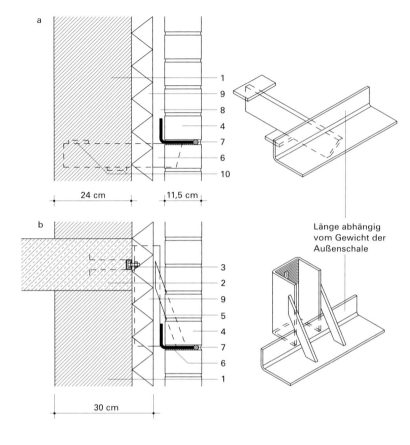

Abb. E.8a
Abfangekonstruktionen bei zweischaligem Mauerwerk.
Maßstab 1:10

Stahlteile aus nichtrostendem Stahl V4A. Durchgehende Auflagerung erforderlich. Statische Nachweise des Mauerwerks, der Befestigungsmittel und der Abfangeelemente bzw. allgemeine bauaufsichtliche Zulassungen sind notwendig.

a Abfangung durch Mauerkonsole, die beim Aufmauern der Innenschale eingesetzt wird. Die Konsole besitzt im Mauerwerk zwei Druckverteilungsplatten.

b Abfangung durch Traganker, der an einer Ankerschiene in der Stahlbetondecke befestigt ist. Es gibt eine Fülle weiterer Formen von Abfangeelementen für besondere Zwecke. (Die Traganker sollten den Verband der Verblendschalen möglichst wenig stören. Beispiel b ist in dieser Hinsicht problematisch).

Unter den Tragwinkeln sind horizontale Bewegungsfugen erforderlich, damit Verformungen nicht behindert werden.

1 Innenschale
2 Stahlbetondecke
3 Ankerschiene
4 Außenschale
5 Traganker
6 Mauerkonsole
7 Elastoplast, Fugenabdichtung
8 Luftzwischenraum
9 Wärmedämmung
10 Druckverteilungsplatte

2.4

Standsicherheit und Konstruktion

Wände aus Mauerwerk sind Gefüge aus künstlichen oder natürlichen Steinen und Mörtel. Mauerwerk eignet sich hauptsächlich zur Aufnahme von Druckkräften senkrecht zu den Lagerfugen. Auf Mauerwerk wirkende Zugkräfte können Risse verursachen. Massivbauten aus Mauerwerk sind setzungsempfindlich. Die Ableitung von senkrecht wirkenden Kräften aus Eigenlast, Dach- und Deckenlasten sowie von horizontal wirkenden Kräften, zum Beispiel aus Windlasten, in den Baugrund muss gesichert sein. Dies ist der Fall, wenn senkrecht stehende Mauerwerkskörper durch eine ausreichende Anzahl vertikaler Scheiben (zum Beispiel Wände) und horizontaler Scheiben (zum Beispiel Decken) gehalten werden.

Auf die Standsicherheit und letztlich auf die Wirtschaftlichkeit von Massivbauten aus Mauerwerk können sich wegen der eventuell erforderlichen und durch Berechnung nachzuweisenden Sonderkonstruktionen folgende Planungs- und Konstruktionsentscheidungen ungünstig auswirken:
– nicht bzw. schlecht ausgesteifte tragende Wände
– große Wandöffnungen in tragenden Wänden
– Aussparungen und Schlitze in tragenden und aussteifenden Wänden
– Mauerwerkskörper mit großer Schlankheit.

2.4 Statische Anforderungen E

Mauerwerksgerechte Konstruktion ist wirtschaftliche Konstruktion. Bei mauerwerksgerechten Konstruktionen dominieren die relativ geschlossenen Außenwandflächen mit eher schmalen als breiten Wandöffnungen und Grundrisstypen nach dem Raumzellenprinzip mit einer ausreichenden Anzahl aussteifender Wände. Sonderkonstruktionen wie Aussteifungsstützen, Ringbalken und Sturzabfangungen werden zwar allenthalben ausgeführt und auch hier dargestellt, sind jedoch in der Regel teuer und konstruktionsästhetisch zweifelhaft, weil sie nicht sichtbar sind. Die sichtbare Mauerwerkskonstruktion gibt dann ein Tragverhalten vor, das sie nach ihrem Erscheinungsbild eigentlich nicht zu leisten imstande wäre (Abb. **E.8a+8b**).

Bei Mauerwerkskonstruktionen nach DIN 1053-1 sind allerdings bestimmte Konstruktionsregeln einzuhalten (siehe zum Beispiel [E.1]).

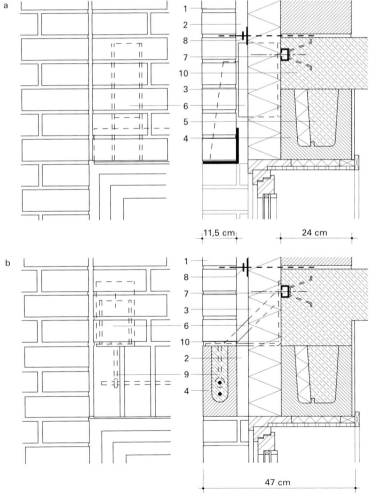

Abb. E.8b
Abfangekonstruktionen bei zweischaligem Mauerwerk.

a Außenschalenabfangung durch Traganker und durchgehenden Tragwinkel.

b Abfangung eines bewehrten Mauerwerksturzes aus U-Schalen-Steinen durch Traganker. In beiden Fällen bleibt ein Zuluftquerschnitt in voller Breite der Luftschicht offen. Sikkerwasserdichtung hier nicht erforderlich.

Fenstersturz und -brüstungsbereiche der Außenschale, die über Abfangungen fest mit der Innenschale verbunden sind, müssen durch Dehnfugen von den übrigen Teilen der Außenschale getrennt werden, um Schäden durch Verformungsunterschiede zu vermeiden.

1 Außenschale
2 Luftschicht, $d \geqq 40$ mm
3 Wärmedämmung, $d \leqq 80$ mm
4 U-Stein
5 Ortbeton
6 Traganker (Traganker sind statisch nachzuweisen. Der Verband der Außenschale sollte möglichst wenig gestört werden. Beispiel a ist in dieser Hinsicht problematisch).
7 Ankerschiene
8 Luftschichtanker V4A mit Tropfscheibe und Krallenplatte nach DIN 1053
9 Ringschraube mit Längsbewehrung
10 Stahlbetondecke

Mauerwerksverbände, d. h. bestimmte regelmäßige Anordnungen der Steine, unterliegen festen Regeln mit dem Ziel, einen homogenen Mauerwerkskörper herzustellen. Grundregeln für das Mauern mit künstlichen Steinen:
- Steinschichten sollen *durchgehende Lagerfugen* haben.
- Übereinanderliegende Schichten müssen gegeneinander versetzte Stoßfugen haben.
- Das Überbindemaß, d. h. das Versatzmaß von Stoßfugen übereinanderliegender Schichten, ist nach DIN 1053-1 in Relation zur Steinhöhe festgelegt (Abb. **E.9**).
- Lagerfugen sollen satt mit Mörtel gefüllt sein (*Vollfugigkeit*). Bei nicht mit Mörtel gefüllten Fehlstellen können durch Druckbelastung des Mauerwerks Spaltzugkräfte und Spannungsspitzen entstehen und Steine zerstört werden [E.1].

Mauerwerksverbände sind abhängig von der Dicke der Wände und dem Format der verwendeten Steine. Die Exaktheit der Steinverlegung in bezug auf Fugendicke und Fugenbild hängt davon ab, ob das Mauerwerk sichtbar bleibt oder verputzt bzw. verkleidet wird.

Abb. E.9
Überbindemaß

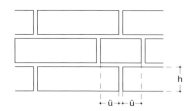

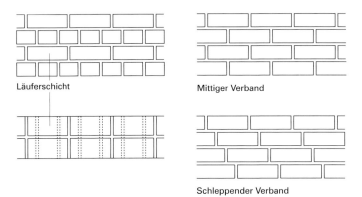

Abb. E.10
Läuferschicht und Läuferverband

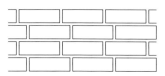

Steinschichten, bei denen die längste Steinseite parallel zur Wandfläche angeordnet ist, heißen Läuferschichten (Abb. **E.10**). Bei Binderschichten liegt die längste Steinseite senkrecht zur Wandfläche (Abb. **E.11**). In der Regel wechseln Läufer- und Binderschichten einander ab, vorausgesetzt, das Mauerwerk hat eine Mindestdicke, die der Steinlänge entspricht.

Abb. E.11
Binderschicht und Binderverband

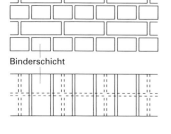

Binderschicht

Binderverband

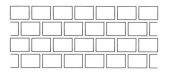

Schichten, bei denen Bindersteine hochkant vermauert werden, heißen *flache Rollschichten*, und solche, bei denen Läufersteine hochkant vermauert werden, heißen *aufrechte Rollschichten*. Flache Rollschichten sind üblich bei Abdeckungen von Sichtmauerwerkswänden, weil Steinlochungen und die bei der Strangproduktion von Mauerziegeln durch das Abschneiden entstehende raue Fläche in der senkrechten Stoßfuge verschwinden und die Wandoberseite damit eine relativ glatte Sichtoberfläche erhält. Sie ist weniger empfindlich gegen Schmutzablagerungen und Witterungseinflüsse (Abb. **D.12**). Aufrechte Rollschichten werden in erster Linie bei Stürzen über Wandöffnungen verwendet.

Bei Mauerwerk aus Steinen kleineren Formats (Dünnformat DF = 52/115/240 mm; Normalformat NF = 71/115/240 mm; 2 × Dünnformat 2 DF = 113/115/240 mm) werden alle Wandteile einschließlich der Öffnungen, Leibungen, Anschläge, Schlitze usw. aus einem Steinformat hergestellt. Je nach Art des ausgeführten Verbandes werden dann sogenannte ¾-, ½- und ¼-Steine erforderlich (Abb. **E.13**) (Steinformate siehe Abschnitt B.4.2.1), um an Ecken und Leibungen das von der Planung vorgegebene Maß einhalten zu können. ¼-Steine sollen jedoch möglichst vermieden werden. Falls die Teilformate nicht werksmäßig hergestellt werden, muss dies auf der Baustelle geschehen. Für Wände aus Sichtmauerwerk soll das Teilformat durch sauberen Schnitt mit einem Schneidegerät von dem Normalstein abgetrennt werden. Bei anderem Mauerwerk können die Steine durch Schlagen mit dem Mauerhammer geteilt werden.

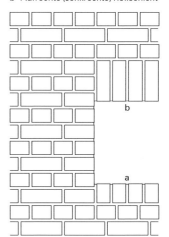

Abb. E.12
a Flache Rollschicht
b Aufrechte (senkrechte) Rollschicht

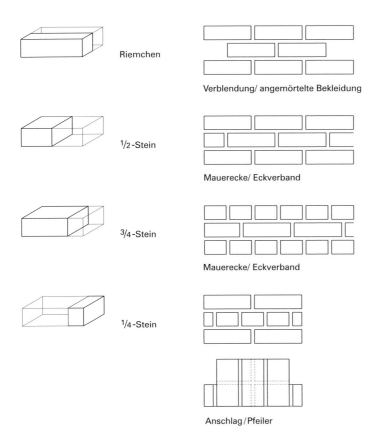

Abb. E.13
Teilformate und ihre Anwendung

E Statische Anforderungen 2.4

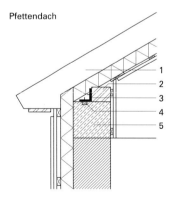

Abb. E.14
Sonderformate bei Großblocksteinen

1 20 Df 49 × 30 × 23,8 cm
2 15 DF 36,5 × 30 × 23,8 cm
3 Anschlagstein $^1/_2$ 15 DF
4 Anschlagstein 15 DF
5 Anschlagstein 20 DF
6 Anschlagstein $^1/_2$ 20 DF
7 20 DF 36,5 × 24 × 23,8 mm
8 16 DF 49 × 24 × 23,8 cm
9 Schlitzstein
10 U-Schalen-Stein

Pfettendach

Holzbalkenflachdach

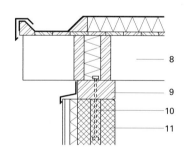

Stahlbetonflachdach

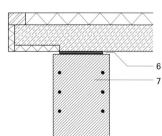

Altbausanierung

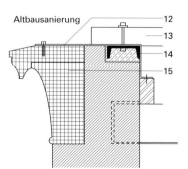

Abb. E.16
Ringbalken. Beispiele

1 Sparren
2 Pfette
3 Stahlwinkel
4 Ankerschiene
5 Ringbalken, Stahlbeton
6 Gleitlager
7 Ringbalken: bewehrtes Mauerwerk
8 Deckenbalken
9 Ringbalken: Holz
10 Ankerschraube
11 Porenbeton
12 Zuglasche
13 Pfette
14 Ringbalken: Stahl
15 Attika aus alten Betonelementen. Verankerung durch Zuglaschen und U-Stahl mit Mauerwerk und Fußpfetten

Für Mauerwerk aus Steinen größeren Formats gibt es Sonderformate und Formsteine für die verschiedensten Zwecke (Abb. **D.14**). In der Regel bestehen Wände aus großformatigen Steinen nur aus einer Steinreihe im Läuferverband. Bei bestimmten Wanddicken sind jedoch auch Binderverbände üblich.

Mauerwerksgerechte Konstruktionen einfacher Bauten bedürfen keiner besonderen Maßnahmen zur Sicherung der Standfestigkeit. Wenn nach Lage der Dinge zu befürchten ist, dass durch Zug- und Biegekräfte im Mauerwerk Risse entstehen können und dadurch die Standsicherheit gefährdet wird, sind allerdings konstruktive und gegebenenfalls auch rechnerisch nachzuweisende Maßnahmen erforderlich.

Ringbalken [E.1] (s. Abschnitt B.4.4.2) sind erforderlich, wenn keine horizontale Halterung tragender Wände, zum Beispiel durch Deckenscheiben, vorhanden ist. Dies ist der Fall bei Decken, die keine Scheibenwirkung haben oder wenn eine kraftschlüssige Verbindung zwischen Wand und Decke nicht gewollt ist (Gleitlager: Siehe Kap. F. 2.1) (Abb. **E.16**).

Ringanker sind im Gegensatz zu den auf Biegung beanspruchten Ringbalken Zugglieder. Wohl kann ein Ringbalken Ringankerfunktion ausüben, ein auf Zugbeanspruchung hin konstruierter Ringanker kann jedoch nur geringe Biegemomente aufnehmen.

Nach DIN 1053-1 gibt es drei jeweils für sich gültige oder kumulativ wirkende Kriterien für die notwendige Anordnung von Ringankern:
– Gebäude, die mehr als zwei Vollgeschosse (im Sinne der Landesbauordnungen; Keller sind keine Vollgeschosse!) haben oder länger als 18 m sind
– wenn Mauerwerkswände besonders viele oder besonders große Öffnungen haben, d. h. dass das charakteristische Erscheinungsbild einer mauerwerksgerechten Konstruktion nicht mehr existiert.
Dies ist der Fall, wenn die Summe der Öffnungsbreiten 60 % der Wandlänge oder bei Fensterbreiten von mehr als $2/3$ der Geschosshöhe 40 % der Wandlänge übersteigt.
– wenn die Baugrundverhältnisse es erfordern [E.1].

Ausführungsarten (Abb. **E.15**)
– Ringanker aus Stahlbeton mit Bewehrung aus BSt 420 S (mindestens 2 ⌀ 10^{III} S) oder aus BSt 500 S (mindestens 2 ⌀ 10^{IV} S)
– bewehrtes Mauerwerk aus BSt 420 S (mindestens 3 ⌀ 8^{III} S) oder aus BSt 500 S (mindestens 4 ⌀ 6^{IV} S)
– Ringanker aus Holz (Vgl. auch [E.1])
– Ringanker aus Stahl (Vgl. auch [E.1])

Abb. E.15
Ringanker (Prinzipskizze)

a Ringanker in U-Schale
b Bewehrtes Mauerwerk nach DIN 1053-3
c Ringanker in Stahlbetonsturz
d Ringanker in Stahlbetondecke

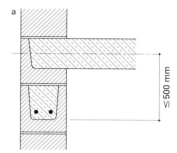

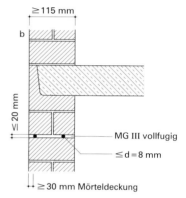

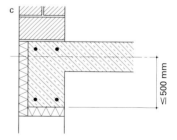

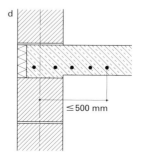

Abb. E.17
Anschluss von Umfassungswänden an Decken und am Dachstuhl

1 Kopfanker
2 Giebelanker greifen bei Holzbalkendecken über 3 Balken, wenn Deckenspannrichtung parallel zur Umfassungswand
3 Spannbohle
4 zugfeste Stoßverbindung
5 Splint

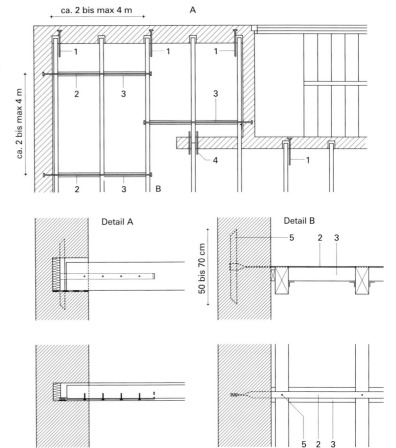

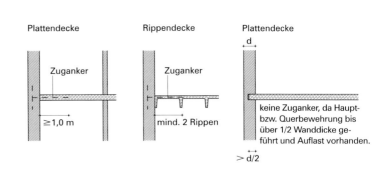

2.4 Statische Anforderungen E

Anschluss von Umfassungswänden an Decken und Dachkonstruktionen (Abb. **E.17**)
Umfassungswände müssen mit Decken konstruktiv verbunden werden. Bei Massivdecken, die auf Wänden auflagern, ist diese Bedingung in der Regel durch den Reibungsschluss erfüllt. Holzbalkendecken sollen mit Ringbalken kraftschlüssig verbunden werden.

Bei anderen Deckenkonstruktionen sind Zuganker erforderlich. Für die Anordnung der Zuganker gelten folgende Regeln:
– Abstand der Zuganker: 2 m, höchstens 4 m
– Wenn Deckenspannrichtung parallel zu den Wänden: ein Deckenstreifen von 1 m Breite muss von den Zugankern erfasst werden, oder zwei Deckenrippen oder zwei Balken oder (bei Holzbalkendecken) drei Balken müssen erfasst werden
– Über Innenwände gestoßene Balken müssen an der Stoßstelle zugfest verbunden werden, wenn sie mit den Umfassungswänden verbunden sind.
– Bei Satteldächern müssen die gemauerten Giebeldreiecke bei unzureichender Aussteifung mit dem Dachstuhl zugfest verbunden werden.
– Mauerwerkswände und Holzkonstruktionen (Decken und Dachstühle) werden durch Anker mit Splinten zugfest miteinander verbunden.

Aussteifungsstützen (Abb. **E.18**) dienen zur Knickhalterung tragender Wände, wenn Querwände nicht in ausreichender Anzahl vorhanden sind.

Bewehrtes Mauerwerk (Abb. **B.64**) (s. DIN 1053-3) kann grundsätzlich ausgeführt werden, wenn im Mauerwerk Zugspannungen auftreten können. Wegen eventueller Korrosionsgefahr des Bewehrungsstahls siehe zum Beispiel [E.1]. Mauerwerksverbände dürfen durch Bewehrung nicht gestört werden.

Abb. E.18
Aussteifungsstützen

Stahlbetonstütze mit dem Mauerwerk verzahnt

Stahlbetonstütze mit Mauerankern

Stahlstütze

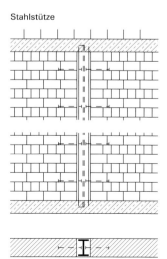

3
Bauphysikalische Anforderungen

3.1

Allgemeines

Bauphysikalische Anforderungen an Außenwände und die dabei auftretenden Probleme sind äußerst komplex. Auf hierbei entstehende Konflikte wurde bereits in Abschnitt E.2.1 hingewiesen. Optimaler Wärmeschutz verlangt nach einer lückenlosen Wärmeschutzhülle. Unterbrechungen dieser kontinuierlichen Hülle durch Fenster und Türen, aber auch konstruktive Funktionsknotenpunkte wie Dach-Wand-, sowie Decken-Wand-Verbindungen enthalten aus dieser Sicht ein beträchtliches Störungspotenzial, das in dem harmlosen Begriff „Wärmebrücke" nur unvollkommen zur Anschauung kommt.

Optimaler Schallschutz verlangt nach einer lückenlosen Schallschutzhülle. Gleiches gilt für den Brand- und den Feuchtigkeitsschutz. Folgende normative Anforderungen sollten berücksichtigt werden:

Feuchtigkeitsschutz
- DIN 18 195 Bauwerksabdichtungen
  Teil 4 Abdichtungen gegen Bodenfeuchtigkeit; Teil 5 Abdichtungen gegen nichtdrückendes Wasser; Teil 6 Abdichtungen gegen von außen drückendes Wasser; Teil 8 Abdichtungen über Bewegungsfugen; Teil 9 Durchdringungen, Übergänge, Abschlüsse; Teil 10 Schutzschichten und Schutzmaßnahmen
- DIN 4108-3 Wärmeschutz im Hochbau; klimabedingter Feuchteschutz

Wärmeschutz
- DIN 4108 Wärmeschutz im Hochbau
- Wärmeschutz-Energieeinsparverordnung (EnEV)
- DIN EN ISO 6946 Bauteile-Wärmedurchlasswiderstand und Wärmedurchgangskoeffizient, Berechnungsverfahren

Schallschutz
- DIN 4109 Schallschutz im Hochbau
- DIN 18 005 Schallschutz im Städtebau
- Bundesimmissionsschutzgesetz (BImSchG)
- Gesetz zum Schutz gegen Fluglärm

Brandschutz
- DIN 4102 Brandverhalten von Baustoffen und Bauteilen
- Bauordnungen der Bundesländer (Landesbauordnungen)

Bei Innenwänden haben in der Regel nur der Schallschutz und der Brandschutz Bedeutung.

3.2 Bauphysikalische Anforderungen

Abb. E.19
Bauteildurchfeuchtung und Wärmedämmung

3.2

Schutz gegen Wasser und Feuchtigkeit

3.2.1

Beanspruchungsarten, Schadwirkungen

Feuchtigkeit ist in Gebäuden unerwünscht. Durchfeuchtete Bauteile wirken sich auf die Behaglichkeit des Innenraumklimas und auf die Hygiene negativ aus. Durchfeuchtung poriger Bauteile bewirkt eine Minderung ihrer Wärmedämmfähigkeit, da das Wasser, das dann die Poren ausfüllt, ein besserer Wärmeleiter ist als die ehemals dort eingeschlossene Luft. Außenwände sollten daher trocken bleiben. Durchfeuchtete Bauteile haben folgende negative Eigenschaften und Auswirkungen:
– verminderter Wärmeschutz und damit Heizwärmeverluste und Verschlechterung des Innenraumklimas (Abb. **E.19**)
– Übertragung der Feuchtigkeit auf andere Bauteile und Möbel und damit Gefahr deren Zerstörung
– Begünstigung und Entwicklung von Schadinsekten und Schimmelpilzen und damit Gefährdung von Hygiene und Gesundheit
– Begünstigung der Entwicklung von bauschädigenden Insekten und Pilzen [E.25] [E.26].

Wasser und Feuchtigkeit müssen daher von porösen Bauteilen ferngehalten werden. Bauteile, die direkt oder indirekt durch Feuchtigkeit zerstört werden können, müssen durch besondere konstruktive oder chemische Maßnahmen geschützt werden:
– Bauteile aus Stahl sind vor Korrosion zu schützen.
– Bauteile aus Nichteisenmetallen müssen vor Korrosion durch im feuchten Mauerwerk freiwerdende aggressive Stoffe und gegebenenfalls vor elektrolytischer Korrosion geschützt werden.
– Bauteile aus Holz sind vor tierischen und pflanzlichen Schädlingen zu schützen.
– Bauteile aus anderen organischen Stoffen sind vor Fäulnis zu schützen.

Mauerwerk kann infolge Einwirkung von Wasser und Feuchtigkeit mechanisch oder chemisch zerstört werden durch
– Frost
– in Mauerwerksfugen eingedrungene Pflanzenwurzeln
– durch Herauslösen von Salzen (Ausblühungen).

Ausblühungen sind wasserlösliche Stoffe, die auf Putz- oder Mauerwerksflächen sichtbar werden. Ausblühungen werden durch Feuchtigkeit verursacht, die in den Bauteilen vorhandene Stoffe löst und transportiert und beim Verdunsten an der Bauteiloberfläche ablagert. Ausblühbare Stoffe können sich in Mauersteinen, in Mörtelbestandteilen, im Anmachwasser des Mörtels oder in anderen Bauteilen befinden, können aber auch aus chemisch verunreinigter und aggressiver Atmosphäre stammen. Das Problem von Mauerwerksausblühungen ist bei alten, schlecht gegen Feuchtigkeit geschützten Gebäuden, die zur Sanierung anstehen, besonders akut. Mauerwerks- und Putzausblühungen beeinträchtigen zunächst das Erscheinungsbild dieser Fläche, können jedoch auch zu Zerstörungen führen. Besonders gefährlich ist die Zermürbung des Materials, die bei ständigem Wechsel von Durchfeuchtung und Austrocknung durch den Kristallisationsdruck der kristallisierenden Salze entsteht [E.5].

Aggressive, im Grundwasser oder Schichtenwasser gelöste Stoffe verdienen besondere Beachtung. Hier sind von Fall zu Fall besondere Gegenmaßnahmen erforderlich.

Beanspruchungsarten

Störendes Wasser und Feuchtigkeit treten in folgenden Formen und Aggregatzuständen an und in Gebäuden auf (Abb. **E.20**):
– als atmosphärische Niederschläge in Form von Regen, Schnee und Hagel, die direkt oder indirekt als Spritzwasser oder Tropfwasser auf die Bauteile treffen
– als Bodenfeuchtigkeit
– als Grundwasser
– als Hangwasser
– als Schichtenwasser
– als Stauwasser
– als Nebel
– als Tauwasser, das bei Abkühlung von Wasserdampf in und an Bauteilen entsteht
– als Eis.

In Nassräumen von Gebäuden erfordern darüber hinaus Spritz- und Sickerwasser aus Brauchwasser sowie Wasserdampf besondere Beachtung.

Wasser transportiert oft auch Schad- und Schmutzstoffe. Bei Entscheidungen über die Art des Feuchtigkeitsschutzes muss auch dies berücksichtigt werden.

Abb. E.20
Beanspruchung durch Wasser und Feuchtigkeit

A Beanspruchung durch Niederschläge und nichtdrückendes Wasser
B–E Beanspruchung durch drückendes Wasser

1 atmosphärische Niederschläge
2 Spritzwasser
3 seitliche Bodenfeuchtigkeit
4 aufsteigende Bodenfeuchtigkeit
5 Grundwasser (Auftrieb, hydrostatischer Druck)
6 Hangwasser
7 Schichtenwasser
8 Stauwasser
9 wasserdurchlässiger Boden
10 wasserdurchlässiger Boden
11 wasserführende Schicht
12 aufgelockerte Baugrubenverfüllung
13 sandverfüllter Leitungsgraben
14 Wasserdampf

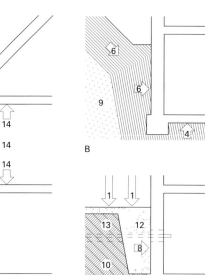
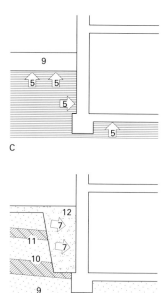

3.2.2

Schutz gegen atmosphärische Niederschläge

Das Studium traditioneller Bauformen in Landstrichen mit viel Wind, hohen Windgeschwindigkeiten und vielen Niederschlägen (Schlagregengefährdung) gibt wichtige Hinweise auf konstruktive und planerische Möglichkeiten (Abb. **E.21**).
– Weit ausladende Dächer schützen Wände vor Schlagregen und Schnee.
– Tief heruntergezogene geneigte Dächer mit niedriger Traufhöhe verkleinern die gefährdeten Wandflächen.
– Voll- und Krüppelwalme verkleinern die Giebelfläche und bieten geringeren Windwiderstand.
– Durch Steckwalme oder ebene Verkleidungen aus Materialien, die das Wasser schnell ableiten, wird eine direkte Durchfeuchtung der dahinter liegenden Wände verhindert.

Abb. E.21
Schutz von Außenwänden durch Dächer

Mauerwerk, das Wasser bis zur Sättigung aufgenommen hat, wirkt wasserabstoßend. Dieses physikalische Phänomen kann bei der Konstruktion von Außenwänden berücksichtigt werden, jedoch darf die Wärmedämmung der Wand nicht beeinträchtigt werden, und schon gar nicht darf Feuchtigkeit nach innen durchschlagen.

Lässt sich bei Mauerwerkswänden direkter Schutz gegen Niederschläge nicht verwirklichen, so gilt der Grundsatz:

Wasser muss von den Mauerwerksflächen schnell und vollständig ablaufen können.

Mauerwerk aus dichten Materialien mit geringer Saugfähigkeit oder Mauerwerk mit wasserabstoßender Oberfläche wird dieser Forderung gerecht. Da Mauerwerksgefüge jedoch selten völlig risse- und hohlraumfrei sind, kann Schlagregen auch hier selbst durch feine Haarrisse infolge kapillarer Saugwirkung in das Mauerwerk eindringen. Das eingedrungene Wasser muss jedoch wieder nach außen entweichen können (Verdunstung). Für die konstruktive Durchbildung der äußeren Mauerwerksflächen bedeutet dies, dass Flächen und Kanten, auf denen Wasser stehen- oder Schnee liegen bleiben könnte, zu vermeiden sind.

Fugen im Außen-Sichtmauerwerk haben in der Regel neben ihrer konstruktiven auch gestalterische Funktion. Zur Erreichung besonderer Effekte wie starker Schattenwurf aller oder nur der Lagerfugen werden die Fugen oftmals tief ausgekratzt und zurückliegend verfugt (Abb. **E.22 a, b, c**) oder gar als erhabene Fugenleisten ausgebildet. Abgesehen von dem z. T. unschönen Fugenbild, treten dann in der Regel Schäden infolge Durchfeuchtung der unteren horizontalen Fugenflanken auf. In diesen Bereichen sind Ausblühungen, Staubverfärbungen und Frostschäden die Folge.

Vorspringende Kanten und Flächen, auf denen Schnee liegen- oder Wasser stehen bleiben könnte, sollen grundsätzlich vermieden werden (Abb. **E.23 a, c, e**). Unvermeidbare Mauerwerksvorsprünge können mit Formsteinen (Betonfertigteile oder Werkstein) oder Metallabdeckungen geschützt werden. Ein einwandfreier Wasserabfluss und Schonung der oberen und unteren Mauerwerksanschlussfugen ist gewährleistet, wenn oben
– eine zurückliegende Standfuge und unten (Abb. **E.23 b.**)
– ein ausreichender Überstand mit Tropfnase eingeplant werden.

Die vorspringende obere Fläche muss dabei ein ausreichendes Gefälle aufweisen. Die Stoßfugen dieser Formsteine sollten, wenn hier

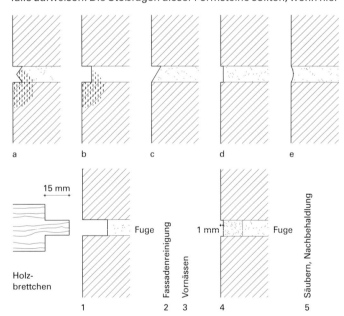

Abb. E.22
Sichtmauerwerksfugen

Durchfeuchtung

a und b
  Schadensträchtige Fugenausbildung
d und e
  Technisch und ästhetisch einwandfrei

1 Fugen auskratzen
2 Fassadenreinigung
3 Vornässen
4 Verfugen
5 Säubern, Nachbehandlung

Risse infolge Formänderungen zu erwarten sind, elastoplastisch verfugt werden. Auch Metallabdeckungen nach Art von Fenstersohlbankabdeckungen sind möglich.

Nach oben freie und der Witterung ausgesetzte Putzkanten sollen vermieden werden. Die obere Putzkante kann durch überkragendes Mauerwerk (Abb. **E.23 d.**) oder mittels Kappleisten aus Zink, Kupfer oder Aluminium geschützt werden. Kappleisten werden in einer ausgekratzten Lagerfuge mittels Mauerhaken aus möglichst gleichem Metall (zur Vermeidung elektrolytischer Korrosion) befestigt. Die Fuge ist anschließend elastoplastisch zu versiegeln. Putzkanten sollen möglichst nicht auf anderen Bauteilen aufstehen, sondern eine freie Abtropfkante haben (Abb. **E.23 f.**). Diese Putzkante kann mit handelsüblichen Putzabschlussprofilen gerade und scharfkantig abgeschlossen werden.

Frei stehende Mauern sind besonders witterungsgefährdet. Bei Mauerabdeckungen soll daher auf ausreichende Querneigung der Oberflächen zur schnellen und sicheren Abwässerung geachtet werden. Verputzte Mauern sollen aus Gründen des Frostschutzes mindestens 240 mm dick sein und müssen eine beiderseits überragende Abdeckung mit Tropfnasen erhalten. Werden hierfür Bauteile verwendet (zum Beispiel aus Beton), die sich durch Längenänderung (Schwinden, Temperaturdifferenzen) gegenüber der Mauer verschieben können, so müssen genügend Dehnungsfugen in der Abdeckung und eine funktionsfähige Gleitschicht (zum Beispiel zwei Lagen unbesandete Dachpappe) unter der Abdeckung vorgesehen werden. Der Putz muss dann durch Kelleneinschnitt von der Abdeckung bzw. der überstehenden Gleitschicht getrennt werden (Abb. **E.23 h**). Bei Mauern aus frostsicheren Klinkern wird aus gestalterischen Gründen häufig auf Abdeckungen aus anderem Material verzichtet. Der obere Abschluss der Mauer kann dann aus Rollschichten möglichst aus Vollsteinen, vermauert in Mörtelgruppe III, hergestellt werden. Zur Erzielung einer ausreichenden Querneigung der Maueroberfläche können entweder die Rollschichten pultartig angelegt oder Formziegel mit abgeschrägten Oberflächen verwendet werden.

Abb. E.23
Sockel, Gesimse, Abdeckungen (Prinzipskizzen)

A gegebenenfalls Putzabschlussprofil
D Durchfeuchtung
F Standfuge
K Kappleiste
P Putz
T Tropfnase

1 Dehnfuge
2 Tropfnase
3 Betonabdeckung mit seitlichem Überstand
4 Gleitschicht
5 Putzeinschnitt
6 Formziegel – Rollschicht

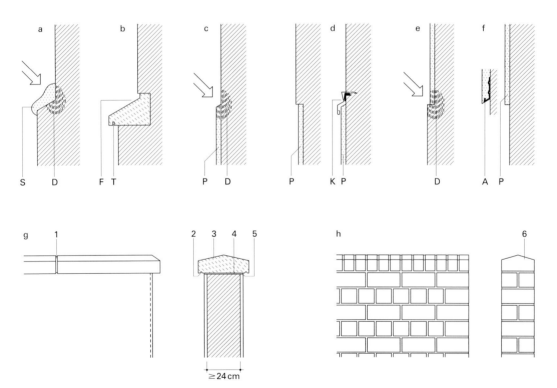

E Bauphysikalische Anforderungen 3.2.2

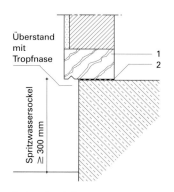
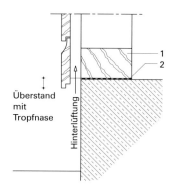
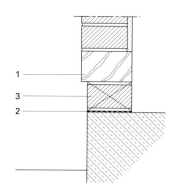

Fachwerksockel

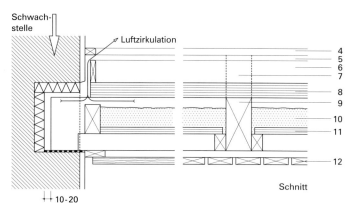
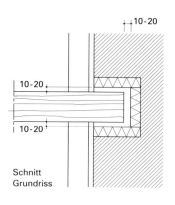

Auflager Holzbalkendecke

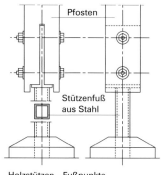
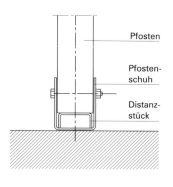
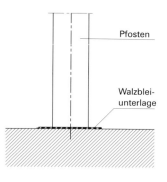

Holzstützen – Fußpunkte

3.2.2 Bauphysikalische Anforderungen

Abb. E.24
Konstruktiver Holzschutz
(Maße in mm)

1 Schwelle
2 Bitumendachbahn
3 Offene Stoßfuge
4 Deckleiste
5 Luftschlitz
6 Scheuerleiste
7 Distanzbrett
8 Fußboden
9 Deckenbalken
10 Deckenbalkenschüttung
11 Einschubboden
12 Deckenbekleidung

Konstruktiver Holzschutz (vgl. Abschnitt B.5.3.3)

Konstruktiver Holzschutz (Abb. **E.24**) ist bei Bauteilen aus Holz, die Niederschlägen oder anderen Feuchtigkeitseinwirkungen ausgesetzt sind, erstes Gebot. Chemischer Holzschutz kann konstruktiven Holzschutz nur ergänzen. Von Bedeutung ist die Auswahl der richtigen Holzart und Holzqualität [E.5]. Grundsätze konstruktiven Holzschutzes:
– Wasser muss vollständig ablaufen können.
– Durchfeuchtete Holzteile müssen vollständig abtrocknen können.
– Direkte Berührungsflächen zwischen Holz und kapillarporösen Baustoffen und Stoffen, in denen Kapillarwasser vorhanden ist (Beton/Mauerwerk/Baugrund), müssen vermieden werden.
– Hirnholzteile sind besonders zu schützen.
– Die natürlichen Verformungsvorgänge infolge Temperatur- und Feuchtigkeitseinwirkungen (Verwerfungen, Quellen, Schwinden) müssen berücksichtigt werden [E.5].

Bei dem im Bauwesen üblicherweise verwendeten Schnittholz (Bauschnittholz und Bretter- bzw. Bohlenware) ist der natürliche Faserverlauf des Holzes an den Schnittflächen gestört. Damit ist auch die Wasseraufnahmefähigkeit der Holzoberfläche vergrößert. Handgespaltene Schindeln sind in Richtung der Faser gespalten. Sie haben daher eine sehr viel längere Lebensdauer als gesägte Holzteile. Auch das heute nicht mehr übliche Abbeilen witterungsexponierter Konstruktionshölzer im Fachwerkbau diente diesem Zweck. Die Holzfasern wurden nicht wie beim Sägen zerrissen, sondern glatt geschnitten. Bei schräg angeschnittenen Fasern sollten die Bauteile so eingebaut werden, dass Wasser nicht in das Holz hineinziehen kann.

Schlagregenschutz

Bei Windstille fällt Regen, der Schwerkraft folgend, senkrecht. Schon geringe Dachüberstände reichen dann aus, um senkrechte Wände vor Durchnässung zu schützen. Schlagregen entsteht bei Einwirkung von Wind. Das Zusammenwirken von Wind und Regen ist gebietsweise verschieden, so auch die Schlagregengefährdung. Vor allem die lokalen Besonderheiten des Zusammentreffens von jahreszeitlich bestimmter Hauptwindrichtung, Häufigkeit und Stärke der Regenfälle sind planungsbestimmend.

Windstärke und Windrichtung, jedoch nicht die Stärke der Regenfälle, werden oftmals durch mikrogeographische Bedingungen verändert wie:
– Lage der Straßen zur Windrichtung
– Exposition der Gebäude in der freien Landschaft (Tal-, Hang- oder Kuppenlage)
– Schutz oder Beeinträchtigung von Gebäuden durch andere Bauwerke oder Bewuchs (Wälder, Hecken, Windschutzpflanzungen).

Am Gebäude, das im Windstrom steht, ergeben sich je nach Gebäudeform besondere Strömungsverhältnisse und Schlagregenbeanspruchungen (vgl. Abb. H.15). Auf der dem Wind zugewandten Seite herrscht Winddruck und auf der dem Wind abgewandten Windsog: Die Eckbereiche von Gebäuden sind wegen der dort in der Regel erhöhten Windgeschwindigkeiten und wegen des erhöhten Staudrucks auch besonders schlagregengefährdet, während Mittelflächen weniger beansprucht werden. Windgeschwindigkeiten nehmen mit zunehmender Höhe über der Erdoberfläche zu.

Tabelle E.3
Wandbauarten und
Schlagregenbeanspruchungsgruppen
(nach DIN 4108-3)

Beanspruchungsgruppe I	Beanspruchungsgruppe II	Beanspruchungsgruppe III
Geringe Schlagregenbeanspruchung. Im Allgemeinen Gebiete mit Jahresniederschlagsmengen unter 600 mm sowie besonders windgeschützte Lagen auch in Gebieten mit größeren Niederschlagsmengen.	Mittlere Schlagregenbeanspruchung. Im Allgemeinen Gebiete mit Jahresniederschlagsmengen von 600 bis 800 mm sowie besonders windgeschützte Lagen auch in Gebieten mit größeren Niederschlagsmengen. Hochhäuser und Häuser in exponierter Lage in Gebieten, die aufgrund der regionalen Regen- und Windverhältnisse einer geringeren Schlagregenbeanspruchung zuzuordnen wären.	Starke Schlagregenbeanspruchung. Im Allgemeinen Gebiete mit Jahresniederschlagsmengen über 800 mm sowie windreiche Gebiete auch mit geringeren Niederschlagsmengen. Hochhäuser und Häuser in exponierter Lage in Gebieten, die aufgrund ihrer regionalen Regen- und Windverhältnisse einer mittleren Schlagregenbeanspruchung zuzuordnen wären.
Mit Außenputz ohne besondere Anforderung an den Schlagregenschutz nach DIN 18550-1 verputzte	Mit wasserhemmendem Außenputz nach DIN 18550-1 oder einem Kunstharzputz verputzte	Mit wasserabweisenden Außenputz nach DIN 18550-1 oder einem Kunstharzputz verputzte
– Außenwände aus Mauerwerk, Wandbauplatten, Beton u. ä. – Holzwolle-Leichtbauplatten und – Mehrschicht-Leichtbauplatten nach DIN 1101, ausgeführt nach DIN 1102		
Einschaliges Sichtmauerwerk nach DIN 1053-1, 31 cm dick (mit Innenputz)	Einschaliges Sichtmauerwerk nach DIN 1053-1, 37,5 cm dick (mit Innenputz)	Zweischaliges Verblendmauerwerk mit Luftschicht und Wärmedämmung oder Kerndämmung (mit Innenputz)
Außenwände mit angemörtelten Bekleidungen (im Dickbett oder Dünnbett) nach DIN 18515-1		Außenwände mit angemörtelten Bekleidungen nach DIN 18 515-1 und mit wasserabweisendem Ansetzmörtel
Außenwände mit gefügedichter Betonaußenschicht nach DIN EN 206-1 bzw. DIN 1045-2 sowie DIN 4219-1 und DIN 4219-2		
Wände mit hinterlüfteten Außenwandbekleidungen nach DIN 18 516-1, DIN 18 516-3 und DIN 18 516-4		
Außenwände in Holzbauart mit Wetterschutz nach DIN 68 800-2 : 1996-05, 8.2*		
Wände mit Außendämmung durch ein Wärmedämmputzsystem nach DIN 18 550-3 oder durch ein zugelassenes Wärmedämmputzsystem.		

* a. Hinterlüftete Wetterschutzschale b. Vorgehängte wasserableitende und diffusionsoffene Bekleidung, Hohlraum unbelüftet c. Wärmedämmverbundsystem d. Holzwolleleichtbauplatten mit wasserabweisendem Außenputz e. Mauerwerk-Vorsatzschale mit belüfteter 40 mm dicker Luftschicht.

3.2.2 Bauphysikalische Anforderungen E

Das Verhalten von Außenwänden auf Schlagregenbeanspruchung wird durch die materialspezifische Kapillarporosität und durch die Konstruktionsart bestimmt.

Besonders gefährdet sind Fugen zwischen verschiedenen Bauteilen, insbesondere solchen aus verschiedenen Materialien. Der Problematik von Wandöffnungen (Fenster und Türen) ist dabei besondere Aufmerksamkeit zu widmen. Aus Analysen von Schadensfällen ist zu folgern:
- Einschalige und verputzte Wände haben verhältnismäßig wenig Schlagregenschäden.
- Bei zweischaligen Wänden ohne Luftschicht sind häufig Schlagregenschäden festgestellt worden.
- Zweischalige Wände mit Luftschicht sind so gut wie schadenfrei.

DIN 4108-3 (Wärmeschutz im Hochbau; klimabedingter Feuchtigkeitsschutz; Anforderungen und Hinweise für Planung und Ausführung, klassifiziert verschiedene Wandkonstruktionen hinsichtlich ihrer Eignung bei Schlagregenbeanspruchung. Dem Planer werden hiermit wichtige Orientierungshilfen gegeben (Tab. **E.3**) (Abb. **E.25**).

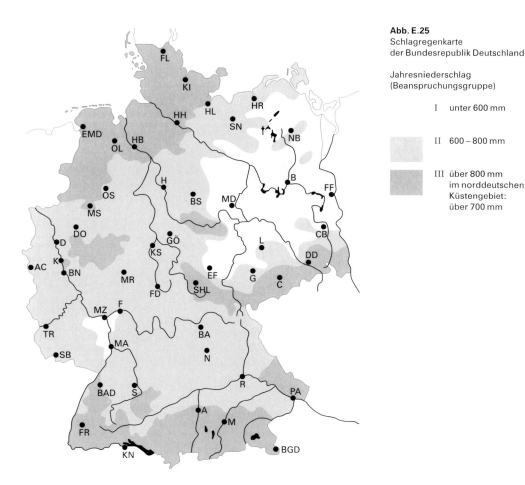

Abb. E.25
Schlagregenkarte
der Bundesrepublik Deutschland

Jahresniederschlag
(Beanspruchungsgruppe)

I unter 600 mm

II 600 – 800 mm

III über 800 mm
im norddeutschen
Küstengebiet:
über 700 mm

Bei Schlagregen sind Wandoberflächen in der Regel mit einem Wasserfilm bedeckt. Bei Materialien mit großem Wasseraufnahmekoeffzienten dringt dann Wasser in die Wand ein. Der Wasserfilm fließt bei starkem Staudruck nicht nur nach unten ab, sondern folgt den Bewegungen des Windes auf den Wandoberflächen und gefährdet auch scheinbar sichere Fugen.

Fugen und Risse sind bei Schlagregen besonders gefährdet, wenn sie an Stellen liegen, wo sich das Wasser leicht staut. Dabei ist zu berücksichtigen, dass Wasser nicht nur der Schwerkraft folgend senkrecht abläuft, sondern auch den Windbewegungen folgt. Bei Fugen, durch die Wind hindurchströmt, kann, wenn ein Druckunterschied zwischen beiden Seiten der Fugen herrscht, ab einer bestimmten Breite (> 1 mm) Wasser mittransportiert werden. Fallende Regentropfen können direkt in genügend breite Fugen und Ritzen (ab 2 mm Breite) vom Wind eingeblasen werden.

Hinsichtlich des Schlagregenschutzes von Außenwänden unterscheidet man vier verschiedene Konstruktionsarten:
– *Mauerwerk mit kapillarer Speicherfähigkeit* nimmt Wasser bis zur Sättigung auf. Nur die äußere Zone der Wand darf allerdings durchfeuchtet werden. Eindringen des Wassers in den inneren Wandbereich muss durch entsprechende Sperrschichten verhindert und die einmal aufgenommene Feuchtigkeit wieder nach außen abgegeben werden können (Verdunstung).

  Konstruktionsarten: (Abb. **E.26**) Homogenes Sichtmauerwerk (einschaliges Verblendmauerwerk), zweischalige Außenwand mit Putzschicht und zweischalige Außenwand mit Kerndämmung. Entscheidend ist hier die Qualität der wasserabweisenden Schichten im Mauerwerk, die die durchfeuchtbare äußere und die trocken bleibende innere Wandzone voneinander trennen.

Abb. E.26
Mauerwerk mit kapillarer Speicherfähigkeit

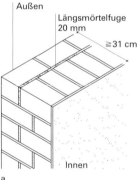
a
Einschaliges Verblendmauerwerk

b
Zweischalige Außenwand mit Putzschicht

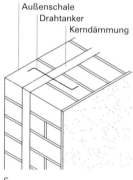
c
Zweischalige Außenwand mit Kerndämmung

– *Wasserabstoßende Schichten* (ohne oder mit geringer Kapillarität) müssen den Wassereintritt in die Wand verhindern oder so bremsen, dass auch nach Durchfeuchtung dieser Schicht die Wand nur wenig Wasser aufnimmt. Die Funktionsfähigkeit derartiger Konstruktionen hängt von der absoluten Fugen- und Rissefreiheit und hohen Wasserdampfdurchlässigkeit ab.

  Konstruktionsarten: Außenwände mit Putz, Beschichtungen, Anstrichen oder mit angemörtelten Bekleidungen. (Bei angemörtelten Bekleidungen, zum Beispiel aus keramischen Platten, ist eine durchgehende Unterputzschicht als wasserabweisende Schicht vorzusehen.)

– *Hinterlüftete Wetterschutzschalen* funktionieren nach dem Prinzip der zweistufigen Dichtung. Der Regenschutz bleibt auf die äußerste Schale beschränkt. Wind- und Wärmeschutz werden von der inneren Schale übernommen. Die Belüftung der Wetterschutzschale ermöglicht einen Druckausgleich zwischen ihrer Außen- und Innenseite. Ein Luftstrom durch die Verkleidung findet in der Regel dann nicht statt.

Konstruktionsarten: Zweischalige Außenwand mit Luftschicht, Mauerwerk mit sonstigen hinterlüfteten Wetterschutzschalen, zum Beispiel aus Ziegel- oder Schieferbehängen, Verschindelungen, Brettschalungen oder großformatigen Tafeln aus Metall, Kunststoff, Faserzement oder Natur- und Werkstein.

– *Vorhangfassaden* (curtain-walls) werden als zusammenhängende Witterungsschutzschalen ausgebildet. Die in der Regel verwendeten Materialien (Metall, Glas, Dichtungsprofile) sind regen- und winddicht.

Vorhangfassaden sind leichte, meist aus geschosshohen Elementen bestehende Außenwandkonstruktionen, die man vor eine tragende Skelettkonstruktion montiert. Fenster sind in der Regel konstruktiv in die Elemente integriert und nicht zu öffnen. Die Fassadentafeln werden an den Stößen hermetisch wind- und regendicht verbunden.

Bei Vorhangfassadenkonstruktionen müssen neben dem Problem der Wind- und Regendichtigkeit Windbelastungen und deren Übertragung auf die Tragkonstruktion berücksichtigt werden sowie die Größenveränderungen in der Fassade durch Temperaturunterschiede und die evt. Auswirkungen von Verformungen der Tragkonstruktion.

Schlagregenschutz bei Lehmbauten

Lehm, für dessen Herstellung nur ein sehr geringer Energieaufwand erforderlich ist, wird in beschränktem Umfange wieder verwendet. Ehemals praktizierte Techniken sind fast in Vergessenheit geraten, dürften allerdings nach der Einführung der *Lehmbau Regeln* (s. Kap. B.8 Lehmbau) wieder an Bedeutung gewinnen.

Außenwände aus Lehm müssen gegen Schlagregen und Spritzwasser geschützt werden. Die Beanspruchung durch Wasser in tropfbarer Form bewirkt eine Replastifizierung der Oberflächenzone von Lehmbauteilen sowie deren Erosion und Frostgefährdung. Wetterschutz von Außenwänden aus Lehm ist daher geboten.

Es wird empfohlen:
– Wasserabweisender, zweilagiger Außenputz, der erst nach Abschluss von Schwind- und Setzprozessen im Lehmmauerwerk aufgebracht werden darf. Der Putzgrund muss wegen der besseren Putzhaftung den Vorschriften der Norm entsprechend aufgeraut werden.
– Hinterlüftete Wetterschutzschalen aus Ziegelmauerwerk (zweischaliges Verblendmauerwerk mit Luftschicht), Dachziegelbehängen, Schiefer, Holzverbretterungen oder Holzschindeln
– Bei untergeordneten Lehmbauten können die Außenwände mit einem wasserabweisenden Schutzanstrich, zum Beispiel Weißkalk mit Molke (jährlich erneuern), versehen werden.
– Sockelvorsprünge, Gesimse, äußere Fensterleibungen usw. sind zu vermeiden. Empfehlenswert sind große Dachüberstände.

Bei historischen Bauwerken, zum Beispiel in Südfrankreich und Spanien, erhielten Außenwände aus Stampflehm bisweilen eine „Verblendung" aus witterungsbeständigem Material wie gebrannten Ziegeln oder Lesesteinpackungen, die in die Schalung mit eingebracht wurden. Fenster- und Türöffnungen, wo die Erosionsgefahr durch Witterungseinflüsse und mechanische Verletzungen besonders groß ist, fasste man auch mit Werksteingewänden ein. Deren gute Einbindung in die Lehmwand ist besonders wichtig.

Die nachstehend aufgeführten Lehmbautechniken erfordern jeweils auf sie abgestimmte Maßnahmen des Schlagregenschutzes.

Lehmbautechniken [E.16 bis E.19 und E.29]:
- Stampflehmbau (tragende Wände großer Dicke: Schalung erforderlich)
- Lehm„brote"bauweise (nichttragend zur Ausfachung von Holzfachwerk)
- Lehmziegelbauweise (tragende Wände oder nichttragende Ausfachungen)
- Strohlehmbauweise (nichttragende Ausfachungen)
- Lehmstakung (nichttragende Ausfachung; vgl. Abschn. E.3.4.1).

Schlagregenschutz durch Pflanzen

Diese Art des Schlagregenschutzes spielte im ländlichen Bauwesen von jeher eine große, aber zwanglosunauffällige Rolle. Hinzuweisen ist hier auf die Windschirme aus Sträuchern und Bäumen (meist Sorbus intermedia), die in Westjütland (Dänemark) alte Bauernhäuser einhüllen, oder die geschnittenen Hecken (Ligustrum, Crataegus, Carpinus u. a.) oder die Reihen gestutzter Bäume (Tilia), die man in West- und Ostfriesland für diesen Zweck, zur Raumgliederung und zur ästhetischen Bereicherung verwendet. Eine monumentale Variante des Wind- und Schlagregenschutzes sind die bis zu 8 m hohen Windschirme aus geschnittenen Rotbuchen in der Eifel (Abb. **E.27**). Daneben lässt man dort die Häuser mit Efeu beranken. In West- und Süddeutschland hingegen sind häufiger echter Wein (Vitis) und an Spalieren gezogene Obstsorten.

Neben direktem Schlagregenschutz bieten dichte Außenwandbegrünungen (Tab. **E.4**) folgende Vorteile [E.20 bis E.22]:
- Gestaltung (Ästhetik/Naturnähe)

Abb. E.27
Wetterschutzhecke in der Eifel

3.2.2 Bauphysikalische Anforderungen   E

– Stadtklimaverbesserung (Sauerstoffproduktion und Kohlendioxidverbrauch durch Assimilation/Bindung von Luftschadstoffen/Verdunstung und Kühlung/Hemmung wandnaher Luftbewegung)
– Schallschutz (Minderung von Schallreflexionen)
– Wärmeschutz
   a) sommerlicher – (Abhalten der Wärmestrahlung durch Schattierung/Kühlung durch Verdunstung/Energieverbrauch durch Photosynthese)
   b) winterlicher – (nur bei immergrünen Klettergehölzen) (ruhende Luftschicht = Wärmeschutz/Verringerung des Wärmeübergangskoeffizienten durch Verminderung des Windeinflusses/geringere Lüftungswärmeverluste infolge kleiner Windgeschwindigkeit am Außenmauerwerk/Schlagregenschutz)
– Feuchteschutz (Schlagregenschutz)
– Immissionsschutz (Luftschadstoffe/Niederschläge).

Eigenschaften	Efeu, Hedera helax	Kletter-hortensie, Hydrangea petiolaris	Knöterich, Polygonum aubertii	Wilder Wein, Parthenocissus quinquefolia	Wilder Wein, Parthenocissus tricuspidata „Veitchii"
immergrün	●				
sommergrün		●	●	●	●
Wuchshöhe	25 m	5–8 m	15 m	12 m	15 m
Wuchsgeschwindigkeit					
schnell			●		●
mittel		●		●	
langsam	●				
bevorzugter Standort					
sonnig		●	●	●	●
halbschattig	●	●	●	●	●
schattig	●				
Kletterart					
Selbstklimmer	●	●		(●)	●
Schlinger			●		
Ranken				●	

Tabelle E.4
Klettergehölze, Eigenschaften für Außenwandbegrünung

Wirksamer Schlagregenschutz wird nur bei geschlossenem, älterem und belaubtem Bewuchs von Außenwänden erreicht. Zu unterscheiden sind hinsichtlich der Belaubung sommergrüne (laubabwerfende) und immergrüne Klettergehölze und hinsichtlich ihrer Klettereigenschaften selbstklimmende (Hedera-Arten, Parthenocissus tricuspidata u. a.), rankende (Vitis, Parthenocissus quinquefolia, Clematis), schlingende (Celastrus, Polygonum, Wisteria u. a.) und spreizklimmende (Jasminum, Rosa u. a.) Gehölze. Bei der Verwendung von Klettergehölzen muss vor allem die klimatische Exposition (Himmelsrichtung, Hauptwindrichtung, freie oder geschützte Lage), weniger die zur Verfügung stehende Bodenart bedacht werden. Konstruktive Maßnahmen an den Außenwänden sind in Form von Rankgerüsten und anderen Kletterhilfen für alle nicht selbstklimmenden Arten erforderlich.

Die Schutzwirkung gegen Schlagregen beruht bei sehr dichten Außenwandbegrünungen aus zum Beispiel wildem Wein (Parthenocissus) und Efeu (Hedera) auf der schuppenartigen Anordnung der Blätter, die bei fehlendem Sonnenschein in der Regel senkrecht dicht bei dicht hängen. Druckausgleich zwischen der äußeren Blattebene, dem Rankenwerk und der Außenwand ist gegeben. Windstaudruck auf der Außenwand ist somit kaum möglich. Es herrschen ähnliche physikalische Verhältnisse wie bei einer offenfugigen hinterlüfteten Wetterschutzschale.

Der meist ästhetisch motivierte, aber technisch begründete Vorwand, Klettergehölze zerstörten Außenwände, ist kein hinreichendes Argument gegen die Verwendung von Klettergehölzen zur Hausbegrünung. Bei gesundem, schadensfreiem Mauerwerk (Sichtmauerwerk; Putz, Beschichtung) gibt es kaum Risiken. Vorhandene Risse und offene Fugen regen bei Selbstklimmern die Umwandlung von Haftwurzeln in echte Wurzeln (Nährstoffversorgung) an, weil dort i. d. R. ein feuchteres Klima herrscht als an ebenen Wandflächen und evtl. auch Nährstoffe (Humus) abgelagert sind.

Spritzwasserschutz

Bei Schlagregen entsteht Spritzwasser durch Abprall der Regentropfen auf horizontalen und leicht geneigten Flächen. Spritzwasser, das durch Brauchwassernutzung im Innern von Gebäuden verursacht wird, bleibt hier außer Betracht. Wenn Regen senkrecht fällt, wirkt sich Spritzwasser bei Gebäuden mit niedrigen Traufhöhen und großen Dachüberständen nicht negativ aus.

Sockelbereiche von Gebäuden werden bei Schlagregen besonders stark beansprucht. Es kommen dort Schlagregen, Spritzwasser und von den oberen Außenwandbereichen abfließendes Wasser zusammen.

Spritzwasser nimmt Schmutz- und Bodenteile mit. Dadurch werden die spritzwassergefährdeten Bereiche zusätzlich verschmutzt. Der wirksamste Schutz gegen Spritzwasser besteht darin, seine Entstehung zu verhindern. Bodendeckende, möglichst immergrüne Gehölze, bis dicht an das Gebäude herangepflanzt, sind geeignet. Die oft als Spritzwasserschutz empfohlenen Grobkieselbeete bieten keinen Schutz. Sie bewirken lediglich eine diffuse Reflexion der aufprallenden Regentropfen.

Spritzwasserschutz (Abb. **E.28**) wird zwar in DIN 18 195 (Bauwerksabdichtungen) nicht beschrieben, in den Prinzipskizzen jedoch berücksichtigt. Danach ist mindestens ein Sockelbereich von 0,30 m über Geländeoberkante zu schützen. Die Oberkante des Sockelschutzes endet an einer horizontalen, durch das ganze Außenmauerwerk reichenden Sperrschicht gegen aufsteigende Feuchtigkeit. Der Sockelschutz stellt praktisch eine Verlängerung des Feuchtigkeitsschutzes der erdberührten Außenmauerwerksteile über die Geländeoberkante dar, muss aber nicht wie dieser ausgeführt werden, wenn im Sockelbereich ausreichend wasserabweisende Bauteile verwendet sind, zum Beispiel in Sperrmörtel vermauerte Vormauer- oder Klinkermauerziegel, Sperrputze oder angemörtelte Sockelbekleidungen, zum Beispiel aus frostbeständigen keramischen Spaltplatten. Bei angemörtelten Spaltplattenbekleidungen ist auf ausreichende Verbindung mit dem Mauerwerk und sorgfältige Planung von Dehnfugen zur Aufnahme von Formänderungen aus Temperaturdehnungen zu achten. Ein besonderer Problempunkt ist der Anschluss des Feuchtigkeitsschutzes der erdberührten Mauerwerkswände an den Spritzwasserschutz des Sockels. Die Abdichtung der erdberührten Wände ohne besondere konstruktive Maßnahme am Sockel enden zu lassen, birgt die Gefahr, dass Wasser von oben hinter die Abdichtung gelangen kann. Besteht die Möglichkeit einer konstruktiven Verbindung zwischen senkrechter Feuchtigkeitsisolierung und einer horizontalen Abdichtung gegen aufsteigende Feuchtigkeit, sollte letztere außen mit entsprechendem Überstand eingebaut werden und dieser Überstand nach dem Herstellen der Außenisolierung über diese nach unten geschlagen und so fixiert werden, dass die obere Abschlusskante der Vertikalisolierung geschützt wird.

Abb. E.28
Spritzwassersockel
(Prinzipskizzen)

a Gebäude nicht unterkellert. Auf saubere Ausführung der Unterbetonstirnfläche und gegebenenfalls Fundamentoberkante ist zu achten (Sichtbeton).
b Eine Schalenfuge (d = 2 cm, Putzträger auf Wärmedämmschicht) verhindert das Eindringen von Feuchtigkeit.
c Klinkersockel mit Schalenfuge wie b.
d Sockeldämmung mit Schaumglas.
  Sockelschutz mit Faserzementplatte.
  Keller wärmegedämmt mit Schaum-Glas [E.34].

Der Sockel springt prinzipiell gegenüber dem aufgehenden Mauerwerk um mindestenst 1 cm zurück, damit von der Wandfläche ablaufendes Niederschlagswasser abtropfen kann und um gegebenenfalls den Sockel reinigen zu können. Die Sockelmaterialien sollen wasserabweisend sein. Sofern im Erdreich liegenden Außenwände mit bahnenartigen Abdichtungen versehen sind, müssen diese oben fixiert und gegen die anschließenden Materialien abgedichtet werden (s. Abb. E.30).

1 Außenschale, Mauerwerk
2 Sockel, Betonfertigteil z. T. mit offenen Stoßfugen
3 Lüftungsöffnung
4 Sickerwasserdichtung
6 Horizontale Sperrschicht
7 Frostsichere Spaltklinkerplatte auf Sperrputz verlegt
8 Sockelmauerwerk KMz mit Schalenfuge
9 Vertikale Wandabdichtung: Unterputz mit zweilagiger Abdichtung und oberer Fixierung mittels Klemmprofil
10 Rasenkantensteine
11 Gewaschener Grobkies
12 Hinterlüftete Wetterschutzschale
13 Verrottungsresistente, wasserabweisende Stoßschutz-Platte
14 Wärmedämmung aus Schaumglas, verklebt mit Bitumenkleber PC 56 [E.34]

3.2.2 Bauphysikalische Anforderungen E

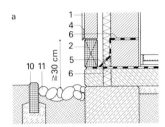

a

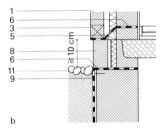

b

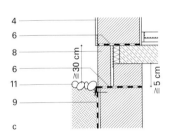

c

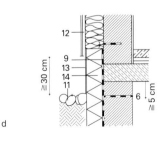

d

Werden Sockel nicht aus wasserabweisenden Baustoffen hergestellt, so ist nach DIN 18 195-4 die Abdichtung der erdberührten Außenwände hinter der Sockelbekleidung hochzuziehen.

Bei Gebäudesockeln mit auf Geländeniveau liegenden Erdgeschossfußböden fallen Probleme des Wärmeschutzes, des Spritzwasserschutzes und des Schutzes gegen aufsteigende Feuchtigkeit zusammen.

Bei zweischaligem Mauerwerk mit Luftschicht kann die Verblendschale im Spritzwasserbereich einen zusätzlichen Spritzwasserschutz ersetzen. Die üblichen konstruktiven Regeln des zweischaligen Mauerwerks sind zu beachten.

Schutz von Mauerwerk gegen Bodenfeuchtigkeit

Bodenfeuchtigkeit im Sinne der DIN 18 195-4 ist im Boden vorhandenes, kapillargebundenes und durch Kapillarkräfte auch entgegen der Schwerkraft fortleitbares Wasser (Bodenfeuchtigkeit, Saugwasser, Haftwasser, Kapillarwasser) und das aus Niederschlägen stammende nichtstauende Sickerwasser an senkrechten Wandbauteilen. Bodenfeuchtigkeit ist immer vorhanden. Nur wenn der Baugrund bis in ausreichende Tiefe unter Fundamentsohle aus nichtbindigen Bodenarten besteht und auch das Hinterfüllmaterial keine bindigen Bestandteile enthält, darf man nur mit Bodenfeuchtigkeit rechnen. Schon bei besonderen Geländeformen muss man sich auf nichtdrückendes Wasser einstellen. Abdichtungen gegen diese Beanspruchungsart müssen höheren Anforderungen genügen als jene gegen Bodenfeuchtigkeit.

Bodenfeuchtigkeit kann in ungeschütztes Mauerwerk infolge kapillarer Saugwirkung seitlich (seitliche Bodenfeuchtigkeit) und von unten (aufsteigende Bodenfeuchtigkeit) eindringen.

Schutz von Mauerwerk gegen aufsteigende Bodenfeuchtigkeit

Nach DIN 18 195-4 sind als Schutz gegen aufsteigende Feuchtigkeit waagerechte Abdichtungen aus
– Bitumendachbahnen
– Dichtungsbahnen
– Dachdichtungsbahnen oder
– Kunststoffdichtungsbahnen möglich.

Die Bahnen sind einlagig mit einer Stoßüberdeckung von 0,20 m lose auf völlig ebener Mauerwerksfläche zu verlegen. Stöße dürfen verklebt werden. Die Auflagerfläche für die Abdichtung ist durch Mörtel der Gruppen II, IIa oder III abzugleichen. Bei unterkellerten Gebäuden sind in der Regel horizontale Abdichtungen an folgenden Stellen erforderlich (Abb. **E.29**):

Bei Außenwänden

1. etwa 0,10 m über OK Kellerfußboden (bei Kellern mit untergeordneter Nutzung wird eine Durchfeuchtung der untersten Mauerschicht in Kauf genommen),
2. eine Lagerfuge oder mindestens 0,05 m unter dem Deckenauflager (um Beschädigungen beim Herstellen der Betondecke zu vermeiden),
3. mindestens 0,30 m über Geländeoberkante (bei geeignetem Gelände ist die Abdichtung in Stufen zu führen). Die Abdichtungen zu 2 und 3 können zusammenfallen.

Bei Innenwänden
etwa 0,10 m über OK Kellerfußboden

Die unterste horizontale Abdichtung darf dann in der untersten Lagerfuge liegen, wenn das Mauerwerk auf einer Fundamentplatte steht und der Kellerfußboden gegen aufsteigende Feuchtigkeit durch eine vollflächige Abdichtung geschützt wird. Diese wird unter dem Mauerwerk bis auf die Fundamentaußenkanten (Abb. E.29) geführt. Im Bereich des darauf aufstehenden Mauerwerks übernimmt sie auch dort die Funktion der untersten horizontalen Abdichtung.

Bei nichtunterkellerten Gebäuden hängen Lage und Anzahl der horizontalen Abdichtungen von der Höhenlage des Erdgeschossfußbodens in bezug auf die Geländeoberkante und der Raumnutzung im Innern ab.

Schutz von Mauerwerk gegen seitliche Bodenfeuchtigkeit (vgl. auch DIN 18337 – Abdichtung gegen nicht drückendes Wasser – VOB-C)

Nach DIN 18195-4 dürfen für Abdichtungen von Außenwandflächen je nach Beanspruchung verwendet werden:
– bituminöse Deckaufstrichmittel, die in mehreren Arbeitsgängen zusammenhängend und deckend aufzutragen sind
– kalt zu verarbeitende Spachtelmassen, die in der Regel zweischichtig auf das ebene, trockene und staubfreie und mit einem Voranstrich behandelte Mauerwerk aufzubringen sind
– Bitumenbahnen nach DIN 18195-2 und
– Kunststoff-Dichtungsbahnen

In allen Fällen muss das Mauerwerk voll und bündig verfugt sein. Bei porigen Baustoffen sind die Außenwandflächen mit Mörtel der Gruppe II oder III zu ebnen und abzureiben.

Anforderungen an den Untergrund:
– ausreichende Festigkeit (Mörtel)
– staub- und schmutzfrei
– eben
– trocken (sofern nicht für feuchten Untergrund geeignete Aufstrichmittel verwendet werden).

Sonstige Anforderungen:
– Vertikale Abdichtungen müssen lückenlos an die horizontalen Abdichtungen anschließen.
– Beim Verfüllen der Arbeitsräume darf die Abdichtung nicht verletzt werden (schutt- und gesteinsfreier Hinterfüllboden). Gegebenenfalls sind Schutzmaßnahmen zum vorübergehenden Schutz der Abdichtung während der Bauzeit oder Schutzschichten zum dauernden Schutz vorzusehen (DIN 18195-10).
– Bei Fundament- oder Sohlplattenüberständen oder ähnlichen Anschlüssen horizontaler Bauteile sollen Kehlen (Durchmesser 8 cm) gegebenenfalls aus Mörtel hergestellt werden, um einen kontinuierlichen Übergang der Abdichtung auf die horizontale Fläche zu ermöglichen.
– Bei vertikalen Mauerwerksvorsprüngen (Lisenen) sollen bei den Innenecken ausgerundete Kehlen vorgesehen werden.
– Die abzudichtenden Außenwände sollen möglichst wenig gegliedert sein.

Abb. E.29
Horizontale Sperrschicht (Prinzipskizze)

a Unterkellertes Gebäude
b Nicht unterkellertes Gebäude mit Kriechkeller
c Nichtunterkellertes Gebäude
d Vollflächige Abdichtung des Gebäudes gegen aufsteigende Feuchtigkeit oder von außen drückendes Wasser. Wärmeschutz durch hoch belastbare Schaumglasplatten [E.34]
1 Sperrschicht über dem Kellerfußboden
2 Sperrschicht unter Kellerdecke
3 Sperrschicht über Spritzwassersockel
4 vertikale Sperrschicht gegen seitliche Bodenfeuchtigkeit
5 Mörtelkehle ⌀ 80 mm
6 Schaumglasplatten, wasserdicht und diffusionsdicht verlegt.
7 Horizontale Abdichtung mit Schutzestrich unter Sohlplatte auf Schaumglasplatten

a
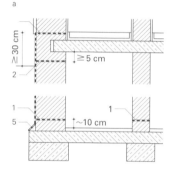

b c
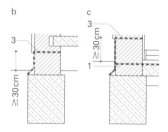

d
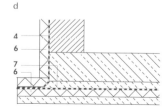

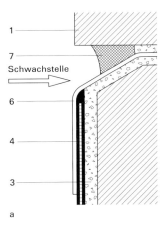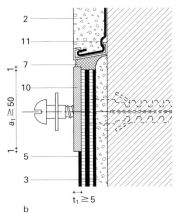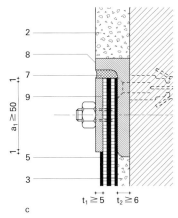

Als besonderes Problem hat sich in der Praxis der obere Abschluss der vertikalen Außenwandabdichtungen erwiesen. Löst die Abdichtung sich dort vom Mauerwerk ab, so entsteht in der Regel eine Feuchtigkeitsbrücke. Die Abdichtung einfach oben aufhören zu lassen bedeutet, diesen Mangel vorzuprogrammieren. Der sicherste Schutz der Oberkante der Abdichtung ist eine nach außen überstehende und dann nach unten umgeschlagene und mit der vertikalen Abdichtung verklebte horizontale Sperrschicht oder, bei bahnenförmigen Abdichtungen, die Fixierung des oberen Abschlusses durch Losflansche (DIN 18195-9) (Abb. **E.30**). Überlappende Verklebung ist auch am Fundamentanschluss mit der ersten horizontalen Sperrlage empfehlenswert (Abb. **E.29**).

Abschlüsse, Übergänge, Durchdringungen und Fugen erfordern besondere konstruktive Maßnahmen (Tab. **E.5**).

Schutz von Mauerwerk gegen nicht drückendes Wasser

Nicht drückendes Wasser kommt u. a. als Niederschlags-, Sicker- oder Brauchwasser in tropfbarer, flüssiger Form vor. Auf Abdichtungen übt es keinen oder nur kurzzeitig einen geringen hydrostatischen Druck aus.

DIN 18 195 unterscheidet nach den auf eine Abdichtung einwirkenden Beanspruchungen aus Verkehrslasten, Temperatur und Wasser in mäßig und hoch beanspruchte Abdichtungen. Die Ausführung der Abdichtungen ist in den Beanspruchungen anzupassen (genauere Angaben siehe DIN 18 195-5).

Zur Ausführung der Abdichtungen werden ohne Präferenz folgende Materialien vorgeschlagen:
– nackte Bitumenbahnen und Glasvlies-Bitumenbahnen, verklebt mit Stoßüberdeckungen von mindestens 0,10 m, mehrlagig
– Glasvlies-Bitumendachbahnen, verklebt mit Stoßüberdeckungen von mindestens 0,10 m, mehrlagig
– Bitumen-Dichtungsbahnen, Dachdichtungs- oder Schweißbahnen, bei denen mindestens eine Lage Gewebe- oder Metallbandeinlagen besitzen muss. Bitumendichtungs- und Dachdichtungsbahnen sollen Deckaufstriche erhalten.
– Kunststoff-Dichtungsbahnen aus PIB (PIB = Polyisobutylen), ECB (Ethylen-Copolymer-Bitumen) oder PVC weich
– Metallbänder in Verbindung mit Bitumenbahnen.

Abb. E.30
Abschluss der vertikalen Abdichtung erdberührter Wände
(Maße in mm)

a Schutz des oberen Anschlusses durch überhängende und anschließend verklebte horizontale Sperrschicht. Problematisch ist die offenliegende, sehr breite dauerelastisch abgedichtete Fuge.
b Fixierung durch Klemmprofil nach DIN 18 195-9 mit Schrauben und Dübeln.
c Fixierung mit Festflansch mit aufgeschweißtem Gewindebolzen und Losflansch mit Sechskantmutter nach DIN 18195-9.

1 Außenmauerwerk
2 Außenputz
3 Estrich zum Ausgleich von Unebenheiten
4 Dichtungsbahn mit Voranstrich und Deckabstrich
5 zweilagige Abdichtung
6 horizontale Dichtungsbahn
7 Fugenabdichtng
8 Festflansch (verzinkter Stahl)
9 Losflansch (verzinkter Stahl)
10 Klemmschiene (verzinkter Stahl)
11 Putzabschlussprofil

Anforderungen an die Abdichtungen:
- Unempfindlichkeit gegen natürliche und durch Lösungen aus Beton und Mörtel sowie aus der Bauwerksnutzung entstandene Wässer
- Überbrückung von Schwindrissen bis zu einer maximalen Breite von 2 mm und einem maximalen Risskantenversatz von 1 mm
- Unempfindlichkeit gegen Bauwerksbewegungen. Gegebenenfalls sind zusätzliche konstruktive Maßnahmen zu planen.

Wichtige Voraussetzung für die Dauerhaftigkeit und Dauerwirksamkeit der Abdichtungen sind planerische Berücksichtigung der später wirkenden Beanspruchungen und ein einwandfreier Zustand des Untergrunds, der die Abdichtungen trägt (keine klaffenden Risse, keine Nester, keine scharfen Grate, Trockenheit, gerundete Kehlen und Kanten).

Tabelle E.5
Sonderkonstruktionen bei Bauwerksabdichtungen (Zusammenstellung von Maßnahmen nach DIN 18 195-8 und -9)

Konstruktive Problempunkte bei Bauwerksabdichtungen	Sonderkonstruktionen bei Bauwerksabdichtungen gegen		
	Bodenfeuchtigkeit (DIN 18 195-4)	nicht drückendes Wasser (DIN 18 195-5)	von außen drückendes Wasser (DIN 18 195-6)
Abdichtungen über Bewegungsfugen (DIN 18 195-8) Fugen Typ I (langsam ablaufende und einmalige oder selten wiederholte Bewegungen)	A Bewegungen bis 5 mm – Bei Flächenabdichtungen aus Bitumenwerkstoffen: zusätzlich 1 Lage Bitumen-Dichtungs- oder Schweißbahnen b = 300 mm mit Gewege- oder Metallbandeinlage. Bei Flächenabdichtungen aus Kunststoff-Dichtungsbahnen sind diese unverstärkt über die Fugen zu ziehen. Bewegungen über 5 mm: Wie Beispiel B	B Bei Flächenabdichtungen aus Bitumenwerkstoffen: Abdichtungen sind über den Fugen eben durchzuziehen und durch mindestens 300 mm breite Streifen aus Kupferband, $d \geq 0{,}2$ mm; Edelstahlband, $d \geq 0{,}05$ mm; Elastomerbahnen, $d \geq 1$ mm; Kunststoffdichtungsbahnen, $d \geq 1{,}5$ mm; Bitumenbahnen mit Polyestervlieseinlage, $d \geq 3$ mm, zu verstärken	C Flächenabdichtungen sind über den Fugen durchzuziehen und durch mindestens 2 Streifen, b ≧ 300 mm aus Kupferband, $d \geq 0{,}2$ mm; Edelstahlband, $d \geq 0{,}05$ mm; oder Kunststoffdichtungsbahnen, $d \geq 2{,}0$ mm (mindestens 3-lagig), zu verstärken. Verstärkungsstreifen immer außen und mit Zulagen aus Bitumenbahnen geschützt.
Abdichtungen über Bewegungsfugen (DIN 18 195-8) Fugen Typ II (schnell ablaufende oder häufig wiederholte Bewegungen)	D Bewegungen über 5 mm – Abdichtung über den Fugen wie Konstruktionsbeispiel B	E Im Einzelfall festzusetzen, zum Beispiel: Unterbrechung der Flächenabdichtungen und schlaufenartige Anordnung von Verstärkungsstreifen oder Los- und Festflanschkonstruktionen.	F Sonderkonstruktionen, zum Beispiel: Los- und Festflanschkonstruktionen, gegebenenfalls als Doppelkonstruktionen
Anschlüsse an Durchdringungen (DIN 18 195-9)	G Bei Aufstrichen und Spachtelmassen aus Bitumen: spachtelbare Stoffe oder Manschetten. Bei Abdichtungsbahnen: Klebeflansch und Anschweißflansch oder Manschette und Schelle	H Klebeflansche, Anschweißflansche, Manschetten, Manschetten mit Schellen oder Los- und Festflanschkonstruktionen	I Los- und Festflanschkonstruktionen
Übergänge (DIN 18 195-9)	J Klebeflansche, Anschweißflansche, Klemmschienen, Los- und Festflanschkonstruktionen	K Klebeflansche, Anschweißflansche, Klemmschienen, Los- und Festflanschkonstruktionen	L Los- und Festflanschkonstruktionen als Doppelflansche mit Trennleiste
Abschlüsse (DIN 18 195-9)	M Abdichtungen aus Bahnen. Sicherung gegen Abrutschen durch Einziehen in eine Nut oder Klemmschienenanordnung	N Wie M oder konstruktiv abzudecken. Abdichtungen sind mindestens 150 mm über auf ihr liegenden Belägen hochzuziehen.	O Wie N

Schutz von Mauerwerk gegen von außen drückendes Wasser
(Abb. **E.31**)

Drückendes Wasser übt auf Abdichtungen hydrostatischen Druck aus. Von außen drückendes Wasser kann unterschiedlicher Herkunft sein, zum Beispiel hoher Grundwasserstand, Baugrund aus bindigem Boden oder mit wasserführenden Schichten, Hanglagen.

Nach DIN 18 195-6 – Bauwerksabdichtungen; Abdichtungen gegen von außen drückendes Wasser – werden nur bahnenförmige Abdichtungen empfohlen (genauere Angaben siehe dort).

Es werden an die Abdichtungen folgende Anforderungen gestellt:
– Unempfindlichkeit gegen natürliche oder durch Lösungen aus Beton oder Mörtel entstandene Wässer
– Ausführung einer geschlossenen Wanne, die das Bauwerk allseitig umschließt
– Abdichtungsoberkante bei nichtbindigem Boden mindestens 0,30 m über höchstem Grundwasserstand
– Abdichtungsoberkante bei bindigem Boden mindestens 0,30 m über geplantem Geländeniveau
– Unempfindlichkeit gegen Bauwerksbewegungen. Gegebenenfalls sind besondere konstruktive Maßnahmen vorzusehen.
– Überbrückung von Schwindrissen bis zu einer maximalen Breite von 5 mm und einem maximalen Risskantenversatz von 2 mm.

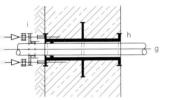

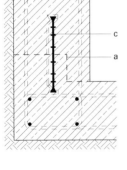
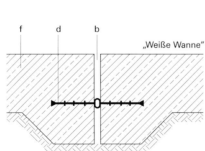
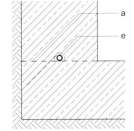
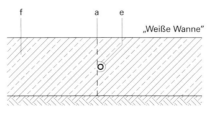

Abb. E.31
Schutz gegen von außen drückendes Wasser: „Weiße Wanne"
(vergl. auch: Abb. C.14)

a Arbeitsfuge
b Bewegungsfuge
c Arbeitsfugenband mit Stützbügel; alternativ: Fugenblech, auf Bewehrung aufgeschweißt
d Fugendichtungsband mit Mittelschlauch
e Injektionsschlauchdichtung
f wasserundurchlässiger Beton
g Rohrdurchführung durch eine „Weiße Wanne"
h Hüllrohr mit Stopfbuchse. Dichtungsmaterial
i Losflanschring. Stehbolzen mit Muttern

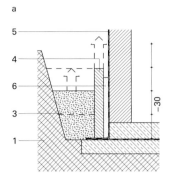 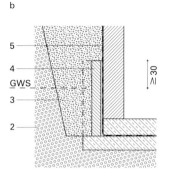 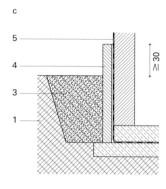

Voraussetzung für die Dauerhaftigkeit und die Dauerwirksamkeit der Abdichtungen sind die planerische Berücksichtigung der auf die Abdichtung einwirkenden Beanspruchungen und die Einhaltung einer Reihe von Bedingungen für die Ausführung der die Abdichtung tragenden oder an sie angrenzenden Bauteile:
- keine Übertragung von planmäßigen Kräften auf die Abdichtung parallel zur Abdichtungsebene.
- Untergründe sollen fest, trocken und frei von Nestern, Graten und klaffenden Rissen sein.
- Kehlen und Kanten sind mit einem Durchmesser von 80 mm zu runden.
- Gliederung der abzudichtenden Flächen möglichst gering.
- Das Ablösen der Abdichtung vom Untergrund kann zum Beispiel durch Schutzschichten aus Mauerwerk (Abb. **E.32**) verhindert werden.
- Gegen Abdichtungen ist hohlraumfrei zu mauern oder zu betonieren. Insbesondere auf der druckwasserabgewandten Seite sind Hohlräume, in die die Abdichtung eingepresst werden könnte, unzulässig.

Die unkomplizierteste Art der Abdichtung gegen von außen drückendes Wasser ist die sogenannte „Weiße Wanne" (vgl. Abb. **E.31**), bei der Kellersohlplatte und Kelleraußenwand aus wasserundurchlässigem Stahlbeton B 25 hergestellt werden. Ihre Mindestdicken sollen 25 cm betragen. Auf hohlraum- und nesterfreies Verarbeiten des Betons ist zu achten. Die erdzugewandte Seite der Wände soll zusätzlich mindestens einen die Kapillaren schließenden kalten Dichtungsanstrich erhalten. Potentielle Schwachpunkte „weißer Wannen" sind Arbeits- und Bewegungsfugen (Abb. **E.31**). Arbeits- und Bewegungsfugenbänder aus elastischen Materialien wie Weich-PVC werden bei stehender Anordnung beim zuerst betonierten Abschnitt (zum Beispiel Sohlplatte) in den noch weichen Beton gedrückt und an der Bewehrung fixiert oder mit Stützbügeln vor dem Betonieren aufgestellt. Die unverrückbare Lage ist zu sichern. Alternativ zu dem Arbeitsfugenband mit Stützbügel ist an dieser Stelle ein Fugenblech möglich, das durch Schweißen auf der Bewehrung zu fixieren ist. Bei horizontalem Einbau dürfen unter dem Fugenband keine Nester und unverdichtete Stellen im Beton entstehen. Arbeitstechnisch einfacher ist die Abdichtung von Arbeitsfugen mittels Injektionsschlauchdichtungen. Die flexiblen Schläuche werden auf dem zuerst betonierten Bauteil befestigt und nach dem Erhärten des Betons des zweiten Abschnitts mit PU-Harz oder einem Zement-Bentonit-Gemisch verpresst. Der dadurch expandierte Schlauch dichtet die Fuge lückenlos ab.

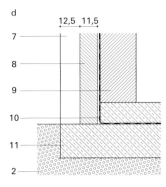
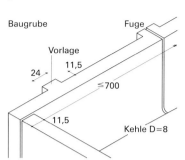

Abb. E.32
Schutzschichten aus Mauerwerk
(Maße in cm)

a Arbeitsprozess beim Herstellen einer nachträglichen Schutzschicht.
b Höhe der Schutzschicht über dem höchsten Grundwasserspiegel.
c Höhe der Schutzschicht über Gelände.
d Abmessungen von Schutzschichten.
e freistehende Schutzschicht (Prinzipskizze).

1 bindiger Boden
2 wasserdurchlässiger Boden
3 Hinterfüllboden
4 Schutzschicht aus Mauerwerk
5 Abdichtung
6 Mörtelhinterfüllung
7 Vorlage
8 Schutzschicht
9 Putzschicht
10 Abdichtung
11 Sohlplatte

Schutzschichten vor senkrechten Bauwerksabdichtungen

Gegen schädigende Einflüsse aus mechanischen und thermischen Beanspruchungen müssen Abdichtungen geschützt werden. Die Schutzschichten selbst müssen gegen diese Beanspruchungen widerstandsfähig sein.

Schutzschichten aus Mauerwerk

(Abb. **E.32**) Senkrechte Abdichtungen können nach DIN 18195-10 u. a. durch Schutzschichten aus Mauerwerk geschützt werden. Es werden je nach den bautechnischen Erfordernissen und Möglichkeiten zwei Ausführungsarten beschrieben:
1. Die Schutzschicht wird nach Fertigstellung der Abdichtung ausgeführt.
2. Freistehende Schutzschichten dienen als Abdichtungsrücklage.

Die Abdichtung wird auf die Schutzschicht aufgebracht und die zu schützenden Bauteile werden anschließend dagegengesetzt. Nach DIN 18195 werden folgende Anforderungen an Schutzschichtkonstruktionen aus Mauerwerk gestellt:
- Mauerwerksschalen müssen 115 mm dick in MG II, IIa oder III nach DIN 1053-1 hergestellt werden.
- Senkrechte Schutzschichten sind von waagerechten und geneigten Bauteilen durch Fugen mit Einlagen zu trennen.
- Senkrechte Schutzschichten müssen im Abstand von höchstens 7 m durch senkrechte Fugen getrennt werden. Die Fugen sollen Einlagen erhalten, die auch den Bereich von Kehlen erfassen.
- An Ecken sind senkrechte Schutzschichten zu trennen.
- Gegen Abdichtungen ist hohlraumfrei zu mauern oder zu betonieren.

Bei der Ausführung von nachträglich gegen die Abdichtung gesetzten Mauerwerksschutzschichten ist folgendes zu beachten (Abb.**E.32**):
- Abschnittsweise Hinterfüllung bzw. Abstützung.
- Zwischen Schutzschicht und Abdichtung soll eine 40 mm dicke Fuge hohlraumfrei (Gießverfahren mit Mörtel der Mörtelgruppe II, IIa oder III) ausgeführt werden.

Frei stehende Schutzschichten, die vor Herstellung der Abdichtung ausgeführt werden, müssen folgenden Anforderungen entsprechen (Abb. **E.32**):
- Standsicherheit. Die Standsicherheit darf durch Vorlagen von höchstens b/d = 240/115 mm verbessert werden.
- Die abdichtungsseitige Fläche des Mauerwerks ist 10 mm dick und glatt abgerieben zu putzen. Putzart: MG II. Ecken, Kanten und Kehlen sind abzurunden. Kehlen sollen einen Ausrundungsdurchmesser von 80 mm erhalten.

Sonstige Schutzschichten vor senkrechten Mauerwerksabdichtungen

Sonstige Schutzschichten auf senkrechten Mauerwerksabdichtungen müssen den oben beschriebenen allgemeinen Anforderungen genügen. Schutz gegen mechanische Beschädigungen von Abdichtungen gegen Bodenfeuchtigkeit bieten Grundmauerschutzmatten aus unverrottbaren synthetischen Geweben, die mit ihren Oberkanten in den frischen, heißflüssigen Deckabstrich eingedrückt und fixiert werden. Gleiche Funktionen haben Bitumenwellplatten, außen vor die Abdichtung gestellt. In Verbindung mit einer wirkungsvollen Dränage kann man durch Bitumenwellplatten als Dränageplatten auch die Entstehung von drückendem Wasser in bestimmten Situationen verhindern.

Schutzschichten aus Betonplatten oder Betonwinkelplatten, die vor Herstellung der Abdichtung errichtet werden und als Abdichtungsrücklage dienen, müssen standfest und unverschieblich sein. Die Fugen sollen mit Mörtel der Gruppe III ausgedrückt werden und auf der Seite der Abdichtung bündig mit den Betonoberflächen abschließen.

Dränagen

Dränagen nach DIN 4095 sollen das Entstehen hydrostatischen Drucks auf Mauerwerksabdichtungen verhindern. Hydrostatischer Druck entsteht zum Beispiel durch Stauwasser, das sich in den Hohlräumen des hinterfüllten Arbeitsraumes bei Baugrund aus bindigen Böden sammelt, bei wasserundurchlässigen und wasserführenden Bodenschichten und beim Auftreten von Hangwasser.

Dränagen können wasserdruckhaltende Dichtungen, wo sie notwendig sind, nicht ersetzen. Nur dort sind sie als Zusatzmaßnahme bei Abdichtungen gegen Bodenfeuchtigkeit oder gegen nichtdrückendes Wasser sinnvoll, wo nur kurzzeitig mit Stauwasser zu rechnen ist, der Baugrund also eine gewisse Durchlässigkeit besitzt. Bei fehlerhaften und nicht funktionierenden Dränagen ist der Schaden am Bauwerk, das nur gegen Bodenfeuchtigkeit oder nichtdrückendes Wasser abgedichtet ist, in der Regel vorprogrammiert.

Voraussetzung für die Funktionsfähigkeit von Dränagen sind folgende Bedingungen:
- ausreichendes Gefälle der Dränrohre (1 bis 2 %)
- vollständiges Abführen des Wassers am besten mit natürlichem Gefälle in eine vorhandene Vorflut. Vor Einleitung in Regenwasserkanalisationen soll ein zu reinigender Sandfang zwischengeschaltet werden. Dränagen, die zu tief liegen, um mit natürlichem Gefälle das anfallende Wasser abführen zu können, können in einen Revisionsschacht geführt werden, aus dem das Wasser durch eine schwimmerbetätigte automatische Tauchpumpe auf das erforderliche Abflußniveau gehoben wird. Die Funktionsfähigkeit der Dränage ist dann allerdings mit dem Risiko eines Pumpenausfalls behaftet.

- Einbettung der Dränrohre in Filterkiespackungen, zum Beispiel aus Grobkies oder Filterschlacke, die gegebenenfalls zur Vermeidung der Gefahr des Zuschlämmens mit feinkörnigen Bodenbestandteilen mit wasserdurchlässigen, unverrottbaren Vliesen abgedeckt werden können.
- Als funktionsfähige Sickerschicht wirken auch unvermörtelt vor die Abdichtung gesetzte Lochsteine oder Dränplatten. Bei der Verwendung von Lochsteinen ist allerdings auf Frostsicherheit im frostgefährdeten Bodenbereich zu achten.

Bei bindigen Böden verursachen Hinterfüllung mit wasserdurchlässigem Füllsand und eine Dränung der Kelleraußenwand (Dränplatten, Lochsteine o. ä.) eine ständige Gefährdung durch von außen drückendes Wasser. Wird bei Hinterfüllung mit dem anstehenden bindigen Boden an der Kellerwand sorgfältig von Hand verdichtet, so wird – wie alte Erfahrungen zeigen – der Boden selbst wasserundurchlässig. Lehm wurde vor Entwicklung spezieller Dichtungsmittel mit Erfolg zum Abdichten von Kellern benutzt.

Sonstige konstruktive Schutzmaßnahmen gegen Feuchtigkeit

In Mauerwerk einbindende Bauteile, die direkt oder indirekt durch Feuchtigkeit zerstört werden können, müssen durch besondere konstruktive oder/und chemische Maßnahmen geschützt werden.

Holzbauteile sind besonders gefährdet. Direkte Berührungsflächen zwischen Holz und Mauerwerk bzw. anderen Massivbauteilen sollen vermieden bzw. dort, wo unvermeidlich, durch eine Feuchtigkeitssperrschicht (zum Beispiel nackte Bitumendachbahn) abgesperrt werden.

Beispielhaft werden hier zwei charakteristische Fälle dargestellt.

1. *Holzbalkenauflager in einer Außenwand* (Abb. **E.33**).
Der Balkenkopf soll ringsum zur Vermeidung von Kontakten mit dem Mauerwerk 10 bis 20 mm Abstand haben. Die Auflagerfläche wird durch eine Bitumen- oder Teersonderdachpappe geschützt. Falls seitlich konstruktive Verbindungen zum Mauerwerk erforderlich sein sollten, so ist auch hier auf Vermeidung von Feuchtigkeitsbrücken zu achten. Sinnvoll ist eine Verbindung dieses Luftpolsters mit der Raumluft oder den Balkenzwischenräumen, um stehende Luft zu vermeiden und Dampfdruckausgleich zu ermöglichen. Der in der Mauerwerksaussparung liegende Balkenkopf soll, vor allem im Bereich der Hirnholzfläche, besonders intensiven chemischen Holzschutz erhalten.

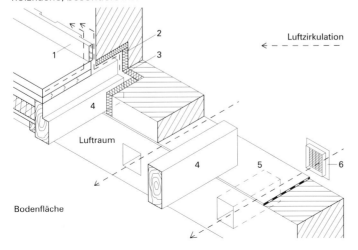

Abb. E.33
Holzbalkenauflager
(Vermeidung stehender Luft. Sie ist eine Lebensbedingung für holzzerstörende Pilze).

1 Fußleiste mit Luftschlitzen
2 Wärmedämmung
3 Luftspalt 10–20 mm
4 Holzbalken
5 Bitumendachbahn
6 Öffnung für Querdurchlüftung des Luftraumes. Mindestquerschnitt 1/500 der zu belüftenden Bodenfläche

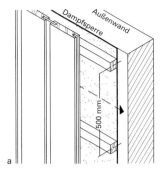

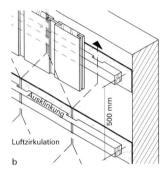
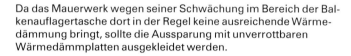
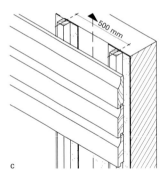
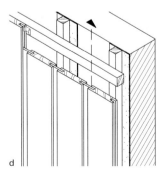

Abb. E.34
Konstruktiver Holzschutz bei Innenverkleidungen

a keine vertikale Luftzirkulation, Abschirmung des Luftzwischenraums gegen feuchtes Mauerwerk durch eine Dampfsperre
b Ausklinkungen in der horizontalen Traglattung ermöglichen vertikale Luftzirkulation
c/d bei vertikaler Lattung bzw. Konterlattung unbehinderte Luftzirkulation

Da das Mauerwerk wegen seiner Schwächung im Bereich der Balkenauflagertasche dort in der Regel keine ausreichende Wärmedämmung bringt, sollte die Aussparung mit unverrottbaren Wärmedämmplatten ausgekleidet werden.

2. Bei *Verkleidungen massiver Wände* mit Holz und Holzwerkstoffen gelten prinzipiell die folgenden Regeln:
– keine direkten Kontakte zwischen Holzbauteilen und dem potenziell feuchten Mauerwerk (Abb. **E.25**)
– Belüftung von Hohlräumen (Abb. **E.34**)
– Bei nichtbelüfteten Hohlräumen, insbesondere an Außenwänden, sollte auf der Mauerwerksinnenseite eine Dampfsperre vorgesehen werden, damit bei Austrocknungsvorgängen (Baufeuchte) der Hohlraum trocken bleibt (Abb. **E.34a**).
– Bei innenliegender Wärmedämmung im Hohlraum zwischen Mauerwerk und Verkleidung soll die Wärmedämmung beidseits von Dampfsperrbahnen eingeschlossen werden. Wärmedämmungen sollten bei Neubauten allerdings nicht auf der Innenseite einer Außenwand angeordnet werden. Der Taupunkt der Außenwand liegt dann zu weit innen, möglicherweise sogar an der Grenzfläche zwischen Mauerwerksinnenseite und Wärmedämmung. Bei hoher relativer Luftfeuchte in den Innenräumen und schlechter Lüftung kann dann dort Kondensat entstehen.

In Mauerwerk einbindende Stahlbauteile müssen einen Korrosionsschutz erhalten. Art und Intensität des Korrosionsschutzes richten sich nach der Art und Intensität der Beanspruchung [E.7].

Bei Stahlbauteilen im Freien bzw. in feuchten Räumen sollen folgende Korrosionsschutzverfahren Anwendung finden, falls nicht ohnehin rostfreier Stahl verwendet wird:
– Feuerverzinkung
– Spritzverzinkung mit porenfüllendem Deckanstrich
– Mehrfachanstriche (Grundanstrich und Deckanstrich).

Im Innern von Gebäuden liegende Stahlbauteile, die durch Verkleidung vor feuchter Luft geschützt sind, brauchen nur einen Grundanstrich mit einer Schichtdicke von 40 µm zu erhalten. Verankerungen von Außenschalen an tragenden Innenschalen und die Abfangungen von Außenschalen sind nach Fertigstellung der Außenschalen nicht mehr zugängig, können daher nicht überwacht und gewartet werden. Aus Gründen des Korrosionsschutzes sollte für diese Stahlteile daher Edelstahl (V4A) verwendet werden, will man jegliches Risiko ausschließen.

3.3

Wärmeschutz

3.3.1

Allgemeines

In Abschnitt E.3.2.2 ist auf traditionelle ländliche Bauformen hingewiesen worden, die im Laufe ihrer Entwicklung zu bauphysikalisch sinnvollen Strukturen wurden. Nicht nur die Gebäude selbst, sondern auch das geschickte Ausnutzen geographischer Gegebenheiten lassen bei vielen älteren Anlagen das Bestreben erkennen, klimatische Ungunst (Wind, Kaltluftlagen usw.) zu vermeiden. Grundsätzlich sollen, soweit dies möglich ist, folgende Aspekte hinsichtlich ihrer Auswirkungen auf die Energiebilanz eines Gebäudes berücksichtigt werden:
– Einpassung in die Landschaft (Hang-, Tal-, Kuppenlage)
– Windexposition (Hauptwindrichtung, jahreszeitliche Windrichtungen)
– Schlagregenexposition (Zusammenwirken von Windrichtung, Windstärke und Regenhäufigkeit)
– Himmelsrichtungen hinsichtlich des Sonnenstandes
– Klimagebiet (Durchschnittstemperatur, durchschnittliche Jahressonnenstundenzahl)
– Berücksichtigung von Bewuchs (Windschutz, Schattenwurf, Regenschutz)
– Bauweise (offen, geschlossen)
– Gebäudeform (Verhältnis Volumen/Außenfläche)
– Gebäudegröße (Verhältnis Volumen/Nutzfläche)
– Grundrissgestaltung (Nebenräume nach Norden und Osten)
– passive Sonnenenergienutzung
– Wärmerückgewinnung (Abwärme)
– Wärmedämmung/Wärmespeicherung
– Schlagregen- und Feuchtigkeitsschutz
– Heizung und Lüftung.

1995 wurde erstmals der Aspekt der Energiebilanz von Gebäuden mit der Wärmeschutzverordnung eingeführt, so dass nicht nur der Wärmeschutz, also der Schutz der im Gebäude erzeugten Wärme einschließlich Wärmerückgewinnung, sondern auch die auf die Gebäudeaußenflächen eingestrahlte Sonnenenergie (passive Solarenergie) in die Bilanz einzurechnen sind. Das Prinzip der passiven Solarnutzung ist lange bekannt: Durch besondere konstruktive Ausbildung der Außenwände, die Sonneneinstrahlung enthalten, wird deren Umwandlung in Wärme und ihr Verbleiben im Gebäude bewirkt (Wärmefalle) (siehe Abschnitt E.4.1.4).

3.3.2

Winterlicher Wärmeschutz

Winterlicher Wärmeschutz wird von folgenden Einflussgrößen bestimmt:
– Wärmedurchlasswiderstand bzw. Wärmedurchgangskoeffzient der Gebäudeaußenbauteile
– Schichtenaufbau der Außenbauteile
– Orientierung und Energiedurchlässigkeit der Fenster
– Luftdurchlässigkeit der Außenbauteile
– Raumlüftung.

Die einzuhaltenden Höchstwerte für den Primärenergiebedarf von Gebäuden und die Grenzwerte für den Wärmedurchlasswiderstand bzw. den Wärmedurchgangskoeffizienten von Bauteilen sind nach Wärmeschutz-Energieeinsparverordnung und DIN 4108-2 und DIN 4108-3 festgelegt. Auf die derzeit geltenden Bestimmungen wird verwiesen. Grundsätzlich müssen auch für die „ungünstigsten Stellen" wie Wärmebrücken (DIN 4108 Beiblatt 2 – Wärmebrücken, Beispiele) und bei Mauerwerksschwächungen (zum Beispiel Heizkörpernischen) die vorgeschriebenen Dämmwerte eingehalten werden, gegebenenfalls durch zusätzliche Dämm-Maßnahmen.

Bei einschaligen Außenmauerwerkskonstruktionen und bei zweischaligen Mauerwerkskonstruktionen ohne Luftschicht ist dem Schlagregenschutz besondere Aufmerksamkeit zuzuwenden: Durchfeuchtete Wände haben verminderte Wärmedämmwerte.

Grundsätzlich sollen bei mehrschaligen Konstruktionen mit zusätzlicher Wärmedämmung die Dämm-Materialien (geringe Wärmeleitzahl) auf der Außenseite der tragenden Innenschale (Außendämmung) vorgesehen werden. Innendämmung kann im Sonderfall (zum Beispiel zur Dämmung von Wärmebrücken) unumgänglich sein. Wird eine durchgehende Innendämmung geplant, so müssen die vor allem bei in die Außenwände einbindenden Innenwänden entstehenden geometrischen Wärmebrücken berücksichtigt werden.

Bei der Berechnung des Wärmedurchlasswiderstands von zweischaligen hinterlüfteten Konstruktionen dürfen Außenschale und Luftschicht nicht auf die vorhandene Wärmedämmung angerechnet werden. Ausgenommen ist zweischaliges Mauerwerk mit Luftschicht: Außenschale und Luftschicht dürfen nach DIN 4108 zum Ansatz gebracht werden, da nur eine sehr geringe Konvektion vorhanden ist. Gleiches gilt für mehrschalige Konstruktionen mit stehender Luftschicht.

Bei hochwärmegedämmten Konstruktionen der Außenhülle eines Gebäudes ist die Winddichtheit sehr wichtig für die Wirksamkeit der Dämmung. Bei gefährdeten Konstruktionen (zum Beispiel Holzskelettkonstruktionen) sollen geschlossene luftundurchlässige Schichten vorgesehen werden (zum Beispiel an den Stößen verklebtes Baupapier). Winddichtheit der Gebäudeaußenhülle birgt wegen verringerter Raumlüftungsraten die Gefahr der Erhöhung von Schadstoffkonzentrationen in den Räumen. Daher ist unbedingt auf Baustoffe mit gesundheitsschädlichen Emissionen zu verzichten [F.15, Abschn. 18.3].

3.3.3

Sommerlicher Wärmeschutz

Sommerlicher Wärmeschutz wird durch zwei Problemkomplexe bestimmt: Sonnenschutz und Wärmespeicherfähigkeit der Bauteile (Abb. **E.35**).

Entscheidend für die sommerliche Wärmeeinwirkung sind die Größe und Energiedurchlässigkeit der Fensterflächen. Wirksamster Sonnenschutz bei Fenstern ist durch außenliegende, dem Sonnenstand anpassbare Sonnenschutzanlagen zu erreichen. Bei der Planung soll auch die Himmelsrichtung beachtet werden. Ost- und Westseiten sind wegen des tiefen Sonnenstandes und der größeren Wirkung der senkrecht auf Wand- und Fensterflächen auftreffenden Wärmestrahlen besonders gefährdet. Im Tageslauf ergibt sich folgendes Bild: Vormittags werden nach Osten liegende Flächen stärker erwärmt, die Lufttemperatur steigt an. Gegen Mittag wird die Intensität der Sonnenstrahlung stärker, die Einwirkung auf die Außenwände jedoch nimmt wegen des steileren Sonnenstandes ab, die Lufttemperatur nimmt weiter zu. Nachmittags ist durch Lufterwärmung eine Erwärmung auch der westlichen Gebäudeseiten schon entstanden, wenn zusätzlich durch tiefstehende Sonne eine Aufheizung geschieht.

Als besonders wirksam für sommerlichen Wärmeschutz haben sich Hausbegrünungen erwiesen (vgl. Abschnitt 3.2.2) [E.20 bis E.22]. Die Kühlung beruht auf der Verschattung der Fassadenflächen und der Kühlwirkung bei den Verdunstungsvorgängen der Pflanzen.

Schwere Bauteile mit guter Wärmespeicherfähigkeit sind vor allem im Gebäudeinnern in der Lage, einen Ausgleich zwischen den Temperaturamplituden (Tageserwärmung und Nachtabkühlung) dadurch zu bewirken, dass die Abkühlung bzw. Erwärmung der Bauteile mit zeitlicher Phasenverschiebung gegenüber der Erwärmung bzw. Abkühlung der Luft erfolgt. Die Wärmespeicherfähigkeit von Außenwänden mit Innendämmung ist gering anzusetzen.

Bauteile mit großer Wärmespeicherfähigkeit bieten gute Voraussetzungen für wirkungsvollen sommerlichen Wärmeschutz.

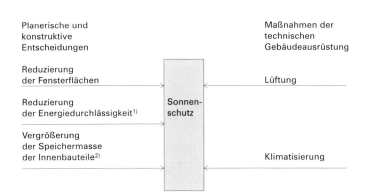

Abb. E.35
Sonnenschutz

[1] Verschattungsmaßnahmen, reflektierende oder absorbierende Verglasung.
[2] Bei Außenwänden mit Innendämmung wirkt sich die Wärmespeicherfähigkeit wenig aus.

3.3.4

Wärmebrücken (Beispiele siehe Abb. **E.36** bis **E.43**)

Bauteile oder Bauteilzonen, durch die Wärme stärker fließt als durch benachbarte Zonen, nennt man Wärmebrücken. Es gibt
– materialbedingte
– konstruktionsbedingte
– geometrisch bedingte und
– lüftungstechnisch bedingte Wärmebrücken [E.23].

Oft liegen diese Bedingungen beieinander und verstärken sich in ihrer Wirkung. Ursachen materialbedingter Wärmebrücken sind Bauteile oder Bauteilzonen aus Materialien mit höherer Wärmeleitzahl als in den angrenzenden Bereichen, wie zum Beispiel bei der Verwendung von Mauerwerk mit größerer Tragfähigkeit unter Trägerauflagern. Bei einschaligen Außenwänden sollen Fenster daher nur in Wandmitte angeschlagen werden.

Konstruktionsbedingte Wärmebrücken liegen bei Schwächungen von Außenwänden durch Installationsschlitze vor oder an Fensterleibungen und Fensterstürzen. Hier ist in der Regel auch noch die geometrische Komponente wirksam. Vor Mischmauerwerk wird gewarnt.

Eine klassische geometrisch bedingte Wärmebrücke ist die Gebäudeaußenecke. Einer sehr kleinen Innenwandfläche (Erwärmung) liegt dort eine sehr große Außenwandfläche (Abkühlung) gegenüber.

Das physikalische Phänomen der Wärmebrücke wird durch Darstellung des Temperaturverlaufs und des Wärmeflusses in den entsprechenden Bauteilen deutlich. Isothermen (Linien gleicher Temperatur) und Adiabaten (Linien gleichen Wärmestroms) sind in Wärmebrückenzonen deutlich verzerrt (Abb. **E.36**). Aus dem Verlauf der Isothermen ist erkennbar, dass die Temperatur an den Bauteilinnenflächen im Wärmebrückenbereich niedriger ist als in den angrenzenden Zonen. Der Taupunkt wandert aus dem Wandinnern an die innere Wandoberfläche. Wasserdampfkondensationen auf der Wandinnenfläche sind eventuell die Folge und damit Durchfeuchtung der Außenwand. Durch Wärmebrücken werden außerdem Energieverluste verursacht.

3.3.4 Bauphysikalische Anforderungen E

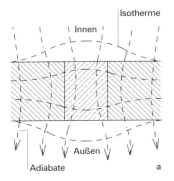
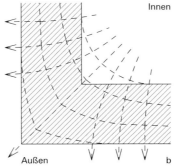

Abb. E.36
Wärmebrücken
(Wärmefluss und Temperaturverlauf)

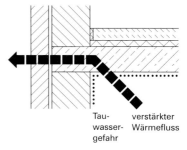

Abb. E.37
Wärmebrücke Deckenauflager
(Prinzipskizze).

Bei zweischaligem Mauerwerk mit Luftschicht und zusätzlicher Wärmedämmung gibt es keine Wärmebrückenprobleme.

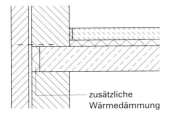
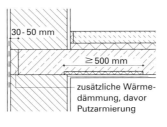
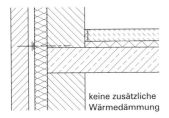
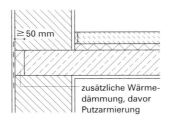

Schäden infolge Tauwasserbildung sind bei Wärmebrücken dann zu befürchten, wenn
- die Wärmedämmung zu knapp dimensioniert ist
- hohe relative Luftfeuchtigkeit im Gebäudeinnern existiert
- bei ungenügender Raumlüftung eine Abführung der feuchtigkeitsgesättigten Luft nicht erfolgt (abgedichtete Fensterfugen) und
- bei unzureichender Raumheizung.

Als besonderes Problem gilt die „geometrische" Wärmebrücke. Selbst bei Einhaltung der vorgeschriebenen Wärmedurchgangskoeffizienten für Außenwände wirkt eine Gebäudeecke als Wärmebrücke. Nach DIN 4108-2 ist bei Einhaltung der vorgeschriebenen Wärmedurchlasswiderstände auch in Raumaußenecken mit geometrischer Wärmebrückenwirkung nicht mit Schäden zu rechnen, wenn die Räume ordnungsgemäß genutzt werden. Ordnungsgemäße Nutzung heißt:
- ausreichende Raumtemperatur (+ 18 °C) und
- ausreichender Luftwechsel zur Abführung von Raumluftfeuchte (0,5facher Luftwechsel je Stunde).

Mit Tauwasserniederschlag an Außenbauteilen, wie sie oben beschrieben sind, ist dann nicht zu rechnen.

Zur Berechnung von Wärmebrücken gibt DIN 4108-5 Hinweise. Grundsätzlich sind die Mindestwerte der in DIN 4108-2 Tabelle 1 angegebenen Wärmedurchlasswiderstände bzw. Maximalwerte der Wärmedurchgangskoeffizienten einzuhalten.

Abb. E.38
Wärmebrücke Ringbalken

1 verstärkter Wärmefluss
2 Tauwassergefahr
3 Flachdach
4 Sparrendach
5 Mauerwerk
6 Außenputz
7 Innenputz
8 Putzarmierung
9 Wärmedämmung
10 Stahlbetondecke
11 Ringbalken
12 Gleitfuge

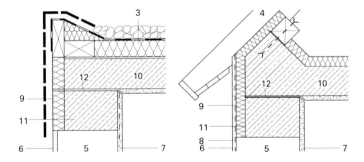
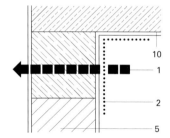

Abb. E.39
Wärmebrücke Aussteifungsstütze (Prinzipskizze)

1 verstärkter Wärmefluss
2 Tauwassergefahr
3 Mauerwerk
4 Stahlbetonstütze
5 Außenputz
6 Innenputz
7 Putzträger
8 Wärmedämmung

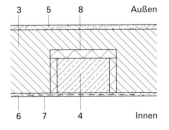
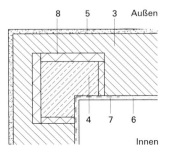
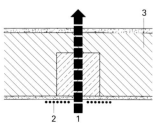

3.3.4 Bauphysikalische Anforderungen E

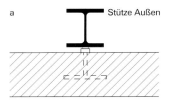
a Stütze Außen

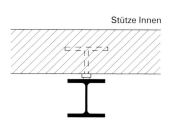
b Stütze Innen

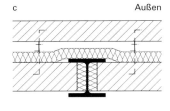
c Außen

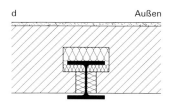
d Außen

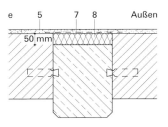
e 5 7 8 Außen
50 mm

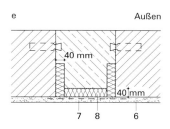
e Außen
40 mm 40 mm
7 8 6

Abb. E.40
Wärmebrücke bei Skelettkonstruktionen (Stützen)

a/b Sind tragende Stützen von der raumabschließenden Außenwand losgelöst, so ergeben sich keine Wärmebrücken
c Bei zweischaligen Konstruktionen kann eine durchgehende Wärmedämmung außen vor den Stützen liegen
d Zusätzliche Dämmmaßnahmen an einer Stahlstütze. (Bei auf die Außenwand wirkenden Sogkräften sind besondere konstruktive Maßnahmen erforderlich)
e Zusätzliche Dämmmaßnahmen an Stahlbetonstützen

1 verstärkter Wärmefluss
2 Tauwassergefahr
3 Mauerwerk
4 Stütze
5 Außenputz
6 Innenputz
7 Putzarmierung
8 Wärmedämmung

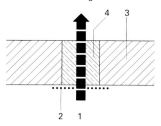

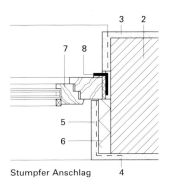
Stumpfer Anschlag 4

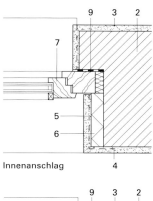
Innenanschlag 4

Abb. E.41
Wärmebrücke Fensterleibung (Prinzipskizze)

1 verstärkter Wärmefluss
2 Mauerwerk
3 Außenputz
4 Innenputz
5 Putzarmierung
6 Wärmedämmung
7 Fenster
8 Anschlagwinkel
9 Schlagregenabdichtung
10 Leibungsverkleidung
11 Putzanschlussprofil

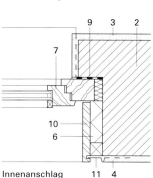
Innenanschlag 11 4

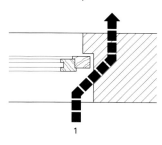

E Bauphysikalische Anforderungen 3.3.4

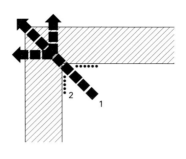

Abb. E.42
Wärmebrücke Gebäudeaußenecke

1 Verstärkter Wärmefluss
2 Tauwassergefahr
3 Mauerwerk
4 Außenputz
5 Innenputz
6 Putzarmierung
7 Wärmedämmung
8 Fenster

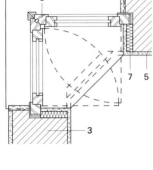
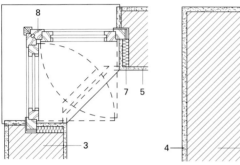

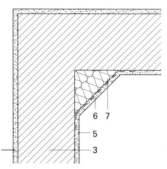

Abb. E.43
Wärmebrücke bei Schwächung der
Außenwand

1 Verstärkter Wärmefluss
2 Tauwassergefahr
3 Mauerwerk
4 Außenputz
5 Innenputz
6 Putzarmierung
7 Wärmedämmung
8 U-Schalen-Stein
9 Entwässerungsrohr

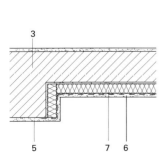   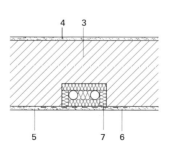   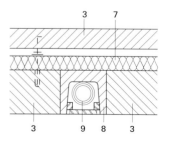

a Heizkörpernische   b Rohrleitungsschlitz   c Rohrleitungsschlitz

3.4 Schallschutz

3.4.1 Allgemeines

Überlegungen zum Schallschutz bei Wänden müssen sich im wesentlichen auf den Luftschallschutz beschränken. Trittschallschutz ist ein Problem bei Fußböden und Decken.

Luftschall breitet sich von einer punktförmigen Schallquelle in Wellen kugelförmig aus. Die Schallenergie nimmt mit dem Quadrat der Entfernung zur Schallquelle ab. Luftschallwellen, die auf eine harte, schwere Wand treffen, werden reflektiert und übertragen ihre Energie z. T. auf diese Wand, die sie als Körperschall transportiert (Abb. **E.44**). Auf ihrer Rückseite kann diese Wand, derart erregt, sekundären Luftschall abstrahlen. Durch Schallreflexionen wird in Räumen die Schallintensität erhöht. Die Kontrolle der Schallreflexionen spielt in der Raumakustik eine Rolle (Abb. **E.44**). Luftschall kann in Gebäuden durch Sprache, Nutzungsgeräusche und elektroakustische Geräte und im Freien zum Beispiel durch Verkehr erzeugt werden. Schall wird dann als störend empfunden (Lärm), wenn er nicht mit den augenblicklichen Handlungsabsichten von Personen übereinstimmt.

Körperschall tritt in Gebäuden, zum Beispiel in Form von Trittschall, durch schwingende Geräte (Wäscheschleuder), durch handwerkliche Arbeiten (Klopfen, Bohren) und sekundär durch luftschallerregte Wände und Decken auf (Abb. **E.45**).

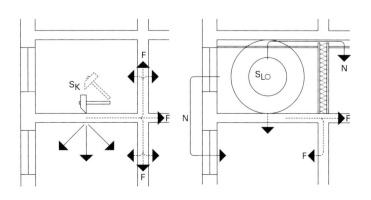

Abb. E.44
Luftschallausbreitung

D   Direktschall
F   Flankeneffekt
K   Körperschall
N   Nebenweg
R   Reflexion
S_L Luftschallquelle
SSCH schallschluckende Verkleidung

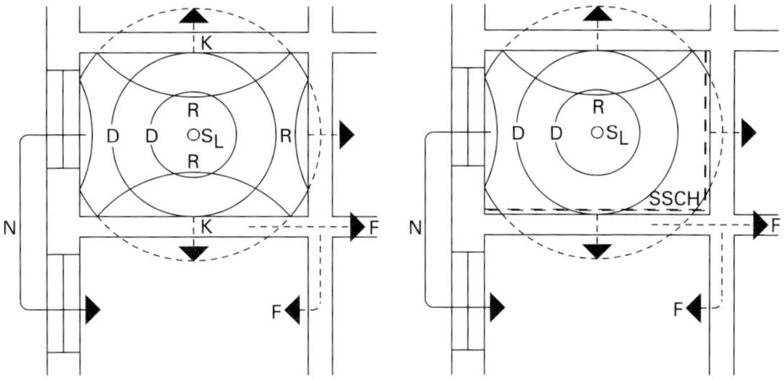

Abb. E.45
Körperschallausbreitung

F   Flankeneffekt
N   Nebenweg
S_K Körperschallquelle
S_L Luftschallquelle

Prinzipiell ist Schallschutz im Hochbau durch folgende Maßnahmen zu erreichen:
- Luftschallschutz: Schwere, biegesteife Bauteile gegen Schalldurchgang. Für einschalige Bauteile gilt: Je schwerer ein Bauteil, desto größer der Widerstand gegen die relativ energiearmen Schallwellen (Bergersches Gesetz). Die Frequenz ist zu beachten. Zweischalige Konstruktionen ohne Schallbrücken mit möglichst ungleich schweren Schalen verbessern den Luftschallschutz erheblich.
- Schallreflexionen: Weiche Schallschluckauflagen auf schallharten Bauteilen vermindern die Schallausbreitung im Raum.
- Körperschallschutz: Weichfedernde Lagerung (ohne Schallbrücken) der vom Körperschall betroffenen Bauteile.

Das größte Problem des Schallschutzes im Hochbau ist die Schallübertragung durch Flankeneffekte und auf Nebenwegen. Hierbei sind einbindende Bauteile, Luftschächte und -kanäle, Türen und Fenster besonders zu beachten. Schallschutz beginnt bei der städtebaulichen Planung und der Planung von Gebäuden mit Zuordnung von Räumen oder Raumgruppen mit störempfindlichen Nutzungen zu solchen, in denen Lärm erzeugt wird.

3.4.2

Schutz gegen Außenlärm

Die schwächsten Glieder einer Gebäudeaußenhülle beim Schutz gegen Außenlärm sind Fenster und Türen. Grundsätzlich sollten Wände einen höheren Außenlärmschutz bieten als gefordert, um die Unzulänglichkeiten bei Fenstern und Türen zu kompensieren. Erhöhter Schallschutz bei Fenstern und Türen ist kostenintensiv.

DIN 4109 setzt Mindestwerte der Luftschalldämmung von Außenbauteilen (Tab. **E.6**) fest. Dabei wird in sieben Lärmpegelbereiche differenziert.

Tabelle E.6
Anforderungen an die resultierende Schalldämmung von Außenbauteilen (nach DIN 4109) (Wand einschließlich Fenster)
(Tab. E.6 gilt nicht für Fluglärm).

Lärmpegelbereich	Maßgeblicher Außenlärmpegel	Raumarten		
		Bettenräume in Krankenanstalten	Aufenthaltsräume in Wohnungen, Übernachtungsräume in Beherbergungsstätten, Unterrichtsräume u. ä.	Büroräume[1] u. ä.
		Anforderungen an das resultierende Schalldämm-Maß des Gesamtaußenbauteils $R'_{w,\,res}$ in dB		
I	bis 55	35	30	–
II	56 bis 60	35	30	30
III	61 bis 65	40	35	30
IV	66 bis 70	45	40	35
V	71 bis 75	50	45	40
VI	76 bis 80	[2]	50	45
VII	> 80	[2]	[2]	50

[1] An Außenbauteile an Räumen, in denen aufgrund der darin ausgeübten Tätigkeiten der Verkehrslärm nur einen untergeordneten Beitrag zum Innenraumpegel leistet, werden keine Anforderungen gestellt.
[2] Die Anforderungen sind hier aufgrund der örtlichen Gegebenheiten festzulegen.

Zweischaliges Mauerwerk mit Luftschicht und zusätzlicher Wärmedämmung oder zweischaliges Mauerwerk mit Kerndämmung, häufig verwendete Außenwandkonstruktionen, sind prinzipiell gleich schweren einschaligen Konstruktionen überlegen. Es muss jedoch eine Reihe von Bedingungen eingehalten werden:
– ausreichender Abstand der Schalen
– Der Hohlraum muss ganz oder teilweise mit einem als Strömungswiderstand geeigneten Material, das die Schallausbreitung zwischen den Schalen hemmt, ausgefüllt sein.
– Schallbrücken zwischen den Schalen sind zu vermeiden.

Aus einer Versuchsreihe [E.8] mit zweischaligen Außenwandkonstruktionen sind folgende Ergebnisse zusammenzufassen:
– Das bewertete Schalldämmmaß R'(f) nimmt mit der steigenden Frequenz zu, und zwar bei zweischaligen Konstruktionen wesentlich stärker als bei einschaligen (Abb. **E.46**).
– Weiche Dämmstoffausfüllungen des Zwischenraums zwischen den Schalen verbessern den Schallschutz gegenüber einfachem Luftschichtmauerwerk.
– Bei zweischaligem Mauerwerk mit Kerndämmung wird bei Verwendung von extrudierten Hartschaumplatten keine Verbesserung des Schallschutzes gegenüber einfachem Luftschichtmauerwerk erzielt, sondern z. T. sogar verschlechtert. Kerndämmplatten KD und Hyperlite-Schüttungen bringen deutlich höhere Dämmwerte.
– Die nach DIN 1053 zur Verankerung der Außenschale erforderlichen Drahtanker und die zur Belüftung der Luftschicht erforderlichen Lüftungsöffnungen wirken sich negativ auf die Schalldämmung aus. Diese Wirkungen sind nicht zu verhindern.
– Einbindende Flankenwände verschlechtern das bewertete Schalldämmmaß.

Darüber hinaus lassen sich aus den vorgenannten Ergebnissen weitere Forderungen ableiten:
– vollfugiges Mauerwerk (Vermeiden von Undichtigkeiten, insbesondere durchgehend offener Fugen bei Sichtmauerwerk), gegebenenfalls zusätzlicher Verputz
– sorgfältige, dichte Ausführung der Anschlussfugen zwischen Mauerwerkswänden und anderen Bauteilen, insbesondere Fenstern und Türen
– sorgfältige Planung einbindender Wände zur Vermeidung sogenannter Flankeneffekte.

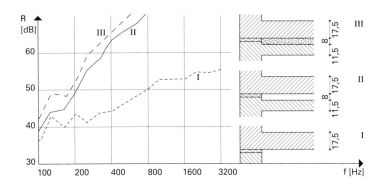

Abb. E.46
Abhängigkeit des Schalldämmmaßes R von der Frequenz f
(Maße in cm)

I Einschalige Wand aus KS 1.8/3DF
II Zweischalige Wand aus KS 1.8/2 DF und 3 DF mit Luftschicht
III wie II jedoch Luftschicht mit Hyperlite gefüllt

3.4.3

Luftschallschutz in Gebäuden

Luftschallschutz wird begrifflich auf den Schutz gegen innerhalb von Gebäuden von Raum zu Raum übertragenen Schall begrenzt. Das Luftschalldämmmaß wird in zwei Werten angegeben:
1. Labor-Schalldämmmaß R_w (ohne Flankeneffekte)
2. Bau-Schalldämmmaß R'_w (mit Flankenübertragung)

Anforderungen an den Luftschallschutz von Wänden

Luftschalldämmung bei einschaligen Bauteilen wird durch deren flächenbezogene Masse (Abb. **E.47**) und ihre Biegesteifigkeit bestimmt. Die Grenzfrequenz hängt ab von der Biegesteifigkeit des Bauteils. Grenzfrequenz ist die Frequenz, bei der die Schallschwingungen der Luft und die durch den Schall in Schwingungen versetzte Bauteilfläche in Resonanz (gleiche Wellenlänge) schwingen. Dies bewirkt Schallverstärkung.

Die bauordnungsrechtlichen Mindestanforderungen der DIN 4109 – Schallschutz im Hochbau – liegen für den Wohnungsbau unter dem zivilrechtlich relevanten Merkmal der „mittleren Art und Güte", das in der Richtlinie VDI 4100 im wesentlichen von der Schallschutzstufe II erreicht wird [E.27].

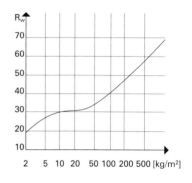

Abb. E.47
Luftschalldämmung und Flächengewicht einschaliger Wände

Undichtigkeiten und Schallnebenwege

Die Wirksamkeit der Luftschalldämmung von Wänden kann durch Undichtigkeiten bei Mörtelfugen beeinträchtigt werden. Dies Problem steht jedoch nur bei Sichtmauerwerk an, da schon ein einseitiger Verputz den Nachteil behebt. Vollfugigkeit ist nicht unbedingt für den Luftschallschutz erforderlich, wenn überall eine durchgehende steife Mörtelbrücke mindestens an der Außenseite der Fugen existiert. Deutliche Verringerung des Schallschutzes bei Verwendung eines sogenannten Trockenputzes aus Gipskartonplatten ist bei undichten und unverputzten Wänden allerdings zu befürchten.

Sorgfalt muss bei der Abdichtung von Wanddurchbrüchen für Installationsrohre aufgewendet werden, vor allem dann, wenn diese Rohre sich bewegen können müssen und deswegen in Hüllrohren angeordnet sind, bei denen ein Luftraum zwischen den Rohrwandungen verbleibt.

Schallnebenwege können bei Luftkanälen oder bei Anschlüssen von abgehängten Decken an nicht bis zur tragenden Decke durchgehenden Trennwänden auftreten. Ein oft unterschätzter Nebenweg ist auch die Luftschallübertragung von Raum zu Raum über (möglicherweise sogar offene) Fenster oder über Türen und Flure.

Schwächungen von Mauerwerkswänden

Schlitze und Nischen haben bei geringen Abmessungen, ausreichendem Flächengewicht der verbleibenden Restwand und dichtem Verschluss der Schlitze und Nischen relativ geringe Auswirkungen auf den Schallschutz. Sorgfalt bei der Ausführung der Schlitze (Schlitzhohlraum mit weichfederndem Dämmstoff ausfüllen; Schlitzüberspannungen mit Putzträger und Verputz) und der Nischen (Zählernischen mit dichtschließenden Zählerkästen) ist wichtig (Abb. **E.48**).

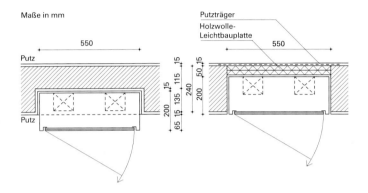

Abb. E.48
Zählernische in Treppenhauswand.

Zählernischengrößen siehe DIN 18 013. Für die Nischenrückwand, je nach Funktion der gesamten Wand, Anforderungen des Band-, Schall- und Wärme-Schutz beachten!

a Bei beidseitigem Verputz der Nischenrückwand aus Mauerstein nach DIN 105, 106 und 398. Feuerwiderstandsklasse nach DIN 4102-2 F 90 bzw. nach EN 13 501-2: EI 90
b Verminderung des Luftschalldämmmaßes bei dicht schließender Schranktür: ca. 2 dB.

Flankeneffekte

Flankeneffekte oder Schalllängsleitungen finden über angrenzende Bauteile statt. So kann eine schalltechnisch hervorragende zweischalige Wandkonstruktion ihre Wirksamkeit dadurch einbüßen, dass der Schall sie „umgeht" durch die Schallübertragung (Luftschall wird Körperschall und wieder Luftschall) (Abb. **E.45**) über flankierende Bauteile auf den Nachbarraum. Auch hier gilt jedoch die allgemeine Regel des Luftschallschutzes:
– Je größer das Flächengewicht der Trennwand und der flankierenden Bauteile, desto geringer sind negativ wirkende Flankeneffekte.

Einflussgrößen für Flankenübertragung sind:
– flächenbezogene Masse
– Biegesteifigkeit
– innere Dämpfung des trennenden und der angrenzenden Bauteile
– Ausbildung der Stoßstellen zwischen trennenden und flankierenden Bauteilen.

Ergänzend hierzu einige konstruktive Hinweise:
Die Flankenübertragung wird verringert, wenn flankierende, zweischalige Bauteile eine dem Raum mit der Schallquelle zugewandte biegeweiche Schale haben, deren Eigenfrequenz gegenüber der äußeren Schale ausreichend tief liegt. Die Eigenfrequenz soll unter 100 Hz liegen.

Gebäudetrennfugen, die sich über die gesamte Gebäudehöhe und -tiefe erstrecken, mindern Flankeneffekte erheblich. Flankeneffekte werden bei einschaligen, biegesteifen Bauteilen durch zusätzlich aufgebrachte Dämmplatten von hoher dynamischer Steifigkeit (zum Beispiel Holzwolleleichtbauplatten oder harte Schaumkunststoffplatten) mit zum Beispiel Putz-, Gipskartonplatten- oder Fliesenverkleidung verstärkt.

Gebäudetrennfugen

Bei Reihen- und Doppelhäusern lässt sich die Schallübertragung von Haus zu Haus durch zweischalige, schwere Haustrennwände gegenüber gleich schweren, einschaligen Wänden entscheidend verbessern. Entscheidend ist, dass die Trennung der beiden Schalen konsequent vom Fundament bis zum Dach geführt wird (Abb. **E.49**). Es können so erhebliche Verbesserungen der Dämmwirkung gegenüber einschaligen Konstruktionen erreicht werden. Bei durchgehenden Betondecken, bei Schallbrücken durch in der Trennfuge verkeilte Steinbrocken oder Mörtelbatzen und bei der Verwendung von Hartschaumplatten werden nicht nur keine Verbesserungen bewirkt, sondern sogar Verschlechterungen gegenüber einschaligen Konstruktionen.

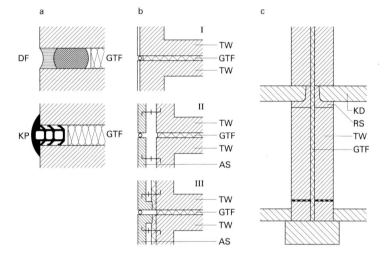

Abb. E.49
Gebäudetrennfugen.

a Fugenabdichtungen gegen Witterungseinflüsse
b Grundrisse
  I Einschaliges Außenmauerwerk
  II und III Zweischaliges Außenmauerwerk mit Luftschicht
c Schnitt

AS Außenschale
DF Elastoplast. Fugendichtung mit Hinterfüllschnur
GTF Gebäudetrennfuge mit weichfedernder Dämmmatte, $d \geq 50$ mm
KD Kellerdecke
RS Randschalungsstein
TW Trennwand, $d \geq 100$ mm, flächenbezogene Masse ≥ 150 kg/m^2
KP Klemmprofil

Verkleidungen an schweren Wänden

Sie finden die Grenzen ihrer Wirksamkeit, wenn Schallnebenwege existieren. Entscheidende Kriterien ihrer Wirksamkeit sind:
– dünne, biegeweiche Vorsatzschale
– keine starre Befestigung der Vorsatzschale an der Wand und an angrenzenden Bauteilen.

Werden ungeeignete, d. h. steife Dämmschichten (zum Beispiel Hartschaum- oder Holzwolleleichtbau-Platten) als Träger für die Vorsatzschale verwendet und wird eine Verbindung mit der Trennwand hergestellt, so wird durch Resonanzwirkung eine gegenteilige Wirkung erreicht. Die im Beiblatt 1 zur DIN 4109 dargestellten Systeme (Abb. **E.50**) sind zu unterscheiden hinsichtlich der Verbindung von Vorsatzschale und Trennwand. Das bewertete Schalldämmmaß liegt bei Systemen ohne starre Verbindung (Abb. **E.50** Beispiel **C** bis **F**) um etwa 1 dB höher.

3.4.3 Bauphysikalische Anforderungen   E

Abb. E.50
Luftschallschutz zweischaliger Wände aus schwerer, biegesteifer Schale mit Vorsatzschale

Wandausbildung	Beschreibung	Konstruktionsart[4]	m'[5] kg/m²	R'_w [6] dB
A 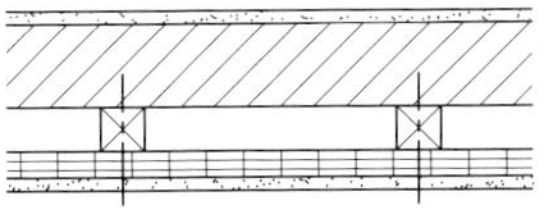	Vorsatzschale aus Holzwolle-Leichtbauplatten nach DIN 1101, Dicke ≥ 25 mm, verputzt, Holzstiele (Ständer) an schwerer Schale befestigt: Ausführung nach DIN 1102	I. Mit starrer Verbindung der Schalen	100 150 200 250 300 350 400 450 500	48 48 49 51 53 54 55 56 57
B 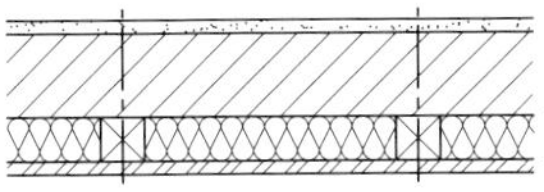	Vorsatzschale aus Gipskartonplatten nach DIN 18 180, Dicke 12,5 oder 15 mm, Ausführung nach DIN 18 181 oder aus Spanplatten nach DIN 68 763, Dicke 10 bis 16 mm; mit Hohlraumausfüllung[1]: Unterkonstruktion an schwerer Schale befestigt[2].			
C 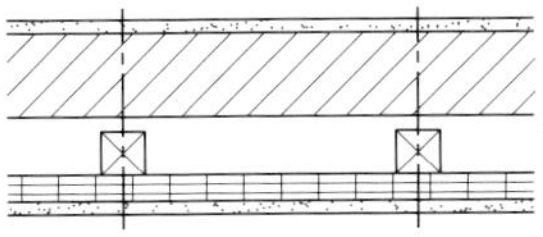	Ausführung wie A, jedoch Holzstiele (Ständer) mit Abstand ≥ 20 mm vor schwerer Schale frei stehend.	II. Ohne bzw. federnde Verbindung der Schalen	100 150 200 250 300 350 400 450 500	49 49 50 52 54 55 56 57 58
D 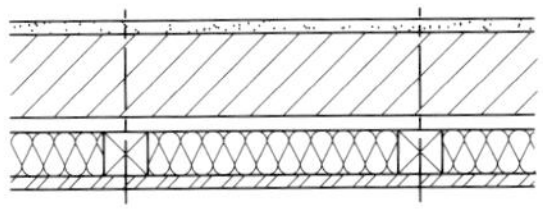	Ausführung wie B, jedoch Holzstiele (Ständer) mit Abstand ≥ 20 mm vor schwerer Schale frei stehend[2].			
E 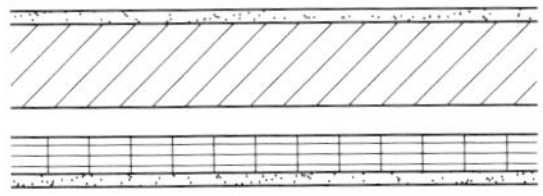	Vorsatzschale aus Holzwolle-Leichtbauplatten nach DIN 1101, Dicke ≥ 50 mm, verputzt frei stehend mit Abstand von 30 bis 50 mm vor schwerer Schale, Ausführung nach DIN 1102, bei Ausfüllung des Hohlraums nach Fußnote[1] ist ein Abstand von 20 mm ausreichend.			
F 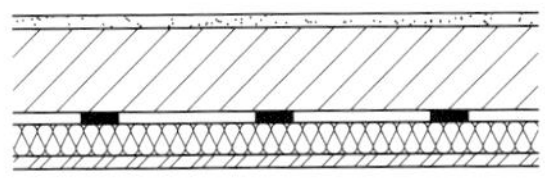	Vorsatzschale aus Gipskartonplatten nach DIN 18 180, Dicke 12,5 oder 15 mm und Faserdämmplatten[3], Ausführung nach DIN 18 181, an schwerer Schale streifenförmig angesetzt.			

[1] Faserdämmstoffe nach DIN 18 165-1, Nenndicke 20 bzw. ≥ 60 mm, längenbezogener Strömungswiderstand ≥ 5 kN s/m⁴
[2] Bei den Beispielen B und D können auch Ständer aus Blech-C-Profilen nach DIN 18 182-1 verwendet werden.
[3] Faserdämmstoffe nach DIN 18 165-1, Typ WV-s, Nenndicke ≥ 40 mm, s' ≤ 5 MN/m³
[4] In einem Wand-Prüfstand ohne Flankenübertragung (Prüfstand DIN 52 210-P-W) wird das bewertete Schalldämmmaß R'_w einer einschaligen, biegesteifen Wand durch Vorsatzschalen der Gruppe I um mindestens 10 dB, der Gruppe II um mindestens 15 dB verbessert.
[5] Flächenbezogene Masse der schweren Schale.
[6] Bewertes Schalldämmmaß. Gültig für flankierte Bauteile mit einer mittleren flächenbezogenen Masse von etwa 300 kg/m².

3.5

Brandschutz

3.5.1

Allgemeines

Baurechtliche Grundlage des Brandschutzes sind die Bauordnungen der Bundesländer. Vorbeugender Brandschutz wird dort mit der Zielsetzung der Gefahrenabwehr für Leben und Gesundheit der Menschen verordnet und ist von der Entwurfsplanung über die Genehmigungs- und Ausführungsplanung bis zur Planung der technischen Gebäudeausrüstung zu beachten.

Die Abschnitte zum Brandschutz aus der 5. Auflage (siehe auch F.2.2.2 und H.2.2.5) waren an die folgenden inzwischen neu erschienenen Grundlagen anzupassen:
– Musterbauordnung (MBO 2002)
– Bauregelliste (BRL) A Teil 1 „Geregelte Bauprodukte", Ausgabe 2006/1
– DIN 4102-4/A1 Zusammenstellung und Anwendung klassifizierter Baustoffe, Bauteile und Sonderbauteile, Änderung 1 vom Nov. 2004

Die im November 2002 von der Bauministerkonferenz der Länder verabschiedete *Musterbauordnung* enthält gegenüber den geltenden Landesbauordnungen erhebliche Änderungen. Die Länder werden ihre Bauordnungen – wie immer mit gewissen Abweichungen – entsprechend überarbeiten (oder haben das schon getan). Hier soll dem Text der MBO gefolgt werden.

Die *Bauregelliste A Teil 1* ist insofern relevant als nach ihren Anlagen 0.1 ff. bis auf weiteres die Einordnung von Baustoffen in Baustoffklassen sowie der Bauteile und Sonderbauteile in Feuerwiderstandsklassen alternativ nach DIN 4102 oder nach der europäischen Normenreihe DIN EN 13 501 möglich ist. Deshalb werden die (natürlich) von den nationalen abweichenden zukünftigen Klassenbezeichnungen schon einmal mit angegeben.

Die *Änderung A 1 zu DIN 4102-4* umfasst etwa 50 Seiten und ist folglich nicht unerheblich. Soweit möglich werden die Änderungen gegenüber der Ausgabe März 1994 in den folgenden Tabellen (ebenso in F.2.2.2 und in H.2.2.5) gekennzeichnet.

Die Anforderungen der Bauordnungen an den baulichen Brandschutz hängen vor allem von den Gebäudeabmessungen und der vorgesehenen Gebäudenutzung ab. Besonders hoch sind die Anforderungen an Gebäude, die von vielen Menschen benutzt werden sollen (Schulen, Versammlungsräume, Gast- und Betriebsstätten). Bei derartigen Gebäuden können im Einzelfall neben den Anforderungen der Bauordnung noch Bestimmungen der Gewerbeaufsicht, der Unfallversicherungsträger sowie für den Brandschutz zuständiger Stellen, wie zum Beispiel der örtlichen Feuerwehr, relevant sein.

Baustoffe sind nach DIN 4102-1, alternativ nach DIN EN 13 501-1 entsprechend ihrem Brandverhalten in die Baustoffklassen der Tabelle **E.7** einzuordnen.

3.5 Bauphysikalische Anforderungen   E

Tabelle E.7
Baustoffklassen

Bauaufsichtliche Anforderungen	Baustoffklassen nach DIN 4102-1	EN 13501-1[1]
nichtbrennbare Baustoffe	**A**	
(ohne brennbare Bestandteile)	A 1	A 1
(mit brennbaren Bestandteilen)	A 2	A 2
(brennbare Baustoffe)	**B**	
schwer entflammbare Baustoffe	B 1	B/C
normal entflammbare Baustoffe	B 2	D/E
leicht entflammbare Baustoffe[2]	B 3	F

[1] Die Zuordnung ist grob; Anlage 0.2.2 zur BRL A Teil 1 enthält eine Detaillierung infolge zusätzlicher Anforderungen an die Rauchentwicklung und das brennende Abtropfen.
[2] Im eingebauten Zustand leichtentflammbare Baustoffe sind bauaufsichtlich unzulässig.

Bauteile (Wände, Stützen, Decken, Unterzüge und Treppen) werden in DIN 4102-2 nach ihrer Feuerwiderstandsdauer (in min) in die Feuerwiderstandsklassen F 30, F 60, F 90, F 120 und F 180 eingestuft, gemäß DIN EN 13501-2 in die entsprechenden Bauteilklassen (siehe Tabelle **E.8**). Die bauaufsichtlichen Anforderungen beschränken sich weitgehend auf die Klassen F 30 bis F 90 bzw. die entsprechenden Klassen nach DIN EN 13501-2.

Tabelle E.8
Feuerwiderstandsklassen

Bauaufsichtliche Anforderungen	Feuerwiderstandsklassen nach DIN 4102-2 für Wände, Stützen, Decken, Unterzüge und Treppen	DIN EN 13501-2[3] für Bauteile mit Raumabschluss tragend	nichttragend	ohne Raumabschluss, tragend
feuerhemmend	F 30-B	REI 30	EI 30	IR 30
feuerhemmend und aus nichtbrennbaren Baustoffen	F 30-A			
hochfeuerhemmend	F 60-AB[1]	REI 60	EI 60	IR 60
hochfeuerhemmend und aus nichtbrennbaren Baustoffen	F 60-A			
feuerbeständig	F 90-AB[2]	REI 90	EI 90	R 90
feuerbeständig und aus nichtbrennbaren Baustoffen	F 90-A			
Brandwand	–	REI-M 90	EI-M 90	–

[1] AB bedeutet nach DIN 4102-2: In den wesentlichen Teilen aus nichtbrennbaren Baustoffen. Wesentlich sind alle tragenden und aussteifenden Teile (auch solche in nichttragenden Wänden) sowie bei raumabschließenden Bauteilen eine in Bauteilebene durchgehende Schicht, die bei der Prüfung nach der Norm nicht zerstört werden darf. Nach MBO 2002 § 26 (2) können bei hochfeuerhemmenden Bauteilen auch tragende und aussteifende Teile aus brennbaren Baustoffen bestehen, wenn sie allseitig mit einer brandschutztechnisch wirksamen Bekleidung versehen werden.
[2] Fußnote 1 gilt analog; tragende und aussteifende Teile müssen bei feuerbeständigen Bauteilen aber nichtbrennbar sein.
[3] Das Kürzel IR steht für Résistance = Tragfähigkeit; E steht für Etanchéité = Raumabschluss; I bedeutet Isolation = Wärmedämmung unter Brandeinwirkung; M steht für Mechanical = Stoßbeanspruchung (bei Brandwänden).

Für *Sonderbauteile* werden in DIN 4102 weitere Feuerwiderstandsklassen definiert und zwar
– in Teil 3 für nichttragende Außenwände (einschließlich Brüstungen und Schürzen) die Klasse W 30 bis W 180
– in Teil 5 für Feuerschutzabschlüsse (Feuerschutztüren) die Klassen T 30 bis T 180 (siehe Kap. J, Abschnitt 8.1)
– in Teil 6 für Rohre und Formstücke von Lüftungsleitungen die Klassen L 30 bis L 120 sowie für Brandschutzklappen in Lüftungsleitungen die Klassen K 30 bis K 90

- in Teil 9 für Kabelabschottungen die Klassen S 30 bis S 180
- in Teil 11 für Rohrummantelungen und -abschottungen die Klassen R 30 bis R 120 sowie für Installationsschächte und -kanäle die Klassen I 30 bis I 120
- in Teil 13 für Brandschutzverglasungen die Klassen F 30 bis F 120 sowie G 30 bis G 120 (siehe Kap. I, Abschnitt 11.2).

Für *Brandwände* gelten nach DIN 4102-3 und -4 über F 90-A hinausgehende Anforderungen (siehe Tabelle **E.12**).

Klassifizierte Bauteile und Sonderbauteile die – bei Einhaltung der zugehörigen Randbedingungen – ohne weiteren Nachweis des Brandverhaltens verwendet werden dürfen, enthält DIN 4102-4. Das gleiche gilt für *geregelte* Bauprodukte (Baustoffe und Bauteile), die vom Deutschen Institut für Bautechnik in der Bauregelliste A Teil 1 veröffentlicht und laufend aktualisiert werden. Alle anderen Bauprodukte – ausgenommen die in Liste C veröffentlichten Produkte von bauaufsichtlich untergeordneter Bedeutung – bedürfen entweder einer allgemeinen bauaufsichtlichen Zulassung, eines allgemeinen bauaufsichtlichen Prüfzeugnisses oder einer Zustimmung der obersten Bauaufsichtsbehörde im Einzelfall.

Grundsätzliche Anmerkungen zu den Tabellen E.11 ff.

Die in DIN 4102-4 zitierten nationalen Baustoffnormen sind schon bzw. werden in nächster Zeit zum ganz überwiegenden Teil zurückgezogen und durch europäische Normen ersetzt, zum Teil ergänzt durch nationale Anwendungs- oder „Rest"-Normen. Für nach EN-Normen hergestellte und mit CE-Zeichen in den Verkehr gebrachte Baustoffe und Bauteile gibt es zur Zeit noch keine Prüf- und Deklarationspflicht des Brandverhaltens. Dieses muss daher bis auf weiteres nach Maßgabe der Anlage 03 zur Bauregelliste B Teil 1 durch eine allgemeine bauaufsichtliche Zulassung festgelegt werden, sofern die Baustoffe nicht der Baustoffklasse A 1 angehören oder die Einordnung nicht nach einer nationalen Anwendungsnorm möglich ist. Mittelfristig ist eine Überarbeitung der DIN 4102-4 geplant.

3.5.2

Brandverhalten von Wänden

Die *bauaufsichtlichen* Anforderungen an den Brandschutz von Wänden sind in Tabelle **E.9** wiedergegeben. In § 2 (3) der MBO 2002 werden dazu fünf Gebäudeklassen definiert:
1: Freistehende Gebäude, bis zu 7 m hoch, mit höchstens zwei Nutzungseinheiten und einer Gesamt-Grundfläche ≤ 400 m^2 sowie freistehende forst- oder landwirtschaftlich genutzte Gebäude
2: Gebäude mit gleicher Höhe und Gesamt-Grundfläche und bis zu zwei Nutzungseinheiten (aber nicht freistehend)
3: Andere Gebäude mit Höhen bis zu 7 m
4: Gebäude mit Höhen bis zu 13 m und Nutzungseinheiten mit je ≤ 400 m^2
5: Sonstige Gebäude, auch unterirdische, aber keine Hochhäuser und andere Sonderbauten gemäß § 2 (4) MBO

Die Höhen rechnen dabei von der mittleren Geländeoberfläche bis zur Fußbodenoberfläche des höchstgelegenen Geschosses, in dem ein Aufenthaltsraum möglich ist. Als Grundfläche gilt die Brutto-Grundfläche (BGF) nach DIN 277 ohne Kellergeschossflächen (OF Kellerdecke i. M. $\leq 1{,}40$ m über OF Gelände).

3.5.2 Bauphysikalische Anforderungen

Zur Beurteilung des Brandverhaltens von Wänden und Pfeilern nach DIN 4102-4 muss zwischen tragenden und nichttragenden Bauteilen sowie zwischen raumabschließenden (mit einseitiger Brandbeanspruchung) und nicht raumabschließenden (mit mehrseitiger Brandbeanspruchung) unterschieden werden. Als tragend gelten auch aussteifende Wände gegen Windbelastung oder Knicken. Als raumabschließend gelten auch Außenwandscheiben mit $b > 1$ m.

Die in den Tabellen **E.11** und **E.12** im Normaldruck wiedergegebenen Mindestdicken gelten für unbekleidete Wände und Pfeiler, die *kursiv* gedruckten sind Mindestdicken (gemessen ohne Putz) für Wände und Pfeiler mit allseitigen Putz der Mörtelgruppe P IV oder aus Leichtmörtel nach DIN V 18 550.

Tabelle E.9 Bauaufsichtliche Mindestanforderungen an Wände und Stützen

Funktion und Lage der Wände	Anforderungen an Gebäude der Gebäudeklasse				
	1	2	3	4	5
Tragende und aussteifende Wände und Stützen in (oberirdischen) Geschossen[1]	keine	F 30-B	F 30-B	F 60-AB	F 90-AB
in Kellergeschossen	F 30-B	F 30-B	F 90-AB	F 90-AB	F 90-AB
Nichttragende Außenwände und Außenwandteile	keine	keine	keine	A oder F 30-B	
Bekleidungen dazu, mit Dämmung und Unterkonstruktion	keine	keine	keine	B 1	B 1
Trennwände zwischen Nutzungseinheiten[2]	F 30-B	F 30-B	F 30-B	F 30-B	F 30-B
Gebäudeabschlusswände[3]	F 60-AB	F 60-AB	F 60-AB	F 60-AB	Brandwand
Wände notwendiger Treppenräume[3) 4) 5]	–	–	F 30-B	F 60-AB	Brandwand
Wände notwendiger Flure (Rettungswege)[5) 6]	F 30-B	F 30-B	F 30-B	F 30-B	F 30-B

[1] Gilt für Geschosse in Dachräumen nur, wenn darüber noch Aufenthaltsräume möglich sind.
[2] Für Wohngebäude der Klassen 1 und 2 keine Anforderungen; im Übrigen ist die Feuerwiderstandsklasse der tragenden und aussteifenden Wände des Geschosses maßgebend, soweit sie > F 30-B ist.
[3] Brandwände müssen auch unter zusätzlicher mechanischer Belastung feuerbeständig sein und aus nichtbrennbaren Baustoffen bestehen. Bei Gebäuden der Klasse 4 gilt die hochfeuerhemmende Ausbildung auch unter zusätzlicher mechanischer Belastung.
[4] Gebäude der Klassen 1 und 2 benötigen keine notwendigen Treppenräume. Die übrigen Anforderungen gelten nicht für Außenwände.
[5] Wandbekleidungen, Dämmstoffe und Einbauten müssen aus nichtbrennbaren Stoffen bestehen, bei Verwendung brennbarer Wandbaustoffe in ausreichender Dicke.
[6] Die Anforderungen in den Klassen 1 und 2 gelten nur für Kellergeschosse in Nichtwohngebäuden. Im Übrigen gilt Fußnote 2.

Bei Bauteilen aus bewehrtem Normalbeton, haufwerksporigem Leichtbeton oder Porenbeton (nicht bei Leichtbeton mit geschlossenem Gefüge und nicht bei Brandwänden) kann ein Teil des notwendigen Achsabstandes u der Längsbewehrung bzw. der erforderlichen Querabschnittsabmessungen gemäß Tabelle **E.10** durch Putz ersetzt werden. Die Dicke tragender Wände aus Normalbeton muss jedoch, ohne Putz gemessen, mindestens 80 mm, die nichttragender mindestens 60 mm betragen. Leicht- oder Porenbetonwände dürfen die zulässigen Schlankheiten nach den einschlägigen Normen oder Zulassungen nicht unterschreiten.

Tabelle E.10 Ersatzdicke d_1 von Putzschichten für 10 mm Stahlbeton

Putzarten, jeweils ohne oder mit Putzträger[1]	erforderliche Putzdicke in mm als Ersatz für 10 mm				maximal zulässige Putzdicke in mm	
	Normalbeton		Leicht- oder Porenbeton			
	ohne	mit	ohne	mit	ohne	mit[2]
P II und P IVc	15	8	18	10	20	25
P IVa und IVb	10	8	12	10	25	25
zweilagiger Vermiculite- oder Perlitputz	–	5	–	6	–	30

[1] Mörtelgruppen und Anforderungen an den Untergrund nach DIN V 18 550.
[2] Gemessen über Putzträger.

E Bauphysikalische Anforderungen 3.5.2

Tabelle E.11
Mindestdicke von Wänden und Pfeilern nach DIN 4102-4
(Die Erläuterungen im Text (S. 415 bis 418) sind zu beachten)

Baustoff Konstruktionsmerkmale		Mindestdicke d in mm für einseitige Brandbelastung[1]			mehrseitige Brandbelastung[2]			
		F 30-A	F 60-A	F 90-A	b	F 30-A	F 60-A	F 90-A
Normalbeton, bewehrt und unbewehrt[3]	T	100	110	120	> 400	120	120	140
	NT	80	90	100				
Leichtbeton, haufwerksporig	T	150	175	200		150	175	200
		115	*150*	*175*		*115*	*150*	*175*
(NT gilt auch für stehende Stahlbetondielen DIN 4213	NT	75	75	100				
		60	*75*	*100*				
Porenbetontafeln, geschoßhoch	T	150	175	200		150	175	200
		125	*150*	*175*		*125*	*150*	*175*
Porenbetonplatten, bewehrt, zur Ausfachung	NT	75	75	100				
		75	*75*	*100*				
Porenbeton-Plansteine und -Planelemente DIN V 4165, Rohdichteklasse ≥ 0,4, DM, für NT auch Bau- und Planbauplatten DIN 4166 geringerer Rohdichte, alle Mörtelarten	T	115	115	150	990	150	175	175
		115	*115*	*115*		*115*	*150*	*150*
					490	175	175	175
	NT	75[4]	75	100[4]	365	175	175	200
		50	*75*	*75*	300	200	240	240
					240	240	240	300
Hohlblocksteine DIN V 18 151-100, Vollsteine, -blöcke DIN V 18 152-100, Betonsteine DIN V 18 153-100, Rohdichteklasse ≥ 0,5[6], NM oder LM	T	140	140	175	990	140	175	190
		115	*115*	*115*		*115*	*140*	*175*
					490	175	175	175
	NT	50	70	95	365	175	175	240
		50	*50*	*70*	300	175	240	240
					240	175	240	300
HD-Ziegel DIN V 105-100, Voll- und Hochlochziegel mit Lochung Mz, HLzA, HLzB, mit Normalmörtel[7]	T	115	115	140	990	115	115	175
		115	*115*	*115*	615	115	175	240
					490	175	240	240
	NT	115	115	115	300	240	240	240
		70	*70*	*100*	240	240	240	300
LD-Ziegel DIN V 105-6 und -100, Rohdichteklasse ≥ 0,8, HLzA und B, PHLz-A und B, alle Mörtelarten	T	*115*	*115*	*115*	615	*115*	*115*	*115*
					490	*115*	*115*	*175*
					365	*115*	*175*	*175*
					240	*175*	*175*	*175*
LD-Ziegel mit Lochung HLzW, sonst wie vor	T	115	140	175	300	*175*	*175*	*175*
					240	*240*	*240*	*240*
Mauerziegel DIN V 105-100 und DIN V 105-6	NT	115	115	115				
		70	*70*	*100*				
Mauerziegel DIN 105-5 LLz und LLp	NT	115	115	140				
		70	*70*	*115*				
Kalksandsteine DIN V 106, für T: NM und DM für NT: auch LM	T	115	115	115	615	115	115	115[8]
		115	*115*	*115*	490	115	115	175
	NT	70	115[4]	115[5]	365	115	175	175
		50	*70*	*100*	240	175	175	175
Ziegelfertigbauteile DIN 1053-4	T	115	165	165		115	165	165
		115	*115*	*165*		*115*	*115*	*165*
	NT	115	115	115				
		115	*115*	*115*				
Gips-Wandbauplatten[9] DIN EN 12 859, Rohdichte ≥ 0,6	NT	60	80	80				
HWL-Platten[9] DIN EN 13 168, zweischalig, mit Dämmschicht und Putz[10]	NT	je HWL Schale 50 Dämmschicht 40 beidseitiger Putz 15						

[1] Raumabschließende tragende (T) und nichttragende (NT) Wände.
[2] *Nicht* raumabschließende tragende Wände sowie Wandabschnitte und Pfeiler mit der Mindestbreite b; Wandabschnitte aus Normalbeton mit einer Breite ≤ 40 cm sind wie Stützen zu bemessen (siehe Tabelle E.13).
[3] Die Mindestachsabstände u der Längsbewehrung nach den Tabellen 35 und 36 der DIN 4102-4 sind zu beachten; für Wände mit sehr dichter Bewehrung (Stababstand < 10 cm) muss die Wanddicke mindestens 120 mm betragen.

3.5.2 Bauphysikalische Anforderungen

Fortsetzung der Fußnoten zu Tabelle E.11

[4]) Bei Verwendung von Dünnbettmörtel gilt die für geputzte Wände angegebene Mindestwanddicke.
[5]) Wie Fußnote 4, aber zusätzlich muss die Rohdichte $\geq 0{,}8$ sein.
[6]) Nichttragende Wände auch aus Leichtbeton-Wandbauplatten nach DIN 18 148 und 18 162 und ohne Beschränkung der Rohdichteklasse.
[7]) Für allseitig verputzte *nicht*raumabschließende Wände und Pfeiler gelten die folgenden für Leichthochlochziegel angegebenen Werte.
[8]) Gilt nur bei Verwendung von DM oder mit allseitigen Putz, sonst 175.
[9]) Das Brandverhalten muss durch eine BAZ nachgewiesen werden (siehe Anmerkungen auf Seite 414).
[10]) Mineralfaserplatten der Baustoffklasse A, Rohdichte ≥ 30 kg/m^3, Putze der Mörtelgruppen II oder IV nach DIN V 18 550.

Tabelle E.12
Ein- und zweischalige Brandwände nach DIN 4102-4
(Die umfangreichen Bestimmungen für Aussteifungen, Anschlüsse und Fugenausbildungen gemäß DIN 4102-4, Abschnitt 4.8 sind zu beachten)

Wände aus	ϱ[1])	Mindestwanddicke in mm	
		einschalig	zweischalig
Normalbeton, unbewehrt		200	2×180
bewehrt, nichttragend		120	2×100
bewehrt, tragend[2])		140	2×120[4])
Leichtbeton, haufwerksporig	1,4	250	2×200
nach DIN 4213	0,8	300	2×200
Porenbeton, bewehrt[3])			
nichttragende Wandplatten, Festigkeitsklasse 3,3	0,55	200	2×200
nichttragende Wandplatten, Festigkeitsklasse 4,4	0,55	175	2×175
tragende stehende Wandtafeln, Festigkeitsklasse 4,4	0,65	200[4])	2×200[4])
Ziegelfertigbauteile nach DIN 1053-4[2])			
Hochlochtafeln, vollvermörtelbare Stoßfugen		165	2×165
Verbundtafeln mit zwei Ziegelschichten		240	2×165
Mauerwerk nach DIN 1053-1[2])[5])			
Ziegelsteine HD nach DIN V 105-100	1,4	240	2×175
	1,2	300	2×175
		175	*2×175*
Ziegelsteine LD nach DIN V 105-100	0,9	175	2×175
	0,8	365[6])	2×240[6])
		240	2×175
Plansteine nach DIN V 105-6 mit DM	0,9	*175*[7])	*2×175*
Kalksandsteine nach DIN V 106	1,8	240[8])	2×175[8])
mit NM und DM (Plansteine	1,4	240	2×175
und -elemente)	0,9	300	2×200
		300	*2×175*
	0,8	300	2×240
		300	*2×175*
Porenbetonsteine nach DIN V 4165-100,			
als Plansteine allgemein	0,4	300	2×240
mit Stoßfugenvermörtelung	0,4	240	2×175
als Planelemente allgemein	0,45	300	2×240
mit Stoßfugenvermörtelung	0,55	240	2×175
Hohlblöcke und Vollsteine nach	0,8	240	2×175
DIN V 18 151-100, DIN V 18 152-100		*175*	*2×175*
und DIN V 18 153-100	0,6	300	2×240
		240	*2×175*

[1]) Mindestrohdichteklasse.
[2]) Zulässige Schlankheit $h_s/d \leq 25$; bei tragenden Normalbetonwänden muss der Achsabstand der Längsbewehrung vom Rand $u \geq 25$ mm, bei Wänden aus Mauerwerk die Exzentrizität $e \leq d/3$ sein. Im Übrigen Bemessung nach den einschlägigen Normen bzw. Zulassungsbescheiden.
[3]) Achsabstand der Längsbewehrung $u \geq 30$ (bei Fkl. 3,3) bzw. $u \geq 20$ mm (bei 4,4).
[4]) Sofern infolge hoher Ausnutzungsfaktoren keine größeren Werte erforderlich sind (siehe Erläuterungen zur Tabelle E.11).
[5]) Unter Verwendung von NM der Mörtelgruppen II, II a, III oder III a bzw. DM für Plansteine.
[6]) Gilt nur bei Verwendung von Steinen mit Lochung A oder B und LM sowie für $\alpha \leq 0{,}6$.
[7]) Für $\alpha \leq 0{,}6$ wird auch eine Mindestwanddicke von 240 mm ohne Putz angegeben.
[8]) Bei Verwendung von Plansteinen und DM auch 175 bzw. 2×150 mm zulässig.

Die Mindestdicken der Tabelle **E.11** gelten außerdem für einem mittleren Ausnutzungsgrad von $\alpha = $ vor σ/zul $\sigma = 0{,}5$ bis $0{,}6$, der, zumindest im Wohnungsbau, vorherrscht. Für höhere Ausnutzungsgrade sind brandschutztechnisch meist größere Abmessungen erforderlich, für $\alpha = 0{,}1$ bis $0{,}2$ gegebenfalls geringere möglich. Schließlich wurden in den Tabellen **E.11, E.13** und **E.14** die bauaufsichtlich nicht geforderten Feuerwiderstandsklassen F 120 und F 180 weggelassen. Einen vollständigen Abdruck enthält [F.16].

3.5.3

Brandverhalten von Stützen

Stahlbetonstützen können bei einseitiger Brandbelastung erheblich schlanker ausgeführt werden. Eine solche Belastung liegt aber nur vor, wenn Stützen in ganzer Höhe in raumabschließende Wände aus Beton oder Mauerwerk gemäß Tabelle **E.11** eingebaut sind und die raumseitige Oberfläche der Stütze bündig mit der Wandoberfläche abschließt. Bei hervorstehenden Stützen muss entweder der in die Wand eingebettete Teil die Brandbelastung allein aufnehmen oder die Stütze ist für mehrseitige Brandbelastung zu bemessen.

Konstruktionsmerkmale	$\alpha^{1)}$	Mindestmaße $d^{2)}$ in mm für		
		F 30-A	F 60-A	F 90-A
mehrseitige Brandbelastung unbekleidete Stützen	0,3	150	150	180
	0,7	150	180	210
	1,0	150	200	240
Stützen mit Putzbekleidung$^{3)}$		140	140	160
einseitige Brandbelastung		100	120	140
umschnürte Stützen		240	300	300

$^{1)}$ Ausnutzungsfaktor (siehe Erläuterungen unter 3.5.2).
$^{2)}$ Als d gilt bei Rechteckstützen die kleinste Breite, bei Rundstützen der Durchmesser
$^{3)}$ Die Abmessungen der vorstehenden unbekleideten Stützen dürfen durch bewehrten Putz nach Tabelle E.10 und nebenstehender Abbildung abgemindert werden, aber nur bis zu den Mindestwerten dieser Zeile; Ersatzdicken d_1 wie für Putz mit Putzträger.

Tabelle E.13
Stützen aus Normalbeton nach DIN 4102-4

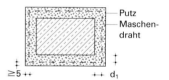

Stahlstützen können wegen der unter Brandbelastung entstehenden Verformungen (s. a. Kap. B, Abschnitt 6.7) nur mit Bekleidungen in eine geforderte Feuerwiderstandsklasse eingeordnet werden. In DIN 4102-4 sind bekleidete Stützen der Güteklasse St 37 und St 52 mit $U/A \leq 300$ m^{-1} klassifiziert. Dabei ergibt sich U/A wie folgt:

Beflammung	U/A in m^{-1} für Bekleidungen	
	in Kastenform	profilfolgend
vierseitig	$(2 \cdot h + 2 \cdot b) \cdot 10^2/A$	Abwicklung $\cdot 10^2/A$
dreiseitig	$(2 \cdot h + b) \cdot 10^2/A$	(Abwicklung $- b) \cdot 10^2/A$
einseitig	$100/t$	

3.5.3 Bauphysikalische Anforderungen

Bekleidung aus		Mindestbekleidungsdicke $d^{1)}$ in mm		
		F 30-A	F 60-A	F 90-A
Stahlbeton nach DIN 1045 oder bewehrtem Porenbeton nach DIN 4223		50 (30)	50 (30)	50 (40)
Porenbetonsteinen oder -Bauplatten, Leichtbetonsteinen oder -Bauplatten$^{2)}$		50 (50)	50 (50)	50 (50)
Mauerziegeln HD nach DIN 105-100 oder Kalksandsteinen nach DIN V 106		50 (50)	50 (50)	70 (50)
Wandbauplatten aus Gips nach DIN EN 12 859$^{3)}$		60 (60)	60 (60)	80 (60)
Gipskartonbauplatten nach DIN 18 180$^{4)}$	B (GKB)	18	–	–
	F (GKF)	12,5	12,5 + 9,5	3 x 15
Putz P II oder IVc,	U/A ≤ 179	15	25	45
	U/A ≤ 300	15	25	45
Putz IVa oder IVb	U/A ≤ 89	10	10	35
	U/A ≤ 119	10	20	35
	U/A ≤ 300	10	20	45
Vermiculite- oder Perliteputz	U/A ≤ 89	10	10	35
	U/A ≤ 179	10	20	35
	U/A ≤ 300	10	20	45

$^{1)}$ Die Klammerwerte gelten für Hohlprofile, die voll ausbetoniert sind, und für offene Profile, bei denen die Flächen zwischen den Flanschen voll ausbetoniert, vermörtelt oder ausgemauert sind (siehe Detail c).
$^{2)}$ Unter Verwendung von Steinen und Wandbauplatten nach DIN V 4165-100 und DIN 4166 sowie DIN V 18 151-100, 18 152-100, 18 153-100 und DIN 18 162.
$^{3)}$ Das Brandverhalten muss durch eine BAZ nachgewiesen werden (siehe Anmerkung auf Seite 414).
$^{4)}$ Gipskarton-Bauplatten mit geschlossener Oberfläche (Baustoffklasse A 2). Siehe dazu auch die Anmerkung auf S. 414.

Tabelle E.14
Bekleidete Stahlstützen nach DIN 4102-4

a Profilfolgende Bekleidung
b Kastenförmige Bekleidung
c Ausbetonierter oder ausgemauerter Kern
d Putzbekleidung

* brandschutztechnisch nicht erforderlich

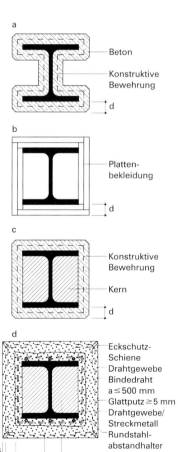

a – Beton, Konstruktive Bewehrung, d
b – Plattenbekleidung, d
c – Konstruktive Bewehrung, Kern, d
d – Eckschutz-Schiene, Drahtgewebe, Bindedraht a ≤ 500 mm, Glattputz ≥ 5 mm, Drahtgewebe/Streckmetall, Rundstahlabstandhalter ≥ ø 5 mm, Kern ausgemauert oder -betoniert*, Putz

Für h, b und t (Flanschdicke bei I-Profilen) bzw. T (Wanddicke bei Hohlprofilen) sowie A sind die entsprechenden Profilwerte in cm bzw. cm² einzusetzen. Bei profilfolgender Bekleidung offener Profile ist außerdem der modifizierte Wert $U/A = 200/t$ zu ermitteln, bei profilfolgender Bekleidung freistehender Hohlstützen (aus Rund- oder Quadratrohr) der Wert $U/A = 100/t$. Die Mindestdicke der Bekleidung ergibt sich dann aus dem größeren Wert U/A.

Holzstützen können, da sie aus einem brennbaren Baustoff bestehen, nur in die Feuerwiderstandsklasse F 30-B, Stützen aus Brettschichtholz auch in F 60-B eingestuft werden. Sie müssen aus Nadelholz mindestens der Sortierklasse S 10 bzw. MS 10 nach DIN 4074-1 bestehen.

Die Abmessungen *unbekleideter* Holzstützen hängen von der Brandbeanspruchung, der statischen Beanspruchung, dem Seitenverhältnis h/b und dem Abstützungsabstand bzw. der Knicklänge ab. Es wird unterschieden zwischen
- vierseitiger Brandbeanspruchung
- dreiseitiger Brandbeanspruchung bei Stützen, deren vierte Seite durch Mauerwerk o. ä. mindestens der gleichen Feuerwiderstandsklasse abgedeckt ist, und
- zweiseitiger Brandbeanspruchung bei in Holzwänden eingebauten Stützen aus Brettschichtholz.

Die *Klassifizierung* unbekleideter Holzbauteile (Stützen und Balken) mit Hilfe der Tabellen 74 bis 83 in DIN 4102-4 wurde durch die Änderung A1 aufgehoben. Stattdessen werden jetzt Verfahren angegeben zur Ermittlung der ideellen Abbrandtiefe bzw. des ideellen Restquerschnitts und der daraus resultierenden Resttragfähigkeit auf der Grundlage der neu aufgenommenen Abbrandraten β_n (Tabelle 74 der DIN 4102-4/A1).

Vollständig mit folgenden Baustoffen *bekleidete* Stützen können nach DIN 4102-4 unabhängig von Brandbeanspruchung und statischer Beanspruchung in die Feuerwiderstandsklasse F 30-B eingestuft werden[1]:
- mit Gipskarton-Bauplatten, bisher Typ F nach DIN 18 180, Dicke 12,5 mm (mit 2 × 12,5 mm ist Klasse F 60-B erreichbar), in Zukunft nach DIN EN 520 oder
- mit Baufurnier-Sperrholzplatten, bisher nach DIN 68 705-3, Dicke 19 mm, oder nach DIN 68 705-5, Dicke 15 mm, in Zukunft nach DIN EN 13 986 oder
- mit Flachpress-Spanplatten, bisher nach DIN 68 763, Dicke 19 mm, in Zukunft nach DIN EN 13 986 oder
- mit gespundeten Brettern aus Nadelholz nach DIN 4072, Dicke 24 mm oder
- mit Wandbauplatten aus Gips, bisher nach DIN 18 163, Dicke 50 mm, Rohdichte $\geq$ 0,6 kg/dm^3 (damit ist klasse F 60-B erreichbar), in Zukunft nach DIN EN 12 859.

---

[1] Die folgenden nationalen Normen stehen zwar noch in der Bauregelliste A Teil 1, Ausgabe 2006/1, wurden aber (mit Ausnahme der DIN 4072) vom Normenausschuss Bauwesen bereits zurückgezogen; bitte beachten Sie deshalb die Anmerkung auf Seite 414.

4 Außenwandkonstruktionen

4.1

Einschalige Außenwände

4.1.1

Allgemeines

Über die in Abschnitt E.3.1 aufgeführten Normen hinaus finden sich normative Anforderungen hinsichtlich der Ausführung und der Materialbeschaffenheiten in folgenden DIN-Normen:
- DIN 1053-1 – Mauerwerk, Berechnung und Ausführung
- DIN 18164-1 – Schaumkunststoffe als Dämmstoffe im Bauwesen
- DIN 18550-1 und 2 – Putz
- DIN 18515 – Fassadenbekleidungen aus Naturwerkstein, Betonwerkstein und keramischen Baustoffen

Die einschalige und relativ dicke Außenwand war das bestimmende Konstruktionselement der älteren Massivbautechnik. Mit neuen ästhetischen Vorstellungen (große Wandöffnungen) und damit verbundenen Problemen der Stabilität, erhöhten bauphysikalischen Anforderungen (Wärme-, Schall-, Feuchteschutz) und dem Bestreben nach kostensparenden Minimalkonstruktionen wurde eine Tendenz zu mehrschaligen Außenwandkonstruktionen begründet. Einschalige schwere Außenwandkonstruktionen haben jedoch immer dann eine Berechtigung, wenn Luftschallschutz, Wärmespeicherung und die Abtragung großer, flächenhaft wirkender Vertikallasten zu berücksichtigen sind. Selbstverständlich dürfen die anderen bauphysikalischen Anforderungen dabei nicht außer acht gelassen werden (Abschnitt E.3.1).

4.1.2

Einschaliges Verblendmauerwerk

Einschaliges Verblendmauerwerk besitzt mindestens eine mit sichtbaren Steinen hergestellte und sauber gefügte Sichtmauerwerksfläche. In der Regel wird die Mauerwerksaußenfläche als Sichtfläche behandelt und die Innenseite verputzt. Außer bei Gebäuden und Räumen mit untergeordneten Nutzungen muss jede Mauerschicht mindestens zwei Steinreihen aufweisen (Abb. **E.27**), zwischen denen als Schlagregenbremse eine hohlraumfreie, 20 mm dicke Längsmörtelfuge verläuft. Der gesamte Mauerwerksquerschnitt muss im Verband gemauert werden (Abschnitt E.2.4) und hat tragende Funktion, soweit es sich um tragende Wände (Abschnitt E.2.1) handelt. *Verblendung* und *Hintermauerung* können aus einem Steinmaterial (homogenes Sichtmauerwerk) oder aus unterschiedlichem Steinmaterial bestehen. Das Material für die Verblendung wird von den Anforderungen der Gestaltung und des Schlagregenschutzes und das der Hintermauerung von denen des Wärmeschutzes bestimmt. Als relativ selten ausgeführter Sonderfall gilt *Mischmauerwerk* aus einer Verblendung aus natürlichen Steinen und einer Hintermauerung aus künstlichen Steinen oder einem inneren Wandteil aus Beton. Dabei müssen über die oben beschriebenen Regeln hinaus einige konstruktive Besonderheiten beachtet werden (Abb. **E.51**).

Abb. E.51
Mischmauerwerk

A h = Natursteine
    mindestens 30 % Binder
B h = künstliche Steine
    mind. jede 3. Schicht aus Bindern
C h = Beton
    mind. jede 3. Schicht aus Bindern
⊠ Bindersteine

a Einbindetiefe ≥ 10 cm
b Bindertiefe ≥ 24 cm
v Verblendung
h Hintermauerung

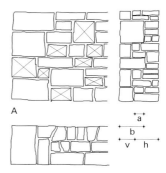

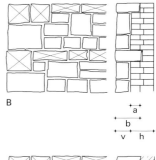

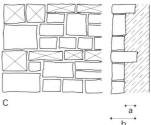

4.1.3

Einschaliges Mauerwerk mit Außenputz

Einschaliges Mauerwerk mit Außenputz ist eine vielfach verkannte, aber bei sorgfältiger Planung und Ausführung durchaus brauchbare Konstruktion. Der Verputz hat verschiedene Aufgaben:
– Schlagregenbremse
– Abdichtung noch offen gebliebener Mauerwerksfugen gegen Wind- und Schalldurchgang
– Gestaltung des äußeren Erscheinungsbildes des Gebäudes.

Putztechniken sind sehr alt. So hat man beispielsweise im Mittleren Orient (Palast von Sarwistan, sassanidisch) grobes Bruchsteinmauerwerk mit einer sehr dicken Putzschicht überzogen, die, geglättet und mit Reliefornamenten versehen, die eigentliche innere Raumhaut darstellte. Verputz an mittelalterlichem Bruchsteinmauerwerk in Europa bestand oft nur aus einem dünnen *Bestich*, unter dem die Bewegtheit der Maueroberfläche und oft auch das Fugennetz erkennbar blieben. Die Technik des *Verbandelns* (Abb. **E.52**), bei der die zurückliegenden Fugenflächen von Bruchsteinmauerwerk und die angrenzenden Steinflächen mit Putzmörtel ausgedrückt wurden, den man dann anschließend mit Pinsel oder Besen so glattstrich, dass die mittlere Steinfläche erkennbar blieb, war in Mitteldeutschland häufig.

Grundbestandteile alter Außenputze waren Kalk, Sand und Wasser. Bisweilen wurden organische Bestandteile zugesetzt, um dem Putz imprägnierende Wirkung oder eine bessere Zugfestigkeit zu verleihen. Von geringerer Haltbarkeit waren Lehmputze (vergl. Kap. B.8). Sie bedurften ständiger Pflege durch Anstriche oder Imprägnierungen (zum Beispiel Heringslake).

Abb. E.52
Verbandeltes Natursteinmauerwerk

4.1.3 Außenwandkonstruktionen

Für mineralische mehrlagige Außenputze gilt die allgemeine Regel, dass die Putzhärte der Putzschichten von innen nach außen abnehmen sollte, keinesfalls aber zunehmen darf. Außenliegende Putzschichten werden naturgemäß stärker beansprucht als innenliegende. Temperaturverformungen wirken sich außen stärker aus. Wegen ihrer größeren Elastizität sind daher Putzschichten geringerer Festigkeit außen vorzusehen. Auch sollte der Putz nie eine größere Festigkeit besitzen als der Putzgrund. Dabei ist eine Reihe von Anforderungen an den *Putzgrund* zu stellen:
– ausreichende Rauigkeit
– geschlossene Oberfläche
– begrenzte Saugfähigkeit.

Besitzt der Putzgrund diese Eigenschaften nicht, so muss eine Vorbehandlung erfolgen.
– Ausreichende Rauigkeit kann bei glattem Putzuntergrund durch einen lockeren *Spritzbewurf* (Mörtelgruppe III unter Verwendung grobkörnigen Sandes der Korngröße 0 bis 7 mm) erreicht werden.
– Die geschlossene Oberfläche ist durch Ausdrücken von Mauerwerksfehlstellen, Löchern, Lunkern und offenen Fugen durch Mauermörtel zu erzielen.
– Stark saugender Putzgrund sollte mit einem deckenden Spritzbewurf (MG III) überzogen werden, dem 12 bis 24 Stunden zur Aushärtung gelassen werden, bevor der eigentliche Putzauftrag beginnt.

Die verschiedenen Putzschichten haben folgende Funktionen [D.10]:
– *Putzgrundvorbehandlung*: Vermindern der Saugfähigkeit stark saugender Putzgründe oder Aufrauen des Putzgrundes zwecks besserer Haftung der nächsten Putzschicht. Die Putzgrundvorbehandlung ist nach den Eigenschaften des Putzgrundes auszurichten. Gegebenenfalls kann sie auch entfallen.
– *Unterputz*: Als Hauptschicht hat er die Funktion, das Eindringen von Niederschlagswasser in den Putzgrund zu verhindern. *Wasserhemmende Putzschichten* (Tab. **E.3** und **E.16**) nehmen in ihren kapillaren Hohlräumen Wasser bis zur Sättigung auf. Danach wird das auftretende Wasser abgestoßen. Bei trockener Witterung verdunstet das Wasser wieder nach außen. Bei *wasserabweisenden* Putzschichten (Tab. **E.3** und **E.16**) ist die Kapillarität stark vermindert.
– *Oberputz*: Oberputz bestimmt das Aussehen von Putzflächen. Sie haben in der Regel nur dekorative Funktion. Sollten wasserabweisende Zusätze vorgesehen werden, so muss absolute Rissefreiheit gewährleistet sein. An Rissen vermehrt eindringendes Wasser verdunstet später nur sehr schlecht.

Kunstharzzusätze im Oberputz sind ähnlich problematisch wie wasserabweisende Zusätze. Empfehlungen für die Ausführung von Putzen gibt DIN 18 550-2 – Putz, Ausführungen. Für Kunstharzputze wird darüber hinaus DIN 18 558 zu beachten sein.

Oberputztechniken weisen oft landschaftlich ausgeprägte Besonderheiten auf. Man unterscheidet hinsichtlich ihrer Herstellungstechnik:
– *Verriebener Putz* (Glattputz). Gefahr von Schwindrissen bei Bindemittelanreicherung an der Oberfläche.
– *Kratzputz*. Grobkornbestandteile werden aus der erhärteten Putzoberfläche mittels Nagelbrett herausgekratzt. Schwindrissbildung entfällt dadurch weitestgehend.
– *Spritzputz*. Da in dieser Technik (maschinell oder früher zum Beispiel durch Reisigbesen) nur ein dünner Putzauftrag möglich ist, werden meist mehrere Arbeitsgänge erforderlich.

E Außenwandkonstruktionen 4.1.3

Tabelle E.16
Putzsysteme für Außenputz und Mörtelgruppen für Putze

Mörtelgruppe für Putze		Art der Bindemittel	mittlere Mörteldruckfestigkeit MN/m²
P I	a b c	Luftkalke Wasserkalke Hydraulische Kalke	keine Anforderungen
P II		Hochhydraulische Kalke Putz- und Mauerbinder Kalk-Zement-Gemisch	25
P III		Zemente	10
P IV	a b c d	Gipsmörtel Gipssandmörtel Gipskalkmörtel Kalkgipsmörtel	keine Anforderungen
P V		Anhydritbinder ohne und mit Anteilen an Baukalk	2,5
P Org 1		Beschichtungsstoffe mit organischen Bindemitteln, geeignet für Außen- und Innenputze	keine Anforderungen
P Org 2		Beschichtungsstoffe mit organischen Bindemitteln, geeignet für Innenputze	keine Anforderungen

Putzsysteme für Außenputz, Oberputz mineralisch oder als Kunstharzputz nach DIN 18550-1

Anforderung bzw. Putzanwendung	Mörtelgruppe bzw. Beschichtungsstofftyp für Unterputz	Oberputz⁴⁾	Zusatzmittel²⁾
ohne besondere Anforderung	– P I – P II P II P II – –	P I P I P II P I P II P Org 1 P Org 1¹⁾ P III	
wasserhemmend	P I – – P II P II P II – –	P I P Ic P II P I P II P Org 1 P Org 1¹⁾ P III¹⁾	erforderlich²⁾ erforderlich²⁾
wasserabweisend	P II – – P II P II – –	P I P Ic P II³⁾ P II P Org 1 P Org 1¹⁾ P III¹⁾	erforderlich²⁾ erforderlich²⁾ **erforderlich²⁾**
erhöhte Festigkeit	– P II P II – –	P II P II P Org 1 P Org 1¹⁾ P III	
Kellerwandaußenputz Außensockelputz	– – P III P III –	P III P III P III P Org 1 P Org 1¹⁾	

¹⁾ Nur bei dichtem Beton als Putzgrund.
²⁾ Eignungsnachweis erforderlich (siehe DIN 18550-2).
³⁾ Nur mit Eignungsnachweis zulässig.
⁴⁾ Oberputze können mit abschließender Oberflächengestaltung oder ohne diese aufgeführt werden (zum Beispiel bei anzustreichenden Flächen).

4.1.3 Außenwandkonstruktionen   E

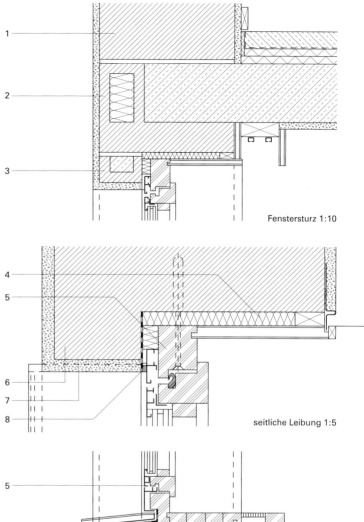

Abb. E.53
Einschalige Außenwand mit Putz
(Mauerwerk aus Leichthochloch-
blockziegeln)

1 Poroton-Blockziegel
2 Poroton-WL-Schale
3 Poroton-Ziegelsturz
4 wärmegedämmter Sturz
5 Holz-Alu-Fenster
6 Poroton-Anschlagziegel
7 Putzunterschnitt
8 Schlagregensperre
9 Verzicht auf Heizkörpernischen in
  der Außenwand

- *Reibeputz* (Rollkornputz). Rollige Grobkornbestandteile werden beim Verreiben (in einer Richtung oder kreisförmig) vom Reibebrett mitgenommen und hinterlassen Rillenspuren in der Arbeitsrichtung.
- *Kellenwurfputz*. Der Putzmörtel wird mit der Putzerkelle dicht bei dicht auf die Wandfläche aufgeworfen, so dass Arbeitsweise und der durch den schwungvollen Auftrag entstehende Putzfladen unverändert sichtbar bleiben.
- *Kellenstrichputz*. Der aufgeworfene oder aufgezogene Putzmörtel wird anschließend mit der Stahlkelle verstrichen und damit leicht verdichtet.

In Gebieten mit geringer Schlagregenbeanspruchung sind einschalige Außenwände mit Außenputz i. d. R. die wirtschaftlichste Wandbauart. Da die Außenwand aber mit ihrem ganzen Querschnitt allen statischen und bauphysikalischen Anforderungen an eine Außenwand genügen muss, ist an funktionalen „Knotenpunkten" wie Sockeln, Deckenauflagern, Dachanschlüssen und Öffnungen und überall dort, wo im Wandquerschnitt Materialien mit verschiedenen Materialkennwerten (zum Beispiel: Wärmeleitzahl; Schwindmaß) vorkommen und Bauteile mit anderem Verformungsverhalten einbinden, besondere Sorgfalt bei der Planung geboten. Die von der Baustoffindustrie entwickelten Großblocksteinsysteme (Abb. **E.14**) sind hinsichtlich ihrer Verarbeitung auf der Baustelle und hinsichtlich bauphysikalischer Anforderungen optimiert worden. Der Planer muss, will er die Optimierungsvorteile nutzen, systemimmanent planen und ausschreiben und dies als Bauleiter auf der Baustelle auch durchsetzen. Großblocksteine mit ihren Lochungen und Stegen sind bruchgefährdet. Schadhafte oder durch Stemmen verletzte Steine können die Funktionsfähigkeit einer Außenwand gefährden. Daher sollen die angebotenen Sonderformate für Leibungen und Deckenauflager (Abb. **E.53**) sowie für Schlitze und Aussparungen auch konsequent angewendet werden (Abb. **E.54**).

Abb. E.54
Rohrleitungsschlitz in Außenwand aus Großblocksteinen (Poroton). Rohrleitungsschlitz aus U-Schalen-Steinen. Bewehrung wegen ungenügender Überbindung der Steine aufeinanderfolgender Schichten. Schlitz mit Putzträger überspannt und verputzt bzw. mit Revisionsöffnung.

1 Außenputz
2 WD-Schale
3 Bewehrung
4 U-Schale
5 Anschlagziegel
6 Deckplatte
7 Putzträger

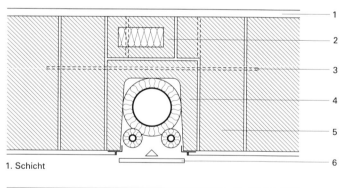

1. Schicht

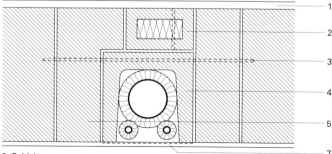

2. Schicht

4.1.4

Einschalige Außenwände mit transparenter Wärmedämmung

Der Transmissionswärmestrom durch eine Außenwand bei einem Temperaturgefälle von innen nach außen lässt sich durch eine gute außenliegende Wärmedämmung wohl reduzieren, jedoch nicht verhindern. Von außen auf die Wandaußenfläche treffende Sonneneinstrahlung erzeugt keinen nennenswerten Wärmestrom ins Gebäudeinnere, wenn er durch eine normal lichtundurchlässige Wärmedämmung behindert wird. Die Energiebilanz eines Gebäudes kann auf diese Weise nicht verbessert werden.

Eine transparente Wärmedämmung kann diesen nachteiligen Effekt aufheben. Die Sonneneinstrahlung durchdringt die transparente Wärmedämmung (TWD) von außen nach innen und wird an der dunklen Wandoberfläche in Wärme umgewandelt. Die Wand wirkt als Wärmespeicher und dies umso mehr, je mehr Masse sie besitzt bzw. je größer die Wärmeleitzahl des Baustoffs ist.

Die Parameter für die Wirksamkeit einer TWD sind deren Dicke, die Regelbarkeit der Sonneneinstrahlung, der Wandbaustoff und seine Dicke und das solare Strahlungsangebot. Wenn auf Grund solarer Einstrahlung zunächst die Wandaußenseite und schließlich mit Zeitverzögerung auch die Wandinnenseite so erwärmt werden, dass die Wandinnentemperatur höher als die Raumlufttemperatur ist, gibt die Wand Wärme in Richtung Innenraum ab. Bei guter Solareinstrahlung kann so während einer Heizperiode bei richtiger Wandkonstruktion deren Transmissionswärmeverlust vollständig ausgeglichen werden [E.30] [E.31].

Für das subjektive Temperaturempfinden der Menschen in Räumen mit Außenwänden dieser Bauart sind die Außenwandflächen nicht mehr mit der unangenehmen Empfindung kalter Abstrahlung behaf-

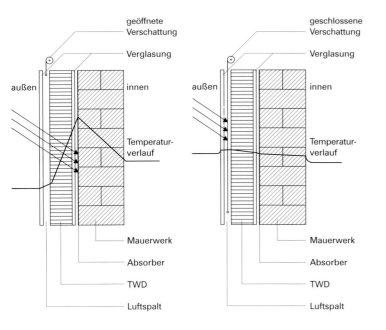

Abb. E.55
TWD-Massivwandsystem mit qualitativem Temperaturverlauf durch den Fassadenquerschnitt bei geöffnetem und geschlossenem Sonnenschutz.

tet. Die Raumlufttemperatur kann abgesenkt werden. Die Sonneneinstrahlung – im Winter erwünscht – sollte im Sommer und den jahreszeitlichen Übergangsperioden durch einen regelbaren Sonnenschutz abgeschirmt werden können.

Zusammenfassend kann festgestellt werden, dass die Nutzungsflexibilität in einem Gebäude mit TWD größer als bei anderen Gebäuden ist, weil die Aufenthaltsbereiche bis direkt an die Außenwände ausdehnbar sind und ohne nachteiligen Einfluss auf die Energiebilanz des Gebäudes auch vermehrt gelüftet werden kann.
- Bei *passiven* Systemen besteht eine Außenwand mit TWD aus folgenden Konstruktionselementen (Abb. **E.55**): Verglasung – Sonnenschutz – TWD – Absorber – Massivwand.
- Bei *konvektiven* Systemen liegt zwischen der TWD und der Innenwand ein Konvektionsluftspalt. Der Wärmeübergang vom Absorber hinter der TWD zur Wand erfolgt über Strahlung und Konvektion. Diese sind regelbar wie bei passiven Systemen über außen vor der TWD liegende Sonnenschutzeinrichtungen oder über eine Zu- und Abluftführung am Luftspalt (Abb. **E.56**).

Der konstruktive und apparative Aufwand bei TWD-Fassadensystemen ist wesendlich größer als bei konventionellen Wanddämmsystemen.

Materialien: Röhren- und wabenförmige Strukturen senkrecht zur TWD-Fläche aus Kunststoff (Acryl-Glas oder Macrolon) oder Glas. Bei senkrecht auf die TWD-Fläche einfallender Sonnenstrahlung dringt das Licht unreflektiert durch die Hohlräume direkt bis zum Absorber. Bei schrägem Lichteinfall wird die Strahlung bis zum Absorber „hindurchreflektiert".

Konstruktiv weniger aufwändig, im Wirkungsprinzip aber ähnlich, sind tranparente Wärmedämmverbundsysteme (vgl. Abschnitt E.4.1.5).

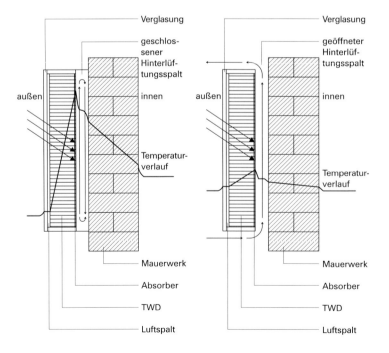

Abb. E.56
Konvektives TWD-Wandheizungssystem mit Temperaturverlauf durch den Fassadenquerschnitt bei geöffneten und geschlossenen Luftklappen.

4.1.5

Einschaliges Mauerwerk mit Wärmedämmverbundsystemen (Abb. **D.57**)

Die Konstruktionsart, etwa seit Mitte der 60er Jahre in Gebrauch, aber bisher noch nicht genormt, wird allgemein als einschalige Konstruktion bezeichnet, obwohl durchaus Merkmale für Zweischaligkeit vorhanden sind. Folgende Kriterien sind bei der Beurteilung der Systeme maßgeblich:
– Stoßfestigkeit
– Brandschutz
– Verhalten bei Feuchtigkeit und Frost
– Wasserdampfdiffusionsverhalten
– Detailausbildungen
– Wartungsanforderungen

Hier wird deutlich, dass es für Wärmedämmverbundsysteme (Thermohautsysteme) keine allgemein anerkannten Regeln geben kann, da jedes System herstellerspezifisch ist. Die Hersteller arbeiten nur mit von ihnen besonders eingewiesenen Fachfirmen in der Ausführung zusammen. Von deren Fachkenntnis hängt oft die Wirksamkeit und Schadensfreiheit der aufgebrachten Thermohaut ab.

Die Vorteile außenseitig aufgebrachter Thermohäute liegen in der von anderen Bauarbeiten relativ unabhängigen Arbeitstechnik, der Vermeidung von Wärmebrücken und der relativ problemlosen nachträglichen Montage bei Altbauten. Nachteilig sind die Vielfalt der schwer vergleichbaren Systeme, die erforderliche und über normale handwerkliche Fähigkeiten hinausgehende Sachkenntnis bei der Verarbeitung, die relativ große Stoßempfindlichkeit der Thermohäute, schlechter Luftschallschutz und spätere Entsorgungsprobleme.

Der Aufbau der Wärmedämmverbundsysteme (Abb. **D.57**) folgt nachstehendem Prinzip: Fassadendämmplatten werden mit Kleber, Klebemörtel oder speziellen Dübelkonstruktionen auf der einschaligen Außenwand befestigt. Dabei werden Kanten, Leibungen, Ecken usw. meist mit zum jeweiligen System gehörenden Schutzprofilen aus Blechen eingefasst. Die Fassadendämmplatten erhalten sodann eine mehrlagige bewehrte Putzbeschichtung (Armierungsmasse und Armierungsgewebe) und anschließend in der Regel einen einlagigen Kunstharzaußenputz. Die auf der Baustelle zu berücksichtigenden Arbeits- und Konstruktionsbedingungen beschränken sich auf die Qualität des Untergrunds (Mauerwerk, Altputz, Beton u. a.) hinsichtlich Festigkeit, Trockenheit, Ebenheit und Saugfähigkeit sowie auf die Witterungsbedingungen.

Wärmedämmputzsysteme (vgl. auch Kapitel 4.1.3), deren Anwendung allgemein durch bauaufsichtliche Zulassungen geregelt wird, können als besondere Thermohautsysteme eingestuft werden. Wärmedämmputze erhalten spezielle Leichtzuschläge zur Verbesserung der Wärmedämmeigenschaften. Die Putzmassen werden in der Regel durch Spritzpistolen unter Druck mehrlagig aufgetragen. Dicken bis zu 60 mm sind gebräuchlich. Der wesentlich härtere Oberputz muss auf den weichen Dämmputz eingestellt sein, da unterschiedliches Dehnverhalten Risse im wasserabweisenden Oberputz und damit Schäden am gesamten System verursachen kann.

Abb. D.57
Wärmedämmverbundsysteme, Befestigungsarten (Prinzipskizzen).

1 Mauerwerk
2 Klebemörtel
3 Dämmplatten, gestoßen
4 Dämmplatten mit Stufenfalz
5 Dämmplatten mit Nut-Feder-Stoß
6 Tellerdübel
7 Alutragschiene
8 Armierungsmasse
9 Glasgewebe
10 Schlussbeschichtung (Putz)

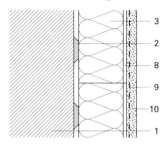

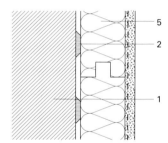

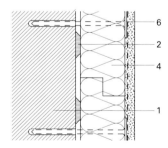

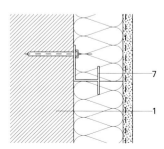

4.1.6

Außenwände mit angemörtelten Bekleidungen (Abb. **E.58**)

An einschalige Außenwände ohne Hinterlüftung angemörtelte oder angemauerte Bekleidungen stehen mit dem Untergrund in kraftschlüssigem Verbund. Wegen der in der Regel unterschiedlichen Materialeigenschaften von Bekleidung und Untergrund und der unterschiedlichen thermischen, feuchtigkeitstechnischen und statischen Beanspruchung muss der Abstimmung der verschiedenen Materialien aufeinander, der Befestigungstechnik und der Lage, Zahl und Ausführung von Dehnfugen in den Bekleidungen besondere Aufmerksamkeit gewidmet werden. Die Konstruktion ist schadensanfällig.

In DIN 18 515 – Fassadenbekleidungen – werden folgende Materialien für angemörtelte Außenbekleidungen angegeben:
- keramische Fliesen (DIN 18155)
- keramische Spaltplatten (DIN 18166)
- keramische Platten
- Spaltziegelplatten
- Naturwerksteinplatten
- Betonwerksteinplatten.

Viele dieser Materialien sind extrem zugspannungsempfindlich und die Bekleidungen damit rissegefährdet. Da sie in der Regel eine geringe Kapillarporosität besitzen oder sogar wasserabstoßend sind (Glasuren), stellen Risse bei Schlagregen eine besondere Schadensquelle dar, da das in die Risse leicht eindringende Niederschlagswasser nur schwer wieder verdunstet. Der in der Norm als Schlagregenbremse geforderte Unterputz muss daher besonders sorgfältig ausgeführt werden.

Abb. E.58
Mauerwerk mit angemörtelten Bekleidungen.

1 tragende Außenwand
2 Unterputz mit Spritzbewurf
3 Unterputz bewehrt
4 Betonbewehrung
5 Edelstahltraganker mit Druckverteilungsplatte
6 Ansetzmörtel
7 Natursteinplatten $> 0,1\,m^2$
8 keramische Spaltplatten

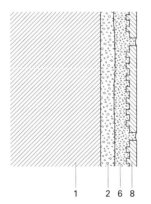
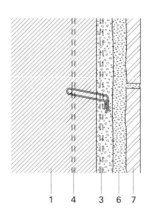
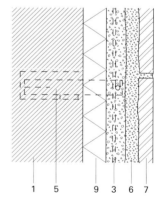

In der Regel ist folgender Schichtenaufbau auf der einschaligen Außenwand vorzusehen (Tab. **E.18**):
- *Spritzbewurf*, vollflächig deckend als Haftgrund und zur Abschirmung trockener oder stark saugender Untergründe, die gegebenenfalls vorzunässen sind. Aushärtungszeit: mindestens 12 Stunden.
- *Unterputz* als Schlagregenbremse und als Ausgleich für Unebenheiten des Untergrunds. Unterputze müssen unter bestimmten Voraussetzungen bewehrt werden (siehe unten).

4.1.6 Außenwandkonstruktionen

– *Bekleidungen* aus Platten, die kleiner als 0,1 m² sind, werden vollflächig angemörtelt. Der Haft- und Schubverbund der Platten wird durch Rillen, Rippen oder Noppen auf der Rückseite verbessert. Größere Platten müssen zusätzlich verankert werden (Trage- und Halteanker).

Eine Unterputzbewehrung aus Betonstahlmatten, die mit mindestens 5 Ankern ⌀ 3 mm je m² aus nichtrostendem Stahl mit dem tragfähigen Untergrund zu verbinden sind, wird in folgenden Fällen erforderlich:
– Untergrund aus unterschiedlichen Baustoffen (zum Beispiel Mischmauerwerk)
– Untergrund aus Baustoffen geringer Festigkeit (zum Beispiel Porenbeton oder Dämmschichten)
– glatte Oberflächen des Untergrunds
– Unterputze von mehr als 25 mm Dicke (zum Beispiel als Ausgleich für unebenen Untergrund).

Gebäudetrennfugen müssen an gleicher Stelle und in gleicher Breite auch in der Bekleidung vorgesehen werden. Die Fugen dürfen dabei nicht durch Mörtel oder Unterputzbewehrungen überbrückt werden. Zusätzliche horizontale und vertikale Dehnungsfugen, die bis auf den Untergrund durchgehen sollen, müssen in so ausreichender Anzahl vorgesehen werden, dass Spannungen in der Bekleidung nicht auftreten können. Auch schmale, durchgehende Pfeiler oder Brüstungsbekleidungen sind durch Fugen zu gliedern. In der Regel werden Dehnfugen in den Fluchten von Fensterleibungen und Sturz- und Sohlbankkanten sowie an horizontalen und vertikalen Versprüngen der Fassaden erforderlich. Auch müssen Lastübertragungen aus Konsolen, Umwehrungen usw. vermieden werden. Anschlüsse an andere Baustoffe müssen grundsätzlich durch Fugen getrennt werden.

Bekleidungen können in einem vollen Zementmörtelbett von i. M. 15 mm Dicke oder im Dünnbettverfahren mit einer Mörteldicke von 3 bis 5 mm angesetzt werden. Für das Dünnbettverfahren ist ein völlig ebener und fluchtrechter Untergrund (Unterputz) Voraussetzung. Die Technik der *angemauerten Bekleidung* (Abb. **E.59**) aus

Tabelle E.17
Fassadenbekleidungen. Mörtelzusammensetzung

Mörtel	Mischungsverhältnis in Raumteilen Zement : Sand
Spritzbewurf	1 : 2 bis 1 : 3; Sandkörnungen 0 bis 3 mm bzw. 0 bis 7 mm
Unterputz (bewehrt und unbewehrt)	1 : 3 bis 1 : 4
Ansetzmörtel	1 : 4 bis 1 : 5
Fügenmörtel[1]	1 : 3 bis 1 : 4

[1] Die maximale Korngröße des Sandes richtet sich nach der Fugenbreite und sollte nicht größer als ein Drittel der Breite sein.

Abb. E.59
Angemauerte Bekleidungen.

1 tragende Außenwand
2 Unterputz
3 Schalenfuge
4 Riemchenverblendung
5 Edelstahltraganker mindest 5 Stück je m²
6 Mauerkonsole V4A mit Druckverteilungsplatten
7 Tragwinkel V4A
8 elastoplastische Versiegelung

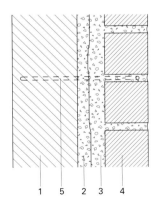
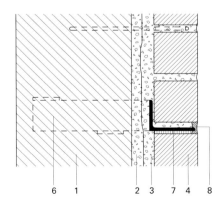
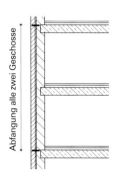

Riemchen oder Sparverblendern in Dicken von 30 bis 70 mm (Ansichtsflächen nach DIN 105) kann schon als zweischalige Wandkonstruktion betrachtet werden. Zusätzlich zur als Haftbrücke zwischen Bekleidung und Untergrund wirkenden, voll mit Mörtel verfüllten Schalenfuge soll eine Sicherung der Bekleidung durch nichtrostende Drahtanker, Konsolen und Aufstandsflächen vorgesehen werden. Drahtanker werden in die Fugen eingelegt. Es sind mindestens 5 Stück/m² vorzusehen (siehe auch DIN 1053-1). Bei höheren Fassaden sind horizontale Abfangungen mindestens an jedem zweiten Geschoss vorzunehmen. Der Aufbau der angemauerten Bekleidung entspricht dem der angemörtelten Bekleidung. Zusätzlich zum Spritzbewurf und Unterputz wird eine voll vermörtelte Schalenfuge ausgeführt (Tab. **E.17**).

Abb. E.60
Porenbetonwände (Flachdachrand schematisch dargestellt) (Bewehrung entsprechend der Bauartzulassung vorsehen).

Maßstab 1:20
Maße in mm

1 Porenbeton-Dachplatte
2 Porenbeton-Wandplatte
3 Porenbeton-Sturz
4 Porenbeton-Deckenplatte
5 Porenbeton-Ringankerfertigteil
6 Nut

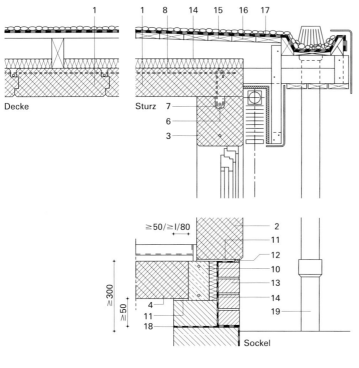
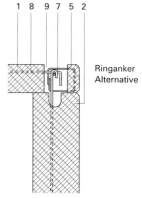

7 Ringankerbewehrung
8 Steckeisen
9 Hohlraum für Betonverguss
10 Ringanker
11 Mörtelausgleich
12 elastoplastische Versiegelung
13 Spritzwassersockel
14 Wärmedämmung
15 Luftraum siehe Abschnitt H.2.2.2
16 Dachhautträger
17 Dachabdichtung
18 Sperrschicht
19 Regenfallrohr

Tabelle E.18
Angemauerte Bekleidung.
Mörtelzusammensetzung

Mörtel	Mischungsverhältnisse der Mörtel in Raumteilen für Riemchen und Sparverblendungen mit Güteanforderungen nach	
	DIN 105	DIN 18 166, DIN 18 500
für Spritzbewurf	Zementmörtel 1 : 2 bis 1 : 3, Sandkörnungen 0 bis 7 mm	
für Unterputz	Mörtel der Gruppe II nach DIN 1053	Zementmörtel 1 : 3 bis 1 : 4
zum Anmauern der Bekleidung	(Kalkzementmörtel 1 : 2 : 8)[1]	Zementmörtel 1 : 4 bis 1 : 5
zum Verfugen	Zementmörtel 1 : 3[2]	

[1] Der Mörtelsand darf nur einen geringen Hohlraumgehalt aufweisen, daher sind gemischtkörnige Sande zu verwenden. Besonders geeignet sind Sande, bei denen der Anteil des Korndurchmessers 0 bis 0,25 mm 15 bis 30 Gew.-% beträgt.
[2] Das Größtkorn des verwendeten Sandes darf 2 mm nicht überschreiten. Zur Verbesserung der mehlfeinen Körnung 0 bis 0,25 kann dem Sand ein Zusatz von Gesteinsmehl, zum Beispiel Quarzmehl, Traßpulver, zugegeben werden.

4.1.7 Außenwandkonstruktionen

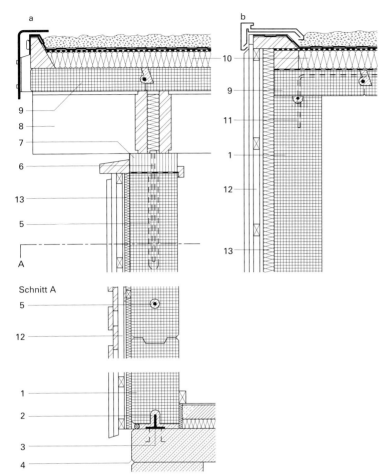

Abb. E.61
Porenbetonwände (Flachdachrand schematisch dargestellt)

a Geschosshohe Porenbetonwandplatten. Aufnahme der Windlasten durch obere (Ringbalken) und untere (TB 60) Halterung.
b Geschosshohe Porenbetonwandplatten. Übertragung der Windkräfte durch Scheibenwirkung der Porenbetondachplatte. Scheibenwirkung nur bei Bewehrung gemäß bauaufsichtlicher Zulassung.
1 geschosshohe Porenbetonplatten
2 Nut, mit Mörtel verfüllt
3 TB 60 in Deckenplatte (4) zugfest verankert
4 Stahlbetondecke
5 Bohrung ⌀ 60 mm, t = 600 mm mit Feinbeton verfüllt
6 Gewindestange ⌀ 12 mm mit Mutter und Gegenmutter
7 Ringbalken B Sch H 240/100 mm
8 Deckenbalken
9 Porenbetondachplatten
10 nicht durchlüftete Dachkonstruktion
11 Nut mit Ringankerbewehrung ⌀ 12 mm.
Ausführung entsprechend bauaufsichtlicher Zulassung
12 hinterlüftete Außenschale (aufgedoppelte Brettschalung)
13 zulässige Wärmedämmung

4.1.7

Einschalige Außenwände aus Porenbeton mit Beschichtungen

Außenwände aus Porenbetonmauersteinen, geschosshohen Wandplatten oder horizontalen Wandplatten bedürfen einer Oberflächenvergütung, die wasserabstoßend, dabei aber hochgradig dampfdurchlässig ist. In der Regel werden von den Porenbetonherstellern bestimmte Beschichtungssysteme, die auf die speziellen Eigenschaften des Porenbetons eingestellt sind, angeboten und ausgeführt. Die Porenbetonhersteller bieten darüber hinaus Standarddetails für die wichtigsten baukonstruktiven Problempunkte an (Abb. **E.60** und **E.61**). Für die sehr sparsame Ringankerausführung, die für Wände aus geschosshohen Wandplatten vorgeschlagen wird, gibt es besondere bauaufsichtliche Zulassungen. Bei entsprechender konstruktiver Ausführung der Ringbalken- und Deckenbewehrung kann für Decken aus Porenbetondeckenplatten Scheibenwirkung angesetzt und damit die Gesamtstabilität eines Gebäudes verbessert werden.

4.1.8

Einschalige Wände in Mantelbauweise

Einschalige Wände in Mantelbauweise (Abb. **E.62**) werden aus einer mit Leicht- oder Schwerbeton auszufüllenden verlorenen Schalung aus Leichtbauplatten, Dämmplatten oder Mantel-„Steinen" hergestellt. Dabei müssen natürlich alle Maueröffnungen und -aussparungen in den vom jeweiligen System vorgegebenen Maßen angelegt werden!

Bei Schalungssystemen aus Platten werden in der Regel innen und außen Schaumkunststoffplatten verwendet, die durch Montagehalter mit besonders großen, außen auf der „Schalung" aufsitzenden Kunststoffscheiben gegen den Druck des Füllbetons in der Montagelage fixiert werden. Für Innenwandflächen werden gelegentlich auch Gipswandbauplatten als verlorene Schalung eingesetzt. Schalungssysteme aus speziellen Mantel-„Steinen" arbeiten nach verschiedenen Prinzipien. Die kastenartigen „Steine" bestehen aus Leichtbeton, zementgebundenen Holzspänen oder nur aus Schaumkunststoff. Bisweilen werden in die Kammern der „Steine" zusätzlich Hartschaumdämmtafeln eingelegt. Allen Systemen ist die verbandartige, trockene Verlegung der Einzelteile gemeinsam. Nach trockener Aufstellung einer geschosshohen Hohlwand wird diese anschließend von oben mit Beton verfüllt.

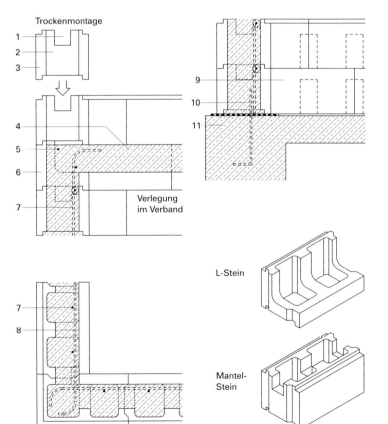

Abb. E.62
Wände in Mantelbauweise
(vgl. Abb. B.38).
Prinzipskizzen M 1:20

1 Längsöffnung
2 Steg
3 Mantel aus Leicht-, Bims- oder Holzspanbeton
4 Geschossdecke
5 Ringanker
6 L-Stein
7 Erddruck-Bewehrung
8 Verteiler-Eisen
9 Betongitter
10 Anschluss-Bewehrung
11 Fundament

Stoß- und Lagerfugen mit Falzen.

Steine je nach System in Standardlängen von 50 oder 120 cm für übliche Wanddicken. Sonderformstücke für diverse Zwecke. Ggf. zusätzliche Wärmedämmung. Bauaufsichtliche Zulassung erforderlich.

Vorteilhaft sind die relativ schnelle und leichte Montage der Schalungssteine, die relativ problemlose Führung von Installationen und der durch den Beton hergestellte Verbund zwischen tragenden und aussteifenden Wänden und den Decken.

Nachteilig wirkt sich bei Systemen mit innerer Wärmedämmung die dadurch verminderte Wärmespeicherfähigkeit der Wände aus. Bei Nutzungen, die eine schnelle Aufheizung von Räumen erfordern, ist dies allerdings ein Vorteil. Bei Systemen, die mit großen Mantelsteinen arbeiten, ist die Flexibilität der Grund- und Aufrissgestaltung eingeschränkt.

4.2

Zweischalige Außenwände

4.2.1

Zweischalige Außenwände mit Putzschicht (Abb.**E.63**)

Diese Konstruktionsart, früher als zweischaliges Verblendmauerwerk ohne Luftschicht bezeichnet und mit einer auszugießenden Schalenfuge auszuführen, war bekanntermaßen besonders schadensanfällig, weil in der Regel keine ausreichende Sorgfalt für die Ausführung der Schalenfuge aufgewandt wurde. Mit einer Änderung der Ausführungsart hat man versucht, dem Problem Rechnung zu tragen. Eine problematische Konstruktionsart bleibt es nach wie vor.

Die Verblendschale muss vollfugig und haftschlüssig gemauert und die Verfugung möglichst als Fugenglattstrich ausgeführt werden. Vor der Errichtung der Verblendschale muss auf der Außenseite der Innenschale eine zusammenhängende Putzschicht aufgebracht werden (Empfehlung: P II, d = 15 mm). Problematisch dürften die Stellen sein, an denen die Drahtanker zur Verankerung der Außenschale die Putzschicht durchstoßen. Werden die Drahtanker beim Aufmauern der Innenschale eingelegt, dann würde das Anbringen der Putzschicht durch die herausstehenden Anker behindert werden. Das nachträgliche Eindübeln von Gewindedrahtankern wäre kostspielig, und die Putzschicht würde beim Bohren der Dübellöcher nachträglich durchstoßen werden. Schlagregensicherheit dieser Wandkonstruktion ist nur bei äußerster handwerklicher Sorgfalt bei der Herstellung des Mauerwerks zu erreichen. Insbesondere an freien Rändern der Außenschalen, zum Beispiel an Öffnungen, Dehnungsfugen, Gebäudeecken usw., ist Sorgfalt geboten. Außenschalen, die an Mauerwerksöffnungen einen Innenanschlag bilden (Abb. **E.26**), sollten an der Anschlagseite in Verlängerung der Putzschicht mit gleichem Mörtel ausgeputzt werden. Erhält die Außenschale einen Außenputz, so kann die innere Putzschicht entfallen.

Auf unterschiedliche Verformungen von Außen- und Innenschale ist zu achten.

An den Fußpunkten der Außenschale, zum Beispiel an Gebäudesockeln und Fensterstürzen (siehe Abb. **E.63**), sind Sperrschichten mit Entwässerungsöffnungen von 3,75 cm² je Quadratmeter Außenwandfläche (inkl. Fenster- und Türflächen) gegen das Eindringen von rückstauendem Sickerwasser in die Innenschale und Geschossdecken erforderlich.

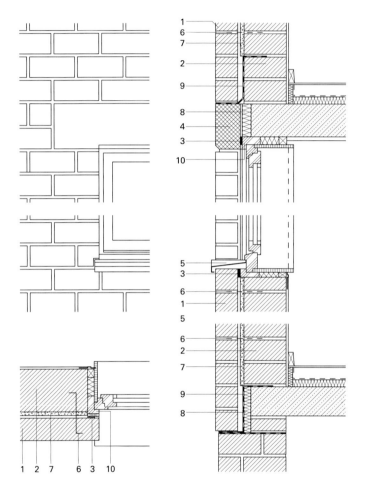

Abb. E.63
Zweischalige Außenwand mit Putzschicht.
Maßstab 1:20

1 Außenschale (MGII oder IIA)
2 Innenschale
3 Compri-Band, umlaufend
4 Fertigteilsturz
5 Metallfensterbank
6 Drahtanker
 (siehe Abb. D.66) d = 3 mm
7 Putzschicht (MG IIA)
8 Wärmedämmung
9 Sickerwasserdichtung
10 Montagezarge

4.2.2

Zweischalige Außenwände mit Kerndämmung (Abb. **E.64**)

Diese Konstruktionsart, seit Jahren angewendet und inzwischen Bestandteil der DIN 1053-1, ist hinsichtlich ihrer Schlagregensicherheit ausreichend untersucht worden. Kennzeichnend für die Kerndämmung von zweischaligen Außenwänden ohne Luftschicht ist ein vollständig mit Dämm-Material ausgefüllter Hohlraum zwischen Innen- und Außenschale. Innen- und Außenschale sind also mit Abstand voneinander gemauert. Die Außenschale wird wie bei anderem zweischaligem Mauerwerk nach DIN 1053-1 mit Drahtankern aus nichtrostendem Stahl an der Innenschale verankert (siehe zum Beispiel [E.1]). Die Außenschale muss vollfugig gemauert werden und mindestens 90 mm dick sein.

Nach DIN 1053 ist die Luftschicht bei zweischaligen Außenwänden mit Luftschicht das für die Schlagregensicherheit bestimmende Konstruktionselement. In konsequenter Auslegung der Norm darf also das in den Luftzwischenraum eingebrachte Kerndämmmaterial die Schlagregensicherheit nicht beeinträchtigen. Feuchtigkeit darf nicht zur Innenschale geleitet werden.

Wasserdampfdiffusionsprozesse von den Innenräumen durch Innenschale, Kerndämmung und Außenschale zur in der Regel kühleren Außenluft dürfen nicht behindert werden (zum Beispiel durch glasierte Steine oder ungeeignete Beschichtungen). Wasserdampfkondensationen in Mauerwerk und Kerndämmung müssen wieder abtrocknen können.

Das Kerndämmmaterial darf biologisch nicht verwertbar, also kein Nährboden für tierische und pflanzliche Schädlinge sein und chemikalisch und physikalisch so neutral, dass angrenzende Bauteile und Baustoffe nicht verändert und gefährdet werden können. Die vorgenannten bauphysikalischen Anforderungen an zweischalige Außenwände mit Kerndämmung werden anschließend noch einmal in bezug auf das Kerndämmmaterial konkretisiert:
– permanent wasserabstoßend
– wasserdampfdurchlässig
– der Hohlraum zwischen den Mauerwerksschalen muss vollständig ausgefüllt sein
– biologisch nicht verwertbar
– chemisch nicht aggressiv
– mindestens normalentflammbar bzw. schwerentflammbar bei Hochhäusern.

Sonstige konstruktive Maßnahmen:
– Sickerwassersperrschicht am Fuß der Verblendschalen (am Sockel und über allen Öffnungen)
– Öffnungen am Fuß der Außenschalen über die Sickerwassersperrschicht für den Ablauf von durch die Außenschale eingedrungenem Schlagregen
– bei geschütteten Kerndämmmaterialien: Rieselsperren vor den Öffnungen am Fuß der Außenschale
– Drahtanker aus nichtrostendem Stahl mit aufgeschobenen Kunststoffabtropfscheiben.

Für den Kerndämmstoff ist eine bauaufsichtliche Zulassung erforderlich. Es gibt folgende Konstruktionsvarianten:
– Dämmstoffplatten mit Belüftungssystem (Abb. **E.65**) (Luftschichtdämmplatten); auf die Dämmplatten oder -matten ist nach außen hin eine bituminierte Pappe oder eine Hartschaum-

E Außenwandkonstruktionen 4.2.2

Abb. E.64
Zweischalige Außenwand mit Kerndämmung.
(Außenschale = Verblendmauerwerk)
Maßstab 1:20, Maße in cm

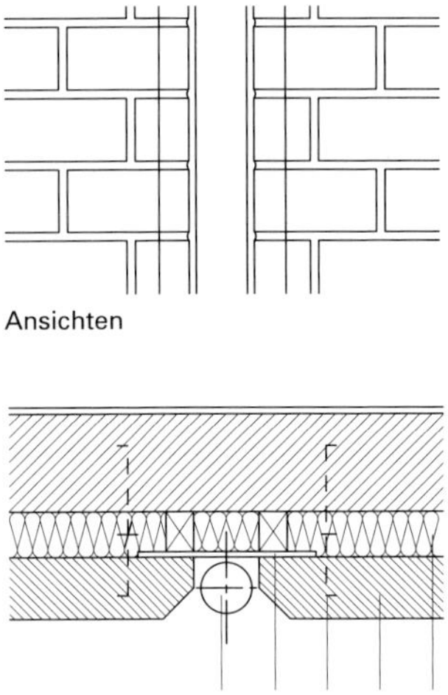

Ansichten

Grundrisse   13 12 9 1 8

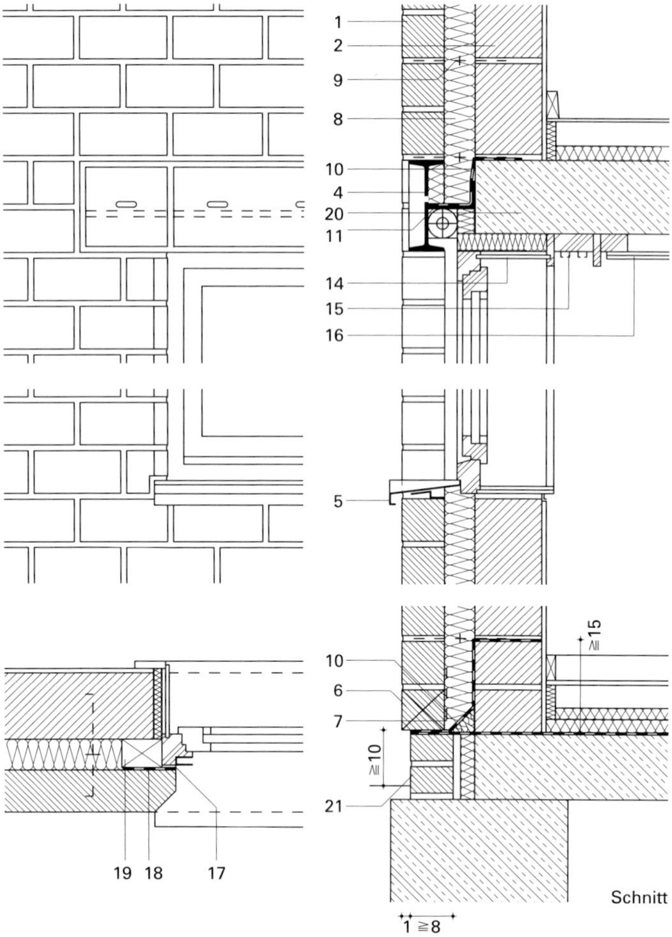

19 18 17

Schnitt

1 Außenschale
2 Innenschale
3 Einputzzarge
4 Sturz IPE 220 mit Aussteifungsrippen, verzinkt
5 Metallfensterbank
6 offene Stoßfuge
7 bei Schüttdämmung: Rieselsperre
8 Kerndämmung
9 Drahtanker.
  Bei Schüttdämmung mit Tropfscheibe (siehe auch bei Abb. D.66)
10 Sickerwasserdichtung
11 L-Profil 150x75x9 mit 4 verschweißt
12 Faserzementplatte
13 Regenfallrohr
14 Leibungsvertäfelung
15 Gardinenblende
16 Leichte Deckenbekleidung
17 Compri-Band, umlaufend
18 Schlagregensperre
19 Kantholz 10/8
20 Stahlbetondecke
21 Sockel aus KMZ.
   Wärmedämmung unverrottbar.
   Sperrputzschicht auf Putzträger.

platte kaschiert, und zwischen Kaschierung und Dämm-Material sind vertikale Kanäle dicht bei dicht zur Abführung von Wasserdampf vorgesehen.

– Dämmstoffplatten ohne Belüftungssystem (Abb. **D.64**)
 Als Materialien kommen in Betracht: hydrophobierte Mineralfasermatten nach DIN 18165 oder Polystyrol-Hartschaumplatten (Extruder- und Partikelschaum) nach DIN18164 mit Nut und Feder oder Stufenfalz.

– Schüttungen und Ortschäume
 Materialien: geblähtes, hydrophobiertes Perlite $\varnothing$ 3 bis 6 mm) oder UF-Ortschaum (Harnstoff-Formaldehydharz) nach DIN 18159-2

Besondere Anforderungen an Materialien und Ausführung:

– Dämmstoffplatten mit Belüftungssystem.
 Die auf die Dämmplatten kaschierten bituminierten Pappen müssen an den Rändern derart überstehen, dass bei horizontalen und vertikalen Plattenstößen gleichermaßen eine Überlappung der angrenzenden Platte von mindestens 25 mm seitlich (Abb. **E.65**) und mindestens 50 mm unten vorhanden sein muss.

Durch die Vormauerschale eingedrungener Schlagregen soll auf diese Weise an dem Eindringen in Dämmung und Innenschale gehindert werden.
- Hydrophobierte Mineralfasermatten sind dicht zu stoßen oder gegebenenfalls zweilagig vorzusehen.
- Hartschaumplatten müssen gegen das Wassereindringen an ihren Fugen mit Nut und Feder bzw. mit Stufenfalz ausgerüstet sein.
- Die bei vorgenannten Dämm-Materialien erforderlichen Kunststoffscheiben müssen stramm auf die Drahtanker aufgeschoben werden und großflächig die Durchstoßöffnungen der Drahtanker durch die Dämmplatten abdecken.
- UF-Ortschäume, über Löcher in der Außenschale in den Hohlraum zwischen Außen- und Innenschale eingebracht, müssen völlig lunker- und auf die Dauer auch schwindrissefrei sein. UF-Schäume müssen einmal aufgenommene Feuchtigkeit in Trockenperioden wieder abgeben können.

Zusammenfassend ist zu bemerken, dass bei zweischaligen Außenwänden mit Kerndämmung an Planung und Ausführung hohe Anforderungen zu stellen sind. Schlagregensicherheit wird vor allem durch die permanent-hydrophobe Einstellung des Dämm-Materials bestimmt. Die Außenschale kann auch Außenputz erhalten.

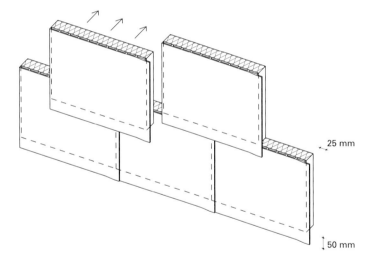

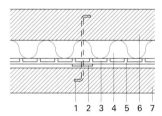

Abb. D.65
Dämmstoffplatten mit Belüftungssystem

1 Drahtanker V IV A
2 Krallenplatte
3 Luftkanälchen
4 Dämmstoff
5 Hartschaumform
6 Innenschale
7 Außenschale

4.2.3

Zweischalige Außenwände mit Luftschicht

Zweischalige Außenwände mit Luftschicht nach DIN 1053-1 bestehen aus der Verblendaußenschale und der in der Regel tragenden Innenschale. Zwischen beiden befindet sich ein Luftraum, dessen Dicke 60 mm betragen soll. Wird der Fugenmörtel an einer Seite der Luftschicht abgestrichen, so darf die Luftschichtdicke auf 40 mm reduziert werden.

Innen- und Außenschale müssen durch Drahtanker aus nichtrostendem Stahl miteinander verbunden werden (siehe zum Beispiel [E.11]). Für Mauerwerk mit Dünnbettmörtelfugen gibt es besondere Luftschichtanker aus geripptem Feinblech (siehe: DIN EN 845-1) mit eigenen bauaufsichtlichen Zulassungen.

Bei starker Schlagregenbeanspruchung kann Wasser durch die Außenschale dringen, insbesondere dann, wenn Fugen oder Steine Risse aufweisen. Der Luftraum verhindert jedoch eine Übertragung von Feuchtigkeit auf die Innenschale. Potentielle Tropfenbrücken sind die Drahtanker, die beide Schalen zu verbinden haben. Zur Verhinderung von Feuchtigkeitsübertragungen sind deshalb Kunststofftropfscheiben auf die Anker etwa bis zur Mitte des Luftraumes aufzuschieben (Abb. **E.66**). Durch die Außenschale eingedrungenes Wasser läuft auf deren Innenseite ab, und – sofern sich Wasser

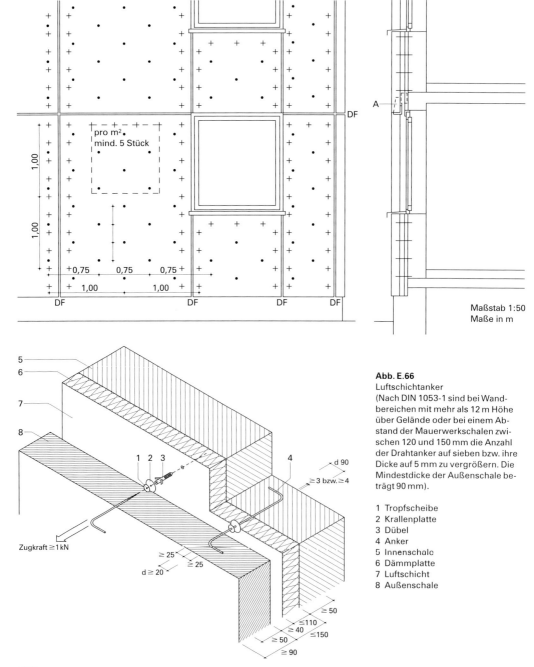

Maßstab 1:50
Maße in m

Abb. E.66
Luftschichtanker
(Nach DIN 1053-1 sind bei Wandbereichen mit mehr als 12 m Höhe über Gelände oder bei einem Abstand der Mauerwerkschalen zwischen 120 und 150 mm die Anzahl der Drahtanker auf sieben bzw. ihre Dicke auf 5 mm zu vergrößern. Die Mindestdicke der Außenschale beträgt 90 mm).

1 Tropfscheibe
2 Krallenplatte
3 Dübel
4 Anker
5 Innenschale
6 Dämmplatte
7 Luftschicht
8 Außenschale

4.2.3 Außenwandkonstruktionen E

auf die Drahtanker gezogen hat – so tropft es an der Kunststoffscheibe ab. Gegen diese Tropf- und Sickerwässer muss an allen Stellen, an denen die Außenschale aufsteht, eine Sickerwasserdichtung (Abb. **E.67**) vorgesehen werden, damit Feuchtigkeitsübertragung auf die Innenschale und andere Bauteile unterbleibt. Die Luftschicht muss Wasserdampf, der aus den Innenräumen durch die Innenschale in den Luftraum hineindiffundiert, abführen. Die Austrocknung der Außenschale erfolgt allerdings zum größten Teil über die Kapillarporosität des Materials auf umgekehrtem Wege, wie es durchfeuchtet wurde. Lüftungsöffnungen in Form offener Stoßfugen oder als Lüftungssteine sollen gleichmäßig verteilt oben und unten in der Verblendschale in einer Größe von jeweils min-

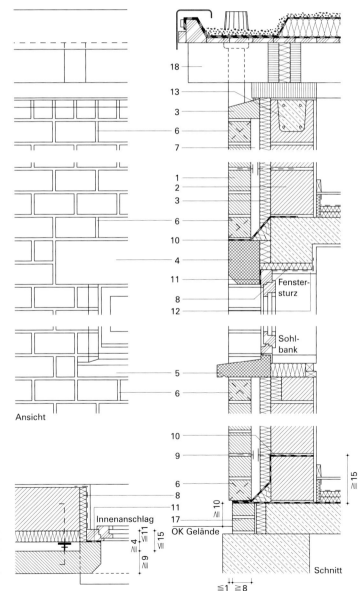

Abb. E.67
Zweischalige Außenwand mit Luftschicht (Flachdachrandausbildung schematisch)
Maßstab 1:20, Maße in cm

1 Außenschale
2 Innenschale
3 Formstein
4 Betonsturz
5 Betonsohlbank
6 Lüftungsöffnung: offene Stoßfuge
7 Luftschicht
8 Wärmedämmung
9 Drahtanker (siehe Abb. E.66)
10 Sickerwasserdichtung
11 Schlagregendichtung
12 Innenputz auf Putzträger
13 Betonringbalken in U-Schale
14 Regenfallrohr
15 verrottungsresistente Platte
16 Dehnfuge und Fallrohrschlitz
17 Sockel aus KMz MG III.
   Wärmedämmung unverrottbar
18 Holzbalkendecke

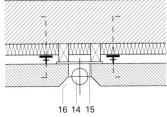

destens 3,75 cm² je m² Wandfläche (inkl. Fenster- und Türöffnungen) eine Verbindung des Luftzwischenraums zwischen den Schalen mit der Außenluft herstellen, damit Druckausgleich möglich wird (bei Windstaudruck), Wasserdampf abgeführt werden und Sickerwasser abgeleitet werden kann (untere Öffnungen).

4.2.4

Zweischalige Außenwände mit Luftschicht und zusätzlicher Wärmedämmung

Diese Wandkonstruktion ist genauso auszuführen wie das einfache Luftschichtmauerwerk, jedoch dürfen die Mauerschalen höchstens 150 mm Abstand voneinander haben, und die Luftschicht muss zur Gewährleistung ausreichender Schlagregensicherheit mindestens 40 mm dick sein. Für ausreichende Befestigung vor allem mattenförmiger Wärmedämmungen durch Kunststoffkrallenplatten (⌀ 90 mm), die in der Regel auf die konstruktiven Drahtanker aufgeschoben werden, ist zu sorgen. Drahtanker müssen aus nichtrostendem Stahl und mindestens 3 mm dick sein. 4 mm dicke Anker sind zu verwenden, wenn die Mauerschalen einen größeren Abstand als 70 mm haben, und in Wandbereichen, die mehr als 12 m über Gelände liegen, bzw. 5 mm dicke Anker bei einem Abstand der Mauerwerksschalen über 120 bis 150 mm, es sei denn, die Anzahl der Anker je m² wird auf sieben erhöht. An freien Rändern der Außenschale wie Gebäudeecken oder an Fensterbrüstungen müssen zusätzlich drei Drahtanker je lfm. angeordnet werden. Die Fußpunkte von Außenschalen, die am Sockel oder auf Abfangkonstruktionen aufsitzen und dort konstruktiven Reibungsverbund haben, gelten nicht als freie Ränder. Brüstungen schmaler Fenster dürften ebenfalls unproblematisch sein.

4.2.5

Mauerwerk mit außenseitiger Wärmedämmung und hinterlüfteter Wetterschutzschale aus anderen Materialien als Mauerwerk

Prinzipiell gelten hier die gleichen bauphysikalischen Anforderungen, wie sie an zweischaliges Verblendmauerwerk mit Luftschicht und Wärmedämmung zu stellen sind. In der Regel sind nichtgemauerte Wetterschutzschalen sehr viel leichter als gemauerte und werden mit geeigneten Unterkonstruktionen direkt an der Innenschale befestigt. Bei Verwendung von dichten, wasserabweisenden Materialien (Ziegel, Faserzementplatten oder -tafeln, Kunststofftafeln, Natursteintafeln u. a.) stellt sich das Problem der Durchfeuchtung der Außenschalen und deren Austrocknung nicht. Eindringen von Schlagregen durch Fehlstellen der Wetterschutzschale – meist im Fugenbereich – ist beim Vorhandensein einer nach DIN 18 515 (Fassadenbekleidungen aus Naturwerkstein, Betonwerkstein und keramischen Baustoffen) Abschnitt 2 geforderten, mindestens 20 mm dicken Luftschicht unproblematisch. Möglichkeiten zum Ablaufen des Wassers und konstruktive Maßnahmen zur Verhinderung von Feuchtigkeitsübertritten in Wärmedämmung und tragende Innenschale müssen vorhanden sein. Nach DIN 18 515 müssen horizontale Be- und Entlüftungsschlitze am oberen und unteren Abschluss der Fassadenbekleidungen insgesamt 1 bis 3 % der dazugehörigen bekleideten Fläche betragen. Hinterlüftung ist auch durch gleichmäßig verteilte offene horizontale und vertikale Plattenfugen möglich.

4.2.5 Außenwandkonstruktionen

Naturwerksteinbekleidungen (Abb. **E.68**)

Die Dicke von Natursteintafeln für Außenbekleidungen wird nach DIN 1053 und DIN 18515 entsprechend Tab. **E.19** bestimmt.

Die Mindestdicke der Platten ist abhängig von der Druckfestigkeit des Materials und der im Bereich der Befestigungen verbleibenden Materialrestdicke. Eine Standardverankerung besteht aus mindestens zwei Tragankern und zwei Halteankern (Abb. **E.69**). Die Konstruktion der Anker und die Befestigung der Fassadentafeln muss die Lasten aus Eigenlast und Wind, Bauwerksbewegungen und die aus thermischen Beanspruchungen und Schwindprozessen herrührenden Verformungen in der Fassadentafelebene berücksichtigen. Für besondere Funktionen (Dehnfugen, Gebäudetrennfugen, oberer Gebäudeabschluss, Sturzverkleidungen usw.) sind spezielle Anker- und Befestigungstechniken entwickelt worden. Eine wichtige Konstruktionsanforderung ist oftmals die Justierbarkeit der Verankerungsteile.

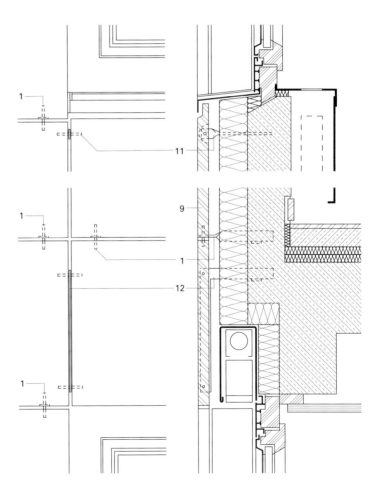

Abb. E.68
Außenwand mit außenseitiger Wärmedämmung und hinterlüfteter Wetterschutzschale
Maßstab 1:10

1 Traganker, nichtrostender Stahl
2 Druckplatte
3 Ankerdorn
4 Ankerdorn in Kuststoffröhrchen gleitend
5 Feinmörtel
6 elastoplastische Versiegelung
7 Mauerwerk
8 Wärmedämmung (bei offenen Fugen: hydrophobiert und außen mit Glasvlieskaschierung) [D.28]
9 Naturwerksteinplatten
10 Ausschurung
11 Halteanker
12 Sturzabhängung

Tabelle E.19
Dicken von Naturwerksteinbekleidungen mit einer Plattengröße von ≤ 1 m²

Gruppen	Gesteinsarten	Mindestdruckfestigkeit MN/m²	Mindestdicke mm
A	Kalksteine, Travertin, vulkanische Tuffsteine	20	40–50
B	Weiche Sandsteine (mit tonigem Bindemittel) u. dgl.	30	30
C	Dichte (feste) Kalksteine und Dolomite (einschl. Marmor), Basaltlava u. dgl.	50	
D	Quarzitische Sandsteine (mit kieseligem Bindemittel), Grauwacke u. dgl.	80	
E	Granit, Syenit, Diorit, Quarzporphyr, Melaphyr, Diabas u. dgl.	120	

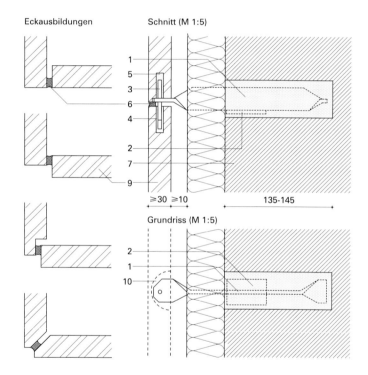

Abb. E.69
Natursteinbekleidung
(Legende siehe Abb. E.68)
Maße in mm

In der Regel werden Flachstahlanker aus V4A-Stahl mit senkrecht zur Ankerfläche stehenden Ankerdornen verwendet. Je nach Funktion (Traganker oder Halteanker) und Lage (Horizontalfuge oder Vertikalfuge) werden die Anker gerade oder mit gedrehtem Kopf, mit oder ohne Druckverteilungsplatte verwendet. Die Anker werden in die tragende Innenschale des Außenmauerwerks mit Mörtel der MG III eingesetzt. Sie greifen bis in die Plattenfuge ein. Auf die Ankerdorne werden dann die Fassadentafeln mit passgenauen Ankerlöchern geschoben. In der Regel ist eine Fugenflanke starr und eine gleitend mit dem Anker verbunden. An der starr zu befestigenden Platte erhält die Fugenflanke eine Ausschurung, in die der Flachanker eingreift. Der Ankerdorn wird im Ankerloch mit Feinkornmörtel befestigt. Das gegenüberliegende Ankerloch in der benachbarten Fassadenplatte wird mit einem Kunststoffröhrchen ausgefüllt, in dem der Ankerdorn sich gleitend bewegen kann.

4.2.5 Außenwandkonstruktionen   E

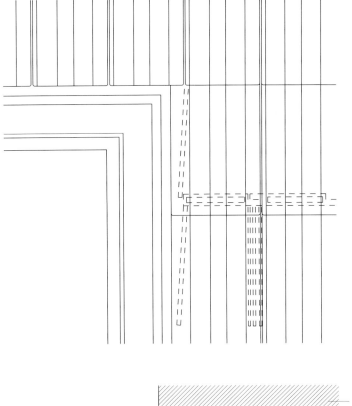
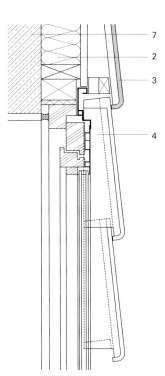
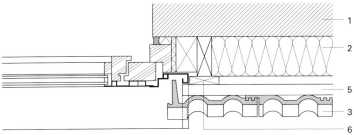

Abb. E.70
Dachpfannenbehang
Maßstab 1 : 10

1 Außenmauerwerk
2 Wärmedämmung
3 Falzziegelbehang
4 Ortgangziegel
5 Traglattung 30/50 mm
6 Rohrlatte 20/80 mm
7 Stahlbetonsturz

Fugen zwischen den Fassadentafeln können mit elastoplastischen Dichtungsmassen geschlossen werden oder auch offen bleiben. Die Fugenbreite richtet sich nach den zu erwartenden Verformungen der Fassadenplatten und den Eigenschaften der Dichtstoffe.

Für hinterlüftete Naturwerksteinbekleidungen sind exakte Versetzpläne erforderlich.

Betonwerksteinbekleidungen ohne oder mit keramischen Belägen müssen nach den gleichen konstruktiven Regeln geplant und ausgeführt werden wie Natursteinbekleidungen. Keramische Verkleidungen von Betonplatten werden in der Regel schon im Fertigteilwerk durch Einlegen der keramischen Materialien in die Schalung auf die Fassadenplatten kaschiert. Dabei muss die Gleichmäßigkeit des Fugenrasters gewährleistet bleiben. Bei normalformatigem Plattenmaterial geschieht dies durch ein Gummifugenraster, das nach dem Ausschalen der Fassadenplatten abgezogen wird. Die somit entstandenen Fugenrillen zwischen den keramischen Platten können dann mit Fugmörtel verfugt werden.

Behänge aus Tondachpfannen (Abb. **E.70**) sind vor allem im ländlichen Bauwesen schlagregengefährdeter Gebiete seit langem gebräuchlich. Durch eine von den Ziegelherstellern inzwischen angebotene breite Palette von Sonderformaten und Sonderziegeln sind praktisch alle konstruktiven Probleme lösbar. Eine schon in frühem Planungsstadium einsetzende Abstimmung der Gebäude-, Pfeiler- und Öffnungsmaße auf die Ziegelformate ist jedoch unerlässlich. Statt Tondachpfannen können auch Betondachpfannen verwendet werden.

Hinterlüftete Bekleidungen aus Schindeln (Holz/Faserzement) und Dachschieferplatten sind wegen der kleineren Formate und der nicht an Falze gebundenen Verlegetechnik flexibler an gegebene Rohbaukonstruktionen anpassbar als Ziegelbehänge. Die Überdeckung der Platten und Schindeln ist nach bestimmten Regeln (siehe Abschnitt H.3.2.3) auszuführen. Die Deckrichtung (Arbeitsablauf) bei horizontalen Verlegearten wird gegen die Hauptschlagregenseite geführt, so dass die Plattenfugen dem Schlagregen abgewandt sind. Bei Doppeldeckungen spielt die Verlegerichtung keine Rolle (Abb. **E.71**).

Holzverschalungen werden seit alters selbst in rauen Klimazonen als dauerhafte Außenwandbekleidung verwendet. Voraussetzung für Dauerhaftigkeit ist eine den natürlichen Verformungstendenzen des Holzes angemessene Konstruktion und Befestigungstechnik und sorgfältige Konstruktion hinsichtlich des Feuchtigkeitsschutzes (Abschnitt E.3.2.2 und Abb. **E.24**). Man unterscheidet in senkrechte und waagerechte Bekleidungen sowie in Bekleidungen aus sägerauen, unbesäumten oder besäumten und gehobelten, profilierten Brettern.

Bei sorgfältiger Konstruktion und richtiger Holzauswahl kann auf chemische Holzschutzmittel verzichtet werden. Die Anwendung vorbeugenden chemischen Holzschutzes ist jedoch anzuraten bei allen Schalungen aus profilierten Brettern, wo sich Feuchtigkeit in den engen Verzahnungen der einzelnen Bretter leichter halten und dort wegen der geschwächten Materialdicke auch eher Schäden anrichten kann.

4.2.5 Außenwandkonstruktionen E

Bei senkrechten Schalungen (Abb. **E.72** und **E.73**) läuft Niederschlagswasser dem Faserverlauf des Holzes folgend ab. *Aufgedoppelte Schalungen* (Deckelschalungen) erfordern einen relativ großen Holzaufwand (Abb. **E.72**), sind jedoch eine sehr wirkungsvolle und leicht herstellbare Konstruktion. Je nach verwendeten Brettbreiten und seitlichen Überdeckungen ergeben sich unterschiedliche gestalterische Möglichkeiten. Bei der Konstruktion sind folgende Hinweise zu beachten:
- Brettdicke mindestens 21 mm
- Bei äußeren Brettlagen soll die Kernholzseite nach außen und bei unteren Brettlagen die Splintseite nach außen zeigen, damit die sich verwerfenden Bretter einander anschmiegen (vgl. Abschnitt B.5.3.3).
- Befestigung so, dass die gegenseitige Beweglichkeit der Bretter nicht behindert wird. Nagelung durch obere und untere Lage hindurch sollte vermieden werden.
- seitliche Brettüberdeckung mindestens 12 % der Brettbreite. Empfohlen werden 25 mm.

Abb. E.71
Schindelbekleidung
Maßstab 1:20, Maße in cm

1 Quadratplatte mit gestutzter Ecke
2 Quadratplatte mit Bogenschnitt
3 Rechteckplatte
4 Quadratplatte mit gestutzter Ecke
5 Holzschindeln
Länge ca. 40 cm, Breite 10–30 cm, Dicke: konisch 2–10 mm
6 Traglattung 3/5 cm
7 Konterlattung
8 Unterlage
9 Brettschalung
10 Lattenabstand
11 Überdeckung

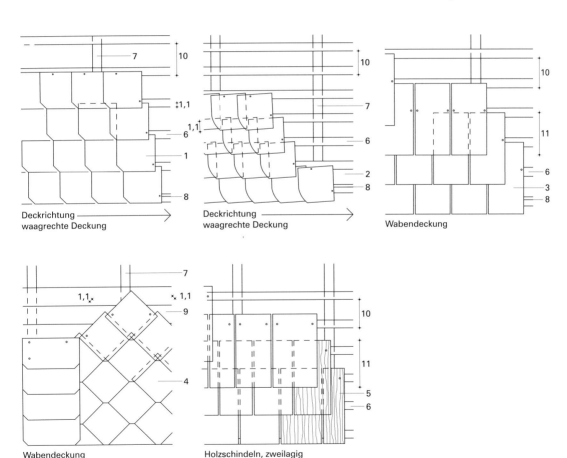

Horizontale *Stülpschalungen* aus besäumten Brettern (Rollschalung) gibt es mit unterschiedlicher Tropfkantenausbildung der unteren Brettkanten (Abb. **E.72** und **E.73**). Dauerhafter sind natürlich Schalungen, bei denen Wasser einwandfrei von den unteren Kanten abtropfen kann.

Profilierte Bretter für Schalungen gibt es in unterschiedlichsten Formen im Handel (Abb. **E.73**). Auch wird eine Reihe unterschiedlicher Verbindungsmittel für verdeckte Befestigungstechniken angeboten. Weiterhin üblich ist die althergebrachte verdeckte Nagelung der Bretter im Überdeckungsbereich.

Für alle hinterlüfteten Schalungen ist eine Traglattung erforderlich, die je nach Brettdicke mit 0,40 bis 0,60 m Abstand montiert werden sollte. In der Regel werden dazu Dachlatten 30/50 mm verwendet. Bei horizontalen Schalungen ist durch die senkrechte Montage der Traglattung schon der erforderliche, mindestens 20 mm dicke ununterbrochene Luftraum gewährleistet. Bei vertikalen Schalungen sind eine zusätzliche *Konterlattung* oder andere konstruktive Maßnahmen erforderlich, um eine ausreichende vertikale Luftzirkulation hinter der Schalung zu ermöglichen.

Abb. E.72
Aufgedoppelte Schalung

1–3 Aufgedoppelte Schalungen aus parallel besäumten Brettern nach DIN 4071. Brettdicken 21 mm, Brettüberlappung: Ü ≥ 12 % der Brettbreite oder ≧ 25 mm. Nagelung nie durch mehrere Bretter.
4   Eckausbildung
5–8 Horizontale Stülpschalung aus sägerauhen, parallel besäumten Brettern nach DIN 4071. Brettdicken ≧ 21 mm. Bretter mit Tropfkanten. Nagelung nie durch mehrere Bretter.
9   Eckausbildung

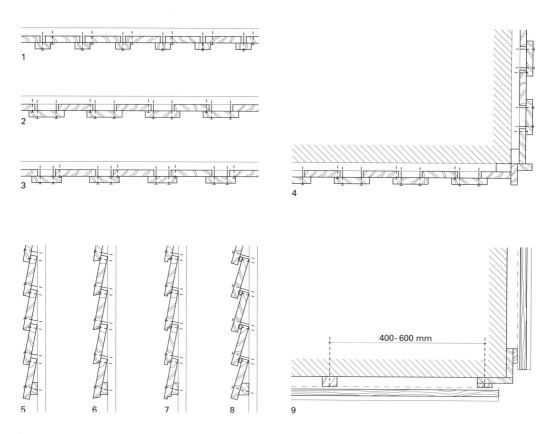

4.2.5 Außenwandkonstruktionen   E

Abb. E.73
Gespundete Schalungen und Profilbrettschalungen

1 + 2 Glattkantbretter, gehobelt und genutet nach DIN 68 127 (senkrecht)
3   gespundete Fasebretter, gehobelt nach DIN 68 122 (senkrecht)
4   Profilbretter mit Schattennut nach DIN 68 126 (senkrecht)
5   Eckausbildung
6   wie 1 + 2 (horizontal)
7   wie 4 (horizontal)
8   Stülpschalungsbretter Form A, gespundet nach DIN 68 123 (horizontal)
9   wie 8, jedoch Form B (horizontal)
10 Eckausbildung
11 Befestigung durch Spezialklammern

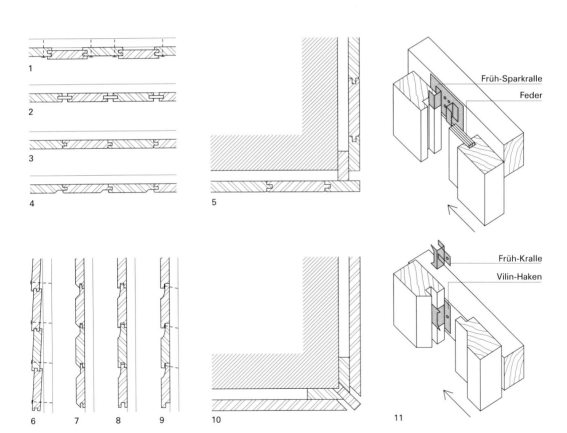

449

Abb. E.74
Curtain-wall, Wohnhaus in Paris.
Entwurf: Jean Prouvé.
Geschosshohe Fassadenelemente.
Bewegliches äußeres Deckblech als
Sonnenschutz.

4.3

Vorhangfassaden (curtain-walls)

(Definition siehe Abschnitt E.3.2.2)
Sie bilden eine geschlossene Gebäudeaußenhülle, in die alle zur Fassade gehörenden Funktionsteile wie Fenster, Brüstungen und Sonnenschutz integriert sind. Für die Entwicklung von Curtainwall-Konstruktionen waren vor allem die Bedingungen der industriellen Bauproduktion bestimmend: Produktion einer großen Menge identischer Bauteile, die auf der Baustelle mit wenigen Handgriffen gegebenenfalls auch von angelernten Arbeitern montiert werden können. Curtainwalls werden in der Regel nur bei Hochhäusern mit einfachen Grundrissformen und regelmäßigem Konstruktions- und Achsraster vorgesehen, weil dort hohe Produktionsziffern für die Einzelteile erreicht werden können (Abb. **E.75**). Auch relativ komplizierte Konstruktionen (Abb. **E.74**) lassen sich bei entsprechend großer Auflage der Einzelteile noch wirtschaftlich herstellen.

Auf Vorhangfassaden wirken sämtliche Witterungseinflüsse. Sie müssen daher wind- und regendicht, korrosionssicher, farbbeständig und verformungsstabil (Wind) sein. Darüber hinaus müssen Windlasten auf die tragende Skelettkonstruktion übertragen werden können. Verformungen aus Temperaturveränderungen müssen bei der Konstruktion der Stöße der einzelnen Fassadenteile und bei der Befestigung an der Tragkonstruktion berücksichtigt werden. Es ist zweckmäßig, die Bewegungsbereiche der Fassade vorher festzulegen und dort für gut gleitende Verbindungen zu sorgen. Das Problem der unterschiedlichen Maßtoleranzen zwischen den exakten, industriell vorgefertigten Fassadenteilen und dem Rohbau lässt sich gut durch konsolenartige Befestigungskonstruktionen lösen, bei denen durch Langlöcher Toleranzausgleich in drei Richtungen möglich ist.

4.3 Außenwandkonstruktionen   E

Die klassische Vorhangfassade wird unabhängig von der vertikalen Tragkonstruktion (Stützen) eines Gebäudes lediglich an den Stirnflächen der auskragenden Deckenplatten befestigt. Das innenliegende und von der Fassade abgerückte Stützensystem ist dann von außen nicht mehr erkennbar. Das Bild der Fassade wird ausschließlich durch das Raster der Fugen der Fassadentafeln oder der Sprossenkonstruktion, an denen Montage- oder Fassadenreinigungswagen geführt werden, bestimmt.

Vorhangfassaden, die direkt auf den Stützen der Skelettkonstruktion aufliegen und diese dann auch nach außen hin zeigen oder sogar um aus der Fassadenebene heraustretende Stützen herumgeführt werden, sind seltener, da hier unterschiedliche Fassadenelemente erforderlich werden.

Die Konstruktionsvarianten bei Vorhangfassaden reichen von ein- und mehrgeschossigen Tafeln aus gesickten, korrosionsbeständigen Blechen oder Betonsandwichelementen mit integrierten Fenstern bis zu vor die Tragkonstruktion gehängten Sprossen oder Fachwerken, an denen Brüstungen und Fenster separat montiert werden [E.12].

Abb. E.75
Vorhang-Doppelfassade.
RWE-Hochhaus, Essen, Architekten:
Ingenhoven, Overdiek und Partner.
(Foto: Hans Georg Esch, Köln)

Das Prinzip der Vorhang-Fassade war bisher das einer den Innenraum hermetisch nach außen abschließenden wind- und regendichten „Haut". Wegen der großen Windgeschwindigkeiten an Hochhäusern und wegen der Wartungsprobleme verboten sich dort außenliegende Sonnenschutzeinrichtungen, die bekanntlich im Sommer besonders wirksam zur Klimaregulierung sind. Jean Prouvé hatte 1953 für ein mehrgeschossiges Gebäude des Architekten Mirabeau in Paris eine Vorhang-Fassade mit außenliegenden, robusten Sonnenschutztafeln als vertikal bewegliche Schiebeläden entworfen (Abb. **E.74**). Das Gebäude liegt jedoch innerhalb eines geschlossenen Innenstadtbezirks ohne extreme Witterungsexposition wie bei einem Hochhaus.

Ingenhoven, Overdiek und Partner haben beim RWE-Hochhaus in Essen [E.32] (Fertigstellung 1997) mit der Entwicklung einer Vorhang-Doppelfassade aus einer äußeren hochtransparenten und durch horizontale Schlitze im Bereich der Geschossdecken perforierten Glashaut und einer innenraumabschließenden Fassade mit zu öffnenden Schiebefenstern und im Zwischenraum der beiden Fassadenebenen angeordneten Sonnenschutzstores sämtliche Klima- und Verformungsprobleme konventioneller Curtain-Walls vermeiden können (Abb. **E.76**). Bei der äußeren Glasfassade ist der konstruktive Aufwand für die Ausbildung der Fugen auf ein Minimum reduziert worden. Die fassettierte Glasfläche wirkt sehr homogen, ist wartungsarm und schadhafte Fassadenteile lassen sich ohne wesentliche Nutzungseinschränkungen problemlos auswechseln (Abb. **E.75**). Der entscheidende Kunstgriff für die vorteilhafte Gestaltung und Funktion der Fassade ist das zu- und abluftleitende fischmaulartige Bauteil, das die Fassade in der Höhe der Geschossdecken mit einem nur 12 cm breiten ringförmigen Schlitz öffnet.

Es wird derzeit eine Diskussion um die Energiebilanz von Gebäuden mit Doppel-Fassaden geführt. Diese Diskussion lässt i. d. R. gestalterische Aspekte völlig und Aspekte der Behaglichkeit und der Identifikation der Nutzer mit dem Gebäude meistens außer Acht. Diese Diskussion wird hier nicht geführt.

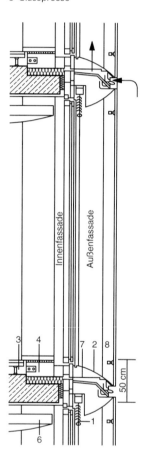

Abb. E.76
Vorhang-Doppelfassade.
RWE-Hochhaus, Essen,
Architekten:
Ingenhoven, Overdiek und Partner.

Fassadenschnitt

1 Sonnenschutzstore
2 aufklappbares Lüftungsgitter
3 Doppelfußboden
4 Unterflurkonvektorheizung
5 Stahlbetondecke
6 Unterdecke
7 Wartungssteg
8 Glassprosse

Abb. E.77
Erste Vorhang-Doppelfassade.
Produktionshalle der M. Steiff-Werke, Giengen (1903)
(vergl. Abb. **A.1**)

4.4

Sonstige Außenwandkonstruktionen

Es werden hier einige Konstruktionen dargestellt, die weder bei ein- und zweischaligen noch bei Vorhangfassadenkonstruktionen einzuordnen sind.

4.4.1

Fachwerkwände aus Holz

Als Fachwerkbauten werden üblicherweise Gebäude mit einem sichtbaren, tragenden Holzskelett bezeichnet. (Im 18. Jahrhundert hat man die Fachwerkaußenwände bisweilen mit einem Rohrputz versehen, um ein massives Gebäude vorzutäuschen.) Das Holzskelett aus Ständern, Riegeln, Rähmen und Streben hat keine raumabschließende Funktion. Wände entstehen erst, wenn die Flächen zwischen den Skelettbauteilen ausgefüllt werden. Die urtümlichste Ausfachungstechnik ist bislang auch die diesem Konstruktionsprinzip angemessenste geblieben: Flechtwerk mit Lehmstakung (siehe auch: Definition des Begriffs „Wand" am Beginn des Abschnitts E.1). Dabei schlug man in mittig in den Riegeln angeordnete Kerben gespaltene Holzstaken als Gerüst für ein Weidengeflecht. In dessen Hohlräume wurden feuchte Strohlehmbatzen gedrückt und die Fläche anschließend bündig mit dem Fachwerk mit Strohlehm verputzt. Der Verputz erhielt in der Regel Kalkanstriche mit unterschiedlichen Zusätzen (Heringslake, Leinölfirnis, Magermilch), die als Abbindeverzögerer, als Bindemittel oder wasserabweisend wirkten. Diese Technik, zwar lohn- und unterhaltungsintensiv, besitzt eine Reihe von Vorteilen: ausschließliche Verwendung von Naturprodukten, Wasserdampfsorptionsfähigkeit, Dampfdurchlässigkeit, Unempfindlichkeit gegen Bewegungen im Fachwerk.

Im Rahmen der Denkmalpflege ist heute die Auseinandersetzung mit historischem Fachwerk erforderlich. Je nach Erhaltungszustand wird man alte Ausfachungen restaurieren und durch zusätzliche Maßnahmen auf heutige bauphysikalische Anforderungen einstellen (vgl. Abschn. K 7) oder entfernen und durch zeitgemäße Konstruktionen ersetzen, wobei in der Regel das äußere Erscheinungsbild der Gebäude zu wahren ist.

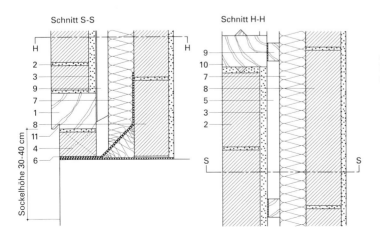

Abb. E.78
Holzfachwerk mit Ausfachungen aus Mauerwerk. Sockel.
1 Schwelle mit Tropfnase
2 Ausfachung aus Ziegelmauerwerk
3 Ausgleichsputz
4 offene Stoßfuge
5 Luftschicht mind. 40 mm dick
6 Sickerwasserdichtung
7 Wärmedämmung (standfeste Platten)
8 Innenschale
9 Dachlatten 6/4 cm
10 Fachwerkstiel mit Dreikantleisten

Folgende Konstruktionsalternativen werden häufig ausgeführt:
- verputzte Ausfachung; Verputz flächenbündig mit dem Fachwerk
- verputzte Ausfachung. Der Verputz steht um Putzdicke gegenüber dem Fachwerk vor, ist aber zum Fachwerk hin kissenartig abzuflachen. Vorstehende Putzkanten sind zu vermeiden.
- Ausfachung mit Sichtmauerwerk gegebenenfalls in historischen Zierverbänden oder -mustern
- hinterlüftete Wetterschutzschalen aus Brettern, Schindeln, Dachpfannen oder Schiefer vor der ausgemauerten Fachwerkwand.

Bei der Instandsetzung von Außenwänden aus Holzfachwerk ist zu bedenken, dass Schlagregendichtigkeit nicht zu erreichen ist, da die Fugen zwischen den Fachwerkhölzern und den gemauerten Ausfachungen wegen der ständigen Volumenänderungen des Holzes infolge Schwindens und Quellens unvermeidlich sind. Dort dringt Wasser ein.

Eine dauerelastische Abdichtung dieser Fugen ist nur von begrenzter Haltbarkeit und bewirkt wegen der durch das Fugenmaterial beeinträchtigten Wasserdampfdiffusion Schäden an der vom Holz gebildeten Fugenflanke. Es verbieten sich aus diesem Grunde auch Ausfachungsmaterialien mit großem Diffusionswiderstand.

Die einzig vertretbare handwerksgerechte Ausbildung der senkrechten Fugen und der Fugen an Riegelunterseiten sowie annähernde Dichtigkeit ist durch mittig auf die Hölzer genagelte Dreikantleisten zu erreichen. Der Fugenmörtel ist dort von außen und innen einzudrücken. Darüber hinaus soll auf nicht zu spröden Mörtel und bei Sichtmauerwerk auf Vollfugigkeit geachtet werden. Großformatige Mauersteine mit großem Schwindmaß sind wegen der Rissgefahr für Ausfachungen in Holzfachwerk ungeeignet. Zu empfehlen sind gebrannte Ziegel mit kleinem Schwindmaß und bei Sichtmauerwerk Vollziegel mit guter Diffusionsfähigkeit.

Bei der durch Schlagregen und Spritzwasser besonders gefährdeten Fachwerksockelzone ist stauende Feuchtigkeit im Innern zu vermeiden und auf Möglichkeiten zum guten Abtrocknen des Holzes zu achten.

Der in Abb. **E.78** dargestellte Sockel einer Außenwand aus Holzfachwerk mit Ausfachungen aus Mauerwerk stellt den Fertigungszustand nach einer Instandsetzung dar. Der Arbeitsablauf der Instandsetzung besteht aus folgenden Schritten:
- Freilegen des Fachwerks; gegebenenfalls Abfangung der Außenwand
- Instandsetzung des Holzfachwerks
- Unterfüttern der Schwelle, gegebenenfalls auf neuem Fundament. Sickerwasserdichtung
- Ausfachung. Sichtmauerwerk
- gegebenenfalls Ausgleichsputz innen
- Aufbringen senkrechter Dachlatten mit chem. Holzschutz und Feuchtigkeitsschutzstreifen gegen kapillarporöse Baustoffe
- Montage von standfesten Wärmedämmplatten, zum Beispiel: Mineralwolledämmplatten mit Holzwolledeckschichten
- Fixieren der Sickerwasserdichtung
- Aufmauern der nichttragenden Innenschale
- Innenputz.

Ebene Holzfachwerkwände wurden i. d. R. auf der Baustelle aus den in der Werkstatt oder vor Ort vorgefertigten Fachwerkstäben auf dem Boden liegend zusammengesetzt *(Abbund)* und dann als Ganzes aufgerichtet und in ihre endgültige Lage gebracht. Die

Verbindungen der gestoßenen Holzstäbe waren im aufgerichteten Fachwerk nicht mehr zerstörungsfrei lösbar.

Für spätere Reparaturen einzelner Fachwerkstäbe, meist ist Fäulnis die Reparaturursache, haben sich eine Reihe von Reparaturverbindungen am stehenden Fachwerk eingeführt (Abb. **E.79**).

Voraussetzung für eine Sanierung des Fachwerks ist die Freilegung der schadhaften Fachwerkstäbe durch Herausnahme des angrenzenden Ausfachungsmaterials (Lehmstakung oder Mauerwerk). Häufig zeigt sich erst nach Herausnahme des Ausfachungsmaterials der ganze Umfang der Schädigung der angrenzenden Fachwerkstäbe.

Vielfach sind die Füße der Fachwerkständer(-stiele) mitsamt der Fußschwelle auf dem Fundamentsockel verrottet. Wenn ein Zerlegen des gesamten Fachwerks nicht in Betracht kommt, verbleibt nur das schrittweise Ersetzen der schadhaften Teile. Als handwerks- und denkmalgerechte Ausführungsart für den Ersatz von Ständerfüßen hat sich das Anblatten eines neuen Fußes gegebenenfalls aus gesundem Altholz bewährt (Abb. **E.79 A**.). Die Verbindungen sind so auszuführen, dass sich an den Kontaktflächen keine Nässe stauen kann. Die obere horizontale Kontaktfläche zwischen Altständer und neuem Fuß soll mit Gefälle nach außen versehen werden.

Ist ein Fachwerkständer insgesamt zu erneuern, dann bietet sich als Verbindung zwischen Ständer und Schwelle bzw. Rähm ein *Flugzapfen* (loser Zapfen) an, der in Zapfenlöcher von Rähm und Schwelle eingesetzt wird (Abb. **E.79 B**.). Von der Seite wird anschließend in Richtung der Fachwerkebene der Ständer auf die überstehenden Zapfen geschoben. In den Ständerenden ist dafür eine Zapfennut vorgesehen. In der Nut wird schließlich ein Zwischenraum zwischen Ständer und Zapfen zur Erzeugung einer kraftschlüssigen Verbindung stramm mit gegenläufigen, flachen Hartholzkeilen ausgekeilt und die Verbindung mit einem Holznagel gesichert.

Für der Ersatz von Riegeln gibt es mehrere Alternativen :
– Ein Futterstück mit einem Zapfenloch wird mit dem eingezapften Riegel in eine schwalbenschwanzförmige Ausnehmung des Ständers geschoben (Abb. **E.79 C**.). Dies entspricht der althergebrachten Ständer-Riegel-Verbindung.
– Der Riegel erhält einen *Jagdzapfen.* Dieser erlaubt, den Riegel von oben in das Zapfenloch einzuschwenken (Abb. **E.79 D**.).
– Der Riegel wird mit einem Versatz von außen in den Ständer eingelassen (Abb. **E.79 E**.).

Bei der Auswahl einer geeigneten Ersatzverbindung sind die statische Belastung, die Lage im Fachwerk und die Gefährdung durch Nässe zu berücksichtigen. So sind zum Beispiel senkrechte Zapfenlöcher in Schwellen immer durchgehend auszuführen, um von oben eindringendem Wasser einen Ablauf nach unten zu ermöglichen. In der Regel wird das alte Fachwerk vor dem Auswechseln schadhafter Teile in seiner Lage durch Hilfskonstruktionen fixiert werden müssen.

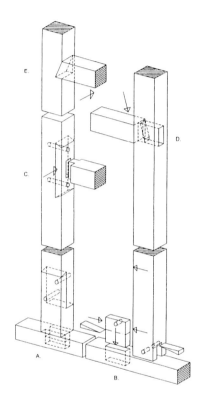

Abb. E. 79
Holzfachwerk, Reparaturverbindungen

4.4.2

Wände von Holzhäusern in Tafelbauart (Vergl. Kap. B. 5.6.2)

Sie bestehen in der Regel aus geschosshohen tragenden Tafeln (max. etwa 3 m Höhe) aus Holz und Holzwerkstoffen. Bemessungsregeln sind in der Richtlinie für die Bemessung und Ausführung von Holzhäusern in Tafelbauart (Ergänzung zu DIN 1052-1) angegeben (Abb. **E.80**).

Die Wirtschaftlichkeit der Tafelbauart ist vor allem in der sparsamen Materialverwendung und den günstigen Montageeigenschaften begründet. Das Konstruktionsprinzip beruht auf der gegenseitigen Stabilisierung von relativ dünnen vertikalen Rippen und einer Beplankung mit Platten aus Holz oder Holzwerkstoffen. Die geschosshohen Tafeln, die in der Regel auch eine integrierte Wärmedämmung und gegebenenfalls Dampfsperrschichten besitzen, erfüllen sowohl statische Funktionen (Aufnahme von Vertikal- und Horizontallasten) als auch bauphysikalische und raumabschließende. Bei Verwendung von Holzschutzmitteln und formaldehydhaltigen Baustoffen (Aminoplastschäume, Holzspanplatten) sind die geltenden gesetzlichen Schutzvorschriften zu beachten. Möglichst sollten Baustoffe, deren Ungefährlichkeit nicht erwiesen ist, nicht verwendet werden. Für die Wirksamkeit der Wärmedämmung muss absolute Winddichtheit der Gebäudeaußenhülle erreicht werden. Spezielle Baupapiere, die an den Stößen zu verkleben sind, eignen sich hierzu gut.

4.4.3

Fassaden mit selbsttragenden Betonbrüstungen

Betonbrüstungen, die freitragend von Stütze zu Stütze reichen, wo sie mit Konsolen auflagern, gehören zur Rohbaukonstruktion eines Gebäudes. Sie dienen als Raumabschluss, Feuerschürze und als Rohbauöffnung für Fenster sowie zur Befestigung von Installationen auf der Raumseite (Klimageräte o. Ä.).

Bei dem hier dargestellten Beispiel handelt es sich um einen Stahlskelettbau mit Stahlzellendecken und aufbetonierten Betondeckenplatten.

Die Betonfertigteilbrüstung (Abb. **E.81**) ist als Sandwich-Element mit innenliegender Wärmedämmung ausgebildet. Sie ist an einer Konsole der Außenstützen aufgehängt und nochmals im Sturzbereich mit dem tragenden Skelett des Gebäudes verbunden. Für die Verschattung der Fassade werden hier Putzbalkone mit TZ-Rostabdeckungen und ein zwischen vertikalen Sprossen montiertes Lamellensystem verwendet.

4.4.3 Außenwandkonstruktionen   E

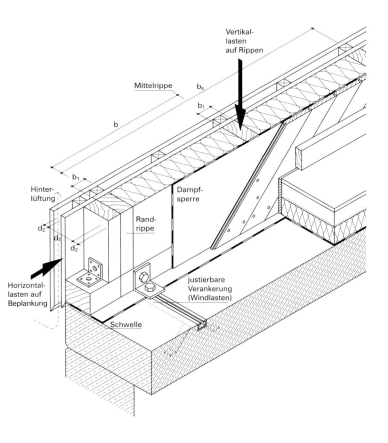

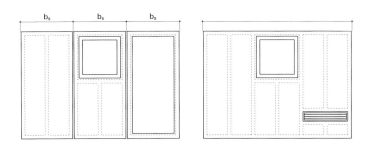

Abb. E.80
Holzhäuser in Tafelbauart – Wandkonstruktion (vgl. Abb. B.111)

- b Rippenabstand bei aussteifenden oder mittragenden Beplankungen
  $\leq 50\,\text{mm} \times d^2$
- b_s Achsraster von Einraster-Tafeln $\leq$ 1200–1300 mm
- b_1 Rippenbreite $\geq$ 40 mm. Rippen aus Vollholz Güteklasse II, Schnittklasse S oder A
- d_1 Rippendicke $\geq$ 100 mm
- d_2 Beplankungsdicke nach DIN 1052-3

E Außenwandkonstruktionen 4.4.3

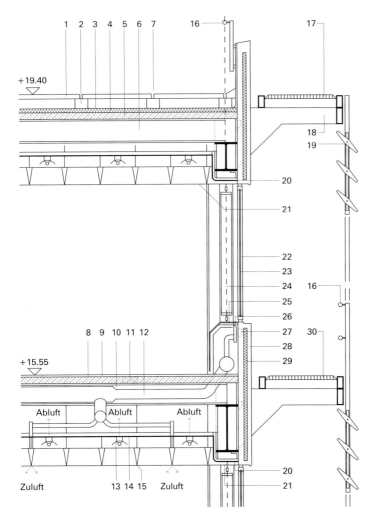

Abb. E.81
Fassade mit selbsttragenden Stahlbetonbrüstungen (BfA-Verwaltungsgebäude, Berlin; Architekten: G. und J. Rave)

1 Betonterrassenplatten
2 Betonstelzlager
3 Dachhaut
4 Dämmung
5 Stahlzellendecke
6 Stahldeckenträger
7 Dachterrasse
8 Teppichboden
9 Stahlzellendecke
10 Stahldeckenträger
11 Einbauelektranten
12 Klimakanäle
13 Reflektorleuchten
14 FB-Unterdecke
15 Lichtraster
16 Handlauf
17 TZ-Rost
18 Stahlkastenkonsole
19 starrer Sonnenschutz
20 FB-Ummantelung
21 Blechbekleidung
22 Aluminiumfenster
23 Isolierverglasung
24 Blendschutz
25 Brüstungsverkleidung
26 Zugluft Fensterzone
27 Ankerplatte
28 Betonfertigteilbrüstung
29 Dämmung
30 Putzbalkon

Abb. E.82
BfA-Verwaltungsgebäude, Berlin

4.5

Fugen in Außenwänden

Es ist zu unterscheiden in Fugen, die beim Bauen mit Fertigteilen zwangsläufig an den Stößen der einzelnen Fertigteile entstehen, Mörtelfugen bei Mauerwerkskonstruktionen und die am Gebäude absichtlich zur Vermeidung von Rissschäden geplanten Fugen. Ursachen für Rissschäden können unterschiedliche Baugrundsetzungen sowie Verformungen (siehe Abschnitt E.2.2) am Gebäude sein. Zwischen Bauteilen aus verschiedenen Materialien sind Fugen so anzulegen, dass bei unterschiedlichem Verformungsverhalten Schäden nicht entstehen können.

Hinsichtlich des Witterungs-, Wärme- und Schallschutzes sind Fugen in der Außenhaut eines Gebäudes Schwachstellen, denen besondere planerische Beachtung zusteht. Die Problematik liegt in der Forderung nach wirkungsvollem Fugenschluss einerseits und der Beanspruchung der Fugenkonstruktion durch Bewegungen der angrenzenden Bauteile in einer, zwei oder sogar drei Richtungen.

Bei zweischaligen hinterlüfteten Außenwandkonstruktionen mit größeren Tafeln oder Platten werden bisweilen offene Fugen geplant. Es muss dabei jedoch sichergestellt sein, dass bei hoher Windgeschwindigkeit durch die Fugenspalten hindurchgetriebene Wassertropfen, Hagel oder Flugschnee die Wärmedämmung bzw. die Innenschale der Außenwandkonstruktion nicht durchfeuchten können.

Die Regendichtigkeit von Wetterschutzschalen aus schuppenartig verlegten kleinteiligen Einzelteilen wie Dachpfannen, Schindeln und Platten wird gewährleistet durch:
– Falze (Falzziegel, Holzschalungen)
– seitliche und vertikale Überdeckungen (Schindeln, Schieferplatten, Biberschwanzziegel, Faserzementplatten, Holzschalungen).

Bleche werden gefalzt. In die Falzungen werden fest mit der Unterkonstruktion verbundene oder in einer Richtung bewegliche Haftbleche bzw. Schiebehaftbleche einbezogen. Darüber hinaus gibt es bei Blech- und Kunststofftafeln sowie entsprechenden mehrschichtigen Sandwichplatten industriell vorgefertigte
– Klemmverbindungen
– Schnappverbindungen und
– Klipsverbindungen, bei denen die Verschieblichkeit der Einzelteile gegeneinander ein wichtiges Konstruktionsmerkmal ist.

Fugen zwischen Massivbauten [E.13] können durch Verschluss- und Abdeckprofile oder durch Fugendichtungsmassen geschlossen werden.

Verschluss- und Abdeckprofile gibt es in folgenden Varianten:
– Quetsch- und Klemmprofile
– Hohlprofile, evakuierbar
– mehrteilige Band-, Klemm- und Schnappprofile
– mehrteilige überlappende Schiebeprofile.

Die Profile müssen entweder aufgrund der material- oder konstruktionsspezifischen Rückstellfähigkeit (Elastizität) oder anderer konstruktiver Einzelheiten in der Lage sein, Bewegungen der angrenzenden Bauteile aufzufangen.

Abb. E.83
Fugen in Stahlbetonfertigteilwänden

1 Stahlbetonaußenwandtafel
2 Stahlbeton-Deckenfertigteil
3 Stahlbeton-Trennwandtafel
4 Bewehrung
5 Ringankerbewehrung
6 Verfüllbeton
7 Mörtelfuge
8 zusätzliche Wärmedämmung
9 Dichtungsschnur
10 Regenrinne
11 Bandprofil als Regensperre

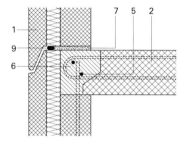

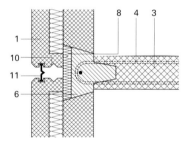

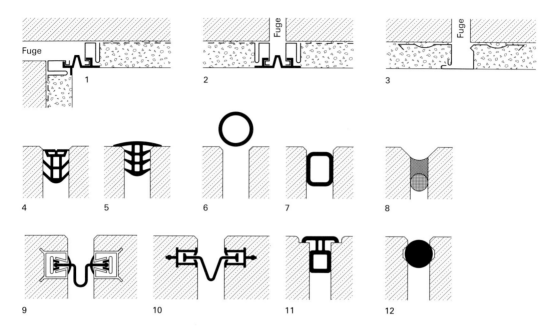

Abb. E.84
Fugen in Außenwänden

1	Fuge in Mauerwerksecke, Putzbau. Basisprofile aus verzinktem Stahlblech. PVC-Dehnfugen-Deckenprofil
2	Fuge in Putzfläche, sonst wie
1 + 3	Fuge in Putzfläche. Verzinkte Stahlblechprofile
4–12	Außenfugen bei Stahlbeton-(fertig)wänden
4, 5 + 12	Quetsch- und Klemmprofile aus Kunststoff
6, 7 + 11	evakuierbare Hohlprofile aus Kunststoff
8	elastoplastische Fugendichtungen mit Hinterfüllmaterial
9 + 10	Bandprofile

Bei der Dimensionierung und Ausführung von Fugenabdichtungen durch Fugendichtungsmassen (siehe auch DIN 18 540) ist Sorgfalt geboten. Erfahrungsgemäß ist hier ein besonderes Schadenspotenzial vorhanden, weil entweder die zu erwartenden Bewegungen nicht richtig eingeschätzt und die Fugen falsch dimensioniert, die Dichtungsmaterialien nicht richtig verarbeitet oder die Fugenflanken und der Fugenraum nicht richtig vorbehandelt wurden.

5
Innenwandkonstruktionen

5.1

Allgemeines

Anforderungen an Innenwände sind aus der Nutzung der begrenzten Räume und gegebenenfalls aus der statischen Funktion der Wände herzuleiten. Dabei stehen die Aspekte des Schall- und des Brandschutzes im Vordergrund. Grenzen Innenwände Räume mit unterschiedlichen Raumtemperaturen voneinander ab, so sind auch Forderungen des Wärmeschutzes zu beachten.

Bestimmte Nutzungsanforderungen und Nutzungsänderungen können eine Veränderung von Innenwänden erforderlich machen. Nach dem Grad der Veränderbarkeit wäre folgendermaßen zu klassifizieren:

Feste Innenwände

sind tragende und nichttragende Wände, die nicht dazu bestimmt sind, umgesetzt zu werden.

Bedingt umsetzbare Innenwände

sind nichttragende Wände, die nicht dazu bestimmt sind, umgesetzt zu werden, bei denen dies jedoch bedingt möglich ist. Bei der Demontage darf der Baukörper nicht beschädigt werden, und wesentliche Teile der abgebauten Wände müssen wieder verwendbar sein.

Umsetzbare Innenwände

sind nichttragende Wände, die besonders geeignet sind, später umgesetzt zu werden. Der Grad der Vorfertigung im Werk muss zulassen, dass die Bestandteile auf der Baustelle ohne wesentliche Nacharbeiten montiert werden können.

Bewegliche Innenwände

sind nichttragende, in festen Führungen laufende Wände, die jederzeit horizontal oder vertikal bewegt werden können (zum Beispiel Schiebe- oder Faltwände).

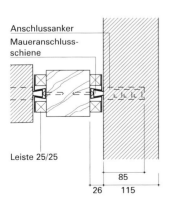
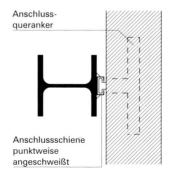

Abb. E.85
Anschlüsse von Trennwänden aus Mauerwerk an Holz- oder Stahlstützen
Maße in mm

E Innenwandkonstruktionen 5.1

Anforderungen an nichttragende innere Trennwände werden in DIN 4103 dargestellt. Dort wird in folgende Trennwandarten differenziert:
– Trennwände in massiver Bauart
– Trennwände in Holzbauart
– Ständerwände (zum Beispiel Montagewände mit Gipskartonplatten)
– Glastrennwände.

5.2

Einschalige tragende Innenwände

Die statischen Anforderungen an tragende Innenwände sind im Abschnitt E.2 dargestellt. Von Bedeutung sind die Verbindungen tragender Innenwände mit anderen tragenden Bauteilen (Abschnitt E.2.3). Abweichend von den Empfehlungen der DIN 1053 für den Anschluss aussteifender Mauerwerkswände an auszusteifende Wände (Abb. **E.5**), wird vor allem beim Anschluss von Kellerinnenwänden an erddruckbelastete Kelleraußenwände die wirtschaftliche Stumpfstoßtechnik angewendet. Ersatz für den zugfesten Anschluss von Innenwänden an Außenwände, wie er beim gleichzeitigen Hochführen beider Wände im Verband gegeben ist, ist der Erddruck auf die Kelleraußenwände. Bei Anwendung der Stumpfstoßtechnik in Geschossen über Geländeniveau sind die Standsicherheit der Wände und die Gesamtstabilität des Gebäudes besonders nachzuweisen.

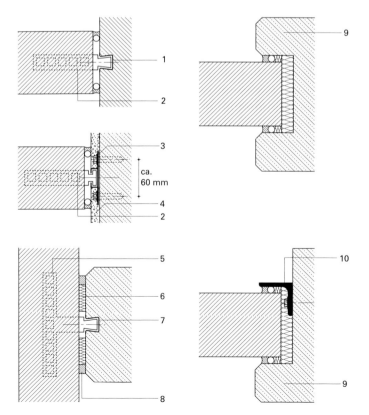

Abb. E.86
Anschlüsse von Trennwänden aus Mauerwerk an Stahlbetonwände und Stahlbetonstützen

1 Maueranschluss
2 Maueranker
3 Rückenlasche
4 Innenputz
5 Anschlussqueranker
6 Hartschaumstreifen
7 Maueranschlussschiene
8 elastoplastische Verfugung
9 Stahlbetonstütze
10 elatoplastische Verfugung L50/5

5.3

Nichttragende Innenwände

Allgemein wird der Begriff nichttragende innere Trennwände für Wände benutzt, die keine statischen Funktionen im Rahmen der Gesamtkonstruktion eines Gebäudes zu erfüllen haben. Als einzige statische Funktionen kommen die Aufnahme von
- Eigenlasten,
- nutzungsbedingten horizontalen Flächenlasten,
- Stoßlasten und
- Konsollasten

in Betracht und deren Übertragung auf angrenzende tragende Bauteile. Erst durch entsprechende Verbindungen mit tragenden Bauteilen erhalten nichttragende Trennwände ihre Stabilität (Abb. **E.88**, Abb. **E.85** bis **E.87**). Andere statische Beanspruchungen als die oben aufgeführten können nichttragende Trennwände in der Regel nicht aufnehmen. Insbesondere dürfen Verformungen am Gesamttragwerk (Abschnitt E.2.2) nichttragende Trennwände nicht beeinflussen. Dies erfordert besonderes Augenmerk bei der konstruktiven Ausbildung der Anschlüsse an die tragenden Bauteile (Decken, Wände, Stützen). In einer Richtung gleitende Anschlüsse mit seitlicher Halterung der Trennwand (Abb. **E.86** und **E.87**) erfüllen in der Regel diese Forderung. Körperschallübertragung und Flankeneffekte können bei sorgfältiger Ausführung der Fugen (zum Beispiel Ausfüllen des Fugenraumes mit Mineralwolle) vermieden werden.

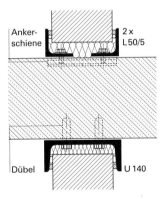
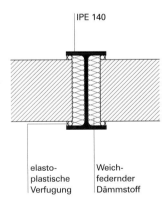
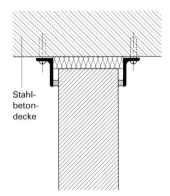

Abb. E.87
Anschlüsse von Trennwänden aus Mauerwerk durch Stahlprofile (Anwendungsbereich: Industriebau)

Sind aus funktionalen oder gestalterischen Gründen direkte Anschlüsse von nichttragenden Trennwänden an tragende Bauteile nicht möglich, so kann die Standsicherheit ersatzweise durch besondere konstruktive Maßnahmen gewährleistet werden (Abb. **E.88**). Raumhohe, mit Boden und Decken verbundene Türzargen können einen seitlichen Wandanschluss und horizontale Balken (zum Beispiel Stahlprofile) den oberen Deckenanschluss ersetzen. Als Baustoffe für nichttragende Trennwände aus künstlichen Steinen und Wandbauplatten sind verwendbar [E.14]:
- Mauerziegel (Vollziegel, Lochziegel, Leichtziegel, hochfeste Ziegel, Klinker und Keramikklinker) nach DIN 105
- Kalksandsteine (Vollsteine, Lochsteine, Blocksteine, Hohlblocksteine, Vormauersteine und Verblender) nach DIN 106
- Tonhohlplatten und Hohlziegel und statisch beanspruchte Hohlblocksteine nach DIN 278

- Hüttensteine (Vollsteine, Lochsteine und Hohlblocksteine) nach DIN 398
- Porenbeton-Blocksteine nach DIN 4165
- unbewehrte Porenbeton-Bauplatten nach DIN 4166
- Hohlwandplatten aus Leichtbeton nach DIN 18 148
- Lochsteine aus Leichtbeton nach DIN 18 149
- Hohlblocksteine aus Leichtbeton nach DIN 18 151
- Vollsteine und Vollblöcke aus Leichtbeton nach DIN 18 152
- unbewehrte Wandbauplatten aus Leichtbeton nach DIN 18 162
- Gipswandbauplatten nach DIN 18 163.

Als sonstige Materialien kommen in Betracht:
- Glasbausteine nach DIN 18 175
- Holzwolleleichtbauplatten nach DIN 1101 und DIN 1102

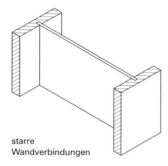

Abb. E.88
Standsicherheit von nichttragenden Trennwänden

gleitende Wandverbindungen

starre Wandverbindungen

2-seitig gehalten

3-seitig gehalten

4-seitig gehalten

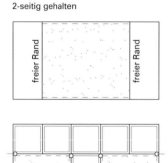

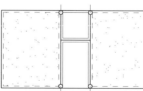
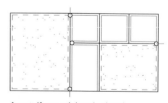

Aussteifungsriegel und Türzarge

raumhohe Türzargen

Aussteifungsstiel und -riegel

Für die Beplankungen von Ständerwänden (Abb. **E.90**) (Montagewände) sind die im Innenausbau üblichen Materialien verwendbar. Dies sind insbesondere:
- Gipskartonplatten nach DIN 18 180 bis DIN 18 183
- Gipskarton-Verbundplatten nach DIN 18 184
- Holzwolleleichtbauplatten nach DIN 1101 und DIN 1102
- Schalungen aus Akustikbrettern (DIN 68 127), gespundeten Brettern (DIN 68 122) und Profilbrettern (DIN 68 126)
- Sperrholzplatten nach DIN 68 705
- Holzfaserplatten nach DIN 68 750
- sonstige Platten aus Holz und Holzwerkstoffen
- Kunststoffplatten (zum Beispiel aus melaminharzgetränkten Viskose-Vliesbahnen)
- Bleche.

5.3 Innenwandkonstruktionen

Umsetzbare Innenwände

Für umsetzbare Innenwände ist eine Fülle von Systemen auf dem Markt. Sämtliche Innenwandfunktionen wie Raumabschluss, Türen, Oberlichte und Elektroinstallationen sind dabei in das System integriert. In der Regel werden standardisierte Wandelemente mit beidseitiger Beplankung aus unterschiedlichen Tafelmaterialien mit Kernfüllungen aus schalldämmenden und meist nichtbrennbaren Materialien verwendet. Für Wand-, Decken- und Bodenanschlüsse sind besondere Profilleisten vorhanden, an die die Wandtafeln durch Klipp-, Klemm- oder Schraubverbindungen angeschlossen werden. Im Bereich dieser Anschlüsse ist Toleranzausgleich möglich sowie, bei exakter seitlicher Halterung, Bewegungsmöglichkeit bei Verformungen der Tragkonstruktion des Gebäudes (Abb. **E.89**).

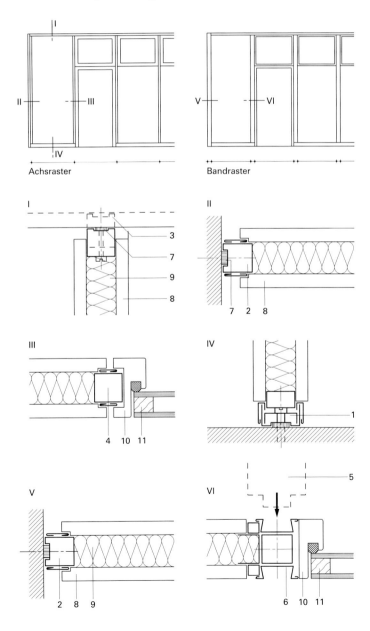

Abb. E.89
Umsetzbare Trennwände
Prinzipskizzen, Maßstab 1:5

1 Sockelprofil
2 Wandanschlussprofil
3 Deckenanschluss mit Bewehrungsspielraum
4 Pfosten
5 Trennwandstoß
6 Nut-Klemmprofil
7 elastoplastisches Dichtungsband
8 Beplankung
9 Schalldämmung
10 Türzarge
11 Türblatt

Raumtrennende Schrankwände werden nach ähnlichen Prinzipien wie umsetzbare Innenwände konstruiert. Die Konstruktionen sind auf unterschiedliche bauphysikalische Anforderungen (Schallschutz, Brandschutz) einstellbar.

Zweischalige nichttragende innere Trennwände kommen bei erhöhten Schallschutzanforderungen zur Ausführung. Dabei sind folgende Konstruktionshinweise zu beachten (Abb. **E.90**):
- zwei voneinander unabhängige Schalen
- Schalen mit unterschiedlichem Flächengewicht zur Vermeidung von Resonanzerscheinungen
- mit weichfederndem Dämmstoff ausgefüllter Wandhohlraum
- federnde Anschlüsse an tragende Bauteile.

Nach DIN 4109 (Schallschutz im Hochbau) werden folgende Systeme unterschieden:
- einschalige, biegesteife Wände mit biegeweicher Vorsatzschale (Abb. **E.50**); die einschalige Wand kann eine tragende Wand sein;
- zweischalige Wände aus zwei biegeweichen Schalen mit gemeinsamen Ständern
- zweischalige Wände aus zwei biegeweichen Schalen mit gesonderten Ständern.

In allen Fällen ist die flächenbezogene Masse der flankierenden Bauteile für den Luftschallschutz der Trennwände von Bedeutung. Besonders günstige Werte für das bewertete Schalldämmmaß $R'(f)$ erreichen zweischalige Ständerwände mit gesonderten Stielen.

Abb. E.90
Zweischalige nichttragende Trennwände

a–c zweischalige Trennwände mit beidseitig beplankten Stielen
d–f zweischalige Trennwände
1 Holzstiel (Ständer)
2 Blech-C-Profil nach DIN 18 182-1
3 einlagige Beplankung
4 zweilagige Beplankung
5 Holzwolleleichtbau-Platte
6 Putz
7 Traglattung
8 weichfedernder Dämmstoff

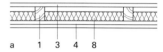

a   1   3   4   8

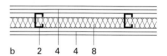

b   2   4   4   8

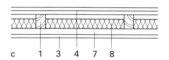

c   1   3   4   7   8

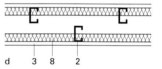

d   3   8   2

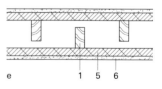

e   1   5   6

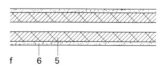

f   6   5

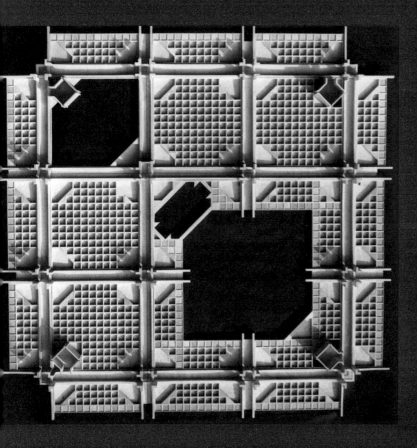

F Geschossdecken

1 Vorbemerkungen 469
2 Bauphysikalische
  Anforderungen 470
3 Fussbodenkonstruktionen 502
4 Unterdeckenkonstruktionen 522

Geschossdecken

F

1
Vorbemerkungen

Decken überspannen und begrenzen Räume. Diese Aussage umfasst die ganze Komplexität der in die Planung einfließenden gestalterischen, bauphysikalischen und statisch-konstruktiven Aspekte. Geschossdecken bilden mit Fußböden und Unterdecken, Dachdecken (Flachdächer) hingegen mit der Dachdeckung eine Konstruktionseinheit.

Zwischen den Begriffen *Decke* und *Dach* besteht sprachgeschichtliche Verwandtschaft. Beide Wörter hatten ursprünglich gleichen Sinngehalt: Hülle und Raumabschluss.

Zeigten Deckenkonstruktionen vergangener Bauepochen deutlich ihre konstruktiven Merkmale (Rippengewölbe, Balkendecken) oder waren sie Gegenstand intensiver künstlerischer Gestaltung (Deckenmalerei, Deckenstuck), so ist heute die unstrukturierte, ebene Deckenuntersicht der geputzten Betonplatte die Regel, sofern nicht die technisch-monotone Rasterstruktur der Beleuchtungs- und Klimatechnik zur visuell wahrnehmbaren Raumbegrenzung wird. Die Modelldeckenuntersicht des Verwaltungsgebäudes des Badischen Gemeinde-Versicherungsverbands in Karlsruhe (Abb. vor Kap. F) (Architekten: Götz, Bätzner; Tragwerksplanung: Buchholz, Stiglat, Weckesser, Wippel) lässt eine hierarchisch gegliederte Tragstruktur erkennen. Als Primärstruktur sind jeweils vier winkelförmige Stützen mit den zugehörigen Zwillings-Unterzügen und als Sekundärstruktur eine quadratische Kassettendecke im Ausbauraster des Gebäudes erkennbar. Vertikale und horizontale Leitungsführung sind gleichermaßen bedacht wie die Trennwandanschlüsse und in der Struktur ablesbar. Selten werden die konstruktiven Probleme, die aus der Raumüberdeckung, aus Lasten und Abstützen erwachsen, in verständliche Gestaltung umgesetzt, wie sie beispielsweise Pier Luigi Nervi 1953 mit seiner Planung für die Wollspinnerei Gatti in Rom (Abb. **F.1**) gelang. Aus den Rippen dieser Decke ist der Spannungsverlauf ablesbar.

Abb. F.1
Decke der Wollspinnerei Gatti, Rom
(Architekt: P. L. Nervi) [F.18]

2 Bauphysikalische Anforderungen

2.1

Statische Anforderungen und Tragverhalten

2.1.1

Allgemeines

Decken haben in erster Linie neben ihrer Eigenlast die Verkehrslasten aus der Nutzung der darüber liegenden Räume auf die Tragkonstruktion abzutragen. Die erforderliche Dicke der tragenden Deckenkonstruktion hängt im Wesentlichen von der Größe der Belastung und von der Spannweite der Decke ab.

Häufig haben Decken für die Gesamtstabilität eines Bauwerks die Funktion der Übertragung von Horizontallasten (zum Beispiel Windlasten) auf vertikale Festpunkte (zum Beispiel Wandscheiben) hin, um sie von dort in die Gründungskonstruktion einzuleiten. Je nach ihrer Konstruktionsart müssen Decken dann als Scheiben oder als Fachwerke ausgebildet werden. Auch bei Mauerwerksbauten sind Deckenscheiben wichtige Konstruktionselemente für die Gesamtstabilität. Werden dort Decken ohne Scheibenwirkung vorgesehen oder wird zum Beispiel durch Gleitschichten am Decken-Wand-Auflager eine kraftschlüssige Verbindung zwischen Wand und Deckenscheibe verhindert, so müssen Ersatzmaßnahmen, zum Beispiel in Form von Ringbalken, eingeplant werden.

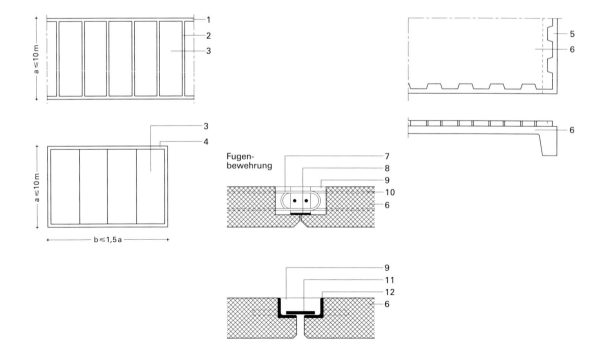

2.1.1 Bauphysikalische Anforderungen

Folgende DIN-Normen geben allgemeine Empfehlungen zu den statischen Anforderungen, die an Decken zu stellen sind.
– DIN EN 206-1/DIN 1045-2 – Beton; Eigenschaften
– DIN 1045-1 – Tragwerke aus Beton, Stahlbeton und Spannbeton; Bemessung und Konstruktion
– DIN 1052 – Holzbau
– DIN 1053 – Mauerwerksbau
– DIN 18 800 – Stahlbauten
– DIN V ENV 1994 – Verbundbau

2.1.2

Scheibenwirkung von Decken

(siehe auch Abschnitte B.2.1 und B.3)

Scheiben sind flächenhafte Bauteile, die in sich unverschieblich sind. Sie werden nur in ihrer Ebene belastet. Scheiben können durch fachwerkartige Konstruktionen ersetzt werden. Decken können als horizontale Scheiben wirken, wenn sie durch horizontale Lasten beansprucht werden.

Ohne besonderen Nachweis gelten als Deckenscheiben:
– Stahlbetonplattendecken und
– Stahlbetonrippendecken aus Ortbeton.

Bei Stahlbetonfertigteildecken sind nach DIN 1045 folgende Bedingungen Voraussetzung für die Anrechenbarkeit einer Scheibenwirkung (Abb. **F.2**):
– Die Decke muss eine zusammenhängende, ebene Fläche bilden.
– Die Fertigteile müssen in den Fugen druckfest miteinander verbunden sein.
– In den Fugen zwischen den Fertigteilen sind in der Regel Bewehrungen (*Zugpfosten*) zu verlegen und in Randgliedern zu befestigen.

Unter bestimmten Bedingungen (DIN 1045, [E.9, Abschnitt 6.5.5]) kann auf Zugpfosten in den Fertigteilfugen verzichtet werden. Es wird jedoch dann ein die Deckenscheibe allseitig umschließender *Ringanker* (siehe Abschnitt E.2.4) erforderlich (Abb. **F.2**).

Abb. F.2
Scheibenwirkung bei Stahlbetonfertigteildecken
Zugpfosten- und Randbewehrung sind entsprechend den Bewehrungsrichtlinien der DIN 1045 miteinander zu verbinden und rechnerisch nachzuweisen.
Ringankerbewehrung für eine Gebrauchslast ≥ 30 kN (zum Beispiel 2 ⌀ 12 mm)

1 Randglied
2 Zugpfosten
3 Stahlbetondeckenfertigteil
4 Ringanker
5 Schubknagge
6 Fertigteil
7 Bügelschlaufe
8 Fugenabdeckung
9 Vergussbeton
10 Bewehrung
11 Lasche
12 Stahlwinkel
   mit aufgeschweißter Lasche

Bei Gebäuden, die lediglich aus vorgefertigten Stahlbetondecken- und -wandtafeln errichtet werden, müssen zur Erzielung der Deckenscheibenwirkung neben der in den Fertigteilfugen verlegten Scheibenbewehrung auch die Decken-Wand-Fugen über allen tragenden und aussteifenden Wänden bewehrt und mit der Scheibenbewehrung und untereinander verbunden werden (siehe auch Bewehrungsrichtlinien der DIN 1045 – Beton- und Stahlbetonbau bzw. Abb. **F.3**).

Decken aus *Stahltrapezprofilen* können durch besondere konstruktive Maßnahmen auf die statische Funktion der Scheibenwirkung eingestellt werden. Im Einzelfall müssen allerdings alle konstruktiven Maßnahmen auf der Grundlage einer allgemeinen bauaufsichtlichen Zulassung für das jeweilige Trapezprofil statisch nachgewiesen werden. Es werden folgende Maßnahmen allgemein vorgeschlagen (Abb. **F.4**) [F.1] [E.13]:
– Befestigung jedes Trapezprofiluntergurts auf der tragenden Unterkonstruktion
– Unter jedem äußeren Trapezprofil muss in Sickenrichtung (Spannrichtung) durchgehend am Untergurt ein versteifender Träger angeschlossen werden, der seinerseits mit den Auflagern der Trapezprofile zu verbinden ist. Die Trapezprofiltafeln bilden mit den Randträgern rechtwinklige Viergelenkrahmen (DIN 18807-3). Deckenscheiben, allgemein auch als Schubfelder bezeichnet, können senkrecht zur Spannrichtung der Trapezprofile durch Träger unterteilt werden, die gegebenenfalls als Lasteinleitungsträger wirken können. Lasteinleitungsträger müssen mit den Randträgern verbunden werden.

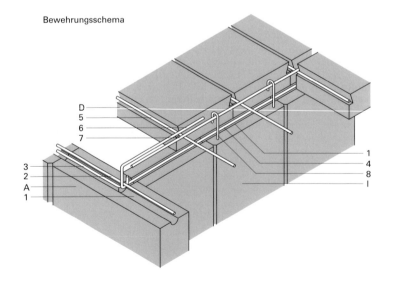

Bewehrungsschema

Abb. F.3
Scheibenwirkung bei Porenbetondeckenplatten
(Bewehrung gemäß Bauartzulassung)

1 Kopfnut
2 Ringankerbewehrung
3 Anschlussbügel
4 Bewehrung auf aussteifender Wand
5 Längsfugenbewehrung
6 Anschlussbügel
7 Durchlaufeisen
8 Ankereisen

A geschosshohe Außenwandplatte
D Deckenplatte
I geschosshohe Innenwandplatte

Vergleiche auch Abb. D.57

Holzbalkendecken können als scheibenartige Bauteile angesehen und zur waagerechten Aussteifung eines Gebäudes herangezogen werden, wenn folgende Bedingungen erfüllt sind [E.1] [F.2]:
- Wohngebäude mit höchstens zwei Geschossen
- Verankerung der Decke mit den Umfassungswänden entsprechend DIN 1053-1 (Abb. **E.17**)
- Das Gebäude muss nach DIN 1053-1 ausgesteift sein. Die aussteifenden Wände müssen von Außenwand zu Außenwand oder von der Außenwand zur tragenden Innenwand durchgehen.
- Die Vorschriften der DIN 1052-1, müssen sinngemäß eingehalten werden. Danach können Schalungen auf der Holzbalkenlage bei ausreichender Befestigung (2 Nägel je Balken und Brettstoß, Schalbrettbreite größer als 12 cm) zur horizontalen Aussteifung herangezogen werden [F.4].

Bei der *Holztafelbauweise* (DIN 1052-3) ist die durch Beplankung von rechteckigen Rahmen entstehende Scheibenwirkung ein kennzeichnendes Konstruktionsprinzip.

Die Scheibenwirkung bei Decken und Dachscheiben darf allerdings nach DIN 1052-3 nur bei der Verwendung von Flachpressplatten (DIN 68 763) und Bau-Furniersperrholz (DIN 68 705-3 und -5) angesetzt werden. Grundsätzlich sollten die Platten auf der Unterkonstruktion gestoßen werden. Versetzte Plattenstöße sind nicht zwingend erforderlich, jedoch wünschenswert [F.4] [F.5]. „Schwebende" Plattenstöße sind unter bestimmten Voraussetzungen möglich, müssen aber auf jeden Fall durch eine Nut-Feder-Verbindung gesichert werden.

Abb. F.4
Scheibenwirkung bei Stahltrapezprofildecken

1   Spannrichtung der Trapezprofile
2   Lasteinleitungsträger
3   Schubfeldrandträger

W   Windlast
A   Standardausbildung des Schubfeldrandes
B–D alternative Randausbildung

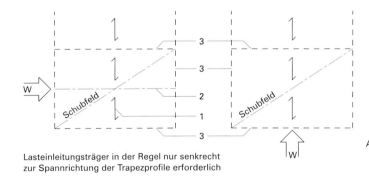

Lasteinleitungsträger in der Regel nur senkrecht zur Spannrichtung der Trapezprofile erforderlich

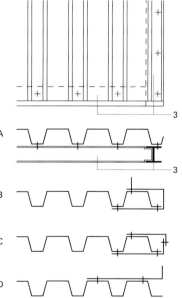

2.1.3

Tragverhalten von Decken

2.1.3.1

Allgemeines

Das Tragverhalten, die Herstellungskosten, die Auswirkungen auf die Gesamtstabilität des Bauwerks, die Auswirkungen auf die Geschosshöhe und die Integrationsmöglichkeiten für die technische Gebäudeausrüstung sind die wichtigsten Kriterien für die Beurteilung einer Deckenkonstruktion [F.6] (Tab. **F.1**). Entscheidende Einflussgröße für die Abmessungen einer Decke ist jedoch oftmals der Brandschutz (siehe Abschnitt F.2.2.2).

Im Folgenden wird das Tragverhalten der gebräuchlichsten Deckenkonstruktionen dargestellt sowie die Auswirkungen auf die oben aufgeführten Beurteilungskriterien.

Vereinfachend lassen sich Deckenkonstruktionen in Bezug auf ihr Tragverhalten in drei Gruppen gliedern [F.7] [F.8] (Abb. **F.5**):
– *Einachsig gespannte Decken* sind Systeme, die nach dem statischen Prinzip des „Trägers auf zwei oder mehreren Stützen" gelagert sind. In Spannrichtung (Tragrichtung) lässt sich die Decke streifenartig zerlegen (Träger, Balken), ohne dass die Tragwirkung beeinträchtigt wird.
– *Zweiachsig gespannte Decken* haben eine flächenhafte Tragwirkung. Eine streifenartige Zerlegung ist ohne Beeinträchtigung der Tragwirkung nicht möglich.
– Bei Deckenkonstruktionen mit *räumlicher Tragwirkung* sind die Konstruktionshöhe und die relativ große Unabhängigkeit dieser Systeme von bestimmten Lagerungsarten die auffälligsten Merkmale.

2.1.3.2

Gewölbte Decken
(vgl. zum Beispiel Abschnitt B.2.3 und [F.7 Abschnitt 3.1.3 und 3.2.4.3])

Wölbkonstruktionen sind druckbeanspruchte Tragwerke. Für Bogen, Gewölbe und Kuppeln ist die Standsicherheit in der Regel nur gewährleistet, wenn in den auf Druck beanspruchten Bauteilen ständig Druckspannungen herrschen. Wichtige konstruktive Voraussetzungen dafür sind eine ausreichende Dicke der Wölbkonstruktion und die Unverschieblichkeit ihrer Auflager. Wölbkonstruktionen sind daher äußerst empfindlich gegen unterschiedliche Baugrundsetzungen.

Die an Gewölbewiderlagern auftretenden Auflagerkräfte besitzen in der Regel eine bedeutende horizontale Komponente, den Gewölbeschub. Er ist, vor allem bei Mauerwerksbauten, wegen der dabei entstehenden horizontalen Kräfte unerwünscht. Folgende konstruktive Maßnahmen zur Vermeidung von Schäden aus Gewölbeschub bzw. zur Ableitung der resultierenden Auflagerkraft sind denkbar (Abb. **F.6**) [F.9]:
– Verbindung der Widerlager durch Zuganker
– große Auflast im Widerlagerbereich, so dass die aus Gewölbeauflagerkraft und Auflast entstehende Resultierende im mittleren Drittel des Mauerwerkskörpers der Wand verbleibt

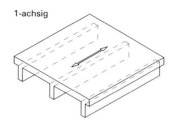
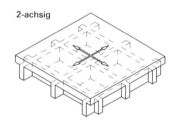
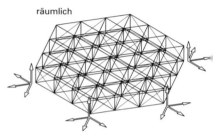

Abb. F.5
Tragverhalten bei Decken

1-achsig

2-achsig

räumlich

2.1.3.2 Bauphysikalische Anforderungen

Tabelle F.1
Stahlbetondecken, wirtschaftliche Spannweiten

Deckentyp	Deckendicke in cm	Spannweite in m
Einachsig gespannte Durchlaufdecke	0,12...0,20	4,5...7,5
Einachsig gespannte Rippendecke	0,16...0,40	7...10
Einachsig gespannte Plattenbalkendecke	0,30...0,80	bis 14
Kassettendecke		bis 9
Pilzdecke	0,20...0,30	4,5...7,5

– Strebebogen und -pfeiler. Die Gewölbeauflagerkraft wird in Kraftrichtung abgeführt.
– Reihung mehrerer Gewölbe. Die Horizontalkomponenten der Gewölbeauflagerkraft heben sich an den Auflagern gegenseitig auf.

Tonnengewölbe lassen sich in der Regel in für sich tragfähige Streifen (Bogen) zerlegen. Bei zusammengesetzten Gewölben und Kuppeln ist dieses streifenartige Zerlegen ohne Beeinträchtigung oder Aufhebung der Tragwirkung nicht möglich. Bei aus Tonnengewölbedurchdringungen entwickelten Kreuzgrat- und Kreuzrippengewölben und deren Abkömmlingen werden die Gewölbekräfte auf die Rippen bzw. Grate konzentriert. Das Tragverhalten von Kuppeln (Rotationskuppeln) wird durch Meridiandruckkräfte, die im Widerlagerbereich den Gewölbeschub erzeugen, und durch Ringdruckkräfte im Verlauf der Breitenkreise bestimmt.

Durchbrüche in Wölbkonstruktionen müssen nach Lage, Form und Größe auf das jeweilige Tragprinzip eingestellt werden. Zur Ausführung von Wölbkonstruktionen wird auf die einschlägige Literatur verwiesen: [F.10], [E.4].

Abb. F.6
Tragwirkung von Gewölben (Bei Gewölbekappendecken müssen Endfeldzuganker zwei Felder übergreifen.)

1 Zuganker
2 I-Träger
3 Auffüllung
4 Betonummantelung
5 Preußische Kappe

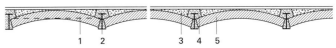

Endfeld mit Zuganker   Reihung der Gewölbekappen

2.1.3.3

Stahlbetonplattendecken

Abb. F.7
Einachsig gespannte Platten

b statisch bestimmt
u statisch unbestimmt

A Aussparung
W Wechsel

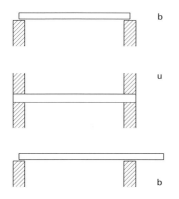

Stahlbetonplattendecken aus Ortbeton sind annähernd jeder Grundrissform anpassbar. Es sind einachsig und zweiachsig gespannte Platten möglich.
- Einachsig gespannte Platten (Abb. **F.7**) können als *Einfeldplatten* mit frei aufgelagerten Plattenrändern (statisch bestimmt) oder mit eingespannten Plattenrändern (statisch unbestimmt) sowie als *Durchlaufplatten* (statisch unbestimmt) ausgebildet werden. Spannweiten bis zu 6 m können bei Durchlaufdecken mit Deckenplattendicken zwischen 0,12 m und 0,18 m wirtschaftlich ausgeführt werden. Aussparungen sind mit Hilfe von Auswechselungen problemlos herstellbar. Deckengrundrisse sind in der Regel rechteckig.
- Zweiachsig gespannte Platten (kreuzweise bewehrt) können in verschiedenen Stützungsarten (Abb. **F.8, c+d**) mit oder ohne oder teilweiser Einspannung der Plattenränder mit etwas geringeren Deckenplattendicken als vergleichbare einachsig gespannte Platten ausgeführt werden. Die Grundrissgeometrie ist nicht zwangsläufig auf das einfache Rechteck festgelegt. Deckendurchbrüche bereiten etwas größere Probleme als bei einachsig gespannten Decken.

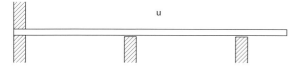

Für einachsig gespannte Decken ist Vorfertigung oder Teilfertigung möglich und bei großen gleichförmigen Deckenflächen bei Anwendung von Taktbauweisen und bei Umbauten auch sinnvoll. Vor-

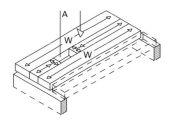

gefertigte Deckenplattenstreifen mit Regelbreiten zwischen 2,20 m und 2,50 m, Betondicken von mindestens 0,04 m und eingebundener, auf der Oberseite frei liegender Hauptbewehrung sind schnell und ohne Schalung (lediglich Montagestützen erforderlich) verlegbar. Auf der Baustelle wird Ortbeton auf diese Fertigplatten als einer verlorenen Schalung aufgebracht. Aufgrund der Ortbetonmasse wird die Decke zu einer homogenen Platte und kann für die Gesamtstabilität des Bauwerks als aussteifende Scheibe angesetzt werden. Ein Sonderfall der Plattendecke ist die Stahlsteindecke. Sie wird aus Deckenziegeln, Beton oder Zementmörtel und Bewehrung aus Betonstahl hergestellt.

Die Deckenziegel werden in Reihen auf einer Sparschalung verlegt. Sie sind so geformt, dass eine ebene Deckenuntersicht und in Verlegerichtung zwischen den Ziegelkörpern Hohlräume zur Aufnahme der Bewehrung und des Füllbetons für Längsrippen (Abb. **F.9**) entstehen. Stahlsteindecken sind in Richtung dieser Längsrippen einachsig gespannt.

2.1.3.3 Bauphysikalische Anforderungen   F

Nach DIN 1045 sind für *Stahlsteindecken* folgende konstruktiven Regeln einzuhalten:
- Deckendicke mindestens 9 cm
- Druckfestigkeit der Deckenziegel mindestens 22,5 N/mm² in Strangrichtung bzw. nach DIN 4159 30 N/mm²
- Füllbeton der Festigkeitsklasse B 15
- Bewehrungsachsabstand (Längsfugenabstand der Deckenziegel) höchstens 25 cm
- bei Stahlsteindecken aus Ziegelfertigteilen ausreichende Querverbindung der Fertigteile erforderlich.

Stahlsteindecken sind in der Regel bei gleichmäßig verteilten, ruhenden Lasten anzuwenden. Bei anderen Lastfällen, vor allem beim Vorhandensein größerer Einzellasten, sind besondere Nachweise und konstruktive Maßnahmen erforderlich (siehe DIN 1045). Bei Berücksichtigung der in Abschnitt F.2.1.2 dargestellten Maßnahmen dürfen Stahlsteindecken als Scheiben, zum Beispiel zur Aufnahme von Windlasten, angesetzt werden. Deckenaussparungen müssen sorgfältig geplant werden.

Abb. F.8
Platten, Stützungsarten
a und b einachsig gespannt,
c und d zweiachsig gespannt

a 2-fach gestützt
b 2-fach gestützt
c 3-fach gestützt
d 4-fach gestützt

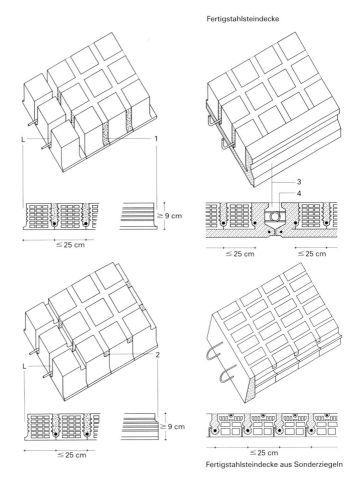

Abb. F.9
Stahlsteindecken

1 vollvermörtelbare Stoßfugen
2 teilvermörtelbare Stoßfugen
3 Nut für Vergussbeton
4 Bewehrungsschlaufe

L Längsfuge

Mit *Glasstahlbeton* bezeichnet man Platten aus Betongläsern (DIN 4243), Beton und Betonstahlbewehrungen. Dieser Deckentyp wird als lichtdurchlässige Abdeckung von kleineren Räumen und Lichtschächten ein- und zweiachsig gespannt ausgeführt.

Konstruktive Regeln nach DIN 1045:
– direkte Einbettung der Betongläser in den Beton
– umlaufender Stahlbetonringbalken mit geschlossener Ringbewehrung erforderlich
– Mindestbetonrippenhöhe einachsig gespannte Decken: 6 cm zweiachsig gespannte Decken: 8 cm
– Mindestquer- und Längsbewehrung, Durchmesser: 6 cm

Die Belastbarkeit dieses Deckentyps ist beschränkt.

2.1.3.4

Stahlbeton-Plattenbalkendecken (Abb. **F.10**)

Diese Deckenart kann als einachsig und gegebenenfalls als zweiachsig gespannte Verbundkonstruktion aus einer Plattendecke mit Unterzügen in regelmäßigen Abständen definiert werden. Die Geometrie ist im Regelfall auf rechteckige Grundrisse festgelegt. Bei Konstruktionshöhen der Unterzüge von 0,30 m bis 0,80 m sind Spannweiten bis zu 14 m mit relativ großen Verkehrslasten möglich. Installationen sind zwischen den Balken (Stegen) ohne weiteres unterzubringen. Installationsführungen senkrecht zu den Balken erfordern in der Regel druckbeanspruchbare Aussparungshülsen aus Stahl. Vorfertigung oder Teilvorfertigung ist bei diesem Deckentyp üblich. Es werden entweder *Trogplatten* oder *TT-Platten* verwendet. Sofern Scheibenwirkung erwünscht ist, sind als zusätzliche Maßnahmen entweder ein Aufbeton, für den die Fertigdeckenplatte als Schalung dient, oder besondere konstruktive Verbindungen im Fugenbereich der Deckenplattengröße (Abb. **F.2**) erforderlich [E.13].

Abb. F.10
Plattenbalkendecke

An den Fertigteilplattenstößen sind besondere konstruktive Maßnahmen gegen unterschiedliche Durchbiegungen zur Aufnahme von Querkräften und zur Weiterleitung von Horizontalkräften erforderlich (siehe Abb. F.2)

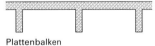

Plattenbalken

Plattenbalken mit Vouten

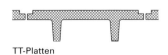

TT-Platten

Trogplatten

2.1.3.5

Stahlbetonrippendecken

Stahlbetonrippendecken sind Plattenbalkendecken mit einem lichten Rippenabstand von höchstens 70 cm und einer Rippenbreite von mindestens 5 cm. Ein statischer Nachweis der Platte ist nicht erforderlich. Die Plattendicke muss mindestens $1/10$ des lichten Rippenabstandes, jedoch mindestens 5 cm betragen. Stahlbetonrippendecken können einachsig und zweiachsig gespannt werden. Bei einer Rippenhöhe (Balkenhöhe) zwischen 16 cm und 40 cm können Spannweiten zwischen 5 m und 10 m ausgeführt werden. Bei einachsig gespannten Rippendecken sind in der Regel Querrippen anzuordnen.
Rippendecken gibt es in einer Fülle von Varianten (Abb. **F.11**) als örtlich oder teilvorgefertigte Systeme, bei denen Füllkörper allein oder zusammen mit Fertigteilbalken oder sogar nur Fertigteilbalken und Fertigteilplatten ohne Füllkörper auf Sparschalungen verlegt und anschließend mit Ortbeton aufgefüllt werden.

2.1.3.6

Punktförmig gestützte Stahlbetonplatten (Pilzdecken)

Diese Deckenkonstruktion besteht aus mindestens 20 cm dicken Stahlbetonplatten, die unmittelbar auf Stützen mit oder ohne verstärktem Kopf aufgelagert sind. Die Verbindung zwischen der Platte und den Stützen kann biegefest oder gelenkig erfolgen. Bei Ausführung mit verstärktem Kopf werden die Stützenköpfe durch so genannte Vouten pilzhutförmig verbreitert, um die Lasteinleitung aus der Decke in die Stützen zu verbessern und die Gefahr des „Durchstanzens" der Deckenplatte zu verringern. Die Stahlbetonpilzrippendecke in Abb. **F.1** zeigt in der Führung der Rippen deutlich das Spannungsbild in der Deckenplatte.
Der Anwendungsbereich für punktförmig gestützte Platten liegt bei Deckendicken zwischen 20 cm und 30 cm und Spannweiten von 4 m bis 8 m.
Teilvorfertigung ist durch Vorfertigung der Stützen mit frei liegender Anschlussbewehrung möglich.

Abb. F.11
Rippendeckentypen

a Stahlkassetten-Rippendecke, 2-achsig, Plattendicke $\geq$ 5 cm, Auflagertiefe $a_1 \geq$ 10 cm, Vollbetonstreifenbreite $a_2 = h$, Stahlkassetten wiederverwendbar
b Fertigbetonrippen, nichttragende Füllkörper
c verlorene Sichtschalungskassetten auf Fertigbetonrippen
d Fertigteilrippendecke. In den mit Ortbeton zu füllenden Fugenraum greifen Bewehrungsschlaufen
e statisch nicht mitwirkende Deckenziegel (DIN 4160)
f statisch mitwirkende Deckenziegel (DIN 4159), keine Betondruckplatte

Maße in cm

a
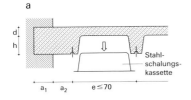

b
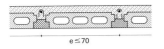

c
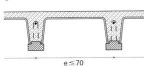

d
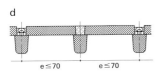

e
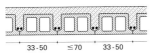

f
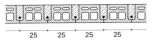

2.1.3.7

Stahltrapezprofil-Verbunddecken (Abb. **F.12**)

Die Vorteile dieser Deckenkonstruktion liegen in der schalungsfreien Verlegung der leichten Trapezprofile, die für den Ortbeton der Deckenplatte als verlorene Schalung und Bewehrung dienen. Die erforderliche Verbundwirkung zwischen Trapezprofilen und Beton ist durch Verbundanker gemäß bauaufsichtlicher Zulassung herstellbar.

Entsprechend der Tragrichtung der Trapezprofile sind diese Decken als einachsig gespannt anzusehen. Durchbrüche sind hier jedoch im Gegensatz zu einachsig gespannten einfachen Stahlbetonplattendecken konstruktionsbedingt nur sehr umständlich herstellbar. Je nach Art der Unterkonstruktion und nach der Länge der Trapezprofiltafeln sind diese Decken als Einfeld- oder Mehrfelddecken auszubilden.

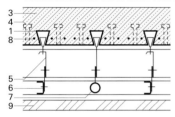
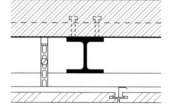
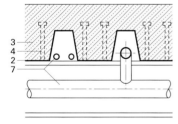
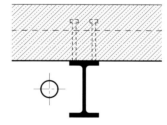

Abb. F.12
Verbunddecken

1 Holoribblech
2 Stahltrapezblech
3 Betonplatte
4 Kopfbolzendübel zum Verbund zwischen Träger und Beton
5 Abhänger (siehe Abb. F.36)
6 C-Blechprofil
7 Installation
8 Bewehrung
9 Abgehängte Decke

Abb. F.14
Stahlträgerverbunddecke (Beispiel c nur mit besonderer bauaufsichtlicher Zulassung) (Vergleiche Abb. B.164)

1 Ortbetonplatte
2 Vergussbeton
3 Fertigplatte
4 Kopfbolzendübel
5 hochfeste Schraubverbindung
6 Fertigbetondurchlaufplatte mit Dübelaussparung über Trägerflansch

2.1.3.8

Stahltrapezprofildecken

Stahltrapezprofile nach DIN 18 807 gibt es in unterschiedlichen Profilformen mit unterschiedlichen Profilhöhen und Blechdicken in der Regel in verzinkter Ausführung (Abb. **F.13**).

Stahltrapezprofildecken sind empfindlich gegen Einzellasten, sofern nicht besondere konstruktive Maßnahmen zur Lasteintragung bzw. Lastquerverteilung vorgesehen werden. Ohne besonderen Nachweis besitzt ein ausbetonierter Trapezprofilquerschnitt ausreichende Lastquerverteilung, wenn folgende Bedingungen erfüllt sind:
- Der Haftungsverbund zwischen Stahltrapezprofil und Beton darf nicht durch Beschichtungen behindert sein.
- Betonfestigkeitsklasse ≧ B 15
- Der Trapezprofilraum muss vollständig mit Beton ausgefüllt sein.
- Die Betonüberdeckung der Trapezprofilobergurte muss mindestens 50 mm betragen.

Statt des Füllbetons ist Estrich mit der Mindestfestigkeit eines Betons B 15 verwendbar. Für Kabelkanäle o. Ä. darf der Aufbeton in beschränkter Breite unterbrochen werden (DIN 18 807-3).

2.1.3.9

Stahlträgerverbunddecken (Abb. **F.14**)

Die Tragwirkung dieses Deckentyps ähnelt der der Stahlbetonplattenbalkendecken. Es sind hoch belastbare, weit gespannte Decken in dieser Technik ausführbar. Das statische Prinzip bei Verbundkonstruktionen ist die relativ große, statisch wirksame Höhe zwischen dem Druckschwerpunkt der Betonplatte (Druckzone) und dem Trägeruntergurt (Zugzone) [F.11]. Bei Verbunddecken ist daher die Durchbiegung relativ klein.

Als Träger werden in erster Linie IPE-Profile verwendet. Es gibt jedoch auch Systeme mit Fachwerkträgern, zuweilen sogar ohne Obergurt. Dort erfolgt der Verbund zwischen Träger und Betonplatte über besondere Knotenbleche. Als Platten kommen Ortbetonplatten, Ortbetonplatten im Verbund mit Stahltrapezprofilen und Fertigbetonplatten in Frage. Als Verbindungselemente, denen für die Verbundwirkung die entscheidende Bedeutung zukommt, werden zumeist Kopfbolzen auf die Trägerobergurte geschweißt. Bei Verwendung von Fertigbetonplatten wird die Verbindung zwischen Träger und Beton auch mit hochfesten Schraubverbindungen durch Reibung hergestellt.

Abb. F.13
Stahltrapezprofile

1 Obergurt
2 Gurtsicke
3 Untergurt mit Sicke
4 Steg

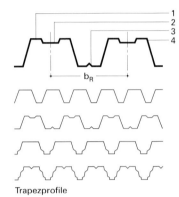

Trapezprofile

Schwalbenschwanzprofile

Kassettenprofil

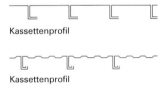

Kassettenprofil

Stehfalzprofil

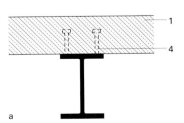

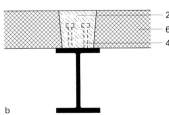

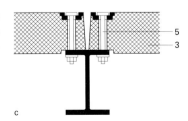

2.1.3.10

Träger- und Balkendecken (Abb. F.15)

Träger und Balkendecken sind einachsig gespannte Konstruktionen. Je nach Anzahl der Auflager und der Länge der Balken (Träger) sind Ein- und Mehrfelddecken möglich. Statisch-konstruktive Probleme ergeben sich aus der systemtypischen statischen Selbständigkeit der einzelnen Balken (Träger). Bei hohen, schlanken Träger- und Balkenprofilen besteht die Gefahr des Biegedrillknickens bzw. des Kippens (siehe Abschnitt F.2.1.4). Bei dicht liegenden Balken können infolge unterschiedlicher Durchbiegung nebeneinander liegender Balken an den gemeinsamen Fugen Schäden an Fußböden und Unterdecken entstehen. Für eine ausreichende Lastquerverteilung muss gesorgt werden. Deckendurchbrüche können in der Regel nur mit Hilfe besonderer konstruktiver Maßnahmen, zum Beispiel Auswechselungen (Abb. F.16), ausgeführt werden. Die Lasten aus den ausgewechselten Balken müssen in die Nachbarbalken eingeleitet werden. Konstruktiv problematisch sind Durchbrüche bei Decken aus dicht bei dicht liegenden Stahlbetonbalken. Ggf. müssen Deckendurchbrüche auf Ortbetondeckenstreifen konzentriert werden. Horizontale Rohrleitungsführungen sind bei ebenen Deckenuntersichten unproblematisch und in allen Richtungen denkbar. Bei Decken aus auf Abstand verlegten Balken (Abb. F.17) und Trägern machen Installationsführungen in den Balkenzwischenräumen keine Probleme. Senkrecht zur Haupttragrichtung zu führende Installationen können nur unter den Balken und Trägern verlegt werden und verringern damit die lichte Raumhöhe, oder in den Balken werden entsprechende Aussparungen erforderlich. Decken mit *Gitter- oder Fachwerkträgern* und mit *Stahlwabenträgern* sind bei großem Installationsaufwand günstig und behindern eine freie Installationsführung nur wenig. Roste aus in zwei Ebenen übereinander liegenden, sich rechtwinklig kreuzenden Balken oder Trägern erlauben eine in zwei Ebenen dem Verlauf der Träger anpassbare Installation.

Abb. F.15
Träger- und Balkendecken
Prinzipskizzen Maßstab 1:20

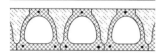

Stahlbetonhohlbalkendecke

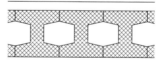

Decke aus Stahlbeton-I-Balken ggf. Lastenverteiler, bewehrter Aufbeton

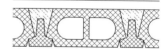

Decke aus Stahlbetonbalken mit statisch nichtmitwirkenden Zwischenbauteilen aus Leichtbeton

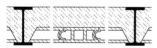

I-Träger mit Tonhohlkörpern (DIN 278) als tragende Zwischenbauteile

I-Träger mit Betonstelzkörpern und Unterdecke

I-Träger mit Betonhohldielen

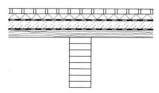

Holzbalkendecke mit schwerer Zwischenlage (1)

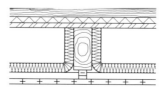

Holzbalkendecke mit federnd montierter Deckenbekleidung (1)

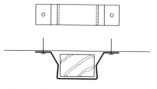

1 Federbügel

2.1.3.10 Bauphysikalische Anforderungen   F

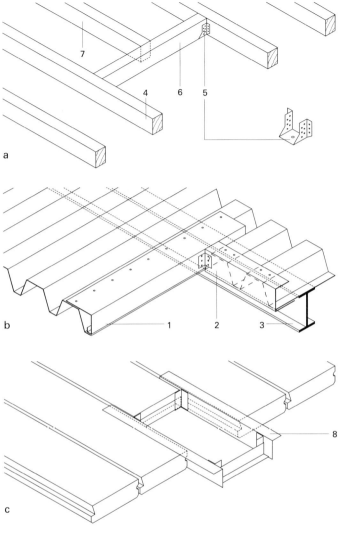

Abb. F.16
Auswechslung (vgl. auch Abb. B.226)

a Holzbalkendecke
b Stahltrapezprofildecke
c Porenbetondecke (Dach)-Platten

1 Längswechselblech
2 Querwechselblech
3 Pfette
4 Hauptbalken gegebenenfalls verstärken
5 Balkenschuh
6 Wechsel
7 Stichbalken
8 Wechselrahmen aus verschweißten L-Profilen

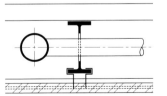
Wabenträger

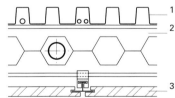

Abb. F.17
Installationsführung bei Balken- und Trägerdecken

1 Stahltrapezprofil
2 Wabenträger
3 Unterdecke
4 Stahltrapezprofil
5 Nebenträger
6 Hauptträger Wabenträger

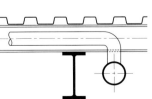
Trägerrost

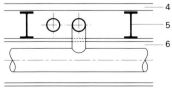

2.1.3.11

Decken aus räumlichen Tragwerken

Räumliche Stabtragwerke eignen sich für große Spannweiten. Dabei sind in der Regel die Durchbiegungen relativ klein. Als Auflager können Wände, Unterzüge oder Stützen dienen. Die Auflagerung kann sowohl in der Untergurt- als auch in der Obergurtebene erfolgen (Abb. **F.18**). Entsprechend der Stabwerksgeometrie sind Deckengrundrisse auf quadratischem oder dreieckigem (60°-Dreieck) Grundraster möglich (Abb. **F.19**).

Räumliche Stabtragwerke (auch: *Raumfachwerke*) werden meistens aus Stahlrohren hergestellt und diese dabei entweder an den Knotenpunkten stumpf verschweißt (großer Arbeitsaufwand) oder auf besondere Kugelknoten aufgeschweißt. Bei Fertigelementsystemen gibt es standardisierte Knotenelemente (zum Beispiel massive Zwanzigflächner mit Gewindelöchern oder gefaltete Knotenbleche mit Bolzenlöchern) und standardisierte Stäbe aus Rohren oder U-Profilen.

Brandschutz ist nur durch untergehängte Brandschutzdecken erreichbar.

Räumliche Stabtragwerke haben große Konstruktionshöhen. Installationen können jedoch in der Konstruktion unproblematisch geführt werden.

Abb. F.18
Räumliche Stabtragwerke, Lagerung

a
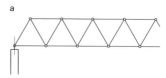

b
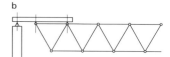

c
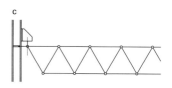

d
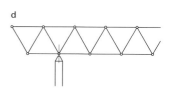

e

f
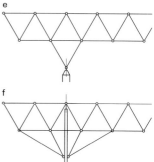

Detail zur Lagerung b

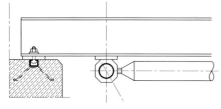 

Detail zur Lagerung c

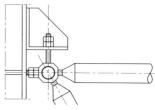

2.1.3.11 Bauphysikalische Anforderungen   F

Abb. F.19
Räumliche Stabtragwerke,
Geometrie

$d = a\sqrt{2}$
$= 1{,}414\,a$
$h = a$

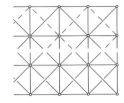

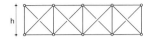

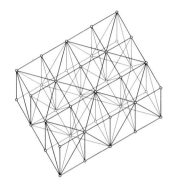

$h = 1/2\,a\sqrt{2}$
$= 0{,}707\,a$

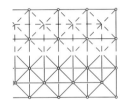

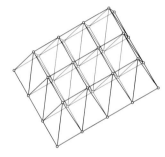

$h = 1/3\,a\sqrt{6}$
$= 0{,}817\,a$

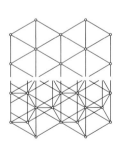

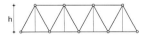

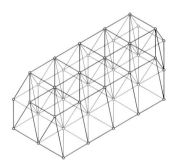

2.1.4

Verformungen

Auf die grundsätzlichen Aussagen zu Verformungen in Abschnitt E.2.2 wird Bezug genommen. Bei Geschossdecken-Tragwerken sind in erster Linie lastabhängige Verformungen (elastische Verformung und Kriechverformung) und gegebenenfalls Schwindverformungen zu beachten. Da Geschossdecken in der Regel im Innern der Gebäude keinen größeren Temperaturschwankungen unterliegen, kommen Temperaturverformungen kaum in Betracht. Allenfalls sind sie zum Beispiel bei Decken über Durchfahrten zu berücksichtigen. Besondere Aufmerksamkeit erfordern die Kontaktstellen zwischen Bauteilen und Materialien mit unterschiedlichen Verformungseigenschaften. Bei Decken sind dies insbesondere die Auflagerbereiche.

Durchbiegungen sind elastische Verformungen. Sie treten bei Belastung auf und gehen bei Entlastung in der Regel wieder zurück. Die bei Belastung auftretenden Kriechverformungen verbleiben jedoch auch nach Entlastung. Ein entscheidender Parameter für die Durchbiegung von Decken ist das Flächenmoment 2. Grades (Trägheitsmoment) des belasteten Deckenbauteils und somit seine Konstruktionshöhe.

Durchbiegungen können zu folgenden Schäden führen:
– Nichttragende Trennwände, die auf sich durchbiegenden Decken stehen, können von ihrer oberen und seitlichen Halterung abreißen (Abb. **F.20**).
– Bei unterschiedlichen Durchbiegungen nebeneinander liegender Deckenfertigteile (zum Beispiel Stahlbetonfertigplatten) können an den Fugen zwischen den Einzelteilen und gegebenenfalls an Fußböden und Unterdecken Schäden auftreten (Abb. **F.20**). Konstruktive Maßnahmen gegen Verformungsschäden sind in Abb. **F.22, a bis d** dargestellt.
– Bei Stahlprofilträgern kann infolge starker Durchbiegung durch Biegedrillknicken des Obergurts eine Kippwirkung beim Profilsteg auftreten (siehe Abschnitt B.6.4.3).

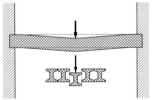

Unterschiedliche Durchbiegung bei Fertigteildecken infolge Einzellasten

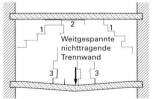

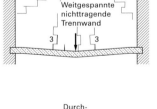

Abb. F.20
Schäden aus Durchbiegungen von Decken

1 Schubrisse
2 Deckenspalt
3 Vertikalrisse infolge Biegung

Abb. F.21
Schäden aus Durchbiegungen von Decken

2.1.4 Bauphysikalische Anforderungen

Bei Dachdecken oder sonstigen Decken aus Stahlbetonplatten, deren Ränder nicht gehalten sind, heben sich die Auflager bei starker Durchbiegung ab (Abb. **F.21**). Zweiachsig gespannte Stahlbetondecken zeigen dieses Phänomen besonders stark an den Eckpunkten. Dort entstehen dann vor allem bei Mauerwerkswänden unangenehme Riss-Schäden [E.1] [F.3] durch klaffende Fugen. Durch vertikale Rückverankerung der gefährdeten Deckeneckpunkte (Abb. **F.22 e**) zur darunterliegenden Decke lassen sich Schäden vermeiden. Sind Riss-Schäden im Auflagerbereich von Decken zu befürchten, so ist eine Trennung von Decke und Wand, zum Beispiel durch eine Gleitfuge (Gleitlager), zu empfehlen (Abb. **E.37**). Gleitlager müssen die unbeschränkte Beweglichkeit der Decke in der Waagerechten ermöglichen. Die Herstellung wirksamer Gleitlager ist aufwendig und teuer. Um bei starker Durchbiegung der Decke an der inneren Auflagerkante Kantenpressungen mit ihren Folgeschäden zu vermeiden, ist es ratsam, entweder diese Fuge offen zu lassen oder an der durch Pressung gefährdeten Kante einen weichen Kantenstreifen einzulegen, so dass die Lasteinleitung aus der Decke mehr zur Wandmitte verlagert wird.

Bei Stahlbetondecken aus Ortbeton sind Durchbiegungen aus Kriechen bei sorgfältigem Baustellenbetrieb auf ein Minimum reduzierbar, wenn die Decke nach dem Betonieren noch lange eingeschalt bleibt und nach dem Ausschalen noch einzelne Schalungsstützen stehengelassen werden. Schwindprozesse können durch Verzögerung der Austrocknung (Feuchthalten der Decke, Schalung stehenlassen) verlangsamt und in ihrer Wirkung gebremst werden.

Bei Decken, die aus nichtverleimtem Bauschnittholz hergestellt werden, muss mit Schwindrissen und Verdrehungen der Balken gerechnet werden. Dies führt bei sichtbaren Balken gegebenenfalls zu einer Beeinträchtigung des Erscheinungsbildes.

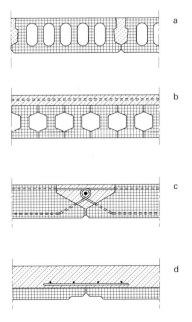
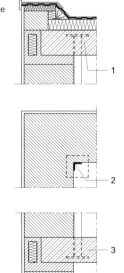

Abb. F.22
Konstruktive Maßnahmen gegen Verformungsschäden bei Decken (vergl. [E.9] Abschn. 5.5)

Decken aus Stahlbetonfertigteilen
a Stahlbetonhohldielen: Fugennut und Verguss mindestens B 15
b Stahlbetonbalken: Aufbeton und Querbewehrung
c Stahlbetonplatten: Bewehrungsschlaufen, Längsbewehrung und Fugenverguss mindestens B 15
d Filigranplatten: Aufbeton, Zulagebewehrung über den Stoßfugen

Rückverankerung einer Dachdeckenplatte
e Winkelprofil mit Kopfplatten im Wandichsel zur Rückverankerung der Dachdecke in der darunter liegenden Geschossdecke (bei der Bemessung keine Ausnutzung der zul. Spannung)

1 Dachdecke
2 Stahlwinkelprofil
3 Geschossdecke

2.2

Bauphysikalische Anforderungen an Geschossdecken

2.2.1

Allgemeines

Geschossdecken liegen im Innern von Gebäuden. Witterungsschutz spielt daher keine Rolle bei der baukonstruktiven Planung. Wärmeschutz kommt auch nur dort in Betracht, wo Geschossdecken Kontakt mit der Außenluft haben, zum Beispiel über Durchfahrten, unter nicht ausgebauten Dachgeschossen, bei auskragenden Balkonplatten und den Auflagerbereichen in Außenwänden. Schutz gegen Sickerwasser ist bei Decken unter Nassräumen erforderlich. Anforderungen, die sich aus besonderen Nutzungsarten ergeben, müssen fallweise auf der Grundlage geltender Vorschriften ermittelt und bei der Planung berücksichtigt werden.

Folgende Vorschriften sind Planungsgrundlagen:

Brandschutz:
— Landesbauordnungen
— DIN 4102 – Brandverhalten von Baustoffen und Bauteilen

Schallschutz:
— DIN 4109 – Schallschutz im Hochbau

Feuchtigkeitsschutz:
— DIN 18 195-5 – Bauwerksabdichtungen
 (Abdichtungen gegen nichtdrückendes Wasser)

Wärmeschutz:
— Energieeinsparverordnung (EnEV)
— DIN 4108 – Wärmeschutz im Hochbau
 Wärmedämmung: DIN 4108-2
 Klimabedingter Feuchteschutz: DIN 4108-3

2.2.2

Brandschutz

2.2.2.1

Allgemeines

Hinsichtlich der allgemeinen Grundlagen des Brandschutzes wird auf Abschnitt E.3.5.1 verwiesen. Die grundsätzliche Anmerkung auf S. 414 trifft auch für die in den folgenden Tabellen nach DIN 4102-4 zitierten Baustoffnormen zu.

Prinzipiell gibt es drei Möglichkeiten des baulichen Brandschutzes bei Decken (einschließlich der zugehörigen Rippen, Balken oder Unterzüge):

— Die Deckenkonstruktion selbst kann auf Grund des statischen Systems, der verwendeten Baustoffe und ihres Aufbaus in eine Feuerwiderstandsklasse eingeordnet werden.

2.2.2.2 Bauphysikalische Anforderungen

- Teile der Decke, zum Beispiel Rippen oder Balken, erhalten eine feuerhemmende oder -beständige Bekleidung.
- Die erforderliche Feuerwiderstandsdauer wird durch eine *Unterdecke* (vgl. Abschnitt 2.2.2.5, „Brandschutzdecke") gewährleistet.

Die bauaufsichtlichen Anforderungen an den baulichen Brandschutz von Decken enthält Tabelle **F.2**.

Tabelle F.2
Bauaufsichtliche Mindestanforderungen an Decken

Funktion und Lage der Decken	Anforderungen an Gebäude der Gebäudeklasse				
	1	2	3	4	5
Decken über (oberirdischen) Geschossen[1]	keine	F 30-B	F 30-B	F 60-AB	F 90-AB
Decken über Kellergeschossen	F 30-B	F 30-B	F 90-AB	F 90-AB	F 90-AB
Decken bei besonderen Nutzungsarten[2]	F 90-AB	F 90-AB	F 90-AB	F 90-AB	F 90-AB
oberer Abschluss notwendiger Treppenräume[3][4]	–	–	F 30-B	F 60-AB	F 90-AS
Decken über notwendigen Fluren[4][5]	F 30-B	F 30-B	F 30-B	F 30-B	F 30-B

[1] Gilt für Geschosse in Dachräumen nur, wenn darüber noch Aufenthaltsräume möglich sind, und für Balkone nur soweit sie in Form offener Gänge als Rettungswege dienen.
[2] Decken unter und über Räumen mit Explosions- oder erhöhter Brandgefahr, ausgenommen in Wohngebäuden der Klassen 1 und 2, und Decken zwischen dem landwirtschaftlich genutzten und dem Wohnteil eines Gebäudes.
[3] Gebäude der Klassen 1 und 2 benötigen keine notwendigen Treppenräume.
[4] Wandbekleidungen, Dämmstoffe und Einbauten müssen aus nichtbrennbaren Stoffen bestehen, bei Verwendung brennbarer Wandbaustoffe in ausreichender Dicke.
[5] Die Anforderungen in den Klassen 1 und 2 gelten nur für Kellergeschosse in Nichtwohngebäuden.

2.2.2.2

Massivdecken

Für die Feuerwiderstandsdauer von Massivdecken ist u. a. das statische System ausschlaggebend. Statisch bestimmt gelagerte Decken (zum Beispiel Einfeldplatten) benötigen in den meisten Fällen geringere Mindestdicken als statisch unbestimmt gelagerte (zum Beispiel Durchlaufplatten). Bei Hohlplatten und Rippendecken aus Normalbeton kommt es außerdem darauf an, ob an den Auflagern Massivstreifen angeordnet werden.

Als *Vollplatten* aus Normalbeton sind hinsichtlich der Mindestdicken die folgenden Stahlbeton- und Spannbetondecken zu behandeln:
- Ortbetonplatten nach DIN 1045 (07. 88), Abschnitt 20
- Platten von Plattenbalkendecken und Rippendecken ohne Zwischenbauteile nach DIN 1045 (07. 88), Abschnitt 21
- Fertigplatten mit statisch mitwirkender Ortbetonschicht nach DIN 1045 (07. 88), Abschnitt 19.7.6
- Balkendecken ohne Zwischenbauteile und mit ebener Untersicht nach DIN 1045 (07. 88), Abschnitt 19.7.7

F Bauphysikalische Anforderungen 2.2.2.2

Tabelle F.3
Stahlbeton-, Spannbeton- und Stahlsteindecken nach DIN 4102-4 (Die Erläuterungen im Text sind zu beachten.)

Baustoff und Konstruktionsmerkmale	statisch gelagert	Mindestdicke in mm für[1] F 30-A	F 60-A	F 90-A
Vollplatten aus Normalbeton				
unbekleidet oder mit unmittelbar aufgebrachtem	bestimmt	60[4]	80[4]	100
nicht brennbarem Estrich oder Asphaltestrich[2]	unbestimmt	80[4]	80[4]	100
mit 25 mm schwimmendem Estrich aus nicht	bestimmt	60[4]	60[4]	60[4]
brennbarem Baustoffen oder Asphalt[3]	unbestimmt	80[4]	80[4]	80[4]
Mindestrohdicke geputzter Platten[5]		50	50	50
Punktförmig gestützte Platten				
mit Stützenkopfverstärkung		150	150	150
ohne Stützenkopfverstärkung		150	200	200
d_F von Hohlplatten aus Normalbeton				
unbekleidet, ohne brennbare Bestandteile	bestimmt	50	50	50
	unbestimmt[6]	70	70	70
unbekleidet, mit brennbaren Bestandteilen	bestimmt	70	70	70
	unbestimmt	80	80	100
Mindestrohdicke d_F geputzter Platten[5]		50	50	50
Hohldielen aus Normalbeton				
unbekleidet oder mit unmittelbar aufgebrachtem nicht brennbarem Estrich oder Asphaltestrich[2]		80[4]	100	120
mit 25 mm schwimmendem, nicht brennbarem Estrich[3]		80[4]	80[4]	80[4]
Mindestdicke geputzter Hohldielen[5]		80	80	80
Leichtbeton-Hohldielen und Porenbetonplatten		75	75	75
unbekleidet, je nach Fugenausbildung		75	75	100
Mindestrohdicke mit Putz[5]		50	50	75
Stahlsteindecken ohne Estrich, ungeputzt		115	140	165
mit ≥ 15 mm Putz		90	115	140
mit ≥ 30 mm nicht brennbarem Estrich, ungeputzt		90	90	115
mit ≥ 15 mm Putz und ≥ 30 mm Estrich		90	90	90

Bekleidung der Decken (außer Stahlsteindecken) mit HWL-Platten nach DIN 1101[7], 25 mm dick (für F 30 und F 60) bzw. 50 mm dick (für F 90) oder Unterdecken nach Tabelle F.7; Mindestrohdicke d bzw. d_F ≥ 50 mm.

[1] Bei Verwendung von brennbaren Baustoffen wie Füllkörpern der Baustoffklasse B, Asphaltestrichen, brennbaren Dämmschichten oder HWL-Platten müssen die Benennungen F 30-AB usw. lauten.
[2] Die Mindestdicke kann einschließlich des Estrichs gemessen werden, Rohdicke bei Vollplatten aber ≥ 50 mm, bei Hohldielen ≥ 80 mm.
[3] Die Dämmschicht muss aus mineralischen Dämmstoffen nach DIN 18 165-2, Baustoffklasse B 2, Rohdichte ≥ 30 kg/m³, bestehen (siehe dazu auch Fußnote 7).
[4] Bei Bewehrungsabständen < 100 mm muss die Mindestdicke bestimmt gelagerter Vollplatten ≥ 80 mm, die unbestimmt gelagerter Vollplatten oder von Hohldielen ≥ 100 mm sein. Vollplatten mit mehrseitiger Brandbeanspruchung, zum Beispiel auskragende Platten, müssen ebenfalls ≥ 100 mm dick sein.
[5] Die für entsprechende Platten ohne Putz angegebenen Mindestrohdicken können gemäß Tabelle E.10 abgemindert werden, aber nur bis zu den Werten dieser Zeilen.
[6] Die Werte gelten auch für Einfeldplatten mit Kragarm und nur, wenn keine bis zu den Momentennullpunkten reichenden Massiv- oder Halbmassivstreifen vorhanden sind; sonst gelten die Mindestdicken für statisch bestimmte Lagerung.
[7] In Zukunft für HWL-Platten DIN EN 13 168, für Mineralwoll-Wärmedämmplatten DIN EN 13 162; Brandverhalten gemäß BAZ (siehe Anmerkung auf Seite 414).

Punktförmig gestützte Platten nach DIN 1045 (07. 88), Abschnitt 22 werden brandschutztechnisch nicht wie die übrigen Vollplatten behandelt. Die Abminderungen durch Putzschichten sowie die für bekleidete Vollplatten festgelegten Mindestdicken gelten für sie nicht.

Für *Hohlplatten* aus Normalbeton mit runden oder ovalen Hohlräumen kann die Mindestdicke des unteren Flansches d_F der Tabelle **F.3** entnommen werden. Für rechteckige Hohlräume ist d_F um 10 mm größer anzunehmen. Daneben muss bei allen Hohlplatten die bezogene Nettoquerschnittsfläche je m Breite A_{Netto}/b in mm $\geq$ der Mindestdicke d einer entsprechenden Vollplatte sein.

Die Rippen von *Rippendecken* ohne Zwischenbauteile können in erster Annäherung wie Balken nach Tabelle **F.4** bemessen werden. Bei zweiachsiger Lagerung oder Anordnung von Massivstreifen sind geringere Rippenbreiten möglich (siehe DIN 4102-4, Tabelle 16 f.). Die Bemessung von Rippen- und Balkendecken mit Zwischenbauteilen ist noch komplizierter. Dazu wird ebenfalls auf DIN 4102-4, Abschnitt 3.10, oder die Unterlagen der Hersteller von Zwischenbauteilen verwiesen.

Dicht verlegte *Fertigteile* aus Normalbeton als Platten-, Plattenbalken- oder Rippendecken können wie entsprechende Ortbetonbauteile behandelt werden, wenn die Fugen nach DIN 4102-4, Bild 9 ausgebildet und mit Mörtel oder Beton der Baustoffklasse A geschlossen werden. Offene Fugen bis zu 30 mm Breite zwischen Fertigteilplatten sind zulässig, wenn auf der Plattenoberseite ein im Fugenbereich bewehrter Estrich oder Beton der Klasse A von 30 mm (F 30 und F 60) bzw. 40 mm Dicke (F 90) aufgebracht wird.

Tabelle F.4
Stahlbeton- und Spannbetonbalken nach DIN 4102-4

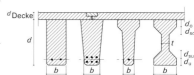

Baustoff und Konstruktionsmerkmale		Mindestabmessungen t und b (siehe Abbildung) in mm für		
		F 30-A	F 60-A	F 90-A
Normalbeton, unbekleidet[1]	$t =$	90[2]	90[2]	100[2]
$T \geq 450\,°C$	$b =$	90[2]	120	150
$T = 350\,°C$[3]	$b =$	120	160	190
Normalbeton, geputzt, Abminderung nach Tabelle D.10 aber			t bzw. $b \geq 80$	
Normalbeton mit Unterdecken[4]			t bzw. $b \geq 50$	
Porenbeton[5], unbekleidet	$b =$	175	175	200
mit dreiseitigem Putz	$b =$	175	175	175

[1] In Abhängigkeit von den k_h-Werten bei Stahlbeton und den zulässigen Betondruckspannungen bei Spannbeton können größere Abmessungen erforderlich sein (siehe DIN 4102-4, Tabelle 4
[2] Bei Balken mit sehr dichter Bügelbewehrung (Stababstände < 100 mm) müssen die Abmessungen für t und b mindestens 120 mm betragen.
[3] Eine kritische Stahltemperatur von $T = 350\,°C$ ergigt sich nur bei Spannbetonbalken, die mit kaltgezogenen Drähten und Litzen aus St 1375/1570, St 1470/1670 oder St 1570/1770 vorgespannt sind.
[4] Unterdecke gemäß Tabelle E.7.
[5] Die Werte gelten bei drei Längsstäben mit einer Betonspannung von $c = 30$ mm; für breitere Stürze kann c nach DIN 4102-4, Tabelle 42, auf 20 bzw. 10 mm ermäßigt werden. Putze P IV oder Leichtputze nach DIN V 18550.

Balken (Unterzüge) aus Normalbeton müssen bei dreiseitiger Brandbeanspruchung die Mindestabmessungen gemäß Tabelle **F.4** haben. Dreiseitige Brandbelastung liegt vor, wenn die Oberseite des Balkens mit einer Massivdecke gemäß Tabelle **F.3** (ausgenommen Stahlsteindecken) abgedeckt ist. Bei I-Querschnitten muss $d_u^* = d_u + d_{su}/2 \geq \min b$ gemäß Tabelle **F.4** sein (I-Träger ohne Schrägen sind wegen der Forderung $d_{su} \geq \min b$ unwirtschaftlich). I-Querschnitte mit $b/t > 3,5$ dürfen nicht nach der Tabelle bemessen werden.

Bei vierseitiger Brandbeanspruchung wird zusätzlich gefordert:
- $\min d \geq \min b$ gemäß Tabelle **F.4**
- eine Balkenfläche von $2 \cdot \min b^2$ für Rechteck- oder Trapezquerschnitte sowie für die Stege von $\perp$-Profilen
- $d_o^* = d_o + d_{so}/2 \geq \min b$ für T- oder I-Querschnitte.

2.2.2.3

Massivdecken mit Stahlträgern

Die Mindestabmessungen von Stahlbetondecken mit *eingebetteten* Stahlträgern enthält Tabelle **F.5**. Außerdem sind noch Hourdis-Decken in DIN 4102-4 (Tabelle 30) klassifiziert.

Freiliegende Stahlträger müssen – je nach Brandbeanspruchung – drei- oder vierseitig ummantelt werden. Nach DIN 4102-4 klassifiziert sind bekleidete, auf Biegung beanspruchte Träger der Stahlgüte St 37 oder St 52 mit $U/A \leq 300$ m^{-1} bei dreiseitiger Brandbeanspruchung. U/A ist wie bei Stahlstützen zu ermitteln (siehe Kap. E, Abschnitt 3.5.3). Dreiseitige Brandbeanspruchung liegt vor, wenn die Oberseite der Träger durch Massivdecken gemäß Tabelle **F.3** (ausgenommen Stahlsteindecken) der geforderten Feuerwiderstandsklasse vollständig abgedeckt ist. Träger ohne oder mit anderen Abdeckungen müssen in Anlehnung an die Werte der Tabelle **F.5** allseitig ummantelt werden.

Freiliegende Stahlträger können auch durch Unterdecken vor Brandbeanspruchung von unten geschützt werden (siehe Abschnitt 2.2.2.5). Dämmschichtbildende Anstriche dagegen benötigen eine allgemeine bauaufsichtliche Zulassung und können Stahlbauteilen zur Zeit nur die Feuerwiderstandsklasse F 30 verleihen.

2.2.2.3 Bauphysikalische Anforderungen

Tabelle F.5
Massivdecken mit Stahlträgern nach DIN 4102-4

B = Bewehrung

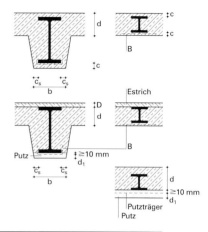

Konstruktionsmerkmale	Abmessungen in mm für		
	F 30-A	F 60-A	F 90-A
in Stahlbeton eingebettete Träger			
Mindestdicke d	100	100	100
Mindestbetondeckung $c^{1)}$	15	25	35
Mindestbreite $b^{2)}$	120	150	180
dazugehörige Betondeckung c_s	35	50	65
Mindestbetondeckung c_s	15	25	35
bei einer Breite b^2 von $\geq$	160	200	250
Mindestdicke D eines nicht brennbaren Estrichs oder Asphaltestrichs[3]	10	15	25
Mindestdicke d_1 für Putze[4]			
P II oder P IVc nach DIN V 18 550	15	–	–
P IVa oder P IVb nach DIN V 18 550	5	15	25
Vermiculite- oder Perliteputz	5	5	5
freiliegende Stahlträger			
Mindestdicke d_1 für Putze[4]			
P II oder P IVc U/A $\leq$ 300	5	15	–
P IVa oder P IVb U/A $\leq$ 119	5	5	15
DIN V 18 550 U/A $\leq$ 179	5	15	15
U/A $\leq$ 300	5	15	25
Vermiculite- oder U/A $\leq$ 179	5	5	15
Perliteputz U/A $\leq$ 300	5	5	25
Mindestdicke d_M der Ausmauerung			
mit Steinen oder Bauplatten[5]	50	50	50
mit Wandbauplatten aus Gips[6]	60	60	60
Mindestbekleidungsdicke d_1 mit Gipskarton-Bauplatten F (GKF)[7]	12,5	12,5 + 9,5	2 x 15

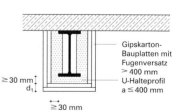

[1] Betondeckungen unterhalb und seitlich von Trägern müssen konstruktiv durch eine Bewehrung gesichert sein.
[2] Bei Zwischenbreiten darf zwischen den Werten c_s gradlinig interpoliert werden.
[3] Bei Verwendung von Asphaltstrich lautet die Benennung F 30-AB usw.
[4] Putze auf Putzträger, Durchdringung des Putzträgers $\geq$ 10 mm, d_1 gemessen über Putzträger
[5] Ausmauerungen aus HD-Ziegeln DIN V 105-100, Kalksandsteinen DIN V 106, Porenbetonsteinen und -Bauplatten DIN 4165-100 und DIN 4166, Hohlblock- oder Vollsteinen DIN V 18 151-100 bis 18 153-100, Wandbauplatten aus Leichtbeton DIN 18 162; die Mindestputzdicke d_1 ist nur im Bereich des unteren Trägerflanschs einzuhalten.
[6] Bisher nach DIN 18 163, zukünftig nach DIN EN 12 859; siehe dazu Anmerkung auf Seite 414.
[7] Platten mit geschlossener Oberfläche (Baustoffklasse A 2), bisher Typ F nach DIN 18 180, zukünftig nach DIN EN 520; siehe auch Anmerkung auf Seite 414.

2.2.2.4

Holzbalkendecken

Bezüglich des Feuerwiderstandes von Decken aus Holz und Holzwerkstoffen gelten die allgemeinen Ausführungen zu den Holzstützen in Abschnitt D.3.5.3 entsprechend. Brandschutztechnisch unterscheidet man zwischen
- Decken mit vollständig freiliegenden Holzbalken (Abb. **F.23**)
- Decken mit teilweise freiliegenden Holzbalken (Abb. **F.24**)
- Decken mit verdeckten Holzbalken; dazu gehören auch Decken in Holztafelbauart, deren Rippen bekleidet oder durch eine Unterdecke gegen Brandbelastung von unten geschützt sind (siehe DIN 4102-4, Tabelle 56 bzw. 58 bzw. [E.33]).

Abb. F.23
Holzbalkendecken mit vollständig freiliegenden Holzbalken, Ausführung für F 30-B nach DIN 4102-4 (Maße in mm)

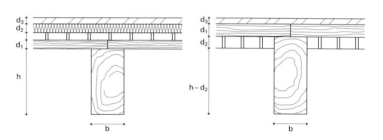

a) *mit* schwimmendem Fußboden

Aufbau und Mindestdicken:
- Holzbalken gemäß Erläuterungen im Text
- Beplankung aus Holzwerkstoffplatten[1)] mit $d_1 = 25$ mm oder gespundeten Brettern/Bohlen aus Nadelholz mit $d_1 = 28$ mm
- gegebenenfalls, zum Beispiel aus Schallschutzgründen, Zwischenschicht aus Beton, Schüttung, Kork oder Holzwerkstoffen
- Dämmschicht aus Mineralfaserplatten[2)] mit $d_2 = 15$ mm
- Fußboden aus Holzwerkstoffplatten[1)] mit $d_3 = 16$ mm oder gespundeten Brettern aus Nadelholz mit $d_3 = 21$ mm

b) *ohne* schwimmenden Fußboden

Aufbau und Mindestdicken:
- Holzbalken gemäß Erläuterungen im Text
- Beplankung aus Brettern/Bohlen mit $d_1 = 50$ mm ohne Fugenabdeckung, gemäß Detail A
- Beplankung aus Brettern/Bohlen mit $d_1 = 40$ mm, mit oberer Fugenabdeckung aus Gipskartonplatten, $d_3 = 9{,}5$ mm oder beliebigen Holzwerkstoffplatten, $d_3 = 13$ mm, gemäß Detail B
- Beplankung wie vor und obere Fugenabdeckung aus Mineralfaserplatten[2)], $d_3 = 15$ mm, gemäß Detail C
- Beplankung aus Holzwerkstoffplatten[1)] mit $d_1 = 40$ mm und unterer Fugenabdeckung aus beliebigen Holzwerkstoffplatten oder aus Holz, $d_2 = 30$ mm, gemäß Details D und E

(Fußnoten 1 und 2 siehe Seite 495)

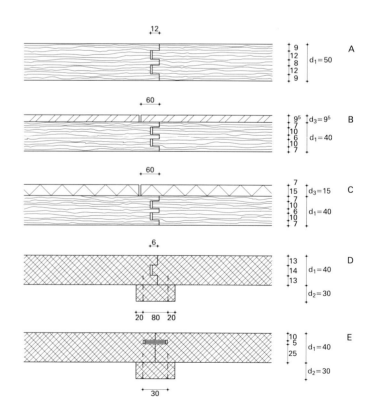

2.2.2.4 Bauphysikalische Anforderungen F

Unbekleidete Holzbalken sind – wie entsprechende Holzstützen – bis auf weiteres nach den in DIN 4102-4/A1 festgelegten Verfahren zu bemessen. Die Bemessungstabellen 74 bis 83 aus DIN 4102-4 wurden mit der Änderung A1 zurückgezogen (siehe E.3.5.3). Die Richtwerte der Tabelle **F.6** zur Bemessung von Biegebalken mit dreiseitiger Brandbeanspruchung sollte man daher nur zur groben Orientierung benutzen. Zwischenwerte können dabei geradlinig interpoliert werden.

Bei nur *dreiseitiger* Brandbeanspruchung ergeben sich günstigere Querschnitte als bei vierseitiger. Dreiseitige Beanspruchung darf aber nur vorausgesetzt werden, wenn die Holzbalken durch
– Massivdecken gemäß Tabelle **F.3** oder
– Holzdecken nach Abb. **F.23** und **F.24** oder
– Holzdecken in Tafelbauart der gleichen Feuerwiderstandsklasse an der Oberseite völlig abgedeckt sind.

Bekleidete Holzbalken müssen nach DIN 4102-4 vollständig (an den drei oder vier freiliegenden Seiten, ausgenommen die Auflagerflächen) wie Holzstützen bekleidet werden (Abschnitt E.3.5.3).

Tabelle F.6
Biegeträger aus Holz der Feuerwiderstandsklasse F30-B bei dreiseitiger Brandbeanspruchung nach [E.33]

Aus-nutzungs-grad[4]	Vollholz, $s^{5]} \leq 3$ m		BSH, $s^{5]} \leq 3$ m		BSH, $s^{5]} \leq 6$ m	
	h/b = 1,5	h/b = 2,5	h/b = 2,0	h/b = 4,0	h/b = 2,0	h/b = 4,0
0,3	80	80	80	80	80	83
0,4	80	84	80	80	83	92
0,6	86	92	80	88	90	106
0,8	93	98	83	95	97	118
1,0	101	106	90	102	105	129

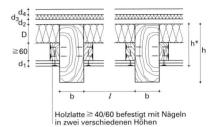

Abb. F.24
Holzbalkendecke mit teilweise freiliegenden Holzbalken, Ausführung für F 30-B nach DIN 4102-4

Holzlatte $\geq$ 40/60 befestigt mit Nägeln in zwei verschiedenen Höhen

Aufbau und Mindestdicken:
– Holzbalken mit $h \geq h^*$ und $b \geq 80$ mm
– Bekleidung aus
 Holzwerkstoffplatten $\rho \geq 600$ kg/m^3,
 $d_1 = 19$ mm$^{3]}$, $l \leq 625$ mm
 oder Gipskarton-Feuerschutzplatten
 (GKF), $d_1 = 12,5$ mm, $l \leq 500$ mm
 oder Gipskarton-Feuerschutzplatten
 (GKF), $d_1 = 9,5$ mm, $l \leq 400$ mm
 oder
 Holzwolle-Leichtbauplatten,
 $d_1 = 50$ mm, $l \leq 500$ mm
 oder gespundeten Brettern aus
 Nadelholz, $d_1 = 21$ mm, $l \leq 625$ mm
– Dämmschicht aus mineralischen
 Fasern mit $\rho \geq 30$ kg/m^3,
 nicht brennbar, $D = 60$ mm$^{3]}$
– Beplankung aus Holzwerkstoffen[1],
 $d_2 = 16$ mm$^{3]}$
 oder gespundeten Brettern aus
 Nadelholz, $d_2 = 21$ mm
– Dämmschicht aus Mineralfaserplatten[2] $d_3 = 15$ mm oder
 aus Gipskartonplatten, $d_3 = 9,5$ mm
– Schwimmender Fußboden aus
 Mörtel, Gips oder Asphalt, $d_4 = 20$ mm
 oder Holzwerkstoffplatten,
 Brettern, Parkett, $d_4 = 16$ mm
 oder Gipskartonplatten, $d_4 = 9,5$ mm

Fußnoten zu den Abb. F.23 und F.24 und zu Tabelle F.6:

[1] Spanplatten bisher nach DIN 68 763 oder Sperrholzplatten, bisher nach DIN 68 705-3 oder -5, $\rho \geq 600$ kg/m^3, zukünftig nach DIN EN 13 986 (siehe Anmerkung auf Seite 414).
[2] Mineralfaserplatten nach DIN 18 165-2, $\rho \geq 30$ kg/m^3, Baustoffklasse B 2 (siehe Anmerkung auf Seite 414).
[3] Eine Dämmschicht über der Bekleidung ist brandschutztechnisch nicht unbedingt notwendig. Wird sie trotzdem nach der bisherigen DIN 18 165-1 wie angegeben ausgeführt, so darf die Dicke der Bekleidung bzw. der Beplankung aus Holzwerkstoffplatten um jeweils 3 mm reduziert werden.
[4] $\sigma_B/(1,1 \cdot k_B \cdot \text{zul } \sigma_B)$ mit $1,1 \cdot k_B \leq 1,0$.
[5] Abstand der Kippaussteifungen; bei Seitenverhältnissen $h/b > 3$ muss deren Ausführung in F 30-B nachgewiesen werden.

2.2.2.5

Unterdecken

In DIN 4102-4 sind auch Unterdecken klassifiziert, die tragenden Massiv- oder Stahlträgerdecken eine bestimmte Feuerwiderstandsklasse verleihen. Gemäß Tabelle **F.7** sind das (unter Beachtung der Anmerkung auf Seite 414):
- hängende Drahtputzdecken nach DIN 4121
- Unterdecken aus Holzwolle-Leichtbauplatten nach DIN EN 13 168 (bisher nach DIN 1101) mit verspachtelten Fugen oder mit unterseitigem Putz
- Unterdecken aus 9,5 mm dicken Gipskarton-Putzträgerplatten (GKP) nach DIN EN 520 (bisher nach DIN 18 180) mit unterseitigem Putz
- Unterdecken aus Gipskarton-Feuerschutzplatten (GFK), bisher nach DIN 18 180, mit geschlossener Fläche, Befestigung und Verspachtelung nach DIN 18 181
- Unterdecken aus Gips-Deckenplatten DF oder SF, bisher nach DIN 18 169, in Zukunft nach DIN EN 14 246.

Die Unterdecken sind in Verbindung mit Rohdecken der Bauarten I bis III klassifiziert. Unterdecken aus GKF-Platten sowie Drahtputzdecken können auch unabhängig von der Deckenbauart gegen Brandbeanspruchung von unten allein einer Feuerwiderstandsklasse angehören (siehe Tabelle **F.7**, Fußnoten 5 und 8).

Decken der Bauart I sind
- Decken aus Leichtbeton-Hohldielen oder Porenbetonplatten
- Stahlbeton- oder Spannbetondecken mit Zwischenbauteilen aus Leichtbeton oder Ziegeln nach DIN 278, 4158, 4159 und 4160 einschl. Stahlsteindecken (siehe Anmerkung auf Seite 414)
- Decken mit freiliegenden Stahlträgern ($U/A \leq 300\ m^{-1}$) und einer oberen, mindestens 5 cm dicken Abdeckung aus Leichtbeton-Hohldielen oder Porenbetonplatten.

Decken der Bauart II sind Decken mit freiliegenden Stahlträgern ($U/A \leq 300\ m^{-1}$) und einer oberen, mindestens 5 cm dicken Abdeckung aus Normalbeton.

Decken der Bauart III sind Stahlbeton- oder Spannbetondecken aus Normalbeton, auch mit Zwischenbauteilen aus Normalbeton.

Die Unterdecken müssen dicht an den angrenzenden Massivwänden anschließen. Grenzen die Unterdecken an leichte Trennwände an oder werden leichte Trennwände an den Unterdecken angeschlossen, so sind zusätzliche Nachweise durch Prüfungen nach DIN 4102-2 zu führen. Außerdem heben Deckeneinbauten wie Leuchten oder Klimageräte die brandschutztechnische Wirkung einer Unterdecke im Allgemeinen auf. Ihre Eignung ist daher ebenfalls durch Prüfungen nach DIN 4102-2 nachzuweisen.

Schließlich setzt die Klassifizierung voraus, dass die Unterdecken unbelastet sind (Kabel und Rohrleitungen sind mit nicht brennbaren Bauteilen an der Rohdecke zu befestigen) und dass sich zwischen Unterdecke und Rohdecke keine weiteren brennbaren Bestandteile befinden. Als unbedenklich gelten dabei brennbare Baustoffe, zum Beispiel Kabelisolierungen, wenn die dadurch entstehende Brandlast möglichst gleichmäßig verteilt und $\leq 7\ kWh/m^2$ ist. (Ein NYM-Kabel 3 × 1,5 mit PVC-Isolierung besitzt zum Beispiel eine Brandlast von $q \approx 0{,}8\ kWh/m$.)

Tabelle F.7
Unterdecken nach DIN 4102-4 (alle Maße im mm)

[1] Die genaue Benennung muss je nach Brennbarkeit der Verkleidung oder der Unterkonstruktion F 30-A ... oder F30-AB ... lauten. In DIN 4102-4 sind zusätzliche Deckenkonstruktionen mit Drahtputzdecken für die Klassen F 120 und F 180 sowie mit Unterdecken aus GKF-, SF- und DF-Platten für die Klasse F 120 klassifiziert.
[2] Oder Profile aus Stahlblech.
[3] Abstand zwischen UK-Balken oder Rippe und OK Putzträger oder Plattendecke.
[4] Siehe dazu Erläuterungen im Text.
[5] Auf Holzlattung ist in der Klasse F 60 eine zweilagige Ausführung mit 2 × 12,5 mm erforderlich, die Klasse F 90 ist nur für eine Tragkonstruktion aus Stahlblechprofilen klassifiziert. Unterdecken aus zwei Plattenlagen mit versetzten Fugen und geschlossener Fläche können bei Brandbeanspruchung von unten unabhängig von der darüber liegenden Rohdecke allein in eine Feuerwiderstandsklasse eingeordnet werden, und zwar mit 2 × 12,5 mm in F 30-B bzw. F 30-A (auf Blechprofilen), mit 15 + 18 mm in F 60-B bzw. F 60-A; maximale Spannweite der Platten bei F 60 nur 400 mm.
[6] In der Feuerwiderstandsklasse F 60 ist Einschub- oder Einlegemontage, in F 90 immer Einschubmontage erforderlich; bei vorhandener Dämmung im Zwischendeckenbereich ist nur F 30 erreichbar.
[7] Mörtelgruppen nach DIN V 18 550, Spezialputze als Vermiculite- oder Perlitputze. Putzdicken bei Drahtputzdecken über Putzträger gemessen; Durchdringung des Putzträgers $\geq 10\ mm$.
[8] Diese Unterdecken können bei Brandbeanspruchung von unten unabhängig von der darüber liegenden Deckenbauart allein in die genannten Feuerwiderstandsklassen eingeordnet werden.

2.2.2.5 Bauphysikalische Anforderungen F

Feuerwiderstandsklassen[1]			F 60			F 30			F 90		
Maximale Spannweiten der Unterkonstruktion											
Tragstäbe ⌀ ≥ 7 mm für Drahtputzdecken			750			700			400		
Traglattung[2] für Holzwolle-Leichtbauplatten			1000			1000			750		
Grund- und Traglattung für GKP-, GKF- oder Gips-Deckenplatten			1000			1000			1000		
Maximale Spannweiten der Putzträger bzw. Verkleidungen											
Putzträger aus Rippenstreckmetall			1000			800			750		
Putzträger aus Drahtgewebe			500			400			350		
Holzwolle-Leichtbauplatten			500			500			–		
Gipskartonplatten GKP oder GKF			500			500			500		
Deckenplatten aus Gips DF oder SF			625			625			625		
Mindest-Abhängehöhen[3]											
Drahtputzdecken			12			15			20		
Holzwolle-Leichtbauplatten			25			25			–		
Gipskartonplatten GKP oder GKF sowie Deckenplatten aus Gips DF oder SF			40			80			80		
Deckenbauart[4]			I	II	III	I	II	III	I	II	III
Mindestplattendicken, ungeputzt											
HWL-Platten			50	50	35	–	–	–	–	–	–
GKF-Platten mit Dämmung im Zwischendeckenbereich			15	15	15	–	–	–	–	–	–
GKF-Platten ohne Dämmung im Zwischendeckenbereich[5]			15	12,5	12,5	–	–	12,5	–	–	15
Deckenplatten aus Gips[6]				DF3/SF3	–		DF9/SF9	–		DF9/SF9	
Mindestputzdicken[7]											
Drahtputzdecken mit Wärmedämmung		P II oder IV c	15	15	15	–	–	–	–	–	–
		P IV a oder b	5	5	5	20	20	20	–	–	–
		Spezialputze	5	5	5	10	10	10	20	20	20
ohne Wärmedämmung		P II oder IV c	15	10	5	–	15	5	–	25	15
		P IV a oder b	5	5	5	20	5	5	–	15	5
		Spezialputze	5	5	5	10	5	5	20	10	5
allein[8]		P IV a oder b	20	20	20	–	–	–	–	–	–
		Spezialputze	15	15	15	25	25	25	–	–	–
HWL-Patten, ≥ 25 mm dick mit oder ohne Wärmedämmung		P II oder IV c	25	25	15	–	–	20	–	–	–
		P IV a oder b	20	20	10	–	–	15	–	–	–
		Spezialputze	15	15	5	25	25	10	–	–	–
GKP-Platten, ≥ 9,5 mm dick mit Wärmedämmung		P IV a oder b	20	20	20	–	–	–	–	–	–
		Spezialputze	15	15	15	–	–	–	–	–	–
ohne Wärmedämmung	Holzlattung	P IV a oder b	20	20	15	–	–	–	–	–	–
		Spezialputze	15	15	10	–	–	20	–	–	–
	Blechprofile	P IV a oder b	20	15	10	–	–	15	–	–	–
		Spezialputze	15	10	5	–	20	10	–	–	20

2.2.3

Schallschutz

(vgl. Abschnitt E.3.4.1)

Geschossdecken trennen Räume gleicher oder auch unterschiedlicher Nutzung. Die Anforderungen an den Schallschutz sind somit auch unterschiedlich. In DIN 4109 – Schallschutz im Hochbau – werden Empfehlungen für Maßnahmen gegen Schallübertragung aus dem eigenen oder einem fremden Wohn- und Arbeitsbereich formuliert [E.26, Abschnitt 10.3.2].

Bei Decken sind Maßnahmen gegen Trittschall, Luftschall und gegebenenfalls zur Verbesserung der Raumakustik gegen unerwünschte Schallreflexionen notwendig. Unter Bezug auf die allgemeinen Darlegungen im Abschnitt E.3.4.1 lassen sich folgende Maßnahmen anführen:
– *Trittschalldämmung*: Dämmung des durch Tritt erzeugten Körperschalls durch eine weichfedernd gelagerte Schale, zum Beispiel in Form eines schwimmenden Estrichs, oder Abfangung der Tritte durch einen weichfedernden Bodenbelag. Im ersten Fall wird der entstehende Trittschall nicht auf andere Bauteile übertragen. Im zweiten Fall entsteht gegebenenfalls gar kein Trittschall. Abgehängte, biegeweiche Unterdecken können einen schwimmenden Estrich nicht ersetzen, da sie Flankenübertragung nicht zu behindern vermögen.
– *Luftschalldämmung*: Für Luftschalldämmung bei einem Schallweg von oben nach unten ist fast ausschließlich die flächenbezogene Masse der den Schallraum begrenzenden Bauteile maßgeblich. Auch ein gegen Trittschallübertragung konzipierter schwimmender Estrich vermag infolge des Estrichgewichts den Luftschallschutz zu verbessern. Luftschallschutz von unten nach oben lässt sich auch durch abgehängte, biegeweiche Unterdecken erreichen. Das in Abschnitt E.3.4.3 für den Luftschallschutz von Wänden Dargelegte ist sinngemäß auf Geschossdecken zu übertragen.
– Schallreflexionen: Sie können durch weiche Schallschluckauflagen auf schallharten Bauteilen und durch abgehängte, biegeweiche Unterdecken reduziert werden. Schallschluckauflagen dämpfen wohl die Schallintensität im Raum selbst, behindern aber nicht den Schalldurchgang in andere Räume.

Bei üblichen Raumnutzungen entsteht sowohl Tritt- als auch Luftschall. Es müssen also bei Decken komplexe konstruktive Maßnahmen vorgesehen werden. Bei den in der Regel zur Ausführung kommenden Deckenkonstruktionen mit großer, flächenbezogener Masse (Tabelle **F.8**) sind mit einem schwimmenden Estrich meistens alle Probleme zu lösen. Konflikte ergeben sich allerdings, wenn zusätzlich noch Schutzmaßnahmen gegen Sickerwasser, Durchgänge von Rohrleitungen oder besondere Wärmeschutzmaßnahmen erforderlich werden. An die Planung und Ausführung vor allem der Anschlüsse der schwimmenden Estriche an andere Bauteile, der Gebäudedehnungs- oder Setzungsfugen und bei extrem großen Dämmstoffdicken (Wärmeschutz) auch an die Estriche selbst sind hohe Anforderungen zu stellen. In Abb. **F.25** werden summarisch die Möglichkeiten des Schallschutzes bei Decken zeichnerisch dargestellt. Einzelheiten der oben erwähnten Konfliktbereiche bei schwimmenden Estrichen und gegebenenfalls bei Unterdecken werden dann in den Abschnitten F.3 und F.4 abgehandelt. Ein besonderer Hinweis auf Schwachstellen bei Deckendurchbrüchen für

2.2.3 Bauphysikalische Anforderungen   F

Tabelle F.8
Flächenbezogene Masse und Trittschallschutz von Decken
(Maße in mm)

Deckentyp Flächenbezogene Massen einschließlich, soweit vorhanden, Verbundestrich, Estrich auf Trennschichten und Putz, Unterdecken aus Grundlattung, Traglattung, schallabsorbierender Einlage und Deckenfläche, z. B. aus Putzträger und Putz	Flächenbezogene Masse in kg/m²	Äquivalentes Trittschallschutzmaß TSM_{eq} in dB	
		ohne Unterdecke	mit Unterdecke
Stahlbetonvollplatte aus Normalbeton nach DIN 1045 oder Leichtbeton nach DIN 4219-1	135	−23	−12
	160	−22	−11
Bewehrter Porenbeton nach DIN 4223	190	−21	−11
Stahlsteindecken nach DIN 1045 mit Deckenziegeln nach DIN 4159	225	−19	−10
	270	−16	−10
Stahlbetonrippendecken nach DIN 1045 mit Zwischenbauteilen nach DIN 4158 oder 4160	320	−14	−9
Stahlbetonhohldielen nach DIN 1045, Stahlbetondielen aus Leichtbeton nach DIN 4028	380	−11	−8
	450	−8	−6
Balkendecke nach DIN 1045	530	−8	−4

F Bauphysikalische Anforderungen 2.2.3

Abb. F.25
Schallschutz bei Decken

a mit schwimmendem Estrich

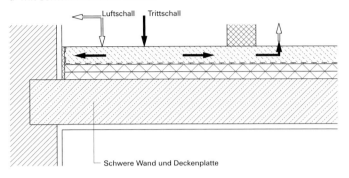

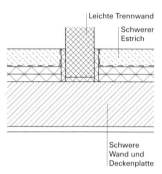

Verbesserung zu a

Guter Trittschallschutz bei schwimmendem Estrich

Leichte Trennwände auf schwerem Estrich vermeiden

Bei schweren Bauteilen guter Luftschallschutz und geringe Flankenübertragungen

Weichfedernde Bodenbeläge behindern Trittschallentstehung

Auf Einbauten und Durchgänge im Fußboden achten (Rohre, Fußplatten usw.)

b mit Verbundestrich und weichem Bodenbelag

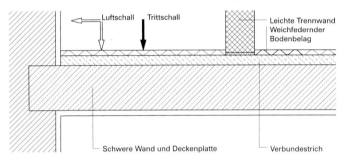

c mit abgehängter Unterdecke

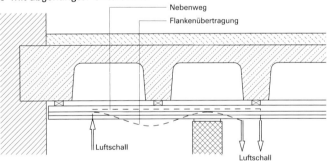

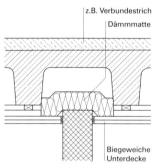

Verbesserung zu c

Flankenübertragung durch Resonanzschwingung bei durchlaufender Unterdecke

Holzbalkendecken:
Trennung von Fußboden und Decke gegen Trittschallübertragung

Schwere Materialien und Unterdecke gegen Luftschallübertragung

d mit schwerer Zwischendecke

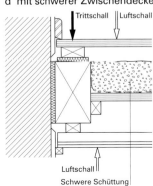

e mit schwimmendem Estrich und gedämmter Unterdecke

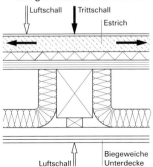

Installationen erscheint angebracht. Hier muss besondere Sorgfalt zur Vermeidung von Schallbrücken (kraftschlüssige Kontaktstellen von Leitungen, Decken und Estrichen) und Luftschallverbindungen aufgewendet werden. Luftschall kann durch Schächte und Lüftungskanäle, aber auch durch Hüllrohre, bei denen der Zwischenraum zwischen Rohrleitung und Hüllrohr nicht ausreichend abgedichtet wurde, gelangen. Schallschutz bei haustechnischen Anlagen (DIN 4109) ist in diesem Zusammenhang zu erwähnen, aber hier nicht abzuhandeln.

3
Fußbodenkonstruktionen

3.1

Allgemeines

Die Herstellung von Fußbodenkonstruktionen gehört in die Ausbauphase von Gebäuden. Zu Fußbodenkonstruktionen rechnen alle zwischen einer zum Rohbau gehörenden Unterkonstruktion (Decken, Sohlplatten) und der obersten *Verschleißschicht* des Bodenbelags liegenden Schichten samt den Anschlüssen an andere Bauteile. Fußbodenarbeiten werden, sofern Putzarbeiten zur Ausführung kommen, nach diesen durchgeführt.

Fußbodenkonstruktionen haben wichtige Funktionen für die Gesamtgebäudenutzung. Nur bei einfachen oder untergeordneten Raumnutzungen beschränkt sich die Funktion der Fußbodenkonstruktion lediglich auf den Ausgleich von Unebenheiten der Rohbauunterkonstruktion und die Herstellung einer ebenen, verschleißfesten Nutzschicht (Verschleißschicht). Darüber hinaus müssen für die Fußbodenkonstruktion Anforderungen des Schall-, Wärme-, Brand- und Feuchtigkeitsschutzes berücksichtigt werden. In Abschnitt F.2.2 wurde schon dargelegt, dass Fußbodenkonstruktionen als Teil einer Geschossdeckenkonstruktion in ein komplexes baukonstruktives Funktionsgefüge eingebunden sind. Werden in die Fußbodenkonstruktion Installationen der technischen Gebäudeausrüstung integriert (zum Beispiel Fußbodenheizungen und Unterflurkanäle für Elektroleitungen), so vergrößert sich die konstruktive Komplexität erheblich. An Planung und Ausführung werden daher hohe Anforderungen gestellt.

Fußbodenkonstruktionen werden in der Regel aus mehreren Schichten unterschiedlicher Materialien aufgebaut. Jede Schicht hat eine bestimmte Funktion (Abb. **F.26**):
– *Ausgleichsschichten* werden erforderlichenfalls zum Ausgleich von Unebenheiten der Rohbauunterkonstruktion oder gegebenenfalls auf Estrichen vor Aufbringen des Bodenbelags notwendig.
– *Schutzschichten* gegen Feuchtigkeit. Hierbei ist zu unterscheiden in Feuchtigkeit aus der Rohbauunterkonstruktion, Eigenfeuchtigkeit der Fußbodenbestandteile (zum Beispiel Zementestrich) und Feuchtigkeit aus der Raumnutzung (Sickerwasser und Spritzwasser).
– *Gefälleschichten* ermöglichen eine Verlegung der Fußbodenkonstruktion im Gefälle bei gleichbleibender Dicke der übrigen Schichten. Das Gefälle der Fußbodenoberfläche oder auch darunter liegender Schichten bewirkt einen schnellen Wasserablauf (zum Beispiel in Duschräumen) zum Fußbodenablauf hin, ohne dass hydrostatischer Druck entsteht.
– *Trennschichten* sollen kraftschlüssige Verbindungen zwischen Fußbodenschichten oder der Unterkonstruktion verhindern, wenn bei unterschiedlichen Bewegungen Riss-Schäden zu befürchten sind.
– *Wärmedämmschichten* sind bei Fußböden nichtunterkellerter Räume, über Durchfahrten und bei Fußböden in nicht wärmegedämmten Dachräumen erforderlich. Die Dämmschichten können je nach den planerischen Erfordernissen im Zusammenhang mit dem Fußboden oder mit der Rohbaukonstruktion vorgesehen werden.

Abb. **F.26**
Fußböden
Bauphysikalische Anforderungen, konstruktive Details

 Beheizte Aufenthaltsräume

Bauphysikalische Anforderungen

B   Brandschutz
DS Dampfsperre
F   Feuchtigkeitsschutz
LS Luftschallschutz
TS Trittschallschutz
W Wärmeschutz

1   Deckenkonstruktion
2   Sohlplatte
3   Baugrund
4   Bodenbelag
5   Estrich
6   Verstärkter Estrich
7   Feuchtigkeitssperre
8   Trennschicht
9   Sickerwasserdichtung
10 Schutzestrich
11 Gefälleestrich
12 Trittschalldämmung
13 Wärmedämmung
14 Desgl. unverrottbar und druckfest
15 Innenputz
16 Außenputz auf Putzträger
17 Sauberkeitsbeton
18 Dampfsperre
19 Gussasphalt

3.1 Fußbodenkonstruktionen   F

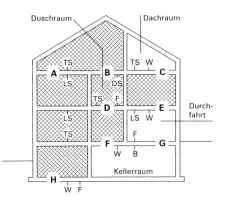

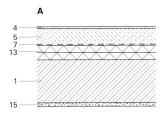
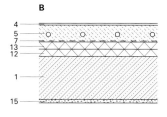
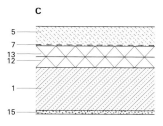
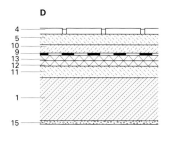
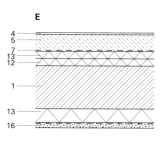
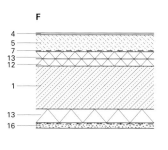
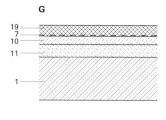
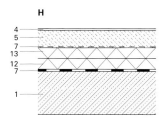
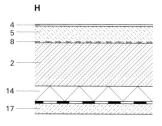

- *Trittschallschutzschichten* können als Teil eines schwimmenden Estrichs die Weiterleitung des Trittschalls auf die Rohbaukonstruktion behindern oder als entsprechend eingestellte Bodenbeläge die Trittschallentstehung. Die Dämmmaterialien für schwimmende Estriche eignen sich auch als Wärmedämmmaterialien, jedoch haben nicht alle Wärmedämmmaterialien die für den Trittschallschutz erforderlichen Eigenschaften (geringe dynamische Steifigkeit).
- *Brandschutzschichten* verbessern den Feuerwiderstand von Deckenkonstruktionen (siehe Abschnitt F.2.2.2). Dem können Schichten dienen, die noch andere Funktionen haben (Estriche, Dämmschichten), oder aber es werden besondere Brandschutzschichten (zum Beispiel Gipskartonplatten bei Holzbalkendecken) vorgesehen.
- *Lastverteilungsschichten* sollen die Verteilung von punktförmigen Lasten (Möbel, Raddruck, Maschinen) auf eine größere Fläche weniger tragfähiger Schichten bewirken.
- *Elektrisch leitende Schichten* sind bei besonderen Raumnutzungen zur Ableitung unerwünschter elektrostatischer Ladungen erforderlich. Sie werden in der Regel mit dem Bodenbelag verlegt.
- *Bodenbeläge* (Nutzschichten) bilden die benutzbare Oberfläche von Fußbodenkonstruktionen.

3.2

Estriche

3.2.1

Allgemeines

Estriche sind auf der Baustelle auf einem tragenden Untergrund oder auf Trenn- oder Dämmschichten hergestellte Bauteile. Sie müssen die auf sie wirkenden Verkehrslasten tragen und auf die Unterkonstruktion ableiten können. Man unterscheidet Estriche nach der Art ihrer Konstruktion in
- *Verbundestrich* (Kurzzeichen: V)
- *Estrich auf Trennschichten* und
- *Schwimmenden Estrich* (S),

nach den verwendeten Materialien [F.5, Kapitel 7.6] in
- *Calciumsulfatestrich* (CA)
- *Gussasphaltestrich* (AS)
- *Magnesiaestrich* (MA)
- *Zementestrich* (CT),
- *Kunstharzestrich* (SR),

und hinsichtlich besonderer Funktionen gibt es Bezeichnungen wie
- *Hartstoffestrich* für einen besonders verschleißfesten Estrich mit Hartstoffzuschlägen oder
- *Heizestrich* für Estriche, in oder unter denen Fußbodenheizungssysteme untergebracht werden.

Folgende DIN-Normen sind bei der Planung und Ausführung von Estrichen zu berücksichtigen:

- DIN 1100 – Hartstoffe für zementgebundene Hartstoffestriche
- DIN 18 202 – Maßtoleranzen im Hochbau; – 5 – Ebenheitstoleranzen für Flächen von Decken und Wänden
- DIN 18 353 (VOB, Teil C) – Estricharbeiten
- DIN 18 354 (VOB, Teil C) – Asphaltbelagarbeiten

- DIN 18 560 Estriche im Bauwesen
  - -1, Allgemeine Anforderungen, Prüfung und Ausführung
  - -2, Estriche und Heizestriche auf Dämmschichten (schwimmende Estriche)
  - -3, Verbundestriche
  - -4, Estriche auf Trennschicht
  - -5, Hochbeanspruchte Estriche (Industrieestriche)

Bei der Kurzbezeichnung von Estrichen werden nacheinander das Estrichmaterial und die Festigkeits- bzw. Härteklasse sowie die Estrichkonstruktionsart und die Estrichdicke angegeben. So wird ein Zementestrich (ZE) der Festigkeitsklasse 30 (Druckfestigkeit $\geq$ 30 N/mm^2) als Verbundestrich (V) mit 35 mm Nenndicke folgendermaßen bezeichnet: Estrich DIN 18 560 – ZE 30 – V 35

3.2.2

Verbundestriche

Bei geringen Anforderungen des Schall-, Wärme- und Feuchtigkeitsschutzes ist die Verwendung von Verbundestrichen sinnvoll, vor allem dann, wenn mit großen Belastungen zu rechnen ist. Das kennzeichnende Merkmal von Verbundestrichen ist der feste Haftverbund mit dem tragenden Untergrund. Der *Haftverbund* behindert die Verformungsfähigkeit des Estrichs. Die beim Erhärten, Abkühlen und Austrocknen des Estrichs entstehenden Zugspannungen im Estrich und vor allem Scherspannungen in der Kontaktebene zwischen Estrich und Untergrund können den Verbund aufheben. Um dies zu vermeiden, sollten folgende Maßnahmen vorgesehen werden:
- rauer Untergrund
- sorgfältige Vorbereitung des tragenden Untergrunds (Säubern, Vornässen, gegebenenfalls Haftbrücken)
- große Biegezugfestigkeit des Estrichs
- Estrichfugen nur über Fugen im tragenden Untergrund.

Für Verbundestriche ist eine Mindestdicke von 30 mm vorgeschrieben. Sie können bei tragendem Untergrund aus Beton sowohl auf den frischen als auch auf den ausgehärteten Beton aufgebracht werden. Der Haftverbund im ersten Fall ist besser. Bei großen Unebenheiten des Untergrunds oder bei dort liegenden Kabeln und Rohrleitungen muss ein Ausgleichsestrich die Unebenheiten und Leitungen vollständig abdecken, einen guten Haftverbund mit dem Untergrund haben und selbst als tragender Untergrund geeignet sein. Tabelle **F.9** (DIN 18 560-3, Tabelle 2) enthält eine Übersicht über

Tabelle F.9
Verbundestriche, Eignung tragender Untergründe (nach DIN 18 560-3)

Estrichart	Eignung bei tragendem Untergrund aus						
	Beton	Calcium-sulfat-estrich	Magnesia-estrich	Zement-estrich	Guss-asphalt[1] estrich	Holz[2]	Stahl[2]
Calciumsulfatestrich	+	+	○	+	○	○	○
Gussasphaltestrich	○	–	–	○	+	○	○
Kunstharzestrich	+	○	○	+	○	○	○
Magnesiaestrich[3]	+	○	+	+	○	+	○
Zementestrich	+	○		+	○	○	○

Zeichenerklärung
+ geeignet
○ geeignet mit besonderen Maßnahmen
– nicht geeignet

[1] Sowie andere bitumengebundene Trag- oder Deckschichten.
[2] Bei ausreichender Biegefestigkeit.
[3] Bei Stahlbetondecken ist eine Sperrschicht vorzusehen.

tragende Untergründe von Verbundestrichen. Bei nicht ausreichender Biegesteifigkeit der Unterkonstruktion sollte Verbundestrich wegen der *Rissegefahr* im Estrich nicht zur Ausführung kommen. Estriche auf Decken mit großer Durchbiegung, vor allem im Bereich der Stützmomente von Durchlaufplatten, sind gefährdet. In diesen Fällen sind Estriche auf Trennschichten mit engen Fugenabständen (Abb. **F.27**) besser geeignet.

In der Regel werden Verbundestriche direkt als Nutzschicht verwendet, gegebenenfalls mit Zusatz von Hartstoffen (Hartstoffestrich). Bodenbeläge können jedoch bei Bedarf auf Verbundestrich aufgebracht werden.

Die Festigkeits- bzw. Härteklasse für einen Verbundestrich muss auf die spätere Beanspruchung eingestellt werden. Sie muss mindestens den Werten der Tabelle **F.10** entsprechen. Die Festigkeitsklassen sind im Übrigen in DIN EN 13 813 dargestellt [F.16].

Hartstoffestrich wird ein- oder zweischichtig in der Regel als Verbundestrich hergestellt. Zuschläge aus besonders harten Stoffen verbessern die Verschleißfestigkeit gegenüber normalem Estrich. Zweischichtiger Hartstoffestrich besteht aus der Übergangsschicht aus normaler Estrichmischung mit einer Mindestdicke von 25 mm und der Hartstoffschicht mit mindestens 6 mm Dicke. Die Hartstoffschicht wird auf die noch frische Übergangsschicht aufgebracht.

Tabelle F.10
Festigkeits- und Härteklassen von Verbundestrichen

Estrichart	Festigkeitsklasse bzw. Härteklasse nach DIN EN 13 813 bei Nutzung	
	mit Belag	ohne Belag
Calciumsulfatestrich	$\geq$ C 20/F 3	$\geq$ C 25/F 4
Kunstharzestrich	$\geq$ C 20/F 3	$\geq$ C 25/F 4
Magnesiaestrich	$\geq$ C 20/F 3	$\geq$ C 25/F 4
Zementestrich	$\geq$ C 20/F 3	$\geq$ C 25/F 4
Gussasphaltestrich		
– für beheizte Räume	IC 10 oder IC 15	
– für unbeheizte Räume und im Freien	IC 15 oder IC 40	
– für Räume mit besonders niedrigen Temperaturen	IC 40 oder IC 100	

Abb. F.27
a Bewegungsfugen-Profil aus Alu oder Messing mit Kunstkautschukeinlage für hochbelastbare Fugen in Estrichen sowie Fliesen- und Plattenbelägen.
b Schwindfugenprofil. Gelochter Alu-Trägerwinkel. Dichtungsprofil aus Weich-PVC. Geeignet für Heizestriche.
c Schwindfugenprofil. Bauteil aus gelochten Metallwinkeln (Alu, Messing oder Edelstahl) in den feuchten Estrich einzudrücken und zu nivellieren.
1 Stahlbetondecke oder Unterbeton
2 Estrich
3 Bewegungsfuge
4 Schwindfuge
5 hochbelastbarer Ausgleichsmörtel
6 Mörtelbett mit Fliesen- oder Plattenbelag.   (Fabrikate: Migua und ESN)

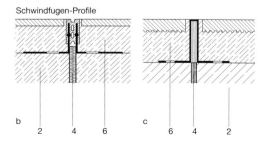

3.2.3

Estriche auf Trennschichten

Ist ein kraftschlüssiger Verbund zwischen Estrich und Unterkonstruktion unerwünscht oder nicht erreichbar, so ist der Estrich auf einer *Trennschicht* herzustellen. Als Trennschicht sind Kunststofffolien, Ölpapier oder Asphaltpapier geeignet. Die Trennschicht soll voneinander unabhängige Verformungen von Unterkonstruktion und Estrich ermöglichen. Als Verformungsarten, die zu berücksichtigen sind, kommen in erster Linie elastische Verformungen (zum Beispiel Durchbiegungen bei Durchlaufplatten) und Temperaturverformungen in Betracht. Entscheidend für die Funktionsfähigkeit der Trennschicht sind faltenlose Verlegung und absolut ebener Untergrund, damit eine Gleitwirkung bei Verformungen entstehen kann.

Hinweise für Planung und Ausführung:
– ebene Oberfläche der Unterkonstruktion
– ebene Verlegung der Trennschicht, ausreichende Stoßüberdeckung
– *Randfugen* zu angrenzenden aufgehenden Bauteilen mit weichem Dämmstoffstreifen ausfüllen
– Estrichdicke mindestens 40 mm
– Estrichfläche durch Scheinfugen (in den feuchten Estrich fluchtrecht eingeschnitten) in möglichst quadratische Felder von höchstens 6 m Feldlänge einteilen.

Estriche im Freien bzw. bei besonderer Wärmeeinstrahlung sollten je nach dem Seitenverhältnis der Feldkanten einen Fugenabstand zwischen dem 30- bis 33-fachen der Estrichdicke erhalten.

3.2.4

Schwimmender Estrich (Abb. **F.28c**)

Bei schwimmenden Estrichen ist der Estrichkörper durch Dämmschichten völlig von anderen Bauteilen getrennt. Auch bei Verformungen des Estrichs dürfen keine Kontakte zu anderen Bauteilen entstehen. Insbesondere für die Wirksamkeit des Trittschallschutzes muss diese Forderung vor allem bei der Ausführung peinlichst beachtet werden. Schon bei vereinzelten *Schallbrücken* kann die Trittschallschutzwirkung eines ganzen schwimmenden Estrichs verloren gehen. Als besonders gefährdet gelten Bereiche, die schwierig zu erreichen sind, wie Heizkörpernischen oder kleine Flächen hinter senkrechten Rohrleitungen, sowie alle etwas komplizierteren Anschlüsse an senkrechte Bauteile wie Rohrdurchgänge und Stahltürzargen. Um Kontaktstellen zwischen Estrichkörper und tragender Unterkonstruktion zu verhindern, die beim ungenauen Verlegen der Dämmplatten entstehen können, ist *zweilagige* Verlegung des Dämm-Materials mit versetzten Stößen erforderlich. An allen aufgehenden Bauteilen müssen weichfedernde Randstreifen aufgestellt werden.

Als Trittschallschutzdämmstoffe eignen sich Dämmstoffe mit geringer dynamischer Steifigkeit. Für den Wärmeschutz sind Dämmstoffe mit niedriger Wärmeleitzahl vorzusehen. Eigenlast des lastverteilenden Estrichs und Verkehrslasten drücken die Dämmschicht zusammen. Der Estrich verhält sich nach dem statischen System einer elastisch gelagerten Platte. Bei punktförmiger Belastung wird er auf Biegung beansprucht. Daher muss bei großen Verkehrs- oder auch großen Einzellasten und bei großer Dämmstoffdicke die Estrichnenndicke größer werden (Tabelle **F.11**).

Abb. F.28
Estriche

a Verbundestrich
b Estrich auf Trennschicht
c Schwimmender Estrich

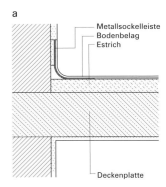

a — Metallsockelleiste, Bodenbelag, Estrich, Deckenplatte

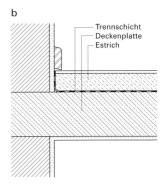

b — Trennschicht, Deckenplatte, Estrich

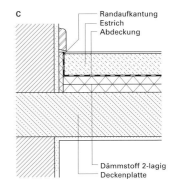

c — Randaufkantung, Estrich, Abdeckung, Dämmstoff 2-lagig, Deckenplatte

In besonderen Fällen ist eine Baustahlgewebebewehrung des Estrichs erforderlich. Als Dämmstoffe werden Faserdämmstoffe nach DIN 18 165 oder Schaumkunststoffe nach DIN 18 164 verwendet.

Die Dämmstoffdicke wird mit zwei Ziffern gekennzeichnet, zum Beispiel 25/20. Dabei bezeichnet die erste Ziffer die Dicke der Matte oder Platte bei Lieferung (25 mm) und die zweite Ziffer die Dicke (20 mm) in zusammengedrücktem, eingebautem Zustand. Für den Planer sind die Dickendifferenz (hier: 5 mm) für die Wahl der Estrichnenndicke (Tabelle **F.11**) und die endgültige Dicke in zusammengedrücktem Zustand für die Festlegung der Gesamtfußbodendicke wichtig. Bei mehreren Dämmstofflagen müssen die Dickendifferenzen aller Lagen berücksichtigt werden.

Tabelle F.11
Schwimmende Estriche. Anforderungen an Dicke und Festigkeit (nach DIN 18 560-2)

Verkehrslast	Nutzung des Estrichs (Beispiele)	Estrichart	Estrichnenndicke in mm[1] bei einer Zusammendrückbarkeit der Dämmschicht	
			bis 5 mm	
$p \leq 1{,}5$ kN/m²	Wohnräume	ZE 20	≥ 35	≥ 40
$p \leq 2{,}0$ kN/m²	Büroräume, Flure in Wohn- und Bürogebäuden, Krankenzimmer und Aufenthaltsräume in Krankenhäuser		≥ 40	≥ 45
$p \leq 3{,}5$ kN/m²	Treppen einschließlich Zugängen in Wohngebäuden, Klassenzimmer, Behandlungsräume in Krankenhäusern	ZE 30	≥ 55	≥ 60
$p \leq 5{,}0$ kN/m²	Versammlungsräume, Ausstellungs- und Verkaufsräume, Gaststätten		≥ 65	≥ 75

[1] Bei Dämmschichtdicken > 30 mm ist die Estrichdicke um 5 mm zu vergrößern.

Als konstruktive Problempunkte gelten die Anschlüsse von schwimmenden Estrichen an aufgehende, starre Bauteile (Abb. **F.29**) (Wände, Pfeiler, Rohrleitungen usw.). Um die allseitige Verformbarkeit des Estrichkörpers (wichtig vor allem bei Heizestrichen) nicht zu behindern, müssen diese Anschlüsse durch Dämmstoffrandstreifen in der Höhe des gesamten Fußbodenaufbaus weichfedernd abgedämmt werden. Die dabei entstehende Randfuge darf auch durch Bodenbeläge nicht geschlossen werden. Daraus ergeben sich in Nassräumen Probleme für die Abdichtung und bei am Wandsockel hochgeführten Bodenbelägen für deren Befestigung.

Für Planung und Ausführung schwimmender Estriche sollen folgende Hinweise Beachtung finden:
– weichfedernd gedämmte Randfugen
– Dämmstoffe *zweilagig* anordnen
– Über Fugen der Unterkonstruktion sind Fugen in der Fußbodenkonstruktion vorzusehen.
– bei einspringenden Raumecken Estrichfugen (Scheinfugen) anordnen
– Estrichfelder möglichst quadratisch und bis höchstens 40 m² bei maximaler Seitenlänge von 8 m anlegen
– Dämmstoffe sind gegen die feuchte Estrichmasse durch Abdeckfolien zu schützen. Die Abdeckfolien müssen an den Randaufkantungen bis über die zukünftige Fußbodenoberkante hochgezogen werden.
– Dämmstoffe sind gegen aufsteigende Feuchtigkeit und Sickerwasser zu schützen.
– Dämmplatten aus *Polystyrol* sollen bei Verlegung auf *bituminösen* Abdichtungen von diesen durch Trennschicht (zum Beispiel PE-Folie) getrennt werden.

3.2.4 Fußbodenkonstruktionen

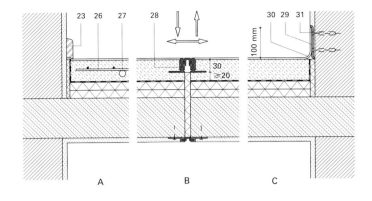
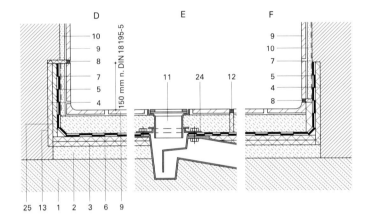
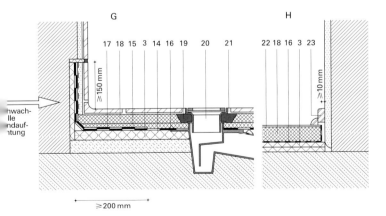

Abb. F.29
Schwimmende Estriche, konstruktive Details

A Heizestriche
B Dehnfugenausbildung
C Wandanschluss elastischer Bodenbeläge
D Sockeldetail unter Berücksichtigung von Trittschall- und Feuchtigkeitsschutz
E Anschluss Bodenablauf
F wie D (Sockelalternative)
G Gussasphaltestrich, Sockeldetail unter Berücksichtigung von Trittschall- und Feuchtigkeitsschutz
H Gussasphaltestrich, Wandanschluss

1 Stahlbetondecke
2 Gefälleestrich
3 Trittschalldämmung
4 Randaufkantung
5 Sickerwasserabdichtung
6 Schwimmender Estrich
7 Putzträger
8 elastoplastische Dichtung
9 keramischer Belag im Verfahren aufgebracht
10 Sperrputz
11 Fußbodenablauf (beim Einbau sorgfältig fixieren)
12 Ringfuge im Fußbodenablauf zur dünnbettschalltechnischen Trennung von Estrichen
13 Unterschnitt im Wandsockelbereich
14 Trittschalldämmplatten, hitzebeständig
15 Asphaltmastix
16 Trennlage
17 Randsockelabdichtungsbahn
18 Gussasphaltestrich
19 Gullyabdichtung, Asphaltmastix
20 Gully
21 Dünnbettmörtel
22 elastischer Bodenbelag
23 Fußleiste
24 Losflanschring
25 unverrottbare Trägerplatte für Abdichtungsbahn
26 Estrichbewehrung
27 Fußbodenheizung
28 Dehnfugenprofil, in zwei Ebenen beweglich
29 Stahlsockelprofil
30 Linoleumbelag, Ausfräsung und Versiegelung der Knickstelle
31 Dübel

Es gibt unterschiedliche Fußbodenheizungssysteme (Abb. **F.30**). Man unterscheidet nach der Art des Heizmediums (Warmwasserheizung; Elektroheizung) oder nach der Anordnung der wärmeabgebenden Heizelemente im Fußboden (unter dem Estrich; in einem Ausgleichestrich; im Estrich). Fußbodenkonstruktionen und Heizungselemente im Fußboden sind eine konstruktiv und funktional zusammenwirkende Einheit. Mängel bei der Heizungsverlegung können sich auf den Fußboden (Dämmung, Estrich, Bodenbelag) auswirken, und umgekehrt kann eine unsachgemäße Ausführung der Fußbodenkonstruktion die Heizung beeinflussen. Die durch Aufheizen und Abkühlen der Heizung entstehenden Volumen- und Längenänderungen bei den Heizungsrohren und dem Estrich haben entscheidenden Einfluss auf die Konstruktion. Insbesondere sollten bei der Planung und Ausführung folgende Aspekte beachtet werden:

– Dämmstoffdickendifferenz (belastet – unbelastet) nicht größer als 5 mm
– über Feuchträumen unter den Dämmstoffschichten Dampfsperre vorsehen
– Heizrohrleitungen vor dem Estricheinbau unverschieblich fixieren
– Heizrohrleitungen zur Vermeidung von Temperaturdifferenzen an der Fußbodenoberfläche möglichst dicht verlegen oder mit *Wärmeleitplatten* versehen
– Heizrohrleitungen möglichst nicht über Gebäudedehnfugen führen. Gegebenenfalls sind bei unumgänglichen Fugenüberbrückungen die Rohrleitungen in Schaumstoffmantelrohren zu führen ($l = 300$ mm).
– Estrichbewehrungen müssen über Gebäudefugen unterbrochen werden.
– Dämmschichten unter Elektro-Fußbodenheizungen müssen beständig gegen eine Temperatur von 100 °C sein.
– Estrichdicken sind von der Lage der Rohrleitungen abhängig sowie von den Biegezugfestigkeitsklassen und den Nutzlasten (DIN 18 560-2, Tabelle 4).

Für eine Reihe konstruktiver Problempunkte bei schwimmenden Estrichen sind besondere Bauteile entwickelt worden. Hier werden lediglich beispielhaft ein Gebäudefugendetail (Abb. **F.29B**) und ein Sockeldetail (Abb. **F.29C**) dargestellt. Tritt neben den Trittschallschutz noch die Anforderung des Schutzes gegen Sickerwasser, so werden die Konstruktionen wesentlich komplizierter und auch schadensanfälliger (Abb. **F.29D** bis **G**). Entscheidend für die Funktionsfähigkeit der schwimmenden Estriche sind das Vermeiden starrer Verbindungen zwischen Estrichkörper und Rohbau und unbehinderte Bewegungsmöglichkeiten (Abb. **F.27**). Besondere Aufmerksamkeit erfordern dabei die Sockelanschlüsse und Unterbrechungen im Estrich (Abb. **F.29B**, **E** und **G**). Bei Fußbodenabläufen in Nassräumen ist eine Schallbrücke nicht zu umgehen. Man kann jedoch die Schallbrückenwirkung dadurch eingrenzen, dass man einen kleinen Bereich um den Ablauf durch eine ringförmige Fuge vom restlichen Estrich trennt. Eine Verbindung beider Bereiche ist dann nur noch über die durchgehende Sickerwasserdichtung gegeben. Bei Gussasphaltestrichen, die selbst schon wasser- und annähernd dampfdicht sind, können flächenhafte Dichtungen wesentlich unkomplizierter ausgeführt werden. Als eigentliche Sickerwasserdichtung wirkt eine Asphaltmastixschicht. Am Sockelanschluss müssen jedoch Dichtungsbahnen in die horizontale Abdichtung eingebunden werden. Gussasphaltestriche werden in geringeren Dicken als andere Estriche hergestellt und sind wegen

3.3 Fußbodenkonstruktionen

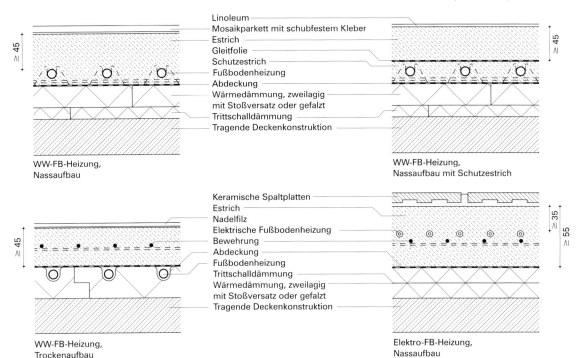

Abb. F.30
Fußbodenheizungen und schwimmender Estrich (Maße in mm)

der kurzen Erhärtungszeit schnell gebrauchsfertig. Durch Gussasphaltestrich kommt keine Feuchtigkeit in den Bau. Wegen der starken Volumenverringerung beim Abkühlen des heiß verarbeiteten Materials müssen Gussasphaltestriche durch *Trennlagen* (Rohglasvlies) von den Unterlagen getrennt sein. An den Estrichrändern entstehen dadurch offene Fugen, die abzudecken sind. Andererseits ist in der Regel eine Randaufkantung aus weichfederndem Material nicht erforderlich, bei erhöhten Schallschutzanforderungen jedoch sinnvoll. Gussasphaltestrich eignet sich wegen seiner relativ hohen inneren Dämpfung gut für Böden mit hohen Trittschallschutzanforderungen.

3.3

Trockenfußböden

3.3.1

Fußböden aus Holz und Holzwerkstoffen (Abb. **F.31**)

Es werden hier Fußbodenkonstruktionen dargestellt, bei denen nicht nur der Bodenbelag, sondern die wesentlichen Teile der Konstruktion aus Holz und Holzwerkstoffen bestehen. In der Regel werden leichte Fußböden bei leichten und wenig belastbaren Decken vorgesehen. Probleme ergeben sich dabei vor allem hinsichtlich des Luftschallschutzes (siehe Abschnitt F.2.2.3) und des Brandschutzes (siehe Abschnitt F.2.2.2.4). Maßnahmen des Luftschallschutzes sind:

F Fußbodenkonstruktionen 3.3

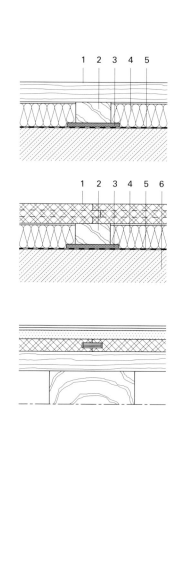

Abb. F.31
Trockenfußböden, Maßstab 1:5

A Hobeldielen

1 gespundete Bretter DIN 4072
2 Lagerhölzer, e=300 bis 400
3 Bitumenfilzstreifen
4 Dämmplatte
5 Feuchtigkeitssperre
6 Stahlbetondecke

B Fertigparkett

1 Fertigparkett DIN 280-5
2 Lagerhölzer
3 Bitumenfilzstreifen
4 Dämmplatte
5 Feuchtigkeitssperre
6 Rohdecke

C Sanierung alter Dielenböden

1 Linoleum
2 Gipskartonplatten
3 Holzspanverlegeplatten
4 alte Dielung
5 Senkkopfschrauben
6 Deckenbalken

D Fertigparkett

1 Fertigparkett DIN 280-5
2 Dämmschicht
3 Rippenpappe
4 Trockenschüttung
5 Rohdecke

E Schwingboden
1 Linoleum
2 Holzspanverlegeplatten
3 Brettlage d = 22 mm
4 Federholz e = 600 mm
5 Lagerholz e = 600 mm
6 Bitumenfilz
7 Rohdecke

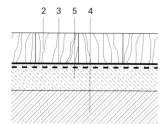

F/G Holzpflaster
1 Holzpflaster GE DIN 68 701
2 Holzpflaster RE DIN 68 701
3/7 Klebemasse
4 Rohboden (-Decke)
5 Verbundestrich
6 Papplage DIN 52 126 bzw. 52 129
8 Voranstrich

3.3 Fußbodenkonstruktionen   F

- schwere Estriche
- schwere Schüttungen (Abb. **F.25**)
- biegeweiche Unterdecken (Abb. **F.25**).

Trittschallschutz ist erreichbar durch:
- weichfedernden Bodenbelag oder
- schwimmende Verlegung der Fußbodenkonstruktion.

Brandschutz kann durch
- Brandschutzschichten (zum Beispiel Gipskartonplatten)
- Brandschutzverkleidungen und
- Brandschutzunterdecken erreicht werden.

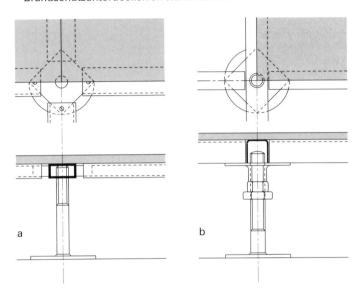

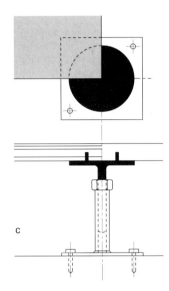

Abb. F.32
Doppelböden

Übliche Rastermaße:
500/500, 600/600, 750/750 mm
Bauhöhe je nach Fabrikat und Typ:
70 bis 2000 mm.

a Rechteckrohrträger auf die Ecken der höhenverstellbaren Kopfplatte aufgeschoben
b Gewindestützen und Kopfplatte mit Gewinderohr
c Gewinderohrstütze, Kopfplatte mit Arretierdornen für selbsttragende Bodenplatte

3.3.2

Doppelböden (Abb. **F.32**)

Für Rechenzentren, Verwaltungsgebäude, elektrische Betriebsräume und ähnliche Nutzungen mit hohem Installationsbedarf sind Doppelbodensysteme entwickelt worden, deren Vorteile gegenüber Installationen unter Decken in der leichten Zugänglichkeit und der Flexibilität der Versorgungs- und Anschlusselemente (austauschbare Bodenplatten) bestehen.

Das Konstruktionsprinzip der auf dem Markt angebotenen Systeme ist ähnlich: Auf höhenverstellbaren Metallstützen mit breitem Fuß, die in einem festgelegten Raster (zum Beispiel 0,50 m × 0,50 m oder 0,60 m × 0,60 m) auf der ebenen Rohdecke aufgestellt werden, wird ein Metallrahmenrost als Auflager für den eigentlichen Boden aus Platten mit dem Stützenrastermaß verlegt. Plattenkonstruktion, -material und -oberfläche sind von den Nutzungsanforderungen (zum Beispiel Belastung, elektrische Leitfähigkeit) abhängig. Der in seiner Höhe durch die Stützen bestimmte Hohlraum zwischen Rohdecke und Bodenplatten steht für Installationen (Klima, Lüftung, Elektroinstallation) zur Verfügung. Für Nassraumnutzungen sind Doppelböden ungeeignet.

3.4

Balkone und Balkonfußböden

Balkone werden in der Regel gemeinsam mit den im Gebäude angrenzenden Räumen genutzt. Balkonfußböden sind jedoch im Gegensatz zu den Fußböden im Gebäudeinnern Witterungseinflüssen ausgesetzt:
– Temperaturunterschiede
– Niederschläge
– Sonneneinstrahlung und
– Ablagerungen von Schmutz (Staub, Laub usw.), der von Regen und Wind transportiert wird.

Konstruktive Probleme ergeben sich aus den Anforderungen des Wärmeschutzes (Wärmebrücken), da Balkonplatten in der Regel keinen Wärmeschutz erhalten, und aus den Anforderungen des Feuchtigkeitsschutzes. Potenzielle Schadensstellen sind die Übergangsbereiche zwischen Gebäudekörper und tragender Balkonkonstruktion, Anschlüsse an Brüstungen und Umwehrungen und Rohrdurchgänge (Balkonentwässerung).

Bei der konstruktiven Bearbeitung von Balkonen und Balkonfußböden müssen die Verformungen der tragenden Konstruktion (Temperaturverformung und elastische Verformung) und des Fußbodens (Temperaturverformung) und die Einflüsse von Niederschlägen (Regen, Spritzwasser, Schnee) und Sickerwasser berücksichtigt werden.

Das Problem der Wärmebrücke lässt sich durch Trennung von Balkonkonstruktion und Gebäudekörper lösen. Liegen Balkonplatten jedoch auf Kragbalken oder Konsolen am Gebäudekörper auf, dann verlagert sich das Problem auf diese Bauteile, es sei denn, es werden Systembauteile, die eine integrierte Wärmedämmung enthalten, verwendet. Diese sind in der Wärmedämmebene einzubauen. Sie sind in der Lage, Biegemomente (Kragmomente) bis zu einem gewissen Grad auf zu nehmen (Abb. **F.33** und **F.36**). Für den nachträglichen Anbau von Balkonen aus Stahl im Rahmen von Altbausanierungen [F.28] bieten spezialisierte Hersteller [F.27] Systembauteile für den bauphysikalisch problematischen Durchtritt tragender Bauteile durch die Wärmedämmebene an. Bei Balkonen mit geschlossenen Brüstungen besteht bei funktionsuntüchtiger Balkonentwässerung und starken Niederschlägen die Gefahr, dass, vor allem im Türbereich, Wasser in das Gebäude dringt. Aus konstruktiven Gründen kann daher auf eine ausreichend hohe Schwelle bei Türen und auf einen zusätzlichen Notüberlauf nicht verzichtet werden, auch wenn durch die Schwelle die Nutzung beeinträchtigt wird.

Bei der Wahl des Balkonfußbodens wird naturgemäß auch die tragende Konstruktion zu berücksichtigen sein. Bei Betonplatten aus Fertigteilen mit wasserundurchlässigem Beton und ebener Oberfläche kann in der Regel auf einen besonderen Fußboden mit einer Sickerwasserdichtung verzichtet werden. Der Ablauf des Niederschlagwassers muss jedoch gewährleistet sein (Gefälleestrich oder Verlegung der Fertigteile mit Neigung).

Folgende Fußbodenkonstruktionen sind möglich:
- Gussasphaltestriche
- Estriche auf Trennschicht mit kunststoffvergüteter Estrichoberfläche
- keramische Bodenbeläge im Mörtelbett auf Sickerwasserdichtung
- großformatige Beton-Plattenbeläge auf Stelzlagern über Sickerwasserdichtung
- lose verlegte großformatige Platten oder Pflaster im Kiesbett auf Sickerwasserdichtung.

In Abb. **F.33** bis **F.36** werden die konstruktiven Problempunkte an typischen Beispielen dargestellt.

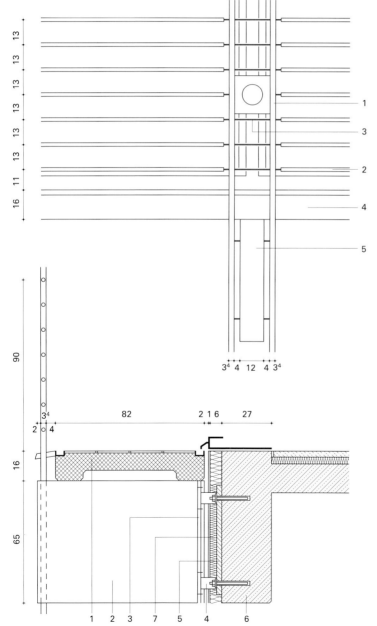

Abb. F.33
Balkon aus Stahlbetonfertigteilen mit thermischer Trennung von der Außenwand
Maßstab 1:20, Maße in cm

Ansicht
1 Geländerkonstruktion aus Stahlrohr Ø 33,4 mm
2 Geländerstange aus Stahlrohr Ø 21,3 mm
3 Rundstahl
4 Balkonplatte Stahlbeton-Fertigteil, werkseitig mit keramischen Platten belegt
5 Kragarm/Stahlblechkonstruktion thermisch von Hauptkonstruktion getrennt

sämtliche Stahlteile sind feuerverzinkt

Schnitt
1 Balkonplatte Stahlbeton-Fertigteile, werkseitig mit keramischen Platten belegt
2 Kragarm/Stahlblechkonstruktion thermisch von Hauptkonstruktion getrennt
3 Verstärkungsblech im Befestigungspunkt mit Ankerplatte verschraubt
4 Rundstahl als Abstandshalter zwischen Kragarm und Ankerplatte Ø 56 mm
5 Ankerplatte d = 20 mm mit Reaktionsdübeln an Stahlbeton-Konstruktion befestigt
6 Querriegel (Ortbeton)
7 Thermofassade

sämtliche Stahlteile sind feuerverzinkt

F Fußbodenkonstruktionen 3.4

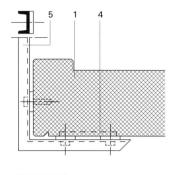

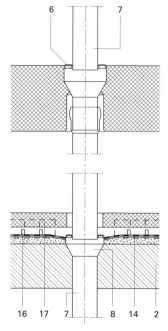

Balkonplatte mit Fertigbetonteil

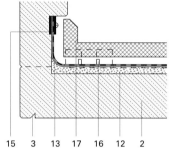

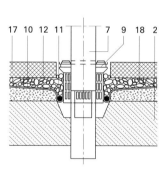

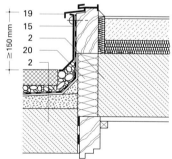

Balkon mit massiver Brüstung

Abb. F.34
Balkonfußböden
Maßstab 1:10

1 Fertigbeton wasserundurchlässig
2 Ortbeton
3 Tropfnase
4 Ankerschiene
5 Geländerstütze
6 Direkteinlauf mit Glocke und Ringsieb
7 Fallrohr
8 Ablauf mit Flansch und Ringsieb
9 Aufstockelement mit Ringsieb
10 Flansch mit Anschlussfolie
11 Klemmring
12 Gefälleestrich
13 Mörtelkehle Ø 8 mm
14 Klebedichtung
15 Klemmverbindung (vgl. Abb. D.30)
16 Stelzlager
17 Betonplatte
18 Stützkies
19 Sattelschiene
20 Wärmedämmung

3.5

Bodenbeläge

3.5.1

Allgemeines

Nach der klassischen Begriffsdefinition rechnet man zu den Bodenbelägen flexible Beläge in Form von Bahnen- und Plattenware. Hier werden jedoch alle Materialien, die eine Fußbodenoberfläche bilden, soweit sie nicht schon unter Estrichen abgehandelt wurden, dargestellt. Wegen der Vielzahl der Materialien, ihrer unterschiedlichen Eigenschaften und Anwendungsbereiche, werden hier ledig-

3.5.1 Fußbodenkonstruktionen   F

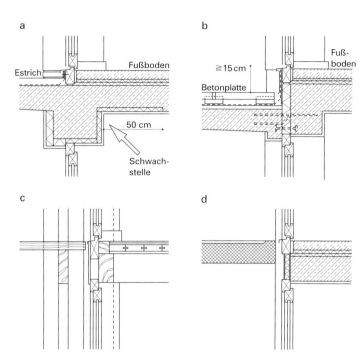

Abb. F.35
Balkonkonstruktion.
Anschluss des Balkons an die Gebäudeaußenwand (Prinzipskizzen)

a Massivkonstruktion
 Stahlbetondecke und Balkonkragplatte höhengleich. Wärmebrücke im Stützenbereich nur durch aufwendige Wärmedämmung zu beseitigen. Gut wärmeleitender Innenputz. Putz auf Putzträger. Zu geringe Rückstauhöhe an der Türschwelle. Türschwelle ist Stolperkante.
b Massivdeckenkonstruktion
 Stahlbetondecke und Balkonkragplatte thermisch getrennt. Serienmäßiges, aber aufwendiges Bewehrungselement (V-4-A-Stahl) zusätzlich mit eingebauter Wärmedämmung. Im Stufenbereich Schutz der Abdichtung gegen Beschädigung durch Stoß und Bewegung.
c Holzskelettkonstruktion
 Selbstständiges Ständersystem für Balkon aus Bohlen auf Unterzügen. Keine Wärmebrücke. Keine Höhenunterschiede.
d Massivkonstruktion
 Balkon-Betonfertigteilplatte, wasserundurchlässig zwischen selbstständigen Schotten. Keine Wärmebrücken. Keine Höhenunterschiede zwischen Innen und Außen.

lich allgemeine Beurteilungskriterien genannt und unter Hinweis auf die einschlägige Literatur [F.15 Kapitel 13] eine Übersicht mit Anwendungsbereichen gegeben (Tabelle **F.12**).

Bodenbeläge grenzen den Raum nach unten ab. Sie sind mechanischen, thermischen und chemischen Belastungen ausgesetzt. In Räumen zum Aufenthalt von Menschen sind sie ein wesentlicher Bestandteil ihrer Umwelt mit Wirksamkeit für sinnliche Wahrnehmung und somit für Wohlbefinden. Farben und Materialstrukturen werden visuell, die Wirkung auf die Raumakustik und den Trittschall wird akustisch und Oberflächenstruktur und Materialhärte werden durch die Tastsensoren der Fußsohlen wahrgenommen. Elektrostatische Aufladung bestimmter Bodenbeläge kann durch schlagartige Entladung vom Menschen als sehr unangenehm empfunden werden. Relative Luftfeuchtigkeit in Räumen und elektrostatische Aufladung von Bodenbelägen stehen oft in Abhängigkeit. Insbesondere für Räume, die dem dauernden Aufenthalt von Menschen dienen, müssen Bodenbeläge unter Berücksichtigung der Nutzungsart, des Bewegungs- und Wahrnehmungsverhaltens der Nutzer nicht nur nach ihren messbaren Merkmalen, sondern auch nach den für die sinnliche Wahrnehmung wirksamen Eigenschaften ausgewählt werden.

Elastische und textile Bodenbeläge sind industrielle Fertigprodukte, die am Bau lose auf dem Unterboden verlegt, verspannt oder verklebt werden. Auf Herstellungsmethode und zu verarbeitende Rohstoffe hat der Planer normalerweise keinen Einfluss. Er wählt lediglich aus und vergleicht die verfügbaren Produktdaten, die in der Regel durch *Konformitäts-Zertifikate (CE-Zeichen)* belegbar sind.

Die auf dem Markt angebotenen Bodenbeläge besitzen wegen unterschiedlicher Materialkomponenten, Dicken, Gewichte und Herstellungsverfahren sehr unterschiedliche Eigenschaften.

Allgemeine technische Vorschriften für Bodenbelagsarbeiten enthält DIN 18 365 (VOB). Besondere technische Vorschriften oder Empfehlungen für die Ausführung von Bodenbelagsarbeiten und für die Reinigung von Belägen liefern die Hersteller.

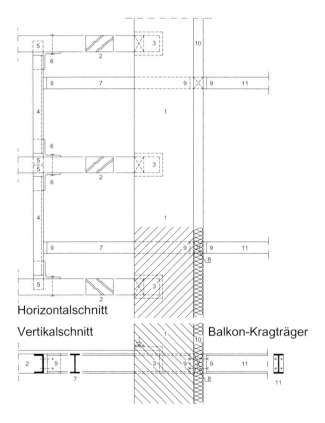

Abb. F.36
Altbausanierung. Nachträglicher Balkonanbau (Prinzipskizze). Ein statischer Nachweis ist erforderlich.

1 Altes Mauerwerk
2 Alte Holzbalken
3 Holzbalkenauflager, luftumspült, Walzbleiunterlage
4 Wechselbalken (U-Profil)
5 Auflagerlasche
6 Fixierwinkel
7 Trägerprofil (zum Beispiel: IPE-Profil)
8 Systemelement, wärmegedämmt [F.27]
9 Kopfplatte
10 Nachträgliche Wärmedämmung
11 Balkonkragträger. Gegebenenfalls zusätzlich abzustützen.

3.5.1 Fußbodenkonstruktionen F

Tabelle F.12
Eignung von Bodenbelägen, Übersicht

Die Bewertung und Eignung sind im Einzelfall anhand genauer Produktdaten zu überprüfen:
+ gut
○ neutral
− negativ
x anwendbar
(x) beschränkt anwendbar

Belagsgruppe	Belagsart	DIN-Norm	Brandverhalten / Baustoffklasse	Trittschallschutz	Wärmeschutz	Belastbarkeit	Verschleißfestigkeit	Feuchtigkeitsresistenz	chemische Resistenz	Verschmutzungsresistenz	elektrostatisches Verhalten	Fußbodenheizungseignung	Rutschsicherheit	Wohnen	Ausstellung / Konferenz	Krankenhaus / Schule / Sport	Kaufhaus / Fabrik	Nassraum / Labors
Asphaltplattenbeläge		18 354	A1	○	+	+	+	○	○	+	+	−	+		x	(x)	x	(x)
Elastische Fußbodenbeläge	Linoleum	18 171	B1	○	○	○	○	○	○	+	+	+	+	x	x	x	(x)	
		18 173	+	+	○	○	○	○	○	+	+	+	+	x	x	(x)	(x)	
	PVC ohne Träger	16 951	B2	○	○	○	○	○	○	+	−	+	○	(x)	x	(x)	x	
	PVC mit Träger	16 952		○	○	○	○	○	○	+	−	+	○	x	x	(x)	(x)	
	Elastomer ohne Unterschicht	16 850		○	○	○	+	○	○	+	○	○	+	(x)	x	x	x	(x)
	Elastomer mit Unterschicht	16 852		+	○	○	○	○	○	+	○	○	+	(x)	x	x	x	(x)
	Vinyl-Asbest	16 950		○	○	○	○	○	○	+	+	+	○	(x)	x	(x)	x	
Estriche	Gussasphalt	18 560	A1	+	+	○	+	+	○	+	+	−	+		(x)		x	x
	Hartstoff			○	−	+	+	○	○	+	+	○	+				x	
	Anhydrit			○	−	○	○	○	○	○	+	+	+			(x)		
	Magnesia			○	−	○	○	○	○	○	+	+	+			(x)		
	Zement			○	−	○	○	○	○	○	+	+	+			(x)		
Holzfußbodenbeläge	Dielung	4072/73	B1	○	−	○	○	−	−	○	+	−	○	x				
	Mosaikparkett	280	+	○	+	○	○	−	−	+	+	+	○	x	x			
	Stabparkett		B2	○	+	○	○	−	−	+	+	+	○	x	x	(x)		
	Fertigparkett			○	+	○	○	−	−	+	+	−	○	x	x			
	Holzpflaster RE	68 702		+	+	+	○	○	−	○	+	−	+	(x)	x	x	x	
	Holzpflaster GE	68 701		+	+	+	○	○	−	○	+	−	+		x	x	x	
Keramische Bodenbeläge	keramische Spaltplatten	18 166	A1	−	−	+	+	+	+	+	+	+	−	x	x	(x)	(x)	x
	Steingut	18 155		−	−	+	+	+	+	+	+	+	−	x				x
	Steinzeug			−	−	+	+	+	+	+	+	+	−	x				x
	Bodenklinker	18 158		−	−	+	+	+	+	+	+	+	−	x	(x)	x	x	x
Naturstein	Naturstein-Plattenbeläge		A1	−	−	+	+	+	○	○	+	+	○	x	x	x	x	
	Naturstein-Pflaster			−	−	+	+	+	○	○	+	−	+	(x)		(x)		
Zementgebundene Beläge	Betonwerksteinplatten	18 500	A1	−	−	+	+	○	+	+	+	+	○	(x)	x	x	x	
	Terrazzo			−	−	+	+	○	+	+	+	−	○					x
Spachtelböden	(Kunststoff)			−	−	○	○	+	○	+	○	○	○				x	x
Textile Fußbodenbeläge	Webteppiche	61 151	B2	+	+	○	○	−	−	○	○	○	+	x	x			
	Wirkteppiche			+	+	○	○	−	−	○	○	○	+	x				
	Tuftingteppiche			+	+	○	○	−	−	○	○	○	+	x	x	x	x	
	Nadelvliesteppiche			+	+	○	○	−	−	○	○	○	+	x	x	x	x	
	Klebpolteppiche			+	+	○	○	−	−	○	○	○	+	x	x			
	Flockteppiche			+	+	○	○	−	−	○	○	○	+	x				
	Nähwirkteppiche			+	+	○	○	−	−	○	○	○	+	x				
	Vlieswirkteppiche			+	+	○	○	−	−	○	○	○	+	x				

3.5.2

Gesundheitsrisiken bei elastischen und textilen Fußbodenbelägen

Die Frage nach gesundheitsbelastenden bzw. gesundheitsschädigenden Wirkungen von Fußbodenbelägen (hier: elastische Fußbodenbeläge und Teppichbeläge) ist zu differenzieren in mehrere voneinander relativ unabhängige Problembereiche:

a   Wirkungen durch Bestandteile des Bodenbelags
b   Wirkungen durch Oberflächenstruktur und Benutzung des Bodenbelags
c   Wirkungen durch Ausdünstungen der zur Befestigung der Fußbodenbeläge auf dem Untergrund aufgebrachten Klebstoffe
d   Entsorgung von Fußbodenbelägen (zum Beispiel nach Reklamationen und bei Renovierungen), die nicht schadstofffrei zu beseitigen sind.

Vor allem aufgrund von Wärmeschutz- und Energieeinsparungsverordnungen haben sich mit geändertem Nutzverhalten (Fensterlüftung) und höheren Anforderungen an die Dichtigkeit der Bauteile (Fenster und Außentüren) die Raumlüftungsraten allgemein verringert [F.20], [F.21], [F.25] und damit zwangsläufig auch die Schadstoffkonzentrationen [F.24] in den Räumen erhöht. Lüftung schafft kurzfristig Abhilfe, vorausgesetzt, die Außenluft ist „sauber". Da letzteres jedoch nicht mehr die Regel ist, kann ausreichendes Lüften auch nicht als Ausweg angeboten werden. Nur ein entschiedener Verzicht auf Stoffe mit toxischen Emissionen und Vorsicht bei der Anwendung von Stoffen mit vermuteter toxischer Wirkung können Leitgedanken der Planung sein. Die Musterbauordnung und die Landesbauordnungen verpflichten den Planer zur vorbeugenden Gefahrenabwehr und zur Vermeidung von Belästigungen. Bei der Auswahl von Baustoffen trägt er somit eine entsprechende Verantwortung [F.23].

Rezeptionsorgane für Luftschadstoffimmissionen aus Baustoffen sind in erster Linie die Atmungsorgane (Bronchien, Lungenbläschen) und die Schleimhäute (Augenbindehaut, Atemtrakt). Diese Organe antworten in der Regel sichtbar als erste mit Reizungsreaktionen [F.22].

Verunreinigungen der Raumluft können durch gasförmige Stoffe, die die Bodenbeläge oder die bei der Verarbeitung verwendeten Stoffe (zum Beispiel Kleber) freigeben, verursacht werden. Dabei ist zu unterscheiden zwischen geruchsneutralen und geruchsansprechenden Stoffen. Gesundheitsbelastende oder -gefährdende geruchsneutrale Stoffe sind besonders gefährlich, weil sie ohne Warnung wirken. Die Geruchsempfindlichkeit ist individuell unterschiedlich ausgeprägt, so dass manche Stoffe von einigen Personen als besonders unangenehm und von anderen kaum wahrgenommen werden.

In der Regel ist aber die Geruchssensibilität sehr hoch und signalisiert vor allem Stoffe mit üblen Gerüchen wesentlich eher, als dies mit analytischen Nachweisverfahren möglich wäre.

Hierbei wird zunächst nicht unterschieden zwischen Stoffen mit gesundheitsbelastenden bzw.- gefährdenden Wirkungen und ungefährlichen Stoffen. Auch ungefährliche Naturprodukte (zum Beispiel Naturharze) können bisweilen intensive Geruchsbelästigungen verursachen.

Bei *elastischen Bodenbelägen* sind Verunreinigungen der Raumluft durch die Materialien selbst als auch durch Kleber festgestellt worden. Schadensfälle bei PVC-Belägen, die aus spezifischen Baustellen- und Verarbeitungsbedingungen herrühren können und nicht zu verallgemeinern sind, haben zu erheblichen Belästigungen (zum Beispiel Kopfschmerzen) der Nutzer und anschließender *gewerbeaufsichtlicher* Sperrung der betroffenen Räume geführt. Es wird empfohlen, lösemittelhaltige Kleber, die besonders geruchsintensiv sind, gut auslüften zu lassen. Selbst das ausschließlich aus Naturprodukten hergestellte Linoleum hat einen produktspezifischen Eigengeruch, den manche Personen als aufdringlich empfinden.

Die *Fasermaterialien* (Pol- und Trägermaterialien) werden allgemein als geruchsneutral eingestuft. Geruchsbelästigungen können von Rückenbeschichtungen und Klebstoffen ausgehen. Schadstoffbelastungen der Luft durch synthetische Fasermaterialien sind nicht bekannt.

Bei Naturfasern (Wolle, Baumwolle) sind sie auszuschließen. Bei Benutzung von Bodenbelägen entsteht Materialabrieb, der als feiner *Staub* in die Luft gewirbelt und inhaliert werden kann. Art und Grad der Belastung sind abhängig vom Stoff selbst, seiner Abriebfestigkeit, der Benutzungsart und -intensität und der Reinigungsart und -häufigkeit. Vinyl-Asbest-Beläge sind aus diesem Grunde als problematisch einzustufen.

Elastische Bodenbeläge sollen, so die allgemeine Annahme, aufgrund ihrer glatten Oberfläche hygienischer sein als Teppichbeläge. Untersuchungen zum *Luftkeimgehalt* über Bodenbelägen haben im Vergleich zwischen elastischen und textilen Belägen z. T. widersprüchliche Aussagen ergeben.

Wie auch bei elastischen Belägen ist bei *textilen* Belägen der Luftkeimgehalt in entsprechenden Räumen sehr stark von Benutzungsart und -intensität und von der Art und Intensität der Reinigung abhängig. Es stehen sich bei den Untersuchungen zwei gegensätzliche Denkansätze gegenüber:
a Teppichboden dient als Sammler für Staub und Keime und erhöht dadurch die Luftverunreinigung
b Teppichboden hält Staub und Keime bis zur nächsten Reinigung mehr oder weniger intensiv fest und vermindert den Luftkeimgehalt.

Durch spezielle chemische Ausrüstungen können textile Beläge antimikrobielle Eigenschaften erhalten.

Textile Bodenbeläge können aufgrund ihrer großen Oberfläche zum „Sekundäremittenten" werden, wenn Luftverunreinigungen anderer Herkunft (zum Beispiel Tabakrauch, Küchen- und Brandgeruch, Formaldehydgase aus anderen Baustoffen) vorhanden sind, insofern, als sie diese „speichern" und verzögert wieder abgeben können.

Lösungsmittelhaltige Kleber zur Verklebung der Bodenbeläge mit dem Untergrund sind vor allem wegen der bei der Verarbeitung frei werdenden Schadstoffe problematisch. Darüber hinaus werden bei leicht verderblichen bzw. bei gegen Pilzbefall empfindlichen Inhaltsstoffen gefährliche Konservierungsmittel (zum Beispiel Formalin) in oft allerdings geringen Dosierungen eingesetzt. Die Verwendung gefährlicher Klebstoffe (die gefährdenden Inhaltsstoffe müssen deklariert werden!) ist nicht mehr zwingend notwendig. Die Industrie bietet inzwischen schadstofffreie Kleber, die im Wesentlichen aus Naturprodukten hergestellt werden, an.

4
Unterdeckenkonstruktionen

4.1

Allgemeines

Nach DIN 18 168 wird unterschieden in
- leichte Deckenbekleidungen, bei denen die Unterkonstruktion direkt am tragenden Deckenbauteil befestigt ist, und
- Unterdecken, deren Unterkonstruktion abgehängt wird.

Bestandteile von leichten Deckenbekleidungen (Abb. **F.37**) sind je nach der Konstruktion des Traggerüsts eine am tragenden Bauteil befestigte Grundlattung bzw. ein Hauptträger und die von diesen getragene Lattung bzw. Quer- und Zwischenträger. Der Raster der Lattung bzw. der Quer- und Zwischenträger wird bei plattenförmigen Bekleidungen von den Plattenformaten bestimmt. Bei Unterdecken wird die Grundlattung bzw. der Hauptträger über höhenverstellbare Abhänger von der tragenden Deckenkonstruktion abgehängt.

Drahtputzdecken nach DIN 4121 und Rohrgewebedecken werden nicht von der DIN 18 168 erfasst, jedoch ähnlich konstruiert wie sonstige Deckenbekleidungen bzw. Unterdecken.

Unterdecken und Deckenbekleidungen können unterschiedliche Funktionen haben:
- Gestaltung der oberen Raumgrenze; Verdecken der Rohbaukonstruktion oder einer Installationszone
- Luftschallschutz (biegeweiche Unterdecke)
- Luftschallabsorption zur Vermeidung unerwünschter Schallreflexionen (weichfedernde Dämmung)
- Luftschalllenkung durch gezielte oder diffuse Reflexionen (schallharte Flächen)
- Brandschutz
- Installationsdecke (Licht- und Klimadecken mit integrierten Installationselementen)
- Trennung von Konstruktions- und Ausbauraster eines Gebäudes; Anschlussmöglichkeit für leichte, umsetzbare Trennwände
- Herstellung eines hermetisch luftdicht abgeschlossenen Unter- und Überdruckraumes für Lüftungs- und Klimaanlagen.

Die durch Luftdruck entstehende Belastung der flächenbildenden Decklage und damit auch der gesamten Unterkonstruktion der Unterdecke muss statisch nachgewiesen werden.

4.2

Konstruktionshinweise

Angesichts der Schadensfälle durch herabgestürzte Unterdecken ist eine nur handwerklich bestimmte Ausführung nicht vertretbar [E.17]. Auf jeden Fall sind die Bestimmungen der Normen zu beachten, darüber hinaus aber müssen alle besonderen Lastfälle, auch solche, die nicht regelmäßig vorkommen (von tragenden Decken herabfallender Putz usw.), gegebenenfalls bedacht werden.

Abb. F.37
Unterdecken und Abhänger

Leichte Deckenbekleidung

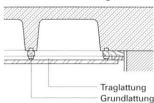

Traglattung
Grundlattung

Abgehängte Unterdecke

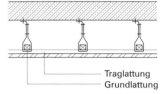

Traglattung
Grundlattung

Abgehängte Grundlattung und Lattung

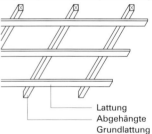

Lattung
Abgehängte Grundlattung

Holzrahmenkonstruktion

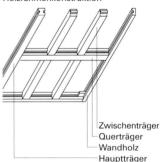

Zwischenträger
Querträger
Wandholz
Hauptträger

4.2 Unterdeckenkonstruktionen F

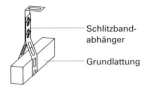
– Schlitzbandabhänger
– Grundlattung

– Geschränkter Abhänger mit Kralle
– Hauptträger

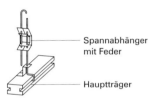
– Spannabhänger mit Feder
– Hauptträger

– Ankerschnellabhänger mit Feder
– U-Schiene

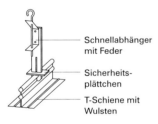
– Schnellabhänger mit Feder
– Sicherheitsplättchen
– T-Schiene mit Wulsten

– Schlitzbandschiebeaufhänger
– Dreieckschiene

– Schlitzbandstahl
– Schlitzbandschiebestück
– T-Schiene mit Wulsten

Als planmäßige Lasten gelten:
– die Eigenlast der flächenbildenden Decklage einschließlich Unterkonstruktion
– Deckenauflagen aus Dämmstoffen usw.
– Installationen, soweit sie nicht separat abgehängt werden, wie Deckenleuchten, Deckenlautsprecher usw.
– Vorhänge, Ausstellungswände, Bilder.

Die planmäßigen Lasten dürfen insgesamt 0,5 kN/m² nicht überschreiten. Betreten werden dürfen nach DIN 18 168 bemessene Unterdecken auf keinen Fall.

Die Sicherheit von Deckenbekleidungen und Unterdecken hängt im Wesentlichen von zwei Faktoren ab:
– Die Abstände der Grundlattung bzw. der Hauptträger dürfen nicht zu groß sein.
– Die Befestigungselemente und Abhänger müssen ausreichend dimensioniert und vor allem richtig gewählt sein.

Darüber hinaus sollen die Decklagen gegen Winddruck bzw. -sog (offene Fenster/Vordächer usw.) und gegebenenfalls gegen Stoß von unten vor dem Herabfallen gesichert werden. Vor allem bei großen Platten, die auf Unterflanschen von Nebenträgern aus Metall verlegt werden, ist auf ausreichende Befestigung, zum Beispiel durch Klemmen, zu achten.

G Treppen

1 Allgemeines 525
2 Begriffe 526
3 Anforderungen und
　Planungshinweise 529
4 Konstruktion ein-
　und mehrläufiger Treppen 534
5 Wendeltreppen 552
6 Spindeltreppen 554
7 Geländer/Handläufe 556
8 Normen und Regelwerke 559

Treppen

G

1
Allgemeines

Treppen dienen der Überwindung von Höhenunterschieden. Ein Treppenlauf bildet die Abfolge von senkrechten Steigungen und waagerechten Auftritten. Urtümliche Treppen waren Steigbäume oder Felsabtreppungen, deren Auftritte aus natürlichen Materialien herausgearbeitet wurden; mit Entwicklung mehrgeschossiger Bauweise wurden Treppen dann als gesonderte Bauteile hergestellt. Der Entwurf der Treppe berücksichtigt statisch-konstruktive Anforderungen, architektonisch-gestalterische Ordnungsprinzipien und richtet sich in Maß und Material nach den Bedürfnissen der Benutzer. Man unterscheidet zwischen ein- und mehrläufigen, geraden und gewendelten Treppen (Abb. **G.2**).

Abb. G.2
Schemagrundrisse verschiedener Treppenarten

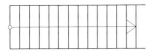

einläufig gerade

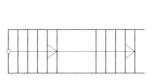

zweiläufig gerade mit Zwischenpodest

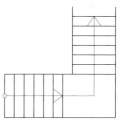

zweiläufig gewinkelt mit Zwischenpodest

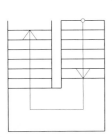

zweiläufig gegenläufig mit Zwischenpodest

dreiläufig zweimal gewinkelt mit Zwischenpodesten

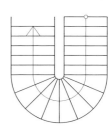

einläufig halbgewendelt

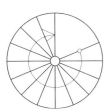

Spindeltreppe (rechtsdrehend)

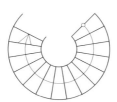

Wendeltreppe (rechtsdrehend)

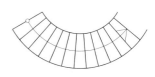

einläufig gewendelt

2
Begriffe

2.1

Vorbemerkungen

Die im Verlauf dieses Abschnittes dargestellten Begriffe sind der Treppen-DIN-Norm 18065 entnommen. Sie sind jedoch aufgrund differierender Angaben der verschiedenen Landesbauordnungen nicht uneingeschränkt anwendbar. DIN 18065 definiert die im Bauwesen gebräuchlichen Begriffe für Treppen und deren Sollmaße in und an Gebäuden, soweit keine Sondervorschriften – wie etwa für den Bereich des *barrierefreien Bauens* in DIN 18024, Teil 1 und 2 – bestehen.

2.2

Treppenarten

a   Laufplattentreppe: Bestehend aus der massiven Laufplatte als Tragkonstruktion mit aufbetonierten oder später aufgelegten Stufenkeilen.

b   Balkentreppe: Bestehend aus einem oder mehreren Balken, denen Platten- oder Keilstufen aufgesattelt oder aufgelagert werden.

c   Wangentreppe: Sonderform der Balkentreppe, bestehend aus hochrechteckigen sog. Wangen, zwischen oder in denen seitlich die Stufen gehalten werden.

d   Kragtreppe: Bestehend aus einzelnen oder einer Laufplatte aufgelagerten Stufen, die einseitig in eine Wand oder Spindel eingespannt sind.

e   Harfentreppe: Bestehend aus einzelnen Stufenplatten, die zwischen geschossweise verspannten Stahlseilen, -röhren oder -stäben gehalten oder im Fall der Hängestufentreppe von der Decke abgehängt werden.

f   Tragbolzentreppe: Bestehend aus einzelnen Treppenstufen, die durch biegesteife Tragbolzen (oder Doppeltragbolzen) starr miteinander verbunden sind.

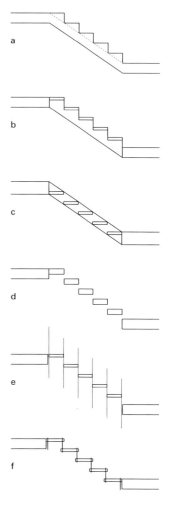

Abb. G.3
Treppentypologie

Hinweis:
Alle genannten Treppenarten bedürfen eines Standsicherheitsnachweises, welcher bei Holz- oder einfachen Stahltreppen durch handwerkliche Erfahrungswerte ersetzt werden kann.

2.2 Begriffe G

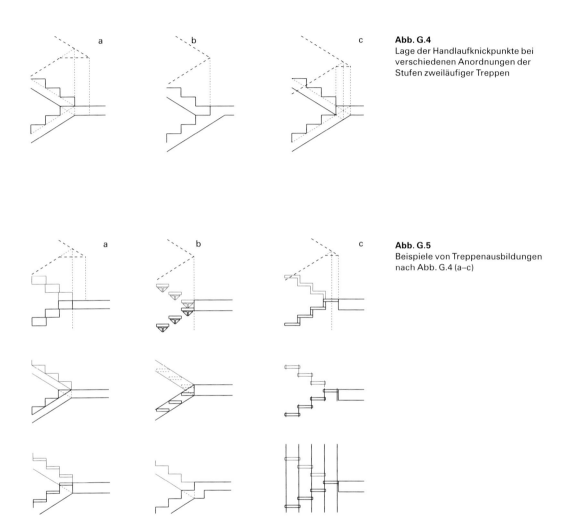

Abb. G.4
Lage der Handlaufknickpunkte bei verschiedenen Anordnungen der Stufen zweiläufiger Treppen

Abb. G.5
Beispiele von Treppenausbildungen nach Abb. G.4 (a–c)

2.3

Begriffe

Notwendige/ nicht notwendige Treppen	Notwendige Treppen müssen nach den Landesbauordnungen für den größten zu erwartenden Verkehr und für Rettungseinsätze in Anzahl und Größe ausgelegt sein. Nicht notwendige Treppen sind zusätzlich angeordnete Treppen.
Treppenlauf	Ununterbrochene Folge von mindestens 3 Treppenstufen. Der Treppenlauf verbindet die unterschiedlichen Niveauebenen, er beginnt mit der Antrittsstufe und endet mit der Austrittsstufe.
Treppenstufe	Bauteil aus *Trittstufe* (waagerechtes Stufenteil) und gegebenenfalls *Setzstufe* (lotrechtes oder etwa lotrechtes Stufenteil, im Holzbau Futterbrett genannt).
Treppenauge	Von Treppenläufen und Podest(en) umschlossener Luftraum.
Treppenhaus	Für die Treppe vorgesehener Raum, siehe auch „Sicherheitstreppenhäuser" in den Landesbauordnungen. Schall- und Brandschutzauflagen sind zu beachten.
Treppenwange	Balken, die die Stufen tragen und den Lauf seitlich begrenzen.
Treppen-/Zwischenpodest	Treppenabsatz am Anfang oder Ende von Treppenläufen. Zwischenpodeste sollen die Breite der Treppenläufe nicht unterschreiten. (Landesbauordnungen und bauaufsichtliche Sondervorschriften wie zum Beispiel Krankenhausbauverordnung oder Versammlungsstättenverordnung beachten).
Treppenöffnung	Auch Treppenloch genannt: Aussparung in Geschoss- oder Dachdecken für Treppen.
Treppendurchgangshöhe	Die Durchgangshöhe ist der senkrechte Abstand von Vorderkante Fertigstufe bis Unterkante des darüberliegenden Bauteils.
Treppengeländer	Umwehrung (Brüstung) an Treppenläufen und -podesten zur Vermeidung der Absturzgefahr (Bauordnungen bezüglich Höhe und Ausfachung beachten).
Geländerhöhen	Senkrechter Abstand von Vorderkante Fertigstufe (bei Podesten Oberkante Fertigfußboden) bis Oberkante Geländerkonstruktion oder Handlauf.
Treppenhandlauf	Oberer Abschluss des Geländers oder getrennt an der Treppenhauswand angebrachtes Bauteil in Griffhöhe, das der Sicherheit und Führung des Treppennutzers dient.
Nutzbare Treppenlaufbreite	Maß zwischen den beidseitig begrenzenden Bauteilen des Treppenlaufs.
Nutzbare Podesttiefe	Maß zwischen Vorderkante Stufe und gegenüberliegendem begrenzendem Bauteil.
Treppenlauflänge	Grundrissmaß von Vorderkante Antritts- zu Vorderkante Austrittsstufe.

3 Anforderungen und Planungshinweise

3.1

Allgemeines

Bei der Planung einer Treppe sind zunächst die Abmessungen der Treppenläufe und Podeste sowie die lichte Treppendurchgangshöhe ausreichend festzulegen. Entsprechend sind Brüstungen und Geländer in sicherer Höhe, Belastbarkeit und Unfallsicherheit auszubilden. Alle Stufen sollen bei gleichem Steigungsverhältnis möglichst mit denselben Abmessungen rutschsicher und überschaubar ausgeführt und angeordnet werden. Mindestlaufbreiten sind zu beachten, ebenso die Belange des Brand- und Schallschutzes bei Treppenhaus- und Wohnungstrennwänden.

Die Konstruktion einer Treppe setzt detailgenaue Planung voraus, insbesondere in den Bereichen Wand- und Deckenanschlüsse, Ausbildung der Podest- und Deckenstirnkanten (Knickpunkte der Laufplatten, Treppenwangen usw.) sowie Konstruktion und Befestigung der Geländer (Abb. **G.35**).

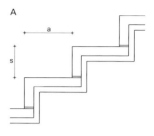

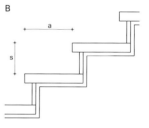

3.2

Maße und Formeln

Konstruktionsregeln:
Treppen werden nach Fertigmaßen geplant, daher werden neben den Rohbau- auch die Fertigmaße in der Ausführungszeichnung angegeben.

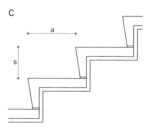

Berechnung der Steigungen (Regelfall):
Geschosshöhe geteilt durch 17 bis 19 cm (Stufenhöhe) ergibt die Anzahl der Stufen bzw. die Anzahl der Steigungen.

Schrittmaßregel:
$2s + a = 59 \ldots 65$ cm (ideal: 63 cm)
$2 \times 17{,}5$ cm $+ 28$ cm $= 63$ cm

Sicherheitsregel:
$s + a = 46$ cm
$17{,}5$ cm $+ 28$ cm $= 45{,}5$ cm

Beispiel:
Steigungshöhe und Auftrittsbreite siehe oben.
Geschosshöhe $= 280$ cm
280 cm : 17,5 cm $= 16$ Steigungen

Bequemlichkeitsregel:
$a - s = 12$ cm
28 cm $-$ 17,5 cm $= 10{,}5$ cm

$s =$ Steigungshöhe
$a =$ Auftrittsbreite

Brandschutz: siehe DIN 4102
Schallschutz: siehe DIN 4109

in den Beispielen:
Steigungshöhe $s = 17{,}5$ cm
Auftrittsbreite $a = 28$ cm

Abb. G.6
Ermittlung von Steigung (s) und Auftritt (a)
an drei verschiedenen Ausformungen der Treppenstufen (A, B, C)

G   Anforderungen und Planungshinweise   3.2

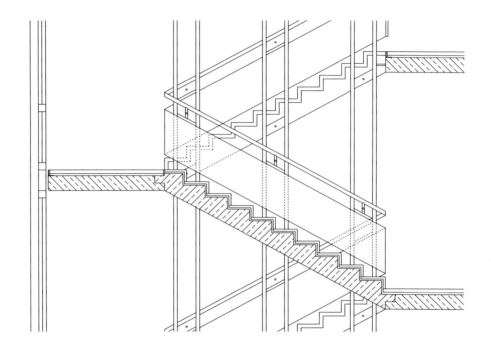

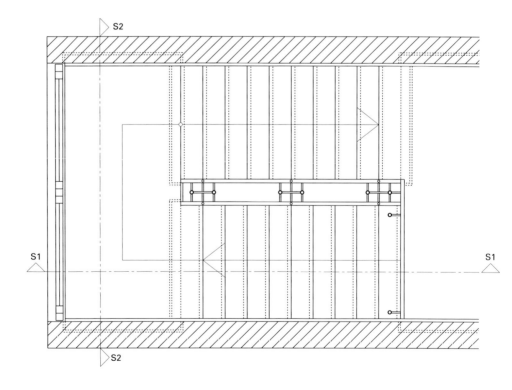

Abb. G.7
Treppe Stahlbeton,
Schnitt S1–S1,
Grundriss, (M 1:50)

3.2 Anforderungen und Planungshinweise G

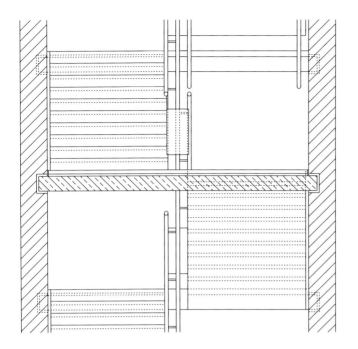

Abb. G.8
Treppe Stahlbeton,
Schnitt S2–S2, (M 1:50)

– Fußbodenaufbau
  Geschossdecke/Podest
  Belag: 1,0 cm
  Estrich: 3,5 cm
  TS.-Dämmung: 3,5 cm
  STB-Decke: 20,0 cm
  Treppenlauf
  Werkstein: 3,0 cm
  Mörtelbett: 2,0 cm
  STB-Fertiglauf: 18,0 cm
– Geländerhöhe: 0,90 m
– Geschosshöhe: 3,25 m
– Steigungsmaß 2 × 10 STG.
  Steigung s: 16,3 cm
  Auftritt a: 30,0 cm
– Schrittmaßregel:
  2 × s + a = 63,0 cm
  2 × 16,3 + 30 = 62,6 cm
  Konstruktionsdetails
  siehe Abb. G.10
– Geländerdetails
  siehe Abb. G.35

Tabelle G.1
Stahlbetontreppen,
Faustwerttabelle für gerade
Treppenläufe
und Stufen/Stahlbeton

Stütz-weite	Trepp. höhe	für	Fertigt.-Balkentreppe Balkenhöhe d (cm) bei B 35 Treppenlaufbreite (m)			Massivtreppe Laufplattendicke d (cm) bei B 25 Treppenlaufbreite (m)		
			0,90	1,10	1,25	0,90	1,10	1,25
2,25	≤ 2,25	W/Ö	12/14	14/16	14/16	12/12	12/12	12/12
2,50	≤ 2,50	W/Ö	12/14	16/16	16/18	12/12	12/12	12/12
2,75	≤ 2,75	W/Ö	14/16	16/18	18/20	14/14	14/14	14/14
3,00	≤ 3,00	W/Ö	16/18	18/20	18/20	14/14	14/14	14/14
3,25	≤ 3,25	W/Ö	18/20	20/20	20/22	16/16	16/16	16/16
3,50	≤ 3,50	W/Ö	20/22	22/22	22/24	16/16	16/16	16/16
3,75	≤ 3,75	W/Ö	22/24	22/24	24/26	18/18	18/18	18/18
4,00	≤ 4,00	W/Ö	22/24	24/26	24/26	18/18	18/18	18/18
4,25	≤ 4,25	W/Ö	24/26	26/26	26/28	20/20	20/20	20/20
4,50	≤ 4,50	W/Ö	24/26	26/28	28/30	20/20	20/20	20/20
Stufendicke (cm)								
Stahlbetonstufe	W/Ö		5/5	6/6	7/7			
Werksteinstufe	W/Ö		7/7	8/8	9/9			

Anmerkungen
d (cm) = Durchgehende Laufplat-tenhöhe oder Balkenhöhe (quadra-tischer Querschnitt)
B = Betonfestigkeitsklasse
W-Treppen in Wohngebäuden mit
p = 3,50 kN/m^2
Ö-Treppen in öff. Gebäuden mit
p = 5,00 kN/m^2
Bemessung der Stufendicke
bei Mindestauftritt 21 cm

G Anforderungen und Planungshinweise 3.3

3.3

Konstruktionsanleitung für gerade Podesttreppen

1 Festlegen der Fertigmaße der zu verbindenden Geschossdecken (OKFF zu OKFF, Beispiel: 2,80 m).
2 Teilen der Geschosshöhe durch eine gerade Anzahl von Steigungen (zwischen 16 und 19 cm) der Fertigstufen (Beispiel: 2,80 m/16 Stg. = 17,5 cm Steigungshöhe der Stufen).
3 Einzeichnen der horizontalen Linien der ermittelten Steigungen (16 × 17,5 cm) und des Podestes (normalerweise auf Höhe der Hälfte der Steigungen, nach Beispiel: hier 1,40 m; damit gleiche Lauflängen der Treppenläufe).
4 Ermitteln des Auftrittsmaßes der Fertigstufen, nach Treppenformel (Absch. 3.2) 2s + a = 63 cm (Beispiel: a = 63 – 2 × 17,5 cm, ergibt a = 28 cm) : somit 16 Stg. 17,5 cm/28 cm.

5 Einzeichnen der vertikalen Linien der ermittelten Auftritte (nach Beispiel: 8 × 28 cm).
6 Verbinden der entstandenen Anfangspunkte der Geschossdecken mit dem des Podestes.
7 Abtragen der Steigungen und Auftritte auf die unter 6 entstandenen Verbindungslinien ergibt die Oberkante und die Vorderkante der Fertigstufen sowie des Podestes.

8 Abtragen der Fußbodenaufbauten von Podest und Treppenläufen sowie deren Laufplattendicke (diese nach statischen Erfordernissen. Beispiel: 14 cm).
9 Verbinden der Unterkante der Laufplatten mit den Vorderkanten der Geschossdeckenunterkanten und des Podestes ergibt den Knickpunkt der Treppenläufe. Durch diese Schnittpunkte ergibt sich die konstruktive Podest- bzw. Geschossdeckenstärke.
10 Einzeichnen der Unterkante der Geschossdecken und des Podestes.

11 Abtragen von Geländerhöhe über Vorderkante An- und Austrittsstufe (Beispiel: 90 cm).
12 Einzeichnen der Handlauflinie durch die Schnittpunkte von Vorderkante Stufe und Geländerhöhe zwischen Vorderkante Podest und Vorderkanten Geschossdecken.

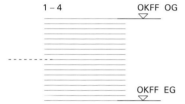

1 – 4   OKFF OG

OKFF EG

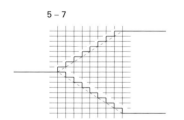

5 – 7

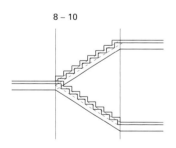

8 – 10

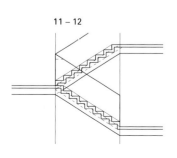

11 – 12

Abb. G.9
Konstruktionsanleitung

3.4

Detailpunkte

Bei der Ausführungsplanung einer Treppe erfordern folgende Details besondere Aufmerksamkeit (Abb. **G.10**)

a   Treppenlaufknickpunkte bei An- und Austrittsstufen
b   Treppenlauf im Übergang zur Wand und zum Treppenauge
c   Podestanschlüsse zu Wänden und Wandöffnungen
d   Treppenaugenstirn zwischen Antritts- und Austrittsstufen mit Umwehrungen, Geländer und Handläufe in Konstruktion und Anbringung

Für Entwurf und konstruktive Bearbeitung sind Maßstäbe zwischen M. 1:50 und M. 1:1 anzuwenden.

Abb. G.10
Detailpunkte a–d, (M 1:20)

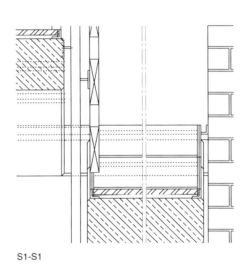

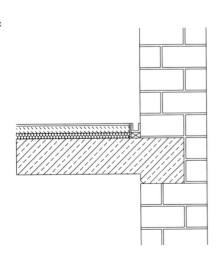

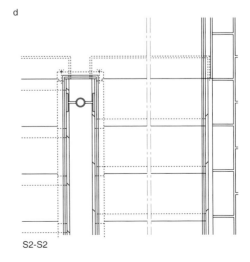

4
Konstruktion ein- und mehrläufiger Treppen

4.1

Stahlbetontreppen

4.1.1

Ortbetontreppen

Ortbetontreppen werden auf der Baustelle hergestellt. Sie werden im Außenbereich vorwiegend ohne Belag eingesetzt, während sie im Inneren von Gebäuden überwiegend mit Belägen wie Beton- oder Naturwerkstein, Keramik oder Holz gebaut werden. Bei Ausführung Sichtbeton ist eine erhöhte Sorgfalt auf die Schalung zu verwenden. Es ist ebenfalls darauf zu achten, dass später sichtbare Betonflächen während der Bauphase nicht verschmutzt oder beschädigt werden. So sind zum Beispiel Sicherheitsgeländer während dieser Zeit spurenlos entfernbar anzubringen.

Für die *Rohbauplanung und -ausführung* müssen auf der Baustelle neben Bewehrungsplänen Werkpläne im Maßstab M 1:50 sowie auch Detailpläne vorliegen, aus denen folgende Punkte hervorgehen:
– Spannrichtung von Treppenläufen und -Podesten (Abb. **G.11**)
– Abstände, Einbindung und Fugenausbildung der Treppenkonstruktion zur Treppenraumwand
– Angaben zu Einzelbauten wie Konsolen, integrierten Stützen oder Brüstungen
– Vermaßung der Geschossdecken, Treppenlaufplatten mit Neigungswinkeln, Haupt- und Zwischenpodeste und deren Abstände in Schnitt und Grundriss
– Vermaßung der Fußbodenaufbauten der Decken, Läufe und Podeste

Bei der *Wahl der Beläge* fließen in den Entwurf folgende Kriterien ein:
– Feuer- sowie im Außenbereich Frostbeständigkeit
– Abriebsfestigkeit und Rutschfestigkeit sowie Blendfreiheit der Beläge
– Unempfindlichkeit gegen Verschmutzung

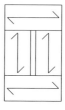

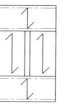

Abb. G.12
Belagsarten a, b
(M 1:10)

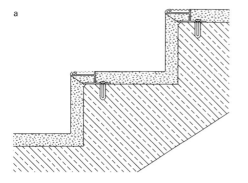
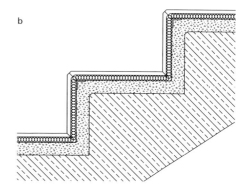

4.1.1 Konstruktion ein- und mehrläufiger Treppen G

Belagsarten (Abb. **G.12** bis **G.14**)

a Zementestrichbelag: Dicke etwa 25–40 mm, mit eingelegtem Kantenschutzprofil aus Metall
b Textilbelag: Verklebung des textilen Belages auf zuvor durch Spachtelung geglättete bzw. grundierte Rohstufe; nur in Ausführung als treppenstufengeeigneter Belag mit oder ohne Kantenschutzprofile, Gummi-, Kunststoff oder Linoleumbelag: Ausführung als glatte oder profilierte (genoppte) Oberfläche, zu verkleben; möglichst ohne Kantenschutzprofile mit Stufenbelagstreifen angeformter Stufenwinkel
c Holzbohlen: (aufgedübelt) mit oder ohne Verblendung der Setzstufe, aus geeigneten Hölzern wie Eiche oder Buche, Dicke zwischen 40 und 60 mm
d Keramikbelag: Spaltplatten mit oder ohne Schenkelplatten zur Stufenkantenausbildung für Tritt- und Setzbereich; in Mörteldickbett oder als Dünnbettverklebung auf zuvor geglättetem Untergrund. Bei Treppenstufenfertigteilen werden die Spaltplatten einbetoniert.
e Natur- oder Betonwerksteinbelag: Oberfläche poliert oder unpoliert, ausschließlich Trittplatten, oder Setz- und Stoßplatten (möglichst in durchgängiger Dicke) Winkelstufen mit auf- oder abgewinkelten Setzplattenschenkeln, Betonwerksteinplatten mit eingelegtem Natursteinbruch, bei Naturstein in Trass- oder Kalkmörtel, bei Betonstein auch in Zementmörtel bei Belagsdicken zwischen 30 und 60 mm. Zur Festlegung eines geordneten Fugenbildes ist ein Verlegeplan anzufertigen.
f Keilstufen: als Sichtbetonausführung auf geneigter Treppenlaufplatte. Belag siehe d und e.

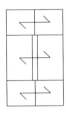

Abb. G.11
Verschiedene Tragmodelle/Spannrichtungen für Stahlbetontreppen (Systemzeichnung)

Abb. G.13
Belagsarten c, d
(M 1 : 10)

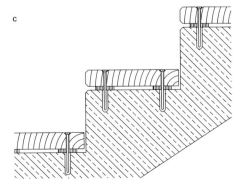
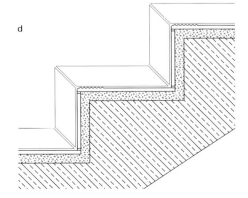

Wandanschluss

Gegen Verschmutzung im Sockelbereich werden Wandsockelplatten als Aufkantung des Treppenlauf- oder Podestbelages oder Fortführung der Fußleiste zur Treppenhauswand angebracht. Hierfür ist ein gesondertes Detail erforderlich, besonders bei Materialwechsel von Wandsockelplatten und Fußleiste (Ausführung als Winkelfolge analog zu den Stufen (Abb. **G.13 d**) oder als so genannte Bischofsmütze mit laufplattenparalleler, gerader Oberkantenlinie (Abb. **G.14 e**)).

Bei nicht starren Treppen- und Podestböden (Dämmstofflagen) ist die Verbindungsfuge zum Wandsockel elastisch auszubilden.

Abb. G.14
Belagsarten e, f (M 1:10)

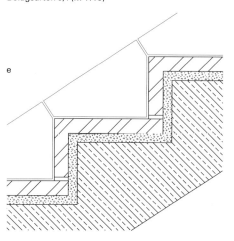
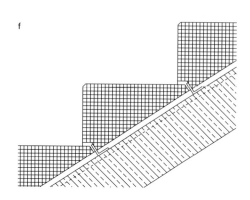

4.1.2

Stahlbetonfertigteiltreppen

Stahlbetonfertigtreppen sind vorgefertigte Treppenbauteile, zunächst die Fertigteillaufplatten bzw. Stufenbalken, sodann wahlweise entsprechende Fertigteilpodeste. Ihre Vorzüge liegen durch Serienproduktion in der kostengünstigen Herstellung, unmittelbarer Baustellennutzbarkeit nach erfolgtem Einbau und erhöhter Qualität der Sichtbetonflächen. Zu unterscheiden sind zwei Konstruktionsarten der Stahlbetonfertigtreppen:

a Vollständige Stufenplatten, die zwischen Ortbeton- oder Fertigteilpodesten eingehängt oder auf getrennt verlegte Konsolen, Balken oder Platten aufgelegt werden (Abb. **G.15 a**)

Abb. G.15
Stahlbeton-Fertigtreppen nach Lösungen a und b (M 1:20)

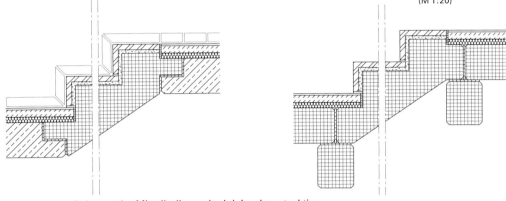

b Wangen-, Seiten- oder Mittelbalken mit gleicher konstruktiver Einbindung sowie auf- oder einzulegenden Einzelstufen als Blockoder Keil-, Platten- oder Winkelstufen (Abb. **G.15 b**)

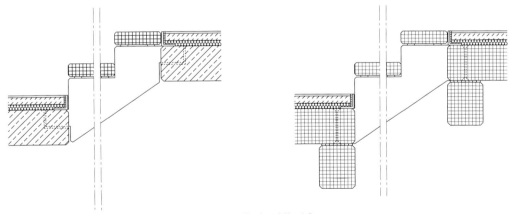

Die Konstruktion aus *Fertigteil-Stufenbalken* stellt eine Mischform aus beiden Bauweisen a und b dar: Einzelne so genannte Stufenbalken in Ausführung zwischen 15 und 25 cm bilden durch additives Verlegen und Verbinden über bewehrte Vergussnuten für Zementmörtel die Laufplatte in variabler Plattenbreite aus. Aus gestaltenden oder Gründen der Material- und Gewichtseinsparung können Hohlräume im Stufenprofil einteiliger Treppenlaufplatten ausgebildet werden. Abhängig von der Lage und Ausführung der Bewehrung werden bei diesem Herstellungsprozess Hartpapprohre, Hartschaumkörper oder gezogene Schalungsdorne eingegossen und nach dem Abbindeprozess des Fertigteils entfernt.

Schallschutz

DIN 4109 – Schallschutz im Hochbau enthält nutzungsspezifische Anforderungen an den Trittschallschutz bei Treppenkonstruktionen sowie den Luftschallschutz bei Treppenraumwänden (zum Beispiel für mehrgeschossige Wohn- und Geschäftshäuser oder Unterrichtsstätten). Zur Minderung der Trittschallübertragung bieten sich folgende Möglichkeiten an:

a Ausführung der Auflager der Treppenläufe oder tragenden Treppenbauteile als punkt- oder streifenförmige Polster aus elastischen hochpolymeren Kunststoffen (Abb. **G.16a2**), oder schalltechnische Trennfuge zwischen Läufen und Podesten bei durchgehender Bewehrung (Abb. **G.16a1**)
b Verwendung schalldämmender Fußbodenaufbauten für Läufe und Podeste
c Selbsttragende Treppenkonstruktionen mit Abständen zu den Treppenhauswänden. Trennfugen zwischen Geschossdecken und Treppenläufen gewährleisten dann keine effektive Körperschallbegrenzung, wenn beide in dieselbe Wand eingebunden sind (Abb. **G.17**).

Abb. G.16
Möglichkeiten unter a genannter schalltechnischer Trennung des Treppenlaufs von Decken und Podesten, (M 1:10)

a1 Schalltechnische Trennfuge bei durchgehender Bewehrung (System Schöck)
a2 Auflagekonsolen mit streifenförmig angeordneten elastischen Kunststoffpolstern

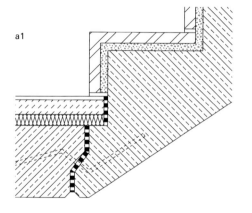

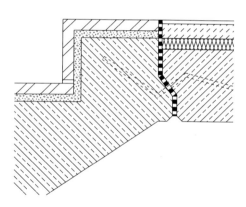

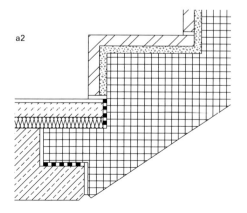

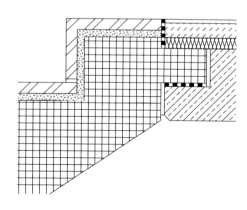

4.1.2 Konstruktion ein- und mehrläufiger Treppen

Lösungsvorschläge zu a:
– Lagerung der Lauf- und/oder Podestplatten auf Einzelkonsolen, Konsolstreifen oder Kragnocken in ausgesparten Mauerwerksnischen (Abb. **G.17a**).
– Verwendung von Systembauteilen mit schalldämmenden Zwischenschichten oder elastisch ausgebildeten Auflagerplatten. Hierbei sind zu allen Auflager- und Anschlussbereichen Schallbrücken aus Mörtel und Beton zu vermeiden (Abb. **G.15b**).
– Laufplatten und -beläge sind möglichst mit Abstand bis zu 4 cm von den Treppenhauswänden zu planen. Dieser Zwischenraum kann offen bleiben, dauerelastisch verschlossen und/oder mit geeigneten Abdeckprofilen ausgebildet werden (Abb. **G.7**).

Lösungsvorschläge zu b:
– Die Podestbeläge werden auf Trittschalldämmplatten „schwimmend" verlegt. Im Bereich von angrenzenden Wänden sind als Trennung Randstreifen aus geschäumtem Kunststoff einzusetzen (Ausbildung der sichtbaren Podestkanten wie Treppenauge oder frei liegende Podestabschlüsse im Detail klären!) (Abb. **G.10c**). Für schalldämmende Verlegung von Stufenprofilen kommen nur massive Winkelstufen in Betracht, die, unterseitig mit einem Schaumstoffstreifen versehen, auf darunterliegendes Mörtelbett aufgebracht werden.

Die Lösungsmöglichkeiten aus a und b sind kombiniert ausführbar.

Lösungsvorschläge zu c:
– Selbsttragende Konstruktionen sind zum Beispiel von einer senkrechten Mittelwand auskragende (Abb. **G17 d**) oder von einem eigenen Stützensystem getragene (Abb. **G.17 c**) Treppenläufe, welche nur in den Übergängen zu Geschossen mit dauerelastischen Fugen an das Wand- und Deckensystem des Gebäudes anschließen.

Neben der Art der Einbindung von Treppenläufen und Podesten in die angrenzenden Wände sind diese selbst bestimmten Anforderungen unterworfen:

Beispiel:
Für Geschäftshäuser mit Wohn- und Arbeitsräumen sowie öffentlichen Gebäuden, zum Beispiel Krankenhäuser und Unterrichtsstätten, gelten nach DIN 4 109, T2 Mindestanforderungen des so genannten „Bauschalldämm-Maßes (R'_w)" für Treppenraumwände. In diese Größe fließen der Luftschalldämmwert der Wand (bewertetes Schalldämm-Maß) und der der Nebenwegübertragung ein. Treppenraumwände (52dB) unterliegen vergleichbaren R'_w-Werten wie Wohnungstrennwände (53dB).

Ausführung:
Bei unverputzten Wänden kann die Wanddicke bei einer Steinrohdichteklasse von mindestens 1,6 schalltechnisch auf 24 cm festgeschrieben werden. Bei beidseitig 15 mm kalk- oder zementverputzten Wänden mit einer Steinrohdichte von 1,8 kann die Mauerwerksdicke auf 17,5 cm abgemindert werden (Sonderbauordnungen sowie DIN 4102 beachten). Bei eingebundenen Treppenbauteilen ist jedoch der Richtwert von 24 cm einzuhalten.

Eine weitere Möglichkeit zur Reduzierung der Schallübertragungen ist die Ausführung der Treppenhauswand als zweischalige Wand. Dabei nimmt die innere Schale die Treppenkonstruktion auf, während die äußere Schale ein Teil des Wandsystems des Gebäudes ist. Es ist in diesem Fall auf schallbrückenfreie Maurerarbeiten zu achten (Abb. **G.17 a**).

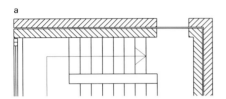

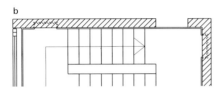

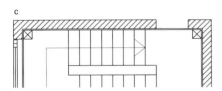

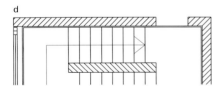

Abb. G.17
Beispiele schalltechnischer Trennung der Läufe und Podeste von Treppenhauswänden (Systemzeichnung)

a zweischalige Treppenhauswand mit durchgehender Fuge
b elastische Lagerung der Podeste auf Einzelkonsolen
c gesonderte Stützenkonstruktion mit Trennfuge zu den Umfassungswänden
d massiver, tragender Treppenkern mit auskragenden Läufen und Podesten

4.2

Holztreppen

Es werden drei Konstruktionsarten von Holztreppen unterschieden (Abb. **G.18**):

a Eingeschobene Treppenkonstruktionen (Abb. **G.18a** und **G.20**)
b Aufgesattelte Treppenkonstruktionen (Abb. **G.18b** und **G.21**)
c Gestemmte Treppenkonstruktionen (Abb. **G.18c** und **G.20**)

Abb. G.18
Konstruktionsarten a–c von Holztreppen (Systemzeichnung, Grundriss und Schnitte)

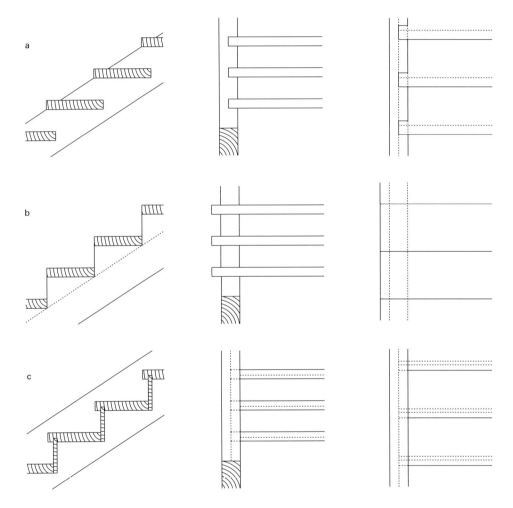

Wahl der Hölzer

Holztreppen werden aus Massivhölzern (M) und/oder Holzwerkstoffen (H) hergestellt:

M Nadelhölzer: Fichte, Kiefer oder Lärche
    Laubhölzer: Eiche, Buche, Ahorn oder Esche
H Sperrholz: Tischlerplatte, Brettschichtholz
    Spanplatte: Ein- oder mehrschichtige Holzspanplatte
    verschiedener Festigkeitsgruppen

G Konstruktion ein- und mehrläufiger Treppen 4.2

Abb. G.19
Beispiele von Decken- und Podestanschlüssen der vorgenannten Holztreppenkonstruktionen a–c (M 1:20)

a frei stehende Holzkragkonstruktion mit eingeschobenen Stufen
b podestseitig in Stahlschuhen verschraubte Holzwangen mit aufgesattelten Stufen
c auf Holzkonsolen gelagerte Wangen mit gestemmten Stufen und Setzbrettern

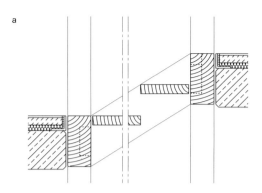

Abb. G.20
Konstruktionsdetails eingeschobener oder gestemmter Treppenstufen: Verbindungsarten der Stufen mit der Wange, 1–4, Holz-Stufenarten, 5–8 (M 1:10)

1 Schwalbenschwanzverbindung
2 Zugstabverbindung (kurz)
3 Zugstabverbindung (sichtbar)
4 Keilverbindung
5 Vollholzstufe
6 verleimte Stufe, Stumpf/Minizink
7 Federverleimte Stufe
8 Verbundstufe mit/ohne Umleimer

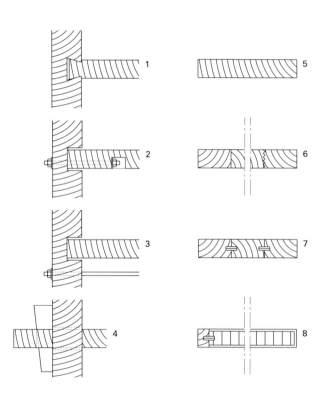

Abb. G.21
Konstruktionsdetails aufgesattelter Treppenstufen, (M 1:10)
a Keilstufen mit Stufenwiderlager
b Keilstufen mit zweierlei Holznagelverbindungen
c Stufen auf angedübelten Holzsätteln
d Stufen auf verbolzten Holzsätteln

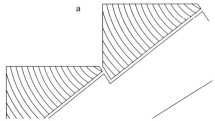
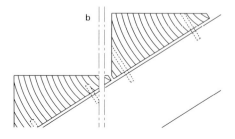

4.2 Konstruktion ein- und mehrläufiger Treppen G

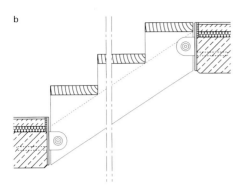

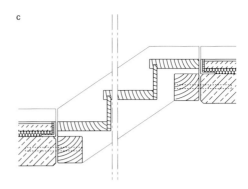

Bei Verwendung von *Massivhölzern* oder Brettschichtholz ist auf ausreichende Ablagerung der Bretter und Balken bis auf einen Feuchtegehalt von maximal 14 % zu achten. Durch Abgabe von Feuchtigkeit schwinden Nadelhölzer bis zur Verarbeitung durchschnittlich um radial 2 % und tangential um 5 %, während diese Werte bei Laubhölzern fast doppelt so hoch liegen. Zu unterscheiden sind Kern- und Seitenbohlen, bei letzteren die „linke" (kernabgewandte) und die „rechte" (kernzugewandte) Seite. Anders als die verformungsstabilere Kernbohle wölbt sich die Seitenbohle beim Schwinden zur Kernseite hin. Deshalb sollte diese Seite, etwa bei Verwendung als Trittstufe, die belastete Fläche sein. Wangen werden entsprechend mit der „rechten" als Außenseite eingebaut, die Trittstufen verhindern so die Schwindwölbung. Neben massiven Hölzern finden *Holzwerkstoffe*, wie schicht- oder stäbchenverleimte Sperrholzplatten, furnierte Spanplattenlagen als Verbundstufen oder brettschichtverleimte Hölzer als Wangen Verwendung.

Verwendung der Hölzer

Stufen- und Setzbretter: Hartlaubhölzer oder kostengünstige furnierte Span- oder Tischlerplatten, auch als mehrschichtige Verbundplatten, Setzbretter zusätzlich aus Nadelholz oder furnierter Spanplatte. Wangen und Tragbalken: überwiegend Nadelhölzer oder Harthölzer, furnierte Holzwerkstoffplatten oder Brettschicht- bzw. Verbundplatten.

Oberflächenbehandlung

In der Regel werden die Holzoberflächen zum Schutz vor Abrieb und Verunreinigung mit deckenden oder lasierenden Farben oder Lacken versiegelt, die Trittstufen vorwiegend mit mehrfachen Anstrichen verschleißfester Kunstharzbeschichtungen.

Hinweis

Aus Brandschutzgründen können Holztreppen als *notwendige Treppen* in der Regel nur in Gebäuden mit maximal 2 Geschossen verwendet werden (siehe Landesbauordnungen).

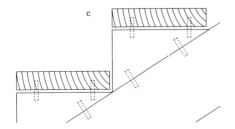

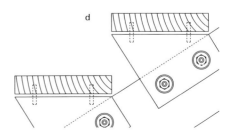

G   Konstruktion ein- und mehrläufiger Treppen   4.2

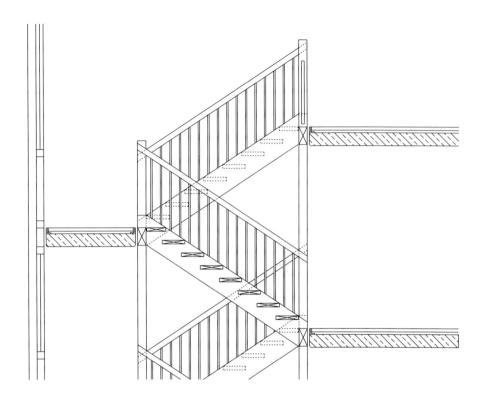

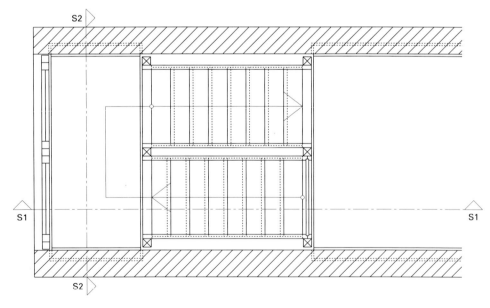

Abb. G.22
Gestemmte Holztreppe,
Schnitt S1–S1 und
Grundriss, (M 1:50)

4.2 Konstruktion ein- und mehrläufiger Treppen G

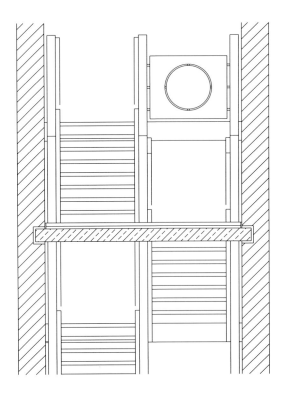

Abb. G.23
Gestemmte Holztreppe, Schnitt
S2–S2, (M 1:50)

– Fußbodenaufbau
 Geschossdecke/Podest
 Belag: 1,0 cm
 Estrich: 3,5 cm
 TS.-Dämmung: 3,5 cm
 STB-Decke: 17,5 cm
 Treppenlauf
 Holzwange: 6,0 cm
 Holzstufe: 5,5 cm
 Holzpfosten: 11,5/11,5 cm
 Holzriegel: 11,5/24,0 cm
– Geländerhöhe: 0,90 m
– Geschosshöhe: 2,75 m
– Steigungsmaß 2 × 8 STG.
 Steigung s: 17,2 cm
 Auftritt a: 28,0 cm
– Schrittmaßregel:
 2 × s + a = 63,0 cm
 2 × 17,2 + 28 = 62,4 cm
– Konstruktionsdetails
 siehe Abb. G.20
– Geländerdetails
 siehe Abb. G.35

– Hinweis
 Nach Bauordnungsrecht
 dürfen Handläufe entgegen
 dieser Darstellung nicht
 unterbrochen werden

Tabelle F.2
Holztreppen, Faustwerttabelle für gerade Treppenläufe (NH II oder BSH I) und Stufen/Holz

Stütz-weite	Trepp. höhe	für	Eingeschobene Treppe Wangenbreite b_w (cm) bei Wangenhöhe h_w = 15 cm Treppenlaufbreite (m)			Gestemmte Treppe Wangenhöhe h_w (cm) bei Wangenbreite b_w = 5,5 cm Treppenlaufbreite (m)			Aufgesattelte Treppe Wangenhöhe h_w (cm) bei Wangenbreite b_w = 7,0 cm Treppenlaufbreite (m)		
			0,90	1,10	1,25	0,90	1,10	1,25	0,90	1,10	1,25
2,25	≤ 2,25	W/Ö	5/7	6/8	7/9	28/28	28/28	28/28	14/15	14/16	15/16
2,50	≤ 2,50	W/Ö	7/10	8/11	10/13	28/28	28/28	28/28	15/17	16/18	16/18
2,75	≤ 2,75	W/Ö	9/12	11/15	13/(17)	28/28	28/28	28/28	17/19	18/20	18/20
3,00	≤ 3,00	W/Ö	11/15	14/(18)	(16)/–	28/28	28/28	28/28	18/20	19/21	19/21
3,25	≤ 3,25	W/Ö	14/(19)	(18)/–		28/28	28/28	28/28	20/21	20/22	21/23
3,50	≤ 3,50	W/Ö	(17)/–			28/28	28/28	28/28	21/22	22/24	23/25
3,75	≤ 3,75	W/Ö				28/28	28/29	28/30	22/24	23/25	24/26
4,00	≤ 4,00	W/Ö				28/30	29/31	30/32	23/25	24/26	25/28
4,25	≤ 4,25	W/Ö				29/31	30/32	31/33	24/27	26/28	27/29
4,50	≤ 4,50	W/Ö				30/32	31/33	32/34	25/28	27/29	28/31

Stufendicke (cm)					
Nadelholz GK II	W/Ö	4,5/4,5	5,0/5,0	6,0/6,0	
Eiche/Buche	W/Ö	4,5/4,5	5,0/5,0	6,0/6,0	
Verbundstoffe	W/Ö	4,5/4,5	5,0/5,0	6,0/6,0	

Anmerkungen
W-Treppen in Wohngebäuden mit p = 3,50 kN/m²
Ö-Treppen in öff. Gebäuden mit p = 5,00 kN/m²
Stufenangaben beziehen sich auf alle drei Treppentypen
Bemessung der Stufendicke bei Mindestauftritt 21 cm
Ausklinkung der Wangen 2,0 cm

4.3

Stahltreppen

Stahltreppen werden vorwiegend als Wangen- oder Tragbalkenkonstruktionen ausgebildet. Daneben finden Hänge- oder Kragstufentreppen Anwendung (Abb. **G.24 a–d**).

Folgende Merkmale zeichnen Stahlkonstruktionen im Treppenbau aus:
– hohe Belastbarkeit bei geringem Konstruktionsgewicht
– einfache, additive und demontable Bauverbindungen
– weitgehend mögliche Vorfertigung und schnelle Montage
– Nutzbarkeit industriell vorgefertigter Stahlbauteile (Profile, Gitterroste usw.)
– sofortige Nutzbarkeit nach Einbau vor Ort.

Die große Materialfestigkeit von Stahl ermöglicht, Treppen mit schlanken Konstruktionsgliedern zu bauen. Sie finden allerdings (ebenso wie Holztreppen) aus Gründen des Brandschutzes als notwendige Treppen in Geschossbauten nur eingeschränkt Verwendung. So werden sie üblicherweise in Gebäuden geringer Höhe, in Industriebauten sowie als Außentreppen eingesetzt. Brandschutz ist durch Ummantelung von Stahlbauteilen mit feuerhemmenden Materialien zu gewährleisten. Bei Verwendung von Stahltreppen in Feuchträumen oder in Bereichen mit Witterungseinflüssen ist der Stahl durch Feuerverzinkung zu schützen. Ausnahme bilden nicht rostende Stahlteile (Edelstahl). Beschichtungen allein gewährleisten keinen ausreichenden Rostschutz. Nach dem Verzinken dürfen die Stahlverbindungen nicht durch Schweißen, sondern, wenn möglich, nur durch Verschraubung mit ebenfalls verzinkten oder aus nicht rostenden Stählen hergestellten Verbindungselementen erfolgen. Man unterscheidet folgende Konstruktionsarten (Abb. **G.24**):

a Wangenkonstruktion: Stahlwangenprofile können als Flach- oder Hohlprofil, Winkel- oder Fachwerkprofil aus Stahlblech bzw. Stahlrohren ausgebildet werden. Die Stufen werden über Winkel oder Wangenaussparungen gehalten, oder (bei Verwendung von Stahlstufen) auch verschweißt (Abb. **G.25 a**). Die Geländerstangen werden mittels Flach- oder Hülsenstegen seitlich an der Wange oder als Rohrständer auf der Wange befestigt (Vorbemessung s. Tab. **G.3**).

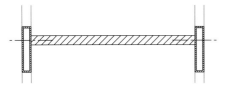 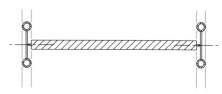

Abb. G.24
Verschiedene Beispiele der Tragsysteme und ihrer Kombinationen a–d (Systemzeichnung)

a Wangenkonstruktionen
b Tragbalkenkonstruktionen
c Kragkonstruktionen
d Hängekonstruktionen

b Tragbalkenkonstruktion: Tragbalkenprofile werden aus Walzstahl- oder Hohlprofilen hergestellt. Es ist aber auch eine dem Stufenverlauf folgende Winkelprofilkonstruktion möglich (vergl. A). An einem oder mehreren gerade verlaufenden Tragbalken werden, zur Befestigung der Stufen, Flach- oder Winkelstahlsattel aufgebracht (Abb. **G.25 b**). Die Geländerkonstruktion schließt seitlich verschraubt oder verschweißt an den Tragbalken an (Vorbemessung s. Tab. **G.3**).

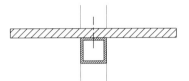 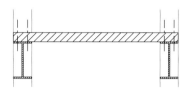

c Kragkonstruktion: Tragstufen setzen sich aus einer einseitig gehaltenen Kragkonstruktion (möglich auch mit gegenüberliegender Stabilisierung durch Hängestangen) und aufgelegten Stufen zusammen. Sie sind seitlich mit einem Trägerprofil (zum Beispiel Stahlblechkastenträger) oder in der Wand verankert (Abb. **G.25 c**). Zur Anbringung des Geländers sollte nicht die Stufe selbst, sondern der Kragarm als Primärkonstruktion herangezogen werden.

d Hängekonstruktion: Im Gegensatz zu den zuvor skizzierten Konstruktionen werden bei der Hängestufen- oder Harfentreppe die Auftritte einzeln oder als Lauf von einem oberhalb sich befindenden Tragsystem „abgespannt" (Abb. **G.25 d**). Die Ausführung eines an einem tragfähig ausgebildeten Geländer abgehängten Treppenlaufs ist jedoch im Regelfall aufgrund der fehlenden Trennung von Primär- und Sekundärkonstruktion zu vermeiden.

 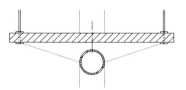

Kombinationen aus den oben genannten Konstruktionsarten sind möglich.

G Konstruktion ein- und mehrläufiger Treppen 4.3

Schnitt A–A

Schnitt B–B

Grundriss

a1
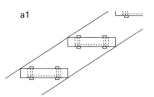
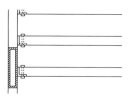
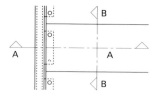

a2
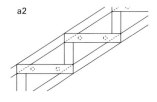
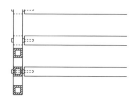
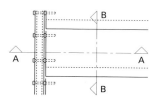

b
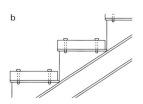
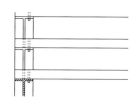
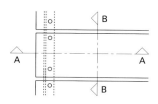

c
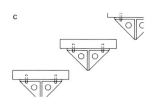
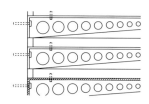
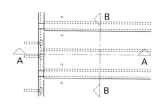

d
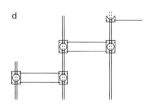
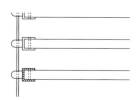
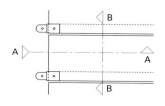

Abb. G.25
Konstruktionsbeispiele von Stahltreppen (a1–d) (M 1:20)

a1 Wangenkonstrunktion:
Rechteckiges Stahl-Hohlprofil 180/50/7,1 mit angeschweißten Auflagerwinkeln für Stufen

a2 Fachwerkkonstruktion:
Quadratisches Stahl-Hohlprofil 50/4,0 mit horizontaler Verschraubung der Stufen

b Tragbalkenkonstruktion:
Mittelbreiter I-Träger (IPE 120) mit aufgeschweißten T-Winkeln als Stufenlager

c Kragkonstruktionen:
aus breiten I-Trägern (IPBl 220) hergestellte Kragträger mit aufgeschraubten Stufen

d Hängekonstruktion:
Rundstahl d = 10 mm mit Klemmprofilen zur Stufenbefestigung

4.3 Konstruktion ein- und mehrläufiger Treppen   G

Ausbildung der Stufen

Die Stufen (häufig nur Trittstufen) können abhängig von Funktion und Gestaltung wahlweise ebenfalls in Stahl oder anderen Materialien ausgeführt werden, so zum Beispiel:

a   Stahl oder andere Metallwerkstoffe (Abb. **G.26 a**)
b   Holz und Holzwerkstoffe (Abb. **G.26 b**)
c   Natur- und Betonwerkstein (Abb. **G.26 c**)
d   Glas (in der Regel folienbeschichtetes mehrlagiges VSG, keine geregelte bauaufsichtliche Zulassung)

Bei Verwendung von Stahl kann man sich industrieller Halbfertigprodukte bedienen, wie glatten, gelochten oder geriffelten Blechen oder lagerhaften oder maßgefertigten Rosten (Abb. **G.26 a**). Während strukturierte Bleche unmittelbar begehbar sind, müssen glatte Bleche rutschsichere Beläge oder Beschichtungen erhalten. Auch ist sowohl bei Blechen ohne Auflage als auch bei Gitterrosten mit erhöhtem Geräuschaufkommen zu rechnen. Stahlroste unterscheiden sich in Profilierung und statischer Belastbarkeit durch verschiedene Lochformen und Steghöhen und werden (anders als Blechstufen, die oft durch Verschweißung an der Tragkonstruktion befestigt sind) in der Regel auf Winkel aufgelegt oder komplett an die Treppenwangen geschraubt.

Abb. G.26
Einsatzmöglichkeiten von Treppenstufen unterschiedlicher Materialien (a–c)
(M 1:20)

a   Stahlblech oder -Hohlprofile:
–   Gekantetes Stahlriffelblech
–   Geschweißte Stahlhohlstufe
–   Stahl-Hohlprofil
b   Holzplattenstufen:
–   Holzstufe in Stahlwinkelrahmen
–   Holzstufe auf Stahlsattel
–   Holzstufe auf Stahlfaltwerk
c   Betonplatten- oder -Winkelstufen:
–   Plattenstufe als vergossenes U-Profil
–   Winkelstufe auf Stahlsattel
–   Betonplattenstufe zwischen Tragbolzen

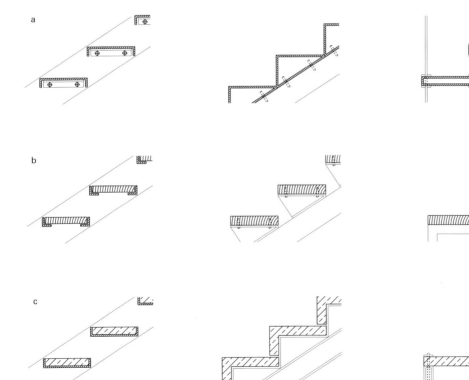

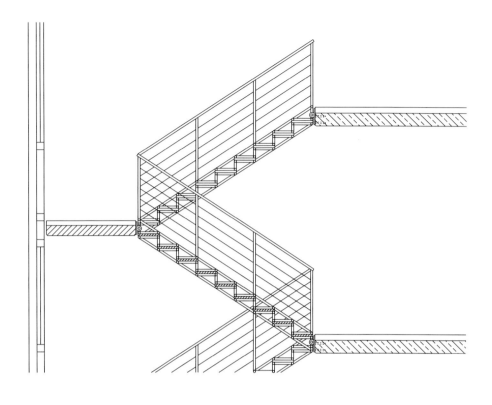

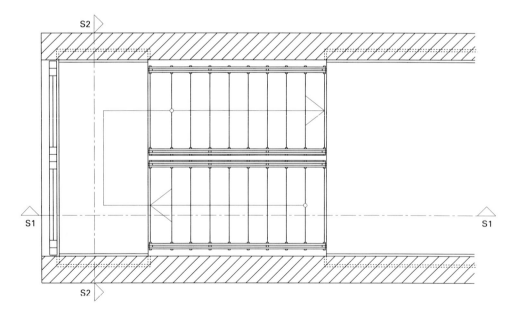

Abb. G.27
Stahlfachwerktreppe,
Schnitt S1–S1 und
Grundriss, (M 1:50)

4.3 Konstruktion ein- und mehrläufiger Treppen   G

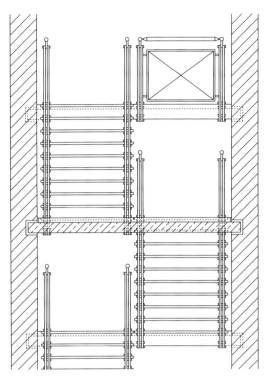

Abb. G.28
Stahlfachwerktreppe, Schnitt
S2–S2, (M 1:50)

– Fußbodenaufbau
  Geschossdecke/Podest
  Belag: 1,0 cm
  Verbundestrich: 5,0 cm
  STB-Decke: 4,0 cm
  Treppenlauf
  Stahlfachwerk
  Flachstahl: 2/4 cm
  Tragpfosten: 2/4 cm
  Stahlroststufe: 3,0 cm
– Geländerhöhe: 0,90 m
– Geschosshöhe: 3,10 m
– Steigungsmaß 2 × 9 STG.
  Steigung s: 17,2 cm
  Auftritt a: 28,0 cm
– Schrittmaßregel:
  2 × s + a = 63,0 cm
  2 × 17,2 + 28 = 62,4 cm
– Geländerdetails
  siehe Abb. G.35

– Hinweis
  Nach Bauordnungsrecht
  dürfen Handläufe entgegen
  dieser Darstellung nicht
  unterbrochen werden

Tabelle G.3
Stahltreppen, Faustwerttabelle für gerade Treppenläufe und Stufen/Stahlbeton

Stütz-weite	Tropp. höhe	für	Wangentreppe Angabe von min. h (mm) bei Flachstahl ▭ t = 10 mm Treppenlaufbreite (m)			Balkentreppe Angabe von min. h (mm) bei IPE I St37 Treppenlaufbreite (m)			Balkentreppe Angabe von min. h (mm) bei MSH □ t = 4,0 mm St 37 Treppenlaufbreite (m)		
			0,90	1,10	1,25	0,90	1,10	1,25	0,90	1,10	1,25
2,25	≤ 2,25	W/Ö	100/100	100/120	100/120	80/100	80/100	100/100	80/90	90/90	90/100
2,50	≤ 2,50	W/Ö	120/120	120/120	120/140	100/100	100/100	100/100	90/100	90/100	100/120
2,75	≤ 2,75	W/Ö	120/140	120/140	140/140	100/100	120/120	120/120	120/120	120/120	120/120
3,00	≤ 3,00	W/Ö	140/140	140/160	160/160	120/120	120/120	120/120	120/120	120/120	140/140
3,25	≤ 3,25	W/Ö	140/160	160/160	160/160	120/120	120/120	120/140	120/140	120/140	140/140
3,50	≤ 3,50	W/Ö	160/160	160/180	160/180	120/120	120/140	120/140	120/140	140/140	140/140
3,75	≤ 3,75	W/Ö	160/180	180/180	180/180	120/140	140/140	140/140	140/140	140/140	140/180
4,00	≤ 4,00	W/Ö	160/180	180/200	180/200	140/140	140/140	140/160	140/160	140/160	140/160
4,25	≤ 4,25	W/Ö	180/200	200/200	200/200	140/140	140/160	140/160	140/160	140/160	160/160
4,50	≤ 4,50	W/Ö	180/200	200/220	200/220	140/160	140/160	160/160	160/160	160/160	160/180

Stufendicke (mm)

Flachstahl ⌐	W/Ö	4/5	5/6	6/7	
Gitterrost gem. DIN 24 531	W/Ö	30/40	30/40	40/50	

Anmerkungen
h (mm) : Durchgehende Wangen- oder Balkenhöhe
W-Treppen in Wohngebäuden mit p = 3,50 kN/m²
Ö-Treppen in öff. Gebäuden mit p = 5,00 kN/m²
Bemessung der Stufen bei Mindestauftritt 21 cm
Stufenangaben beziehen sich auf alle Treppentypen

Abb. G.29
Wendeltreppe

5

Wendeltreppen

Unterschieden werden viertel-, halb- und vollgewendelte Treppenläufe. Das Kennzeichen gewendelter Treppenläufe sind im Grundriss keilförmige, sich um ein Treppenauge anordnende Stufen. Wendeltreppen werden oft als raumsparende Treppen geplant: Das Zwischenpodest bei Änderung der Laufrichtung gerader Läufe wird durch „Verziehen" und/oder kreissegmentartige Anordnung der Stufen eingespart. Dem entgegen stehen oft mangelnder Nutzerkomfort durch räumliche Enge sowie sich ändernde Auftrittsflächen, woraus sich wiederum Detailprobleme (Geländerkonstruktion, Untersicht des Treppenlaufs u. a.) ergeben können. Aus diesen Gründen sollten nur Wendeltreppen mit klarem geometrischen Aufbau (vollgewendelte Treppen, Korbbogentreppe) verwendet, auf halbgewendelte und viertelgewendelte Treppen sollte möglichst verzichtet werden (Abb. **G.2**). Vielmehr verdienen Treppen als zentrale Erschließungs- und Verteilerbauteile in und an Gebäuden besondere planerische Sorgfalt.

Konstruktion

Wendeltreppen werden in der Regel mit Wangen oder gewundener Laufplatte sowie als frei tragende Treppe mit wandseitig gehaltenen Stufen (einzeln aus der Wand auskragend oder mit aufeinander liegenden Blockstufen bei einseitiger Einspannung) ausgebildet (Abb. **G.30**). Stufen frei tragender Treppen ohne Spindel müssen mindestens 24 cm in die Wand eingelassen sein. DIN 18 065 regelt die Festlegung des so genannten Gehbereiches, innerhalb dessen sich die Lauflinie befindet. Auf der Lauflinie soll das Steigungsverhältnis (s/a) bei gewendelten Treppen konstant bleiben. Die keilförmigen Stufen sollten an der Schmalseite mindestens 10 cm, bei öffentlichen Gebäuden mindestens 20 cm betragen (siehe dazu baubehördliche Vorschriften).

5 Wendeltreppen G

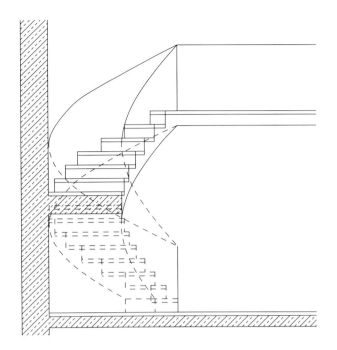

Abb. G.30
Stahlbeton-Wendeltreppe, Schnitt
S1–S1 und Grundriss, (M 1:50)

– Fußbodenaufbau
  Geschossdecke/Podest
  Belag: 1,0 cm
  Verbundestrich: 4,0 cm
  STB-Decke: 16,0 cm
  Treppenlauf
  einseitig eingespannt
  STB-Laufplatte: 16,0 cm
  Stufenbelag: 5,0 cm
– Geländerhöhe: 0,90 m
  Handlauflinie schematisch
– Geschosshöhe: 2,75 m
– Steigungsmaß
  Im Bereich der Lauflinie
  15 STG.
  Steigung s: 18,3 cm
– Auftritt a: 26,0 cm
  Schrittmaßregel:
  $2 \times s + a = 63{,}0$ cm
  $2 \times 18{,}3 + 26 = 62{,}6$ cm

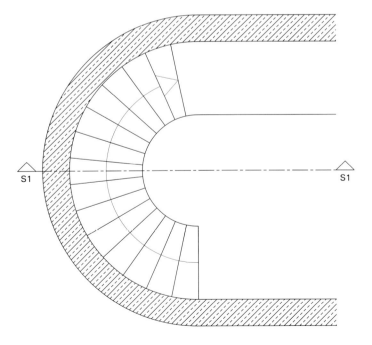

6
Spindeltreppen

Anstelle des offenen Treppenauges einer gewendelten Treppe besitzt dieser Treppentyp je nach Konstruktion eine betonierte, stählerne oder hölzerne Mittelsäule, die Spindel im Treppenzentrum. Sie trägt eine Teil- oder die Gesamtlast der Treppenstufen (Abb. **G.31**). Dieser Konstruktionstyp ermöglicht vergleichsweise geringe Grundrissabmessungen, etwa ab d = 120 cm.

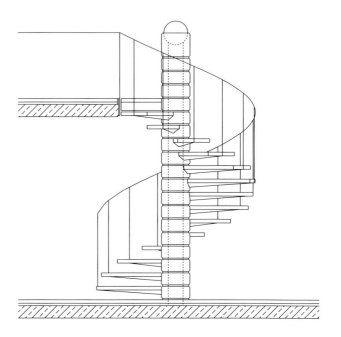

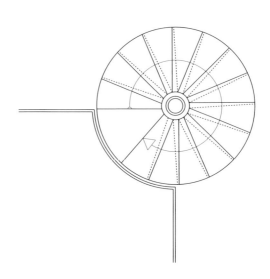

Abb. G.31
Stahlbeton-Spindeltreppe (vorgefertigt), Ansicht und Grundriss, (M 1:50)

– Fußbodenaufbau
  Geschossdecke/Podest
  Belag: 1,0 cm
  Estrich: 3,5 cm
  TS.-Dämmung: 3,5 cm
  STB-Decke: 17,0 cm
  Treppenlauf
  STB-Fertigteile
  Stufendicke: > 5,0 cm
  Spindel d = 35,0 cm
– Geländerhöhe: 0,90 m
  Darstellung schematisch
– Geschosshöhe: 2,75 m
– Steigungsmaß
  Im Bereich der Lauflinie
  15 STG.
  Steigung s: 18,3 cm
  Auftritt a: 26,0 cm
– Schrittmaßregel:
  2 × s + a = 63,0 cm
  2 × 18,3 + 26 = 62,6 cm
– Geländerdetails
  Siehe Abb. G.35

Konstruktion

Die Spindel ist unten kraftschlüssig mit dem Boden verbunden und wird entweder deckenseitig durch die Geschossdecke gehalten oder frei stehend weitergeführt (Abb. **G.31**).

Aus ihr kragen entweder die Stufen ohne Wandanschluss aus, oder sie dient als Auflager zweiseitig gelagerter Einzelstufen. Eine weitere Lösung sind Betonfertig-, Betonwerkstein- oder Natursteinstufen mit angeformten Spindeltrommeln, welche übereinander gesetzt und durch Steckdorne, Verschrauben oder Verguss stabilisiert werden (Abb. **G.32**).

Die Unterseite kann (wie bei frei tragenden Treppen abhängig von der Stufenart) glatt (Blockstufen) oder abgetreppt (Einzel- oder Keilstufen) ausgeführt werden.

Sowohl bei der Spindeltreppe als auch bei vollgewendelten Treppen ist in der Planung auf ausreichende Kopfhöhe zu achten (geringe Konstruktionshöhen der Stufen bzw. Läufe wählen), An- und Austritt sollten übereinanderliegen.

Abb. G.32
Materialspezifische Stufenformen von Spindeltreppen, Grundriss und Schnitt, (M 1:20)

a STB-Fertigstufe mit Spindelsegment
b Stahl-Hängestufe mit „aufgelöster Spindel" als Tragseilsystem (Sonderform)
c Stahlstufe mit getrennter Stahl-Innenspindel
d Holzstufe mit Distanzstück und Innenspindel

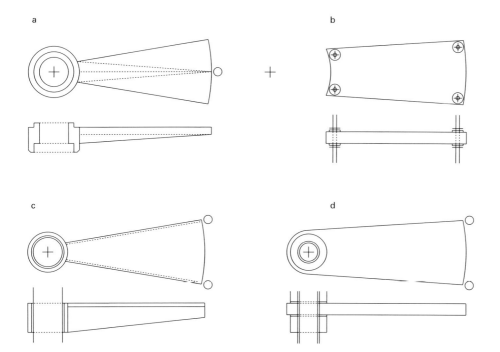

7
Geländer/Handläufe

Geländer (Umwehrungen) an Treppen und Podesten dienen neben der Anbringung von Handläufen der Absturzsicherung. Handläufe können das Besteigen von Treppen erleichtern. Beide sind in vorgeschriebenen durchgängigen Mindesthöhen (siehe LBauO) anzubringen. Das Geländer besteht neben dem Handlauf aus dem Geländerpfosten sowie der Geländerfüllung oder -ausfachung (Abb. **G.33 b**). Es kann jedoch auch als massive Brüstung ausgebildet werden (Abb. **G.33 a**). Bei der Wahl der Geländerkonstruktion sind folgende Kriterien zu berücksichtigen:
– Baurechtliche und brandschutztechnische Bestimmungen
– Material und Konstruktion der Treppenläufe und -podeste (Befestigungsmöglichkeiten des Geländers)
– Funktions- und Gestaltungsprinzipien der Treppe.

Konstruktion

Das Geländer übernimmt als Sekundärkonstruktion der Treppe i. d. R. keine statischen oder aussteifenden Funktionen. Die Befestigungen der Geländerpfosten sind an den tragenden Teilen der Treppe vorzunehmen (Wange, Kragarm, Laufplatte usw.), nicht jedoch auf den Belägen der Treppenläufe (Abb. **G.34**).

Den unterschiedlichen Funktionen von Geländerpfosten, Handlauf und Füllung bzw. Ausfachung kann durch unterschiedliche Dimensionierung oder Profilierung, bzw. durch Materialwechsel Ausdruck verliehen werden. Bei zweiläufigen Treppen mit Zwischenpodest ist darauf zu achten, dass der Knickpunkt der Handläufe sich über dem Knickpunkt der Laufplatten befindet. Die seitliche Anbringung der Geländerpfosten an der Laufplatte ermöglicht die Ausnutzung der gesamten Treppenlaufbreite.

Eine weitere Möglichkeit ist die Anbringung der Geländer an geschossübergreifenden vertikalen Stahlrohren; auch in diesem Fall ist die Treppenlaufbreite voll nutzbar. Die Abstände von vertikalen und horizontalen Geländerausfachungen sind baubehördlich geregelt, ebenso die notwendigen Geländerhöhen und brandschutztechnischen Erfordernisse. Bei massiven Brüstungen sind zusätzlich Handläufe anzubringen (Abb. **G.33 a**).

Abb. G.34
Systemübersicht: Geländer-/Handlaufanbringung bei verschiedenen Treppenkonstruktionen

1 Laufplatten-Treppe
2 Wangen-Treppe
3 Hängestufen- und Kragtreppe
4 Faltwerktreppe

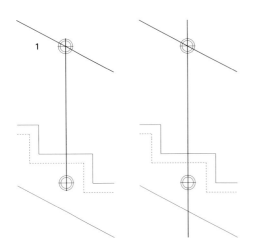
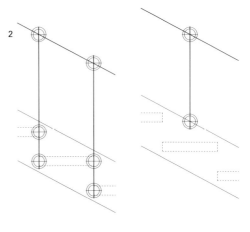

7 Geländer/Handläufe G

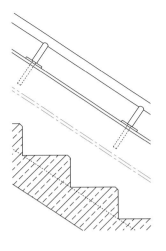 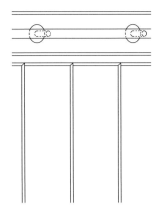

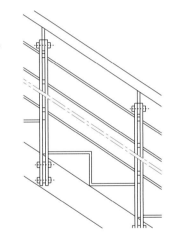 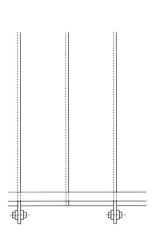

Abb. G.33
StB-Massivbrüstung (a) und Stahlgeländer (b) mit Handläufen, in Schnitt und Grundriss (M 1:20)

a Stahlbeton-Massivbrüstung mit eingelassenen Stahlhalterungen für den Handlauf
Beispiel:
Stahlrohr 51 × 2,3 verzinkt

b Stahlgeländer verzinkt, aus Geländerpfosten
2 × Flachstahl
2/4 cm und- Ausfachung als Rundstahl
d = 1,5 cm,
Handlauf wie vor

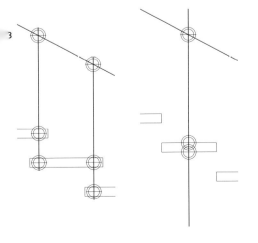 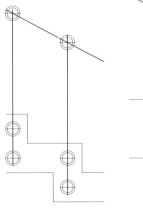 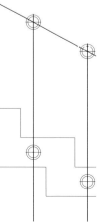

Abb. G.35
Geländerkonstruktionen der vorgestellten Treppen, Abb. G.7/8, F.22/23, F.27/28, F.31; in Ansicht und Schnitt (M 1:20)

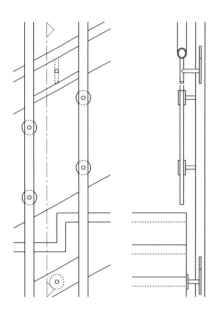
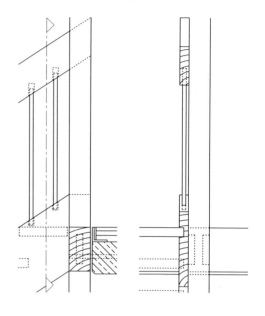
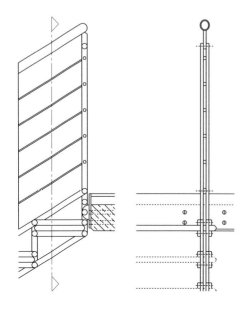
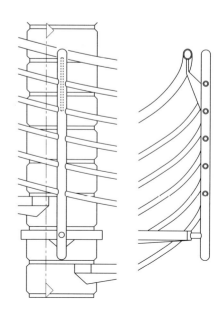

8
Normen und Regelwerke

DIN 1055	Lastannahmen für Bauten
DIN 4174	Geschosshöhen und Treppensteigungen
DIN 4570	Bewegliche Bodentreppen
DIN 15 920	Bühnen- und Studioaufbauten
DIN 18 024	Barrierefreies Bauen
DIN 18 065	Gebäudetreppen; Definitionen, Messregeln, Hauptmaße
DIN 18 069	Tragbolzentreppen für Wohngebäude; Bemessung und Ausführung
DIN 18 500	Betonwerkstein; Anforderungen, Prüfung, Überwachung
DIN 18 799	Steigleitern an baulichen Anlagen
DIN 24 531	Trittstufen aus Gitterrosten für Treppen aus Stahl
DIN 56 920	Theatertechnik; Begriffe
DIN 68 365	Nadelholz; Gütebedingungen
DIN 68 368	Laubschnittholz für Treppenbau
DIN 68 705	Sperrholz, Bau-Furniersperrholz
DIN 68 763	Spanplatten und Flachpressplatten für das Bauwesen
DIN EN 204	Beurteilung von Klebstoffen für nichttragende Bauteile
DIN EN 312	Spanplatten; Anforderungen
DIN EN 386	Brettschichtholz; Anforderung an die Herstellung
DIN EN 1365	Feuerwiderstandsprüfungen für tragende Bauteile
DIN EN 14 076	Holztreppen; Terminologie
DIN EN ISO 14 122	Sicherheit von Maschinen; Ortsfeste Zugänge zu maschinellen Anlagen
DIN EN ISO 13 746	Textile Bodenbeläge – Richtlinien für Verlegung und Gebrauch auf Treppen

Landesbauordnungen mit zugehörigen Durchführungsverordnungen und Ausführungsbestimmungen

Sondervorschriften wie:
– Warenhausverordnung,
– Versammlungsstättenverordnung,
– Hochhausrichtlinien in den einzelnen Artikeln der LBauO u. a.
– Treppensysteme, Fertigtreppen: Herstellerrichtlinien für Einzelbauteile oder Treppenbausysteme, Typenstatik und Zulassungen für Einzelfabrikate

Zustimmung im Einzelfall:
Für bestimmte Treppen oder -bauteile ist eine Zustimmung im Einzelfall bei der zuständigen Genehmigungsbehörde durch spezielle Eignungsnachweise zu erwirken. Beispielhaft hierfür steht bisher etwa die Verwendung von tragenden Glasbauteilen beim Treppenbau.

Anmerkung:
In der Norm DIN 18 065 und den Landesbauordnungen finden sich zwar meist Übereinstimmungen von Begriffen, doch leider nicht die wünschenswerten Übereinstimmungen von geforderten Mindest- und Höchstmaßen bei Einzelabmessungen von Treppenkonstruktionen.

Weiterführende Literatur siehe Literaturverzeichnis.

H Dächer

1 Dachformen 561
2 Anforderungen 574
3 Geneigte Dächer 581
4 Flachdächer 660

1
Dachformen

1.1

Allgemeines

Der Begriff „Dach" steht für Schutz, Geborgenheit und Raumabschluss. Kein festes Dach über dem Kopf zu haben gilt dem sesshaften Menschen als größte Not nach Krankheit, Hunger und Durst.

Das Dach soll vor Wind und Wetter schützen, vor allem soll es

- das Eindringen von Niederschlägen verhindern
- im Winter den Wärmeverlust und im Sommer die Wärmezufuhr beschränken
- und Außenlärm fern halten.

In Klimazonen mit reichen Niederschlägen konnte das Niederschlagswasser in der Vergangenheit nur über schuppenartig gedeckte steil geneigte Flächen zuverlässig abgeleitet werden. Allerdings ist die Technik, geneigte Dachflächen vor allem mit gekrümmten Oberflächen mittels Blechen abzudecken, seit Jahrhunderten bei besonders wichtigen Gebäuden (Schlösser, Kirchen) gebräuchlich. Es gab aber keine verlässliche Technik zur Herstellung wasserundurchlässiger Dachabdichtungen in großen Flächen. Nur in ariden Klimazonen ist es sinnvoll, horizontale, aus Stampflehm hergestellte Dachflächen vorzusehen. Sie müssen aber regelmäßig gewartet werden [H.1]. Nach der Erfindung von bitumen- oder teergetränkten Pappen und Filzen durch den Schweden *Faxa* (1785) war es möglich, die Dachneigungen auch in regenreichen Klimazonen abzuflachen und schließlich – nach Erfindung weiterer Werkstoffe und Verfahren – horizontale Dachflächen herzustellen. Dabei treten jedoch einige prinzipielle Probleme auf. Sie sind ein Grund, dass geneigte Dächer nach wie vor hier die größte Verbreitung haben.

Um den Aspekt der Gestaltung ging es bei dem Streit, der in den ersten vier Jahrzehnten des 20. Jahrhunderts Architekten in zwei Lager gespalten hat: die Flachdachverfechter und die Flachdachgegner. Es standen Ideologien im Vordergrund der Argumentation, und baukonstruktive Gesichtspunkte blieben oft auf der Strecke [H.2]. Bis heute fällt es manchem schwer, den Disput über Vor- und Nachteile der beiden Dachtypen sachlich zu führen.

In aller Welt haben sich bei ländlichen Gebäuden vor allem aufgrund klimatischer Bedingungen und wirtschaftlicher Anforderungen landschaftstypische Dachformen von großer Signifikanz entwickelt, so auch in Deutschland.

Dabei ist bemerkenswert, welche Lösungen man im Laufe der Jahrhunderte fand, um bei unterschiedlichen konstruktiven Voraussetzungen die Außenwände und ihre Öffnungen zu schützen. Die besondere Einprägsamkeit der Dachgestalt hängt mit der Reinheit der geometrischen Form zusammen. Der Verzicht auf Kompositformen mit ihren Verschneidungen, Kehlen und Anschlüssen und den damit verbundenen Risiken ist gleichzeitig eine Garantie für Sicherheit.

H Dachformen 1.1

Abb. H.1
Vollwalmdach

Dem landschaftsprägenden reetgedeckten Vollwalmdach des Eiderstedter Haubargs (Abb. **H.1**) sieht man an, dass es eine riesige Menge Heu zu bergen hat und dabei wenig Windwiderstand bieten soll. Die Lage und Form seiner Zwerchhäuser wird von der Funktion und dem gestalterischen Anspruch bestimmt. Die Außenwände sind niedrig. Dachüberstände wären bei den großen Windgeschwindigkeiten an der Nordseeküste konstruktiv riskant.

Süddeutsche Pfettendächer erlauben große Dachüberstände an den Traufseiten der Häuser, aber vor allem an den Giebeln zum Schutze der Außenwände und der dort angebrachten Balkone (Abb. **H.2 a** und **b**). Beeindruckend ist der gewaltige Giebelschirm des Schwarzwälder Bauernhauses, das mit Halbwalm und einseitig tief heruntergezogener Traufe etwas an norddeutsche Dachformen erinnert.

Bei reinen Sparren- und Kehlbalkendächern ist ein größerer Dachüberstand am Giebel nicht möglich. Das letzte Sparrenpaar liegt über der Giebelwand. Ein Überstand lässt sich nur mittels auskragender Dachlatten bewerkstelligen, es sei denn, man baut kurze Stichpfetten ein, die die äußeren Sparren tragen. Mischkonstruktionen dieser Art sind seit dem 19. Jh. regional begrenzt üblich.

Abb. H.2
Dachformen

Die Giebelwand ist bei reinen Sparrendächern nur durch zusätzliche Hilfsdächer zu schützen. Im niedersächsischen Schaumburger Land sind es so genannte Steckwalme, die sich kegelförmig vorwölben (Abb. **H.2** d). Die Kegelform wird durch Sparren erzeugt, die auf strahlenförmig auskragenden Steckbalken stehen, die ihrerseits mit den letzten Deckenbalken des Hauptdachs verbunden sind. Bisweilen wird zusätzlich an der Schlagregenseite ein schützender Dachpfannenbehang angebracht.

Charakteristisch für das mittlere Rheinland bis hin ins Elsaß sind Giebelvordächer oder Brustwalme, bisweilen auch Klebdächer oder dort, wo man Tabakblätter zum Trocknen unter ihnen aufhing, auch *„Tabakdächle"* genannt. Sie gliedern die Giebelwand geschossweise und werden bei zweigeschossigen Häusern auch wohl um die Traufwände herumgezogen (Abb. **H.2** c).

1.2

Geneigte Dächer

1.2.1

Bezeichnungen

Die heute bekannte Formenvielfalt bei Dächern lässt sich auf wenige Grundformen zurückführen. Dabei ist zu unterscheiden in Dachformen aus ebenen und aus gekrümmten Flächen.

Pultdach

Das einfachste Dach aus nur einer schiefen, ebenen Dachfläche wird nach seiner Form Pultdach genannt. Die traufseitige Außenwand ist niedriger als die firstseitige, und die Giebelwände haben Trapezform.

Pultdächer sind in der Regel als einfache Pfettendächer (vergl. Abschn. H.3.1.1) konstruiert. Liegen die Pfetten auf ausgesteiften Wänden, dann ist in der Regel auch keine besondere Aussteifung des Daches erforderlich. Die Dachsparren müssen allerdings im Vergleich zu den Sparren eines Satteldachs mit gleicher zu überdeckender Grundfläche doppelt so lang sein bzw. auf Mittelpfetten gestoßen werden (Abb. **H.6**). Die Dachfläche sollte gegen die Hauptschlagregenrichtung orientiert sein. Räume unter Pultdächern werden meist voll genutzt Die einfache Dachform lässt sich jedoch variantenreich ausformen (Abb. **H.3**).

Satteldach

Das Satteldach ist die häufigste Dachform in Mitteleuropa. Es ist den klimatischen und funktionellen Anforderungen bei mäßigem konstruktivem Aufwand gut anpassbar. Abb. **H.4** zeigt in den Beispielen **a** bis **e** einfache und komplexe Satteldachformen aus Entwürfen von Heinrich Tessenow (1905) mit flacher Dachneigung (**a**), mittleren (**c** und **d**) und steilen Neigungen und im Beispiel **d** eine aus der Geländetopografie entwickelte unsymmetrische Satteldachform. Die 1978 in Tingården (Dänemark) nach dem Entwurf der Architektengruppe „Vandkunsten" entstandene Wohnsiedlung mit einer „Dachlandschaft" aus flachen Sattel- und Pultdächern (**f**) lässt die Vorliebe dieser Zeit für Verschachtelungen einfacher prismatischer Körper erkennen.

H Dachformen 1.2.1

Walmdach

Das Vollwalmdach (Abb. **H.5**) ist durch seine schräg zum First stehenden Walmgratsparren gekennzeichnet. Es fand vor allem in windreichen Landstrichen seine Anwendung. Die Deckung erfolgte mit Reet (oder: Riet = Schilfrohr) oder Roggenlangstroh bzw. mit Schindeln aus Holz oder Schiefer. Die dreieckigen Stirndachflächen und die trapezförmigen Dachflächen parallel zum First lassen sich nur mit diesen Deckungsarten oder mit Blechen handwerklich angemessen eindecken. In Abbildung **H.11 d** ist an einer Riesengebirgsbaude mit Nut-Schindel-Deckung ein homogener und handwerklich einwandfreier Übergang vom Satteldachbereich in den Fußwalmbereich mit seiner flacheren Neigung erkennbar. Mit den an ein rechteckiges Verlegeraster gebundenen Dachpfannenarten wie Falzziegeln sind Walmgrate nur mit erhöhtem Aufwand an Verschnitt, zusätzlichen Befestigungen und Gratziegeln eindeckbar. Abbildung **H.5** zeigt die Degeneration vom Vollwalm eines Nurdachhauses zum Satteldach mit Krüppelwalm auf. Der Krüppelwalm ist lediglich ein Erinnerungsrelikt an ältere ländliche Dachformen. Das fledermausgaupenartige Anheben des Vollwalms (Beispiel a), die *Heckschuur* (Beispiel b) und schließlich die Reduktion auf einen Halbwalm (Beispiel c) wurden notwendig aus dem Erfordernis der größer werdenden Tore für die Erntewagen. Walme schränken die Nutzbarkeit von Dachräumen ein, bieten aber dem Giebel wirksamen Witterungsschutz (vgl. Abb. **H.2 a**).

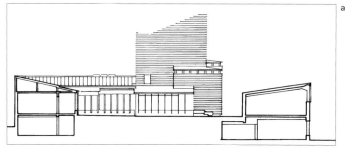

a

b

c

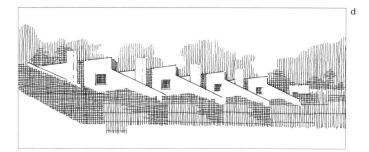

d

Abb. H.3
Dachformen. Pultdächer

a Alvar Aalto,
   Stadthaus in Säynätsalo, 1953
b Norbert Weickenmeier,
   Wohnhaus
c Alvar Aalto,
   Stadthaus in Seinäjoki, 1965
d Arne Jacobsen,
   Reihenhaussiedlung in Soeholm,
   1951

1.2.1 Dachformen H

a

b

Abb. H.4
Dachformen. Satteldächer

c

d

e

f

a

b

Abb. H.5
Dachformen. Walmdächer

c

d

H Dachformen 1.2.1

Abb. H.6
Dachgeometrie und nutzbarer Dachraum

Mansarddach

Der französische Baumeister *François Mansart* (1598–1666) hat mit seinen Bauten zum Bekanntwerden einer Dachform beigetragen, die mit geknickten Satteldachflächen vom Formwillen seiner Zeit geprägt war. Diese Dächer besitzen einen großen, gut nutzbaren Dachraum (Abb. **H.6**). Man nannte sie später nach ihm *Mansarddächer* (Abb. **H.7**).

Abb. H.7
Dachformen. Mansarddächer (Zeichnungen von L. Loewe)

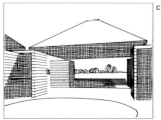

Abb. H.8
Dachformen

a Flachdach und Segmenttonnendach, Arne Jacobsen, Aarhus, Rathaus, 1938
b Pyramidendach
   Heinrich Tessenow, 1905
c Pyramidendach,
   Louis Kahn, Badehaus, 1956

1.2.1 Dachformen   H

Abb. H.9
Dachformen
a, b, c, e Heinrich Tessenow, Entwürfe
d Adolf Loos, Haus Steiner, Wien 1910

Sheddach

Das *Sheddach* (engl.: *shed* = Wetterdach, Hütte) (Abb. **H.10**) oder Sägedach ist eine Reihung von Pultdächern oder ähnlichen Dachformen. Dieser Dachtyp wird häufig im Industriebau verwendet oder auch dort, wo es darauf ankommt, große überdachte Flächen gut und gleichmäßig auszuleuchten und dabei raumsparend zu überdecken. Bei Sheddächern wechseln geneigte Dachflächen mit senkrechten oder leicht gekippten Fensterflächen. Diese sind nach Norden zu orientieren, wenn eine gleichmäßige und blendungsfreie Ausleuchtung der darunter liegenden Räume erreicht werden soll. Auf das besondere Problem der Abführung von Niederschlägen sei ausdrücklich hingewiesen. Günstig sind in dieser Hinsicht doppelt und gegensinnig gekrümmte HP-Schalensheds. Hier ist die Wasserführung ohne besondere Rinnenausbildung in der Tiefzone der Schalenfläche möglich.

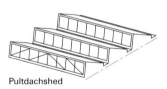
Pultdachshed

Walmdachshed

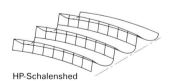
HP-Schalenshed

Konoidschalenshed

Abb. H.10
Dachformen. Sheddächer

H Dachformen 1.2.1

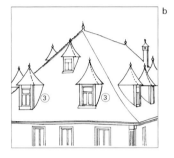  

Abb. H.11
Dachfenster

1 Schleppgaube
2 Fledermausgaube
3 Pyramidendachgaube
4 Zwerchhaus

Kompositdachformen

Die Vielfalt von Dachformen für Türme, über Kuppeln und insbesondere bei Flächentragwerken (Faltwerke, Schalen), Membrantragwerken, Seilnetztragwerken und Gitterschalen sei hier lediglich erwähnt und nicht weiter ausgeführt.

Aus besonderen gestalterischen oder konstruktiven Absichten sind für unterschiedliche Zwecke von den bisher beschriebenen einfachen Dachformen abweichende entworfen (Abb. **H.8**) oder bisweilen zu interessanten Mischformen kombiniert worden (Abb. **H.9**). Die Beispiele **a**, **b**, **c** und **e** zeigen an Entwürfen von Heinrich Tessenow Sattel-, Walm-, Mansard- und Kegeldachelemente und Beispiel **d** am Haus Steiner von Adolf Loos (1910) die Verbindung einer Vierteltonne mit einem Flachdach.

Dachfenster

Dachfenster, auch Gaupen (oder Gauben) genannt, dienten ursprünglich, so die etymologische Ableitung (*ahd.: gupen* = gucken), in Dächern (vor allem von Befestigungstürmen) der Feinderkundung und Branderkennung sowie der Belüftung und Belichtung von hohen Dachräumen. Ihre Form folgte der untergeordneten Funktion: Es waren lediglich Anhebungen in den Flächen steiler Dächer.

Schleppgaupen (Abb. **H.11**[1]) schneiden mit ihren drei senkrechten Wandungen aus ebenen Dachflächen rechteckige Flächen aus, eignen sich daher gut für Dachdeckungen aus geformten Dachpfannen, die an ein rechteckiges Verlegeraster gebunden sind, da kein Zuschneiden der Pfannen und kein Verziehen der Reihen erforderlich ist. *Fledermausgaupen* (Abb. **H.11**[2]) sind am besten mit flachen, schuppenartigen Deckungsarten wie Biberschwanzziegeln oder Schindeln, die sich in der Fläche verziehen lassen, sowie mit Reet oder Stroh zu decken. Bei besonders sorgfältiger handwerklicher Ausführung und bei flachen Bögen der *Fledermausgaupen* sind auch Hohlpfannen- und Mönch-Nonne-Deckungen anwendbar.

Mit der intensiveren Nutzung von Dachräumen kam Dachfenstern eine größere Bedeutung zu. Das Bestreben, auch am Dachfenster aufrecht und unbeengt stehend ausblicken zu können, führte zur Ausbildung von Gaupen mit eigenen kleinen Dächern (Abb. **H.11** [3]) und schließlich zu so genannten Dacherkern, Zwerchhäusern oder *Lukarnen* (Abb. **H.11** [4]). Die traufseitige Fassade eines Gebäudes erhält dadurch einen besonderen Akzent, denn sie wird über die Traufe hinaus in den Dachbereich überhöht.

In jedem Fall bringen größere Dachfenster Unterbrechungen der Dachkonstruktion und der Dachdeckung mit sich und erfordern besonderen konstruktiven Aufwand. Kleinere Dachgaupen, die in der Dachfläche sitzen, sollen konstruktiv mit der Dachkonstruktion entwickelt werden, um deren Verformungen mitmachen zu können.

1.2.2

Dachausmittlungen: Bezeichnungen

Das altertümliche Wort Ausmittlung bedeutet soviel wie Ermittlung und hier in diesem Zusammenhang die exakte geometrische Darstellung von Dächern und insbesondere Dächern mit Graten und Kehlen in orthogonaler Parallelprojektion (Abb. **H.12**). Ein einfaches Pultdach oder auch ein symmetrisches Satteldach bedarf keiner Dachausmittlung. Dachausmittlungen sind erforderlich, wenn sich Dachflächen schneiden, deren *Traufen* (geometrisch: Spuren) nicht parallel laufen. Die entstehenden Schnittgeraden nennt man *Kehlen*, wenn die Traufen einen Winkel über 180°, und Grate, wenn sie einen Winkel unter 180° einschließen. Die Schnittgeraden zweier Dachflächen nennt man First, wenn sie als Höhenlinie auftritt (horizontal), sonst *Verfallung*. Punkte, in denen sich mehrere Grate mit der Firstlinie oder ein Grat, ein First und eine Kehle treffen, bezeichnet man als *Anfallspunkt*. Verfallungen haben Gratcharakter. Sie können sich in einem Firstpunkt treffen. Man unterscheidet Dächer mit gleicher Neigung, mit ungleicher Neigung und mit verschiedenen *Traufhöhen*. Die Ausmittlung von Dächern mit gleicher Neigung ist ohne Kenntnis des Dachneigungswinkels möglich.

Abb. H.12
Dachausmittlung

1 Traufe
2 First
3 Grat
4 Kehle
5 Verfallung
6 Ortgang
7 Winkelhalbierende der Trauflinien zur Ermittlung von Schnittlinien

I, K, L, M, N
  sind Anfallspunkte
F, G, O
  ist ein Giebel
D, E, M und A, B, I
  sind Walmflächen

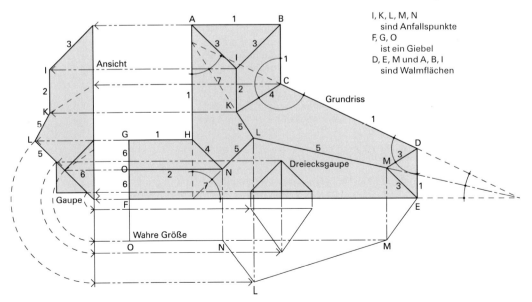

Grate, Kehlen und Verfallungen sind jeweils die Winkelhalbierenden der Traufen (Spuren) der sich schneidenden Flächen. Will man jedoch neben der Grundrissprojektion Schnitte, wahre Größen und Ansichten der Dachflächen oder den Rauminhalt des Dachraums bestimmen, ist die Kenntnis der Dachneigung erforderlich. Bei Dächern mit ungleicher Neigung der Dachflächen und mit ungleichen *Traufhöhen* sind neben dem Grundriss auch die einzelnen Dachneigungen festzulegen und darzustellen, um das Dach ausmitteln zu können.

Satteldachflächen werden an der Basis von Traufen und am *Giebel* von *Ortgängen* begrenzt.

1.3

Flachdächer

Die strittige Frage, durch welche Dachneigung ein Flachdach definiert werde, wird hier von der Art der Dachdeckung her, also mit baukonstruktiven Argumenten entschieden: *Flachdächer lassen sich wegen ihrer geringen Neigung nicht mit schuppenartigen Deckungen herstellen*. Die geringste mit Falzziegeln erreichbare Dachneigung beträgt 11° (in Verbindung mit einem Unterdach ist dafür ein Falzziegeltyp mit besonders tiefen und doppelten Kopf- und Seitenfalzen verwendbar, der die irreführende Bezeichnung *Flachdachpfanne* führt). Demnach wären Dächer mit einer Neigung unter 11° als Flachdächer zu bezeichnen. Folgerichtig behandeln die *Flachdachrichtlinien* [H.13] keine *Dachdeckungen*, sondern *Dachabdichtungen*. Dachabdichtungen sind allerdings auch auf geneigten Dächern mit Neigungen über 11° ausführbar.

Eine besondere Rolle spielen für Flachdächer insbesondere gewerblicher Bauten Deckungen aus großformatigen Wellplatten aus Faserzement, aus Blechtafeln, Blechbändern und Profilblechen.

Gefällelose und sehr wenig geneigte Flachdächer sind problematisch, weil Niederschlagswasser nicht zügig ablaufen kann, gelegentlich in Pfützen stehen bleibt und schon kleine Fehlstellen einer Abdichtung zu unangenehmen Schäden führen können. In den Flachdachrichtlinien wird daher ein Mindestgefälle von 2 % (1,1°) gefordert. Dächer mit noch geringerem Gefälle sind Sonderkonstruktionen, an die besondere Anforderungen zu stellen sind. Der Planung des Gefälles eines Flachdachs und der Lage der Entwässerungen wird häufig wenig Beachtung geschenkt. Die Geometrie des Gebäudegrundrisses, über dem ein Dach errichtet wird, ist daher nicht ohne Bedeutung für diesen planerischen Aspekt. Es existiert mitunter die irrige Auffassung, ein Flachdach ließe sich jeder beliebigen Grundrissform anpassen.

Die Erfahrung zeigt, dass das in den „Flachdachrichtlinien" mit 2 % angegebene Mindestgefälle zu gering ist, um die Gefahr von gefällelosen Bereichen auszuschließen. Bei planmäßigem Gefälle von weniger als 5° (8,75 %) entstehen gefällelose Zonen [H.7] durch
– unbeabsichtigte Unebenheiten der Dachoberfläche
– Wulste in der Dachhaut, bei überlappenden Dichtungsbahnen
– elastische Verformungen des Tragwerks
– plastische Verformungen tragender Stahlbetonkonstruktionen infolge Schwindens und Kriechens
– thermische Verformungen
– Ansammlungen von Verschmutzungen.

1.4

Zur Wahl der Dachneigung

Die baukonstruktiven Einzelheiten der Flachdächer werden in Abschnitt G.4 behandelt. An dieser Stelle seien einige allgemeine Bemerkungen zur Wahl der Dachneigung vorausgeschickt, die von außergewöhnlicher Bedeutung ist (Abb. **H.13**).

Nach Niederschlägen erkennt man solche Bereiche an den verbleibenden Pfützen. Nach und nach lagern sich auf ihrem Grund Schlamm und Algen ab, so dass die Senken auch bei Trockenheit leicht auszumachen sind.

Eine *Abdichtung* ist eine Wasser undurchlässige Haut. Eine *Deckung* besteht aus gegen die Fließrichtung des Niederschlagswassers verlegten schuppen-, platten- oder bahnenartigen Elementen, so dass das Wasser von den höher liegenden auf die darunter liegenden Schuppen ablaufen kann, ohne sie zu unterlaufen.

Deckung und Abdichtung sind grundverschiedene Techniken mit unterschiedlichen Risiken hinsichtlich der Fertigung und der Dauerhaftigkeit des Produktes.

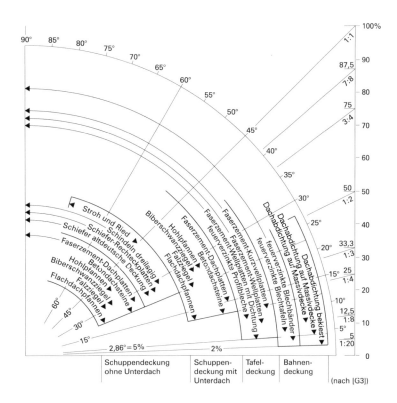

Abb. H.13
Dachneigung, Dachdeckung, Dachabdichtung.

Dachneigung und Dachdeckung stehen in engem Zusammenhang. Je flacher die Neigung, um so höher sind die Ansprüche an
– die Qualität des Materials
– die Maßhaltigkeit der Deckungselemente
– die Sorgfalt der Verlegung

Eine Schuppendeckung kann mit geringem Aufwand für Kontrollen zuverlässig hergestellt werden. Fertigungsfehler sind leicht zu erkennen und zu korrigieren. Im Allgemeinen verlangt die Verlegung keine besonderen Witterungsbedingungen. Man kann erwarten, dass durchschnittlich gut arbeitende Handwerker selbst unter schlechten Arbeitsbedingungen noch eine funktionsfähige Dachdeckung zustande bringen.

Eine Schuppenlage ist auf Grund der Schuppenbeweglichkeit imstande, sich kleinen bis größeren Verformungen der Unterkonstruktion anzupassen, ohne ihre Funktionsfähigkeit zu verlieren. Dehnungen der einzelnen Schuppen infolge Temperaturänderungen sind ungehindert möglich. Die Schuppen bleiben weitgehend frei von Spannungen. Die zahlreichen Fugen und Spalten gestatten einen Ausgleich des Luftdrucks zwischen innen und außen. Wasserdampf, der sich unter der Schuppenlage bildet, kann auf kurzem Weg nach außen entweichen. An die Unterkonstruktion brauchen deshalb keine besonderen Anforderungen hinsichtlich des *Feuchtegehaltes* gestellt zu werden. Mit einem Satz:

Dachdeckung ist eine risikoarme Technik.

Bei einer Dachabdichtung muss eine großflächige Haut ohne die kleinste Fehlstelle hergestellt werden. Bei einschaligen Warmdächern zum Beispiel kann *eine* undichte Stelle, wenn sie ungünstig in einer Senke liegt, zu ausgedehnten Durchfeuchtungen der Dachfläche führen. Bei der Fertigung ist also Perfektion unerlässlich.

Zur Herstellung von großflächigen Abdichtungen gibt es drei Methoden. Sie werden
– ein- oder *mehrlagig* aus einzelnen Dichtungsbahnen zusammengeklebt oder -geschweißt,
– aus einer Spachtelmasse fugenlos aufgespachtelt oder
– aus vorgefertigten Planen lose aufgespannt.

In allen drei Fällen hängt die dauerhafte Funktionsfähigkeit von der Erfüllung einer Vielzahl von Bedingungen ab, die im Einzelnen bei der Beschreibung der Verfahren in Abschnitt G.4 erläutert sind.

Besonders hohe Fertigungsanforderungen stellt das gefällelose, einschalige Warmdach. Beim Entwurf und der Fertigung sind zum Beispiel folgende Punkte zu beachten:
– das unterschiedliche physikalische Verhalten der konstruktiv verbundenen Materialien
– die chemische und thermische Verträglichkeit der Materialien
– die klimatischen Bedingungen bei der Verarbeitung
– das Alterungsverhalten.

In der Industrie werden komplexe Fertigungsverfahren zur Qualitätssicherung des Produktes nahezu ausnahmslos entweder durch produktionsbegleitende Kontrollen oder durch eine Endkontrolle überwacht. Anders bei der Dachabdichtung: Hier lässt sich die Qualität des Produktes mit wirtschaftlich vertretbarem Aufwand aus mehreren Gründen häufig nur bedingt überprüfen. Ein Beispiel soll das belegen.

Ein typischer Schaden bei *mehrlagigen* Dichtungen ist die Blasenbildung. Auslösende Ursache ist meist eine Fehlstelle in der flächigen Verklebung übereinander liegender Bahnen. Sie kann durch Haftminderung infolge Feuchte (etwa durch Regentropfen oder durch erhöhte Feuchte in der Dachbahn) oder auch durch Einschluss eines Fremdkörpers, der die hohlraumfreie Verbindung verhindert, hervorgerufen werden. Die an der Fehlstelle eingeschlossene Luft wird bei Sonneneinstrahlung erwärmt, so dass der Innendruck den Außendruck übersteigt. Die plastische, da erwärmte, *bituminöse* Dachbahn dehnt sich unter dem Innendruck aus, bis Außendruck und Dachbahn-Restwiderstand dem Innendruck das Gleichgewicht halten. Bei plötzlicher Abkühlung der *bituminösen* Dachbahn, etwa durch einen Gewitterschauer, erhärtet das Material. Es kann nicht mehr auf den nun abnehmenden Innenüberdruck mit Kontraktion reagieren. In den verbleibenden Hohlraum strömt durch Haarröhren und Poren langsam Luft nach, bis Innendruck und Außendruck wieder im Gleichgewicht stehen. Dieser Druck-Sog-Wechsel vollzieht sich bei jedem Strahlungswechsel; die Blase wächst bis zum Reißen der Dachbahn.

Festzuhalten ist, dass es keine wirtschaftlich vertretbare Kontrollmethode gibt, um Fehlstellen beim Verkleben der Dachbahnen auszuschließen.

Ähnliche „Schwachpunkte" lassen sich auch bei anderen Fertigungsschritten angeben (Einhalten der erforderlichen Temperaturen beim Kleben, mechanische Beschädigungen der Haut unter einer Kiesschicht usw.). Eine umfassende Qualitätskontrolle der fertigen Abdichtung ist in der Regel nicht möglich.

Ferner fordert die Langzeitbeanspruchung besondere Eigenschaften von den Abdichtungswerkstoffen. Die geschlossene Haut muss den ständigen Formänderungen der Unterkonstruktion durch Dehnung und Kontraktion auf Dauer – gleichsam dauerelastisch – folgen, ohne zu ermüden und an irgendeiner Stelle zu reißen. Sie darf die Elastizität nicht durch Alterungsprozesse verlieren. Die Funktionsdauer der Abdichtung steht und fällt mit der Erhaltung ihrer elastischen Eigenschaften. Weder ultraviolette Strahlung noch Temperaturschwankungen, *Feuchteänderungen* oder atmosphärische Verunreinigungen dürfen zu Versprödungen führen.

Aus alledem folgt, dass insbesondere im Hinblick auf den komplexen Aufbau und Fertigungsprozess einerseits und die begrenzte Kontrollmöglichkeit andererseits die Verfahren der Dachabdichtungen im Vergleich zu den Dachdeckungen als eine risikoreiche Technik anzusehen sind.

Bestätigt wird diese Aussage durch Forschungsergebnisse [H.7]: Dächer mit Neigungen < 5° zeigen eine weit höhere Schadensanfälligkeit als stärker geneigte Dächer mit einer zuverlässigen Entwässerung.

Die Wahl der Dachneigung ist also zwangsläufig auch eine Wahl zwischen risikoärmerem und risikoreicherem Bauen.

2
Anforderungen

2.1

Statische Anforderungen

Dächer werden außer durch Eigenlast vor allem durch Schnee und Wind beansprucht. Bei begehbaren Flachdächern kommen Verkehrslasten aus Menschengedränge und Bepflanzungen hinzu. In Sonderfällen sind Hubschrauberlasten und Lasten aus Kraftfahrzeugen zu berücksichtigen.

Die Größe der Schneelast richtet sich nach der geographischen Lage des Gebäudes. Deutschland ist zum Beispiel in 4 Schneelastzonen eingeteilt. Besonders hohe Schneelasten sind im Oberharz und in einem kleinen Gebiet westlich von Berchtesgaden zu erwarten. Auch die Dachform spielt eine Rolle. Zum Beispiel können sich in Kehlen Schneesäcke bilden, deren erhöhte Last zu berücksichtigen ist. Ferner weisen einige Standorte eine besondere Neigung zu Eisbildung durch Eisregen und Raueis auf. Eisbildung kann auch die Windangriffsfläche vergrößern.

Besondere Beachtung erfordert die Windbeanspruchung.

Die Windlast ist abhängig von der Windgeschwindigkeit und von der Gebäudeform. Die Windgeschwindigkeit wächst mit dem Abstand von der Geländeoberfläche (Abb. **H.14**). Das von oben nach unten abnehmende Geschwindigkeitsprofil erklärt sich aus der Reibung der Luftströmung an der Geländeoberfläche. Zur Vereinfachung kann das Windgeschwindigkeitsprofil abgestuft werden.

Die in Deutschland beobachtete Spitzengeschwindigkeit wurde auf dem Brocken, der höchsten Erhebung des Harzes, kurzzeitig mit 250 km/h gemessen. Die Wirbelstürme im Pazifik und an der nordamerikanischen Atlantikküste erreichen mittlere Geschwindigkei-

Abb. H.14
Geschwindigkeitsprofile des Windes über dem Gelände

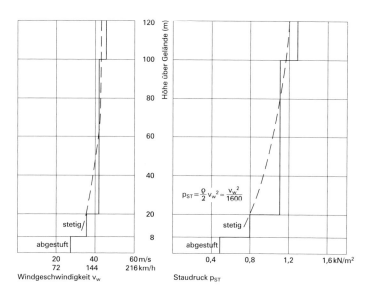

Abb. H.15
Sogwirkungen bei flach geneigten Dächern

a systematische Darstellung der Druck- und Sogkräfte
b systematische Darstellung der Strömungsverhältnisse und der Druckverteilung

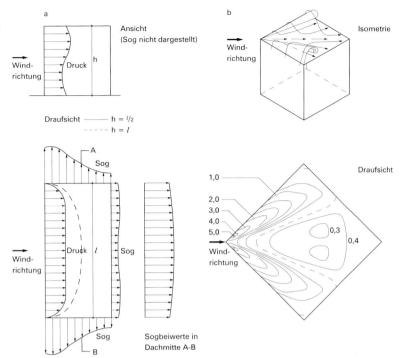

ten von 200 km/h. Für Deutschland beträgt nach DIN 1055-4 (8.86) die höchste anzunehmende Geschwindigkeit in Höhen von mehr als 100 m über Gelände 164,2 km/h.

Eine windschützende Nachbarbebauung oder Bepflanzung darf nicht lastmindernd berücksichtigt werden, um die Standsicherheit auch bei einem möglichen späteren Wegfall des Windschutzes zu gewährleisten.

Windlast entsteht zunächst durch Staudruck auf die angeströmte Gebäudefläche. Hervorzuheben ist, dass der Staudruck mit dem Quadrat der Windgeschwindigkeit anwächst.

Oft mehr als die angeströmten Flächen werden parallel zum Luftstrom gerichtete und in Lee liegende Flächen beansprucht. Auf diese Flächen wirken vorwiegend Soglasten, die größer sein können als die Drucklasten auf den windzugewandten Flächen. Vornehmlich die Soglasten sind es, die Dächer gefährden. Leichte Dachkonstruktionen und Dachdeckungen sind deshalb gegen das Abheben durch Soglasten ausreichend zu sichern und mit der Unterkonstruktion gut zu verbinden. Druck- und Soglasten stehen immer normal auf den belasteten Flächen. Die Tangentialkräfte aus der Luftreibung sind im Allgemeinen vernachlässigbar klein.

Die Gebäudeform hat einen großen Einfluss auf die Windlast. In DIN 1055-4 sind für verschiedene Gebäude- und Dachformen Berechnungslasten angegeben.

Besonders hoch ist die Sogbeanspruchung an angeströmten Gebäudekanten und Gebäudeecken durch Wirbelbildungen über den zur Windrichtung parallelen Flächen (Abb. **H.15**). Die kanten- und eckennahen Bereiche – insbesondere von Flachdächern – müssen deshalb gegen das Abheben der Dachhaut verstärkt gesichert werden (siehe zum Beispiel [B.1]).

Bei einer Attika bilden sich die Luftwirbel so weit über der Dachfläche aus, dass die Rand- und Ecksogbelastung der Dachhaut merklich abnimmt. Eine Attika wirkt sich also auf die Windbelastung der Dachfläche günstig aus.

Insgesamt gesehen ist die Formulierung allgemein gültiger, wirklichkeitsnaher quantitativer Voraussagen über die Windlast schwierig und mit Unsicherheiten verbunden. Man sollte sich daher bei exponierten Standorten (zum Beispiel an der Nordseeküste) immer auch über die örtlich üblichen überlieferten konstruktiven Maßnahmen informieren und sie angemessen berücksichtigen.[1]

2.2

Bauphysikalische Anforderungen

2.2.1

Allgemeines

Die wichtigste Funktion von Dächern, die des Witterungsschutzes, findet Ausdruck in der alten Wortbedeutung von *Dach*: schützende Hülle. In Landstrichen mit viel Wind und vielen Niederschlägen sind mächtige, weit ausladende geneigte Dächer das bestimmende Gestaltelement traditioneller Bauformen (Abb. **H.2**). Häuser primitiver Zivilisationen bestanden oftmals nur aus Dächern (*Nurdachhäuser*). Dort hingegen, wo nur selten mit Niederschlägen zu rechnen ist, die wenigen Niederschläge sogar aufgefangen werden sollen, sind seit alters her Flachdächer üblich (Nordafrika, Naher und Mittlerer Osten, Mittelamerika). Das Flachdach als sine qua non des internationalen Stils konnte bei seiner schnellen Verbreitung ab Mitte der 20er Jahre des 20. Jahrhunderts den Anforderungen, die sich aus lokalen Witterungsbedingungen ergeben, oftmals nicht genügen. Einige Elemente des natürlichen Klimas und ihre Auswirkungen auf Materialien und Baukonstruktionen hat man erst später erkannt, nachdem Schäden durch Langzeitwirkung aufgetreten waren. Während die Technik der Herstellung und Ausführung geneigter Dächer heute noch prinzipiell alten Traditionen entspricht, wird bei Flachdachkonstruktionen immer noch experimentiert, obwohl es inzwischen bewährte Standardlösungen gibt. Neue Materialien, neue konstruktive Entwicklungen und die ständige Anpassung von Normen, Richtlinien und Vorschriften belegen diese Behauptung.

Zwei lange nicht beachtete Phänomene führten zu bedeutenden Schäden an Flachdachkonstruktionen: große Temperaturunterschiede (strahlungsklare, heiße Tage und kalte Nächte) und ultraviolette Strahlung der Sonne. Gefährdet sind in erster Linie Bereiche, wo Materialien mit unterschiedlichem Temperaturdehnverhalten kraftschlüssig miteinander verbunden sind. Weiterhin kann in den Konstruktionen enthaltener Wasserdampf, sofern er nicht in die Atmosphäre entweichen kann, durch ständigen Wechsel von Volumenvergrößerung und -verringerung Schäden verursachen. Eine Reihe von Stoffen wird durch die *UV-Strahlung* der Sonne verändert. Einige Kunststoffe reagieren mit Materialversprödung. Man erkennt die Schäden durch Temperaturunterschiede und UV-Strahlung in der Regel erst nach der Einwirkung von Niederschlägen an dann sichtbaren Folgeschäden.

[1] In sturmreichen Gegenden, zum Beispiel auf den Nordfriesischen Inseln, werden in Dachräumen Sturmluken eingebaut. Das sind Klappen, die sich durch Sog öffnen und den Druckausgleich zwischen innen und außen beschleunigen. Dem Abdecken der Dächer wird dadurch entgegengewirkt.

2.2.1 Anforderungen

Die Komplexität der bauphysikalischen Beanspruchungen erfordert bei Planung und Ausführung von Dächern ein besonderes Maß an Sorgfalt. Dabei sind die Probleme bei Flachdachkonstruktionen besonders stark vernetzt (Abschnitt H.1.4).

Folgende DIN-Normen und gesetzliche Vorschriften sind allgemein im Rahmen bauphysikalischer Anforderungen zu beachten:

Feuchteschutz
– DIN 4108-3 – Wärmeschutz im Hochbau; klimabedingter Feuchteschutz

Wärmeschutz
– DIN 4108 – Wärmeschutz im Hochbau
– Verordnung über energiesparenden Wärmeschutz und energiesparende Anlagentechnik bei Gebäuden (Energieeinsparverordnung EnEV)

Schallschutz
– DIN 4109 – Schallschutz im Hochbau
– DIN 18 005 – Schallschutz im Städtebau
– Bundes-Immissionsschutzgesetz (*BImSchG*)
– Gesetz zum Schutz gegen Fluglärm

Brandschutz
– DIN 4102 – Brandverhalten von Baustoffen und Bauteilen
– Landesbauordnungen

In allgemeiner Form enthalten die Bauordnungen der Bundesländer bauphysikalische Anforderungen, die allerdings erst durch *technische Baubestimmungen* konkretisiert werden. Auch durch Wasser, Feuchte, Einflüsse der Witterung, pflanzliche oder tierische Schädlinge oder durch andere chemische, physikalische oder biologische Einflüsse dürfen Gefahren oder unzumutbare Belästigungen nicht entstehen.

2.2.2

Feuchteschutz

Die wichtigste Funktion von Dächern, der Schutz von Gebäuden gegen atmosphärische Niederschläge, wird im Rahmen der konstruktiven Hinweise dieses Kapitels (H Dächer) dargestellt.

Bei normaler Raumnutzung entsteht in Aufenthaltsräumen Wasserdampf[1], der die Tendenz hat, durch die Gebäudeaußenhülle nach außen zu *diffundieren* (Diffusion), wenn ein *Dampfdruckgefälle* von innen nach außen besteht. Dabei dringt der Wasserdampf je nach der *Dampfdurchlässigkeit* der Bauteile in diese ein. Bei Abkühlung des Wasserdampfes an oder in den Bauteilen steigt der Wasserdampfdruck an, und bei Überschreitung des Sättigungsdrucks bzw. bei Unterschreiten der Taupunkttemperatur fällt der Wasserdampf als Tauwasser aus [E.9]. Tauwasserbildung ist in der Regel unschädlich, wenn folgende Bedingungen eingehalten werden (DIN 4108-3):
– Tauwasser muss wieder verdunsten können.
– Von Tauwasser betroffene Bauteile dürfen dadurch nicht geschädigt werden. Der massebezogene *Feuchtegehalt* von Holz darf um nicht mehr als 5 % und der von Holzwerkstoffen um höchstens 3 % erhöht werden.

---

[1] In einem 4-Personen-Haushalt werden täglich etwa 10 bis 20 l Wasser in Form von Wasserdampf emittiert.

H Anforderungen 2.2.2

- Bei Dach- (und Wand-)Konstruktionen darf eine Tauwassermenge von insgesamt 1 kg/m² je Tauperiode nicht überschritten werden.
- Die Tauwassermenge an Berührungsflächen von Bauteilen oder Baustoffschichten mit geringer Kapillarporosität muss auf höchstens 0,5 kg/m² je Tauperiode begrenzt bleiben.

Ausreichender Wärmeschutz und normale Raumlüftung vorausgesetzt, braucht das anfallende Tauwasser bei den in DIN 4108-3 dargestellten Konstruktionen nicht berechnet zu werden. Bei Dächern werden zwei konstruktive Möglichkeiten zur Verhinderung schädigenden Tauwasseranfalls ausgeführt (Abb. **H.16**):

- *nichtbelüftete Dächer*: Einbau einer Dampfsperrschicht unter der Wärmedämmung (Raumseite)
- *belüftete Dächer*: belüfteter Raum über der Wärmedämmschicht.

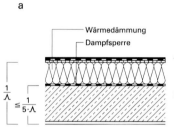
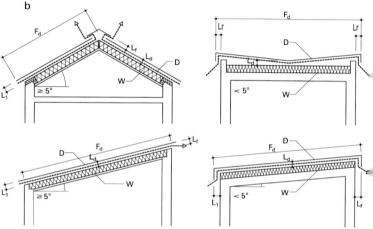

Abb. H.16
Tauwasserschutz bei Dächern nach DIN 4108-3

a Nicht belüftetes Dach
  Dampfsperre mit diffusionsäquivalenter Luftschichtdicke $s_d \geq 100$ m Wärmedurchlasswiderstand der Bauteilschichten unter der Dampfsperre höchstens $1/5$ des gesamten Wärmedurchlasswiderstandes des Daches. Bei Verwendung diffusionsdichter Dämmstoffe wie Schaumglas ist eine Dampfsperre verzichtbar.

b Belüftete Dächer
  D Dachdeckung/Dachhaut
  F_d Dachfläche
  L_d freier Mindestlüftungsquerschnitt im Dachbereich bei Dächern mit Neigung $\geq 10°$: 200 cm²/m
  h ≥ 2 cm, Neigung $\geq 10°$: h ≥ 5 cm
  L_f freier Mindestquerschnitt der Lüftungsöffnungen im Firstbereich: 0,5 ‰ von F_d, mindestens jedoch 50 cm²/m
  L_r freier Mindestquerschnitt der Dachrandöffnungen: 2 ‰ von F_d
  L_1 freier Mindestquerschnitt der Lüftungsöffnungen im Traufbereich: 2 ‰ von F_d, aber mindestens 200 cm²/m
  W Wärmedämmung zur Dachaußenseite

2.2.3

Wärmeschutz

Auf die grundsätzlichen Bemerkungen im Abschnitt E.2.2.3 wird verwiesen.

Guter *sommerlicher Wärmeschutz* kann bei Dächern durch hohe Wärmespeicherfähigkeit der Bauteile erreicht werden, wenn ausreichende Wärmedämmung vorhanden ist. Zweischalige (belüftete) Dachkonstruktionen bieten in der Regel bessere Voraussetzungen für den sommerlichen Wärmeschutz als nichtbelüftete Konstruktionen. Auf der Rauminnenseite der Bauteile liegende Dämmungen sind ungünstig. Begrünte Dächer (*Grasdächer*) haben sich, sind sie richtig konstruiert, für den sommerlichen Wärmeschutz hervorragend bewährt. Die Kühlung beruht auf dem Schattenwurf der Grashalme und den Verdunstungsvorgängen der Pflanzen sowie der Masse des Erdsubstrats.

Dem Dachrand bzw. der Kontaktstelle zwischen Dach und Wand muss hinsichtlich der Gefahr von Wärmebrücken besondere Aufmerksamkeit gewidmet werden. In Abb. **H.17.1** und **H.17.2** werden konstruktive Maßnahmen zur Minderung des Wärmeabflusses bei den häufigsten Wärmebrückenfällen dargestellt.

Abb. H.17.1
Wärmebrücke Flachdachrand
(Prinzipskizze)

1 Dachrandprofil
2 Dachabdichtung
3 Wärmedämmung
4 Dampfsperre
5 Massivdecke
6 zusätzliche Wärmedämmung
7 Ringbalken
  aus bewehrtem Mauerwerk
8 Innenputz

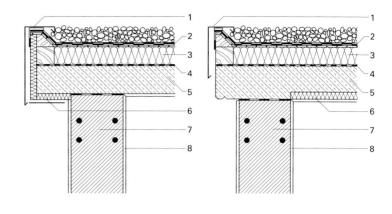

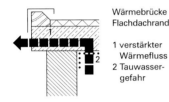

Wärmebrücke
Flachdachrand

1 verstärkter
  Wärmefluss
2 Tauwasser-
  gefahr

Abb. H.17.2
Wärmebrücke Flachdachdurchbruch
(Prinzipskizze)

1 Flachdachgully
2 Dachabdichtung
3 Wärmedämmung
4 Dampfsperre und
  Dampfdruckausgleich
5 Massivdecke

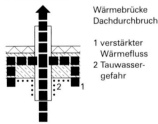

Wärmebrücke
Dachdurchbruch

1 verstärkter
  Wärmefluss
2 Tauwasser-
  gefahr

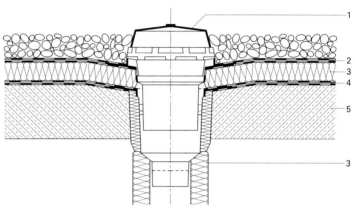

2.2.4

Schallschutz

Es wird auf die prinzipiellen Erörterungen der Abschnitte E.2.2.4.1 und E.2.2.4.2 verwiesen. Dächer müssen dann Anforderungen des Schallschutzes erfüllen, wenn sie zugleich obere Raumbegrenzung sind. Dies ist in der Regel bei Flachdächern der Fall sowie bei ausgebauten Dachgeschossen mit geneigten Dächern. *Trittschall* kann allenfalls bei begehbaren Terrassendächern vorkommen. Gesetzliche Regelungen zum *Schutz gegen Außenlärm* existieren nur in wenigen Bundesländern. In DIN 4109 werden für Außenwände einschl. Fenstern bei verschiedenen Raumnutzungen Mindestwerte des Schalldämm-Maßes für sieben Lärmpegelbereiche festgelegt. Für Decken von Aufenthaltsräumen, die zugleich Dächer sind, gelten die in der Norm angegebenen Mindestwerte für Außenbauteile. Darüber hinaus gibt die Norm für einige übliche leichte Flachdachkonstruktionen (belüftetes Holzbalkendach) und für geneigte Holzbalkendächer bei ausgebautem Dachgeschoss Regelwerte für das bewertete Schalldämm-Maß an. Es sind dort höchstens Werte für R'_w von 50 dB erreichbar. Dabei müssen jedoch besondere Anforderungen an die Dichtigkeit der Dachdeckung und das Gewicht von Deckenbekleidungen berücksichtigt werden.

2.2.5

Brandschutz

Bezüglich der allgemeinen Hinweise zum baulichen Brandschutz wird auf Abschnitt E.3.5.1 verwiesen. Dort sind auch die neuen Gebäudeklassen gemäß Musterbauordnung 2002 erläutert.

Grundsätzlich wird in § 32 MBO *harte* Bedachung verlangt, das ist eine „gegen Brandbeanspruchung von außen durch Flugfeuer und strahlende Wärme ausreichend lang widerstandsfähige" Bedachung.

Weiche Bedachungen sind zulässig

- bei Gebäuden der Klassen 1 bis 3, unter Einhaltung bestimmter Abstände zur Grundstücksgrenze bzw. zu benachbarten Gebäuden.
- bei Gebäuden ohne Aufenthaltsräume und ohne Feuerstätten mit ≤ 50 m³ BRI.

Ausgenommen von der Forderung nach harter Bedachung sind außerdem

- lichtdurchlässige Bedachungen, Eingangsüberdachungen und Vordächer aus nichtbrennbaren Baustoffen,
- Lichtkuppeln, Oberlichte und Eingangsüberdachungen von Wohngebäuden.

Oberlichte, Lichtkuppeln, Öffnungen in der Bedachung sowie Dachgauben und ähnliche Dachaufbauten aus brennbaren Baustoffen müssen von Gebäudeabschluss- oder -trennwänden mindestens 1,25 m entfernt sein, wenn diese Wände nicht mindestens 30 cm über die Bedachung geführt sind (siehe Abb. **H.18 b**).

Bezüglich Anbauten an nicht mindestens feuerhemmende Außenwände von Gebäuden der Klassen 4 und 5 sind die Vorschriften der zuständigen Landesbauordnung zu beachten.

Anschlüsse von Dächern an Brandwände sind gemäß Abb. **H.18** auszuführen.

Als harte Bedachungen gelten nach DIN 4102-7 ohne besonderen Nachweis und unabhängig von der Dachneigung (bei senkrechten oder annähernd senkrechten Flächen jedoch nur bis zu 1,0 m Höhe) die in DIN 4102-4 klassifizierten Bedachungen. Das sind

- Bedachungen aus natürlichen und künstlichen Steinen der Baustoffklasse A sowie aus Beton und Ziegeln
- Metalldachdeckungen, zum Beispiel aus großformatigen oder Kernverbundelementen, Pfannen, Schindeln o. Ä., mit (oberer) Blechdicke $\geq 0,5$ mm, bei nichtrostendem Stahl $\geq 0,4$ mm, bei Deckungen in handwerklicher Falztechnik $\geq 0,7$ mm; sichtseitige Beschichtungen müssen anorganisch sein oder dürfen eine Masse von 200 bzw. 250 g/m² nicht überschreiten (Einzelheiten, auch zur Unterkonstruktion und zur Dämmung, siehe DIN 4102-4/A1, Änderungen zu Abschn. 8.7.2)
- zweilagige, fachgerecht verlegte Bedachungen auf beliebigen tragenden Konstruktionen sowie auf Wärmedämmschichten mindestens der Baustoffklasse B 2, ausgeführt mit Bitumendachbahnen nach DIN 52 128, Bitumen-Dachdichtungsbahnen nach DIN 52 130, Bitumen-Schweißbahnen nach DIN 52 131, Glasvlies-Bitumendachbahnen nach DIN 52 143 (auf Wärmedämmungen aus PS-Hartschaum mindestens eine Bahn mit Trägereinlage aus Glasvlies oder Glasgewebe)
- weiche Bedachungen mit einer vollständig bedeckenden, ≥ 5 cm dicken Schüttung aus Kies 16/32 oder einer Abdeckung aus ≥ 4 cm dicken Betonwerksteinplatten oder anderen mineralischen Platten.

Abb. H.18
Anschluss von Brandwänden an Dächer
(Maße in cm)

a bei Gebäudeklassen 1 bis 3
b bei Gebäudeklassen 4 und 5
c bei weicher Bedachung

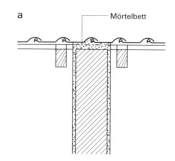
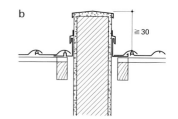
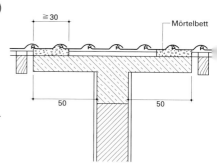
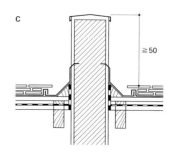

3 Geneigte Dächer

3.1

Grundtypen der geneigten Dachkonstruktion

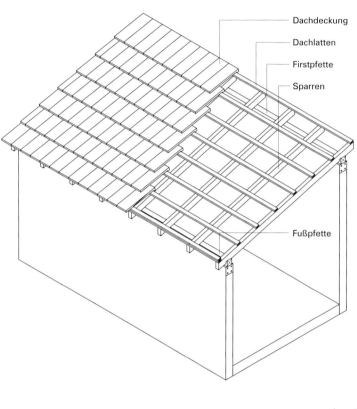

Abb. H.19
Grundprinzip der Dachkonstruktion:
Dachlatten auf Dachsparren,
Sparren und Pfetten

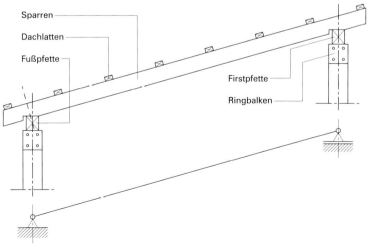

3.1.1

Allgemeines

Beim Entwurf von Dächern wirken viele Aspekte zusammen (Abb. **H.20**). Die Dachneigung beeinflusst die Wahl der Dachkonstruktion und der Deckungsart. Die Deckung der geneigten Dächer verlangt grundsätzlich eine den Höhenlinien folgende Unterlage, sei es eine *Lattung* aus Holzlatten für Ziegel-, Betondachstein-, Faserzement- oder Reetdeckung oder eine *Schalung* aus dicht liegenden Brettern für Schiefer-, Metall- oder Dachbahnendeckung. Lattung oder Schalung liegen ihrerseits auf Trägern, die zweckmäßig rechtwinklig zu den Höhenlinien in Neigungsrichtung des Daches ausgerichtet sind. Diese Träger heißen *Sparren*.[1]

Wenn die Gebäudelängswände einen hinreichend kleinen Abstand haben, können die Sparren ohne Zwischenunterstützung auf den Längswänden gelagert werden. Dabei werden die Sparren meistens auf Schwellen gelegt, die das Ausrichten und Anschließen der Sparren wesentlich erleichtern und die Einzellasten aus den Sparren auf die Wand verteilen. Alle die Sparren stützenden waagerechten Träger nennt man *Pfetten*,[2] gleichgültig ob sie – wie die Schwellen – kontinuierlich oder punktgestützt sind. Die oberste Pfette ist die *Firstpfette*, am Fuß der Sparren liegt die *Fußpfette*.

Die Grundkonzeption des geneigten Daches, die letztlich allen geneigten Dächern zugrunde liegt, ist in Abb. **H.19** am Beispiel eines *Pultdaches* dargestellt.

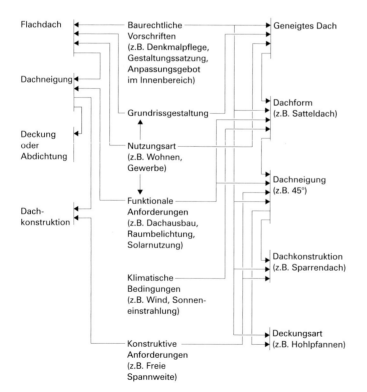

Abb. H.20
Entscheidungsparameter für den Entwurf von Dächern

---

[1] Der Sparren, mittelhochdeutsch sparre, althochdeutsch sparro.
[2] Die Pfette, spätmittelhochdeutsch pfette, über das Romanische aus dem Lateinischen patena.

3.1.1 Geneigte Dächer

Auf eines sei besonders hingewiesen: Der Sparren übt aufgrund seiner waagerecht geschnittenen Lagerflächen unter senkrechten Lasten (zum Beispiel Eigenlast) nur senkrechte Kräfte auf die Unterkonstruktion aus (Abb. **H. 21 a**). Bei größerer Spannweite muss der Sparren eine Zwischenstützung, zum Beispiel durch eine *Mittelpfette*, erhalten (Abb. **H.21 b**). Die *Mittelpfette* kann bei kurzen Gebäuden auf den Giebelwänden ohne Zwischenstützung gelagert sein oder bei längeren Gebäuden zusätzlich auf Querwänden oder Stützen aufliegen.

a

b

c

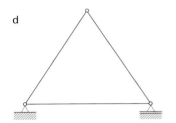
d

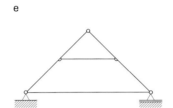
e

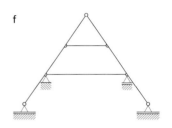
f

Günstiger als die Form des Pultdaches ist für breite Gebäude die Form des Satteldaches mit zwei Neigungen (vgl. Abschnitt H.1.2). Abb. **H.21c** zeigt als Beispiel Sparren, die auf Fuß- und Mittelpfetten lagern und zum First auskragen.

*Alle Dächer, deren Sparren gemäß Abb. **H.19** und Abb. **H.21 a, b, c** auf Pfetten gelagert sind und die unter senkrechter Belastung nur senkrechte Kräfte auf die Pfetten abgeben, werden Pfettendächer genannt.*

Gegeneinander geneigte und im First verbundene Stäbe nach Abb. **H.21 d** bilden ein außerordentlich tragfähiges System, wenn beide Fußpunkte außer in senkrechter auch in horizontaler Richtung – meistens durch ein Zugband – gehalten sind. Eine Stützung im First ist nicht erforderlich. Die Lasten werden zu einem großen Teil über Druckkräfte in den Sparren auf die Fußpunkte abgetragen.

*Alle Dächer, deren Sparren gemäß Abb. **H.21 d** am Fußpunkt in senkrechter und horizontaler Richtung gelagert sind und die ein Dreigelenksystem bilden, werden Sparrendächer genannt.*

Insbesondere in historischen mehrgeschossigen Dächern kommen häufig kombinierte Systeme vor (Abb. **H.21 f**). Dabei bilden die durchlaufenden Sparren im Firstgeschoss zusammen mit dem obersten Kehlbalken ein Dreigelenksystem, während sie in den unteren Geschossen unter senkrechten Lasten nur senkrechte Kräfte an die Pfetten abgeben.

Abb. H.21
Sparrenlagerungen

a Sparren auf Fuß- und Firstpfette (-schwelle) bei Pultdach
b durchlaufender Sparren auf Fuß-, Mittel- und Firstpfette
c Sparren eines Satteldaches auf Fuß- und Mittelpfette mit Auskragung zum First: Pfettendach
d Dreigelenksystem mit Zugband (zum Beispiel Holzbalken- oder Stahlbetondecke): Sparrendach
e Sparrendach mit Kehlbalken: Kehlbalkendach
f kombiniertes System: im Obergeschoss Dreigelenksystem, sonst wie b, häufig bei historischen Dachkonstruktionen

3.1.2

Pfettendächer

In *Pfettendächern* tragen mit der Traufe parallel laufende Pfetten die aufliegenden Sparren. Die Sparren sind als Einfeldbalken oder als durchlaufende oder auskragende Balken vorwiegend auf Biegung beansprucht.

Pfettenlagerung

Die Pfetten können ihrerseits auf vielfältige Weise unterstützt und gelagert werden.

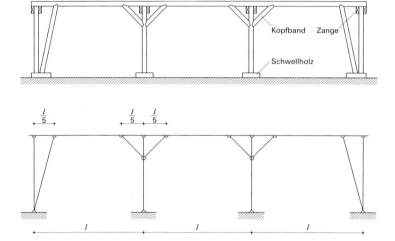
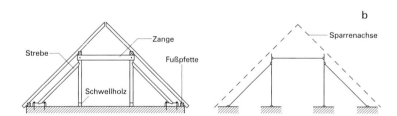
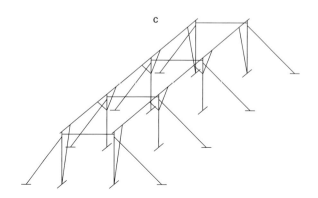

Abb. H.22
Dachstuhl

a Pfettenstrang mit Kopfbandstützen
b Abstrebung der Stützen
c System des Dachstuhls

Bei *Hallenbauten* liegen die Pfetten meistens als durchlaufende Träger oder als Gerber- oder Koppelträger auf quer zur Hallenlängsrichtung gespannten Bindern (Abb. **B.14, B.22, B.28, B.167, B.168, B.175**).

Im *Geschossbau* ist der Dachraum in der Regel frei von tragfähigen Wänden, so dass zur Auflagerung der Pfetten ein besonderes Tragwerk aus Stützen (auch Stiele oder Pfosten genannt), Streben, Zangen und Riegeln erforderlich ist.[1]

Zweifellos ist es am einfachsten, die Pfetten auf senkrecht stehende Stützen zu legen.

In älteren Dächern sind die Pfetten häufig durch Kopfbänder mit den Stützen biegesteif verbunden. In der *Pfetten-Stiel-Ebene* (also in Längsrichtung des Gebäudes) entsteht auf diese Weise ein *mehrfeldriger* Rahmen. Allerdings sind solche Systeme vergleichsweise verformungsweich, so dass meistens eine zusätzliche Aussteifung durch Streben in den Endfeldern erforderlich ist (Abb. **H.22 a**). Im Übrigen verkürzen Kopfbänder die Spannweiten zwischen den Stielen.

Dachstuhl

Zur Aussteifung in Querrichtung waren früher mehrere Systeme gebräuchlich.

Häufig wurden die Stielpaare durch Zangen verbunden und nach beiden Seiten abgestrebt (Abb. **H.22 b**). Da Streben mit traditionellen Anschlüssen nur geringe Zugkräfte übertragen können, ist je nach Windrichtung entweder die eine oder die andere Strebe als Druckstrebe wirksam. Dabei steht die Zange ebenfalls unter Druckbeanspruchung. Abb. **H.22 c** zeigt das vollständige Traggerüst, das den Stuhl für die Sparren bildet. Wegen der zwei Stielreihen wird das System als doppelt oder zweifach stehender Stuhl bezeichnet. Er ist für sich standfest. Die Sparren liegen auf, ohne dass sie zum Gesamttragverhalten des Systems beitragen.

Hat das Dach nur eine tragende Pfette mit einer Pfostenreihe, so spricht man von einem einfach stehenden, bei drei *Pfetten* (zum Beispiel zwei *Mittelpfetten* und einer *Firstpfette*) mit drei Stielreihen von einem dreifach stehenden Stuhl.

Hängewerk

In der Ansicht ähnlich wie der zweifach stehende Stuhl, aber im Tragverhalten verschieden ist das doppelte Hängewerk (Abb. **H.23**), das meistens die ganze Gebäudebreite ohne Zwischenstützung überspannt.

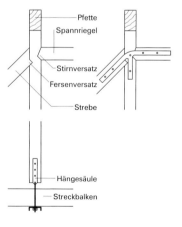

Abb. H.23
Doppeltes Hängewerk

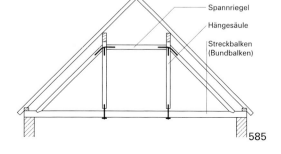

---
[1] Wenn der Dachraum ungenutzt bleibt, haben sich im Geschossbau, ähnlich wie im Hallenbau, auch vorgefertigte Binder (zum Beispiel Fachwerkträger aus Holz) als zweckmäßig erwiesen.

H Geneigte Dächer 3.1.2

Beim Hängewerk sind die Stiele nur zugfest mit der Unterkonstruktion – in der Regel ein Streckbalken – verbunden. Symmetrische Lasten werden über die Streben abgeleitet (Abb. **H. 16 d**). Die Stiele sind dabei unbelastet, sofern sie nicht angehängte Lasten aus der Decke aufzunehmen haben, wozu das Hängewerk häufiger herangezogen wird. Bei unsymmetrischer Belastung wird die Last am Aufpunkt in die Richtungen der Strebe und des Spannriegels zerlegt; die Stütze unter dem Lastangriffspunkt bleibt unbelastet. Im gegenüberliegenden Knoten ruft die Druckkraft des Spannriegels eine Strebendruckkraft und eine Zugkraft in der Stütze hervor (Abb. **H.24 e**). Unter horizontalen Lasten verhalten sich beide Systeme gleichartig (Abb. **H.24 c** und **H.24 f**). Das Hängewerk ist also auf die Biegefestigkeit des Bundbalkens angewiesen.

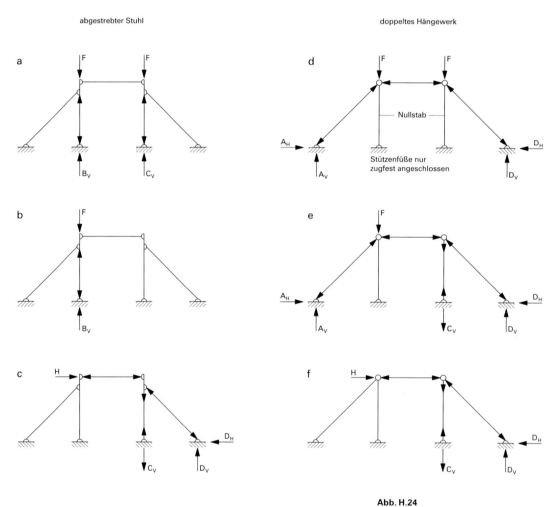

Abb. H.24
Tragverhalten des abgestrebten Stuhles und des Hängewerkes im Vergleich

Sprengwerk

Das Hängewerk wandelt sich zum Sprengwerk, wenn die Stützen nicht zugfest, sondern mit einem Schwebezapfen für unsymmetrische Lasten druckfest angeschlossen werden (Abb. **H.25**). Sprengwerke sind verbreitet anzutreffen, werden aber heute kaum noch hergestellt (Abb. **H.26**).

Unter symmetrischer Belastung „schweben" die Aufstandsflächen der Stützen einige Zentimeter über dem Bundbalken, so dass sie wirkungslos sind. Infolgedessen bilden die Streben mit dem Riegel eigentlich ein *verschiebliches* Gelenkviereck, das allerdings für symmetrische Belastung der Stützlinie entspricht. Demnach werden symmetrische Lasten wie beim Hängewerk über die Streben abgetragen.

Unter unsymmetrischer Last verschiebt sich das Gelenkviereck, und die Stütze unter der Last senkt sich auf den Bundbalken ab. Es entsteht eine kraftschlüssige Verbindung und damit ein neues tragfähiges System, in dem der Bundbalken die unsymmetrischen Lasten über Biegung auf die Wände abträgt.

Der Grundgedanke besteht also darin, die größten symmetrischen Lasten aus Eigenlast und Schnee ohne Beanspruchung des Bundbalkens über die Streben auf die Außenwände zu leiten und den Bundbalken nur mit den kleineren unsymmetrischen Lasten zu beanspruchen. Die mit der Systemveränderung verbundenen Unsicherheiten in der tatsächlichen Kräfteverteilung und die relativ großen Verformungen entsprechen nicht mehr den heute üblichen Sicherheitsanforderungen. Aber in der Vergangenheit hat sich diese verformungsfähige „weiche" Konstruktion, die örtlichen Überbeanspruchungen durch Kräfteumlagerungen ausweichen kann, durchaus bewährt.

Hängewerke und Sprengwerke eignen sich als symmetrische Systeme in der Regel nur für symmetrische Grundrisse. Für unregelmäßige Grundrisse ist der stehende Stuhl die angemessene Konstruktion.

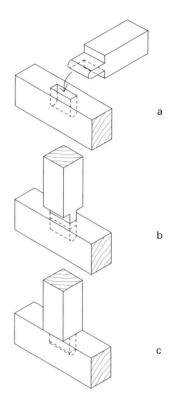

Abb. H.25
Schwebezapfen
a Stützenfuß mit Zapfen sowie Balken mit Zapfenloch
b Stütze schwebend unter symmetrischer Belastung
c Stütze aufsitzend unter unsymmetrischer Belastung

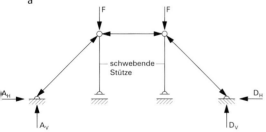

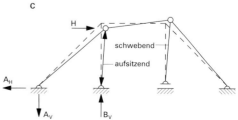

Abb. H.26
Sprengwerk

a unter symmetrischer Belastung, Stütze unbelastet
b unter unsymmetrischer Belastung, verschobenes System, eine Stütze sitzt auf
c System unter Horizontalbelastung

Liegender Stuhl

Wenn der Dachraum stützenfrei bleiben sollte, zum Beispiel in Lagerhäusern, wurden die Stützen schräg gestellt oder *gelegt*. Kopfbänder zwischen Stützen und Riegel ergänzen das System zu einem Rahmen und geben dem so genannten *liegenden* Stuhl die erforderliche Quersteifigkeit (Abb. **H.27**).

Unter symmetrischer Belastung verhält sich der liegende Stuhl wie ein Sprengwerk. Unter unsymmetrischen Lasten ist er zwar tragfähig, aber doch recht weich. Häufig wurden liegende Stühle deshalb durch entsprechenden Verbund mit den Sparren zusätzlich ausgesteift (Abb. **H.27 a**).

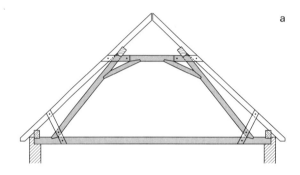

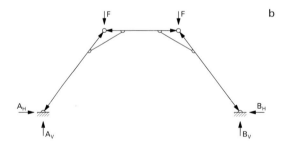

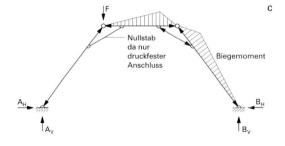

Abb. H.27
Liegender Stuhl

a Konstruktion
b System unter symmetrischer Belastung, keine Biegemomente
c System unter unsymmetrischer Belastung, Riegel und Stiel werden auf Biegung beansprucht

Strebenloses Pfettendach

Heute werden Pfettendächer in der Regel ohne eine besondere Abstrebung als strebenloses Pfettendach ausgeführt. Die erforderliche Quersteifigkeit erreicht man durch Einbeziehung jeweils jener Sparren zum Tragsystem des Stuhls, die über den Stielen liegen. Sparren und Stiel bilden einen Bock. Die Verbindung mit dem Stiel ist am einfachsten durch Laschen herzustellen, die häufig als Zangen zum gegenüberliegenden Bock durchlaufen und dann auch als Deckenträger für einen Dachausbau dienen können (Abb. **H.28**). Im

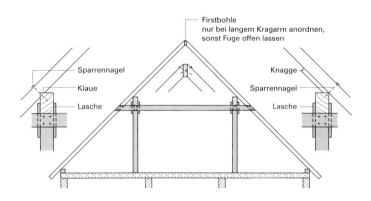

Abb. H.28
Strebenloses Pfettendach, das Sparrenpaar über dem Stützenpaar ist Teil des Binders und gewährleistet durch kraftschlüssige Verbindung mit den Stützen die Quersteifigkeit

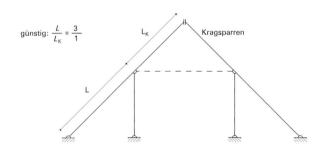

Übrigen werden bei allen Sparren die horizontalen Komponenten aus der anteiligen Windlast am Fußpunkt abgegeben, so dass die Windlast kontinuierlich längs der Traufe in die Deckenscheibe geleitet wird und die Mittelpfette nur senkrechte Lasten erhält.

Die Stützen sollen möglichst über tragenden Wänden stehen, um zusätzliche Biegemomente in der Deckenkonstruktion zu vermeiden. Kleinere Versetzungen, wie in Abb. **H.28** angedeutet, sind aber zu vertreten, wenn sie der Nutzung Vorteile bringen.

Das stützende, in der Querebene steife System, bestehend aus dem Pfostenpaar, der Zange und den beiden zugehörigen Sparren, nennt man einen Binder. Die Sparrenpaare zwischen den Bindern heißen Leergebinde.

Stützweiten

Wenn die Sparren von der Mittelpfette zum First weit auskragen, werden sie manchmal durch eine Firstbohle verbunden. Gewöhnlich lässt man Kragsparren frei enden. Das Verhältnis von Feld- zu Kraglänge ist bei etwa 3:1 wegen der zugehörigen Biegemomentenverteilung am günstigsten (vgl. auch Abschnitt H.3.1.3). Die üblichen Stützweiten für Pfetten liegen zwischen 3 m und 4 m.

3.1.3

Sparrendächer

Paarweise gegeneinander geneigte Sparren, die im First kraftschlüssig verbunden sind und am Fußpunkt ein festes, vertikal und horizontal *unverschiebliches* Auflager haben, bilden ein tragfähiges Dreigelenksystem (Abb. **H.20 d**). Die Sparren werden dabei außer auf Biegung zusätzlich auf Druck beansprucht. Dachtragwerke, die aus derartigen Sparrenpaaren ohne First- und Mittelpfetten gebildet werden, heißen *Sparrendächer* (Abb. **H.30 a, b**).

Die Sparrendruckkraft ist bei sonst gleichen Verhältnissen wesentlich von der Dachneigung abhängig. Man erkennt aus Abb. **H.29**, dass sich die Sparrendruckkraft bei Dachneigungen > 30° nur wenig ändert. Bei abnehmender Neigung < 30° steigt die Druckkraft jedoch zunehmend steil an. Die wirtschaftlich vertretbare Grenze für Sparrendächer dürfte bei wenigstens 20° Dachneigung liegen.

Sparrendächer haben einen geringeren Holzbedarf als Pfettendächer. Andererseits verlangen sie besondere Sorgfalt beim Zuschnitt und bei der Montage, dem so genannten Abbund, so dass die Kosten für den Abbund bei Sparrendächern höher sein können als bei Pfettendächern.

Von Vorteil ist der freie Dachraum. Allerdings sind die Möglichkeiten der Dachgestaltung, zum Beispiel durch den Einbau von Gauben und Terrassen, im Vergleich zum Pfettendach eingeschränkt, weil die Sparren immer paarweise auftreten und das Auswechseln eines durch Druckkräfte beanspruchten Sparrens aufwendiger ist als die Unterbrechung oder das Auslassen von Sparren im Pfettendach.

Kehlbalkendach

Entgegen überkommenen Regeln hat sich herausgestellt, dass einfache Sparrendächer mit Sparrenlängen bis zu 7 m, bei flachen Dächern unter 30° Neigung sogar bis zu 8 m, wirtschaftlich sein können [H.9].[1] Für breitere Dächer ist die Anordnung eines Kehlbalkens zweckmäßig (Abb. **H.30**).

Bei symmetrischen Lastfällen spreizt der Kehlbalken als Druckriegel das Sparrenpaar auseinander und gibt dem durchlaufenden Sparren eine Zwischenstützung. Der günstige Effekt ist an der *Biegemomentenlinie* und an der Biegelinie in Abb. **H.30 c** abzulesen. Die Kehlbalken eignen sich zusätzlich als Deckenbalken für einen Ausbau des Dachgeschosses.

Abb. H.29
Sparrendruckkraft beim Sparrendach in Abhängigkeit von der Dachneigung

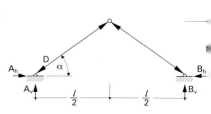

$$A_v = q \cdot \frac{l}{2}$$

$$A_h = A_v \cdot \frac{l}{4h}$$

$$D = A_v \cdot \sin\alpha + A_h \cdot \cos\alpha$$

$$= A_v \left(\sin\alpha + \frac{l}{4h} \cdot \cos\alpha\right)$$

$$D = A_v \left(\sin\alpha + \frac{1}{2} \cdot \cot\alpha \cdot \cos\alpha\right)$$

$$D = A_v \cdot f(\alpha)$$

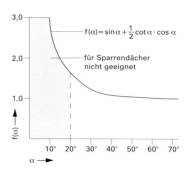

$f(\alpha) = \sin\alpha + \frac{1}{2} \cot\alpha \cdot \cos\alpha$

für Sparrendächer nicht geeignet

---

[1] In der Literatur wird häufig eine Sparrenlänge von 4,50 m als wirtschaftliche Grenze angegeben.

3.1.3 Geneigte Dächer   H

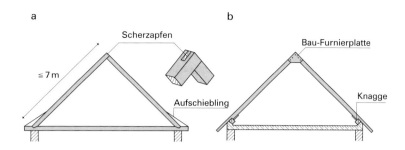

Abb. H.30
Sparrendächer

a einfaches Sparrendach über Holzbalkendecke; am Sparrenfuß Versatz, am First Scherzapfen (vgl. Abschnitt B.5.4.1)
b einfaches Sparrendach über Stahlbetondecke; am Sparrenfuß Verstärkung durch Knagge (Abb. H.33 c), am First beidseits aufgenagelte Baufurnierplatte anstatt eines Scherzapfens
c Kehlbalkendach (der Firstholm erleichtert das Richten des Daches, die darunter beidseits aufgenagelten Brettlaschen gewährleisten eine zugfeste Verbindung der Sparren, Kehlbalkenanschluss vgl. Abb. H.33)

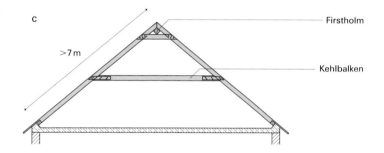

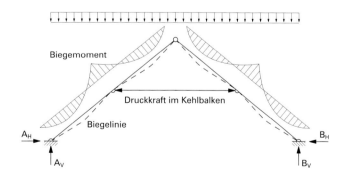

Bei unsymmetrischen Lastfällen, zum Beispiel bei Wind in Querrichtung, ist der Kehlbalken unwirksam. Er folgt der antimetrischen Verformung des Gespärres, ohne das System für diesen Lastfall zu versteifen. Wenn aber die Kehlbalken durch einen horizontalen Verband zu einer Scheibe verbunden werden und diese Scheibe an den Giebelwänden oder an innenliegenden Querwänden in Querrichtung gehalten wird, dann bilden die Kehlbalken ein horizontales Lager gemäß Abb. **H.31 b**. Es sind also Kehlbalkendächer mit *verschieblichen* und *unverschieblichen* Kehlbalken zu unterscheiden. Bei ausgebauten Dachgeschossen sollte man die Kehlbalkenlage stets zur Scheibe ausbilden und festlegen, allein um die Verformungen klein zu halten und unerwünschte Risse in den Wänden des Ausbaus zu vermeiden.

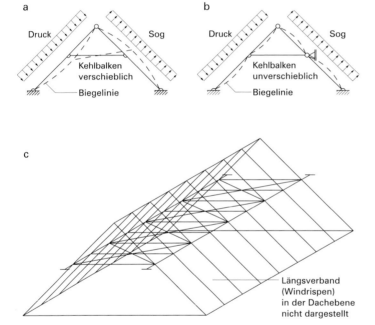

Abb. H.31
Wirkung der Kehlbalkenlage bei Wind in Querrichtung

a verschieblicher Kehlbalken; ohne Verband in der Kehlbalkenebene sind die Kehlbalken bei Wind wirkungslos
b unverschieblicher Kehlbalken; eine steife Kehlbalkenlage kann das Gespärre horizontal halten
c Beispiel einer Aussteifung der Kehlbalkenlage durch einen Andreaskreuz-Verband aus aufgenagelten Stahlbändern und 2 Längsholmen
d Verankerung des Verbandes in den Giebelwänden

3.1.3 Geneigte Dächer   H

Die Aussteifung in Längsrichtung liegt beim Sparrendach immer in den Dachflächen.

Am einfachsten ist die Aussteifung mit Latten herzustellen, die in diagonaler Richtung von unten gegen die Sparren genagelt werden. Sie heißen Windrispen.[1] Wenn wegen eines Ausbaus des Dachgeschosses untergenagelte, durchlaufende Latten stören, kann man die Latten stückeln und zwischen die Sparren legen, was allerdings aufwendig ist, oder man bildet Andreaskreuze aus verzinkten Stahlbändern (Abb. **H.32**).

Abb. H.32
Längsaussteifung bei Sparrendächern
a Windrispen unter Sparren genagelt
b Windrispen zwischen Sparren genagelt (aufwendig)
c Andreaskreuz aus gelochten, verzinkten Stahlbändern (hier unter Sparren genagelt, auch Oberlage möglich)

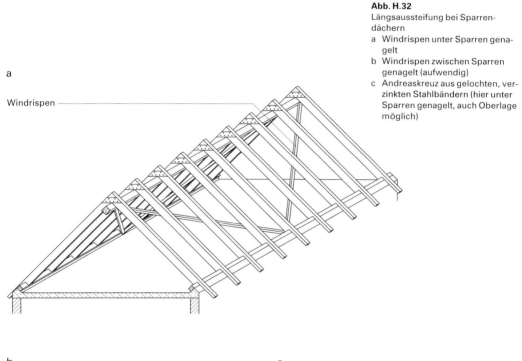

a
Windrispen

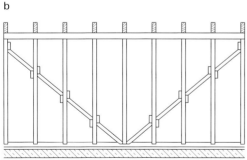

b

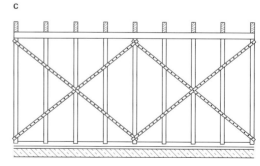

c

---

[1] Die Rispe,
mittelhochdeutsch rispe = Gebüsch, Gesträuch, Zweig.

3.1.4

Kombinierte Dachkonstruktionen

Ältere Dächer sind in statischer Hinsicht häufig eine mehr oder weniger unklare Kombination aus Pfettendach und Sparrendach. Vor allem weitgespannte Dächer über Kirchen und anderen Hallenbauten sind in ihrem tatsächlichen Tragverhalten oft nur mühsam zu analysieren, weil die Erbauer die Konstruktion nicht aufgrund einer klaren Vorstellung über den Kräfteverlauf entworfen haben, sondern nach überkommenen Erfahrungsregeln und eigenem Gefühl vorgegangen sind [A.1.2], [H.10], [H.11], [H.12].

Darauf näher einzugehen, ist hier kein Platz. Es gibt aber Mischkonstruktionen, die auch unter heutigen Gesichtspunkten vorteilhaft sein können.

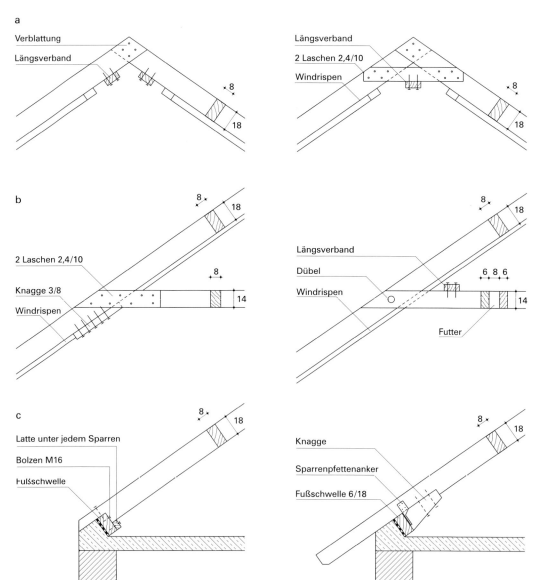

Abb. H.33
Anschlüsse beim Sparrendach
(siehe auch Abb. H.30)
Maße in cm

a First
b Kehlbalken
c Fußpunkt

3.1.4 Geneigte Dächer H

Wenn in einem Kehlbalkendach der Kehlbalken lang und durch einen Ausbau belastet ist, kann eine Stützung des Kehlbalkens durch eine Pfette etwa in Feldmitte zweckmäßig sein (Abb. **H.34 a**). Der Kehlbalken wirkt dann als Druckriegel und außerdem wie ein durchlaufender Zweifeldträger. Die Pfette unter dem Kehlbalken erhält nur Lasten aus der Eigen- und Verkehrslast der Kehlbalkenlage, nicht aus der Dachflächenbelastung, die ja über die Sparren abgetragen wird. Bei seitlich in Richtung Kehlbalkenanschluss versetzten Pfetten ist diese klare Trennung des Lastabtrags nicht mehr gesichert. Man sollte deshalb Pfetten in der Nähe von Kehlbalkenanschlüssen beim Sparrendach vermeiden.

Eine andere Kombination zeigt Abb. **H.34 b**. Oberhalb des Kehlriegels, der unter senkrechten Lasten auf Zug beansprucht wird, wirkt das System als *Sparrendach*, darunter als *Pfettendach*. Horizontale Lastkomponenten werden am linken festen Auflager aufgenommen. Die Mittelpfette und die Fußpunkte des rechten Sparrens liegen auf Pendelstützen. Ähnliche Konstruktionen sind auch bei höhenversetzten Traufen denkbar.

Abb. H.34
Kombination von Sparren- und Pfettendach

a durch Pfette unterstützter Kehlbalken eines Sparrendaches
b oberhalb des Kehlbalkens Sparrendach, unterhalb Pfettendach
c Stahlbetondecke anstelle einer Kehlbalkenlage; oben Sparrendach, unten Pfettendach mit der Möglichkeit, Sparren zum Einbau einer Loggia zu entfernen
d Sparrendach mit Mittelpfetten

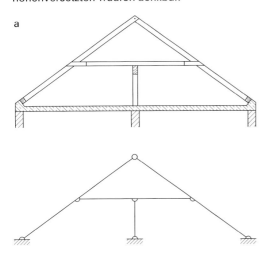

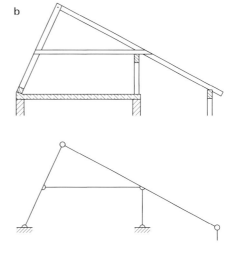

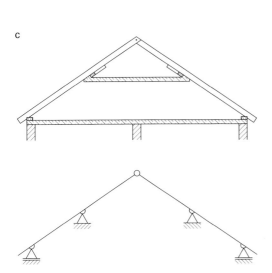

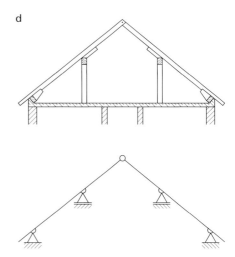

3.1.5

Sicherung der Giebelwände

Frei stehende, das heißt nicht durch Längswände oder Pfeiler ausgesteifte Giebel sind nur bis zu geringen Höhen standsicher (vgl. Abb. **B.45**). Da aber im Dachraum Längswände selten gebraucht werden und die Giebel in der Regel hoch sind, muss meistens das Dachtragwerk die erforderliche Aussteifung übernehmen. In diesen Fällen werden die Giebel erst nach dem Richten des Dachtragwerks aufgemauert und mit den Sparren oder Pfetten verbunden (Abb. **H.35**).

Bei Sparrendächern kann sich der Giebel unter Winddruck auf ganzer Länge gegen den ersten Sparren lehnen; Sogkräfte werden durch ein unter die Dachlatten genageltes Holz in die Dachlatten und von dort in die Sparren geleitet (Abb. **H.35 a**). Ein Ringbalken ist besonders bei bündigem Abschluss des Daches mit dem Giebel zu empfehlen (Abb. **H.35 b, c**). Auf dem Ringbalken wird eine Mauerlatte befestigt, die hinter einer Klaue der Dachlatten liegt. Unter Umständen genügt auch die Verankerung im Firstpunkt an den Firstholm (Abb. **H.35 c**).

Bei Pfettendächern wird der Giebel meistens mit Mauerankern an die Pfetten angeschlossen (Abb. **H.35 d**). Da das Mauerwerk im Giebel aus Eigenlast nur gering belastet ist, kann es im Bereich des Ankers zu Lockerungen des Gefüges kommen. Auch hier trägt ein Ringbalken längs des Ortganges wesentlich zur Steifigkeit des Giebelmauerwerks bei.

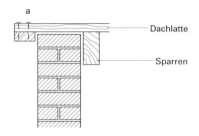

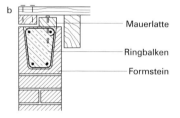

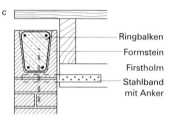

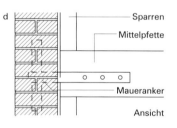

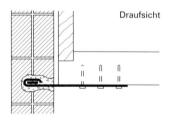

Abb. H.35
Verankerung von Giebelwänden
(vgl. Abb. E.17)

a Sicherung eines Giebels bei überstehendem Dach
b Sicherung eines Giebels bei bündig abschließendem Dach
c Anschluss eines Giebels an den Firstholm eines Sparrendaches
d Anschluss eines Giebels an die Pfetten eines Pfettendaches

3.2

Dachdeckungen

3.2.1

Allgemeines

Genauso wenig wie sich Flachdächer und geneigte Dächer durch exakte Dachneigungsgrenzwerte definieren lassen, so überlagern sich die Neigungsbereiche für Dachabdichtungen und Dachdeckungen (Abb. **H.13**). Die bereits in Abschnitt H.1.3 baukonstruktiv orientierte Zuordnung von Dachabdichtungen zu Flachdächern und Dachdeckungen zu geneigten Dächern wird pragmatisch auch hier übernommen, auch wenn es Dachdeckungen gibt, zum Beispiel aus Blechbändern, die mit Mindestdachneigungen auskommen, die eindeutig der Erscheinungsform des Flachdachs zuzuordnen sind. In den *Fachregeln des Dachdeckerhandwerks* (FD) [H.13] werden für die verschiedenen Deckungsarten Mindestdachneigungen angegeben, bei denen noch ausreichende Regenableitung gewährleistet ist. Sie werden dort als *Regeldachneigung* bezeichnet. Sturm- und Flugschneesicherheit sind nur durch ergänzende konstruktive Maßnahmen zu erreichen. Winddichtigkeit ist zusätzlich bei ausgebauten bewohnbaren Dachräumen notwendig, um eindeutig definierte Randbedingungen für einen erfolgreichen Wärmeschutz zu liefern. Besondere konstruktive Problembereiche sind dabei der Ortgang und Gebäudetrennwände mit ihren Übergängen von der Dachkonstruktion zu den Wänden (Abb. **H.36**). Auch hinsichtlich des Luftschallschutzes (Schallnebenwege) sind diese Bereiche problematisch. Zwar wurde in Abschnitt H.1.4 festgestellt, Dachdeckung sei eine risikoarme Technik, aber dennoch muss eindringlich davor gewarnt werden, bei geneigten Dächern und Dachdeckungen auf konstruktive Sorgfalt zu verzichten.

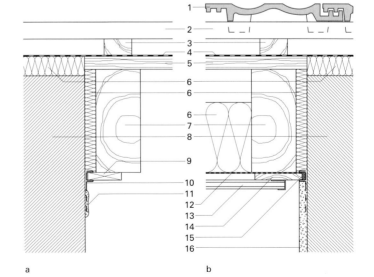

Abb. H.36
Winddichtigkeit an Giebelwänden

a   Ausstopfen des Fingerspalts zwischen Giebelwand und Sparren mit Dämmstoff. Anbringen eines Putzabschlussprofils mittels Fixierlatte und Klebemörtel
b   Dämmstoff zwischen Sparren. Windsperre (Baupapier), an den Stößen verklebt, in die Nut des Putzprofils einlegen. Mit Compriband und gehobelter Latte Abdichten der Fuge zwischen Dach und Wand.

1   Dachpfanne
2   Dachlatte
3   Konterlatte
4   Unterspannbahn
5   Unterdach
6   Dämmstoff
7   Sparren
8   Giebelwand
9   Fixierlatte
10 Putzabschlussprofil
11 Klebemörtel
12 Windsperre
13 Leichte Deckenbekleidung
14 Lattung/Schattenfuge
15 Compriband
16 Innenputz

Folgende Regeln gelten allgemein:
- Je steiler die Dachneigung, desto besser die Abführung von Niederschlagswasser.
- Je einfacher die Dachform, desto weniger Risikobereiche: Risikobereiche sind Grate, Kehlen und Verfallungen. Dort entstehen mit der Komplizierung der Details, zusätzlichen Materialien (zum Beispiel Zink- oder Kupferblech), dem zusätzlichen handwerklichen Aufwand beim Kappen und Zuschneiden von Dachpfannen und Dachsteinen, dem Erfordernis zusätzlicher Befestigungen und den flacheren Neigungen der Kehlen und Grate zusätzliche Probleme.
- Bestimmte Dachformen erfordern bestimmte Deckungsarten: So sind die den *gewalmten* Dächern angemessenen Deckungsarten Reet oder Langstroh bzw. Schindeln aus Holz und Schiefer. Diese Techniken erlauben unter Verzicht auf besondere Formteile, zusätzliche Materialien und besondere Unterkonstruktionen „weiche" Übergänge von Dachfläche zu Dachfläche.
- Bestimmte Deckungsarten eignen sich nur für bestimmte Dachneigungsbereiche (Abb. **H.13**).
- Bei belüfteten Dächern sind komplizierte Dachformen mit Dachflächen, die nicht rechteckig sind, sowie Bauteile, die die Luftführung unterbrechen (zum Beispiel Dachfenster), zu vermeiden, oder die Luftführung muss mit zugehörigen Zu- und Abluftöffnungen für alle Teile der Dachfläche lückenlos nachgewiesen werden.

3.2.2

Begriffe

Harte Bedachungen sind widerstandsfähig gegen Flugfeuer (Funkenflug) und strahlende Wärme. Dazu gehören Bedachungen aus nichtbrennbaren Baustoffen (Baustoffklasse A1 nach DIN 4102-1 bzw. AS1 nach DIN 13 501-1).

Weiche Bedachungen bestehen aus brennbaren Baustoffen (Baustoffklasse B). Dazu gehören Schilf (Reet oder Ried) und Stroh sowie Holzschindeln und einige Bitumen- und Polymerbitumenbahnen.

Regeldachneigung (Tab. **H.1**) ist die Mindestdachneigung, bei der für die entsprechende Dachdeckungsart noch ausreichende Regenableitung gewährleistet ist. Bisweilen geben Hersteller von Dachdeckungsmaterialien andere Regeldachneigungen als die *Fachregeln des Dachdeckerhandwerks* an. Bei einigen Dachdeckungsarten (zum Beispiel Biberschwanzziegeln) wird die Regeldachneigung außerdem noch von der Höhenüberdeckung mitbestimmt, d. h., je größer die Höhenüberdeckung, desto flacher kann die Dachneigung ausfallen. Die Spielräume sind jedoch eng und genau festgelegt.

Unterspannbahnen müssen wasserableitend, dampfdurchlässig und reißfest sein. Sie dienen bei schuppenartigen *nichtvermörtelten* Deckungen dem Schutz der Dachkonstruktion und des Dachraumes gegen Flugschnee und Staub sowie als Witterungsschutz des Rohbaus vor Fertigstellung der Dachdeckung. Unterspannbahnen werden i. d. R. auf den Sparrenoberseiten mittels Dachkonterlatten (in Sparrenrichtung) befestigt, die ihrerseits Träger für die *Dachtraglattung* sind. Zwischen Oberseite Unterspannbahn und Unterseite der Dachdeckung verbleibt somit ein Luftraum in der Dicke der *Konterlattung*. Unterspannbahnen dürfen bei belüfteten Dachkonstruktionen die Luftführung nicht einschränken.

3.2.2 Geneigte Dächer H

Tabelle H.1 Regeldachneigungen für Dachziegel [H.13]

Biberschwanzziegeldeckung		
bei Doppeldeckung	$\geq 30°$	(57,7 %)
bei Kronendeckung	$\geq 30°$	(57,7 %)
bei Einfachdeckung mit Spließen	$\geq 40°$	(83,9 %)
Hohlpfannendeckung		
bei Aufschnittdeckung – trocken, mit Strohdocken oder mit Mörtelverstrich	$\geq 35°$	(70,0 %)
bei Aufschnittdeckung – bei Verwendung von Pappdocken	$\geq 30°$	(57,7 %)
bei Vorschnittdeckung – mit Strohdocken oder mit Mörtelverstrich	$\geq 40°$	(83,9 %)
bei Vorschnittdeckung – bei Verwendung von Pappdocken	$\geq 35°$	(70,0 %)
Mönch-Nonnen-Ziegeldeckung	$\geq 40°$	(83,9 %)
Krempziegel- und Strangfalzziegeldeckung	$\geq 35°$	(70,0 %)
Falzziegeldeckung zum Beispiel Doppelmuldenfalzziegel, Reformpfannen oder Falzpfannen	$\geq 30°$	(57,7 %)
Flachdachpfannendeckung	$\geq 22°$	(40,4 %)
Verschiebeziegeldeckung	$\geq 35°$	(70,0 %)

Unterdächer dienen der zusätzlichen Regensicherheit, zum Beispiel bei Unterschreitung der Regeldachneigung für ein bestimmtes Dachdeckungsmaterial. Unterdächer bestehen i. d. R. aus wasserableitenden Dachbahnen auf einer flächenhaften Schalung, die direkt auf den Sparrenoberseiten befestigt ist. Besondere Beachtung ist der Ausbildung des Unterdaches hinsichtlich der Befestigung der *Traglattung* für die Dachdeckung zu widmen, denn es darf die *Traglattung* den Abfluss eingedrungenen Wassers auf der wasserableitenden Dachbahn nicht behindern, und Nagelungen dürfen die Wirksamkeit dieser Wasserableitung nicht einschränken (Abb. **H.37**).

Abb. H.37 Unterdach

1 Hohlpfanne
2 Traglattung
3 Konterlattung
4 Bitumendachbahn
5 Rauhspundschalung
6 Sparren

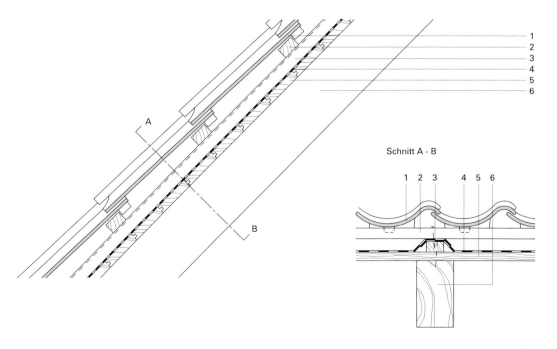

Überdeckung Höhenüberdeckung und seitliche Überdeckung sind bei Falzziegeln und Dachsteinen mit Falzen durch die Falze festgelegt. Bei Verschiebeziegeln sowie Ziegeln und Dachsteinen ohne Kopffalze ist die Höhenüberdeckung variierbar. Die Höhenüberdeckung beeinflusst bei einigen Dachdeckungsarten die Regeldachneigung (siehe dort).

Formziegel bzw. *Formsteine* stellt die Industrie für die meisten Dachziegel- und Dachsteinarten her. Sie helfen Anschlüsse (siehe dort) und Durchdringungen (siehe dort) konstruktiv zu vereinfachen und damit die Sicherheit der Dachdeckung zu verbessern.

Vordeckungen sind Hilfsdeckungen, die nach Art eines Unterdachs auf einer Schalung ausgeführt werden, um schnell einen vorläufigen Witterungsschutz zu gewährleisten.

First ist der horizontale obere Abschluss von Dächern. Er bedarf einer besonderen konstruktiven Gestaltung, da er windexponiert ist, als höchste Stelle des Dachs i. d. R. die Entlüftung von Dächern zu gewährleisten hat und mit seiner Kontur das Erscheinungsbild eines Gebäudes bestimmt. Für Firste von Ziegel- und Dachsteindeckungen gibt es besondere Formziegel (Firstziegel) bzw. Formsteine (Firststeine). Sie können trocken (Trockenfirst) oder in Mörtel verlegt werden. Für Trockenfirste gibt es besondere Befestigungssysteme. Schiefer-, Schindel-, Reet- und Strohdeckungen erfordern besondere Firstausbildungen.

Traufe ist der (meist) horizontale untere und äußere Abschluss von Dachflächen. Bei schuppenartigen Deckungen benötigt die unterste Deckreihe eine Unterfütterung, um die gleiche Neigung wie die darüber liegenden Reihen zu erhalten, oder bei Dachpfannen und Dachsteinen wird die unterste Traglatte hochkant gestellt oder als *Traufbohle* mit trapezförmigem Querschnitt ausgebildet. Die *Traufbohle* dient gleichzeitig der Aufnahme der Rinneneisen für die Regenrinne. Bei einigen Deckungsarten gibt es besondere, d. h. verkürzte *Traufziegel* oder *Traufdachsteine* (zum Beispiel beim Biberschwanz-Doppeldach), oder die *Traufziegel* werden kupiert (wie die Mönchziegel beim Mönch-Nonne-Dach).

Grate (siehe auch Abschn. H.1.2.2) und Verfallungen haben flachere Neigungen als die sich in ihnen schneidenden Dachflächen. Sie sind konstruktiv wie Firste (siehe dort) auszubilden.

Kehlen (siehe auch Abschn. H.1.2.2) haben wie Grate flachere Neigungen als die angrenzenden Dachflächen. Bei Biberschwanz-, Schiefer-, Schindel- und Reetdeckungen werden Kehlen in gleichem Material ausgeführt. Dies erfordert besondere handwerkliche Kenntnisse und Sorgfalt bei der Ausführung. Bei Falzziegeldeckungen und Deckungen aus gefalzten Dachsteinen werden die Deckelemente in Richtung der Kehle geschnitten und die Kehle mittels Blechbahnen rinnenartig ausgebildet. Die Befestigung kleiner, beim Schnitt entstehender Restziegel ist ein handwerkliches Problem.

Dachanschlüsse sind an Stellen auszuführen, wo Dachflächen gegen andere, höher reichende Bauteile stoßen (zum Beispiel Brandwände, Schornsteine, Dachgaupen). Dachanschlüsse bedürfen besonderer planerischer und handwerklicher Sorgfalt. Sie sollten nicht mit Firsten, Graten und Kehlen zusammenfallen, keine Wasser- und Schneesäcke bilden und bei durchlüfteten Dächern die Luftführung nicht unterbrechen.

Dachdurchdringungen (Dachdurchführungen) sind zum Beispiel für Lüftungsrohre, Antennenmaste und Laufbrettstützen erforderlich. Prinzipiell sollten *Formziegel* (siehe dort) oder *Formsteine* zur Anwendung kommen bzw. Bauelemente verwendet werden, die sich ohne Durchdringung der Dachdeckungselemente einbauen lassen.

Dachfenster (Definition siehe H.1.2.1) sind Dachaufbauten mit i. d. R. senkrechten Fenstern. *Dachflächenfenster* liegen in der Ebene der Dachflächen.

3.2.3

Dachdeckungsmaterialien

3.2.3.1

Dachziegel

Dachziegel, auch Dachpfannen genannt, werden aus gebranntem Ton hergestellt. Sie sind in DIN 456 genormt.

Man unterscheidet (Tab. **H.2**):
– Dachziegel ohne Verfalzung
– Dachziegel mit Verfalzung

Tabelle H.2 Dachziegel. Klassifikation

ohne Falzung	eben	Biberschwanzziegel (Abb. H.40)
	verformt	Hohlpfanne (Abb. H.42) S-Pfanne Krempziegel Mönch-Nonnen-Ziegel (Abb. H.41)
mit Falzung	eben, mit Seitenfalz	Strangfalzziegel
	einfache Kopf-, Seiten- und Fußfalze	Reformpfanne Doppelmuldenfalzziegel (Abb. H.44)
	mehrfache Kopf-, Seiten- und Fußfalze	Flachdachpfannen (Abb. H.46) Verschiebeziegel (Abb. H.45)

Zu beachten sind die Regeldachneigungen der verschiedenen Dachziegel- und Deckungsarten (Tab. **H.1**). Für alle Dachziegelarten gibt es Formziegel (Abb. **H.38**).

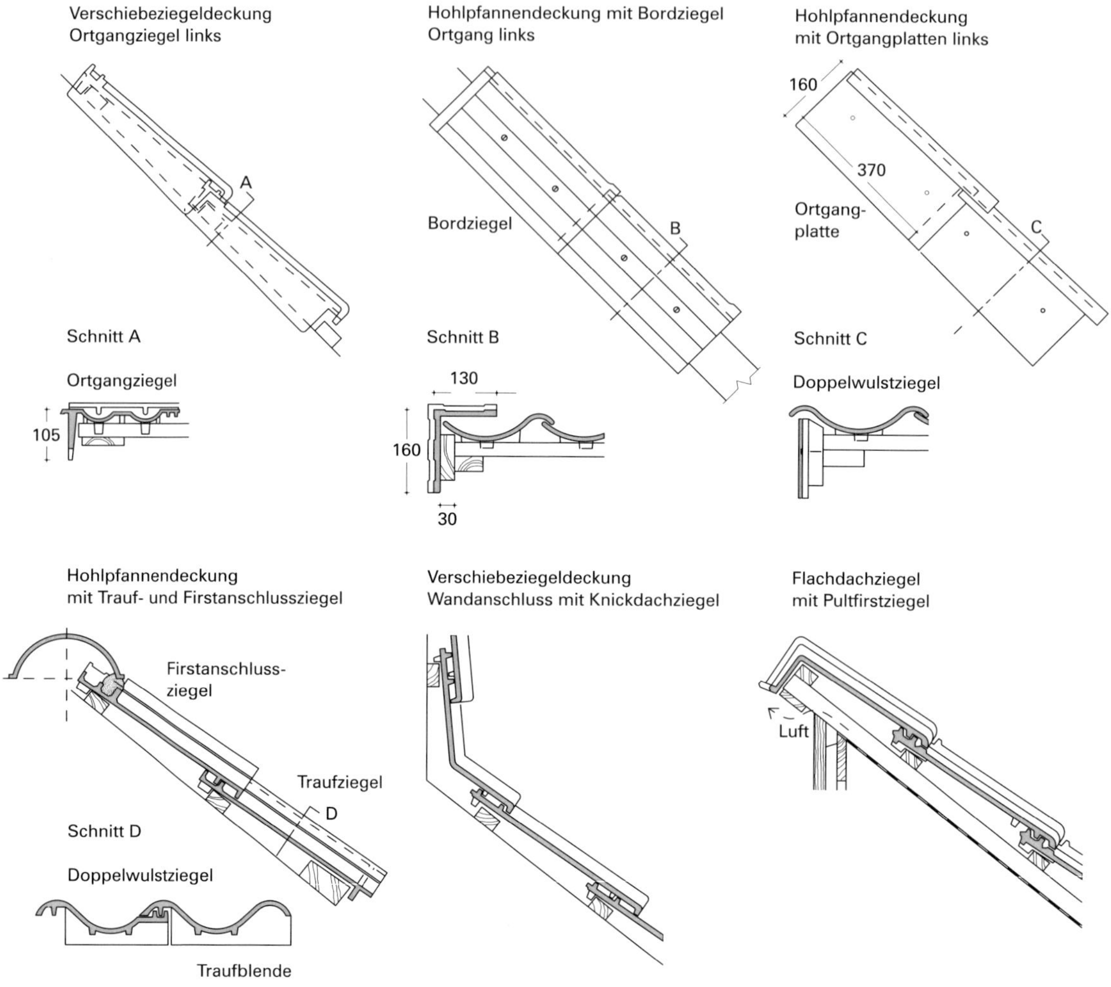
Verschiebeziegeldeckung
Ortgangziegel links
A
Schnitt A
Ortgangziegel
105
Hohlpfannendeckung mit Bordziegel
Ortgang links
Bordziegel
B
Schnitt B
130
160
30
Hohlpfannendeckung
mit Ortgangplatten links
160
370
Ortgang-
platte
C
Schnitt C
Doppelwulstziegel
Hohlpfannendeckung
mit Trauf- und Firstanschlussziegel
Firstanschluss-
ziegel
Traufziegel
D
Schnitt D
Doppelwulstziegel
Traufblende
Verschiebeziegeldeckung
Wandanschluss mit Knickdachziegel
Flachdachziegel
mit Pultfirstziegel
Luft

Abb. H.38
Formziegel
(Maße in mm)

3.2.3.2

Dachsteine

Dachsteine werden aus Beton hergestellt. Die Bezeichnung ist daher auch oft: Betondachsteine. Sie sind in DIN 1115 genormt.

Nach Form, Art der Falzung und Art der Wasserführung wird folgendermaßen unterschieden:
- Dachsteine mit symmetrischem Mittelwulst, ebenen Wasserläufen und hochliegenden Längsfalzen, deren tiefste Stellen höher als der Wasserlauf liegen
- Dachsteine mit asymmetrischem Mittelwulst, muldenförmigen Wasserläufen und hochliegenden Längsfalzen
- ebene Dachsteine mit tiefliegenden Längsfalzen
- ebene Dachsteine ohne Falze (Biberformat).

Dachsteine haben i. d. R. keine Kopffalze wie die meisten Falzziegelarten, die Höhenüberdeckungen sind daher variabel. Es sind Mindestüberdeckungen einzuhalten. Auch hier gilt die Regel: Je größer die Höhenüberdeckung, desto flacher kann die Dachneigung ausfallen (Tab. **H.**3).

Für Dachsteine liefern die Produzenten Formsteine, Formteile und Zubehör zur konstruktiv richtigen und einfachen Lösung von Abschluss-, Anschluss- und Durchdringungsproblemen.

Dachsteintyp, Falzung	RDN	Mindestüberdeckung (mm)
hochliegende Längsfalze	< 22° (40,4 %)	100 (Unterdach erforderlich)
	22°–30°	85
	> 30° (57,7 %)	75
tiefliegende Längsfalze	< 25° (46,6 %)	105 (Unterdach erforderlich)
	25°–35°	95
	> 35° (70,0 %)	80
einfache Längsfalze (tiefste Falzstelle auf der Höhe des Wasserlaufs	< 30° (57,5 %)	110 (Unterdach erforderlich)
	30°–35°	100
	> 35° (70,0 %)	90
falzlose Dachsteine	< 30° (57,7 %)	90 (Unterdach erforderlich)
	30°–35°	90
	35°–40°	80
	40°–45°	70
	> 45° (100,0 %)	60

Tabelle. G.3
Dachsteine.
Regeldachneigung (RDN) und
Mindestüberdeckung [H.13].

3.2.3.3

Natursteinplatten (Sedimentgesteine)

Lagerhaft brechendes Naturgestein, in der Regel Sedimentgesteine wie Sandstein und Kalkstein, wird zu Rechteckplatten verarbeitet und nach den Regeln des Biberschwanzdoppeldachs verlegt. Als Tragkonstruktion dienen wie dort horizontale Dachlatten, deren Dicke jedoch wegen des größeren Materialgewichts als bei anderen Deckungsarten besonders nachgewiesen werden sollte. Die Befestigung der Platten auf den Dachlatten erfolgt mittels Nagelung durch vorgebohrte oder mit dem Dachdeckerhammer eingespritzte Löcher an der Plattenkopfkante wie bei Schieferdeckungen. Die Plattengrößen schwanken je nach der Eigenart des Materials und nach regionalen Handwerkstraditionen. Im Weserbergland verwendete so genannte *„Sollingplatten"* aus rotem Wesersandstein haben etwa folgende Größen: $b = 25$ bis 35 cm, $l = 50$ bis 60 cm.

3.2.3.4

Schieferplatten

Anforderungen an Dachschieferplatten werden in DIN 52 201 bis DIN 52 206 definiert. Das Natursteinmaterial wird über oder unter Tage gewonnen, in Blöcke und dicke Platten gesägt und anschließend in dünne Platten gespalten. Es gelten folgende Regeldachneigungen:
– Altdeutsche Deckung mit RDN $\geqq 22°$ bis $\geqq 25°$ (doppelt/einfach)
– Deutsche Schuppen-Schablonendeckung mit RDN $\geqq 22°$ bis $25°$ (doppelt/einfach)
– Rechteck-Schablonendeckung und sonstige Deckungsarten mit RDN $\geqq 30°$

Detaillierte Anweisungen für die Verwendung und Befestigung von Schieferplatten einer Dachdeckung sind den Regeln für Deckungen mit Schiefer [H.13] zu entnehmen.

3.2.3.5

Faserzementplatten

Faserzement ist ein Gemisch aus *Polyacrylnitril-* und Polyvinylalkoholfasern, Zement und Wasser. Die Fasern wirken durch ihre Zugfestigkeit als fein verteilte Bewehrung der Faserzementplatten. Die glatten oder gewellten Platten werden für Dachdeckungen und Fassadenverkleidungen verwendet.

Die Längen handelsüblicher Wellplatten betragen 2500, 2000, 1600 und 1250 mm. Kurzwellplatten haben eine Gesamtlänge von 625 mm. Auf Gesamtplattenbreiten von 920, 1097 und 1000 mm können 5, 6 oder 8 Wellen angeordnet sein.

Seitliche Plattenüberdeckungen richten sich nach der Wellenform und machen eine viertel oder eine volle Welle aus. Höhenüberdeckungen (in Plattenlängsrichtung) sind von der Dachneigung abhängig und betragen bei normalen Wellplatten mit:
– Dachneigungen von 7° bis 10° = 200 mm mit zusätzlicher Dichtschnur in den Überdeckungsbereichen (Schadensanfälligkeit!)
– Dachneigungen von 10° bis 20° = 200 mm
– Dachneigungen von 20° bis 75° = 150 mm

Mindestdachneigungen sind von der Entfernung First – Traufe abhängig und betragen bei einer Dachtiefe von:
– bis 10 m $\geq$ 7°/$\geq$ 12 %
– 20 bis 30 m $\geq$ 10°/$\geq$ 18 %
– 10 bis 20 m $\geq$ 8°/$\geq$ 14 %
– über 30 m $\geq$ 12°/$\geq$ 22 %

Für *Kurzwellplatten* gilt:
Die Höhenüberdeckung beträgt stets 125 mm. Bei Dachneigungen unter 25° muss eine zusätzliche Dichtungsschnur in den Höhenüberlappungen eingebaut werden. Über 25° Neigung wird sie empfohlen. Unabhängig von der Dachtiefe soll die Mindestdachneigung 15° aufweisen.

Bei der Verwendung von glatten Faserzement-Dachplatten sind folgende Eindeckungsarten üblich:
– Deutsche Deckung mit Mindestdachneigung $\geq$ 25°
– Spitzschablonendeckung mit Mindestdachneigung $\geq$ 30°
– Doppeldeckung mit Mindestdachneigung $\geq$ 25°
– Waagerechte Deckung mit Mindestdachneigung $\geq$ 30°

Die Verlegetechniken sind denen von Schieferplatten sehr ähnlich. Erforderliche Detailangaben sind den Regeln für Deckungen mit Faserzement [H.13] sowie den Herstellerrichtlinien zu entnehmen.

3.2.3.6

Glatte und profilierte Metallbleche

Für das Decken von Dachflächen ist die Verwendung folgender Metalle üblich:
– Kupfer in Tafeln oder Bändern (u. a. [H.14], [H.15])
– Zink (Titanzink) in Tafeln oder Bändern (u. a. [H.14], [H.160])

- Aluminium in Tafeln, Bändern oder vorprofilierten Elementen (u. a. [H.14], [H.18], [H.19])
- Blei in Bandform oder in Zuschnitten (u. a. [H.14], [H.17])
- Edelstahl in Tafeln oder Bändern
- verzinktes Stahlblech in Tafeln, Bändern oder vorprofilierten Elementen (Profilbleche, Stahlblechpfannen). Zusätzliche Farbbeschichtungen sind bei großflächigen Deckelementen üblich (u. a. [H.14], [H.20], [H.21], [H.22]).

Werkstoffeigenschaften und Lieferformen sind den in DIN 18 338, Dachdeckungs- und Dachabdichtungsarbeiten, sowie DIN 18 339, Klempnerarbeiten, angeführten Stoffnormen zu entnehmen. Wesentliche Angaben finden sich auch in [H.14] bis [H.21]. Der Anwendungsbereich von Metallblechdeckungen liegt bei Dachneigungen zwischen 3° und etwa 70° [H.14], [H.21]. Er ist besonders bei flachen Neigungen abhängig von der Dichtheit der Quernähte und der Rückstausicherheit sonstiger Anschluss- und Verbindungspunkte. Für die Verlegung von vorprofilierten Blechelementen sind vor allem die Herstellerrichtlinien verbindlich.

3.2.3.7

Holzschindeln

Geeignete Holzarten für Dachschindeln sind:
- die einheimischen Nadelhölzer Fichte, Kiefer und Lärche
- die einheimischen Laubhölzer Eiche, Buche
- die Importhölzer Western Red Cedar, Eastern White Cedar.

Scharschindeln sind in der Dicke keilförmig oder parallel gesägte Schindeln. Sie werden in Längen von 120 bis 800 mm und in Breiten von 60 bis 350 mm hergestellt. Die Mindestdicke beträgt 7 mm.

Leg- oder Spaltschindeln sind gespaltene Schindeln mit konstanter Dicke. Beim Spalten bleibt die Holzstruktur weitgehend erhalten, so dass Spaltschindeln weniger Niederschlagsfeuchte aufnehmen als Scharschindeln und daher witterungsbeständiger sind. Leg- oder Spaltschindeln werden in einer Länge von 600 bis 1200 mm und in einer Breite von 100 bis 350 mm hergestellt. Die Dicke sollte 15 mm nicht unterschreiten.

Nur *Western Red Cedar* erfüllt als dreifach verlegte Schindeldeckung die Anforderungen an eine harte Bedachung gemäß DIN 4102-7 (vgl. Abschnitt 2.2.5). Dieses Holz gilt auch wegen seiner natürlichen Eigenschaften als besonders bevorzugtes Schindelmaterial hinsichtlich Pilzresistenz und Verwitterungsverhalten. Vorbeugend chemischer Holzschutz gegen Pilz- und Insektenbefall wird empfohlen; er soll bei Fichte und Lärche *auf jeden* Fall eingebracht werden.

Die Mindestdachneigungen für Holzschindeldeckungen betragen:
- $\geq$ 22° bis 90° bei *dreilagiger* Deckung bzw. Anbringung
- $\geq$ 17° bis 90° bei *zweilagiger* Deckung bzw. Anbringung.

Für Dächer unter 22° Neigung ist ein wasserableitendes Unterdach erforderlich.

Der untere Grenzbereich einer Schindeldachneigung liegt zwischen 14° und 18°. Grundsätzlich gilt:
- Je flacher die Neigung – insbesondere bei Aufschiebungen im *Traufbereich* –, desto länger sind die Schindelmaße.

– Unter 30° Neigung sollen nur Schindeln der Güteklasse I verwendet werden.

Nach einer Faustregel und unter normalen Witterungsbedingungen entspricht die Lebensdauer einer Schindeldeckung in Jahren der Gradzahl ihrer Dachneigung.

Für Planung und Ausführung dieser Dachdeckungsart sind die *Fachregeln des Dachdeckerhandwerks* [H.13] und des Bundes Deutscher Zimmermeister sowie Herstellerangaben verbindlich.

3.2.3.8

Bitumendachbahnen (vgl. Tab. H.14, Abschn. 4.10)

Die Flachdachrichtlinien im Rahmen der *Fachregeln des Dachdeckerhandwerks* [H.13] unterscheiden die Vielzahl handelsüblicher Bitumenbahnen nach:
– Bitumen-Dachbahnen
– Bitumen-Dachdichtungsbahnen
– Bitumen-Schweißbahnen
– Polymer-Bitumen-Dachdichtungsbahnen
– Polymer-Bitumen-Schweißbahnen.

Sie können Glasvlies, Glasgewebe, Jutegewebe oder Polyesterfaservlies als innere Trägereinlage aufweisen.

Bitumenbahnen mit Rohfilzpappe für die Trägereinlage sind nur noch beschränkt – besser gar nicht – für Dachdeckungen einzusetzen. Dichtungsbahnen mit Metallbandeinlagen (Al, Cu) dürfen nur für Dachabdichtungen genutzter Dächer verwendet werden.

Die Verlegung von Bitumenbahnen erfolgt unterschiedlich nach Dachneigungsgruppen, die in den Flachdachrichtlinien festgelegt sind:
– Dachneigungsgruppe I $\leq 3°$ ($\leq 5{,}2\,\%$)
– Dachneigungsgruppe II $> 3°$ bis $\leq 5°$ ($> 5{,}2\,\%$ bis $\leq 8{,}8\,\%$)
– Dachneigungsgruppe III $> 5°$ bis $\leq 20°$ ($> 8{,}8\,\%$ bis $\leq 36{,}0\,\%$)
– Dachneigungsgruppe IV $> 20°$ ($> 36{,}0\,\%$)

Hier behandelte Dachformen sind im Regelfall unter den Neigungsgruppen III und IV zu finden.

Besondere Maßnahmen sind bei geneigten Dachflächen – u. U. bereits ab 3° Dachneigung – wegen der Gefahr des Abrutschens erwärmter Konstruktionsschichten erforderlich ([H.13] und Abschnitt 3.2.4.6).

Dachdeckungen/Dachabdichtungen aus Bitumenbahnen sind allgemein mindestens *zweilagig* bei Verwendung hochwertiger Produkte mit belastbaren Trägern, *dreilagig* bei Verwendung preiswerterer Materialien herzustellen. Dabei sind die Erfordernisse der Dachneigungsgruppen I bis IV auch bei unterschiedlich geneigten Teilflächen im Rahmen einer Gesamtdachfläche zu beachten.

3.2.3.9

Polymerbahnen

Diese im üblichen Sprachgebrauch als Kunststoffbahnen bezeichneten Materialien gliedern sich hauptsächlich in:

- Thermoplaste: darunter fallen u. a. Polyisobutylen (PIB) und Polyvinylchlorid weich (PVC weich)
- Elastomere: darunter fällt u. a. Polychloropren-Rubber (CR).

Schwierig einzuordnen sind Mischprodukte auf Bitumenbasis mit polymeren Zusätzen (zum Beispiel Polymer-Bitumen-Dachdichtungsbahnen). Polymerbahnen gibt es mit unterschiedlichen physikalischen und chemischen Eigenschaften. Bei *einlagiger* Verlegung sind vorrangig die Herstellerangaben zu berücksichtigen. Eine Vorkonfektionierung nach Baumaßen in der Werkstatt ist wegen der bestimmbaren Arbeitsbedingungen zu empfehlen. Die Nahtverbindungen von Polymerbahnen erfolgen durch:

– Quellschweißen	für Bahnen
– Warmgasschweißen	mit thermoplastischen
– Dichtungsbänder/Abdeckbänder	Eigenschaften
– Hochfrequenzschweißen	
– Heizkeilschweißen	
– Kontaktkleber	für Bahnen
– Dichtungsbänder/Abdeckbänder	mit elastomeren
– Schmelzklebebänder	Eigenschaften
– Heißvulkanisieren (Hot Bonding)	

- Kombinationen zwischen Bitumen- und Polymerbahnen sind möglich, sofern gegenseitige Verträglichkeit und die Fügetechnik das zulassen.

3.2.3.10

Stroh und Schilf

Für Strohdeckungen geeignete *langhalmige* Getreidesorten werden kaum noch produziert, bzw. sie werden beim Maschinendrusch zerstört. Deshalb werden weiche Bedachungen heute überwiegend mit Schilf (Reet, Ried) hergestellt. Das Material muss teilweise eingeführt werden. Grobe und langstielige Anteile finden als Unterdeckung Verwendung; das dünnere und feinere Schilf wird darüber verlegt, weil es langlebiger und dichter ist.

Hervorragendes Merkmal einer solchen Bedachung ist ihre ausgezeichnete Wärmedämmung. Die Landesbauordnungen schränken jedoch aus Brandschutzgründen ihre Verwendung in der Regel auf ein- und zweigeschossige Gebäude ein.

Die Mindestdachneigung soll 45° (100 %), besser 50° (119 %) betragen. Das Befestigen der Garben erfolgt mit korrosionsgeschütztem Draht von mindestens 1,4 mm Dicke auf Latten.

Bei sorgfältiger Überwachung und Pflege eines Weichdaches, wozu umgehende Reparaturen bei eingetretenen Schäden gehören, kann die Lebensdauer 40 bis 50 Jahre, jedoch auch mehr betragen.

Die *Fachregeln des Dachdeckerhandwerks* [H.13] geben Verlegedetails an.

Stroh- und Schilfdächer – früher eine billige Deckung für ländliche Gebäude – zählen heute zu den teuersten Bedachungen überhaupt.

3.2.4

Planungshinweise

3.2.4.1

Dachziegel und Dachsteine

Bei der Planung eines Dachstuhls sollten für Dachlänge und Dachtiefe (Sparrenlänge) Abmessungen vorgegeben werden, welche die beabsichtigten Dachdeckungselemente maßlich berücksichtigen (Abb. **H.39**) (Abb. **H.40** bis **46**).

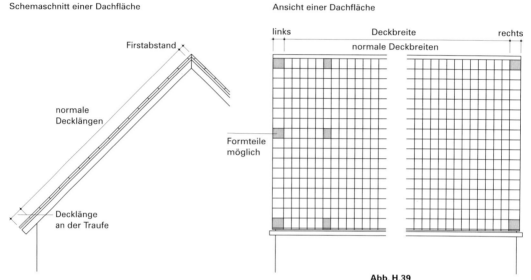

Abb. H.39
Deckbreiten und Decklängen von Dachdeckungselementen (maßstabslos)

Das bedeutet:
Der Planer hat die Ortgang-, Trauf- und Firstdetailpunkte zumindest skizzenhaft vorliegen und die Entscheidung für ein bestimmtes Dachziegel- oder Dachsteinmodell getroffen.

Genaue Formatangaben, Deckbreiten, Decklängen, Abstände der Dachlatten-Hinterkanten (*Lattma*ß), Abmessungen von Ortgang-, Trauf- und First-Formelementen sowie weitere Planungsgrundlagen sind den Herstellerangaben zu entnehmen. Die Unterkonstruktionen sind besonders sorgfältig zu planen, wenn Deckelemente mit Ringfalzen verwendet werden sollen, weil diese kein nennenswertes Verziehen zulassen.

Zwar lassen sich sowohl Dachziegel als auch Dachsteine in den Falzen geringfügig „ziehen" oder „stoßen". Mit diesen Toleranzen sind jedoch keine größeren Abweichungen vom mittleren Deckrastermaß kompensierbar. Lediglich bei Deckmaterialien ohne Kopf- und Fußfalze (zum Beispiel Biberschwänze und Verschiebeziegel sowie Dachsteine) sind die Höhenüberdeckungen variierbar.

3.2.4.1 Geneigte Dächer H

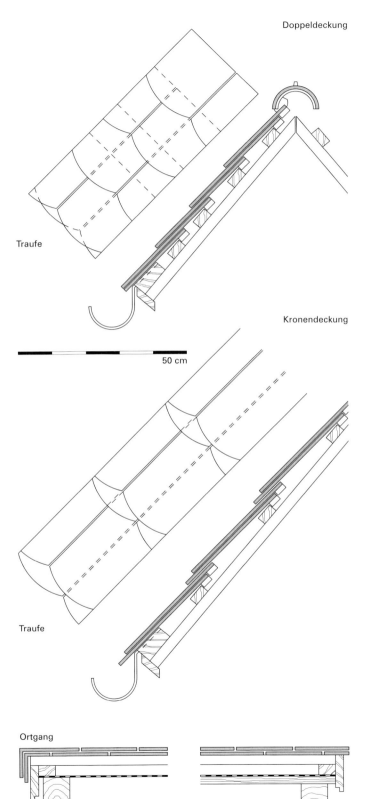

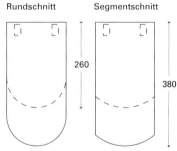

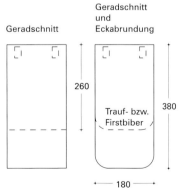

Abb. H.40
Biberschwanzziegel

Normalpfanne:
Fläche: 175 × 380 mm
Gewicht: 1,8 kg/Stück

Deckfläche, Bedarf:
Bedarf abhängig von Dachneigung und Überdeckung:
Kronendeckung: ca. 36 Stück/m²
Doppeldeckung: ca. 34 Stück/m²

Lattenmaß:
Kronendeckung: ca. 320 mm
Doppeldeckung: ca. 160 mm

Mindestdachneigung:
30° (Regeldachneigung nach FD [H.13])

Konstruktive Besonderheiten:
Die Deckung kann trocken oder teilvermörtelt erfolgen. Einfachdeckung mit Unterlegung durch Spließe.

Gebräuchliche Biberschwanzziegel-Formen
(Maße in mm)

H Geneigte Dächer 3.2.4.1

Abb. H.41
Mönch-Nonne-Ziegel

Normalpfanne:
Fläche/Gewicht:
Das Flächengewicht ist das Produkt aus dem Flächenbedarf (14) und der Summe der Einzelgewichte von Mönch- und Nonneziegeln:
– 61 kg/m²

Deckfläche, Bedarf:
410 × 220 mm
ca. 14 Stück Mönch- und Nonneziegel/m²

Lattenmaß:
Länge des Nonneziegels abzüglich Überdeckung von 80 mm

Mindestdachneigung: 40°

Konstruktive Besonderheiten:
Verlegung trocken mit Innenverstrich oder Teilvermörtelung am Kopf der Mönchziegel.

First

Länge Nonneziegel-Überdeckung
410 – 80 = 330 mm

z. B. Pfettendach

Traufe

Traufstirnbrett der Kontur der Nonneziegel folgend ausgeschnitten

Mönchziegel an der Traufe kupiert

50 cm

Nonneziegel — 220 mm — Mönchziegel

410 mm

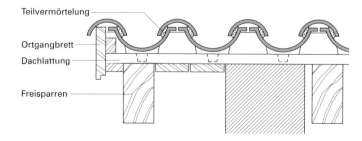

Ortgang

Teilvermörtelung
Ortgangbrett
Dachlattung
Freisparren

3.2.4.1 Geneigte Dächer H

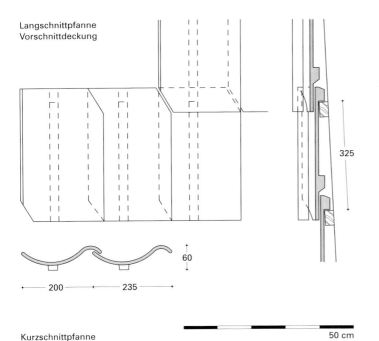

Abb. H.42
Hohlpfanne
(Maße in mm)

Normalpfanne:
Fläche: 235 × 400 mm
Gewicht: 2,4 kg/Stück

Deckfläche, Bedarf:
Langschnitt: 200 × 325 mm
15 Stück/m²
Kurzschnitt: 200 × 315 mm
16 Stück/m²

Lattenmaß:
Langschnitt: 325 mm
Kurzschnitt: 315 mm

Mindestdachneigung:
Bei Aufschnittdeckung und Mindestüberdeckung von 100 mm: 35–40°
Bei Vorschnittdeckung: 40°

Konstruktive Besonderheiten:
Sturmsicherung.
Dichtigkeit gegen Flugschnee nur bei Verlegung in Mörtel, altertümlich:
Verlegung mit Strohdocken.

Fabrikat:
Wittenberg-Ziegel

Werden solche planerischen Überlegungen *nicht* angestellt, sind überbreite *Traufbleche*, nachträglich passend gezwickte oder geschnittene Dachziegel oder Dachsteine an den Ortgängen oder in der Fläche sowie verkürzte und dann wegen fehlender Einhängenasen aufzunagelnde Firstanschlussreihen die unvermeidbare Folge. Für einige, keineswegs alle Modelle von Dachziegeln und Dachsteinen gibt es Ausgleichs- oder Pass-Stücke von zum Beispiel halber Normalbreite, Unter- oder Überlänge.

Soweit irgend möglich, sollen Durchbrechungen der Dachhaut wie Gaupen und Dachflächenfenster, aber auch Knicke in der Dachneigung (*Aufschieblinge*, Schleppgauben, angefügte Schleppdächer) den Abmessungen der Deckelemente angepasst sein.

H Geneigte Dächer 3.2.4.1

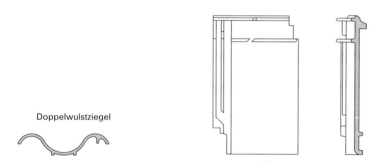

Abb. H.43
Hohlfalzziegel
Fabrikat: Meyer-Holsen

Normalpfanne:
Fläche: 206 × 425 mm
Gewicht: 3 kg/Stück

Deckfläche, Bedarf:
205 × 315 bis 205 × 345 mm
14,5 Stück/m²

Lattenmaß:
315 bis 345 mm

Mindestdachneigung:
11° mit Unterdach
ab 22°
keine besonderen Anforderungen

Konstruktive Besonderheiten:
keine

1 Sparren
2 Freisparren
3 Ortgangbrett
4 Ortgangschalung
5 Traglattung 3/5 mm
6 Konterlattung
7 Unterspannbahn
8 Luftraum
9 Wärmedämmung
10 Windsperre
11 leichte Deckenbekleidung
12 Fußpfette
13 Feuchtigkeitssperre
14 Ringanker in U-Schale
15 Traufschalung
16 Ankerschiene und Stahlwinkel
17 Keilbohle

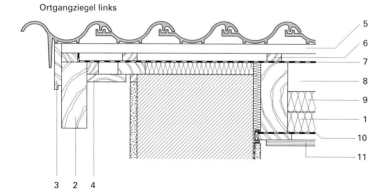

3.2.4.1 Geneigte Dächer   H

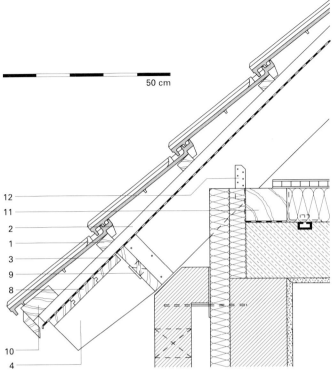

Abb. H.44
Doppelmuldenfalzziegel

Normalpfanne:
Fläche: 240 × 400 mm
Gewicht: 3 kg/Stück

Deckfläche, Bedarf:
200 × 340 mm
15 Stück/m²

Lattenmaß:
340 mm

Mindestdachneigung:
30° (unter 30° mit Unterdach)

Konstruktive Besonderheiten:
Die Ziegel lassen sich auch von Reihe zu Reihe um ½ Breite versetzt verlegen.

1 Dachlattung
2 Konterlattung
3 Unterspannbahn
4 Sparren
5 Ortgangschalung
6 Windbrett
7 Deckbrett mit Zn-Abdeckung
8 Traufschalung
9 Futterbrett mit Lüftungssieb
10 Traufbohle
11 Pfette
12 Sparrenpfettenanker

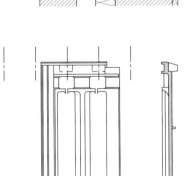

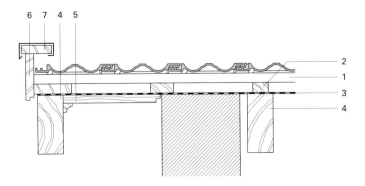

H Geneigte Dächer 3.2.4.1

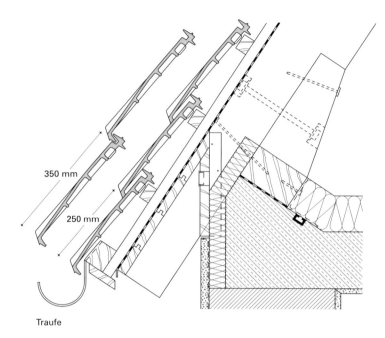

Abb. H.45
Universaldachziegel
Fabrikat: Meyer-Holsen

Normalpfanne:
Fläche: 240 × 400 mm
Gewicht: 3 kg/Stück

Deckfläche, Bedarf:
200 × 250 bis 200 × 350 mm
15 bis 16,5 Stück/m^2

Lattenmaß:
250 bis 350 mm

Mindestdachneigung:
25° (Werksangabe)
30° (Regeldachneigung nach FD [H.13])

Konstruktive Besonderheiten:
Verschiebedachpfanne mit flexibler Deckhöhe

Traufe

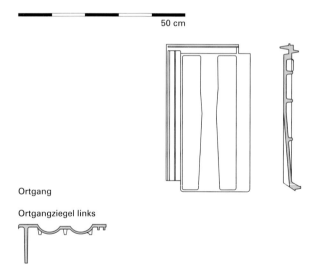

Ortgang

Ortgangziegel links

Doppelwulstziegel

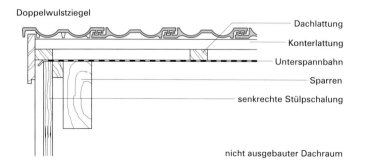

nicht ausgebauter Dachraum

3.2.4.1 Geneigte Dächer H

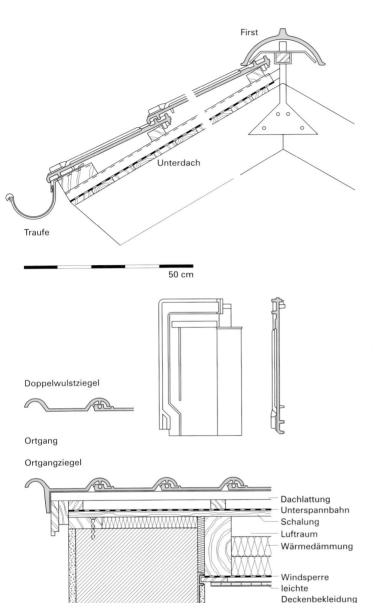

Abb. H.46
Flachdachpfanne
Fabrikat: Meyer-Holsen

Normalpfanne:
Fläche: 240 × 400 mm
Gewicht: 3 kg/Stück

Deckfläche, Bedarf:
194 × 340 mm
0,066 m^2
15,16 Stück/m^2

Lattenmaß:
338 bis 342 mm

Mindestdachneigung:
11° bis 22° mit Unterdach
ab 22° keine besondere Anforderung

Konstruktive Besonderheiten:
Besonders tiefe doppelte Kopf- und
Seitenfalze

Die Abmessungen eines Daches weichen bisweilen erheblich von den Außenmaßen des darunter befindlichen Gebäudes ab. Es besteht also nicht unbedingt ein *maßlicher* Zusammenhang zwischen Grundrissfläche und Dachfläche. Vielmehr ist es Aufgabe einer Detailplanung für Traufe, Ortgang und gegebenenfalls weitere Punkte, vorgegebene Gebäudemaße in Einklang mit der Dachdeckung zu bringen.

Bei komplizierten Dachformen ist die zeichnerische Darstellung der so genannten Dachausmittlung (Abschn. H.1.2.2) erforderlich. In ihr sollen die mit Höhenangaben versehenen Verläufe aller Firste, Kehlen, Grate, Traufen, Ortgänge, Gaubenverschneidungen usw. erscheinen. Die Dachausmittlung kann gleichzeitig Vorstufe zum Sparrenplan sein (Abb. **H.12**).

Sturmsicherung

Dachdeckungen sind sturmgefährdet insbesondere dann, wenn die Einzelteile wie Dachziegel und Dachsteine nur auf den Traglatten aufliegen und nur durch ihr Eigengewicht Windkräften Widerstand leisten können. Die Sturmgefährdung nimmt mit der Höhe des Daches über der Geländeoberfläche in dem Maße zu, wie die Windgeschwindigkeiten mit zunehmender Höhe größer werden.
Besonders problematische Klimazonen sind Küsten und Gebirge. Regionale Besonderheiten müssen bei der Planung in Betracht gezogen werden. Steile Dächer sind mehr gefährdet als flache, Leeseiten (Windsog) mehr als Luvseiten (Winddruck) (vgl. Abschnitt H.2.1), Firste, Ortgänge und Grate mehr als Mittelflächen.

An der deutschen Nordseeküste haben sich so genannte *Sturmluken* bei nicht ausgebauten Dachräumen sehr bewährt. Sie öffnen sich bei Sturm von selbst auf der Leeseite eines Daches durch den Windsog und sorgen für einen Druckausgleich zwischen Dachraum und dem Unterdruckbereich auf der Leeseite. Abheben der Dachdeckung wird dadurch verhindert.

Im Alpenraum werden flache *Legschindeldeckungen* gegen Abheben durch Auflegen von lastverteilenden Querhölzern und schweren Steinen (Abb. **H.67**) gesichert. Bei Stroh- und Reetdächern werden die gefährdeten Firste besonders gesichert (Abschnitt H.3.2.4.8).

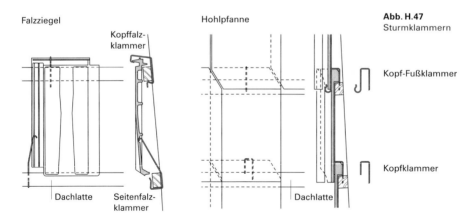

Abb. H.47 Sturmklammern

Für nicht durch Schrauben oder Nägel auf der Unterkonstruktion befestigte Dachdeckungen aus Dachziegeln oder Dachsteinen gibt es eine Fülle besonderer *Sturmklammern*. Sie werden i. d. R. aus federndem Edelstahldraht mit Dicken von 2,5 mm bis 4 mm hergestellt. Man verwendet sie auch für senkrechte Behänge. Für jeden Dachziegel- bzw. Dachsteintyp gibt es eine Reihe von besonderen Klammern (Abb. **H.47**). Es gibt Kopf- und Fußklammern, Kopffalz- und Seitenfalzklammern, Kopf-Seitenfalzklammern und besondere Biberschwanzklammern, die die seitlichen Biberschwanzkanten fixieren. Die meisten Sturmklammern sind einteilig. Zweiteilige Sturmklammern (Abb. **H.42**) haben den Vorteil besserer Justierbarkeit. Es gibt Klammertypen, die in die Dachlatten einzuschlagen sind, andere umgreifen die Latten.

Einige Klammertypen werden für bestimmte Dachziegelfabrikate hergestellt (Abb. **H.42**). Die Klammern greifen dann in Löcher von Befestigungsnasen auf der Rückseite der Ziegel.

Lüftung

Es wird unterschieden:
1. Lüftung für nicht ausgebaute, ohne Unterspannbahn, Vordeckung, Unterdach oder Wärmedämmung hergestellte Dächer
2. Lüftung für nicht ausgebaute, jedoch mit Unterspannbahn, Vordeckung oder Unterdach hergestellte Dächer ohne Wärmedämmung
3. Lüftung für ausgebaute, wärmegedämmte Dächer.

Grundsätzlich gilt:
Stets in der Luft vorhandener Wasserdampf kann bei Temperaturgefälle zwischen Konstruktionsschichten zu Tauwasserausfällen in der Dachkonstruktion führen. Durch Lüftung ist dies zu verhindern.

Abb. H.48
Lüftung eines Sparrendachs

a nichtausgebautes, belüftetes Dach
b ausgebauter Dachraum, nichtbelüftete Dachkonstruktion

1 Sparrendach
2 Traufschalung
3 Lüftungsgitter
4 Rauhspunddielung
5 Deckenbalken
6 Wärmedämmung
7 Windabdichtung
8 leichte Deckenbekleidung
9 Dampfbremse (bzw. Dampfsperre) und Windabdichtung
10 Innendach
11 Hohlraumgerätedose
12 Fußboden
13 Kleeblatt-Firstziegel im Mörtelbett
14 Lüfterziegel
15 Dachziegel
16 Lattung
17 Konterlattung
18 Unterdach ableitend, diffusionsoffen

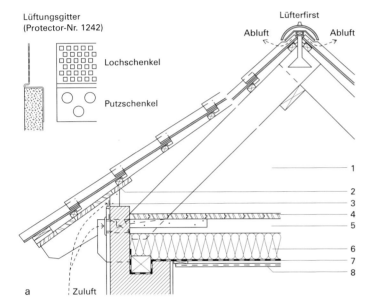

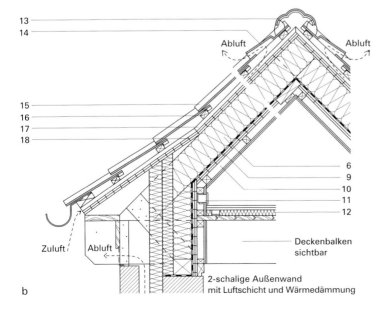

zu 1:
Das relativ große Luftvolumen eines geneigten Daches ohne weitere bauliche Maßnahmen schafft im Allgemeinen Möglichkeiten für einen Temperatur- und Wasserdampfausgleich. Trotzdem sind ausreichende Öffnungen an Traufe und First für eine anhaltend wirksame Dachraumlüftung vorzusehen (Abb. **H.48 a**).

zu 2:
Bei dieser Konstruktion sind sowohl die Ebene zwischen zum Beispiel Unterspannbahn und Dachdeckung als auch der Raum unterhalb der Unterspannbahn zu lüften. Beide Lüftungsebenen erhalten im Traufbereich entsprechende Öffnungen. Am First ist durch einen Spalt in der Unterspannbahn sowie durch geeignete Lüftungselemente die notwendige Lüftungsrate sicherzustellen (vergleiche Abschnitt 3.2.2 und Abb. **H.49**).

zu 3:
Bei ausgebauten Dächern kann die Wärmedämmschicht über, zwischen und/oder unter den Dachsparren angeordnet werden (Abb. **H.50**). In diesen Fällen sind über der Wärmedämmung Lüftungszonen vorzusehen. Deren Ausführung wird in DIN 4108-3, Wärmeschutz im Hochbau, klimabedingter Feuchteschutz, sowie in den Fachregeln des Dachdeckerhandwerks [H.13] näher erläutert. Dabei ist zu berücksichtigen: Wärmedämmschichten aus Mineralfasermatten können durch Dickenzunahme (Nachquellen) den vorgesehenen Lüftungsquerschnitt erheblich verringern.

Abb. H.49
Lüftung eines nichtausgebauten Sparrendaches
(Maßstab 1 : 20)

Traufe, First, Ortgang und Querschnitt durch ein Sparrenfeld.
Lufteintritt: hinter Traufblende.
Luftaustritt: durch Firstlüfter.

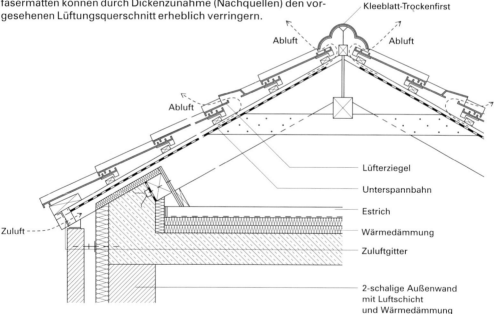

Dächer über ausgebauten Dachräumen, bei denen die Lüftungswege zwischen Traufe und First durch Kehlen, Grate und Dachfenster o. Ä. häufig unterbrochen sind, sollten als unbelüftete Konstruktionen (Abb. **H.48 b**) ausgeführt werden. Hier kommt es darauf an, absolute Regen-, Schnee- und Winddichtigkeit zu erreichen und dabei Tauwasserbildung innerhalb der Konstruktion zu verhindern. Folgende konstruktive Maßnahmen sind erforderlich (Konstruktionsaufbau von außen nach innen):
– wasserableitendes, diffusionsoffenes Unterdach,
– dicht gestoßene bzw. hohlraumfreie Wärmedämmung,
– dampfbremsende bzw. dampfsperrende (bei großem Wasserdampfanfall) Bahn,

3.2.4.1 Geneigte Dächer H

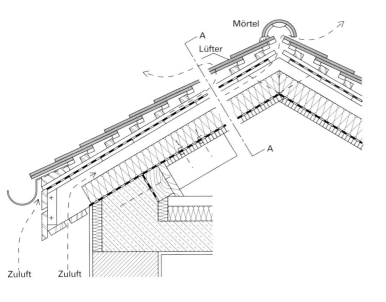

Abb. H.50
Lüftung eines ausgebauten Sparrendaches mit Traufüberstand (Maßstab 1:20)

Traufe, First und Querschnitt durch ein Sparrenfeld.
Lufteintritt: Durch Lochblech in Konterlattenebene hinter Regenrinne und durch Traufgesimsverkleidung; Luftaustritt: Nach Umleitungen über Firstlüfter.
In ihrer Funktion behinderte Lösung. Besser wäre Verwendung eines Trockenfirstes (Abb. H.46, H.49).

1 Dachlatte
2 Konterlattung
3 Lüftungsquerschnitt
4 Unterspannbahn
5 Unterdach
6 Wärmedämmung
7 Dampf- und Windsperre
8 Holzwerkstoffplatten
9 Sparren
10 belüfteter Sparrenraum
11 Schalung
12 Lattung

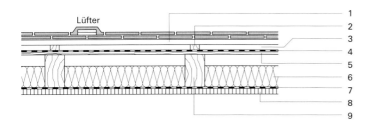

Wärmedämmung zwischen den Sparren

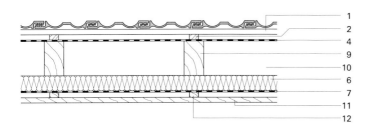

Wärmedämmung unter den Sparren

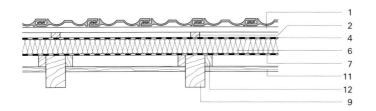

Wärmedämmung über den Sparren

- winddichtende Bahn (gegebenenfalls mit Dampfbremse bzw. -sperre zusammenfallend) in hermetisch dichter Ausführung,
- Innendach mit Luftraum, dessen Dicke ausreichend zur Unterbringung von Elektroinstallationen mit Hohlraumgerätedosen bemessen sein muss.

Für Dächer mit einer Neigung von $\geq 10°$ gilt (Abb. **H.51**/Abb. **H.48**):
- Der reine Lüftungsquerschnitt an den Traufen muss mindestens 2 ‰ der zur Traufe gehörenden Dachfläche, mindestens jedoch 200 cm²/m *Trauflänge* betragen.
- Der Mindestwert von 200 cm²/m Trauflänge ist also bis zu einer Sparrenlänge (ab Lufteintritt) von 10 m ausreichend. Sind größere Sparrenlängen geplant, wird ein Lüftungsquerschnitt von 0,5 ‰ der zugehörigen Dachfläche notwendig.
- Querschnittseinengungen und Unterbrechungen (zum Beispiel Dachflächenfenster) sind zu vermeiden oder zu berücksichtigen (Sparrenüberstände, Traufgitter, Konterlatten).
- Der Lüftungsquerschnitt an Firsten und Graten muss mindestens 0,5 ‰ der zugehörigen Dachfläche betragen. Der ermittelte Lüftungsquerschnitt ist durch Trockenfirste, Lüftungsziegel, Lüftungssteine oder ähnlich geeignete Elemente herzustellen.
- Der freie Lüftungsquerschnitt muss mindestens 20 mm hoch sein und 200 cm²/m Dachlänge betragen (20 × 1000 mm). In der Praxis sollten statt 20 mm wenigstens 40 bis 60 mm Luftraumhöhe vorgesehen werden. Allerdings sind dann größere Sparrenhöhen oder zumindest parallel zu den Sparren aufgenagelte Latten erforderlich.
- Die diffusionsäquivalente Luftschichtdicke s_d der unterhalb des belüfteten Raumes vorhandenen Konstruktionsschichten beträgt in Abhängigkeit von der Sparrenlänge a:
  $a \leq 10\,m: s_d \geq 2\,m$
  $a \leq 15\,m: s_d \geq 5\,m$
  $a > 15\,m: s_d \geq 10\,m$

Empfohlen wird: Die Summe aller einzelnen Dampfsperrwerte unterhalb des belüfteten Raumes sollte mindestens einer diffusionsäquivalenten Luftschichtdicke s_d von 10 m entsprechen.
- Dächer mit einer Neigung von weniger als 10° werden nicht hier, sondern bei den Flachdachkonstruktionen (vergleiche Abschnitt H.4.4.6) behandelt.

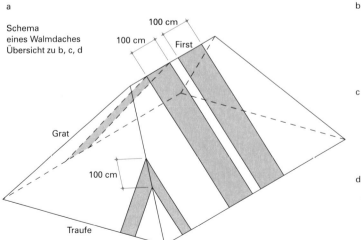

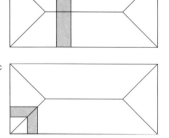

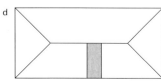

Abb. H.51
Lüftungsquerschnitte: Zugeordnete Dachflächen (maßstabslos)

a Übersicht
b zugehörige Dachfläche je lfd. m First
c zugehörige Dachfläche je lfd. m Grad
d zugehörige Dachfläche je lfd. m Traufe

3.2.4.1 Geneigte Dächer H

Abb. H.52
Traufdetails

a Sichtbare Sparrenköpfe gehobelt, horizontale Brettverschalung oberseitig, senkrechtes Traufbrett zwischen Sparrenköpfen. Biberschwanzdeckung
b Sparrenkopfverbretterung mit Zuluftschlitzen. Die Ortgangausbildung muss sich dieser Form anpassen.
Pfannendeckung.
c Weit auskragende, sichtbare Sparrenköpfe mit oberseitiger Traufschalung. Auf der Traufbohle Anordnung eines Lochblechwinkels für die Zuluft unterhalb der Deckung.

Traufe

Die Ausbildung einer Traufe kann beispielsweise mit oder ohne Dachüberstand, mit sichtbaren Sparrenköpfen oder als verkleidetes Kastengesims vorgenommen werden. Dabei sind die erforderlichen Lüftungsöffnungen (Spalten besser als Gitterlöcher) mit Insektenschutz zu berücksichtigen. Damit die Traufreihe der Deckelemente die gleiche Neigung wie alle weiteren Reihen erhält, ist die Anordnung einer Doppellatte, einer Keilbohle (Traufbohle), eines Buckelbleches oder die Verwendung besonderer *Traufziegel/ Traufsteine* notwendig (Abb. **H.52**). Der konstruktive Übergang von den Deckelementen zu einer Regenrinne wird mit oder ohne Traufblech ausgeführt.

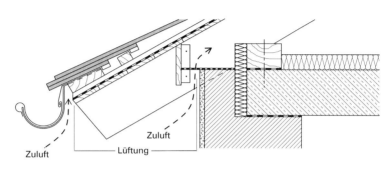

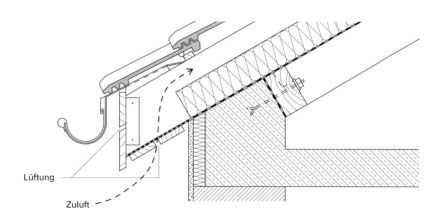

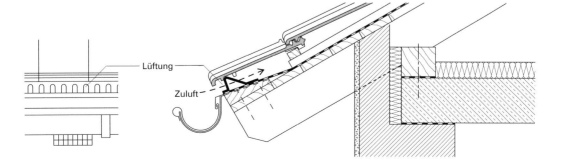

Ortgang

Bei handelsüblichen Dachziegel- und Dachsteinmodellen gibt es besondere Formelemente für linke und rechte Ortgänge mit oder ohne senkrecht angeformten Ortganglappen (**Abb. H.38**). Für fugenversetzte Dachziegel- und Dachsteindeckungen stehen halbe Anfangs- und Endelemente zur Verfügung.

Zur Sturmsicherung sind Ortgang-Deckelemente mechanisch auf ihrer Unterlage zu befestigen (**Abb. H.42** und **H.47**). Senkrechte Ortganglappen sollen mindestens 10 mm – besser 20 bis 25 mm – Lichtabstand von der fertigen Giebelwandfläche haben. Maße sind planerisch bei der Ermittlung der Decklänge zu berücksichtigen.

Diese eine von First zu Traufe verlaufende *Ortgangrinne* mit variabler Breite kann Maßtoleranzen aufnehmen.

First

Man unterscheidet Trockenfirstsysteme und Firstdeckungen in Mörtel.

Vorgefertigte Firstelemente werden nach Herstellerangaben trocken (mörtellos) verlegt und befestigt. In der Regel erfolgt dies auf einem über dem Firstscheitelpunkt angebrachten Holzprofil durch Verklammerung bzw. Vernagelung. Die Firstenden erhalten gelochte Endscheiben oder besondere Endelemente.

Trockenfirstsysteme eignen sich ausgezeichnet für die Dachlüftung.

Die Verlegung von Firstelementen in Mörtel wird nach den *Fachregeln des Dachdeckerhandwerks* durchgeführt [H.13].

Grat

Die trockene oder vermörtelte Ausbildung von Graten ist nach den Fachregeln des Dachdeckerhandwerks vorzunehmen.

Wegen der Zuschnitte von Deckelementen für die Gratanpassung ist mechanisches Befestigen von Zwickelstücken meist unumgänglich.

Kehle

Nur Biberschwanzmodelle von Dachziegeln und Dachsteinen lassen die so genannte eingebundene Kehle zu.

Unterlegte Kehlen für alle anderen Modelle können mit flacher oder in Dachlattendicke vertiefter Sohle ausgebildet werden. Zur Unterlegung sind Blechstreifen oder auch biegsame Kunststoffbreitprofile üblich. Rechtwinklig zur Kehlenfalllinie gemessen, muss die Deckung mindestens 80 mm über das Kehlblech greifen.

Zusätzliche Unterspannbahnen zur Verbreiterung und Flugschneesicherung der untergelegten Kehle sind zu empfehlen. Für flachgeneigte Kehlen ist die vertiefte Rinnenkehle vorzuziehen.

Anschlüsse

Unter Anschlüssen versteht man die Verbindungskonstruktionen zwischen einer Dachdeckung und aufgehenden Bauteilen. Anschlüsse sind wegen der dort in der Regel zu erwartenden unterschiedlichen Verformungen der aneinander grenzenden Bauteile beweglich auszuführen.

Anschlüsse können ein- oder zweiteilig sein. Wenn der Anschluss durch überkragende Bauteile geschützt ist, ist ein einteiliger Anschluss zulässig. Bei Anschlüssen an Putzflächen, Sichtmauerwerk oder Sichtbeton sind zweiteilige Anschlüsse aus den hoch geführten Anschlussstreifen und einer Kappleiste erforderlich [H.13], [H.14]. Die Anschlusshöhe sollte stets 15 cm betragen. Kappstreifen sind oben gegen Hinterlaufen von Regenwasser dauerelastisch abzudichten.

Unter Umständen kann statt eines überdeckenden Anschlusses der Einbau einer vertieften Anschluss-Rinne (vergleiche Abschnitt 3.2.4.1 *Ortgang*) sinnvoll sein.

3.2.4.2

Schieferplatten und glatte Faserzementplatten

Konstruktive Regeln für Deckungen mit Schiefer- und Faserzementplatten sind größtenteils identisch [H.13]:
– Je geringer die Dachneigung und je größer die Entfernung zwischen Traufe und First, desto größer sind die Plattenformate zu wählen.
– Bei Unterschreitung der Regeldachneigung für die jeweilige Dachdeckungsart bis maximal 10° ist ein Unterdach erforderlich.
– Besondere klimatische Gegebenheiten, ungünstige klimatische Exposition der Gebäude sowie komplizierte Dachformen erfordern von Fall zu Fall Zusatzmaßnahmen.
– Als Unterkonstruktionen sind Schalungen aus parallel besäumten Brettern oder Rauspundschalung d ≥ 24 mm und b ≥ 120 mm oder Dachlatten 3/5 cm bzw. 4/6 cm vorzusehen. Der Sparrenabstand soll je nach Unterkonstruktion zwischen 0,60 m und 0,80 m liegen. Die Unterkonstruktion darf beim Aufnageln der Platten nicht federn. Parallel besäumte Bretter und Dachlatten 3/5 erfordern kleinere Sparrenabstände.
– Dachschalungen sollen eine Vordeckung, zum Beispiel aus besandeter Bitumendachbahn DIN 52 143-V 13 erhalten.
– Ausnahmsweise sind Dachschalungen aus Flachpressplatten DIN 68 763 zulässig.
– Als Befestigungsmittel kommen feuerverzinkte Schiefernägel oder Schieferstifte zur Ausführung. Für andere Befestigungsmittel gibt es in den *Fachregeln des Dachdeckerhandwerks* [H.13] eine Reihe besonderer Vorschriften.

Die *Fachregeln* enthalten darüber hinaus eine Fülle detaillierter bautechnischer Hinweise für die Qualität der zu verwendenden Materialien und die Ausführung der unterschiedlichen Deckungsarten.

Abb. H.53
Anschlüsse (vergl. auch **Abb. H.63** und **Abb. H.69**)

a Zweiteiliger, firstseitiger Anschluss mit Kappstreifen
b einteiliger, firstseitiger Anschluss hinter schützender Schalung
c zweiteiliger, traufseitiger Anschluss mit Kappstreifen
d zweiteiliger, traufseitiger Anschluss als Rinne

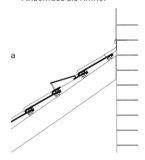

a

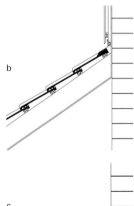

b

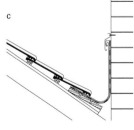

c

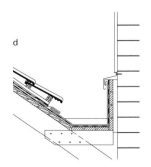

d

Tabelle H.4
Regeldachneigung bei unterschiedlicher Entfernung Traufe – First

Wellplattenart	Entfernung Traufe – First (m)	Regeldachneigung in Grad mit Kitteinlage	ohne
Standard	≤ 10	≥ 7°	≥ 10°
	≥ 10–20	≥ 8°	≥ 10°
	≥ 20–30	≥ 10°	≥ 12°
	≥ 30	≥ 12°	≥ 14°
Kurzwelle	≥ 10	≥ 10°	≥ 25°
	≥ 10–20	≥ 12°	≥ 25°
	≥ 20–30	≥ 14°	≥ 25°
	≥ 30	≥ 15°	≥ 25°

3.2.4.3

Well- und Profilplatten aus Faserzement

Faserzementplatten werden mit unterschiedlichen Profilen als ungelochte Standardwellplatten und als gelochte Kurzwellplatten mit Eckenschnitt und in der Regel mit Oberflächenbeschichtung hergestellt. Es werden ein Reihe von Formstücken für unterschiedliche Funktionen angeboten.

Neben den *Regeln für Deckungen mit Faserzement* [H.13] sind die Verarbeitungsrichtlinien der Hersteller und bauaufsichtliche Zulassungen zu beachten.
Wellplatten sind nicht begehbar.

Allgemeine Konstruktionshinweise:
– Je größer die Entfernung zwischen Traufe und First, desto steiler die Dachneigung (Tabelle **H.4**)
– Bei Unterschreitung der Regeldachneigung, besonderen klimatischen Gegebenheiten, ungünstiger klimatischer Exposition der Gebäude und komplizierten Dachformen sind von Fall zu Fall zusätzliche konstruktive Maßnahmen erforderlich, zum Beispiel Unterdächer.

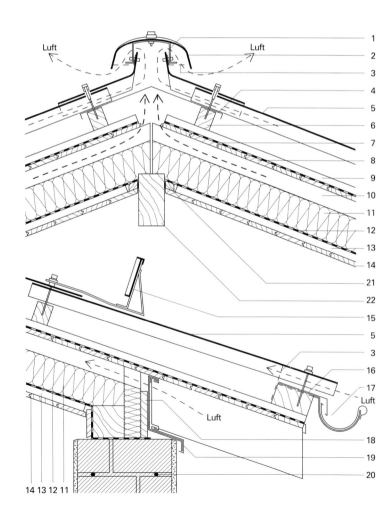

Abb. H.54
Faserzementplattendeckung:
Der Lüfterfirst wird mit Formteilen an die Wellplattendeckung angeschlossen. Horizontal verlegte Dachbahnen auf begehbarer Schalung dichten gegen Flugschnee und Treibregen ab. Die Dicke der Luftschicht über der Wärmedämmung sollte je nach Dachneigung mehr als 6 cm betragen. Die Dampfsperre dient zugleich der Winddichtigkeit.
(Maßstab 1 : 20)

1 Lüftungsfirst
2 Firstkappe
3 Lüftergitter
4 Unterdeckblech
5 Wellfaserzementplatte
6 Lattung
7 Unterspannbahn
8 Schalung
9 Abstandlatte
10 Sparren
11 Wärmedämmung
12 Dampfsperre
13 Futterlatte
14 Schalung
15 Schneefanggitter
16 Traufblech
17 Regenrinne
18 Haltebrett
19 Traufblech
20 Ringankerbewehrung
21 Klemmbrett
22 Pfette

3.2.4.3 Geneigte Dächer

- Latten oder Pfetten der Unterkonstruktion müssen eine Mindestauflagerbreite für die Wellplatten von 60 mm haben.
- Befestigungsmittel für Standardwellplatten müssen korrosionsgeschützt und bauaufsichtlich zugelassen sein. Bei Holzunterkonstruktionen kommen Holzschrauben nach DIN 571 oder selbstbohrend mit Bohrlochaufreibern zur Ausführung, für Stahlunterkonstruktionen Stahlhaken und Stahlschrauben und für Betonunterkonstruktionen Holzschrauben mit Dübeln. Kurzwellplatten werden in der Regel mit Glockennägeln befestigt.
- An den Traufenden können Profilplatten zur Lüftung offen bleiben oder mit Traufenfußstücken, Traufenzahnleisten oder Mörtelbettungen geschlossen werden.
- Über Ortgängen enden Platten mit absteigendem Profil oder mit mindestens 10 mm überstehenden Giebelformstücken.
- Firstabschlüsse von Sattel- oder Pultdächern erfolgen mit ein- oder zweiteiligen Firsthauben.
- Seitliche und an Pultfirsten gelegene Wandanschlüsse sind flexibel mit passenden Formstücken oder Anschlussverblechungen auszuführen.
- Unter Graten und Kehlen werden für die schräggeschnittenen Profilplatten Auflagerbohlen o. Ä. erforderlich. Grate sind mit Gratkappen und Mörteldichtung in den Wellentälern herzustellen. Für Kehlen sind grundsätzlich versenkte Metallrinnen vorzusehen.

3.2.4.4

Glatte und profilierte Metallbleche

Allgemeine Hinweise für das Konstruieren mit glatten Metallblechen nach DIN 18 339, Klempnerarbeiten, sowie den Fachregeln des Klempnerhandwerks [H.14]:
- Thermische Ausdehnungskoeffizienten sind zu beachten (vergleiche Tab. **H.4** nach [H.14]). Dabei sind Temperaturdifferenzen bis zu 100 K (−20° bis +80°C) anzunehmen.
- Werkstoffbedingte und auf die Art der Verbindungen abgestimmte Mindestdachneigungen sind einzuhalten, damit Rückstauwasser hinter Quernähten und anderen Verbindungsbereichen vermieden wird.

Bei Verwendung von unterschiedlichen Metallen sind deren elektrolytische Eigenschaften und die Fließrichtung des Wassers zu berücksichtigen (Tab. **H.5** nach [H.14]).

So kann ein edleres Metall unter einem unedleren eingebaut werden. Das unedlere Metall korrodiert, wenn von einem über ihm angeordneten edleren Metall eine leitende Flüssigkeit (Wasser) herabläuft. Die Korrosion ist um so heftiger, je weiter die Metalle in der Spannungsreihe auseinander liegen.

Tabelle H.4
Ausdehnungskoeffizienten in mm/m · K zwischen −20° und +80°C von verschiedenen Werkstoffen

Material	Ausdehnungskoeffizienten α_1 in mm/m · K
Aluminium	0,024
Baustahl	0,012
Beton	0,012
Blei	0,029
Bronze	0,018
Edelstahl 14 301	0,016
Gusseisen	0,0104
Kupfer	0,017
Messing	0,019
Polystyrol-Hartschaum	0,070
PVC	0,080
Silber	0,020
Titanzink	0,022
Ziegelmauerwerk	0,005
Zink	0,029
Zinn	0,023

Tabelle H.5
Elekrolytische Verträglichkeit von Metallen

- Al Aluminium
- Pb Blei
- Cu Kupfer
- Zn Titanzink
- NRS nichtrostender Stahl
- St feuerverzinkter Stahl

	Al	Pb	Cu	Zn	NRS	St
Al	+	−	−	+	+	+
Pb	−	+	+	+	+	+
Cu	−	+	+	−	+	−
Zn	+	+	−	+	+	+
NRS	+	+	+	+	+	+
St	+	+	−	+	+	+

- Wasserlösliche Abbausubstanzen aus ungeschützten *bituminösen* Stoffen (Dachbahnen, Abstrichbitumen) können wegen ihres niedrigen *ph-Wertes* Korrosionen an Metallbauteilen verursachen (Bitumenkorrosion). Entsprechend sind in Fließrichtung des Ablaufwassers korrosionsbeständige Werkstoffe zu verwenden oder Schutzanstriche auf gefährdete Bauteile aufzutragen [H.14].
- Tauwasserbildung auf der Unterseite von Metallblechbedachungen kann bei häufigerem Auftreten zu deren Korrosion beitragen.
- Für die Belüftung des Konstruktionszwischenraumes zweischaliger Dächer – in der Regel also zwischen Wärmedämmung und Unterseite der Bedachungsunterlage – sind die Mindestwerte nach DIN 4108-3, Wärmeschutz im Hochbau, klimabedingter Feuchteschutz – zuzüglich der Sicherheitszuschläge nach [H.14] einzuhalten (Abb. **H.16**).

Deckungsarten und Verbindungen von glatten Metallblechen

Üblich sind *Scharendeckungen* aus Metallbändern in Zuschnittsbreiten zwischen 50 und 100 cm (Standardbreite 60 cm) und bis zur maximal zulässigen Länge von:
- 10,0 m für Titanzink, Kupfer und Aluminium
- 14,0 m für verzinktes Stahlblech und Edelstahl
- 1,5 m für Blei
- *Doppelstehfalze* mit zwei unterschiedlich hohen Randaufkantungen, die durch doppeltes Umlegen kraftschlüssig verbunden werden
- *Deutsche Leistendeckung* mit *auf* den Leisten befestigten Haften
- *Belgische Leistendeckung* mit *unter* den Leisten gehaltenen Haften.

Beide Leistensysteme verwenden quadratische, leicht rechteckige oder trapezförmige Holzleisten von etwa 40 mm × 40 mm Querschnitt (Abb. **H.55**).

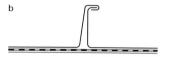

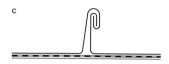

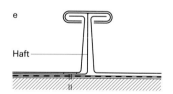

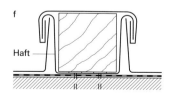

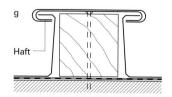

Abb. H.55
Falzarten für Längsverbindungen von Blechbändern und Blechtafeln (maßstabslos)
a einfacher Stehfalz (ohne Hafte)
b Winkelstehfalz (ohne Hafte)
c Doppelstehfalz (ohne Hafte)
d Doppelwinkel-Stehfalz mit Deckleiste (ohne Hafte)
e Deutsche Leistendeckung o. Holz
f Belgische Leistendeckug
g Deutsche Leistendeckung

Ausführung von *Querverbindungen* (Abb. **H.56**):
- *Überlappungen* der Scharen von mindestens 100 mm für Dachneigungen ab 30° (etwa 58 %)
- *Einfache Querfalze* für Dachneigungen ab 25° (etwa 47 %)
- *Einfache Querfalze* mit *Zusatzfalzen* für Dachneigungen ab 10° (etwa 18 %)
- *Doppelte Querfalze* (ohne Dichtungsmaterial) für Dachneigungen ab 7° (etwa 13 %)
- *Doppelte Querfalze* mit Dichtungsmaterialeinlagen zur Wasserdichtigkeit für Dachneigungen kleiner als 7° (etwa 13 %). Wasserdichtigkeit kann je nach Werkstoff auch durch Löten, Nieten sowie gegebenenfalls Kleben erzielt werden.
- Gefällesprung mit einer Mindesthöhe von 60 mm.

Querfalze können gleichzeitig als Schiebenähte für die Längsausdehnung einer Blechschar ausgebildet sein.

Die Befestigung der Scharen auf ihrer Deckunterlage erfolgt indirekt durch aufgenagelte oder aufgeklammerte Haftbleche. Windsogkräfte sind zu berücksichtigen (DIN 1055).
- Randbereiche einer Bedachung sind verstärkt gegen Windsog zu sichern.
- Höhere Gebäude sind windsoggefährdeter.

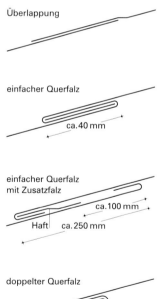

Abb. H.56
Falzarten für Querverbindungen von Blechbändern und Blechtafeln (maßstabslos)

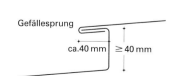

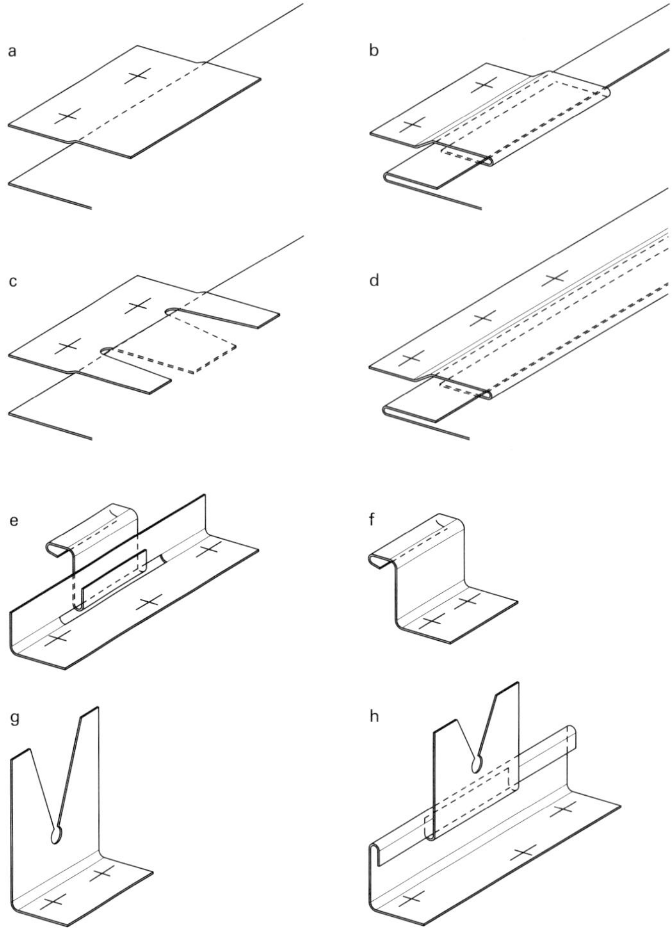

Abb. H.57
Blechhafte für Falzverbindungen (maßstabslos)

a Plattenhaft
b Normalhaft
c Zahnhaft
d Haftleiste
e Maschinenhaft (Schiebehaft)
f Maschinenhaft (Festhaft)
g Haft für Handverlegung (Festhaft)
h Haft für Handverlegung (Schiebehaft)

e bis h
 sind Hafte für Doppelstehfalzdeckung.

Hafte werden unterschieden in (Abb. **H.57**):
– Hafte für Stehfalzdeckungen
– Maschinenhafte als *Festhafte/Schiebehafte*
– Hafte für Leistendeckungen
– Hafte für andere Blechbefestigungen wie *Haftleisten, Hakenhafte, Plattenhafte, Winkelhafte*.

Insbesondere bei Traufen sind die thermisch bedingten Längenänderungen sowie die erhöhten Windsogkräfte zu beachten. Die Steh- oder Leistenfalze werden flach auf die Dachfläche umgelegt bzw. erhalten flach auslaufende Deckkappen für den Leistengrat. Bei der norddeutschen Ausführung werden bis zum Scharenende stehen bleibende Falze mit waagerecht umgelegten Deckenstreifen vor dem Falzspalt (Abb. **H.58**) vorgesehen.

Die Scharenenden sind über die mindestens 25 mm vorragende Abkantung des aufgenagelten Traufblechs (Traufstreifens) umzulegen, wodurch Traufbleche die Funktion eines durchgehenden Haftstreifens übernehmen. Der Umschlag der Deckung darf sich auch bei maximaler Längenausdehnung der Scharen nicht aus dem vorstoßenden *Traufblech* aushängen. Vorher aufgenagelte und in den auskragenden Falz des Traufbleches eingeschobene Vorstoßbleche von mindestens 0,8 bis 1,0 mm Dicke erhöhen die Haftung der Scharenenden auf dem Untergrund.

Sollen Regenrinnen mit Gefälle entlang der Traufe angeordnet werden, sind Traufstreifenbleche mit unterschiedlich hoher Schenkelausbildung vorzusehen. Sie überlappen die Hinterkante der Rinne und werden nicht eingehängt (Abb. **H.59**).

Die Firstenden von Blechscharen eines Satteldaches werden in der Regel mit einem mindestens 40 mm hohen Firstfalz ausgeführt.

Alternative Lösungen:
– Firstabdeckleisten
– Firstholzleisten (vor allem für Leistendeckungen)
– Lüfterfirste.

Für frei liegende Pultfirste können Doppelstehfalze, Vorstoßfalze, Winkelfalze, Leistenfalze oder Lüfterprofile vorgesehen werden. Pultfirste im Anschluss an aufgehende Bauteile (Wände) sind mit Lüftersträngen oder mittels umgelegter Stehfalze – bei widrigen Platzverhältnissen mit Quetschfalzen – auszubilden. Hinzu kommen eingelassene oder aufgesetzte Kappleisten bzw. Überhangprofile. Der seitliche Anschluss von aufzukantenden Scharen an aufgehende Bauteile erfolgt analog durch Kappleisten.

Zwischen den ohne Unterbrechungen aus der Schar herauszuziehenden Aufkantungen in 100–500 mm Höhe und den darüber anzubringenden Deckprofilen werden keine kraftschlüssigen Verbindungen hergestellt, damit Bewegungen der Bleche möglich sind (Abb. **H.60**). Entlang Ortgängen verlaufende Endscharen und die unterschiedlich abgekanteten Randabschlussbleche sind mit Streifenhaften auf dem Untergrund zu befestigen. Die Aufkantungshöhen von Randfalzen betragen 40 bis 50 mm, der Mindestabstand

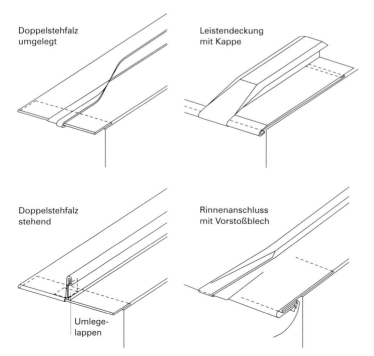

Abb. H.58
Unterschiedliche Falzenden an der Traufe (maßstabslos)

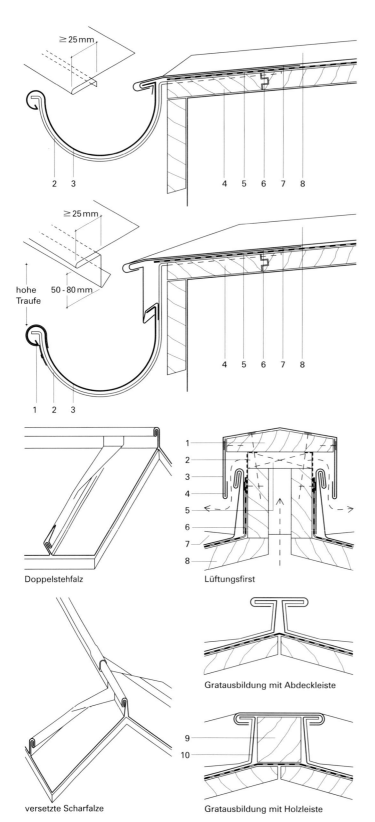

Abb. H.59
Stehfalzdeckungen im Übergang zu Traufrinnen. Maßstab 1 : 5

1 Feder
2 Rinnenhalter
3 Dachrinne
4 Schalung ≥ 24 mm
5 Glasvlies-Bitumenbahn
6 Rinneneinhängung
7 Blech-Dachhaut
8 Stehfalz

Abb. H.60
Stehfalzdeckungen.
Verschiedene Firstausbildungen bei Satteldächern, Maßstab 1 : 5

1 Kopfbrett
2 Deckblech
3 Haft
4 Insektengitter
5 Abstandhalter
6 Bitumenpappe
7 Stehfalz
8 Schalung
9 Abdeckleiste
10 Haft

der Tropfkante von der äußeren Mauerflucht soll 20 mm nicht unterschreiten (Abb. **H.61**). Für Dachkehlen sind durchlaufende Blechscharen ohne Querfalze zu verwenden. Die konstruktive Kehlausbildung ist vor allem von ihrer Neigung und zu erwartender Längenausdehnung abhängig.

Empfohlen werden nach [H.14]: Für Neigungen zwischen
- 3° bis 7° (etwa 5 % bis 13 %): vertieft liegende Kehl-Rinnen
- 7° bis 10° (etwa 13 % bis 18 %): beidseitig mit umgelegtem, doppeltem Kehlfalz eingefalzte Dachscharen (ohne Ausdehnungsmöglichkeit)
- 10° bis 24° (etwa 18 % bis 45 %): wenn noch vertretbar, Ausbildung wie zuvor oder Kehlschar mit Zusatzfalz (dann mit guter Ausdehnungsmöglichkeit)
- 24° und mehr (ab etwa 45 %): Kehlschar mit einfachem Falz als Schiebenaht ausgebildet oder mit doppeltem Kehlfalz ohne Ausdehnungsmöglichkeit, wenn vertretbar (Abb. **H.62**).

Dachflächengrate werden gleich oder ähnlich wie Satteldachfirste ausgeführt. Die Längsfalze der anlaufenden Blechscharen sind dabei in der Form anzuordnen, dass sie zueinander versetzt an den Graten anschließen.

Für Anschlüsse von Metallblechdächern an aufgehende Wandflächen gilt grundsätzlich:
- Anschlusshöhe mindestens 150 mm
- Ausnahmen bei Dachneigungen von mehr als 5° (etwa 8,7 %): Hier sind 100 bis 130 mm zulässig, wenn keine ungünstigen Umstände dagegensprechen.

Wandanschlüsse sind gegen Hinterlaufen von Niederschlagswasser am oberen Ende durch einen Kappstreifen (Überhangstreifen oder Putzstreifen aus Blech, Überhangprofil aus Strangpressmaterial) zu schützen (vgl. Abb. **H.62**).

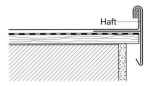
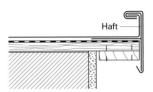
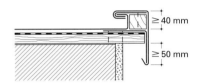

Abb. H.61
Stehfalzdeckung
Verschiedene Ortgangausbildungen (maßstabslos).

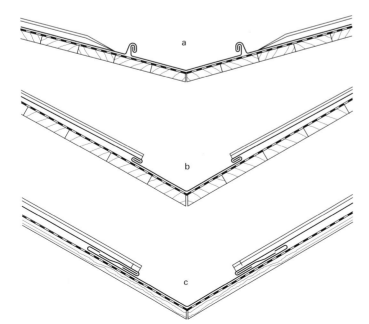

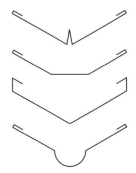

Abb. H.62
Stehfalzdeckungen:
Verschiedene Kehlausbildungen (maßstabslos)

a DN ≥ 7°
   doppelt umgelegter Kehlfalz
b DN ≥ 24°
   Kehlschar mit Schiebenaht
c DN ≥ 18° bis ca. 45°
   Kehlschar mit Schiebenaht

weitere Formen

H Geneigte Dächer 3.2.4.4

Die Überdeckungsprofile können in Wandflächen eingeschlitzt, treppenartig in waagerechte Mörtelfugen eingeschoben, in einbetonierte Einlassprofile eingeklemmt oder mittels Klemmschienen auf einer Wandfläche befestigt werden (Abb. **H.63**).

Deckungsarten und Verbindungen von profilierten Metallblechen

Vorprofilierte Metallblechtafeln und -bänder können aus
- Aluminium, Kupfer
- sendzimirverzinktem Stahl, Zink
- nicht rostendem Stahl

hergestellt werden.

Im Gegensatz zu Stehfalz- oder Leistendeckungen, die eine vollflächige Befestigungsunterlage benötigen, sind Profilbleche selbsttragend.

Profilbleche als Dachhautträger mit zusätzlicher bituminöser oder polymerer Abdichtung für belüftete oder unbelüftete Dachkonstruktionen werden unter Abschnitt G.4 behandelt.

Für Dachdeckungen aus profilierten Metallblechtafeln oder -bändern sind insbesondere Windlasten nach DIN 1055 – Lastannahmen im Hochbau – zu berücksichtigen. Besonders ist auf die Befestigung der Bleche in Dachrandbereichen gegen Windsog zu achten.

Die Flächen sollen unmittelbar begehbar sein. Aus diesem Grunde sind zusätzliche Lasten anzusetzen.

Abb. H.63
Stehfalzdeckungen: verschiedene Anschlussausbildungen bei aufgehenden Bauteilen.
(Maßstab ca. 1 : 4)

a mit eingeschobenem Überhangstreifen aus Blech. Mauerhakenbefestigung und dauerelastischer Spritzfuge. Gegen Verwitterung anfällige Ausführung.
b Angedübelter Überhangstreifen in Abkantform dient gleichzeitig als Putzabschlussprofil.
c Durch Klemmprofil (zum Beispiel verzinkter Flachstahl) angedübelter Überhangstreifen in Abkantform. Oberseitig geeignet zur Aufnahme einer Spritzfuge oder als Putzabschlusskante.
d Zwei Negativbeispiele für Abkantformen von Überhangstreifen.

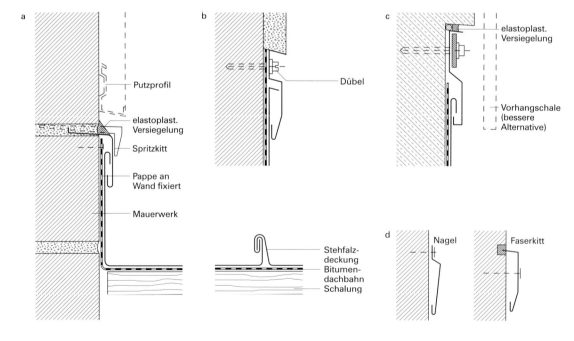

3.2.4.4 Geneigte Dächer

Profilbleche besitzen in Tragrichtung Rippen (Trapeze) aus *Stegen* und *Gurten*, die durch *Sicken* versteift sein können (Abb. **F.13**, Abschn. F. 2.1.3.8). Auf Grund der geringen Blechdicke sind Profilbleche beulgefährdet, deshalb müssen, insbesondere freie Ränder der Tafeln und Aussparungen (Auswechselungen, Abb. **F.16b**), durch Randversteifungen gesichert werden. Die *Richtlinie für die Montage von Stahlprofiltafeln* [H.37] fordert daher auch genaue Verlegepläne mit exakten Angaben u. a. über die Art der verwendeten Profile, Fugen, Durchbrüche, Längs- und Querstöße, *Auswechselungen* und *Schubfelder* (Abb. **F.4**) sowie sorgsamen Umgang bei Transport und Montage.

Schubfelder sind statisch wirksame horizontale Gebäudeaussteifungen (Scheiben). Sie dürfen in der Regel nicht durch Aussparungen und Öffnungen gestört werden und sind daher am fertigen Bau durch Schilder zu kennzeichnen, um nachträgliche, ungenehmigte Veränderungen zu vermeiden.

Wie auch bei glatten Metallblechen ist bei unbeschichteten Tafeln die elektrolytische Korrosion von Bedeutung (Tab. **H.6**). Gegebenenfalls müssen die Profilblechtafeln oder sie berührende Konstruktionselemente nachträglich beschichtet oder die Kontaktstellen von unterschiedlichen Metallen durch Zwischenlagen getrennt werden.

Für Trapezprofile gibt es Tabellen für die zulässigen Stützweiten Dabei ist die Grenzstützweite für die Begehbarkeit berücksichtigt [H.38].

Hinweise für die Ausführung:
– Mindestdachneigungen auch im Kehlbereich (Tab. **H.6**)
– Dachneigung bei Metallblechen mindestens mit 3° (etwa 5,2 %), besser 5° (etwa 8,7 %) ausführen
– Tafelspannweiten über 2,50 m sollen eine Mindestneigung von 7° (etwa 12,2 %) haben. Das gilt vor allem für Aluminium- und Kupferprofilbleche.
– Bei ungünstigen Umständen müssen die Neigungen um etwa 3° erhöht werden.

Dachneigungslänge Traufe-First	Profilhöhe der Metallprofilbleche		
	18…25 mm	26…50 mm	über 50 mm
bis 6 m	10° (17,4 %)	5° (8,7 %)	3° (5,2 %)
bis 10 m	13° (22,5 %)	8° (13,9 %)	6° (10,5 %)
bis 15 m	15° (25,9 %)	10° (17,4 %)	8° (13,9 %)
über 15 m	17° (29,2 %)	12° (20,8 %)	10° (17,4 %)

Tabelle H.7 Mindestdachneigungen für Metallprofilbleche (nach [H.13]).

Die Befestigungsmittel von Profilblechen auf ihren Unterkonstruktionen:
– Schraubnägel bzw. Schlagschrauben
– Schrauben in selbstschneidender Ausführung oder mit Vorbohrung
– Hakenschrauben, Aufklemmen
– Setzbolzen, Schweißen

Die korrosionsbeständigen, elastisch unterlegten und oberseitig abzudichtenden Befestigungsstellen haben die Standsicherheit der Konstruktion auch bei gleichzeitigen thermischen Längenänderungen sowie gegen Flattern zu gewährleisten. Sie befinden sich im Normalfall auf den Obergurten der Trapezprofile (Abb. **H.63**).

Abb. H.64
Befestigungsmittel für Profiltafeln.
Selbstfurchende Stahl- und Edelstahlschrauben mit Unterlags- und Dichtungsscheiben für Holz- und Stahlunterkonstruktionen.

Haken für mittelbare Befestigungen von Profilblechtafeln auf Walzstahlprofilen.
Maße in mm

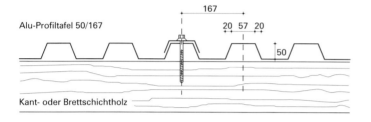
Alu-Profiltafel 50/167
167
20 57 20
50
Kant- oder Brettschichtholz

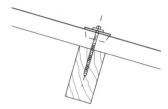

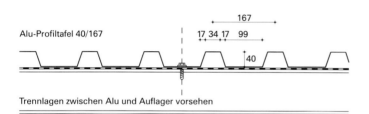
Alu-Profiltafel 40/167
167
17 34 17 99
40
Trennlagen zwischen Alu und Auflager vorsehen

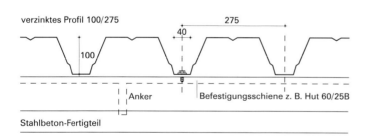
verzinktes Profil 100/275
275
40
100
Anker Befestigungsschiene z. B. Hut 60/25B
Stahlbeton-Fertigteil

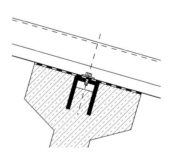

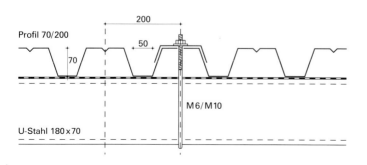
Profil 70/200
200
50
70
M6/M10
U-Stahl 180 x 70

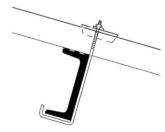

3.2.4.5

Holzschindeln

Schindeln werden als Zwei- oder Dreifachdeckung mittels Schindelstiften auf Latten oder Schalungen genagelt.

Nach [H.13] sind für Sparrenabstände zwischen 80 und 100 cm Dachlatten mit 30/50 mm bzw. 40/60 mm Querschnitt üblich. Bei Schalungen wird eine Sparschalung mit Fugen zwischen den Einzelbrettern der geschlossenen Verbretterung gegenüber bevorzugt, sofern dies als Untersicht zur Raumseite hin vertretbar ist.

Die Schindelstifte sollen mindestens 18 bis 20 mm in die Unterkonstruktion eindringen. Jede Schindel ist zweifach aufzunageln. Die Nagelreihen werden von der nächsthöheren Schindellage überdeckt.

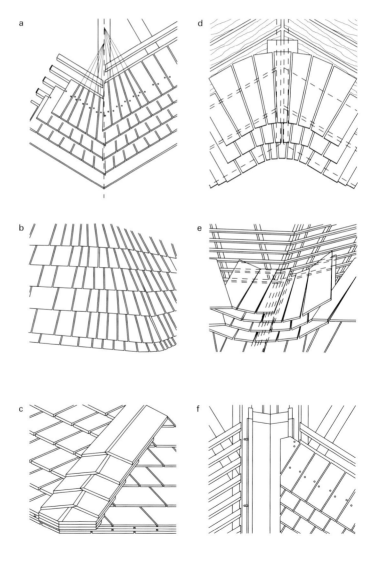

Abb. H.65
Holzschindeldeckungen,
Beispiele für Grate und Kehlen

a Schwenkgrat mit gerade herangeführten Reihen
b Schindelgrat mit gerundetem Gratsparren
c aufgelegte Gratabdeckung
d Schwenkkehle mit Sparschalung
e eingebundene Kehle
f vertiefte Metallblechkehle

Zu verwenden sind feuerverzinkte Flachkopfnägel oder solche aus nicht rostendem Stahl mit einem Mindestdurchmesser von 1,5 mm. Werden Bleche zur Ausbildung von An- und Abschlüssen erforderlich, sollten die Hinweise aus [H.13] beachtet werden, um Verfärbungen des Holzes durch Metall zu vermeiden. So kann sich zum Beispiel Zedernholz im Freien durch Kupfer, Zink und Blei verfärben. Gerbsäurehaltiges Eichenholz greift Kupfer und Zink an. Nur nicht rostender Stahl ist uneingeschränkt auch für die Befestigung brauchbar.

Gratausbildungen sind als
– Schwenkgrat mit rund oder gerade herangeführten Reihen
– Schwenkgrat auf gerundeten Gratsparren
– Grat mit aufgelegten Schindeln (vorzugsweise unter 30° Neigung) möglich (Abb. **H.65 a**).

Kehlen werden als
– Schwenkkehle mit Schindeln
– eingebundene Kehle mit Schindeln
– Metallblechkehle normal oder vertieft ausgeführt (Abb. **H.65 f**).

Anschlüsse seitlich an aufgehende Bauteile sind mit
– vertieft liegenden Rinnenblechen oder Winkelstehfalzblechen und Überhangstreifen
– Nockenblechen mit oder ohne Überhangstreifen
– überkragendem oder geschlitztem Mauerwerk auszuführen.

Anschlüsse oben an aufgehende Bauteile erhalten winkelförmige Anschlussbleche mit Überhangstreifen.

Bei *Traufpunkten* sind die Einlassöffnungen für die Hinterlüftung der Schindellagen zu berücksichtigen. Das bedeutet im Regelfall die Einfügung einer Konterlattung 30/50 mm für Dächer mit Neigungen zwischen 40° und 90°. Im Neigungsbereich von 26° bis 40° und/oder bei größeren Sparrenlängen (ab etwa 9 bis 10 m) sind Lattenhöhen von 40 bis 60 mm empfohlen [H.13]. Dächer mit Neigungen ab etwa 14° bis 25° sind jedenfalls mit 60 mm Luftraumhöhe auszuführen. Hinzu kommt die Notwendigkeit eines wasserableitenden Unterdaches (Abb. **H.66**). Traufbleche sind etwa 15 cm tief bei Dachneigungen über 30°, etwa 20 cm tief bei weniger als 30° Neigung unter die Schindeln einzuschieben.

Abb. H.66
Traufdetail
(Maßstab 1 : 20)

1 Schindeln dreilagig
2 Lattung
3 Konterlattung
4 Dachdichtungsbahn
5 Schalung
6 Gitter
7 Traufbohle
8 L- oder T-Stahlprofil

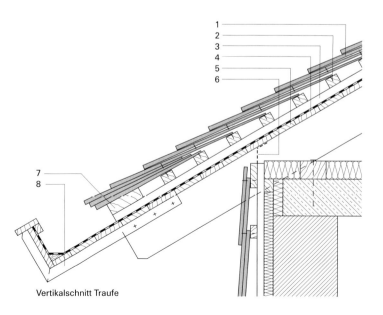

Vertikalschnitt Traufe

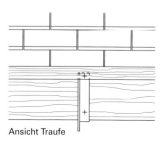

Ansicht Traufe

3.2.4.5 Geneigte Dächer H

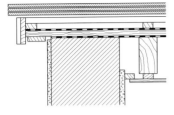
Ortgang mit Schindeln

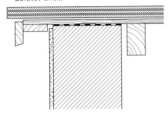
Leiste / Brett

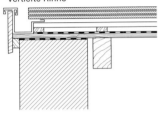
vertiefte Rinne

Firste werden mit in Längsrichtung verlegten Schindeln abgedeckt. Dies sollte dreilagig erfolgen. Entlüftungsöffnungen sind in der Höhe der *Konterlattung* auszubilden.

Ortgänge: Hier lassen sich Lösungen mit oder ohne sichtbar bleibender Schindeldeckung ausführen (Abb. **H.67**). Bei Schindeldeckungen sollen wegen der ständigen Schwindbewegungen zwischen den Einzelschindeln seitlich je nach Einbaufeuchte und Holzart Fugenbreiten von 1,5 mm bis 5 mm eingehalten werden (nähere Angaben siehe [H.13]).

Die Haltbarkeit von Schindeldeckungen ist auch von einer ausreichenden Hinterlüftung abhängig. Nassgewordene Schindeln müssen nach allen Seiten abtrocknen können. Die direkte Verlegung von Holzschindeln auf Dachpappe ist ein Konstruktionsfehler.

Nicht ausführlicher behandelt werden hier Legschindeln. Diese Deckung liegt im Neigungsbereich von 17° bis 20° und wird grundsätzlich ohne Nagelung vorgenommen. Die Lagesicherung der 60 bis 90 cm langen Schindeln erfolgt mit etwa 8 bis 10 flacheckigen Steinen je m². Mit ihnen werden so genannte Schwerlatten aus Halbstämmchen belastet, wodurch die Schindellagen indirekt gehalten sind [H.13] (Abb. **H.68**).

Legschindeln sollten durch Spalten hergestellt werden. Gesägte Schindelbretter sind wegen ihrer besseren Durchlüftung mit einem Rillenhobel zu bearbeiten. Alle 5–8 Jahre ist eine Umdeckung mit Wenden und/oder Umdrehen sowie Reinigen der Schindeln vorzunehmen.

Abb. H.67
Holzschindeldeckungen,
verschiedene Ortgangausbildungen
Maßstab 1 : 20

Abb. H.68
Legschindeldeckung,
Teilschnitt und Teilansicht.
Legeschindeln dreilagig
für DNG 18°–25°
(Maßstab 1 : 20)

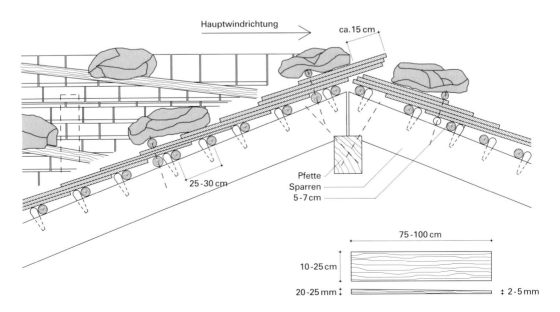

637

3.2.4.6

Dachabdichtungen

Dachabdichtungen mit Bitumen- und Kunststoffdachbahnen werden in Kapitel H.4 (Flachdächer) abgehandelt. Hier werden lediglich die für geneigte Dächer wichtigen Aspekte angesprochen.

Bitumendachbahnen

Bei Dachneigungen von mehr als 3° (5,2 %) sind konstruktive Maßnahmen gegen Abgleiten der Schichten bei Sonnenerwärmung notwendig. Alternativ bzw. kumulativ werden vorgeschlagen:
- obere Randnagelungen im versetzten Abstand von 5 cm
- Bahnenbefestigung auf dem Untergrund mit etwa 30 mm breiten Metallbändern aus Aluminium oder verzinktem Stahl, in Abständen von maximal 20 cm mit Flachkopfstiften aufzunageln
- mechanische Bahnenfixierung durch Tellerdübel aus Kunststoff oder Metall
- Verwendung besonders zugfester Bahnen und standfester Klebebitumen
- Unterteilen von Bahnenlängen und deren Verlegung in Gefällerichtung
- Durchziehen von Bahnen über den First hinweg.

Weitere Detailangaben sind [H.13] zu entnehmen.

Die Werkstoffe für An- und Abschlüsse sollen möglichst denen der Dachfläche entsprechen. Bei Verwendung anderer Stoffe muss deren dauerhafte Eignung (zum Beispiel Bitumenverträglichkeit) ohne Einschränkung gewährleistet sein. Unterschieden wird *zwischen starren und beweglichen Anschlüssen*. Eine beidseitige Anschlussbefestigung von Bahnen an statisch getrennte Bauteile ist jedenfalls zu vermeiden.

Anschlüsse sind mindestens *zweilagig* mit hoch reißfesten Bahnen und Keilprofileinlagen (Holz oder Dämmstoff) im Übergangseck auszuführen. Eine starre Verklebung mit dem Untergrund im Übergangsbereich ist abzulehnen, falls auch nur geringfügige Bewegungen zu erwarten sind. Gegebenenfalls wird der Einbau von Trennlagen erforderlich.

Der obere Anschlussrand ist regensicher auszubilden. Das kann mit aufgesetzten oder eingelassenen Klemmschienen bzw. Andruckprofilen erreicht werden, die ihrerseits gegen Wasserhinterlauf durch dauerelastische Spritzfugen anzudichten sind. Auch die Verwendung von Überhangstreifen kann dies bewirken. Klemmschienen, insbesondere jedoch Andruckschienen, sind mindestens alle 20 cm mit Edelstahlschrauben anzubringen. Alle gewählten Profile sollen biegesteif sein, auch wenn zusätzlich angedichtet wird (Abb. **H.69**). Die frei liegenden Flächen von Bitumenbahnen müssen als Strahlungsschutz mindestens eine Mineralbestreuung haben.

Alternativ können bei solchen Anschlüssen auch bitumenverträgliche Hochpolymerbahnen eingesetzt werden. Sie sind *einlagig* anwendbar, benötigen keinen besonderen Witterungsschutz und werden in der Regel von einer oberen Andruck- oder Klemmschiene lose herabhängend in die Dachbahnen eingeklebt.

Abb. H.69
Bituminöse Dachabdichtungen:
Anschlüsse an aufgehende Bauteile
(ohne Maßstab)

a Einbetonierte Nutprofilschiene für einzuklemmenden Überhangstreifen. Darunter angedübelter Losflansch zur Fixierung der Abdichtung.
b Wie a, jedoch mit angedübelter Alu-Schiene als Überhang unter einem Wandüberstand.
c Losflansch aus verzinktem Flachstahl, etwa 5–6/40–60 mm. Befestigungsabstände 15–25 cm bzw. gemäß DIN 18 195. Schutzblech vor der hochgezogenen Abdichtung.
d Zweiteiliges Strangpress-Aluprofil für Klemmanschluss einer bitumenverträglichen Hochpolymerbahn. Sie wird durch die waagerechte mehrlagige Abdichtung eingeklebt und an der Wand hochgezogen.
e Andruckprofil aus Strangpress-Aluminium. Der Anschluss ist gegen Hinterlaufen durch eine überhängende Wetterschale geschützt.
f Losflansch aus verzinktem Winkelstahl über Schutzblech für die Abdichtungsbahnen unter schützendem Wandüberhang.

1 dauerelastische Abdichtung
2 Schutzblech bis über oder in die Kiesschüttung
3 Alu-Blech
4 Flachstahl
5 beschieferte Oberfläche
6 Vorhangschale
7 Alu-Andruckprofil
8 Dämmplatte
9 Bitumenbahn, besplittet
10 Putzabschlussprofil
11 verzinkter Flachstahl
12 Schutzblech
13 Strangpress-Aluprofil (Fa. JOBA)
14 Stahlrofil 50/30/4
15 M6

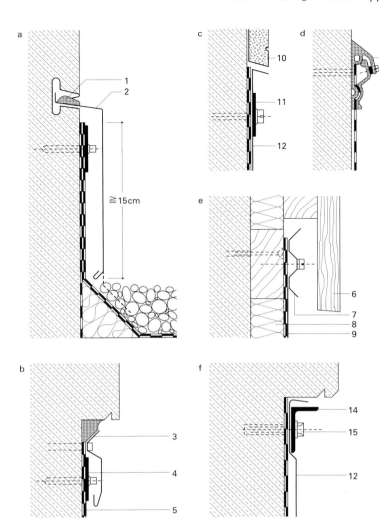

Bei Anschlüssen aus abgekanteten Winkelblechen sind die thermischen Verformungen zu beachten. Durch den Einbau vorgefertigter Dehnungsausgleicher (Dilatationsbleche mit einvulkanisierten Hochpolymerstreifen) lassen sich temperaturbedingte Schäden im Übergangsbereich zwischen Blech und Dachbahn vermeiden. Das gilt vorrangig für Blechlängen über 3,0 m, bei denen indirekte Befestigungen mit Einzelhaften oder Haftleisten vorzusehen sind. Bleche mit Längen unter 3,0 m können einfacher auch durch Nagelung in 5 cm Abstand direkt mit dem Untergrund verbunden werden. Falls erforderlich, sind vorher Nagelleisten einzubauen. Die thermischen Längenänderungen bleiben unberücksichtigt. Längsstöße der Winkelbleche sind nach [H.14] wasserdicht zu nieten oder/und zu löten. Das gilt auch für die Verbindungen mit Dehnungsausgleichern. Gefalzte Verbindungen sind unzulässig.

Unter und hinter den Blechen ist eine Lage Dachbahn vorzusehen. Einklebetiefen solcher Blechanschlüsse betragen mindestens 12 cm. Die vollflächig aufzuklebenden Dachbahnen sind zusätzlich mit einem wenigstens 25 cm breiten Streifen hochwertiger Dachbahn (zum Beispiel Polymerbitumenbahn mit Polyestervliesträger) zu verstärken.

Mögliche Scherbewegungen von Blechkanten gegenüber den Dachbahnen können mit etwa 10 cm breiten, einseitig fixierten Trennstreifen (Schleppstreifen) unter der ersten Bahnlage abgefangen werden. Die senkrechten Anschlusshöhen an aufgehende Bauteile betragen ab der Dachneigungsgruppe III mindestens 10 cm.

Abschließend soll darauf hingewiesen werden, dass flexibel mit Bitumen- oder Hochpolymerbahnen ausgeführte Anschlüsse – gegebenenfalls unter Verwendung eines durch die Andruckschiene gehaltenen Schürzenbleches – weniger schadensanfällig sind.

An Traufen, Dachrandabschlüssen (Ortgänge), innenliegenden Rinnen, Durchdringungen und Fugen sind grundsätzlich die gleichen Anforderungen wie bei Winkelblechen für senkrechte Bauteilanschlüsse zu stellen, was Einbundtiefe und Ausdehnungsverhältnisse anbelangt.

Kunststoffdachbahnen

Je nach Dachneigung gibt es folgende Befestigungsmöglichkeiten:
– punktweise mechanisch mit Tellerdübeln fixiert
– streifenweise mechanisch über Verbundblechstreifen auf dem Untergrund fixiert
– vollflächig mit dem Untergrund verklebt.

Lose Verlegungen mit Auflast sind wegen der Dachneigung in der Regel nicht möglich (dazu Abschnitt H.4: Flachdächer). Ebenso entfalten lose Schutzschichten gegen UV-Einstrahlung und Aufheizung. Zu beachten sind für die Verlegung:
– die Richtlinien des jeweiligen Herstellers
– die besonderen Hinweise gegen das Abrutschen von geneigten Flächen und gegen Windsogkräfte in Randbereichen.

Die mechanischen Eigenschaften der Deckungsbahnen lassen sich durch Vlies- oder Gewebeeinlagen bzw. -kaschierungen verbessern.

Untergründe können – wie bei den bituminösen Deckungen – bestehen aus:
– Holzschalungen
– Holzwerkstoffplatten
– Beton- oder Porenbetonflächen
– Profilblechen.

Ausgleichsbahnen zwischen Untergrund und Deckung können je nach Material erforderlich sein (siehe Herstellervorschriften).

Die Ausführung von An- und Abschlüssen erfolgt mit:
– Klemm- oder Andruckprofilen
– kunststoffbeschichteten Blechen für Verklebungen (Verbundbleche).

Relativ einfach gestalten sich auch die Abdichtungen bei Durchdringungen und Rinnenanschlüssen (Abb. **H.70**).

Bitumen- und Hochpolymerbahnen können selbst als spezifische Flachdachbaustoffe unter Beachtung besonderer Anwendungsregeln auch bei größeren Dachneigungen verwendet werden.

3.2.4.6 Geneigte Dächer H

Abb. H.70
Hochpolymere Dachabdichtung:
Beispiele von Detailpunkten
(Maßstab ca. 1 : 4)

a Wandanschluss Stahltrapez-
  profildach, nicht durchlüftet
b Durchdringung eines durchlüfteten Daches
c Nahtausbildung bei mechanischer Fixierung
d Dachabschluss an der Traufe
  eines nicht durchlüfteten Daches

1 dauerelastische Dichtungsfuge
  mit Füllprofil aus Schaumstoff
2 Andruckprofil aus Strangpress-
  aluminium mit Edelstahlschrauben
  (Beachtung DIN 18 195 empfohlen)
3 Anschlusshöhe je nach Beanspru-
  chung/Neigung etwa 30 bis 10 cm
4 Verklebung
5 lose Restfläche
6 Trennlage aufkaschiert oder als
  besondere Bahn
7 hochpolymere Abdichtungsbahn
8 Wärmedämmung
9 Klebeband
10 Stützblechwinkel mit Voranstrich
11 Stahltrapezprofilblech
12 Klebemasse
13 Sofern erforderlich: Dampfsperre
14 Klebemasse auf Wärmedämmung
   abgestimmt; vollflächiger Auftrag
15 Klebemasse auf Abdichtungsbahn
   abgestimmt; streifenweiser Auftrag
16 hochpolymere Dampfsperre lose
   verlegt
17 Randbohle
18 Tellerdübel
19 Verbundblech
20 Verklebung der Abdichtungsbahnen
21 Unterlage aus Holzschalung
22 Klebemanschette werkseitig
23 Ringflansch
24 Dichtglocke
25 Unterlage aus massiven Baustoffen

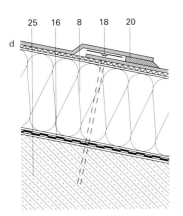
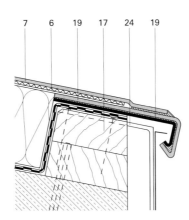

641

3.2.4.7

Stroh und Schilf (Reet)

Die Lattabstände bei Stroh- oder Schilfgarbendeckungen sind je nach Sparrenabstand 25 bis 40 cm. Die Latten können unterseitig gerundet sein, gebrochene Kanten haben oder aus Halbstämmchen bestehen. Übliche Querschnitte liegen zwischen 4/6 cm und 5/7 cm.

Die Garben werden mit der Wurzelseite nach unten verlegt, mit einem Klopfbrett stufenlos parallel zur Dachneigung hochgeklopft und mehrlagig mit Draht und Nadel auf die Latten aufgenäht. Abschließend sind die Dachebene, Kanten, Übergänge und Anschlüsse zu „frisieren" (Abb. **H.71**).

Eine Alternative zum Aufnähen stellt das Aufbinden mit Hilfe an die Lattung gebundener Bandstöcke – Hölzer von etwa 2/4 cm – dar. Mit ihnen werden die Garben auf den Latten angepresst gehalten. Kehlen, Grate und Gaupendeckungen (Fledermausgaupen) sind auszurunden. Die Kehlendeckung soll mindestens um die Hälfte dicker als die 30 bis 40 cm dicke Normaldeckung sein.

Der First ist Schwachpunkt dieser Deckungsart. Regional unterschiedlich wurde er mit Strohseilen, quergelegten Langgarben, Wirrstrohwülsten oder Heidekrautsoden ausgeführt. Zur Befestigung und anhaltenden Sicherung dienten Holzpflöcke, First-Spreizhölzer (Wahrhölzer), Verdrahtungen oder Drahtnetze. Heute üblich gewordene Lösungen mit Bitumenbahnen, Dachziegeln oder Faserzement-Formteilen sind technisch sicherer, gestalterisch jedoch unbefriedigend.

Schornsteine sollen stets durch den First geführt werden. Anschlüsse an aufgehende Bauteile sind durch 12 bis 15 cm weit auskragende Überstände zu lösen.

Ausführliche konstruktive Hinweise für Reetdeckungen findet man in [H.13].

Abb. H.70
Schilfdeckung:
Firstschnitt und Ansichtsausschnitt
Maßstab 1 : 20

alternative Traufausbildung (Schema)

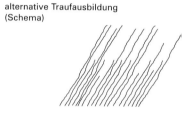

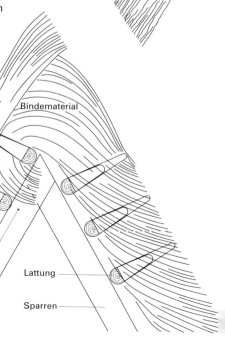

3.3

Dachentwässerung

3.3.1

Allgemeines

Niederschlagswasser von Dachflächen wird durch Rinnen aufgefangen und über Regenwasserfallleitungen und Grundleitungen einer Kläranlage, einem Vorfluter (Bach, Fluss, See o. Ä.), der Versickerung der Regenwassernutzung [H.35] zugeführt.

Im Abwasserabgabengesetz (AbwAG § 2) wird von Dächern abfließendes Niederschlagswasser als *Abwasser* qualifiziert. Daraus wird der Anschluss- und Benutzungszwang durch kommunale Abwassersatzungen hergeleitet. Befreiungen davon sind möglich.

Das Einbringen von Niederschlagswasser in ein Gewässer oder in den Boden gilt nach AbwAG als *Einleitung* und bedarf der *Erlaubnis* der *unteren Wasserbehörde*.

Zum Schutz von Gebäudesockeln gegen Durchfeuchtung (Spritzwasser) sollten Traufen stets mit Regenrinnen versehen sein. Wegen erschwerter Anbringung solcher Bauteile bei Stroh- oder Schilfdächern kann das Problem dort mit ausreichend großen Dachüberständen gelöst werden.

Die konstruktive und gestalterische Durcharbeitung von Traufdetails muss immer auch die anschließenden Ortgänge berücksichtigen.

3.3.2

Planungshinweise

Im Zuge der europäischen Normung und der Harmonisierung nationaler Normen haben sich die Berechnungsverfahren zur Bemessung von Dachentwässerungen völlig geändert. Sie sind sehr kompliziert und schwierig zu handhaben. Einfache Bemessungstabellen gibt es nicht mehr.

Um dennoch einen Anhalt für die Bemessung zu geben, werden die Auszüge aus Tabellen der alten Normen aus der 5. Auflage beibehalten, allerdings mit dem Warnvermerk, dass sie nur für die Vorbemessung geeignet sind.

Neue Normen für die Bemessung von Entwässerungsanlagen:
DIN 1986-100, DIN EN 12 056-3, DIN EN 752-2 und 4.

Grundleitungen sind nach DIN 1986-100, DIN EN 752-3 und DIN EN 752-4 zu bemessen.
Regenfallrohre (Regenwasserfallleitungen) mit Anschluss an Mischkanalisationen erhalten Geruchsverschlüsse – gegebenenfalls mit einem Sandfang verbunden. Beim Anschluss an ein Trennsystem kann diese Einrichtung entfallen.

Regenwasserfallleitungen sind in Bereichen mechanischer Gefährdung aus geeigneten Werkstoffen herzustellen. Das sind zum Beispiel Guss- oder Stahlrohre.

Die Bemessung von Fallleitungen wird nach der anzunehmenden Belastung durch Regenspende [r in $l/(s \cdot ha)$] vorgenommen. Dafür sind generell mindestens 300 $l/(s \cdot ha)$ – oder je nach Örtlichkeit auch mehr – einzusetzen. Auskünfte über höhere Regenspenden erteilen die Wetterämter.

Weiterhin sind für die Bemessung erforderlich:
- Angaben zur Größe der waagerecht projizierten *Dachgrundfläche A* in m²
- Ermittlung des *Regenwasserabflusses Q* in l/s als diejenige Wassermenge, die je Sekunde den Regenwasserleitungen zugeführt wird
- Kenntnis über die *Regenwasserabflussspende* q_r in $l/(s \cdot ha)$ als Regenwasserabfluss, bezogen auf die Fläche
- Festlegung des *Abflussbeiwertes* φ (ohne Dimension) als Verhältnis von Regenwasserabflussspende q_r zur Regenspende r (Tab. **H.7** als Auszug aus DIN 1986-2-alt).

Tabelle H.7
Abflussbeiwerte
(nach DIN 1986 – alt)

Art der Dachfläche	Abflussbeiwert
Dächer mit Neigungen < 15°	0,8
Dächer mit Neigungen ≧ 15°	1,0

Tabelle H.8
Bemessung von Regenfallleitungen mit Kreisquerschnitt und Zuordnung der halbrunden und kastenförmigen Dachrinnen aus Metall.
(Auszug aus Tab. 12 der DIN 1986-2-alt)

[1] Ist die örtliche Regenspende größer als 300 $l/(s \cdot ha)$, muss mit den entsprechenden Werten gerechnet werden (siehe Beispiel).
[2] Die angegebenen Werte resultieren aus trichterförmigen Einläufen.
[3] Für die Dachentwässerung übliche Nennmaße.

Anzuschließende Dachgrundfläche in m² bei max. Regenspende $r = 300\, l/(s \cdot ha)$ [1]	Regenwasserabfluss [2] $Q_{r,\,zul}$ l/s	Regenfallleitung Durchmesser DN in mm	Regenfallleitung Querschnitt in ~cm²	zugeordnete Dachrinne halbrund Nennmaß in mm	zugeordnete Dachrinne halbrund Rinnenquerschnitt ~cm²	zugeordnete Dachrinne kastenförmig Nennmaß in mm	zugeordnete Dachrinne kastenförmig Rinnenquerschnitt ~cm²
37	1,1	60[3]	28	200	25	200	28
57	1,7	70	38	–	–	–	–
83	2,5	80	50	250	43	250	42
				285	63		
150	4,5	100[3]	79	333	92	333	90
243	7,3	120[3]	113	400	145	400	135
270	8,1	125	122	–	–	–	–
443	13,2	150[3]	177	500	245	500	220

Tab. **H.8** als Auszug aus DIN 1986-2-alt enthält Angaben für die Bemessung von Regenfallleitungen mit kreisförmigem Querschnitt und die Zuordnung von halbrunden und kastenförmigen Dachrinnen aus Metall.

Tabelle H.9
Maximale Dachentwässerungsflächen in m²

	Ablauf DN 125 mm					Ablauf DN 100 mm					Ablauf DN 70 mm				
Regenspende $l/(s \cdot ha)$	200	250	300	350	400	200	250	300	350	400	200	250	300	350	400
bei Dachneigung ≧ 15°	85	68	57	48	42	225	180	150	128	112	405	324	270	231	202
bei Dachneigung < 15°	106	85	71	60	52	281	225	187	160	140	506	405	337	288	252

Dabei liegen trichterförmige Einlaufstutzen zwischen Rinne und Fallrohr zugrunde. Tab. **H.9** enthält Maximalwerte für anschließbare Dachgrundflächen in m² bei unterschiedlichen Regenspenden in $l/(s \cdot ha)$ und Nenndurchmessern von Fallrohren (DN) in mm.

3.3.3

Materialien und Ausführungen

3.3.3.1

Dachrinnen

Sie befinden sich im Regelfall an der Dachtraufe. Bei Rückstau (Verschmutzung, Eisbildung o. Ä.) entstehen bei vorgehängten Rinnen kaum Durchfeuchtungsschäden am Gebäude im Gegensatz zu innenliegenden. Diese müssen deshalb mindestens zwei Abläufe oder einen Ablauf und einen Sicherheitsablauf haben. Jeder Ablauf muss in beiden Fällen einzeln die ermittelte Regenwassermenge ableiten können.

Dachrinnen werden nach ihrer Lage und nach ihrer Form unterschieden (Abb. **H.72** bis **H.74**).

Lage	Form
Frei vorgehängt	halbrund, kastenförmig, keilförmig
Frei vorgehängt und zusätzlich verkleidet	halbrund, kastenförmig, keilförmig
Aufliegend (gegebenenfalls verkleidet)	kasten- oder keilförmig
Aufgeständert vor oder in der Fassadenflucht	halbrund oder kastenförmig
Innenliegend hängend oder aufliegend	halbrund, kastenförmig, keilförmig, keilförmig-vertieft

Keilförmige Rinnen sind nicht genormt. Querschnittsermittlung und Ausführung sind deshalb sinngemäß wie bei halbrunden und kastenförmigen Normrinnen vorzunehmen.

Kastenförmige Profile sind in ihren gelöteten Verbindungen bei Rinnenvereisungen stärker gefährdet als halbrunde oder keilförmige. Der auch seitlich wirksame Eisdruck kann umso eher schädigen, je höher die Rinne ist.

Die Zusammenhänge zwischen Zuschnittsbreiten von Blechen, Blechdicken und Rinnenquerschnittsflächen für hängende Halbrund- und Kastenrinnen nach DIN 18 461 zeigen die Tabellen **H.10** und **H.11**. Nach den Fachregeln des Klempnerhandwerks [H.14] sind nur die in Tab. **H.12** angegebenen Werkstoffzuordnungen bei Dachrinnen und Regenwasserfallrohren einerseits sowie Rinnenhaltern und Rohrschellen andererseits zulässig.

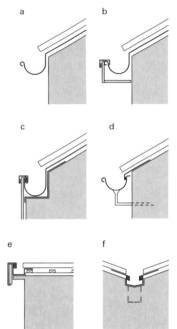

Abb. H.72
Regenrinnen außen- und innenliegend (Schemata)

a vorgehängte Halbrundrinne
b vorgehängte Kasten- oder Halbrundrinne, verblendet
c aufgelegte Halbrundrinne, verblendet
d aufgeständerte Halbrundrinne
e Ortgangrinne
f innenliegende Rinne

Nennmaß/ Zuschnittsbreite in mm	Werkstoff und Blechdicke in mm (Werkstoffe nach den jeweiligen Stoffnormen)					Rinnenquerschnitt in cm^2
	Aluminium	Kupfer	Stahl (verzinkt)	Zink	nichtrostender Stahl	
200	0,70	0,60	0,60	0,65	0,50	25
250	0,70	0,60	0,60	0,65	0,50	43
285	0,70	0,60	0,60	0,70	0,50	63
333	0,70	0,60	0,60	0,70	0,50	92
400	0,80	0,70	0,70	0,70	0,60	145
500	0,80	0,70	0,70	0,80	0,60	245

Tabelle H.10
Halbrunde Hängedachrinne (nach DIN 18461).

H Geneigte Dächer 3.3.3.1

Nennmaß/ Zuschnittbreite in mm	Werkstoff und Blechdicke in mm (Werkstoffe nach den jeweiligen Stoffnormen)					Rinnenquerschnitt in cm²
	Aluminium	Kupfer	Stahl (verzinkt)	Zink	nichtrostender Stahl	
200	0,70	0,60	0,60	0,65	0,50	28
250	0,70	0,60	0,60	0,65	0,50	42
333	0,70	0,60	0,60	0,70	0,50	90
400	0,80	0,70	0,70	0,70	0,60	135
500	0,80	0,70	0,70	0,80	0,60	220

Tabelle H.11
Kastenförmige Dachrinne (nach DIN 18461).

Tabelle H.12
Werkstoffzuordnungen für Regenfallrohre und Zubehör (nach [H.14]).

Dachrinne Regenfallrohr	Rinnenhalter Rohrschelle
verzinkter Stahl	feuerverzinkter Stahl
Aluminium	feuerverzinkter Stahl
Titanzink	feuerverzinkter Stahl
Kupfer	Stahl mit Kupfer ummantelt
Edelstahl	Edelstahl
Kunststoff	feuerverzinkter Stahl, feuerverzinkter Stahl mit Kunststoff ummantelt

Einzelheiten über die Bemessung, Ausführung und Anordnung von Rinnenhaltern für Dachrinnen aus Metall ergeben sich aus DIN 18461. Die aus Flachstahl in Breiten zwischen 25 und 40 mm sowie Dicken zwischen 4 und 8 mm gefertigten Halter gliedern sich in drei Profilreihen für die Verwendung in Abständen bis zu bzw. über 700 mm. Die Profilreihe 3 ist in besonders schneereichen Gebieten für Abstände bis zu 700 mm einzusetzen.

Rinnenhalter sind in die Unterkonstruktion einzusenken und mit mindestens zwei geeigneten Nägeln oder Schrauben zu befestigen. Weiteres Zubehör für Dachrinnen aus Metall und oder Kunststoff sind:
– Rinnenendstücke (Rinnenböden, Kopfböden)
– Rinnenwinkel für Richtungsänderungen im Rinnenverlauf

Abb. H.73
Regenrinnen innenliegend

a innenliegende Halbrundrinne mit kastenförmiger Sicherheitsrinne und Sicherheitsablauf
b innenliegende Kastenrinne mit Sicherheitsüberlauf
c innenliegende Kehlrinne auf einem Kehlsparren
d innenliegende vertiefte Kehlrinne auf Schalung und Kehlsparren

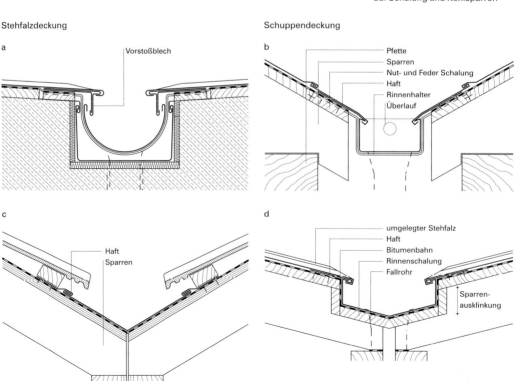

- Rinnenabläufe (Rinnenstutzen) als Übergangsstücke zwischen Dachrinnen und Regenwasserfallleitungen in Trichter- oder Zylinderform
- Rinnenkessel als vergrößerte Rinnenabläufe zum Sammeln von Regenwasser bei langen Rinnenstrecken
- Dilatationsstücke für Metallblechrinnen mit einvulkanisierten elastischen Hochpolymerstreifen oder mit Schiebenaht
- Schutzkörbe für die Ablaufstutzen zum Auffangen von Laub o. Ä.
- Rinnenheizungen zur Verhinderung von Eisbildung (VDE-Richtlinien beachten).

Ein Sonderfall sind keil- oder kastenförmige aus Brettern oder Holzwerkstoffen geschalte und mit Bitumen- oder Kunststoffbahnen ausgelegte Rinnen (Abb. **H.66**).

Ortgangrinnen gehören neben den Kehlrinnen zur Gruppe der zuführenden Rinnen (in die Sammelrinne) und haben im Regelfall keine eigenen Abläufe. Sowohl durch flache als auch durch tiefe Ortgangrinnen lässt sich ein Randausgleich zwischen Dachdeckung und Ortgangblende erreichen (Abb. **H.74**).

Folgende Gesichtspunkte sind zu beachten:
- Die Entwässerung der Ortgangrinne in die Traufrinne ist zu gewährleisten.
- Die Gefälleverhältnisse der Traufrinne sind zu beachten: Hochpunkt am Giebelende!
- Trauf- und Ortgangausbildung sind am Gebäudeeck in gestalterischen Einklang zu bringen.

Abb. H.74
Dachrinne, Details
a bis c

Ortgangrinne, Details
d und e
  Ortgangrinne für Pfannendeckung
f Ortgangrinne für Faserzement-Wellplattendeckung

a Dachrinne, halbrund

b Dachrinne, halbrund Sonderanfertigung mit Rundstahl

c Dachrinne, Kastenform

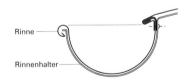
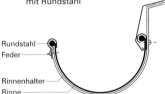
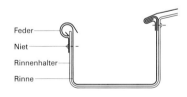

d Ortgangrinne, vertieft

e Ortgangrinne, flach

f Ortgangrinne, flach

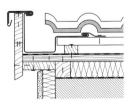
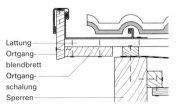
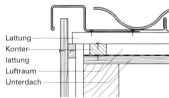

Konstruktionshinweise für Dachrinnen:
- Mindestgefälle sollte 0,5 % (5 mm/m) betragen,
- gebäudeseitiger Rinnenrand (bei vorgehängten Rinnen) mindestens 10 mm höher als äußerer Rinnenrand (DIN 18 339),
- hintere Abkantung (Wasserfalz) soll in ein Traufblech eingreifen oder von diesem überlappt werden,
- keine größeren Einzellängen als 15 m,
- Maßnahmen zum Dehnungsausgleich sind (Abb. **H.75**): Schiebenähte mit zwei überdeckten Rinnenböden, bewegliche Einführung in Rinnenabläufe oder Rinnenkessel, Dilatationsstücke,
- trichterförmige (konische) Einlaufstutzen in senkrechter oder schräger Form,
- werden zylindrische Einläufe verwendet, muss das Fallrohr den nächstgrößeren Durchmesser als ermittelt erhalten.

3.3.3.2

Regenfallrohre

Werkstoffe für Regenfallleitungen:
- Bleche aus Zink, Kupfer, Aluminium, verzinktem Stahl und Edelstahl
- Gusseisen
- PVC – hart
- PP
- Faserzement

Die Durchmesser-Nennmaße runder Regenfallrohre:
 60 mm mit einem Rohrquerschnitt von 28 cm^2
 80 mm mit einem Rohrquerschnitt von 50 cm^2
 100 mm mit einem Rohrquerschnitt von 79 cm^2
 120 mm mit einem Rohrquerschnitt von 113 cm^2
 150 mm mit einem Rohrquerschnitt von 177 cm^2

Abb. H.75
Regenrinne mit Dehnungsausgleich

a Dehnungsausgleich durch industriell hergestellte Dilatationsbleche. Der Einbau erfolgt unabhängig von den Gefälleverhältnissen
b Dehnungsausgleich am Tiefpunkt durch losen Einschub der Rinnenenden in Einlaufstutzen oder Rinnenkessel

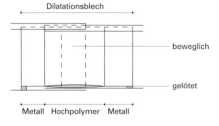

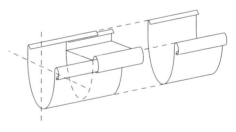

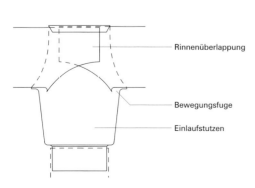

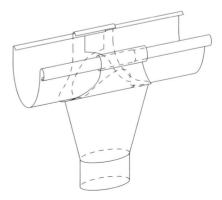

3.3.3.2 Geneigte Dächer   H

Abb. H.76
Rinnenquerschnitte und Rinnenhalter, Wulstformen von Regenfallrohren.

halbrunde Rinnen aus Dünnblech/Kunststoff

Nenn-größe Ng	d mm	a mm	c mm	Werkstoff-dicke s					A cm²
				Al	Cu	Zn	nrSt	vSt	PVC	
200	80	16	8	0,7	0,6	0,65	0,5	0,6	–	25
250	105	18	10	0,7	0,6	0,65	0,5	0,6	–	43
	104	–	–	–	–	–	–	–	1,4	–
285	127	18	11	0,7	0,6	0,7	0,5	0,6	–	63
	129	–	–	–	–	–	–	–	1,5	–
333	153	20	11	0,7	0,6	0,7	0,5	0,6	–	92
	154	–	–	–	–	–	–	–	1,6	–
400	192	22	11	0,8	0,7	0,7	0,6	0,7	–	145
	184	–	–	–	–	–	–	–	1,7	–
500	250	22	21	0,8	0,7	0,8	0,6	0,7	–	245

rechteckige Rinnen aus Dünnblech

Nenn-größe Ng	b mm	h mm	a mm	c mm	Werkstoff-dicke s					A cm²
					Al	Cu	Zn	nrSt	vSt	
200	70	42	16	8	0,8	0,6	0,65	0,5	0,6	29
250	85	55	18	10	0,8	0,6	0,65	0,5	0,6	47
333	120	75	20	10	0,8	0,6	0,7	0,5	0,6	90
400	150	90	22	10	0,9	0,7	0,7	0,6	0,7	135
500	200	110	22	20	0,9	0,7	0,8	0,6	0,7	220

Wulstformen und Fallrohrhalter

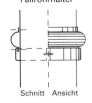
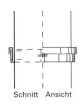
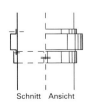
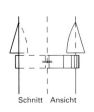

Schnitt Ansicht   Schnitt Ansicht   Schnitt Ansicht   Schnitt Ansicht

H Geneigte Dächer 3.3.3.2

Die Tiefe von Fallrohr-Steckverbindungen ist mit mindestens 50 mm auszuführen. Bei Kunststoffrohren gelten die Herstellerangaben. Fallrohre werden durch Rohrschellen in Mindestabständen von 3,0 m bei Rohrdurchmessern bis 100 mm, bei größeren Durchmessern und bei Kunststoffrohren alle 2,0 m getragen. Dabei liegt das Rohr mit Nasen (Punktlast) oder Wulsten auf der Schelle auf. Keinesfalls dürfen Ausdehnungsmöglichkeiten von Regenfallrohren behindert werden.

Im Sockelbereich an Verkehrswegen werden wegen der Beschädigungsgefahr verstärkte Rohre aus verzinktem Stahlblech, Guss oder Polyethylen (PE) verwendet. Die Verbindung von Fallrohren mit den Standrohren muss leicht lösbar (zum Beispiel durch Schiebestücke) sein. Zu vermeiden sind Übergänge von quadratischen oder rechteckigen Fallrohren in runde Standrohre. Standrohre sind mit Reinigungsöffnungen zu versehen.

Zubehör für Regenfallrohre (Abb. **H.76**, **H.77**):
– Rinneneinhangstutzen in gerader oder schräger Form nach DIN 18 461
– Rinneneinhangstutzen in freier Gestaltung analog DIN 18 461 (zum Beispiel als längeres Konusrohr bei großen Dachüberständen)
– Rinnenkessel (Wasserfangkästen)
– Rohrbogen und Sockelkniestücke in unterschiedlichen Winkeln
– Regenfallrohrklappen mit oder ohne Laubfangsiebe
– Filtersammler (Gehäusetopf für div. Fallrohrdurchmesser mit Filtereinsatz)
– Wulstprofile für Schellenauflager
– Standrohrkappen.

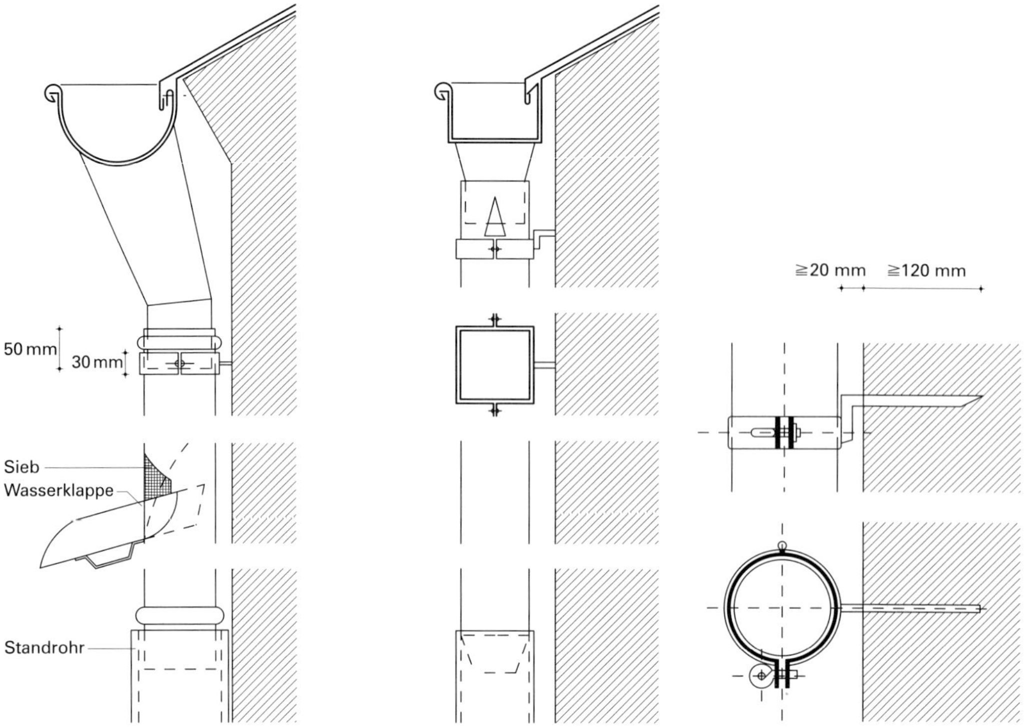

Abb. H.77
Regenfallrohre, Rohrschellen (Maßstab 1 : 10)

3.3.3.3

Traufbleche

Traufbleche überdecken den Spalt zwischen hinterem Rinnenrand und Dachdeckungsfußpunkt. Dieser Spalt ist bei Gefällerinnen konisch, bei gefällelosen Rinnen parallel ausgebildet. Traufbleche müssen nach DIN 18 339 Klempnerarbeiten mindestens 150 mm unter die Dachdeckung greifen. Bei flacheren Dachneigungen sollte dieses Maß 200 mm betragen.

Die Zuschnittsbreiten für Traufbleche liegen zwischen 167 mm und 400 mm. Bevorzugte Maße sind 200 mm und 250 mm, weil sie abfallfrei aus den 1000 mm × 2000 mm großen Blechtafeln geschnitten werden können.

Regenrinnen sind in die Traufbleche einzuhängen. Das setzt bei Gefällerinnen prinzipiell eine konische Form des senkrechten *Traufblechschenkels* voraus. Erfolgt dieser konische Zuschnitt nicht, kann der senkrechte Traufblechschenkel lediglich in das Rinnenprofil eingreifen. Er lässt sich durch Hafte oder bei besonders großer Höhe auch durch Stahlstreifen (Korrosionsverhalten beachten) verstärken.

Traufbleche sollten wegen ihrer besseren Bewegungsfreiheit mittelbar über Hafte auf dem Untergrund (Traufbohle) befestigt werden. Das Aufnageln mit Breitkopfnägeln, alle 100 mm versetzt, ist ebenfalls zulässig. Die Überlappung einzelner Blechabschnitte beträgt 50 mm. Eine maximale Traufblechlänge von 15 m ist einzuhalten, wenn die Einzelabschnitte kraftschlüssig verlötet werden.

Traufblechhinterkanten können glatt abgeschnitten, umgebördelt oder 10 bis 15 mm hoch aufgekantet werden.

Sind obere Öffnungen für die Belüftung der Konstruktionsebene zwischen Unterspannbahn oder Unterdach und der Dachdeckung vorzusehen, lässt sich dies mit aufgelöteten winkelförmigen Lochblechstreifen erreichen.

3.4

Dachdeckungszubehör

Dazu zählen:
– *Sicherheits-Dachhaken* (Leiterhaken) mit Zulassung der Berufsgenossenschaften (BG-Zulassung) aus feuerverzinkten, verkupfertem oder verzinktem und anschließend beschichtetem Stahl sowie aus Kupfer für steile und/oder glatte Dachdeckungen zum Befestigen von Leitern, Seilen oder leichten Arbeitsbühnen [H.14]. Unter die Zulassung der Dachhaken fällt auch die Art der Befestigung auf der Unterkonstruktion.
– *Einrichtungen für den Schnee- und Eisschutz* sind in manchen Landesbauordnungen ausdrücklich für gefährdete Regionen und Bereiche vorgeschrieben, wie zum Beispiel über Balkonen, Hauseingängen, Gehwegen oder Abstellplätzen.

Nach Form und Anwendung sind zu unterscheiden:
– Formziegel und Formsteine mit angeformten Nocken
– Schneefanggitter in unterschiedlichen Höhen
– Schneefangprofile aus Profilstahl, Rohren, Brettern, Rundhölzern
– Schneefangbügel und Schneenadeln aus Metall.

Besonders bei Metallblechdeckungen sind diese Bauteile oft entscheidend für die Sicherheit im nahen Umkreis eines Gebäudes (Abb. **H.78**).
- *Dachluken* aus korrosionsgeschütztem Stahlblech für Belichtung und Belüftung von Dachräumen. Ein breiter Auflagerrand gibt genügend Spielraum für die Anpassung unterschiedlicher Dachdeckungen. Bei entsprechender Größe sind sie als Dachausstieg zu benutzen (Schornsteinfeger).
- *Durchlassmanschetten* für Entlüftungsrohre und Antennen sind für Schuppendeckungen meist als passende Formteile erhältlich. Handwerkliche Anfertigungen können bei einzelnen Deckungsarten erforderlich werden.

Abb. H.78
Schneefanggitter

a industriell vorgefertigtes Gitterprofil
b Stahlprofilwinkel mit angeschraubten Holzbrettern
c Flachstahlwinkel mit angeschraubten Rundholz- oder Stahlrohrprofilen
d liegend angeordnetes T-Stahlprofil mit eingepasstem Rundholz
e Schneenadeln aus Flachstahl in versetzter Anordnung (unterschiedliche Zierformen möglich)

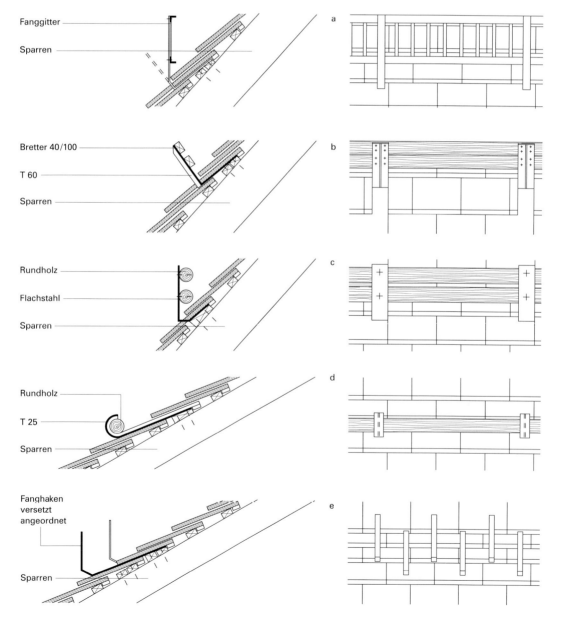

3.5

Bepflanzte Dächer

3.5.1

Allgemeines

Bepflanzte Dächer haben in hinreichend feuchten mittleren Klimazonen, wie in Norwegen und Island, eine lange Tradition. Seit einigen Jahren bewähren sie sich bei sachgerechter Planung und Ausführung auch in Mitteleuropa. Selbst in städtischen Ballungsgebieten werden großflächige Dachbepflanzungen mit Erfolg angelegt. Folgende Vorzüge sind zu nennen:
– Vergrößerung der Grünflächen in der Stadt
– Verbesserung des Mikroklimas im Bereich der Gebäude durch Ausgleich von extremen Temperaturänderungen an der Dachoberfläche
– Speicherung von Niederschlagswasser und dadurch Erhöhung der Luftfeuchte bei trockener Witterung
– sommerlicher Wärmeschutz durch Verdunstung
– Luftverbesserung durch Kohlendioxidverbrauch, Sauerstoffabgabe und Staubbindung
– Wärmedämmung durch die Vegetationsschicht und durch Luftpolsterbildung des Pflanzenbewuchses
– Schalldämmung gegen Außenlärm, je nach Dicke der Vegetationsschicht zwischen 45 dB und 35 dB
– Schutz der Dachdichtungsschicht gegen Witterungseinflüsse.

Man unterscheidet zwischen *extensiven* und *intensiven* Dachbepflanzungen.

Eine *extensive* Bepflanzung besteht aus anspruchslosen, niedrig wachsenden Kräutern, Sedum und Trockengräsern. Eine künstliche Bewässerung entfällt. Der Pflegeaufwand ist daher sehr gering. Allerdings fällt die Bepflanzung in regenarmen Zeiten zum Teil in Trockenstarre. Die Vegetationsschicht braucht nur 2 bis 7 cm dick zu sein.

Die *intensive* Dachbepflanzung ist gärtnerisch zu pflegen, sie muss gegebenenfalls künstlich bewässert werden, und sie braucht eine Vegetationsschicht von 15 bis 18 cm Dicke. Die Unterkonstruktion muss entsprechend tragfähig sein. Im Gegensatz zur extensiven Dachbepflanzung, die nicht trittfest ist, kann die Intensivbepflanzung i. d. R. begangen und als Freifläche genutzt werden. Zur Bepflanzung eignen sich Gräser, Stauden und Gehölze.

Flachdächer sind für Bepflanzungen besonders gut geeignet. Bepflanzungen können aber auch bis zu einer Neigung von 45° ausgeführt werden. Ab 20° Neigung sind Schubschwellen erforderlich, die das Abrutschen der Substratschicht verhindern.

Die Unterhaltung von extensiv bepflanzten Dächern einschließlich der anfallenden Reparaturen kann kostengünstiger sein als bei konventionell gedeckten bzw. abgedichteten Dächern.

3.5.2

Aufbau der Schichten

Der Aufbau des bepflanzten Daches hat folgende Funktionen zu erfüllen:

Die Vegetationsschicht bildet den Nährboden für die Pflanzen. Das von der Vegetationsschicht nicht zu speichernde überschüssige Wasser muss durch eine Dränung abgeleitet werden. Um zu verhindern, dass aus der Vegetationsschicht Feinteile in die Dränschicht geschwemmt werden, ist ein Filter zwischen Vegetationsschicht und Dränschicht zu legen. Insbesondere bei Wassermangel dringen Pflanzenwurzeln auf der Suche nach Feuchte durch feinste Spalten und herkömmliche Dichtungsbahnen bis in die tragende Konstruktion vor. Die Dachdichtung ist deshalb durch eine zwischen *Dränschicht* und Dichtung liegende besondere *Wurzelschutzschicht* zu schützen. Wegen möglicher Unverträglichkeit der Materialien von Wurzelschutzschicht und Dichtung ist häufig eine Trennlage zwischen diesen Schichten erforderlich. Um im Übrigen den Durchwurzelungsschutz zu gewährleisten, muss die Wurzelschutzschicht unmittelbar nach dem Verlegen durch eine obere Schutzlage vor jeder mechanischen Beschädigung geschützt werden.

Entsprechend diesen Funktionen ergibt sich oberhalb des Wurzelschutzes zunächst ein dreischichtiger Aufbau (Abb. **H.79**):
– Dränschicht (Blähton, Blähschiefer, Kunststoffstrukturelemente, Noppenmatten, Polystyrolplatten), Schichtdicke 2 bis 10 cm
– Filter (zum Beispiel Vliese aus Polyamid, Polyacrylnitril, Glasfasern, Steinwolle), Dicke 0,7 bis 2,5 mm
– Vegetationsschicht (Schüttstoffgemische aus verbesserten Böden oder aus Substraten auf der Basis organischer oder offenporiger mineralischer Stoffe; Substratplatten aus Schaumstoff oder aus Steinwolle), Dicke 2 bis 20 cm.

Bei bestimmter Zusammensetzung der Vegetationsschicht werden keine Feinteile ausgeschwemmt. In diesem Fall kann auf die Filterschicht verzichtet werden, und man kommt mit einem zweischichtigen Aufbau aus:
– Dränschicht
– Vegetationsschicht.

Schließlich gibt es auch Schüttstoffgemische mit Korngrößen, die das Wasser sowohl speichern als auch überschüssiges Wasser abfließen lassen. Somit kann auch ein einschichtiger Aufbau alle Funktionen erfüllen. Allerdings setzt dann das spezielle Substrat der Pflanzenwahl engere Grenzen als der dreischichtige Aufbau.

Für den Durchwurzelungsschutz haben sich Bahnen aus verschiedenen Polyvinylchlorid (PVC-)Arten, aus Ethylen-Copolymerisat-Bitumen (ECB), aus Ethylen-Propylen-Dien (EPDM) und aus Bitumen mit Metallbandeinlagen als dauerhaft erwiesen. Zur schützenden Abdeckung des Durchwurzelungsschutzes verwendet man Vliese, Folien, Matten, Platten oder auch einen Schutzestrich (Abb. **H.79 a**). Als Trennlagen zwischen materialunverträglichen Schichten sind Trennfolien aus Polyethylen (PE) oder Trennvliese aus Polypropylen (PP) geeignet.

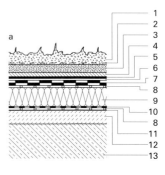

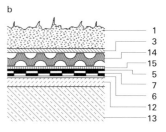

Abb. H.79
Gesamtschichtaufbau eines dreischichtigen Gründaches

a Warmdach mit Dränschicht aus Schüttstoffen, extensive Begrünung
b Umkehrdach mit Dränelement aus wärmedämmendem Kunststoff, intensive Begrünung

1 Vegetationsschicht
2 Filtermatte
3 Drainageschicht
4 Schutzestrich
5 Wurzelschutzbahn
6 Trennschicht
7 Abdichtung 2 lagig
8 Dampfausgleichsschicht
9 Wärmedämmung
10 Dampfsperre
11 bituminöser Voranstrich
12 Gefällebeton
13 tragende Decke
14 Drainageelement wärmegedämmt
15 Bautenschutzmatte

3.5.2 Geneigte Dächer H

Die Durchwurzelungsfestigkeit hängt neben den Stoffeigenschaften vor allem von einer sorgfältigen Verlegung der Wurzelschutzbahnen ab.

Die Dachränder sollen von der Bepflanzung frei gehalten werden. Längs der Traufen wird ein ungefähr 25 cm breiter Randstreifen aus Kies oder Splitt eingebaut, der für die sichere Abführung des Oberflächenwassers sorgt. An aufgehenden Wänden und Attiken soll der Randstreifen 50 cm breit sein, um die Wände gegen Spritzwasser zu schützen (Abb. **H.80**, **H.81**).

Abb. **H.82** zeigt die Konstruktion eines geneigten Daches mit einem einschichtigen Aufbau für extensive Pflanzung, die sich langjährig bewährt hat.

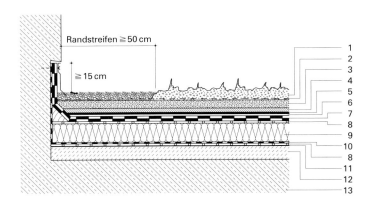

Abb. H.80
Extensives Gründach,
Detail Wandanschluss

1 Vegetationsschicht
2 Filtermatte
3 Drainageschicht
4 Schutzestrich
5 Wurzelschutzbahn
6 Trennschicht
7 Abdichtung 2-lagig
8 Dampfausgleichsschicht
9 Wärmedämmung
10 Dampfsperre
11 bituminöser Voranstrich
12 Gefällebeton
13 tragende Decke

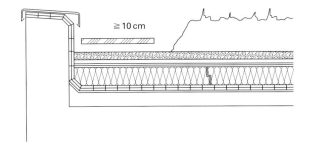

Abb. H.81
Intensives Gründach,
Detail Dachwandanschluss

1 Vegetationsschicht
2 Filterschicht
3 Drainageschicht
4 Bautenschutzmatte
5 Wurzelschutzbahn
6 Trennschicht
7 Wärmedämmung
8 Abdichtung 2-lagig
9 Trennschicht
10 Gefällebeton
11 tragende Decke

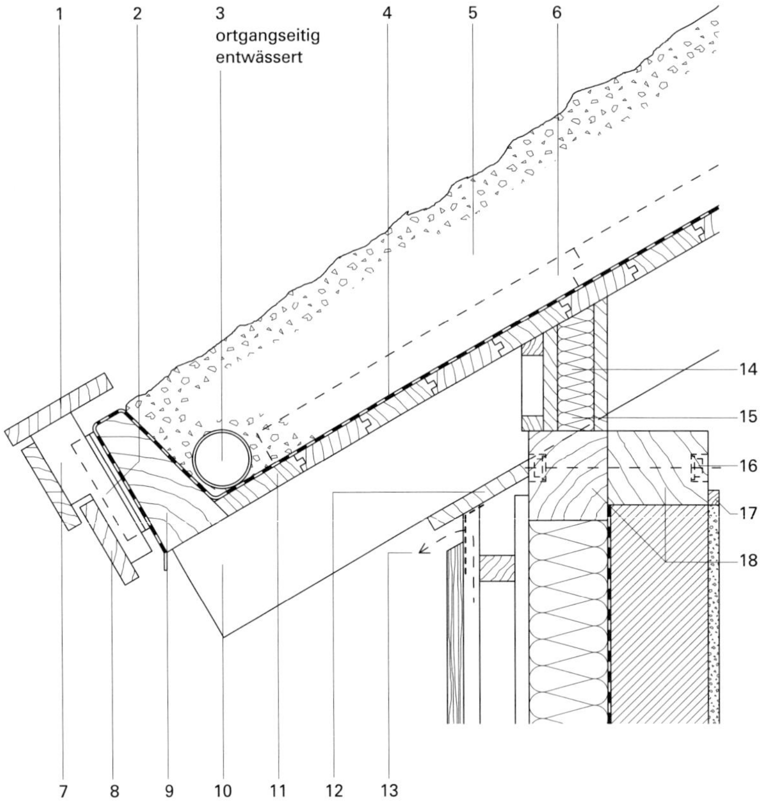

Abb. H.82
Geneigtes Gründach: Traufdetail
Die darunter befindliche Gebäudewand ist eine zweischalige Konstruktion mit Außendämmung und hinterlüfteter Wetterschale aus Holzbrettern
(Maßstab 1 : 10)

1 Traufdeckbrett
2 Eckverbinder
3 Dränrohr über giebelseitigen Wasserspeier entwässern
4 vorkonfektionierte Dichtungsbahn mit Wurzelschutz
5 Erdsubstrat mit hohem Blähtonanteil
6 gegebenenfalls zusätzliche Wärmedämmung nach dem Prinzip des Umkehrdaches
7 Zahnbrett
8 Traufschalung
9 Randbohle
10 Sparren
11 NH-Schalung
12 Deckbrett für Hinterlüftung
13 Luftspalt
14 Füllpaneel mit Dämmung
15 Deckleiste
16 Verbindungsbolzen für Kantholzkonstruktion
17 Putzabschlussleiste
18 Kantholzrähme für Sparrenauflager bzw. oberer Wandabschluss

3.6

Dachgaupen

Dachgaupen oder Dachfenster (siehe Abschn. H.1.2) sind aus baukonstruktiver Sicht Durchbrechungen einer Dachfläche, andererseits aber Bestandteile eines Daches, müssen also dessen konstruktive Merkmale aufnehmen.

Noch viel sorgfältiger als bei Dachfenstern, die beim Neubau von vornherein vorgesehen sind, ist die konstruktive Einbindung beim nachträglichen Einbau vorzunehmen.

Am Beispiel einer Schleppgaupe mit senkrechten, geschlossenen Seiten und senkrechter Stirnfläche, die das Fenster enthält, werden die konstruktiven Probleme aufgezeigt (Abb. **H.83**):
– Bei Dachkonstruktionen mit statisch bestimmtem Systemen (Pfettendächer) sind Eingriffe in die konstruktive Struktur einfacher zu bewältigen als bei statisch unbestimmten Systemen (zum Beispiel Kehlbalkendach). Auf jeden Fall sollten kleinere Gaupen in ihrer Breite auf ein Sparrenfeld beschränkt werden, d. h. direkt auf zwei Sparren aufsitzen. Zusätzliche Dachlasten, insbesondere bei Auswechselungen von Sparren, müssen berücksichtigt werden. Verformungen der Dachkonstruktion und des Gesamttragwerks eines Gebäudes sind in Betracht zu ziehen.
– Bei Dachziegel- bzw. Dachsteindeckung ist die Lage des Dachausschnitts für die Gaupe in der Höhe und in der Breite auf die Maße der Dachziegel bzw. -steine abzustellen.
– Die Dachneigung der Schleppgaupe ist flacher als die übrige Dachfläche. Je nach Deckungsart und Deckungsmaterial ist auf ausreichende Neigung zu achten, gegebenenfalls muss die abgeschleppte Fläche eine Metalldachdeckung erhalten.
– Insbesondere durchlüftete Dächer dürfen in ihrer bauphysikalischen Funktionsfähigkeit (Abb. **H.84** und **H.85**) (vgl. Abschnitt H.3.2.4.1 Lüftung) nicht beeinträchtigt werden.

Abb. H.83
Schleppgaupendetails

I   falsch: Schwächung des Sparrens
II falsch: unterschiedl. Verformungen
← A Abluft
→ Z Zuluft
↓   Lastabtragung

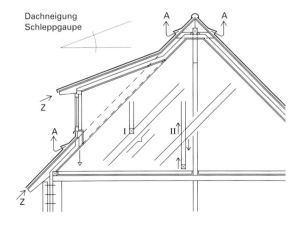

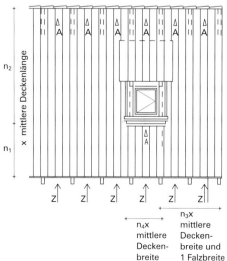

H Geneigte Dächer 3.6

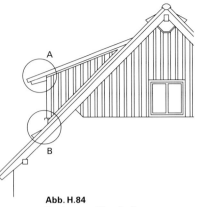

Abb. H.84
Dachgaupe, Einzelheiten

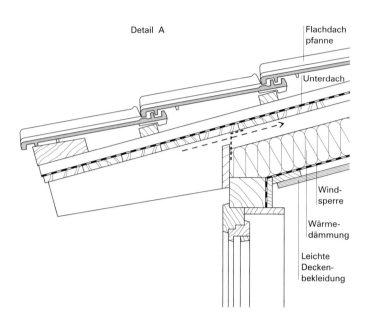

Detail A
- Flachdachpfanne
- Unterdach
- Windsperre
- Wärmedämmung
- Leichte Deckenbekleidung

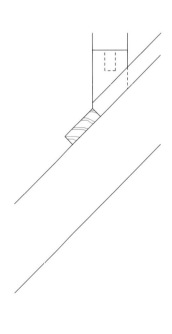

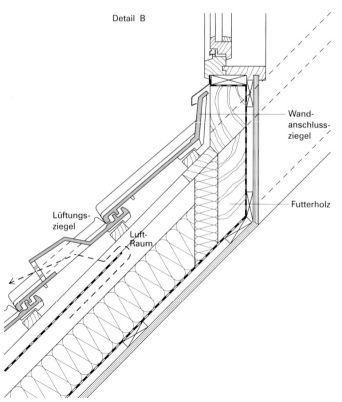

Detail B
- Wandanschlussziegel
- Futterholz
- Lüftungsziegel
- Luft-Raum

3.6 Geneigte Dächer   H

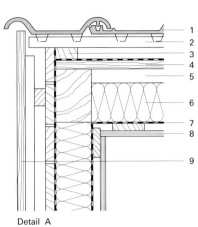

Abb. H.85
Dachgaupe, Einzelheiten

1 Flachdachpfanne
2 Traglattung
3 Konterlattung
4 Unterdach
5 Luftschicht
6 Wärmedämmung
7 Windsperre
8 leichte Deckenbekleidung
9 aufgedoppelte Schalung
10 Wandanschlussblech
   mit den Ziegeln einzudecken
11 Wandanschlussziegel
12 Wandanschlussblech

Detail A

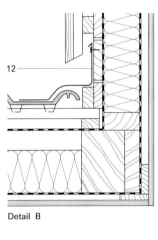

Detail B

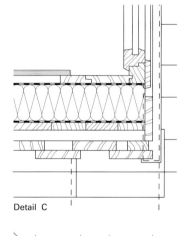

Detail C

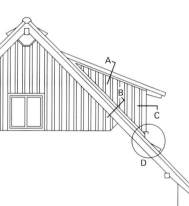

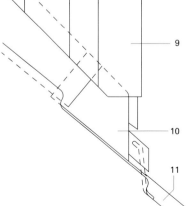

Detail D

4
Flachdächer

4.1

Allgemeines

Die begriffliche Abgrenzung von Flachdächern zu geneigten Dächern wird in Abschnitt H.1.3 abgehandelt. Insoweit wird dorthin verwiesen.

Wenn der Fachverband Dach-, Wand- und Abdichtungstechnik im Zentralverband des Deutschen Dachdeckerhandwerks in den von ihm herausgegebenen *„Flachdachrichtlinien"* [H.13] ausschließlich Dachabdichtungen abhandelt, so vollzieht er damit pragmatisch eine klare Abgrenzung, der hier auch gefolgt wird.

Anders als geneigte Dächer sind Flachdächer in der Regel Verbundkonstruktionen, bei denen sich eine Fülle baukonstruktiver Funktionen überlagern. Die verschiedenen Einflussgrößen müssen bekannt sein und selbstverständlich bei der Planung Berücksichtigung finden.

Die Einwirkungen auf Flachdächer lassen sich nach ihrer Herkunftsart in
– Witterungseinflüsse,
– Einwirkung durch Nutzung und
– Einwirkung statisch-baukonstruktiver Herkunft differenzieren.

Als Basis für den baukonstruktiven Entwurf ist jedoch eine Gliederung des Problemkomplexes nach bauphysikalischen und bauchemischen Parametern sinnvoller. Eine besondere Rolle spielt das Problem der Verformungen (Definition siehe Abschn. E.2.1.2). Zu unterscheiden ist in lastabhängige Verformungen (elastische Verformung sowie Kriechen aufgrund von Lasteinwirkung) und lastunabhängige Verformungen (Temperaturverformung sowie Schwinden und Quellen von Baustoffen). Die Herkunft der Verformungsursachen ist verschieden, die Wirkungen kumulieren jedoch häufig. Der besseren didaktischen Wirkung wegen werden Einflüsse auf Flachdächer in Tabelle **H.13** übersichtlich dargestellt.

Es gibt zwei Konstruktionsalternativen für Flachdächer (Abb. **H.86**), die auch hinsichtlich der in Tabelle **H.13** dargestellten Einflüsse unterschiedlich zu bewerten sind:
– Flachdächer, nicht belüftete
– Flachdächer, belüftete.

Zwei Varianten der nicht belüfteten Flachdächer, das Umkehrdach und das Duo-Dach, werden im Abschnitt E.4.7 als Sonderkonstruktionen erwähnt.

Es wird empfohlen, auch bei Flachdächern Dachüberstände einzuplanen. Die Vorteile liegen auf der Hand:
– Schutz der Außenwände gegen Niederschläge
– Schutz des baukonstruktiv sensiblen Auflagerbereichs
– gestalterische Akzentuierung des Dachs durch Ausbildung eines funktionalen Formensprungs
– Entzerrung der baukonstruktiven Problemzonen von Dachrand und Dachauflager.

Abb. H.86
Konstruktionsschichten flacher Dächer.

a Durchlüftete Dachkonstruktion
b Nicht durchlüftete Dachkonstruktion
– Stahlbetondecke, als Unterlage für den Schichtenaufbau; meist oberste Geschossdecke.
– Trennlage, zugleich Ausgleichsschicht, lose verlegt oder teilflächig verklebt.
– Bituminöse Abdichtung, als Dampfsperre
– Wärmedämmung
– Schutzbahn, als Dampfdruckausgleichsschicht
– Luftschicht, d. i. durchlüfteter Dachraum des zweischaligen Daches
– Bituminöse Abdichtung
– Kiesschicht, als Oberflächenschutz oder Auflast
– Plattenbelag, als Nutzschicht, zugleich Oberflächenschutz

1 Plattenbelag
2 Kiesschicht
3 bituminöse Abdichtung
4 Schalung
5 Luftraum
6 Schutzschicht
7 Wärmedämmung
8 Trennlage
9 Stahlbetondecke

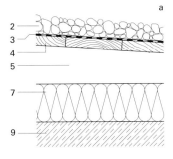

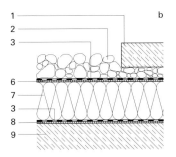

Tabelle H.13
Flachdächer.
Bauphysikalische und bauchemische
Einflüsse.

Feuchtigkeit	Niederschlag	Regen (Schlagregen) Schnee Hagel
	Baufeuchte	Konstruktionsfeuchtigkeit Raumluftfeuchtigkeit
	Nutzungsfeuchte	Wasserdampf aus Wohn- oder sonstigen Nutzungen (zum Beispiel Schwimmbäder)
Temperatur	Frost	Eisbildung Tauwasserbildung
	Hitze	Materialveränderungen Wasserdampfbildung
	Temperaturwechsel	Volumenveränderungen von Baukonstruktionen und Baustoffen
Lasten	Eigenlasten	elastische Kriechverformung der Tragkonstruktion
	Wind (Druck/Sog)	
	Verkehrslasten	
Nutzung	mechanischer Verschleiß und Beschädigung von Nutz- und Deckschichten während der Bauzeit, bei Wartungs- und Reparaturarbeiten und durch reguläre Nutzung (Begehen, Befahren).	
Sonneneinstrahlung	UV-Strahlung	chemische Veränderung von Baustoffen
Luftverschmutzung	In Luft und Niederschlägen enthaltene aggressive Verunreinigungen.	
	Staubablagerung, Humusbildung aus organischen Flugstoffen (Laub) und sekundäre Beschädigung von Dachabdichtungen durch Pflanzenwurzeln.	
Korrosion	elektrolytische Korrosion	Zusammenwirken verschiedener Metalle mit Wasser
	chemische Korrosion	Zerstörung von Metallen durch Einwirkung von Wasser bzw. von Wasser mit chemischen Verunreinigungen

In weit höherem Maße als bei geneigten Dächern spielen für die dauerhafte Funktionsfähigkeit eines Flachdachs neben sorgfältiger Planung und Ausführung auch die spätere *Wartung* und *Pflege* und *regelmäßige Inspektionen* eine entscheidende Rolle.

Nicht durchlüftete Flachdächer sind Verbundkonstruktionen aus industriell hergestellten Produkten. Auch mehrlagige Abdichtungen durchlüfteter Flachdächer verbinden verschiedene oder ähnliche Baustoffe.

Verbundbaustoffe und Verbundbauteile stellen derzeit ein großes *Abfall-Problem* dar, wenn sie bei Reparaturen ausgewechselt werden müssen oder wenn ganze Gebäude abgerissen werden. Dem Abfallvermeidungs- und -verwertungsgrundsatz des „Gesetzes über die Vermeidung und Entsorgung von Abfällen" *(AbfG)* kann i. d. R. nicht Rechnung getragen werden. Recycling, d. h. die Verwertung und Wiederverwendung dieser Baustoffe, ist nur beschränkt möglich. In den 1960er Jahren noch verwendete Teerpeche, sie bestehen größtenteils aus polyzyklisch aromatischen Kohlenwasserstoffen und sind hochgradig gesundheitsgefährdend [E.5], sind zwar heute direkt nicht mehr gebräuchlich, werden jedoch in einem speziellen Recyclingverfahren durch Umhüllung mit bitumenhaltigen Bindemitteln ungefährlich gemacht. Der Stoff ist also nach wie vor existent. Bitumen werden aus Erdöl hergestellt, sind also wie Teerpeche organische Verbindungen. Sie sind bei der fraktionierten Destillation von Erdöl das schwerste und damit letzte Produkt. Zu ihrer Herstellung ist ein hoher Energieaufwand erforderlich.

Hoher Energieaufwand kennzeichnet auch die Herstellung von Kunststoffen oder Polymerwerkstoffen. Auch hier ist der Ausgangsstoff hauptsächlich Erdöl und andere fossile Energieträger. Es wird also aus endlichen Ressourcen geschöpft.

Teerpeche und Bitumen sind brennbar. Kaltbitumen sind wegen ihres hohen Anteils leichtflüchtiger Lösungsmittel besonders feuergefährlich. Die für Wärmedämmungen von Flachdächern verwendeten Kunststoffe wie auch sämtliche Materialien für Abdichtungsbahnen (Kunststofffolien, hochpolymere Dach- und Dachabdichtungsbahnen sowie Bitumen-, Dach- und Dichtungsbahnen) sind als normalentflammbare Baustoffe nach DIN 4102-1 i in die Brennbarkeitsklasse B 2 eingestuft. Nicht brennbar ist hingegen Schaumglas.

Die hier angerissenen Probleme belasten die Abwägung zwischen geneigtem Dach und Flachdach und zwischen durchlüftetem und nicht durchlüftetem Flachdach zuungunsten der jeweils zweiten Alternative.

4.2

Begriffe

Dachabdichtung

Eine Dachabdichtung ist ein flächiges Bauteil zum Schutz eines Bauwerkes gegen Niederschlagswasser. Sie besteht aus einer über die gesamte Dachfläche reichenden wasserundurchlässigen Schicht. Zur Dachabdichtung gehören auch Anschlüsse, Abschlüsse, Durchdringungen und Fugenausbildungen.

Dachneigung

Die Dachneigung ist die Neigung der Dachfläche gegen die Waagerechte. Das Maß der Dachneigung wird ausgedrückt als Winkel zwischen Dachfläche und der Waagerechten in Grad (°) oder als Steigung der Dachfläche gegen die Waagrechte in Prozent (%).

Unterlage

Unterlage ist das Bauteil, auf das die Dachabdichtung unmittelbar aufgebracht wird, zum Beispiel Schalung aus Holz oder Holzwerkstoffen, Dämmschicht oder die tragende Unterkonstruktion.

Bewegungsfuge

Bewegungsfuge ist eine Trennung zweier Bauteile, die ihnen unterschiedliche Bewegungen ermöglicht.

Durchdringung

Bei einer Durchdringung wird die Dachabdichtung punktförmig durchstoßen, zum Beispiel von Rohrleitungen, Kabeln und Stützen.

Anschluss

Anschluss ist die Verbindung der Dachabdichtung mit aufgehenden oder sie durchdringenden Bauteilen. Es werden starre und bewegliche Anschlüsse unterschieden.

Abschluss

Abschluss ist die Ausbildung der Dachabdichtung am Dachrand.

Trennschicht

Trennschicht ist die flächige Trennung einer Dachabdichtung von angrenzenden Bauteilen bzw. Materialien.

Oberflächenschutz

Oberflächenschutz ist die Abdeckung einer Dachabdichtung zum Schutz vor mechanischer, thermischer und/oder atmosphärischer Beanspruchung (zum Beispiel Dachbegrünung).

Auflast

Auflast ist die Belastung einer Dachabdichtung zur Sicherung gegen Windlasten.

Dachbegrünung

Dachbegrünung ist die Bepflanzung einer Dachfläche einschließlich der Vegetationsschicht, der Drainschicht und der Abdichtung.

einschalig

Verbundkonstruktion ohne Luftschichten.

zweischalig (mehrschalig)

Durchlüftete Konstruktionen, deren Konstruktionsschichten durch Luftschichten getrennt sind.

4.3

Planungshinweise

Voraussetzungen für funktionssichere Dachabdichtungen:
– Überprüfung der Unterlage für die Abdichtung bzw. der Unterkonstruktion für Verbundkonstruktionen (zum Beispiel nicht durchlüftete Flachdächer) auf Fehlstellen, Unebenheiten, Rauigkeiten, Verunreinigungen und Feuchtigkeit
– Ausreichendes Gefälle der Unterlage: Die Empfehlung der *Flachdachrichtlinien* zur Einhaltung eines Mindestgefälles von 2 % ($\triangleq$ 1,1 °) werden nicht für ausreichend gehalten. Hier werden hingegen mindestens 5° ($\triangleq$ 8,75 %) gefordert.
– Gefälleschichten unter Dampfsperren sollten nicht aus Wärmedämmstoffen hergestellt werden.
– Dachabläufe in ausreichender Zahl und an den Tiefpunkten der Dachflächen anordnen.
– Innenliegende Rinnen sollen ausreichendes Längsgefälle haben (2 %).
– Bewegungsfugen müssen in der Unterlage bzw. der Unterkonstruktion deutlich erkennbar sein bzw. in ausreichender Anzahl vorgesehen werden. Schwinden und Quellen von Unterlagen aus Holz und Holzwerkstoffen ist in Betracht zu ziehen. Gegebenenfalls sind Trennlagen bzw. Schleppstreifen zur Überdeckung von Fugen vorzusehen, um kraftschlüssige Verbindungen zwischen sich bewegenden Unterlagen und Unterkonstruktionen und Dachabdichtungen zu vermeiden.
– Bei leichten Unterkonstruktionen wie Trapezblechen müssen Verformungen durch Windsogkräfte in Betracht gezogen werden.
– Windsog- und Abhebekräfte wirken vor allem bei großen Überständen von leichten Flachdächern.
– Ortbeton muss vor dem Aufbringen von Flachdachkonstruktionsschichten abgebunden haben.
– Bei Gefälle über 3° ($\triangleq$ 5 %) empfehlen die *Flachdachrichtlinien* Maßnahmen zur Verhinderung des Abgleitens von Schichten des Dachaufbaus bei Erwärmung durch Sonnenstrahlung, zum Beispiel Fixierung von Dachbahnen durch versetzte Nagelung am oberen Rand, Überlappen der Bahnen am First mit Fixierung jenseits des Firstes oder Verwendung von Steildachbahnen- und -schweißbahnen.
– Oberflächenschutz (siehe Abschn. H.4.2) der Dachabdichtung
– In Anwendung einschlägiger Unfallverhütungsvorschriften sollten Sicherungsmaßnahmen in Form von Sicherheitsleinen und Fangnetzen durch Schaffung von Anschlagpunkten und Montagehilfen an geeigneten Stellen ermöglicht werden. Hinweise geben die Bauberufsgenossenschaften.

4.4

Flachdachkonstruktionen

4.4.1

Unterlagen für den Dachaufbau
– *Ortbetondecken* müssen eben abgezogen und nesterfrei und der Beton muss erhärtet sein, bevor Flachdachkonstruktionsschichten aufgebracht werden. Mit dem Erhärten des Betons ist noch nicht das Austrocknen verbunden.

- *Stahlbetonfertigteilflächen* müssen eben sein. An Fertigteilstößen dürfen keine Kantenversätze vorkommen. Fugen sind zu schließen.
- *Bimsbetonplatten* sollen mit einer fest haftenden Zementschlämme überzogen sein.
- *Dachschalungen* sollen mindestens 22 mm dick sein, um ausreichenden Halt für Nagelungen zu bieten, Vollholzverschalung mindestens 24 mm dick. Gegen aggressive Holzschutzmittel sind gegebenenfalls Trennschichten einzubauen.
- *Schalungen aus Holzwerkstoffen* sind:

Spanplatten nach DIN 68 763 – Flachpressplatten, Plattentyp V 100 G; Sperrholz nach DIN 68 705-3 – Baufurniersperrholz, Plattentyp BFU 100 G, Sperrholz nach DIN 68 705-5 – Baufurniersperrholz aus Buche, Plattentyp BFU – BU 100 G. Neben diesen in den *Flachdachrichtlinien* empfohlenen Werkstoffen gibt es auf dem Markt eine Reihe von Produkten, bei deren Herstellung insbesondere die Kriterien der Ressourcenschonung, des Recycling und des Gesundheitsschutzes maßgeblich waren. Soweit diese Produkte nicht normiert sind, müssen die Vorschriften des Bauproduktengesetzes besonders beachtet und von Fall zu Fall die Eignung für den besonderen Verwendungszweck geprüft werden. Wegen der zu erwartenden Längenänderungen von Holzwerkstoffplatten sollen Kantenlängen von höchstens 2500 mm eingehalten und eine ausreichende Anzahl von Fugen vorgesehen werden. Nicht unterstützte Plattenstöße sind als Nut-Feder-Fugen auszubilden.
- *Stahltrapezprofilbleche* nach DIN 18 807 sollen verzinkt und mindestens 0,88 mm dick sein. Ihre maximale Durchbiegung ist auf $l/300$ begrenzt. Die Trapezprofilobergurte (siehe Abb. **H.14**) sollen auf einer Höhe liegen. Die Toleranzgrenze liegt bei 2 mm. Durch Anbohren der Untergurte kann vor allem während der Bauarbeiten eingedrungenes Wasser abgeführt werden. Die Bleche bedürfen eines zusätzlichen Korrosionsschutzes. Dampfsperren sind insbesondere über Räumen mit Klimatisierung oder hoher relativer Luftfeuchte erforderlich.

4.4.2

Voranstrich

Voranstriche auf Unterlagen haben den Zweck, bei gleichzeitiger Staubbindung das Haftvermögen aufzutragender Klebemassen zu verbessern (Haftbrücke).

Auf Metallteilen, zum Beispiel Profilblechen, Metallverwahrungen, wird durch den Voranstrich die fabrikationsbedingte Fettschicht beseitigt, die sonst als Trennschicht wirkt und eine Verklebung verhindert [H.34].

Voranstriche bestehen vorwiegend aus dünnflüssigen Bitumenlösungen oder -emulsionen und werden aufgestrichen, aufgewalzt oder aufgesprüht. Wo keine Verklebung einer darauffolgenden Schicht vorgesehen ist, kann der Voranstrich entfallen.

Der Materialverbrauch liegt zwischen 250 und 450 g/m². Er ist abhängig von der Beschaffenheit des Untergrundes. Zu vermeiden sind filmartige Lachen, die meist keine gute Haftung vermitteln. Voranstriche gelten nicht als Notabdichtung, wenngleich Betonoberflächen mit aufgetragenem Voranstrich bei Niederschlägen deutlich weniger Wasser aufnehmen und schneller abzutrocknen pflegen.

4.4.3

Ausgleichsschicht und Trennschicht

Die in den *Flachdachrichtlinien* [H.13] als Trenn- und Ausgleichsschicht bezeichnete Bahn soll geringe Rissbildungen in der Unterlage überbrücken und eventuelle Rauigkeiten und Unebenheiten ausgleichen, darüber hinaus chemische Einwirkungen auf nachfolgende Schichten verhindern.

Folgende Bahnenstoffe eignen sich als Ausgleichs- und Trennschichten:
- Polyethylenfolien (PE-Folien)
- Öl- und Natronkraftpapier
- Polyestervliese
- Lochglasvlies- oder Glasvlies-Bitumenbahnen
- unterseitig grob bekieste Bitumenbahnen, Falz- oder Noppenbahnen
- lose verlegte, punkt- oder streifenweise verklebte Dampfsperrbahnen
- spezielle Hochpolymerbahnen.

Sofern Kombinationsbahnen mit den Funktionen einer Ausgleichsschicht *und* einer Dampfsperre verwendet werden sollen, sind für diese Aufgabe besonders geeignete Bahnen mit besonderen Festigkeitseigenschaften (zum Beispiel Bitumenschweißbahnen) zu wählen.

Bei nicht durchlüfteten Flachdachkonstruktionen, deren Schichten untereinander kraftschlüssig verbunden sind, soll die Ausgleichs- und Trennschicht über viele kleine Klebepunkte mit der Unterlage verklebt werden, damit bei ausreichender Haftung genügende Bewegungsmöglichkeit zwischen Unterlage und der Ausgleichs- und Trennschicht besteht.

4.4.4

Dampfsperre

Dampfsperren sollen verhindern, dass diffundierender Wasserdampf aus darunter liegenden Bauteilen bzw. Räumen in die Wärmedämmung eintreten kann. Beim Unterschreiten der Taupunkttemperatur würde dieser Wasserdampf zu Tauwasser kondensieren und die Wirksamkeit einer Wärmedämmung vermindern oder aufheben. Weitergehende Schäden sind damit vorprogrammiert. Diese bauphysikalischen Vorgänge sind umso wirksamer, je größer die Temperaturunterschiede zwischen Innen- und Außenluft sind.

Weil Nutzungsänderungen eines Gebäudes höhere klimatische Belastungen mit sich bringen können, erscheint es sinnvoll, stets hochwirksame Dampfsperren einzusetzen. Dampfsperrbahnen mit geringen Sperreigenschaften wirken dagegen lediglich bremsend und regulierend, wie das bei durchlüfteten Dachkonstruktionen vertretbar ist („Dampfbremse").

Die Sperrwirkung einer Dampfsperre wird als wasserdampfdiffusionsäquivalente Luftschichtdicke $\mu \cdot s$ in Meter (m) angegeben. Dabei ist der Faktor μ dimensionslos und als so genannte *Wasserdampfdiffusionswiderstandszahl* materialbezogen.

Der Streubereich dieses Faktors μ kann bei manchen Materialien sehr groß sein. In DIN 4108 – Wärmeschutz im Hochbau, Teil 4 – sind die μ-Werte einer Reihe von Baustoffen aufgeführt. Ergänzend dazu ist auf Herstellerangaben zu achten. Das betrifft sowohl bituminöse als auch hochpolymere Bahnen.

Wird eine gewisse Sicherheit beim Nachweis für die Dampfsperrwirkung einer Konstruktion angestrebt, sind die geringeren μ-Werte zur Ermittlung der wasserdampfdiffusionsäquivalenten Luftschichtdicke s_d einzusetzen.

Dringend empfohlen wird, keine Dampfsperrbahnen mit feuchtigkeitsempfindlichen Trägermaterialien zu verwenden. Glasvlies, Glasgewebe, Chemiefaservlies oder -gewebe, Metallbänder o. Ä. sind vorzuziehen.

Metallbandeinlagen aus Cu oder Al in Bitumenbahnen besitzen je nach Dicke sehr hohe bis unendliche μ-Werte. Diese Bahnen sind dampfdicht. Nach DIN 4108-3 gilt der Nachweis für einen ausreichenden Tauwasserschutz im Normalfall als erbracht, wenn der Einbau einer Dampfsperre in Verbindung mit einer ausreichend bemessenen Wärmedämmung vorgenommen wird.

Folgende Mindest-Dampfsperrwerte s_d (m) werden bei Raumklimawerten bis + 20 °C und 50 % relativer Luftfeuchte (= Normalklima) verlangt:

1. *Für durchlüftete Dachkonstruktionen* (vgl. Abschn. H.3.2.4.1)
a) Nach DIN 4108-3 bei Dächern mit einer Neigung $\geq$ 10° und abhängig von der Sparrenlänge a:
   $a \leq 10$ m: $s_d \geq 2$ m
   $a \leq 15$ m: $s_d \geq 5$ m
   $a > 15$ m: $s_d \geq 10$ m
b) Nach DIN 4108-3 bei Dächern mit einer Neigung < 10° unabhängig von der Sparrenlänge: $s_d \geq 10$ m
c) Nach DIN 18 530 – Massive Deckenkonstruktionen für Dächer – gelten die aus DIN 4108 übernommenen Werte.

Weitere Hinweise zu durchlüfteten Dachkonstruktionen:
– Spätestens in der Ebene unter der Wärmedämmung ist die unbedingte „Winddichtigkeit" zwischen darunter befindlichen Räumen (Raumluft) und der Durchlüftungsebene anzustreben. Dadurch soll jede Luftbewegung mit Feuchtigkeitstransport zwischen ihnen ausgeschlossen und Tauwasserbildung vermieden werden. Diese Forderung gilt insbesondere bei leichten Unterschalen.
– Winddichtigkeit ist auch mit geeigneten Dampfsperrbahnen zu erzielen.
– Dampfsperren sind sorgsam bei allen Anschlüssen und Durchdringungen anzudichten, weil Nachlässigkeiten darin weitreichende Folgen haben können (Durchfeuchtung der Wärmedämmung).

2. *Für nicht durchlüftete Dachkonstruktionen* (vgl. Abschn. H.2.2)
Nach DIN 4108-3 und DIN 18 530 unabhängig von Neigungen oder Abmessungen: s_d 100 m.

Weitere Hinweise zu nicht durchlüfteten Dachkonstruktionen:
– Die dampfsperrende Wirkung entsprechender Bahnen unterhalb der Wärmedämmung ist sicherzustellen. Das gilt für Anschlüsse und Durchdringungen und erfordert das Hochziehen der Bahnen über die Dämmschicht.

- Die Winddichtigkeit der Konstruktion ist zu beachten.
- Über der Dampfsperre angeordnete Schichten dürfen keine höheren Dampfsperreigenschaften als die Dampfsperre selbst besitzen. Das gilt vor allem für die Dachabdichtung/Dachhaut.
- Die Gesamtkonstruktion muss demzufolge nach oben/außen hin diffusionsoffener werden, um zum Beispiel stets vorhandene Feuchtigkeit in der Wärmedämmung *ausdiffundieren* zu lassen.

Für durchlüftete und nicht durchlüftete Dächer gilt:
Stahlbetondecken unter Dachkonstruktionen stellen eine Dampfsperre dar, die je nach der Deckendicke zwischen etwa 8 und 15 m diffusionsäquivalenter Luftschichtdicke liegen kann
(Beispiel: 15 cm B15: μ-Wert lt. DIN 4108-4 [Tabelle]:
$70 \cdot s_d = \mu \cdot s = 70 \cdot 0{,}15 = 10{,}5$ m).

Sonderfälle:
a) Unterlagen (Tragkonstruktionen) aus wärmedämmenden Baustoffen wie *Porenbeton oder Bimsbeton* erhalten in der Regel keine unterseitige Dampfsperrschicht, um das Austrocknen und die Regulierung der Raumluftfeuchte zu ermöglichen. Wird oberseitig eine zusätzliche Wärmedämmung vorgesehen, entscheidet der Tauwasser-Nachweis über die Anordnung einer Dampfsperre.
b) Unterlagen aus *Trapezprofilblechen* werden allgemein als dampfdicht bezeichnet. Das trifft jedoch nicht für die Längs- und Querstöße sowie für Anschlüsse, Abschlüsse und Durchdringungen zu. Beim nicht durchlüfteten Dach sollte grundsätzlich eine Dampfsperre eingebaut werden. Gleiches gilt für klimatisierte Gebäude wegen des höheren Innenluftdruckes. Dampfsperren auf Profilblechen müssen wegen der notwendigen Trittfestigkeit aus mindestens 4 mm dicken Bitumenschweißbahnen mit Gewebeeinlage bestehen.
c) Nagelbare Unterlagen wie *Holzbretter oder Spanplatten* erfordern eine Trennschicht gegenüber der Dampfsperre. Dies kann zum Beispiel eine verdeckt genagelte Bitumendachbahn oder hochpolymere Schutzbahn sein.
d) Wärmedämmschichten aus *Schaumglas* gelten als wasserdampfdicht. Einschränkungen sind für Fugenbereiche, Anschlüsse, Abschlüsse und Durchdringungen zu machen. Alle Fugen sind mit Klebemasse zu vergießen und besonders hohe Anforderungen an die Ebenheit des Untergrundes zu stellen. Hohlliegende Schaumglasplatten können nachträglich brechen. Die Bruchfugen sind dann dampfdurchlässig, wodurch Blasenbildungen unter der Dachhaut nicht auszuschließen sind.

Zur Verwendung als Dampfsperren gem. *Flachdachrichtlinien* sind geeignet:
- Bitumen-Schweißbahnen nach DIN 52 131, 4 mm dick, mit Aluminiumband- und Glasgewebeeinlage
- Bitumen-Schweißbahnen nach DIN 52 131, 4 mm dick, mit Aluminiumband- und Glasvlieseinlage
- Bitumen-Dampfsperrbahnen mit Aluminiumbandeinlage
- Bitumen-Dampfsperrbahnen mit Aluminiumband- und Glasvlieseinlage
- Bitumen-Schweißbahnen nach DIN 52 131 und DIN 52 133, 4 oder 5 mm dick
- Bitumen-Dachdichtungsbahnen nach DIN 52 130 und DIN 52 132
- Glasvlies-Bitumendachbahnen nach DIN 52 143
- Dampfsperrbahnen aus Polyethylen
- Dampfsperrbahnen aus PVC weich.

4.4.5

Wärmedämmung

Aufgaben dieser Konstruktionsschicht:
- Wärmeverluste eines Gebäudes und Temperaturschwankungen in seinen Bauteilen zu mindern
- zusammen mit der Dampfsperre: Verhinderung von Tauwasserausfall.

Die erforderlichen Mindestdicken für Wärmedämmschichten von Dachkonstruktionen ergeben sich aus den Anforderungen der Wärmeschutzverordnung.

Wärmedämmschichten können aus Platten, Matten, rollbaren Bahnen oder Ortschaum bestehen. Je nach Untergrund und geplantem Gesamtaufbau erfolgt die Verlegung lose mit Auflast, mechanisch fixiert, teilweise oder vollflächig verklebt.

Die Fugendichtigkeit dieser Konstruktionsschicht lässt sich durch versetzte Verlegung zweier Teilschichten oder durch entsprechende Randfalze erreichen. Das gilt vor allem für temperaturveränderliche Kunstharzschaumplatten. Deshalb sollen nach [H.13] derartige Dämmstoffplatten nicht größer als 125 cm × 62,5 cm sein.

Je nach Einsatzzweck müssen Dämmschichten genügend temperaturbeständig, formbeständig, maßhaltig, unverrottbar und trittfest sein.

Für die Eigenschaften von Wärmedämmstoffen nach DIN 18 161, DIN 18 164, DIN 18 165 und DIN 18 174 werden folgende Abkürzungen verwendet:

- W = Wärmedämmung, nicht druckbelastet
- WD = Wärmedämmung, druckbelastet
- WDH = Wärmedämmung mit erhöhter Druckbelastbarkeit unter druckverteilenden Böden
- WDS = Wärmedämmung in Wänden und belüfteten Dächern, auch druckbelastbar unter druckverteilenden Böden in unbelüfteten Dächern unter der Dachhaut und in Parkdecks
- WL = Wärmedämmung, nicht druckbelastet
- WS = Wärmedämmung, mit erhöhter Belastbarkeit für Sondereinsatzgebiete (zum Beispiel Parkdecks)
- WV = Wärmedämmung, beanspruchbar auf Abreiß- und Scherbeanspruchung

In den *Flachdachrichtlinien* sind die zur Verwendung kommenden Dämmstoffe nach Anwendungszweck und Baustoffklassen zusammengestellt:

DIN 18 161
- Korkerzeugnisse als Dämmstoffe für das Bauwesen
- Backkork (BK) mit Rohdichte von mind. 80 kg/m^3
- imprägnierter Kork (IK) mit Rohdichte von mind. 120 kg/m^3

DIN 18 164
- Schaumkunststoffe als Dämmstoffe für das Bauwesen
- Phenolhartschaum (PF) mit Rohdichten von mind. 30 bis 35 kg/m^3
- Polystyrol-Partikelschaum (PS) mit Rohdichten von mind. 15 bis 30 kg/m^3
- Polystyrol-Extruderschaum (PS) mit Rohdichten von mind. 25 bis 30 kg/m^3
- Polyurethan-Hartschaum (PUR) mit Rohdichten von mind. 30 kg/m^3

DIN 18 165
– Faserdämmstoffe für das Bauwesen (Min)

DIN 18 174
– Schaumglas als Dämmstoff für das Bauwesen (SG) mit einer Rohdichte von mind. 100 bis 150 kg/m^3
– nicht genormte Dämmplatten aus expandierten Mineralien
– nicht genormte bituminös gebundene Schüttungen aus expandierten Mineralien.

Die Wärmeleitzahlen (λ) für Kunstharzschäume, Faserdämmstoffe und Schaumglas liegen zwischen 0,020 und 0,050 W/(m · K)

Im Handel sind:
– beiderseits unkaschierte Dämmstoffe
– mit Spezialpapieren, Folien, Metallbändern und/oder Bitumenbahnen ein- oder beidseitig kaschierte Dämmstoffe
– Mehrschichtmaterialien (oft gleichzeitig Mehrfunktionsmaterialien)
– Mehrfunktionsmaterialien (nicht immer gleichzeitig Mehrschichtmaterialien).

Zu den beiden letzten Gruppen gehören zum Beispiel Platten mit oberseitig eingeformten Rillen für den Dampfdruckausgleich und überlappend aufkaschierte Bitumendachbahnen als erste Lage der Dachabdichtung. Dämmstoffe für durchlüftete Dächer werden in der Regel nicht druckbelastet und können lose verlegt werden. Hier genügen Materialien des Typs W mit einer Rohdichte von mindestens 15 kg/m^3.

Für nicht durchlüftete Dächer werden dagegen höhere Druckfestigkeiten notwendig, die mit den Anwendungstypen
W/WD   mit etwa 0,10 N/mm^2 und
WS   mit etwa 0,15 N/mm^2
Belastbarkeit bei 10 % Stauchung zu erfühlen sind.

Die *Flachdachrichtlinien* [H.13] fordern darüber hinaus für Kunstharzschäume Mindestrohdichten von 20 kg/m^3.

Bei besonderen Anwendungsbereichen wie befahrenen Dachflächen können Druckfestigkeiten bis zu 0,30 N/mm^2 erforderlich werden.

Dämmstoffe, die die Temperaturen einer Heißverklebung bis zu etwa 200 °C nicht mehr vertragen, müssen entweder kaschiert sein, können lose mit Auflast, mit mechanischen Befestigungen (Tellerdübeln) oder mit geeigneten Kaltklebern (Lösungsmittelverträglichkeit) verlegt werden.

Schaumglasplatten sind vollflächig in Bitumenkleber auf dem Untergrund „einzuschwimmen". Dämmplatten mit großen, thermisch bedingten Abmessungsveränderungen (wie zum Beispiel *Polystyrol-Extruderschaum*) müssen eine Trennlage gegenüber der darüber angeordneten Dachabdichtung erhalten.

Faserdämmstoffe benötigen in der Regel keine darüber liegende Dampfdruckausgleichsschicht, weil dieser Vorgang im Dämmstoff selbst erfolgt.

4.4.6

Durchlüfteter Dachraum (vgl. Abschn. H.2.2)

Hier werden flachgeneigte Dächer mit bis zu 10° Dachneigung abgehandelt.

Die Wirksamkeit der Dachraumdurchlüftung ist im Wesentlichen abhängig von:
– der vorhandenen (ungünstigsten) Dachneigung, wobei Dächer mit Innengefälle solchen ohne Gefälle gleichzusetzen sind
– dem Abstand zwischen Lufteinlass- und Luftauslassöffnungen
– der Größe, Art und Lage dieser Öffnungen
– dem Querschnitt des durchströmten Luftraumes
– der Art und dem Umfang strömungsbehindernder Bauteile im Dachraum
– der Verhinderung von Lüftungssäcken
– der Lage des Dachraumes in seiner Umgebung (lokale Windverhältnisse) und zur Hauptwindrichtung
– den Auswirkungen von Winddruck und Windsog.

Querschnittsbemessungen können vorgenommen werden nach:
a DIN 4108-3 für den freien Lüftungsquerschnitt sowie die Be- und Entlüftungsöffnungen
b *Flachdachrichtlinien* für freie Lüftungsquerschnitte sowie Be- und Entlüftungsöffnungen (vgl. auch Abschnitt H.2.2.2)
c *E. Hoch* [H.23]:
Die mittlere Höhe des Lüftungsraumes soll etwa 1/30 des Lüftungsweges betragen (15 m Lüftungsweg = 50 cm Luftraumhöhe i. M.). Bei gefällelosen Dachkonstruktionen sind mindestens 20 cm Höhe vorzusehen.

Befinden sich unter einer durchlüfteten Dachkonstruktion klimatisch hoch belastete oder klimatisierte Räume, sind zusätzliche Maßnahmen wie Luftraumerhöhung, verbesserte Dampfbremswirkung unter der Wärmedämmung, motorische Zwangsentlüftung oder sogar die Abkehr vom Konstruktionsprinzip zu erwägen.

4.4.7

Dampfdruckausgleichsschicht

Dampfdruck entsteht i. d. R. bei Erwärmung in der Konstruktion eingeschlossener oder eindiffundierter Feuchtigkeit. Dampfdruckausgleich, d. h. Entspannung des Dampfdrucks, ist bei nicht durchlüfteten Flachdachkonstruktionen über dünne Luftschichten, die Verbindung mit der Außenluft haben, möglich. Dünne Luftschichten sind bei loser Verlegung der untersten Dachbahn vorhanden bzw. sind durch punktweise oder streifenförmig versetzte Verklebung zu erreichen. Auch haben auf der Unterseite grob strukturierte Bahnen die Wirkung punktweiser Verklebung, wenn sie flächenhaft verklebt werden. Beispiele:
– unterseitig grob bestreute Dachabdichtungsbahnen als erste Lage einer Dachabdichtung
– Lochglasvliesbahnen (mit vollflächiger Verklebung der nachfolgenden Abdichtungsbahn)
– unterseitig mit Chemiefasermatten oder -vliesen ausgerüstete Bahnen
– Falz-, Noppen- oder Wellenbahnen

- Bitumenschweißbahnen als erste Lage einer Dachabdichtung
- alle sonstigen für Dachabdichtungen zugelassenen Bitumen- oder Hochpolymerbahnen (Kunststoff-Dichtungsbahnen) in loser Verlegung bei Auflast bzw. teilflächiger Verklebung
- Dämmstoffplatten mit oberseitigen Ausgleichsvertiefungen (Rillen/Kanäle).

Sofern Bahnen gleichzeitig erste Lage einer Dachabdichtung sind, müssen sie mit den folgenden Lagen *vollflächig* verklebt werden. Beim Einbau von Hochpolymerbahnen sind die Herstellerrichtlinien zu beachten. Gleiches gilt bei der Verwendung von Kombinationsmaterialien.

Dampfdruckentstehung lässt sich einschränken durch Behinderung von Hitzeeinwirkung auf die nicht durchlüftete Flachdachkonstruktion, zum Beispiel durch Kiesschichten oder Dachbegrünung.

4.4.8

Dachabdichtung

Voraussetzungen für die dauerhafte Funktionsfähigkeit von Dachabdichtungen sind:
- Eignung gegen alle äußeren klimatischen Einflüsse und Nutzungsbeanspruchungen
- Verträglichkeit mit anderen Werkstoffen oder Bauteilen. Das gilt insbesondere gegenüber Verbindungs- und Klebemitteln sowie in Kombination von bituminösen und hochpolymeren Bahnen
- sichere Verarbeitbarkeit unter baustellenüblichen Bedingungen
- Beachtung der allgemein gültigen und werkstoffbezogenen Verarbeitungsrichtlinien.

Für die Abdichtung *genutzter Dachflächen* ist DIN 18 195 Bauwerksabdichtungen anzuwenden. Dachabdichtungen können unterschieden werden nach
- vorwiegend verwendeten Werkstoffen wie Bitumenbahnen, Hochpolymerbahnen oder Beschichtungen (vgl. Abschnitte H.3.2.3.7 und H.3.2.3.8)
- der Anzahl der Abdichtungslagen von ein- bis mehrlagig
- den Verlegetechniken wie:
  lose Verlegung mit Auflast, wobei die Verklebung darunter befindlicher Schichten gegebenenfalls entbehrlich ist;
  teilflächige Verklebung mit gleichzeitiger Funktion als Dampfdruckausgleichsschicht;
  mechanische Fixierung bei gleichzeitiger Funktion als Dampfdruckausgleichsschicht (das gilt vor allem für Hochpolymerbahnen);
  vollflächige Verklebung mit dem Untergrund.

Hinsichtlich der Ausführungen von Dachabdichtungen aus reinen oder kunststoffmodifizierten Bitumenbahnen (Tabelle **H.15**) (Lagenanzahl, Bahnarten, Kombinationsmöglichkeiten usw.) je nach Dachneigungsgruppe muss auf die Inhalte der *Flachdachrichtlinien* [H.13], der DIN 18 338 – Dachdeckungs- und Dachabdichtungsarbeiten – sowie DIN 18 531 – Dachabdichtungen – verwiesen werden. Bei der Verwendung von Hochpolymerbahnen gelten daneben auch die Verlegerichtlinien der Herstellerfirmen.

Angaben über Mindestdicken einlagig zu verlegender Hochpolymerbahnen sind in DIN 18 195 – Bauwerksabdichtungen – und DIN 18 338 zu finden. Bei den Hochpolymerbahnen, in DIN 18 195-2 unter Ziffer 3.7 aufgelisteten Kunststoff-Dichtungsbahnen, handelt es sich im Einzelnen um:
1. Polyisobutylen-(PIB-) Bahnen nach DIN 16 935
2. Polyvinylchlorid- (weich) Bahnen (PVC weich), bitumenbeständig, nach DIN 16 937
3. Polyvinylchlorid- (weich) Bahnen (PVC weich), nicht bitumenbeständig, nach DIN 16 938
4. Ethylenpolymerisat – Bitumen-(ECB-)Bahnen nach DIN 16 729

Grundsätzlich zeigt die Praxis:

Abdichtungsprobleme bei Flachdächern gibt es hauptsächlich in Anschluss-, Abschluss- und Durchdringungsbereichen.

4.4.9

Oberflächenschutz, Auflast, Nutzschicht

Dachabdichtungen werden durch
– *leichten Oberflächenschutz* wie Reflexionsbeschichtungen, zusätzliche bituminöse Deckanstriche oder Bitumenbahnen, mineralische Bestreuungen
– *schweren Oberflächenschutz* wie Kiesschüttungen, Plattenbeläge, Estriche oder auch Dachbegrünungen
gegen
– direkte Sonneneinstrahlung (UV-Strahlung)
– Witterungseinwirkungen mit Temperaturschwankungen
– mechanische Einwirkungen
geschützt.

Dabei können für lose verlegte Konstruktionsschichten erforderlich werdende Auflasten (Kies, Platten) gleichzeitig Oberflächenschutz sein und umgekehrt.

Nutzschichten, die ein Begehen oder Befahren ermöglichen, sind in der Regel besonders wirksame Schutzschichten.

Alle schweren Schutzschichten stellen allerdings eine erhebliche Belastung dar, die statisch zu berücksichtigen ist. Sie sind häufig dort als Auflast besonders wünschenswert, wo leichte Tragkonstruktionen angestrebt worden sind (Hallenbau, Stahltrapezprofilunterlagen – vgl. Abschnitt H.4.4.1).

Im Einzelnen gilt für
– *Reflexionsbeschichtungen*: Sie sind ein preiswerter, allerdings in der Regel nicht lange wirksamer Schutz gegen UV-Strahlung. Bei flachen Neigungen macht die Verschmutzung ihre Wirkung sehr schnell zunichte.
– *mineralische Bestreuungen*: Sie sollen schuppenförmig sein (wegen der besseren Haftung Schiefer, Splitt – kein Kies) und können werkseitig oder auf der Baustelle mit Klebemasse aufgetragen werden.
– *Deckanstriche* aus Heißbitumen oder eine zusätzliche Dachbahn: Beides gilt als Oberflächenschutz im Sinne der Flachdachrichtlinien [H.13].
– *Kiesschüttungen*: Zu verwenden ist gewaschener Rundkies 16/32 mm mit möglichst wenig Bruchanteil in mindestens 5 cm

Dicke (etwa 80 kg/m²). Beachtung der Windkräfte bei Gebäudehöhen über 20 m. Hier ist die erforderliche Auflast nachzuweisen. Besonders gefährdet sind die Dachränder und Hauskanten. Abhilfe ist möglich durch Dachrandaufkantungen oder Auflast durch zum Beispiel Betonplatten. Die Flachdachrichtlinien enthalten Werte für die erforderliche Auflast im gefährdeten Rand- und Eckbereich unter Berücksichtigung der höhenabhängigen Windlasten gem. DIN 1055-4.
- *Splittschüttungen*: Alternativ zur Verwendung von Kies. Der Wasserabfluss wird stärker gebremst.
- *Platten*: Betonwerkstein- oder Natursteinplatten lassen sich lose in Kies oder Splitt verlegen. Sie können begehbare Nutzschicht sein, wenn das Bett mindestens 3 cm dick, die Platten mindestens 40/40/4 cm, besser 50/50/5 cm groß sind. Großformatige Betonfertigteilplatten oder Ortbetonplatten (bis 5,0 m × 2,5 m) sind auf Schutz- oder Doppeltrennlagen zu verlegen. Die Verwendung so genannter Stelzlager ist nur mit darunter angeordnetem Schutzbeton (Schutzestrich) zu empfehlen.

Stelzlager sind industriell hergestellte Auflagerelemente aus hochpolymeren Kunststoffen, die mit Trennstegen versehen sind und unter den Kreuzungspunkten von vier Platten verlegt werden. Die Höhenverstellbarkeit wird durch Zusatzelemente, Stufenlager oder schraubbare Teller erzielt und befriedigt nicht immer bei etwas unebenen Untergründen. Polyethylenbeutel, zur Hälfte mit Zementmörtel gefüllt und mit einem Bürogummi verschlossen, bieten eine durchaus praktikable preiswerte Alternative. Sie passen sich dem Untergrund gut an und werden durch Anklopfen der aufgelegten Platten in die gewünschte Höhe eingestellt.

Weitere Ausführungshinweise zum Oberflächenschutz sind den *Flachdachrichtlinien* und DIN 18 338 – Dachdeckungs- und Dachabdichtungsarbeiten – zu entnehmen.

Als Übergang von einer Schutzschicht zu einer *Nutzschicht* kann man den begehbaren, losen Plattenbelag ansehen.

Nutzungsintensivierungen sind:
- begehbarer Nutzbelag, starr verlegt für private Nutzung
- begehbarer Nutzbelag, starr verlegt für öffentlichen Fußgängerverkehr
- befahrbare Nutzbeläge für bis jeweils 1, 3 und 5 t Raddruck
- Sondernutzung: bepflanzte Dachflächen mit unterschiedlicher Dicke der Vegetationsschicht zwischen etwa 5 und 100 cm

Alle dazu erforderlichen Planungen und Ausführungen richten sich nach DIN 18 195 – Bauwerksabdichtungen. Den *Flachdachrichtlinien* [H.13] ist lediglich zu entnehmen:
- Abdichtungsflächen sollen ein Mindestgefälle von 1 % (besser mehr) haben.
- Die Abdichtung ist durch eine statisch bemessene Stahlbetonplatte zu schützen, unter der mindestens zwei Trennlagen verlegt worden sind.
- Die Größe solcher Einzelplatten sollte für befahrbare Beläge bei max. 2,50 m × 2,50 m liegen, die durch Fugen getrennt sind.
- In Anschlussbereichen sind ebenso Fugen anzuordnen.
- Bei bepflanzten Flächen, d. h. Dachbegrünungen, ist die Wasserwanderung im Falle von Undichtigkeiten durch Abschottungen in kleinere Einzelfelder zu verhindern, der abgedichtete Wandanschluss durch Vormauerung oder Betonplatten zusätzlich zu schützen, der Anschlussbereich zwecks besserer Wartung der

Begrünung und besserer Entwässerungsmöglichkeiten freizuhalten (Grobkies- oder Betonplattenstreifen).

Der Begrünungsaufbau beginnt auf der Abdichtung einer nicht durchlüfteten Flachdachkonstruktion. Allerdings muss die Oberlage der Abdichtung einen nachgewiesenen Durchwurzelungsschutz gewährleisten und Wasserdichtigkeit auch bei Anstauebewässerung. Darüber hinaus ist ein hoher Sperrwert gegenüber Dampfdiffusion zu fordern, Hydrolysebeständigkeit sowie Beständigkeit gegen chemische, biologische und mechanische Beanspruchungen. Die Entwässerungs- und Dränageschicht aus Grobkiesschüttungen, Blähton, Dränplatten, Kunststoff-Formteilen oder Fadengeflechtmatten aus Kunststoff ist mit einem wirksamen Filtervlies abzudecken. Die Dicke der Vegetationsschicht ist abhängig von der Art der Begrünung [H.13, G.33].

Für die Planung bepflanzter Nutzschichten muss die angemessene Berücksichtigung von Lasten wassergesättigter Schichten oberhalb der Abdichtung bzw. bis zum Höchstpegel einer rückstaubewässerten Vegetationsschicht erfolgen. Abb. **H.87** zeigt beispielhaft einige Lösungen aus dem Nutzschichtbereich.

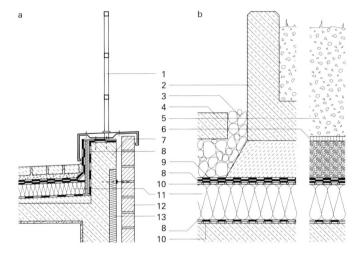

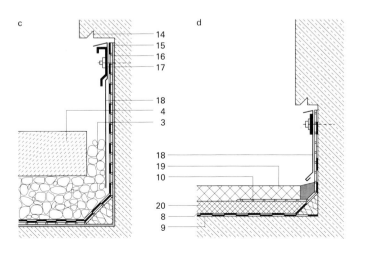

Abb. H.87
Beispiele für genutzte Dächer

a Begehbare Terrassenfläche auf gedämmter Stahlbetonunterlage. Bituminöse Abdichtung.
b Bepflanzte, begehbare Dachfläche mit Dämmung und bituminöser Abdichtung auf Stahlbetonunterlage.
c Befahrbare Hofkellerdecke o. Ä. Konstruktion ohne Dämmung. Lose Verlegung von Pflaster oder Großplatten aus Beton in Kies, Splitt oder Sand. Darunter geschützte hochpolymere Abdichtung.
d Befahrbare Hofkellerdecke ohne Dämmung. Diese Lösung ist kein für Dachkonstruktionen üblicher Regelfall und fällt eher in den Geltungsbereich der DIN 18 195. Dichtschicht = Asphaltmastix, Verschleißschicht = Gussasphalt.

Die Wandanschlüsse der Beispiele c und d müssen mindestens 15 mm höher als die letzte Konstruktionsschicht liegen (hier: Plattenbelag bzw. Gussasphalt).

1 Geländer
2 Stahlbeton
3 Kiesschüttung
4 Plattenbelag
5 Luftschicht
6 Wurzelschutzbahn
7 Stahlbetonattika
8 bituminöse Abdichtung
9 Glasvliesbitumenbahn
10 Hochpolymerschutzbahn
11 druckfester Dämmstoff
12 Vorhangschale
13 Wärmedämmung
14 Tropfnase
15 Schutzbahn
16 Hochpolymerschutzbahn, 2-lagig
17 Alu-Andruckschiene
18 Schutzblech
19 Gussasphalt
20 Asphaltmastix

4.5

Dachanschlüsse, Dachabschlüsse, Fugen, Durchdringungen

Bereits in der Entwurfs- und Ausführungsplanung sollten die Voraussetzungen für einfach herzustellende, dauerhaft wirksame, wartungsarme und kontrollierbare An- und Abschlüsse, Fugen und Durchdringungen von Dachabdichtungen geschaffen werden (Abb. **H.88**).

4.5.1

Dachanschlüsse, Dachabschlüsse

Forderungen:
- An- und Abschlussausführungen von Dachabdichtungen müssen bis zu ihrem oberen Ende wasserdicht und gegen Abrutschen gesichert sein.
- Mechanische Beschädigungen müssen ausgeschlossen werden.
- Thermisch bedingte Längenänderungen und Bewegungen des Untergrundes müssen aufgenommen werden können.
- Die Konstruktion muss allen Witterungseinflüssen standhalten.
- An- und Abschlüsse sind möglichst aus gleichen, mindestens aus dauerhaft verträglichen Werkstoffen herzustellen.

An- und Abschlüsse von Abdichtungen sollten möglichst aus den gleichen Werkstoffen hergestellt werden wie die Abdichtung selbst. Werden verschiedene Werkstoffe verwendet, so ist darauf zu achten, dass die sich berührenden Werkstoffe untereinander verträglich sind.

Man unterscheidet bei Anschlüssen (Abb. **H.89**):
- *starre Anschlüsse* mit fester Verbindung der Abdichtungsunterlage zum aufgehenden Anschlussbauteil
- *bewegliche Anschlüsse* mit flexibler oder durch Fuge getrennter Abdichtungsunterlage zum aufgehenden Anschlussbauteil. Insbesondere bei Bewegungsfugen sind zusätzliche Maßnahmen zu deren Überbrückung notwendig.

Die *Anschlusshöhe* von Dachabdichtungen *über Oberkante der letzten Konstruktionsschicht* (Belag, Kies) richtet sich i. d. R. nach der Dachneigung.

Sie soll bei Dachneigungen bis 5° $\geqq$ 15 cm
bei Dachneigungen $> 5° \geqq$ 10 cm betragen.

Bei Spritzwassergefährdung aufgehender Bauteile ist diese Höhe gegebenenfalls nach DIN 18 195 – Bauwerksabdichtungen – zu vergrößern.

Auf genutzte oder ungenutzte Dachflächen führende Türen müssen im Bodenbereich einwandfreie Anschlussmöglichkeiten zulassen. Der Anschluss kann an der Türkonstruktion erfolgen, was eine Erhöhung oder das Herausheben des unteren Türrahmenteils erfordert. Besser sollte der Türrahmen auf eine wandfluchtende Schwelle versetzt werden. Dadurch ergeben sich keine Materialfugen im Anschlussuntergrund (Abb. **H.88**). Jedenfalls ist das obere Ende der Abdichtung 15 cm hoch über die Oberkante des Belags oder einer vorhandenen Kiesschüttung zu ziehen und *auch im Türbereich in dieser Höhe einzuhalten*. Meist bringt diese technisch

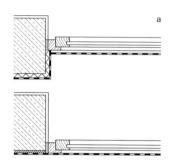

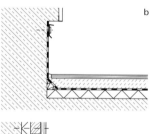

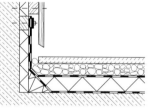

Abb. H.88
Abdichtungsanschlüsse (Prinzipskizzen). Bauliche Gegebenheiten.

a Grundrisse: Anschlüsse zurückspringend oder in einer Ebene durchlaufend.
b Senkrechte Schnitte durch Wandanschlüsse: Anordnung bei unterschnittenem Wandprofil, mit überhängender Wandverkleidung oder als aufgesetzter Abdichtungsanschluss

4.5.1 Flachdächer H

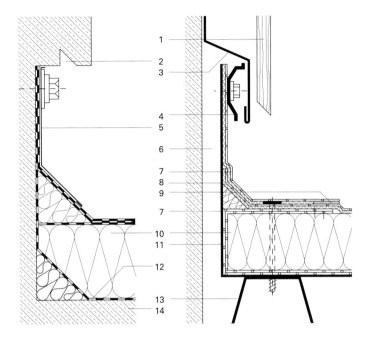

Abb. H.89
Starre und bewegliche Anschlüsse (Beispiele)

a Stahlbetonunterlage mit starr verbundener aufgehender Wand. Bituminöse Dachabdichtung mit freiliegendem Andruckanschluss nach den Flachdachrichtlinien und DIN 18 195-9.
b Trapezblechunterlage mit Bewegungsfuge gegenüber einer aufgehenden Wandfläche. Die Anschlussbildung erfolgt mit einem Stützblech (Stützbrett) für die Hochpolymerabdichtung.

1 Vorhangschale
2 Tropfnase
3 Überhangblech, gegen Flugschnee
4 Alu-Andruckschiene
5 Schutzblech
6 Bewegungsfuge
7 Schutzbahn
8 Hochpolymerschutzbahn
9 Verklebung
10 Wärmedämmung
11 Stützblech
12 bituminöse Dampfsperre zuzüglich Trennschicht
13 Trapezblech
14 Stahlbetondecke

einwandfreie Lösung den Nachteil einer unerwünschten Stufenschwelle mit sich.

Die Anschlusshöhe kann verringert werden, wenn zu jeder Zeit und für jeden Fall ein Wasserabfluss gewährleistet ist.

Hinweise zu Anschlüssen mit bituminösen Dachbahnen:
– Senkrechte Anschlussuntergründe sollen eben und glatt sein. Zu empfehlen sind Unterschneidungen der Wand von 3 bis 5 cm Tiefe.
– Der Übergang von Dach- zu Wandfläche ist mit einem Dreikantprofil (ab etwa 40 mm × 40 mm Schenkellänge) aus Hartschaum auszulegen.
– Senkrecht anzubringende Bitumenbahnen müssen besonders reißfest, flexibel und gleichzeitig standfest sein (keinesfalls Glasvliesbahnen). Der Anschlussbereich ist vorzustreichen.
– Die Anschlüsse werden mindestens zweilagig ausgeführt, wobei ein Einbund in die Abdichtung gelagert erfolgt.
– Sofern Anschlussmaterialien es zulassen, sind senkrecht unverklebte Anschlüsse einer Verklebung vorzuziehen. Die Befestigung wird dann nur mit Klemmleisten vorgenommen.
– Bewegliche Anschlüsse müssen ohne vollflächige Verklebung ausgeführt werden. Dann ist auch ein waagerechter Streifen von 10 bis 20 cm unverklebt zu belassen (Trennlagen, Stützbleche, Bahnenkaschierungen).
– Senkrecht angebrachte bituminöse Anschlussbahnen müssen mindestens eine mineralische Bestreuung aufweisen. Ersatzweise sind Abdeckbleche, Überhänge oder Anschüttungen zulässig.
– Klemmschienen, die gleichzeitig regendicht sein sollen, müssen biegesteif sein und werden mindestens alle 20 cm mit Edelstahlschrauben befestigt (vgl. DIN 18 195-9). Problematisch können die verdickten Klebenähte der Bahnen sein. Deshalb empfiehlt es sich, im Schienenbereich durch entsprechenden Zuschnitt stumpf zu stoßen.

Hinweise zu Anschlüssen mit Hochpolymerbahnen:
- Bitumenverträgliche Hochpolymerbahnen können einlagig für den senkrechten Anschluss mehrlagiger bituminöser Abdichtungen verwendet werden.
- Die vollflächige Verklebung oder lose Ausführung eines starren Anschlusses sowie lose Verarbeitung von Anschlussbahnen bei beweglichen Anschlüssen – gegebenenfalls mit Zusatzmaßnahmen – erfolgt grundsätzlich wie bei Bitumenbahnen.
- Die Notwendigkeit eines Oberflächenschutzes entfällt zumeist.
- Die Verarbeitungsrichtlinien der Bahnenhersteller sind zu beachten.
- Die Hinweise für bituminöse Anschlüsse gelten im Wesentlichen auch hier.

Hinweise zu Anschlüssen mit Blechen:
- Dazu vergleiche Abschnitt H.3.2.4.4 sowie die diesbezüglichen Inhalte der Flachdachrichtlinien [H.13], Abc der Bitumen-Bahnen [H.33], Richtlinien für die Ausführung von Metall-Dächern, -Außenwandverkleidungen und Bauklempner-Arbeiten [H.14] und die Veröffentlichung der Rheinzink GmbH [H.16].
- Waagerecht in Dachabdichtungen eingeklebte Bleche mit senkrecht abgewickelten Schenkeln sollten wegen ihrer thermisch bedingten Längenausdehnung mit Scherwirkungen auf die Abdichtung vermieden werden (Abb. **H.90**).

Abb. H.90
Wandanschlussblech, eingeklebt, mit Dilatationsstreifen nach [H.14] (Maßstab etwa 1:5)

Nach den Flachdachrichtlinien darf der waagerechte Schenkel des Anschlussbleches auch in Abständen von 5 cm versetzt auf das Brett genagelt werden.
Die Einklebetiefe des Anschlussbleches in die Abdichtung muss mindestens 12 cm betragen.
Der Schleppstreifen soll die Ränder des Wandanschlussbleches und des Ausdehnungsstreifens etwa 10 cm breit überdecken; er liegt unter der vorletzten Abdichtungslage.
Über der letzten Abdichtungslage kann gegebenenfalls zusätzlich eine Schutzschicht unter der Kiesschüttung aus 16/32 mm Rundkorn angeordnet werden.

1 Wandanschlussblech
2 Kiesschüttung
3 Hochpolymerer Dilatationsstreifen
4 bituminöse Abdichtung
5 Schleppstreifen
6 Lötnaht
7 Zahnhaft
8 Breite Schleppstreifen
9 Dampfdruckausgleichsschicht
10 Wärmedämmung 2-lagig
11 Dampfsperrbahn mit Trennschicht
12 Nagelbohle

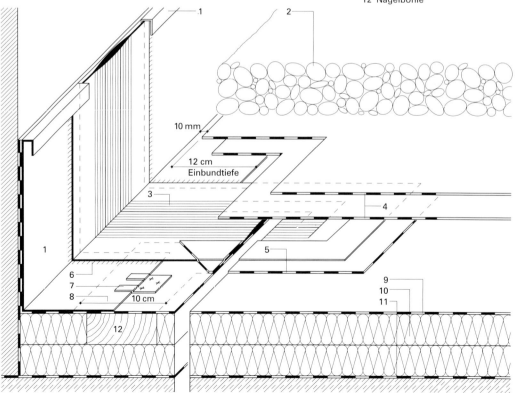

Hinweise zu Anschlüssen mit Verbundblechen:
– Kunststoffbeschichtete Aluminium- oder verzinkte Stahlbleche sind Zubehör hochpolymerer Abdichtungsbahnen. Die Beschichtung entspricht dem Bahnmaterial.
– Die Verarbeitung hat Rücksicht auf die baustoffbedingten Eigenschaften des jeweiligen Bleches und der Beschichtung zu nehmen.
– Die Verarbeitungsrichtlinien der Hersteller müssen beachtet werden.

Hinweise zu Dachrandabschlüssen:
– Die Höhe von Dachrandabschlüssen soll nach den Flachdachrichtlinien für Dachneigungen bis 5° etwa 10 cm betragen, für Dachneigungen über 5° etwa 5 cm ab OK Belag oder Kies.
– Zur Sicherung von Kiesschüttungen gegen Windsog müssen gegebenenfalls höhere Dachränder ausgeführt, Platten verlegt oder eine Kiesfixierung vorgenommen werden (vgl. [H.13] sowie DIN 1055-4 – Lastannahmen für Bauten).
– Der äußere senkrechte Schenkel von Abdeckungen oder Randprofilen soll den oberen Rand von Putz oder Bekleidungen überlappen, und zwar bei einer
Gebäudehöhe bis 8 m $\geq$ 5 cm
Gebäudehöhe $> 8\text{–}20$ m $\geq$ 8 cm
Gebäudehöhe > 20 m $\geq$ 10 cm

4.5.2

Fugen

Die Abmessungen von Gebäude- und Bauteilfugen sind zu berechnen.

Wegen der besonderen Schwierigkeiten in der Ausführung dieser Fugen bei An- und Abschlüssen sollen sie
– nicht durch Anschluss-, Abschluss- und Aufkantungsecken verlaufen,
– mindestens 10 cm [H.23] aus dem höchstmöglichen Wasserstand bzw. über Oberfläche der letzten Konstruktionsschicht herausgehoben werden (keilförmige Aufkantung),
– ohne die Verwendung von Blechen in abdichtender Funktion hergestellt sein und
– mit rechtwinklig und parallel zur Fuge elastisch wirksamen Werkstoffen ausgeführt werden (Schlaufen- oder Schlauchprofile).

Beiderseits der Fuge erfolgt die lose Verlegung der Abdichtung jeweils 15 bis 25 cm breit, damit sich waagerechte Bewegungen auf eine größere Strecke der Abdichtung verteilen. Die Fuge selbst wird unter der ersten Bahnenlage (Ausgleichsschicht/Dampfsperre) meist elastisch mit einem Schleppstreifen, Schlaufenprofil oder Schleppblech überbrückt, um das Einhängen dieser ersten Bahn und ihre mögliche Beschädigung im Fugenquerschnitt zu verhindern (Abb. **H.91**).

Zu einem Flachdachaufbau gehörende Bahnen (Dampfsperre, Abdichtungsbahnen) dürfen nur dann in einen Fugenquerschnitt eingreifen, wenn sie durch Bewegungen der Fugenflanken nicht beeinträchtigt werden können.

Abb. H.91
Fugen (Beispiele)(Maßstab etwa 1:8)

a Lose verlegte bituminöse Abdichtung mit Auflast. Über einer Schaumstoffschnur Einklebung zweier hochwertiger Bitumenbahnen. Unterer hochpolymerer Schlaufenstreifen (bitumenverträglich), in Dampfsperre einkleben.
b Bituminöse Abdichtung nach Flachdachrichtlinien. Oben zwei eingeklebte bitumenverträgliche Hochpolymerschlaufen. Unten hochpolymerer Schlaufenstreifen mit hochpolymerer Dampfsperre verklebt.
c Hochpolymerabdichtung streifenweise auf der Wärmedämmung verklebt. Oben hochpolymerer Schlaufenstreifen über elastischem Hohlprofil. Unten hochpolymerer Schlaufenstreifen mit hochpolymerer Dampfsperre verklebt.

1 obere Schlaufenbahn
2 Schaumstoffprofil
3 unterer polymerer Schlaufenstreifen, 33 cm Zuschnitt
4 Auflast
5 Hochpolymer-Schlaufenprofile bitumenverträglich, vollflächig verklebt
6 Abdichtungsaufbau gemäß den Flachdachrichtlinien mit Bitumenbahnen
7 Hohlprofil
8 Dichtungsband
9 Dämmplatten vollflächig verklebt
10 streifenweise Verklebung, kaschierte Hochpolymerbahn

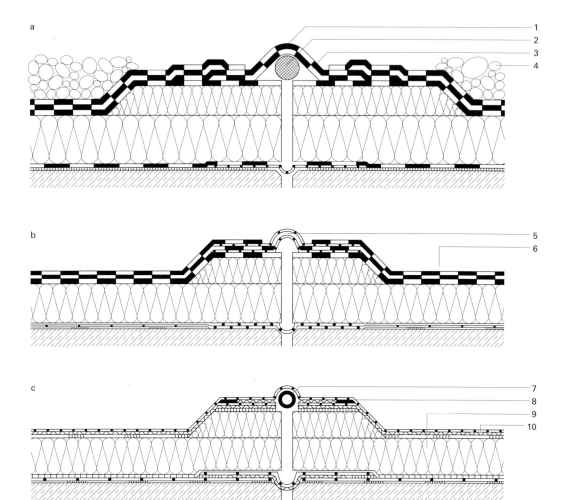

4.5.3

Durchdringungen

Durchdringungen einer Dachabdichtung werden sinngemäß wie Anschlüsse gedichtet. Das kann mit Klebeflanschen (Klebekragen), Dichtungsmanschetten oder Klemmflanschen (nach DIN 18 195-9) erfolgen. Die Verklebungsbreite beträgt bei bituminösen Abdichtungen mindestens 12 cm, bei hochpolymeren Abdichtungen mindestens 5 cm.

Durchdringungen sollen mindestens 50 cm Abstand zu Wandanschlüssen, Dachrändern, Fugen oder anderen Durchdringungen einhalten. Für Entlüftungsrohre von Fallleitungen und Antennendurchlässen werden häufig vorgefertigte Formteile aus Metall oder

4.5.3 Flachdächer H

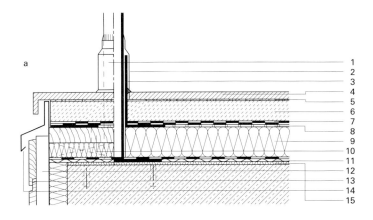

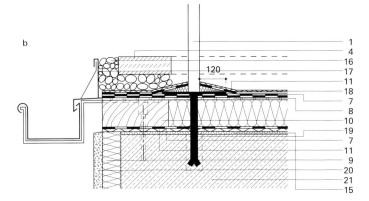

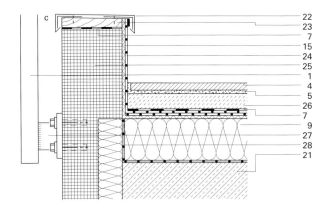

Abb. H.92
Umwehrungsstützen
(Prinzipskizzen)

a   Rohrprofil mit Fußplatte zum Aufdübeln auf Stahlbetonunterlage und als Klebeflansch für Dampfsperre. Überstülpter Anschlusskragen aus Blech in bituminöse Abdichtung einkleben (schematische Darstellung). Rundum überhängende Blechmanschette.
b   Von oben in Stahlbetonunterlage eingelassener Geländerstab mit Blechflansch zum Einkleben.
c   Stahlbetondecke mit Sichtbetonattika. Hochpolymerabdichtung auf Dämmung.

1   Geländerstab
2   gelötete Blechmanschette
3   Anschlusskragen
4   Plattenbelag
5   Mörtelbett
6   Gefällestrich mit Trennschicht
7   bituminöse Abdichtung
8   Hochpolymerschutzbahn
9   Wärmedämmung
10 Nagelbrett
11 Dampfsperrbahn
12 Lattung
13 Schalung
14 Abkantblech
15 Trennbahn
16 Kiesbett
17 Kiesfang
18 Tellerdübel
19 eingeklebter Geländerstab
20 Kalk-Zement-Putz
21 Stahlbetondecke
22 Abdeckblech
23 Holzbohle
24 Hochpolymerbahn
25 Attika aus Stahlbetonfertigteil
26 Schutzstrich mit Trennstrich
27 Stegplatte
28 Dampfsperrbahn (hochpolymer)

a nicht durchlüftetes Dach b nicht durchlüftetes Umkehrdach 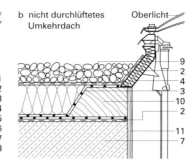 c durchlüftetes Dach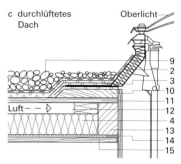

Hochpolymeren verwendet, die mit Klebeflanschen oder -manschetten ausgestattet sind (Abb. **H.92**). Sofern Geländerstützen oder ähnliche Konstruktionen eine Abdichtung durchdringen, soll ihr Abstand von Dachrändern nicht kleiner als 20 cm sein. Die Abdichtung kann auf einem Klebeflansch erfolgen oder an der Stütze hochgezogen und gegen Hinterlaufen gesichert werden. Keinesfalls sind Fußplatten durch Abdichtungen hindurchzudübeln.

Lichtdurchlässige Bauteile aus Kunstharzen ohne Aufsatzkränze werden – vorwiegend im Hallenbau – oft ohne Höhenversatz waagerecht in die Abdichtungslagen eingeklebt. Diese Lösung kann wegen unterschiedlichen Ausdehnungsverhaltens der Materialien bei großen Bauelementen problematisch werden.

Bauteile für Belichtung, Belüftung und Rauchabzug sollten bei beheizten Gebäuden stets wärmegedämmte Aufsatzkränze haben. Dabei sind Modelle zu bevorzugen, die im eingebauten Zustand keine Wärmebrücken im Auflagerbereich zulassen (Abb. **H.93**).

Wenn ein Hochziehen von Abdichtungsbahnen am Aufsatzkranz einer Lichtkuppel o. Ä. unvermeidlich ist (schwierige Eckdichtung), sollte ein überhängender Rahmen den Schutz dafür bieten.

Jede Durchdringung einer Abdichtung sollte auf ihre unbedingte Notwendigkeit hin überprüft werden, weil sie ein gegebenenfalls vermeidbares Risiko darstellt.

4.6

Dachentwässerungen

4.6.1

Allgemeines

Die Bemessung von Entwässerungselementen für Flachdächer erfolgt nach den in Abschnitt H.3.3.1 aufgeführten Regeln und Vorschriften. In den *Flachdachrichtlinien* wird bei nicht durchlüfteten Dächern und solchen mit geringer Neigung eine Innenentwässerung empfohlen.

Jedoch ergeben sich dabei folgende Problempunkte:
– Durchdringungen der Dachabdichtung
– potenzielle Wärmebrücken
– tauwassergefährdete Bereiche
– Gefährdung der Winddichtigkeit.

Abb. H.93
Lichtkuppelaufsätze (Prinzipskizzen)

a Hochpolymerdampfsperrbahn aus Polyethylen, lose aufgelegt. Nähte mit Klebebändern verschlossen. Die Abschlussfuge am Aufsatzkranz der Lichtkuppel (innen) ist zu schließen. Abdichtung aus Kunststoffbahnen mit Durchwurzelungsschutz. Darüber als Schutzschicht gegen mechanische Beschädigungen Glasvliesbitumenbahn. Wärmedämmung aus Schaumkunststoffen mit erhöhter Druckbelastbarkeit (Typkurzz.: WS).

b Glasvliesbitumenbahn als Trennschicht lose verlegt, punktweise oder unterbrochen streifenweise verklebt.

c Die Schutzbahn ist durch Verschweißen, Verkleben oder mit Nahtklebebändern luftundurchlässig, d. h. winddicht herzustellen.

1 Kiesschüttung (extensiv 7–15 cm)
2 Glasvliesbitumenbahn
3 Hochpolymerbahn, 2-lagig
4 Wärmedämmung
5 Hochpolymerdampfsperrbahn
6 wärmegedämmtes Anschlussprofil
7 Stahlbetondecke
8 Mineralputz
9 Kiesschüttung
10 Holzkeil
11 Schalung
12 Luft
13 Holzbalken
14 Schutzbahn
15 Holzschalung

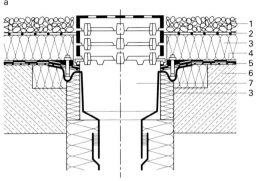
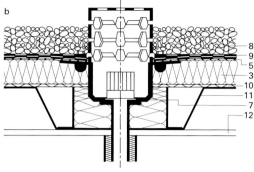
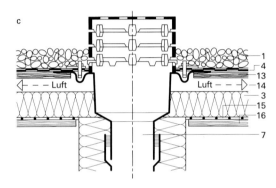

Abb. H.94
Flachdachabläufe
(Prinzipskizzen)

a Nicht durchlüftetes Umkehrdach
b Nicht durchlüftetes Dach
c Durchlüftetes Dach

 1 Kiesschüttung
 2 Glasvliesbitumenbahn
 3 Wärmedämmung
 4 Hochpolymerbahn, 2-lagig
 5 Glasvliesbitumenbahn
 6 Stahlbetondecke
 7 Entwässerungseinlauf
 8 Kiesschüttung (7–15 cm)
 9 bituminöse Abdichtung, 3-lagig
10 Dampfsperrbahn
11 Trapezblech
12 leichte Deckenbekleidung
13 Schalung
14 Luftschicht
15 Hochpolymerschutzbahn
16 Schalung

4.6.2

Dachabläufe

Sie sollen einen Abstand von mindestens 50 cm von aufgehenden Bauteilen, Fugen oder anderen Durchdringungen haben, um die ungehinderte Anschlussmöglichkeit an die Dachhaut zu gewährleisten.

Für bituminöse und hochpolymere Abdichtungen werden nach [H.13] industriell vorgefertigte Dachabläufe gemäß DIN 19 599 – Abläufe und Abdeckungen in Gebäuden – empfohlen.

Dachabläufe, Materialien, Formen (Abb. **H.94** a–c):
– aus Gusseisen, Aluminium, PVC, PU (Polyurethan)
– in einteiliger, ungedämmter Form für ungedämmte Dachkonstruktionen
– in einteiliger, gedämmter Form für durchlüftete Dachkonstruktionen
– in zweiteiliger, gedämmter Form für wärmegedämmte, nicht durchlüftete Dachkonstruktionen
– mit elektrischer Beheizung gegen Eisstau
– mit Klemm- oder Klebeflanschen
– mit runden oder quadratischen Klebemanschetten aus bitumenverträglichen Hochpolymeren oder der Dachabdichtung angepassten Kunststoffen; sie können am Ablauf eingeklemmt oder werkseitig verklebt sein
– mit unterschiedlichen Sieb- und Gitterabdeckungen.

Die Ablaufflansche sollen in ihren Unterlagen eingelassen werden, damit ihre Materialdicke keinen ablaufhemmenden Wulst in der Abdichtung bildet. Das gilt bei belüfteten Dächern für die Abdichtungsunterlage, bei nicht belüfteten für die Dämmschicht und den Untergrund des unteren Ablaufteils.

Zweiteilige Abläufe sind untereinander mit Rollringen oder Ringprofilen gegen Wasserrückstau abgedichtet, um eine Beeinträchtigung der Dämmschicht auszuschließen (bei durchnässten Dämmstofflagen kann durch zeitweiliges Entfernen der Dichtungen eine gewisse Entwässerung dieser Ebene bewirkt werden).

Die in durchlüfteten Dachkonstruktionen gedämmt auszuführenden Abflussleitungen für Regenwasser können dort gegebenenfalls verzogen werden. Bei genutzten Dachflächen ist die ungehinderte Entwässerung der Abdichtungsebene sicherzustellen. Nutzbeläge müssen gegenüber Abläufen beweglich sein (Fugenausbildung).

In bepflanzten Dachflächen sollen Abläufe von Begrünung freigehalten werden oder von oben über Kontrollschächte mit etwa 50 cm Durchmesser zugänglich sein. Regenwasserabfluss kann durch entsprechende Dränschichten gezielt gebremst oder durch Abflussaufsätze zur Pflanzenbewässerung rückgestaut werden.

4.6.3

Dachrinnen

In der Dachfläche angeordnete Rinnen können mittig oder in Randzonen liegen. Bei Neigungen in der Dachfläche ergeben sich zwangsläufig so genannte Keil- oder Muldenrinnen, die in die Abdichtung einbezogen werden.

Abzulehnen sind vertiefte Metallrinnen wegen der Dilatationsbewegungen zwischen den unterschiedlichen Materialien. Mehrteilige Rinnenprofile sind nicht empfehlenswert, weil deren Verfalzungen nicht wasserdicht sind.

Grundsätzlich vertragen sich geneigte Rinnenflächen (Keilrinne) nicht mit waagerechten Klebeflanschen. Deshalb sind Durchdringungen einer Keilrinne durch Ablaufanschlüsse sorgsam vorzuplanen und auszuführen. Das kann mit entsprechend ausgearbeiteten Vertiefungen in der Unterlage oder mit der Verwendung von Klebemanschetten erfolgen.

Vertiefte Rinnen sind als ausreichend breite Trapezform herzustellen. Abläufe können dann auf dem Rinnenboden eingeklebt werden.

Abläufe in Rinnenprofilen oder gefällelosen Flächen unmittelbar vor Dachrandaufkantungen, in Attikaquerschnitten oder in den Ecken solcher Bauteile einzudichten ist problematisch.

4.6.4

Traufen

4.6.4.1

Traufen ungenutzter Dachflächen

Der Übergang einer bituminösen Abdichtung zur vorgehängten Regenrinne folgt mit einem Traufblechstreifen als Tropfnase und Abdeckblende für die dahinter liegende Traufbohle. Bei größeren Traufblechlängen sind Dehnungsausgleicher mit Schleppstreifen zum Schutz der Dachhaut gegen Bewegungsbelastungen einzubauen. Die *Traufbleche* werden mit dichter, versetzter Nagelung oder über Hafte auf der Randbohle befestigt. Diese soll etwa 10 mm dünner als die Dachdämmschicht sein und ist auf dem Untergrund aufzudübeln. Bei Breiten der Traufbleche über 12 cm sollen oben und unten eingefräste Nuten das Verwerfen verhindern. Über der Fuge zwischen Bohle und Dämmstoff wird ein Trennstreifen verlegt. Die Regenrinnenhalter sind in die Bohle einzulassen und zu verschrauben.

Traufstreifen aus Zinkblech sollen wegen der Gefahr der Bitumenkorrosion mit einem Schutzanstrich versehen werden.

Für hochpolymere Abdichtungen erfolgt die Randfixierung hauptsächlich durch Verklebung auf Verbundblechen oder durch Andruckband aus Metall auf der Randbohle. Die Herstellerangaben sind auch hier zu beachten.

4.6.4.2

Traufen genutzter Dachflächen

Lose im Kies- oder Splittbett verlegte Platten sind unproblematische Beläge für genutzte Dächer, weil die Ausbildung besonderer Fugen in der Fläche und gegenüber aufgehenden Bauteilen entfällt. Es ist gegebenenfalls mit Kiesfangleisten dafür zu sorgen, dass das ablaufende Niederschlagswasser nicht die Schüttung wegschwemmt.

Im Mörtelbett verlegte oder auf Estrich verklebte Beläge bei Terrassen und abgedichteten Balkonen erhalten als Randabschluss überkragende Nasenplatten mit senkrechten Schenkeln oder Metallabschlussprofile (zum Beispiel Edelstahl).

Von mit Gefälle hergestellten Nutzflächen kann Niederschlagswasser problemlos in vorgehängten Rinnen abgeleitet werden.

Eine sekundäre Entwässerung muss auf der unter dem Estrich und der doppelten Trennlage befindlichen Abdichtung ermöglicht werden. Sie kann durch etwa 30 mm zusätzlichen Einkornestrich oder Kunststoff-Dränmatten erfolgen. In der Praxis wird diesem Punkt meist keine Beachtung geschenkt, was Frosthebungen nach sich ziehen kann. Ein in die Abdichtung eingeklebtes Traufblech übernimmt den Übergang zur Regenrinne, deren Halter auch hier in die Unterlage einzulassen sind.

4.7

Sonderkonstruktionen

4.7.1

Umkehrdach

Beim Umkehrdach (IRMA-Dach = Isulated Roof Membrane Assembly) ist – daher diese Bezeichnung – die Schichtenfolge des klassischen nicht belüfteten Flachdachs (Abb. **H.86b**) umgekehrt, d.h.: (von innen nach außen) Abdichtung, Wärmedämmung, Auflast.

Die Anwendung dieses in den USA entwickelten Konstruktionsprinzips verbreitete sich hier als Reaktion auf die unübersehbare Welle von Schadensfällen an den üblichen nicht belüfteten Flachdächern.

Als vorteilhaft gelten folgende Merkmale:
– Die Abdichtungshaut ist geschützt vor mechanischen Beschädigungen.
– Die Abdichtung ist vor schroffen Temperaturwechseln geschützt.
– Die Abdichtung ist vor ultravioletter und infraroter Strahlung der Sonne geschützt (vgl. Abschn. H.2.2.1 und Abb. **H.14**).

Das relativ schnelle Altern von ungeschützt der Witterung und der Sonnenstrahlung ausgesetzten Dachabdichtungen wird beim Umkehrdach vermieden.

Allerdings sind an das Wärmedämmmaterial eine Reihe von besonderen Anforderungen zu stellen:
– Wasser-, Witterungs- und Verrottungsbeständigkeit
– Schädlingsresistenz
– Beibehaltung der Wärmedämmeigenschaft auch bei Lage im Wasser
– Trittfestigkeit, Belastbarkeit, Formstabilität.

Ein Dämmstoff, der seine Wärmedämmeigenschaft auch bei Umspülung mit Wasser nicht verliert, darf kein Wasser aufnehmen und keine Kapillaren besitzen, die Wasser- und Wasserdampftransport ermöglichen, Diesen Anforderungen wird in besonderem Maße *Schaumglas* gerecht.

Das besondere Konstruktionsmerkmal des Umkehrdachs, die dicht gestoßenen und lose verlegten, unverklebten Dämmplatten, bringt es mit sich, dass die Wärmedämmschicht an den Plattenstößen vom Niederschlagswasser durchdrungen und auf der Abdichtung unterwandert wird. Der ungehinderte Abfluss dieses Wassers muss durch ausreichendes Gefälle der Abdichtung (> 2 %) und gegebenenfalls durch eine zusätzliche Dränschicht sichergestellt werden. Andererseits soll dort entstehender Wasserdampf ungehindert und ohne die Wärmedämmfunktion der Dämmplatten zu beeinträchtigen an die Atmosphäre abgeführt werden können.

Das Dämmmaterial muss gegen Windsogkräfte und gegen Aufschwemmen (Auftrieb) durch ausreichende Auflast gesichert werden.

Als Auflast ist eine ausreichend dicke und durch Auftriebsberechnung zu ermittelnde Auflast – zum Beispiel aus gewaschenem Rundkies 16/32 (ohne Feinkornanteile!) – erforderlich. Feinkornbestandteile könnten die Stöße zwischen den Dämmplatten

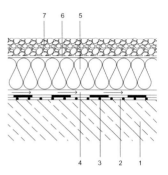

Abb. H.95
Umkehrdach, Schichtenfolge (Schema)

1 Schwere Unterlage (m > 250 kg/qm)
2 Dampfdruckausgleichsschicht
3 Abdichtung
4 Drainschicht
5 Wärmedämmung, belastbar, trittsicher, dampfdicht, wasserdicht
6 Abdeckvlies, wasserdurchlässig, unverrottbar
7 Auflast, zum Beispiel Rollkies 16/32, gewaschen

zuschwemmen und somit deren Funktionsfähigkeit beim Wasserdampfdruckausgleich behindern. Darüber hinaus sollte ein wasser- und wasserdampfdurchlässiges, verrottungsresistentes Vlies als zusätzlicher Schutz über der Wärmedämmschicht verlegt werden.

Abläufe für Umkehrdächer sind in der Abdichtungsebene anzuschließen. Zur besseren Kontrolle und für einen schnellen Wasserabfluss sollen die Rost- oder Siebaufsätze keinesfalls von den Dämmplatten überdeckt, sondern bis in die Höhe der Auflastschicht hochgezogen werden.

Umkehrdächer sollen nur auf schweren Unterlagen (flächenbezogene Masse > 250 kg/qm) vorgesehen werden, die ausreichendes Wärmespeichervermögen besitzen, um bei ungünstigen Witterungsbedingungen Tauwasserbildung an der Deckenunterseite zu vermeiden.

4.7.2

DUO-Dach, PLUS-Dach

Soll am Gewicht der Auflast für ein Umkehrdach gespart werden, kann die Abdichtung zwischen zwei Dämmstoffschichten eingebaut werden. Die untere Lage ist dann nicht auftriebsgefährdet. Die über der oberen Dämmstofflage aufzubringende Auflast verringert sich entsprechend und übernimmt wie beim Umkehrdach den Schutz der oberen Abdichtung.

Diese Schichtenfolge wird als *DUO-Dach* bezeichnet. Bei der Sanierung oder wärmeschutztechnischen Verbesserung einer Flachdachkonstruktion kann die alte Abdichtung verbleiben, wenn die darunter befindliche Wärmedämmung nicht wegen Durchfeuchtung entfernt werden muss. Nach dem Prinzip des Umkehrdaches sind zusätzliche Dämmplatten auf die intakte Abdichtung zu verlegen und mit einer entsprechenden Auflast zu versehen.

Sollte dagegen die vorhandene Dämmung geringfügig feucht sein und durch eine flächenhafte Perforation der alten Dachhaut im Zusammenhang mit einer diffusionsoffenen neuen Abdichtungslage (zum Beispiel Hochpolymer) mittelfristig ein Austrocknen möglich sein, kann auch in diesem Fall zusätzlicher Dämmstoff mit Auflast verlegt werden. Man bezeichnet dieses Verfahren als *PLUS-Dach*. Bei starker Durchfeuchtung bzw. sehr schadhafter Altabdichtung (ungeeigneter Untergrund) ist ein vollständiger Abtrag der Altschichten nicht zu umgehen.

Zusätzliche Dämmstofflagen und Auflast erfordern Überprüfung der Anschlüsse, Abläufe und der Dachlasten.

4.7.3

Wasserundurchlässiger Stahlbeton

Chemische Zusätze im Frischbeton und eine Nachverdichtung etwa 24 Stunden nach dem Betoniervorgang ergeben wasserundurchlässige Stahlbetondeckenplatten ohne weitere Abdichtungsmaßnahmen gegen Niederschlagswasser [H.25].

Zur thermischen Pufferung wird die Plattenoberseite mit einer 5 bis 6 cm dicken Rundkiesschicht beschüttet. Der Dachrand erhält ein rampenförmig aufgekantetes Abschlussprofil.

Eine tropfnasenartige Verlängerung des Plattenrandes nach unten über die Auflagerfuge hinweg verhindert das mögliche Eindringen von Schlagregenwasser.

Ideale Voraussetzung für diese Dächer sind annähernd quadratische Grundrisse mit Festpunkten in der Mitte. Von hier aus kann die Deckenplatte sich unbehindert verformen. Das ermöglichen band- oder punktförmige Gleitlager im Außenwandbereich. Sie liegen bei gemauerten Wänden auf einem wärmegedämmten Stahlbeton-Ringbalken.

Bei der Planung dieser Konstruktionen ist zu beachten:
– Die Deckenfläche teilt sich in Fest- und Bewegungsbereiche.
– Festbereiche ohne Gleitlager liegen in Grundrissmitte.
– Bewegungsbereiche sind alle mit Gleitlagern ausgestatteten Wandauflager.
– Grundrisse sollen möglichst kompakt sein und empfohlene Abmessungen nicht überschreiten.
– Aufgrund der fehlenden Wärmedämmung empfehlen sich diese Konstruktionen nur für untergeordnete Bauten und Bauteile (zum Beispiel Garagen, Balkonplatten, Terrassenplattformen o. a.).

Dächer aus *wasserundurchlässigem* Beton mit thermischer Pufferschicht werden als nicht genutzte bzw. als begehbare, befahrbare oder bepflanzte Flächen ausgebildet.

Beläge können bestehen aus
– Betonplatten auf Stelzlagern bzw. mit Kies- oder Splittbett
– Betonverbundpflaster auf entwässertem Sandbett.

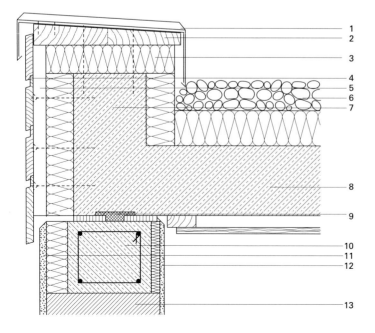

Abb. H.96
Dach aus wasserundurchlässigem Stahlbeton
Vertikalschnitt 1:10

1 Blechabdeckung
2 Holzbohle
3 Wärmedämmung
4 Schalung
5 Lattung
6 Kiesschicht
7 Stahlbetonattika
8 wasserundurchlässiger Beton
9 Punktlager
10 Ringbalken
11 Außenputz auf Putzträger
12 Innenputz auf Putzträger
13 Mauerwerk

Bei *außenseitig* angeordneten Dämmplatten (Schaumglas) auf einer wasserundurchlässigen Stahlbetondecke verfolgt man das Prinzip des Umkehrdaches (Abb. **H.96**). Es hat den Vorteil einer guten thermischen Pufferung für die Decke. In die Dämmfläche sollte vernünftigerweise auch der Dachrand lückenlos einbezogen werden.

Die Dämmplatten werden lose verlegt und mit Kies oder Trittplatten gegen Windsog und Auftrieb beschwert oder verklebt.

4.8

Wartung, Pflege, Sanierung

4.8.1

Wartung

Darunter sind zu verstehen:
- regelmäßige Kontrollen der Dachfläche, aller An- und Abschlüsse, Fugen, Durchdringungen, Metall- und Entwässerungsbauteile,
- Pflegemaßnahmen, wie die Beseitigung von Verschmutzungen und Ablagerungen, Pflegeanstriche aller Art,
- Ausbesserungen nach eingetretenen Schäden.

Pflege- und Ausbesserungsmaßnahmen für einzelne Abdichtungs- und Schutzschichten sind den *Flachdachrichtlinien* [H.13] zu entnehmen.

4.8.2

Dachsanierung

Großflächige Ausbesserungsmaßnahmen werden als *Sanierung* bezeichnet.
Das vollständige Abräumen und Neuverlegen von Konstruktionsschichten bezeichnet man als *Dacherneuerung*.

Sanierungen beziehen sich beim durchlüfteten Dach vorwiegend auf die Abdichtung und ihre Anschlusspunkte, bei nicht durchlüfteten Dächern auf die Abdichtung und ihre Anschlusspunkte allein oder auf das gesamte Konstruktionspaket oberhalb der Tragkonstruktion. Die Sanierung lose verlegter Schichten ist einfacher als die vollflächig miteinander verklebter Konstruktionen. Teilflächige Verklebungen sind dabei wie vollflächige zu bewerten.

Sind vollständig verklebte Dämmstoffe wegen übermäßiger Durchfeuchtung von oben zu entfernen, kann die darunter befindliche Dampfsperre versehrt werden.

Weiterhin sind in diesem Zusammenhang zu berücksichtigen:
- veränderte Anschlusshöhen wegen Veränderung des Gesamtaufbaus
- zusätzliche Lasten für die Tragkonstruktion durch dickere Dämmstofflagen, zusätzliche Abdichtungsbahnen, Schutzschichten oder Auflasten
- die veränderte Wasserdampfdurchlässigkeit.

Beispiele für Sanierungsmaßnahmen:
a Eine schadhafte bituminöse Dachabdichtung kann folgendermaßen saniert werden:
– vorbereitende Maßnahmen wie Abtragen alter Schutzschichten, Abstoßen von Blasen und Unebenheiten sowie Reinigen der Gesamtfläche
– überbrückende Maßnahmen bei Rissen durch unverklebte oder randgeheftete Gewebebahnstücke
– ausgleichende Maßnahmen bei Vertiefungen durch Vergießen oder Verspachteln
– Aufbringen von Haftbrücken durch Voranstriche
– Berücksichtigung einer oberen Ausgleichsschicht in Form von Noppen-, Falz- oder Rippenbahnen in loser oder teilflächig verklebter Verlegung. Auch punktweise verklebte erste Lagen einer hochwertigen Dachabdichtung können diese Funktion übernehmen. Dagegen sollten unterseitig bekieste Bahnen nicht verwendet werden, weil durch das Eindrücken der Kieskörper der Dampfdruckausgleich stark behindert wird. Die darunter befindliche alte Dachhaut ist gegebenenfalls vollflächig zu perforieren.
– Verlegen einer mindestens zweilagigen neuen Abdichtung je nach Dachneigung
– Aufbringen einer neuen Schutzschicht in Form einer Bahnbeschieferung bzw. -besplittung oder auch Auflast (dann empfiehlt sich die lose Verlegung der Bahnen).

Alternativ können Sanierungen bituminöser Dachabdichtungen auch mit bitumenverträglichen einlagigen Hochpolymerbahnen vorgenommen werden. Sie sind vollflächig zu verkleben oder mit Auflast lose zu verlegen.

b Eine schadhafte hochpolymere Dachabdichtung kann saniert werden durch
– allgemein vorbereitende Maßnahmen wie unter a
– lose oder über mit dem Untergrund verdübelte Klebeteller punktweise befestigte Hochpolymerbahn als Neuabdichtung
– Schutzschicht bzw. Auflast.

Zu beachten sind
– die Verträglichkeit der Stoffe untereinander
– die zunehmende Dampfdurchlässigkeit der Konstruktion nach oben
– die Eigenbeweglichkeit der neuen Abdichtung
– das Erfordernis von Schutz- oder Trennlagen.

Sanierungen hochpolymerer Dachabdichtungen mit Bitumenbahnen werden in der Praxis nicht vorgenommen.

Zu allen Sanierungs- bzw. Erneuerungsmaßnahmen gehören Nebenarbeiten. Sie umfassen in den Anschluss- und Abschlussbereichen sowie bei Durchdringungen in der Regel auch die Leistungen anderer Gewerke wie Klempnerarbeiten, Belags- und Fliesenarbeiten, Schlosser- und Tischlerarbeiten. Diese Nebenarbeiten können wesentlich kostenträchtiger sein als die eigentliche Dachsanierung.

4.9

Konstruktionsbeispiele

4.9.1

Beispiele durchlüfteter und nicht durchlüfteter Dachkonstruktionen

Die Abb. **H.97** bis **H.99** zeigen jeweils Ausschnitte von Holz-, Stahlbeton- und Stahlkonstruktionen. Sie werden ergänzt durch solche in gemischter Bauweise.

Abb. **H.100** stellt die Lösung einer Außenentwässerung für ein Flachdach unter Verwendung eines industriell vorgefertigten Ablaufelements mit Klebeflanschen aus Edelstahl dar. Dächer dieser Art mit einer Randaufkantung werden üblicherweise durch einen innenliegenden Ablauf entwässert.

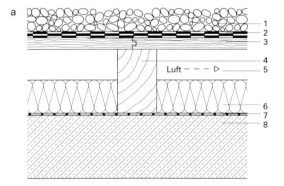

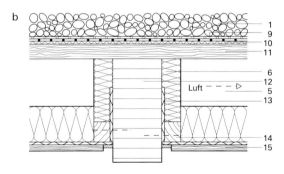

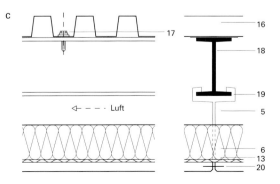

Abb. H.97
Durchlüftete Dachkonstruktionen
Maßstab 1 : 10

a Gedämmte Stahlbetondecke, Holzbalkentragwerk, lose verlegte bituminöse Bahnabdichtung mit Kiesschüttung auf Spanplatten.
b Brettschichtträger raumseitig sichtbar. Feldweise Unterdecke seitlich daran befestigt mit dampfgesperrter Wärmedämmung. Lose hochpolymere Abdichtung auf genuteter Brettschalung.
c Stahlträger mit aufgeschraubten Trapezblechen (Aluminium oder Stahl). Abgehängte Deckenfläche mit dampfgesperrter Wärmedämmung.

1 Kiesschicht
2 bituminöse Abdichtung
3 Spanplatte
4 Lagerholz
5 Luftschicht
6 Wärmedämmung
7 Hochpolymer-Dampfsperrbahn (nur bei besonderen Raumklimabedingungen)
8 Stahlbetondecke
9 hochpolymere Schutzbahn, 2-lagig
10 Trennbahn
11 Schalung
12 Brettschichtholz
13 Dampfsperrbahn
14 Nagelbrett
15 Schalung auf Lattung
16 Trapezblech
17 gedichtete Schraubenverbindung
18 IPE-Träger
19 Abhängesystem
20 Unterdeckenkonstruktion

4.9.2

Abdichtungsanschlüsse

Die Notwendigkeit eines ausreichend hoch gezogenen Abdichtungsanschlusses an aufgehende Bauteile wird häufig verkannt oder ungenügend berücksichtigt.

Das Hinterwandern solcher Anschlüsse durch übersteigendes Wasser ist umso eher möglich, je niedriger der obere Abschluss einer Abdichtung über der letzten Konstruktionsschicht liegt.

Verstopfte Abflüsse (Laub, Eis, Rückstau im Fallrohr) sind häufige Ursachen für Schäden.

Die Anschlusshöhe soll nach [H.13] bei Dachneigungen bis 5° 150 mm und bei Dachneigungen über 5° mindestens 100 mm betragen.

Als Sicherheit gegen Spritzwasser für angeschlossene Bauteilflächen wäre sogar die doppelte Höhe empfehlenswert (vgl. DIN 18 195-4). Türöffnungen sind oft Schwachpunkte in Abdichtungsanschlüssen. Werden die verlangten Anschlusshöhen eingehalten, ergeben sich meist Absätze und/oder Stufen in den Bodenflächen.

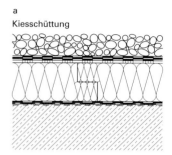

a Kiesschüttung

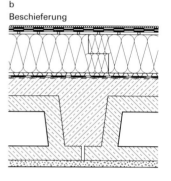

b Beschieferung

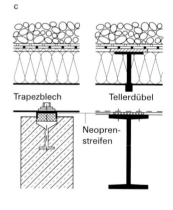

c

Trapezblech   Tellerdübel

Neoprenstreifen

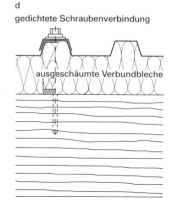

d gedichtete Schraubenverbindung

ausgeschäumte Verbundbleche

Abb. H.98
Nicht durchlüftete Dachkonstruktionen
Maßstab 1 : 10

a Stahlbetondecke mit Voranstrich (VA), Glasvlieslochbahn, bituminöse Dampfsperre (DSP), Dämmplatten mit Stufenfalz, Abdichtung mit teilflächiger Verklebung, Oberflächenschutz durch Kiesschüttung.
b Stahlbetonrippendecke mit (dämmenden) Leichtbeton-Füllkörpern, VA, Glasvlieslochbahn, Alu-DSP, Dämmplatten mit Hakenfalz, obere Ausgleichsschicht (AG), bituminöse Abdichtung und Oberflächenschutz durch Beschieferung.
c Trapezprofilblechunterlagen auf Stahlbeton-/Stahlpfetten. Auf Obergurte streifenweise verklebte Dämmplatten mit loser hochpolymerer Abdichtung und Kiesschüttung.
Alternativ: Dämmplatten mit hochpolymer beschichteten Tellerdübeln in Trapezblechunterlage verdübelt. Hochpolymere Abdichtung darauf punktweise verklebt.
d Ausgeschäumte Trapezprofilblechpaneele (aus korrosionsgeschütztem Stahl oder Aluminium) auf Brettschichtholzpfetten geschraubt.

4.9.2 Flachdächer H

a Trauffirstdetail

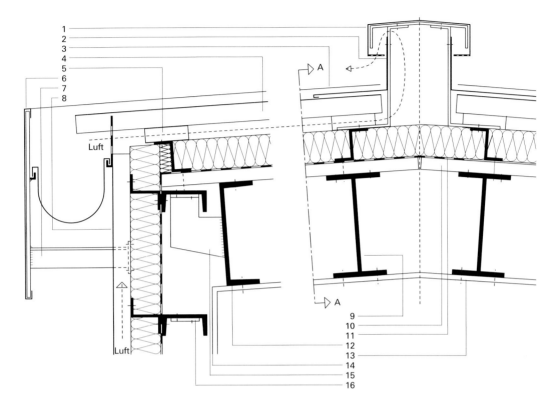

b Vertikalschnitt A-A

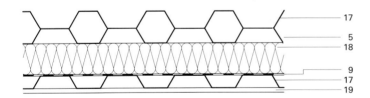

Abb. H.99
Durchlüftete Trapezprofilblechkonstruktion
Maßstab 1 : 10

1 Blechhaube
2 Flachstahlhalter
3 Ortgangblech
4 Deckungsprofilblech
5 Abstandhalter
6 Traufblech
7 Konsolhalter aus Profilstahl
8 Blech
9 Zwischenpfette
10 Trapezprofilunterlage
11 bituminöse Abdichtung
12 Randpfette
13 Obergurt, Stahlprofilbinder
14 Außenkante Stütze
15 Konsole
16 horizontale Tragprofile
17 Trapezblech
18 Wärmedämmung
19 IPE-Träger

4.10

Zusammenstellung wichtiger Normen und Regelwerke

Für die Entwurfs- und Detailplanung von Dachabdichtungen sind vor allem folgende Vorschriften in der jeweils neuesten Fassung zu beachten:

Für den Abschnitt H.4 Flachdächer können die bereits unter Abschnitt H.3.7 zusammengestellten Vorschriften herangezogen werden. Tab. **H.15** enthält Hinweise auf Normen für Bitumenbahnen.

Einen besonderen Schwerpunkt bilden dabei die Flachdachrichtlinien als ein Teil der Fachregeln des Dachdeckerhandwerks [H.13].

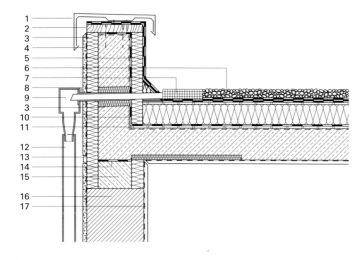

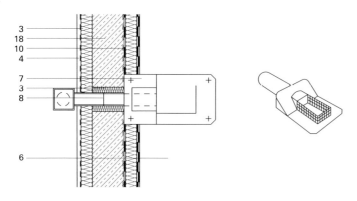

Abb. H.100
Flachdachentwässerung
Der industriell vorgefertigte Sonderablauf aus verzinktem Stahlblech (Fa. LORO) wird durch eine Randaufkantung geschoben und außen an ein Fallrohr angeschlossen.
Maßstab 1:20

1 Blechabdeckung
2 Holzbohle
3 Wärmedämmung
4 Außenputz auf Putzträger
5 bituminöse Abdichtung, 2-lagig
6 Kiesschüttung
7 Flachdachablauf (Fa. LORO)
8 Rohrhülse
9 Sammelkasten
10 bituminöse Abdichtung
11 Hochpolymerschutzbahn
12 Regenfallrohr
13 Putzfuge
14 Gleitfolie
15 Ringbalken
16 Mauerwerk
17 Innenputz auf Putzträger
18 Stahlbetonattika

4.10 Flachdächer   H

Tabelle H.14
Übersicht Bitumenbahnen

Material-gruppe	Bezeichnung	DIN	Kurz-bezeichnung[1]
Bitumenbahnen / Oxydationsbitumen	*Nackte Bitumenbahnen*	52 129	R 500 N, R 333 N
	Bitumendachbahnen		
	Bitumendachbahnen mit Rohfilzeinlage	52 128	R 500, R 333
	Bitumen-Dachdichtungsbahnen	52 130	J 300 DD, G 200 DD, PV 200 DD
	Glasvliesbitumendachbahnen	52 143	V 11, V 13
	Bitumendichtungsbahnen		
	mit Rohfilzeinlage	18 190-1	R 550 D
	mit Jutegewebeeinlage	18 190-2	J 300 D
	mit Glasgewebeeinlage	18 190-3	G 220 D
	mit Metallbandeinlage	18 190-4	Cu 0,1 D, Al 0,2 D
	mit Polyethylenterephthalat-Folieneinlage	18 190-5	PETP 0,03 D
	Bitumenschweißbahnen		
	mit Einlage aus Jutegewebe 4 oder 5 mm dick	52 131	J 300 S4, J 300 S5
	mit Einlage aus Glasgewebe 4 oder 5 mm dick	52 131	G 200 S4, G 200 S5
	mit Einlage aus Glasvlies 4 mm dick	52 131	V 60 S4
	mit Einlage aus Polyestervlies 5 mm dick	52 131	PV 200
Polymerbitumen	*Polymer-Bitumendachdichtungsbahnen*	52 131	
	mit Einlage aus Jutegewebe		J 300 PY DD
	mit Einlage aus Glasgewebe		G 200 PY DD
	mit Einlage aus Polyestervlies		PV 200 PY DD
	Polymer-Bitumenschweißbahnen	52 133	
	mit Einlage aus Jutegewebe		J 300 PY S5
	mit Einlage aus Glasgewebe		G 200 PY S5
	mit Einlage aus Polyestervlies		PV 200 PY S5

[1] In der Kurzbezeichnung bedeutet der erste Buchstabe die Art der Einlage, die folgende Zahl deren Flächengewicht oder Dicke und der letzte Buchstabe den Bahnentyp, zum Beispiel J 300 DD = Jute, 300 g/m^2, Dach- und Dichtungsbahn.
Abkürzungen: R-Rohfilz, V-Glasvlies, J-Jute, G-Glasgewebe, Cu-Kupfer, Al-Aluminium, PETP-Polyethylenterephthalatfolie, PV-Polyestervlies, N-Nackte Bitumenpappe, DD-Dach- und Dichtungsbahn, D-Dichtungsbahn, S-Schweißbahn, PY-Polymer-Bitumen.

– Außerdem sind für den Bereich durchlüfteter und nicht durchlüfteter Flachdachkonstruktionen von Bedeutung:
– DIN 18 530 Massive Deckenkonstruktionen für Dächer; Planung und Ausführung
– DIN 18 531 Dachabdichtungen; Begriffe, Anforderungen, Planungsgrundsätze (Diese Norm gilt nur für die Planung und Konstruktion von Abdichtungen nicht genutzter Dachflächen. Sie enthält eine Normenübersicht.)
– DIN 18 195 Bauwerksabdichtungen (Die Teile dieser Norm betreffen erdberührte und erdnahe Gebäudeteile. Dennoch überlagern sich gewisse Normeninhalte mit Vorschriften und Empfehlungen für den Flachdachbereich. Vor allem aber sind Abdichtungen genutzter Dachflächen nach dieser Norm auszuführen.)
– DIN 18 807 Trapezprofile im Hochbau; Stahltrapezprofile
– Die Stoffnormen für Korkerzeugnisse als Dämmstoff, Schaumkunststoffe, Faserdämmstoffe und Schaumglas: DIN 18 161, DIN 18 164, DIN 18 165, DIN 18 174

Abb. I.1

I Fenster

   Einleitung   697
1 Vorbemerkungen   698
2 Begriffe   699
3 Planungshinweise   701
4 Bauwerksanschlüsse   702
5 Rahmen- und
    Flügelkonstruktionen   709
6 Oberfläche von
    Rahmen und Flügeln   725
7 Fensterbrüstungen   729
8 Geneigte Verglasungs-
    konstruktionen   730
9 Glasfassaden   734
10 Klima- und Sonnenschutz-
    konstruktionen   740
11 Gläser   746
12 Dichtungen für Verglasungen   752
13 Normen und Regelwerke   756

Fenster / Türen

Einleitung

Als Bestandteile der Gebäudehülle sind Fenster Bauteile mit sehr komplexen Funktionen und daher reizvolle gestalterisch-konstruktive Aufgabenbereiche der Planung. Werden Fenster als Durchbrechung der Gebäudehülle betrachtet, stehen bauphysikalische Problematik von Wärme-, Schall- und Witterungsschutz und die konstruktive Problematik des Anschlusses an die angrenzenden Außenwandbauteile im Vordergrund. Häufig sind sie auch in die Planung der technischen Gebäudeausrüstung einzubeziehen – natürliche Raumbelichtung und Kunstlicht, natürlicher Wärmegewinn durch Sonnenlicht und Wärmeabgabe von Leuchten und Geräten, natürliche und künstliche Lüftung stehen im wechselseitigen Zusammenhang.

Kaum ein Gebäudeteil wird so häufig verändert wie Fenster, sei es aus Gründen konstruktiver Mängel oder veränderter Innenraumanforderungen. Sie dienen primär der Innenraumbelichtung und -belüftung. Zugleich sind sie wie Türen Mittel der Kommunikation: Man sieht hinaus, blickt hinein. Diese charakteristischen Gegensätze, Verbindung und Trennung, werden auch deutlich, betrachtet man Fenster aus dem Blickwinkel der Energiebilanz eines Gebäudes: Je nach Art und Größe der Verglasung wird der energiereiche langwellige Anteil der Sonnenstrahlung hereingelassen oder abgeschirmt, auch Wärmeverlust tritt unangenehm in Erscheinung. Fensterglas schirmt andererseits störende UV-Strahlung ab.

Der Umgang mit dem Bauteil Fenster in den verschiedenen Regionen der Erde und zu unterschiedlichen Zeiten zeigt eine große Vielfalt von Formen und Varianten. Bemerkenswert ist die Herkunft des Wortes Fenster aus dem mittelmeerischen Sprach- und Klimaraum (lateinisch: fenestra; französisch: fenêtre) und damit der indirekte etymologische Hinweis, dass Fenster in früher Zeit in unserem Sprach- und Klimaraum keine Rolle spielten. Aufschlussreich ist auch, dass in der gotischen Sprache **Fenster** und **Auge** das gleiche Wort hatten, dieses Wort sich aber nicht bis in unsere heutige Sprache verfolgen lässt.

Fenster bestimmen in hohem Maße das Erscheinungsbild von Gebäuden und aus Anordnung, Größe und Proportion lassen sich bauhistorische und konstruktive Rückschlüsse ziehen. So unterscheiden sich etwa Massiv- und Skelettbauten insbesondere durch Form und Anordnung ihrer Fenster. Zwar ist die Größe der Fensterflächen im Gebäude in erster Linie abhängig von großklimatischen Bedingungen – für extreme Klimate sind kleine oder gar keine Fenster angezeigt –, aber es lässt sich auch eine Verbindung von Fenstergröße und zivilisatorischer Entwicklung erkennen.

Das Wort Tür ist in unserem Sprach- und Klimaraum älter als das Wort Fenster. Sprachgeschichtlich lässt es sich bis auf eine indogermanische Urform zurückverfolgen. So scheint die Tür das urtümlichere und wichtigere Bauteil gewesen zu sein. Gleichwohl ist ihre konstruktive Verwandtschaft offensichtlich. Können Fenster beweglich oder aber fest (also funktional auf Belichtung sowie Aus- und Einblick beschränkt) sein, so sind Türen immer beweglich. Ihr besonderes Augenmerk haben Architekten und Bauherren stets auf die Gestaltung und Konstruktion von Türen und deren Anlagen gelegt. Man versteht sie als Visitenkarte und Repräsentationsobjekt (Abb. I.1).

Abb. I.1:
Kunstgewerbeschule Weimar, Henry van de Velde, 1906)

1
Vorbemerkungen

Fenster können der Belichtung, Belüftung und dem Klimaausgleich von Räumen dienen. Sie sind Gestaltungselemente von Gebäuden und haben als transparente Bauteile Kommunikationsfunktion zwischen Außen- und Innenraum.

Folgende Parameter sind für den konstruktiven und planerischen Entwurf maßgebend

a Art der Einbindung in die Gebäudeaußenwand (Abb. I.2)

b Öffnungsmöglichkeiten (Abb. I.3)

c Konstruktiver Aufbau von Verglasung und Rahmen (Abb. I.4 und I.5).

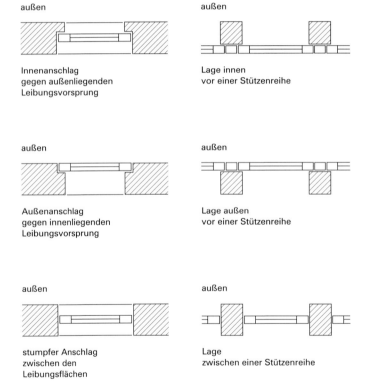

Abb. I.2
Einbaumöglichkeiten von Fenstern in Außenwände (Systemzeichnung)

2
Begriffe

Zu a
Fenster werden mit oder ohne Anschlag in die Außenwand eingebunden.

Zu b
Man unterscheidet feststehende und zu öffnende Fensterkonstruktionen; der feststehende Rahmenteil wird Blendrahmen, der bewegliche Rahmenteil Flügelrahmen genannt (s. Abb. I.3).

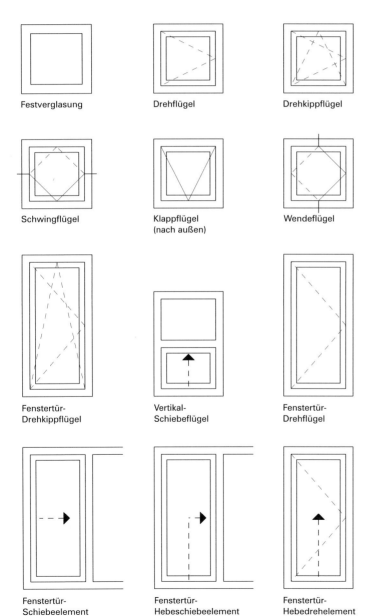

Abb. I.3
Funktionen von Fenster- und Fenstertürflügeln; Blickrichtung von außen (Systemzeichnung)

Zu c
Konstruktionsarten von Fenstern sind (Abb. I.4):
– Einfachfenster, mit Einscheibenverglasung, Zwei- oder Dreischeibenisolierglas
– Verbundfenster, mechanisch verbundene Innen- und Außenflügel und Einfachverglasungen
– Doppelfenster, mit getrennt beweglichen Innen- und Außenflügeln und Einzel- oder Isolierverglasungen
– Kastenfenster, getrennt bewegliche Innen- und Außenflügel mit Einzel- oder Isolierverglasung sowie umlaufender Leibungsverkleidung zwischen den Fensterrahmen.

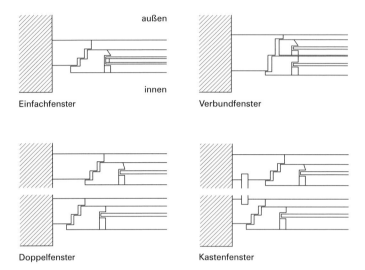

Abb. I.4
Konstruktionsarten von Fenstern (Systemzeichnung)

Es gibt folgende Verglasungsarten von Fenstern (Abb. I.5):
– Einscheibenverglasung (EV)
– Isolierverglasung (IV) (Mehrscheibenverglasung in einem Rahmen)
– Doppelverglasung (DV) (Mehrscheibenverglasung in getrennten Rahmen)

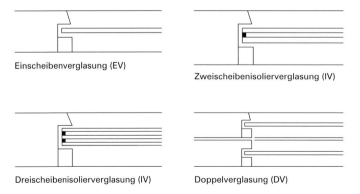

Abb. I.5
Verglasungsarten von Fenstern (Systemzeichnung)

Die zeichnerische Darstellung ist für die Bezeichnung der Anschlagseite von Fenster- und Türkonstruktionen nach DIN 107 auszuführen (Abb. I.6).

Abb. I.6
Bezeichnung der Bauelemente einer Fensterkonstruktion (Systemzeichnung)

1 Rahmen
2 Rahmenpfosten
3 Kämpfer
4 Riegel
5 Flügel
6 Flügelriegel
7 Flügelsprosse
8 Oberlicht (festverglast)
9 Oberlicht (Klappflügel)
10 Brüstung (festverglast)
11 Brüstung (ausgefacht)

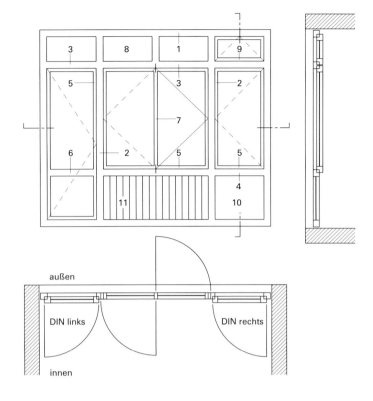

3
Planungshinweise

Fenster unterliegen einer Reihe statischer und bauphysikalischer Anforderungen:

Bei der Bemessung der Rahmenkonstruktion ist abhängig von der Größe und Höhenlage der Fenster ein statischer Nachweis erforderlich (DIN 18 056, Fensterwände; Bemessung und Ausführung). Die Dimensionierung von Profilen und Scheiben muss Windlast, Eigenlast, Horizontallast durch Benutzung und temperaturbedingte Maßveränderungen berücksichtigen.

In DIN 18 055 (Fenster; Fugendurchlässigkeit, Schlagregendichtheit und mechanische Beanspruchung) werden vier Beanspruchungsgruppen von Fenstern unter Berücksichtigung verschiedener Gebäudehöhen von Winddruckbelastungen definiert. Die Fugendurchlässigkeit von Fensterkonstruktionen verursacht Luftaustausch von innen nach außen, aber auch erhöhten Wärmeverlust.

DIN 4108 (Wärmeschutz im Hochbau) enthält Mindestanforderungen an Wärme- und Feuchteschutz und begrenzt u. a. den zulässigen Wärmedurchgangskoeffizienten von Fenstern in Abhängigkeit von der Geschosszahl von Gebäuden. Neben ihr gilt die Verordnung über energiesparenden Wärmeschutz und energiesparende Anlagentechnik bei Gebäuden (EnEV) mit erweiterten Auflagen für eine energiesparende Ausführung von Bauwerken, in der Wärmeverluste von Bauteilen beheizter zu unbeheizten Gebäudeteilen bzw. zur Außenluft behandelt werden; hier können aber auch solare Wärmegewinne über Fenster, Fenstertüren und Außentüren eingerechnet werden.

Für den Schallschutz von Fenstern ist DIN 4109 (Schallschutz im Hochbau) anzuwenden. Darin werden Schallschutzklassen entsprechend verschiedener Außenlärmpegel festgelegt und Ausführungsbeispiele für Fenster und Fenstertüren angegeben. Industriell gefertigte Fenster haben diesbezügliche Prüfzeugnisse.

Bei der Befestigung der Fensterrahmen ist darauf zu achten, dass diese zwar die auftretenden Beanspruchungen an die angrenzenden Bauteile abgeben können, andererseits aber von eventuellen Formänderungen des Bauwerks unberührt bleiben. Die Verbindungselemente zum Gebäude aus Stahl müssen entsprechend DIN 18 360 korrosionsbeständig ausgeführt werden.

Bei der Ausführungsplanung ist zur Vermeidung von Tauwasser und dessen Folgen darauf zu achten, dass Fenster in der Ebene der Außenwanddämmung angeordnet werden. Bei homogenem Mauerwerk ist aus bauphysikalischer Sicht der außenseitige Fenstereinbau die ungünstigste, der innenseitige Einbau die günstigste Variante; bei üblicher Lage des Fensters in Wandmitte ist dessen Einbau mit Anschlag günstiger als ohne.

4
Bauwerksanschlüsse

Bauherr und Planer haben ihre Forderungen an eine Fensterkonstruktion zu definieren und festzulegen. Sie sind zu verarbeiten in:
– Konstruktionszeichnungen und ausführliche Bauteil- und Materialbeschreibungen oder
– einer Funktionsbeschreibung mit Bekanntgabe formaler Vorstellungen.

4.1

Einbau

Einbauzeitpunkt für Außenwandabschlüsse in Fenster- und Türöffnungen:
– Einbau unmittelbar nach Rohbaufertigstellung und Dacheindeckung
  Vorteile: Fortführung der Innenarbeiten in geschätzten Räumen. Eine Notverglasung mit Kunststofffolien ist möglich, falls noch keine Scheiben eingesetzt worden sind. Die Temperierung des Gehäuses oder von Einzelräumen kann erfolgen.
  Nachteile: Starke Beanspruchung der Fensterkonstruktionen durch Baufeuchte und Verschmutzung. Hohes Beschädigungsrisiko durch Folgearbeiten. Das Aushängen verglaster Flügel kann zwingend werden, zum Beispiel vor dem Einbau von Heißasphaltestrich. Störende und schadensträchtige Situationen bei Fußrahmen, Schwellen und Profilschienen von Fenster- und Hauseingangstüren.
– Einbau möglichst spät nach den wesentlichen Verputz- und Fußbodenarbeiten (ohne Gehbelag).
  Vorteile: Geringere Beanspruchung durch Baufeuchte, verminderte Schadensrisiken bei Ausbaugewerken. Nur unmittelbare Anschlussarbeiten sind erforderlich.
  Nachteile: Der Bau steht zwischenzeitlich offen. Notverglasungen können zwingend werden, sofern Ausbauarbeiten in kalter Jahreszeit vorgesehen sind.

4.2

Befestigungen

Fenster, Fenster- und Haustüren werden beim Versetzen in den Wandöffnungen im vorgesehenen Abstand zur äußeren Wandflucht lot- und fluchtrecht verkeilt. Anschließend erfolgt das Befestigen der Rahmen mit gestanzten Blechlaschen oder über eine Verdübelung an bzw. in der Wand (Abb. I.7). Dagegen finden auf der inneren Rahmenseite sichtbar aufgeschraubte, sogenannte Mauerpratzen aus Stahl, welche in den Leibungen verankert werden, nur noch selten Anwendung.

In Anlehnung an DIN 18 056, Fensterwände, sollen die allseitigen Befestigungsabstände eines Rahmens am Baukörper 80 cm nicht überschreiten. Für Kunststofffenster werden maximal 70 cm empfohlen. Probleme ergeben sich bei vorhandenen Rolladenkästen. Hier gibt es keinen tragfähigen Untergrund für die Sturzrahmenbefestigung. Sie muss gegebenenfalls je nach Einbausituation mit Stahlprofilen gelöst werden. Gegenseitige Bewegungen von Baukörper und Fensterkonstruktion sind nicht auszuschließen und müssen über maßordnungsgerechte – meist jedoch größere – Toleranzfugen aufgefangen werden. Dabei sind starre Mauerpratzen nicht, Laschen- und Dübelverbindungen eher zu empfehlen.

Eine sinnvolle, aber teure Sonderlösung stellen vorab versetzte Einbauzargen für die Rahmen dar. Je nach Materialwahl und entsprechender Profilausbildung ermöglichen sie Bewegungsaufnahmen und Dichtigkeit zugleich.

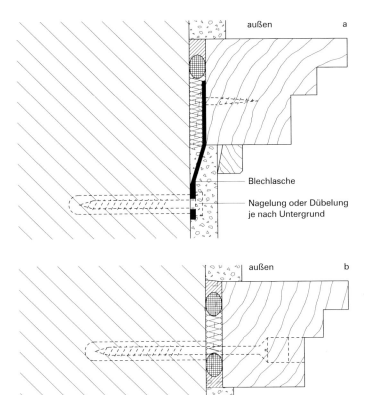

Abb. I.7
Rahmenbefestigungen am Baukörper
Maßstab 1:2

a Rahmenbefestigung durch Blechlaschen
b Rahmenbefestigung durch Verdübelung

elastischer Dichtstoff
Schaumstoffschnur
Stopfung oder Schaum

4.3

Anschlüsse

Die Forderungen nach dauerhaftem Schutz gegen
- *Schlagregendichtigkeit* (DIN EN 12 207 Fugendurchlässigkeit, DIN EN 12 208 Schlagregendichtigkeit und DIN EN 12 210 Windlast)
- *Wärmeverluste* (DIN 4108, Wärmeschutz im Hochbau, EnEV)
- *Außenlärm* (DIN 4109, Schallschutz im Hochbau)
- *Konstruktionsschäden* aus Bauteilbewegungen (RoTa)

sind nach den jeweils anfallenden Belastungen zu erfüllen in den Fugenbereichen von:
- *Glasscheibe* zu Fensterflügel (DIN 18 545, Abdichten von Verglasungen mit Dichtstoffen)
- *Verfalzung* Flügel zu Rahmen (DIN 4108, DIN 4109, *VDI-Ri* 2719, Schalldämmung von Fenstern)
- *Fensterrahmen* zu Baukörper (RoTa).

Technisch zufriedenstellende Anschlüsse von Fensterrahmen zu Baukörpern lassen sich ausführen durch (Abb. I.8):
- Anschlagen des Rahmens von innen gegen einen ausgebildeten Mauervorsprung
- Einschieben des Rahmens in die Leibungsflächen einer Fensteröffnung (Stumpfanschlag), wobei zwischen äußerer Wandflucht und Rahmenaußenfläche ein Abstand von mindestens 4–6 cm

Abb. I.8
Ausführungsbeispiele von Anschlussfugen bei verschiedenen Wandaufbauten. Maßstab 1:2

a Zweischaliger Wandaufbau mit Anschlag
b Zweischaliger Wandaufbau mit Anschlag
c Massive Wandaufbau mit Anschlag

1 Gipskarton mit Fensterrahmennut
2 Schaumstoffschnur
3 Dauerelastische Spritzversiegelung
4 Vormauerschale
5 Putzschiene
6 Putz
7 Montageschaum
8 Deckleiste
9 Compriband

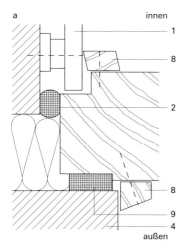
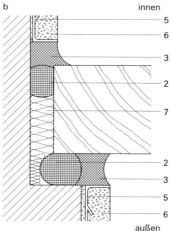
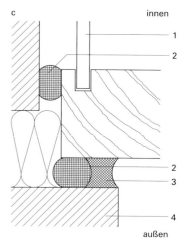

eingehalten werden sollte (das außen bündige Versetzen von Fensterkonstruktionen verursacht Schwierigkeiten für einen dauerhaft dichten Anschluss)
- Anschlagen des Rahmens von außen gegen einen auf der Raumseite ausgebildeten Mauervorsprung.

Beim Innen- und Außenanschlag stehen genügend tiefe und dazu noch abgewickelte Anschlussfugen für die Aufnahme von Dämm- und Dichtstoffen zur Verfügung. Jedoch erfordert dies die Verbreiterung des Rahmenprofils wegen der Leibungsvorsprünge. Der Stumpfanschlag hat eine auf die Rahmendicke beschränkte Fugentiefe, die keine Abwinklung besitzt.

Stets sind innere Leibungsflächen von Öffnungen in Außenwänden durch Tauwasserausfall gefährdet. Beim Einbau von Fensterrahmen *in der Mitte* nicht zusätzlich gedämmter Leibungen ist die Tauwassergefahr etwas geringer einzuschätzen als bei sehr weit nach außen gerichteten Befestigungsebenen.

Abhilfe kann geschaffen werden durch das Anbringen von Zusatzdämmungen an den inneren Leibungsflächen. Daneben sind die Anschlussfugen so auszubilden, dass ihre Wasserdampfdurchlässigkeit von innen nach außen abnimmt.

Bei der Anschlussfugenbemessung sind die verschiedenen Ausdehnungsmaße von Materialien für Fensterkonstruktionen zu berücksichtigen. Die Tabelle I.1 gibt Anhaltspunkte zu unterschiedlichen Rahmenmaterialien.

Der theoretische Fall, dass jeweils die halbe Rahmenlänge auf die Anschlussfugenbreite Auswirkungen zeigen würde, entspricht nicht der beobachteten Praxis und den durchgeführten Laborversuchen. Vielmehr sind immer zwei Drittel der Rahmenlänge in Ansatz zu bringen. Daraus ergibt sich für die lineare Längenänderung aus thermischen Einflüssen je Anschlussfuge die auf der sicheren Seite liegende Bemessungsformel:

$$\Delta b = 2/3 \cdot l \cdot \Delta t \cdot \varepsilon$$

l = Rahmenlänge in Fensterbreite oder Fensterhöhe in m
ε = temperaturbedingte Längenänderung in mm/m b
Δb = Bewegung der Einzelfuge in m

Ein Hinterschäumen des Fensterrahmens ist in jedem Fall durchzuführen. Das Ergebnis für die BG 2-3.3 entspricht einer praktisch *luftundurchlässigen*, jedoch elastischen Anschlussfuge. Ihre Qualität hat maßgeblichen Einfluss auf den Luftschallschutz einer Fenster- oder Außentürkonstruktion.

Für die Nachweisführung in der Praxis sollten im Labor gemessene Werte für ein bewertetes Schalldammmaß R'_w einer Konstruktion um 2 dB abgemindert werden.

Sollen Fensterkonstruktionen eine bestimmte Schallschutzklasse gemäß VDI-Richtlinie 2719 – Schalldämmung von Fenstern und deren Zusatzeinrichtungen – erfüllen, ist die Anschlussfuge zwischen Rahmen und Bauwerk nach deren inhaltlichen Vorgaben auszuführen:

Die zu erwartenden Bewegungen sind zu ermitteln. Hierbei müssen auch gegebenenfalls auftretende Durchbiegungen und sonstige Verformungen berücksichtigt werden. Die Art der Anschlussausführung ergibt sich je nach verlangter Schallschutzklasse. Für Zargen- und Folienanschlüsse sind die Einzelheiten festzulegen.

Zusammen mit den Anforderungen nach DIN 4109 Schallschutz im Hochbau und den Beiblättern zu dieser Norm mit Ausführungsbeispielen (so auch für Fenster) bildet die VDI-RL 2719 den aktualisierten Rahmen für die Planung und Ausführung von schalldämmenden Fensterkonstruktionen. In beiden Regelwerken werden praktische Ausführungsmöglichkeiten vorgeschlagen.

Bei der Bemessung der Anschlussfugenbreite müssen Maßtoleranzen der Bauteile, also Ungenauigkeiten bei deren Fertigung und Montage, ebenso berücksichtigt werden wie deren thermische Längenänderungen. Schließlich sind notwendige Mindestfugenbreiten für elastische Anschlussdichtstoffe zwischen Fensterrahmen und Bauwerk zu beachten.

Bauwerksanschlüsse 4.3

	mit Dichtstoff ▶ Schaumkunststoffbändern ▼		b_{Sta} für Dichtstoffe mit einer zulässigen Gesamtverformung von 25 %	b_{Aa} für Dichtstoffe mit einer zulässigen Gesamtverformung von 25 %
Anschlagart	1 2		3	4
			b_{Sti} für Dichtstoffe mit einer zulässigen Gesamtverformung von ≥ 15 %	b_{Sti} für Dichtstoffe mit einer zulässigen Gesamtverformung von ≥ 15 %

	Elementlänge in m												
	bis 1,5	bis 2,5	bis 3,5	bis 4,5	bis 2,5	bis 3,5	bis 4,5	bis 1,5	bis 2,5	bis 3,5	bis 4,5	bis 2,5	bis 3,5	bis 4,5
Werkstoff der Fensterprofile	Mindestfugenbreite für stumpfen Anschlag b_S in mm				Mindestfugenbreite für Innenanschlag b_A in mm			Mindestfugenbreite für stumpfen Anschlag b_S in mm				Mindestfugenbreite für Innenanschlag b_A in mm		
PVC hart (weiß(	8	8	10	10	8	8	8	10	15	20	25	10	10	15
PVC hart und PMMA (dunkel) (farbig extrudiert)	8	10	10	12	8	8	8	15	20	25	30	10	15	20
Harter PUR-Integral-schaumstoff	6	8	8	10	8	8	8	10	10	15	20	10	10	15
Aluminium-Kunst-stoff-Verbundprofile	6	8	10	10	8	8	8	10	10	15	20	10	10	15
Aluminium-Kunst-stoff-Verbundprofile (dunkel)	6	8	10	10	8	8	8	10	15	20	25	10	10	15
Holzfensterprofile	6	8	8	8	6	8	8	10	10	10	10	10	10	10

Für diese Mindestfugenbreiten sind imprägnierte Dichtungsbänder aus Schaumkunststoff nach DIN 18 542 zu verwenden. Der Einsatz muss in Abstimmung mit dem Bandhersteller vorgenommen werden.

b_{Sti} Mindestfugenbreite für stumpfe und Innenanschläge, raumseitig
b_{Sta} Mindestfugenbreite für stumpfe Anschläge, außenseitig
b_{Aa} Mindestfugenbreite für Innenanschläge, außenseitig

Beanspruchungs-gruppen nach DIN 18 542	Beanspruchungsart	Beanspruchunggruppe	
		BG1	BG2
	Fugenbewitterung	direkt	entfällt
	Regeneinwirkung	stark	gering
	Tauwassereinwirkung	hoch	gering
	Einwirkung von Luftfeuchte	Langzeit	Langzeit
	Winddichtheit[1]	normal	normal

[1] entspricht „luftdicht"

Quelle: Fachinformationen IFT Rosenheim

Tabelle I.1
Mindestfugenbreiten von Anschlussfugen zur Abdichtung unterschiedlicher Fensterrahmen mit elastischen Dichtstoffen

Das Institut für Fenstertechnik e. V. hat für die Festlegung einer Anschlussfuge die Tabelle *„Anschlussausbildung zwischen Fenster und Baukörper"* entwickelt. Darin sind unter Berücksichtigung der Dichtigkeitsanforderungen der DIN 18 055, sowie jeweils

– unterschiedlichen Fugenveränderungen zwischen Baukörper und Fensterrahmen und
– dem zugrunde zu legenden Grad der Erschütterungen aus Verkehrsbelastungen

für verschiedene Einbaukonstruktionen *Beanspruchungsgruppen (BG 1 – 3)* entwickelt und für diese entsprechende Anschlussausbildungen empfohlen worden:

Beanspruchung	zu erwartende Fugenbewegungen	Verkehrsbelastung	Anschlag	Einbau
BG 1	≤1 mm	normale Belastung	Putzfassade, stumpfer Anschlag/Innenanschlag	starr eingeputzter Fensterrahmen (nur Holzfenster)
BG 2	≤4 mm	starke Belastung	Putzfassade, stumpfer Anschlag/Innenanschlag oder Fassade aus Sichtbeton, metallischen oder keramischen Baustoffen, stumpfer Anschlag/Innenanschlag	mit elastischer Fugendichtmasse hergestellter Anschluss zwischen Baukörper und Rahmen
BG 3.1	≥4 mm	starke Belastung	Putzfassade, stumpfer Anschlag/Innenanschlag oder Fassade aus Sichtbeton, metallischen oder keramischen Baustoffen, stumpfer Anschlag/Innenanschlag	mit elastischer Fugendichtmasse hergestellter Anschluss zwischen Baukörper und Rahmen sowie Bewegungsausgleich in der Konstruktion
Bg 3.2	≥4 mm	starke Belastung	Putzfassade, stumpfer Anschlag/Innenanschlag oder Fassade aus Sichtbeton, metallischen oder keramischen Baustoffen, stumpfer Anschlag/Innenanschlag	Anschluss des Fensterrahmens mit einer Rahmenzarge
BG 3.3	≥4 mm	starke Belastung	Fassade aus Sichtbeton, metallischen oder keramischen Baustoffen, stumpfer Anschlag/Innenanschlag, Innenanschlag	Fugenanschluss zwischen Baukörper und Rahmen mit einer Bauabdichtungsfolie

4.4

Beschläge

Beschlagteile von Fenstern, Fenstertüren und Haustüren sind:
– Bänder für Dreh-, Kipp-, Klapp-, Schwenk- und Wendeflügel
– Verschlussmechanismen mit einfacher oder mehrfacher Verriegelung
– Schlösser
– Regenschutz-, Abdeck- und Anschlussprofile aus Metall
– Ausstell- und Sicherungsscheren für Fensterflügel
– Drucker, Griffe, Hebel, Knöpfe und Schalen für die Beschlagbetätigungen
– Laufschienen und Laufwerke für Schiebeflügel
– Dichtungsprofile zwischen Rahmen und Flügeln
– Lüftungsgitter und -klappen.

DIN 18 357 (VOB, Beschlagarbeiten) macht nur generelle Aussagen für Angaben in Leistungsverzeichnissen, Stoffen, Bauteilen und Ausführungen. In der Praxis haben Bauherren und Architekten nur geringen Einfluss auf die Beschlagkonstruktion, sofern sie die als Standard mitangebotenen Beschläge nicht bereits im Leistungsverzeichnis gegen ein anderes Fabrikat austauschen.

Die Auswahl eines Beschlages und seiner Qualität richtet sich nach
– Größe und Gewicht eines Fensterflügels
– Funktionen eines Fensterflügels und seines Bedienungskomforts
– dem aufliegenden, teilweise oder ganz verdeckten Anbringen von Beschlagteilen
– der Materialart von Beschlagteilen, Rahmen und Flügeln
– der Verschleißfestigkeit bewegter Teile sowie dem Korrosionsschutz
– einer unkomplizierten Montage
– den formalen Ansprüchen an das fertige Bauteil
– den Kosten.

Bauwerksanschlüsse 4.4

Beschlägehersteller stehen dem Planer, dem Handel und dem Handwerk mit Katalogen, Werkstattzeichnungen, beratender Anleitung und dem Anfertigen von Leistungsverzeichnissen zur Seite. Häufig werden auch objektbezogene Berechnungen über die Profildimensionierung von Holzfenstern angeboten.

Hinweise für Beschlagsarbeiten:
- *Abdichtungsprofile* werden im Rahmen eines zweistufigen Abdichtungssystems mit räumlicher Trennung von Regen- und Winddichtung jeweils in einer Ebene umlaufend eingebaut. Die als Windsperren wirksamen elastischen und austauschbaren Hochpolymerprofile sollen zur Vermeidung einer direkten Regenbelastung mindestens 15 mm hinter der Regensperre angeordnet werden. Sie müssen spannungsfrei und ohne offene Stöße oder im Rundeinzugverfahren eingebaut sein.

In diesem Zusammenhang kann ein solches Abdichtungsprofil auch bis zur Mitte eines Fensterprofilquerschnitts gelange („Mitteldichtung").
- *Regenschutzschienen* müssen wasserdichte Endverschlüsse haben und sollten bei Holzfenstern auch die bewitterten äußeren waagerechten Brüstungsflächen des Rahmens abdecken. Sie werden in eine *Holznut* eingedrückt oder mit V2A-Schrauben befestigt.
- Äußere *Fensterbankprofile* aus Metall sind 8 bis 10 mm tief in hölzerne Rahmenteile einzulassen. Sie müssen an ihren Enden stets auf den Leibungsanschluss an das Mauerwerk vorgerichtet sein. Thermisch bedingte Längenausdehnungen müssen dort schadensfrei abgetragen werden können.
- *Verriegelungen* sollen einen gleichmäßigen und justierbaren Anpressdruck des Flügels an den Rahmen bewirken. Ihre Abstände untereinander sollen nicht wesentlich mehr als 60 cm betragen. Bei Breiten und Höhen über 110 cm ist eine Mittelverriegelung vorzusehen. Haustüren erhalten Drei- bis Fünffachverriegelungen. Anschlagseiten über 110 cm Höhe erhalten ein drittes Band.
- Das *Anschrauben* belasteter Beschlagteile an Metall- oder Kunststoffhohlprofile sollte möglichst durch zwei Wandungen erfolgen. Alternativen sind: ausreichend dicke Einfachschalen, punktuelle Verstärkungen oder Einschubrohre aus Stahl (bei Kunststoffprofilen).
- An senkrechte Rahmenteile anzugringende Betätigungsbeschläge (zum Beispiel Kipp- und Hebetürgriffe) benötigen zwischen Außenkante Flügel und Innenkante Leibung mindestens 40 bis 45 mm Lichtbreite (Verletzungsgefahr).
- Die *Abdichtungen* von Vertikal- und Horizontal-Schiebeflügeln können i. d. R. nicht in einer Ebene angeordnet werden. Sie unterliegen in den Bewegungsrichtungen einem erhöhten Reibungsverschleiß. Besonders ist auf eine dauerhaft wirksame Dichtung im geschlossenen Zustand zwischen zwei Flügeln zu achten.
- Ungedämmte Metallhohlprofile, Abdeck- oder Laufschienenprofile im Brüstungs- oder betretbaren unteren Rahmenbereich können auf ihren inneren Oberflächen Tauwasser verursachen. Dies kann angrenzende Fußbodenkonstruktionen schädigen. Gedämmte oder mit zusätzlichen Kunststoffschalen abgeschirmte Profile sind deswegen vorzuziehen.

5
Rahmen- und Flügelkonstruktionen

5.1

Holzfenster

Für die Herstellung von Holzfenstern, deren qualitative Anforderungen in DIN 68 360 (Holz für Tischlerarbeiten; Gütebedingungen) bzw. DIN EN 942 (Holz für Tischlerarbeiten – Allgemeine Sortierung nach der Holzqualität) festgelegt sind, können handelsübliche Holzbohlen verwendet werden. Dies trifft vornehmlich für Einfach- und Verbundfenster nach DIN 68 121 (Holzprofile für Fenster und Fenstertüren) zu, die mit nach innen zu öffnenden Dreh-, Drehkipp- und Kippflügeln ausgestattet sind.

Als lamellierte Holzfensterprofile werden Querschnitte bezeichnet, die aus mindestens drei Einzelteilen zusammengeleimt worden sind.

Eine Ausnahme bildet das untere Querprofil des Rahmens mit der Wetterschutzschiene. Hier wird ein Vollholz oder ein zweiteilig verleimtes Holz eingesetzt. Lamellenholz ist nicht billiger als Vollholz. Langfristig gesehen kann sich aber die bessere Ausnutzung der zur Verfügung stehenden Holzbohlen als kostengünstiger entwickeln. Die Verleimung muss mit Klebstoffen der Gruppe B 4 gem. DIN EN 204 erfolgen. Leimfugen dürfen nicht der direkten Bewitterung ausgesetzt sein und müssen in der Ebene des Fensters liegen.

Folgende Randbedingungen sind zu beachten:
– Die Holzfeuchte – bezogen auf das Darrgewicht – darf 15 % nicht überschreiten.
– Die angegebenen Maße sind stets Mindestabmessungen der Profile.
– Alle Kanten sind mit mindestens 2-mm-Radien abzurunden.
– Der Einbau eines in *einer* Ebene umlaufenden zusätzlichen Dichtungsprofils (möglichst als sogenannte Mitteldichtung) wird als Regelfall angenommen.
– DIN 68 121 enthält Empfehlungen zu maximalen Flügelabmessungen für Dreh-, Drehkipp- und Kippfensterkonstruktionen. Hebe-, Schwing- und Wendeflügelfenster sind nicht genormt.

Profilbeispiele gemäß DIN 68 121 Holzprofile für Fenster und Fenstertüren, Teil 1:
– Profilreihe IV 63 (Abb. **I.9 a**). Sie wird gegenüber der Reihe IV 56 bevorzugt verwendet.
– Profilreihe IV 63 für Fenstertür und Profilreihe IV 78 mit Doppeldichtung (Abb. **I.9 b**)
– Profilreihe DV 32/44 für Verbundfenster (Abb. **I.10**)

Rahmen- und Flügelkonstruktionen 5.1

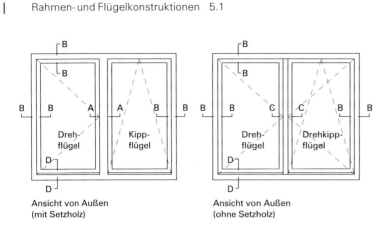

Abb. I.9 a
Holzprofile für Fenster.
Profilreihe IV 63 nach DIN 68 121-1
Maße in mm (M 1:2)

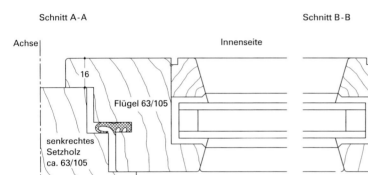

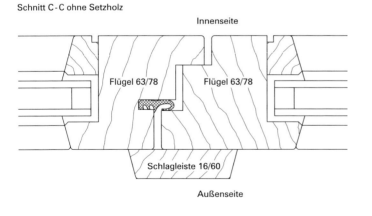

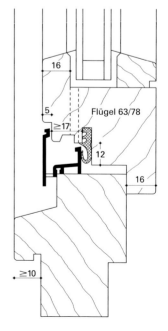

5.1 Rahmen- und Flügelkonstruktionen

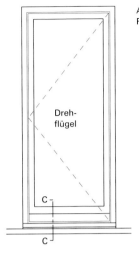

Ansicht von Außen:
Fenstertür und Fenster

Abb. I.9 b
Holzprofile für Fenster. Profilreihe IV 63 nach DIN 68 121-1 für Fenstertür (Bodenschwelle) und Profilreihe IV 78 nach DIN 68 121-1 für Fenster mit Dreifach-Isolierglasscheibe und doppelter Falzdichtung
Maße in mm (M. 1:2)

Schnitt C-C

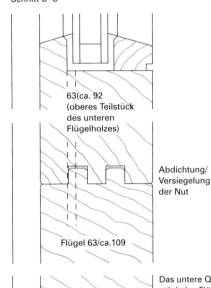

63/ca. 92 (oberes Teilstück des unteren Flügelholzes)

Abdichtung/ Versiegelung der Nut

Flügel 63/ca.109

Das untere Querstück des Flügelholzes kann bis zu einer Breite von 140 mm ungeteilt ausgeführt werden

Rahmen 63/78

Schnitt D-D

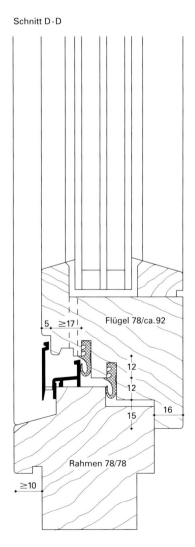

Flügel 78/ca.92

Rahmen 78/78

Rahmen- und Flügelkonstruktionen 5.1

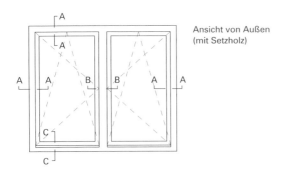

Ansicht von Außen
(mit Setzholz)

Abb. I.10
Holzprofile für Fenster. Profilreihe DV 32/44 nach DIN 68 121-1 für Verbundfenster
Maße in mm (M. 1:2)

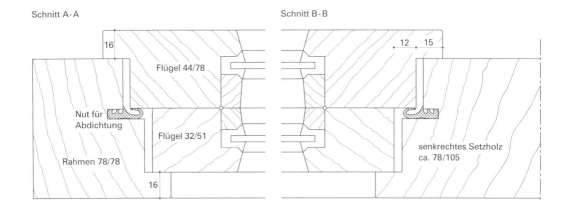

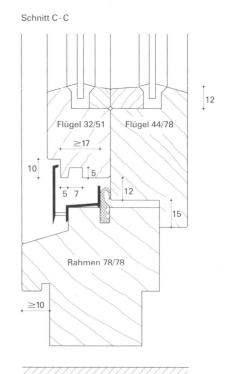

5.1 Rahmen- und Flügelkonstruktionen

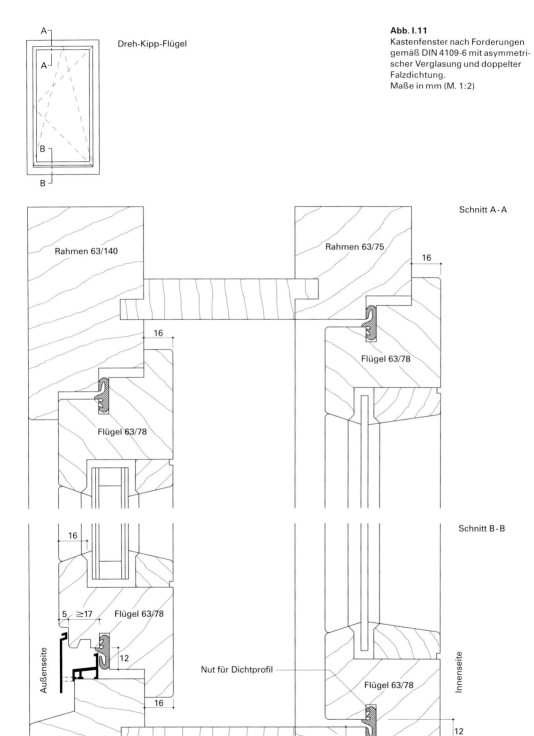

Abb. I.11
Kastenfenster nach Forderungen gemäß DIN 4109-6 mit asymmetrischer Verglasung und doppelter Falzdichtung.
Maße in mm (M. 1:2)

Als Sonderkonstruktion außerhalb der DIN 68 121 beispielhaft:
– Kastenfenster mit asymmetrischer Verglasung und Doppeldichtung nach DIN 4109-6. Der SZR beträgt mindestens 100 mm (Abb. I.11).

In der Praxis können sich gewisse Profilveränderungen durch Beschlagsabmessungen und vorhandene Bearbeitungsmaschinen ergeben, die planerisch nicht beeinflussbar sind. Andererseits lassen sich bestimmte formale Vorstellungen eines Planers – wie zum Beispiel die Flächenbündigkeit von Rahmen und Flügeln – ohne wesentliche Probleme durchsetzen.

Rahmen- und Flügelhölzer werden nach dem Ausfräsen aller Profilierungen über *Schlitzzapfen* in den Ecken verleimt. Ab 56 mm Profildicke sind Doppelzapfen vorzusehen. Je größer die Verleimungsflächen, desto stabiler sind die Eckverbindungen einzuschätzen.

Eckverbindungen mittels Kleinzinken können bei Feuchtigkeitsveränderungen zu Verformungen von Rahmen und Flügeln führen.

Für senkrechte Mittelpfosten und Flügelsprossen werden vorwiegend *Dübelanschlüsse* verwendet.
Für die Auswahl einer Holzart im Fensterbau sind nachstehende Kriterien wichtig:
– Verwitterungs- und Alterungsbeständigkeit (zum Beispiel Harzgehalt)
– Schwundverhalten (Risse, Fugenbildungen, Verziehen)
– maschinelle und manuelle Bearbeitungsmöglichkeiten
– Oberflächen (Naturmaserung, Farbgebungsmöglichkeiten, Beschichtungsnotwendigkeit und -verhalten, Oberflächenaufheizung)
– Herstellungs- und Wartungskosten.

Hölzer für den Fensterbau und verwandte Konstruktionen werden unterteilt in:
– *harzhaltige Nadelhölzer* (Holzart I), zum Beispiel Kiefer, Lärche, Oregon Pine, Pitchpine
– *harzarme Nadelhölzer* (Holzart II), zum Beispiel Fichte, Redwood
– *Laubhölzer* (Holzart III), zum Beispiel Sipo, Meranti, Afzelia, Afrormosia, Agba, Iroko, Kotibe, Eiche

Bei Verwendung überseeischer bzw. tropischer Hölzer, bei denen bisweilen auf Holzschutzanstriche verzichtet werden kann, sollte sichergestellt sein, dass diese aus ökologisch kontrollierter Waldbewirtschaftung stammen und nicht Produkte etwa der wahllosen Rodung tropischen Regenwaldes sind. Hierfür können entsprechende Zertifikate vom Lieferanten angefragt werden.

Die normengerechten Benennungen der Hölzer richten sich nach DIN 4076 (Kurzzeichen und Namen wichtiger Nutzhölzer).

Die Verbindungen von Holzprofilen im Fensterbau werden mit Klebstoffen gemäß DIN EN 204 hergestellt. Grundsätzlich gilt: Eine größere Klebefläche erhöht die Verbindungsqualität. Sie wird durch die Ausbildung von Doppelzapfen in den Eckverbindungen ab 56 mm – besser ab 45 mm – Profildicke erbracht. Verklebungen sollen nur vorgenommen werden, wenn der Feuchtigkeitsgehalt des Holzes höchstens 15 % – bezogen auf das Darrgewicht – beträgt.

5.2

Holz-Aluminium-Fenster

Holz-Aluminium-Fenster sind nach dem Prinzip der Zweischaligkeit entwickelt. Ihre Vorteile sind:
- Holzoberfläche zum Innenraum
- Witterungsbeständigkeit und geringer Unterhaltsaufwand auf der Außenseite
- hohe Wind- und Schlagregendichtigkeit
- problemlose Erfüllung bauphysikalischer Anforderungen wie Wärme- und Schallschutz.

Dem stehen höhere Herstellungskosten und eine geringere Beweglichkeit beim Detaillieren der Konstruktion und ihrer Anschlüsse gegenüber.

Für Holz-Alu-Fenster stellen Holzrahmen und -flügel den tragenden Unterbau für die Außenschale aus stranggepressten Aluminiumprofilen dar. Diese können flächenbündig oder oberflächenversetzt ausgebildet sein und werden mittels punktförmiger Halterungen aus Metall und Kunststoff befestigt.

Gleichzeitig wird die unterschiedliche Ausdehnung der Alu-Profile gegenüber der des Holzes durch Bewegungsmöglichkeiten in der Halterung ermöglicht. Zur Vermeidung von Tauwasserbildung ist ein Hinterlüftungsabstand zwischen Verblendschale und Rückseite der Metallprofile erforderlich.

Die einzelnen Profilsysteme variieren vor allem in der Art der mit Hilfe von Einschubwinkeln geklebten, verkeilten, verschraubten oder geschweißten Eckverbindungen, der Dichtungs- und Verglasungsprofile aus witterungsbeständigen Kunststoffen sowie der Halterungen für die Alu-Außenschale. Zusammen mit den inneren Glashalteleisten aus Holz bildet sie die Glasfalzflanken (Abb. I.12).

Die Verglasungen können bei Holz-Alu-Fenstern als Dichtstoff- oder Profilverglasung vorgenommen werden. Hierzu verwendet man elastische Dichtstoffe allein, zusammen mit Kunststoffprofilen auf der Metallseite (Kombinationsverfahren) oder ausschließlich unter Anpressdruck stehende Dichtungsprofile (Trockenverfahren). Ergänzende Ausführungen siehe Abschnitt I.12.2.

Die Oberflächen von Alu-Strangpressprofilen können durch anodische Oxidation (Eloxieren) im *Naturton* belassen, farblich verändert oder mit Beschichtungen versehen werden (siehe Abschnitt I.6).

5.3

Aluminiumfenster

Die Verwendung von Strangpress-Hohlprofilen aus Aluminium-Knetlegierungen nach DIN 17 615, DIN 1745 und DIN 1748 für Fenster, Fenstertüren, Fensterwände, Haustüren und vorgehängte Fassadenflächen verbindet hohe Ausführungsgenauigkeit und die Erfüllung bauphysikalischer Anforderungen mit umfangreichen Möglichkeiten der Gestaltung.

| Rahmen- und Flügelkonstruktionen 5.3

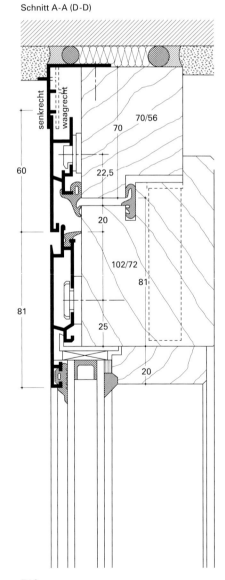
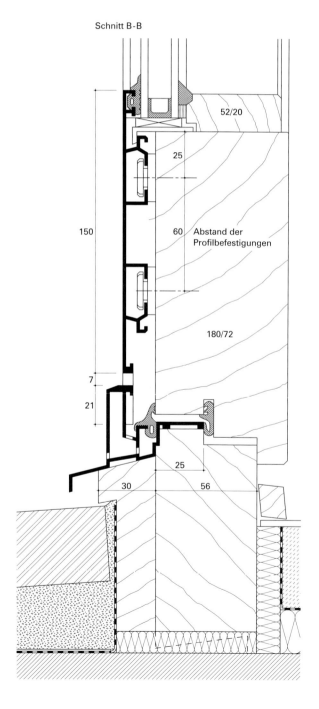

Abb. I.12
Beispiel einer
Holz-Alu-Fenstertür [I.1]
Maße in mm (M 1:2)

Für die Berechnung, Ausführung und bauliche Durchbildung von Alu-Konstruktionen im Hochbau gilt DIN 4113 (Aluminiumkonstruktionen unter vorwiegend ruhender Belastung).

Zur Verwendung von Alu-Verbundprofilen hat das Institut für Bautechnik, Berlin, Richtlinien herausgegeben.

Trotz größerer Investitionskosten ist die Wirtschaftlichkeit von Aluminiumbauteilen durch deren geringe Unterhaltskosten gegeben.

Einteilige Profile können wegen der hohen Wärmeableitung über Rahmen- und Flügelflächen die Anforderungen des Wärmeschutzes nicht erfüllen. Ihr Einsatz erstreckt sich deshalb auf untergeordnete Bereiche, in denen Wärmeverluste und innenseitige Tauwasserbildungen keine wesentliche Rolle spielen.

Dagegen bieten die Halbzeug- und Fertigprodukthersteller vielfältige Profilreihen zur Vermeidung von Wärmebrücken an. Meist wird dabei eine äußere Blendschale über Kunststoff- oder Kunstharzschaumstege mit dem inneren Schalenprofil von Rahmen und Flügel verbunden (Abb. **I.13**).

Unterschieden werden die Profilserien nach flächenbündiger und flächenversetzter Anordnung zwischen Rahmen und Flügeln. Zum Stand der Technik gehört auch die Ausbildung eines belüfteten Glasfalzes. Durch ihn kann über schadhafte Scheibendichtungen eingedrungenes Schlagregen- oder Tauwasser nach außen abgeleitet werden. Aber schon wegen des Luftfeuchteausgleichs ist diese Hohlraumbildung erforderlich.

Das Halbzeugmaterial wird zu seiner Verwendung exakt abgelängt, erhält die notwendigen Bearbeitungen zur Aufnahme der Beschläge, der Verglasung und gegebenenfalls von Bauteilanschlüssen durch Bohren, Fräsen und Stanzen, um danach auf Gehrung zusammengenügt zu werden. Vorwiegend erfolgt dies mit hinzuschiebenden Eckwinkeln, die dort verkeilt, verklebt, verschraubt oder eingepresst werden. Nur in der Oberfläche noch nicht endbehandeltes Halbzeug wird auch mit Hilfe der Abbrenn-Stumpfschweißung verbunden. Die Schweißnähte sind danach mechanisch zu überarbeiten, ehe eine *Eloxierung* oder Beschichtung vorgenommen wird.

Vereinzelt sind bei größeren Anlagen aussteigende Grundrahmen oder Profilkerne aus Stahlrohr für die Alu-Konstruktion erforderlich.

Für Verglasungen werden fast ausschließlich Profile aus hochpolymeren Kunststoffen verwendet.

Rahmen- und Flügelkonstruktionen 5.3

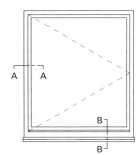

Ansicht von Außen
M 1:50

Abb. I.13
Beispiel
eines Aluminiumprofilfensters
Durch Kunststoffstege wärmeschutz-
technisch getrenntes Profil [I.2]
Maßstab 1:2

1 Glashalteleiste
2 Scheibenklotz und
  Klotzungsauflager
3 Mitteldichtung
4 Vorkammer
5 Basis-/Dämmprofil
6 Kammer für Eckverbindung
7 Trennsteg
8 Beschlagkammer
9 Stahlrohr 30/40 verzinkt

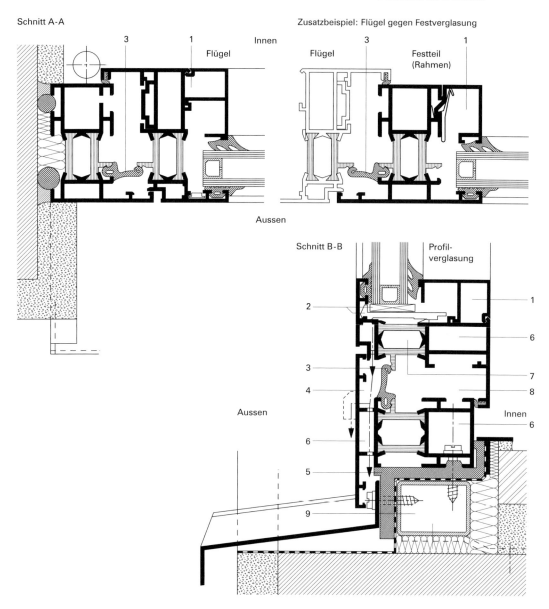

718

5.4

Kunststofffenster

Seit etwa 1960 stehen geeignete thermoplastische Werkstoffe als Ausgangsmaterial für Fensterprofile zur Verfügung. Es sind dies vor allem weichmacherfreie Formmassen aus Polyvinylchlorid (PVC) nach DIN 7748 mit hoher Schlagzähigkeit. Sie werden zu unterschiedlichen *Hohlprofilen* für nahezu alle Fensterkonstruktionen extrudiert. So gibt es je nach Hersteller Varianten von *Einkammer-* oder *Mehrkammerprofilen* in T-, Z- oder L-Form.

Die Vor- und Nachteile von Ein- und Mehrkammerprofilen wiegen sich gegeneinander auf: Während die Wärmedämmfähigkeit des Mehrkammerprofils etwas besser ist, können in Einkammerprofile Aussteifungsrohre mit größeren Abmessungen eingeführt werden. Bei der Profilauswahl ist darauf zu achten, dass für die Befestigung von Beschlagteilen mindestens zwei *Kammerwandungen* aus Kunststoff oder neben einer Kunststoffwandung noch die Wanddicke eines aussteigenden Stahl- oder Aluminiumhohlprofils zur Verfügung stehen (Abb. **I.14 a**). Solche Aussteifungen sind nach den Angaben der Profilhersteller ab bestimmten Öffnungs- bzw. Flügelgrößen in *jedem* Fall vorzusehen. Sie sind wegen des geringen Moduls von PVC hart eine konstruktive Notwendigkeit und werden von Fensterbreiten ab etwa 90 cm verlangt.

Abhängig vom Flügelgewicht und von der Tragfähigkeit der Bänder, gelten für übliche Kunstprofile die Richtwerte:
– zulässige Breite für Dreh- und Drehkippflügel 130 bis 140 cm
– zulässige Breite bzw. Höhe für Schwing- und Wendeflügel bis zu 200 cm und mit umlaufender Verstärkung.

Vorrangig gelten die Systemangaben der Profilhersteller.

Die auf Gehrung gestoßenen Ecken von Rahmen und Flügeln werden bei Profilen ohne Metallkern verschweißt, entgratet und erhalten eine Nachbehandlung der Oberfläche. Sind Verstärkungsprofile aus Metall erforderlich, können diese wegen zu hoher Temperaturentwicklung nicht verschweißt, sondern müssen mit eingeschobenen Winkeln oder Verzahnungen verklebt werden. Profile, deren Hohlräume von fest umschäumten oder ausgeschäumten Leichtmetallrohren gebildet werden, sind an den Ecken ebenfalls mit Einschubwinkeln zu verkleben oder zu verdübeln (Abb. **I.14 b** und **c**).

Farbige Fensterprofile lassen sich aus
– durchgefärbten Formmassen mit Pigmentzugaben oder
– farbigen Beschichtungen der Oberflächen (Kaschierung oder Koextrusion) herstellen.

Sie dehnen sich bei Sonneneinstrahlung mehr aus, haben allgemein eine etwas geringere Eckfestigkeit, können Verfärbungen bei Schweißstellen erleiden und erhalten nicht immer die Gewährleistung für Lichtechtheit.

Am besten bewährt haben sich weiße und hellgraue Fensterprofile, bei denen mit einer Längenänderung von etwa 1,5 mm/m Rahmenlänge zu rechnen ist.

Zur Vermeidung elektrischer Aufladungen sind Kunststofffenster feucht oder nass zu reinigen.

Rahmen- und Flügelkonstruktionen 5.4

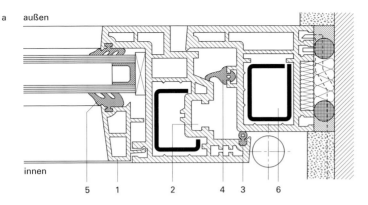

Abb. I.14 a und b
Beispiele für Kunststoffhohlprofilfenster.
Maßstab 1:2

a PVC-hart-Profil mit eingeschobenem Stahlrohrkern [I.3]
b PVC-Integralschaum mit umschäumten Alurohrprofilkern [I.4]
c PUR-Integralschaum mit umschäumten Alurohrprofilkern [I.5]

1 Glashalteleiste (PVC)
2 Beschlagnut
3 Anschlagdichtung
4 Mitteldichtung
5 Profilverglasung
6 Stahlrohr
7 Alu-Profilrohr + PVC + Acryl
8 Dauerelastische Versiegelung
9 Schaumstoffschnur
10 Farbige Acrylharzbeschichtung

senkrechter Schnitt

Abb. I.14 c
Beispiel für Kunststoffhohlprofilfenster.
PUR-Integralschaum mit umschäumten Alurohrprofilkern [I.5] Maßstab 1:2

1 Beschlagnut
2 Wirbelkammer
 (entspricht 4 unten waagerecht)
3 Glashalteleiste (PVC)
4 Wassersammelkammer
5 Vorlegeband und Versiegelung
6 Mitteldichtungsprofil (EPDM)
7 Alu-Profil
8 Pur-Integralschaum mit DD-Lack-Beschichtung
9 EPDM-Dichtprofil
10 Dichtprofil

5.4 Rahmen- und Flügelkonstruktionen

Eine Alternative zu den mit Wanddicken zwischen etwa 2,6 bis 5 mm extrudierten Hohlprofilen bilden *Vollprofile* aus hochpolymeren Kunststoffen. Sie weisen einen umschäumten oder ausgefüllten Metallkern – bei einzelnen Fabrikaten auch andere Materialien – zur Profilverstärkung und/oder einer systemgerechten Eckverbindung auf (Abb. **I.15 a** und **b**).

Die Oberflächen solcher Vollprofile werden von integrierten Schaumhäuten, Acrylharzen oder hochwertigen Beschichtungen gebildet. Sie zeichnen sich durch gute Farb- und Verwitterungsbeständigkeit aus.

Eckverbindungen erfolgen auch hier über verklebte oder verpresste Einschubwinkel, Gehrungsverklebungen oder dübelartige Kunstharzinjektionen. Sowohl Hohl- als auch Vollprofilserien sind mit Nuten für die Aufnahme von dauerelastischen Dichtungsschnüren ausgestattet. Sie finden als Mittel- oder Falzanschlagsdichtung Verwendung.

Das Verglasen wird meist im Andruckverfahren mit Hilfe von hochpolymeren Profilen und Klemmleisten vorgenommen. Nur noch selten werden bei Kunststofffenstern Versiegelungen eingesetzt. Der Falzraum ist stets frei von plastischen Kitten und muss Luftaustausch nach außen gewährleisten.

Kunststofffenster sind gegenüber Verschmutzungen während und nach der Bauzeit wenig empfindlich und leicht zu reinigen. Mechanische Beschädigungen dagegen können nur schwer behoben werden. Vor Berührung mit Lösemitteln und aggressiven Chemikalien schützen!

Abb. I.15
Beispiele für Kunststoffvollprofilfenster. Maße in mm (M 1:2)
a PUR-Hartschaum mit integrierter Acrylharzblende. Profilverstärkung durch perforierten und umschäumten Stahlrohrkern [I.6]
b Glashohlkugelgefüllter duroplastischer Kunststoff mit allseitiger Acrylharzblende und Armierung durch Glasfaserstränge [I.7]

1 Kunststoffprofil
2 Stahlprofilkern
3 Glashalteleiste (PVC)
4 Dichtprofilverglasung
5 Grundrahmen
6 Entwässerungskammer
7 Beschlagsnut
8 Mitteldichtung
9 Glasfaserstrang
10 Alu blank
11 Stahlfeder
12 Integralacrylharzblende (bei a 2 mm)
13 Innenbank
14 Rohbrüstung

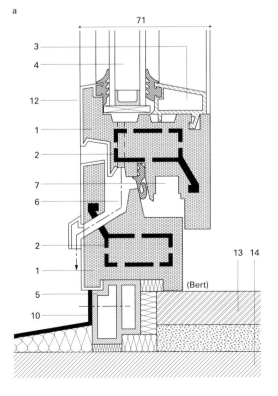

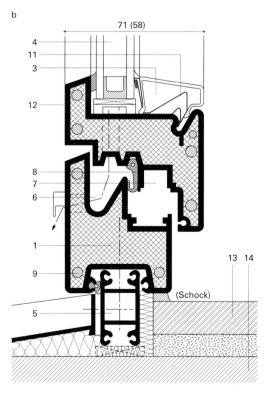

5.5

Stahlfenster

Einfache Fensterprofile aus Walzstahl nach DIN 4444 sowie aus T-, Doppel-T-, U-, Z oder L-Profilen (DIN 1024 bis 1028) lassen sich nur zu Fenstern verarbeiten, an die keine besonderen bauphysikalischen Anforderungen gestellt sind. Thermische Trennung aufgrund der hohen Wärmeleitfähigkeit des Materials kann mit zweischaligen Profilen erzielt werden, die aus zwei Einzelprofilen mit eingeschobenen Abstandhaltern oder Dämmstoffeinlagen bestehen (Abb. I.16). Eine weitere Möglichkeit des Stahleinsatzes bieten im Übergang zu Structural-Glazing-Fassaden innenliegende, tragende Pfosten- und Riegelprofile, an denen die Verglasung mittels außenliegender Schraub- oder Klemmprofile befestigt wird (s. hierzu Abschnitt I.9).

Neben der hohen Verformungsstabilität liegen die Vorteile der Stahlverwendung in einfachen Verbindungstechniken wie Schraub- oder Schweißverbindungen und einem günstigen Preis. Nachteilig dagegen macht sich die hohe Korrosionsanfälligkeit und Wärmeleitfähigkeit des Materials bemerkbar.

Der Korrosionsschutz von Stahlfenstern kann durch Beschichtungen mit Lacken, Zinkstaubfarben oder Kunststoffüberzügen erzielt werden. Teilweise sind die Halbzeugprofile feuerverzinkt. Nachträgliche Schweißstellen sind bei dieser Werkstoffart mit Zinkstaubfarbe nachzubehandeln. Der beste Korrosionsschutz wird vor dem Anbringen der Beschläge durch Feuerverzinken der fertigen Rahmen und Flügel bewirkt, eine zusätzliche Beschichtung ist möglich. Feuerverzinken setzt die Zugänglichkeit der Zinkschmelze auch für das Innere von Hohlprofilen voraus.

Eine zeitgemäße Anwendung von Stahl im Fensterbau stellt die Verwendung von Edelstahlprofilen dar (Abb. I.17). Zwar ist das Material in der Anschaffung vergleichsweise kostenintensiv, doch es bietet eine Reihe von Vorteilen:
- schnelle und einfache, schweißfreie Montage der Rahmen
- korrosionsfrei, damit auch kein Erfordernis zusätzlichen Korrosionsschutzes der Profilschnittkanten
- hohe Eckdichtigkeit im Falle vollflächiger Verklebung der Schnittflächen
- formbeständig nach DIN 53 424
- gutes Brandverhalten (B2) nach DIN 4102, nicht brennend abtropfend
- vollständig recycelbar

Neben Edelstahl-Hohlprofilen werden schwitzwasserfreie, PUR-geschäumte Verbundprofile mit Dämmeigenschaften von $U_R = 1{,}3\,W/m^2$ angeboten.

Die Oberfläche von Edelstahl kann pulver- oder nassbeschichtet werden, gewährleistet aber auch ohne Beschichtungen (gebürstet oder geschliffen) hohe Gebrauchs- und damit Wertbeständigkeit.

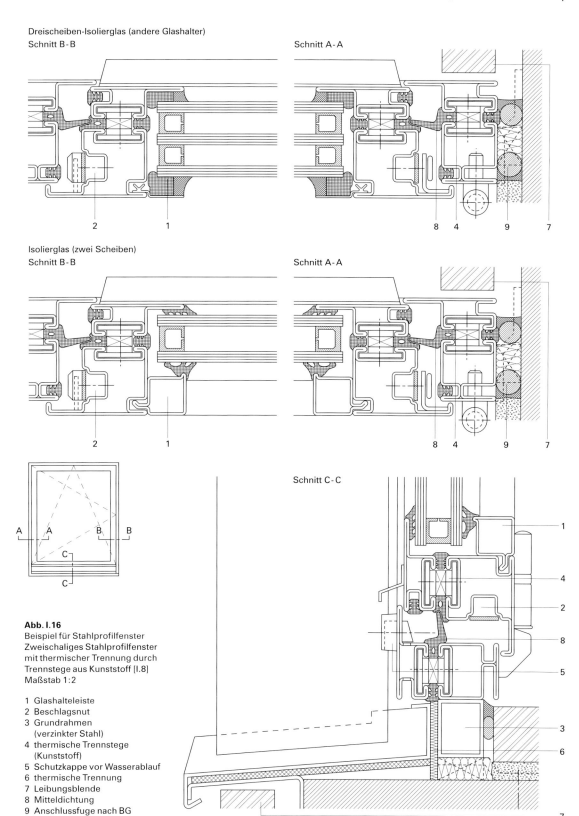

Abb. I.16
Beispiel für Stahlprofilfenster
Zweischaliges Stahlprofilfenster
mit thermischer Trennung durch
Trennstege aus Kunststoff [I.8]
Maßstab 1:2

1 Glashalteleiste
2 Beschlagsnut
3 Grundrahmen
 (verzinkter Stahl)
4 thermische Trennstege
 (Kunststoff)
5 Schutzkappe vor Wasserablauf
6 thermische Trennung
7 Leibungsblende
8 Mitteldichtung
9 Anschlussfuge nach BG

Rahmen- und Flügelkonstruktionen 5.5

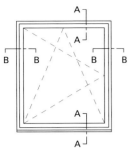

Abb. I.17
Beispiel für ein Edelstahlfenster [I.9]
Horizontal- und Vertikalschnitt
M. 1:2

1 Glashalteleiste
2 Beschlagaufnahmeprofil (Kunststoff)
3 thermische Trennstege (Kunststoff)
4 Mitteldichtung
5 Anschlagdichtung

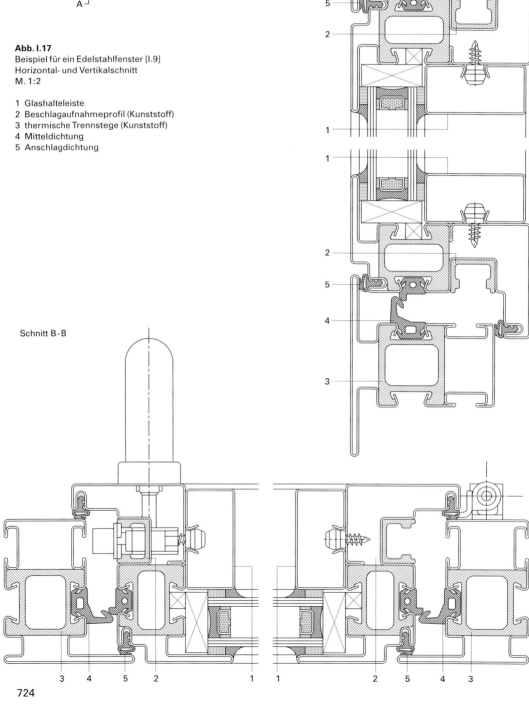

6
Oberfläche von Rahmen und Flügeln

Anstriche und Beschichtungen

Beschichtungen sind Systeme aus aufeinanderfolgenden Vor- und Deckanstrichen. Die verwendeten Beschichtungsstoffe müssen untereinander verträglich sein. Ihr Aufbringen kann auch durch Spritzen, Rollen, Tauchen, Fluten oder Gießen erfolgen. Der Endzustand einer durchgeführten Beschichtung wird maßgeblich von Spachtelvorgängen und Zwischenschliffen des Untergrundes beeinflusst. Dies gilt für Holz- wie für Metallflächen.

Hinweise für Holzuntergründe:
– Zu unterscheiden sind deckende von lasierenden Anstrichen (Beschichtungen). Beide sind von hochglänzend bis matt möglich.
– Alle Kanten sollen gerundet sein; Beschläge sind danach zu montieren. Dichtungsprofile aus Kunststoff müssen verträglich zur Beschichtung sein; der Holzfeuchtegehalt ist zu beachten.
– Die Arbeiten haben nach DIN 18 363 (VOB, Maler- und Lackierarbeiten) zu erfolgen.

Hinweise für Metalluntergründe:
– Reinheit und Fettfreiheit müssen gegeben sein.
– Verzinkte Oberflächen können u. U. einen besonderen Beschichtungsaufbau verlangen.
– Offene Haarfugen bei nur stellenweise verschweißten Stahlprofilen ohne Verzinkung sind durch Beschichtungen nicht zu schließen und können – vor allem bei Feuchträumen – Rost verursachen.
– Die Arbeiten haben nach DIN 18 363 (VOB, Maler- und Lackierarbeiten) zu erfolgen.

Oberflächen von Holz

Holz für Tischlerarbeiten muss den Gütebedingungen gemäß DIN 68 360-1 und DIN EN 942 entsprechen. Seine Querschnittsveränderungen durch Klimaeinwirkungen dürfen nur gering sein. Dies trägt zum Schutz von maßhaltigen Holzbauteilen wie Fenster und Außentüren bei.

Daneben unterscheidet DIN 68 805 (Schutz des Holzes von Fenstern und Außentüren):
– *konstruktiven Holzschutz* durch entsprechende Detailplanung für die einzelnen Bauelemente
– *chemischen Holzschutz* gegen Pilzbefall
– *Schutz durch Anstriche* im Tauch-, Flut-, Spritz- oder Streichverfahren.

Weitere Richtlinien für Anstriche und Beschichtungen sind:
– DIN 18 363 (VOB, Maler- und Lackierarbeiten)
– Merkblätter des Bundesausschusses Farbe und Sachwertschutz, Frankfurt (Main)
– Tabelle für Anstrichgruppen des Instituts für Fenstertechnik e. V., Rosenheim (Tabelle **I.2**)
– gegebenenfalls Herstellerrichtlinien.

Oberflächenschutz		Lasuranstrich			Deckender Anstrich		
Holzartengruppe		I	II	III	I	II	III
Beanspruchung	Farbton						
Außenraumklima (indirekte Bewitterung)	ohne Einschränkung 1	A	A	A	C	C	C
Freiluftklima I bei normaler direkter Bewitterung	hell 2	–	–	–	C	C	C
	mittel 3	B	B	B	C	C	C
	dunkel 4	B	B	B	C	C	C
Freiluftklima II bei extremer direkter Bewitterung	hell 5	–	–	–	C	C	C
	mittel 6	–	B	B	C	C	C
	dunkel 7	–	B	B	–	C	C

Tabelle I.2
Anstrich für Fenster und Außentüren (nach RoTa 5/83)

Ergibt sich aus den zu erwartenden Beanspruchung eine Anstrichgruppe die schwarz gedruckt ist, so gilt als Empfehlungseinschränkung: Es kann durch Harzfluss und/oder Rissbildungen im Holz und in den Holzverbindungen eine Beeinträchtigung der Oberfläche und des Anstrichs auftreten (vgl. dazu auch DIN 68 360-1, Holz für Tischlerarbeiten; Gütebedingungen bei Außenanwendung und DIN EN 942 Holz in Tischlerarbeiten – Allgemeine Sortierung nach der Holzqualität).

E   = Erstanstrich
R   = Renovierungsanstrich
       (zu unterscheiden nach
RÜ = Überholungsanstrich
RE = Erneuerungsanstrich)

Ergibt sich aus den zu erwartenden Beanspruchungen eine Anstrichgruppe in einem dickumrandeten Feld, so gilt als Empfehlungseinschränkung: Es kann durch Harzfluss und/oder Rissbildungen im Holz und in den Holzverbindungen eine Beeinträchtigung der Oberfläche und des Anstrichs auftreten (vgl. dazu auch DIN 68 360-1, Holz für Tischlerarbeiten; Gütebedingungen bei Außenanwendung).

Die Tabelle für die Einsatzmöglichkeiten berücksichtigt:
– *Holzartengruppen* nach: *Holzartengruppe I* mit harzreichen Nadelhölzern wie Kiefer, Lärche, Oregon, Pine, Pitchpine
– *Holzartengruppe II* mit harzarmen Nadelhölzern wie Fichte und Redwood
– *Holzartengruppe III* mit Laubhölzern wie Sipo, Dark Red, Meranti, Teak, Eiche, Afzelia, Afrormosia, Agba, Iroko, Kotibe
– *Klimate* nach: *Außenraumklima* mit indirekter Bewitterung. Hier ist die Verwendung von Klarlacken möglich.
Freiluftklima I mit direkter Bewitterung durch normalen Schlagregen und gebietsübliche Klimaeinflüsse bei Gebäuden bis zu 3 Geschossen
Freiluftklima II mit direkter Bewitterung durch starken Schlagregen und extreme Klimaeinflüsse oder bei Gebäuden mit mehr als 3 Geschossen
– *Farbtöne* nach: *Lasuranstrichen* hell (farblos bis hellgetönt) mittel (mittelbraun bis mittelrot) dunkel (dunkelbraun bis anthrazit)
Deckenden Anstrichen hell (weiß bis chromgelb) mittel (chromgelb bis blaulila) dunkel (blaulila bis anthrazit)

Weiterhin muss vor der Festlegung einer Anstrichgruppe bekannt sein:
– Handelt es sich um einen Erstanstrich (E) oder Renovierungsanstrich (R)?
– Soll lasierend oder deckend gestrichen werden?

Benutzungsbeispiel Tabelle **I.2**:

Eine Fensterkonstruktion aus herzarmem Nadelholz (Holzartengruppe II) ist dem Freiluftklima I ausgesetzt. Es soll ein deckender Erstanstrich in einem mittleren Farbton erfolgen.

Man sucht unter „Deckender Anstrich" die Holzartengruppe II auf und verfolgt die Spalte senkrecht hinunter bis zur Zeile 3 „Freiluftklima I/Mittel". Dort findet man den Buchstaben C. Die genaue Kurzbezeichnung der Anstrichgruppe lautet: *C3/II-E*.

Allgemeingültige Hinweise sind weiterhin:
- Aushärtende Kitte in den Falzen sind durch Anstriche zu schützen.
- Unverträglichkeiten von Anstrichmitteln (Anlösen, Verkleben, Schrumpfen) gegenüber Kunststoffprofilen sind zu beachten.
- Farblose Lasuren müssen einen Mindestanteil an Pigmenten enthalten, um holzschädigende UV-Strahlung abzupuffern.
- Dunkle Farbtöne bewirken höhere Oberflächentemperaturen, damit Harzflüsse und größere Schwundbewegungen. Helle und mittlere Töne sind vorzuziehen.
- Auf eine nach außen hin zunehmende Dampfdurchlässigkeit von Lasuren und Anstrichen soll geachtet werden. Nur so kann theoretisch das unerwünschte Eindringen von Wasserdampf in die Holzprofile und damit deren Quellen gemindert werden.

Dies ist zu erreichen durch:

a innenseitigen Lackanstrich auf außenseitig lasierte Holzprofile
b einen zusätzlichen Innenanstrich/eine zusätzliche Lasur
c rechtzeitiges Ausbessern schadhafter Innenanstriche, um Reißen des dampfbremsenden Außenanstrichs zu begrenzen
- Wartungsanstriche werden zuerst auf allen ungeschätzten, waagerechten unteren Profilen sowie im Übergang (Fugenbereich) zu senkrechten Hölzern erforderlich. Bei dunklen Lasuranstrichen kann dies jährlich sein.
- Zwischenschliffe in Faserrichtung verbessern die Qualität von Anstrichen.

Anstrich- und Beschichtungsmittel werden in *deckendfilmbildende* und *lasierende* unterschieden. Gegen Pilze wirksame chemische Zusätze sind i. d. R. in den pigmentierten Grundanstrichen als auch in den meisten lasierenden Holzschutzanstrichen enthalten. Diese Mittel sind vor dem Einbau und dem Verglasen von Fenstern zusammen mit einem nachfolgenden Zwischenanstrich aufzutragen. Beschlägeteile sind anschließend zu befestigen oder gegen Überstreichen zu schützen.

Aus DIN 18 363 (VOB; Maler- und Lackierarbeiten) geht hervor, dass für Außenanstriche von Holz insgesamt mindestens vier – bei farblosen und lasierenden Anstrichmitteln vereinzelt auch fünf – Erstanstrich-Arbeitsgänge notwendig sind.

Für die Zusammensetzung eines Anstrich- oder Beschichtungsaufbaus haben Hersteller von Anstrichmitteln auf der Basis der DIN 18 363 und der Tabelle für Anstrichgruppen Anstrichsysteme entwickelt, die aus Gründen der Gewährleistung einzuhalten sind. Ein entwickeltes Anstrich System erhält vom Hersteller seine Einordnung in die Anstrichgruppen.

Oberflächen von Aluminium

Der Einsatz pressblanker Profile ohne weitere Nachbehandlung erfolgt relativ selten. Im Vordergrund stehen das Beschichten von Profilen und Blechen (Nass- oder Pulverbeschichtung) und die anodische Oxidation (Eloxieren). Hierfür sind verschiedene mechanische bzw. chemische Vorbehandlungen des Materials erforderlich.

Die unterschiedlichen Eloxierverfahren ergeben Tönungen von Hellsilber bis Schwarz. Beschichtungen können gezielt durch die Wahl des Systems auf zu erwartende Beanspruchungen ausgelegt werden.

Oberflächen von Kunststoff

Fensterrahmen aus Kunststoff sind überwiegend in der Masse durchgefärbte Profile, die mit Farbpigmenten versetztem Pulver weiß oder auch farbig hergestellt, oder mit einer Acryllackschicht überzogen werden.

Daneben werden coextrudierte Rahmen angeboten, deren Kernprofile mit einer farbigen PVC-Deckschicht homogen verbunden werden.

Schließlich werden Profile mit nach der Extrusion aufgebrachter PMMA-Folie in verschiedenen Farbtönen angeboten.

Durch dunklere Farbgebung verursachten höheren Erwärmungen auf der Profilaußenseite und damit verbundenen Längenänderungen ist gegebenenfalls durch zusätzliche Aussteifungen im Bereich der Rahmenkonstruktionen Rechnung zu tragen.

Oberflächen von Stahl

Fensterprofile und -bauteile aus Stahl sind vor Korrosion zu schützen. Das Feuerverzinken, der Überzug mit einer Zinkschicht durch Versenken der Bauteile in ein Zinkbad, ergibt einen ausgezeichneten Schutz der Stahlprofile gegen Witterungseinflüsse.

Die Verwendung von bereits verzinkter Halbzeugware (Profilstangen) für zusammengeschweißte Bauteile hat den Abbrand der Zinkschicht bei Schweißnähten zur Folge. Nicht immer ist die Ausbesserung solcher Stellen mit Zinkstaubfarbe dauerhaft von gleicher Qualität.

Besser ist die Reihenfolge: Fügen, Verzinken, Hinzufügen durch Anschrauben. Feuerverzinkte Bauteile zeigen anfangs eine silbrigglänzende Zinkblume. Sie weicht mit der Zeit einem einheitlicheren Grauton. Siliziumhaltige Stähle nehmen im Tauchbad eine bleigraue Verzinkungsfarbe an, die gleichzeitig mit hohen Zinkschichtdicken verbunden sein kann.

Sollen zusätzliche Beschichtungen aufgetragen werden, wird dies möglichst kurzfristig nach dem Verzinken empfohlen. Die Wahl des Beschichtungssystems ist auf den besonderen Untergrund abzustimmen.

Abb. I.18
Außenansicht (schematisch) von Fensterelementen mit unterschiedlichen Brüstungen
a Gemauerte Brüstung
b Gemauerte Brüstung mit Fenster-Tür-Element
c Zurückspringende gemauerte Brüstung mit eingefügter Verbretterung der äußeren Brüstungsfläche und des Rolladenkastens
d Verbretterte Brüstungsflächen bei einem Fenstertürelement
e Festverglasung einer Fensterbrüstung

7
Fensterbrüstungen

Es sollen unterschieden werden:
- nichttransparente Brüstungsflächen – zum Gebäude gehörig (Abb. **I.18 a** und **b**)
- transparente oder nichttransparente Brüstungsflächen – zur Fensterkonstruktion gehörig (Abb. **I.18 c–e**)

a

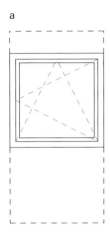

b

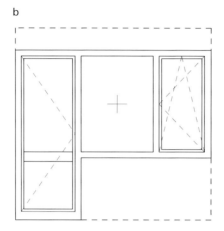

c

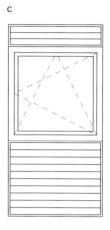

d

e

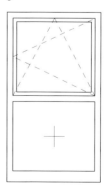

7.1

Brüstung als Teil der Außenwand

Sind unter Fensteröffnungen Heizkörpernischen vorgesehen, ist auf mögliche Wärmebrücken zu achten und eine von inneren Fensterbänken wenig behinderte Warmluftkonvektion anzustreben.

Nichttransparente Brüstungsflächen von Heizkörpernischen haben im Sinne der DIN 4108 Wärmeschutz im Hochbau und der Wärmeschutzverordnung einen Mindest.Wärmedurchlasswiderstand zu erbringen, der der übrigen Außenwand entspricht. Dazu zählen Brüstungen, die sowohl zum Gebäude als auch zur Fensterkonstruktion gehören können.

Bei einschaligen Außenwandkonstruktionen ist in der Regel eine zusätzlich anzubringende Wärmedämmung für die Heizkörpernische erforderlich. Sie soll dreiseitig an die Nischenwand und die beiden Leibungsseiten angebracht werden. Nur so sind wärmeschutztechnische Schwachstellen zu vermeiden. Besser ist der allgemeine Verzicht auf solche Heizkörpernischen. Gleichzeitig wird auch auf die grundsätzliche Notwendigkeit hingewiesen, Fensterlaibungen von innen oder außen zusätzlich zu dämmen.

7.2

Brüstung als integriertes Bauteil der Fensterkonstruktion

Vor transparente Brüstungen sollen gemäß Wärmeschutzverordnung keine Heizkörper gesetzt werden. Andernfalls ist eine Ab-

Abb. I.18
Außenansicht (schematisch) von Fensterelementen mit unterschiedlichen Brüstungen

a Gemauerte Brüstung
b Gemauerte Brüstung mit Fenster-Tür-Element
c Zurückspringende gemauerte Brüstung mit eingefügter Verbretterung der äußeren Brüstungsfläche und des Rolladenkastens
d Verbretterte Brüstungsflächen bei einem Fenstertürelement
e Festverglasung einer Fensterbrüstung

deckung der Heizkörperrückseite gegen Wärmestrahlungsverluste vorzusehen. Schwierigkeiten bereitet der Zugang für das beiderseitige Putzen solcher Brüstungen.

Festverglasungen sind dort vertretbar, wo Reinigung, Kontrolle und Unterhalt problemlos durchzuführen sind: in Erdgeschossen sowie in Geschossen, in denen über Balkone, Laubengänge, Terrassen oder Fassadenfahrkörbe eine Zugänglichkeit gegeben ist.

Unterschieden wird zwischen einer Festverglasung des Rahmens und einer Verglasung in einem unbeweglichen Flügel. Die zweite Lösung ist teurer und entspringt meist einer formalen Vorstellung für die Fassade (Abb. I.18). Verglasungen in unbeweglichen Flügeln passen sich optisch den sonst beweglichen Flügeln an. Rahmenverglasungen dagegen lassen ihre Unbeweglichkeit bereits in der Ansicht erkennen.

8
Geneigte Verglasungskonstruktionen

8.1

Dachflächenfenster

Sie stellen eine – auch nachträglich einzubauende – Möglichkeit für die Belichtung und Belüftung von Aufenthalts- und Nebenräumen unter geneigten Dachflächen zwischen 20 °C und 85 °C dar.

Für den Einsatz bei Aufenthaltsräumen sind alle baurechtlich verbindlichen Vorschriften für Fenster in Außenwänden zu beachten. Sie betreffen die Belichtung, Belüftung, den Wärme- und Schallschutz. Dachflächenfenster werden in der Praxis fast ausschließlich als fertige Bauelemente eingesetzt. Ihre Abmessungen berücksichtigen in der Breite die Maße gängiger Dachdeckungsbaustoffe und sind in der Länge auf verschiedene Dachneigungen abgestimmt. Sie lassen sich einzeln, in der Reihe und als Gruppe einbauen.

Die Rahmen und Flügel können bestehen aus:
– Holz für Anstrich grundiert; außen Alu- oder Kupferblech
– Holz natur mit Lasuranstrich; außen Alu- oder Kupferblech
– gedämmten Aluminiumhohlprofilen
– Kunststoffprofilen mit Voll- oder Hohlquerschnitt.

Zum Einbau gelangende Glasscheiben entsprechen in Aufbau und Ausrüstung denen für normale Fensterverglasungen. Die Einglasung erfolgt mit Dichtungsprofilen. Als Einbauzubehör sind vor allem zu nennen:
– Eindeck- und Aufkeilrahmen für den Anschluss Fensterrahmen/Dachdeckung
– vorgefertigte innere Leibungsfutter
– Außenmarkisen, Innenjalousetten und Schutzabdeckungen
– elektrische Fernbedienung, Rauch- und Wärmeabzugseinrichtungen.

Unter den Bewegungsarten der Flügel kann man wählen zwischen: Schwing-, Klapp-, Schiebe-, Dreh- und Hebeflügeln sowie verschiedenen Kombinationen.

8.1 Geneigte Verglasungskonstruktionen

Einbauhinweise

Dachflächenfenster werden in einzelne oder – gegebenenfalls mit Wechselhölzern – über mehrere Sparrenfelder eingebaut. Die Rahmenabmessung sollte auf den Sparrenabstand des Gebäudes abgestimmt sein, um unnötige Hilfshölzer zu vermeiden (Abb. **I.19**). Öffnungen in Stahlbetondachflächen („Sargdeckel") sind exakt vorzuplanen. Wünschenswert ist auch eine Detailabstimmung der Fensterlage zu den Dachdeckungselementen.

Empfohlen wird eine fertige obere Durchblicksebene bei 190 bis 200 cm und eine untere bei 90 bis 100 cm über dem Fußboden. Berücksichtigt man diese Vorgaben, werden mit je flacherer Dachneigung um so längere Fenster benötigt. Eine besonders sorgsame Planung und Ausführungsüberwachung hat man den allseitigen Fensteranschlüssen sowohl außen als innen zu widmen. Hier werden immer wieder Schäden aus Gründen mangelnder Dichtigkeit, Wärme- und Schalldämmung festgestellt. Das ergibt sich oft aus der relativ nahen Lage von Metallbauteilen wie Blechen und Strangpressprofilen zu den inneren Raumverkleidungen. Dadurch können gerade in so kritischen Punkten die beabsichtigten Konstruktionsdicken anderer Bauteile nicht eingehalten werden. Durchfeuchtungen von außen sind oft auf zu enge oder verstopfte Abflussmöglichkeiten für Regenwasser zurückzuführen.

Innenseitige Tauwasser- und Eisbildungen deuten auf eine mangelnde Luftkonvektion im Leibungsnischenbereich hin. Diese Erscheinung tritt bei Dachflächenfenstern ohne darunter befindliche Heizkörper auf.

Abb. I.19
Beispiel für Dachflächenfenster
[I.10]
Maßstab 1:10

1 Leibungsfutter bzw. Schrägflächenschalung auf Dampfsperre
2 Sparren bzw. Wechsel
3 Wärmedämmung
4 Luftraum
5 Dachlattung
6 Konterlattung
7 Unterspannbahn
8 Dachziegel
9 Eindeckrahmen des Fensters

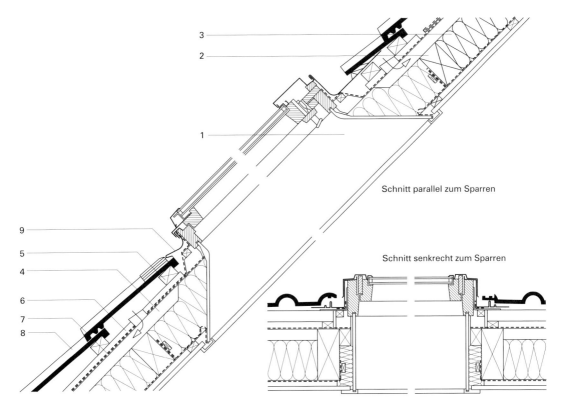

Schnitt parallel zum Sparren

Schnitt senkrecht zum Sparren

8.2

Wintergärten

„Wintergarten" ist der gebräuchliche Begriff für abgeschlossene, verglaste Vorbauten an Gebäuden. Sie können unterschieden werden in:
- Wintergärten als Gebäudeteile innerhalb von Wohn- oder Nutzeinheiten
- Wintergärten als von Wohn- oder Nutzeinheiten getrennte Gebäudeteile.

Wintergärten *als Teile* von Wohn- und Nutzräumen unterliegen nach Wärmeschutzverordnung und DIN 4108 (Wärmeschutz im Hochbau) den Anforderungen an Gebäudefenster und Fensterwände. Sie werden bei der Ermittlung des mittleren Wärmedurchgangskoeffizienten als Teil der Gebäudeaußenwand behandelt. Heizungen sind ebenso vorzusehen wie Mehrscheibenisolierverglasung und Sonnenschutzeinrichtungen.

Wintergärten als von Wohn- und Nutzräumen *getrennte Gebäudeteile* sind in der Regel unbeheizte, zum Innenraum zu öffnende Vorbauten. Sie bilden Pufferzonen vor der Gebäudeaußenwand und können in einfacher Konstruktionsweise hergestellt werden, sofern das dort eventuell auftretende Schwitzwasser hinnehmbar ist.

Diese Unterscheidung charakterisiert zugleich zwei unterschiedliche Konzepte der passiven Solarenergienutzung, also der Umwandlung kurzwelliger Sonneneinstrahlung in langwellige Wärmeleitung und -abstrahlung.

Ein Vergleich beider Varianten weist das System des thermischen Puffers als das überlegene aus:
- Überhitzungsprobleme während der warmen Jahreszeit treten primär nicht im Gebäude selbst auf.
- Der vorgelagerte Wintergarten kann temporär als Erweiterung des Innenraumes genutzt werden.
- Tagsüber aufgewärmte Luft kann abends variabel den Innenräumen zugeführt werden.
- Transmissionsverluste der Außenwand während der kühleren Jahreszeit werden durch den Puffer aufgefangen.

Gebäude, in denen Wintergärten oder großflächige Verglasungen die Aufgabe der Heizenergieminimierung oder des -gewinns übernehmen, werden *Solarhäuser* genannt. Sie können die Hälfte des Heizenergiebedarfes eines nach den Mindestanforderungen an den Wärmeschutz gebauten Gebäudes einsparen. Effektiv sind Solarhäuser aber erst, wenn
- erhöhter Wärmeschutz für die Gebäudeaußenhülle vorgesehen wird,
- die funktionale Raumzuordnung das System der thermischen Pufferzonen auch auf der sonnenabgewandten Seite berücksichtigt, indem Räume mit geringem Wärmebedarf wie Flure, Treppenräume, Schlaf- und Abstellräume nach Norden orientiert werden, während andere Aufenthaltsräume auf die Südseite gelegt werden,
- bei der Planung des Gebäudes und der Gebäudeausrüstung im Sinne der Wärmeschutzverordnung die Gesamtenergiebilanz eines Hauses in Betracht gezogen wird,
- die Bewohner die Auswirkungen ihrer Lebens- und Arbeitsweise auf die Energiebilanz kennen und ihr Verhalten darauf einstellen.

Konstruktionshinweise

Für Wintergartenkonstruktionen können
- Metallprofile (Stahl, Aluminium, auch thermisch nicht getrennt)
- Kunststoffprofile
- Voll- bzw. Brettschichtholz oder
- Kombinationen dieser Materialien verwendet werden.

Tauwasser ist auch bei isolierverglasten und unter Verwendung thermisch getrennter Profile nicht ganz zu vermeiden. Es tritt vor allem in der zweiten Nachthälfte während der kühleren Jahreszeit auf.

Als Konstruktionsparameter für die Energiebilanz des Gebäudes gelten die Neigung der Glasflächen, deren Lage und Ausrichtung (Himmelsrichtung), die Art der Verglasung und wärmespeichernde Konstruktionselemente des Innenraumes.

Sommerlicher Wärmeschutz muss berücksichtigt werden. Er kann durch Querlüftung, Speicherung und mit Sonnenschutzeinrichtungen vorbeugend erzielt werden. Die effektivste Lösung ist ein hinterlüfteter äußerer Schutz mit ausreichend Widerstand gegen Bewitterung und Verstellmöglichkeiten je nach Intensität der Einstrahlung.

Zur Abfuhr von überwärmter Luft ist eine – möglichst verstellbare – Lüftungseinrichtung vorzusehen. Sie kann allein durch thermischen Auftrieb oder auf mechanisch betriebene Weise mit Steuerungseinrichtungen wirken.

Für die Verglasung von Schräg- bis Horizontalflächen ist die Splittergefahr bei Glasbruch zu beachten. Deshalb soll bei
- Einfachverglasungen mindestens vorgespanntes Einscheibensicherheitsglas (ESG)
- Isolierverglasungen mindestens für die untere Scheibe ESG oder Verbundsicherheitsglas (VSG), Doppelstegplatten aus Plexiglas oder Macrolon verwendet werden.

Scheiben für Einfachverglasungen bzw. für die Außenseite von Isolierverglasungen sind auf Biegespannung und Durchbiegung zu bemessen, während innenliegende Scheiben nur auf Durchbiegung zu untersuchen sind. Kleine Formate für Isolierglasscheiben sind auch bei Glasvorbauten zu vermeiden.

Als konstruktiv kritische und deshalb zu detaillierende Punkte gelten:
- Wandanschlüsse an den Hauptbaukörper
- Sockelanschlüsse über Geländeanschnitt
- waagerecht verlaufende Sprossen oder Scheibenstöße in geneigten Flächen
- Traufpunkte mit Regenwasserrinnen (Rückstausicherheit)
- Anschlussdetails für Lüftungsöffnungen.

9
Glasfassaden

9.1

Einschalige Glasfassaden

9.1.1

Allgemeines

Bei großflächigen, additiven Verglasungen werden die Funktionen des Fensterrahmens aus der Ebene der Verglasung auf die Innenseite der Glasscheiben gelegt. Auf der Raumseite befindet sich die Tragkonstruktion, etwa eine Pfosten-Riegel-Konstruktion, während auf der Außenseite Abdeckprofile oder lediglich reduzierte, lineare oder punktuelle Befestigungen zwischen den Scheiben sichtbar sind.

Hierdurch können unterschiedliche Wirkungen erzielt werden:
– Die Fassade erhält durch Abdeckprofile eine ebenmäßige Rasterung, ohne die innenliegende Tragkonstruktion in der Fassadenebene abbilden zu müssen.
– Die Glasflächen der Außenfassade sind lediglich durch Einzelbefestigungen oder schlicht abgedichtete Stoßfugen unterbrochen, es entsteht so die Wirkung einer sog. Nur-Glas-Fassade.

Unterschieden werden die folgenden Konstruktionsprinzipien für Glasfassaden.

9.1.2

Mechanische Befestigungen

Pressleistenverglasung

Bei diesem Verfahren werden die Scheiben über außenliegende Andruckleisten an die innenseitige Primärkonstruktion angeschraubt und durch den umlaufenden Pressdruck auf zwischengelegten Dichtstoffen gehalten (Abb. I.20).

Pressleisten werden aus Stahl, Aluminium oder Kunststoffen gefertigt und haben, auch bei großen Scheibenformaten, Breiten von nur wenigen Zentimetern.

Eine Sonderform der Pressleistenverglasung sind punktweise angepresste Scheiben. Vorgespannte Gläser werden an den Eckbereichen über Klemmelemente mit Abstand an die Tragkonstruktion geschraubt, die Fugen dauerelastisch abgedichtet. Neben Einscheibensicherheitsgläsern finden auch vorgespannte Isoliergläser Verwendung, sofern die Abstandhalter zwischen den Scheiben den Anpressdruck auf die Unterkonstruktion übertragen können. Die Funktion der Klemmen übernehmen inzwischen auch in den Scheibenquerschnitt selbst eingelassene Verschraubungselemente.

Hängende Verglasung

Ein- oder Mehrscheibensicherheitsgläser werden bei diesem Verfahren oberseifig mit Klammerkonstruktionen vom oberen Gebäudeabschluss abgehängt. Da die Vertikalfugen lediglich abgespritzt werden, kann man hier von Nur-Glas-Fassaden sprechen, die inzwischen in Höhen über 10 m ausgeführt worden sind. Zwar kann die Pfosten-Riegel-Konstruktion im Fall der hängenden Verglasung entfallen, es entsteht dafür aber eine deutlich größere Höhe der Konstruktion zur Aufnahme der Glaslasten im Dachbereich der Gebäude.

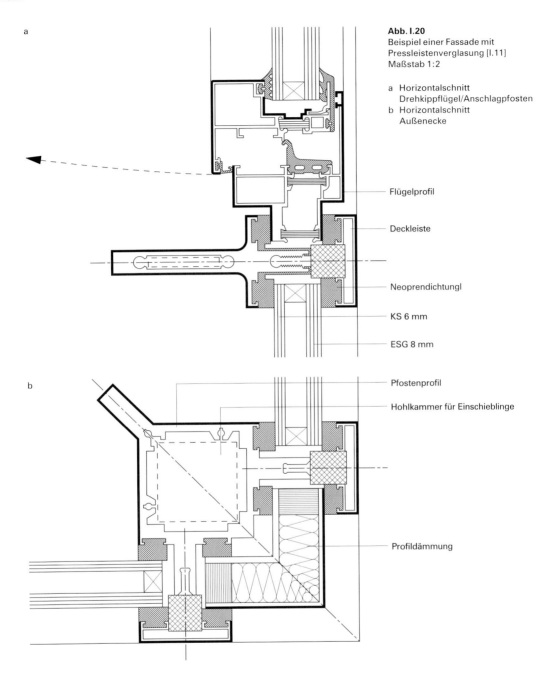

Abb. I.20
Beispiel einer Fassade mit
Pressleistenverglasung [I.11]
Maßstab 1:2

a Horizontalschnitt
 Drehkippflügel/Anschlagpfosten
b Horizontalschnitt
 Außenecke

- Flügelprofil
- Deckleiste
- Neoprendichtungl
- KS 6 mm
- ESG 8 mm
- Pfostenprofil
- Hohlkammer für Einschieblinge
- Profildämmung

9.1.3

Structural Glazing

Im Gegensatz zu den mechanischen Befestigungen werden bei dieser Technik die Scheiben mit speziellen Silikonen auf abgestimmte, innenliegende Unterkonstruktionen geklebt. Alle auftretenden Lasten werden so durch die Verklebungen aufgenommen und übertragen; zugleich sind damit Gläser und Ständerwerk schall- und wärmetechnisch getrennt.

Glasfassaden 9

International einheitliche Richtlinien zu Verklebungen und deren Haftung an Glas und Metall sowie zu Prüfverfahren des Gesamtsystems gibt es bisher nicht. Deshalb ist in Deutschland eine zusätzliche mechanische Sicherung der Scheibenverklebung gefordert.

Bei Mehrscheibenverglasung bedeutet dies, jedes der Gläser einzeln gegen Abfallen zu sichern. Dies kann beispielsweise durch kaum sichtbare Metallflachprofile geschehen, die in der Horizontalfuge mit der Tragkonstruktion verbunden werden, oder durch Stahlwinkel, die direkt in den Scheibenrand eingelassen sind (Abb. **I.21**).

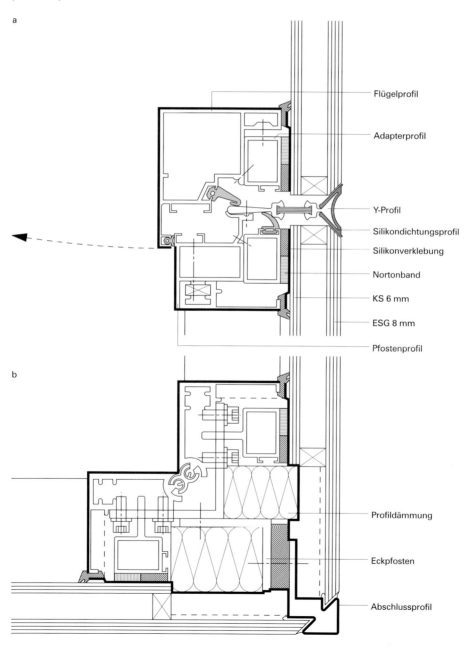

Abb. I.21
Beispiel
einer Structural-Glazing-Fassade [I.12]
Maßstab 1:2

a Horizontalschnitt
  Drehkippflügel/Anschlagpfosten
b Horizontalschnitt
  Außenecke festverglast

9.2

Mehrschalige Glasfassaden

9.2.1

Allgemeines

Für mehrschalige Fassadensysteme aus Glas werden aufgrund der Vielzahl sich ständig erweiternden Ausführungsarten eine Reihe unterschiedlicher, oft missverständlicher Begriffe verwendet.

Neben architektonischen Ambitionen war es nicht zuletzt ein Mangel an Behaglichkeit insbesondere in Hochhäusern mit einschaligen Glasfassaden, die zur Entwicklung transparenter Mehrschalenkonstruktionen im Fassadenbau führte. Aufgrund der energieintensiven, die Befindlichkeit der Nutzer beeinträchtigenden Vollklimatisierungen gingen die Entwickler innovativer, doppelschaliger Außenhautkonstruktionen alsbald dazu über, dem zunächst nur als Pufferzone ausgebildeten Zwischenraum der Doppelfassaden (Klima**schutz**) die Funktion der Klima**regelung** und des **-ausgleichs** zuzuweisen. Dabei haben sich neben der reinen **Pufferfassade** zwei weitere Systeme durchgesetzt:

Die **Abluftfassade** besteht in der Regel aus einer außen liegenden Festverglasung und von innen zu öffnenden Fensterelementen. Die im Fassaden-Zwischenraum sich erwärmende, aufsteigende Luft wird abgesaugt, wobei die Raumluft über das innere Fensterflügelelement in den Zwischenraum nachströmt, während eine sinnvolle Zuluftführung davon getrennt aus dem Gebäudeinneren (z. B. über Auslässe in einer abgehängten Decke) erfolgt.

Bei der **Zweite-Haut-Fassade** kann eine natürliche Belüftung der Räume dadurch erreicht werden, dass die bauphysikalische Trennung auf der Innenschale der Fassade vorgenommen wird: der Luftwechsel innerhalb des Fassaden-Zwischenraumes erfolgt durch Zu- und Auslässe in der Außenhülle. Die dadurch erreichte permanente Frischluftzufuhr des Fassaden-Zwischenraumes kann nun dem geregelten Luftaustausch der Innenräume dienen.

Der Sonnenschutz der Doppelfassaden ist in der Regel im Fassaden-Zwischenraum untergebracht, somit vor Witterungseinflüssen geschützt, jederzeit funktionsfähig und verschmutzungsarm angeordnet.

Puffer-, Abluft- und Zweite-Haut-Fassaden können abhängig von der Form ihrer Einbindung in die Außenwand in
- eingestellte
- vorgehängte und
- vorgestellte

Fassaden unterschieden werden, wobei freistehend vorgestellte Zweite-Haut-Konstruktionen als **Teilklimahülle** (nur Wand) oder **Klimahülle** (Wand und Dach) bezeichnet werden.

9.2.2

Fassadensysteme

Doppelfassaden werden weiterhin hinsichtlich ihrer Elementierung und der zugehörigen Be- und Entlüftungsführung differenziert in

Glasfassaden 9.2

A Kasten-Fassade

Kasten-Doppelfassaden bestehen aus addierbaren Einzelelementen mit umlaufender, horizontal geschossweiser und vertikal raum- oder achsbreiter Einfassung (Minimierung der Luft- und Schallübertragung). Die Zu- und Abluft im Zwischenraum des Kastens erfolgt elementweise unter- und oberseitig. Felddiagonal wird ein Luftstrom durch versetzte Zu- und Abluftöffnungen im Fassadenzwischenraum vorgesehen, um die Frischluftzufuhr für angrenzende Elemente nicht zu beeinträchtigen.

B Schacht-Kasten-Fassade

Bei Schacht-Kasten-Doppelfassaden werden in der Regel Elementeinheiten mit horizontal geschossweiser und vertikal raum- oder achsbreiter Ausdehnung aneinandergestellt. Sie werden von außen belüftet und sind in der Reihe seitlich mit fassadenhohen, allein der Entlüftung dienenden Schachtkastenelementen verbunden. Durch Eintritt des „Kaminzugeffekts" ziehen diese aus dem Fassadenzwischenraum der benachbarten Regelelementreihe Luft an und führen sie durch oberseitige Entlüftungsauslässe ab.

C Korridor-Fassade (s. Abb. **I.22**)

In Korridor-Doppelfassaden wird der Fassaden-Zwischenraum horizontal etagenweise getrennt und je Geschoss be- und entlüftet. Die Lüftungsöffnungen liegen ober- und unterhalb der Trennungsebenen im Fassadenzwischenraum. Ein felddiagonaler Luftstrom wird durch versetzte Zu- und Abluftöffnungen im Fassadenzwischenraum vorgesehen, um die Frischluftzufuhr für angrenzende Elemente nicht zu beeinträchtigen. Ein ähnlicher Effekt lässt sich auch durch in der Fassade schachbrettartig angeordnete be- und unbelüftete Korridorelemente erzielen.

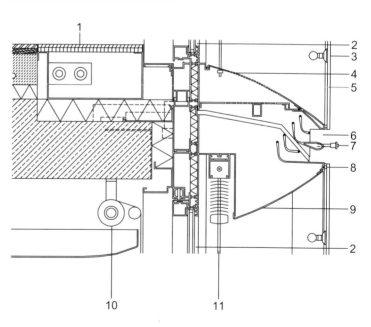

Abb. I.22
Beispieldetail einer Korridorfassade [I.13]

1 Unterflurkonvektor Luft
2 innere Fassade
3 Punkthalterung
4 Perforiertes Aluminiumblech (in jedem 2. Feld)
5 äußere Fassade
6 Horizontaler Lüftungsschlitz
7 Fixierknopf (Befahranlage)
8 Dichtungsprofil
9 geschlossenes Aluminiumblech (in jedem 2. Feld)
10 Blendschutzrollo
11 Sonnenschutzjalousie

9.2 Glasfassaden

D Mehrgeschoss-Fassaden (Abb. I.23)

Die Mehrgeschoss-Doppelfassaden werden ohne horizontale und vertikale Schotten im Fassaden-Zwischenraum der Außenwand

vormontiert. Die Be- und Entlüftung zwischen der innen- und außenliegenden Glasschalen wird ermöglicht

- durch **variable** Ein- und Auslässe im unteren und oberen Fassadenabschluss, um Wärmeüberschuss ableiten, solare Wämegewinne in der kalten Jahreszeit jedoch auch puffern zu können oder
- durch ausreichend große Ein- und Ausströmöffnungen an den beiden vertikalen Fassadenabschlüssen bzw. durch Fugen zwischen den vorgehängten Einzelscheiben (hier: keine wesentlichen energetischen Auswirkungen auf das Gebäude).

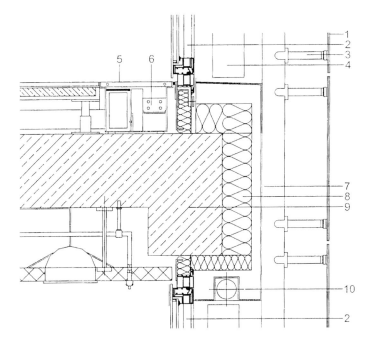

Abb. I.23
Beispieldetail einer
Mehrgeschossfassade [I.14]

1 Vorgehängte Glasfassade
2 Innenfassadenfenster
3 Spider
4 Stahlrohr verzinkt ⌀ 127 mm
5 Rollgitter
6 Bodenkanalkonvektor
7 Stahlrohr verzinkt ⌀ 70 mm
8 Wärmedämmung
9 Randunterzug
10 Beweglicher Sonnenschutz

Die technische Entwicklung der Doppelfassaden ist im Fluss. Das ästhetische Anliegen der Entmaterialisierung dürfte allerdings inzwischen erfüllt worden sein.

10
Klima- und Sonnenschutzkonstruktionen

10.1

Rollläden

Bereits in der Rohbauplanung sind Details für den Einbau von *Rollläden* und ihrer Kastenkonstruktion festzulegen. Dazu gehören:
- Entscheidung über die Verwendung von *Fertig-Rollladenkästen* in selbsttragender, statisch belastbarer oder nichtbelastbarer Ausführung
- alternativ die Entscheidung über die Ausbildung einer rohbauseitig herzustellenden Außenschürze aus Stahlbeton, Gasbeton oder Mauerwerk
- alternativ die Entscheidung über die Ausbildung der Kastenverkleidung durch Ausbaugewerke
- Angaben über die Rollladengurtführung. Sie kann erfolgen zwischen:
a Austrittsöffnung des Gurtes an der Unterseite des Kastens und dem Gurtwickler in der linken oder rechten *Leibungsfläche*
b Austrittsöffnung des Gurtes über dem linken oder rechten Kastenauflagerbereich sowie dem Gurtwickler in der *Wandfläche*.
c Sie entfällt, wenn ein elektromotorischer Antrieb vorgesehen ist.
- Ermittlung von Bestellabmessungen für vorhandene Öffnungslichten zuzüglich der erforderlichen Auflagerlängen von Fertig-Rollladenkästen. Sie betragen 4 bis 6 cm. Sofern der Gurtaustritt über einem Auflager erfolgt: 11 bis 15 cm für diese Seite.
- Überprüfung des maximalen Ballendurchmessers (vor allem bei Fenstertüren) im Zusammenhang mit der zur Verfügung stehenden Lichtraumbreite und -höhe eines Rollladenkastens
- Angaben über gegebenenfalls aufzuteilende und jeweils getrennt zu lagernde Ballen wegen eines kombinierten Fenster-/ Fenstertürelementes oder eines zu schweren Ballens
- Vormerkungen für das Detaillieren der eigentlichen Fensterkonstruktion im Hinblick auf die genaue Breite des Rollladenpanzers, die Lage der senkrechten Führungsschienen, die Anschlussausbildung des oberen Fensterrahmenteils an den unteren Kastendeckel.

Fertig-Rollladenkästen werden in Schichtbauweise aus Holzwolleleichtbaumaterial, Mehrschichtplatten, Kunstharzschäumungen, Spanplatten, Hartfaserplatten und unterschiedlichen Anschlussschienen aus Aluminium hergestellt. Dies erfolgt durch Klammern, Kleben und Schäumen in etwa 5 bis 6 m langen, U-förmigen Rohelementen. Aus ihnen werden die benötigten Längen herausgeschnitten und an den offenen Enden mit angepassten Stirndeckeln (Kopfstücke) versehen. Diese bestehen aus Span- oder Tischlerplatten und sind in der Regel ohne zusätzliche Dämmung. An diese Kopfstücke werden die auf der Antriebsseite kurz, auf der Gegenseite länger auskragenden Lagerhalter für Rollladenwellen angeschraubt (Abb. **I.24**).

Für deren Herstellung verwendet man verzinkte oder kunststoffbeschichtete Stahlblechrohre mit Durchmessern von 60 bis 90 mm und Blechdicken von etwa 0,6 bis 2,0 mm. Holzwellen sind praktisch nicht mehr in Gebrauch.

Auf der Antriebsseite einer Welle sitzt die Gurtrolle. An beiden Wellenenden sind leichtläufige Lager angebracht, die in den Lagerhaltern der Kopfstücke ruhen.

Falls unterteilte Rollladenpanzer erforderlich sind, müssen Zwischenlagerträger im Kasten angeschraubt oder sogenannte Blocklager über dem Trennpunkt der beiden Panzer an der Fensterkonstruktion befestigt werden. Der Einbau von Fertig-Rollladenkästen wird vor dem Betonieren von Stürzen und Decken vorgenommen. Über Flachstahlanker oder Stahlschlitzband können sie im Stahlbeton nach oben verankert werden. Eine weitere Befestigungsmöglichkeit ist das Andübeln über die seitlichen Kopfstückdeckel sowie nach oben, sofern kein Auflegen der Kästen möglich sein sollte. Bei Stahl- oder Holzträgern dienen Stahlprofilwinkel als Befestigungshilfen beim Anschrauben an die tragenden Bauteile.

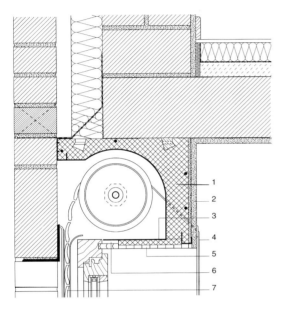

Abb. I.24
Fertigrollladenkasten
aus Hartschaum
Maßstab 1 : 10

1 Hartschaumfertigschale
2 Putzträger
3 Hartschaumauflage
4 Gurtzug
5 PVC-Hohlkammerdeckel
6 Abdichtung aus dauerelastischem Schaumstoff
7 Führungsschiene

In den meisten Fällen wird die innere senkrechte Kastenblende verputzt und gestrichen oder tapeziert. Zur Endmontage, Revision und Reparatur ist der untere Kastendeckel abnehmbar ausgebildet. Auf ausreichende Wärmedämmung und Fugendichtigkeit ist zu achten. Empfohlen wird eine genaue Information über den geprüften Dämmwert eines Fabrikats hinsichtlich der innenseitigen Kastenflächen.

Weit verbreitet sind Rollladenpanzer-Profile aus Kunststoff (PVC hart) in verschiedenen Farbgebungen. Die einzelnen Profilstäbe greifen verkrallend ineinander und können in den Verbindungsstegen Schlitze für Licht- und Luftdurchlass erhalten. Die Profildicke beträgt 8 bis 14 mm und ist mitbestimmend für den Hallendurchmesser.

Im Gegensatz zu den unterhaltsarmen Kunststoffprofilen ist bei solchen aus Holz der Anstrich von Zeit zu Zeit erneuerungsbedürftig.

Je dicker ein Profil geformt ist, desto größere Breiten zwischen den Führungsschienen der Leibungen sind möglich, ehe es bei Wind zu Berührungen des abgelassenen Ballens mit der Fensterfläche kommt.

Kunststoffrollläden haben sich wegen des geringen Pflegeaufwandes und ihrer Preiswürdigkeit gegenüber solchen aus Holzstäben und Aluminiumprofilen durchgesetzt. Mit PUR-Schaum gefüllte Profile sollen einen zusätzlichen Wärmeschutz bewirken. Dieser tritt jedoch nur dann ein, wenn der herabgelassene Rollladenpanzer in sich und gegenüber angrenzenden Bauteilen dicht ist.

Zum gängigen Zubehör einer Rollladenkonstruktion werden Sperrvorrichtungen gegen unbefugtes Anheben des Panzers von außen, Bürstendichtungen gegen Zugluft aus den Gurtzugöffnungen im Kastendeckel sowie Übersetzungsgetriebe für leichtere Handbedienung gezählt.

Durch die Verlängerung der senkrechten Fensterrahmenprofile nach oben in Verbindung mit entsprechenden Querhölzern unter dem Sturz sowie einer zusätzlichen inneren Grundrahmenkonstruktion aus kleinen Winkelstahlprofilen, Kanthölzern, Spanplatten und Verbretterungen können ebenfalls Kastenverkleidungen entwickelt werden. Handwerkliche Ausführung ist durch Fensterbauer zu konkurrenzfähigen Preisen möglich. Die Dämmstoffdicken sollen mindestens 35 mm aufweisen. Zu empfehlen ist, die Unterseite des Sturzes oder der Decke rohbauseitig ausreichend zu dämmen.

Abb. I.25
Ausführungen von Klappläden; eine umlaufende Dichtung ist empfehlenswert.
Waagerechter Schnitt:
Leibung und Mittelstück (M 1:5)

a Lamellenflügel
b aufgeschraubte Blendbretter mit Schlitzabständen
c genuteter Rahmen mit senkrechten Füllungsbrettern
d senkrechte Blendbretter mit Aufschraubleiste oder Gratleiste

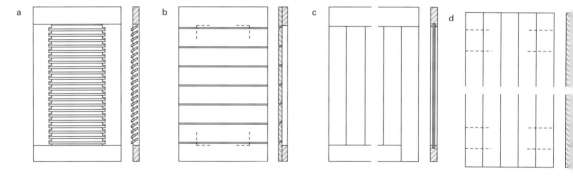

Gratleisteleiste
Aufschraubleiste

10.2

Klapp- und Schiebeläden

Rollläden beanspruchen wegen ihrer Kastenkonstruktion zwischen 25 und 35 cm von der Wand- bzw. Fensterhöhe. Äußere Klapp- und Schiebeläden dagegen gestatten die Anordnung annähernd raumhoher Öffnungen. Die Bedienung von Klappläden erfolgt normalerweise von innen durch das geöffnete Fenster oder die Fenstertür. Zu kalter Jahreszeit und bei der Nutzung innerer Fensterbänke ist das unzweckmäßig. Es gibt jedoch mit Steckkurbel von innen zu betätigende Schneckengetriebe, die die Klappladenflügel über deren Bänder drehen.

Klappläden werden üblicherweise aus Holz hergestellt und den Fensterkonstruktionen zugeordnet. Seltenere Alternativen sind Erzeugnisse aus Kunststoff (PVC) oder Aluminium. Die häufigste Art ist die zweiflügelige Aufteilung des Ladens vor einer Öffnungsfläche. Im geschlossenen Zustand erfolgt die Verriegelung über kräftige Einreiber oder ein in Gabeln eingelegtes Flachstahlprofil. Nach oben und unten wirkende Schubriegel sind nur bei geeigneten Einlassmöglichkeiten am Sturz und in der äußeren Fensterbank anzubringen. Die Ladenkonstruktionen bestehen meist aus verzapften oder *verblatteten* Rahmenbrettern mit etwa 22 bis 36 mm Dicke, deren Öffnungsfelder mit schräg eingefrästen Lamellenstäben oder eingenuteten Holztafeln gefüllt werden. Ebenso ist eine mit oder ohne Spaltabstände waagerecht aufgeschraubte äußere Aufdoppelung aus Brettern möglich. Schließlich können Klappläden aus genuteten senkrechten Brettern bestehen, die rückseitig durch Grat- oder Aufschraubleisten zusammengehalten werden (Abb. **I.25 a** bis **d**).

Im geschlossenen Zustand erbringen fugendicht hergestellte Klappläden einen gewissen zusätzlichen Wärmeschutz für den Fensterbereich. Dieser kann deutlich gesteigert werden durch zweischalig mit eingefügtem Wärmedämmstoff gefertigte Konstruktionen. Beachtung ist der Abdichtung der Anschlagfalze zu widmen (Abb. **I.26 e**).

Für die Anbringung von Klappläden dienen am Fensterrahmen angeschraubte oder in der Leibungsfläche bzw. der Außenwandflucht eingemörtelte Stützkloben. Auf die Flügel werden Lang-, Kreuz- oder Winkelbänder aus verzinktem Flachstahl geschraubt, deren Rollen auf den Stiften der Stützkolben stecken. Sollen Öffnungen mit Klappläden abgedeckt werden, die breiter als etwa 1,50 m sind, wird eine doppelt klappbare Ausbildung der Flügel erforderlich. Durch diese Mehrteiligkeit eines Flügels wird jedoch das „Hängen" der Einzelflächen begünstigt. Dem kann man durch kräftige und verschleißarme Bänder entgegenwirken.

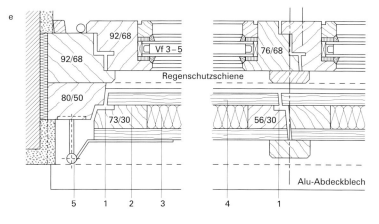

Abb. I.26
wärmegedämmter zweiflügliger Klappladen

1 Nut für Dichtungsprofil
2 Flügelrahmen
3 Dämmstoff
4 Beplankung
5 Beschlagband

Schiebeläden finden vorzugsweise bei besonders breiten Wandöffnungen Verwendung und können ein- bis mehrteilig sein. Zu ihrer Anfertigung finden – nach Rahmen und Beplankung unterschiedlich dick – Holzbretter Verwendung. Vereinzelt bestehen die Rahmen aus verzinkten Stahl- oder Aluminiumprofilen. Dadurch können Verwindungen eingeschränkt werden.

Schiebeläden rollen entweder an einer hängenden oder *auskragenden* Schiene bzw. auf einer unteren Schiene. Die jeweils untere oder obere Führung wird durch weitere Schienen oder Rollkloben übernommen. Dabei ist auf die Vermeidung der Aushebemöglichkeit zu achten. An den Schienenenden dienen Puffer als Auslaufsicherung.

Die Verriegelung zweier oder mehrerer Flügel untereinander von innen ist nur möglich, wenn diese Stelle vor die Wandöffnung geschoben wird. Flügelfeststeller mit Schubriegeln in den Metallführungsschienen können verschließbar ausgeführt werden.

10.3

Markisen, Jalousetten- und Lamellenkonstruktionen

Neben Roll-, Klapp- und Schiebeläden sowie speziellen Sonnenschutzverglasungen kann die Abschirmung gegen Sonneneinstrahlung (sommerlicher Wärmeschutz) auch von mechanisch beweglichen Konstruktionen übernommen werden (Abb. **I.27**).

Dazugehören:
– *Jalousetten* vor, hinter oder zwischen den Verglasungsebenen
– *Ausstellmarkisen* als Gelenk- oder Fallarmmarkisen
– über Fensteröffnungen ausfragende *Schattenspender* in Lamellenform aus Holz, Metall oder Betonfertigteilen.

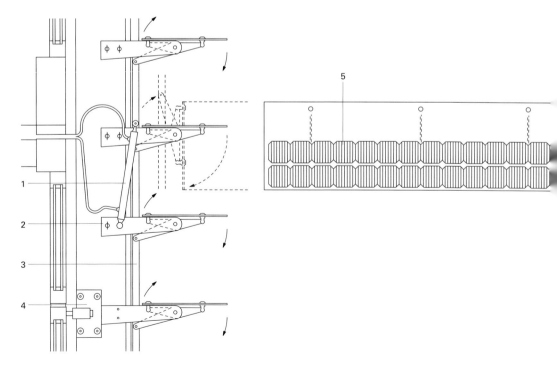

10.2 Klima- und Sonnenschutzkonstruktionen

Eine sehr wirksame Lösung stellen *Außenjalousetten* aus Aluminiumlamellen dar. Über Schnurzug ist eine stufenlose Regulierung zwischen Schattenspende und Lichtmenge möglich. Hinzu kommt der relativ geringe Staueffekt für die vor der Fassade aufsteigende Warmluft. Die Breite der Lamellen sollte mindestens 60 mm, besser bis zu 80 mm betragen. Sehr wesentlich für die Nutzungsdauer solcher Jalousetten ist deren stabile Aufhängung, eine gute senkrechte Führung durch seitliche Führungsschienen oder Spanndrähte sowie ausreichend bemessene Schnurdicken und Umlenkmechanismen.

Außen angebrachte Markisen werden manuell über Kurbelgetriebe oder elektromotorisch bewegt und bedingen wegen ihrer Kragarmbelastung entsprechende konstruktive Voraussetzungen in der beanspruchten Wand. Sie verringern den Lichteinfall je nach Farbwahl für die Bespannung u. U. erheblich und sind nur bei Einsatz eines hochwertigen Gewebes in Grenzen verwitterungsbeständig. Unter ausgefahrenen Markisen kann sich ein Wärmestau bilden.

Lamellenkonstruktionen in starrer oder verstellbarer Anordnung kragen über Fensteröffnungen aus oder sind ihnen parallel vorgelagert. Sie bestehen aus Kragarmen oder Rahmen, welche thermisch getrennt an der Fassade angebracht werden, und einer Anzahl starrer oder beweglicher Lamellen.

Die Materialwahl der Tragkonstruktion und Verbindungsmittel, zum Beispiel Stahl- oder Leichtmetallprofile, sowie der Lamellenoberflächen richtet sich nach der Witterungsbeständigkeit und möglichst geringen Wartungskosten.

Lamellen dienen der Lichtlenkung und -Streuung bzw. der Verschattung von Fassadenteilen und reduzieren damit die Aufheizung von Außenhaut und Innenräumen. Lamellen aus Glas können abhängig vom gewünschten Beschattungsgrad bedruckt oder beschichtet und/oder zur Aufnahme von Photovoltaikelementen genutzt werden. In letzterem Fall ist, besonders bei elektronisch gesteuerten, dem jeweiligen Sonnenstand nachgebührten Lamellenebenen, auf Verschattungsfreiheit zu achten (Abb. **I.27**).

Alle *innenseitigen* – etwas weniger auch alle zwischen Verglasungsebenen befindlichen – Sonnenschutzvorrichtungen haben einen entscheidenden Nachteil: Die Wärmestrahlung befindet sich bereits *im* Raum, ehe sie auf reflektierende Flächen trifft. Dafür sind innen angebrachte Konstruktionen witterungsgeschützt, unterliegen einem geringeren Verschleiß und sind im Vergleich zu außenliegenden Bauteilen preiswerter.

Innenseitig angebrachte Springrollos, verschiebliche Vorhänge und vertikale Lamellenstores aus Natur- oder Kunststoffgeweben sowie Kunststofffolien sind neben ihrer Funktion als beschränkt wirksame Sonnenschutzvorrichtung Bestandteil der Innenraumgestaltung. Dabei handelt es sich meist um Erzeugnisse, die keinen Konstruktionsaufwand, sondern eher eine Beratung bei der Auswahl erfordern.

Zwischen zwei Verglasungsebenen eingebaute Jalousetten und Rollos finden sich fast ausschließlich in Verbindung mit Verbund- und Kastenfensterkonstruktionen (Doppelverglasungen). Durch zwangsläufige Undichtigkeiten des Sonnenschutzes zu den Flügel- bzw. Rahmenprofilen wird der gesamte Luftraum zwischen der äußeren und inneren Verglasungsebene aufgeheizt. Die zum Raum hin mögliche Wärmeabgabe durch Konvektion ist jedoch mit der inneren Scheibe behindert.

Abb. I.27
Beispiel einer beweglichen Lamellenkonstruktion mit aufgesetzten Photovoltaikelementen [I.15]
(M 1 : 20)

1 Hydraulik zur Nachführung der Lamellen für optimale Sonneneinstrahlung
2 bewegliches vertikales Gestänge
3 Befestigungsprofil der Lamellenachse
4 Anschlusselement zur Zargenbefestigung an der Fassade
5 Photovoltaikpads

11
Gläser

11.1

Übersicht

Die am Bau verwendeten Gläser sind sog. Flachgläser nach DIN 1249 (Flachglas im Bauwesen) und DIN 1259 (Glas; Begriffe). Sie werden bei Temperaturen um 1500° C verschmolzen und in zwei verschiedenen Verfahren weiterbearbeitet:

Floatglas wird über einem flüssigen Zinnbad als planparalleles Glasbund mit *Spiegelglas*-(S)-Qualität hergestellt. Aus Floatglastafeln werden durch Weiterverarbeitung erzeugt:
- *Einscheibensicherheitsglas* (ESG = vorgespanntes „Krümelglas"). Drahteinlagen sind nicht möglich.
- *Verbundsicherheitsglas* (VSG/Folien- oder Gießharzverbund) aus zwei oder mehreren Einzelscheiben. Drahteinlagen sind möglich.
- *Mehrscheibenisolierglas* (MIG). Es besteht aus zwei oder mehr Einzelscheiben. Ornament- oder Drahtgläser können mit verwendet werden.

Gussglas wird durch Walzen der Glasmasse erzeugt, wobei Ornamente eingeprägt und/oder Drahtnetze bzw. Stahldrähte eingeführt werden können. Unterschieden wird vor allem zwischen:
- *Ornamentglas* (O) mit etwa 60 verschiedenen Strukturen
- *Drahtglas* (D) mit punktverschweißten Netzen oder Einzelfäden aus Stahldraht
- *Drahtornamentglas* (DO) aus Kombinationen von D mit O
- *Drahtspiegelglas* nach Planschliff von D.

Weiterhin fällt unter die Regelungen der DIN 1249:
- *Profilbauglas* (P). Es handelt sich dabei um bandförmig im Walzverfahren hergestellte U-Profile aus undurchsichtigem Glas. Drahteinlagen sind möglich.

Schließlich sind noch zu erwähnen:
- *Strahlenschutzglas* mit hohem Schwermetalloxidgehalt
- *lichtstreuendes Glas* mit Einlagen aus Kapillarplatten oder Glasfasergespinsten
- *Glasbausteine* nach DIN 18 175 (Glasbausteine)
- *Polykarbonate* (PC), Acrylglas (PMMA) und glasfaserverstärkte *Polyester-* bzw. *Epoxidharze* (GF-UP/GF-EP) als sogenannte „Kunstgläser" mit hohen mechanischen Festigkeitseigenschaften
- *Brandschutzglas* (Abschnitt l.11.2).

Mehrscheibenisoliergläser (MIG) werden häufig im Fensterbau eingesetzt. Der Grund liegt in der Kombinationsvielfalt verschiedener Einzelscheiben, um Forderungen der Bauphysik, des Sonnenschutzes und der Gestaltung erfüllen zu können.

Die Herstellung von MIG erfolgt durch
- Verlöten
- Verschweißen
- Verkleben

im Randbereich von Einzelscheiben zu einem Randverbund (Abb. **I.28 a** und **b**). Dabei hat verklebtes MIG den überwiegenden Marktanteil.

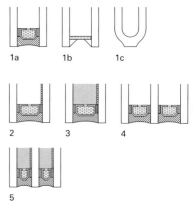

1a   1b   1c

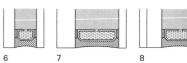

2   3   4

5

6   7   8

9

10

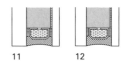

11   12

Abb. I.28
Systemübersicht von Beispielen für
Mehrscheiben-Isoliergläser (MIG)
Maßstab 1:2

Maßangaben für Glasscheiben und
Scheibenzwischenräume (mm)

Isolierglas
1a geklebter Randverbund
    (4/12/4)
1b bleisteggelöteter Randverbund (4/12/4)
1c glasverschweißter Randverbund (4/9/4)

Wärmeschutzglas
2 Infraror-Reflexionsschicht
    (4/14/4)
3 Argonfüllung, Infraror-Reflexionsschicht (4/14/4)
4 Dreifachverglasung
    (4/12/4/12/4)
5 Dreifachverglasung, Kryptonfüllung
    Infraror-Reflexionsschicht
    (4/8/4/8/4)

Schallschutzglas
6 Schwergasfüllung (6/12/6)
7 Schwergasfüllung (10/24/4)
8 Schwergasfüllung, Gießharzverbundscheiben (12/20/10)

Sonnenschutzglas
9 Infraror-Reflexionsschicht,
    Argonfüllung (6/12/6)

Sonnen-/Wärmeschutzglas
10 Infraror-Reflexionsschicht,
    Argonfüllung (6/14/4)

Schall-/Wärmeschutzglas
11 Infraror-Reflexionsschicht
    (8/14/4)
12 Infraror-Reflexionsschicht,
    Argonfüllung (6/14/4)

Die zwischen den Einzelscheiben befindlichen Abstandhalter aus Aluminium oder verzinktem Stahlblech bewirken den Scheibenzwischenraum (SZR) in Dicken von 6 bis 24 mm. Eine Randabdichtung der Scheiben mit einem hochpolymeren Kunststoff soll – zusammen mit einem Trocknungsmittel („Molekularsieb") in den Hohlprofilen – eine MIG-Scheibe für ihre Verwendungsdauer im SZR kondensatfrei halten. Tauwasserbildungen an den zum SZR hin gewandten Scheibenoberflächen sind Anzeichen für Undichtigkeiten des Randverbundes und Übersättigung des Trocknungsmittels mit Feuchtigkeit. Eine solche Scheibe wird mittelfristig „erblinden".

Als optimales Maß zwischen Gesamtscheibendicke und Wärmedämmeffekt haben sich bisher für normale Anforderungen 12 mm SZR herausgestellt. Somit ergibt sich als übliche Scheibendicke eines zweifach verklebten MIG: $2 \cdot 4$ mm + 12 mm SZR = 20 mm für die Gesamtdicke der Verglasungseinheit. Allerdings werden die Anforderungen an den Wärmeschutz von Gebäuden und damit auch an die Fensterkonstruktionen durch die inzwischen beschlossene Energieeinsparverordnung – EnEV im Vergleich zur bisher gültigen Wärmeschutzverordnung noch einmal erheblich erhöht.

DIN 1286-1, Mehrscheiben-Isolierglas, luftgefüllt und DIN 1286-2, Mehrscheibenisolierglas, gasgefüllt sind die derzeit wichtigsten nationalen Normen hinsichtlich des Randverbundes und der Tauwasserfreiheit.

Sonderformen des MIG sind:
– Wärmeschutzgläser
– Schallschutzgläser
– Sonnenschutzgläser
– Gläser mit Kombinationen dieser Eigenschaften.

Wärmeschutzgläser sind vor allem durch einen geringeren Wärmedurchgangskoeffizienten U-Wert in $W/(m^2 \cdot K)$ gekennzeichnet: Er gibt die Wärmemenge an, die pro Zeiteinheit durch 1 m² eines Bauteiles bei einem Temperaturunterschied der angrenzenden Raum- und Außenluft von 1 Kelvin hindurchtritt. Die Anforderungen gem. EnEV für neu einzubauende Standard-Verglasungskonstruktionen sehen bereits einen U-Wert von max. 1,4 $W/m^2 \cdot K$ bei gleichzeitigem Gesamtenergiedurchlasswert g von min. 0,62 % vor. Wärmeschutzverglasungen erreichen zur Zeit Werte zwischen 1,3 und 1,1 $W/m^2 \cdot K$, Spezialverglasungen liegen mitunter noch deutlich darunter (Abb. **I.25 a** und **b**), etwa durch:

– Zweischeiben-Isolierglas mit Infrarot-Reflexionsvermögen durch Metall- oder Metalloxidbeschichtungen auf einer dem SZR zugewandten Seite;
– Zwei- und Dreischeiben-Isolierglas mit Gasfüllung des SZR;
– Zweischeiben-Isolierglas mit Beschichtung und Gasfüllung
– Dreischeiben-Isolierglas;

Scheibenbeschichtungen bestehen aus:
– Gold-, Silber- oder Kupferbedampfung
– Zinn- oder Indiumoxid.

Zur Gasfüllung wird verwendet:
– Argon für den erhöhten Wärmeschutz f
– *Schwefelhexafluorid* (SF_6) für den erhöhten Schallschutz, aber auch für den verbesserten Wärme- und Schallschutz.

Diese Gase beeinträchtigen die Lichttransmission nicht. Dagegen reflektiert eine bedampfte Scheibe zwar die Wärmestrahlung, vermindert aber auch den Lichtdurchgang.

Die Qualität der Wärmeschutzgläser wird neben zuvor genannten U- und g-Werten durch den keg-Wert angegeben, der die Energiebilanz aus Wärmeverlust und Strahlungsgewinn in $W/m^2 \cdot K$ angibt.

Schallschutzgläser gewährleisten den erhöhten Schutz gegen Außenlärm. Das ist nur bei geschlossenen Fensterflügeln und bei Einhaltung weiterer Material- und Konstruktionskriterien möglich. Schallübertragungen bei einer Scheibe können über den Randverbund sowie über den Luftzwischenraum erfolgen. Dagegen werden wirksam (Abb. **I.28**):
– Verwendung dicker Einzelscheiben zur Erlangung hoher Flächengewichte
– Anordnung verschieden dicker Einzelscheiben hintereinander (asymmetrischer Aufbau)
– vergrößerter Luftzwischenraum
– Befüllung des SZR mit einem Schwergas
– Kombination von vorgenannten Maßnahmen.

Auf diesen Wegen können mit Zweischeiben-Isoliergläsern bewertete Schalldämmmaße (R'_w) bis etwa 45 dB erzielt werden. Werte darüber sind nur durch den Einsatz von Gießharz-Verbundscheiben anstelle einer oder beider Normalglasscheiben zu erreichen. Dabei handelt es sich um zwei gleich oder unterschiedlich dicke Scheiben, die mit einer 1 bis 2 mm dicken Gießharzschicht (GH) zu einer *VSG-Scheibe* verbunden worden sind. Gleichzeitig ergibt sich ein erhöhter Einbruchschutz. Durch Kombination asymmetrischer Glasdicken, vergrößerten SZR sowie Schwergasbefüllungen entstehen Schallschutzgläser, deren R'_w-Werte über 50 dB liegen können. Auch hier ist wiederum auf die Herstellerangaben zu verweisen.

Sonnenschutzgläser lassen sich durch absorbierende Einfärbungen der Glasmasse oder ihrer Oberfläche bzw. durch reflektierende und/oder absorbierende Beschichtungen herstellen. In der Praxis ist die Forderung nach Sonnenschutz verbunden mit einer Wärme- oder Schallschutzfunktion. Das hat einen Mehrfachscheibenaufbau zur Folge.

Eine Sonnenschutzscheibe wird beurteilt nach
– möglichst hoher Durchlässigkeit für sichtbares Licht mit einer Selektivität von etwa 40 bis 60 %
– möglichst geringer Durchlässigkeit für Wärmestrahlung von außen nach innen. Bei klimatisierten Räumen ist das im Sommer wesentlich, weil der Energieaufwand für die Raumkühlung das Vier- bis Fünffache einer Raumwärmung beträgt. Die Wärmeschutzverordnung trägt dem dadurch Rechnung, dass sie bei großen Fensterflächen (> 50 % der Außenwand) oder Gebäuden mit raumtechnischen Anlagen zur Kühlung zur Gewährleistung des sommerlichen Wärmeschutzes das Produkt aus Gesamtenergiedurchlaßgrad (g) und Fensterflächenanteil (f) auf den Wert 0,25 beschränkt. Bei temporären Sonnenschutzeinrichtungen muss ein Abminderungsfaktor (z) von mindestens 0,5 erreicht werden.
– möglichst hoher Wärmeschutzwirkung von innen nach außen gegen Beheizungsverluste im Winter.

Wärmeabsorbierende Scheiben erfahren eine Aufheizung, die von der Einbausituation her gleichmäßig sein soll, um Wärmespannungen, Zwängungen und Brüche zu vermeiden. Auch ESG-Scheiben unterliegen diesem Risiko. Die absorbierte Wärme wird zum Raum hin abgegeben. Dieser vor allem im Sommer unerwünschte Effekt wird von reflektierenden Scheiben nicht im gleichen Maße verursacht.

11.2

Brandschutzverglasungen

Allgemeines

DIN 4102, Brandverhalten von Baustoffen und Bauteilen, unterscheidet in ihren Teilen 2 und 5:
– Bauteile der Feuerwiderstandsklassen F 30/F 60/F 90/F 120/F 180. Darunter können auch verglaste Konstruktionen sein.
– Bauteile der Feuerwiderstandsklassen T (für Türen) T 30/T 60/T 90/T 120/T 180 – sogenannte Feuerschutzabschlüsse –, in denen lichtdurchlässige Elemente enthalten sein können. T-Verglasungen werden nach den Prüfungskriterien von F-Verglasungen bewertet und deshalb nicht weiter behandelt.
– Bauteile der Feuerwiderstandsklassen G (für Glas) G 30/G 60/G 90/G 120/G 180 = Gegen Feuer widerstandsfähige Verglasungen.

F-Verglasungen

Sie sind in der DIN 4102-4 nicht klassifiziert. Deshalb benötigen sie eine allgemeine bauaufsichtliche Zulassung des Instituts für Bautechnik in Berlin.

Zulassungsgegenstand ist stets eine gesamte Konstruktion aus Einbauwand, Rahmen, Glas, Dichtung sowie die Einbaubedingungen. Ein so zugelassenes Bauteil hat Kennzeichnungspflicht.

F-Verglasungen finden Verwendung, wo Oberflächen-Temperaturerhöhungen von 140 K bzw. 180 K zu befürchten sind und/oder F-Bauteile zwingend vorgeschrieben werden. Dabei steht die *Verhinderung einer Brandausbreitung* durch Wärmestrahlung im Vordergrund. Zu diesen Verglasungen sind sogenannte F-Gläser einzusetzen. Deren Wirkungsweise ergibt sich aus dem Verdampfen von Wasser oder Wasserglas in den Scheibenzwischenräumen, wobei eine undurchsichtige, wärmedämmende Schicht entsteht.

Die Standfestigkeit der Scheibe wird durch ihren Aufbau als Verbundsicherheitsglas bzw. durch den Einsatz von Einscheibensicherheitsglas gewährleistet. F-Gläser werden in Festmaßen und mit Dicken von 15 bis 75 mm geliefert. Nachbearbeitungen sind unzulässig. Die aufwendige Besonderheit von F-Verglasungen besteht in deren Rahmenkonstruktion samt Scheibendichtung. Beide dürfen trotz einwirkender Hitze und Verformung während der Feuerwiderstandsdauer keinen Scheibenbruch verursachen.

G-Verglasungen

Das sind alle lichtdurchlässigen Bauteile in Wänden, die dazu bestimmt sind, entsprechend ihrer Feuerwiderstandsklasse zwar den Flammen- und Branddurchtritt, *nicht* aber den Durchtritt der *Wärmestrahlung* zu verhindern.

Sie enthalten meist eine Einzelscheibe. Bei Hitzeeinwirkung darf sie während der Feuerwiderstandsdauer weder zerspringen noch abschmelzen. Üblich sind Rahmungen aus Stahl und nichtbrennbare Faserstoffdichtungen für die Glasfalze.

G-Gläser sind:
- *Drahtspiegelglas* und *Drahtgussglas* mit punktgeschweißtem Netz und in 6 bis 9 mm Dicke für Anforderungen bis G 60
- *Borosilikatglas* in 6 bis 7 mm Dicke und in Größen maximal etwa 100 cm × 200 cm für Anforderungen bis G 120
- Zwei *Einscheibensicherheitsgläser* (ESG) in einem Spezial-Lochrahmen erfüllen Anforderungen bis G 60.
- *Glaskeramik* und *Sonder-Glassteine* mit entsprechender Zulassung.

Die Verwendung von G-Verglasungen ist als Fluchtwegbegrenzung bauaufsichtlich bisweilen erst ab einer Wandflächenhöhe von 180 cm zugelassen.

11.3

Einbruchhemmende Verglasung

Sicherheitsverglasungen waren bisher durch die in der – noch oft gebräuchlichen – DIN 52 290 formulierten Sicherheitsklassen A – D geregelt (A und B Durchwurfhemmung, C Durchschusshemmung, D Sprengwirkungshemmung). Die Norm wurde inzwischen durch die europäische DIN EN 356 *Glas im Bauwesen – Sicherheitssonderverglasung – Prüfverfahren und Klasseneinteilung des Widerstandes gegen manuellen Angriff* und DIN EN 1063 – (...) *Prüfverfahren und Klasseneinteilung für den Widerstand gegen Beschuss* ersetzt.

Einbruchhemmende Fenster oder Fenstertüren sollen in geschlossenem, verriegelten oder versperrten Zustand den unbefugten Eindringversuch durch körperliche Gewalt, ggf. unter Zuhilfenahme von Werkzeugen, eine bestimmte Zeit lang (Widerstandszeit) verhindern. Neben den Richtlinien VdS Schadenverhütung (Verband der Sachversicherer) ist hinsichtlich der einzubauenden Bauteile ist inzwischen DIN ENV 1627, *Fenster, Türen, Abschlüsse – Einbruchhemmung – Anforderungen und Klassifizierung* maßgeblich. Darin wird für Wohn- und Gewerbeobjekte die Einbruchhemmung in die Widerrstandsklassen WK 1–6 eingeteilt. Entsprechend werden geprüfte einbruchhemmende Rollläden kategorisiert

WK 1 Versuch, das Fenster, die Türe oder den Abschluss durch den Einsatz körperlicher Gewalt aufzubrechen, z. B. durch Gegentreten, Schulterwurf, Hochschieben, Herausreißen;

WK 2 Versuch, das Fenster, die Türe oder den Abschluss, zusätzlich mit einfachen Werkzeugen wie z. B. Schraubendreher, Zange und Keile zu überwinden;

WK 3 Versuch, durch das Fenster, die Türe oder den Abschluss mit einem zusätzlichen Schraubendreher und einem Kuhfuß Zutritt zu erlangen;

WK 4 Versuch, zur Öffnung des Fenster, die Türe oder den Abschluss zur Objektöffnung zusätzlich z. B. Sägen, Hammer, Schlagaxt, Stemmeisen und Meißel, sowie eine Akku-Bohrmaschine einzusetzen.

WK 5 Versuch, durch das Fenster, die Türe oder den Abschluss mittels zusätzlicher Elektrowerkzeuge wie z. B. Bohrmaschine, Stich- oder Säbelsäge und Winkelschleifer Einlass zu erzwingen.

WK 6 Versuch, durch das Fenster, die Türe oder den Abschluss unter Zuhilfenahme professionell leistungsfähiger Elektrowerkzeuge wie z. B. Bohrmaschine, Stich- oder Säbelsäge und Winkelschleifer einzudringen.

Bauteile der Widerstandsklasse WK 1 weisen einen Grundschutz gegen Aufbruchversuche (etwa Vandalismus), aber nur geringen Schutz gegen den Einsatz von Hebelwerkzeugen auf.
Für normale Büroräume genügt die Widerstandsklasse WK 3, sofern Versicherungen nicht höhere Anforderungen z. B. an die Verglasung stellen. Für Wohnobjekte sind im Regelfall die Widerstandsklassen WK 2 und WK 3 ausreichend. Die Widerstandsklassen WK 5 und WK 6 sind vornehmlich für Gewerbeobjekte mit sehr hoher Gefährdung vorgesehen.

Die bautechnischen Forderungen mit entsprechenden Klassifizierungskürzeln für die o. a. Widerstandsklassen leiten sich gem. nachfolgender Checkliste ab.

Tabelle I.4
Bautechnischen Forderungen mit entsprechenden Klassifizierungskürzeln für Widerstandsklassen der Einbruchhemmung WK1–WK6 gem. DIN EN V 1627

	Bauteil	Aktuelle Regelung,	Kategorie
WK 1	keine Anforderungen		
WK 2	Verglasung:	EN 356,	P4A
	Beschläge:	EN 1627,	WK2
	Türen	DIN 18103,	ET1
	Fenster	DIN 18054	EF0/1
	Fassaden	VdS Richtl.,	N
	Rolladen	Prüfrichtl.,	ER2
WK 3	Verglasung:	EN 356,	P5A
	Beschläge:	EN 1627	WK3
	Türen	DIN 18103	ET2
	Fenster	DIN 18054	EF2
	Rolladen	Prüfrichtl.,	ER3
	Fassaden	VdS Richtl.,	A
WK 4	Verglasung:	EN 356	P6B
	Beschläge:	EN 1627	WK4
	Türen	DIN 18103	ET3*
	Fenster	DIN 18054	EF3*
	Rolladen	Prüfrichtl.,	ER4
	Fassaden	VdS Richrtl.,	B
WK 5	Verglasung:	–	–
	Beschläge:	–	–
	Türen	–	–
	Fenster	–	–
	Rolladen	Prüfrichtl.,	ER5
	Fassaden	VdS Richl.,	B
WK 6	Verglasung:	–	–
	Beschläge:	–	–
	Türen	–	–
	Fenster	–	–
	Rolladen	Prüfrichtl.,	ER6
	Fassaden	–	–

*) Für die Klasse EF 3/ET 3 muss durch eine Zusatzprüfung nachgewiesen werden, dass die nach DIN 18054 : 1991-12 bzw. DIN V 18103 : 1992-03 (durch diese Vornorm zurückgezogen) klassifizierten Elemente über einen ausreichenden Bohrschutz verfügen.

12 Dichtungen für Verglasungen

12.1

Allgemeines

Glasscheiben sind dicht und spannungsfrei in die Falze einzubauen. Dazu notwendige Erfordernisse an Falzhöhen und -breiten ergeben sich aus DIN 18 056, z. T. aktualisiert durch die technischen Regeln für die Verwendung von linienförmig gelagerten Vertikalverglasungen, DIN 18 361 (VOB), DIN 18 545-1 sowie Herstellerrichtlinien. Wegen der Gewährleistung für Mehrscheiben-Isoliergläser (i. d. R. 5 Jahre für Tauwasserfreiheit) haben die Einbaurichtlinien von Herstellerfirmen im Zweifelsfall sogar Vorrang.

Kriterien für die Bemessung der Falze sind:
- Feststellung der *vorhandenen Beanspruchungsgruppe zur Verglasung von Fenstern* (Tabellen des Instituts für Fenstertechnik e. V., Rosenheim)
- Bestimmung des erforderlichen Verglasungssystems gemäß DIN 18 545-3 sowie den Dichtstoffgruppe nach DIN 18 545-2
- Beachtung der *Mindestdicken für Dichtstoffvorlagen* gemäß DIN 18 545-1 bzw. nach den Einbaurichtlinien der Scheibenhersteller.

In diesen Regelwerken werden berücksichtigt und gegenseitig verknüpft:
- Scheibengrößen und Scheibendicken
- Umwelteinwirkungen
- Gebäudehöhen
- Rahmen- (und Flügel-)Material sowie deren Farbton
- ermittelte Dicke der Dichtstoffvorlage (Tabelle I.5, I.6).

Tabelle I.5
Beanspruchungsgruppen für Fensterverglasungen gem. Rosenheimer Tabellen

▓ Dichtstoff für Falzraum

▒ Dichtstoff für Versiegelung

▤ Vorlegeband

Beanspruchungsgruppen (BG nach RoTa)	1	2	3	4	5	3	4	5
Verglasungssysteme (DIN 18 545-3)	mit ausgefülltem Falzraum					mit dichtstofffreiem Falzraum		
Kurzbezeichnung (DIN 18 545-3)	Va 1	Va 2	Va 3	Va 4	Va 5	Va 3	Vf 4	Vf 5
Schematische Darstellung, für die BG 1 und 2 sind Verglasungssysteme mit dichtstofffreien Falzräumen nicht möglich								
Dichtstoffgruppe nach DIN 18 545-2								
für Falzraum	A[1]	B	B	B	B	–	–	–
für Versiegelung	–	–	C	D	E	C	D	E
Verglasungssysteme ohne Abdeckung nach DIN 18 545 (RoTa)		Kombination Dichtprofil mit Dichtstoffen wie Versiegelung und Vorlegeband		Mit Dichtprofilen aus EPDM, CR, Q mit Eigen- oder Fremdandruck			Nur für Holzfenster unter Beachtung besonderer Vorschriften nur nach den Richtlinien der Isolierglas- und Dichtstoffhersteller	

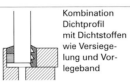 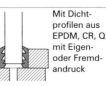

[1] Hier ist nach Empfehlung von Dichtstoffherstellern auch ein Dichtstoff Gruppe B möglich.

Längste Seite der Verglasung in cm	Rahmenwerkstoff					
	Holz	Kunststoff Oberfläche		Metall Oberfläche		
		hell	dunkel	hell	dunkel	
	Mindestdicke a_1, a_2[1] in mm					
bis 150	3	4	4	3	3	
über 150 bis 200	3	5	5	4	4	
über 200 bis 250	4	5	6	4	5	
über 250 bis 275	4	–	–	5	5	
über 275 bis 300	4	–	–	5	–	
über 300 bis 400	5	–	–	–	–	

Tabelle I.6
Mindestdicken für äußere (a_1) und innere (a_2) Dichtstoffvorlagen bei ebenen Verglasungseinheiten (nach DIN 18 545-1)

[1] Die Dicke der inneren Dichtstoffvorlage a_2 darf bis zu 1 mm kleiner sein. Nicht angegebene Werte sind in Einzelfällen zu vereinbaren.

Grundsätzlich gelten für die Glasfalzhöhen gemäß DIN 18 056:
– Mindesthöhe 18 mm
– Mindesthöhe 20 mm bei Scheibenkantenlänge *über* 2–50 cm
– Einlasstiefe der Scheibe mindestens $^2/_3$ der Falzhöhe, wobei 13 mm nicht unter-, 20 mm nicht überschritten werden dürfen.

12.2

Dichtstoffe, Dichtprofile

Die abdichtende Funktion zwischen den Falzflächen und einer Glasscheibe übernehmen *Dichtstoffe* oder *Dichtprofile*.

Dichtstoffe und Dichtprofile haben vorrangig die Aufgabe:
– Schlagregen und Tauwasser von außen und innen vom Falzraum fernzuhalten
– dauerhaft dicht und elastisch Winddruck und Windsog auf die Scheibe in das Flügelprofil weiterzuleiten. Dazu gehören auch Pumpbewegungen der Scheibe, die durch Wirkungswechsel verursacht werden können.

Zu den Dichtstoffen gehören:
– *erhärtende* Dichtstoffe. Sie sind ohne elastische Eigenschaften, nicht witterungsbeständig und müssen durch Anstriche geschützt werden.
– *plastisch bleibende* Dichtstoffe. Ihre Bewegungsaufnahme beträgt etwa 3 bis 5 % der Fugenbreite. Einsatz vorwiegend als Unter- und Hinterfüllung in Glasfalzräumen.
– *elastisch bleibende* Dichtstoffe. Ihre Bewegungsaufnahme liegt zwischen 15 und 25 %. Der Einsatz dieser hochwertigen Dichtstoffe erfolgt vor allem bei der außen- und innenseifigen Versiegelung.

Dichtstoffe können hergestellt werden aus:
– *Acryldispersionen*, plastisch-elastisch oder elastisch
– *Lösungsmittelacrylaten*
– *Silikonen*, sauer-, alkalisch- oder neutralvernetzend
– *Polysulfiden* (Thiokolen), ein- oder *zweikomponentig*
– *Polyurethanen*, *einkomponentig*.

Zu den *Dichtprofilen* werden gezählt:
– *PVC-(Polyvinylchlorid-)Profile*. Ihr Einsatz sollte wegen Risiken des Versprödens und Schrumpfens nur in gegen UV-Bestrahlung geschützten Bereichen erfolgen. Preiswertes Material.
– *EPDM-(Ethylen-Propylen-Dien-Monomer/auch APTK-)Profile*. UV-beständig und dauerelastisch. Für Außen- und Mitteldichtungen sowie Trockenverglasungen geeignet. Verklebungen und Versprödungen bei Kontakt mit Lasuren und Beschichtungen möglich.

Dichtungen für Verglasungen 12.2

a Holzfenster

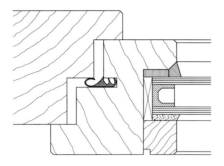
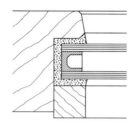
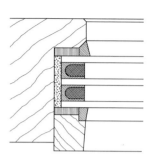

b Kunststofffensterfenster
Dichtprofile mit Andruck durch Leisten

c Holz-Alu-Fenster mit Vf 3/ Vf 4/ Vf 5
Dichtstoffgruppe für Versiegelung C/ D/ E

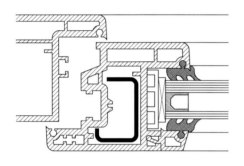
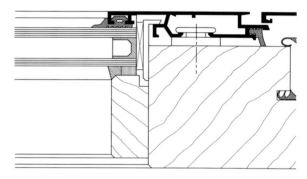

d Holzfenster mit Vf 3–5

e Alufenster mit Dichtungsprofilen

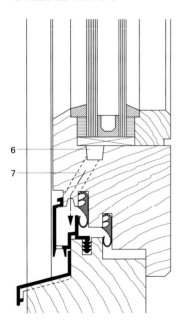
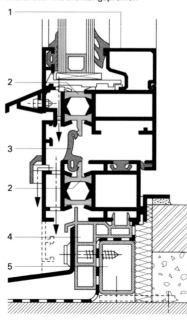

Abb. I.29 a–e
Verglasungssysteme
nach DIN 18 545-3
Maßstab 1:2

1 Klemmleiste
2 Trennsteg
3 Mitteldichtung
4 Dämmprofil
5 Stahl
6 Falznut
7 Nutbohrung oder Nutschlitz
  $\varnothing \leq 8$ mm

plastischer Dichtstoff

Vorlegeband

elastischer Dichtstoff:
Versiegelung, Verklebung

Dichtprofil

Scheibenklotz

Dichtpropfile sind
in DIN 18 545-3 nicht erfass

- CR-*(Polychloropren-) Profile*. Eigenschaften und Einsatzbereiche ähnlich denen von EPDM. Unflexibel bei tieferen Temperaturen.
- *Q-Profile* (Silikonkautschuk). Dauerelastisch, alterungsbeständig, temperaturbeständig von etwa –60° C bis annähernd +200° C. Keine Weichmacherwanderung; deshalb kein Verkleben bei Kontakt mit Beschichtungen. Leicht kleb- und vulkanisierbar. Relativ teuer.

Als *Zubehör* gelten:
- *Vorlegbänder* aus Polyethylenschaum. Einseitig selbstklebend ausgerüstet für die Verwendung als elastisches Abstandsmaterial zwischen Glasscheibe und Falzflanken. Gute Alternative anstelle plastischer Dichtstoffe, deren hohlraumfreies Einbringen selten gewährleistet ist. Eine Versiegelung ist zwingend, weil die Bänder Wasser aufnehmen.
- *Scheibenklötze* aus Hartholz oder Kunststoff. Sie haben Flach-, Keil- oder Brückenform und sind als Trag- und Distanzklötze unverschieblich nach den Verklotzungsrichtlinien des Glaserhandwerks zu verwenden.

Die Verklotzung soll das Gewicht einer Scheibe verteilend ausgleichen, Verkantungen vorbeugen und die Scheibe im Abstand zum Flügelprofil halten.

Als *Verglasung mit spritzbaren Dichtstoffen* – gegebenenfalls einschließlich Vorlegbändern – wird die Verwendung plastischer (aushärtender bis elastisch bleibender) Dichtstoffe bezeichnet. Die *Profilverglasung* setzt Dichtprofile für das Eindichten von Glasscheiben in Flügelfalze ein. Gemischt ausgeführte Verglasungen sind möglich.

Beispiele unterschiedlicher Verglasungssysteme nach DIN 18 545-3 (Abb. **I.29**) sowie nach Herstellerangaben.

Verglasungssysteme werden mit den Kurzzeichen der Tabelle aus DIN 18 545-3 benannt. Hierbei bedeuten:
- V = Verglasungssystem
- a = mit Dichtstoff ausgefüllter Falzraum
- f = dichtstofffreier Falzraum
- 1 bis 5 = Beanspruchungsgruppen für die Verglasung von Fenstern (Rosenheimer Tabelle = RoTa)

Für dichtstofffreie Falzgründe gilt:
Sie müssen belüftet werden, um in ihnen entstehende Dampfdrücke auszugleichen.

Dies geschieht durch Schlitze oder Bohrungen in den unteren und oberen – alternativ seitlichen – Flügelprofilen zur Außenseite. Die Öffnungen führen nicht unmittelbar nach außen, sondern in Vorkammern, um das Eindringen von Schlagregen zu verhindern. Der Zusammenhang des Falzgrund-Luftraumes soll umlaufend gesichert sein (Abb. **I.25**). Einbaurichtlinien für Scheiben in Flügelprofil aus Metall oder Kunststoff können von denen für Holzprofile abweichen. Während belüftete Glasfalze bei Metall- und Kunststoffprofilen zum Standard gehören, finden sie bei Holzprofilflügeln zunehmend Verwendung.

Abb. I.30
Öffnungen für Glasfalzentwässerung und -belüftung in Fensterflügeln
Schnitte M 1:2

a Anordnung und Abstände von Bohrungen und Schlitzen in Fensterflügeln (Schemazeichnung)
b Holzflügelprofil mit Falznut und Bohrung (Vf 3–5)
c Holzflügelprofil mit Brückenklotzung und Schlitz (Vf 3–5)

1 Scheibenklotz
2 Falznut
3 Bohrung $\varnothing \leq 8$ mm
4 Brückenklotz
5 Schlitz ca. 5/20

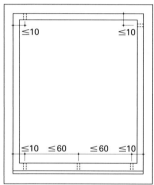

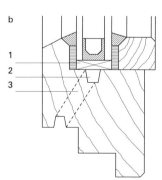

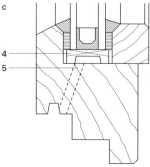

13
Normen und Regelwerke

Zu den einzelnen Problembereichen bei Entwurf, Konstruktion und Herstellung von Fenstern sind hauptsächlich folgende Vorschriften zu beachten:

Problemkreis/Stichworte	Hinweise
Allgemein	DIN EN 12519 Fenster und Türen – Terminologie; DIN EN 14351-1 Fenster und Türen – Produktnorm, Leistungseigenschaften – Teil 1: Fenster und Außentüren;
Windlasten – Funktionslasten, Zulässige Durchbiegungen, Verankerungsabstände, Scheibengrößen	DIN 1055 Lastannahmen für Bauten, insbesondere Teil 3 und 4; DIN EN 12210 Fenster und Türen Widerstandsfähigkeit bei Windlast; DIN 18056 Fensterwände; Bemessung und Ausführung; TRLV – Technische Regeln für die Verwendung von linienförmig gelagerten Verglasungen; Institut für Fenstertechnik e. V., Beanspruchungsgruppen zur Verglasung von Fenstern;
Wärme-/Wetterschutz – (winterlich, sommerlich), Anforderungen, Rechenwerte, Tauwasserschutz	DIN 4108 Wärmeschutz im Hochbau; EnEV Verordnung über energiesparenden Wärmeschutz und energiesparende Anlagentechnik bei Gebäuden DIN EN 673 Glas im Bauwesen – Bestimmung des Wärmedurchgangskoeffizienten (U-Wert) -Berechnungsverfahren; Prüfzeugnisse für Gläser und Konstruktionen; Veröffentlichung von Rechenwerten im Bundesanzeiger; DIN EN ISO 10 077-1 Wärmetechnisches Verhalten von Fenstern, Türen und Abschlüssen – Berechnung des Wärmedurchgangskoeffizienten – Vereinfachtes Verfahren; DIN EN ISO 12 567-2 Wärmetechnisches Verhalten von Fenstern und Türen – Bestimmung des Wärmedurchgangskoeffizienten mittels des Heizkastenverfahrens;
– Fugendurchlässigkeit und Schlagregendichtheit	DIN 18 055 Fenster; Fugendurchlässigkeit, Schlagregendichtheit und mechanische Beanspruchung, Anforderungen und Prüfung; DIN EN 12207 Fenster und Türen – Luftdurchlässigkeit; DIN EN 12208 Fenster und Türen – Schlagregendichtheit; DIN EN 12210 Fenster und Türen – Widerstandsfähigkeit bei Windlast;
Schallschutz – Anforderungen, Lärmpegelbereiche, Ausführungsbeispiele	DIN 4109 Schallschutz im Hochbau, insbesondere Teil 6 VDI-Richtlinie 2719 Schalldämmung von Fenstern und deren Zusatzeinrichtungen – Grundlagen; Veröffentlichung von Rechenwerten im Bundesanzeiger;
Belichtung	DIN 5034 Tageslicht in Innenräumen; DIN EN 410 Glas im Bauwesen – Bestimmung der lichttechnischen und strahlungsphysikalischen Kenngrößen von Verglasungen;
Brandschutz – G- und F-Gläser, G- und F-Verglasungen	DIN 4102 Brandverhalten von Baustoffen und Bauteilen; DIN EN 357 Glas im Bauwesen – Brandschutzverglasungen aus durchsichtigen oder durchscheinenden Glasprodukten – Klassifizierung des Feuerwiderstandes; DIN EN 14600 Feuerschutz und/oder Rauchschutztüren und feuerwiderstandsfähige, zu öffnende Fenster – Anforderungen und Klassifizierung;

	Länderbauordnungen, Durchführungsverordnungen; Herstellerangaben für zugelassene Verglasungssysteme; RAL-GZ 975/2, Brandschutz im Ausbau; Brandschutzverglasungen; Gütesicherung;
Einbruchschutz	DIN 18054 Einbruchhemmende Fenster; DIN 18103 Einbruchhemmende Türen; DIN 18104-1 Einbruchhemmende Nachrüstprodukte – Teil 1: Aufschraubbare Nachrüstprodukte für Fenster und Türen; DIN EN 356, Glas im Bauwesen – Sicherheitssonderverglasung – Prüfverfahren und Klasseneinteilung des Widerstandes gegen manuellen Angriff; DIN EN 1063 Glas im Bauwesen – Sicherheitssonderverglasung – Prüfverfahren und Klasseneinteilung für den Widerstand gegen Beschuss; DIN EN 1522 Fenster, Türen, Abschlüsse – Durchschusshemmung; DIN ENV 1627 Fenster, Türen, Abschlüsse; Einbruchhemmung; Anforderungen und Klassifizierung; DIN EN 13 123 Fenster, Türen und Abschlüsse – Sprengwirkungshemmung – Anforderungen und Klassifizierung; Herstellerangaben für Gläser, Informationen des Verbandes der Sachversicherer; Richtlinien der VdS Schadenverhütung (Verband der Sachversicherer); Prüfrichtlinie Einbruchhemmende Rollläden des Bundesverbandes Rollladen + Sonnenschutz e. V.;
Sonnen-/Sichtschutz	DIN 18073 Rollabschlüsse, Sonnenschutz- und Verdunklungsanlagen im Bauwesen; Begriffe, Anforderungen; DIN EN 12 216 Abschlüsse – Terminologie, Benennungen und Definitionen;
Sonnenschutz	DIN 18073 Rollabschlüsse, Sonnenschutz- und Verdunkelungsanlagen im Bauwesen; Begriffe, Anforderungen;
Maße und Abmessungen	DIN 4172 Maßordnung im Hochbau; DIN 18200 Modulordnung im Bauwesen;
Materialnormen – Allgemein	Hrsg. Gütegemeinschaft Fenster und Haustüren e. V.: Güte- und Prüfbestimmungen für Fenster, Haustüren, Fassaden und Wintergärten (Entwurf);
– Holz, Holzarten	DIN 68 360 Holz für Tischlerarbeiten; DIN EN 942, Holz in Tischlerarbeiten – Allgemeine Sortierung nach der Holzqualität; DIN 4076 Benennungen und Kurzzeichen auf dem Holzgebiet;
– Holzfenster, Flügelgrößen Holzschutz, Anstriche	DIN 68121 Holzprofile für Fenster und Fenstertüren; DIN EN 14220 Holz und Holzwerkstoffe in Fenstern, Außentürflügeln und Außentürrahmen – Anforderungen; RAL-GZ 424/1 Holzfenster; Fertigung + Montage – Gütesicherung; DIN 68 800 Holzschutz im Hochbau; DIN V ENV 972-2 Lacke und Anstrichstoffe; Beschichtungsstoffe und Beschichtungssysteme für Holz im Außenbereich; DIN 68805 Schutz des Holzes von Fenstern und Außentüren; Institut für Fenstertechnik e. V.: Anstrichgruppen für Holz in der Außenverwendung; VFF Merkblatt, Holzarten für den Fensterbau; VFF Merkblatt, Klassifizierung von Beschichtungen für Holzfenster und –haustüren;

– Holzklebstoffe, Beanspruchungsgruppen für Klebfestigkeit	DIN 68 602 Beurteilung von Klebstoffen zur Verbindung von Holz und Holzwerkstoffen; DIN EN 204 Klassifizierung von thermoplastischen Holzklebstoffen für nichttragende Anwendung
– Holz-Aluminium-Fenster	RAL-GZ 424/2 Holz-Aluminiumfenster – Fertigung + Montage – Gütesicherung;
– Betonfenster	DIN 18 057 Betonfenster; Betonrahmenfenster, Betonfensterflächen; Bemessung, Anforderung, Prüfung;
– PVC-Profile	DIN 7748 Kunststoff-Formmassen; DIN 16 830 Fensterprofile aus hochschlagzähem Polyvinylchlorid; DIN EN 477 – 479, 513, 514, 12608 Profile aus weichmacherfreiem Polyvinylchlorid; RAL-GZ 716/1 Abschnitt II Kunststoff-Fenster – Gütesicherung – Extrudierte Dichtungsprofile; RAL-GZ 716/1 Abschnitt III Kunststoff-Fenster – Gütesicherung – Eignungsnachweis für Kunststoff-Fenstersysteme; GKV Merkblatt, Der Weg zum CE-Zeichen für Fenster und Außentüren
– Aluminiumprofile	DIN 1748 Strangpressprofile aus Aluminium; DIN 1745 Bleche und Bänder aus Aluminium; DIN 17615 Präzisionsprofile aus AlMgSi 0,5; RAL-RG 636/1 Aluminiumfenster; Gütesicherung;
– Einzelbauteile	RAL-RG 607/3 Drehbeschläge und Drehkippbeschläge; Gütesicherung; RAL-RG 607/9 Fenstergriffe und abschließbare Fenstergriffe; Gütesicherung; DIN EN 12209 Baubeschläge – Schlösser und Fallen
– Glaserzeugnisse, Verglasungen	DIN 1249 Flachglas im Bauwesen; DIN 1259 Glas, Begriffe; DIN EN 673–675 Glas im Bauwesen; DIN 11 525 Gartenbauglas, Gartenblankglas, Gartenklasglas; DIN 1286 Teil 1 Mehrscheiben-Isolierglas, luftgefüllt; Teil 2 Mehrscheiben-Isolierglas, gasgefüllt; DIN EN 1279 – Glas im Bauwesen – Mehrscheiben-Isolierglas; DIN EN ISO 12543 Glas im Bauwesen – Verbundglas und Verbundsicherheitsglas; AL-GZ 520 Mehrscheiben-Isolierglas – Gütesicherung; DIN EN 1096 – Glas im Bauwesen – Beschichtetes Glas; DIN 4242 Glasbaustein-Wände DIN 18 175 Glasbausteine Deutsches Institut für Bautechnik: Technische Regel für die Verwendung von linienförmig gelagerten Überkopfverglasungen
– Aufzugsverglasung	DIN EN 81 Sicherheitsregeln für die Konstruktion und den Einbau von Aufzügen
– Verglasungssysteme Beanspruchungsgruppen Dichtstoffgruppen	DIN 7863 Nichtzellige Elastomer-Dichtprofile im Fenster- und Fassadenbau; DIN 18 545 Abdichten von Verglasungen mit Dichtstoffen; DIN 52 460 Fugen- und Glasabdichtungen – Begriffe; DIN EN 12 365-1 Baubeschläge – Dichtungen und Dichtungsprofile für Fenster, Türen und andere Abschlüsse sowie vorgehängte Fassaden – Anforderungen und Klassifizierung; DIN EN 12 488 Glas am Bau – Verglasungsrichtlinien – Verglasungssysteme und Anforderungen für die Verglasung; Technische Regeln für die Verwendung von linienförmig gelagerten Verglasungen; DIN EN 13 474 Glas im Bauwesen – Bemessung von Glasscheiben; Institut für Fenstertechnik e. V.: Beanspruchungsgruppen zur Verglasung von Fenstern;

Ausführungsnormen	
– Allgemein Beschlagarbeiten, Verglasungsarbeiten, Metallbauarbeiten	VOB Vergabe- und Vertragsordnung für Bauleistungen – Teil C: Allgemeine Technische Vertragsbedingungen für Bauleistungen (ATV); Schriften des Instituts des Glaserhandwerks für Verglasungstechnik Hadamer; Herstellerrichtlinien; Veröffentlichungen des Institut für Fenstertechnik e. V.;
– Anschluss an den Baukörper	DIN 18 056 Fensterwände; Bemessung und Ausführung; TRLV Technische Regeln für die Verwendung von linienförmig gelagerten Verglasungen; DIN 18 540 Abdichten von Außenwandfugen im Hochbau mit Fugendichtstoffen; DIN 18 542 Abdichten von Außenwandfugen mit imprägnierten Dichtungsbändern aus Schaumkunststoff – Imprägnierte Dichtungsbänder – Anforderungen und Prüfung; DIN EN ISO 10 211 Wärmebrücken im Hochbau; Institut für Fenstertechnik e. V.: ift Richtlinie MO-01/1; Baukörperanschluss von Fenstern, Teil 1; Verfahren zur Ermittlung der Gebrauchstauglichkeit von Abdichtungssystemen; Teil 2; Verfahren zur Ermittlung der Gebrauchstauglichkeit von Befestigungssystemen; Institut für Fenstertechnik e. V.: Technische Richtlinie des Glaserhandwerks, Nr. 20. Einbau von Fenstern und Fenstertüren mit Anwendungsbeispielen; Institut für Fenstertechnik e. V.: ift-Richtlinie FE-05/2 Einsatzempfehlungen für Fenster und Außentüren; Verband der Fenster- und Fassadenhersteller e. V.: VFF-Merkblatt ES.03; Wärmetechnische Anforderungen an Baukörperanschlüsse für Fenster; RAL-Gütegemeinschaft Fenster und Haustüren e. V.: Leitfaden zur Montage. Der Einbau von Fenstern, Fassaden und Haustüren mit Qualitätskontrolle durch das RAL-Gütezeichen.

Abb. J.1

J Türen

1 Vorbemerkung 761
2 Begriffe 762
3 Planungshinweise 763
4 Rahmen- und Flügelkonstruktionen 765
5 Feststehende Rahmenflächen 783
6 Oberfläche von Rahmen und Flügeln 783
7 Rahmenlose Verglasung 783
8 Türen mit besonderen Funktionen 785
9 Bauwerksanschlüsse 790
10 Beschläge 791
11 Normen und Regelwerke 798

Türen J

1
Vorbemerkung

Türen sind Bauteile zum Öffnen und Verschließen von begehbaren Wandöffnungen. Man unterscheidet ein- und mehrflüglige Außen- oder Innentüren mit oder ohne Anschlag (Abb. **J.2**).

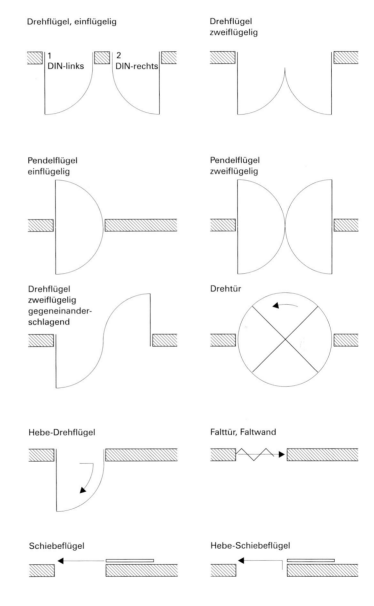

Abb. J.2
Öffnungsarten von Türen; DIN 1356-1 (Bauzeichnungen; Grundregeln, Begriffe) definiert die verschiedenen Öffnungsarten von Türkonstruktionen und die dazugehörigen Begriffe

2
Begriffe

Hauseingangstüren
- Außenliegende Abschlüsse von Eingängen, die der Haupt- oder Nebenerschließung von Gebäuden dienen

Wohnungsabschlusstüren
- Innenliegende Abschlüsse von Wohn- oder Nutzeinheiten zu Fluren und Treppenhäusern

Innentüren
- Innenliegende Abschlüsse innerhalb von Wohn- oder Nutzeinheiten, gegebenenfalls mit besonderen funktionalen und konstruktiven Anforderungen Die *Hauseingangstüren* unterliegen den gleichen konstruktiven und bauphysikalischen Anforderungen wie Fenster und Fenstertüren (s. Abschn. I).

Darüber hinaus sind die RAL-Güte- und Prüfbestimmungen für Haustüren (RAL-GZ 996) zu berücksichtigen: Sie regeln Grenzwerte für Fugendurchlässigkeit, Schlagregen- und Winddichtigkeit (DIN EN 12207–12210) sowie für Verformungen aus klimatischer und mechanischer Belastung.

DIN 4109 und VDI-RL 2719 geben Hinweise für die Schallschutzauflagen von Türen.

DIN 18 103 (Einbruchhemmende Türen) behandelt
- Widerstandsvermögen von Türbändern und Verriegelungen
- Steifigkeit von Türblattkonstruktionen und deren Abstände zum Rahmen.

Für die Funktionsfähigkeit von Hauseingangstüren sind Form- und Materialstabilität entscheidend. Auswirkungen der Witterung (thermische Beanspruchungen, Niederschläge, Luftfeuchtigkeit) müssen deshalb in besonderem Maße in Betracht gezogen werden; so kann das Zusammenfügen unterschiedlicher Werkstoffe zu einer asymmetrischen Konstruktion (unterschiedliche Aufbauten von Außen- und Innenfläche eines Türblattes) zu Verformungen führen. Zu empfehlen ist die verschiebliche Anbringung von Vorsatzschalen bzw. Aufdoppelungen mit oder ohne Hinterlüftung.

Bei Holztüren kann die Formstabilität auch durch Einfügen von Aluminium- oder Stahlprofilen in den Randbereich von Türblättern gewährleistet werden.

Für Haustüren aus Metallhohlprofilen sind nur solche mit einer thermischen Trennung zwischen Außen- und Innenschale zu verwenden, um Tauwasserentstehung zu verhindern.

Bei Türblättern mit Wärmedämmstoffeinlagen sollte auf der Innenseite eine Dampfsperre (zum Beispiel PE-Folie) angeordnet werden.

Bei allen zu verwendenden Materialien gilt für die Falzdichtung:
- Sie hat Türblattverformungen auszugleichen und soll den Türanschlag gegen Schlagregen und Wind abdichten.
- Die Dichtungsebene darf nicht verspringen und sollte auch einen unteren Anschlag aufweisen.
- Bei doppelten Dichtungen ist im Bodenbereich eine thermisch getrennte Schiene, ein liegendes Z-Profil oder gegebenenfalls eine andere Art von Doppelanschlag auszubilden.
- Die senkrechten Rahmenteile werden unten waagerecht mit der Anschlagschiene verschraubt. Diese muss trittfest sein.

Für die Verglasung von Haustüren zu beheizten Innenräumen ist Mehrscheiben-Isolierglas einzusetzen, gegebenenfalls in durchsicht- oder einbruchhemmender Ausführung.

Beim Entwurf einer Haustüranlage ist die Lage von Klingel- und Wechselsprechanlage sowie des Briefkastens zu berücksichtigen.

Wohnungsabschlusstüren sind ebenfalls gemäß DIN 18 103 bzw. DIN EN 1627 einbruchhemmend auszuführen. Weiterhin unterliegen sie erhöhten Schallschutzanforderungen (DIN 4109, Tab. **J.1**): Neben der Wahl eines entsprechenden Türblatts können diese durch umlaufende Achtungsprofile mit unterem Türanschlag sowie sorgfältigem Verschluss der Fuge zwischen Wand und Türrahmen gewährleistet werden.

Die heutigen Ausführungen von Wohnungsabschlusstüren enthalten Sicherheitsschlösser mit Mehrfachverriegelung sowie dreifache Bandaufhängung der Türblätter.

Für *Innentüren* sind DIN 68 706, DIN 18 101 sowie RAL-RG 426 maßgeblich.

Die Wahl der Innentür richtet sich einerseits nach den Erfordernissen für spezielle Nutzungen, wie zum Beispiel in Krankenhäusern, Schul- oder Verwaltungsgebäuden, zum anderen sind spezielle Funktionen wie Rauchabschluss, Feuer- oder Einbruchschutz gefordert (s. Abschn. J.8).

3
Planungshinweise

Unabhängig von sonstigen Regeln wird für die Bemaßung von Werkplänen empfohlen, die tatsächlich auszuführenden lichten Öffnungshöhen und -breiten des Rohbaus einzutragen.

Bis zu diesem Zeitpunkt müßten festgelegt worden sein:
- Fertig-Lichtmaße der Türöffnungen
- Abmessungen der Rahmenkonstruktionen
- Festlegung unterer Türflügelanschläge
- Einbauzeitpunkt der Türrahmen (vor oder nach dem Einbau der Oberböden).

Übliche *Rohbau-Türbreiten* im Mauerwerksbau (analog Betonbau) sind:
- Haus- und Wohnungsabschlusstüren (einflüglig): 101/113,5/126 cm
- Zimmerinnentüren: 88,5/101 cm
- Nebenraum-, Bad- und WC-Türen: 76/88,5 cm

Übliche *Rohbau-Türhöhen* im Mauerwerksbau (analog Betonbau) sind:
– für alle Türen: 213,5 cm bis Raumhöhe

Zur Ermittlung der verbleibenden Lichtmaße müssen die Konstruktionsdicken der Rahmen sowie die Höhe des Fußbodenaufbaus davon abgezogen werden.

Sollen vorgefertigte Türelemente Verwendung finden, sind die Nennmaße nach DIN 4172 Maßordnung im Hochbau und 18100 Türen; Wandöffnungen für Türen zu berücksichtigen. Die Rahmenaußenmaße solcher Fertigbauteile werden in den Breiten auf diese Norm abgestimmt. Für die Höhen sind jedoch die Maße ab Oberkante Fertigboden anzunehmen. Das führt selten auf normengerechte Rohbauhöhen zurück und muss beim Einbau von Türstürzen meist mit „Flickwerk" im Auflagerbereich ausgeglichen werden.

Die Ausführung von Türrahmendetails sind mit der Grundrißanordnung zugehöriger Rohbauöffnungen eng verknüpft. Abb. **J.3** und Abb. **J.4** zeigen Bemaßungsangaben für Türöffnungen und deren zugehörige Begriffe. Sollen gleichmäßige Türansichten erzielt werden, scheiden Türbekleidungen aus, müssen Leibungszargen unterfüttert oder ungleich dicke Stockrahmen gefertigt werden.

Zusätzlich beeinflussen unterschiedlich dicke Wandbehandlungen mit Putzen, Verfliesungen, Beplankungen u. a. die Detailausbildungen von Türrahmenkonstruktionen.

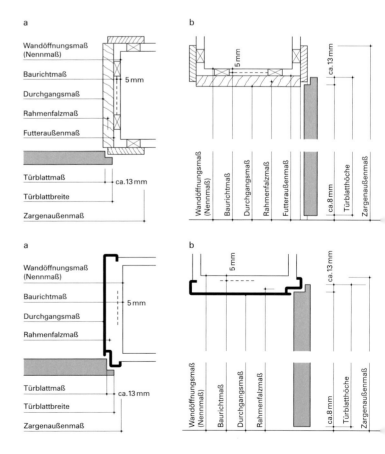

Abb. J.3
Bemaßungsangaben bei Türöffnungen, Holzrahmen aus Futter und Bekleidung mit gefäztem Türblatt
Maßstab 1:10

a waagerechter Leibungsschnitt Bemaßungsangaben
b senkrechter Schnitt durch Türöffnung mit Bemaßungsangaben

Abb. J.4
Bemaßungsangaben bei Türöffnungen, Stahlzargenrahmen mit gefäztem Türblatt
Maßstab 1:10

a waagerechter Leibungsschnitt Bemaßungsangaben
b senkrechter Schnitt durch Türöffnung mit Bemaßungsangaben

4
Rahmen- und Flügelkonstruktionen

4.1

Holzkonstruktionen

4.1.1

Futter und Bekleidung

Das *Futter* übernimmt hierbei die Abdeckfunktion für die seitlichen und oberen Leibungsflächen der Rohbauöffnung. Der verbleibende Spalt zwischen Mauerleibung und der Rückseite des Futters wird durch *Bekleidungen* verdeckt. Daraus entsteht eine dreiseitig-kastenartige Rahmenkonstruktion.

Nach Erstellen des Estrichs bzw. des Fertigfußbodens wird das Futter zusammen mit der werkstattseitig fest angebrachten Bekleidung auf der sog. Anschlagseite (Bändersitz) in die Rohbauöffnung eingeschoben, ausgerichtet, verkeilt und an den Wandleibungen – falls erforderlich, auch am Sturz – befestigt. Dies geschieht durch Verdübelung, mit Hilfe von Metallschlitzbändern, Verklebung sowie Ausfüllen des Zwischenraums mit Montageschaum. Schraubenköpfe oder deren Abdeckungen aus Kunststoff werden im Leibungsfutter bisweilen sichtbar gelassen.

Anschließend ist die gegenüberliegende Bekleidung für das Futter durch Verfalzung, Verleimung, Vernagelung oder Verschraubung anzubringen.

Eine exakt gleichmäßige Breite der Mauerleibung ergibt sich, wenn vor dem Verputzen der Wandflächen eine entfernbare oder als Blindfutter verbleibende Putzlehre aus Brettern eingesetzt wird. Auch Putzabzugsleisten aus Holz- oder Metallprofilen werden verwendet. Diese einfachen Hilfsmittel verhindern übermäßige Spaltenbildungen zwischen Wandoberflächen und der Rahmenkonstruktion wegen ungleichmäßig flüchtender Putzflächen (Abb. **J.5**).

Bei sichtbar bleibenden Mauerwerks- oder Betonwänden sind genau in Lot und Flucht errichtete Flächen Voraussetzung für den einwandfreien Türrahmeneinbau.

Zur Betonung von Bekleidungsprofilen und um vorhandene Anschlussspalten abzudecken, können zusätzlich Putzanschlussleisten seitlich an den Bekleidungen befestigt werden (Abb. **J.5** und **J.6**).

Rahmenkonstruktionen aus Futter und Bekleidung lassen maximale Durchgangsbreiten für Türöffnungen zu. Sie werden aus Massivholz, Holzwerkstoffen und Kunststoffen sowie Kombinationen daraus hergestellt. Die Futterdicken liegen zwischen 22 bis 30 mm, die der Bekleidungen betragen etwa 16 mm (Abb. **J.6**).

Der Anschluss eventuell geplanter und vor der Wandflucht überstehender Sockelleisten eines Bodenbelages an die Türrahmenprofile ist rechtzeitig zu bedenken, um eine befriedigende Lösung zu erzielen.

J Rahmen- und Flügelkonstruktionen 4.1.1

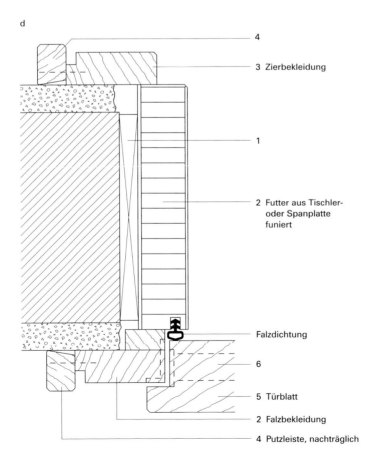

Abb. J.5
Wandputzabschlüsse
bei Türöffnungen
(Maßstab 1 : 2)

a Putzlehre durch dreiseitiges
  Leibungsfutter aus Brettern
b Putzabzugskante aus Holzlatte
  oder Schattennutprofil
c Putzabzugskante aus verzinktem
  Stahlblechprofil
  und frei auslaufende Putzkante
d Einbauabfolge für eine Futter-
  und Bekleidungstür:
  1 Blindfutter oder Putzlehre
  2 Einschub und Befestigung des
    Futters samt Falzbekleidung
  3 Anbringen der Zierbekleidung
  4 gegebenenfalls Anbringen von
    Futterleisten
  5 Einhängen des Türblattes
  6 Schlosskasten und Schließ-
    blech

4.1.1 Rahmen- und Flügelkonstruktionen J

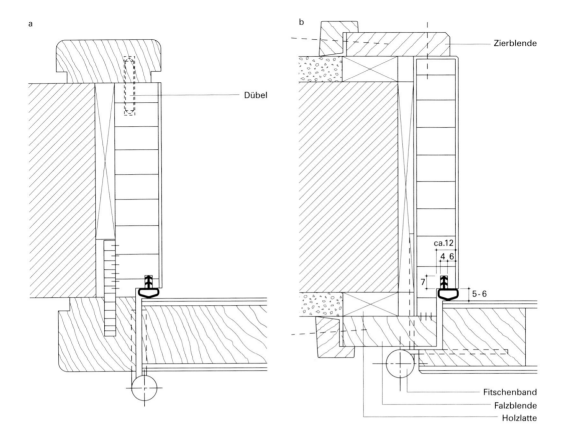

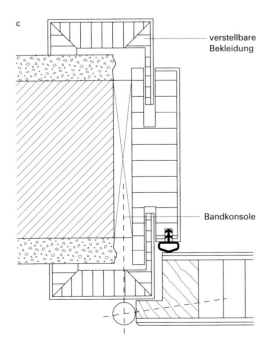

Abb. J.6
Beispieldetails für Türen mit Futter und Bekleidung
(Maßstab 1 : 2)

a Futter und Bekleidung bei Sichtmauerwerk/stumpfer Anschlag
b Futter und Bekleidung mit Falzanschlag
c Futter und Bekleidung für verschiedene Wanddicken/Falzanschlag

4.1.2

Zargen, Blend- und Blockrahmen

Türzargen sind etwa 24 bis 40 mm dicke brettartige Verblendungen (dem Türfutter der Futter- und Bekleidungstür ähnlich) der gesamten Leibungsbreite oder eines Teiles davon. Es fehlen jedoch Bekleidungsprofile auf den angrenzenden Wandflächen. Für spaltfreie Anschlüsse zwischen Wand und Zarge verwendet man nutförmige Metallschienen (verzinkt für Anstrich oder mit Kunststoffüberzug), zurückspringende Blindfutter unter der Zarge oder Deckleisten. Der dreiseitige Türblattanschlag wird in die Zarge eingefalzt oder durch eine Anschlagleiste auf der Zarge gebildet, womit auch stumpf einschlagende Türblätter möglich sind (Abb. **J.7**).

Besonders dicke Zargenprofile nennt man auch *Blockzarge*.

Zargen können gem. DIN 68 706 Teil 2 aus Massivholz oder Holzwerkstoffen zusammengefügt werden. Dabei wird gleichzeitig über die Oberfläche entschieden (Massivholz, Furnier, Beschichtung).

Blend- oder Blockrahmen setzen sich aus rechteckigen bis quadratischen Profilen zwischen 40 und 85 mm Dicke zusammen.

Blockrahmen – in Süddeutschland „Türstock" – sind in der Wandöffnung auf die Leibungsfläche oder einseitig leibungsbündig zu versetzen. Die Befestigung erfolgt meist durch Verdübelung in der Wand. Der ein- oder mehrteilig genügte Blockrahmen verengt die Durchgangsbreite. Türblätter schlagen stumpf oder überfalzt ein (Abb. **J.8**).

Blendrahmen „verblenden" einen Teil der Wandfläche, gegen die oder in die hinein er versetzt wird.

Das Rahmenprofil steht verdübelt oder über Stahlblechpratzen verankert vor der Wandflucht oder in einem zurückspringenden Mauerwerksfalz.

Diese Art Rahmenkonstruktion wird aus Massivholz, Holzwerkstoffen oder Kombinationen beider Materialien hergestellt. Türblätter können stumpf oder überfalzt einschlagen (Abb. **J.8**).

4.1.3

Einteilige oder zusammengesetzte Türflügel

Die überwiegende Zahl der *Innentürblätter* wird industriell gefertigt. Dabei handelt es sich weitgehend um glatte Sperrholzblätter nach DIN 68 706 Teil 1. Sie bestehen aus einem Massivholzrahmen von etwa 45 bis 60 mm Breite und 30 bis 36 mm Dicke mit beiderseitigen Verbreiterungen im Schlosskastenbereich. Dieser Rahmen wird mit Einlagen aus Spanplattenstegen oder Gittern, Röhrenspanplatten, Stegen, Waben oder Gittern aus Sperrholz, Holzspanschnecken, Hartpappe- oder Kunststoffwaben, Hartfasergittern oder Vollholzstäben gefüllt. Eine solche Fügung ist gleichzeitig Abstandhalter für die beiderseitigen Deckschichten und die Blattstabilisierung. Deckschichten aus Holzhartfaserplatten, Holzspan- oder Sperrholzplatten werden unter Druck aufgeleimt. So entstehen Türblattrohlinge für die weitere handwerkliche oder industrielle Bearbeitung und abschließende Oberflächenbehandlung. Dickere als 42 mm messende Sperrtüren dürfen nicht nach DIN 68 706 bezeichnet werden (Abb. **J.12**).

4.1.3 Rahmen- und Flügelkonstruktionen

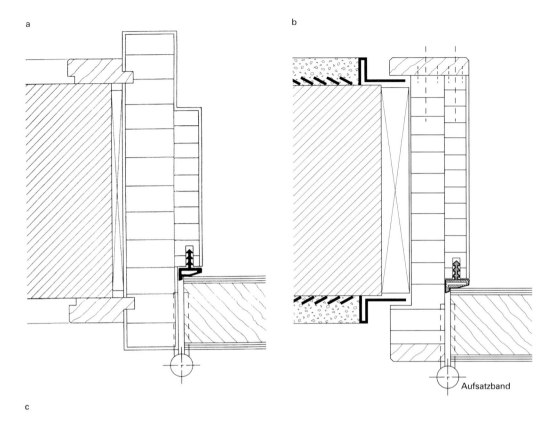

Abb. J.7
Beispieldetails für Zargentüren [J.1] (Maßstab 1:2)

a stumpfer Türblattanschlag gegen eingenutetes Dichtunsprofil, Zarge in Sichtmauerwerk/Sichtbeton
b stumpfer Anschlag gegen Aufdoppelung der Zarge, Zarge mit eingenuteter Putzabschluss-Schiene
c stumpfer Anschlag gegen Anschlagleiste (neue Nationalgalerie Berlin, Architekt L. Mies van der Rohe), Zarge mit Blindfutter/(Blindzarge)

J Rahmen- und Flügelkonstruktionen 4.1.3

a

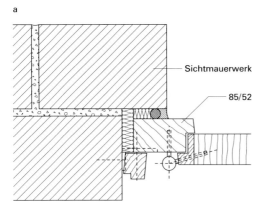

b

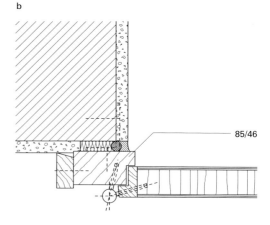

c

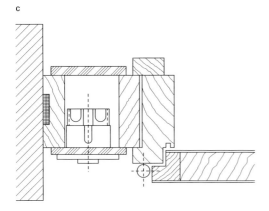

d

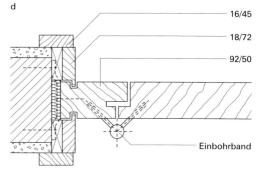

Abb. J.8
Beispieldetails für Blend- und Blockrahmentüren
(Maßstab 1:5)

a mit Anschlag versetzter Blendrahmen
b auf die Wandfläche versetzter Blendrahmen
c Block- und Blindrahmen mit integrierter elektrischer Installation
d in die Leibung versetzter Blockrahmen mit beidseitigen Futter- und Bekleidungsprofilen
e Blockrahmen in der Leibung mit zuvor versetztem Blindrahmen, das Türblatt geht flächenbündig in eine Oberblende über

e

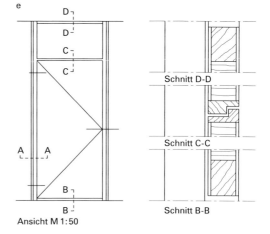

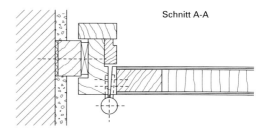

4.1.3 Rahmen- und Flügelkonstruktionen J

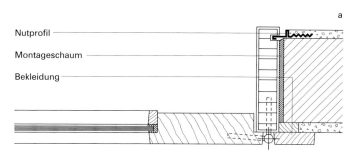

Nutprofil
Montageschaum
Bekleidung

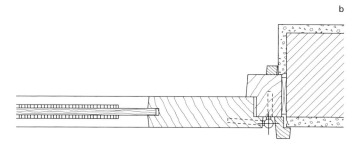

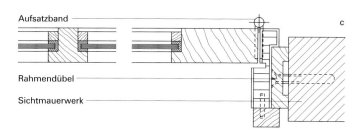

Aufsatzband

Rahmendübel
Sichtmauerwerk

Abb. J.9
Detailpunkte für zusammengesetzte
Türkonstruktionen und Rahmen
Maßstab 1:5

a furnierte Zarge mit Putznutprofil und Anschlussbekleidung, gestemmter Türblattrahmen mit Glasfüllung
b Vollholz Blockrahmen mit Putzleisten, gestemmter Türblattrahmen mit aufgedoppelten Holzfüllungen in den Feldern
c auf Grundrahmen eingeschobene furnierte Zarge mit angedübelter Deckleiste, stumpf eingeschlagenes Türblatt mit Glasfüllungen und Sprossenteilung
d Blockzarge mit Putzleiste und stumpf eingeschlagenem Türblatt, seitlich feste Zargenverglasung

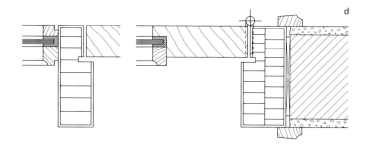

J   Rahmen- und Flügelkonstruktionen   4.1.3

a

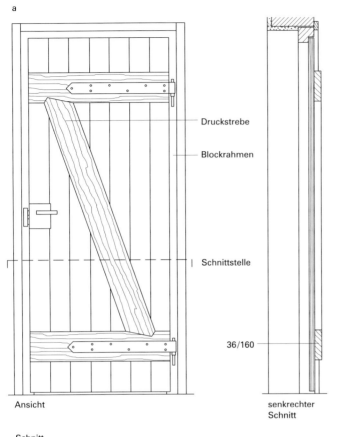

b

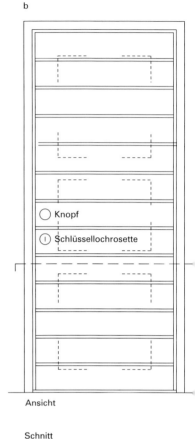

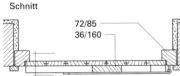

Die sichtbaren Türblattkanten (Abb. **J.11**) ergeben sich aus:
- Vollholz-Friesen des Türblattrahmens
- Einleimern zwischen den Deckschichten
- Anleimern an das Türblatt
- Kunststoff-Klebestreifen
- Schichtstoffstreifen.

Eine Nachbearbeitung von Falzen ist bei Türblattkanten aus Kunststoffen nicht möglich.

Einbaufertig hergestellte Türblätter erhalten transparente Furnierlacke, farbige Schichtstoffplatten als Deckfurnier, oft auch farbige Lackbeschichtungen.

Sonderausführungen mit Verglasungsausschnitten, Lüftungs- und Biegeschlitzen (für Wohnungseingangstüren) sowie sogenannten Spionen sind erhältlich.

4.1.3 Rahmen- und Flügelkonstruktionen

Abb. J.10
Beispiele für zusammengesetzte Türkonstruktionen
Maßstab 1:20

a Einfache Blockrahmentür. Das Türblatt besteht aus senkrechten Brettern auf waagerechten Bandstreben mit diagonaler Druckstrebe. Aufgeschraubte Langbänder und Aufsatztürschloss
b Zargentür mit Türblatt aus gestemmtem Rahmen, beidseitiger Beplankung (waagerecht und senkrecht) und Rahmenfüllungen aus Dämmstoffplatten

In DIN 18 101 werden auf der Basis von Rohbaulichtmaßen nach DIN 4172 Maßordnung im Hochbau die vorzugsweise verwendbaren Türblatt- und Türrahmenabmessungen angegeben. Sie betreffen Türblätter von Innentüren, die vorwiegend für hölzerne Rahmen und solche aus Stahlblech geeignet sind.

Türen unterliegen nach ihrem Einbau u. U. erheblichen klimatischen und mechanischen Beanspruchungen. Diese werden nach RAL RG 426 unterteilt in:

– *Hygrothermische Beanspruchungen*:
  I: Normale Klimabeanspruchung nach
     DIN pr. EN 43, EN 79, EN 24
     Warme Seite 25 °C, 40 % relative Feuchte
     Kalte Seite 18 °C, 60 % relative Feuchte
  II: Mittlere Klimabeanspruchung
     nach DIN pr. EN 43, EN 79, EN 24
     Warme Seite 25 °C, 40 % relative Feuchte
     Kalte Seite 13 °C, 60 % relative Feuchte

– *Mechanische Beanspruchungen*:
  N: Normale Beanspruchung
  M: Mittlere Beanspruchung nach
  S: Starke Beanspruchung
     Statische und dynamische Veränderung
     nach DIN EN 129 und 130.
     Harter und welcher Stoß nach DIN EN 85, 162 bzw. 950.

Abb. J.11
Kantenausführung bei Türblättern von Innentüren, gefälzt oder stumpf
Maßstab 1:2 [J.2]

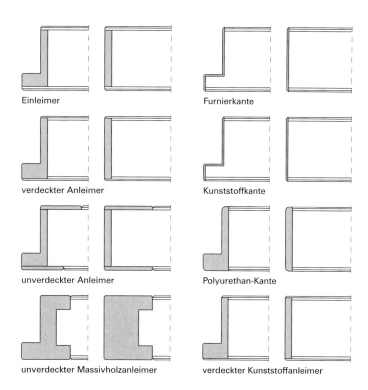

Einleimer — Furnierkante
verdeckter Anleimer — Kunststoffkante
unverdeckter Anleimer — Polyurethan-Kante
unverdeckter Massivholzanleimer — verdeckter Kunststoffanleimer

J Rahmen- und Flügelkonstruktionen 4.1.3

Abb. J.12
Beispiele für den Aufbau von Türblättern als Rohlinge oder im Endzustand

1 Massivholzrahmen
2 Spanplatte
3 Röhrenspanplatte
4 Sandfüllung
5 Weichfaserplatte
6 Holzfunier/Sperrholz
7 Hartfasertafel
8 Bleiblech
9 Furnierstreifen
10 Mineralfaserplatte
11 Schichtstoffplatte
12 PVC-Anleimer
13 Hartschaum
14 PU-Rahmen
15 Stabilisatorprofil

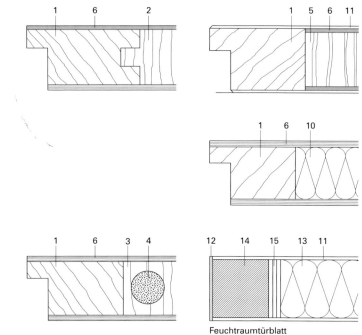

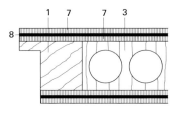

Feuchtraumtürblatt

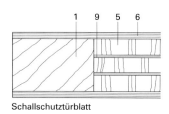

Schallschutztürblatt

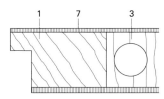

- *Allgemeine Anforderungen* nach RAL-RG 426:
- Verformungsstabilität und mechanische Belastbarkeit
- Zu *vereinbarende Anforderungen* nach Normen:
- Einbruchschutz
- Schallschutz
- Brandschutz, Rauchschutz
- Feuchteschutz, Nässeschutz

Anforderungen an Innentüren nach DIN 68 706-2 und DIN 18 101 lassen sich unterscheiden in:
Je nach Prüfergebnissen kann eine Klassifizierung von Türen erfolgen mit den Bezeichnungen:
- I-N, I-M, I-S sowie II-N, II-M, II-S

Dabei bedeuten römische Ziffern I und II normale und mittlere Klimabeanspruchung, Buchstaben N, M und S eine normale, mittlere und starke mechanische Beanspruchung.

Nach RAL-RG 426 werden empfohlen für:
- Wohnungsinnentüren einschließlich Bad, WC und Abstellraum
  I-N
- Bad, WC und Abstellraum mit langfristig höherer Raumluftfeuchte
  II-N
- Wohnungsabschlusstüren
  II-M
- Türen zu Kellerabgängen und nicht ausgebauten Dachgeschossen
  II-M
- Büroraumtüren
  I-N/M
- Schulraumtüren
  I-M/S
- Kindergartentüren
  I-M
- Krankenhaustüren und Kasernentüren
  I-M/S
- Hotelzimmer- und Laborraumtüren
  I-N/M
- Türen für Bäder und WC in Hotels, Schulen, Kantinen
  II-M
- Eingänge von Praxen, öffentlichen Verwaltungen o. ä. Einrichtungen
  II-M/S

Grundsätzlich ist stets die nächsthöhere Klassifizierung zu wählen, wenn Zweifel über die Beanspruchung vorhanden sind.

Hauseingangstüren werden vorwiegend aus ein- oder zweiseitig aufgedoppelten Türblättern hergestellt oder als Rahmen- und Füllungstüren ausgeführt.

In beiden Fällen bietet ein umlaufender Massivholz- oder Schichtholzrahmen die Basiskonstruktion, dem Beplankungen aufgebracht oder Füllungen eingesetzt werden. Dabei ist auf die jeweilige Wärmeschutzanforderung an Rahmen und Türblatt zu achten.

Gleiches gilt für *Schiebetüren* im Außenwandbereich (Abb. **J.13**), welche vorwiegend als Terrassentüren Verwendung finden.

Für Türblätter in *untergeordneten Räumen* werden bisweilen einfache Bretterkonstruktionen aus verstrebten Rahmen mit einseitig senkrechter oder waagerechter Beplankung hergestellt. Besonders stabile Türblätter ergeben sich aus gestemmten oder verblatteten Holzrahmen mit Quersprossen und beidseitigen Aufdoppelungen aus Brettern oder Holzwerkstoffen. Aus Wärmeschutzgründen ist das Ausfüllen der dazwischenliegenden Hohlräume mit Dämmstoffplatten möglich. Massivholzrahmen können auch verglaste Felderflächen oder solche aus Sperrholz bzw. Massivholz erhalten (Abb. **J.9** und **J.10**).

J Rahmen- und Flügelkonstruktionen 4.1.3

Abb. J.13
Beispieldetail einer dreiteiligen
Terrassen-Hebeschiebetür auf
vorhandenem Kellersockel
[J.2]

links: Abwicklung und Grundriss
M 1 : 50, M 1 : 5

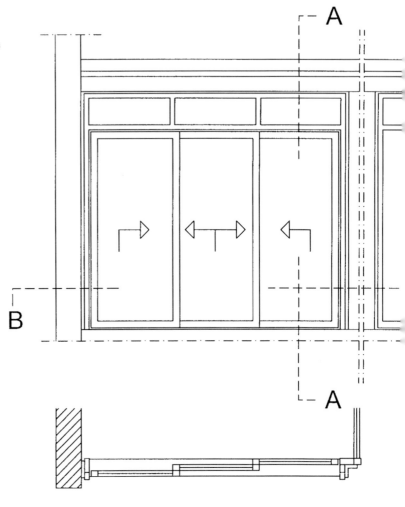

Horizontalschnitt B–B,
Wandanschluss
M 1 : 5

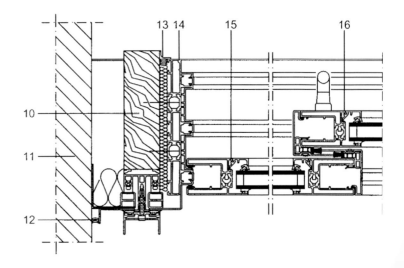

776

4.1.3 Rahmen- und Flügelkonstruktionen J

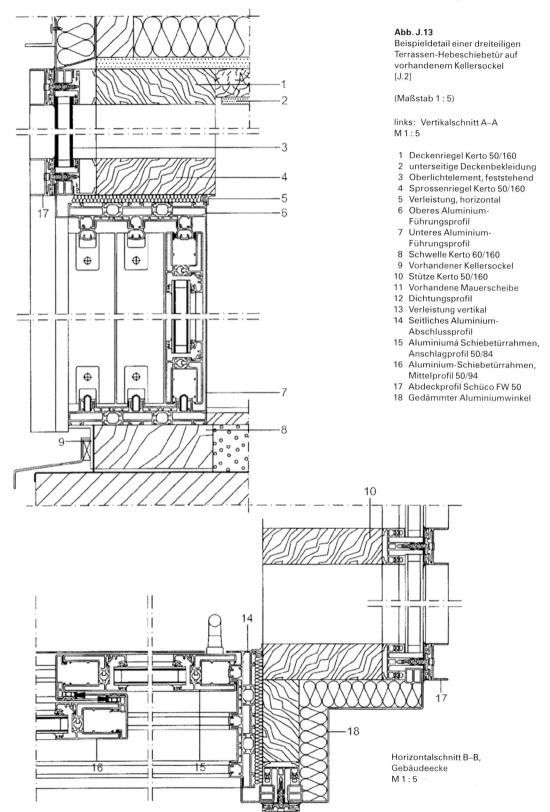

Abb. J.13
Beispieldetail einer dreiteiligen Terrassen-Hebeschiebetür auf vorhandenem Kellersockel
[J.2]

(Maßstab 1 : 5)

links: Vertikalschnitt A–A
M 1 : 5

1 Deckenriegel Kerto 50/160
2 unterseitige Deckenbekleidung
3 Oberlichtelement, feststehend
4 Sprossenriegel Kerto 50/160
5 Verleistung, horizontal
6 Oberes Aluminium-Führungsprofil
7 Unteres Aluminium-Führungsprofil
8 Schwelle Kerto 60/160
9 Vorhandener Kellersockel
10 Stütze Kerto 50/160
11 Vorhandene Mauerscheibe
12 Dichtungsprofil
13 Verleistung vertikal
14 Seitliches Aluminium-Abschlussprofil
15 Aluminiumá Schiebetürrahmen, Anschlagprofil 50/84
16 Aluminium-Schiebetürrahmen, Mittelprofil 50/94
17 Abdeckprofil Schüco FW 50
18 Gedämmter Aluminiumwinkel

Horizontalschnitt B–B, Gebäudeecke
M 1 : 5

4.2

Stahlkonstruktionen

4.2.1

Stahlzargen oder -profilrahmen

Als *Eck- oder Umfassungszargen* geformte Profile werden im Warmwalzverfahren oder durch Kaltverformung in Blechdicken zwischen 1,5 und 3,0 mm hergestellt. Dabei erhalten sie Nuten zur Aufnahme elastischer Dämpfungs- bzw. Dichtungsschnüre und in Sonderfällen statt der leibungsumfassenden Profilierung die Ausbildung einer Schattennut (Abb. **J.14**).

Das handelsübliche Halbzeugmaterial ist auf Gehrung zu schneiden, zu verschweißen und erhält Stabilisierungsstege zur Aussteifung des Rahmens für Transport und Einbau. Meist erhalten beide senkrechten Zargenprofile Aussparungen für Verriegelungen und sind zur Aufnahme von Türblattbändern vorgerichtet. Dadurch können die Zargen für links oder rechts anzuschlagende Türblätter verwendet werden. Außerdem gehören Maueranker zur üblichen Zargenausrüstung.

Die Einbaufertigkeit ist gegeben, nachdem durch Tauchbäder eine Rostschutzgrundierung erfolgt ist. Eine Feuerverzinkung von Stahlzargen ist technisch möglich, wird aus Kostengründen und erforderlicher Nachbehandlung jedoch selten vorgenommen. Zargenprofile aus Edelstahl mit gebürsteter oder strukturierter Oberfläche stellen eine teure Alternative zur Beschichtung dar.

Für besonders breite Öffnungsleibungen gibt es teleskopartig verstellbare Eckzargenprofile mit Füllblechen oder aus Eckprofilen und Blendblechen bestehende Konstruktionen.

Die hauptsächlich verwendeten Profile sind Umfassungszargen (bis zu 24 cm Wanddicke ohne Putz) mit Nut für dreiseitig umlaufende Dämpfungsprofile aus Gummi oder Hochpolymeren. Es handelt sich um kostengünstige Serienprodukte, die den Einbau von überfalzten Normtürblättern aus Holz gestatten.

Bei der Bestellung von Stahlzargen ist auf ausreichend erbrachte Vorbereitungen für das Anbringen von Beschlagteilen, genügende (6 bis 10) und möglichst justierbare Verankerungen, die Art der Gehrungsverbindung, den Korrosionsschutz und die Verwindungsfreiheit der Rahmen zu achten.

Weiterhin ist das Augenmerk auf die richtige Festlegung der sog. Maulweite, das Innenmaß zwischen den Endabkantungen der Zarge resp. das Fertigwandmaß, zu richten. Stahlzargen sind nach DIN 18 111 genormt.

Abb. J.14
Beispieldetail für Stahlzargentüren
Maßstab 1:2

a Zargenprofil mit angewalzter Schattennut und doppelter Türblattdichtung als zweiteilige Umfassungszarge
b Umfassungszarge (Ausschnitt) für gefalztes Türblatt
c Umfassungszarge (Ausschnitt) für stumpf einschlagenes Türblatt
d Eckzarge für gefalztes Türblatt

4.2 Rahmen- und Flügelkonstruktionen

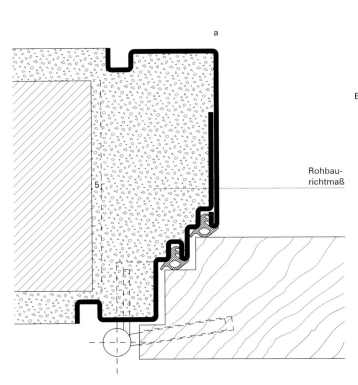

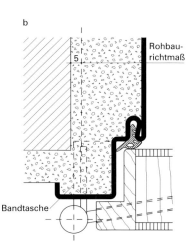

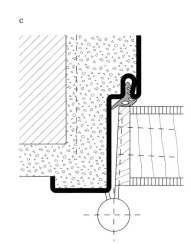

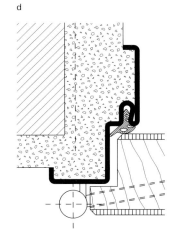

Stahlprofilrahmen werden als gepresste und verschweißte Stahlblech-Hohlprofile für Türen (und Fenster) angeboten. Es handelt sich dabei um aufeinander abgestimmte Profilreihen mit Flügelanschlägen, Dichtungsprofilnuten, Glasfalzausbildungen, Glashalteleisten und Zubehörprofilen.

Zur Verringerung von Tauwasserbildung gibt es durch Kunststoffprofile thermisch getrennte zweischalige Stahlprofiltüren. Die als sogenannte „Stangenware" gelieferten Erzeugnisse sind pressblank oder werkseitig feuerverzinkt.

Sie werden auf Gehrung geschnitten, verschweißt oder über Einschubwinkel verpresst/verklebt und mit den notwendigen Beschlägen versehen bzw. dafür vorgerichtet.

Türrahmen aus Stahlblech-Hohlprofilen finden ihre Ergänzung durch passende Flügelprofile. Sie können aber auch mit Flügelkonstruktionen aus anderen Werkstoffen wie Holz, Holzwerkstoffen und Glas ergänzt werden (Abb. **J.15**). Eine Alternative zu den Hohlprofilen sind handelsübliche Walzstahlprofile in L-, U-, I- oder Z-Form.

J Rahmen- und Flügelkonstruktionen 4.2.2

Ansicht M 1:50

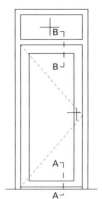

Abb. J.15
Beispieldetail für Stahlhohlprofil-Innentür [J.3]
(Maßstab M 1:2)

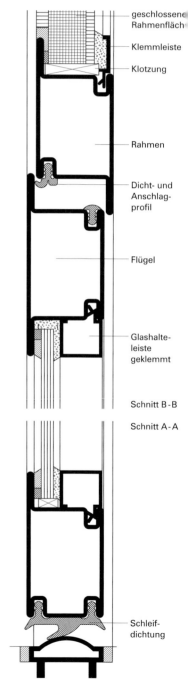

4.2.2

Stahlprofilflügel (Abb. **J.15**)

Sie sind auf die Anschlags- und Falzprofilgebung der Hohlprofilrahmen abgestimmt. Die eigentliche Fläche des Türflügels übernehmen in der Regel Verglasungen, glatte oder strukturierte Blechtafeln bzw. Füllungen aus Holz oder Holzwerkstoffen.

Zu berücksichtigen sind die geringen Innenabmessungen der Hohlprofile hinsichtlich der Schlösser und Beschläge. So gibt es beispielsweise besondere Rohrprofilschlösser mit sehr geringen Dornmaßen (siehe Abschnitt J.10).

In Feuchträumen sind der Korrosionsschutz und die Verträglichkeit verschiedener Metalle untereinander zu beachten.

Auf die Möglichkeit, auch handelsübliche Walzstahlprofile zu Konstruktion von Stahltürflügeln einzusetzen, ist ergänzend hinzuweisen.

4.3

Aluminiumkonstruktionen

4.3.1

Aluminiumprofilrahmen

Stranggepresstes Aluminium in Form von Deck- oder Hohlprofilen gehört zu den gängigen Halbzeugwaren im Bauwesen. Es kommt mit den unterschiedlichsten Oberflächenbehandlungen und Festigkeiten als Stangenmaterial zur Verwendung. Die Profilformen ermöglichen klemm- oder schraubbare Leibungszargen auf bügelähnlichen Unterkonstruktionen aus Stahl, drei- und vierseitige Bekleidungen auf tragenden Stahlrohrkernen oder selbsttragende Hohlprofile.

Die Gehrungsverbindungen werden innen verschraubt, über Einschubwinkel verkeilt und meist zusätzlich verklebt. Verschweißte Gehrungen können nur bei pressblanken Oberflächen ausgeführt werden, die so verbleiben oder ihr endgültiges Aussehen erst danach erhalten. Bekleidungsprofile sind mit Klammern und Schnappvorrichtungen auf den Stahlkernen befestigt.

4.3.1 Rahmen- und Flügelkonstruktionen J

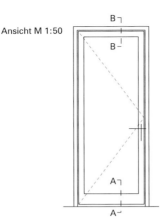

Ansicht M 1:50

Abb. J.16
Beispieldetail für Aluminium-
hohlprofil-Innentür [J.4]
(Maßstab M 1:2)

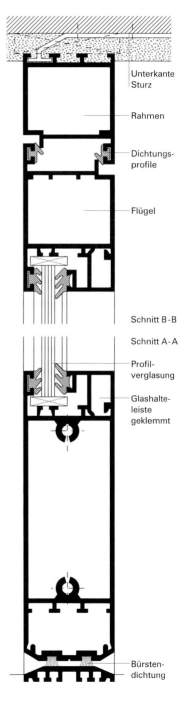

Für zargenartige Rahmenprofile finden Türblätter aus Holz, Holzwerkstoffen und Glas, für Rohrrahmenprofile eher die dazu passenden Flügelprofile mit transparenten oder undurchsichtigen Füllungen Verwendung (Abb. **J.16**).

Hauseingangstüren erhalten zweischalige Profile mit thermischer Trennung in Form von kraft- und formschlüssig eingesetzten Isolierstegen (Abb. **J.13**).

4.3.2

Aluminiumprofilflügel

Die unter Abschnitt J. 4.3.1 gemachten Ausführungen gelten sinngemäß auch hier. Alu-Konstruktionen sind in der Regel teurer als Stahlbauteile.

Sie haben jedoch folgende Vorteile:
– weitgehend korrosionssicher
– höhere Präzision der Profile und ihrer Verarbeitung
– geringere Unterhaltskosten
– Möglichkeit des Eloxierens.

4.4

Kunststoffkonstruktionen

4.4.1

Kunststoffrahmen

Dafür stehen im Strangpressverfahren aus Polyvinylchlorid (PVC) hergestellte *Hohlprofile* mit oder ohne Stahlrohrkern zur Verfügung. Der äußere Kunststoffmantel weist alle erforderlichen Falze, Nuten und Anschläge auf, zu denen flächenbündige oder flächenversetzte Flügelprofile passen.

Die Gehrungsverbindungen werden wie bei den Kunststofffenstern gehandhabt.

J | Rahmen- und Flügelkonstruktionen 4.4.1

Vollprofile aus PVC- oder PU-Integral-Hartschaum in Türzargenform werden in den Gehrungen verschraubt. Auch die übrige Verarbeitung – wie das Anbringen der Beschläge – ist der von Holz bzw. Holzwerkstoffen sehr ähnlich. In die fertigen Rahmen passen übliche Türblätter mit stumpfen oder gefalzten Anschlägen.

4.4.2

Kunststoffflügel

Kunststoffflügel werden ebenso wie die zugehörigen Rahmen aus PVC gemäß DIN EN 477-479, 513, 514 und 12 608 bzw. DIN 16 830 hergestellt.

Innentüren werden mit durchgehenden Profilen hergestellt, Außentüren erhalten Zwei- oder Dreikammerprofile.

Kunststoffbauteile können zur Verstärkung mit Metallprofilen (Stahl oder Aluminium) versehen werden.

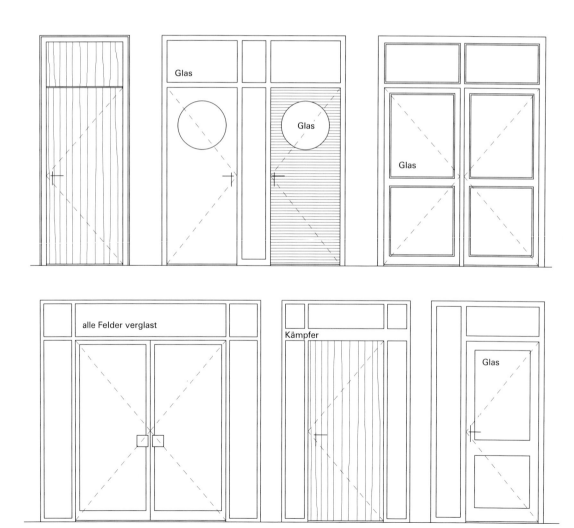

5
Feststehende Rahmenflächen

Sie können aus formalen oder konstruktiven Gründen neben, über oder zwischen Türflügeln angeordnet werden. Dabei sind zu unterscheiden:
- feste Füllungen im eigenen Rahmenteil. Dadurch entstehen in sich abgeschlossene Einzelflächen.
- Feste Teilflächen innerhalb eines gemeinsamen Türrahmens. Sie sind von beweglichen Türblattflächen unauffällig – zum Beispiel durch Sägeschnittbreite – getrennt.

Im ersten Fall können die festen Flächen auch verglast werden (Abb. **J.17**).

Die Anforderungen an eine *Innenraumverglasung* sind deutlich geringer als an ein Außenfenster, denn die Beanspruchung durch Bewitterung fehlt. Trotzdem gelten grundsätzlich die Regeln für Glaserarbeiten gemäß DIN 18 361 Verglasungsarbeiten (VOB) bzw. die Einbaurichtlinien von Glas- und Dichtstoffherstellern.

Zur Verringerung von Verletzungsgefahren bei Glasbruch kann Drahtgussglas, Drahtspiegelglas, vorgespanntes Einscheibensicherheitsglas („Krümelglas") oder Verbundsicherheitsglas eingesetzt werden.

Die notwendigen Dicken sind von der Scheibengröße, den zu erwartenden Beanspruchungen, den Herstellerrichtlinien und gegebenenfalls weiteren Erfordernissen abzuleiten.

Abb. J.17
Beispielansichten von Türelementen mit feststehenden Rahmenflächen
(Maßstab M 1 : 50)

6
Oberfläche von Rahmen und Flügeln

(siehe bereits Abschnitt I.6)

7
Rahmenlose Verglasung

Maximalen Lichtdurchlass und Sichtverbindungen ermöglichen Glanzglastürblätter in Metallzargen. Glasbruchgefahren werden durch den Einsatz von Einscheiben- oder Verbundsicherheitsgläsern (ESG oder VSG) gemindert.

Glastafeln für *Türblätter aus ESG* sind exakt zuzuschneiden, mit Schleifkanten und allen notwendigen Bohrungen zu versehen. Die danach erfolgende Erhitzung und schnelle Abkühlung bewirken eine hohe Oberflächendruckspannung des Glases. Damit werden bauteilbedingte Biegebeanspruchungen abgefangen. Bei Überbelastung und Bruch zerfällt das Türblatt zu ungefährlichen „Krümeln".

Beschläge werden durch die Glastafel hindurch und gleichzeitig beiderseits anpressend verschraubt. Neben Zapfenbändern und Bodentürschließern können auch Leibungsbänder angeschlagen werden (Abb. **J.18**).

Nacharbeiten am Glastürblatt aus ESG sind nicht möglich, weil die Oberflächendruckspannung und damit das Blatt zerstört würde.

Die Glasindustrie liefert gängige Türblattgrößen vom Lager, die auf die Baurichtmaße nach DIN 18 100 Türen; Wandöffnungen von Türen abgestimmt sind. Ihre Dicke beträgt etwa 8 bis 12 mm. Farbige und strukturierte Gläser sind ebenfalls erhältlich.

Türblätter aus VSG werden aus zwei oder mehr Glastafeln und Zwischenlagen geeigneter Kunststofffolien hergestellt. Unter Wärmeeinwirkung erfolgt die Verklebung dieses Schichtaufbaus. Im Falle einer Zerstörung haften die Glassplitter an der glasklaren Folie.

Unumgänglich ist eine zumindest schmale Rahmung von Türblättern aus VSG. Sie dient zum Schutz der in der Schnittkante offenliegenden Folie und zum Anbringen von Beschlägen.

Für *beide Glasarten* gelten folgende Hinweise und Erfordernisse:
– genaue Maßangaben für Breite, Höhe, Bohrungen und Randabstände unter Einhaltung von Mindestmaßen
– Kenntnis über die kleinsten und größten möglichen Abmessungen von Türblättern und Festglasflächen
– Verwendung puffernder Materialien zwischen Glastafeln und Beschlags- bzw. Rahmenflächen sowie Einsatz konstruktionsgerechter Beschläge.

Abb. J.18
Beispiel für Ganzglastüren [J.5]
(hier Ganzglastür in Stahlzarge)
(Maßstab ca. 1 : 4)

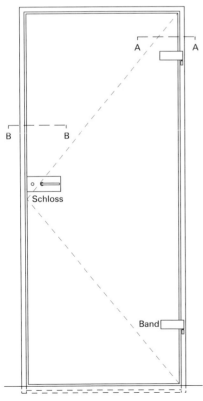

Ansicht M 1:20

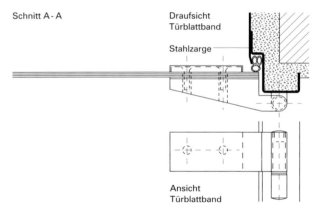

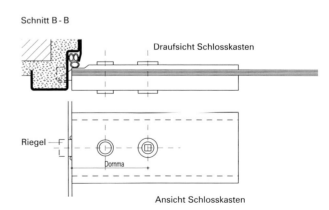

8
Türen mit besonderen Funktionen

8.1

Rauchdichte Türen/Feuerschutztüren

Die erforderlichen Eigenschaften von „rauchdichten" Türen sind in DIN 18 095 *Rauchschutztüren* bzw. DIN EN 14 600 Feuerschutz und/oder Rauchschutztüren und feuerwiderstandsfähige, zu öffnende Fenster geregelt. Der Einbau solcher selbstschließender Türen erfolgt meist nach bauaufsichtlichen und/oder versicherungstechnischen Forderungen sowie Vorgaben der Feuerwehr.

Vor allem folgende Forderungen sind von Rauchschutztüren zu erfüllen:
- geringe Fugendurchlässigkeit – auch im Bereich der Bodenfuge
- Formstabilität im Brandfall
- gesicherte Beschlägefunktionen auch bei Erwärmung
- Herstellung weitgehend aus nichtbrennbaren Baustoffen
- Verwendung von nichtsplitterndem Glas für Lichtöffnungen
- dauerhaft dichtende Anschlussfugen zwischen Wand und Türrahmen.

Metallprofilkonstruktionen werden i. d. R. diesen Anforderungen gerecht. Jedoch auch besonders entwickelte Türblätter aus Holz und Holzwerkstoffen können den Erfordernissen entsprechen. Dabei sind Kunststoffe, Beschichtungen und elastische Abdichtungsprofile in den Fugen die besonders zu beachtenden Elemente.

Die Notwendigkeit des Einbaus von *Feuerschutztüren* ergibt sich aus baurechtlichen Bestimmungen sowie möglichen Auflagen von Brandversicherungen oder Feuerwehren. Anforderungen an Feuerschutztüren sind in DIN 4102-5 Brandverhalten von Baustoffen und Bauteilen sowie DIN 18082 Feuerschutzabschlüsse; Stahltüren und DIN 18093 Feuerschutzabschlüsse; Einbau von Feuerschutztüren geregelt. Sie sind im Rahmen eines vom Hersteller beantragten Zulassungsverfahrens beim Institut für Bautechnik (IfBt), Berlin, zu erfüllen. Danach erhält das Türelement einen befristeten Zulassungsbescheid zusammen mit einer Hersteller-Kennzeichnung.

Einflügelige Feuerschutztüren werden grundsätzlich in die Feuerwiderstandsklassen T 30 und T 60 (= feuerhemmend) sowie T 90, T 120, T 180 (= feuerbeständig) eingestuft.

Gemeinsame Merkmale solcher Bauteile sind:
- Die Einheit von Rahmen und Türblatt darf nicht getrennt verwendet werden.
- Brandschutz ist nur dann gewährleistet, wenn die Anschlussfugen zwischen Rahmen und Wand vollständig ausgemörtelt sind.
- Die Türen müssen zuverlässig selbstschließend sein; alle Beschlagteile müssen der Zulassung entsprechen.
- Lichtdurchlässige Teilflächen und deren Halterungen haben Eignungsnachweise zu erbringen. Sie entsprechen i. d. R. einer F-Verglasung.

Feuerschutztüren aus Stahl bestehen aus
- Stahlzargen in Z-Form in 3 bis 4 mm Dicke mit mindestens 6 Mauerankern
- verwindungsfreien Türblattkästen aus Stahlblech mit nichttragendem, nachsteilbarem Federband für selbsttätige Schließung und bandseitig in die Zarge eingreifendem Sicherungszapfen gegen Verzug bei einseitiger Erwärmung
- Hersteller-Kennzeichnung.

Hinzu kommen bei den leichteren *T-30 1-Türen*:
- Einfallenschloss,
- Mineralfaserfüllung

bei den schwereren *T-90 1-Türen*:
- Dreifallenschloss,
- Kieselgurplattenfüllung o. ä. Material.

Die Oberflächenbehandlung solcher Türen erfolgt durch mehrfache Beschichtungsvorgänge.

Feuerschutztüren aus anderen Baustoffen unterliegen ebenso den Prüfungsanforderungen nach DIN 4102-5. Verglasungen in Feuerschutz- und Rauchschutztüren müssen nach DIN 4102-13 bzw. -18 den Bedingungen einer F- oder G-Verglasung entsprechen.

Als Rahmen werden meist Stahlzargen, seltener solche auf Fibersilikatplatten oder ähnlich geeigneten Baustoffen eingesetzt. Der Schichtaufbau zum Türelement gehöriger Türblätter besteht zum Beispiel aus
- massiven Hartholzrandstreifen
- Flachspanplatten
- Silikat-Feuerschutzplatten oder Mineralfaserplatten
- Schichtstoffplatten oder Feinblechen
- auf Hitze reagierende Baustoffe (Schaumbildner) für zusätzliche Falz- und Fugendichtungen.

Türen dieser Art unterscheiden sich optisch kaum von normalen

Wohnraum- oder Wohnungsabschlusstüren.

8.2

Feuchtraumtüren

Die Kriterien einer Feuchtraumtür sind:
- keine quellbaren oder korrodierbaren Baustoffe in der Gesamtkonstruktion
- allseitig wasserundurchlässige Ummantelung, sofern Holz oder Holzwerkstoffe mit verwendet werden
- Einsatzfeuchtigkeitsbeständiger Verklebungen
- Unempfindlichkeit gegenüber gängigen Reinigungs- und Desinfektionsmitteln

Erfüllt werden diese Kriterien durch weitgehende Verwendung von Kunststoffen und Aluminium (Abb. **J.19**).

Besonderes Augenmerk ist auf den Feuchtigkeitsschutz der Türrahmen kurz über und innerhalb des Bodenbelages zu legen, weil dieser Bereich stark beansprucht wird.

Abb. J.19
Beispiel für Feuchtraumtürblätter
[J.6/J.7]

1 Vollkunststoff-Fries (falzbar)
2 Vollkunststoff-Deckblatt
3 Vollholz-Fries
4 Hartfaserplatte
5 Röhrenspanplatte
6 Vollkunststoff
7 Alu-Profil
8 Kunststoffwaben

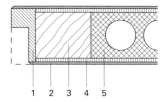

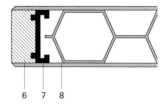

Abb. J.20
Schallschutz-Innentür (Rw = 42 db) mit Doppelfalz bzw. Doppelbodendichtung [J.8]
Maßstab 1:5

1 Deckplatte als hochverdichtete Hartfaserplatte
2 Füllung als Schalldämmeinlage
3 absenkbare Bodendichtung Schallex Typ RD
4 Auflaufdichtung Schallex Typ V über Höckerschwelle
5 Hartholzleiste
6 Bodenschiene
7 Teppich/Bodenbelag
8 Estrichtrennung
9 Trittschalldämmung

Schnitt B-B

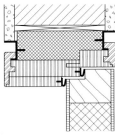

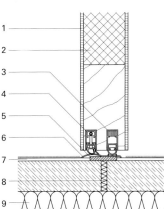

Ansicht M 1:50

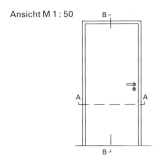

8.3

Schallschutztüren

Luftschalldämmende Eigenschaften von Wänden werden durch darin eingebaute Türen stark abgemindert. Daraus leitet sich oft die Forderung ab, Türkonstruktionen schalldämmend auszuführen (Abb. **J.20**).

Umfangreiche Untersuchungen haben ergeben:
– Nur ein gebrauchsfertig eingebautes Türelement lässt verbindliche Aussagen über seine Schalldämmeigenschaften zu.

Diese sind abhängig von
– einer dauerhaft wirksamen Anschlagsdichtung am Rahmen sowie gegenüber der unteren Türblattkante im Fußbodenbereich
– dem Schichtaufbau und dem Gewicht des Türblattes sowie seiner Standfestigkeit im Verwendungszustand
– der Unterbindung jeglicher Schallbrücken zwischen Wand und Rahmen sowie Rahmen und Flügel (s. o.)
– einem abgestimmten Anpressdruck des Türblattes auf das Abdichtungsprofil.

Eine deutliche Schalldämmwirkung wird erst erreicht, wenn *alle* genannten Randbedingungen erfüllt sind. Höhere Schalldämmmaße sind nur durch doppelte Anschlagfalze oder Doppeltüren zu bewirken.

Als Faustregel gilt:
– Ein gebrauchsfertig eingebautes Türelement darf maximal ein um 5 dB geringeres Schalldämmmaß als die zugehörige Wand haben.

Schnitt A-A

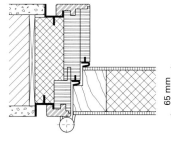
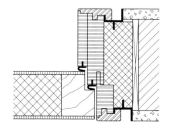

Sollen genauere Festlegungen hinsichtlich der Konstruktion von Türelementen in Abhängigkeit vom bewerteten Schalldämmmaß R_W bzw. R'_W getroffen werden, können nachstehende Hinweise hilfreich sein (Tabelle **J.1**).

Dabei entspricht:
– R_W einem „Labor"-Wert als Ergebnis einer reinen Bauteilmessung ohne Flankenübertragung
– R'_W einem „Baustellen"-Wert als Ergebnis einer Messung mit Flanken- und Nebenwegsübertragungen.

Türen mit besonderen Funktionen 8.3

R'_W-Türblatt	Rahmen	Rahmen-/Flügeldichtung	Bodendichtung	R'_W-Türelement
25 dB	beliebig	beliebig	keine	ca. 20 dB
30 dB	beliebig	weiche Schlauch- oder einfache Lippendichtung	keine, bei Teppich bis 2 mm Fuge. Absorptionskammer oder Höckerschwelle über Keramik oder Bahnenbelägen	ca. 25 dB
37 dB Empfohlen: Zwei dreiteilige Bänder, justierbar	allseits hinterfüllte und angedichtete Holz- oder Metallrahmen	hochwertige APTK- (o. ä.) Lippenprofile. Mindestens 3 mm einfedernd	Absorptionskammer über Teppich oder nachstellbare Höckerschwelle oder Automatikdichtung	ca. 30 dB
42 dB Empfohlen: Drei von außen justierbare Bänder, von außen justierbare Bodendichtung, verstellbare Schlossfalle	besonders formstabile Holzkonstruktion mit mindestens zwei elastischen Spritzkitt-Dichtungsebenen oder Stahlzargenprofil mit Doppeldichtung und schwerer Hinterfüllung	Doppelfalzdichtung mit APTK- (o. ä.) Lippenprofile. Mindestens 3 mm einfedernd	Höckerschwelle mit spaltfreiem Anschluss oder Kombination Höckerschwelle mit Absorptionskammer	ca. 35 dB
47 dB Empfohlen: Individuelles Einmessen jeder einzelnen Tür sowie Nachbesserungen	wie zuvor	wie zuvor	wie zuvor	bis 40 dB

Tabelle J.1
Konstruktive Maßnahmen für Türen bei verschiedenen Schallschutzanforderungen

Übliche Türblätter haben wegen ihrer geringen Masse von 10 bis 20 kg/m² eine schlechte Schalldämmung.

Vergleichsbeispiele (nach Prof. Gösele):
– Leichtes, mit Einzelstegen ausgesteiftes Türblatt, 10–15 kg/m². Bewertetes Schalldämmmaß R'_W 22–25 dB
– Zweischaliges Türblatt mit Mineralfaserfüllung, etwa 60 mm Dicke, mit unterschiedlicher Verkleidung, etwa 20 kg/m². Bewertetes Schalldammmaß R'_W 35–40 dB
– Schweres Türblatt aus Röhrenspanplatten mit Sandfüllung, etwa 35 kg/m². Bewertetes Schalldämmmaß R'_W etwa 37 dB

Daraus folgt:
– Eine Erhöhung der flächenbezogenen Masse verbessert die Schalldämmeigenschaften eines Türblattes deutlich. Als Richtwerte für deren Beurteilung können ebenfalls gelten:
– einfache, leichte Innentür ohne Zusatzdichtung   17–25 dB
– schwere Innentür mit Falzdichtung   25–32 dB
– schalldämmend ausgekehrte Innentür   32–40 dB
– hochschalldämmend ausgeführte Innentür   40–50 dB
– zwei hintereinander angeordnete Innentüren mit Zusatzdichtungen   etwa 40 dB

8.4

Strahlenschutztüren

Sie werden vorwiegend im Übergang zu strahlenbelasteten Räumen in Krankenhäusern, Arztpraxen etc. vorgesehen. Entsprechende Anforderungen sind in DIN 6834 Teil 1–5 Strahlenschutztüren für medizinisch genutzte Räume geregelt.

Der Türblattaufbau für solche Konstruktionen besteht meist aus Voll- oder Röhrenspanplatten mit Hartholzumleimern und Deckplatten aus mehrfach verleimtem Sperrholz, beidseitigen Bleiblecheinlagen und Schichtstoffplatten als Deckfurnier. Oberflächen aus farblichen Beschichtungen oder Holzfurnieren sind ebenfalls möglich.

Die Dicke der Bleibleche richtet sich nach dem Grad der verlangten Strahlungssicherheit und kann zusammen bis zu mehreren Millimetern betragen. Dadurch werden etwa 13 kg/m^2 Zusatzgewicht pro mm Dicke des Bleiblechs in die Türflügel eingebaut. Üblich ist die Verwendung von Türschlössern mit versetzten Dornmaßen, Schließzylindern oder Schlüssellöchern. Türdrücker sind nicht miteinander verbunden. Allseits wirksame Falz- und Bodenabdichtungen sind vorzusehen.

Die Türflügel werden meist an Stahlzargen eingehängt, die mit Bleiblech hinterlegt worden sind.

8.5

Einbruchhemmende Türen

Gem. DIN 18 103 Einbruchhemmende Türen; Begriffe, Anforderungen und Prüfungen bzw. DIN 18104-1 Einbruchhemmende Nachrüstprodukte sind diese Konstruktionen aus Holz- oder Stahlzargen und Türblättern mit mehreren Bändern sowie besonderen Schloss- und Beschlagsteilen (güteüberwacht nach RAL-RG 607/8 bzw. 611/3) aufeinander abzustimmen.

Im Falle des Einbaus von Glasanteilen im Türblatt ist die Verwendung von Sicherheitsverglasung gem. ENV 1627 (Einbruchhemmung) in Erwägung zu ziehen.

8.6

Beschusshemmende Türen

Dafür geeignete Türblätter sind etwa ab 40 mm dick und haben dabei ein Gewicht von ungefähr 48 bis 56 kg/m2. Ihre Herstellung erfolgt aus phenolharzverleimten Hartholzfurnieren. Sie gelten als beschussfestes Material im Sinne der Unfallverhütungsvorschrift „Kassen" und sind im Handel erhältlich.

Die Oberflächen können mit Schichtstoffplatten, Holzfurnieren oder farbigen Beschichtungen behandelt werden.

Passende Rahmen aus Holz oder Holzwerkstoffen ebenso wie Stahlzargen ergänzen die Konstruktion, die unter Abschn. 8.5 erwähnte angriffhemmende Verglasung ist hier gegebenenfalls obligat.

Die Beschussfestigkeit solcher Türelemente wird in Klassen eingeteilt, vergl. DIN EN 1522 Fenster, Türen, Abschlüsse – Durchschusshemmung.

Sofern höhere Anforderungen gestellt werden, sind entsprechende Nachweise von Türblatt-Herstellern einzuholen.

9
Bauwerksanschlüsse

Der *Abschnitt I 4.3* enthält Angaben zu Anschlüssen und Fugenausbildung von Fensterrahmen in Außenwandöffnungen und gilt sinngemäß auch für den Bereich der Außentüren. Der Einbau von Innentüren liegt zeitlich zwischen der Fertigung des Rohbaus und vor bzw. nach den Putz- und Fußbodenarbeiten. Die Ausführung ist sachlich und terminlich vor allem abhängig von
- Art und Umfang notwendiger Vor- und Folgeleistungen
- dem Risiko von Beschädigungen durch Folgearbeiten und Baufeuchte
- dem Wunsch nach Einstand einer Rahmenkonstruktion oder einer zugehörigen unteren Anschlagschiene in den Bodenaufbau.

Fertigtürelemente aus Holz und Holzwerkstoffen mit endbehandelten Oberflächen werden zu einem späten Zeitpunkt – kurz vor dem Bodenbelag, dem Wandanstrich, der Tapezierung – versetzt. Die Rahmen stehen auf dem Estrich oder hängen ungedübelt an der Wandleibung. Eine genaue Abstimmung der vorhandenen Öffnungshöhen zu den vorgefertigten Rahmen- und Türblattabmessungen hat zu erfolgen, weil nachträgliche Veränderungen nur in geringem Umfang möglich sind.

Handwerklich hergestellte Rahmen mit Fertigtürblättern aus Holz und Holzwerkstoffen ermöglichen mehr Beweglichkeit für maßliche Anpassungen und Gestaltung. Werden industriell gefertigte Türblattrohlinge eingesetzt, erspart dies Zeit und Kosten. Lediglich die abschließenden Arbeitsvorgänge für das endgültige Aussehen der Türblätter sind noch durchzuführen. Dazu gehören vor allem
- Furnieren oder Beschichten nach Einpassen in die Rahmen
- Anbringen von Umleimern, Anleimern, Beschlägen, Dichtungen.

Handwerklich hergestellte Rahmen und Türblätter aus Holz und Holzwerkstoffen sind dann zu fertigen, wenn verlangte Eigenschaften, Größen oder Konstruktionen von Industrieerzeugnissen nicht erbracht werden. Darunter können fallen:
- Überdicke, überbreite oder besonders hohe Elemente
- Gestemmte Blattrahmen, Massivholzblätter, ornamentale und aufgedoppelte Blätter
- Türblätter mit speziellen Zier- oder Glasfüllungen.

Für Türelemente mit *Stahlzargen* wird empfohlen:
- Nach dem Versetzen vor mechanischen Beschädigungen und Korrosion schützen
- Untere Abstandstege der Zargen möglichst lang belassen, jedoch mit Mörtel unterfüttern, um bei Stegbelastungen deren Einflüsse auf die Zargen abzupuffern
- Vorsorgliche Kosten für Rostschutz oder Ausbesserung vorhandener Rostschutzanstriche einkalkulieren
- Stahlzargen und zugehörige Türblätter in eine Hand vergeben, um klare Gewährleistungsverhältnisse zu erhalten.

Stahlprofilkonstruktionen fallen in den Bereich der Metallbauarbeiten und werden als weniger empfindliche Bauteile eingesetzt. In Feuchträumen und für Abschlüsse nach außen entsteht die Frage nach einem dauerhaften Korrosionsschutz. Er wird durch Feuerverzinken oder sehr hochwertige Beschichtungsmaterialien – für Sonderfälle in Kombination beider Wege – weitestgehend erzielt.

Handelsübliche Tür- und Fensterprofile aus Stahl lassen sehr schmale Konstruktionen zu. Breitere Rahmen und Flügel entstehen unter Verwendung handelsüblicher Quadrat- oder Rechteckrohre, bei denen Anschlag- und Falzleisten gesondert anzubringen sind. Die Beschläge sind den konstruktiven Umständen anzupassen.

Aluminiumprofilkonstruktionen werden teils in Metallbaubetrieben, teils auch in holzverarbeitenden Werkstätten hergestellt. Das Material ist feuchtraumgeeignet, kann pressblank belassen, eloxiert oder beschichtet werden. Zu beachten ist die Verträglichkeit gegenüber mitverwendeten Werkstoffen.

Sowohl Stahl- als auch Aluminium-Türelemente werden häufig mit Verglasungen in den Flügeln und feststehenden Flächen ausgestattet.

10
Beschläge

Wie bei Hauseingangstüren stehen auch bei den Innentüren zwei Punkte im Vordergrund für die Auswahl von Beschlägen, zu denen vor allem Schlösser, Drückergarnituren und Bändergehören:
– Fragen der formalen Erscheinung und einer störungsfreien Nutzung
– Fragen der Einbruchssicherheit.

Es wird angeraten, bereits im Rahmen der Anfangsüberlegungen von Planungsprozessen den Einbruchschutzeigenschaften von Beschlägen einen angemessenen Platz einzuräumen.

10.1

Bänder, Scharniere, Dichtungen

Die Beweglichkeit eines Türblattes wird durch zwei- oder mehrteilige *Bänder*, *Scharniere* oder *Fitschen* erzielt.

Ihre Wahl richtet sich hauptsächlich nach
– dem Gewicht des Türflügels
– der Art (stumpf oder überfalzt) des Türblatteinschlags
– Material, Form, Oberfläche, Farbe
– Sonderausführungen wie Kugellagerung, steigendes Band o. ä.

Einbohrbänder sind unkompliziert verwendbare Beschläge, deren exakter Sitz und gleichmäßige Belastung durch Bohrschablonen und genau einzuhaltende Bohrlochdurchmesser erzielt werden. Die etwa 8 mm dicken Einbohrzapfen für den Falzüberschlag des Türblattes werden meist mittels Gewinde eingedreht. Zu beachten ist, dass die Dicke des Überschlages für den dauerhaft festen Halt des Einbohrzapfens ausreicht. Diese Stelle kann bei nur 12 mm Dicke ein Schwachpunkt sein.

Rahmenseitige Zapfen sind ebenfalls mit Gewinde zum Eindrehen oder glatt zum Einstecken mit Lochung für eine Querverschraubung vorgerichtet. Es gibt zwei- und dreiteilige Einbohrbänder mit Rollendurchmessern zwischen 12 bis 18 mm. Sie werden verzinkt, vernickelt, verchromt, vermessingt oder aus unterschiedlichen Vollmaterialien hergestellt (Abb. **J.21 a** bis **d**).

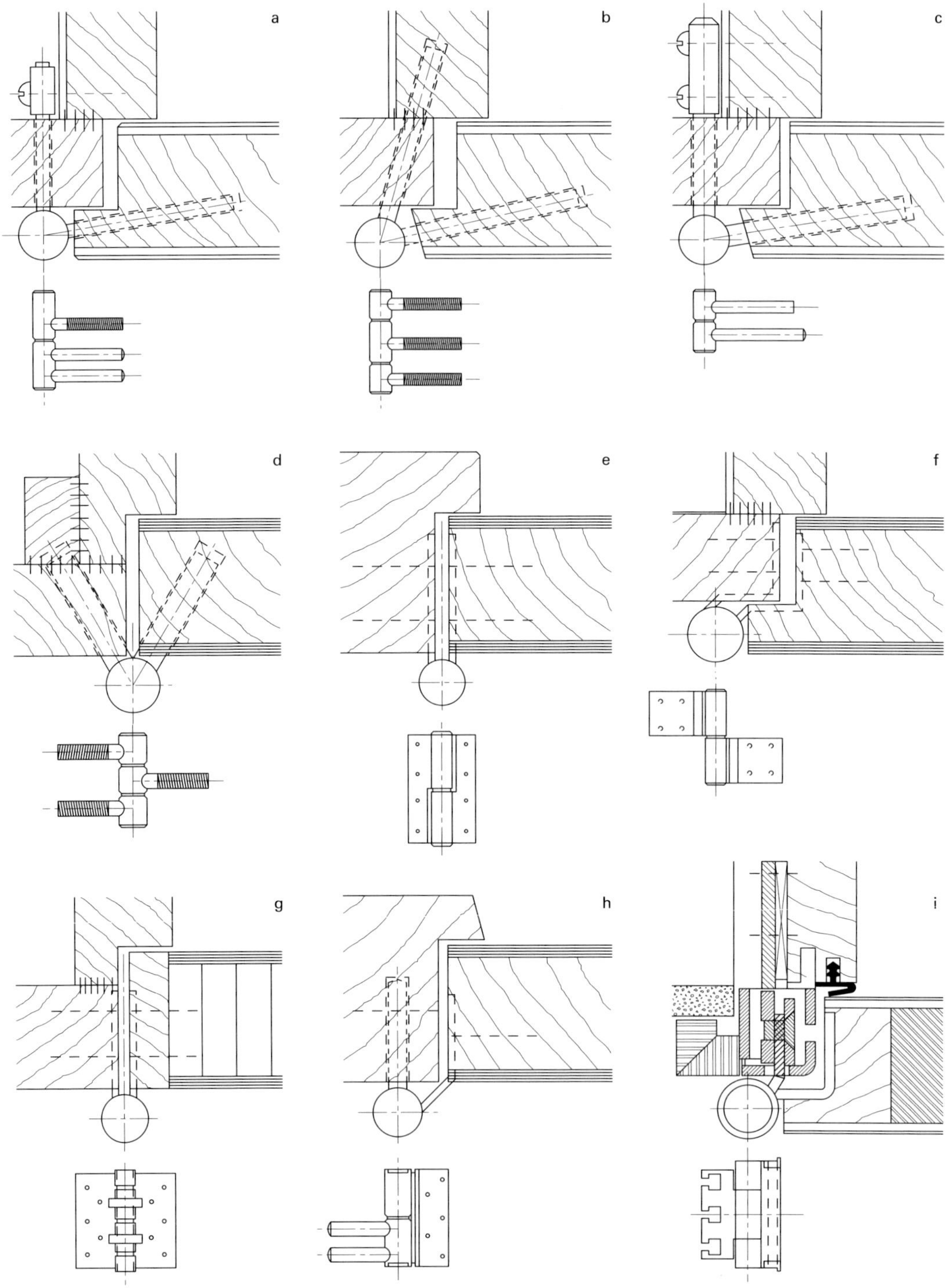

J Beschläge 10.1

Abb. J.21
Beispiel für Bänder, Scharniere und Fitschen
Maßstab 1:2

a–d Einbohrbänder
e+f Aufsatzbänder
g   Scharniere
h   Kombiband
i   Systemband mit Bandtasche

Aufsatzbänder in glatter, gekröpfter oder kombinierter Form finden für stumpfe und für überfalzte Türblätter Verwendung. Die Bandlappen werden meist eingefräst und mit Senkkopfschrauben an den Falzflanken befestigt. Zusätzliche Einbohrzapfen finden sich an Sonderformen dieser Bandart, bei der auch zu entscheiden ist, ob die Lappenteile aushebbar sein sollen (Abb. **J.21 e** und **f**).

Türscharniere sind den Aufsatzbändern sehr ähnlich. Jedoch weisen sie eine mehrgliedrig verzahnte Rollenausbildung der beiden Lappenteile um den Scharnierstift herum auf (Abb. **J.21 g**).

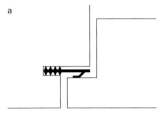

Fitschen sind eine altherkömmliche Bandart. Sie werden in Türblatt und Türrahmen eingestemmt und mit Schrauben oder Nagelstiften dort gehalten. Die Rollenstifte dieser Bandart können fest in einer Rollenhälfte eingelassen oder nach oben ausziehbar sein. Mit Aufsteckhülsen aus Alu, Messing o. ä. Material lassen sich die rohen oder verzinkten Rollenoberflächen verblenden (Abb. **J.21 h**).

Wenn Bandlappenseiten unterschiedliche Befestigungsvorrichtungen aufweisen, spricht man von *Kombibändern*. Dies sind Bänder mit zum Beispiel
– Fitschenlappen mit Aufsatzlappen
– Aufsatzlappen mit Einbohrlappen (Abb. **J.21 i**).

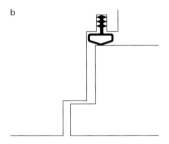

Im Objektbau finden heute überwiegend Systembänder mit zugehöriger Bandtasche Verwendung.

Der Wunsch nach verbessertem Schallschutz von Innentüren hat zum Einsatz von *Türabdichtungs-* und *Dämpfungsprofilen* geführt. Es handelt sich dabei meist um Hohlraum- oder Lippenprofile aus dauerelastischen, hochpolymeren Kunststoffen oder um moosgummiartige Profilschnüre (Abb. **J.22 a** Lippendichtung, **b** bis **d** Hohlraumdichtung). Sie können farbig geliefert werden, sollten in den Gehrungsecken verschweißt oder verklebt sein und vertragen in der Regel keine lösungsmittelhaltige Beschichtungen.

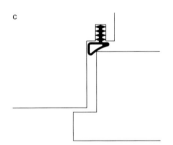

Bei Innentüren sind untere Türblattanschläge bis auf Ausnahmen unüblich. Dadurch kann der Einbau solcher Profile nur dreiseitig im Rahmenfalz erfolgen.

Wird eine konsequente Türabdichtung verlangt, stehen hierfür u. a. in den unteren Türblattabschluss einzubringende Absenk- oder Auflaufprofile zur Verfügung (Abb. **J.23**). Während die Systeme von Absenkdichtungen eine mechanische Automatik enthalten, die durch das Schließen des Türflügels gegen den Rahmen ausgelöst wird, funktionieren Auflaufprofile dadurch, dass eine erhöhte Metallschiene bodenseitig in die Türrahmenebene eingebaut wird, auf welche die Dichtung bei Verschließen des Flügels aufgeschoben wird. Kombinationen der zuvorgenannten Lösungen sind, etwa bei Schallschutztüren mit erhöhten Anforderungen (Abb. **J.23**), möglich.

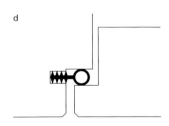

Abb. J.22
Beispiel von seitlichen und oberen Dichtungsprofilen für Türen

a–d   in die Rahmenkonstruktion eingenutete Falzdichtungen

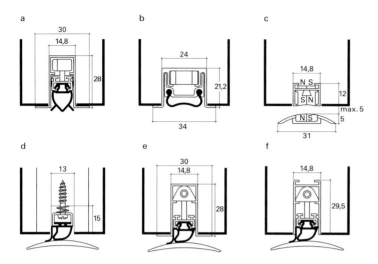

Abb. J.23
Beispiel von Bodendichtungen für Türen [J.9]

a–c automatisch absenkbare Dichtungen
d–f Auflaufdichtungen

10.2

Türdrücker, Türschlösser, Schließbleche

Zur üblichen Ausrüstung einer Tür (vgl. DIN 18 255 Baubeschläge; Türdrücker, Türschilder, Türrosetten) gehört eine *Drückergarnitur*, die aus zwei Türdrückern mit zugehörigen Türschildern besteht. Die Drücker sollten in den Türschildern durch verschleißfeste Kunststoffstützringe gelagert sein (Abb. **J. 24 a** und **b**)

Das Drückerpaar teilt sich in den Stift- und den Lochteil. Die Bewegung der Drückerfalle wird über den aus dem Drückerstiftteil ragenden Vierkantstift in der Schlosskastennuß ausgeübt. Beide Drückerteile sind durch denselben Vierkantstift verbunden, wofür eine versplintete, verkeilte oder geschraubte Verbindung sorgt.

Die auf der Türblattfläche sitzenden Schilder können als *Langschilder*, *Kurzschilder* oder *Rosettenpaare* bezogen werden. Ihre sichtbare oder unsichtbare Befestigung erfolgt über Anschrauben, Aufstecken oder Aufdrehen. Anstelle von Türdrückern können ein- oder beidseitig drehbare Knöpfe verwendet werden.

Abb. J.24
Beispiele Drückergarnituren und Türschilder
Maßstab 1:5

a Türdrücker mit Langschild
b Türdrücker mit Kurzschild
c Türdrücker mit Rosette
d Wechselgarnitur (Schnitt)
e Drückerpaar (Schnitt)
f Drehknopf mit Knopfschild

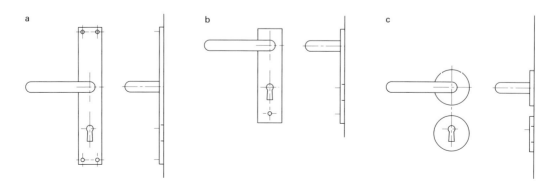

10.2 Beschläge J

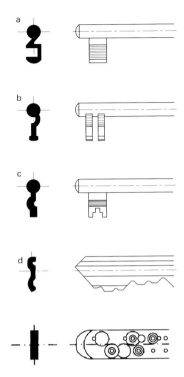

Abb. J.25
Beispiele unterschiedlicher Schlüsselarten

a Buntbartschlüssel (M 1:2)
b Besatzungsschlüssel (M 1:2)
c Zuhaltungsschlüssel (M 1:2)
d Profilzylinderschlüssel (M 1:1)
 oben:
 Standard-Sicherheitsschlüssel
 unten:
 Bohrmuldenschlüssel

Unter dem Begriff *Wechselgarnitur* wird zum Beispiel bei Haus- oder Wohnungseingangstüren eine Kombination von beweglichem Drücker innen und starrem Knopf außen verstanden. Hier kann das Öffnen von außen nur über einen Schlüssel erfolgen.

Es ist darauf zu achten, dass nach dem Entfernen des Außenknopfes samt Schild oder Rosette nicht der von innen her eingesteckte Vierkantstift des Drückers sichtbar wird. Er könnte mit einem Werkzeug bewegt und so eine unverschlossene Tür geöffnet werden. Das Türblatt ist an dieser Stelle keinesfalls zu durchbohren, sondern das Deckblatt hat im Bereich der Nussachse außen geschlossen zu bleiben (Abb. **J.26**).

Seltener werden *Einknopfbeschläge* verwendet. Ein solcher Knopf ermöglicht durch Drehen das Öffnen der unverschlossenen Tür. Er ist von außen mittels Schlüssel abschließbar und wird von innen durch einen besonderen Druckmechanismus im Drehknopf versperrt.

Sanitärraumtüren werden meist nicht über Schlüssel, sondern mit Knebeln oder Griffoliven von innen verriegelt. Das kann mit einer „Besetzt"-Anzeige verbunden sein. Handelsübliche Garnituren weisen außen in der Riegelachse die Möglichkeit für eine Notfallöffnung auf, die mit einer Münze, einem Schraubenzieher oder einem Vierkantschlüssel betätigt werden kann.

Normalerweise werden *Schlösser* in Ausfräsungen hölzerner Türblätter bzw. in Hohlprofile von Flügeln aus Metall oder Kunststoff gesteckt und dort befestigt. Das Anschrauben von Schlosskästen auf Türblätter ist kaum noch üblich (Abb. **J.26**).

Somit lassen sich unterscheiden:
– *Einsteckschlösser* für Türblätter
– *Rohrrahmenschlösser* für Rohrprofilflügel
– *Aufsetzschlösser* für untergeordnete Konstruktionen.

Wegen der geringeren Bautiefe von Rohrrahmenschlössern können diese oft nur eintourig verschlossen werden. Ihre Dornmaße betragen zwischen 25 und 45 mm.

Nach DIN 18251 Schlösser; Einsteckschlösser für Türen bzw.
DIN 18252 Profilzylinder für Türen unterscheiden sich genormte

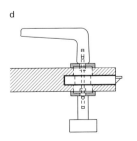
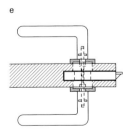
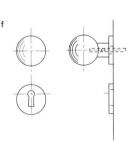

J Beschläge 10.2

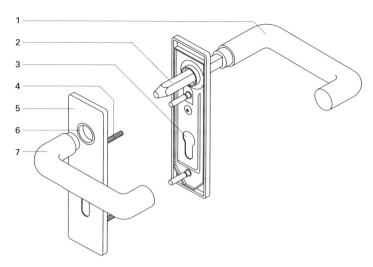

Abb. J.26
Begriffe von Drücker und Türschild

1 Türdrückerstiftteil
2 Türdrückerlochteil
3 Türschild
4 Drückerstift
5 Lochung
6 Führungslager
7 Befestigungsschrauben

Einsteckschlösser in leichte, mittelschwere und schwere Ausführungen. Ihr Einsatz erfolgt in Abstimmung zur Türart eines Raumes. Sie werden fast immer zweitourig verschlossen. Die Bestandteile eines solchen Schlosses sind:
– *Schlosskasten* mit Ausfräsungen für Schlüsselloch oder Schließzylinder sowie *Stulpblech*
– Schließmechanismus mit *Federwerk*, *Nuss*, *Falle* und *Riegel* (Abb. **J. 27**).

Abb. J.27
Beispiele für Schließbleche, Schlosskasten und Einbaulage von Stulpschlösser
(Maße in mm)

a stumpf eingeschlagen Türblättern
b gefälzten Türblättern

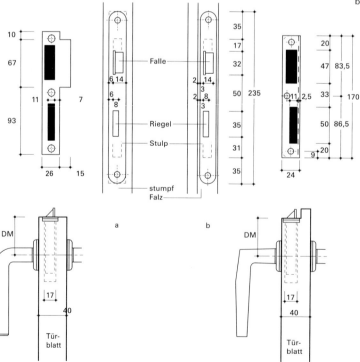

Sowohl die Türdrückerfalle als auch der Schlossriegel greifen in das rahmenseitig befestigte *Schließblech* ein.

Wichtige Maße für den Einbau in einen Türflügel sind:
- *Schlosskastenabmessungen*
- *Dornmaß* als Abstand Schlüsselachse (= Nußachse) bis Außenkante Schlossstulp
- *Stulpbreite* mit Unterschieden für stumpfen oder überfalzten Türblatteinschlag (Abb. **J.28**).

Dornmaße können zwischen 40 und 100 mm betragen. Die Nuss nimmt den quadratischen Drückerstift mit 8 bis 10 mm Kantenbreite auf.

Zweiflügelige Türen und solche mit größeren Türblattdicken benötigen zum reibungslosen Öffnen einen schrägen oder abgeschrägten Falz. Bei Schrägfalzen muss auch der Schlossstulp entsprechend ausgebildet sein. Diese sogenannten *Stulpschrägen* sind graduell nummeriert, wie zum Beispiel Nr. 3 = 93,75° senkrecht zum Türblatt.

Der im Türfalz sichtbare Schlossstulp kann eisenblank, hammerschlaglackiert, kunststoffbeschichtet oder vernickelt sein, jedoch auch aus Messing oder Edelstahl bestehen. Er sitzt bei stumpf einschlagenden Türblättern mittig, bei überfalzten dagegen einseitig versetzt.

Der im Schlosskasten befindliche Schließmechanismus kann vorgerichtet sein auf:
- *Buntbartschlüssel* als einfachste Schlüsselform mit der geringsten Sicherheitsstufe
- *Schlüssel für Besatzungsschloss*, wobei mittig eingeschlitzte Schlüsselbärte erforderlich sind
- *Schlüssel für Zuhaltungsschlösser*, die einen verzahnten Bart tragen
- *Profilzylinder*, zu denen flachgeformte und in ein oder zwei Ebenen eingefräste *Profilzylinderschlüssel* passen. Sie gehören der höchsten Sicherheitsstufe an. (Abb. **J.25 g** bis **k**)

Für größere Gebäudeanlagen werden heutzutage Schließpläne erstellt, um die Hierarchie verschiedener Schlüsselfunktionen (vom General- zum Einzelzimmerschlüssel) zu definieren und festzulegen.

Anstelle von Schlüsseln finden auch codegelochte oder chiffrierbare Steckkarten aus Kunststoff Verwendung. Sie haben Oberflächen, die von einem Schloss- oder Lesemechanismus abgetastet werden, ehe es zum Öffnen der Tür kommt. Auch finden sich zunehmend Schließanlagen, die über in eine Kleintastatur einzugebende Codenummern geöffnet werden.

In seiner Materialqualität und Art der Befestigung am Rahmen beruht ein wesentlicher Teil der Einbruchsicherheit einer Türkonstruktion. Deshalb sollte man ein winkelförmiges Schließblechprofil einem nur in der Falzflanke angeschraubten Flachprofil gegenüber bevorzugen. Als Mittelweg bietet sich für überfalzte Türblätter ein mit schmalem Wickelschenkel versehenes *Schließblech* an. Es ist im geschlossenen Zustand des Türblattes unsichtbar. Abgerundete Schließblechkanten lassen ein maschinelles Einfräsen im Rahmen zu.

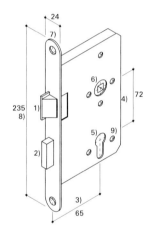
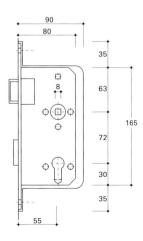

Abb. J.28
Begriffe und Maße von Stulpschlössern
(Maße in mm)

1) Falle
2) Riegel
3) Dornmaß
4) Entfernung
5) PZ-Lochung
6) Nuss
7) Stulpbreite
8) Stulplänge
9) Rosettenbefestigung

11
Normen und Regelwerke

Zu den einzelnen Problembereichen bei Entwurf, Konstruktion und Herstellung von Türen sind hauptsächlich folgende Vorschriften zu beachten:

Problemkreis/Stichworte	Hinweise
Allgemein	DIN EN 12519 Fenster und Türen – Terminologie;
Klimatische und mechanische Belastungsprüfungen von Türblättern	DIN EN 130 Prüfverfahren für Türen; Prüfung der Steifigkeit von Türblättern durch wiederholtes Verwinden; DIN EN 950 Türblätter – Ermittlung der Widerstandsfähigkeit gegen harten Stoß; ISO 8270 Türeinheiten (Stock und Blatt); Stoßprüfung mit weichen, schweren (Prüf-)Körpern; DIN EN 952 Türblätter – Allgemeine und lokale Ebenheit – Messverfahren DIN EN 1294 Türblätter – Ermittlung des Verhaltens bei Feuchtigkeitsänderungen in aufeinander folgenden beseitig gleichen Klimaten; DIN EN 1529 Türblätter – Höhe, Breite, Dicke und Rechtwinkligkeit – Toleranzklassen; DIN EN 1530 Türblätter – Allgemeine und lokale Ebenheit – Toleranzklassen; DIN EN 12 210 Fenster und Türen – Widerstandsfähigkeit bei Windlast – Klassifizierung; DIN EN 12 219 Türen – Klimaeinflüsse; Anforderungen und Klassifizierung;
Wärme-/Wetterschutz – Allgemein: Wärmedurchgang Tauwasserschutz	DIN 4108 Wärmeschutz im Hochbau; EnEV Verordnung über energiesparenden Wärmeschutz und energiesparende Anlagentechnik bei Gebäuden DIN 52 611 Wärmeschutztechnische Prüfungen; Bestimmung des Wärmedurchlasswiderstandes von Bauteilen; DIN EN 12219 Türen – Klimaeinflüsse
– Fugendurchlässigkeit	DIN EN 12 207 Fenster und Türen – Luftdurchlässigkeit;
– Schlagregendichtheit	DIN EN 12 208 Fenster und Türen – Schlagregendichtheit;
– Winddichtigkeit	DIN EN 12 210 Fenster und Türen – Widerstandsfähigkeit bei Windlast;
Schallschutz	DIN 4109 Schallschutz im Hochbau, insbesondere Teil 2, Mindestanforderungen an den Wärmeschutz Prüfzeugnisse von Herstellerfirmen, Veröffentlichung von Rechenwerten im Bundesanzeiger; VDI-Richtlinie 2719 Schalldämmung von Fenstern und deren Zusatzeinrichtungen – Grundlagen;
Brandschutz	Allgemein: DIN 4102 Brandverhalten von Baustoffen;
– Fluchtwegtüren	DIN 18 082 Feuerschutzabschlüsse, Stahltüren T 30; DIN 18 091 Aufzüge; Schacht-Schiebetüren für Fahrschächte mit Wänden der Feuerwiderstandsklasse F 90; DIN 18 093, Feuerschutzabschlüsse; Einbau von Feuerschutztüren in massive Wände aus Mauerwerk oder Beton; Ankerlagen, Ankerformen, Einbau;

Problemkreis/Stichworte	Hinweise
	DIN 18 095-1 Türen; Rauchschutztüren Begriffe und Anforderungen; DIN 18 250 Einsteckschlösser für Feuerschutzabschlüsse; DIN 18 272 Bänder für Feuerschutztüren; DIN 18 273 Baubeschläge – Türdrücker für Feuerschutztüren und Rauchschutztüren; Begriffe, Maße, Anforderungen DIN 4066 Hinweisschilder für die Feuerwehr DIN EN 14 600 Feuerschutz und/oder Rauchschutztüren und feuerwiderstandsfähige, zu öffnende Fenster – Anforderungen und Klassifizierung; DIN EN 14 637 Schlösser und Baubeschläge – Elektrisch gesteuerte Feststellanlagen für Feuer-/Rauchschutztüren – Anfoderungen, Prüfung, Anwendung und Wartung; RAL-RG 611, Feuerschutzabschlüsse; Gütesicherung; RAL-GZ 612, Rauchschutzabschlüsse; Gütesicherung; RAL-GZ 975/2, Brandschutz im Ausbau; Brandschutzverglasung; Gütesicherung; Länderbauordnung und Durchführungsverordnungen; Prüferzeugnisse von Herstellerfirmen;
Einbruchschutz	DIN V ENV 1627 Fenster, Türen, Abschlüsse; Einbruchhemmung; Anforderungen und Klassifizierung; DIN 18 103 Einbruchhemmende Türen; DIN 52 290 Angriffhemmende Verglasung Verglasung, Teil 1 bis 5; DIN 18 104-1 Einbruchhemmende Nachrüstprodukte -Teil 1: Aufschraubbare Nachrüstprodukte für Fenster und Türen; Anforderungen und Prüfverfahren; DIN EN 1522 Fenster, Türen, Abschlüsse – Durchschusshemmung – Anforderungen und Klassifizierung; DIN EN 13 123-1 Fenster, Türen und Abschlüsse – Sprengwirkungshemmung – Anforderungen und Klassifizierung; RAL-RG 611/3, Tore, Türen, Zargen; Einbruchhemmende Türen aus Stahl; Gütesicherung;
Strahlenschutz	DIN 6834 Strahlenschutztüren für medizinisch genutzte Räume;
Allgemeine Anforderungen	DIN EN 14 351-1 Fenster und Türen – Produktnorm, Leistungseigenschaften – Teil 1: Fenster und Außentüren;
– an Wohnungsabschlusstüren	DIN 18 101, Türen; Türen für den Wohnungsbau; Türblattgrößen, Bandsitz und Schlosssitz; Gegenseitige Abhängigkeit der Maße; DIN 18 105 Wohnungsabschlusstüren; RAL-GZ 996, Haustüren; Gütesicherung DIN EN 14 220 Holz und Holzwerkstoffe in Fenstern, Außentürflügeln und Außentürrahmen – Anforderungen; VFF Merkblatt, Klassifizierung von Beschichtungen für Holzfenster und –haustüren;
– an kraftbetätigte Türen und Tore	DIN EN 12 978 Türen und Tore – Schutzvorrichtungen für kraftbetätigte Türen und Tore – Anforderungen
– an Innentüren	DIN 18 101, Türen; Türen für den Wohnungsbau; Türblattgrößen, Bandsitz und Schlosssitz; Gegenseitige Abhängigkeit der Maße; DIN 68 706-1 Innentüren aus Holz und Holzwerkstoffen – Türblätter, Begriffe, Maße, Anforderungen DIN 68 706-2(Entwurf) Innentüren aus Holz und Holzwerkstoffen – Türzargen, Begriffe, Maße, Anforderungen

J Normen und Regelwerke 11

Problemkreis/Stichworte	Hinweise
	DIN 67 706 Sperrtüren; Begriffe, Vorzugsmaße, Konstruktionsmerkmale für Innentüren RAL-RG 426 Güte- und Prüfbestimmungen für Innentüren aus Holz und Holzwerkstoffen; DIN EN 14 221 Holz und Holzwerkstoffe in Innentürflügeln und Innentürrahmen – Anforderungen;
Maße und Abmessungen	DIN 4172 Maßordnung im Hochbau; DIN 18 000 Modulordnung im Bauwesen; DIN 18 100 Türen; Wandöffnungen für Türen; Maße entsprechend DIN 4172 DIN 18 101, Türen; Türen für den Wohnungsbau; Türblattgrößen, Bandsitz und Schlosssitz;
Bauteilnorm (Auswahl)	DIN 18 111 Teil 1 Türzargen; Stahlzargen; Standardzargen für gefälzte Türen in Mauerwerkswänden; Teil 4, Ausgabe:2004-08 Türzargen – Stahlzargen – Teil 4: Einbau von Stahlzargen DIN 16 830 Fensterprofile aus hochschlagzähem Polyvinylchlorid; DIN EN 477–479, 513, 514, 12608 Profile aus weichmacherfreiem Polyvinylchlorid; DIN EN 1527 Schlösser und Baubeschläge – Beschläge für Schiebetüren und Falttüren – Anforderungen und Prüfverfahren DIN EN 1529 Türblätter – Höhe, Breite, Dicke und Rechtwinkligkeit – Toleranzklassen; DIN EN 1530 Türblätter – Allgemeine und lokale Ebenheit – Toleranzklassen; DIN EN 1154 Schlösser und Baubeschläge – Türschließmittel mit kontrolliertem Schließablauf; DIN EN 12 209 Schlösser und Baubeschläge – Schlösser – Mechanisch betätigte Schlösser und Schließbleche – Anforderungen und Prüfverfahren DIN EN 12 217 Türen – Bedienkräfte – Anforderungen und Klassifizierung DIN 18 251 Schlösser -Einsteckschlösser für Türen; Normen für unterschiedliche Baubeschläge; DIN 18 252, Profilzylinder für Türschlösser – Begriffe, Maße, Anforderungen, Kennzeichnung; DIN 18 255 Baubeschläge; Türdrücker, Türschilder, Türrosetten, Begriffe, Maße, Anforderungen; DIN 18 257, Baubeschläge; Schutzbeschläge; Begriff, Maße, Anfoderungen, Prüfungen und Kennzeichnung; DIN 18 263 Türschließer mit hydraulischer Dämpfung; DIN 18 268 Baubeschläge; Türbänder; Bandbezugslinie DIN EN 12 365-1 Baubeschläge – Dichtungen und Dichtungsprofile für Fenster, Türen und andere Abschlüsse sowie vorgehängte Fassaden – Anforderungen und Klassifizierung; DIN EN 12 433 Teil 1 und 2, Tore – Terminologie – Bauarten und Bauteile von Toren;
Ausführungsnormen – Allgemein Tischlerarbeiten, Metallbauarbeiten, Beschlagarbeiten, Verglasungsarbeiten, Anstricharbeiten	VOB Vergabe- und Vertragsordnung für Bauleistungen – Teil C: Allgemeine Technische Vertragsbedingungen für Bauleistungen (ATV); Hier insbesondere: DIN 18 355 Tischlerarbeiten; DIN 18 357 Beschlagarbeiten; DIN 18 360 Metallbauarbeiten, Schlosserarbeiten;

Problemkreis/Stichworte	Hinweise
	DIN 18 361 Verglasungsarbeiten; DIN 18 363 Maler- und Lackiererarbeiten;
– Anschluss an den Baukörper	DIN 18 540 Abdichten von Außenwandfugen im Hochbau mit Fugendichtstoffen; DIN 18 542 Abdichten von Außenwandfugen mit imprägnierten Dichtungsbändern aus Schaumkunststoff – Imprägnierte Dichtungsbänder – Anforderungen und Prüfung.

Konstruktionsatlas

1 Wohnhaus Hesselbach,
Kalchreuth (Baujahr: 1995) [K.1]
Architekt: Hans Hesselbach 80

2 Thomas-Kirche, Osnabrück –
Umbau und Erweiterung
(Baujahr: 2001)
Architekten:
Rüdiger Wormuth,
Elmar Kuhlmann 806

3 Hauptfuhrpark des Amtes
für Stadtreinigung und
Stadtentwässerung Bremen,
Wartungshalle
(Baujahr 1989) [K.2]
Planung:
Projekarbeitsgemeinschaft
Thomas Großmann,
beratender Ingenieur;
Jochen Brandi †, Architekt;
Klaus Burk, Mitarbeiter:
Herbert Bruns. 813

4 Deutsche Bundesstiftung Umwelt
Verwaltungsgebäude, Osnabrück
(Baujahr: 1995) [K.3]
Architekt (Gebäudeplanung):
Erich Schneider-Wessling 817

5 Deutsche Bundesstiftung
Umwelt, Zentrum für
Umweltkommunikation,
Osnabrück
(Baujahr: 2002) [K.4]
Architekten (Entwurf und
Planung): Herzog + Partner,
München 822

6 Informations-,
Kommunikations- und
Medienzentrum der BTU
Cottbus (Baujahr 2004) [K.5]
Architekten (Entwurfs- und
Ausführungsplanung):
Herzog & de Meuron, Basel,
Haustechnik: ARGE
Ingenieurbüro Hänel und IKL
+ Partner 827

7 Westmünsterländer
Bauernhof, Altbausanierung
(Baujahr: 1993)
Architekt: Rüdiger Wormuth 83

8 Gründerzeitwohnhaus,
Osnabrück, Altbausanierung
(Bauausführung: 1993) [K.6]
Architekt: Rüdiger Wormuth 84

Konstruktionsatlas K

Vorbemerkung

An ausgeführten Gebäuden wird im Konstruktionsatlas die Einbindung der Baukonstruktion in die sonstigen die Planung bestimmenden Bedingungen dargestellt. Das Schwergewicht der Aussagen liegt also auf der Darstellung der Komplexität des Bauens und bei einigen Beispielen insbesondere auf der Darstellung des vom Bauprogramm vorgegebenen Zusammenhanges zwischen Baukonstruktion und Technischem Ausbau.

Die hier vorgestellten Gebäude sind durch eine Auswahl von Details charakterisiert. Darunter gibt es sowohl so genannte Standardlösungen als auch nicht alltägliche Lösungen. Die konstruktiv-gestalterischen Probleme sind unseres Erachtens bei allen Beispielen gut und zum Teil originell gelöst worden. Die Leser mögen jedoch selbst urteilen, denn die gestalterischen Absichten werden im jeweiligen Einführungstext nur angedeutet.

(Foto: Rüdiger Wormuth)

1

Wohnhaus Hesselbach, Kalchreuth

Ein schmales Haus für einen schmalen Geldbeutel kann ansehnlich und gut nutzbar sein. Das kompakte Gebäude, 2-geschossig mit einer Grundfläche von 5,75 m × 16,00 m, nutzt die Restfläche eines bereits bebauten Grundstücks in dörflicher Umgebung. Hausform und Materialwahl entsprechen diesem Ambiente.

Der Mauerwerksbau mit Querschotten zur Aussteifung der Längsaußenwände wirkt im Inneren trotz des Raumzellencharakters nicht eng, weil die Decken zum Teil durchbrochen sind und so über zwei Geschosse durchgehende Räume entstanden.

Die Querschotten ermöglichen geringe Deckenspannweiten (3,5 m bis 4,5 m), einer von vielen kostenmindernden Faktoren.

Die Wände werden von einem auf der Mauerkrone unter der letzten Deckenbalkenlage und den Fußpfetten des Dachs umlaufenden Stahlbetonringbalken gehalten, der gleichzeitig als Ringanker wirkt. Lediglich die Kellerdecke ist aus Stahlbeton (Ortbeton auf *Filigran*-Fertigbetonplatten). Alle anderen Decken und das Dach bestehen aus Holzbalken.

Die Stahlkonstruktionen des Balkons und des Windfangs wurden zur Hälfte eigenständig gegründet, dem Baukörper so angefügt, dass Wärmebrücken nicht entstanden. Das Balkongerüst dient als Rankhilfe für Kletterpflanzen zur Verschattung der Fenster und Fenstertüren im Sommer.

Die Außenwände sind zweischalig, hinterlüftet und mit Wärmedämmung ausgeführt worden. Als Wetterschutzschale dienen eine horizontale Stülpschalung und zum Teil Faser-Zementplatten.

Konstruktionsatlas   Wohnhaus Hesselbach, Kalchreuth   K

Aufriss von Süden M. 1 : 200

(Foto: Rüdiger Wormuth)

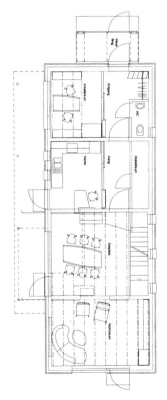

Grundriss Erdgeschoss M. 1 : 200

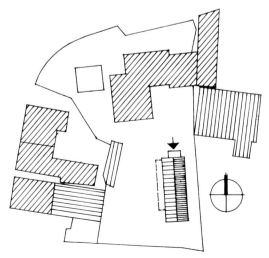

Lageplan M. 1 : 1 000

805

Wohnhaus Hesselbach, Kalchreuth

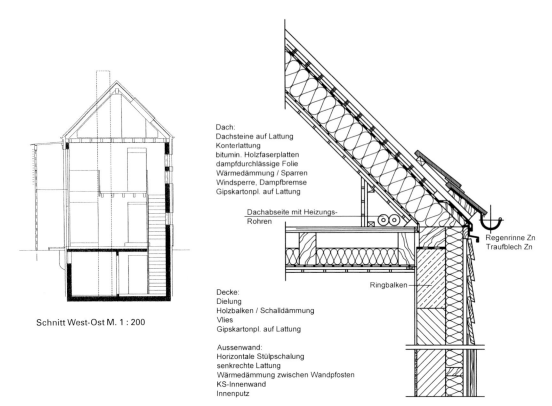

Schnitt West-Ost M. 1 : 200

Dach:
Dachsteine auf Lattung
Konterlattung
bitumin. Holzfaserplatten
dampfdurchlässige Folie
Wärmedämmung / Sparren
Windsperre, Dampfbremse
Gipskartonpl. auf Lattung

Dachabseite mit Heizungs-Rohren

Decke:
Dielung
Holzbalken / Schalldämmung
Vlies
Gipskartonpl. auf Lattung

Aussenwand:
Horizontale Stülpschalung
senkrechte Lattung
Wärmedämmung zwischen Wandpfosten
KS-Innenwand
Innenputz

Regenrinne Zn
Traufblech Zn
Ringbalken

Traufpunkt M. 1 : 20

Aufriss von Westen M. 1 : 200

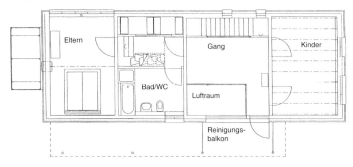

Grundriss Obergeschoss M. 1 : 200

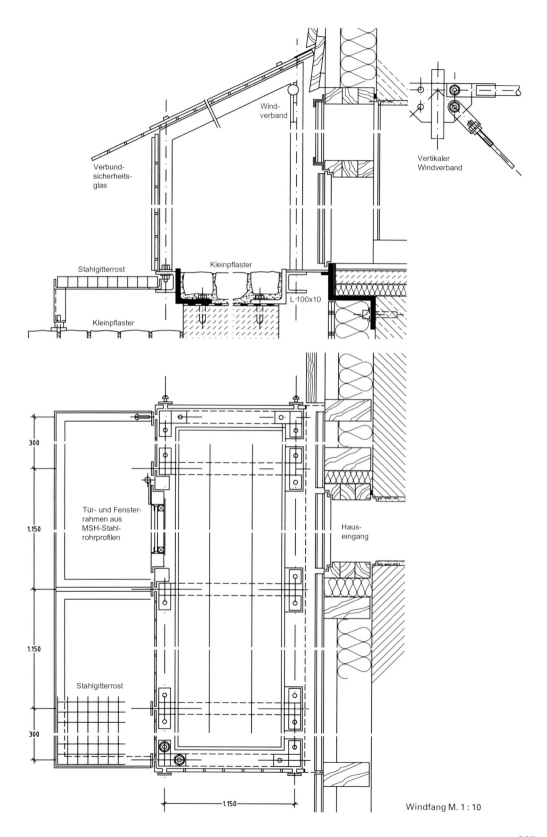

Windfang M. 1 : 10

K Thomas-Kirche, Osnabrück

(Foto: Rüdiger Wormuth)

2
Thomas-Kirche, Osnabrück – Umbau und Erweiterung

Aus den Rahmenbedingungen der Evangelisch-Lutherischen Landeskirche Hannover und dem Bedarf der Thomaskirchengemeinde ergab sich das Konzept einer „Anbau"-Kirche, d.h.: Ein Teil des Altbaus war abzureißen und in die Lücke ein Kirchenbau mit vergrößerter Grundfläche einzufügen.

Das 1963 in der kargen Formensprache jener Zeit entstandene Gemeindezentrum entsprach längst nicht mehr den funktionalen Anforderungen der expandierenden Gemeinde. Die 1963 zwar geplante, jedoch nie ausgeführte Kirche wurde durch einen Gemeindesaal nur unvollkommen ersetzt.

Die Gestalt des Neubaus wurde als Kontrast zum Altbau aus zwei archetypischen Gesten entwickelt: Der *beschirmenden* und der *einladenden* Hand.

Das flach-kegelmantelförmige Dach wird von unterspannten Zwillingsbindern auf eingespannten Gabelstützen aus Brettschichtholz getragen. Es entfaltet sich fächerförmig in einem durch den Goldenen Schnitt proportionierten Rhythmus. Die raumabschließenden Wände folgen frei der Dachkontur. Das Dach überdeckt weitflächig auch die Nahtstellen zwischen Alt- und Neubau.

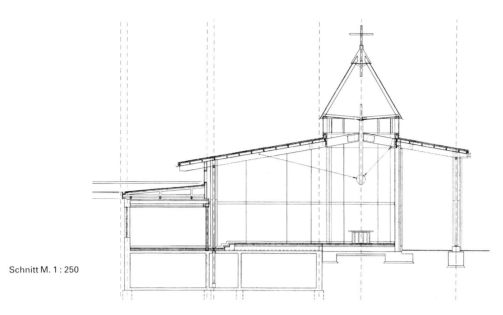

Schnitt M. 1 : 250

Erdgeschossgrundriss
M. 1 : 250

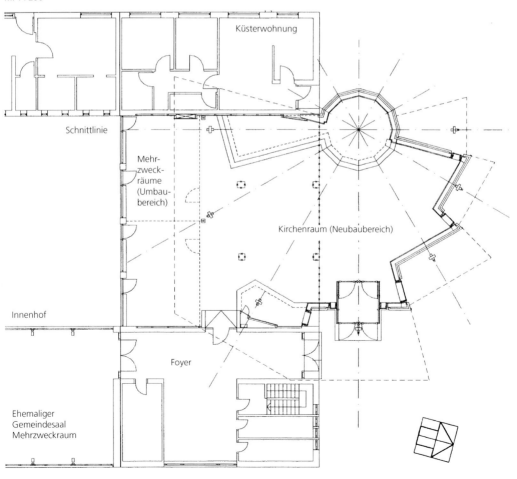

K Thomas-Kirche, Osnabrück

(Foto: Rüdiger Wormuth)

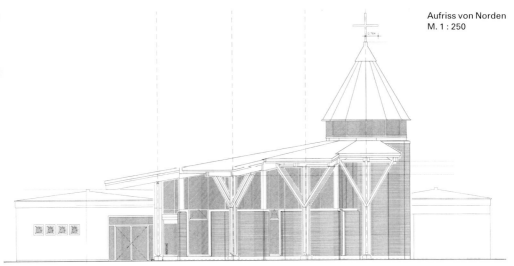

Aufriss von Norden
M. 1 : 250

Thomas-Kirche, Osnabrück

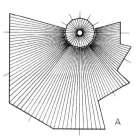

Bautechnische Merkmale
- Skelettkonstruktion: Dach aus Brettschichtholzbindern, unterspannt mit Stahlzugbändern, auf eingespannten Gabelstützen aus Brettschichtholz.
- Außenwände: Ausgesteifte Mauerwerkswände (dreiseitig gehalten), zweischalig mit Kerndämmung. Verglaste Wandbereiche als selbsttragende Holz-Alu-Pfostenkonstruktion.
- Dach: Vorgefertigte Paneele aus mit Multiplexplatten beplankten Pfetten, Hohlräume wärmegedämmt. Zweischalig, belüftet, mit Kupferblechstehfalzdeckung auf Holzwerkstoffplatten.
- Fußböden: Stäbchenparkett, Anhydritestrich mit WW-Fußbodenheizung auf Wärmedämmung.
- Heizung: WW-Fußbodenheizung für Einhaltung einer Grundtemperatur und ergänzende Warmluftheizung.

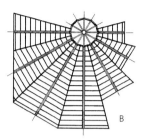

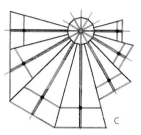

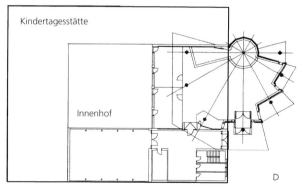

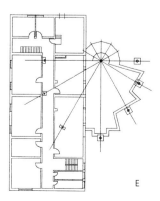

A
Dachaufsicht
Scharen der Kupferblech-Deckung

B
Binder- und Pfettenebene

C
Binderebene

D
Erdgeschossgrundriss

E
Kellergeschossgrundriss

K Thomas-Kirche, Osnabrück

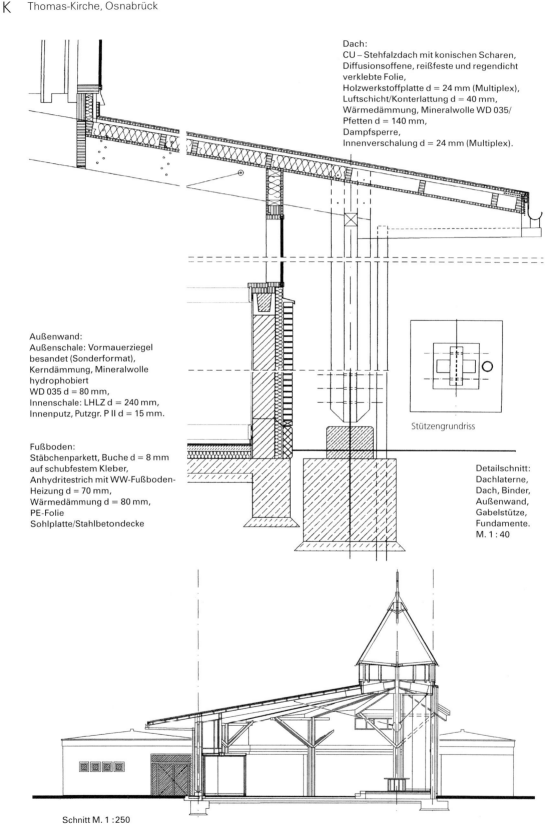

Dach:
CU – Stehfalzdach mit konischen Scharen,
Diffusionsoffene, reißfeste und regendicht
verklebte Folie,
Holzwerkstoffplatte d = 24 mm (Multiplex),
Luftschicht/Konterlattung d = 40 mm,
Wärmedämmung, Mineralwolle WD 035/
Pfetten d = 140 mm,
Dampfsperre,
Innenverschalung d = 24 mm (Multiplex).

Außenwand:
Außenschale: Vormauerziegel
besandet (Sonderformat),
Kerndämmung, Mineralwolle
hydrophobiert
WD 035 d = 80 mm,
Innenschale: LHLZ d = 240 mm,
Innenputz, Putzgr. P II d = 15 mm.

Fußboden:
Stäbchenparkett, Buche d = 8 mm
auf schubfestem Kleber,
Anhydritestrich mit WW-Fußboden-
Heizung d = 70 mm,
Wärmedämmung d = 80 mm,
PE-Folie
Sohlplatte/Stahlbetondecke

Stützengrundriss

Detailschnitt:
Dachlaterne,
Dach, Binder,
Außenwand,
Gabelstütze,
Fundamente.
M. 1 : 40

Schnitt M. 1 : 250

3
Hauptfuhrpark des Amtes für Stadtreinigung und Stadtentwässerung, Bremen, Wartungshalle

Die 1989 fertiggestellte Anlage dient im Wesentlichen der rationellen Wartung der etwa 400 Spezialfahrzeuge des Amtes für Stadtreinigung und Stadtentwässerung (ASS).

Aus den Maßen der Fahrzeuge und den inneren betrieblichen Anforderungen ergab sich für die große Wartungshalle das Postulat eines stützenfrei überspannten Innenraums und eines quadratischen Stützenrasters von 26,25 m × 26,25 m.

Das Gebäude wird von angrenzenden Hochstraßen von oben wahrgenommen. Diese Tatsache, die Forderung nach einem stützenfreien Innenraum und die konstruktionsästhetische Grundhaltung, Tragverhalten sichtbar zu machen, führten zu der bewegten Dachfläche und der überall erkennbaren Tragkonstruktion. Diese besitzt in den in Köcherfundamente eingespannten Stahlbetonstützen mit aufgesetztem Stützenkopf aus Stahl die für die Gesamtstabilität notwendigen Festpunkte. Die feingliedrige Stahlskelettkonstruktion des Daches aus einem Stahlpfettensystem, das von den Pylonspitzen abgehängt und zusätzlich unterspannt ist, hat gelenkige Knotenpunkte. Die Abtragung von Zugkräften aus der Dachkonstruktion über Zugstäbe bis in die Gründung ist visuell nachvollziehbar.

Die Außenwand der Halle ließ sich ohne Unterbrechung durch Elemente des Haupttragwerks als Porenbetonplattenwand vor Stahlstützen in bauphysikalischer Hinsicht einwandfrei planen. Tageslicht fällt durch das im Schutze des Dachüberstands liegende Oberlichtband, das der bewegten Dachkontur folgt, durch vertikale Fensterstreifen hinter den Stützen und durch die Rolltore ein. Das Ergebnis ist ein Gebäude mit funktionaler und konstruktivgestalterischer Transparenz.

Der Grundriss der Gesamtanlage und die Konstruktionssysteme sind auf die Möglichkeit linearer Erweiterung hin entworfen.

K Hauptfuhrpark der Stadt Bremen, Wartungshalle

Grundriss
M 1:1000

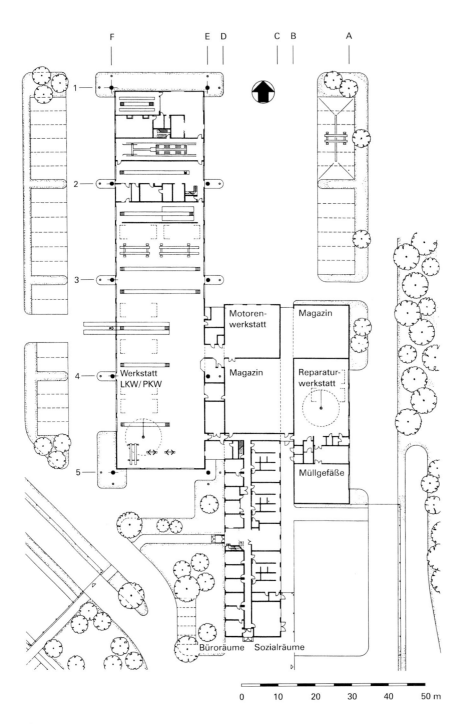

Konstruktionsatlas　　　　　　　　　Hauptfuhrpark der Stadt Bremen, Wartungshalle　　K

Ansicht Süd
M 1:500

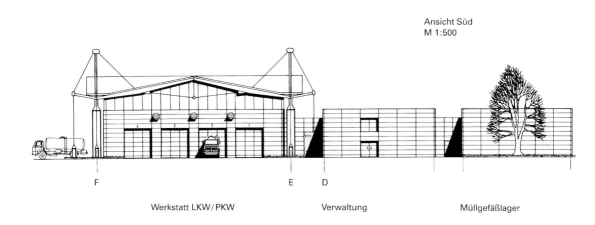

Werkstatt LKW/PKW　　　　　　Verwaltung　　　　　　Müllgefäßlager

Ansicht Ost
(Ausschnitt)
M 1:500

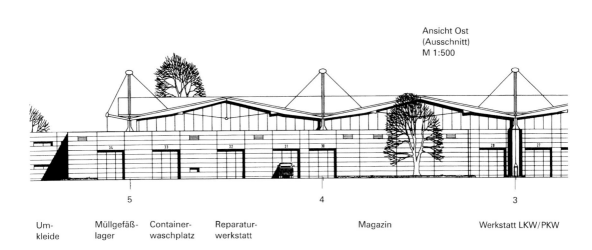

Um-　Müllgefäß-　Container-　Reparatur-　　　　Magazin　　　　Werkstatt LKW/PKW
kleide　lager　waschplatz　werkstatt

815

K Hauptfuhrpark der Stadt Bremen, Wartungshalle

Schnitt Hallenfassade

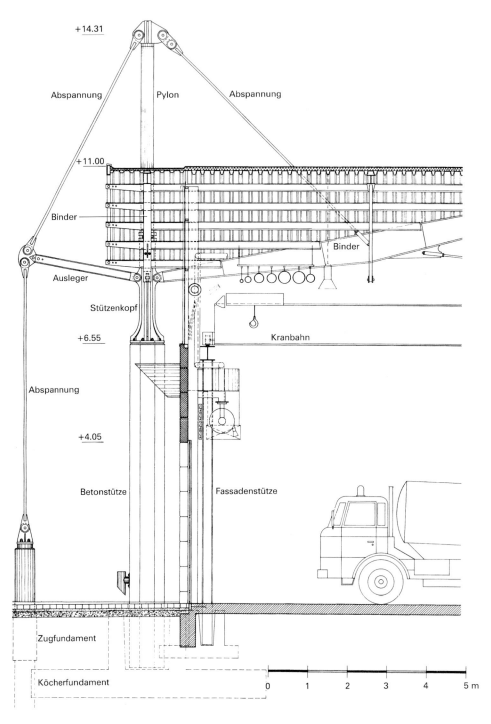

(Foto: Onno Brandis, Bielefeld)

4
Deutsche Bundesstiftung Umwelt, Verwaltungsgebäude, Osnabrück

Der Gebäudeentwurf ist das Ergebnis eines beschränkten Architektenwettbewerbs. Gelobt wurde seinerzeit vom Preisgericht das gestalterische Konzept der Offenheit in der Verknüpfung von Innen- und Außenraum und als Zeichen der Weltoffenheit der Bauherrin sowie die Einhaltung der Aspekte ökologischen Bauens:
- Einpassung des Gebäudegrundrisses in die Parklandschaft mit Schonung des alten Baumbestands (DIN 18 920),
- Verwendung recycelter (Betonzuschläge, Wärmedämmstoffe) und recycelbarer Baustoffe (Stahl, Aluminium, Holz, Glas, Schaumglas, Beton, kompostierbarer Teppichboden, u. a.),
- natürliche Klimatisierung durch sommergrüne Vegetation (im Sommer: Sonnenschutz und im Winter in entlaubtem Zustand: Sonneneinstrahlung),
- Wärmeschutz: 3-fach-Isolierverglasung der Fassaden mit hochwärmedämmenden Gläsern, Sohlplattendämmung aus belastbarem Schaumglas. Innenwanddämmung aus Altpapierflocken,
- passive Solarnutzung durch vollverglaste Fassaden nach Südwesten,
- günstiges A/V-Verhältnis (0,41),
- Integration von Energiebedarf für Heizung, Lüftung und Beleuchtung sowie der erzeugten Abwärme in Verbindung mit individuell elektronisch steuerbarer Einzelraum-Temperaturregelung,
- hohe Anforderungen an das für gutes Betriebsklima und die Gesundheit der Mitarbeiter erforderliche Ambiente (Ausblick in den Park, Einzelraumbüros, individuell regelbare Klimatisierung, zu öffnende Fenster, Naturbaustoffe)

Tragwerk: Stahlbetonskelettkonstruktion mit horizontalen Deckenscheiben und aussteifenden Stahlbetonkernen und -scheiben. Abtragung der Deckenlasten durch Stahlbetonpendelstützen. Die Fassade ist als selbsttragende ganzverglaste Pfosten-Riegel-Konstruktion ausgeführt.

K Deutsche Bundesstiftung Umwelt, Verwaltungsgebäude, Osnabrück

(Foto: Foto Stenger, Osnabrück)

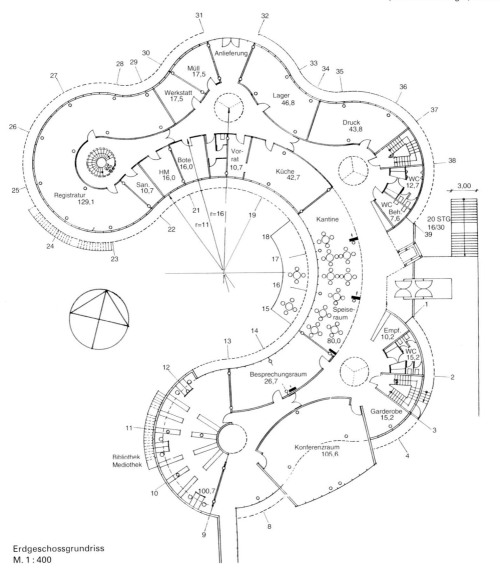

Erdgeschossgrundriss
M. 1 : 400

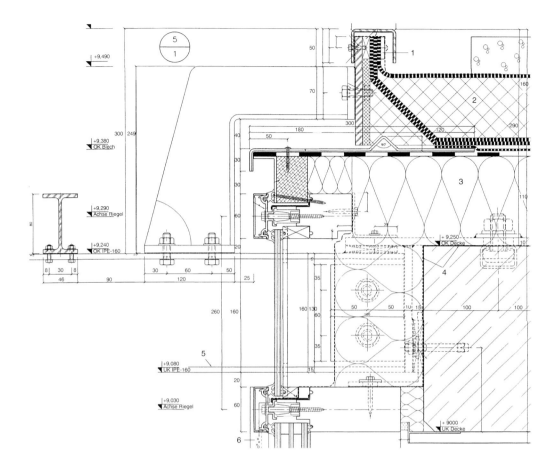

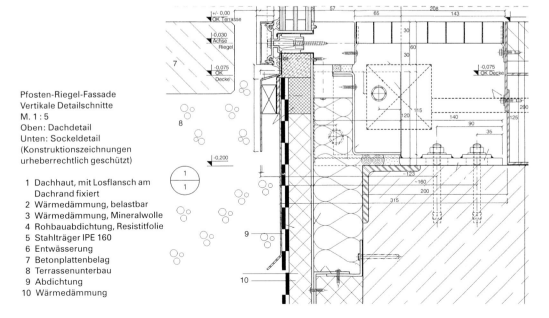

Pfosten-Riegel-Fassade
Vertikale Detailschnitte
M. 1 : 5
Oben: Dachdetail
Unten: Sockeldetail
(Konstruktionszeichnungen
urheberrechtlich geschützt)

1 Dachhaut, mit Losflansch am Dachrand fixiert
2 Wärmedämmung, belastbar
3 Wärmedämmung, Mineralwolle
4 Rohbauabdichtung, Resistitfolie
5 Stahlträger IPE 160
6 Entwässerung
7 Betonplattenbelag
8 Terrassenunterbau
9 Abdichtung
10 Wärmedämmung

K Deutsche Bundesstiftung Umwelt, Verwaltungsgebäude, Osnabrück

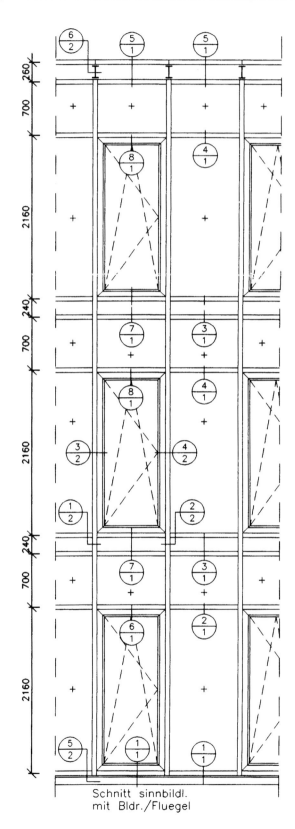

Schnitt sinnbildl. mit Bldr./Fluegel

Pfosten-Riegel-Fassade
Übersicht M. 1 : 50
(Planung und Ausführung:
LANCO Lange Fenster und
Fassadenbau GmbH,
Göttingen)

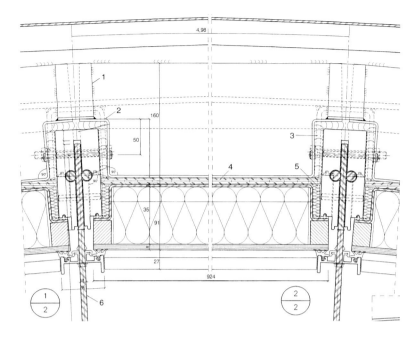

Pfosten-Riegel-Fassade
Horizontale Detailschnitte
M. 1 : 5
(Konstruktionszeichnungen
urheberrechtlich geschützt)

1 Stoßverbinder
2 Stahlblechaufkantung, 30 mm hoch
3 umlaufende Versiegelungsfuge
4 Korkplatte, d = 10 mm, auf Paneel geklebt
5 umlaufende Fuge, mit Mineralwolle ausgestopft
6 Stahl-Schwert, d = 8 mm, 130 mm lang
7 Gitterrost, Stahl, Maschenweite 30 × 30 mm
8 Dichtungsband, umlaufend
9 wie 6

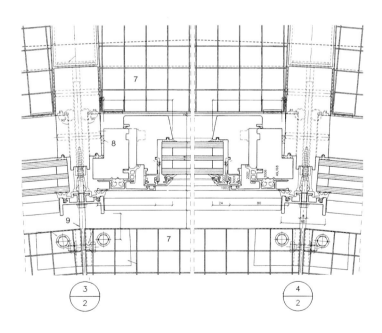

5
Deutsche Bundesstiftung Umwelt, Zentrum für Umweltkommunikation, Osnabrück

Der Gebäudeentwurf ist das Ergebnis eines beschränkten Architektenwettbewerbs. Entwurfskriterien:
- Grundrissflexibilität zur Anpassung an unterschiedliche Anforderungen durch Tagungen, Kongresse und Ausstellungen sowie durch noch nicht absehbare sich im Laufe der Zeit ändernde Nutzungen,
- Energieeffizienz,
- Anwendung innovativer Bautechnik mit Experimentalcharakter,
- Verwendung „naturnaher" und recyclingfähiger Baustoffe,
- optimale Tageslichtnutzung,
- naturnahe Regenwasserbewirtschaftung,
- auf die Lebensdauer des Gebäudes hin ausgelegte Bau- und Gebäudetechnik.

Dieser letzte Aspekt verlangt nach der Anwendung erprobter Technik. Hier spielte allerdings als besondere Anforderung der Bauherrin auch die Erprobung innovativer Technik eine entscheidende

(Foto: Bernhard Kober, punctum)

Rolle. Zur langfristigen Kalkulierbarkeit innovativer Systeme wurden bei der Planungsvorbereitung ausgiebige Modellversuche unternommen. Ein besonderes Anliegen war die Entwicklung eines auf Ressourcenschonung abzielenden komplexen Energiekonzepts. Im Ergebnis erreichte man einen Jahresheizenergiebedarf von nur 29 kWh/qm a.

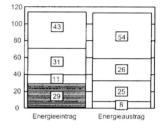

Abb. Energiebilanz

■■■ Heizung
☐ Wärmerückgewinnung
☐ Solarer Eintrag
☐ Interne Energieabgabe
☐ Kühlung
☐ Ventilation
☐ Infiltration
☐ Transmission

Energiebilanz

Innovative Bautechnik, Technische Ausrüstung, Energieversorgung:
– Transparentes, durchlüftetes Membrandach für den Wetterschutz als Teil einer mehrlagigen Dachkonstruktion zur optimalen Tageslichtausnutzung. *Bürobereich:* stark gedämmte opake Raumhülle mit hoher Wärme- und Schallschutzleistung; *Ausstellungs- und Konferenzbereich:* Gesamtdachaufbau ist durchscheinend. Sonnenschutz und Tageslichtsteuerung durch drehbare Alulamellen zwischen Membrandach und Verglasung.
– Gas-BHKW (Heizwärme und Strom); Tageslichtnutzung und passive Solarenergienutzung durch transluzentes Membrandach; Gebäudekühlung durch Rohrregister im oberflächennahen Grundwasser in Verbindung mit den Fußbodenheizungsrohrleitungen und dem Lüftungssystem; Zu- und Abluft mit Wärmetauschern;
– Niederschlagswasserversickerung durch Mulden-Rigolen.

Abb. Membrandach

(Foto: Bernhard Kober, punctum)

Tragwerk: Holzskelettkonstruktion aus vier Doppelreihen von Pendelstützen für den senkrechten Lastabtrag, die von acht zangenartigen Zwillingsbindern aus Brettschichtholz und quer dazu verlaufenden Nebenbindern überspannt werden. Horizontale Lasten werden über Deckenscheiben, eine vertikale Stahlbetonscheibe und den Stahlbetonkern abgetragen (Windaussteifung). Das Membrandach besteht aus der über jedem der 21 Grundriss-Module angeordneten Stahlbogenträgerkonstruktion mit den Druckbögen und der randlichen zugbeanspruchten Seilabspannung als Stabilisierungselemente für die Kunststoffmembran. Die Geschosszwischenebenen sind statisch unabhängig in die Hauptkonstruktion eingestellt.

Abb. Konferenzraum mit aufgefalteten Trennwänden

(Foto: Bernhard Kober, punctum)

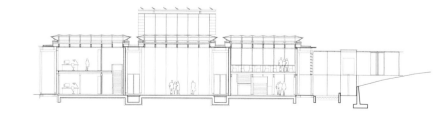

Schnitt M. 1 : 500

Abb. Ausstellungshalle

(Foto: Bernhard Kober, punctum)

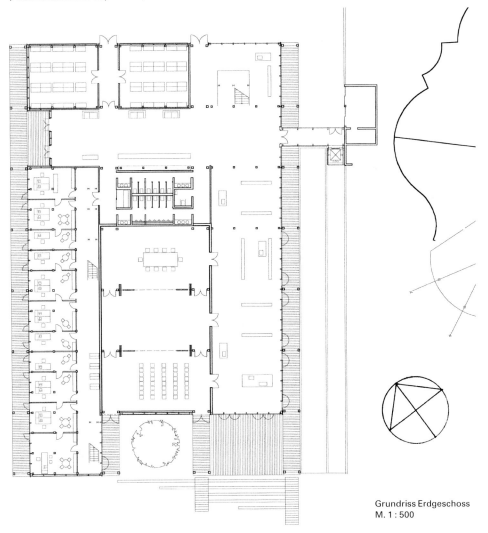

Grundriss Erdgeschoss
M. 1 : 500

K Deutsche Bundesstiftung Umwelt, Zentrum für Umweltkommunikation, Osnabrück

Abb. Membrandach (Foto: Bernhard Kober, punctum)

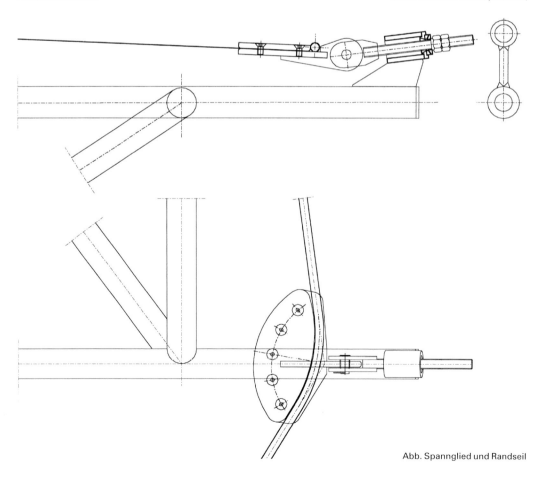

Abb. Spannglied und Randseil

(Foto: Werner Huthmacher, Berlin)

6
Informations-, Kommunikations- und Medienzentrum der BTU Cottbus

Das Programm des IKMZ verbindet den Anspruch der konventionellen, elektronischen und multimedialen wissenschaftlichen Literatur- und Informationsversorgung mit dem menschlichen Bedürfnis nach Räumlichkeit und Erlebbarkeit sowie nach konzentriertem wissenschaftlichen Arbeiten.

Die Absicht, einen städtebaulichen Solitär zu schaffen, verknüpften die Architekten mit der, Transparenz im Innern und nach außen zu erreichen und dem Kunstgriff, die komplementären Gestaltelemente der gekurvten Gebäudehülle und der orthogonal zurückgeschnittenen Geschossplatten gegeneinander wirken zu lassen.

Die architektonische Idee der vertikalen Raumkontinua mit geschossübergreifenden Lufträumen erforderte wegen Nichteinhaltung der baulichen Brandschutzanforderungen (horizontale Brandabschnitte) ein besonderes Sicherheitskonzept mit Entrauchungsanlage, Be- und Entlüftung der Treppenhauskerne, Hochdruck-Wassernebel-Löschanlage und Brandmeldeanlage.

Tragwerk: Stahlbetonskelettkonstruktion mit 1- bis 3-geschossigen Stahlbetonverbundstützen (Kern aus Stahlrohr) für die Abtragung vertikaler Lasten, Stahlbetondeckenplatten mit Scheibenwirkung für die Aufnahme von Windkräften und zur Weiterleitung auf die aussteifenden Stahlbetonkerne. Die gekrümmten Stahlbetonwandscheiben in der Fassadenebene haben keine statisch-konstruktive Funktion.

K Informations-, Kommunikations- und Medienzentrum der BTU Cottbus

Die haustechnische Konzeption: Zielvorstellung war ein Gebäude mit niedrigem Energiebedarf und energiesparender Technik. Heizwärme, Endenergie und der nach CO_2 bewertete Primärenergiebedarf sind auf 40 kWh/qm a begrenzt. Bestandteile der Energieversorgung: 2 gasbetriebene Blockheizkraftwerke im Kraft-Wärme-Kälte-Verbund liefern die Antriebsenergie für eine Absorptionskälteanlage (Wärme) im Kühlfall bzw. elektrischen Strom für eine Wärmepumpe im Heizfall, für die Pumpen des Erdsondenfelds, das im Sommer überschüssige Wärme aufnimmt und im Winter als Wärmequelle für die Wärmepumpen dient (Abb. **Energiefluss**).

Abb. Energiefluss

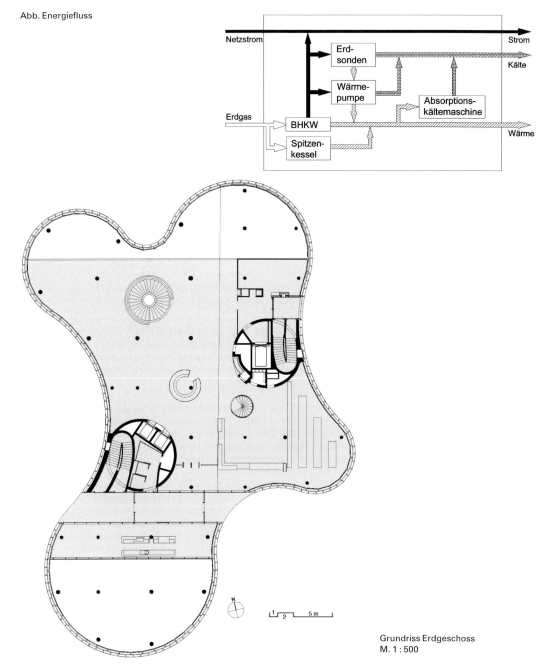

Grundriss Erdgeschoss
M. 1 : 500

Informations-, Kommunikations- und Medienzentrum der BTU Cottbus   K

(Foto: Werner Huthmacher, Berlin)

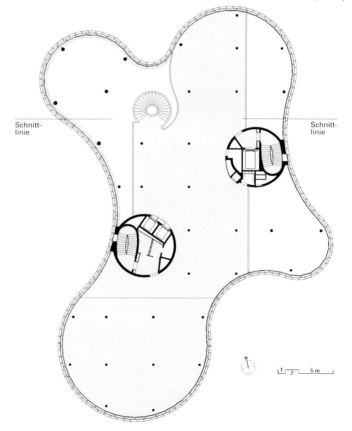

Grundriss 4. Obergeschoss
M. 1 : 500

Deckenanschluas an die Fassade
Schnitt B M. 1 : 25

1 Teppich, d = 14 mm
2 Kleber, d = 1 mm
3 Estrich, d = 40 mm
4 Gipskartonplatte, d = 15 mm
5 Hohlraum des Doppelbodens, d = 14 cm
6 Stahlbetondecke, d = 30 cm
7 Abgehängte Metallgitterdecke, d = 50 mm
8 Innenfassadenfenster
9 Stahlrohr, verzinkt, D = 127 mm
10 Stahlrohr, verzinkt, D = 70 mm
11 vorgehängte Glastafeln mit offenen Fugen
12 Spider (Halterung)
13 Blechschürze
14 Wärmedämmung, d = 120 mm
15 Stahlbetonrandbalken, b/h = 30/165 cm
16 Deckenstrahlungsheizung
17 Deckenleuchte
18 Hochdrucknebellöschanlage
19 Bodentank
20 Unterflurkonvektor mit Lüftungsanschluss
21 Rollgitter
22 Stahlbetonverbundstütze (mit Stahlrohrkern)

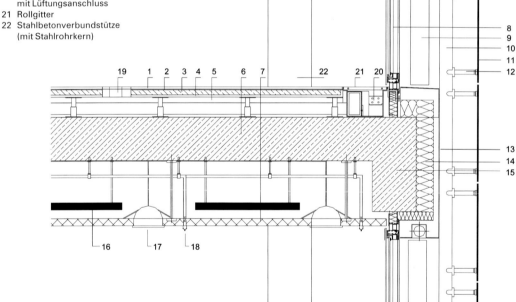

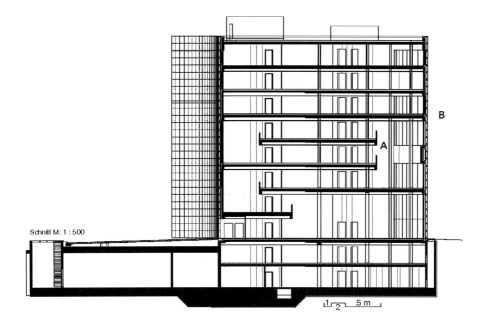

Schnitt M: 1 : 500

Freie Deckenkante im Gebäude
Schnitt A M. 1 : 25
1 Teppich, d = 14 mm
2 Kleber, d = 1 mm
3 Estrich, d = 40 mm
4 Gipskartonplatte, d = 15 mm
5 Hohlraum des Doppelbodens, d = 14 cm
6 Stahlbetondecke, d = 30 cm
7 Abgehängte Metallgitterdecke,
 d = 50 mm
8 Stahlbetonrandbalken,
 b/h = 20/165 cm
9 Akustikplatten, Brandklasse A 2
10 Gipskartonplatten
11 Brüstungsbuchregal
12 Bodentank
13 Zuluftrohr
14 Deckenstrahlungsheizung
15 Hochdrucknebellöschanlage
16 Deckenleuchte
17 Wirbelstromhaube
 der Entrauchungsanlage

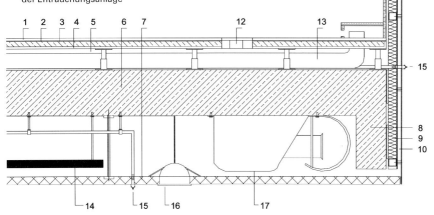

K Informations-, Kommunikations- und Medienzentrum der BTU Cottbus

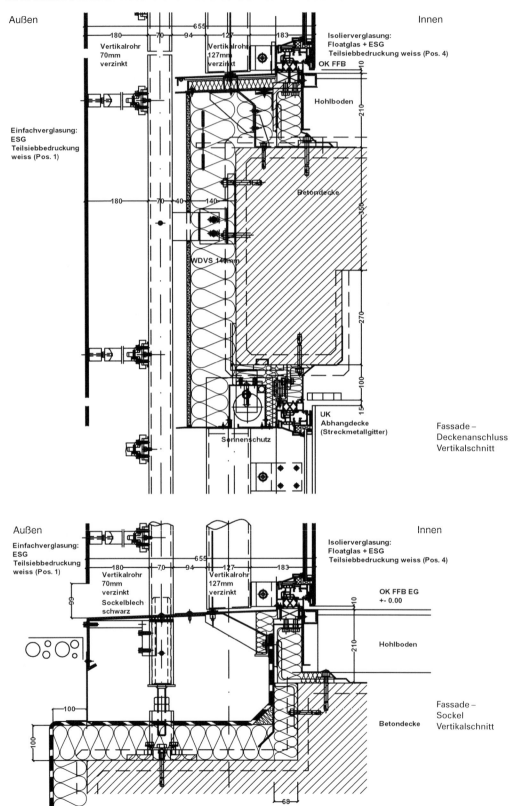

Fassade –
Deckenanschluss
Vertikalschnitt

Fassade –
Sockel
Vertikalschnitt

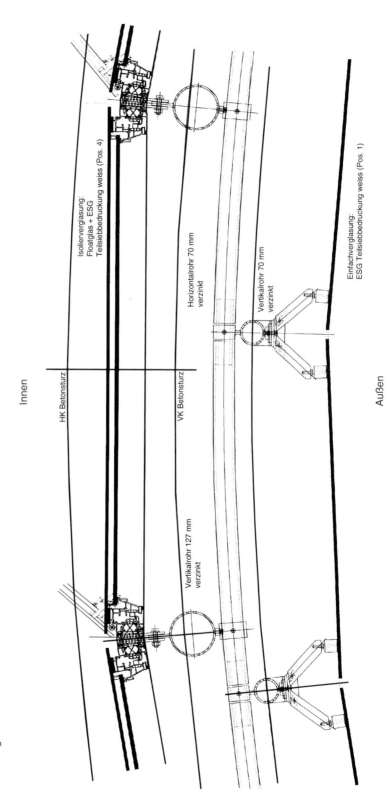

Doppelfassadenkonstruktion
Horizontalschnitt
M. 1 : 10

7
Westmünsterländer Bauernhof, Altbausanierung

Das Ensemble aus Wohnwirtschaftsgebäude (niederdeutsches Hallenhaus/Vier-Ständer-Bau), Speicher und Remise inmitten alten Eichenbestandes steht unter Denkmalschutz. Das ehemalige Wohnwirtschaftsgebäude war zu einem Wohnhaus umzubauen.

Die Anforderungen der Denkmalbehörde hinsichtlich Gesamterscheinung, Ausführungsdetails und Materialwahl bestimmten den Entwurf der Baukonstruktion. Die Gesamterscheinung war zu wahren. Lediglich geringfügige Veränderungen, wie Schließen der Mistluken und Neubau von Schleppgauben auf der Rückseite der ansonsten einheitlichen Dachfläche, wurden zugestanden. Die alte Toreinfahrt (Grotdör) wurde rekonstruiert. Sie dient für die neue, zurückgesetzte Fenster- und Türanlage der Wohnhalle als Witterungs- und Einbruchsschutz.

Ausführungsdetails:
Nachbau der alten Sprossenfenster mit Einfachverglasung im Rahmen neuer Kastenfenster (Wärme- und Schallschutz). Durchgehende Verbretterung der Giebeldreiecke mit breiten, nichtparallel besäumten, unbehandelten Eichenbrettern. Die mit Feldbrandklinkern ausgefachten Eichenfachwerkwände wurden zur „Außenschale" einer zweischaligen Außenwandkonstruktion mit Luftschicht und zusätzlicher Wärmedämmung. Die Innenschale ist hier nichttragend.

Lageplan
M 1 : 750

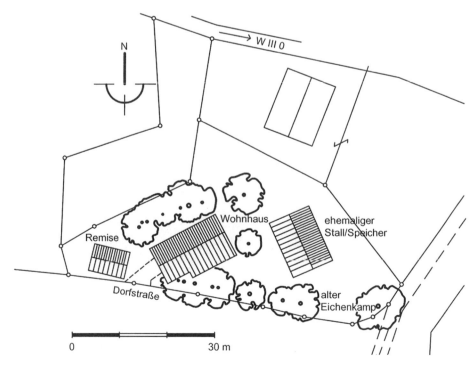

Westmünsterländer Bauernhof, Altbausanierung

Materialwahl:
Witterungsexponierte und tragende Holzteile sind – wie vorher – aus Eichenholz hergestellt. Es erübrigte sich daher chemischer Holzschutz. Beim Innenausbau wurden ausschließlich nichtemittierende und recyclingfähige Baustoffe verwendet.

Tragkonstruktion:
Vier-Ständer-Bau mit Deckenbalken, Sparrenschwelle und durch Windrispen in Längsrichtung und durch Kehlriegel und Hahnenbalken quer ausgesteiftem Sparrendach. Zwischen die alten, krummen und z. T. durchhängenden Sparren aus gebeilten, halbierten Stämmen wurden scharfkantige Neusparren gesetzt und an ihnen die Altsparren mittels der Unterkonstruktion für den Dachinnenausbau gerichtet. Auf den unebenen Deckenbalken ist über den alten Bodenbrettern eine neue und horizontal ausgerichtete Balkenlage in Gebäudelängsrichtung verlegt worden. Der so entstandene Zwischenraum ist z. T. wärmegedämmt bzw. dient der Verteilung von Installationsleitungen.

K Westmünsterländer Bauernhof, Altbausanierung

Innerhalb der fertiggestellten äußeren Gebäudehülle war witterungsgeschützter Innenausbau möglich.

Das Bad im ausgebauten Dachgeschoss erhielt eine steife, nach oben abgedichtete Bodenplatte aus Sperrholz und eine hinterlüftete Wandkonstruktion mit feuchtigkeitsresistenten Wandplatten aus melaminharzgebundener Viskose. Alle Fugen sind revisionsfähig und gleitend mit Dichtungsprofilen geschlossen. Die Objekte sind nach einheitlichem Design z. T. zusammen mit den vorgeformten Wandelementen eingebaut worden. Installationen sind in den Hohlräumen von Wänden und Decke verlegt und dort zerstörungsfrei zugänglich.

Aufriss Nord-Ost
M 1 : 100

1–4	Hauptständer
5	Streben
6	Riegel
7	Sparren – Fußschwelle
8	Sparren
9	Kehlriegel
10	Hahnenbalken
11	Deckenbalken
12	Zierknagge
13	Aufschiebling
14	Windbrett
15	Giebelverbretterung
16	ehemalige Mistluke
17	Deelentor (Grotdör)
18	Sandsteinsockel/vorhanden
19	vor dem Badfenster Brettverschalung mit 15 mm Licht- bzw. Luftschlitzen
20	Schleppgaube
21	Ausfachung mit Feldbrandklinkern

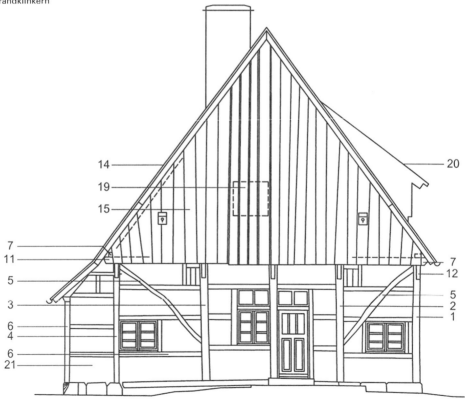

Westmünsterländer Bauernhof, Altbausanierung

Grundriss Erdgeschoss
M 1 : 100

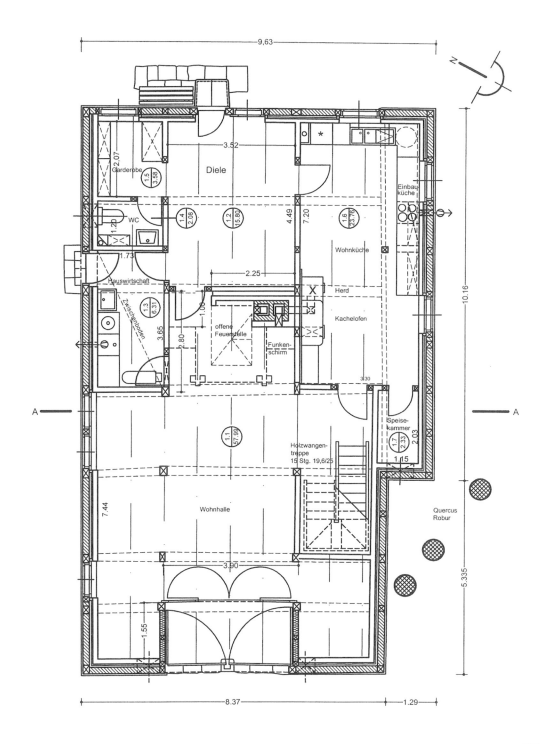

K Westmünsterländer Bauernhof, Altbausanierung

Grundriss Dachgeschoss
M 1 : 100

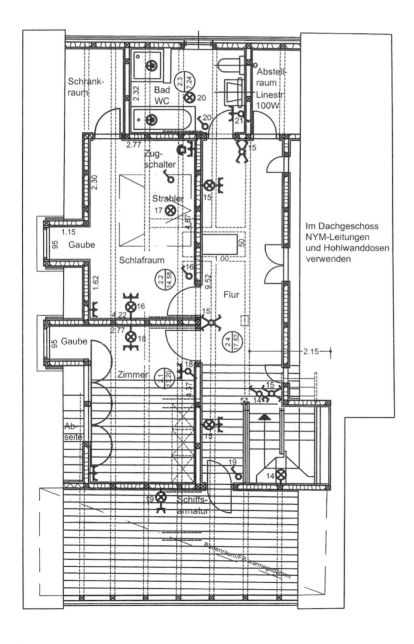

Westmünsterländer Bauernhof, Altbausanierung   K

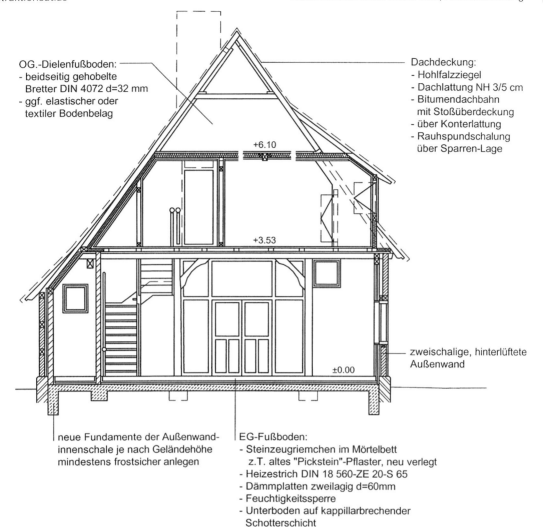

OG.-Dielenfußboden:
- beidseitig gehobelte Bretter DIN 4072 d=32 mm
- ggf. elastischer oder textiler Bodenbelag

Dachdeckung:
- Hohlfalzziegel
- Dachlattung NH 3/5 cm
- Bitumendachbahn mit Stoßüberdeckung
- über Konterlattung
- Rauhspundschalung über Sparren-Lage

zweischalige, hinterlüftete Außenwand

neue Fundamente der Außenwand-innenschale je nach Geländehöhe mindestens frostsicher anlegen

EG-Fußboden:
- Steinzeugriemchen im Mörtelbett z.T. altes "Pickstein"-Pflaster, neu verlegt
- Heizestrich DIN 18 560-ZE 20-S 65
- Dämmplatten zweilagig d=60mm
- Feuchtigkeitssperre
- Unterboden auf kappillarbrechender Schotterschicht

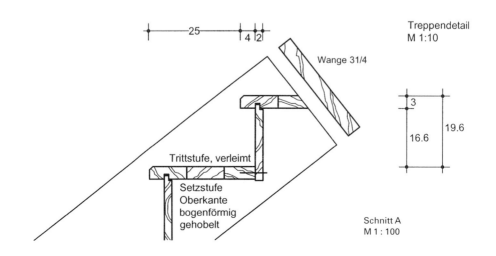

Treppendetail
M 1:10

Schnitt A
M 1:100

K Westmünsterländer Bauernhof, Altbausanierung

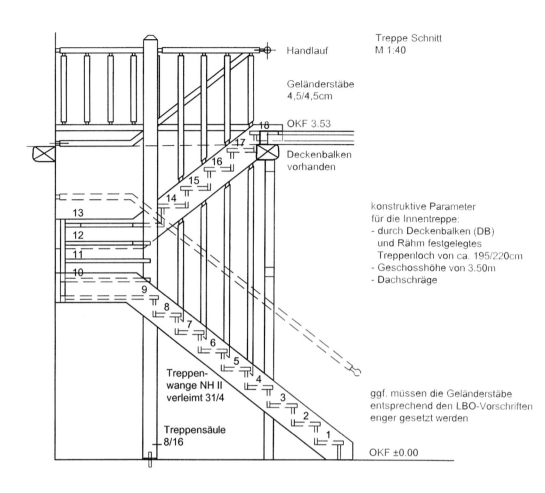

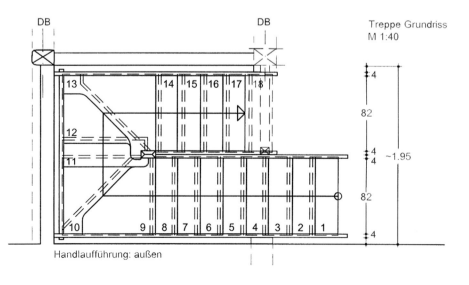

Westmünsterländer Bauernhof, Altbausanierung K

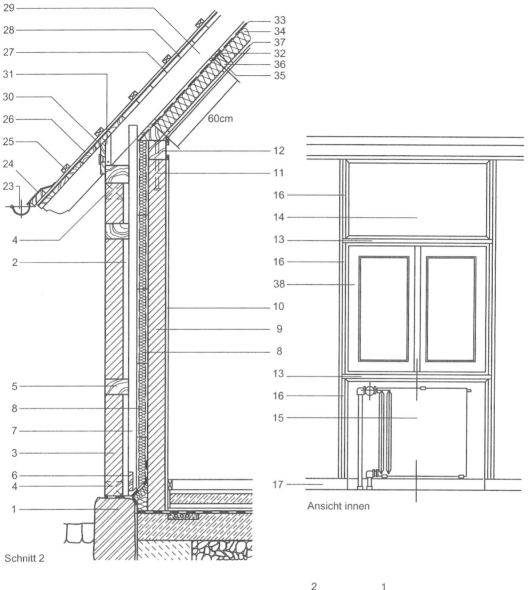

Schnitt 2

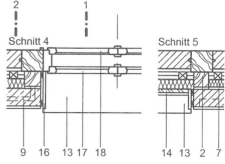

Ansicht innen

Legende siehe Seite 842

K Westmünsterländer Bauernhof, Altbausanierung

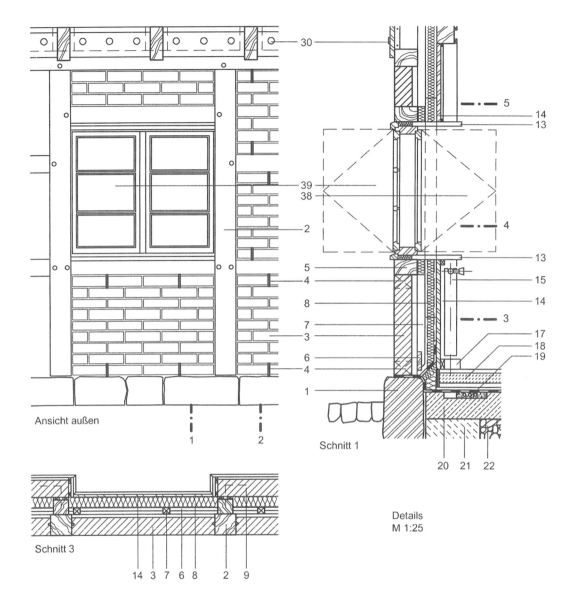

Ansicht außen
Schnitt 1
Schnitt 3
Details M 1:25

1 Fundamentsockel, grob behauener Sandstein
2 Wandstiel vorhanden
3 Feldbrandklinker RF 12/25/6,5 cm Schichten auf Gefachhöhe gleichmäßig verteilen
4 offene Stoßfuge
5 Fachwerkriegel vorhanden
6 Brett 12/2,5 cm
7 Traglattung 5/5 cm, bis auf Aufschiebling Nr. 29 führen, im Bereich von Nr. 6 ausgeklinkt, druckimprägniert
8 Heraklith-Tectalan-Platten d = 7,5 cm mit Stufenfalz
9 Innenschale, nicht tragend Porotonblock T d = 11,5 cm
10 Innenputz P I auf Spritzbewurf MG III
11 Maueranker verzinkt, alle 1,0 m
12 Deckpfette, Sichtseite gehobelt
13 Bord d = 30 mm KI verleimt
14 Paneel, Bautischlerplatte d = 20 mm
15 Plattenheizkörper
16 Leibungsbrett mit Kantenumleimer an der Sichtseite, sonst wie Nr. 14
17 Fußleiste (Bekleidungsbrett)
18 schwimmender Estrich, Estrich d $\geq$ 65 mm, Dämmschicht d $\geq$ 60 mm
19 Aussparung, umlaufend
20 Unterbeton
21 Streifenfundament
22 kapillarbrechende Grobkiesschicht
23 Regenrinne Zn
24 Traufbohle mit eingelassenen Rinnenhaltern
25 Dachlatte 3/5 cm
26 Konterlatte 8/2 cm
27 Unterspannbahn
28 Rauhspundschalung
29 Sparren, Aufschiebling
30 Brett, gehobelt mit Bohrungen $\varnothing$ 45 mm für Kunststofflüftungssiebe
31 Nagelleiste
32 wie Nr. 26
33 Windschutzbahn/BI-Naturpappe (Biolog. Insel Moll GmbH, Schwetzingen)
34 Mineralwolleplatten halbsteif d = 80 mm, b = 600 mm
35 Feinlattung wie Nr. 26
36 Unterkonstruktion NH II 4/8 cm Abstand 67–68 cm
37 Gipskartonplatten d = 12,5 mm Kantenstöße verseidet und gespachtelt
38 Innenfenster
39 Außenfenster mit Sprossen nach altem Vorbild

Konstruktionsatlas · Westmünsterländer Bauernhof, Altbausanierung · K

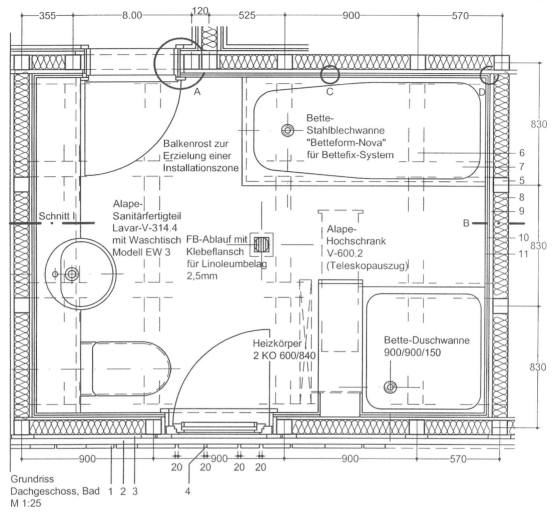

Grundriss
Dachgeschoss, Bad 1 2 3
M 1:25   4

Schnitt I
M 1:25

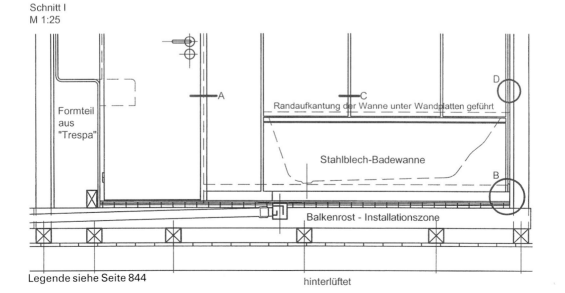

Legende siehe Seite 844

843

K Westmünsterländer Bauernhof, Altbausanierung

Die Bad-Details sind urheberrechtlich geschützt. Die Urheberrechte liegen bei den Firmen Alape, Bette bzw. Hoechst und bei Dipl.-Ing. Armin Wormuth

1 Giebelverschalung aus besäumten Eichenbrettern mit Luftschlitzen vor dem Badfenster
2 Traglattung 4/6 cm NH
3 senkrechte Konterlattung 8/2 cm (Hinterlüftung)
4 Luftschlitz
5 Wandständer 10/10 cm NH II
6 Balkenrost: Hauptbalkenlage 10/10 cm senkrecht zur Deckenbalkenlage
7 Fußboden auf Nebenbalken 10/14 cm
8 Mineralwolle halbsteif WD-GR 040 d = 10 cm
9 Feinlattung wie Nr. 3/a ≦ 50 cm
10 Alu-Trägerprofil
11 Trespa-Vollkernplatte d = 13 mm
12 Compri-Band
13 Haltespange Röhl AG Nr. 1.07
14 Bodenrahmen V 2 A
15 GFK-Abdichtung
16 Alu-Wandanschlusskehle 35/85 mm DLW AG
17 Linoleum-Belag d = 2,5 mm
18 Sperrholz BFU 25 AW 100 DIN 68 705 (Multiplexplatte)
19 Gipskartonplatte d = 12,5 mm
20 Wandstiel 10/10 cm
21 Türbekleidung
22 Türblatt
23 Stufennut
24 Alu-Hutprofil
25 PVC-Klemmprofil

Türdetail A
M 1:2,5

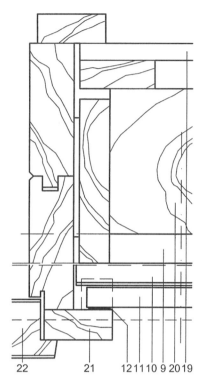

Sockel Detail B
M 1:2,5

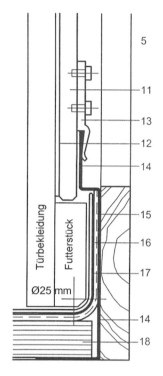

Wandfuge C
M 1:2,5

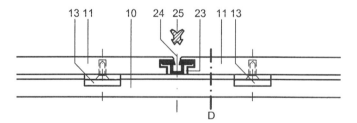

Detail D
M 1:2,5

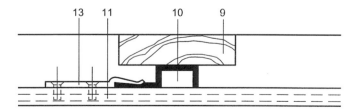

Aufriss Nord
M 1 : 200

8
Gründerzeitwohnhaus in Osnabrück, Altbausanierung

Das 1902 entstandene Wohnhaus eines Bauunternehmers steht als Beispiel großbürgerlichen Wohnungsbaus der Kaiserzeit unter Denkmalschutz. Modernisierungen hatten schon mehrfach stattgefunden.

Aktueller Sanierungsanlass waren 1993 funktionale und bautechnische Verbesserungen. Bei der Bestandsaufnahme ergaben Stichproben an Deckenbalkenköpfen, die an der Schlagregenseite des Gebäudes (Südwest) in den Außenwänden ihre Auflager hatten, den Verdacht auf Schwammbefall. Gezielte Untersuchungen bestätigten, dass fast das gesamte Obergeschoss einschließlich Fußpfetten und Sparrenfüßen vom Echten Hausschwamm (Serpula lacrymans) befallen war. Das Gebäude war bis auf den Dachraum voll genutzt. Der Befall ließ sich äußerlich nicht erkennen.

Der Befall zeigte sich im schlimmsten Fall als zu weichem Mulch zerfallenes Holz (Sparrenfüße, Pfetten, Balkenköpfe), als watte- oder löschpapierartiges flächiges Mycel hinter Fußleisten oder unter der Fußbodendielung und als wurzelartige, manchmal gitterartig verzweigte Stränge im Bruchsteinmauerwerk und auf dem Lehmschlag der Holzbalkendecken sowie als würfelbruchartige Fehlstellen in den diesen Lehmschlag tragenden Einschubbodenbrettern [D.5] [D.26].

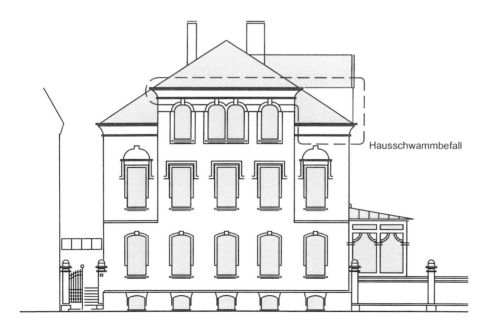
Hausschwammbefall

K Gründerzeitwohnhaus in Osnabrück, Altbausanierung

Als Ursachenkomplex wirkten folgende Mängel zusammen:
- gefällelose, auf der Attikakrone aufsitzende Kastenrinne mit defekten Blechstößen,
- ungeeignete und schadhafte Altanstriche auf Mischmauerwerk schlechter Qualität (Kalkbruchstein und Mz 100 mit lückigen Fugen und schlechtem Verband),
- fest in die Außenwände eingemauerte Deckenbalkenköpfe,
- mit Deckenbalkenoberkante bündig abschließender und wahrscheinlich feucht eingebrachter Lehmschlag als Einschub sowie
- Undichtigkeiten, Rohrbrüche und Fehlnutzungen in Nassräumen.

Die Sanierung vollzog sich in folgenden Schritten:
- Beseitigung des befallenen Materials,
- vorbeugende Behandlung der Grenzbereiche des Befalls,
- bekämpfende Behandlung in ihrer Tragfähigkeit nicht beeinträchtigter Holzbauteile,
- Beseitigung der Schadensursachen und
- Wiederherstellung in verbesserter Baukonstruktion.

Dabei waren als Einzelmaßnahmen notwendig:
- Erneuerung des Dachs bei Beibehaltung der Dachform und der Dachpfannen,
- Neukonzeption der Dachentwässerung,
- Sicherung der 0,35 t schweren Attikaelemente aus Beton durch Flachstahlanker und Ringbalken,
- Sicherung der Mauerkrone durch Ringanker,
- Außenputz ausbessern, Entfernen alten Anstrichs und Aufbringen einer hydrophoben, aber diffusionsoffenen Beschichtung,
- Belüftung von Balkenköpfen im Mauerwerk und von Deckenhohlräumen.

Bei der zuletzt genannten Maßnahme waren der Luft- und Trittschallschutz in Bezug auf Schallnebenwege besonders zu berücksichtigen.

Aufriss West
M 1 : 200

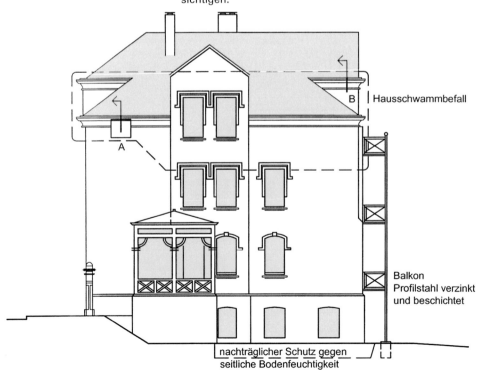

Gründerzeitwohnhaus in Osnabrück, Altbausanierung

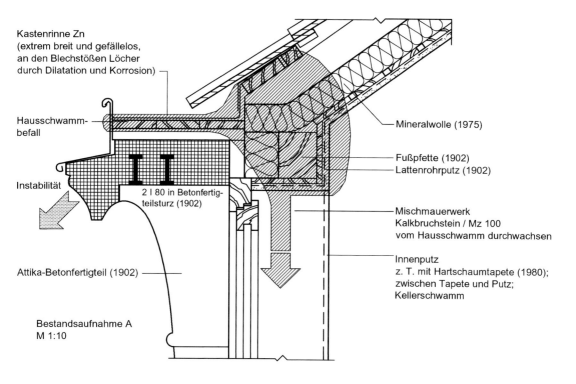

Bestandsaufnahme A
M 1:10

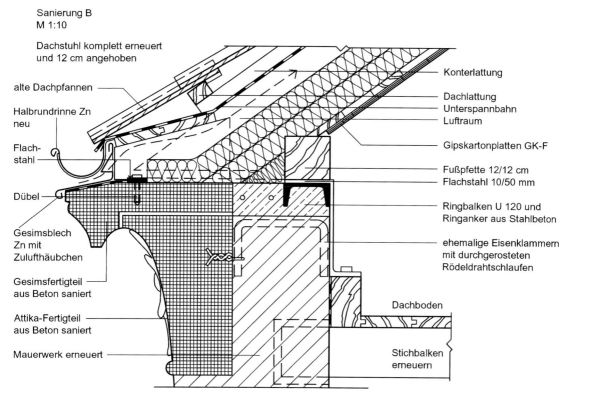

Sanierung B
M 1:10

K Gründerzeitwohnhaus in Osnabrück, Altbausanierung

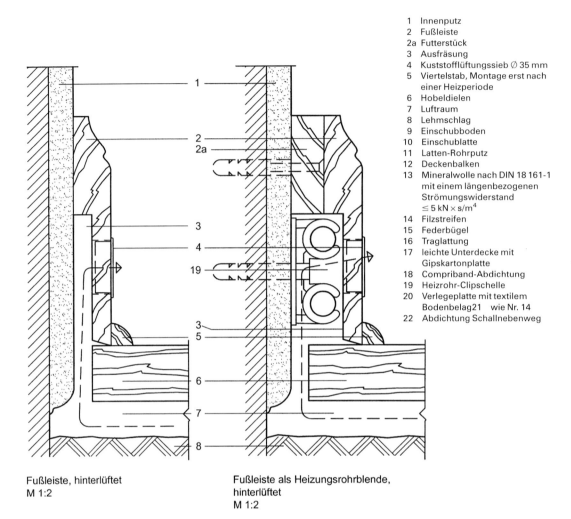

1 Innenputz
2 Fußleiste
2a Futterstück
3 Ausfräsung
4 Kuststofflüftungssieb ⌀ 35 mm
5 Viertelstab, Montage erst nach einer Heizperiode
6 Hobeldielen
7 Luftraum
8 Lehmschlag
9 Einschubboden
10 Einschublatte
11 Latten-Rohrputz
12 Deckenbalken
13 Mineralwolle nach DIN 18 161-1 mit einem längenbezogenen Strömungswiderstand $\leq 5\ kN \times s/m^4$
14 Filzstreifen
15 Federbügel
16 Traglattung
17 leichte Unterdecke mit Gipskartonplatte
18 Compriband-Abdichtung
19 Heizrohr-Clipschelle
20 Verlegeplatte mit textilem Bodenbelag
21 wie Nr. 14
22 Abdichtung Schallnebenweg

Fußleiste, hinterlüftet
M 1:2

Fußleiste als Heizungsrohrblende, hinterlüftet
M 1:2

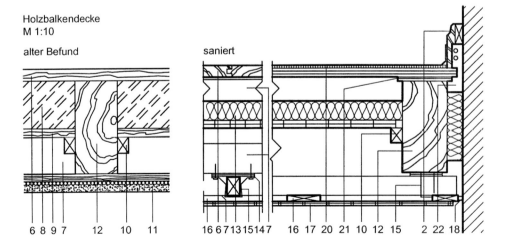

Holzbalkendecke
M 1:10

alter Befund saniert

Gründerzeitwohnhaus in Osnabrück, Altbausanierung

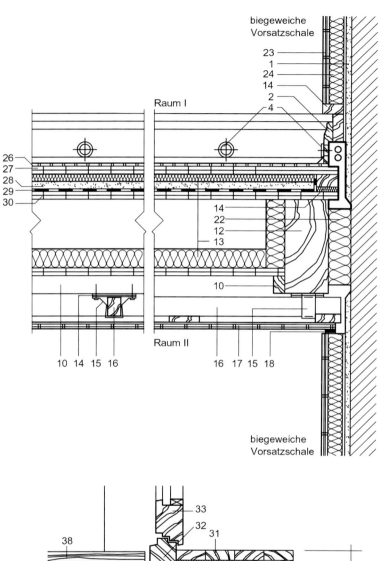

Holzbalkendecke
M 1:10

Schalltechnischer Verbesserungsvorschlag (vergleiche Abbildung der vorhergehenden Seite, Legende siehe dort)

Flankenübertragung von Raum I zu Raum II und umgekehrt wird durch die konstruktiv unabhängige Holzbalkendecke nicht behindert. Daher Anordnung biegeweicher Schalen vor der schweren Trennwand (vgl. Abb. D.50)

Abdichtung von Schallnebenwegen:
18, 19

Schalltechnische Verbesserung des Fußbodens durch federnde Stoffe 13, 14
und dämpfende, schwere Stoffe (Sand).

23 Gipskartonplatten DIN 18 180
　 d = 12,5 mm
24 Faserdämmplatten DIN 18 165
　 d ≧ 40 mm mit einem längenbezogenen Strömungswiderstand
　 ≧ 5 kN × s/m^4
25 streifen- oder punktförmiger Ansatz
26 elastischer Bodenbelag
27 Verlegeplatten d = 19–25 mm
28 trockener Sand d = 20 mm
29 Ölpapier
30 Verlegeplatten d = 16–25 mm
31 Stufenbohle, d = 30 mm, verleimt
32 Fenster, Blendrahmen
33 Fenster, Flügelrahmen
34 Alu-Sohlbankabdeckung. Seitliche Aufkantung im Putzunterschnitt
35 Verbunddübel (rechnerisch nachzuweisen)
36 Wandkonsole aus L 100/75/9, feuerverzinkt
37 Balkon-Trägerrost aus L 100/50/6, feuerverzinkt
38 Balkonboden, Bohlen,
　 d = 30 mm, Afzelia.
　 2 % Gefälle nach außen.

Nachträglich eingebaute Balkontür und Anschluss des nachträglich als leichte Stahlkonstruktion angesetzten Balkons.
M. 1 : 10

K   Gründerzeitwohnhaus in Osnabrück, Altbausanierung

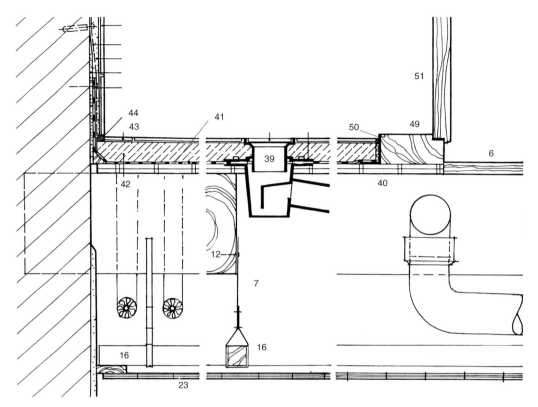

Nassraumfußboden
auf Holzbalkendecke 1 : 10
Abgehängte Unterdecke ermöglicht
Führung der Installationsleitungen
in zwei Ebenen und in zwei Richtungen

39 Fußbodengully mit Sieb und
    Ringflansch
40 Sperrholzboden, d = 25 mm,
    AW 100
41 Bahnenförmige Abdichtung
42 Estrich-CT, d = 40–50 mm mit
    Gefälle zum Fb-Gully
43 Bodenfliesen, Dünnbettmörtel
44 Elastoplastische Versiegelung
45 Bestich, MG IIa
46 Sperrputz, MG III mit Dichtungszusatz
47 Putzträgergewebe
48 Keramische Wandfliesen
    Dünnbettmörtel
49 Türschwelle
50 Anschlagwinkel (Alu oder Edelstahl). Horizontaler Schenkel als
    Klebefläche für Abdichtung (41)
51 Türblatt

Doppelfenster
M 1 : 40
Nordseite
(kein Schlagregen,
keine Sonneneinstrahlung,
daher gut erhalten)

Literaturverzeichnis
Stichwortverzeichnis

Literaturverzeichnis

A Einführung

[A.1] Breymann, G. A. (Hrsg.): Allgemeine Baukonstruktionslehre mit besonderer Beziehung auf das Hochbauwesen

[A.1.1] Bd. I, Warth, O.: Die Konstruktionen in Stein. 7. Aufl. 1903, J. M. Gebhardt's Verlag, Leipzig, Nachdruck 1981, Th. Schäfer, Hannover

[A.1.2] Bd. II, Warth, O.: Die Konstruktionen in Holz. 1900, Gebhardt's Verlag, Leipzig, Nachdruck 1982, Th. Schäfer, Hannover

[A.1.3] Bd. III, Königer, O.: Die Konstruktionen in Eisen, 5. Aufl. 1890, Gebhardt's Verlag, Leipzig

[A.1.4] Bd. IV, Scholtz, A.: Verschiedene Konstruktionen, 3. Aufl. 1894, Gebhardt's Verlag, Leipzig

[A.2] Portmann, K. D.: Darstellung der Abhängigkeiten und Verknüpfungen von Kriterien für eine optimale Entwicklung und Beurteilung von Elementen für Bausysteme. Diss. Hannover 1972

[A.3] v. Wilucki, H.: Zur Aufgabe der Technik in der Architektur – Leistung bautechnischer Systeme in Architekturplanung -produktion und -nutzung. Diss. Hannover 1975, erschienen als Bericht 3 des Instituts für Architektur- und Stadtforschung – Hannover, 1975

[A.4] Sauer, R.: Konstruktion und Technik von Bauwerken. Zur Frage angemessener Informationen für das Entwerfen und Konstruieren. 1978, Werner Verlag, Düsseldorf

[A.5] Nüske, H.: Grundlagen für eine Methodenlehre der Baukonstruktion (Baukonstruktion als Informationsumsatz). Diss. Berlin 1978

[A.6] Institut für Baustoff-Forschung (Hrsg.): Aus Bauschäden lernen. Analysen typischer Bauschäden aus der Praxis, Schadensbild – Schadensursache – Sanierung. 1979, Verlagsgesellschaft Rudolf Müller, Köln-Braunsfeld

[A.7] Schlaich, J., Kordina, E., Engeil, H.-J.: Teileinsturz der Kongreßhalle Berlin – Schadensursachen. Zusammenfassendes Gutachten. Beton- und Stahlbeton 75 (1980), S. 281–294

[A.8] Plank, A., Struck, W., Tzschätzsch, M.: Ursachen des Teileinsturzes der Kongreßhalle in Berlin-Tiergarten. Forschungsbericht der Bundesanstalt für Materialprüfung (BAM) Nr. 80, Berlin 1981

[A.9] Huxtabel, A.-L.: Pier Luigi Nervi. 1960, Otto-Mayer-Verlag, Ravensburg

[A.10] v. Simson, O.: Die gotische Kathedrale. 1972, Wissenschaftliche Buchgesellschaft, Darmstadt

[A.11] Wurm, F.: Die vielen Gesichter des P. L. Nervi. Baukultur, Heft 2 1991, Philipka-Verlag Konrad Honig, Münster

[A.12] Müller-Wiener, W.: Griechisches Bauen in der Antike. 1988, Verlag C. H. Beck, München

[A.13] Wenzel, F. (Hrsg.): Erhalten historisch bedeutsamer Bauwerke. Jahrbuch 1991, Ernst und Sohn, Berlin 1993. Beitrag von Eckert, H.: Altes Mauerwerk nach historischen Quellen

[A.14] Jax, K.: Das ökologische Babylon, Bild der Wissenschaft 9/1994, S. 92–95

[A.15] Schwarz, J.: Ökologie im Bau, Entwicklungshilfen zur Beurteilung und Auswahl von Baumaterialien. 3. Aufl. 1993, Verlag Paul Haupt, Bern

[A.16] Tomm, A.: Ökologisch Planen und Bauen. 1991

[A.17] Zwiener, G.: Ökologisches Baustoff-Lexikon. 1994, C. F. Müller Verlag, Heidelberg

[A.18] Bundesministerium für Raumordnung, Bauwesen und Städtebau (Hrsg.): Gesundes Bauen und Wohnen, Antworten auf aktuelle Fragen. 1986, Bonn

B Grundlagen

[B.1.1] Schneider, K. J. (Hrsg.): Bautabellen für Ingenieure. 16. Aufl. 2004, Werner Verlag, Neuwied

[B.2] Heinle, E. Schlaich, J.: Kuppeln. 1996, Deutsche Verlagsanstalt, Stuttgart

[B.3] Girkmann, K.: Flächentragwerke. 6. Aufl. 1963, Springer-Verlag, Wien

[B.4] Koch, K.-M.: Bauen mit Membranen. 2004, Prestel-Verlag, München

[B.5] Rubin, H., Schneider, K.-J.: Baustatik. 4. Aufl. 2002, Werner Verlag, Neuwied

[B.6] Schneider, K.-J., Schweda, E.: Baustatik – Statisch bestimmte Systeme. 5. Aufl. 1999, Werner Verlag, Neuwied

[B.7] Schneider, K.-J.: Statisch unbestimmte ebene Stabwerke. 2. Aufl. 1988, Werner Verlag, Neuwied

[B.8] [A.1.1] 3. Kapitel, Konstruktion der Gewölbe, S. 154–321

[B.9] Klotz, H.: Von der Urhütte zum Wolkenkratzer. 1991, Prestel-Verlag, München

[B.10] Wenzel, F. (Hrsg.): Historisches Mauerwerk. Erhalten historisch bedeutsamer Bauwerke. Empfehlungen für die Praxis. 1999, Karlsruhe

[B.11] Krenkler, K.: Chemie des Bauwesens, Band I, Anorganische Chemie, 1980, Springer-Verlag, Berlin/Heidelberg/New York

Literaturverzeichnis

[B.12] Wessig, J.: KS-Maurerfibel. 1979, Beton-Verlag, Düsseldorf

[B.13] Jäger, W., Schneider, K.-J., Weickenmeier, N. (Hrsg.): Mauerwerksbau aktuell. Bauwerk Verlag 2005

[B.14] Mann, W.: Zum Tragverhalten von Mauerwerk aus Natursteinen. Mauerwerk-Kalender 1983, Verlag W. Ernst und Sohn, Berlin/München, S. 675–685

[B.15] Dierks, K.: Erhaltungszustand einer bewehrten Verblendschale aus Ziegelmauerwerk nach fünfzigjähriger Standzeit in Großstadtatmosphäre. Forschungsbericht 1983 für IfBt, Berlin

[B.16] Mann, W.: Bewehrung von Mauerwerk zur Rissesicherung. Eine Zusammenstellung von Grundlagen und Anwendungsmöglichkeiten. Mauerwerk-Kalender 1985, Verlag Ernst und Sohn, Berlin/München

[B.17] Hansen, H. H. (Hrsg.): Holzbaukunst. 1969, Gerhard Stalling Verlag, Oldenburg und Hamburg

[B.18] Bauer, J., u. a.: Basis-Informationen Wald und Holz. Allgemeine Forstzeitschrift Heft 51/52, 1977

[B.19] Entwicklungsgemeinschaft Holzbau in der Deutschen Gesellschaft für Holzforschung, München (Hrsg.): Informationsdienst Holz (zu beziehen von der Arbeitsgemeinschaft Holz e. V., Holzabsatzfonds, Godesberger Allee 142–148, 53175 Bonn)

[B.19.1] Holzskelettbau 1998

[B.19.2] Skelettbaudetails 2000

[B.19.3] Außenbekleidung aus Vollholz 1998

[B.19.4] Mehrgeschossiger Wohnungsbau in Holz 2000

[B.19.5] Konstruktive Holzwerkstoffe 1997

[B.19.6] Bauen in Holzwerkstoffen 1997

[B.19.7] Baulicher Holzschutz 1997

[B.19.8] Grundlagen des Schallschutzes 1998

[B.19.9] Brettstapelbauweise 1997

[B.19.10] Feuerhemmende Holzbauteile 1994

[B.19.11] Zweckbauten in Holzmastenbauart 1984

[B.19.12] Erneuerung von Fachwerkbauten, 2. Aufl. 1986

[B.19.13] Das Wohnblockhaus 1996

[B.19.14] Holzrahmenbau 1998

[B.19.15] Verbindungen nach DIN 1952, nach DIN 18 800, 2000

Literaturverzeichnis

[B.19.16] Überdachungen mit großen Spannweiten 2001

[B.19.17] Holz-Glaskonstruktionen und Holz-Wintergärten 1996

[B.19.18] Aussteifende Holzbalkendecken im Mauerwerksbau 1993

[B.20] Binding, G., Mainzer, U., Wiedenau, A.: Kleine Kunstgeschichte des deutschen Fachwerkbaus. 4. Aufl. 1989, Wissenschaftliche Buchgesellschaft, Darmstadt

[B.21] ETB ((Ausschuß für Einheitliche Technische Baubestimmungen): Richtlinie über die Verwendung von Spanplatten hinsichtlich der Vermeidung unzumutbarer Formaldehydkonzentrationen in der Raumluft, April 1980

[B.22] Deutsche Gesellschaft für Holzforschung e. V. (Hrsg.): Anstriche für wetterbeanspruchte Holzoberflächen – Deckende Anstriche, Lasuren. 1992

[B.23] Institut für internationale Architektur-Dokumentation (Hrsg.): Holzbau Atlas. 4. Aufl. 2003, Birkhäuser Verlag

[B.24] Sobon, J., Schroeder, R.: Fachwerkkonstruktionen – Die Timber-Frame-Bauweise. 1990, Werner Verlag, Düsseldorf

[B.25] Prehl, H.: Holzbau nach DIN 1052 (2003); Teil 1 Grundlagen, Teil 2 Dachtragwerke – Hallentragwerke – Häuser in Holzbauweise. 2004, Werner Verlag, Neuwied

[B.26] Scheer, C. (Hrsg.): Holzbau-Taschenbuch. Teil 1: Grundlagen des Bauens mit Holz, Teil 2: Bemessungsbeispiele nach DIN 1052 (2004), Teil 3: Konstruktionsarten im Holzbau. 10. Aufl. 2004, Ernst und Sohn Verlag

[B.27] Der Stahlbau, 1. Jahrgang, Heft I, Berlin 1928

[B.28] Verein Deutscher Eisenhüttenleute (Hrsg.): Stahl im Hochbau, Band I, Teil 1. 14. Aufl. 1984, Verlag Stahleisen, Düsseldorf

[B.29] Straub, H.: Die Geschichte der Bauingenieurkunst. 4. Aufl. 1992, Verlag Birkhäuser, Basel/Boston/Berlin

[B.30] Hart, F., Henn, W., Sontag, H.: Stahlbauatlas, Geschossbauten. 2. Aufl. 1982, Institut für internationale Architektur-Dokumentation, München

[B.31] Roik, K.: Vorlesungen über Stahlbau, Grundlagen. 2. Aufl. 1983, Verlag W. Ernst und Sohn, Berlin/München/Düsseldorf

[B.32] Deutscher-Stahlbau-Verband (Hrsg.): Stahlbau Handbuch, Band I 2. Aufl. 1982, Stahlbau-Verlag, Köln

[B.33] Petersen, Ch.: Stahlbau – Grundlagen der Berechnung und baulichen Ausbildung von Stahlbauten. 1988, Friedr. Vieweg u. Sohn, Braunschweig

[B.34] Stüssi, B.: Grundlagen des Stahlbaues. 2. Aufl. 1971, Springer-Verlag, Berlin/Heidelberg/New York

Literaturverzeichnis

[B.35] Lewenton, G., Werner, E.: Einführung in den Stahlhochbau. 5. Aufl. 1992, Werner Verlag, Düsseldorf

[B.36] Kahlmeyer, E.: Stahlbau-Träger, Stützen, Verbindungen. 3. Aufl. 1990, Werner Verlag, Düsseldorf

[B.37] Deutscher Stahlbau-Verband u. Deutscher Ausschuß für Stahlbau (Hrsg.): Typisierte Verbindungen im Stahlhochbau. 2. Aufl. 1978, Stahlbau-Verlag, Köln

[B.38] Bieger, K.-W., Lierse, J. Roth, J.: Stahlbeton- und Spannbetontragwerke. 2. Aufl. 1995, Springer-Verlag

[B.39] Lamprecht, H.-O.: Opus caementitium, Bautechnik der Römer. 3. Aufl. 1987, Beton-Verlag, Düsseldorf

[B.40] Leonhardt, F., Mönnig, E.: Vorlesungen über Massivbau.
Erster Teil: Grundlagen zur Bemessung im Stahlbetonbau. 3. Aufl. 1984, Springer-Verlag, Berlin
Zweiter Teil: Sonderfälle der Bemessung im Stahlbetonbau. 3. Aufl. 1986, Springer-Verlag, Berlin
Dritter Teil: Grundlagen zum Bewehren im Stahlbetonbau. 3. Aufl. 1977, Springer-Verlag, Berlin
Vierter Teil: Nachweis der Gebrauchsfähigkeit, Rissebeschränkungen, Form änderungen, Momentenumlagerungen und Bruchlinientheorie im Stahlbetonbau. 2. Aufl. 1978, Springer-Verlag, Berlin
Fünfter Teil: Spannbeton. 1. Aufl. 1980, Springer-Verlag, Berlin
Sechster Teil: Grundlagendes Massivbrückenbaues. 1. Aufl. 1979, Springer-Verlag, Berlin

[B.41] Scholz, W.: Baustoffkenntnis. 15. Aufl. 2003, Werner Verlag

[B.42] Haegermann, G., u. a.: Vom Caementum zum Spannbeton – Beiträge zur Geschichte des Betons. 3 Bde., 1964, Bauverlag, Wiesbaden

[B.43] Deutscher Beton-Verein E. V. (Hrsg.): Beton-Handbuch. 2. Aufl. 1984, Bauverlag, Wiesbaden und Berlin

[B.44] Gockel, H.: Konstruktiver Holzschutz – Bauen mit Holz ohne Chemie. 1996, Werner Verlag, Düsseldorf

[B.45] König, G., Tue, N. V.: Grundlagen des Stahlbetonbaus. 2. Aufl. 2003, B. G. Teubner, Stuttgart Leipzig Wiesbaden

[B.46] Betonkalender. Erscheint jährlich neu, Verlag W. Ernst und Sohn, Berlin/München

[B.47] Richtlinie zur Verbesserung der Dauerhaftigkeit von Außenbauteilen aus Stahlbeton, Fassung März 1983. Berlin: Deutscher Ausschuß für Stahlbeton 1983

[B.48] Deutscher Beton-Verein E. V. u. a. (Hrsg.): Merkblatt Betondeckung (Fassung Oktober 1982). Beton- und Stahlbetonbau 77 (1982), H. 11, S. 295, 296

Literaturverzeichnis

[B.49] Deutscher Ausschuß für Stahlbeton (Hrsg.): Richtlinie für Schutz und Instandsetzung von Betonbauteilen, Teil 2: Bauplanung und Bauausführung, 1990, Abschnitt 3

[B 49.1] Deutscher Ausschuß für Stahlbeton (Hrsg.): Richtlinie für hochfesten Beton. August 1995

[B.50] Diem, P.: Bauphysik im Zusammenhang, Baustoff – Bauteil – Gebäude, Wärme – Feuchte – Schall – Brand. 2. Aufl. 1996, Bauverlag, Wiesbaden

[B.51] Sandaker, B. N., Eggen, A. R: Die konstruktiven Prinzipien der Architektur. 1994, Birkhäuser Verlag, Basel

[B.52] DIN 4109, Tabelle 3

[B.53] Institut für Biophysik der Universität des Saarlandes, Prüfberichte 1987 und 1989 (unveröffentlicht)

[B.54] Sonderforschungsbereich 64 „Weitgespannte Flächentragwerke" (Hrsg.), Veröffentlichungsreihe im Werner Verlag, Düsseldorf

[B.54.1] Altmann, H.: Untersuchungen an Klemmen für verschlossene Spiralseile. 1973

[B.54.2] Mayr, G.: Untersuchungen an vollverschlossenen Spiralseilen. 1974

[B.54.3] Mayr, G.: Untersuchungen an Parallellitzenbündeln. 1974

[B.54.4] Bergermann, R.: Untersuchungen an Seilköpfen. 1974

[B.54.5] Mayr, G., Gabriel, K.: Untersuchungen an Netzlitzen, -knoten und -endbeschlägen. 1975

[B.54.6] Mayr, G., Gabriel, K.: Untersuchungen an offenen Spiralseilen. 1975

[B.55] Agyris, J. H., Scharpf, D. W.: Berechnung vorgespannter Netzwerke. Bayerische Akademie der Wissenschaften, Sitzungsberichte 1970

[B.56] Rubert, A., Schot, H.: Traglast-Tafeln für unbewehrte Betondruckglieder aus Normal- und Leichtbeton. 1983, Ernst und Sohn, Verlag für Architektur und technische Wissenschaften, Berlin

[B.57] Wörzberger, R: Anschaulich formulierte Bemessung im Stahlbetonbau für Träger mit Rechteckquerschnitt unter Biegung mit Längskraft. Bauingenieur 60 (1985) S. 503–505, Springer-Verlag, Berlin/Heidelberg/New York/London/Paris/Tokio

[B.58] Herzog, M.: Baupraktische Bemessung von Stahlbetonschalen. Werner Verlag 1998

[B.59] Herzog, M.: Schadensfälle im Stahlbeton- und Spannbetonbau. Werner Verlag 2000

Literaturverzeichnis

[B.60] Wendehorst/Muth: Bautechnische Zahlentafeln. 30. Aufl. 2002, B. G. Teubner, Stuttgart

[B.61] Leonhardt, F., Schlaich, J.: Vorgespannte Seilnetzkonstruktionen – Das Olympiadach in München. Der Stahlbau 41 (1972) S. 257–266, 298–301, 367–378; Der Stahlbau 42 (1973) S. 51–58, 80–86, 107–115, 176–185, Verlag W. Ernst und Sohn, Berlin/München/Düsseldorf

[B.62] Hart, F.: Kunst und Technik der Wölbung. 1965, Verlag Callwey, München

[B.63] Ullrich, M.: Untersuchungen zum Tragverhalten barocker Holzkuppeln am Beispiel der Vierungskuppel in der Abteikirche Neresheim. Diss. Universität [TH] Karlsruhe 1975 (erschienen als Heft 4 der Reihe „Aus Forschung und Lehre" des Instituts für Tragkonstruktionen, Universität TH Karlsruhe)

[B.64] 84 ARCH +, Zeitschrift für Architekten, Stadtplaner, Sozialarbeiter und kommunalpolitische Gruppen, 1986, Aachen

[B.65] Hirsch, R., Irmschler, H.-J.: Zulassungsbedürftige Bauprodukte und Bauarten im Mauerwerksbau. Mauerwerk-Kalender 1998, Ernst und Sohn Verlag für Architektur und technische Wissenschaften, Berlin

[B.66] Verzeichnis der Prüfzeichen für Holzschutzmittel (Holzschutzmittelverzeichnis). Schriften des Deutschen Instituts für Bautechnik (DIBt) Reihe A, Heft 3 (erscheint jährlich), E. Schmidt, Berlin/Bielefeld/München

[B.67] Bund Deutscher Zimmermeister (Hrsg.): Holzrahmenbau. 2. Aufl. 1992, Holzrahmenbau mehrgeschossig. 1996, Bruderverlag, Karlsruhe

[B.68] Vitruv: Zehn Bücher über Architektur. Übersetzung von C. Fensterbusch. 5. Aufl. 1991, Wissenschaftliche Buchgesellschaft, Darmstadt

[B.69] Brinkmann, G. (Hrsg.): Leicht und Weit, Zur Konstruktion weitgespannter Flächentragwerke. 1990, VCH Verlagsgesellschaft, Weinheim

[B.70] Aschinger, R: Honda Suncoast Dome in St. Petersburg. Stahlbau 59 (1990), S. 133 u. 134

[B.71] Krusche, P., Althaus, D., Gabriel, I., Weig-Krusche, M., Umweltbundesamt (Hrsg.): Ökologisches Bauen. 1982, Bauverlag, Wiesbaden und Berlin

[B.72] Natterer, J., Herzog, Th., Volz, M.: Holzbau Atlas Zwei. 1991, Institut für internationale Architektur Dokumentation, München

[B.73] Tremix-Vakuum-Beton-Technik (Hrsg.): Vakuum-Beton, Richtlinien für die Verarbeitung und für die Herstellung monolithischer Betonfußböden

Literaturverzeichnis

[B.74] Cziesielsky, E. (Hrsg.): Lufsky Bauwerksabdichtung. 5. Aufl. 2001, B. G. Teubner, Stuttgart

[B.75] Kurrer, K.-E.: Zur Frühgeschichte des Stahlbetonbaus in Deutschland – 100 Jahre Monier-Broschüre. Beton- und Stahlbetonbau 83 (1988), S. 6–12

[B.76] Ruske, W.: Holz – Glas – Architektur, WEKA-Fachverlage

[B.77] Entwicklungsgemeinschaft Holzbau in der Deutschen Gesellschaft für Holzforschung (Hrsg.):
Holzbau Handbuch

[B.77.1] Reihe 0: Grundlagen

[B.77.2] Reihe 1: Entwurf und Konstruktion,
Reihe 2: Tragwerksplanung

[B.77.3] Reihe 3: Bauphysik

[B.77.4] Reihe 4: Baustoffe

[B.77.5] Reihe 5: Bauwerkserhaltung und Denkmalpflege

[B.77.6] Reihe 6: Ausbau und Trockenbau

[B.77.7] Reihe 7: Ausschreibung und Vergabe

[B.78] Held, M., König, G.: Hochfester Beton bis B125 – Ein geeigneter Baustoff für hochbelastete Druckglieder. Beton- und Stahlbetonbau 87 (1992), S. 41–45, 74–76

[B.79] Cziesielski, E., u. a.: Lehrbuch der Hochbaukonstruktionen. 3. Aufl., 1997, B. G. Teubner, Stuttgart

[B.80] Bronstein, L. N., Semendjajew, K. A., Musiol, G., Mühlig, H.: Taschenbuch der Mathematik. 2. Aufl. 1995, Verlag Harri Deutsch, Thun und Frankfurt a. Main

[B.81] Otto, F.: Das hängende Dach. 1954, Bauwelt Verlag der Ullstein A. G., Berlin

[B.82] Neumann, E. R.: Die Ausführung des freitragenden Hängedaches für die Raleigh-Arena in USA. Der Stahlbau, 22. Jahrgang, Berlin 1953

[B.83] Tsuboi, Y., Kawaguchi, M.: Probleme beim Entwurf einer Hängedachkonstruktion anhand des Beispiels der Schwimmhalle für die Olympischen Spiele 1964 in Tokio. Der Stahlbau, 35. Jahrgang, Berlin 1966

[B.84] Jawerth, D.: Das Eisstadion Stockholm-Johanneshov – Technologie, Statik, Dynamik und Bauausführung. Der Stahlbau, 35. Jahrgang, Berlin 1966

[B.85] Schleyer, K.-F.: Berechnung von Seilen, Seilnetzen und Seilwerken. In „Zugbeanspruchte Konstruktionen", Bd. 2, Hrsg. Otto, F., 1966, Ullstein Verlag, Berlin

Literaturverzeichnis

[B 86] Leonhardt, F., Egger, H., Haug, E.: Der deutsche Pavillon auf der Expo '67 Montreal – eine vorgespannte Seilnetzkonstruktion. Der Stahlbau, 37. Jahrgang, Berlin 1968

[B.87] Lorenz, W.: Konstruktion als Kunstwerk: Bauen mit Eisen in Berlin und Potsdam 1797–1850. 1995, Gebr. Mann, Berlin

[B.88] Ernst, H.-J.: Der E-Modul von Seilen unter Berücksichtigung des Durchhanges. Bauingenieur, 40. Jahrgang, 1965

[B.89] Otto, F.: Thesen zur Baukunst und Ökologisch bauen/ Natürlich bauen, arcus, Heft 6, 1983, S. 35–40

[B.90] Mitteilungen des Instituts für leichte Flächentragwerke (IL), Universität Stuttgart, Leitung Frei Otto, Nr. 1 (1969) bis Nr. 36 (1984)

[B.91] Dillmann, U., Gabriel, K.: Hochfester Draht für Seile und Bündel in der Bautechnik. Archiv für das Hüttenwesen, Düsseldorf 1980/81/82

[B.92] Jawerth, D.: Vorgespannte Hängekonstruktion aus gegensinnig gekrümmten Seilen mit Diagonalverspannung. Der Stahlbau, 28. Jahrgang, Berlin 1959

[B.93] Kleinhanß, K.: Beitrag zur Berechnung von Seilen und Seilnetzen mit Berücksichtigung der Theorie II. Ordnung und elastisch nachgiebiger Lagerung. 1974, Werner Verlag, Düsseldorf

[B.94] Gabriel, K., Wagner, R.: Bauen mit Seilen. Skriptum zur gleichnamigen Vorlesung, Universität Stuttgart, 1990

[B.95] Palkowski, S.: Statik der Seilkonstruktionen. 1990, Springer-Verlag, Berlin

[B.96] Szabó, J., Kollár, L.: Cable Suspended Roofs. 1984, John Wiley & Sons, New York

[B.97] Seiltragwerke – Berechnung und Bemessung (Literaturdokumentation) IRB-Verlag, Stuttgart

[B.98] Gabriel, K.: Seile aus Stahldrähten. In „Stahl im Hochbau", Bd. I, Abschn. 2. 8, 5. Aufl. 1995, Verlag Stahleisen, Düsseldorf

[B.99] Feyrer, K., et al.: Stehende Drahtseile und Seilverbindungen. 1990, expert-Verlag, Ehingen

[B.100] Gabriel, K, Schlaich, J.: Weitgespannte Flächentragwerke – Seile und Bündel im Bauwesen. 1981, Beratungsstelle für Stahlverwendung, Düsseldorf

[B.101] Gabriel, K: Ebene Seiltragwerke. Merkblatt 496 der Beratungsstelle für Stahlverwendung, Düsseldorf 1980

[B.102] Hajduk, J., Osiecki, J.: Zugsysteme, Theorie und Berechnung. 1978, VEB Fachbuchverlag, Leipzig

Literaturverzeichnis

[B.103] Cornelius, W.: Die statische Berechnung eines seilverspannten Daches am Beispiel des US-Pavillons auf der Weltausstellung in Brüssel. Der Stahlbau, 27. Jahrgang, 1958

[B.104] Cable Roof Structures. Bethlehem-Steel-Booklet 2318 A, 1968

[B.105] Bergermann, R.: Stadion-Überdachungen. Deutsche Bauzeitung db 5/1991

[B.106] Bergermann, R., Göppert, K., Schlaich, J.: Die Membranüberdachung für das Gottlieb-Daimler-Stadion, Stuttgart und den Gerry-Weber-Court, Halle (Westf.). Bauingenieur 70 Berlin 1995, S. 251–260

[B.107] Geiger, D.: A cost comparison of roof Systems for sport halls. bulletin of IASS, No. 96

[B.108] Levy, M.: Hypar Tensegrety Dome construction methodology. IASS-Proceedings, Montreal 1992

[B.109] Kawaguchi, M.: On a structural System „Suspen Dome". IASS-Proceedings, Istanbul 1993

[B.110] Levy, M.: Floating fabric over Georgia Dome. Civil Engineering Vol. 61, No. 11, 1991

[B.111] Otto, F., et al.: Netze in Natur und Technik/Nets in Nature and Technics. [B.90], IL Nr. 8, 1975

[B.112] Schlaich, J., et al.: Der Seilnetzkühlturm Schmehausen. Bauingenieur 51, Berlin 1976

[B.113] Kepler, J.: Harmonices Mundi. Deutsch, München 1939

[B.114] Buckminster Fuller, R.: Synergetics. Macmillan Publishing, New York 1975

[B.115] Emde, H.: Geometrie der Knoten-Stab-Tragwerke. Strukturforschungszentrum e. V., Würzburg

[B.116] Schlaich, J., Schober, H.: Verglaste Netzkuppeln. Bautechnik 69, 1992, S. 3–10

[B.117] Noesgen, J.: Vorgespannte Seilnetztragwerke – Zum Tragverhalten des quadratischen Netzes mit starrem Rand. 1976, Werner Verlag, Düsseldorf

[B.118] Noesgen, J.: Vorgespannte Seilnetztragwerke – Zum Tragverhalten des quadratischen Netzes mit elastischem Rand. 1976, Werner Verlag, Düsseldorf

[B.119] Schober, H.: Die Masche mit der Glaskuppel. Deutsche Bauzeitung db 128/1994, S. 152–163

[B.120] Transparente Netztragwerke. Stahl und Form, 1992, Stahl-Informations-Zentrum, Düsseldorf

[B.121] Suchov, V. G.: Kunst und Konstruktion. 1990, Institut für Auslandsbeziehungen, Stuttgart

Literaturverzeichnis

[B.122] Herrmann, J.: Zum Tragverhalten zugausgesteifter Bögen. Diplomarbeit am Institut für Tragwerksentwurf und -konstruktion, Universität Stuttgart, 1994

[B.123] Eislaufhalle Olympiadach München. Stahl und Form, 1983, Beratungsstelle für Stahlverwendung, Düsseldorf

[B.124] Wagner, R.: Aufgehängte und unterspannte Tragstrukturen. Deutsches Architektenblatt, 1993

[B.125] Schlaich, J., Bergermann, R.: Fußgängerbrücken 1977–1992. Katalog einer Ausstellung, ETH Zürich

[B.126] Walther, R.: Schrägseilbrücken. 1994, Beton-Verlag, Düsseldorf

[B.127] Gimsing, N. J.: Cable Supported Bridges. 1983, John Wiley & Sons, New York

[B.128] Saad, F.: Zum Tragverhalten und zur Konstruktion seilversteifter Betontürme. Diss. Universität Stuttgart 1996

[B.129] Wagner, R.: Aufgelöste Tragwerke für großflächige Fassaden. Der Architekt, 1995

[B.130] Heene, G.: Baustelle Pantheon. 2003, Verlag Bau + Technik, Düsseldorf

[B.131] Vitruv: Zehn Bücher über Architektur. Übersetzt von Fensterbusch, C., 5. Aufl. 1991, Wissenschaftliche Buchgesellschaft, Darmstadt

[B.132] Ziegert, Ch.: Lehmwellerbau – Konstruktion, Schäden und Sanierung. Berichte aus dem Konstruktiven Ingenieurbau TU Berlin, Heft 37, 2003, Fraunhofer IRB Verlag, Stuttgart

[B.133] Cointeraux, F.: Schule der Landbaukunst. 1793, Hildburghausen

[B.134] Schick, W.: Der Pisé-Bau zu Weilburg an der Lahn. 2. Aufl. 1993, Verlag Bürgerinitiative „Alt-Weilburg" e. V., Postfach 1134, 35771 Weilburg

[B.135] Dachverband Lehm e. V. (Hrsg.): Lehmbau Regeln. 1999, Friedr. Vieweg & Sohn Verlagsgesellschaft, Braunschweig/Wiesbaden

[B.136] Minke, G.: Das neue Lehmbauhandbuch – Baustoffkunde, Konstruktionen, Lehmarchitektur. 2001, Ökobuch Verlag Staufen

[B.137] Schneider, U., Schwiemann, M., Bruckner, H.: Lehmbau für Architekten und Ingenieure. 1996, Werner Verlag, Düsseldorf

[B.138] Volhard, F.: Leichtlehmbau, alter Baustoff – neue Technik. 5. Aufl. 1995, Heidelberg

[B.139] zur Nieden, G., Ziegert, Ch.: Neue Lehm-Häuser international. 2002, Bauwerk Verlag, Berlin

[B.140] Dierks, K., Ziegert, Ch.: Tragender Stampflehm. Beitrag in: Avak, R., Goris, A. (Hrsg.): Stahlbeton aktuell, Praxishandbuch 2002. 2002, Bauwerk Verlag, Berlin

[B.141] Kapfinger, O.: Rammed Earth: Martin Rauch = Lehm und Architektur. 2001, Birkhäuser, Basel/Boston/Berlin

[B.142] Dierks, K., Stein, R.: Ein Bemessungskonzept für tragende Stampflehmwände. Beitrag in: Kirchbauhof (Hrsg.): Moderner Lehmbau 2002. Fraunhofer IRB Verlag, Stuttgart

[B.143] Gasparini, J., Rückert, K.: Studie zum Tragverhalten von Lehmsteinbauten unter Erdbebenlasten. Beitrag in: Die Wille (Hrsg.): Moderner Lehmbau 2003. Fraunhofer IRB Verlag, Stuttgart

[B.144] Blondet, M., Garcia, G.: Research Studies on Adobe Buildings and Earthquake. Beitrag in: Die Wille (Hrsg.): Moderner Lehmbau 2003. Fraunhofer IRB Verlag, Stuttgart

[B.145] Dierks, K., Widjaja, E., Ziegert, Ch.: Bewehrung im Stampflehmbau. Beitrag in: Die Wille (Hrsg.): Moderner Lehmbau 2003. Fraunhofer IRB Verlag Stuttgart

[B.146] Holl, H.-G., Ziegert, Ch.: Vergleichende Untersuchungen zum Sorptionsverhalten von Werktrockenmörteln. Beitrag in: Die Wille (Hrsg.): Moderner Lehmbau 2003. Fraunhofer IRB Verlag, Stuttgart 2003

[B.147] Lamers, R., Rosenzweig, D., Abel, R.: Bewährung innen wärmegedämmter Fachwerkbauten. Fraunhofer IRB Verlag, Stuttgart 2000

C Gründungen

[C.1] Buja, H.-O.: Handbuch der Baugrunderkundung. 1999, Werner Verlag, Düsseldorf

[C.2] Smoltczyk, H. U. (Hrsg.): Grundbau-Taschenbuch, Teil 1, Geotechnische Grundlagen, 6. Aufl. 2001, Teil 2, Geotechnische Verfahren, 6. Aufl. 2001, Teil 3, Gründungen, 6. Aufl., 2001. Verlag Ernst und Sohn, Berlin

[C.3] Tegelaar, R. A.: Unterwasserbeton – Einbauverfahren und Anwendung. Beton-Informationen 25 (1985), S. 35–43, Beton-Verlag, Düsseldorf

[C.4] Schmidt, H.-H.: Grundlagen der Geotechnik. 2. Aufl., 2001, B. G. Teubner, Stuttgart

[C.5] Neumann, H.: Unterfangung von Gebäuden durch chemische Bodenverfestigung. Der Tiefbau (1965)

Literaturverzeichnis

[C.6] Brandl, H.: Stützbauwerke und konstruktive Hangsicherungen. Grundbautaschenbuch, 6. Aufl. Teil 3, 2001. Verlag Ernst und Sohn, Berlin

[C.7] Lohmeyer, G.: Weiße Wannen, einfach und sicher. 6. Aufl. 2004, Verlag Bau + Technik, Düsseldorf

[C.8] Dörken, W.; Dehne, E.: Grundbau in Beispielen, Teil 1: Gesteine, Böden, Bodenuntersuchungen, Grundbau im Erd- und Straßenbau, Erddruck, Wasser im Boden, 2. Aufl., 1999; Teil 2: Kippen, Gleiten, Grundbruch, Setzungen, Fundamente, Stützwände, neues Sicherheitskonzept, Anhang: Risse im Bauwerk, 3. Aufl. 2004, Werner Verlag

[C.9] Möller, G.: Geotechnik. Teil 1: Bodenmechanik, 1998; Teil 2 Grundbau, 1999, Werner Verlag, Düsseldorf

[C.10] Jebe, W., Bartels, K: Entwicklung der Verdichtungsverfahren mit Tiefenrüttlern von 1976 bis 1982. VIII. Europäische Konferenz über Bodenmechanik und Grundbau – 23. Mai bis 26. Mai – in Helsinki

[C.11] Dierks, K., Kurian, N. P.: Zum Verhalten von Kegelschalenfundamenten unter zentrischer und exzentrischer Belastung. Bauingenieur 56 (1981), S. 61–65, Springer-Verlag, Berlin/Heidelberg/New York/London/Paris/Tokio

[C.12] Kurian, N. P.: Design of Foundation Systems, Principles and Practices. 1992, Narosa Publishing House, New Delhi

[C.13] Wiehert, H.-W.: Einfluß der Alterung auf die Tragfähigkeit von historischen Spickpfahl-Gründungen. Diss. Braunschweig 1988

[C.14] Back, K., Seydel, E., Chambosse, G.: Horizontale Belastungsversuche an Betonrüttelsäulen. Staudamm und Bodenmechanik – Festschrift zum 70. Geburtstag von o. Prof. em. Dr.-Ing. Herbert Breth, Darmstadt 1983

[C.15] Ludewig, S.: Bewegungsfugen. 1986, VEB Verlag für Bauwesen, Berlin

[C.16] Klotz, H.: Neuartiges Randstreifenfundament. Bauingenieur 60 (1985), S. 296, Springer-Verlag, Berlin/Heidelberg/New York/London/Paris/Tokio

[C.17] Sperling, G.: Zur weiteren Nutzung von Gründungskonstruktionen aus Holz. Bauplanung – Bautechnik 42 (1988), S. 500–505

[C.18] Herth, W., Arndts, E.: Theorie und Praxis der Grundwasserabsenkung. 2. Aufl. 1985, Verlag Ernst und Sohn, Berlin

[C.19] Hofmann, H.: Unterfangungen mit Einpressung von Zementsuspension unter hohem Druck. Beton- und Stahlbetonbau 84 (1989), S. 199–202

Literaturverzeichnis

[C.20] VDI-Gesellschaft Bautechnik (Hrsg.): Tiefe Baugruben – Neue Erkenntnisse und Erfahrungen bei ungewöhnlichen Baumaßnahmen.
VDI Berichte 1436, VDI-Verlag, Düsseldorf, 1999

D Technische Ausrüstung

[D.1] ASR Arbeitsstätten-Richtlinie

[D.2] Beckert, J., Mechler, F. P.; Gesundes Wohnen,
1986, Beton Verlag GmbH, Düsseldorf

[D.3] Cube, H. L., Steimle, F.; Wärmepumpen, Grundlagen und Praxis, 1984, VDI-Verlag, Düsseldorf

[D.4] Daniels, K.; Gebäudetechnik,
1992, R. Oldenbourg Verlag GmbH, München

[D.5] EnEV Verordnung über energieeinsparenden Wärmeschutz und energieeinsparende Anlagentechnik bei Gebäuden v. 16. November 2001 Bgbl. 2001, T.I Nr. 59, 21. November 2001

[D.6] Feurich, H.; Sanitärtechnik,
1999, Krammer Verlag, Düsseldorf

[D.7] Götz, L. Technischer Ausbau – Lehrprogramm,
1999, Sprint-Druck Stuttgart

[D.8] MLR – Musterrichtlinie über brandschutztechnische Anforderungen an Leitungsanlagen, März 2000, Fachkommission Bauaufsicht der Bauministerkonferenz

[D.9] Marko, A., Braun, P.; Thermische Solarenergienutzung an Gebäuden,
1997, Springer Verlag, Berlin Heidelberg New York

[D.10] Neufert P., Bauentwurfslehre, 1992,
Verlag Vieweg, Braunschweig/Wiesbaden

[D.11] Otis, Planungshandbuch, Aufzüge, Fahrtreppen, Service, 2003

[D.12] Pistohl, W.; Handbuch der Gebäudetechnik,
2003, Werner Verlag, Düsseldorf

[D.13] Quenzel, K.-H.; Vorbeugender Brandschutz in gebäudetechnischen Einrichtungen, 2001, Office Verlag, Berlin

[D.14] RWE-Handbuch – RWE-Energie-Bau-Handbuch,
1998, Energie-Verlag, Heidelberg

[D.15] Stemshorn, A.; Barrierefrei Bauen für Behinderte und Betagte, 2003,
Koch Verlag, Leinfelden-Echterdingen

[D.16] Kordina, K., Meyer-Ottens, G.:
Holz-Brandschutz-Handbuch,
2. Aufl., Ernst & Sohn, Berlin, 1995

E Wände

[E.1] Schneider, K.-J., Schubert, P., Wormuth, R.: Mauerwerksbau, 5. Aufl., Werner Verlag, Düsseldorf 1996

[E.2] Koepf, W.: Baukunst in fünf Jahrtausenden, Kohlhammer-Verlag, Stuttgart 1954

[E.3] Murray, P.: Architektur der Renaissance. Electra/Belser-Verlag, Stuttgart 1975

[E.4] Wormuth, R.: Grundlagen der Hochbaukonstruktion. Werner Verlag, Düsseldorf 1977

[E.5] Scholz, W.: Baustoffkenntnis. Neu hrsg.: Hiese, W.), 15. Aufl., Werner Verlag, Neuwied, 2003

[E.6] Götz, K.-H., Hoor, D., Monier, K., Natterer, J.: Holzbauatlas. Institut für internationale Architektur-Dokumentation, München 1980

[E.7] Hart, F., Henn, W., Sontag, H.: Stahlbauatlas. 2. Aufl., Verlag Architektur und Baudetail, München 1982

[E.8] Schulze, H.: Schutz gegen Außenlärm mit Mauerwerk, in: VDI-Berichte Nr. 438/1982, VDI-Verlag, Düsseldorf

[E.9] Schneider, K.-J.: Bautabellen mit Berechnungshinweisen und Beispielen. 17. Aufl., Werner Verlag, Neuwied 2006

[E.10] Pohl, R. (Hrsg.): Mauerwerksatlas S. 72 f. 1984, Institut für internationale Architektur-Dokumentation, München

[E.11] Cordes, R.: Außenseitige Wärmedämmverbundsysteme auf Mauerwerk. VDI-Berichte Nr. 438/1982, VDI-Verlag, Düsseldorf

[E.12] Rafeiner, F.: Hochhäuser. Wiesbaden/Berlin 1968

[E.13] Fleischmann, H. D.: Grundlagen der Vorfertigung. Werner Verlag, Düsseldorf 1979

[E.14] Merkblatt der Deutschen Gesellschaft für Mauerwerksbau: Nichttragende Trennwände aus künstlichen Steinen und Wandbauplatten. Essen 1984

[E.15] König, H. L.: Unsichtbare Umwelt. 4. Aufl., Selbstverlag, München 1983

[E.16] Minke, G.: Alternatives Bauen. Kassel: Gesamthochschul-Bibliothek, 4/1980

[E.17] Minke, G. (Hrsg.): Bauen mit Lehm, GHS Kassel 3/1985, Ökobuch-Verlag, Grebenstein

[E.18] Schneider, J.: Am Anfang der Erde – sanfter Baustoff Lehm. Edition Fricke im R. Müller-Verlag

Literaturverzeichnis

[E.19]　Volhard, F.: Leichtlehmbau. Karlsruhe 1983

[E.20]　Pohl, W.-H.: Begrünte Außenwände. In: Bauphysik 5/1987, S. 240 ff.

[E.21]　Minke, G., Witter, G.: Häuser mit grünem Pelz. Fricke-Verlag, Frankfurt (M.) 1982

[E.22]　Althaus, Chr.: Bauwerk und Fassadenbegrünung mit Kletterpflanzen. Patzer-Verlag, Berlin

[E.23]　Cziesielski, E.: Bauphysik 7 (1985), Heft 5, S. 141–149

[E.24]　Bosslet, K., Schneider, S.: Ästhetik und Gestaltung in der japanischen Architektur. Werner Verlag, Düsseldorf 1990

[E.25]　Claunitzer, K.-D.: Historischer Holzschutz im Hochbau. Diss. Uni Hannover 1989

[E.26]　Schmidt, O.: Holz- und Baumpilze – Biologie, Schäden, Schutz, Nutzen. Springer-Verlag, Berlin 1994

[E.27]　Weiß, S.: Rechtliche Probleme des Schallschutzes. 2. Aufl., Werner Verlag, Düsseldorf 1993

[E.28]　Cziesielski, E.: Wie schützzt man die Außenwand am effektivsten?, in: Dt. Ingenieurblatt 1/2 – 1997, S. 10 f.

[E.29]　Schneider, U.: Schwimann, M., Bruckner, H.: Lehmbau, Werner Verlag, Düsseldorf 1996

[E.30]　Wagner, A.: Transparente Wärmedämmung an Gebäuden, Hrsg.: Fachinformationszentrum Karlsruhe, Ges. f. Wissensch.-Techn. Information, 2. Aufl., Verlag TÜV Rheinland, Köln, 1998

[E.31]　Scharping, H., Heitmann, G., Michael, K.: Niedrigenergiehäuser in der Praxis. Hrsg.: Fachinformationszentrum Karlsruhe, Verlag TÜV Rheinland GmbH, Köln 1997

[E.32]　Ingenhoven, Overdiek und Partner: Hochhaus RWE AG Essen, Hrsg.: Till Briegleb, Birkhäuser Verlag, Basel/Boston/Berlin 2000

[E.33]　Kordina, K., Meyer-Ottens, C.: Holz-Brandschutz-Handbuch, 2. Aufl., Ernst & Sohn, Berlin 1995

F Geschossdecken

[F.1] Maaß, G.: Trapezprofile – Konstruktion und Berechnung.
Werner Verlag, Düsseldorf 1985

[F.2] Funk, P., Irmschler, H.-J.: Erläuterungen zu den Mauerwerksbestimmungen.
Verlag W. Ernst und Sohn, Berlin 1975

[F.3] Pfefferkorn, W.: Dachdecken und Mauerwerk, Anschlusspunkt Wand – Flachdach.
Verlagsgesellschaft R. Müller, Köln-Braunsfeld 1980

[F.4] Werner, G.: Holzbau. Teil 2,
4. Aufl., Werner Verlag, Düsseldorf 1992

[F.5] Entwicklungsgemeinschaft Holzbau in der Deutschen Gesellschaft für Holzforschung, München (Hrsg.): Informationsdienst Holz (zu beziehen von der Arbeitsgemeinschaft Holz e. V., Füllenbachstr. 6, 40474 Düsseldorf). Konstruktionsbeispiele, Berechnungsverfahren, Teil 3

[F.6] König, G., Liphardt, S.: Hochhäuser aus Stahlbeton.
In: Betonkalender 1985, Bd. 2,
Verlag Ernst und Sohn, Berlin

[F.7] Wormuth, R.: Grundlagen der Hochbaukonstruktion.
Werner Verlag, Düsseldorf 1977

[F.8] Angerer, F.: Bauen mit tragenden Flächen.
Verlag Callwey, München 1960

[F.9] Büttner, O., Hampe, E.: Bauwerk, Tragwerk, Tragstruktur.
Bd. I, VEB Verlag für Bauwesen, Berlin 1976

[F.10] Hart, F.: Kunst und Technik der Wölbung.
Verlag Callwey, München 1965

[F.11] Hart, F., Henn, W., Sontag, H.: Stahlbauatlas, Geschossbauten. 2. Aufl., Institut für internationale Architektur-Dokumentation, München 1982

[F.12] Kordina, K., Meyer-Ottens, C.: Betonbrandschutzhandbuch.
Beton-Verlag, Düsseldorf 1981

[F.13] Entwicklungsgemeinschaft Holzbau in der Deutschen Gesellschaft für Holzforschung, München (Hrsg.): Informationsdienst Holz (zu beziehen vom Holzabsatzfonds, Godesberger Allee 142–148, 53175 Bonn, www.infoholz.de). Feuerhemmende Holzbauteile

[F.14] Scheer, C., Schutz, T.: Bemessungshilfen Brandschutz im Holzbau. In: Bauen mit Holz 3/85 und 4/85

[F.15] Scholz, W., Hiese, W.: Baustoffkenntnis.
15. Aufl., Werner Verlag, Neuwied 2003

[F.16]	Frommhold, H., Hasenjäger, S.: Wohnungsbau-Normen. Neu bearbeitet von: Fleischmann, H. D., Schneider, K.-J., Wormuth, R., Schoch, T., 24. Aufl., Werner Verlag, Neuwied 2005
[F.17]	Saar, H., u. a.: Gefahren durch leichte Deckenbekleidungen und Unterdecken. In: Bautechnik Nr. 6/1984 S. 207 ff.
[F.18]	Huxtable, A. L.: Pier Luigi Nervi. Maier-Verlag, Ravensburg 1960
[F.19]	Fischer, M./Seeber, E., Humanökologie, Schriftenreihe des Vereins für Wasser-, Boden- und Lufthygiene (Nr. 63), G.-Fischer-Verlag, Stuttgart/New York 1985
[F.20]	Einbrodt, H. J., Prof. Dr. med.: Schadstoffimmissionen in Innenräumen aus der Sicht des Hygienikers, in: Innenausbau, Sonderausg. Okt. 1985, Verlag G. Schleunung G.m.b.H. & Co. KG, 97828 Marktheidenfeld
[F.21]	Schmidt-Grohe, J.: Baustoffe und Gesundheit (Zusammenfassung einer Tagung der Bayr. Architektenkammer am 1. 3. 1985), in: DAB 5/85
[F.22]	Beckert, J., Prof. Dr. med.: Die Physiologie des Menschen und die Eigenschaften der Baustoffe, in: DAB 5/85
[F.23]	Meyer, H.-G., Prof. Dr.-Ing.: Baubiologisches Verhalten von Baustoffen – ein neues Beurteilungskriterium, in: Mitteilungen des Institut für Bautechnik 3/1982
[F.24]	Seifen, B., Prof. Dr.: Vergleich der innerhalb und außerhalb geschlossener Räume auftretenden Konzentrationen anorganischer und organischer Verbindungen, in: siehe [F.19]
[F.25]	Wegner, J., Dr./Schlüter, G.: Die Bedeutung des Luftwechsels für die Luftqualität von Wohnräumen, in: siehe [F.19]
[F.26]	Schneider, K.-J.: Bautabellen für Architekten, 17. Aufl., Werner Verlag, Neuwied 2006
[F.27]	Informationsmaterial der Firma Schöck Bauteile GmbH, Baden-Baden
[F.28]	B+B Bauen im Bestand, 28. Jg. April 2005, Nr. 3, S. 9 ff.

Literaturverzeichnis

G Treppen

[G.1] Daiber, G.: Die Treppenkonstruktionen in Miethäusern von 1850–1940. Werner Verlag, Düsseldorf 1986

[G.2] Daidalos 9, Stairs, Berlin Architectural Journal. Bertelsmann Fachzeitschr. GmbH, Berlin 1983

[G.3] Frommhold/Hasenjäger: Wohnungsbau-Normen, 24. Aufl., Werner Verlag, Neuwied 2005

[G.4] Gerkan, M. v.: Edition Detail. Treppen. Verlagsges. Rudolf Müller, Köln 1988

[G.5] Lauter, W.: Treppen. Die bibliophilen Taschenbücher, Herrenberg, Kommunikation, Dortmund 1984

[G.6] Leder, G.: Hochbaukonstruktion IV. Treppen. Springer-Verlag, Berlin 1987

[G.7] Mannes, W.: Treppen und Geländer. Verlagsges. Rudolf Müller, Köln 2004

[G.8] Meyer, W.: Treppen. Verl. A. Koch GmbH, Leinfelden-Echterdingen 1983

[G.9] Pohl, R., Schneider, K. J., Wormuth, R.: Mauerwerksbau, 6. Aufl., Werner Verlag, Düsseldorf 1999

[G.10] Pracht, K.: Innen- und Außentreppen. Deutsche Verlagsanstalt, Stuttgart 1986

[G.11] Reitmayer, U.: Holztreppen. Julius Hoffmann Verl., Stuttgart 1986

[G.12] Schneider, K.-J.: Bautabellen. 17. Aufl., Werner Verlag, Neuwied 2006

[G.13] Schuster, F.: Treppen – Entwurf, Konstruktion und Gestaltung. Julius Hoffmann Verlag, Stuttgart 1964

[G.14] Schuster, F.: Treppen aus Stein, Holz und Eisen. Julius Hoffmann Verlag, Stuttgart 1949

[G.15] Steinrück, R.: Leitern und Treppen in Stahl. Charles Coleman Verlag, Lübeck 1965

[G.16] Hielke, F.: Skalalogia. Franz Sales Verlag, Eichstätt 1986

H Dächer

[H.1] Dethier, J. (Hrsg.): Lehmarchitektur – Die Zukunft einer vergessenen Bautradition.
Prestel-Verlag, München 1982

[H.2] Brennecke, W., Folkerts, H., Haferland, F., Hart, F.: Dachatlas – Geneigte Dächer. Institut für internationale Architektur-Dokumentation, München 1980

[H.3] Schunk, E., Finke, Th., Jenisch, R, Oster, H. J.: Dach Atlas – geneigte Dächer. Rudolf Müller, Köln 1992

[H.4] Karduck, Stein: Dachgeometrie. 2. Aufl. 1983, Verlagsgesellschaft Rudolf Müller, Köln-Braunsfeld

[H.5] Hochtief AG ((Hrsg.): HOCHTIEF-Nachrichten, 56. Jahrgang, Heft 3, 1983, S. 37–42

[H.6] Schnürt, H.: Hochbaukonstruktionen. 11. Aufl. 1988, Vieweg-Verlag, Braunschweig

[H.7] Lamers, R., Rogier, D.: Langzeitbewährung von Flachdächern. Schriftenreihe des Bundesministers für Raumordnung, Bauwesen und Städtebau, Bericht F 1960, 1984, IRB Verlag, Stuttgart

[H.8] Mühlfeldt, H.: Das deutsche Zimmermannsdach. 2. Aufl. 1939, Bauwelt-Verlag, Berlin

[H.9] [H.2], S. 62 ff.

[H.10] Ostendorf, F.: Die Geschichte des Dachwerks. 1908, B. G. Teubner, Leipzig, Nachdruck 1982, Th. Schäfer, Hannover

[H.11] Pieper, K.: Sicherung historischer Bauten. Verlag W. Ernst und Sohn, Berlin/München 1983

[H.12] Sachse, H.-J.: Barocke Dachwerke, Decken und Gewölbe. Gebr. Mann Verlag, Berlin 1975

[H.13] Zentralverband des Dachdeckerhandwerks, Fachverband Dach-, Wand- und Abdichtungstechnik: Fachregeln des Dachdeckerhandwerks. Stand 7/1995, Verlag R. Müller

[H.14] Zentralverband Sanitär, Heizung, Klima: Richtlinien für die Ausführung von Metall-Dächern, Außenwandbekleidungen und Bauklempner-Arbeiten (Fachregeln des Klempner-Handwerks), St. Augustin 1985

[H.15] Deutsches Kupfer-Institut: Kupfer im Hochbau. Berlin 1984

[H.16] Rheinzink GmbH: Rheinzink, Anwendung im Hochbau. Datteln 1986

[H.17] Blei-Beratung e. V.: Blei im Bauwesen. Düsseldorf

Literaturverzeichnis

[H.18] Aluminium-Zentrale e. V.: Informationsschriften. Düsseldorf

[H.19] Weber, H.: Dach und Wand – Planen und Bauen mit Aluminium-Profiltafeln. Aluminium-Verlag, Düsseldorf 1982

[H.20] Beratungsstelle für Stahlverwendung: Merkblätter. Postfach 10 48 42, 40039 Düsseldorf

[H.21] Brennecke, W., Folkerts, H., Haferland, F., Hart, F.: Dachatlas – Geneigte Dächer. Institut für internationale Architektur-Dokumentation, München 1980

[H.22] Hart, F., Henn, W., Sontag, H.: Stahlbauatlas, Geschossbauten. 2. Aufl. 1982, Institut für internationale Architektur-Dokumentation, München

[H.23] Hoch, E.: Flachdächer. 3. Aufl. 1981, Verlagsgesellschaft Rudolf Müller, Köln-Braunsfeld

[H.24] Riechert, E.: Flachdach-Konstruktionsbeispiele mit materialbezogenen Ausschreibungstexten. 2. Aufl. 1981, Bauverlag GmbH, Wiesbaden und Berlin

[H.25] Lohmeyer, G.: Flachdächer einfach und sicher. Beton-Verlag GmbH, Düsseldorf 1982

[H.26] Schild, E., Oswald, R., Rogier, D., Schweikart, H.: Schwachstellen, Band I, Flachdächer, Dachterrassen, Balkone. Bauverlag GmbH, Wiesbaden und Berlin

[H.27] Grunau, E. B.: Qualität in der Bauausführung. 2. Aufl. 1982, Bauverlag GmbH, Wiesbaden und Berlin

[H.28] Minke, G.: Das Grasdach System Minke stellt sich vor. Informationsschrift, Kassel 1981

[H.29] Minke, G.: Grasdächer, deutsche bauzeitung 4/1982

[H.30] Eternit AG: Technische Informationen, Sparte Hochbau, Berlin

[H.31] Fulgurit GmbH: Technische Informationen, Wunstorf

[H.32] Schriften und Orientierungshilfen für Planung und Ausführung von Dachabdichtungen mit Kunststoff- und Kautschukbahnen der Technischen Arbeitsgruppe Kunststoff- und Kautschukbahnen für Dach- und Bauwerksabdichtung e. V., Osannstraße 37, 64285 Darmstadt

[H.33] abc der Bitumendachbahnen, Technische Regeln 1991, Industrieverband Bitumen-Dach- und Dichtungsbahnen e. V., Frankfurt (Main)

[H.34] Lehrbriefe (Nr. 13–22), Bauwerksabdichtung 1990, Hauptverband der Deutschen Bauindustrie e. V., Wiesbaden

[H.35] Pistohl, W.: Handbuch der Gebäudetechnik, Bd. 1, 4. Aufl., Werner Verlag, Düsseldorf 2002

[H.36] Schneider, K.-J. (Hrsg.): Bautabellen für Architekten
(Abschn. 13 D 2.3.6).
15. Aufl. 2002, Werner Verlag, Düsseldorf

I Fenster

[I.1] Technische Informationen zum System Fenklusiv der Firma Gebrüder Uhl GmbH & Co KG, 88267 Vogt

[I.2] Technische Informationen zum System ISKOTHERM der Firma SCHÜCO Heinz Schürmann GmbH & Co KG, Bielefeld

[I.3] Technische Informationen zum System ISKOTHERM KS der Firma SCHÜCO Heinz Schürmann GmbH & Co KG, Bielefeld

[I.4] Technische Informationen zum System Combidur der Firma Gebrüder Kömmerling Kunststoffwerke GmbH, Pirmasens

[I.5] Technische Informationen zum System Combidur AV der Firma Gebrüder Kömmerling Kunststoffwerke GmbH, Pirmasens

[I.6] Technische Informationen zum System ISOPUR der Firma Fulgurit GmbH & Co KG, 31515 Wunstorf

[I.7] Technische Informationen zum System ISOGARANT der Firma Bert GmbH & Co KG, 64560 Riedstadt/Erfelden

[I.8] Technische Informationen zum System thermassiv der Firma Schock & Co GmbH, 73614 Schorndorf

[I.9] Technische Informationen zum RP-Rohrsystem der Firma Mannesmannröhren-Werke AG, 58739 Wickede (Ruhr)

[I.10] Technische Informationen zu Dachflächenfenstern der Firma VELUX GmbH, Hamburg

[I.11] Aktionsgemeinschaft Glas im Bau: Solararchitektur in Deutschland, Rubensstraße 2, 50999 Köln

[I.12] Gertis, K.: Passive Solarenergienutzung – Umsetzung von Forschungsergebnissen in den praktischen Gebäudeentwurf. In: Bauphysik, Verlag Ernst und Sohn, Berlin 1993

[I.13] Architekten Ingenhoven Overdiek Kahlen und Partner, Hochhaus RWE AG Essen

[I.14] Architekten Herzog & de Meuron, Informations-, Kommunikations- und Medienzentrum (IKMZ) BTU Cottbus

[I.15] Schulz, C, Seger, P.: Glas am Bau. In: Deutsches Architektenblatt 3/93 und 5/93, Forum-Verlag GmbH, Stuttgart 1993

[I.16]		Technische Informationen zu Fertigrolladenkästen der Firma ISOTEX-Baustoffwerke GmbH & Co, 86899 Landsberg (Lech)-Friedheim
[I.17]		Einfeldt, Schmid, Feldmeier: Beurteilung der Tauwassergefahr bei Bauanschlüssen. In: Fenster und Fassade Nr. 2/87, Institut für Fenstertechnik e. V., Rosenheim
[I.18]		Zeitschrift glasforum Nr. 2/87, 3/87, 4/87
[I.19]		Zeitschrift Bauwelt Nr. 43/44/96, Architekt: Theo Hotz, Zürich
[I.20]		Technische Informationen zum System Fassade TK 50 der Firma Trübe & Kings Metallbaugesellschaft mbH Düsseldorf
[I.21]		Technische Informationen zum System Fassade SG der Firma FW Fenster Werner Darmstadt
[I.22]		Gläser, Hans Joachim (Red.), Funktions-Isoliergläser, Expert Verlag, Renningen 1992
[I.23]		Gläser, Hans Joachim (Red.), Mehrscheiben-Isolierglas, Expert Verlag, Renningen 1992
[I.24]		DIN-VDE-Taschenbuch 253, Verglasungsarbeiten-VOB/StLB, Beuth Verlag, Berlin 1993
[I.25]		Cziesielsky/Marquart: Wärme- und Schallschutz im Hochbau, Wienerberger Mauererkstage 1992

J Türen

[J.1]		Mies van der Rohe, Ludwig: Nationalgalerie Berlin (1966/67) (nach Originalzeichnung)
[J.2]		Architekten PM Planungsgruppe Minden Waltke + Halstenberg, Erweiterung Wohnhaus Waltke Minden
[J.3]		Handbuch Schörghuber Spezialtüren GmbH & Co. Betriebs KG, 84539 Ampfing
[J.4]		Technische Informationen zum RP-Rohrsystem der Firma Mannesmann Röhrenwerke AG, 58739 Wikkede (Ruhr)
[J.5]		Technische Informationen der Gebrüder Uhl GmbH & Co. KG, 88267 Vogt
[J.6]		Technische Informationen der Flachglas AG, Gelsenkirchen
[J.7]		Technische Informationen der Firma Westag & Getalit AG, 33378 Rheda-Wiedenbrück
[J.8]		Technische Informationen der Firma Klepper-Werke, Bereich Salotherm, 92342 Freystadt (Oberpfalz)

[J.9] Technische Informationen der Firma
Neuform Türenwerk H. Glock GmbH & Co. KG,
07937 Zeulenroda

[J.10] Technische Informationen der Firma F. Athmer,
59757 Arnsberg

K Konstruktionsatlas

[K.1] KS-Neues, Oktober 1996, Hrsg.: Kalksandstein-Information GmbH + CoKG, Hannover, S. 6; Fassade, Heft 5, Okt. 1996, S. 42 f.

[K.2] Architektenblatt der Architektenkammern Bremen und Niedersachsen v. 1. Juni 1992, Sonderdruck

[K.3] Heute für die Zukunft bauen. Aber wie? Hrsg.: Deutsche Bundesstiftung Umwelt, Osnabrück, Verlag Rasch, Bramsche, 1995

[K.4] Zentrum für Umweltkommunikation, Hrsg.: Deutsche Bundesstiftung Umwelt, Osnabrück, Verlag Rasch, Bramsche, 2003

[K.5] IKMZ Informations-, Kommunikations- & Medienzentrum der BTU Cottbus, Hrsg.: Min. der Finanzen des Landes Brandenburg, 2005; Bauwelt 3 / 2005, S. 10 ff.

[K.6] R. Wormuth: Baukonstruktive Probleme bei denkmalpflegerischen Instandsetzungen, in: Berichte zur Denkmalpflege in Niedersachsen 2/1999, S. 84

Stichwortverzeichnis

Aalto, Alvar	564	
Abbund	454	
Abdeckung	74, 196, 237	
Abdichtung	388 f., 571	
Abdichtung, horizontal	388	
Abdichtungsanschluss	676, 692	
Abdichtungsprofil	708	
Abfall	662	
Abfangekonstruktionen bei zweischaligem Mauerwerk	364 f.,	
Abfangung	280	
Abflussbeiwert	644	
Abhang	522	
Abhebekraft	664	
Abhänger	480	
Abluftfassade	737	
Abmessung	233	
Abschluss	389, 663	
Absenkdichtung	793	
Absorptionskälteanlage	828	
Abspannseil	153	
Abspannung	816	
Abstandhalter	202	
Abtreppung	272	
Abwasser	643	
Abwasserabgabegesetz	643	
Abwasserinstallation	336	
Adiabate	400	
Afzelia	849	
Alkalität	185	
Altbausanierung	518	
Altdeutsche Deckung	603	
Alterung	240	
Alu-Wandanschlusskehle	844	
Aluminium	605	
Aluminiumfenster	715	
Aluminiumprofil	715	
Aluminiumprofilflügel	781	
Aluminiumprofilrahmen	780	
Andreaskreuz	26, 593	
Andreaskreuz-Verband	592	
Andruckleiste	734	
Andruckprofil	638 f., 641	
Andruckschiene	677	
Andruckverfahren	721	
Ankerbarren	138	
Ankerblock	222	
Ankerkörper	221	
Ankerschnellabhänger	523	
Ankerschraube	138	
Anleimer	773	
Anschlag, stumpf	698, 769	
Anschlagart	706	
Anschlagdichtung	720, 724	
Anschlagseite	700, 765	
Anschluss mit Blech	678	
Anschluss Stütze-Träger	141	
Anschluss Träger-Träger	142	
Anschluss von Trennwand	462	
Anschluss von Umfassungswänden an Decken und Dachkonstruktion	371	
Anschluss	623, 639, 663, 677	
Anschluss-Rinne	623	
Anschlussbewehrung	362	
Anschlussfuge	704 f., 723	
Anschlussfugenbreite	705	
Anschlusszwang	643	
Anschweißflansch	390	
Anstaubewässerung	675	
Anstrich	725 f.	
antiklastisch	167, 168	
Antrittsstufe	528	
Appel	78	
Arbeitsfuge	391	
Arbeitsfugenband	391	
Arbeitsraum	286, 288	
Archiv	228	
Ästhetik	3	
Aspdin, J.	185	
Asphaltmastix	509	
Asphaltplattenbelag	519	
Atmospherics	357	
Auenlehm	248	
Aufbau vom Türblatt	774	
Aufgesattelte Treppe	545	
Aufladung, elektrostatisch	517	
Auflagertasche	74	
Auflageverschiebung	156	
Auflast	663, 673, 686	
Auflaufdichtung	794	
Aufsatzband	792 f.	
Aufschiebling	591, 836, 842	
Aufschnittdeckung	599, 611	
Aufschwemmen	686, 270	
Aufsetzschloss	795	
Auftrieb	7, 274, 686	
Auftriebssicherung	290	
Auftritt	525	
Auftrittsbreite	529	
Aufzugschacht	23	
Aufzüge	340	
Ausbau	4	
Ausdehnungskoeffizient	625	
Ausfachung	227, 453 ff., 836	
Ausfachung, verputzte	454	
Ausführungsmängel	195	
Ausgleichsfeuchte	70, 106	
Ausgleichsschicht	502, 666	
Ausschalfrist	191	
Ausschleusungsvorgang	278	
Aussparung	351	
Aussteifung von Hallen	25	
Aussteifung	25, 53, 130	
Aussteifungsstütze	365, 371	
Ausstellmarkise	744	
Austrittsstufe	528	
Austrocknungsphase	239	
Auswechselung	213, 483, 633	
Ausziehkraft	81	
Ausziehwiderstand	85	
Außenanschlag	698, 704	
Außendämmung	398	
Außenjalousette	745	
Außenluftrate	309	
Außenlärmschutz	406	
Außenmaß	46	
Außenschale	60, 440	
Außenstütze	93	
Außentür	761	
Außenwand mit Kerndämmung, zweischalig	382	
Außenwand mit Luftschicht, zweischalig	383	
Außenwand mit Putzschicht, zweischalig	382	
Außenwand, einschalig	421	
Außenwand, hinterlüftet	839	
Außenwand, zweischalig	839	
Außenwandbegrünung	385	
Außenwandkonstruktion	421	
Außenwände mit angemörtelten Bekleidungen	430	
Backkork	669	
Bagasse	67	
Balken (Unterzüge) aus Normalbeton	491	
Balken	8, 65, 75	
Balkendecke	482, 499	
Balkenkopf	74, 846	
Balkenrost-Installationszone	843	
Balkenschuh	82, 85	
Balkentreppe	526, 551	
Balkon aus Stahlbetonfertigteilen	515	
Balkon	514, 849	
Balkonanbau, nachträglich	518	
Balkonfußboden	514, 516	
Balkonkonstruktion	517	
Baloon	97 f.	
Band	707, 719, 791	
Bandaufhängung	763	
Bandsitz	800	
Bandtasche	779, 792 f.	
Barackenklima	101	
Barock	184	
Baryt	189	
Basalt	39	
Bau, fliegend	80	
Bau-Funiersperrholz	69	
Bau-Furnierplatte	103	
Bau-Furniersperrholz	473	
Bauaufsichtliche Mindestanforderung an Decken	489	
Baubiologie	2	

	239	Berme	286 f.	Biophysikalische Daten	
Baufurniersperrholz	665	Besatzungsschlüssel	795	des Menschen	296
Baugrube	269, 286	Beschichtstoff	183	Bitumen-Dachdichtungs-	
Baugrubenverbau	281	Beschichtung	183, 717,	bahn	668
Baugrubenwand	283		721, 725	Bitumen-Dampfsperr-	
Baugrund	247	Beschichtungsmittel	727	bahn	668
Baugrunderkundung	260	Beschlag	707, 791	Bitumen-Dichtungsbahn	389
Bauhaus	6	Beschusshemmende Tür	789	Bitumen-Schweißbahn	668
Bauholz	65	Bessemer	108	Bitumenbahn	389, 695
Bauprodukt, geregelt	414	Bestreuung, mineralisch	673	Bitumendachbahn	606, 638
Bauregelliste	412	Beton	184	Bitumenschweißbahn	695
Baurichtmaß	46, 764	Beton, grün	188	Blatt, gerade	77
Bauschutz, bauaufsichtliche		Beton, hochfester	188	Blattverbindung	71
Mindestanforderungen	415	Betonangriff	192	Blech	112
Baustellenbeton	188	Betonbruch	197	Blechband	626
Baustoff, brennbar	413	Betondeckung	186, 195,	Blechhaft	628
–, nichtbrennbar	413		202, 204	Blechkranzdübel	84
–, recycelbar	817	Betonfertigteilbrüstung	456	Blechtafel	626
–, recyclingfähig	822	Betonhohldiele	482	Blei	605
–, recyclingfähig	835	Betonstabstahl	194	Bleimennige	183
Baustoffklasse	75, 413	Betonstahl	194	Blendfuge	45
Bauteil, klassiziert	414	Betonstahlmatte	194, 210	Blendrahmen	699, 768, 770
Bauwerksabdichtung	390	Betonstelzkörper	482	Blindzarge	769
Bauwerksanschluss	702	Betonwerkstein-		Blockbauweise	96
Bauwerksbewegung	391	bekleidung	446	Blockfundament	266
Beanspruchungsgruppe		Betonwerksteinplatte	519	Blockheizkraftwerk	
von Fenster	701	Beule	88	(BHKW)	314, 828
Beanspruchungsgruppe		Bewegliche Innenwand	461	Blockrahmen	768, 770, 772
zur Verglasung	752	Bewegungsfuge	391, 506,	Blockstein	34
Beanspruchungsgruppe	706		663 f., 677	Blockverband	48
Bedachung, hart	580	Bewegungsfuge-Profil	506	Blähschiefer	34, 189
Bedachung, weich	580	Bewehrter Porenbeton	499	Blähton	34, 189
Bedingt umsetzbare Innen-		Bewehrtes Mauerwerk	61	Bodenablauf	509
wand	461	Bewehrung	62, 197,	Bodenart	247
Befestigung	703		202, 210	Bodenaushubgrenze	287
Begriff	526	Bewehrungsdraht	194	Bodenaustausch	262
Begrünung	675	Bewehrungsgrad	196, 214	Bodenbelag	504, 516
Behaglichkeit, thermisch	296	Bewehrungskorrosion	192	Bodenbelag, elastisch	521, 849
Behänge aus Tondach-		Bewehrungsverlauf	202	Bodenbelag, keramisch	519
pfannen	446	Beweissicherungs-		Bodendichtung	787, 794
Beilschlag	66	verfahren	279	Bodenfeuchtigkeit	374, 387,
Bekleidete Stahlstützen nach		Biberschwanzziegel	568,		390
DIN 4102-4	419		601, 609	Bodenfeuchtigkeit,	
Bekleidung	431, 765	Biberschwanzziegel-		seitlich	388
Bekleidung, angemauert	367,	deckung	599	Bodenfliese	850
	430 ff.	Biegedrillknicke	88	Bodenklasse	288
Belag, textil	521	Biegedrillknicken	129, 482	Bodenklassifizierung	251
Belagart	534 f.	Biegemoment	126	Bodenpressung	272
Belichtung	698	Biegeträger aus Holz	495	Bodentreppe	559
Belüftung	698	Biegeträger	128	Bodenverfestigung	280
Bemaßungsangabe	764	Biegezugfestigkeit	232	Bogen	10, 88, 94, 474
Bemessungsprinzip	234	Bims	45, 184	Bogen, „Entlastungs-"	57
Bentonit	284	Bimsbeton	668	Bogen, scheitrechter	57 f.
Benutzungszwang	643	Bimsbetonplatte	665	Bogenachse	58, 94
Bepflanztes Dach	653	Bindefähigkeit	229	Bogenradius	58
Bepflanzung, extensiv	653	Bindeholz	91	Bogenschub	10
Beplankung	67, 100	Bindemittel	43	Bogenspannweite	58
Bequemlichkeitsregel	529	Binder	47, 52	Bohle	65, 75, 106
Bereitschaftsdienst	239	Binderschicht	366	Bohlträger	283
Berglehm	229	Binderverband	48, 366	Bohrmuldenschlüssel	795
Berliner Verbau	283	bindiger Boden	248	Bohrpfahl	276

Bohrpfahlwand	283	
Bohrung	260	
Bolzen	72, 80	
Bolzenverbindung	78	
Bordziegel	602	
Borosilikatglas	750	
Borsalz-Imprägnierung	74	
Brand- und Schallschutz	106	
Brandabschnitt	351	
Brandbeanspruchung, dreiseitig	495	
Brandmeldeanlage	827	
Brandschutz von Wänden	414	
Brandschutz	75, 97, 103, 135, 181, 204, 372, 412, 489, 577, 580	
Brandschutzanforderung	351	
Brandschutzdecke	484	
Brandschutzmaßnahme	181	
Brandschutzschicht	504	
Brandschutzverglasung	749	
Brandverhalten von Stützen	418	
Brandverhalten von Wänden	414	
Brandverhalten	70, 749, 785	
Brandwand	413f., 417, 580	
Breiflachstahl	112	
Breite, mittragend	207	
Brennstoff, fossil	295	
Brett	65, 75, 106	
Brettschichtholz	66, 88, 95, 808, 824	
Brettstapelbau	106	
Brettstapelbauart	96	
Britannia-Brücke	109	
Bronze	107	
Bruchsteinmauer	52	
Bruchsteinmauerwerk	29, 51	
Bruchverhalten	229	
Bruchzustand	199	
Brunelleschi	19	
Brunnen	277, 289	
Brücke	184	
Brückenträger	16	
Brüstung	528, 556, 701, 728, 729	
Brüstungsfläche	729	
Brüstungskrone	196	
Bulldog	78	
Bundbalken	585	
Buntbartschlüssel	795	
Burkina Faso	228	
Bänderton	248	
Böschung	286	
Böschungsbruch	274	
Böschungshöhe	286	
Böschungsneigung	286	
Böschungswinkel	287	
Bügel	199, 201	
Bügelabstand	215	
Cable-Domes	165	
Caissongründung	278	
Calciumsilikatdämmplatte	244	
Calciumsulfatestrich	504	
Carbonatisierung	43	
Coalbrookdale	108	
Coignet, F.	185	
Cointeraux, Francois	226	
Compriband	844, 848	
Contractor-Verfahren	284	
Cort	107	
CU-Stehfalzdach	812	
Curtain-wall	383, 450	
Dach	561	
Dach, begrünt	578	
Dach, belüftet	578	
Dach, durchlüftet	683	
Dach, nicht durchlüftet	683	
Dach, nichtbelüftet	578	
Dachabdichtung	570, 638, 662, 672	
Dachabdichtungsbahn	671	
Dachablauf	664, 683	
Dachabschluss	601, 676	
Dachanschluss	601, 676	
Dachausmittlung	569	
Dachbegrünung	663	
Dachbepflanzung, intensiv	653	
Dachdecke	212	
Dachdeckung	570, 597	
Dachdurchdringung	601	
Dachentwässerung	643, 682	
Dacherker	569	
Dachfenster	568, 601, 657	
Dachfläche, genutzt	672	
Dachflächenfenster	601, 730	
Dachform	561, 598	
Dachgaupe	657	
Dachhaut	5	
Dachkonstruktion	691	
Dachkonstruktion, durchlüftet	660, 667	
Dachkonstruktion, nicht durchlüftet	660, 667, 692	
Dachlatte	581	
Dachluke	652	
Dachneigung	571, 598, 662	
Dachpfannenbehang	445	
Dachplatte	209	
Dachrandabschluss	679	
Dachraum, durchlüftet	671	
Dachrinne	644f., 647, 684	
Dachsanierung	689	
Dachschalung	665	
Dachstein	584f., 603, 608	
Dachstuhl	847	
Dachtraglattung	598	
Dachträger	16	
Dachverband Lehm	227	
Dachziegel	601, 608	
Dachüberstand	74, 101, 196	
Dampfbremse	617, 666	
Dampfdruckausgleichsschicht	671	
Dampfdruckgefälle	577	
Dampfdurchlässigkeit	577	
Dampfsperrbahn aus Polyethylen	668	
Dampfsperrbahn aus PVC, weich	668	
Dampfsperre	102, 578, 666f., 812	
Darrgewicht	66, 714	
dauerelastisch	102	
Dauerhaftigkeit	195	
Deckanstrich	673	
Deckbreite	608	
Decke	469, 498	
Deckebalkenkopf	846	
Deckendicke	210	
Deckelschalung	447	
Decken aus räumlichen Tragwerken	484	
Decken mit räumlicher Tragwirkung	474	
Decken	489	
Deckenbalken	96	
Deckenbalkenkopf	845	
Deckenbekleidung	522	
Deckenbekleidung, leicht	522	
Deckenschalung	103	
Deckenscheibe	22, 130, 817	
Deckenstrahlplatte	323	
Deckenstrahlungsheizung	830	
Deckenziegel	476	
Deckfurnier	69	
Decklage	122	
Decklänge	608	
Deckung	571	
Deckung, schuppenartig	570	
Deckung, waagerecht	604	
Dehnfuge	377, 431	
Dehnfugen in Verblendschale	360	
Dehnsteifigkeit, axial	159	
Deutsche Bundesstiftung Umwelt, Verwaltungsgebäude, Osnabrück	817	
Deutsche Bundesstiftung Umwelt, Zentrum für Umweltkommunikation, Osnabrück	822	
Deutsche Deckung	604	
Deutsches Institut für Bautechnik	74	
Diabas	38	
Dichtprofil	720	
Dichtstoff	752	

879

Dichtstoffvorlage	752	
Dichtung	752, 791	
Dichtungsebene	763	
Dichtungsprofil	793, 836	
Dielenfußboden	839	
Diffusionsoffene Folie	812	
Diffusionsverhalten	233	
Diorit	39	
Djoser	27	
Dolomit	41	
Doppelböden	513, 830	
Doppeldeckung	604, 609	
Doppeldeckung, Biberschwanzdeckung	599	
Doppelfassade	452, 833	
Doppelfenster	700, 850	
Doppelmuldenfalzziegel	599, 601, 613	
Doppelstehfalz	626, 629	
Doppelverglasung	700	
Doppelwinkel-Stehfalz	626	
Doppelwulstziegel	602, 614, 615	
Doppelwustziegel	612	
Drahtanker	60, 439 f., 442	
Drahtbündel	159	
Drahtglas	746	
Drahtputzdecke	522	
Drahtputzdecke, hängend	496	
Drehflügel	699	
Drehkippflügel	699	
Drehknopf	794	
Drehtür	761	
Dreieckfachwerk	147	
Dreiecksmasche	168	
Dreieckstrebenbau	86	
Dreigelenkbogen	86	
Dreigelenkrahmen	16, 94	
dreiläufig	525	
Drillbewehrung	212	
Druck, hydrostatischer	391, 394	
Druckfestigkeit	187, 232	
Druckluft	278	
Druckring	164	
Drucksetzungskurve	256	
Drucksondierung	261	
Druckspannungstrajektor	56	
Druckstab	128	
Druckstrebe	772	
Druckzwiebel	273	
Dränage	394	
Dränschicht	654	
Dränung	258	
Drückergarnitur	791, 794	
Drückerpaar	794	
Duo-Dach	660, 687	
Duplex-System	183	
Durchbiegung von Decken	486	
Durchbiegung	88	
Durchbrüche in Stegen	208	
Durchdringung	389, 663, 676, 680	
Durchgangsmaß	764	
Durchlassmanschette	652	
Durchlaufplatte	476	
Durchlaufträger	205	
Durchlaufwirkung	210	
Durchlässigkeit	257	
Durchlässigkeitswert	289	
Durchschusshemmung	750, 757	
durchstanzen	479	
Durchwurfhemmung	750	
Durchwurzelungsschutz	654	
Durchwurzelungsschutz	675	
Duschwanne	843	
Dämmstoffplatte mit Belüftungssystem	438 f.,	
Dämmstoffplatte ohne Belüftungssystem	438	
Dübel besonderer Bauart	78	
Dübel	28, 72, 78	
Dübelbund	78	
Dübelkranz	94	
Dübelleiste	213	
Dünnbettmörtel	42	
Dünnbettmörtelfuge	439	
Echter Hausschwamm	845	
Eckblatt	76	
Eckblatt	77	
Eckeinspannung	210	
Eckfassungszarge	778	
Eckstein	52	
Eckverband	367	
Eckverbindung	72	
Edelstahl	605	
Eigenlast	7	
Eignung von Bodenbelag	519	
Eignungsnachweis	559	
Eignungsprüfung	230, 241	
Ein- und zweischalige Brandwände nach DIN 4102-4	417	
Einachsig gespannte Decken	474	
Einachsig gespannte Platte	476	
Einbaufeucht	238	
Einbaumöglichkeit	698	
Einbauteil	234	
Einbindung	698	
Einbohrband	770, 791 f.	
Einbruchhemmende Tür	789	
Einbruchhemmende Verglasung	750	
Einbruchhemmung	751	
Eindeckrahmen	731	
Einfachdeckung mit Spließen, Biberschwanzdeckung	599	
Einfachfenster	700	
Einfeldplatte	476	
Einfeldträger	143	
Eingeschobene Treppe	545	
Einhängeträger	90	
Einkammerprofil	719	
Einknopfbeschlag	795	
Einlaufstutzen	644	
Einleimer	773	
Einleitung	643	
einläufig	525	
Einschalig tragende Innenwand	462	
einschalig	663	
Einschalige Außenwand mit Putz	425	
Einschalige Außenwände aus Porenbeton	433	
Einschalige Außenwände mit transparenter Wärmedämmung	427	
Einschalige Glasfassade	734	
Einschalige Wände in Mantelbauweise	434	
Einschaliges Mauerwerk mit Außenputz	422	
Einscheibensicherheitsglas	746	
Einscheibenverglasung	700	
Einschnitttiefe	77	
Einschubboden	848	
Einschubbodenbrett	845	
Einspannung	8, 130	
Einsteckschloss	795	
Einwirkung	2	
Einzelfundament	266	
Einzelheizung	311	
Einzelraum-Temperaturregelung	817	
Einzelseil	154	
Eisbildung	731	
Eisen	107	
Eisenbahnschiene	107	
Eisenbeton	185	
Eisenerze	107	
Eisenoxidschicht	182	
Eisenzeit	107	
Eislast	7	
Eisschutz	651	
Eissporthalle II München	174	
Elastizitätsmodul	71, 232	
Elastomere	607	
Elastomerfaser	152	
elektrisch leitende Schicht	504	
Elektroinstallation	354	
Elektroklima	196	

Elektrolytische Verträglichkeit von Metallen	625	
eloxieren	715	
emplekton	184	
Endfestigkeit	192	
Energie	294	
Energie, erneuerbar	295	
Energie, regenerativ	295	
Energiebedarf	64, 296, 828	
Energiebilanz	64, 397, 452, 697	
Energiedurchlässigkeit der Fensterflächen	399	
Energieeffizienz	822	
Energieeinspar-Verordnung	298, 304	
Energieträger	311	
Entflammung	75	
Entrauchungsanlage	827	
Erdbeben	7, 228	
Erddruck	5, 7, 269, 285	
Erdsondenfeld	828	
Ergussgestein	38 f.	
Erhärtungsdauer	191	
Erschließungsform	348	
Erzeugnis, kaltprofiliert	112	
Estrich auf Trennschicht	504, 507	
Estrich	504, 519	
Estrich, schwimmend	500	
Estrichbewehrung	509 f.	
Ethik	1	
Ethylenpolymerisat-Bitumen- (ECB-) Bahn	673	
Expositionsklasse	192	
F-Verglasung	749, 786	
Fachdachpfanne	658	
Fachregel des Dachdeckerhandwerks	597	
Fachwerk	15, 96, 470	
Fachwerkbau	96, 244	
Fachwerkhaus	227	
Fachwerkknoten	86	
Fachwerkkonstruktion	548	
Fachwerkriegel	842	
Fachwerkscheibe	130	
Fachwerksockelzone	45	
Fachwerkträger	83, 88, 90, 147, 199, 218, 482	
Fachwerkwand	834	
Fachwerkwände aus Holz	453	
Fagus-Werk	6	
Fairbairn, William	173	
Falttür	761	
Faltwand	761	
Faltwerk	13, 163	
Falzanschlag	767	
Falzart	627	
Falzbahn	671	
Falzbekleidung	766	
Falzbreite	752	
Falzdichtung	711, 713, 763, 766	
Falzhöhe	752	
Falznut	755	
Falzziegel	616	
Falzziegeldeckung	599	
Fanggitter	652	
Fanghaken	653	
Faraday-Käfig	196	
Fasebrett, gespundet	449	
Faser	230, 231	
Faserdämmplatte DIN 18 165	849	
Faserdämmstoff	670	
Fasermaterial	521	
Faserverlauf des Holzes	379	
Faserverlauf	66	
Faserzementplatte	604, 623	
Faserzementplattendeckung	624	
Fassade mit selbsttragenden Stahlbetonbrüstungen	458	
Fassade	737	
Fassade, eingestellt	737	
Fassade, verspannt	152	
Fassade, vorgehängt	737	
Fassade, vorgestellt	737	
Fassaden-Zwischenraum	737	
Fassadenbekleidung	421	
Fassadenstütze	180	
Faulschlamm	248	
Faustwerttabelle	531, 545, 551	
Faxa	561	
Federbügel	482, 848	
fehlkantig	66	
Fehlkörnung	250	
Feldbewehrung	206, 268	
Feldbrandklinker	842	
Fels	249	
Fenster	697	
Fensterbrüstung	729	
Fenstereinbau	702	
Fensterelement	728	
Fensterkonstruktion	701	
Fensterrahmen	702	
Fenstersturz	58	
Fenstertür	699, 701	
Fensterwand	701, 703, 759	
Fersenversatz	76, 585	
Fertigparkett	512	
Fertigrollladenkasten	741	
Fertigteil aus Normalbeton	491	
Fertigteil	188, 219, 240	
Fertigteilstütze	266	
Fertigtürelement	790	
Festbeton	188	
Feste Innenwand	461	
Festflansch	389	
Festflanschkonstruktion	390	
Festgestein	247	
Festhaft	628	
Festigkeits- und Härteklasse von Verbundestrich	506	
Festigkeitsklasse	187	
Feststehende Rahmenfläche	783	
Festverglasung	699, 730	
Feuchte der Außenluft	307	
Feuchtegehalt	66	
Feuchtehaushalt	233, 243	
Feuchteschutz	235, 577	
Feuchtigkeit, aufsteigend	388	
Feuchtigkeitsschutz	372	
Feuchtraumtür	786	
feuerbeständig	413	
feuerhemmend	413	
Feuerschutzmittel	75	
Feuerschutztür	785	
Feuerverzinkt	183	
Feuerverzinkung	396	
Feuerwiderstand	225	
Feuerwiderstandsdauer	181	
Feuerwiderstandsklasse	75, 204, 413, 749, 785	
Filigran-Fertigbetonplatte	804	
Filterkiespackung	395	
Filtermaterial	258	
Filtersammler	650	
Findling	50	
Fiore, Santa Maria del	19, 20	
First	569, 594, 600, 622	
Firstanschlussziegel	602	
Firstbohle	589	
Firstgelenk	86	
Firsthaube	625	
Firstholm	591	
Firstlüfter	618 f.	
Firstpfette	581 f.	
Fitsche	791, 793	
Fitschenband	767	
Flachbogen	57	
Flachdach	570, 660	
Flachdach, belüftet	660	
Flachdach, nicht belüftet	660	
Flachdachablauf	683	
Flachdachdurchbruch	579	
Flachdachentwässerung	694	
Flachdachpfanne	570, 601, 615	
Flachdachpfannendeckung	599	
Flachdachrand	579	
Flachdachrichtlinie	570	
Flachdachziegel	602	
Flachdecke	213	
Flacherzeugnis	112	
Flachglas	746	
Flachkopfnagel	636	
Flachnaht	122	
Flachpressplatte	67, 102 f., 473	
Flachs	67	
Flachsfaser	230	
Flachspressplatte	665	

Flachsscheben	244	
Flankeneffekt	406, 409, 463	
Flankenübertragung	849	
Flansch	516	
Flansch, oberer	125	
Flansch, unterer	125	
Flechtwerk	96	
Fledermausgaube	568	
Fledermausgraupe	642	
Flinz	248	
Floatglas	746	
Flugfeuer	580	
Flugschnee	622	
Flugzapfen	455	
Flächenbezogene Masse	499	
Flächengründung	265	
Flächenheizung	323	
Flächentragwerk	172	
Flügel	701	
Flügelkonstruktion	709	
Flügelrahmen	699	
Flügelriegel	701	
Flügelsondierung	261	
Flügelsprosse	701	
Formaldehydharz	68	
Formdraht	158	
Formensprung	4	
Formfindung	14	
Formstabilität	762	
Formstahl	112, 113	
Formstein	62, 600 f.	
Formziegel	600, 602	
Forstwirtschaft	106	
Fort Benton	284	
Freifallmischer	237	
Freileitungsmast	93	
Freisparren	610, 612	
Freivorbau	152	
Frischbeton	188, 191	
Frischmörtel	44	
Fromziegel	601	
Frost	235	
Frostempfindlichkeit	259	
Frostgefahr	191	
Frostschäden	259	
Frühholz	70	
Fuge in Außenwand	459 f.,	
Fuge	102, 389, 676, 679	
Fugenausbildung	790	
Fugenbewegung	707	
Fugenblech	391	
Fugendichtmasse	707	
Fugendichtungsband	391	
Fugendruchlässigkeit	701	
Fugendurchlässigkeit	704, 762	
Fugenglattstrich	45	
Fugenmaterial	28	
Fuller-Kuppel	165	
Fundament	247	
Fundamentplatte	247, 267, 270	
Fundamentsockel	842	
Funktionssicherheit von elektrischen Anlagen	355	
Furnierkante	773	
Furnierschichtholz	69, 88, 105	
Futter	765	
Futteraußenmaß	764	
Fußboden aus Holz und Holzwerkstoff	511	
Fußboden	502	
Fußbodenbelag, elastisch	519	
Fußbodengully	850	
Fußbodenheizung	509, 511	
Fußbodenheizung, elektrisch	511	
Fußbodenheizungssystem	510	
Fußbodenkonstruktion	502	
Fußgelenk	86	
Fußleiste	848	
Fußpfette	581 f., 612	
Fußplatte	136	
Fußpunktausbildung	136	
Fußschwelle	96, 594	
Fußwalm	564	
Fülllage	122	
Füllstäbe	147	
Füllung	556	
G-Verglasung	749, 786	
Gabbro	39	
Ganzglastür	784	
Gartenbauglas	758	
Gas-BHKW	823	
Gasfüllung	747	
Gaube	568	
Gebrausfähigkeit	7	
Gebäude, mehrgeschossig	24	
Gebäudeausrüstung	4	
Gebäudeaussteifung	633	
Gebäudefuge	510	
Gebäudehülle	5, 6, 697	
Gebäudetrennfuge	409 f., 431	
Gebäudetreppe	559	
Gebäudewand	22	
Gefach	96	
Gefahrenabwehr	412	
geflutete Baugrube	290	
Gefälleestrich	509, 514, 516	
Gefälleschicht	502, 664	
Gefällestrich mit Trennschicht	681	
Gehängelehm	229	
Geiger-Domes	165	
Geka	78	
Gelenkkette	153, 156, 170	
Geländebruch	274, 281	
Geländekonstruktion	558	
Geländer	556, 675	
Geländerausfachung	556	
Geländerhöhe	528, 556	
Geländerkonstruktion	556	
Geländerpfosten	556 f.	
Geländerstab	681, 840	
Geländerstütze	516	
gemischter Boden	249	
Geokunststoff	285	
geometrie-affin	152	
Georgia-Dome	166	
geotechnischer Bericht	260	
gerade	253	
Gerber, H.	91	
Gerberpfette	90	
Gerberträger	91	
Gerberverbinder	90	
Geruchsverschluss	337	
Gerüst	80	
Gesamtscheibendicke	747	
Gesamtstabilität	470	
Geschiebelehm	248	
Geschiebemergel	248	
Geschossbau	88, 96	
Geschossdecke	22, 469	
Geschwindigkeitsprofil	574	
Gesimsblech	847	
Gestaltung	3	
Gestemmte Treppe	545	
Gesundheitsrisiko bei elastischem und textilem Fußbodenbelag	520	
gewendelt	525	
Gewindenagel	84	
Gewölbe	19, 474	
Gewölbeschub	474	
Gewölbte Decken	474	
GFK-Abdichtung	844	
Giebel	570	
Giebelschirm	562	
Giebelwand	596	
Gipskartonplatte	464	
Glas	746	
Glasbaustein	464	
Glasfalzentwässerung	755	
Glasfalzhöhe	753	
Glasfassade	734	
Glasgewebe	606	
Glashalteleiste	715, 718, 720 f., 723 f.	
Glasscheibe	704	
Glasstahlbeton	478	
Glastafel mit offner Fuge	830	
Glasvlies	606	
Glasvlies-Bitumendachbahn	389, 668	
Glasvliesbitumendachbahn	695	
Glattkantbrett	449	
Gleitschicht	377, 470	
Gleitsicherheit	274	
Gliederungskonzept	4	
Glockennagel	625	
Grabengreifer	284	

Granit	29, 38	Hanf	67	Hohlpfannen-	
Grasdach	578	Hangwasser	374	deckung	599, 602
Grat	569, 622	Harfentreppe 526		Hohlplatte aus Normal-	
Gratabdeckung	635	Harnstoff-Formalde-		beton	490
Grate	600	hydharz	68	Hohlplatte	491
Grauguss	110	Harte Bedachung	598	Hohlprofil	113
Grauwacke	41	Hartstoffestrich	504	Hohlwanddose	838
Grenoble	235	Hauberg	562	Holorib-Verbunddecke	480
Grenzfrequenz	408	Hauptfuhrpark des Amtes		Holoribblech	480
Grenzzugkraft	157 f.	für Stadtreinigung und		Holz-Alu-Pfosten-	
Griff	707	Stadtentwässerung,		konstruktion	811
Gropius, Walter	6	Bremen	813	Holz-Aluminium-Fenster	715
Großblockstein	368	Hauptspannungstrajektor	198	Holzart	714
Grundbruch	273	Hauptständer	836	Holzartengruppe	726
Grundgewölbe	268	Hausbegrünung	399	Holzbalken, bekleidet	495
Grundlattung	523	Hausbockkäfer	71	Holzbalken, unbekleidet	495
Grundmauerschutzmatte	394	Hauseingangstür	702, 762, 775	Holzbalkenauflager	395
Grundrissflexibilität	822	Hebe-Drehflügel	761	Holzbalkendecke	74, 473,
Grundwasser	374	Hebe-Schiebeflügel	761		482, 494, 848, 850
Grundwasserabsenkung	276,	Hebedrehelement	699	Holzbau	64
	289	Hebeschiebeelement	699	Holzfachwerk	453, 455
Grundwasserstand	391	Hebeschiebetür	776	Holzfaserplatte	464
Größtkorn	189	Heckschuur	564	Holzfenster	709
Gründach geneigt	656	Heidekrautsode	642	Holzfeuchte	709
Gründach	654	Heizestrich	504, 509	Holzfeuchtegehalt	725
Gründach, extensiv	655	Heizkörper	323	Holzfußbodenbelag	519
Gründach, intensiv	655	Heizkörpernische	729	Holzhäuser in Tafel-	
Gründung	247	Heizung	295, 305, 311	bauart	456 f.
Gründungstiefe	259	Heizwärmebedarf	297 f.	Holzkohle	107
Grünling	241	Hinterlüftete Bekleidungen		Holzkonstruktion	765
Gully	509	aus Schindeln	446	Holzmastenbauart	93
Gurtrolle	741	Hinterlüftung	101	Holznagel	71
Gurtwickler	740	Hintermauerung	421	Holzpflaster	512
Gussasphaltestrich	504, 509	Hirnholz	73	Holzprofil	709
Gussbeton	184	Hirnholzfläche	74	Holzrahmenbau	97, 102 f.
Gussglas	746	Hobeldiele	512, 848	Holzrahmenbau, mehr-	
Gussmauerwerk	19, 184	Hochbau	4	geschossig	105 f.
GV-Verbindung	115, 117	Hochdruck-Wassernebel-		Holzschindel	605, 635
GVP-Verbindung	115, 118	Löschanlage	827	Holzschutz	73
		Hochdruckinjektion	264	Holzschutz, baulich	73
Haftbrücke	237	Hochdruckinjektions-		Holzschutz, chemisch	74
Hafte	626	verfahren	280	Holzskelett	453
Haftleiste	628	Hochdrucknebellösch-		Holzskelettbau	96 f.
Haftscherkraft	29	anlage	830	Holzskelettkonstruktion	824
Haftverbund	186	hochfeuerhemmend	413	Holzspanplatte	67
Haftwasser	387	Hochlochziegel	30 f.	Holzständer	245
Hahnenbalken	835 f.	Hochofen	107	Holzstütze	378
Hakenblatt	71	Hochofenschlacke	33, 189	Holzstützen, Brandschutz	420
Hakenschraube	633	Hochofenzement	188	Holztafel	88
halbgewendelt	525	Hochpolymerbahn	640, 678	Holztafelbau	100, 245
Halbwalm	564	Hochpolymere Dach-		Holztafelbauart	64
Halbzeugmaterial	717	abdichtung	641	Holztafelbauweise	473
Halle	94, 130	Hofkellerdecke, befahr-		Holztreppe	541
Hallendachausbildung	151	bar	675	Holztreppe, gestemmt	544
Halteanker	443	Hohlblockstein	34	Holzverschalung	446
Hancook Center	131	Hohldiele aus Normal-		Holzwerkstoff	65, 100
handgespaltene Schindel	379	beton	490	Holzwolleleichtbauplatte	464
Handlauf	556, 840	Hohlfalzziegel	612, 839	Horizontallast	470
Handlaufknickpunkt	527	Hohlkasten	131	Hubschrauberlast	574
Handlauflinie	532	Hohlnaht	122	Humus	248
Handmischung	237	Hohlpfanne	601, 611, 616	Hydratation	44

883

Hydratationswärme	189	Kantenausführung	773	Klemmwirkung	81
Hydraulikaufzug	342	Kantholz	65	Klettergehölze	385
Hängebrücke	108, 177	Kaolinit	248	Klimaausgleich	698, 737
Hängedach, schwer	167	Kapelle der Versöhnung	231	Klimahülle	737
Hängedachrinne	645	Kapillarität	233, 258	Klimaregelung	737
Hängekonstruktion	547	Kapillarporosität	381, 430, 441	Klinker	30
Hängende Verglasung	734			Klipsverbindung	459
Hängestab	132	Kapillarwasser	387	Klopfbrett	642
Hängestufentreppe	526, 546	Kappen	19	Klopfkäfer	71
Hängesäule	585	Kappleiste	376, 377	Klostergewölbe	19
Hängewerk	585	Kappstreifen	623	Kläranlage	643
Hüllrohr	221	Karbonatisierung	186	Knagge	138
Hüttenbims	34	Kasten-Fassade	738	Knickdachziegel	602
Hüttensand	33	Kastenfenster	700, 713 f.	Knicklast, Eulersche	133
Hüttenstein	33	Kastenprofil	148	Knicklänge	133 f.
		Kastenrinne	645 f.	Knickpunkt	556
Imhotep	27	Kastenstütze	146	Knicksicherung	201
Informations-, Kommunikations- und Medienzentrum der BTU Cottbus		Kaverne	283	Knotenblech	83
		Kehlbalken	594	Kofferbeton	181
	827	Kehlbalkendach	562, 583, 590	Kohlenstoffgehalt	107, 110, 158
Injektion	263	Kehle	569, 601, 622	Kohäsion	254 f.
Injektionsschlauchdichtung		Kehlfalz	631	Kokillen	110
	391	Kehlnaht	122	Kombiband	793
Injezieren	59	Kehlriegel	835 f.	Konglomerat	184
Inka-Festung	29	Kehlschar	631	Konglomerat, tongebunden	229
Innenanschlag	698, 704	Keilbohle	612		
Innendämmung	398	Keilstufe	542	Kongresshalle	202
Innenrüttler	191	Keilstück	87	Konsistenz	286
Innenschale	60, 439 f.	Keilzinkleimung	94	Konsistenzklasse	191
Innenstütze	93	Keilzinkung	67	Konsistenzzahl	254
Innentreppe	840	Kellenstrichputz	426	Konstruktionsanleitung	532
Innentür	761 f.	Kellenwurfputz	426	Konstruktionsart	541
Innenwandkonstruktion	461	Kelleraußenwand	269	Konstruktiver Holzschutz bei Innenverkleidung	
Innere Reibung	254	Kellerschwamm	847		396
Innovative Bautechnik	823	Kern	57	konstruktiver Holzschutz	379
Installationsführung bei Balken- und Trägerdecken		Kerndämmung	437, 812	Kontaktstoß	73
		Kernholz	70	Konterlattung	448, 598, 612, 637
	483	Kernlage	68	Konvektion	312
Installationsschacht	349	Kesseldruckimprägnierung		Konvektives TWD-Wandheizungssystem	
Interner Wärmegewinn	302		93		428
IRMA-Dach	686	Kettenlinie	154	Kopf-Fußklammer	616
Isolierglas	747	Kieselgur	43	Kopfboden	646
Isolierverglasung	700	Kiesnest	191, 203	Kopfbolzendübel	144, 480
Isotherme	400	Kiesschüttung	673	Kopffalzklammer	616
		Kippen	52, 129	Kopfklammer	616
Jacobsen, Arne	564, 566	Kippgefahr	53	Kopfplattenstoß	138
Jagdzapfen	71, 455	Klammer	84 f., 100, 103	Koppelpfette	90
Jalousettenkonstruktion	744	Klappflügel	699	Koppelseil	161
Jutegewebe	606	Klappladen	742 f.	Korbbogen	95
		Klebeflansch	390	Korbbogentreppe	552
Kabel	157	Kleber, lösungsmittelhaltig		Kork, imprägniert	669
Kachelofen	313		521	Korkerzeugnis	669
Kahn, Louis	566	Klebstoff	709, 714	Kornverteilung	250
Kaiser Hadrian	19	Kleeblatt-Firstziegel	617	Korridor-Fassade	738
Kalk, hydraulisch	43, 184	Kleeblatt-Trockenfirst	618	Korrosion	84, 221
Kalkhydratpulver	45	Klei	248	Korrosion, elektrolytisch	633
Kalksandstein	32	Klemmbolzen	78	Korrosionsschutz	62, 182, 185, 234, 396, 722
Kalkstein	41	Klemmprofil	389		
Kaltdach	101	Klemmring	516	Kraft-Faser-Winkel	87
Kamin	312	Klemmschiene	390, 638	Kraft-Wärme-Kälte-Verbund	
Kanaldurchführung	351	Klemmverbindung	459		828

Kragkonstruktion	547	
Kragkonstruktion	548	
Kragstufentreppe	546	
Kragtreppe	526	
Kragträger	207, 218	
Krallenkranzdübel	78	
Krallenplatte	440	
Kranbahn	816	
Kratzputz	423	
Kreisbogen	95	
Krempziegel	601	
Krempziegeldeckung	599	
Kreuzgewölbe	19	
Kreuzgratgewölbe	475	
Kreuzrippengewölbe	475	
Kreuzverband	48	
Kriechen	193, 224, 233	
Kriechverformung	359	
Kristallpalast	109	
Kronendeckung	609	
Kronendeckung, Biberschwanzdeckung	599	
Kräftepaar	126, 199	
Krümmung, negative Gaußsche	167	
Krüppelwalm	564	
Kunstharzestrich	504	
Kunststoff-Dichtungsbahn	389	
Kunststoffdachbahn	640	
Kunststofffenster	719	
Kunststoffflügel	782	
Kunststoffhohlprofilfenster	720	
Kunststoffmembran	824	
Kunststoffrahmen	781	
Kupfer	604	
Kupferblechstehfalzdeckung	811	
Kuppel	19, 109, 184, 474	
Kuppel, geodätisch	169	
Kuppelgrab	56	
Kurzschild	794	
Kurzschnittpfanne	611	
Kurzwellplatte	604, 625	
Kämpfer	701	
Köcherfundament	266, 813, 816	
Körnungslinie	230, 231, 250	
Körperschall	405	
Körperschallausbreitung	405	
Körperschallschutz	406	
Körperschallübertragung	463	
Kühlung	295, 295, 305	
Laasan	109	
Ladenkonstruktion	743	
Lagerart	8	
Lagerfuge	36, 38, 366	
Lagerfugendicke	47	
lagerhaft	38	
Lagerungsdichte	248, 251	
Lahn, Weilburg an der	226	
Lambot, J. L.	185	
Lamellenbiegung	94	
Lamellenkonstruktion	744 f.	
Langlochziegel	30, 31	
Langschild	794	
Langschnittpfanne	611	
Lasche	72	
Lastausbreitungswinkel	265	
Lasteinleitungsträger	472	
Lastverformungsverhalten	152	
Lastverteilungsschicht	504	
Latte	65, 75	
Latten-Rohrputz	848	
Lattmaß	608	
Lattung	582	
Laubholz	65	
Lauflinie	552	
Laufplatte	552	
Laufplattenhöhe	531	
Laufplattentreppe	526	
Laufschiene	707	
Le Corbusier	55	
Leergebinde	589	
Legschindel	605	
Legschindeldeckung	616, 637	
Lehm	229, 248, 383, 395	
Lehm-Gefachen	244	
Lehmbau Regel	227	
Lehmbau	225	
Lehmbau, nichttragend	243	
Lehmbaukunst	225	
Lehmbauordnung	227	
Lehmbauplatte	245	
Lehmbaustoff	225	
Lehmbautechnik	384	
Lehmflechtwerk	225	
Lehmputz	243	
Lehmschlag	845 f., 848	
Lehmschlämme	237	
Lehmstake	227	
Lehmstakung	453	
Lehmstein	225, 241	
Lehmsteinbau	241	
Lehmsteininnenschale	245	
Lehmwellerbau	225, 242	
Leibungsfutter	731, 765	
Leibungsverkleidung	700	
Leichtbau	152, 167	
Leichtbauweise	100	
Leichtbeton	34, 187	
Leichtbeton-Hohldiele	490, 496	
Leichtlehmwandaufbau	45	
Leichtlenkung	745	
Leichtmörtel	42, 45	
Leimverbindung	86	
Leistendeckung, belgisch	626	
Leistendeckung, deutsch	626	
Leistensystem	626	
Leiterhaken	651	
Leitungsführung	346	
Lichtbogenschweißen	121	
Lichtkuppelaufsatz	682	
Liegender Stuhl	588	
Lineleumbelag	509	
Linoleum	511	
Lochglasvliesbahn	671	
Lochleibungsdruck	116	
Lochplatte	83	
Lochverzahnung	361	
Loggiaplatte	209	
Loos, Adolf	567	
Losflansch	389, 639	
Losflanschkonstruktion	390	
Losflanschring	391, 509	
Lufkeimgehalt	521	
Luftaustausch	701	
Luftdichtheit	297	
Luftfeuchte	243	
Luftfeuchtesorptionsvermögen	243	
Luftführung im Raum	327	
Luftheizung	322	
Luftkalk	43, 236	
Luftleistung	325	
Luftschallausbreitung	405	
Luftschalldämmung	498	
Luftschallschutz zweischaliger Wände	411	
Luftschallschutz	405 f., 408, 846	
Luftschicht	60, 440	
Luftschichtanker	440	
Luftschichtdicke, diffusionsäquivalent	620, 668	
Luftschichtdämmplatte	437	
Luftstrom	738	
Luftwechsel	309	
Luftüberdruck	278	
Lukarne	569	
Lyon	225	
Längskraft	126	
Lärmpegelbereich	406	
Läufer	47, 52	
Läuferschicht	366	
Läuferverband	48, 366	
Löß	248	
Lößlehm	248	
Lüfterfirst	624	
Lüfterziegel	618	
Lüftung eines Sparrendachs	617	
Lüftung	305	
Lüftungsgitter	617, 707	
Lüftungsquerschnitt	620	
Lüftungswärmeverlust	301	
Lüftungszentrale	325	
Lüftungsziegel	658	
Lüftungsöffnung	578	

Magnesiaestrich	504	Mindestwanddicke	214	nichtbindiger Boden	249
Magnetit	189	Mindestwärmeschutz	298	Nichttragende Innenwand	463
Mainzer Dom	109	Mindestzementgehalt	190		
Mansarddach	566	Mindestzinkauflage	84	Niederschlag, atmosphärisch	37
Mansart, Francois	566	Mineralfasermatte, hydrophobiert	439		
Manschette	390			Niederschlagswasser	643
Mantelbauweise	434	Mineralwolle	101	Niederschlagswasserversickerung	823
Mantelreibung	276	Mischkanalisation	643		
Markise	744	Mischkonstruktion	358	Niedrigenergiehaus	304
Marmor	41	Mischmauerwerk	59, 421, 846 f.	Nietverbindung	114
Maschinenhaft	628			Nonneziegel	610
Massivbrüstung	557	Mittelalter	184	Noppenbahn	671
Massivdecke mit Stahlträger	492 f.	Mitteldichtung	718, 720 f., 723 f.	Normalbeton	187
				Normalhaft	628
Massivdecke	489	Mittelpfette	583	Normalmörtel	42
Massivholzbau	106	Monier, J.	185	Normenzement	189
Mast	93, 171, 179	Montagestab	197	Normklima	232
Materialverträglichkeit	234	Montmorillonit	248	Normverbau	288
Matrix	51	Moorerde	248	Normwärmebedarf	297
Mauerlatte	596	Mosaikparkett	511	Nur-Glas-Fassade	734
Mauerwerk mit kapillarer Speicherfähigkeit	382	Mulden-Rigolen	823	Nut-Schindel-Deckung	564
		Musterbauordnung	412	Nutprofilschiene	639
Mauerwerk, bewehrt	371	Mutterboden	288	Nutzbelag, befahrbar	674
Mauerwerksbau mit Querschotte	804	Mykenä	56	Nutzbelag, begehbar	674
		Mönch-Nonne-Ziegel	601, 610	Nutzlast	7
Mauerwerksbau	27			Nutzschicht	673
Mauerwerksverband	47, 366	Mönch-Nonnen-Ziegeldeckung	599	NYM-Leitung	838
Mauken	238				
Mausollus	225	Mönchsverband	48, 59	Oberfläche	725
Maßordnung	46	Mönchziegel	610	Oberflächenrüttler	191
Meerwasser	189	Mörtel	28, 42, 242	Oberflächenschutz	664 f. 673, 726
Mehrgeschoss-Fassade	739	Mörtelbett	28		
Mehrkammerprofil	719	Mörtelgruppe für Putz	424	Oberflächentemperatur	64
mehrläufig	525	Mörtelgruppe	44	Obergurt	125
mehrschalig	663	Mörtelkehle	388	Oberlicht	701
Mehrschalige Glasfassade	737	Mörtelleiste	236, 238	Oberputz	423
				Offene Wasserhaltung	289
Mehrscheibenisolierglas	746	Nachbehandlung	192	Öffnungsart	581
Membran	13, 168	Nachverdichten	192	Öffnungsmaß	46
Membrandach	823 f., 826	Nackte Bitumenbahn	695	Öffnungsmöglichkeit	698
Membranschale	168, 172	Nadelfilz	511	Ökologie	1
Menaistraße	108	Nadelholz	65	opus caementitium	184
Mergel	43, 184, 248	Nagel	84, 103, 106	Oriented Strand Board (OSB)	69
Metallband	389	Nagelfluh	42		
Metallblech	604, 625	Nagelplatte	83	Ornamentglas	746
Metallblechkehle	636	Nagelverbindung	81	Ortbeton	188
Meteoreisen	107	Nahtschrumpfung	123	Ortbetondecke	664
Mexiko	228	Nassraumfußboden	850	Ortbetontreppe	534
Meyer, Adolf	6	Naturfaser	521	Ortgang	569 f., 602, 622, 637
Mies van der Rohe, Ludwig	3	Naturstein-Pflaster	519	Ortgangbrett	612
Mikroorganismus	240	Naturstein-Plattenbelag	519	Ortgangplatte	602
Mindestabmessung	214	Natursteinmauerwerk, verbandelt	422	Ortgangrinne	622, 647
Mindestbewehrung	206			Ortgangschalung	612
Mindestdachneigung für Metallprofilblech	633	Natursteinplatte	603	Ortgangziegel	602, 612, 614 f.
		Naturwerksteinbekleidung	443 f.	OSB-Platte	69
Mindestdicke von Wänden und Pfeilern nach DIN 4102-4	416			Oxidation	182
		Negativbrunnen	289		
		Nervi, Pier Luigi	469	Panta-Dome	165
Mindestdicke	210, 214	Netz	167	Pantheon	19 f., 184
Mindestfugenbreite	705 f.	Neue Nationalgalerie	3	Paraboloid, hyperbolisch	169
Mindestlaufbreite	529	Neumann, Balthasar	184	Parallelfachwerk	147

Paris		109
Parker, J.		185
Passbolzen		81
Passivhaus		304
Patte		22
Pendelflügel		581
Pendelstütze	25, 130, 132, 139, 595	
Pfahl		247
Pfahlgründung		275
Pfahlkopfbalken		277
Pfahlkopfplatte	275, 277	
Pfeiler		9
Pfeilervorlage	52, 53	
Pfette		88, 582
Pfettendach	562, 583 f.	
Pflanzen, Schlagregenschutz		384
Pflege vom Flachdach		689
Pfosten		96
Pfosten-Riegel-Fassade	819 f.	
Pfosten-Riegel-Kostruktion	734, 817	
Phenol-Formaldehydharz		68
Phenolhartschaum		669
Phönizier		184
Pilz		73
Pilzbefall	68, 70, 240, 725	
Pilzdecke	213, 479	
Pisébau		226
Planung		241
Plastizitätszahl		254
Platte	11, 201, 208, 477	
Plattenbalken		206
Plattenbalkendecke		478
Plattendicke		209
Plattenhaft		628
Plattenschlankheit		209
Plattform		97 f.
PLUS-Dach		687
Plüdemann, R.		184
Podestanschluss		533
Podesttiefe, nutzbar		528
Polonceau, Camille		173
Polonceau-Binder	173, 175	
Polyeder, platonisch		169
Polyesterfaservlies		606
Polyisobutylen- (PIB-) Bahn		673
Polymer-Bitumendachdichtungsbahn		695
Polymer-Bitumenschweißbahn		695
Polymerbahn		606
Polystyrol-Extruderschaum		669
Polystyrol-Hartschaum		101
Polystyrol-Partikelschaum		669
Polyurethan-Hartschaum		669
Polyvinylchlorid- (weich) Bahn		673
Ponts de Arts		109
Porenbeton	34, 668	
Porenbetonbauweise		64
Porenbetondeckenplatte		472
Porenbetonplatte	490, 496	
Porenbetonplattenwand		813
Porenbetonwand		432 f.
Porosität	186, 358	
Porphyr		39
Portlandcement		185
Portlandkompositzement		188
Portlandzement	44, 188	
Pressleistenverglasung		734
Pressschweißen		121
Primärenergiebedarf	398, 828	
Probewürfel		232
Proctordichte		257
Profilbauglas		746
Profilblech		633
Profilbrett		449
Profilbrettschalung		449
Profilebefestigung		716
Profilerzeugnis		112
Profilierter Nagel		84
Profilplatte aus Faserzement		624
Profilreihe		709 ff.
Profilsystem		715
Profiltafel		634
Profilwahl	133, 140, 145, 148 f.	
Profilzylinder		795
Profilzylinderschlüssel		795
Prüß und Koch		61
Prüß-Wand		61
Puddelverfahren		107
Puffer		732
Pufferfassade		737
Pufferzone		732
Pultdach	563, 566, 582	
Pultfirstziegel		602
Punkförmig gestützte Platte		490 f.
Punkförmig gestützte Stahlbetonplatte		479
punktgestützte Platten		213
Punktstützung		171
Putz, verrieben		423
Putz- und Mauerbinder		45
Putzeinschnitt		377
Putzgrund		423
Putzgrundvorbehandlung		423
Putzsystem für Außenputz		424
Putzsysteme		424
Puzzolane	43, 184	
Pylon		816
Pyramidendachgaube		568
Quadermauerwerk	29, 52	
Qualität der Konstruktion		3
Querbewehrung	210, 216	
Querkontraktion		210
Querkraft		127
Querschnitt, gespreizt		91
Querschotte		804
Querwand		234
Querzugfestigkeit		230
Radioaktivität	31, 34, 196	
Rahmen	15 f., 18, 88, 94, 130, 145, 698, 701	
Rähm		96
Rahmenbefestigung		703
Rahmendicke		704
Rahmenecke	80, 86 f., 145	
Rahmenfalzmaß		764
Rahmenkonstruktion		709
Rahmenlose Verglasung		783
Rahmenpfosten		701
Rammpfahl		275
Rammsondierung		261
Randausbildung der Seilnetze		170
Randbewehrung		471
Randeinspannung		210
Randfuge		507
Randgeometrie		171
Randseil	170 f., 826	
Randstab		219
Rauch, Martin		236
Rauchdichte Tür		785
Rauchschutztür		785
Raufbohle		636
Rauhspundschalung		599
Raumbelichtung		697
Raumfachwerke		484
Raumklima	228, 305	
Räumliches Stabtragwerk		484 f.
Raumluftfeuchte		64
Raumlufttechnische Anlage		324
Raumzellenprinzip		365
Rechenwert		7
Rechteck-Schablonendeckung		603
Rechteckplatte		208
Recycling		1, 662
Redewitzit		38
Reet		564, 642
Reflexionsbeschichtung		673
Reformpfanne		599, 601
Regeldachneigung	597 f., 623	
Regenerative Energie		303
Regenfallleitung		644
Regenfallrohr	643, 648	
Regenfallrohrkappe		650
Regenrinne	624, 645	
Regenschutzschiene		708
Regenspende		644
Regenwasserabfluss		644
Regenwasserabflussspende		644

	822	Rostbildung	182	Scharendeckung	626
Reibeputz	426	Rotationskuppel	475	scharfkantig	66
Reibungsbeiwert	232	Rotmörtel	59	Scharnier	791
Reibungskraft	274	Rundbogen	57	Scharschindel	605
Reibungsverbund	186	Rundholz	66	Schattennutprofil	766
Reibungswinkel	255	Rundlitzenseil	157	Schatzhaus des Atreus	56
Reibverbund	144	Rundstahl	150	Schaumglas	668, 670, 686, 689
Reichstag	19	Rückverankerung	282	Schaumglasplatte	388
Reifen	220	Rütteldruckverdichtung	262	Schaumkunststoff	669
Reparaturverbindung	455	Rüttelflasche	203	Scheibe	11, 22, 218,
Resonanzwirkung	410	Rüttelgerät	191		364, 470, 633
Riegel	94, 96, 455, 701, 836	Rüttellücke	203	Scheibenkantenlänge	753
Riegelanschluss	146	Rüttelpfahl	276	Scheibenklotz	718, 755
Rillenagel	84			Scheibenwirkung bei	
Ringanker	219, 235, 369, 471,	Sandfang	643	Stahltrapezprofildecke	473
	804, 846 f.	Sandstein	40	Scheibenwirkung von	
Ringankerbewehrung	471	Sandtopf	201	Decken	471
Ringbalken	53 f., 235, 365,	Sandwich-Element	456	Scheibenwirkung	478, 827
	368, 470, 581, 596, 847	Sandwich-Mauerwerk	59	Scheibenzwischenraum	747
Ringflansch	850	Sanierung alter Dielen-		Scherblatt	76
Ringkeildübel	78	böden	512	Scherfestigkeit und	
Ringofen	31	Sanierung vom Flach-		Schubmodul	232
Ringseil	171	dach	689	Scherfestigkeit	255
Ringsieb	516	Sanitäre Einrichtung	333	Scherverbund	186
Rinne, innenliegend	664	Sanitärfertigteil	843	Scherzapfen	77, 591
Rinneboden	646	Satteldach	563, 565 f.	Schichtenmauerwerk	52
Rinnehalter	646	Sattelfläche	167, 169, 171	Schichtenwasser	286, 374
Rinneneinhangstutzen	650	sattelförmig	167	Schichthöhe	47
Rinnenheizung	647	Sattelschiene	516	Schichtmauerwerk,	
Rinnenkessel	647, 650	Saugwasser	387	unregelmäßig	29
Rinnenquerschnitt	649	Saulnier, J.	109	Schichtsilikat	231, 238
Rinnenstutzen	647	Schacht-Kasten-Fassade	738	Schiebeflügel	699, 761
Rinnenwinkel	646	Schachtofen	107	Schiebehaft	628
Rippendecke	213, 491	Schadstoffkonzentration	398	Schiebeladen	744
Rippendeckentyp	479	Schale	12	Schiebenaht	631
Rippenkonstruktion	97	Schale	88	Schiebetür	775
Rissbildung	62	Schalenfuge	432, 435	Schiebladen	742
Rissbreite	187	Schalenfundament	266	Schieferplatte	603, 623
Rissbreitenbegrenzung	187	Schallbrücke	501, 507, 510	Schilf	607, 642
Rissefreiheit	224	Schalldämmmaß	787	Schimmelpilz	68
Rissesicherung	62	Schalldämmung,		Schindel	568
Risseverteilung	62	resultierend	406	Schindelbekleidung	447
Rohbauöffnung	765	Schalllängsleitung	409	Schindelgrat	635
Rohr	148	Schallnebenweg	408, 848	Schindelstift	635
Rohrdurchführung	351	Schallnebenwege	846	Schlagregen	235
Rohrfassade	23	Schallreflexion	405 f., 498	Schlagregenbean-	
Rohrgewebedecke	522	Schallschutz	101, 372, 405,	spruchungsgruppe	380
Rohrleitung	349		498, 577, 579	Schlagregendichtheit	701
Rohrleitungsschlitz in		Schallschutzanforderung	788	Schlagregendichtigkeit	704,
Außenwand	426	Schallschutzglas	747 f.		762
Rohrrahmenschloss	795	Schallschutzklasse	702, 705	Schlagregenkarte	381
Rohrschelle	650	Schallschutztür	787	Schlagregenschutz bei	
Roller	47	Schalung aus Holzwerk-		Lehmbauten	383
Rollkornputz	426	stoff	665	Schlagregenschutz	379, 398
Rollladen	740	Schalung	582	Schlagschraube	633
Rollladenpanzer	740 f.	Schalung, aufgedoppelt	448	Schlankheit	91, 200, 210, 216 f.
Rollo	745	Schalung, gespundet	449	Schleifdichtung	780
Rollschicht	367, 377	Schalungen, auf-		Schleppgaube	568
Romancement	185	gedoppelt	447	Schleppgaupe	657
Rosette	794	Schalungsstein	58 f.	Schleuderbetonpfahl	276
Rost	182	Schalungsstein-Bauart	36	Schlick	248

Schließblech	794, 797	
Schließmechanismus		796
Schlitzbandabhänger		523
Schlitzbandschiebe-		
aufhänger		523
Schlitzbandstahl		523
Schlitzwand		284
Schlitzzapfen		714
Schloss	707, 791	
Schlosskasten		796
Schlosskasten-		
abmessung		797
Schlosssitz		800
Schluff		248
Schlupf		80
Schlämmkorn		248
Schlüsselschraube		100
Schmehausen, Seilnetz-		
kühlturm		168
Schmelzschweißen		121
Schnappverbindung		459
Schneefangbügel		651
Schneefanggitter	651 f., 624,	
Schneelast		574
Schneelastzone		574
Schneesack		574
Schneeschutz		651
Schnellabhänger		523
Schnittgröße		125
Schnittholz		65
Schockbehandlung		193
Schornstein		316
Schotterpfahl		277
Schraubbolzen		100
Schraube	84, 103, 106	
Schrauben, Lochabstand		120
Schrauben, Randabstand		120
Schraubenart		115
Schraubenverbindung		115
Schraubenverbindung,		
hochfest		480
Schraubenverbindungs-		
typ		115
Schraubnagel		633
Schrittmaßregel		529
Schrägabspannung		179
Schrägseilbrücke	152, 177	
Schubfeld	472, 633	
Schulung		18
Schuppen-Schablonen-		
deckung, deutsch		603
Schuppendeckung		572
Schutz gegen Außen-		
lärm	406, 579	
Schutz gegen Wasser und		
Feuchtigkeit		373
Schutzgasschweißen		121
Schutzschicht		502
Schutzschichten aus		
Mauerwerk		392 f.
Schutzschichten vor		
senkrechten Bauwerks-		
abdichtungen		393
Schwalbenschwanzprofil-		
blech		144
Schwammbefall		845
Schwebezapfen		587
Schwedler, W.		19
Schweißbahn		389
Schweißverbindung		121
Schweißverfahren		121
Schwelle	73, 93, 96, 265,	
	453, 455	
Schwenkgrat		635
Schwenkkehle		635
Schwerachse		125
Schwerbeton	187, 189	
Schwerblatt		77
Schwergewichtsmauer		285
Schwerlatte		637
Schwimmender Estrich	504,	
	507 ff.	
Schwinden	190, 193, 224, 233	
Schwindfuge		506
Schwindfugenprofil		506
Schwindresse		391
Schwindriss		74
Schwindverformung	62, 359	
Schwingboden		512
Schwingflügel		699
Schäftung		67
Schürfung		260
Schüttung und Ortschaum		438
Sechseckmasche		167
Sedimentgestein	40, 249	
Seguin, Marc		173
Seilabspannsystem		179
Seilbeschlag		159
Seilbinde	162 ff.	
Seilharfe		177
Seilkraft		154
Seillinie		154
Seilnetz	14, 167	
Seilnetzdach		168
Seilnetzstrumpf		179
Seiltragwerk	152, 161	
Seilumlenkung		159
Seilvorsprung		162
Sekantenmodul		153
Selbstverdichtung		190
Senkkasten	247, 277 f.	
Setzbolzen		633
Setzbrett		543
Setzholz	70, 710	
Setzstufe	528, 839	
Setzung	7, 256	
Setzungsmulde		279
Sheddach		567
Shredder-Anlage		197
Sicherheits-Dachhaken		651
Sicherheitsregel		529
Sicherheitsschloss		763
Sicherheitsschlüssel		795
Sicherheitsverglasung		750
Sichtmauerwerk,		
homogen		382
Sichtmauerwerksfuge		376
Sicken		633
Sickerschicht		395
Sickerwasserabdichtung		509
Sickerwasserdichtung		441
Sickerwasserströmung		274
Siebkorn		248
Siemens		108
Silikastaub		188
Sintern		30
Skandinavien		73
Skelettbauweise		96
Skelettgeschossbau		109
Skelettkonstruktion		811
Skelettsystem		23
SL-Verbindung		115 f.
SLP-Verbindung	115, 117	
Smeaton, J.		184
Sogkraft		596
Sohldruckverteilung		272
Sohlenabdichtung		290
Solarenergienutzung		732
Solarer Wärmegewinn		302
Solarkollektor	303, 315	
Solarnutzung,		
passiv	397, 817	
Solarstrahlung		297 f.
Solarzelle		303
Sollingplatte		603
Sondierung		261
Sonnenschutz	399, 737	
Sonnenschutz, außen-		
liegend		101
Sonnenschutzglas		747 f.
Sonnenschutzkons-		
truktion		740
Sonnenschutzverglasung		744
Sonnenstrahlung		306
Sorptionsfähigkeit		197
Sortierklasse		65 f.
Spachtelboden		519
Spaltgefahr		81
Spaltplatte, keramisch		511
Spaltschindel		605
Spangut		67
Spannabhänger		523
Spannbeton		220
Spannbetondecke		496
Spannbetonträger		224
Spannbett		222
Spannglied		826
Spannrichtung		534
Spannriegel		585
Spannseil	161, 167	
Spannstrang		220
Spanntechnik		221

Spannungs-Dehnungs-Diagramm	112	
Spannungsfluss	56	
Spannungsreihe	625	
Spannungsspitze	219	
Spannungstrajektor	56	
Spannweite, wirtschaftlich	475	
Spanplatte	665	
Spanplatte, kunstharzgebunden	68	
Spanplatte, zementgebunden	69	
Sparren	88, 581, 582, 836, 842	
Sparren-Fußschwelle	836	
Sparrendach	562, 583, 590, 835	
Sparrenkopf	621	
Sparrennagel	589	
Sparrenpfettenanker	85, 594, 613	
Sparschalung	476	
Speichenrad	165, 172f., 220	
Sperrholz	69	
Sperrholzplatte	464	
Sperrputz	850	
Sperrschicht	237, 388	
Sperrschicht, horizontale	388	
Spiegelglas	746	
Spindel	552, 554	
Spindeltreppe	525, 554	
Spindeltrommel	555	
Spiralseil	153, 157f.	
Spitzendruck	276	
Spitzschablonendeckung	604	
Splintholzkäfer	71	
Splittschüttung	674	
Sprengwerk	587	
Sprengwirkungshemmung	750, 757	
Spritzbeton	204	
Spritzbewurf	423	
Spritzputz	181, 423	
Spritzverzinkung	396	
Spritzwasser	374	
Spritzwasserschutz	386	
Spritzwassersockel	386, 388	
Spritzwasserzone	237	
Spundbohlen	281	
Spundwand	281	
Spätholz	70	
Spüllanze	282	
Stabachse	8	
Stabdübel	80, 94	
Stabilitätsfall	88	
Stabkuppel	165, 169, 172	
Stabnetzkuppel	172	
Stabstahl	112f.	
Stabtragwerk	15	
Stabwerkkuppel	19	
Stadionüberdachung	164	
Stahl	107	
Stahl, beruhigt	111	
Stahl, besonders beruhigt	111	
Stahl, unberuhigt	110	
Stahl, wetterfest	111	
Stahlbau	107	
Stahlbeton	185f.	
Stahlbeton-Plattenbalkendecke	478	
Stahlbetonbau	184	
Stahlbetonbohlen	282	
Stahlbetondecke	143, 475, 496	
Stahlbetonfertigteil-Pfahl	275	
Stahlbetonfertigteildecke	471	
Stahlbetonfertigteilfläche	665	
Stahlbetonfertigteiltreppe	537	
Stahlbetonhohlbalkendecke	482	
Stahlbetonhohldiele	499	
Stahlbetonkern, aussteifend	817, 827	
Stahlbetonpendelstütze	817	
Stahlbetonplattendecke	471, 476	
Stahlbetonringbalken	804	
Stahlbetonrippendecke	471, 479, 499	
Stahlbetonscheibe	824	
Stahlbetonskelettkonstruktion	817, 827	
Stahlbetonstütze	813	
Stahlbetonstützen, Brandschutz	418	
Stahlbetontreppe	534	
Stahlbetonverbundstütze	827, 830	
Stahlbetonvollplatte aus Normalbeton	499	
Stahlblech, verzinkt	605	
Stahlblech-Badewanne	843	
Stahlblechlasche	81	
Stahlblechwanne	843	
Stahlfachwerktreppe	550	
Stahlfenster	722	
Stahlformteil	85	
Stahlguss	110	
Stahlleichtbau	112	
Stahlpfahl	276	
Stahlprofilblech	143	
Stahlprofilflügel	780	
Stahlprofilrahmen	778f.	
Stahlskelettkonstruktion	813	
Stahlsockelprofil	509	
Stahlspundwand	282	
Stahlstange	90	
Stahlsteindecke	476f., 490, 499	
Stahlsteindecke	62	
Stahlstützen, Brandschutz	418	
Stahltrapezblech	144	
Stahltrapezprofil	472, 483	
Stahltrapezprofil-Verbunddecke	480	
Stahltrapezprofilblech	665	
Stahltrapezprofildecke	481	
Stahltreppe	546	
Stahlträger, eingebettet	492	
Stahlträger, freiliegend	492f.	
Stahlträgerverbunddecke	481	
Stahlwabenträger	482	
Stahlzarge	778	
Stahlzusammensetzung	111	
Stampfen	238	
Stampflehm	227	
Stampflehmbau	229	
Standardbeton	187	
Standardwellplatte	625	
Standdauer	70	
Standfuge	376f.	
Standrohr	650	
Standrohrkappe	650	
Standsicherheit	22	
Staub	521	
Staubdübel	106	
Staudruck	379	
Stauwasser	374, 394	
Stechwalm	563	
Steckbalken	563	
Steckkurbel	742	
Steckwalm	375	
Steg	633	
Stegdurchbruch für Rohrleitungen	142	
Stehfalz	627	
Stehfalzdeckung	630	
Steifemodul	255	
Steiff-Werke	6	
Steifigkeit, räumliche	52	
Steigleiter	559	
Steigung	525	
Steigungshöhe	529	
Steigungsmaß	531, 545, 553	
Steigungsverhältnis	529	
Stein, künstlich	27, 30	
Stein, natürlich	27, 38	
Steinformat	36	
Steinhöhe	47	
Steinkohlenschlacke	34	
Stelzlager	516, 674	
Stich	155f.	
Stichbalken	483	
Stiel	94, 96	
Stirnversatz	76, 585	
Stockwerkbau	96	
Stockwerkasten	96	
Stockwerkrahmen	16	
Stopfbuchse	391	
Stopfverdichtung	262	
Stoßfuge	36, 47, 51f., 58, 366	
Strahlenschutztür	788	
Strahlung	312	
Strangfalzziegeldeckung	599	

Strangguss	108	
Strangpressplatte	67	
Strebe	96, 585, 836	
Strebenloses Pfettendach	589	
Streckbalken	585	
Streifenfundamente	265	
Streifenholz	69	
Striegauer Wasser	109	
Stroh	607, 642	
Strohdock	611	
Strohdocken	599	
Strohhäcksel	243	
Strohlehm	244	
Structural-Glazing	722, 735	
Stufe	526, 542, 549	
Stufenbrett	543	
Stufendicke	531, 551	
Stufenmastaba	27	
Stufenplatte	537	
Stumpfanschlag	2	
Stumpfnaht	122	
Sturmklammer	616	
Sturmluke	576, 616	
Sturmsicherung	611, 616, 622	
Sturz	58	
Ständer	96, 455	
Stülpschalung	73, 100, 448, 804	
Stülpschalungsbrett	449	
Stülpschloss	796	
Stützbewehrung	268	
Stütze	9, 73, 88, 91, 132, 200, 214	
Stütze, eingespannt	24	
Stützenfußpunkt	91	
Stützenquerschnitt	91	
Stützenquerschnitt, mehrteilig	91	
Stützenstellung	132	
Stützenstoß	138	
Stützlinie	57 f.	
Stützmauer	285	
Stützmoment	211	
Stützschlauch	13	
Stützungsart	477	
Stützwand	279, 281	
Suchov, V. G.	173	
Syenit	38	
System Gang Nail	83	
System Greim	82	
System Trigonit	87	
sägegestreift	66	
Säule	9	
Säule, umschnürt	201, 215	
Tageslichtnutzung	822	
Tau	235	
Tauchpumpe	289	
Taupunkt	400	
Tauwasser	702, 733	
Tauwasserbildung	74, 731, 747	
Tauwasserschutz	578	
Technische Ausrüstung	5, 293	
Teilformat	367	
Teilklimahülle	737	
Temperatur der Außenluft	306	
Temperaturamplitudenausgleich	399	
Temperaturbelastung	7	
Temperaturverformung	359	
Temperaturänderung	7 f.	
Teppichboden	521	
Termiten	71	
Terrassenfläche, begehbar	675	
Terrazzo	519	
Tessenow, Heinrich	563, 566 f.	
textiler Fußbodenbelag	519	
Thermohautsystem	429	
Thermoplaste	607	
Thixotropie	254	
Thomas	108	
Thomas-Kirche, Osnabrück	808	
Tiefengestein	38	
Tiefgründung	275	
Ton	229, 248	
Tonhohlkörper	482	
Tonmineral	231	
Tonne	172	
Tonnengewölbe	19, 475	
Tonschiefer	42	
Tor	800	
Torf	248	
Trachyt	39	
Traganker	443	
Tragbalken	546	
Tragbalkenkonstruktion	547	
Tragbolzentreppe	526	
Tragfähigkeit	7, 248	
Tragkraft	157	
Traglattung	612, 848	
Tragluftbau	13	
Tragmodell	197	
Tragseil	153, 161, 167	
Tragverhalten von Decken	474	
Tragwerk	4 f.	
Tragwirkung von Gewölben	475	
Trajektorienbewegung	197	
Transmissionsverlust	732	
Transmissionswärmeverlust	297, 299	
Transportbeton	188	
Transporthöhe	94	
Trapezprofil	472, 480	
Trapezprofilblech	668	
Trass	43, 184	
Traufblech	624, 628, 651	
Traufblende	602	
Traufbohle	600, 613, 621, 842	
Traufdachstein	600	
Traufe	569, 600, 621, 629, 685	
Traufhöhe	570	
Trauflänge	620	
Traufrinne	630	
Traufschalung	612	
Traufstein	621	
Traufstirnbrett	610	
Traufziegel	600, 602, 621	
Travertin	40	
Treibscheibenaufzug	340	
Trennfuge	538	
Trennlage	511	
Trennschicht	502, 507, 663, 666, 668	
Trennsteg	718	
Trennsystem	643	
Trennung, schalltechnisch	538, 540	
Trennwand	461, 462 ff.	
Treppe Stahlbeton	530	
Treppe	525, 840	
Treppe, aufgesattelt	541	
Treppe, eingeschoben	541	
Treppe, gestemmte	541	
Treppe, gewendelt	525	
Treppe, nicht notwendig	528	
Treppe, notwendig	528	
Treppenart	526	
Treppenauge	528, 552, 554	
Treppendurchganghöhe	528	
Treppengeländer	528	
Treppenhandlauf	528	
Treppenhaus	528	
Treppenhauskern	130	
Treppenlauf	525, 528	
Treppenlauf, halbgewendelt	552	
Treppenlauf, viertelgewendelt	552	
Treppenlauf, vollgewendelt	552	
Treppenlaufbreite, nutzbar	528	
Treppenlaufknickpunkt	533	
Treppenlauflänge	528	
Treppenloch	528, 840	
Treppenpodest	528	
Treppenraumwand	539	
Treppenstufe	528	
Treppenwange	528, 840	
Treppenöffnung	528	
Trespa-Vollkernplatte	844	
Trinkwasserinstallation	330, 332	
Trittschall	405, 579	
Trittschalldämmung	498, 509	
Trittschallschutz von Decken	499	
Trittschallschutz	405, 538, 846	
Trittschallschutzschicht	504	
Trittschallübertragung	538	
Trittstufe	528, 549, 839	

Trockenfirst	619, 622	
Trockenfußboden	511f.	
Trockenholz	71	
Trockenmauerwerk	28	
Trockenmörtel	44, 244	
Trockenrohdichte	45, 187	
Trocknungsmittel	747	
Trogplatte	478	
Tropfenform	171	
Tropfkanten	74	
Tropfnase	377	
Tropfscheibe	440	
Träger	8, 88, 198	
Träger, eingebettet	493	
Träger, unterspannt	89 f., 152, 173, 175 f.	
Trägerbohlwand	283	
Trägerdecke	482	
Trägerrost	163, 482	
TT-Platte	478	
Tube-in-tube-Konstruktion	131	
Tube-Konstruktion	131	
Tuff	184	
Tuffstein	39	
Tunnelofen	31	
TWD-Massivwandsystem	427	
Tüllmodell	170	
Tür	761	
Tür, selbstschließend	785	
Türblattbreite	764	
Türblatthöhe	764	
Türblattmaß	764	
Türdrücker	794	
Türflügel	768	
Türscharnier	793	
Türschild	796	
Türschließer	800	
Türschloss	794	
Türsturz	58	
Türzarge	76	
Türöffnung	764	
Überbindemaß	48, 366	
Überdeckung	600	
Übergang	389	
Überhangblech	677	
Überhangstreifen	632	
Überzug	183	
UF-Ortschaum	439	
Umfassungswand, Anschluss an Decken und Dachstuhl	370	
Umfassungszarge	778	
Umkehrdach	660, 686	
Umkehrdach, nicht durchlüftet	683	
Umlenkradius	159, 181	
Umsetzbare Innenwand	461, 465	
Umsetzbare Trennwand	465	
Umwehrung	528
Umwehrungsstütze	681
Umweltverträglichkeit	196
unbewehrte Wand	217
Ungleichförmigkeit	250
Universaldachziegel	614
Unterdach	599, 617, 659
Unterdach	74
Unterdecke	496, 522
Unterdecke, abgehängt	500, 522, 850
Unterdecke, leichte	848
Unterfangung	279
Untergurt	125
Unterlage	663
Unterputz	423
Unterspannbahn	598, 612
Unterzug	73
Unterzüge, deckengleich	207
UV-Strahlung	576
Vakuumbehandlung	193
Vegetationsschicht	654
Vegetationsschicht	675
Velde, Henry van de	6
Verankerung der Decke mit den Umfassungswänden	473
Verankerung von Giebelwänden	596
Verankerung	159
Verband	131
Verband, aussteifend	22
Verband, mittig	366
Verband, schleppend	366
Verbandsregel	52
Verbindung	361
Verbindungen bei Wänden in Massivbauart	362
Verbindungen von wandartigen Betonfertigteilen	363
Verbindungsmittel im Stahlbau	114
Verblattung	76 f.
Verblendaußenschale	439
Verblendmauerwerk	45
Verblendmauerwerk, einschalig	382
Verblendmauerwerk, einschalig	421
Verblendschale	435
Verblendung	421
Verbund, nachträglich	221
Verbund, sofort	222
Verbundbaustoff	185
Verbundblech	679
Verbunddecke	480 f.
Verbunddübel	849
Verbundestrich	504 f., 507
Verbundfenster	700, 712
Verbundsicherheitsglas	746
Verbundstrich	500
Verbundstütze	135, 181
Verbundträger	143
Verbundwerkstoff	68
Verbände	149
Verdichtung	190 f., 238, 262
Verdichtungsgerät	238
Verdichtungsgrad	257
Verdunkelungsanlage	757
Vereisung	290
Verfallung	569
Verformung	359, 443, 463, 486, 570, 623
Verformung, dehnungslos	154
Verformung, elastisch	359
Verformungskennwerte für Mauerwerk	359
Verformungsschaden bei Decken	487
Verformungsschaden	486
Verfugmörtel	45
Verglasung	698, 734
Verglasung, geneigt	730
Verglasung, linienförmig gelagert	752
Verglasungsarten	700
Verglasungssystem	752, 755
Vergussverankerung	160
Verklebung	735
Verkleidungen an schweren Wänden	410
Verlegeplatte	849
verleimt, wetterbeständig	68
Verleimung	106, 709
Vermiculite	181
Vernadeln	59
Verriegelung	707
Versatz	76, 94
Versatz, doppelter	76 f.
Versatzmoment	148
Verschattung	745
Verschiebeziegel	601
Verschiebeziegeldeckung	599, 602
Verschleißschicht	502
Verseilverlust	159
Verspannte Bögen	173
Vertikalverformung	359
Verwitterung	196
Verzahnung bei Mauerwerk	361
Verzahnung	55
Verzahnung, liegend	361
Verzahnung, stehend	361
Vibrations-Schaffußwalze	238
Vier-Ständer-Bau	835
Viereckmasche	168
Vitruv	184, 225
Vollfugigkeit	366, 454
Vollholz	65, 88
Vollholzträger	67

vollkantig	66	
Vollplatte aus Normalbeton		490
Vollwalmdach	562	
Vollwalmdach	564	
Vollwandträger	108, 140	
Vollziegel	30, 31	
Voranstrich	665	
Vordeckung	600	
Vorfluter	643	
Vorhang-Doppelfassade	451 f.	
Vorhangfassade	6, 383, 450	
Vorholzlänge	77	
Vorlegeband	720, 752, 755	
Vormauerziegel	31, 812	
Vormörtel	44	
Vorrecken	159	
Vorsatzschale	60, 196	
Vorschnittdeckung	599, 611	
Vorspannung	59, 161, 167 f., 220 f.	
Vorsprungsmaß	46	
Vorstoßblech	629	
Vorstoßstreifen	627	
Vulkantuff	184	
Wabenträger	483	
Wahrholz	642	
Waldwirtschaft	64	
Walmdach	564 f., 620	
Walzprofil	113	
Walzstraße	108	
Walzwerk	107	
Wand	200, 214, 357	
Wand, aussteifend	358	
Wand, nichttragend	55	
Wand, tragend	55	
Wandanschluss	536	
Wandanschlussblech	659, 678	
wandartige Träger	218	
Wanddurchbruch	53	
Wandfliese, keramisch	850	
Wandkrone	233	
Wandscheibe	57, 130, 470	
Wandschlussziegel	658	
Wandsystem	22 f.	
Wandöffnung	56, 265	
Wandöffnungsmaß	764	
Wange	543, 546	
Wangenkonstruktion	546, 548	
Wangentreppe	526, 551	
Wanne	270	
Warmebrücke Aussteifungsstütze	402	
Warmluftofen	313	
Wartung vom Flachdach	689	
Wartung	240	
Waschbeton	202	
Wasser, drückend	388	
Wasser, nicht drückend	390	

Wasser, von außen drückend	390	
Wasserbedarf	329 f.	
Wasserdampfdiffusion	437	
Wasserdampfdiffusionswiderstandszahl	666	
Wasserdruck	5, 7	
Wasserglas	280	
Wasserhaltung	289	
Wasserheizung	322	
Wasserkalk	43, 236	
Wassersackbildung	209	
Wasserundurchlässiger Stahlbeton	687	
Wasserundurchlässigkeit	186	
Wasserzementwert	190	
Wechselgarnitur	794	
Wechselrahmen	483	
Weiche Bedachung	598	
Weichschwanzblatt	71	
Weilburg an der Lahn	236	
Wellenbahn	671	
Wellfaserzementplatte	624	
Wellplatte aus Faserzement	624	
Wellsteg-Täger	87	
Wendelbewehrung	201	
Wendeltreppe	525, 552	
Wendflügel	699	
Werkmörtel	44	
Werkstein	52	
Werkstoff, anisotrop	71	
Werkstoff, thermoplastisch	719	
Westmünsterländer Bauernhof, Altbausanierung	834	
wetterbeständig	69	
Wetterschale, hinterlüftet	442	
Wetterschutz, hinterlüftet	102	
Wetterschutzschale	383, 442, 804	
Wetterschutzschale, hinterlüftet	383	
Widerstandsklasse	750	
Widerstandsvermögen	762	
Wimpf, Wilhelm Jacob	226, 236	
Windaussteifung	824	
Windbrett	613, 836	
Winddichtheit	398, 708	
Winddichtigkeit	597, 667, 762	
Winddruck	379, 596	
Windgeschwindigkeit	575	
Windlast	7, 52, 450, 574, 589	
Windrispe	592 f.	
Windschutzbahn	842	
Windsog	379	
Windsogkraft	664, 686	
Windsperre	612, 658	

Winkelstehfalz	626	
Winkelstück	85	
Winkelstützmauer	285	
Wintergarten	732	
Wirbelsäule	220	
Wirrstrohwulst	642	
Witterungsschutz	239, 242	
Wohn- und Arbeitsverhältnis, gesund	2	
Wohnbehaglichkeit	64	
Wohnhaus Hesselbach, Kalchreuth	804	
Wohnklima	64, 225	
Wohnungsabschusstür	762	
Wurzellage	122	
Wurzelschicht	654	
Wurzelschutzbahn	675	
Wände von Holzhäusern in Tafelbauart	456	
Wärmdämmputzsystem	429	
Wärmdämmverbundsystem	429	
Wärmebedarf von Räumen und Gebäuden	307	
Wärmebrücke bei Skelettkonstruktion	403	
Wärmebrücke Deckenauflager	401	
Wärmebrücke Fensterleibung	403	
Wärmebrücke Gebäudeaußenecke	404	
Wärmebrücke Ringbalken	402	
Wärmebrücke	45, 299, 400, 514, 579	
Wärmebrücke, geometrisch bedingt	400	
Wärmebrücke, konstruktionsbedingt	400	
Wärmebrücke, lüftungstechnisch bedingt	400	
Wärmebrücke, materialbedingt	400	
Wärmedehnzahl	185	
Wärmedurchgangskoeffizient	298	
Wärmedurchlasswiderstand	298, 398	
Wärmedämmschicht	502	
Wärmedämmung	669	
Wärmedämmung, transparent	427	
Wärmeerzeugung	312	
Wärmeleitfähigkeit	299	
Wärmeleitplatte	510	
Wärmeleitzahl	670	
Wärmepumpe	315	
Wärmerückgewinnung	397	
Wärmeschutz	233, 372, 397, 577	

Wärmeschutz, erhöht	298	
Wärmeschutz, sommerlich	101, 295, 297, 399, 578	
Wärmeschutz, winterlich	101, 295, 297, 397	
Wärmeschutzglas	101, 747	
Wärmespeicherfähigkeit	399	
Wärmeträger	312	
Wärmeverteilung	322	
Wärmeübergabe	312, 323	
Wärmeübergangswiderstand	299	
Wölbkonstruktion	474	
Wölbnaht	122	
Würfeldruckfestigkeit	187	
Z-Verbindung	115, 119	
Zahnhaft	628	
Zange	585	
Zapfen	77, 455, 587	
Zapfenloch	455, 587	
Zapfenschloss	71	
Zarge	768	
Zargenaußenmaß	764	
Zargentür	769	
Zelle	52	
Zellengefüge	52	
Zellulosewolle	101	
Zelt	13	
Zement	44, 184, 187 f.	
Zementestrich	504	
Zementmörtel	45	
Zementsuspension	280	
Zentralheizung	311	
Ziegel	30	
Ziegelmehl	184, 236	
Zierbekleidung	766	
Zierblende	767	
Zierknagge	836	
Zimmermannsbau	71	
Zink	604	
Zinkchromat	183	
Zisterne	184	
Zuckerrohr	67	
Zugabewasser	189	
Zuganker	474	
Zugband	10, 218	
Zugfundament	816	
Zuggliedkonstruktion	160	
Zugpfahl	290	
Zugpfosten	199	
Zugpfostenbewehrung	471	
Zugring	164	
Zugspannungstrajektor	197, 202	
Zugstab	9, 128, 813	
Zuhaltungsschlüssel	795	
Zusatzmittel	42, 188 f.	
Zusatzstoff	42, 188 f.	
Zuschlag	184, 187, 189, 230	
Zustand I	186	
Zustand II	187	
Zustandsform	254, 274	
Zustimmung im Einzelfall	234, 241	
ZV-Verbindung	115, 119	
Zwangsmischer	237	
Zweiachsig gespannte Decken	474	
Zweiachsig gespannte Platte	476	
Zweischalige Außenwände mit Kerndämmung	437	
Zweigelenkrahmen	16	
zweiläufig	525	
zweischalig	663	
Zweischalige Außenwand mit Kerndämmung	438	
Zweischalige Außenwand mit Luftschicht	439, 441	
Zweischalige Außenwand mit Putzschicht	436	
Zweischalige Außenwand	435	
Zweischalige Außenwände mit Luftschicht und zusätzlicher Wärmedämmung	442	
Zweischalige Außenwände mit Putzschicht	435	
Zweite-Haut-Fassade	737	
Zwerchhaus	562, 568	
Zwickstein	29, 50	
Zwischenpodest	528	
Zyklopenmauerwerk	50	
Zylinderdruckfestigkeit	187	
Zählernische in Treppenhauswand	409	